Grund- und Wasserbau
in praktischen Beispielen

Von

Professor Dr.-Ing. Otto Streck

Zweiter Band

**Fließende und schwingende Wasserbewegung, Wehre
Wasserauflaufen, Bewässerung, Entwässerung
Wasserwirtschaft**

Mit 361 Abbildungen und 2 Tafeln

Springer-Verlag Berlin Heidelberg GmbH

1950

ISBN 978-3-662-01303-8 ISBN 978-3-662-01302-1 (eBook)
DOI 10.1007/978-3-662-01302-1

URSPRÜNGLICH ERSCHIENEN BEI Springer-Verlag OHG., Berlin/Göttingen/Heidelberg 1950
Softcover reprint of the hardcover 1st edition 1950

Vorwort.

Als ich im September 1942 das Vorwort für den ersten Band des „Grund- und Wasserbau in praktischen Beispielen“ schrieb, war das Manuskript zum zweiten Band bereits druckreif. So faßte ich in diesem Vorwort meine Gedanken für beide Bände zusammen in der Hoffnung, daß auch der zweite Band bald nach dem ersten erscheinen würde. Leider kam es anders. Während der erste Band noch Ende 1942 im Buchhandel erscheinen konnte (und nach wenigen Wochen vergriffen war), wurde der fast fertige Satz des zweiten Bandes mit sämtlichen Klischees im Dezember 1943 ein Opfer des Luftkrieges. An einen neuen Satz war während der letzten Kriegsjahre nicht mehr zu denken, und die schwierigen Verhältnisse nach Kriegsende verzögerten die Drucklegung dieses Bandes weiterhin. Diese Zeit nutzte ich, das Manuskript nach Aufgabenstellung, textlicher Fassung und hinsichtlich der Abbildungen nochmals vollkommen zu überarbeiten. Teilweise war dies auch deshalb notwendig, weil mir selbst ein Teil der Manuskriptunterlagen zu Verlust gegangen war. An dem Grundgedanken aber, der für mich seinerzeit bei der Herausgabe der längst vergriffenen „Aufgaben aus dem Wasserbau“[1] bestimmend war: nämlich am *praktischen Beispiel* die Lösung technischer Aufgaben aus dem Grund- und Wasserbau zu zeigen, hat sich bei dieser Überarbeitung nichts geändert.

Ich möchte hier nochmals die auf langjährige pädagogische Erfahrungen gestützten Erkenntnisse, die mich zu dieser Darstellungsweise eines Lehrstoffes geführt haben, aus dem Vorwort des ersten Bandes wiederholen: „Im Hochschulunterricht reichen vielfach die vorgesehenen Vorlesungsstunden nicht aus, um das Systematische und Theoretische des Vorlesungsstoffes an Hand von Anwendungsbeispielen aus der Praxis ausreichend zu erläutern. Andererseits bedarf es bei vielen Studierenden — und diese gehören in ihrer übergroßen Mehrzahl bestimmt nicht zu den weniger Befähigten unter dem Ingenieurnachwuchs — einer ständigen Untermauerung der vorgetragenen Systematik und dozierten Theorie durch wirklichkeitsnahe Anwendungsbeispiele, um bei ihnen das Verständnis für die jeweils vorliegende technische Problematik zu erschließen, damit den gehörten Wissensstoff überhaupt erst geistig zu verankern und für eine spätere souveräne Anwendung reif zu machen. Für das technische Schaffensgebiet des Grund- und Wasserbaues will mein Buch in vorstehendem Sinne den Studierenden ein getreuer Helfer sein.

[1] STRECK: Aufgaben aus dem Wasserbau. Berlin: Springer. 1. Aufl. 1924. 2. Aufl. 1929. — Russische Ausgabe. Moskau–Leningrad 1932. — Spanische Ausgabe. Editorial Labor, SA. Barcelona–Madrid–Buenos Aires 1933.

Aber auch für die in der Praxis stehenden Ingenieure wird ein solches, auf praktische Beispiele aufgebautes Buch ein brauchbares Hilfsmittel für ihr technisches Schaffen bilden können. Sie haben ja mit den vielfältigsten Aufgaben aus dem großen Bereich des Bauingenieurschaffens zu tun, und zwar meist bei kurzen Terminen, so daß ihnen häufig die Zeit und innere Ruhe zur Heranziehung der einschlägigen zahlreichen und oft kompendiösen wissenschaftlichen Literatur fehlt. In solchen Fällen kann eine Beispielsammlung sehr dienlich sein, die durch Beschränkung auf das Wesentliche des Stoffes und auf bewährte Lösungsmethoden dem Ingenieur ein rasches Arbeiten ermöglicht."

Zur Wahrung der Handlichkeit war eine Unterteilung des Buches in zwei Bände angebracht. Während der vergriffene erste Band Beispiele aus dem Grundbau, der Hydraulik und der Grundwasserbewegung umfaßt, behandelt der vorliegende zweite Band die verschiedenen Fließzustände des Wassers in praktischen Beispielen, Freispiegel- und Druckrohrleitungen, Schwall und Sunk, Schwingungsbewegungen, Wehre, Brückenstau, Wasserauflaufen; ferner Beispiele aus dem wasserbaulichen Versuchswesen und der Wasserwirtschaft einschließlich Bewässerung und Entwässerung. Die Anwendungsbeispiele selbst sind dabei aus allen Teilgebieten des Wasserbaues genommen, soweit sie sich irgendwie für solche Aufgaben eignen.

Die zahlreichen Literaturangaben möchten da, wo die Voraussetzungen dafür gegeben sind, zu einem tiefergehenden Studium anregen und wollen außerdem auf benutzte Quellen hinweisen. Das ausführliche Inhalts- und Stichwortverzeichnis, sowie die Wiedergabe der zahlreichen benutzten Tabellen im Anhang wird das Arbeiten mit dem Buche sicherlich erheblich erleichtern.

Viele Anregungen, die mir seinerzeit für meine „Aufgaben aus dem Wasserbau" zugegangen sind, konnten bei dem neuen Buche verwertet werden. Fachkollegen haben mich durch Ratschläge und Bereitstellung von Aufgabenunterlagen tatkräftig unterstützt. Wertvoller war mir aber noch die Ermunterung von ihrer Seite, auf dem gewählten Wege unbeirrt weiter zu schreiten. Ihnen allen danke ich dafür, ebenso und nicht zuletzt aber auch dem Verlag für seine wertvolle Unterstützung und die sorgfältige Ausstattung auch dieses Buches.

Auch diesem Bande möchte ich noch diese Wünsche mit auf den Weg geben: daß er dazu beitrage, bei allen Benutzern die Freude und Hingabe zu unserem so schönen Berufe zu vertiefen, und daß seine Konzeption und Eigenart auch bei den Kritikern ein wohlwollendes Verständnis finden möge.

Hausham/Obb., 31. Dezember 1949. O. Streck.

Inhaltsverzeichnis.

Aufgabe 1.

Messung der Fließgeschwindigkeit mittels des hydrometrischen Flügels. Ermittlung der mittleren Profilgeschwindigkeit und der Durchflußmenge.

Es soll festgestellt werden, welche mittlere Profilgeschwindigkeit v_m in m/sek in dem gegebenen Flußprofil (Abb. 5) herrscht und welche Wassermenge Q in m³/sek durch dieses Profil fließt, wenn der in der Nähe befindliche Pegel einen Stand von + 85 cm aufweist.

Lösung.

Das meist verwendete Gerät zur Wassergeschwindigkeitsmessung in natürlichen und künstlichen Gerinnen ist trotz der Entwicklung neuer Meßverfahren in den letzten Dezennien auch heute noch der

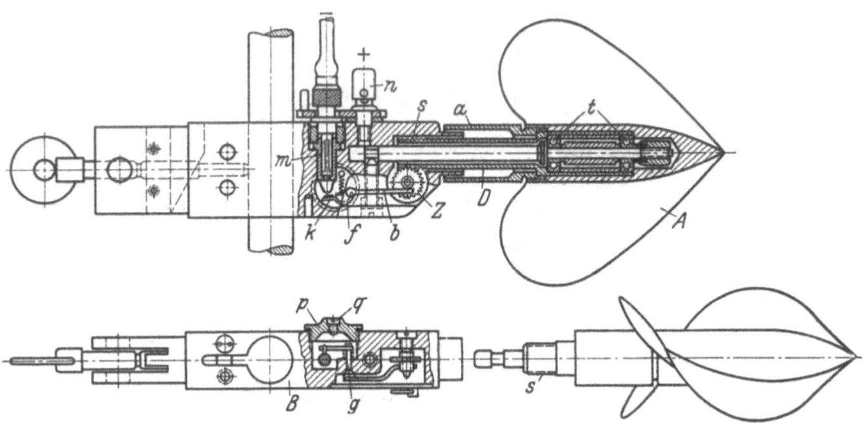

Abb. 1. Schnitt durch Flügel V *Arkansas* (Universalflügel) der Fa. A. Ott, Kempten ($^1/_{3,5}$ natürl. Größe).
t Kugellager, *s* Antriebschnecke, *Z* Kontaktrad, *fk* Kontakt in Ölkammer.

um 1790 von dem Hamburger Wasserbauinspektor WOLTMANN erfundene *hydrometrische Flügel.* Dessen wesentlichster Bestandteil ist ein auf leicht drehbarer horizontaler Achse sitzendes Schaufelrad mit schaufelförmig gekrümmten Flächen (Abb. 1 u. 2). Die Anströmgeschwindigkeit der auf die Schaufelflächen treffenden Wasserfäden versetzt diese in rotierende Bewegung. Die Zahl der Umdrehungen in der Zeiteinheit (Drehzahl) bildet nun ein Maß für die Fließgeschwindigkeit der auf die Flügelschraube aufstoßenden Wasserfäden. Zur Feststellung der Drehzahl sind die verschiedenartigsten Zähl- und Signalvorrichtungen in Verwendung. Der Zusammenhang zwischen der Schaufeldrehzahl n und der Anströmgeschwindigkeit v der Wasserfäden wird empirisch durch Eichung des Flügels ermittelt. Bezeichnet man

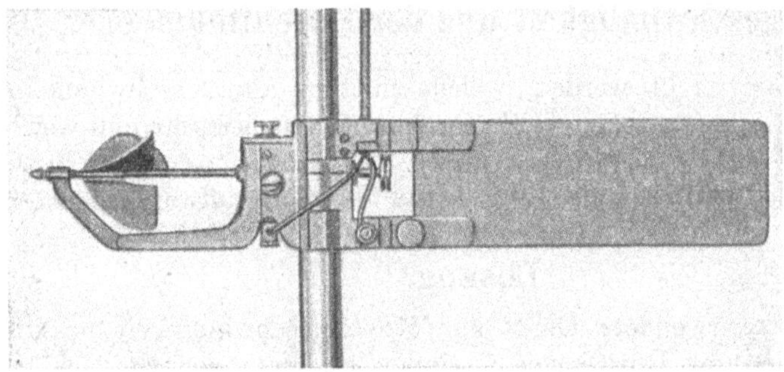

Abb. 2. Feinflügel der Fa. G. Killi, München.

die Ganghöhe der Schraubenfläche mit k, dann läßt sich der vorgenannte Zusammenhang im Idealfall ausdrücken durch

$$v = k \cdot n \quad \text{(Ideelle Flügelgleichung).}$$

k gibt die Tangente des Neigungswinkels der ideellen Flügelgleichungslinie mit der n-Achse ($k = \operatorname{tg} \alpha$). Wegen der mechanischen und hydraulischen Widerstände ist diese ideelle Flügelgleichung zu berichtigen. Es ergibt sich dann eine Hyperbel, die in den allermeisten Fällen durch zwei sich schneidende Gerade ersetzt wird:

$$v = a + b \cdot n \quad \text{für} \quad n < n_s,$$
$$v = a' + b' \cdot n \quad \text{für} \quad n > n_s.$$

Dabei gilt die eine für die kleineren, die andere für die größeren Drehzahlen (vgl. Abb. 3). n_s gibt die Drehzahl für den Schnittpunkt der beiden Geraden an (vgl. Abb. 3).

In manchen Fällen fallen beide Geraden zu einer zusammen, so daß die Flügelgleichung die einfache Form annimmt:

$$v = a + b \cdot n \quad \text{(vgl. Abb. 4).}$$

Die Genauigkeit einer Messung mit hydrometrischem Flügel ist sehr groß. Unter den günstigsten Vorbedingungen ergibt sich beim Punktmeßverfahren (siehe unten!) die mittlere Abweichung zu 0,4% von der Behältermessung als Urmessung. Dabei muß mit einer größten

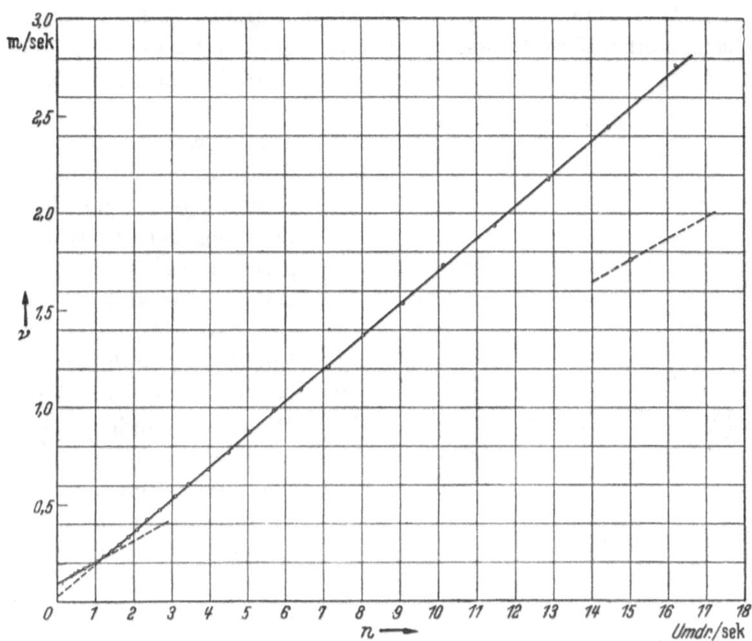

Abb. 3. Eichkurve eines Universalflügels.
$v = 0{,}092 + 0{,}1112 \cdot n$ für $n < 1{,}20$; $v = 0{,}0211 + 0{,}1684 \cdot n$ für $n > 1{,}20$.

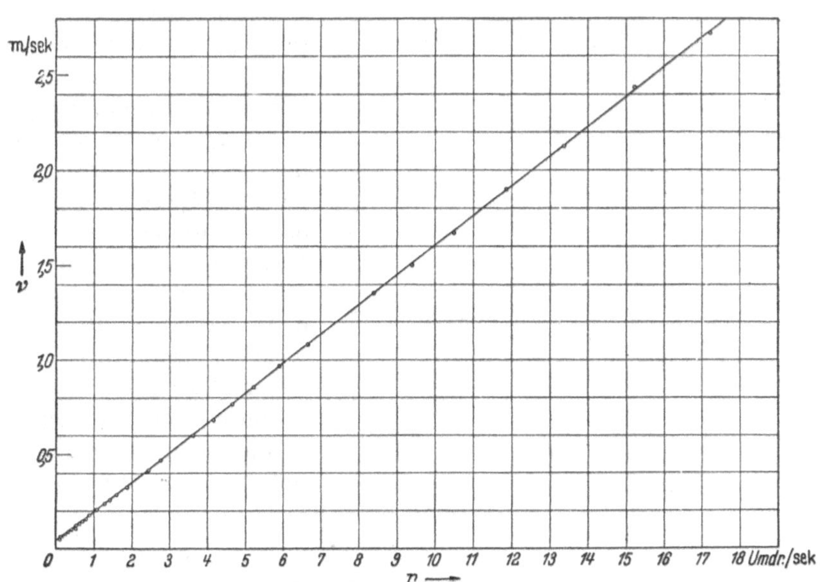

Abb. 4. Eichkurve eines Feinflügels.
$v = 0{,}03231 + 0{,}15692 \cdot n$.

Streuung der Meßwerte von $\pm$ 1,3% gerechnet werden. Es kann sohin die Unsicherheit einer Einzelmessung gegenüber der Urmessung zwischen + 0,9% und − 1,7% betragen[1].

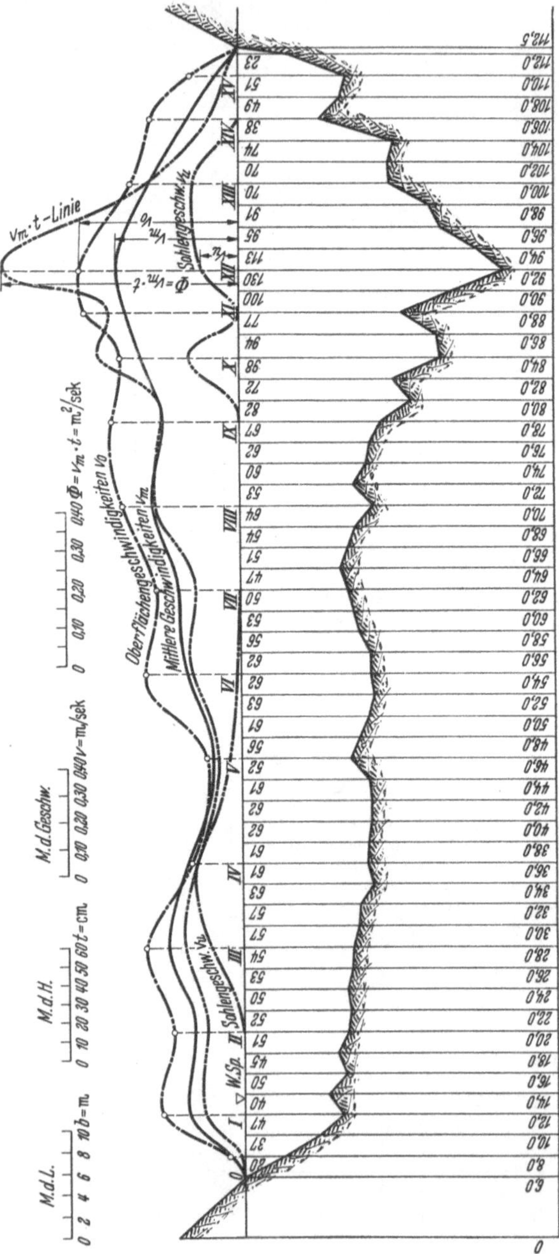

Abb. 5. Aufnahme des Durchflußprofils (Meßprofils) und Größe der Geschwindigkeiten.

Das Kennzeichnende für gewöhnliche Flügelmessungen ist die Ermittlung der Anströmgeschwindigkeit in einzelnen Punkten. Aus den so festgestellten Einzelgeschwindigkeiten ist erst die mittlere Profilgeschwindigkeit v_m m/sek herzuleiten und die Wassermenge Q m³/sek zu ermitteln.

Zunächst ist bei der Durchführung einer Flügelmessung das Durchflußprofil der Breite und Tiefe nach aufzunehmen (mit Peilstangen, Peilloten oder Profilschreibern) und in passendem Maßstab sorgfältig aufzutragen. Nun muß entschieden werden, wo die Meßvertikalen 0, I, II, III ... angeordnet werden. Diese Entscheidung hängt vom Verlauf der Sohlenquerschnittslinie ab. In vielen Fällen wird es zweckmäßig sein, diese Meßlotrechten in den Hauptbrechpunkten der Sohle zu errichten, wie

[1] KIRSCHMER u. ESTERER: Die Genauigkeit einiger Wassermeßverfahren. Z. VDI Nr. 44 (1930).

es in dem hier behandelten Beispiel auch geschehen ist. Es gibt aber auch Fälle, in denen man besser die *Grenzlinien* von *Teildurchflußflächen*, die zu Meßlotrechten gehören, in die Hauptbrechpunkte der Sohle legt, um auf diese Weise möglichst zusammengehörige Strömungsverhältnisse in den Teildurchflußflächen zu erfassen (vgl. Abb. 6 und Wassermessung in der Iller bei Kempten Aufgabe 44).

In den Lotrechten erfolgen nun die Messungen der Anströmgeschwindigkeiten mittels des hydrometrischen Flügels: eine dicht über der Sohle, eine dicht unter dem Wasserspiegel. Den verbleibenden Abstand zwischen diesen beiden Meßpunkten unterteilt man durch einen oder mehrere Meßpunkte, wobei größere Abstände als 1,0 m und kleinere als das Maß des Flügeldurchmessers nicht vorkommen

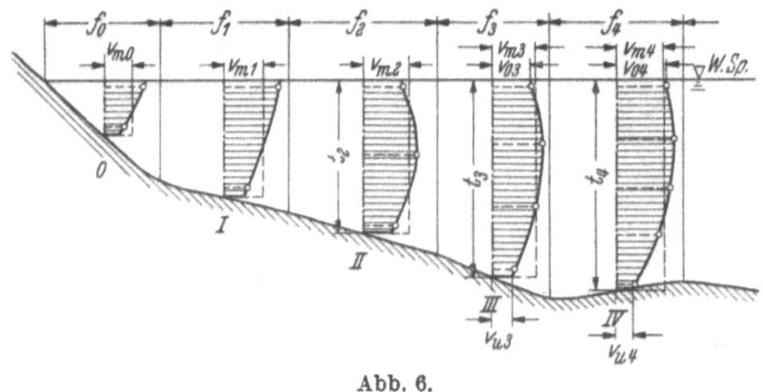

Abb. 6.

sollen. Werden die Punktmessungen in jeder Meßlotrechten zügig von unten nach oben durchgeführt, ehe in die benachbarte Meßvertikale übergegangen wird, so heißt man dieses Verfahren *Punktmessung.*

Während der Durchführung der Wassermessung muß unter Heranziehung eines Hilfspegels der Gang eventueller Spiegelschwankungen größenmäßig und zeitlich genau festgehalten werden. Außerdem ist dauernd zu beobachten, ob der Flügel einwandfrei arbeitet (Behinderung durch Schwemmsel, Geschiebegang, Beschädigung durch letzteren). Schließlich muß die zugrunde gelegte Eichkurve des Flügels für diesen noch einwandfrei zutreffend sein.

Mit Hilfe der Flügelgleichungen oder rascher mit der Eichkurve werden nun aus den für die einzelnen Meßpunkte festgestellten Schraubenumdrehungszahlen n die Anströmgeschwindigkeiten ermittelt. So läßt sich dann für jede Vertikale das zugehörige *Vertikalgeschwindigkeitspolygon* auftragen (Abb. 6 u. 8). Dasselbe ist begrenzt von der zugehörigen Meßlotrechten (= der Wassertiefe t), oben und unten von den waagerecht aufgetragenen Oberflächen- bzw. Sohlengeschwindigkeiten v_o bzw. v_u und rechts von der *Vertikalgeschwindigkeitskurve*, die sich durch Verbindung der Endpunkte der einzelnen Geschwindigkeits strecken ergibt. Diese Verbindungslinien sind bis zum Wasserspiegel und bis zur Sohle fortzuführen.

Das dem Vertikalgeschwindigkeitspolygon flächengleiche Rechteck von der Höhe t_k und der Breite v_{m_k} ergibt die mittlere Geschwindigkeit v_{m_k} des Durchflußstreifens f_k, der zur Meßlotrechten k gehört[1]. Die zugehörige Durchflußmenge q_k berechnet sich zu

$$q_k = v_{m_k} \cdot f_k .$$

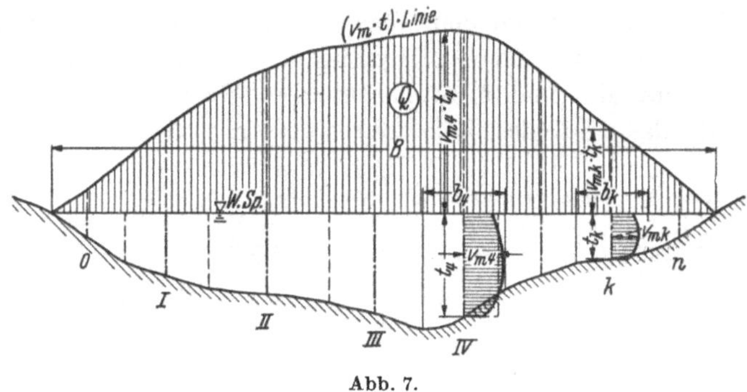

Abb. 7.

Die durch das untersuchte Abflußprofil gehende Gesamtwassermenge ermittelt sich dann zu

$$Q = q_1 + q_2 + \cdots = \sum_1^n q$$
$$= v_{m_1} \cdot f_1 + v_{m_2} \cdot f_2 + \cdots + v_{m_k} \cdot f_k + \cdots = \sum_1^n v_m \cdot f .$$

Die *mittlere Profilgeschwindigkeit für das Gesamtdurchflußprofil* wird dann

$$v_{m_{pr}} = \frac{Q}{\sum_1^n f} = \frac{Q}{F} = v_m ,$$

wenn jetzt das Symbol v_m für die *mittlere Profilgeschwindigkeit* gilt und wenn die Summe der Teildurchflußflächen gleich der Gesamtdurchflußfläche F gesetzt wird $\left(\sum_1^n f = F\right)$.

Man erhält Q auch, wenn man die Geschwindigkeitsflächen planimetriert, d. h. die Werte $\Phi_1 = v_{m_1} \cdot t_1$, $\Phi_2 = v_{m_2} \cdot t_2$ usw. $\left(\frac{\text{m}}{\text{sek}} \cdot m = \frac{\text{m}^2}{\text{sek}}\right)$ ermittelt, und nun diese Werte in einem geeigneten Maßstab als Ordinaten über den Meßlotrechten aufträgt (Abb. 7). Die Verbindungslinie der Ordinatenendpunkte begrenzt dann eine Fläche zwischen

[1] In Abb. 8 ist jeweils $v_m = \Phi/t$, wobei Φ = Flächeninhalt des Geschwindigkeitspolygons, z. B. für XII: $v_m = \frac{0{,}61}{1{,}30} = 0{,}47$ m/sek.

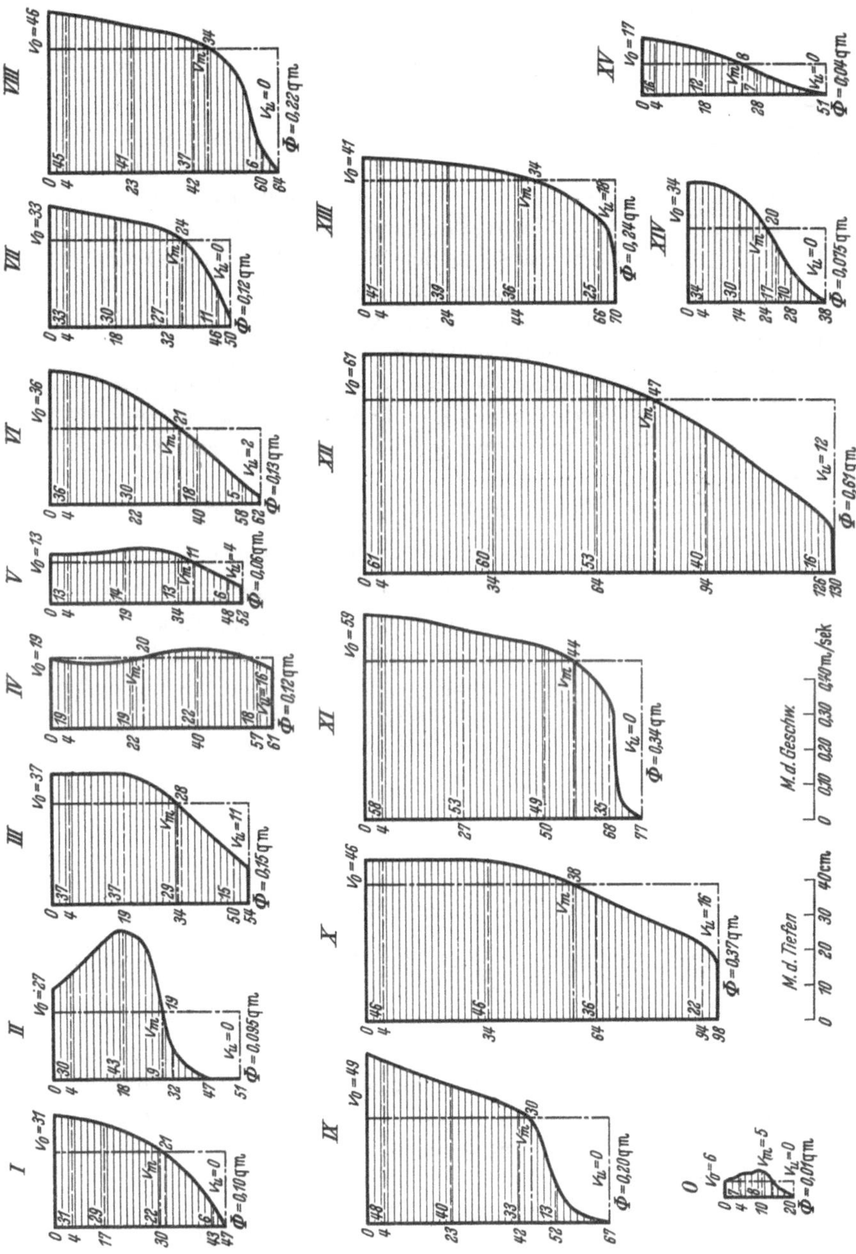

Abb. 8. Vertikalgeschwindigkeitskurven.

Tabelle 1.

Profil-abschnitt	0	I	II	III	IV	V	VI	VII	VIII	IX	X	XI	XII	XIII	XIV	XV	$\Sigma f = F$ bzw. $\Sigma q = Q$
t	0,19	0,44	0,50	0,54	0,61	0,59	0,61	0,55	0,56	0,69	0,86	0,90	1,10	0,80	0,57	0,37	
b	4,00	6,00	8,00	8,00	9,00	9,00	8,00	8,00	8,00	7,00	5,00	4,00	6,00	7,00	5,00	4,50	
f	0,76	2,60	3,97	4,35	5,48	5,30	4,85	4,44	4,52	4,85	4,30	3,62	6,58	5,61	2,87	1,64	65,74
v_m	0,05	0,21	0,19	0,28	0,20	0,11	0,21	0,24	0,34	0,30	0,38	0,44	0,47	0,34	0,20	0,08	
q	0,04	0,55	0,75	1,22	1,10	0,58	1,02	1,06	1,54	1,45	1,63	1,60	3,10	1,96	0,57	0,13	18,30

diesem Linienzug und der Wasserspiegellinie, deren Inhalt gleich Q ist $\left(\sum_1^n (v_m \cdot t \cdot b) = Q\right)$.

Wie die $(v_m \cdot t)$-Werte, trägt man auch die v_o-, v_m- und v_u-Werte graphisch auf den zugehörigen Meßlotrechten über dem Wasserspiegel auf und verbindet die Endpunkte dieser Strecken (Abb. 5). Die Kurven treffen auf beiden Uferseiten den Wasserspiegel da, wo letzterer die Uferlinie anschneidet. Man erhält so die Oberflächengeschwindigkeitskurve, die Linie der mittleren Geschwindigkeiten und die Sohlengeschwindigkeitskurve.

In Abb. 8 sind die Wassermeß*ergebnisse* (v-Werte) eingetragen und die Vertikalgeschwindigkeitspolygone gebildet. Deren Planimetrierung ergab die Φ-Werte, woraus die v_m-Werte der einzelnen Meßlote ermittelt wurden durch $v_m = \frac{\Phi}{t}$. In Abb. 5 sind die v_o-, v_m-, v_u-Zahlenwerte der einzelnen Meßvertikalen sowie die zugehörigen $v_m \cdot t$-Werte aufgetragen. Tabelle 1 gibt die Zusammenstellung der notwendigen Zahlenwerte. Aus

$$\sum_0^{XV} q = Q = 18{,}30 \text{ m}^3/\text{sek}$$

und aus

$$\sum_0^{XV} f = F = 65{,}74 \text{ m}^2$$

ergab sich die *mittlere Profilgeschwindigkeit*

$$v_{m_{pr}} = v_m = \frac{Q}{F} = \frac{18{,}30 \text{ m}^3/\text{sek}}{65{,}74 \text{ m}^2} = \mathbf{0{,}28} \text{ m/sek}.$$

Mit dieser mittleren Profilgeschwindigkeit v_m wird nun in der Praxis allgemein gerechnet. Wenn man davon spricht, daß in einem Fluß, einem Kanal, einem Rohr eine Geschwindigkeit v_m m/sek herrscht, so meint man diese mittlere Profilgeschwindigkeit. Man legt dabei die Vorstellung zugrunde, daß sich der ganze Wasserkörper, welcher durch das Profil begrenzt ist, als *Ganzes* mit dieser mittleren Geschwindigkeit v_m durch das Profil bewegt. *Dabei muß man aber das wirkliche Strömungsbild und dessen Unregelmäßigkeiten stets vor Augen haben, um bei der Rechnung mit dem mittleren v nicht zu konstruktiven Trugschlüssen zu kommen,* wofür weiter unten ein Beispiel gegeben wird.

Das wirkliche Strömungsbild geben die Vertikalgeschwindigkeitskurven der Abb. 8. Sie lassen sofort erkennen, welche großen Unregelmäßigkeiten hinsichtlich der Größe der Geschwindigkeiten an den verschiedenen Stellen des untersuchten Wasserquerschnitts herrschen. Die Geschwindigkeiten ändern sich nicht nur mit der Tiefe, sondern auch mit dem Abstand von den Ufern. Wenn dafür nun auch keine absolute Gesetzmäßigkeit besteht, welche sich ein für allemal scharf

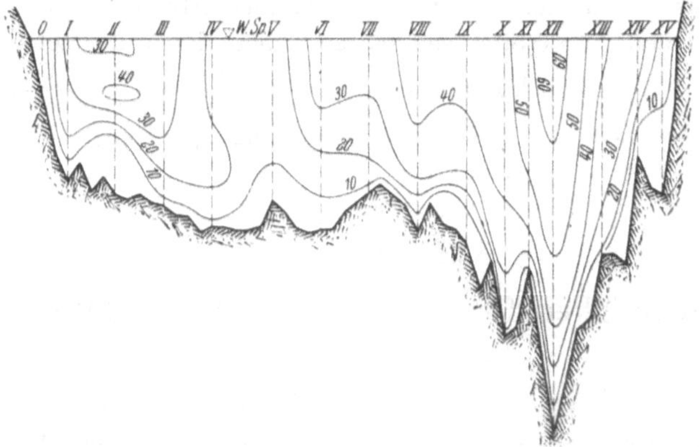

Abb. 9. Linien gleicher Geschwindigkeiten (Isotachen) in einem Fluß (Strömungsbild).

mathematisch ausdrücken läßt, so zeigt sich immerhin einwandfrei der Einfluß der Reibung der Sohle und der Uferböschungen auf die Größe der Geschwindigkeit der einzelnen Wasserfäden. Denn nach unten und nach den Ufern zu nehmen die Geschwindigkeiten ausnahmslos ab. Außerdem ergibt sich im allgemeinen die geringste Oberflächengeschwindigkeit an der seichtesten Stelle, die größte an der tiefsten Stelle.

Sehr anschaulich kommen diese eben skizzierten Tatsachen in Abb. 9, welche für das untersuchte Querprofil die Linien gleicher Geschwindigkeit (Isotachen) zeigt, zum Ausdruck.

Nun das Beispiel für die Notwendigkeit, stets das *wirkliche* Strömungsbild zu berücksichtigen, wenn auch mit der *mittleren Profilgeschwindigkeit* gerechnet wird!

Es kann notwendig sein, daß der von einem Fluß *schwebend* mitgeführte, vom Gletscherabrieb herrührende Feinsand (sog. Gletschermilch) bei Wasserkraftanlagen zum Absitzen gebracht werden muß, damit er nicht in die Turbinen gerät und infolge seiner Härte deren Schaufeln in kurzer Zeit ausschleift. Angenommen, man habe festgestellt, daß dieses Absitzen bei Wassergeschwindigkeiten erfolgt, die gleich oder kleiner 0,50 m/sek sind. Rein *rechnungsmäßig* könnte nun aus diesem v und einer festgegebenen Wassermenge Q auf die notwendige Wasserquerschnittsfläche F geschlossen werden, bei der der schwebende Sand ausfällt, da ja $F = \frac{Q}{v_m}$. Dieses v_m ist aber, wie oben ausgeführt, jener Geschwindigkeitswert des Profils, der die *wirklich* vorhandenen *verschiedenen* Geschwindigkeiten der einzelnen Stromfäden durch Ausmittelung derselben *ersetzt*. Das heißt: das Strömungsbild eines solchen Querschnitts von der Fläche $F = \frac{Q}{v_m}$ mit $v_m = 0{,}50$ m/sek weist Strömungsbereiche auf, in denen $v < 0{,}50$ m/sek ist, in denen also die Bedingung für das Absitzen des Sandes erfüllt ist, aber auch Bereiche, in denen $v > 0{,}50$ m/sek ist, in denen daher der schädliche Sand *nicht* zum Ausfällen kommt. Das Profil $F = \frac{Q}{v_m = 0{,}50 \text{ m/sek}}$ würde also zwar *rechnerisch* der gestellten Bedingung genügen, aber *nicht* in seiner *tatsächlichen Wirksamkeit*.

Aufgabe 2.

Geschwindigkeitsformel von BRAHMS-DE CHÉZY:

$v = c\sqrt{R \cdot J}$.

Es sollen die Fließverhältnisse in einem rechteckigen Gerinne untersucht werden, dessen Sohle gegen die Waagerechte um den Winkel α geneigt ist und in dem die Wassertiefe t und die Gerinnebreite b, also der Wasserquerschnitt $F = t \cdot b$ überall gleich groß ist, wenn durch das Gerinne *dauernd* die *gleich*bleibende Wassermenge Q fließt!

Lösung.

Zur Untersuchung werden an den beiden beliebig gewählten Stellen A und B Querprofile durch das Gerinne gelegt mit dem ebenfalls beliebig angenommenen Abstand l (vgl. Abb. 10). Bei diesem Abstand l liegt der Wasserspiegel im Querprofil A um h höher als im Profil B.

Wenn nun beim Abwärtsgleiten der Wassermasse m von A nach B keinerlei Widerstand auftreten würde, dann würde sich die Energie der Lage (potentielle Energie), welche das Wasser im Querschnitt A gegenüber dem Querschnitt B hat, in Bewegungsenergie (kinetische Energie) umsetzen; denn es ist

$$m \cdot g \cdot h = \frac{m \cdot v^2}{2}.$$

Daraus folgt $v = \sqrt{2gh}$, d. h. bei der Bewegung des Wassers von A nach B nimmt die Geschwindigkeit zu. *Ohne* das Auftreten von *Wider-*

ständen ergäbe sich also in unserem Gerinne eine *beschleunigte* Wasserbewegung. Andererseits leitet sich aus $Q = v \cdot F$ der Wasserquerschnitt F her zu

$$F = \frac{Q}{v}.$$

Q ist als unveränderlich vorausgesetzt. v ändert sich mit der Abwärtsbewegung des Wassers, und zwar wird es, wie wir gesehen haben, größer.

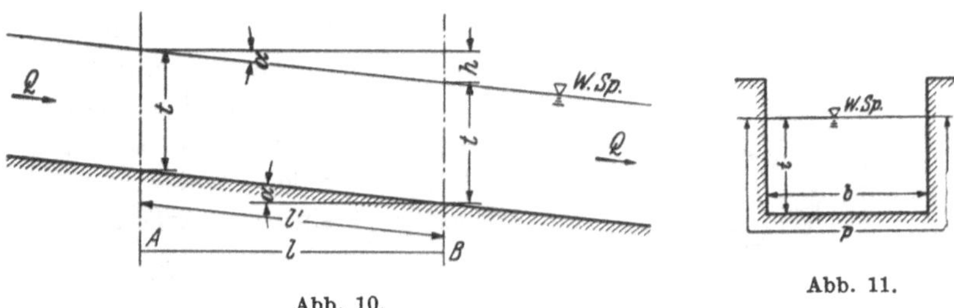

Abb. 10.

Abb. 11.

Dann muß aber der Wasserquerschnitt $F = b \cdot t$ mit dem Fließen des Wassers von A nach B kleiner werden. Da die Gerinnebreite b überall als gleichbleibend vorausgesetzt ist, würde also die Wassertiefe $t = \frac{F}{b}$ bei B ebenfalls kleiner sein als bei A. Das widerspricht aber den gestellten Bedingungen der Aufgabe, wonach unter anderem auch t überall gleich groß sein soll. Es folgert also aus den gegebenen Bedingungen und den vorstehenden Überlegungen, daß auch die Geschwindigkeit v in A und B gleich groß sein muß, daß also *keine* Beschleunigung von A nach B auftritt. Dann muß aber das vorhandene Arbeitsvermögen des Wassers anderweitig aufgebraucht werden. Dies geschieht durch die Widerstände, welche sich der Fließbewegung entgegenstellen. Diese müssen in unserem Beispiel gerade so groß sein, wie die beschleunigende Kraft, welche durch die Gerinneneigung vorhanden ist. Denn nur bei diesem Gleichgewichtszustand kann das v überall gleich groß sein. Eine solche Wasserströmung in einem Gerinne von stets gleichbleibendem Querschnitt, bei welcher in jedem Profil stets die *gleiche* Geschwindigkeit v herrscht, bezeichnet man als *gleichförmige Wasserbewegung*.

Der eben erwähnte Gleichgewichtszustand zwischen beschleunigender Kraft und Strömungswiderstand läßt sich nun benützen, um eine Beziehung für die mittlere Strömungsgeschwindigkeit v herzuleiten[1].

Der nach abwärts gleitende Wasserkörper vom Volumen V und dem lotrecht nach unten wirkenden Gewicht $\gamma \cdot V$ hat die parallel zur

[1] Unter mittlerer Strömungsgeschwindigkeit ist dabei der Mittelwert der in ein und demselben Profil vorhandenen verschiedenen Werte v verstanden, der in Aufgabe 1 abgeleitet wurde.

Sohle gerichtete Seitenkraft $\gamma \cdot V \cdot \sin\alpha$ (Abb. 12). Diese Kraft hat das Bestreben, den Wasserkörper bei seiner Abwärtsbewegung zu beschleunigen. Dies wird verhindert durch den *Strömungswiderstand*. Derselbe ist in *jedem* natürlichen oder künstlichen Gerinne, auch in jeder Rohrleitung vorhanden. Lediglich seine Größe schwankt von Fall zu Fall. Dieser Widerstand setzt sich zusammen aus der Reibung des Wassers an der Gerinnewandung und aus der inneren Reibung des Wassers infolge des unter Wirbelbildung vor sich gehenden Abflusses (*turbulente* Strömung!).

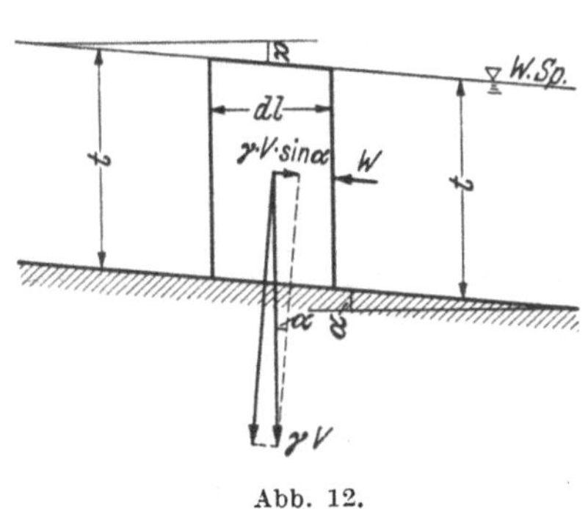

Abb. 12.

Bewegt sich nun der Wasserkörper von A nach B (vgl. Abb. 10), so leistet die Seitenkraft $\gamma \cdot V \sin\alpha$ die Arbeit

$$\gamma \cdot V \cdot \sin\alpha \cdot l'.$$

$l' \sin\alpha = h$ stellt das *absolute Spiegelgefälle* zwischen A und B, und $\frac{h}{l'} = \sin\alpha$ das *relative* Spiegelgefälle dar, dem wir die Bezeichnung J geben. Wenn der Winkel α sehr klein wird, wie es im allgemeinen für natürliche Flußläufe und künstliche, offene Kanalgerinne zutrifft, dann wird $\sin\alpha = \operatorname{tg}\alpha\ (= J)$, d. h. es kann statt des in der Neigung gemessenen Abstandes l' der Profile A und B in der Folge deren waagerechter Abstand l angesetzt werden[1].

Da $V = dl \cdot F$ (Abb. 12), ergibt sich für obigen Ausdruck für die Arbeit der Seitenkraft

$$\gamma \cdot dl \cdot F \cdot J \cdot l.$$

Nun zur Widerstandskraft! Diese hängt im wesentlichen ab von der Wandrauhigkeit, von der Größe der benetzten Wandfläche und von der Größe der Geschwindigkeit v. Viele Beobachtungen haben ergeben, daß diese Kraft bei wirbelfreier Bewegung[2] etwa im gleichen Verhältnis wächst wie die Wandfläche, dagegen bei turbulenter Strömung angenähert mit dem Quadrat der Geschwindigkeit v zunimmt. Berücksichtigen wir die Wandrauhigkeit zunächst durch einen Faktor k, setzen außerdem den benetzten Umfang des Gerinnes, längs dessen die Wandrauhigkeit wirkt, mit p (vgl. Abb. 11), die benetzte Wandfläche mit $p \cdot dl$ an, so läßt sich für die Arbeit der Widerstandskraft längs des Weges l schreiben:

$$k \cdot p \cdot dl \cdot v^2 \cdot l.$$

---

[1] Für $\alpha = 3°$ wird $\sin\alpha = 0{,}05234$ und $\operatorname{tg}\alpha = 0{,}05241$. Beide Werte unterscheiden sich erst in der 4. Dezimalen. Dabei entspricht $\sin\alpha \sim \operatorname{tg}\alpha = 0{,}052$ bereits einem Gefälle von $J = 5{,}2\%$ (Wildbachgefälle!).

[2] Laminare Bewegung, Fadenströmung.

Da beide Arbeitsleistungen nach den gestellten Bedingungen gleich sein müssen, ergibt sich:

$$\gamma \cdot dl \cdot F \cdot J \cdot l = k \cdot p \cdot dl \cdot v^2 \cdot l.$$

Daraus

$$v^2 = \frac{\gamma}{k} \cdot \frac{F}{p} \cdot J$$

und

$$v = \sqrt{\frac{\gamma}{k}} \cdot \sqrt{\frac{F}{p} \cdot J}.$$

Der Quotient $\frac{F}{p} = \frac{\text{Wasserquerschnitt in m}^2}{\text{benetzter Umfang in m}}$ ist eine im Längenmaß gemessene Größe und wird als sog. „hydraulischer Radius" oder „Profilradius" bezeichnet. Wir geben ihm, wie meist üblich, das Symbol R.

Da für *reines* Wasser $\gamma = 1{,}0\ \text{t/m}^3$ gesetzt werden kann, erhält man für $\sqrt{\frac{\gamma}{k}} = \sqrt{\frac{1{,}0}{k}} = \frac{1{,}0}{\sqrt{k}}$. Dieser Ausdruck wird mit „Geschwindigkeitsbeiwert" c bezeichnet. Er hängt im wesentlichen ab von der Rauhigkeit der Gerinnewandung und von der Größe und Form des Gerinnequerschnittes.

Mit R und c erhält man die *wichtige Formel* von BRAHMS[1] *für die Berechnung der mittleren Strömungsgeschwindigkeit* in einem Profilquerschnitt (Fließformel):

$$\boxed{v = c \cdot \sqrt{R \cdot J}}\,.$$

A. BUDAU[2] gibt die nachfolgende Form der Ableitung für diese *Grundgleichung* der gleichförmigen Wasserbewegung. Beim Fließen erfährt das Wasser eine Verringerung seiner Energie der Lage. Durch dieses Gefälle J müssen die beim Fließen entstehenden, gesamten Verluste gedeckt werden. Deshalb kann die Energie E_J, welche dem Wasser durch das Gefälle J auf 1 m Weglänge während des Fließens zugeführt wird, nur einen Bruchteil ζ der im fließenden Wasser vorhandenen Bewegungsenergie $\frac{m v^2}{2}$ darstellen. Setzt man $m = \frac{V \cdot \gamma}{g}$, also $\frac{m v^2}{2} = \frac{V \gamma \cdot v^2}{2g}$, so ergibt sich für E_J

$$E_J = \zeta \cdot \frac{V \cdot \gamma \cdot v^2}{2g}.$$

Andererseits ist die während des Durchfließens eines Meters Kanallänge verfügbare und vom Wasser tatsächlich verbrauchte Energiemenge gegeben durch den Ansatz

$$E_J = J \cdot V \cdot \gamma,$$

[1] BRAHMS hat diese Beziehung 1753 bekanntgegeben. Die gleiche Beziehung stellte im Jahre 1755 auch DE CHÉZY auf, weswegen sie vielfach auch mit CHÉZYscher Gleichung bezeichnet wird.

[2] BUDAU, A.: Hydraulik. Wien u. Leipzig 1913.

weil das Wasser auf diesem Wege die Höhe $h = 1 \cdot J$ an potentieller Energie verliert, indem das Wassergewicht $V \cdot \gamma$ um $h = 1 \cdot J$ niedersinkt.

Deshalb wird

$$J \cdot V \cdot \gamma = \zeta \cdot \frac{V \cdot \gamma \cdot v^2}{2g},$$

und daraus ermittelt sich

$$v = \sqrt{\frac{2g}{\zeta}} \cdot \sqrt{J}.$$

Setzt man

$$\zeta = \frac{k}{R} \cdot 2g,$$

dann erhält man für $\gamma = 1{,}0\ \mathrm{t/m^3}$, d. h. für *reines* Wasser, wieder wie oben

$$v = \sqrt{\frac{2g \cdot R}{k \cdot 2g}} \cdot \sqrt{J} = \sqrt{\frac{1}{k}} \cdot \sqrt{R \cdot J} = c \cdot \sqrt{R \cdot J}.$$ [1]

In den folgenden Aufgaben wird die Anwendung dieser Formel eingehend behandelt.

Hier noch eine Bemerkung zum Wert J! In der obigen Ableitung stellt $J = \frac{h}{l}$ das Gefälle des Wasser*spiegels* dar. Dieses ist in unserem Beispiel — wegen der Unveränderlichkeit der Wassertiefe t — gleich dem *Sohlen*gefälle. Diese Übereinstimmung zwischen Spiegelgefälle und *Sohlen*gefälle ist bei der *gleichförmigen* Wasserbewegung immer gegeben, wenn und soweit das Gerinne überall gleiche Querschnitte aufweist. Wie noch gezeigt wird (vgl. z. B. die Aufgaben 21, 22, 25), hat für die beiden vorstehenden Bedingungen auch die *Energielinie* das gleiche Gefälle J. *In allen Fällen, in denen Energieliniengefälle J_e und Wasserspiegelgefälle J_w voneinander abweichen, ist in der BRAHMSschen Formel das Energieliniengefälle mit J_e in Ansatz zu bringen. Dabei stellt dieses Gefälle J_e ganz allgemein, d. h. in jedem Fall — auf Grund der Konstruktion der Energielinie — das wirkliche Reibungsgefälle dar.*

Die Formel $v = c \cdot \sqrt{R \cdot J}$ läßt sich auch schreiben:

$$v = c \cdot R^{1/2} \cdot J^{1/2} = c \cdot R^{\beta} \cdot J^{\beta},$$

wobei $\beta = \frac{1}{2}$.

Nun gibt es — worauf hier schon hingewiesen werden soll — für v auch noch Formelgruppen, die nach dem Gesetz aufgebaut sind:

$$v = c' \cdot R^{\alpha} \cdot J^{\beta},$$

wobei c' ein Zahlenbeiwert ist, der nur von der Rauhigkeit abhängt.

---

[1] Mit zunehmendem Einheitsgewicht des Wassers ($\gamma > 1$, z. B. bei Schwebstofführung) nimmt auch das Fließgefälle J zu (vgl. hierzu Aufgabe 48).

Zum Beispiel hat GAUCKLER für den Mississippi die Beziehung aufgestellt:

$$v = c' \cdot R^{2/3} \cdot J^{1/2},$$

und MANNING[1] hat in dieser Formel

$$c' = \frac{1}{n}$$

gesetzt, wobei n die Rauhigkeitsziffer nach GANGUILLET-KUTTER bedeutet[2]. Der Schweizer Ingenieur STRICKLER gibt für die Geschwindigkeitsbeiwerte $c_s = c'$ der GAUCKLERschen Formel eine Zusammenstellung, die in Tafel 2b des Anhangs wiedergegeben ist (Anwendung dazu siehe Aufgabe 7, S. 58).

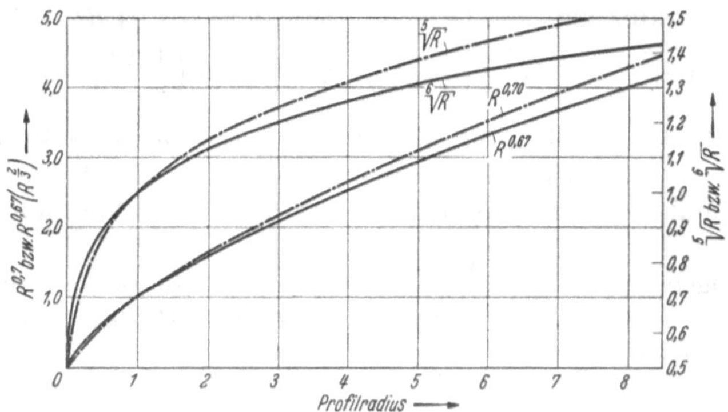

Abb. 12a. Einfluß des Exponenten α (= 2/3 bzw. 0,7) auf den Wert R^{α}.

Für den Gebrauch haben alle *diese* Formeln den großen Vorzug, daß sie mit dem Rechenschieber ganz durchgerechnet werden können. Dies gilt nicht mehr für die Fließformel nach FORCHHEIMER, die lautet:

$$v = c' \cdot R^{0,7} \cdot J^{0,5} = \frac{1}{n} \cdot R^{0,7} \cdot J^{0,5},$$

wobei wieder, wie bei MANNING, n = Rauhigkeitsziffer nach GANGUILLET-KUTTER[2]. Nun wird der *unvermeidliche* Fehler, der durch die schätzungsweise Annahme des Geschwindigkeitsbeiwertes c' in das Endresultat hineingetragen wird, meist höhere Abweichungen von den wirklichen Verhältnissen in der Natur bedingen, als dies der Unterschied der Exponenten 0,67 ($^2/_3$) und 0,70 vermag. In Abb. 12a wurden für verschiedene R-Werte die zugehörigen $R^{0,7}$- und $R^{0,67}$-Werte bzw. die $\sqrt[5]{R}$- und $\sqrt[6]{R}$-Werte (siehe unten!) ermittelt und aufgetragen. Bis

[1] MANNING: Trans. Instn. Civ. Engrs. Ireland 1890.

[2] Vgl. Aufgabe 3, S. 16 und Anhang, Tafel 2.

$R \sim 5{,}0$ m schwankt der Unterschied dieser beiden Potenzen bzw. Wurzeln nur zwischen 0 und 5% und erreicht bei $R \sim 8{,}0$ m etwa 7%. Bei dieser Sachlage ist es nicht verständlich, daß der Exponent 0,70 in der Wasserbauliteratur dem Exponenten 0,67 so weitgehend den Rang ablaufen konnte[1].

Die oben genannten Geschwindigkeitsformeln vom Aufbau

$$v = c' R^{\alpha} J^{\beta}$$

lassen sich alle ohne weiteres auf die BRAHMS-DE CHÉZYsche Formel zurückführen. Man erhält:

MANNING: $v = \left(\frac{1}{n}\sqrt[6]{R}\right) \cdot R^{1/2} \cdot J^{1/2} = \left(\frac{1}{n}\sqrt[6]{R}\right) \cdot \sqrt{R \cdot J}$;

GAUCKLER-STRICKLER: $v = \left(k \cdot \sqrt[6]{R}\right) \cdot R^{1/2} \cdot J^{1/2} = \left(k \cdot \sqrt[6]{R}\right) \sqrt{R \cdot J}$;

FORCHHEIMER: $v = \left(\frac{1}{n}\sqrt[5]{R}\right) \cdot R^{1/2} \cdot J^{1/2} = \left(\frac{1}{n}\sqrt[5]{R}\right) \cdot \sqrt{R \cdot J}$.

Dabei stellt der jeweilige *Klammer*ausdruck den Geschwindigkeitsbeiwert dar, der nun bei *dieser* Schreibweise — wie bei BAZIN und KUTTER[2] — außer von der Rauhigkeit auch noch vom Profilradius R abhängig ist.

Anwendungsbeispiele für die oben genannten Fließformeln bringen die folgenden Aufgaben, insbesondere auch Aufgabe 10 mit einer kritischen Betrachtung.

Aufgabe 3.

Ermittlung der Wassergeschwindigkeiten und Wassermengen mit der BRAHMSschen Fließformel und den Geschwindigkeitsbeiwerten *c* nach BAZIN, GANGUILLET-KUTTER und KUTTER (kleine *c*-Formel) in einem Maulprofil bei verschiedenen Fülltiefen.

I. Für das in Abb. 13 beschriebene Maulprofil ($r = 1{,}30$ m) sind die Kurven der Geschwindigkeiten v und der sekundlichen Abflußmengen Q für einen zwischen Sohle und Scheitel schwankenden Wasserstand bei einem Sohlgefälle von $J = 1:500$ und gleichförmiger Wasserbewegung zu berechnen und aufzuzeichnen!

Die Berechnung ist durchzuführen mit der BRAHMSschen Fließformel $v = c \cdot \sqrt{R \cdot J}$, wobei der Geschwindigkeitsbeiwert c

[1] Vgl. dazu auch noch die ausführliche kritische Betrachtung zu den Geschwindigkeitsformeln S. 20.

[2] Vgl. Aufg. 3.

a) nach BAZIN mit $\gamma = 0{,}20$,
b) nach GANGUILLET-KUTTER mit $n = 0{,}014$

anzusetzen ist. Die Rauhigkeitsbeiwerte γ und n beziehen sich hier auf *sauber gearbeitetes, glattes, gut gefügtes Ziegelmauerwerk* eines Abwasserkanals.

II. Wie groß müßte der Radius eines Kreisprofils sein, wenn es bei dem oben gegebenen Sohlgefälle $J = 1:500$, bis zum Scheitel gefüllt, die gleiche Wassermenge Q fördern soll wie das unter I. gegebene Maulprofil bei ganzer Füllung? Dabei soll zu dieser Ermittlung für beide Profile der Geschwindigkeitsbeiwert c durch die sog. *kleine* KUTTERsche Formel mit dem Rauhigkeitsbeiwert $m = 0{,}35$ ausgedrückt werden!

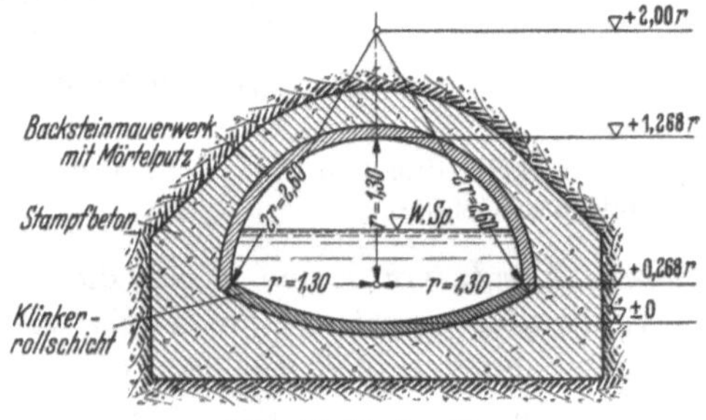

Abb. 13. Maulprofil.

Lösung.

I.

Das hier zu untersuchende Maulprofil ist ein „künstliches" Gerinne[1], wie es häufig bei Abwasserkanalnetzen benutzt wird. Bei solchen künstlichen Gerinnen ist die Verwendung der Fließformel von BRAHMS zur Geschwindigkeitsberechnung das Gegebene. Diese in Aufgabe 2 abgeleitete Formel lautet

$$v = c \cdot \sqrt{R \cdot J}.$$

Darin bedeuten:

c = Geschwindigkeitsbeiwert,
R = hydraulischer Radius $= F/p$ in m,
J = relatives Spiegelgefälle[2].

Die Größen R bzw. F und p sind reine Formgrößen; ebenso J, weil es sich in unserem Fall um gleichförmige Wasserbewegung handelt, bei welcher das Spiegelgefälle gleich ist dem Sohlgefälle.

Der Wert c ist in erster Linie abhängig von der Rauhigkeit des Bettes, d. h. abhängig vom Material und Zustand der Gerinnewandung; in zweiter Linie ist c eine Funktion vom hydraulischen Radius R, d. h. eine Funktion von der Größe des Wasserquerschnitts und von der Form des Gerinnequerschnitts $\left(R = \frac{F}{p}\right)$[3].

---

[1] Zum Unterschied von „natürlichen" Gerinnen (Bäche, Flüsse usw.).
[2] Vgl. dazu die Bemerkungen auf S. 14.
[3] Vgl. dazu auch S. 90ff.

Bei den nachfolgenden Ansätzen für den Geschwindigkeitsbeiwert c ist folgende Grundform benutzt worden:

$$c = \frac{a}{1 + \frac{b}{\sqrt{R}}}.$$

Dabei setzten GANGUILLET und KUTTER[1]:

$$a = 23 + \frac{1}{n} + \frac{0{,}00155}{J},$$

$$b = \left(23 + \frac{0{,}00155}{J}\right) \cdot n,$$

n = Rauhigkeitsziffer (vgl. Anhang, Tabelle 2),
J = relatives Gefälle.

Diesem Ansatz von a und b liegt die Annahme zugrunde, daß der Geschwindigkeitsbeiwert c zwar immer von der Rauhigkeit abhängt und mit zunehmendem R wächst; dabei wird aber die Abhängigkeit von der Rauhigkeit um so geringer, je größer R ist, d. h. das Wachstum von c nimmt mit zunehmendem R *ab*.

Zusammenhang zwischen c und J: bei glatten, rechteckigen Gerinnen und Erdkanälen von mäßiger Größe wächst c mit zunehmendem J; bei rauheren, rechteckigen Kanälen, sowie in Bächen, Flüssen oder gar Strömen nähme dagegen — den amerikanischen Messungen am Mississippi gemäß — c mit wachsendem J ab[2]. Inzwischen wurden die vorgenannten Messungen als nicht genügend genau erkannt.

Die vorstehende Formel für den Geschwindigkeitsbeiwert c ist in ihrem Ergebnis außerordentlich empfindlich hinsichtlich des angesetzten Wertes für n. Bei ihrer Verwendung kommt es also praktisch sehr darauf an, den Beiwert n richtig zu wählen, was trotz der vorhandenen zahlreichen Messungen schwierig ist. Außerdem hat MANNING[3] mit seiner Fließformel $\left(v = \frac{1}{n} \cdot R^{2/3} J^{1/2} = \frac{1}{n} R^{1/6} \cdot \sqrt{R \cdot J}\text{, also } c = \frac{1}{n} \cdot R^{1/6}\right)$ gezeigt, daß sie sich den von GANGUILLET-KUTTER benutzten Messungen anschließt, ohne daß das Gefälle J berücksichtigt wird.

Die GANGUILLET-KUTTERsche Formel für c wird meist in dieser Form geschrieben:

$$c = \frac{23 + \frac{1}{n} + \frac{0{,}00155}{J}}{1 + \left(23 + \frac{0{,}00155}{J}\right) \cdot \frac{n}{\sqrt{R}}}$$

---

[1] GANGUILLET u. KUTTER: Versuch zur Aufstellung einer Formel für die gleichförmige Bewegung des Wassers. Bern 1877 — Z. öst. Ing.- u. Archit.-Ver. Bd. 21 (1869) S. 6 u. 46.

[2] Vgl. auch S. 80ff.

[3] MANNING: Trans. Instn. Civ. Engrs. Ireland 1890.

oder, wenn das relative Gefälle J in ‰ eingesetzt wird:

$$c = \frac{23 + \frac{1}{n} + \frac{1,55}{J‰}}{1 + \left(23 + \frac{1,55}{J‰}\right) \cdot \frac{n}{\sqrt{R}}}.$$

Nach KUTTER[1] ist der mit vorstehender Formel berechnete Wert c um 5 bis 6 Einheiten zu erhöhen, wenn es sich um die Geschwindigkeitsberechnung v für einen *halbkreisförmigen* Querschnitt handelt.

Von KUTTER wurde durch Vereinfachung der obigen großen Formel noch die Beziehung für c aufgestellt:

$$c = \frac{a}{1 + \frac{b}{\sqrt{R}}} = \frac{100}{1 + \frac{m}{\sqrt{R}}} = \frac{100 \cdot \sqrt{R}}{m + \sqrt{R}},$$

m = Rauhigkeitsziffer (vgl. Anhang, Tabelle 2a),
R = hydraulischer Radius.

Diese Formel, meist mit „KUTTER-Formel" oder als „abgekürzte KUTTER-Formel" bezeichnet, hat sich besonders in der Siedlungswasserwirtschaft (Wasserversorgung[2] und Kanalisation[3]) eingebürgert.

1897 folgte dann BAZIN mit dem gegenüber seiner ersten Veröffentlichung vom Jahre 1865 umgeänderten Ausdruck für c, den er auf Grund von über 600 Messungen erhalten hat:

$$c = \frac{a}{1 + \frac{b}{\sqrt{R}}} = \frac{87}{1 + \frac{\gamma}{\sqrt{R}}} = \frac{87 \cdot \sqrt{R}}{\gamma + \sqrt{R}},$$

γ = Rauhigkeitsziffer (vgl. Anhang, Tafel 1),
R = hydraulischer Radius.

Dieser Ausdruck ist wie die KUTTER-Formel aufgebaut; nur setzt sie $a = 87$, so daß auch die γ-Werte kleiner sind als die m-Werte.

Mit diesen 3 Ansätzen für den Geschwindigkeitsbeiwert c soll nun in der vorliegenden Aufgabe gerechnet werden.

Zunächst ist nach den Geschwindigkeiten für verschiedene Fülltiefen gefragt. Da die Profilform gegeben und durch die Bedingung $r = 1,30$ m zahlenmäßig festgelegt ist, da ferner J und γ bzw. n gegeben sind, kann für jede gedachte Fülltiefe der zugehörige Wasserquerschnitt F und der zugehörige benetzte Umfang p und damit R ermittelt werden. Aus γ und R (BAZIN) bzw. aus n, R und J (GANGUILLET-KUTTER) ergibt sich das entsprechende c und so letzten Endes die gesuchte Geschwindigkeit v aus

$$v = c \cdot \sqrt{R \cdot J} \text{ m/sek}.$$

[1] KUTTER: Allg. Bauztg. (1870) S. 239.
[2] mit etwa $m = 0,25$. — [3] mit etwa $m = 0,35$.

Da sich diese Rechnung für jede gewählte Fülltiefe wiederholen läßt, entspricht somit jeder Fülltiefe eine ganz bestimmte Geschwindigkeit.

Die *Wassermenge* Q ist — wie wir bereits in der Aufgabe 1 gesehen haben — eine Funktion des Wasser*querschnitts* F und der Wasser*geschwindigkeit* v, ausgedrückt durch die Beziehung

$$Q = F \cdot v \text{ m}^3/\text{sek}.$$

Da jedem Füllungsgrad, d. h. also jeder Fülltiefe, ein bestimmter Wasserquerschnitt F und eine bestimmte mittlere Profilgeschwindigkeit v zukommt, ergibt sich auch für jede Fülltiefe eine ganz bestimmte Wassermenge Q, welche mittels obiger Beziehung ohne weiteres berechnet werden kann.

Somit ist die Frage I dieser Aufgabe im *Prinzip* gelöst.

Zur *praktischen Durchführung* der *Zahlen*rechnung wählen wir uns von den unendlich vielen möglichen Fülltiefen zwischen Fülltiefe 0 und Füllung bis zum Scheitel folgende aus (vgl. Abb. 15):

Profil leer; Wasserspiegelkote	±0	
,,	0,116	
,,	0,232	
,,	0,348	(0,268 · 1,3)
,,	0,648	
,,	0,948	
,,	1,148	
,,	1,348	
,,	1,548	
Profil voll; ,,	1,648	(1,268 · 1,3)

Zur Berechnung der F und p gehen wir am zweckmäßigsten von den Kreissegmenten aus. Allgemein gilt:

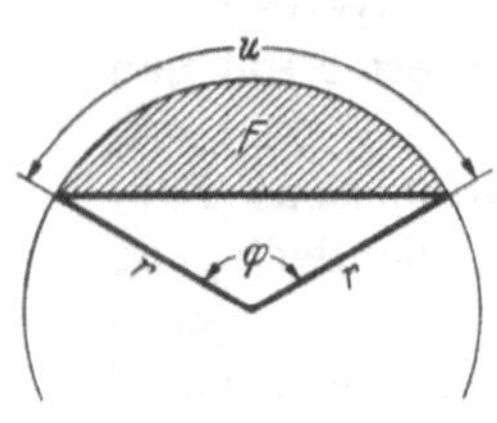

Abb. 14.

$$F = \frac{1}{2} r^2 \left(\frac{\varphi^\circ \cdot \pi}{180^\circ} - \sin\varphi \right) = a_f (b_f \cdot \varphi^\circ - \sin\varphi),$$

$$U = \frac{\varphi^\circ \cdot \pi}{180} \cdot r = c_f \cdot \varphi^\circ.$$

a_f, b_f und c_f sind hierbei fest gegebene Größen für *alle* vorkommenden Kreissegmente F und Kreisbögen U; *oberhalb* Kote + 0,348 wird:

$$a_f = \frac{1{,}3^2}{2} = 0{,}84; \quad b_f = \frac{\pi}{180^\circ} = 0{,}0174; \quad c_f = \frac{\pi \cdot 1{,}3}{180^\circ} = 0{,}0227.$$

Unterhalb Kote + 0,348 werden diese Zahlengrößen:

$$a_f = \frac{2{,}6^2}{2} = 3{,}38; \quad b_f = 0{,}0174; \quad c_f = \frac{\pi \cdot 2{,}60}{180^\circ} = 0{,}0454.$$

Tabelle 2. *Berechnung von F und U.*

Zwischen den Spiegelkoten	$\cos \frac{\varphi}{2}$	$\frac{\varphi}{2}$	φ	$\sin \varphi$	F m²	U m
1,648 und 1,548	$\frac{1,2}{1,3} = 0,922$	22° 47′	45° 34′	0,714	0,07	1,03
1,648 „ 1,348	$\frac{1,0}{1,3} = 0,7696$	39° 40′	79° 20′	0,983	0,338	1,80
1,648 „ 1,148	$\frac{0,8}{1,3} = 0,6155$	52° 0′	104° 0′	0,970	0,715	2,36
1,648 „ 0,948	$\frac{0,6}{1,3} = 0,4615$	62° 30′	125° 0′	0,819	1,142	2,84
1,648 „ 0,648	$\frac{0,3}{1,3} = 0,2307$	76° 40′	153° 20′	0,449	1,874	3,44
1,648 „ 0,348 (Halbkreis)	0	90° 0′	180° 0′	0	2,660	4,08
±0 und 0,348	$\frac{2,252}{2,6} = 0,8680$	29° 46,4′	59° 33′	0,862	0,602	2,71
±0 „ 0,232	$\frac{2,368}{2,6} = 0,9103$	24° 30′	49° 0′	0,755	0,338	2,22
±0 „ 0,116	$\frac{2,484}{2,6} = 0,956$	17° 0′	34° 0′	0,559	0,108	1,54

Daraus Gesamtwasserquerschnitt bei voller Füllung (W.Sp.K. 1,648):

$$F = 0,602 + 2,66 = 3,262 \text{ m}^2$$

und benetzter Umfang:

$$p = 2,71 + 4,08 = 6,79 \text{ m};$$

desgleichen bei Füllung. bis 0,10 m unter Scheitel (W.Sp.K. 1,548):

$$F = 3,262 - 0,07 = 3,192 \text{ m}^2,$$

$$p = 6,79 - 1,03 = 5,76 \text{ m};$$

desgleichen bei Füllung bis 0,30 m unter Scheitel (W.Sp.K. 1,348):

$$F = 3,262 - 0,338 = 2,924 \text{ m}^2,$$

$$p = 6,79 - 1,8 = 4,99 \text{ m} \quad \text{usw.}$$

Weitere Berechnung der v und Q siehe Tabelle 3, die Auftragung der Ergebnisse Abb. 15.

II.

Es ist gefragt, wie groß der Radius eines dem Maulprofil gleichwertigen Kreisprofiles sein müßte, wenn bei unveränderlichem Gefälle und unveränderlichem Rauhigkeitsbeiwert durch beide Profile — *vollgefüllt* — die gleiche Wassermenge pro Sekunde durchgehen soll.

Die *Bedingungsgleichung* ist hierfür:

$$Q_M = Q_{Kr},$$

Tabelle 3. *Tabelle zur Berechnung der v und Q.*

Wasserspiegel im Profil (Profilfüllung)	Wasserquerschnitt F m²	Benetzter Umfang p m	Hydr. Radius R m	$\sqrt{R}$	$\sqrt{J}$	$\sqrt{R \cdot J}$	Nach Bazin		v_b [2] m/sek	Q_b [3] m³/sek	Nach Ganguillet-Kutter				v_g [7] m/sek	Q_g [8] m³/sek
							$1+\frac{\gamma}{\sqrt{R}}$	c_b [1]			Zähler [4]	$\frac{n}{\sqrt{R}}$	Nenner [5]	c_g [6]		
1,648	3,262	6,79	0,481	0,694	0,0447	0,0310	1,288	67,6	2,10	6,85	95,175	0,0202	1,480	64,4	1,99	6,50
1,548	3,192	5,76	0,554	0,744	0,0447	0,0332	1,269	68,6	2,28	7,28	95,175	0,0188	1,447	65,8	2,18	6,95
1,348	2,924	4,99	0,587	0,766	0,0447	0,0342	1,261	68,9	2,35	6,87	95,175	0,0183	1,435	66,4	2,27	6,65
1,148	2,547	4,43	0,575	0,758	0,0447	0,0339	1,264	68,8	2,33	5,94	95,175	0,0185	1,440	66,1	2,24	5,70
0,948	2,120	3,95	0,537	0,733	0,0447	0,0328	1,273	68,3	2,24	4,75	95,175	0,0191	1,454	65,5	2,15	4,56
0,648	1,388	3,35	0,414	0,644	0,0447	0,0288	1,311	66,3	1,91	2,65	95,175	0,0218	1,518	62,8	1,81	2,51
0,348	0,602	2,71	0,222	0,471	0,0447	0,0210	1,424	61,0	1,28	0,77	95,175	0,0297	1,705	55,8	1,17	0,65
0,232	0,338	2,22	0,152	0,390	0,0447	0,0174	1,512	57,5	1,00	0,34	95,175	0,0359	1,852	51,3	0,89	0,30
0,116	0,108	1,54	0,070	0,265	0,0447	0,0118	1,755	49,5	0,58	0,06	95,175	0,0528	2,254	42,2	0,50	0,05
±0	0	0	0	0	0,0447	0	∞	0	0	0	95,175	∞	∞	0	0	0

Bemerkungen:

[1]) $c_b = \frac{87}{1+\frac{\gamma}{\sqrt{R}}}$ für $\gamma = 0{,}20$.

[2]) $v_b = c_b \cdot \sqrt{R \cdot J}$ m/sek.

[3]) $Q_b = v_b \cdot F$ m³/sek.

[4]) Zähler $= 23 + \frac{1}{n} + \frac{0{,}00155}{J}$ für $n = 0{,}014$ und $J = 0{,}002$.

[5]) Nenner $= 1 + \left(23 + \frac{0{,}00155}{J}\right) \cdot \frac{n}{\sqrt{R}}$.

[6]) $c_g = \frac{23 + \frac{1}{n} + \frac{0{,}00155}{J}}{1 + \left(23 + \frac{0{,}00155}{J}\right) \cdot \frac{n}{\sqrt{R}}} = \frac{\text{Zähler}}{\text{Nenner}}$.

[7]) $v_g = c_g \cdot \sqrt{R \cdot J}$ m/sek.

[8]) $Q_g = v_g \cdot F$ m³/sek.

wobei sich der Index M auf das Maulprofil, Kr auf das Kreisprofil bezieht.

Da

$$Q_M = v_M \cdot F_M = c_M \cdot \sqrt{R_M \cdot J} \cdot F_M$$

und

$$Q_{Kr} = v_{Kr} \cdot F_{Kr} = v_{Kr} \cdot \sqrt{R_{Kr} \cdot J} \cdot F_{Kr},$$

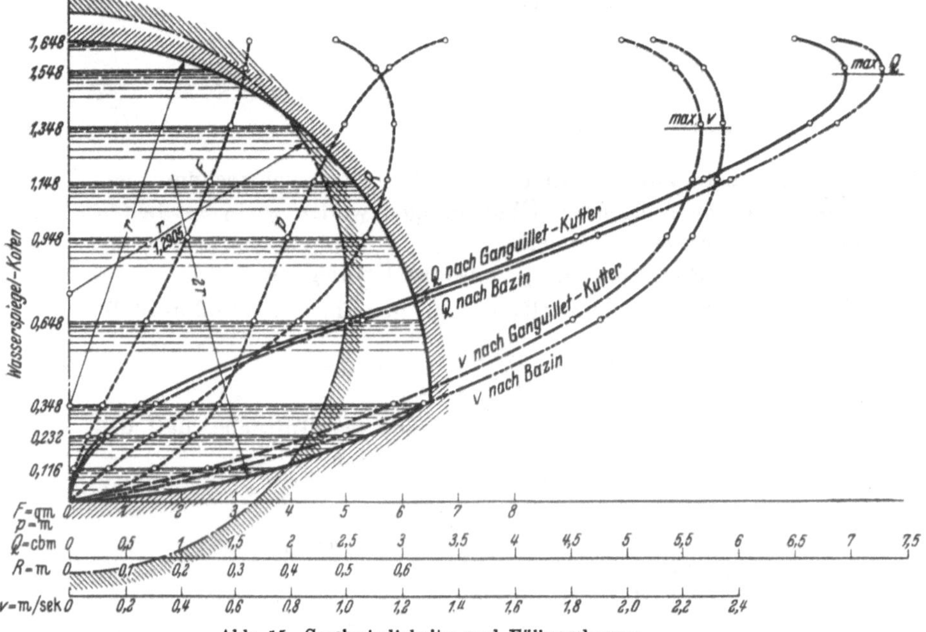

Abb. 15. Geschwindigkeits- und Füllungskurven.

ergibt sich bei Division mit der konstanten Größe $\sqrt{J}$

$$\frac{Q_M}{\sqrt{J}} = c_M \cdot \sqrt{R_M} \cdot F_M \quad \text{und} \quad \frac{Q_{Kr}}{\sqrt{J}} = c_{Kr} \cdot \sqrt{R_{Kr}} \cdot F_{Kr}$$

und wegen $\frac{Q_M}{\sqrt{J}} = \frac{Q_{Kr}}{\sqrt{J}}$ ist

$$c_M \cdot \sqrt{R_M} \cdot F_M = c_{Kr} \cdot \sqrt{R_{Kr}} \cdot F_{Kr}.$$

Die Größen, welche sich auf das Maulprofil beziehen und den Index M zeigen, sind bekannt, so daß die linke Seite der Gleichung ergibt:

$$c_M \cdot \sqrt{R_M} \cdot F_M = \frac{100 \cdot 0,694}{0,35 + 0,694} \cdot 0,694 \cdot 3,262$$
$$= 66,5 \cdot 0,694 \cdot 3,262 = 150,2.$$

c_{Kr}, R_{Kr} und F_{Kr} lassen sich durch den gesuchten Kreisradius r_{Kr} ausdrücken, so daß dann eine Gleichung mit der Unbekannten r_{Kr} zur Verfügung steht.

Es ergibt sich:

$$c_{Kr} \cdot \sqrt{R_{Kr}} \cdot F_{Kr} = \frac{100 \cdot \sqrt{R_{Kr}}}{0{,}35 + \sqrt{R_{Kr}}} \cdot \sqrt{R_{Kr}} \cdot r_{Kr}^2 \cdot \pi\,,$$

$$150{,}2 = \frac{100 \cdot \sqrt{\frac{r_{Kr}}{2}}}{0{,}35 + \sqrt{\frac{r_{Kr}}{2}}} \cdot \sqrt{\frac{r_{Kr}}{2}} \cdot r_{Kr}^2 \cdot \pi\,, *$$

$$\frac{100 \cdot \sqrt{\frac{r_{Kr}}{2}}}{0{,}35 + \sqrt{\frac{r_{Kr}}{2}}} \cdot \sqrt{r_{Kr}^5} = \frac{150{,}2}{\pi} \cdot \sqrt{2} = 67{,}7.$$

Die Gleichung wird am zweckmäßigsten durch Versuchsrechnung gelöst. Wegen der nachfolgenden Überlegungen wollen wir vorstehende Gleichung nicht weiter umformen.

Schätzungsweise ergibt sich r_{Kr} aus der Überlegung,

1. daß $F_{Kr} < F_M$ sein muß (Kreisprofil günstigstes Abflußprofil[1]!), d. h.

$$r_{Kr} < \sqrt{\frac{F_M}{\pi}} = \sqrt{\frac{3{,}262}{3{,}14}} = 1{,}02 \text{ m};$$

2. daß $c_{Kr} > c_M$ sein muß (ebenfalls aus der Tatsache, daß das Kreisprofil das absolut günstigste Profil ist), d. h.

$$c_{Kr} = \frac{100 \cdot \sqrt{\frac{r_{Kr}}{2}}}{0{,}35 + \sqrt{\frac{r_{Kr}}{2}}} > \frac{100 \cdot \sqrt{R_M}}{0{,}35 + \sqrt{R_M}} = 66{,}5 \quad \text{(siehe oben!).}$$

Setzen wir deshalb c_{Kr} versuchsweise gleich dem Werte 67,7 der rechten Seite der Bestimmungsgleichung für r_{Kr}, so wird

$$67{,}7 \cdot \sqrt{r_{Kr}^5} = 67{,}7 \quad \text{oder} \quad r_{Kr} = 1{,}00 \text{ m}.$$

Für $r_{Kr} = 1{,}00$ m wird die linke Seite der Gleichung für r_{Kr}:

$$\frac{100 \cdot 0{,}707}{0{,}35 + 0{,}707} \cdot 1 = 66{,}9 < 67{,}7\,,$$

für $r_{Kr} = 1{,}01$ m ergibt sich

$$\frac{100 \cdot 0{,}71}{0{,}35 + 0{,}71} \cdot 1{,}025 = 68{,}6 > 67{,}7.$$

Durch Interpolation

$$r_{Kr} \sim = 1{,}005 \text{ m},$$

$* \; R_{Kr} = \frac{F_{Kr}}{p_{Kr}} = \frac{r_{Kr}^2 \pi}{2\, r_{Kr} \pi} = \frac{r_{Kr}}{2}.$

[1] Vgl. hierzu S. 45 der Aufgabe 5.

d.h. unter den vorliegenden Bedingungen entspricht dem gegebenen Maulprofil ein Kreisprofil von 1,005 m Radius oder 2,01 m Durchmesser[1].

Die Darstellung der Ergebnisse in Abb. 15 gibt zugleich jene Fülltiefen an, für welche v und Q zu einem Maximum werden. Man ersieht daraus einmal, daß diese Maxima *nicht* bei voller Füllung auftreten, sondern bei geringerer Fülltiefe, außerdem daß die Fülltiefe für das maximale v *nicht* übereinstimmt mit der Fülltiefe für das maximale Q. Wollte man also für das gegebene Maulprofil die größtmögliche mittlere Profilgeschwindigkeit erzielen, so dürfte die Füllung nur etwa bis zur Kote 1,33 m reichen. Soll dagegen für das gleiche Profil die größtmögliche Wassermenge je Sekunde zum Abfluß gelangen, so muß die Füllung etwa bis zur Kote 1,52 m reichen.

Analog wie in diesem Falle liegen die Verhältnisse auch bei *jedem Freispiegel*stollen, wie die Profilform sonst gestaltet und aus welchem Material die Gerinnewandung hergestellt sein mag[2].

Aufgabe 4.

Abhängigkeit der Fließgeschwindigkeit und des Fließgefälles von der Wandrauhigkeit.

Der Oberwasserkanal einer Wasserkraftanlage, dessen Querschnitt in Abb. 16 gegeben ist, ist ein *Erd*profil, dessen Zustand durch den BAZINschen Rauhigkeitsbeiwert $\gamma_e = 1{,}50$ gekennzeichnet ist. Das Kanalgefälle beträgt $J_e = 0{,}000818$.

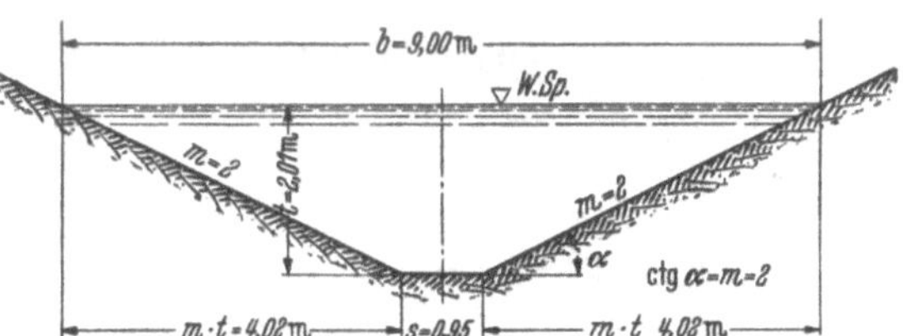

Abb. 16. Erdprofil eines Oberwasserkanals einer Wasserkraftanlage.

I. Welche Erhöhung der Wasserförderung und damit Vergrößerung der Kraftleistung könnte erzielt werden, wenn unter Beibehaltung des Rinngefälles J_e (0,818‰) im Kanal und des lichten Querprofils dessen Sohle und Böschungen eine Betonabdeckung bekämen ($\gamma_b = 0{,}30$ nach BAZIN)?

II. Welches kleinere Rinngefälle J_b wäre für den betongedeckten Kanal nur notwendig, wenn in ihm die mittlere Fließgeschwindigkeit v_b ebenso groß wäre wie im gegebenen Erdprofil ($v_b = v_e$) und die *lichten* Querprofile ebenfalls übereinstimmten?

---

[1] Es ist also $F_{Kr} = \frac{2{,}01^2 \cdot \pi}{4} = 3{,}175\,\mathrm{m}^2$, d. h. kleiner als F_M mit $3{,}262\,\mathrm{m}^2$, und umgekehrt c_{Kr} mit 67,0 größer als $c_M = 66{,}5$.

[2] Vgl. hierzu auch Aufg. 12, S. 100.

Lösung.

I.

Der Frage I liegt der Gedanke zugrunde, durch Anordnung einer Betonabdeckung im Kanal die Wandrauhigkeit gegenüber der Rauhigkeit des Erdprofils herabzusetzen. Denn die kleinere Rauhigkeit vermindert den Reibungswiderstand, der bei der Wasserbewegung im Kanalgerinne überwunden werden muß. Bei unverändertem Rinngefälle bringt aber die verringerte Reibung eine Vergrößerung der Geschwindigkeit. Dies führt nun, da Querschnittsform und Ausmaß des Wasserquerschnitts keine Änderung erfahren haben, zu einer Vergrößerung der sekundlichen Fördermenge Q_b gegenüber Q_e.

Die mittlere Geschwindigkeit v_e des Endprofils ergibt sich nach Brahms zu

$$v_e = c_e \cdot \sqrt{R_e \cdot J_e}.$$

J_e ist gegeben mit 0,000818. Der hydraulische Radius R_e berechnet sich aus $R_e = \frac{F}{p}$. Dabei sind nach Abb. 16:

$$F = \frac{s+b}{2} \cdot t = \frac{0{,}95 + 9{,}00}{2} \cdot 2{,}01 = \mathbf{10{,}0}\ \text{m}^2$$

und

$$p = s + 2 \cdot \sqrt{t^2 + m^2 t^2}^{*} = s + 2t \cdot \sqrt{1 + m^2} = 0{,}95 + 2{,}01 \cdot 4{,}47 = \mathbf{9{,}95}\ \text{m}.$$

Daher $R_e = \frac{10{,}0}{9{,}95} = \mathbf{1{,}005}$ m. Der Geschwindigkeitsbeiwert c_e ermittelt sich nach Bazin zu

$$c_e = \frac{87}{1 + \frac{\gamma_e}{\sqrt{R_e}}} = \frac{87}{1 + \frac{1{,}50}{\sqrt{1{,}005}}} = 34{,}9.$$

Somit wird

$$v_e = 34{,}9 \cdot \sqrt{1{,}005 \cdot 0{,}000818} = \mathbf{1{,}00}\ \text{m/sek}.$$

Die Wasserförderung im Erdgerinne beträgt deshalb

$$Q_e = v_e \cdot F_e = 1{,}00 \cdot 10{,}0 = \mathbf{10{,}0}\ \text{m}^3/\text{sek}.$$

Welche Abflußverhältnisse ergeben sich nun, wenn der bisherige Erdkanal in ein betongedecktes Gerinne umgestaltet wird? Zunächst bleibt das Rinngefälle unverändert, also ist $J_b = J_e$. Außerdem bleiben die Profil*form* und die *Größe des Wasserquerschnitts* so groß wie im Erdkanal, also $F_b = F_e = F$ und $p_b = p_e = p$, d. h. es ist auch $R_b = R_e = R$.

---

* Da die Böschungsneigungen in den Berechnungen mit der Cotangente des Neigungswinkels α angesetzt werden, wurden sie auch in den Zeichnungen dieses Buches durchweg mit $\text{ctg}\,\alpha = m$ eingetragen.

Für die mittlere Geschwindigkeit v_b ergibt sich deshalb

$$v_b = c_b \cdot \sqrt{R_b \cdot J_b} = c_b \cdot \sqrt{R_e \cdot J_e} = c_b \cdot \sqrt{R \cdot J}.$$

Nur der Wert c_b ändert sich gegenüber c_e wegen der kleiner gewordenen Reibungsziffer $\gamma_b = 0{,}30$. Er wird

$$c_b = \frac{87}{1 + \frac{\gamma_b}{\sqrt{R_b}}} = \frac{87}{1 + \frac{\gamma_b}{\sqrt{R_e}}} = \frac{87}{1 + \frac{0{,}30}{\sqrt{1{,}005}}} = 67.$$

Damit:

$$v_b = 67 \cdot \sqrt{1{,}005 \cdot 0{,}000818} = \mathbf{1{,}92}\ \mathrm{m/sek}.$$

Die Fördermenge vergrößert sich also auf

$$Q_b = v_b \cdot F_b = v_b \cdot F_e = 1{,}92 \cdot 10{,}0 = \mathbf{19{,}2}\ \mathrm{m^3/sek}.$$

Vergleicht man die Fließverhältnisse der beiden Gerinne, so zeigt sich, daß bei *gleichem Rinngefälle* J Geschwindigkeit und Wassermenge im glatteren *betonierten* Kanal etwa *doppelt* so groß sind, wie im rauheren *Erd*kanal. Mit zunehmendem R ($R > 1$) verkleinert sich der Unterschied etwas. Dieser hydraulische Vorzug des Betonkanals gegenüber einem Erdkanal erklärt es auch, daß er in der Wasserkraftwirtschaft eine große Bedeutung erlangt hat, besonders da, wo die Ausnützung eines Flusses über eine Seitenentnahme erfolgt. Die größere Geschwindigkeit im glatteren Gerinne ($v_b = 1{,}92$ m/sek in unserem Beispiel) verträgt die Betonauskleidung gut, wogegen ein Erdkanal bei größeren Geschwindigkeiten ($v > 1{,}0$ m/sek) Böschungszerstörungen ausgesetzt ist. Dies ist ein weiterer Vorzug des betongedeckten Gerinnes[1].

II.

Nunmehr wird das Erdgerinne mit einem Betonkanal verglichen, die beide gleiche Querschnittsform (R), gleiche Wasserquerschnittsflächen (F) und gleiche Fließgeschwindigkeiten v aufweisen. Aus der Fließformel

$$v = c \cdot \sqrt{R \cdot J}$$

ergibt sich, daß bei gleichem v und R, aber verschiedenem γ, d. h. verschiedenem c, auch die Fließgefälle J verschieden sein müssen, und zwar kommt dem größeren c_b ein kleineres Gefälle J_b zu. Für das Erdgerinne sind aus Frage I alle Werte bekannt:

$$1{,}0 = 34{,}9 \cdot \sqrt{1{,}005 \cdot 0{,}000818}$$

bzw.

$$J_e = 0{,}000818 = \frac{1{,}0^2}{34{,}9^2 \cdot 1{,}005}.$$

[1] Siehe auch S. 28.

Für das Betongerinne ergibt sich analog

$$J_b = \frac{1{,}0^2}{c_b^2 \cdot 1{,}005}.$$

Mit $c_b = 67$ (Frage I) wird

$$J_b = \frac{1{,}0^2}{67^2 \cdot 1{,}005} = \mathbf{0{,}000222}.$$

Das relative Gefälle vermindert sich beim Betongerinne auf fast $^1/_4$ des Gefällsbedarfs beim Erdkanal. In unserem Beispiel bedeutet dies je Kilometer Kanal eine Gefälleeinsparung von $0{,}818 - 0{,}222 = 0{,}596 \sim 0{,}60$ m, um die die Werkleistung *dauernd* vergrößert wird. Diese Möglichkeit der Nutznießung eingesparten Fließgefälles beim Betongerinne macht dessen Vorzüge gegenüber dem Erdkanal besonders anschaulich.

„Betongedeckter" Triebwerkkanal.

Bei einem Kanal für *Wasserkraftausnutzung* ist man bestrebt, das Gefälle für den Wassertransport möglichst klein zu halten, um in den Turbinen zur Energiegewinnung möglichst viel Gefälle zur Verfügung zu haben. Dieser Kleinhaltung des Fließgefälles dient das „günstigste Profil"[1]. Darüber hinaus kann das Fließgefälle noch verringert werden durch Zugrundelegung einer kleinen mittleren Fließgeschwindigkeit (das Gefälle wächst mit dem *Quadrat* der mittleren Geschwindigkeit!). Für ein fest gegebenes Q (d. i. hier die Ausbauwassermenge der Anlage) wird bei kleinem v aber der Wasserquerschnitt $F = \frac{Q}{v}$ groß. Das führt zu großem Erdaushub mit großen Erdbewegungen und wegen der großen oberen Kanalbreite zu hohen Kosten für den Grunderwerb. Schließlich kann auch noch die gegebenenfalls notwendige Dichtung von Kanalsohle und -böschungen hohe Aufwendungen erfordern.

Aus diesen Gründen hat man beim Wasserkraftausbau der jüngsten Vergangenheit von der noch gegebenen zweiten Möglichkeit, das Fließgefälle zu verkleinern, Gebrauch gemacht, die darin besteht, die Reibungsverluste zu verringern durch Ausführung möglichst glatter Kanalwandungen. Denn bei kleinerem Rauhigkeitsbeiwert wird der Geschwindigkeitsbeiwert c größer und damit $J = \frac{v^2}{c^2 \cdot R}$ kleiner. Zum Beispiel ergäben sich für gleiche Profile mit $R = 2{,}0$ m und $v = 2{,}0$ m/sek für die γ-Werte nach BAZIN die in Tabelle 4 ermittelten Gefällewerte J.

Die Gefällsersparnis des Betongerinnes z. B. gegenüber einem Erdgerinne von der Rauhigkeit $\gamma = 1{,}30$ bei sonst gleich angenommenen Verhältnissen beträgt also je Kilometer Kanallänge 0,59 m. Bei z. B.

[1] Ausführlich behandelt in Aufgabe 5, S. 36.

5 km Länge der Triebwerksleitung würde die Gefällseinsparung also $5 \cdot 0{,}59 = 2{,}95$ m betragen entsprechend rd. $10 \cdot Q \cdot h = 10 \cdot 1{,}0 \cdot 2{,}95 = \sim 30$ PS je m³ Werkwassermenge. Ganz abgesehen davon, daß man in einem normalen ungedeckten Erdgerinne die große Geschwindigkeit $v = 2{,}0$ m/sek wegen des Angriffes besonders auf die Böschungen nicht wählen wird, während das gedeckte Profil auch noch größere Geschwindigkeiten verträgt, hat letzteres auch noch den Vorzug, gegen Wasserverluste durch Versickerung weitgehend zu schützen.

Tabelle 4.

γ	c	J ‰
1,30	45,3	0,98
0,85	54,3	0,68
0,46	65,6	0,46
Beton 0,30	71,7	0,39
Beton 0,16	78,1	0,33

Der *Nachteil* der *betonierten* Kanäle besteht darin, daß sie in der Landschaft, durch die sie führen, *Fremdkörper* sind[1]. Ihre glatten steilen Böschungen machen es außerdem dem Wild unmöglich, von einer Kanalseite zur anderen hinüberzuwechseln, d. h. ein einspringendes Wild kommt aus dem Kanal nicht mehr heraus und ertrinkt. Das hat im Bereiche verschiedener betonierter Kanäle zu erheblicher Wildeinbuße geführt. Schließlich wird der Böschungsbeton im oberen Teil, wenn er nicht sehr sorgfältig hergestellt ist (M.V. nicht unter etwa 1 : 8), durch den Einfluß des ständigen Wechsels von Nässe und Trockenheit, Wärme und Kälte mit der Zeit angegriffen.

Zur Verhinderung der Wildschäden infolge der glatten Betonabdeckungen legt man neuerdings in gewissen Abständen (~200 m) sog. „Wildausstiege" an, indem an diesen Stellen die Betondecke über eine Berme zurückgerückt und die so entstehende Nische in der Böschung mit Erde ausgefüllt und bepflanzt wird. Diese Lösung bedeutet einen Fortschritt und ist überall da am Platz, wo auf die Betonabdeckung wegen des Zwanges zur Abdichtung nicht verzichtet werden kann.

Nachfolgend wird ein Versuch zu einer Lösung gezeigt, wie man die unbestreitbaren Vorzüge eines gedeckten Kanalprofils für eine *Einschnittsstrecke* ausnützen könnte unter gleichzeitiger Beseitigung oder doch Milderung der Mängel, die oben genannt wurden (vgl. Abb. 17). In 0,6 bis 1,2 m Tiefe unter dem normalen Wasserspiegel — in Abb. 17 ist 1,2 m angenommen — wird die Böschung des normalen Betonprofils durch eine schmale Berme von 0,25 m Breite unterbrochen und der so zurückgesetzte obere Teil der beiderseitigen Böschungen mit flacher Neigung ausgeführt. Soweit dafür eine Abdeckung, etwa wegen zu befürchtender Wasserverluste (Versickerung), noch notwendig erscheint, könnte diese durch eine rauhe, mit Kalk-Traßmörtel verfugte Pflasterung erreicht werden, sofern nicht ein Trockenpflaster

[1] Vgl. dazu die Abbildungen im Abschnitt Wasserbau und Landschaft, nach Aufg. 51.

mit z. B. aus Moos gestopften Fugen als ausreichend angesehen wird. Der obere Bordrand könnte, wenn der Einschnitt nicht zu tief ist, weich ausgerundet in das Gelände auslaufen und entsprechend dem Landschaftscharakter bepflanzt werden. (Genaueres hierüber siehe in „Deutsche Wasserwirtschaft“ 1940, S 289 und 325.)

Die vorstehend behandelte Abdeckung eines Gerinnes mit *Beton* stellt natürlich *nicht* die einzige konstruktive Möglichkeit dafür dar,

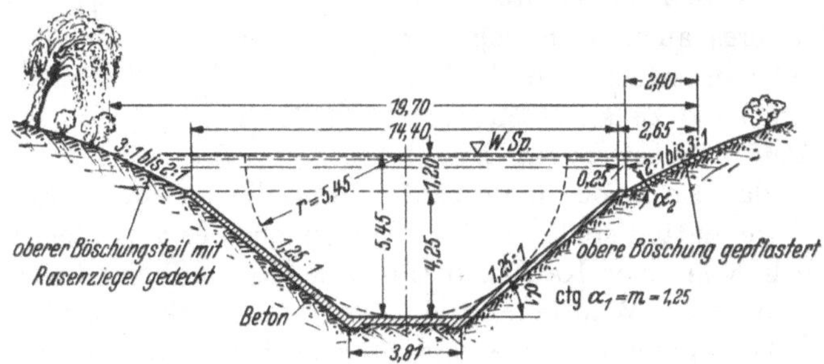

Abb. 17. Einfügung eines betonierten Kanals in die Landschaft.

wie auch die oben angegebenen Gründe nicht die einzigen sind, welche zu einer Profilabdeckung Anlaß geben können. Solche Gründe für die Befestigung von Kanalwandungen und Uferböschungen können sein:

a) Schutz gegen Aus- und Unterspülungen bestehender Böschungen und Ufer durch Wasserströmung und Wellenschlag und Sicherung neu sich bildender Ufer;

b) Erzielung einer Dichtung gegen Versickerung;

c) Erhöhung der hydraulischen Leistungsfähigkeit des Querschnitts (Verringerung des Reibungswiderstandes);

d) Ersparnis von Aushub- und Grunderwerbskosten durch Anordnung steiler Böschungen;

e) statische Notwendigkeiten.

Häufig kommen mehrere dieser Gründe gleichzeitig in Betracht, und je nach der gestellten Aufgabe und des Vorranges unter den Gründen für die Abdeckung ändert sich die konstruktive Ausführung derselben.

Nachfolgend sind in einer Reihe von Abbildungen Beispiele für Gerinne- und Uferabdeckungen sowie für Querschnittsgestaltungen gedeckter Freispiegelprofile zusammengestellt, wobei auch hier die Böschungsneigungen mit ctg α angegeben sind. Sie zeigen die große Mannigfaltigkeit der Lösungsmöglichkeiten entsprechend der Vielheit der vorkommenden Aufgabenstellungen. Für manche der gebrachten Beispiele sind ähnliche Erwägungen wegen der Gestaltung des Landschaftsbildes am Platze, wie sie oben für das betongedeckte Kanalprofil bereits angestellt wurden.

Manches dieser Beispiele gibt auch eine gute Illustration für die Schwierigkeit, den zutreffenden Rauhigkeitsbeiwert festzulegen, wenn es notwendig wird, mit einem solchen die Fließgeschwindigkeit v zu berechnen.

Abb. 18—36. Beispiele für Ufer- bzw. Gerinneabdeckungen[1] und für Querprofile künstlicher Gerinne.

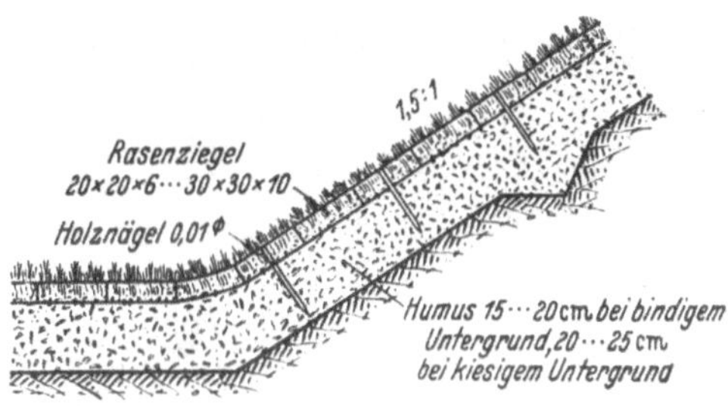

Abb. 18. Abdeckungen mit Rasenziegeln für eine vorübergehende max. Schleppkraftbelastung[2] bis zu $S = 2{,}5$—3 kg/m². Sohle nicht veränderlich. Keine Geschiebebewegung.

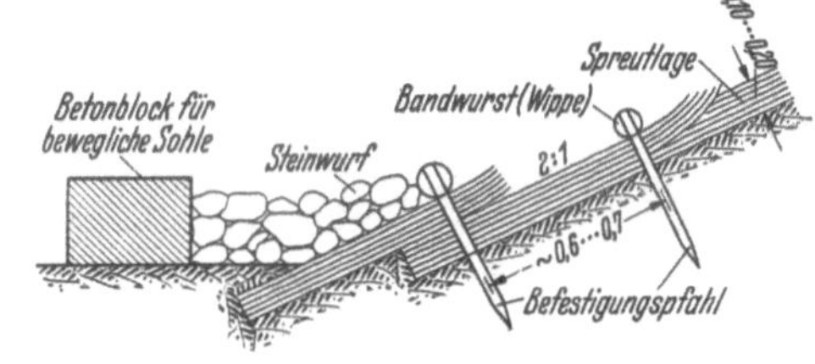

Abb. 19. Uferschutz mit Berauhwehrung (Spreutlage) bei wenig beweglicher Sohle für $S \sim 5$—6 kg/m².

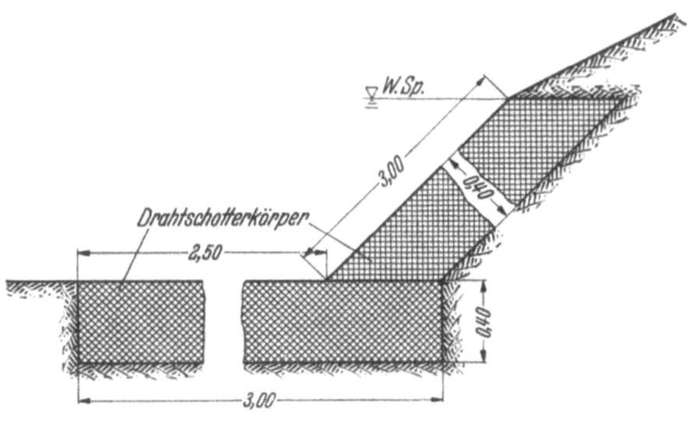

Abb. 20. Uferdeckwerk in Drahtschotterbauweise System Jergitsch, Klagenfurt. Sohle wenig veränderlich (vgl. dazu Abb. 35).

[1] Zahlreiche weitere Beispiele siehe bei WITTMANN: Flußbau; in SCHLEICHER: Taschenbuch für Bauingenieure. Berlin, Springer-Verlag 1949 und bei SCHOKLITSCH: Wasserbau. Bd. 2. Wien, Springer 1930.

[2] Siehe Aufgabe 49.

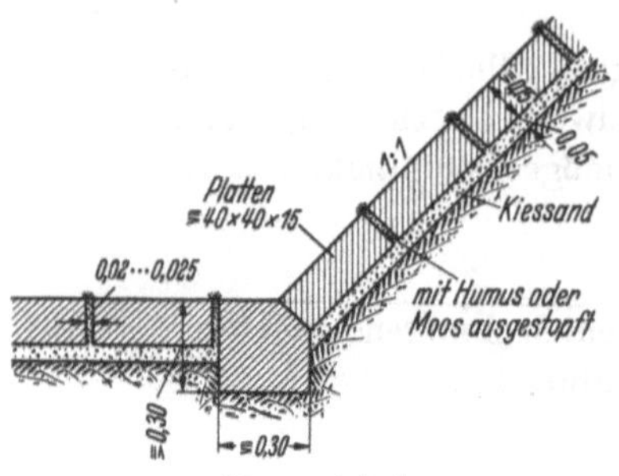

Abb. 21. Plattenabdeckung von Böschung und Sohle für künstliche Gerinne (max $S \sim 8$ kg/m²).

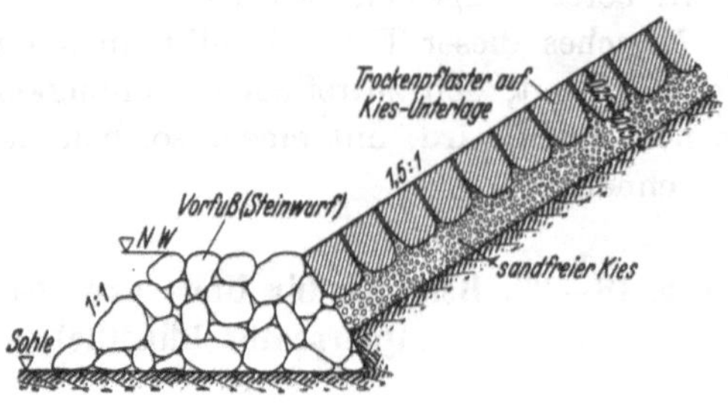

Abb. 22. Trockenpflaster auf Kiesunterlage mit Sicherung des Böschungsfußes durch Steinwurf.

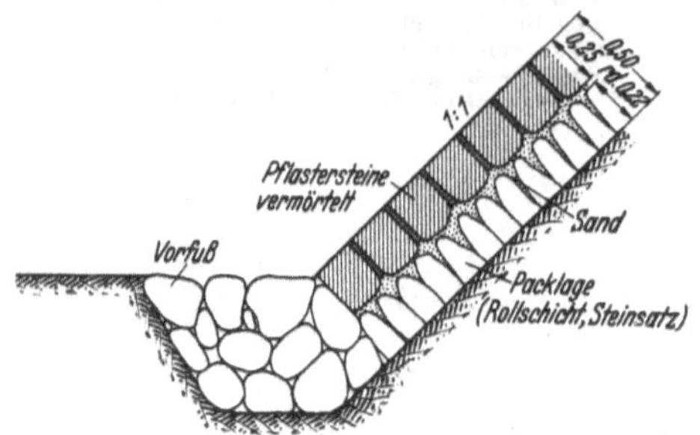

Abb. 23. Mörtelpflaster auf Rollierung. Sohle wenig veränderlich. $S_{max} \sim 12$—15 kg/m².

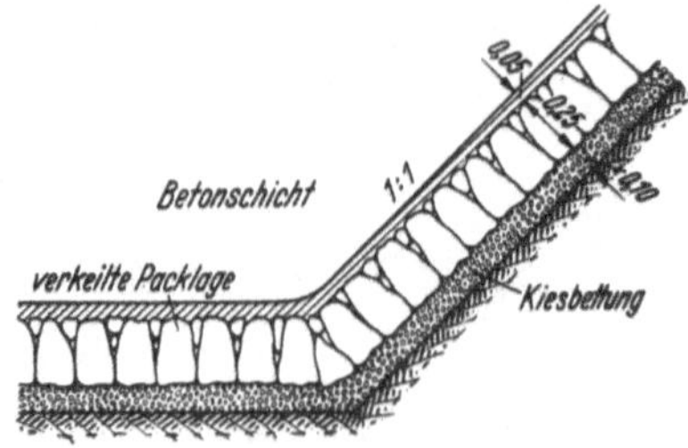

Abb. 24. Betondecke auf Packlage mit Kiesbettung. (SCHOKLITSCH: Wasserbau, Bd. 2.

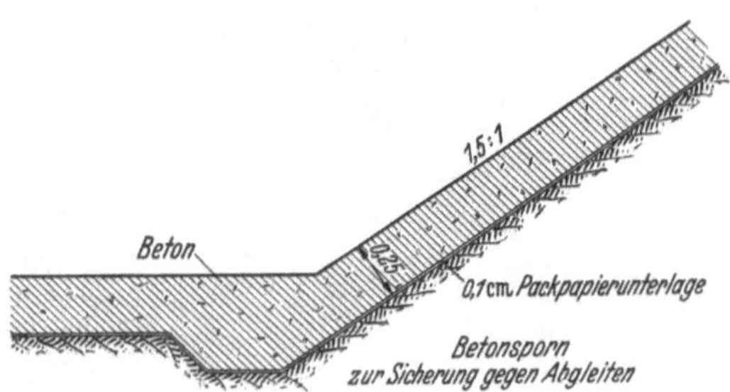

Abb. 25. Übliche Betonabdeckung für gedeckte Wasserkraftkanäle. Betonstärke der Böschungen von unten nach oben abnehmend. Betondicke abhängig von der Wassertiefe und Böschungsneigung (beachte dazu Abb. 17).

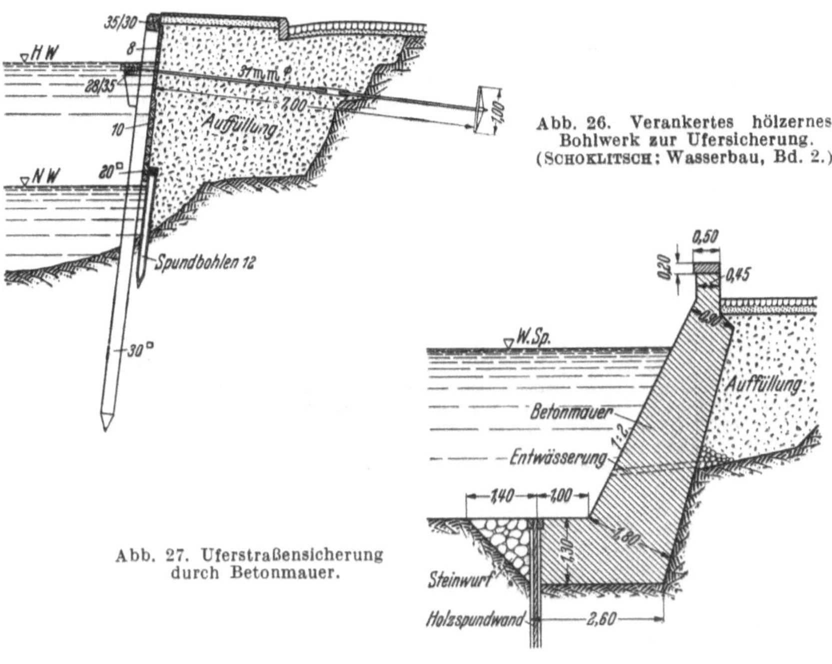

Abb. 26. Verankertes hölzernes Bohlwerk zur Ufersicherung. (SCHOKLITSCH: Wasserbau, Bd. 2.)

Abb. 27. Uferstraßensicherung durch Betonmauer.

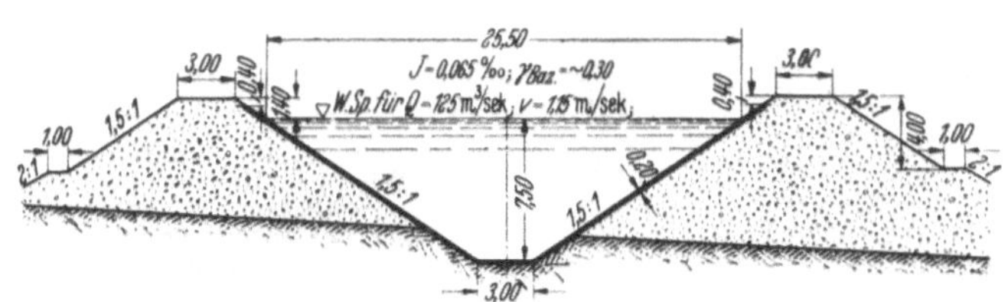

Abb. 28. Betoniertes Auftragsprofil im Zuge der Mittleren Isar-Wasserkraftstufen. (Mittl. Isar A.G.)

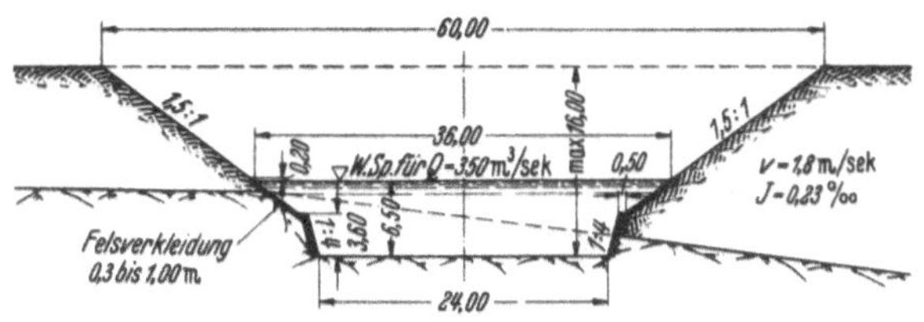

Abb. 29. Betonverkleidetes Profil im Felseinschnitt. (Kraftwerk Gösgen an der Aare, Schweiz.)

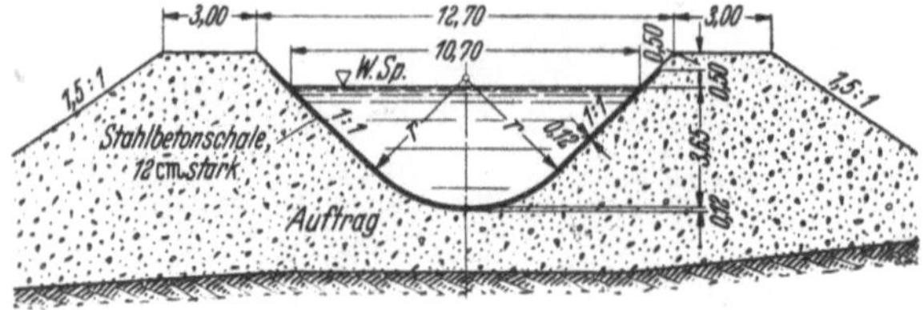

Abb. 30. Muldenförmiges Auftragsprofil mit Stahlbetonschale. (Kraftwerk Arnoldstein Kärnten.)

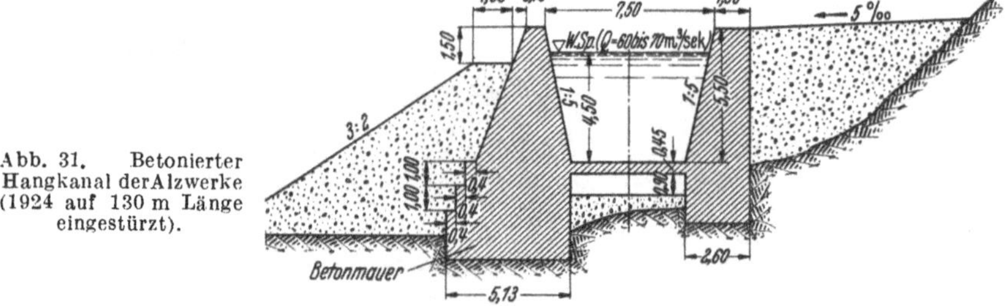

Abb. 31. Betonierter Hangkanal der Alzwerke (1924 auf 130 m Länge eingestürzt).

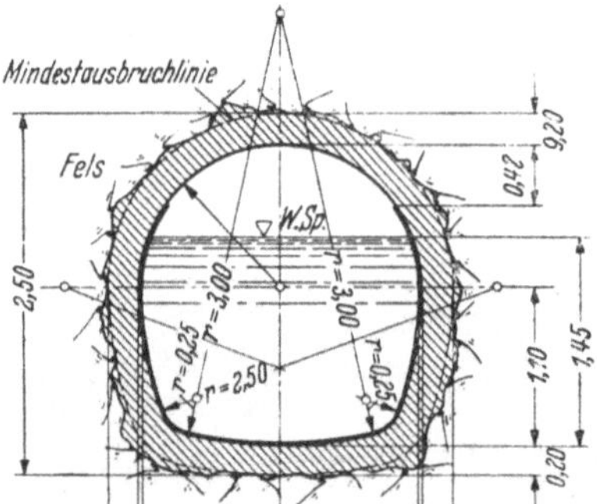

Abb. 32. Ein Profil der Wiener Hochquellenwasserleitung. Betonierter und verputzter Freispiegelstollen.

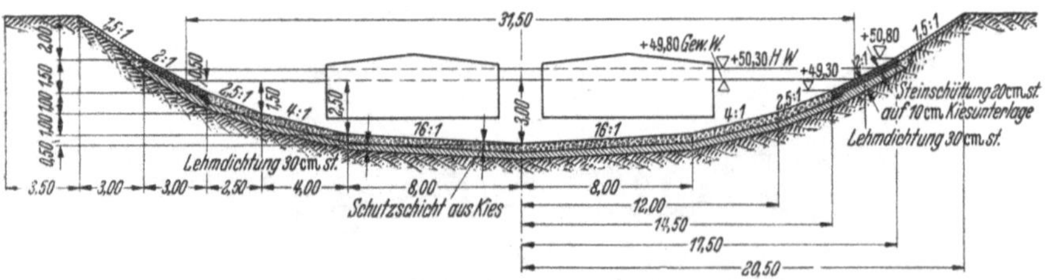

Abb. 33. Querschnitt des Ems-Weser-Kanals. Dichtung und Böschungsschutz gegen Wellenangriff (vgl. dazu die Erläuterungen zu Abb. 34).

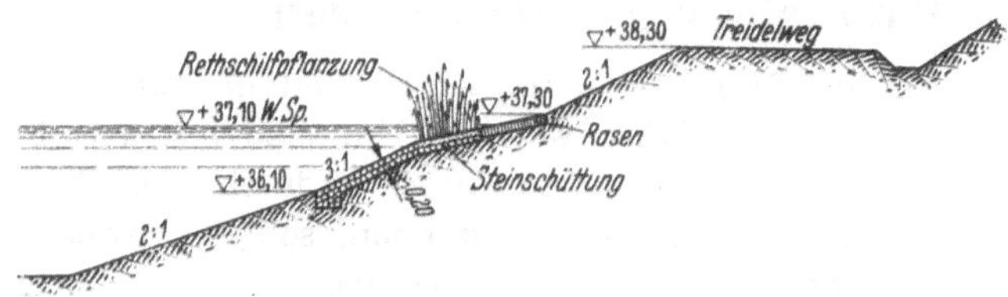

Abb. 34. Böschungsschutz mit Rethschilf am Kanal Berlin—Stettin.
Diese Bepflanzung verhindert das Zurückwerfen der Wellen, bildet damit einen guten Böschungsschutz und gliedert sich obendrein gut in das Landschaftsbild ein, im Gegensatz zu den nackten Steinwürfen anderer Schiffahrtskanäle (z. B. Abb. 33).

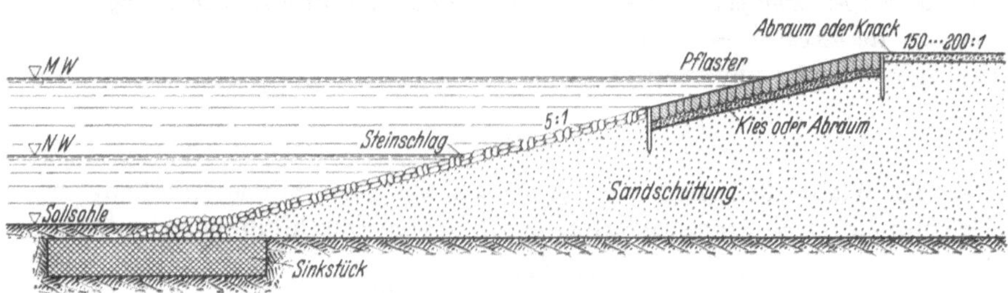

Abb. 35. Uferschutz und Deckwerk an der Elbe.

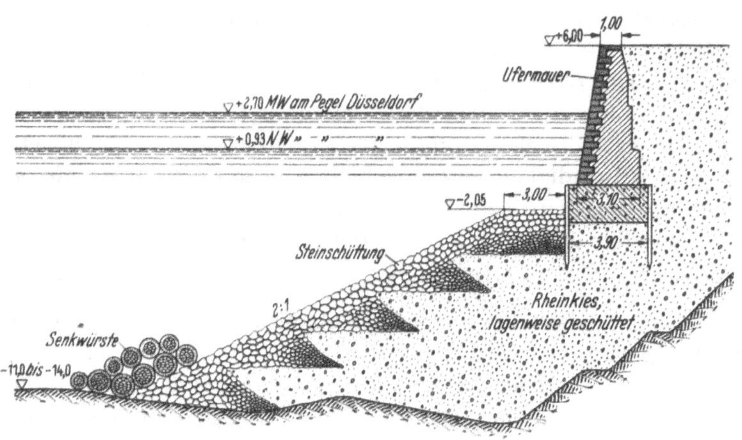

Abb. 36. Ufersicherung, zusammengesetzt aus Senkwürsten, Steinschüttung und hochgestellter Ufermauer am Rhein bei Düsseldorf.

Aufgabe 5.
Hydraulisch günstigstes Profil.

Einem Flusse sollen 70 m³/sek entnommen und in einem Seitenkanal einem Kraftwerk zugeführt werden. Um eine mittlere Fließgeschwindigkeit $v = 2{,}0$ m/sek zulassen und dadurch den Wasserquerschnitt des Kanals klein halten zu können, soll das Kanalprofil durchweg mit Betonverkleidung versehen werden.

Welche Maße ergeben sich für das Kanalprofil und welches Längsgefälle ist für gleichförmigen Abfluß erforderlich, wenn die hydraulisch günstigste Form gewählt wird:

a) für *trapezförmigen* Querschnitt mit einer Böschungsneigung $\cotg\alpha = m = 1{,}5$;

b) für *trapezförmigen* Querschnitt mit *günstigster Böschungsneigung*;

c) für *Rechteck*querschnitt;

d) für *Halbkreis*querschnitt?

Lösung.

Da die Wasserförderung von 70 m³/sek bei einer mittleren Fließgeschwindigkeit $v = 2{,}0$ m/sek erfolgen soll, ist ein Durchflußquerschnitt

$$F = \frac{Q}{v} = \frac{70\ \text{m}^3/\text{sek}}{2{,}0\ \text{m/sek}} = 35{,}0\ \text{m}^2$$

erforderlich. Es liegt also auch die *Größe* des Wasserquerschnitts fest. Das genügt aber noch *nicht* zur *eindeutigen* Festlegung des Gerinnequerprofils nach *Form* und *Ausmaßen*. Denn diese Größe des F kann mit den *verschiedensten* Profil*formen* und für *jede* dieser Profil*formen* mit den *verschiedensten Ausmaßen* gewährleistet werden. Zum Beispiel ist in Abb. 37a ein *rechteckiger* Querschnitt von 35,0 m² zugrunde gelegt, und zwar mit zehn verschiedenen Kombinationen der Größen b und t. Jedes dieser 10 Rechteckprofile fördert 70 m³/sek bei 2,0 m/sek mittlerer Fließgeschwindigkeit. Gleichwohl sind diese Profile *hydraulisch nicht gleichwertig*. Das wird sofort ersichtlich, wenn für diese 10 Querschnitte die jeweilige Größe des benetzten Umfanges p, des hydraulischen Radius $R = \frac{F}{p}$ und des Gefälles $J = \frac{v^2}{c^2 \cdot R}$ berechnet wird. Dies ist in Tabelle 5 geschehen, wobei betongedeckte Profile ($\gamma = 0{,}30$ nach BAZIN) angenommen sind.

Es ergibt sich, daß p beim breiten, seichten Profil und ebenso beim schmalen tiefen Profil größer ist als bei den Übergangsformen vom seichten zum sehr tiefen Profil. Trägt man die Rechenergebnisse der Tabelle 5 auf (Abb. 37b), dann übersieht man besonders anschaulich den gesetzmäßigen Zusammenhang zwischen der durch die b- und t-Werte bedingten *Form* einerseits und den p-, R- und J-Werten anderer-

Tabelle 5.

b	t	F	p	R	c*	J
70,0	0,5	35,0	71,0	0,49	60,96	0,00214
35,0	1,0	35,0	37,0	0,95	66,31	0,000916
20,0	1,75	35,0	23,5	1,49	69,83	0,00055
10,0	3,50	35,0	17,0	2,06	71,96	0,000375
8,37	4,185	35,0	16,73	2,09	72,03	0,000368
6,20	5,65	35,0	17,5	2,00	71,77	0,000389
4,86	7,20	35,0	19,26	1,82	71,17	0,000434
3,50	10,0	35,0	23,5	1,49	69,83	0,00055
1,75	20,0	35,0	41,75	0,84	65,54	0,00111
1,00	35,0	35,0	71,0	0,49	60,96	0,00214

* c für $\gamma = 0{,}30$ (Betongerinne).

seits. Man erkennt auch, daß einer ganz bestimmten Form ein kleinster p- bzw. J-Wert und größter R-Wert zugeordnet ist. Der kleinste benetzte Umfang p verursacht den geringsten Einfluß der Wandrauhigkeit (bei sonst gleichen Verhältnissen), erfordert also auch den geringsten Gefällsaufwand zum Transport der gegebenen Wassermenge Q. Da dies für die Profilform zutrifft, für die p zu einem Minimum und daher auch J zu einem Kleinstwert wird, bezeichnet man diese Form als „*hydraulisch günstigstes Profil*".

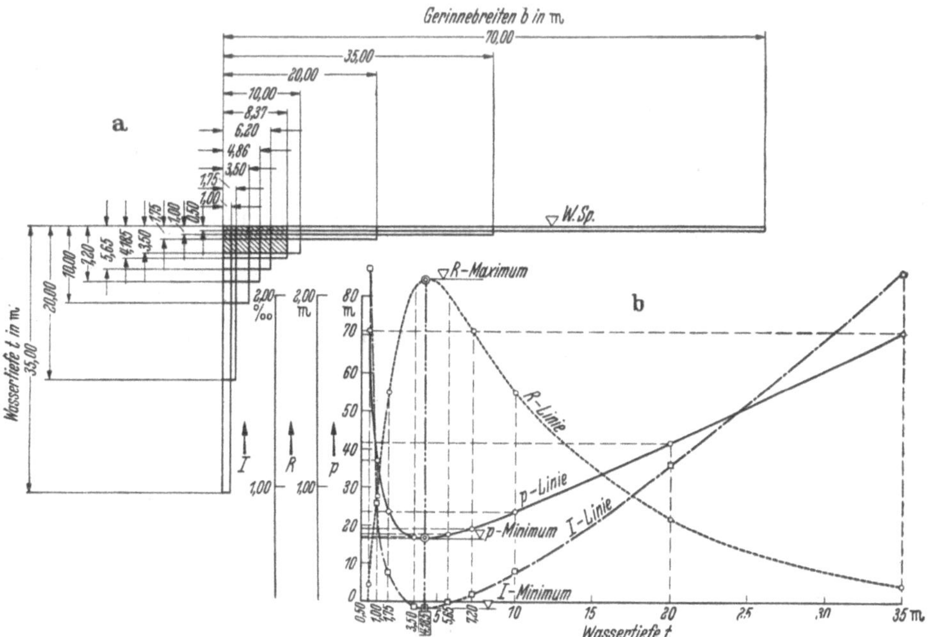

Abb. 37. a) Verschiedene Rechteckprofile mit 35,0 m² Wasserquerschnitt.
b) Abhängigkeit der p-, R- und J-Werte von diesen flächengleichen Rechteckprofilformen.

In Abb. 37a ist dies das schraffierte Rechteck mit $b = 8{,}37$ m und $t = 4{,}185$ m. Ein ähnliches Ergebnis wie in Abb. 37b hätte man auch erhalten, wenn man statt eines Rechteckquerschnitts ein Trapezprofil mit dem Böschungsverhältnis $\operatorname{ctg}\alpha = m$ gewählt hätte, da ja das Rechteck ein Sonderfall des Trapezes ist mit $\operatorname{ctg}\alpha = m = 0$.

Man erhält deshalb für ein gegebenes F und gegebenes Böschungsverhältnis m das *hydraulisch günstigste Profil*, indem man *den benetzten Umfang* p, längs dessen die Reibung wirkt, *zu einem Kleinstwert macht*. Für diesen Fall wird der *hydraulische Radius* R $\left(\text{wegen } R = \frac{F}{p} \text{ und konstantem } F\right)$ zu einem *Größtwert.*

1. Günstigstes Trapezprofil mit fest gegebenen Böschungsverhältnissen.

Um p-Minimum für den geforderten trapezförmigen Querschnitt mit gegebenem F und m zu bilden, muß eine Beziehung aufgestellt werden, in der p und eine der Veränderlichen t oder b bzw. s* vorkommt.

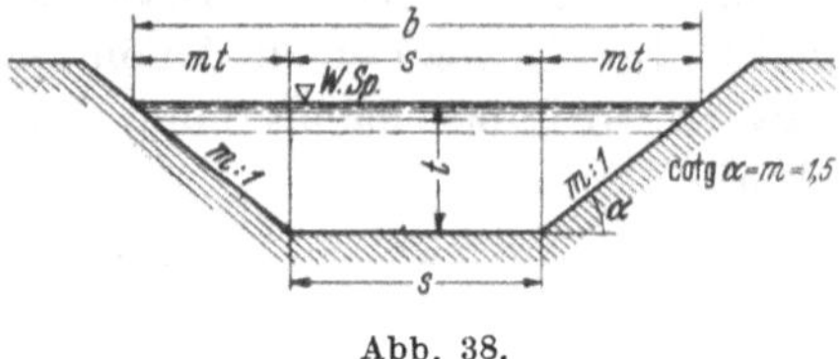

Abb. 38.

Nun gilt mit Bezugnahme auf Abb. 38:

$$F = s \cdot t + 2 \cdot \frac{t \cdot m \cdot t}{2} = s \cdot t + m \cdot t^2, \tag{1}$$

$$p = s + 2 \cdot \sqrt{t^2 + m^2 \cdot t^2} = s + 2 \cdot t\sqrt{1 + m^2}. \tag{2}$$

Aus (1) folgt:

$$s = \frac{F}{t} - m \cdot t.$$

Eliminiert man nun s, indem man diesen Wert in Gl. (2) einführt, so ergibt sich:

$$p = \frac{F}{t} - m \cdot t + 2 \cdot t \cdot \sqrt{1 + m^2}. \tag{3}$$

Da p ein Minimum werden soll, muß $\frac{dp}{dt} = 0$ und $\frac{d^2p}{dt^2} > 0$ sein. Wir differenzieren deshalb Gl. (3) nach t, der Veränderlichen, und setzen den Differentialquotienten $= 0$, also:

$$\frac{dp}{dt} = 0 = -\frac{F}{t^2} - m + 2 \cdot \sqrt{1 + m^2}.$$

* Statt der Spiegelbreite b könnte natürlich auch die Sohlenbreite s als Veränderliche angesetzt werden.

Daraus

$$F = t^2 \cdot \left(2 \cdot \sqrt{1 + m^2} - m\right).$$

Wird $\left(2 \cdot \sqrt{1 + m^2} - m\right) = M$ gesetzt, da dieser Ausdruck bei gegebenem Böschungsverhältnis m eine feste Zahlengröße darstellt, so wird

$$F = t^2 \cdot M.$$

Die *Wassertiefe* t des günstigsten Profils für das gegebene F und m berechnet sich also zu

$$\underline{t = \frac{\sqrt{F}}{\sqrt{M}}}.$$

Führt man diesen Wert in Gl. (3) ein, so erhält man für den *benetzten Umfang* des günstigsten Profils den Ansatz

$$p = 2 \cdot t \cdot \left(2 \cdot \sqrt{1 + m^2} - m\right) = 2 \cdot t \cdot M.$$

Ferner *Sohlenbreite* s des günstigsten Profils:

$$\begin{aligned} s &= p - 2 \cdot t \cdot \sqrt{1 + m^2} \\ &= 2t \cdot \left(2 \cdot \sqrt{1 + m^2} - m\right) - 2t \cdot \sqrt{1 + m^2} \\ &= 2 \cdot t \sqrt{1 + m^2} - 2 \cdot t \cdot m \\ &= t \cdot \left[\left(2 \cdot \sqrt{1 + m^2} - m\right) - m\right] \\ &\underline{= t \cdot (M - m)} \end{aligned}$$

und die *Spiegelbreite* b des günstigsten Profils:

$$\begin{aligned} b &= s + 2 \cdot m \cdot t \\ &= t\,(M - m) + 2 \cdot m \cdot t \\ &\underline{= t\,(M + m)}. \end{aligned}$$

Schließlich wird der *hydraulische Radius* R für das günstigste Profil:

$$R = \frac{F}{p} = \frac{t^2 \cdot M}{2 \cdot t \cdot M} = \underline{\frac{t}{2}}.$$

Für das *günstigste trapezförmige Kanalprofil*, dessen Böschungsverhältnis m gegeben ist, lassen sich also für verschiedene Werte F auf sehr rasche und einfache Weise die Profilformgrößen angeben. In einigen der nachfolgenden Aufgaben wird davon noch Gebrauch gemacht werden.

Für gegebene Böschungsverhältnisse m können die Werte M, $\sqrt{M}$, $(M + m)$ und $(M - m)$ sowie der Ausdruck $2 \cdot \sqrt{1 + m^2}$ der Tafel 4 im Anhang entnommen werden.

Manchmal ist es von Vorteil, alle Profilgrößen statt auf t auf F zu beziehen. Man erhält dann:

$$t = \frac{\sqrt{F}}{\sqrt{M}},$$

$$p = 2 \cdot t \cdot M = 2 \cdot \frac{\sqrt{F}}{\sqrt{M}} \cdot \sqrt{M^2} = 2 \cdot \sqrt{F} \cdot \sqrt{M},$$

$$s = t \cdot (M - m) = \frac{\sqrt{F}}{\sqrt{M}}(M - m) = \sqrt{F} \cdot \left(\sqrt{M} - \frac{m}{\sqrt{M}}\right),$$

$$b = t \cdot (M + m) = \frac{\sqrt{F}}{\sqrt{M}}(M + m) = \sqrt{F} \cdot \left(\sqrt{M} + \frac{m}{\sqrt{M}}\right),$$

$$R = \frac{t}{2} = \frac{\sqrt{F}}{2 \cdot \sqrt{M}}.$$

In der Tafel 4 des Anhangs sind auch die Werte $\left(M - \frac{m}{\sqrt{M}}\right)$ und $\left(M + \frac{m}{\sqrt{M}}\right)$ für die ausgewählten Böschungsverhältnisse m angegeben. Wie man oben nur t einmal im Rechenschieber einzustellen braucht, um dann die anderen Profilgrößen mit dem Schieber abzulesen, können hier durch einmalige Einstellung des Wertes $\sqrt{F}$ sämtliche Größen sofort ermittelt werden.

Daß die vorstehenden Beziehungen für die Trapezformgrößen nur für günstigste Trapezprofile Gültigkeit besitzen, ergibt sich aus ihrer Ableitung. Gleichwohl wird hier nochmals ausdrücklich auf diese Tatsache hingewiesen. Liegt *kein* günstigstes Profil vor, so sind die Formgrößen mittels der *allgemeinen, für Trapeze geltenden Beziehungen* zu rechnen [vgl. weiter oben die Gl. (1) und (2)].

Im vorliegenden Zahlenbeispiel ist $m = 1{,}5$, daher $M = 2{,}10$ und $\sqrt{M} = 1{,}45$.

Für $F = 35{,}0\ \text{m}^2$ wird demnach:

$$t = \frac{\sqrt{35{,}0}}{1{,}45} = \mathbf{4{,}08}\ \text{m},$$

$$p = 2 \cdot 4{,}08 \cdot 2{,}10 = \mathbf{17{,}15}\ \text{m},$$

$$s = 4{,}08 \cdot 0{,}60 = \mathbf{2{,}45}\ \text{m},$$

$$b = 4{,}08 \cdot 3{,}60 = \mathbf{14{,}70}\ \text{m},$$

$$R = \frac{4{,}08}{2} = \mathbf{2{,}04}\ \text{m}.$$

Probe: $\frac{s + b}{2} \cdot t = \frac{2{,}45 + 14{,}70}{2} \cdot 4{,}08 = \mathbf{35{,}0\ m^2}.$

Damit ergibt sich aus der BRAHMSschen Fließformel $v = c \cdot \sqrt{R \cdot J}$,

$$J = \frac{v^2}{c^2 \cdot R} = \frac{2{,}02^2}{c^2 \cdot 2{,}04}.$$

Für $R = 2{,}04$ und $\gamma = 0{,}30$ nach BAZIN wird nach Tafel 3 des Anhangs $c = 71{,}89$, also

$$J = \frac{2{,}0^2}{71{,}89^2 \cdot 2{,}04} = 0{,}00038 = 0{,}38\text{‰}.$$

Das so ermittelte Querprofil ist in Abb. 39 dargestellt. Wie daraus ersichtlich ist, hat das günstigste Profil noch die kennzeichnende Eigenschaft, daß ein mit dem Halbmesser t geschlagener Halbkreis, dessen Mittelpunkt im Wasserspiegel liegt, Sohle und Böschungen berührt.

Beweis:

Ist N der Berührungspunkt der Böschung an den einbeschriebenen Kreis, so gilt, da die Tangente auf dem Radius nach N senkrecht steht, die Beziehung (vgl. Abb. 39):

$$\overline{MN} = \frac{b}{2} \cdot \sin\alpha .$$

Andererseits ist b beim *günstigsten* Profil

$$b = t \cdot (M + m) .$$

Führt man in den Ausdruck

$$(M + m) = \left(2\sqrt{1 + m^2} - m\right) + m$$

für m den Wert $\operatorname{ctg}\alpha$ ein, dann ergibt sich:

$$\left(2 \cdot \sqrt{1 + \operatorname{ctg}^2} - \operatorname{ctg}\alpha\right) + \operatorname{ctg}\alpha = 2 \cdot \sqrt{\frac{\sin^2\alpha + \cos^2\alpha}{\sin^2\alpha}} = 2\sqrt{\frac{1}{\sin^2\alpha}} = \frac{2}{\sin\alpha}.$$

Somit kann man für b auch schreiben:

$$b = t \cdot \frac{2}{\sin\alpha}.$$

Mit diesem Ausdruck für b wird

$$\overline{MN} = t \cdot \frac{2}{\sin\alpha} \cdot \frac{\sin\alpha}{2} = t ,$$

was zu beweisen war.

Da der einbeschriebene Kreis allen aus Vielecken gebildeten *günstigsten* Profilen charakteristisch ist, läßt sich ganz allgemein sagen:

In allen Vielecken (Vielseiten), die mit Seiten gegebener Richtungen gebildet werden, wird der benetzte Umfang p ein Minimum bzw. der hydraulische Radius $R = \frac{F}{p}$ *ein Maximum, wenn sie einem Kreis umschrieben sind* (Abb. 40), dessen Mittelpunkt im Wasserspiegel liegt; der Wasserspiegel selbst zählt dabei *nicht* zum benetzten Umfang.

In Abb. 39 ist noch eine weitere Sonderheit des günstigsten Trapezprofils angegeben: es ist die Böschungslänge a gleich der *halben* Wasserspiegelbreite b, also $a = \frac{b}{2}$. Dies ergibt sich aus der eben abgeleiteten Beziehung für b beim *günstigsten* Profil:

$$b = t \cdot \frac{2}{\sin\alpha} \quad \text{oder} \quad \frac{b}{2} = \frac{t}{\sin\alpha}.$$

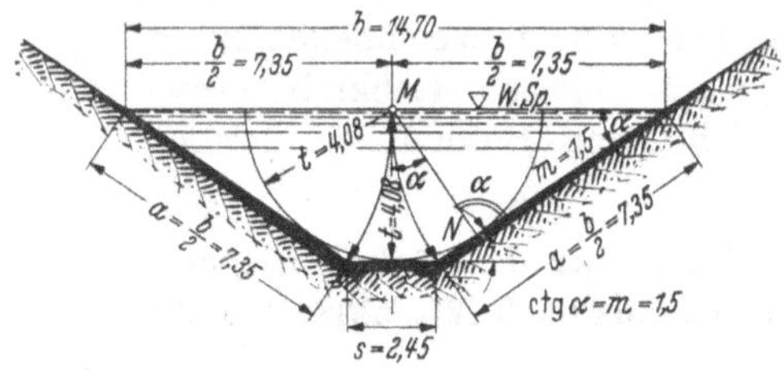

Abb. 39. Günstigstes Trapezprofil für $F = 35{,}0\ \text{m}^2$ und $m = 1{,}5$.

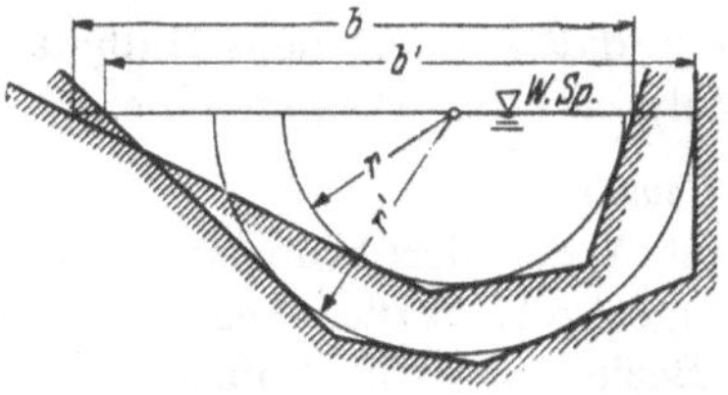

Abb. 40. Günstigste Vielseitprofile mit Seiten gegebener Richtungen.

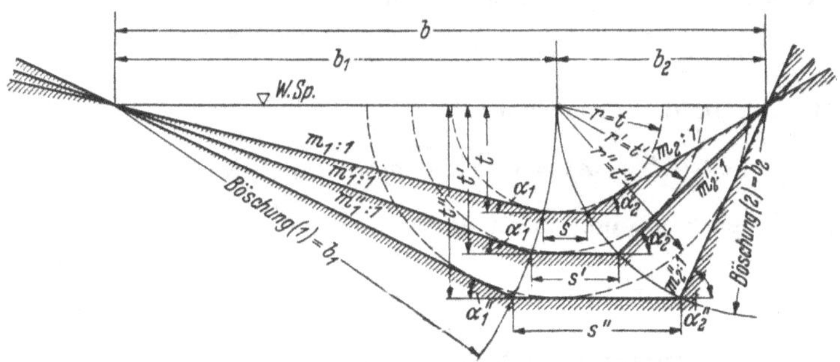

Abb. 41. Günstigste Trapezprofile mit gleichen Böschungslängen b_1 und b_2.

Andererseits ist aus Abb. 39 für a ebenfalls abzulesen:

$$a = \frac{t}{\sin\alpha}, \quad \text{also} \quad a = \frac{b}{2}.$$

Für günstigste Trapezquerschnitte ($R = $ *Maximum*) *gilt allgemein, daß die Summe der Böschungslängen gleich der Wasserspiegelbreite b ist. Bei gleichseitigen Trapezen wird dann jede Böschungslänge gleich der halben Wasserspiegelbreite* (Abb. 41)!

2. Günstigstes Trapezprofil mit günstigster Böschungsneigung.

Setzt man die Gl. (1) und (2) auf S. 38 statt mit m mit dem Böschungswinkel α an, so erhält man (vgl. Abb. 38):

$$F = b \cdot t - t^2 \cdot \operatorname{ctg}\alpha, \tag{1a}$$

$$p = s + \frac{2 \cdot t}{\sin\alpha} = b - 2 \cdot t \cdot \operatorname{ctg}\alpha + 2 \cdot \frac{t}{\sin\alpha}, \tag{2a}$$

aus (1a): $$b = \frac{F}{t} + 1 \cdot \operatorname{ctg}\alpha,$$

in (2a): $$p = \frac{F}{t} + t \cdot \operatorname{ctg}\alpha - 2 \cdot t \cdot \operatorname{ctg}\alpha + 2 \cdot \frac{t}{\sin\alpha}$$

$$= \frac{F}{t} - t \cdot \operatorname{ctg}\alpha + 2 \cdot \frac{t}{\sin\alpha}.$$

Betrachtet man die Böschungsneigung α als *veränderlich*, dann ist p eine Funktion der zwei voneinander unabhängigen Veränderlichen t und α.

Wird zunächst die Ableitung nach α gebildet, t also als unveränderlich betrachtet, so erhält man

$$\frac{\partial p}{\partial \alpha} = \frac{t}{\sin^2\alpha} - \frac{2 \cdot t \cdot \cos\alpha}{\sin^2\alpha}.$$

Um den Kleinstwert für p zu bekommen, ist $\frac{\partial p}{\partial \alpha} = 0$ zu setzen. Damit wird

$$\cos\alpha = \tfrac{1}{2}, \quad \text{d. h.} \quad \alpha = 60°. \tag{3}$$

Dies Ergebnis besagt, daß von allen Profilen mit dem Querschnitt F und der Tiefe t jenes mit dem Böschungswinkel $\alpha = 60°$ das hydraulisch günstigste ist (halbes gleichseitiges Sechseck).

Differenziert man nun die Gleichung für p nach t, indem man α als unveränderlich betrachtet, und setzt wieder $\frac{\partial p}{\partial t} = 0$, dann wird

$$\frac{\partial p}{\partial t} = -\frac{F}{t^2} - \operatorname{ctg}\alpha + \frac{2}{\sin\alpha} = 0.$$

Daraus

$$t = \sqrt{F \cdot \frac{\sin\alpha}{2 - \cos\alpha}}. \tag{4}$$

Die gleichzeitige Erfüllung der Bedingungen (3) und (4) liefert den *möglichen günstigsten* Wert für den benetzten Umfang p. Es wird deshalb das Ergebnis von (3), nämlich $\alpha = 60°$, in (4) eingesetzt, was zu dem Ergebnis führt:

$$t = \sqrt{F \cdot \frac{\sin 60°}{2 - \cos 60°}} = \sqrt{F \cdot \frac{0{,}866}{1{,}5}} = 0{,}76\sqrt{F}.$$

Die übrigen Formgrößen dieses denkbar günstigsten Trapezprofils berechnen sich damit zu

$$b = 1{,}756 \cdot \sqrt{F} = 2 \cdot s,$$
$$s = 0{,}878 \cdot \sqrt{F},$$
$$p = 2{,}634 \cdot \sqrt{F} = 3 \cdot s,$$
$$R = 0{,}38 \cdot \sqrt{F} = t/2.$$

Drückt man alle Größen durch t aus, so wird

$$F = 1{,}731 \cdot t^2,$$
$$b = 2{,}308 \cdot t,$$
$$s = 1{,}154 \cdot t,$$
$$p = 3{,}462 \cdot t = 3 \cdot s,$$
$$R = 0{,}5 \cdot t.$$

Für das gegebene Zahlenbeispiel erhält man folgende Gerinnequerschnittsmaße (vgl. auch Abb. 42):

$$t = 0{,}76 \cdot \sqrt{35{,}0} = 4{,}50\ \text{m},$$
$$s = 0{,}878 \cdot \sqrt{35{,}0} = 5{,}19\ \text{m},$$
$$b = 2 \cdot 5{,}19_5 = 10{,}39\ \text{m},$$
$$p = 3 \cdot 5{,}19_5 = 15{,}58\ \text{m},$$
$$R = \frac{35{,}0}{15{,}58} = 0{,}38 \cdot \sqrt{35{,}0} = \frac{4{,}50}{2} = 2{,}25\ \text{m}.$$

Probe: $\frac{5{,}19 + 10{,}39}{2} \cdot 4{,}50 = 35{,}0\ \text{m}^2.$

Zur Gewährleistung der Förderung von 70 m³/sek bei gleichförmigem Wasserabfluß ist für das in Abb. 42 dargestellte denkbar günstigste Trapezprofil vom Querschnittsmaß $F = 35{,}0\ \text{m}^2$ folgendes Gefälle notwendig:

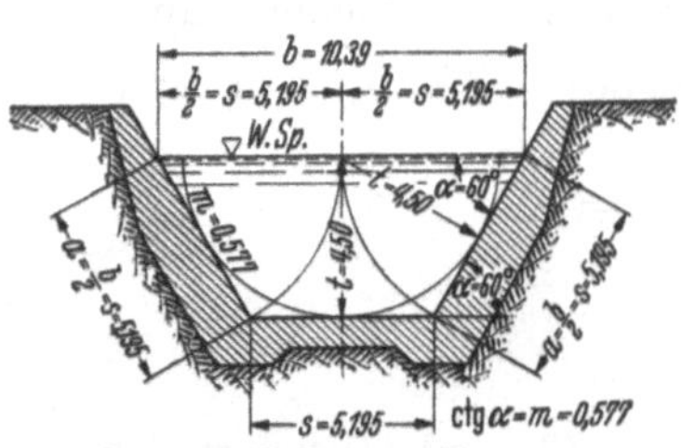

Abb. 42. Denkbar günstigstes Trapezprofil mit $\alpha = 60°$.

$$J = \frac{v^2}{c^2 \cdot R} = \frac{2^2}{73{,}6^2 \cdot 2{,}25}$$
$$= 0{,}000337 = 0{,}337\,‰.$$

Der Gefällsaufwand für den Wassertransport im Profil nach Abb. 42 ist tatsächlich kleiner als jener im Profil nach Abb. 39, ersteres ist also dem letzteren hydraulisch noch überlegen. Seine Anwendungsmöglichkeit ist aber stark eingeschränkt, da die ihm zukommende große Wassertiefe vielfach unbequem ist, außerdem die steile Böschung ($\operatorname{ctg} 60° = m = 0{,}577$) eine kräftige, sehr teuere Böschungsdeckung erfordert.

3. Günstigster Rechteckquerschnitt.

Da ein Rechteck als ein Trapez betrachtet werden kann mit der Böschungsneigung $\operatorname{ctg} 90° = m = 0$, lassen sich die zugehörigen Profilgrößen aus den entsprechenden Formeln für das günstigste Trapezprofil herleiten, indem dort $m = 0$ gesetzt wird:

$$M = 2 \cdot \sqrt{1 + m^2} - m = 2.$$

Man erhält (vgl. Abb. 43):

$$F = \underline{2 \cdot t^2}; \qquad t = \underline{\sqrt{\frac{F}{2}}},$$

$$b = s = \underline{2 \cdot t}; \qquad b = s = \underline{\sqrt{2 \cdot F}},$$

$$p = \underline{4 \cdot t}; \qquad p = \underline{2 \cdot \sqrt{2 \cdot F}},$$

$$R = \underline{\frac{t}{2}}; \qquad R = \underline{\frac{\sqrt{F}}{2 \cdot \sqrt{2}}}.$$

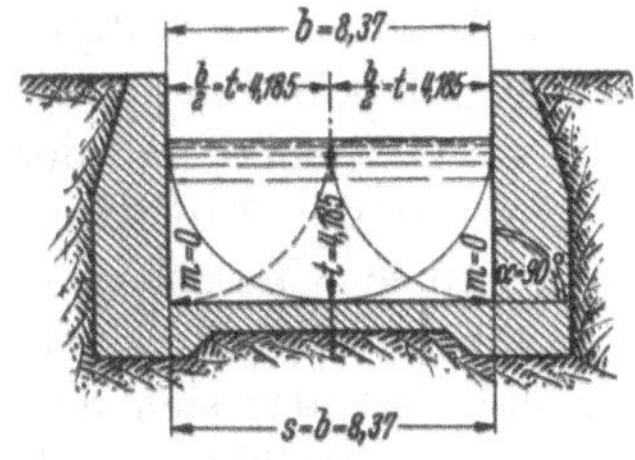

Abb. 43. Günstigstes Rechteckprofil für $F = 35{,}0\ \text{m}^2$.

Diese Beziehungen für die Formgrößen ließen sich auch gewinnen aus den beiden Gleichungen

$$F = b \cdot t \quad \text{und} \quad p = b + 2 \cdot t,$$

indem $b = F/t$ in die letztere Gleichung eingeführt, dann wieder $\frac{dF}{dp}$ gebildet und gleich Null gesetzt wird.

Für $F = 35{,}0\ \text{m}^2$ erhält man die Formgrößen:

$$t = \sqrt{\frac{35{,}0}{2}} = 4{,}185\ \text{m},$$

$$b = s = 2 \cdot 4{,}185 = 8{,}37\ \text{m},$$

$$p = 4 \cdot 4{,}185 = 16{,}74\ \text{m},$$

$$R = \frac{4{,}185}{2} = 2{,}09\ \text{m}.$$

Probe: $8{,}37 \cdot 4{,}185 = 35{,}0\ \text{m}^2$.

Notwendiges Gerinnegefälle:

$$J = \frac{2{,}0^2}{72{,}1^2 \cdot 2{,}09} = 0{,}000368 = 0{,}368\,^0/_{00}.$$

4. Halbkreisquerschnitt.

Die Frage nach dem günstigsten Profil läßt sich auch noch erweitern auf den Fall, daß die Profilfigur selbst nicht von vornherein in der Form des Trapezes, Rechtecks usw. fest gegeben ist, sondern ebenfalls als veränderlich angesehen wird. Die Frage läuft dann darauf hinaus, festzustellen, welches der günstigsten Profile unter den möglichen Querschnittsformen aus vieleckigen und krummlinigen Begrenzungen das *vergleichsweise günstigste* (allergünstigste) Profil darstellt, welches also in seiner hydraulischen Leistungsfähigkeit die übrigen günstigsten Profile noch etwas übertrifft. Diese Profilform ist der *Kreis*, denn die Kreislinie umschließt unter allen krummen und gebrochenen Linien von gleicher Umfangs- und Bogenlänge den größten Flächeninhalt, oder umgekehrt ausgedrückt: *von allen Querschnitten gegebenen Flächeninhalts hat der Kreis den kleinsten Umfang.* Daher ist der von einer

Kreislinie begrenzte Profilquerschnitt der denkbar günstigste. Daß der *Kreis* das allergünstigste unter den *geschlossenen* Profilen ist, ergibt sich aus der Tatsache, daß der hydraulische Radius R bei regelmäßigen Vielecken mit der Zahl der Seiten wächst, so daß er bei unendlich vielen Seiten sein Maximum erreicht. Wir dürfen darüber hinaus schließen, daß bei nicht ähnlichen *offenen* Profilen dasjenige den größeren Profilradius hat, das sich dem Halbkreis am meisten nähert, und daß überhaupt der Halbkreis selbst den größten Profilradius hat[1].

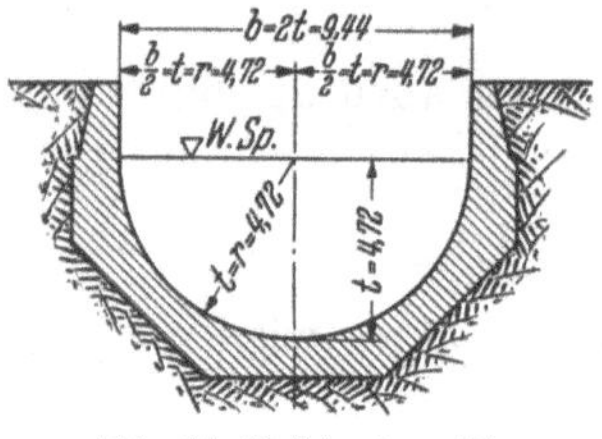

Abb. 44. Halbkreisprofil für $F = 35{,}0$ m².

Für den Halbkreis erhält man folgende Formgrößen:

$$t = r = \sqrt{\frac{2F}{\pi}} \quad \text{und} \quad F = \frac{t^2 \cdot \pi}{2},$$

$$s = p = \sqrt{2 \cdot \pi \cdot F} \quad \text{bzw.} \quad s = p = t \cdot \pi,$$

$$R = \frac{F}{p} = \sqrt{\frac{F}{2 \cdot \pi}} \quad \text{bzw.} \quad R = \frac{t}{2}.$$

Zahlenbeispiel (Abb. 44): $F = 35{,}0$ m².

$$t = r = \sqrt{\frac{2 \cdot 35{,}0}{3{,}14}} = \mathbf{4{,}72}\ \text{m},$$

$$s = p = 4{,}72 \cdot 3{,}14 = \mathbf{14{,}83}\ \text{m},$$

$$R = \frac{4{,}72}{2} = \mathbf{2{,}36}\ \text{m}.$$

Erforderliches Gerinnelängsgefälle:

$$J = \frac{2{,}0^2}{72{,}75^2 \cdot 2{,}36} = 0{,}00032 = 0{,}32^0/_{00}.$$

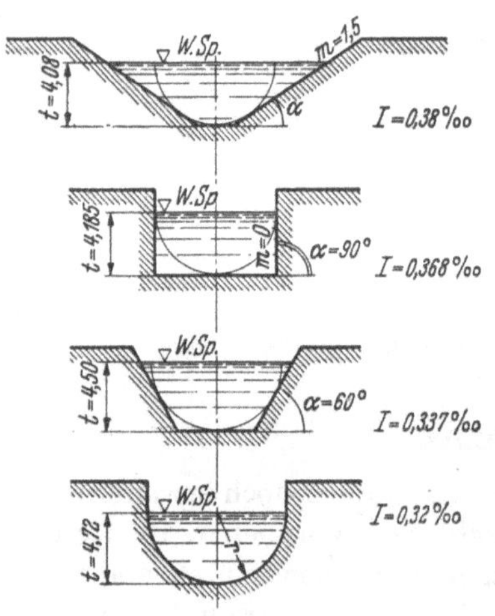

Abb. 45. Die vier untersuchten günstigsten Profile von $F = 35{,}0$ m² und das ihnen zugeordnete Gefälle bei der Förderung von 10,0 m³/sek ($v = 2.0$ m/sek).

Aus der beistehenden Zusammenstellung der Ergebnisse für die vier untersuchten günstigsten Gerinne vom Querschnitt $F = 35{,}0$ m² in Abb. 45 ergibt sich, daß der Halbkreisquerschnitt mit $J = 0{,}32^0/_{00}$ tatsächlich den geringsten Gefällsaufwand erfordert. Er stellt also das absolut günstigste unter den 4 Querschnitten dar.

Ergänzung: Vollkreisquerschnitt.

Unter den geschlossenen Leitungsquerschnitten bildet ebenfalls der *Kreis*querschnitt die hydraulisch günstigste Profilform. Da er außerdem dem Innendruck den größten Widerstand entgegensetzt, kann er auch

[1] Culmann, C.: Graphische Statik, 2. Aufl., Bd. I, S. 114ff. Zürich 1875.

als *statisch* günstigste Profilform angesehen werden. Daraus erklärt sich die fast ausschließliche Verwendung von Kreisquerschnitten für *vollaufende* Leitungen von nicht allzu großem Durchmesser.

Eigenschaften des vollen Kreisprofils.

1. Zusammenhang zwischen *Geschwindigkeit* und *Fülltiefe*.

Nach Abb. 46 läßt sich der Wasserquerschnitt F für die Fülltiefe t als Kreisabschnitt ansetzen zu

$$F = \frac{r^2}{2} \cdot \left(\frac{\varphi^\circ \cdot \pi}{180^\circ} - \sin\varphi\right)$$

oder wenn man den im Gradmaß gemessenen Winkel φ (φ°) in Bogenmaß ($\widehat{\varphi}$) umrechnet:

$$(\widehat{\varphi}) = \varphi^\circ \cdot \frac{\pi}{180^\circ} = \frac{\varphi^\circ}{57{,}29583^\circ},$$

$$F = \frac{r^2}{2} \cdot (\widehat{\varphi} - \sin\varphi).$$

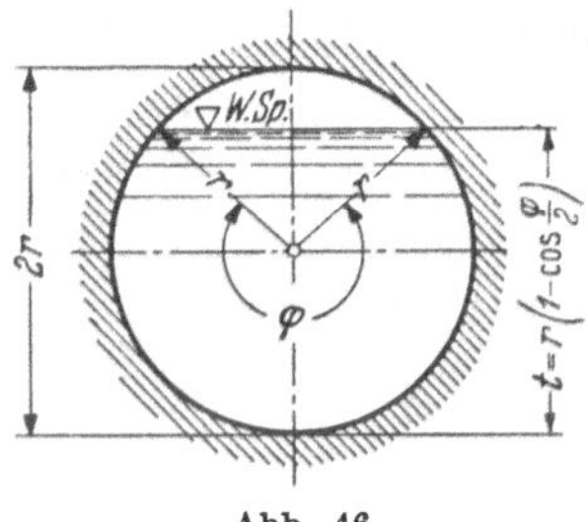

Abb. 46.

Der benetzte Umfang ist $p = r \cdot \widehat{\varphi}$; damit ergibt sich der hydraulische Radius R zu

$$R = \frac{F}{p} = \frac{r}{2} \cdot \frac{\widehat{\varphi} - \sin\varphi}{r \cdot \widehat{\varphi}} = \frac{r}{2}\left(1 - \frac{\sin\varphi}{\widehat{\varphi}}\right).$$

Für $\varphi = 180^\circ$ (*halbe* Füllung $t = r$) wie auch für $\varphi = 360^\circ$ wird $\sin\varphi = 0$ und daher für beide Fälle:

$$R = \frac{r}{2},$$

d. h. *beim vollen* (geschlossenen) *Kreisprofil ist die Geschwindigkeit bei halber und ganzer Füllung gleich groß.*

Bei der Zunahme der Füllung über $r = t$ hinaus nimmt F rascher zu als der benetzte Umfang p, d. h. es wird der hydraulische Radius größer als $r/2$, und damit wächst die mittlere Geschwindigkeit v. Bei weiterer Zunahme der Füllung wächst dann p rascher als F, d. h. es wird R wieder kleiner, bis es schließlich bei ganzer Füllung wieder die Größe $r/2$ erreicht und die Geschwindigkeit auf den Wert der *halben* Füllung zurückgeht. Bei welcher Fülltiefe erreicht nun r und damit v seinen größten Wert? Dies ist der Fall für $dR/d\varphi = 0$. Man erhält:

$$\frac{dR}{d\varphi} = 0 = \frac{-\widehat{\varphi} \cdot \cos\varphi^\circ + \sin\varphi^\circ \cdot 1}{\widehat{\varphi}^2},$$

daraus $\operatorname{tg}\varphi^\circ = \widehat{\varphi}$. Diese transzendente Gleichung ist erfüllt für

$$\varphi = \underline{257^\circ\,27'\,11''},$$

denn für diesen Winkel φ wird sowohl $\operatorname{tg}\varphi$ als auch $\widehat{\varphi}$ gleich 4,4934 (vgl. Abb. 47 b). Diesem Winkel entspricht die Fülltiefe

$$\begin{aligned} t &= r \cdot \left(1 - \cos\frac{\varphi}{2}\right) \\ &= r \cdot \left(1 - \cos\frac{257^\circ\,27'\,11''}{2}\right) \\ &= \underline{1{,}6256 \cdot r} \quad \text{bzw.} \quad t = \underline{0{,}8128 \cdot d}, \end{aligned}$$

wenn $d = 2 \cdot r$ = Durchmesser des Kreisprofils.

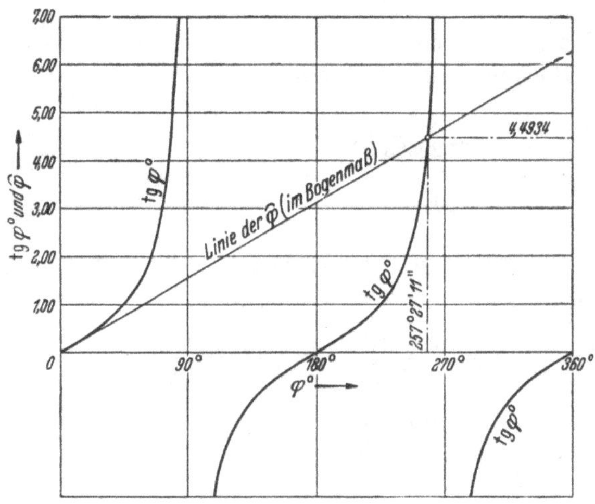

Abb. 47a. Darstellung der transzendenten Gleichung $\operatorname{tg}\varphi^\circ = \widehat{\varphi}$ (Bogenmaß).

Auf Tafel 11 des Anhanges ist der Verlauf der Größen F, R, v, Q für verschiedene Fülltiefen für das Vollkreisprofil aufgetragen. Der Füllspiegel für $v_{\max}$ ist dabei besonders hervorgehoben.

Ferner ist bei dieser Fülltiefe:

$$\begin{aligned} F &= 2{,}7348 \cdot r^2, \\ p &= 4{,}4934 \cdot r, \\ R &= 0{,}6085 \cdot r, \\ v &= 0{,}78 \cdot c \cdot \sqrt{r \cdot J}, \\ Q &= 2{,}133 \cdot c \cdot \sqrt{r^5 \cdot J}. \end{aligned}$$

2. Zusammenhang zwischen *Wassermenge* und *Fülltiefe*.

Benützt man für den Ansatz von v die BRAHMSsche Geschwindigkeitsformel

$$v = c \cdot \sqrt{R \cdot J},$$

so ergibt sich die sekundlich durch das Kreisprofil fließende Wassermenge Q zu

$$Q = c \cdot \sqrt{R \cdot J} \cdot F.$$

Da $R = F/p$, kann man auch schreiben:

$$Q = c \cdot \sqrt{\frac{F^3}{p} \cdot J}.$$

Damit Q ein Maximum wird, muß F^3/p ein Größtwert bzw. p/F^3 ein Kleinstwert werden.

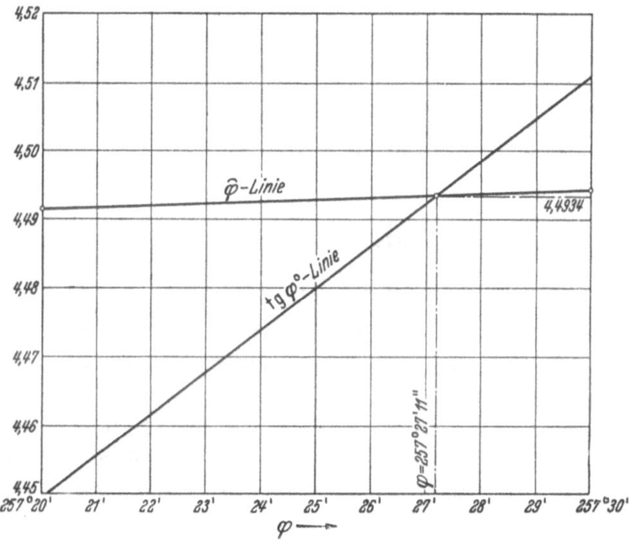

Abb. 47b. Graphische Ermittlung von $\varphi°$.

Unter Benützung der weiter oben gemachten Ansätze für p und F:

$$p = r \cdot \widehat{\varphi} \quad \text{und} \quad F = \frac{r^2}{2}(\widehat{\varphi} - \sin\varphi°)$$

wird

$$\frac{p}{F^3} = \frac{r \cdot \widehat{\varphi}}{\frac{r^6}{8}(\widehat{\varphi} - \sin\varphi°)^3} = \frac{8 \cdot \widehat{\varphi}}{r^5 \cdot (\widehat{\ } - \sin\varphi°)^3}.$$

Für $\dfrac{d\left(\frac{p}{F^3}\right)}{d\varphi} = 0$ wird p/F^3 das gesuchte Minimum. Man erhält:

$$\frac{d\left(\frac{p}{F^3}\right)}{d\varphi} = \frac{r^5(\widehat{\varphi} - \sin\varphi°)^3\, 8 - 8\widehat{\varphi} \cdot 3r^5(\widehat{\varphi} - \sin\varphi°)^2(1 - \cos\varphi°)}{r^{10} \cdot (\widehat{\varphi} - \sin\varphi°)^6} = 0.$$

Daraus:

$$3 \cdot \widehat{\varphi} \cdot \cos\varphi^\circ - \sin\varphi^\circ - 2 \cdot \widehat{\varphi} = 0.$$

Diese Bedingungsgleichung für Q_{max} wird erfüllt für

$$\varphi = 308^\circ\, 9'\, 56'' \quad \text{bzw.} \quad \widehat{\varphi} = \underline{5{,}37852}.$$

Diesem Winkel φ entspricht eine Fülltiefe

$$t = r \cdot \left(1 - \cos\frac{308^\circ\, 9'\, 56''}{2}\right) = 1{,}8994 \cdot r \quad \text{bzw.} \quad t = 0{,}9472 \cdot d$$

(vgl. dazu wieder Tafel 11 des Anhanges).

Die übrigen Größen für Q_{max} lassen sich wie folgt ansetzen:

$$F = 3{,}0824 \cdot r^2,$$
$$p = 5{,}3785 \cdot r,$$
$$R = 0{,}5735 \cdot r,$$
$$v = 0{,}757 \cdot c \cdot \sqrt{r \cdot J},$$
$$Q = 2{,}333 \cdot c \cdot \sqrt{r^5 \cdot J} = Q_{max}.$$

Aufgabe 6.
Entwurf eines kleineren Entwässerungsgrabens.

Für die Abführung einer Wassermenge von 0,75 m³/sek soll ein Entwässerungsgraben von 1 km Länge angelegt werden, und zwar für folgende 2 Fälle:

I. Das Gelände fällt in der Fließrichtung des Grabenwassers bis zum Spiegel des Vorfluters, in welchen der Graben einmündet, um 6,0 m.

II. Das Gelände ist auf die Gesamtlänge des Grabens vollkommen waagerecht, die Vorflutverhältnisse sind jedoch dieselben wie im Falle I.

Lösung.

I.

Es ist hier lediglich die Förderwassermenge Q von vornherein eindeutig festgelegt. Damit haben wir freie Hand für die Formung und Ausgestaltung des Grabens. Denn wenn in die Kontinuitätsgleichung $Q = v \cdot F$ die Brahmssche Beziehung $v = c \cdot \sqrt{R \cdot J}$ eingesetzt, d. h.

$$Q = c \cdot \sqrt{R \cdot J} \cdot F$$

gesetzt wird, ist in dieser Gleichung *zunächst* lediglich Q bekannt.

Durch die fest gegebene Spiegellage des Vorfluters an der Einmündung unseres Grabens sind wir bei der Wahl des Gerinnegefälles J insofern nicht mehr frei, als dieses J *höchstens* so groß werden darf, daß der Gerinnewasserspiegel am unteren Grabenende mit dem Vorfluterspiegel übereinstimmt. Stellen wir die Bedingung, daß der Gerinnespiegel am oberen Grabenanfang 20 cm unter Gelände liegen soll, und gestalten wir das Grabenquer- und -längsprofil so, daß darin *gleichförmige* Wasserbewegung herrscht, dann ist das *maximal* zur Verfügung stehende Relativgefälle J im Gerinne:

$$J = \frac{6{,}0 - 0{,}2}{1000} = 0{,}0058 = 5{,}8\,‰.$$

Nützen wir dieses Gefälle für die Dimensionierung unseres Grabens voll aus, dann ist in obige Beziehung für Q das Gefälle J mit 0,0058 einzusetzen. (Wegen der gleichförmigen Strömung im Graben und den überall gleichen benetzten Profilen wird natürlich jetzt auch das Sohlgefälle gleich 5,8‰, d. h. Spiegel und Sohle laufen parallel.)

Wir müssen nun noch weitere Entscheidungen in konstruktiver Hinsicht treffen, um zu einer geeigneten Lösung zu kommen. Vorweg wählen wir einen trapezförmigen Querschnitt als den hier geeignetsten. Damit der Graben in seinen Herstellungskosten nicht zu teuer wird, versuchen wir außerdem mit einem *Erdprofil* auszukommen, um dadurch die erheblichen Aufwendungen für besondere Abdeckungen der Grabenböschungen und -sohle mit Beton oder Pflasterung zu vermeiden. Dieses Profil in Erde ist zwar „rauher“ als das gedeckte Profil und führt daher zu einem größeren Profilquerschnitt, d. h. zu umfangreicheren Erdarbeiten als beim gedeckten Profil. Die dadurch bedingten Gesamtkosten liegen aber meistens erheblich unter den Aufwendungen für ein betoniertes oder gepflastertes Profil.

Unsere Entscheidung für ein ungedecktes Grabenprofil bedeutet nicht nur eine Festlegung auf einen Rauhigkeitsbeiwert, der einem solchen Erdprofil entspricht ($\gamma \sim 1{,}30$ nach BAZIN[1]), sondern auch eine wesentliche Einschränkung der vorher vorhandenen Möglichkeiten für die Ausbildung des Grabens. Denn ein ungedecktes Grabenprofil (Erdprofil) verträgt in den meisten Fällen (Ausnahme z. B. Graben in Fels) keine größeren Wassergeschwindigkeiten, weil bei solchen die Sohle und besonders die Böschungen angegriffen würden. Man geht hier meist nicht über $v = 0{,}8$ bis 1,0 m/sek hinaus. In unserem Fall wird $v = 1{,}0$ m/sek zugrunde gelegt. Außerdem vermeidet man für ein solches v steile Böschungen, ordnet vielmehr flache Böschungen an ($\operatorname{ctg}\alpha = m = \sim 2$ bei trapezförmigem Profil).

Berücksichtigt man diese Abhängigkeiten, die sich durch die Wahl eines Erdprofils ergeben, dann erhält man

[1] Vgl. Anhang Tafel 1. *Im praktischen Fall kommt natürlich der richtigen Wahl oder Schätzung der Rauhigkeitsziffer besondere Bedeutung zu, da von ihr die Zuverlässigkeit der Rechenergebnisse wesentlich abhängt. Diese Wahl ist aber manchmal ebenso schwierig, wie sie verantwortungsvoll ist.*

trapezförmiges Profil mit dem Böschungsverhältnis $\operatorname{ctg}\alpha = m = 2$,
Rauhigkeitsbeiwert nach BAZIN $\gamma = 1{,}30$,
mittlere Profilgeschwindigkeit $v = 1{,}0$ m/sek.

Mit $v = 1{,}0$ m/sek ist auch die Profilfläche des Wasserquerschnittes F der Größe nach festgelegt, denn aus $Q = v \cdot F$ ergibt sich

$$F = \frac{Q}{v} = \frac{0{,}75 \text{ m}^3/\text{sek}}{1{,}0 \text{ m/sek}} = 0{,}75 \text{ m}^2.$$

Setzt man diese Werte jetzt in die Beziehung für v ein, so erhält man:

$$v = c\sqrt{R \cdot J} = \frac{87}{1 + \frac{\gamma}{\sqrt{R}}} \cdot \sqrt{R \cdot J},$$

Man erkennt, daß lediglich R noch unbekannt ist, d. h. daß den gestellten Bedingungen ein bestimmter Wert R genügen muß. Durch Umstellung der Gleichung erhält man:

$$\frac{\sqrt{R} + \gamma}{R} = \frac{87}{v} \cdot \sqrt{J}$$

oder

$$\frac{\sqrt{R} + 1{,}30}{R} = \frac{87}{1{,}0} \cdot \sqrt{0{,}0058} = 6{,}63.$$

Durch Versuchsrechnung (oder aus der quadratischen Gleichung: $R^2 - 0{,}414 \cdot R = -0{,}0385$) ergibt sich $R = 0{,}27_5$ m und

$$p = \frac{F}{R} = \frac{0{,}75}{0{,}27_5} = 2{,}72 \text{ m}.$$

Aus den beiden Gleichungen

$$F = \frac{s + (s + 2 \cdot m t)}{2} t = s \cdot t + 2t^2 = 0{,}75, \qquad (1)$$

$$p = s + 2t\sqrt{1 + m^2} = s + 4{,}47 \cdot t = 2{,}72 \qquad (2)$$

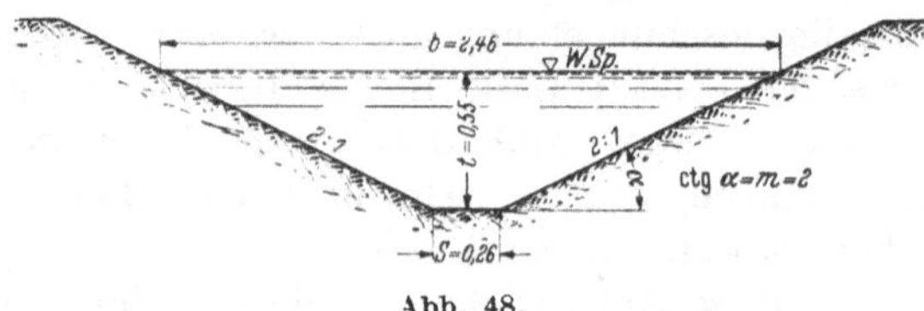

Abb. 48.

berechnet sich t zu **0,55** m und s zu **0,26** m; damit wird

$$b = 0{,}26 + 2 \cdot 2 \cdot 0{,}55 = \mathbf{2{,}46} \text{ m}.$$

In Abb. 48 ist das Querprofil des Grabens für den Fall I aufgetragen.

II.

An den Vorflutverhältnissen gegenüber dem Fall I hat sich nichts geändert, aber das Gelände, in welches das Entwässerungsgerinne eingegraben werden muß, ist nun vollkommen waagerecht. Der nächstliegende Gedanke ist nun der, den in Fall I dimensionierten Graben auch für den Fall II anzuwenden mit Rücksicht auf die veränderten Vorflutverhältnisse, d. h. also im Hinblick auf das für den Wassertransport zur Verfügung stehende Gefälle von $5{,}8^0/_{00}$. Nun haben wir gesehen, daß es für gegebene Werte Q und J verschiedene brauchbare Profilformen gibt und daß darunter auch eine ist mit dem vergleichsweise *kleinsten* Wasserquerschnitt F (günstigstes Profil![1]). Selbstverständlich erfordert dieses letztere Profil auch den kleinsten Erdaushub für den *notwendigen Wasser*querschnitt. Für dieses günstigste Profil gilt $t = \frac{\sqrt{F}}{\sqrt{M}}$. Mit den entsprechenden Werten des Falles I erhält man:

$$t = \frac{\sqrt{0{,}75}}{\sqrt{2{,}47}} = \mathbf{0{,}55}\ \text{m},$$

d. h. das im Falle I ermittelte Profil stellt sich als das bereits günstigste heraus[2].

Die Notwendigkeit, bei der zunächst angenommenen Gerinneanordnung den Graben in das waagerechte Gelände mit dem Sohlgefälle

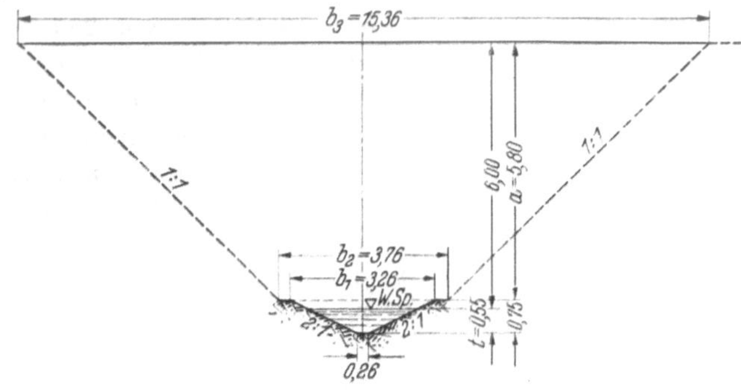

Abb. 49 a.

$J = 5{,}8^0/_{00}$ einzugraben, führt mit dem Fortschreiten in der Fließrichtung zu immer tieferem Einschnitt und erreicht am Grabenende $6{,}0 + 0{,}55$ m (vgl. Abb. 49a bzw. 49b). Zur Gewinnung einer Vorstellung von der Größe dieses Einschnittes wollen wir den für die Graben-

[1] Vgl. Aufgabe 5, S. 38.

[2] Diese Abstimmung des Beispiels im Falle I auf das günstigste Profil wurde vorgenommen, um das rein Rechnungsmäßige der Aufgabe im Umfang zu begrenzen.

herstellung notwendigen Erdaushub ermitteln. Dazu ist noch folgendes zu beachten:

Wegen des ungedeckten Profils und der Strömungsgeschwindigkeit $v = 1{,}0$ m/sek wurde das Böschungsverhältnis $m = 2$ gewählt. Für den *nicht benetzten* Grabenteil haben die Überlegungen hinsichtlich der Böschungsgestaltung keine Gültigkeit. Wir können also diesen Graben-

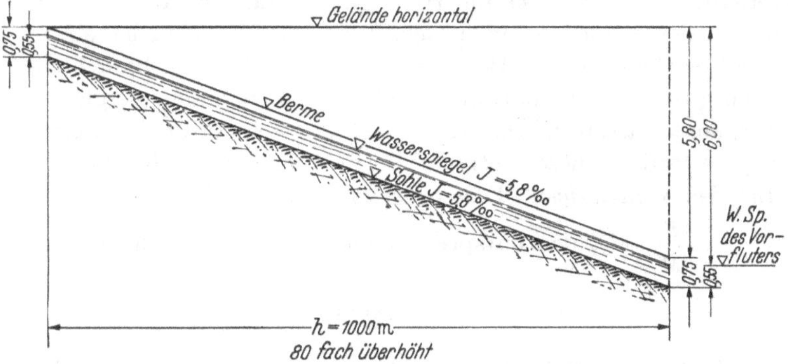

Abb. 49b. Längsprofil unter voller Ausnutzung des absoluten Gefälles.

teil zur Verringerung des Erdaushubes steiler böschen und wählen dafür das Böschungsverhältnis 1 : 1 ($m = 1$). Da diese steile Böschung aber schlecht begehbar ist, ordnen wir 20 cm über dem Wasserspiegel eine schmale Berme von 25 cm Breite an. Dadurch wird der auszuschneidende Grabenkörper geteilt in ein *Prisma* (zwischen Sohle und Bermen) mit trapezförmigem Querschnitt und einen *Keil* (zwischen Bermen und Geländeoberfläche) mit trapezförmiger Grundfläche.

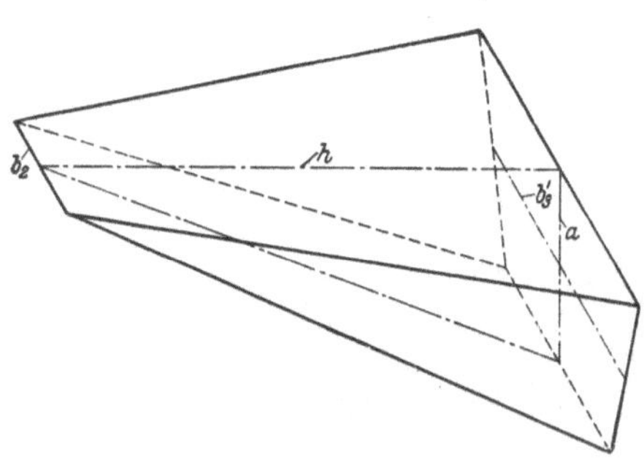

Abb. 50. Keilförmiger Erdkörper.

Unter Bezug auf die Abb. 49a, 49b und 50 ergibt sich für den *prismatischen* Erdkörper:

$$E_1 = \frac{s + b_1}{2}(t + 0{,}20) \cdot h = \frac{0{,}26 + 3{,}26}{2} \cdot 0{,}75 \cdot 1000 = \mathbf{1320}\ \mathrm{m}^3,$$

für den *keilförmigen* Erdkörper:

$$E_2 = \frac{h \cdot a}{6}(2b_3' + b_2) = \frac{1000 \cdot 5{,}8}{6}\left(2 \cdot \frac{3{,}76 + 15{,}36}{2} + 3{,}76\right) = \mathbf{22100}\ \mathrm{m}^3,$$

somit $\sum E = 1320 + 22100 = \mathbf{23420}\ \mathrm{m}^3$.

Der Erdaushub wird hier also außerordentlich groß im Vergleich zu dem kleinen Wasserquerschnitt, der für die Wasserabführung an und für sich nur benötigt wird. Es frägt sich nun, ob und wie die Erdbewegung verkleinert werden kann. Dies ist möglich über eine Verkleinerung des Gefälles J, weil dadurch auch die Einschnittstiefe entsprechend kleiner wird. Es ist dann nur notwendig, am Ende des Grabens einen geeigneten Übergang zum Vorfluter zu schaffen durch Anordnung eines Absturzbauwerkes (vgl. Abb. 53).

Aus den vorhergehenden Beispielen und Überlegungen ist auch der Zusammenhang ersichtlich geworden zwischen J und F bei gleichbleibendem Q. Unter Anwendung auf das vorliegende Beispiel können wir sagen, daß bei Vergrößerung des F, d. h. Verkleinerung des v, der Gefällsverbrauch zum Wassertransport entsprechend verkleinert wird. Denn die kleinere Strömungsgeschwindigkeit ruft kleinere Strömungswiderstände hervor. Damit wird auch J, das ja bei der gleichförmigen Fließbewegung lediglich zur Überwindung der Strömungswiderstände verbraucht wird, kleiner.

Wir versuchen es einmal mit $v = 0{,}5$ m/sek (gegen vorher 1,0 m/sek). Damit wird $F = \frac{Q}{v} = \frac{0{,}75}{0{,}5} = 1{,}50\ \text{m}^2$. Bei dieser kleinen Strömungsgeschwindigkeit läßt es sich vertreten, auch die Böschungen etwas steiler zu machen, vorausgesetzt, daß das Bodenmaterial auch bei Wassersättigung ausreichende Standfestigkeit behält. Wir setzen dies für unser Beispiel voraus und wählen $m = 1$*. Dann wird, wenn wir am „günstigsten Profil" für unseren Graben festhalten,

$$t = \frac{\sqrt{F}}{\sqrt{M}} = \frac{\sqrt{1{,}50}}{\sqrt{1{,}82}} = \mathbf{0{,}91}\ \text{m}.$$

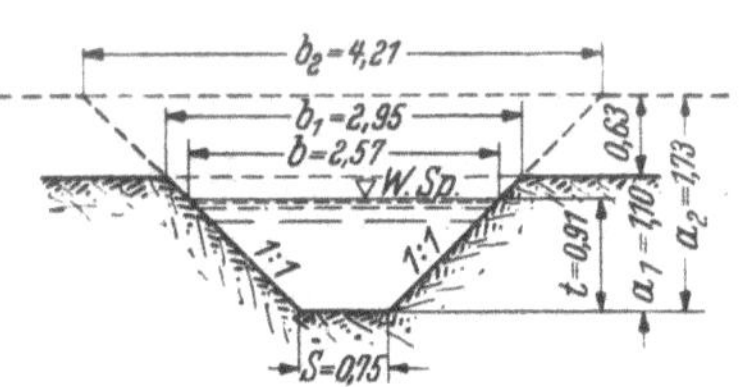

Abb. 51 a.

Die übrigen Formgrößen des Profils ergeben sich nun zu (vgl. S. 39)

$p = 2\,tM = 2 \cdot 0{,}91 \cdot 1{,}82 = \mathbf{3{,}31}$ m, $s = t(M - m) = 0{,}91 \cdot 0{,}82 = \mathbf{0{,}75}$ m;
$b = t(M + m) = 0{,}91 \cdot 2{,}82 = \mathbf{2{,}57}$ m (vgl. Abb. 51a und b).

Ferner: $R = \frac{t}{2} = \frac{0{,}91}{2} = 0{,}45_5$ m; außerdem wird für $\gamma = 1{,}30$ (nach BAZIN) $c = 29{,}7$.

Daraus:

$$J = \frac{v^2}{c^2 \cdot R} = \frac{0{,}5^2}{29{,}7^2 \cdot 0{,}45_5} = 0{,}00063 \mathrel{\hat{=}} \mathbf{0{,}63}\,‰.$$

---

* $m = 1$ ist für Erdgerinne sehr steil. Der Wert wird hier aber zugrunde gelegt, um das Schlußergebnis möglichst drastisch zu gestalten. $m = {}^5/_4$ bis $m = {}^3/_2$ wäre sicherer und hier zur Anwendung zu empfehlen.

Es vermindert sich damit also der Gefällsverbrauch von 5,8‰ auf 0,63‰, d. h. auf die ganze Grabenlänge von 1 km von 5,8 m auf 0,63 m (vgl. die Abb. 49b u. 51b).

Für die Ausgestaltung des Grabenprofils erübrigt sich jetzt die Anordnung einer Berme. Da auch das Böschungsverhältnis überall gleich

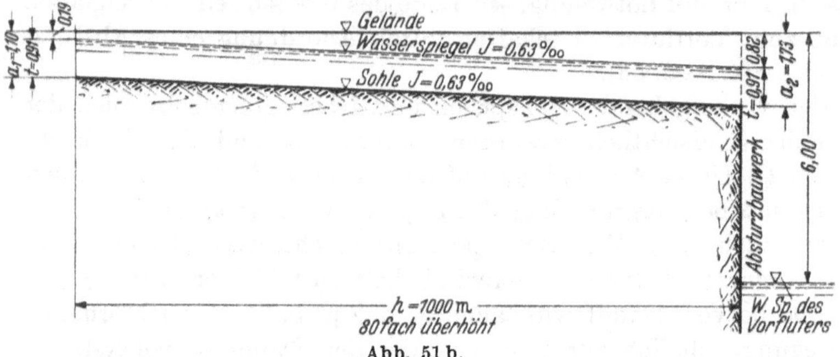

Abb. 51 b.

angenommen ist ($m = 1$), ergibt sich für den aus dem Boden herauszuschneidenden Erdkörper ein „Obelisk" mit trapezförmiger Grundfläche. Unter Bezugnahme auf Abb. 52 wird der Erdaushub nunmehr:

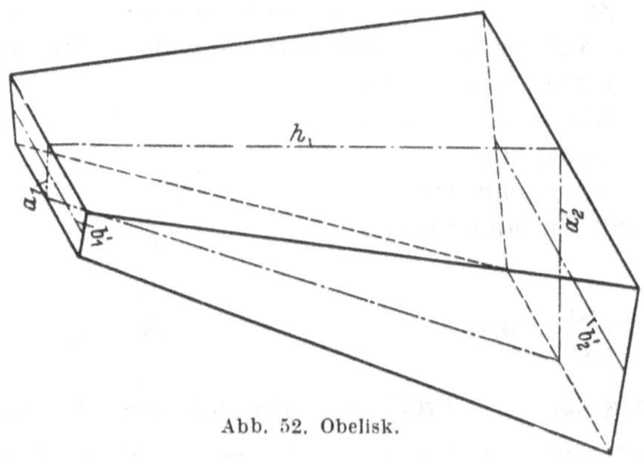
Abb. 52. Obelisk.

$$E = \frac{h}{6}[(2b_2' + b_1') \cdot a_2 + (2b_1' + b_2') \cdot a_1].$$

Dabei ist:

$h = \mathbf{1000}$ m; $a_1 = \mathbf{1{,}10}$ m; $b_1' = \frac{0{,}75 + 2{,}952}{2} = \mathbf{1{,}85}$ m; $a_2 = \mathbf{1{,}73}$ m;

$b_2' = \frac{0{,}75 + 4{,}21}{2} = \mathbf{2{,}48}$ m.

Somit

$$E = \frac{1000}{6}[(2 \cdot 2{,}48 + 1{,}85) \cdot 1{,}73 + (2 \cdot 1{,}85 + 2{,}48) \cdot 1{,}10] = \mathbf{3100}\ \text{m}^3,$$

das ist nur etwas mehr als $^1/_8$ der Erdbewegung, welche notwendig wäre für eine Ausführung mit $J = 5{,}8$‰.

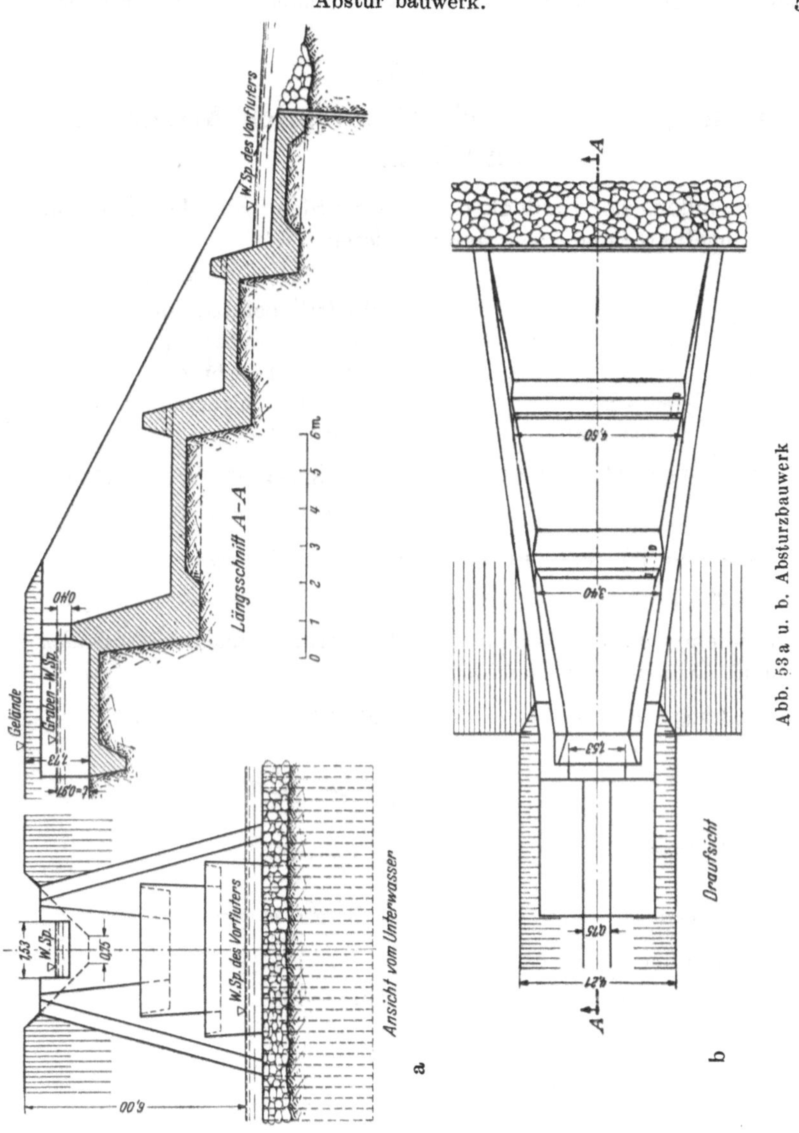

Abb. 53a u. b. Absturzbauwerk

Im Falle II unseres Beispiels bringt es also *keinen* Vorteil, wenn das durch die Spiegellage des Vorfluters zur Verfügung stehende Gefälle von 5,8$^0/_{00}$ für die Ausbildung des Gerinnegefälles voll ausgenutzt wird, weil der dadurch ermöglichten Einsparung an wasserbenetztem Profilquerschnitt eine vielfache Aufwendung an Profilaushub für den nicht benetzten Querschnittsteil gegenübersteht.

In Abb. 53 ist eine Lösungsmöglichkeit für das *Absturzbauwerk* am Ende des Kanals dargestellt.

Aufgabe 7.
Feststellung der Rauhigkeitsziffern durch Messungen im Rhein.

Zur Feststellung der Rauhigkeitsziffern wurden auch Messungen im Rhein durchgeführt, und zwar unter anderem

1. in einem Meßprofil bei *Mastrils* bei Landquart (Vorderrhein, Schweiz) (Abb. 54) mit den Ergebnissen:

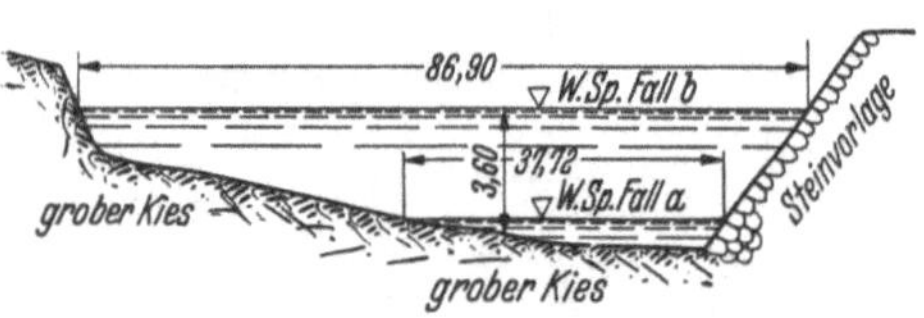

Abb. 54. Rhein bei Mastrils (4fach überhöht).

a) bei niederem Wasserstand

$F = 32{,}84\ \mathrm{m}^2$; $R = 0{,}855\ \mathrm{m}$; $v_m = 0{,}872\ \mathrm{m/sek}$; $J = 0{,}856\,^0/_{00}$;

b) bei hohem Wasserstand und starkem Geschiebegang

$F = 268{,}1\ \mathrm{m}^2$; $R = 2{,}999\ \mathrm{m}$; $v_m = 4{,}086\ \mathrm{m/sek}$; $J = 5{,}0\,^0/_{00}$;

2. in einem Profil unterhalb der Wasserkraftanlage *Rheinfelden* (Hochrhein) (Abb. 55) mit dem Ergebnis:

$F = 423\ \mathrm{m}^2$; $R = 2{,}631\ \mathrm{m}$; $v_m = 1{,}02\ \mathrm{m/sek}$; $J = 0{,}18\,^0/_{00}$[1].

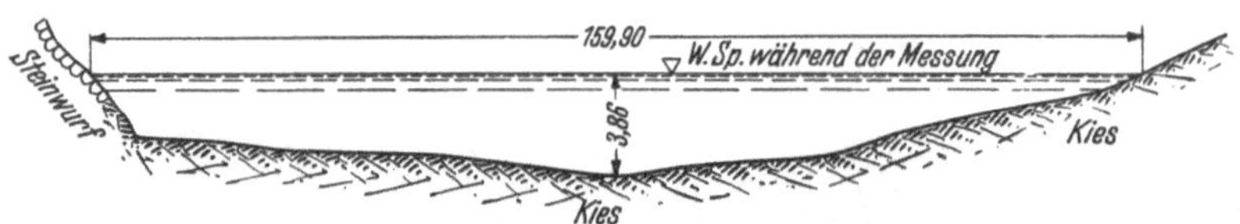

Abb. 55. Rhein unterhalb der Wasserkraftanlage Rheinfelden (4fach überhöht).

Welche Rauhigkeitswerte

c_s nach GAUCKLER-STRICKLER (vgl. Aufgabe 2),

γ nach BAZIN,

n nach GANGUILLET-KUTTER,

m nach KUTTER (abgekürzt)

ergeben diese Messungen?

Lösung.

Die Ermittlung des Rauhigkeitsbeiwertes erfolgt aus einer Gleichung für die mittlere Geschwindigkeit v, die im allgemeinen aufgebaut ist nach dem Gesetz:

$$v = c \cdot R^\alpha J^\beta .$$

[1] Die Werte sind der Tabelle 32 in WEYRAUCH-STROBEL: Hydraulisches Rechnen. 6. Aufl. S. 142 entnommen.

Der Rauhigkeitsbeiwert steckt dabei im Faktor c. Um diesen und daraus die γ, n, m zu ermitteln, müssen also die Größen v, R und J durch Messung bekannt sein. Wie v festgestellt werden kann, wurde bereits in Aufgabe 1 gezeigt. Dabei muß auch das Meßprofil des Flusses genau aufgenommen werden, woraus sich der Wasserquerschnitt F und der benetzte Umfang p, also auch der Profilradius $R = \frac{F}{p}$ ergibt. J stellt im allgemeinen Fall das *Energielinien*gefälle der betrachteten Flußstrecke dar[1]. Lediglich bei Parallelität von Energielinie und Flußwasserspiegel, d. h. also bei gleichförmiger Wasserbewegung, kann für J das Spiegelgefälle unmittelbar eingesetzt werden. Ob *dieser* Fließzustand im ober- und unterstromigen Bereich der Meßstelle vorhanden ist, kann natürlich aus der Geschwindigkeitsmessung in einem einzigen Meßprofil bei einem natürlichen Gewässer nicht zuverlässig festgestellt werden. Wenn gleichwohl das ermittelte *Wasserspiegelgefälle* J bei den untersuchten Messungen zur Grundlage für die Feststellung der Rauhigkeitsbeiwerte genommen wird, so soll hier wenigstens auf die dadurch dem Resultat möglicherweise anhaftende Untersicherheit hingewiesen werden.

Nun zur Ermittlung der Rauhigkeitsbeiwerte! Allgemein ergibt sich nach GAUCKLER-STRICKLER (S. 16):

$$v = c_s \cdot R^{0,67} \cdot J^{0,5} = c_s \cdot R^{2/3} J^{1/2},$$

daraus

$$c_s = \frac{v}{R^{2/3} \cdot J^{1/2}}.$$

Für BAZIN, GANGUILLET-KUTTER und KUTTER (abgekürzt) gilt die BRAHMSsche Beziehung

$$v = c \cdot \sqrt{R \cdot J},$$

daraus

$$c = \frac{v}{\sqrt{R \cdot J}}.$$

Nach BAZIN:

$$c = \frac{87}{1 + \frac{\gamma}{\sqrt{R}}}; \quad \text{also} \quad \gamma = \frac{87 \cdot \sqrt{R}}{c} - \sqrt{R}.$$

Nach GANGUILLET-KUTTER:

$$c = \frac{23 + \frac{1}{n} + \frac{1,55}{J^0/_{00}}}{1 + \left(23 + \frac{1,55}{J^0/_{00}}\right) \cdot \frac{n}{\sqrt{R}}};$$

daraus n durch Versuchsrechnung.

Nach KUTTER (abgekürzt):

$$c = \frac{100 \cdot \sqrt{R}}{m + \sqrt{R}} \quad \text{und} \quad m = \frac{100 \cdot \sqrt{R}}{c} - \sqrt{R}.$$

[1] Vgl. hierzu die Bemerkungen in Aufgabe 2, S. 14.

Nun zur Zahlenrechnung!

Beispiel 1 a.

$$R = 0{,}855\text{ m};\quad v_m = 0{,}872\text{ m/sek};\quad J = 0{,}856\,{}^0/_{00}.$$

GAUCKLER-STRICKLER: $c_s = \dfrac{0{,}872}{0{,}855^{2/3}\cdot 0{,}000856^{1/2}} = \mathbf{33{,}1}.$

Nach der STRICKLERschen Aufstellung[1] entspricht dieser Wert c_s einem groben Kies von ca. 50/100/150 mm Korndurchmesser.

Nach BRAHMS:

$$c = \frac{0{,}872}{\sqrt{0{,}855\cdot 0{,}000856}} = \mathbf{32{,}2}.$$

BAZIN:

$$\gamma = \frac{87\cdot\sqrt{0{,}855}}{32{,}2} - \sqrt{0{,}855} = \mathbf{1{,}57}$$

(vgl. Tafel 1 des Anhanges).

GANGUILLET-KUTTER:

$$c = 32{,}2 = \frac{32 + \dfrac{1}{n} + \dfrac{1{,}55}{0{,}856\,{}^0/_{00}}}{1 + \left(23 + \dfrac{1{,}55}{0{,}856\,{}^0/_{00}}\right)\cdot\dfrac{n}{\sqrt{0{,}855}}};$$

$n = \mathbf{0{,}030}$ (vgl. Tafel 2 des Anhanges).

KUTTER (abgekürzt):

$$m = \frac{100\cdot\sqrt{0{,}855}}{32{,}2} - \sqrt{0{,}855} = \mathbf{1{,}94}$$

(vgl. Tafel 2a des Anhanges).

Beispiel 1 b.

$$R = 2{,}999\text{ m};\quad v_m = 4{,}086\text{ m/sek};\quad J = 5{,}0\,{}^0/_{00}.$$

GAUCKLER-STRICKLER: $c_s = \mathbf{27{,}68}$[2] (entsprechend einer Sohle mit kopfgroßen Steinen bzw. grobem Geschiebegang)

nach BRAHMS: $c = 33{,}4$.
- BAZIN: $\gamma = \mathbf{2{,}78}$[1]
- GANGUILLET/KUTTER: $n = \mathbf{0{,}037}$[1]
- KUTTER (abgekürzt): $m = \mathbf{3{,}46}$

vgl. die Tabellen des Anhanges.[2]

Beispiel 2.

$$R = 2{,}631\text{ m};\quad v_m = 1{,}02\text{ m/sek};\quad J = 0{,}18\,{}^0/_{00}.$$

GAUCKLER-STRICKLER: $c_s = \mathbf{39{,}83}$ (Kies, mittelgroß, ca. 20/40/60 mm)

nach BRAHMS: $c = 46{,}87$.
- BAZIN: $\gamma = \mathbf{1{,}39}$
- GANGUILLET-KUTTER: $n = \mathbf{0{,}026}$
- KUTTER (abgekürzt): $m = \mathbf{1{,}84}$

vgl. die Tabellen des Anhanges.

[1] Vgl. Tafel 2b des Anhanges.

[2] Man beachte die außerordentlich hohen Rauhigkeitswerte, welche für diesen Teil des Rheins bei Geschiebegang kennzeichnend sind!

Die Messungsergebnisse über die Rauhigkeitsbeiwerte zeigen

1. wie sich dieselben ändern können, wenn Geschiebe in Gang kommt (1b gegen 1a);

2. wie sich die Rauhigkeitswerte auch am gleichen Flusse von Abschnitt zu Abschnitt ändern können (1a gegen 2; hier liegt der *Bodensee* dazwischen);

3. wie sehr man sich bei der Wahl eines Rauhigkeitsbeiwertes hüten muß, in einen Schematismus zu verfallen. *Dies gilt besonders für natürliche Gewässer*;

4. daß die Rauhigkeitsbeiwerte in den Tabellen des Anhanges nur Anhaltspunkte für die Größenordnung derselben bei verschiedenem Bettmaterial (und vielfach auch bei verschiedenem Baustoff von Gerinnewandungen) geben können und daß in jedem neuen Fall eingehend zu prüfen ist, welcher Wert in Ansatz zu bringen ist.

Berechnung der mittleren Geschwindigkeit mit Formeln ohne Rauhigkeitsbeiwert[1].

Da es sich in unseren Beispielen um Messungen an einem *natürlichen* Flusse handelt, soll nun auch noch geprüft werden, welche Resultate sich ergeben, wenn die Geschwindigkeiten in den Meßprofilen mit Formeln ermittelt werden, welche *keine* besonderen Rauhigkeitsbeiwerte enthalten, bei welchen vielmehr der Gesamteinfluß aller Störungen (Umfangreibung und Turbulenz) im gemessenen Wasserspiegel zum Ausdruck kommt. Zu diesem Vergleich sollen die Formeln von HERMANEK, WINKEL und MATAKIEWICZ herangezogen werden.

Beispiel 1a.

HERMANEK[2]:

$$t_m = \frac{F}{b} = \frac{32{,}84}{37{,}72} = 0{,}871\ \text{m} < 1{,}5\ \text{m}, \quad \text{also} \quad v = 30{,}7 \cdot \sqrt{t_m}\,\sqrt{t_m \cdot J},$$

$$v = 30{,}7 \cdot \sqrt{0{,}871} \cdot \sqrt{0{,}871 \cdot 0{,}000856} = \mathbf{0{,}78}\ \text{m/sek}.$$

WINKEL:

$$v = R^{5/7} \cdot J^{4/7}\,(185 - 210 \cdot J^{0{,}5/7}),$$

$$v = 0{,}855^{5/7} \cdot 0{,}000856^{4/7}\,(185 - 210 \cdot 0{,}000856^{0{,}5/7}),$$

$$v = \mathbf{0{,}92}\ \text{m/sek}.$$

MATAKIEWICZ: $v = 1{,}04 \cdot t_m^{0{,}7} \cdot (34 \cdot J^m)$.

Exponent $m = 0{,}493 + 10 \cdot J$, daher

$$v = 1{,}04 \cdot 0{,}871^{0{,}7}\,(34 \cdot 0{,}000856^{0{,}493 + 10 \cdot 0{,}000856}),$$

$$v = \mathbf{0{,}93}\ \text{m/sek}.$$

---

[1] Vgl. auch Aufgabe 11.

[2] Die gesamten Formelansätze nach HERMANEK siehe Aufgabe 11, S. 89

Beispiel 1 b.

HERMANEK: $t_m = \frac{F}{b} = \frac{268,1}{86,90} = 3,088\,\text{m} > 1,5\,\text{m}$ und $< 6,0\,\text{m}$; daher

$$v = 34 \cdot \sqrt[4]{t_m} \cdot \sqrt{t_m \cdot J},$$

$$v = 34 \cdot \sqrt[4]{3,088} \cdot \sqrt{3,088 \cdot 0,005},$$

$$v = \mathbf{5{,}58}\ \text{m/sek}.$$

WINKEL: $v = 2,999^{5/7} \cdot 0,005^{4/7} (185 - 210 \cdot 0,005^{0,5/7})$

$$v = \mathbf{4{,}37}\ \text{m/sek}.$$

MATAKIEWICZ: $v = 1,04 \cdot 3,088^{0,7} (34 \cdot 0,005^{0,493 + 10 \cdot 0,005})$,

$$v = \mathbf{4{,}38}\ \text{m/sek}.$$

Beispiel 2.

HERMANEK: $t_m = \frac{F}{b} = \frac{423,0}{159,9} = 2,645\,\text{m} > 1,5\,\text{m} < 6,0\,\text{m}$, daher

$$v = 34 \cdot \sqrt[4]{2,645} \cdot \sqrt{2,645 \cdot 0,00018},$$

$$v = \mathbf{0{,}95}\ \text{m/sek}.$$

WINKEL: $v = 2,631^{5/7} \cdot 0,00018^{4/7} (185 - 210 \cdot 0,00018^{0,5/7})$,

$$v = \mathbf{1{,}04}\ \text{m/sek}.$$

MATAKIEWICZ: $v = 1,04 \cdot 2,645^{0,7} (34 \cdot 0,00018^{0,493 + 10 \cdot 0,00018})$,

$$v = \mathbf{0{,}99}\ \text{m/sek}.$$

Gegenüberstellung der gemessenen und berechneten v-Werte.

Untersuchter Fall	Messung v m/sek	HERMANEK		WINKEL		MATAKIEWICZ	
		v m/sek	Abweichung %	v m/sek	Abweichung %	v m/sek	Abweichung %
Beispiel 1a (*Mastrils*)	0,872	0,78	−10,1	0,92	+5,5	0,93	+6,7
Beispiel 1b (*Mastrils*)	4,086	5,58	+36,6	4,37	+6,9	4,38	+7,2
Beispiel 2 (*Rheinfelden*) . .	1,02	0,95	− 6,9	1,04	+2,0	0,99	−2,9

Der Vergleich der Ergebnisse zeigt, daß die *berechneten* v-Werte nach WINKEL und MATAKIEWICZ verhältnismäßig nahe an die *Messungsergebnisse* herankommen, insbesondere auch im Fall 1 b, bei dem starker Geschiebegang festgestellt worden war. Die Abweichung schwankt nur zwischen rd. − 3% und + 7% und bleibt damit innerhalb der Grenze des Fehlers, der auch gegebenenfalls bei der *Annahme* eines Rauhigkeitsbeiwertes für *natürliche* Wasserläufe vorkommen kann. Es darf andererseits nicht übersehen werden, daß die starke Zunahme des Gefälles J von $0{,}856^0/_{00}$ bei niederem Wasserstand auf $5^0/_{00}$ bei hohem Wasserstand mit starkem Geschiebegang diesen hauptsächlich auf das Rauhigkeitsgefälle abgestimmten Formeln stark entgegenkommt. Die gute Übereinstimmung der Rechenergebnisse der beiden Fließformeln ohne Rauhigkeitsbeiwert von MATAKIEWICZ und WINKEL mit den Messungsergebnissen besonders auch im Falle 1b kann deshalb noch nicht als ein Beweis für eine wirkliche Allgemeingültigkeit derselben angesehen werden, da es ja auch Flüsse gibt, bei denen sich der wachsende Geschiebegang keineswegs in einer fühlbaren Gefällevermehrung bemerkbar macht[1].

Die HERMANEKschen Formeln ergeben in diesen Beispielen — und auch sonst — zu kleine v-Werte und damit auch zu kleine Durchflußmengen Q. Sie eignen sich deshalb zur Berechnung des Q, wenn es darum geht, *Mindest*wasserführungen zu ermitteln[2]. Die Abweichung um $+36{,}6\%$ bei Feststellung des v-Wertes bei Geschiebegang gegenüber dem gemessenen Wert zeigt die offensichtliche Unzuverlässigkeit dieser Formeln für solche Fälle, in denen mit steigendem Wasser wachsender Geschiebegang eintritt.

Aufgabe 8.

Untersuchung des Einflusses der Querschnittsform auf das Spiegelgefälle bei einem Flusse. Längsgefälle in Krümmungen und Furten.

Aus einer Reihe von Querprofilaufnahmen eines größeren Flusses wurde ein Querschnitt beliebig ausgewählt und in Abb. 56a eingetragen. Er ist dort durch Schraffur hervorgehoben und als *Ausgangsprofil* bezeichnet. Bei Weglassung der Uferböschungen ergibt sich die Spiegelbreite zu $b = 180$ m, die Wasserspiegelfläche zu $F = 384\ \text{m}^2$. Der Aufnahmewasserspiegel entspricht dem Mittelwasserstand (MW) bei einer gemessenen Wasserführung von $Q = 635\ \text{m}^3/\text{sek}$. Die Bettrauhigkeit wurde mit $\gamma = 0{,}96$ nach BAZIN ermittelt. Die Aufnahme des Profils erfolgte durch Peilungen in Abständen von je $\varDelta b = 15{,}0$ m. Die dabei festgestellten Wassertiefen sind in der Abbildung unten eingetragen. Bei den vorliegenden Form- und hydraulischen Verhältnissen handelt es sich um einen Flußcharakter, wie er etwa bei der *Donau unterhalb der Isarmündung* gegeben ist.

Es soll der Einfluß von Querprofil-*Form*änderungen auf das Spiegelgefälle sowohl für den Meßwasserstand (MW) als auch für veränderte Spiegellagen untersucht werden. Das Spiegelgefälle wurde für MW

---

[1] Vgl. dazu S. 95ff. [2] Vgl. dazu S. 98.

mit $J = 0{,}45^0/_{00}$ gemessen. Ebenso liegen Wassermengenfeststellungen für die Wasserstände 80 cm *unter* MW ($Q = 293$ m³/sek) und 3,0 m *über* MW ($Q = 2720$ m³/sek; Schwimmermessung!) vor.

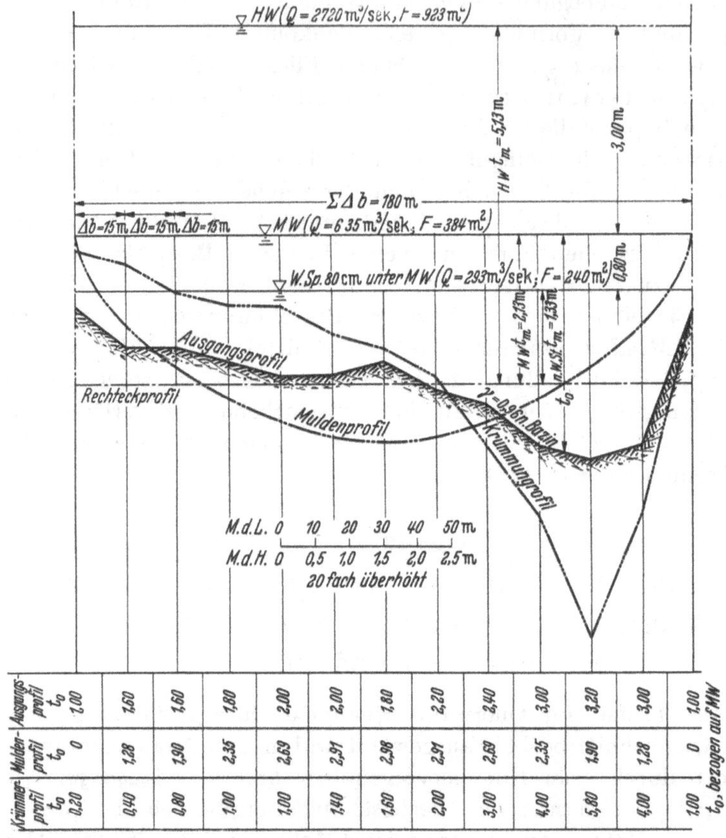

Ausgangsprofil t_0	1,00	1,60	1,60	1,80	2,00	2,00	1,80	2,20	2,40	3,00	3,20	3,00	1,00
Muldenprofil t_0	0	1,28	1,90	2,35	2,69	2,91	2,98	2,91	2,69	2,35	1,90	1,28	0
Krümmerprofil t_0	0,20	0,40	0,80	1,00	1,00	1,40	1,60	2,00	3,00	4,00	5,80	4,00	1,00

t_0, bezogen auf MW

Abb. 56a. Untersuchung von 4 form*verschiedenen* Flußquerschnitten mit *gleichem* F und b auf den Zusammenhang zwischen *Form* und *Gefälle*.

Lösung.

Zwischen der Gestaltung des Querschnitts eines Flusses und der Entwicklung seines Längenprofils besteht eine enge, sich gegenseitig bedingende Wechselwirkung. Diese beruht auf der Wirksamkeit der geometrischen und hydraulischen Größen des Querschnitts, nämlich seiner Breite und — meist veränderlichen — Tiefen (Flächengröße und Profilform), seiner Bettbeschaffenheit (Rauhigkeit) und des Spiegelgefälles im Querschnittsbereich[1]. Diese Wechselwirkung kommt rech-

[1] Die Beziehungen zwischen Q und J bei verschiedenen Bettrauhigkeiten siehe in Streck: Aufgaben aus dem Wasserbau. Berlin: Springer 1929.

nerisch zum Ausdruck in der Beziehung für die sekundliche Durchflußmenge Q:

$$Q = v_m \cdot F = c \cdot \sqrt{R \cdot J} \cdot F,$$

wenn für v_m wieder der Ansatz von BRAHMS-DE CHÉZY benutzt wird.

Bei Flüssen, deren Breite b im Verhältnis zur veränderlichen Wassertiefe t_0 groß ist, ist es üblich, die vereinfachende Annahme zu machen, $p = \sim b$, womit man für den Profilradius den *Form*faktor erhält:

$$R = \frac{F}{p} = \sim \frac{F}{b} = t_m.$$

Wendet man diese vereinfachende Annahme für das gegebene Beispiel an, dann wird $p = \sim b = 180$ m und bei MW:

$$R = t_m = \frac{F}{b} = \frac{384}{180} = 2{,}13 \text{ m}.$$

Der Querschnitt wird also hier, wie immer bei dieser Annahme, als ein Rechteck von der Spiegelbreite b und der mittleren Wassertiefe t_m als Höhe zugrunde gelegt. Setzt man diese Näherungsannahme in die Gleichung für die sekundliche Wassermenge ein, so läßt sich diese auch schreiben:

$$Q = c \cdot \sqrt{t_m} \cdot \sqrt{J} \cdot (b \cdot t_m).$$

Löst man nach $F = b \cdot t_m$ auf, setzt also

$$b \cdot t_m = \frac{Q}{c \cdot \sqrt{t_m} \cdot \sqrt{J}},$$

so überschaut man leicht, daß bei gleichbleibender Rauhigkeit des Flußbettes (γ = konst.) und unveränderlichem Wasserzufluß von oben (Q = konst.) die Querschnittsgröße vom Gefälle J abhängt. Dieser Zusammenhang ist in dem Beispiel der Aufgabe 6, Fall 2 behandelt.

Nimmt man auch noch den Formfaktor $\sqrt{t_m}$ auf die linke Gleichungsseite, schreibt also

$$b \cdot t_m \cdot \sqrt{t_m} = \frac{Q}{c \cdot \sqrt{J}},$$

und betrachtet auch noch die Querschnitts*größe* $b \cdot t_m$ für unveränderlich, dann wird auch der Zusammenhang zwischen dem Gefälle J und der Profil*form* offenbar. Ein kleiner t_m-Wert führt unter den gemachten Voraussetzungen einerseits auf ein größeres J und andererseits auf ein größeres b. Umgekehrt bedingt ein zunehmendes t_m unter den gleichen Voraussetzungen ein abnehmendes J, wie auch ein kleiner werdendes b. Die Abb. 37 der Aufgabe 5, S. 37 gibt für das dort behandelte formveränderliche Rechteck von der Fläche $F = 35{,}0\text{ m}^2$ sehr anschaulich die Zusammenhänge zwischen b und t einerseits, J und t

andererseits. Die im Rahmen der dortigen Untersuchungen angestellten Überlegungen führten dann zu jener Profilform, bei der J ein Kleinstwert wird.

Nun wieder zu unserer Betrachtung! Bisher war lediglich die Querschnitts*größe* F, also das *Produkt* $b \cdot t_m$, als festwertig zugrunde gelegt. Wird nun in diesem Produkt auch noch die Spiegelbreite b als unveränderlich angenommen, dann wird auch der Quotient $F/b = t_m$ zu einem *Festwert, d. h.* t_m *behält immer den gleichen Wert, ganz gleichgültig, in welcher geometrischen Form die Querschnittsfläche* F *auch immer vorliegen mag.* $\sqrt{t_m}$ verliert damit also offensichtlich seinen Charakter als „Form"faktor. Da der Zufluß Q von oben, wie schon erwähnt, als fest gegeben zu betrachten ist und der Geschwindigkeitsbeiwert (etwa nach BAZIN) mit unveränderlichem $\sqrt{t_m}$ bei gleicher Rauhigkeit in jeder der möglichen Profilformen ebenfalls festwertig wird, muß dies nach Aussage der obigen Gleichung schließlich auch für das *Gefälle* J gelten.

Unter den gegebenen Annahmen scheinen also die verschiedenen Profilformen keinen ihnen wesensgemäßen Einfluß auf das Spiegelgefälle J auszuüben. Dies widerspricht natürlich der Naturwirklichkeit. Der unzutreffende Schluß wird lediglich durch die näherungsweise Annahme $p = \sim b$, d.h. $F/b = t_m$, verursacht, *die alle möglichen vorkommenden Profilformen von der gleichen Fläche* F *und der gleichen Spiegelbreite* b *automatisch in lauter gleiche Rechtecke von der Tiefe* t_m *verwandelt.*

Um den wirklich vorhandenen Einfluß der *Form* festzustellen, muß statt der Mittelwertbildung t_m gerade der umgekehrte Weg gegangen werden, der die Unstetigkeiten der Wassertiefen t_0 des Querschnitts im einzelnen erfaßt und ihren Einfluß rechnungsmäßig zum Ausdruck bringt, ein Verfahren, das v. RINSUM für die Herleitung der Abflußkurve und ihrer kritischen Wertung entwickelt und mit bestem Erfolg verwendet hat, und das sich auch bei den nachfolgenden Untersuchungen bewährt[1].

Zu diesem Zweck verallgemeinert man die bereits wiederholt verwendete Geschwindigkeitsformel (z. B. von BRAHMS), indem man die Formel für Querschnittslotrechte gelten läßt. Denkt man sich für verschiedene Punkte einer solchen Lotrechten Geschwindigkeitsmessungen durchgeführt und zur Geschwindigkeitskurve zusammengefaßt, wie dies bereits in Aufgabe 1, Abb. 8 geschehen ist, so läßt sich für den Inhalt f_v der durch die „Geschwindigkeitsfläche" begrenzten Kurve schreiben:

$$f_v = v_m \cdot t_0 = c \cdot \sqrt{t_0} \cdot \sqrt{J} \cdot t_0 = c \cdot t_0^{3/2} \cdot \sqrt{J}.$$

---

[1] v. RINSUM: Die Abflußkurve. Arch. Wasserw. Nr. 65, Berlin 1941 — Untersuchungen über die Hochwasserführung der bayerischen Donau und des Mains. Z. Wasserw. Jg. 1940, Heft 7 u. 8. Vgl. dazu die Aufgabe 44 dieses Buches.

Dabei bedeuten:

v_m = mittlere Geschwindigkeit in einer Lotrechten des Durchflußquerschnitts,
c = Geschwindigkeitsbeiwert in dieser Lotrechten,
t_0 = mittlere Gesamttiefe der Lotrechten für einen Flächenstreifen db, gleichzeitig Profilradius,
J = das für diese Lotrechte geltende Spiegelgefälle.

Die Lotrechten sind so über den Querschnitt zu verteilen, daß sie dessen Form möglichst gut erfassen (z. B. zweckmäßig angeordnete Meßlotrechte für Geschwindigkeitsermittlungen). Gehört zu einer solchen Lotrechten ein Flächenstreifen db, dann erhält man für die zum Abfluß kommende Wassermenge:

$$dQ = f_v db = c \cdot \sqrt{J} \cdot t_0^{3/2} \cdot db.$$

Durch Summierung über die ganze Breite ergibt sich dann die gesamte Durchflußwassermenge zu

$$Q = \int_0^b (c \cdot \sqrt{J}) \cdot (t_0^{3/2} \cdot db).$$

In diesem Ansatz ist t_0 im allgemeinen mit den verschiedenen Lotrechten veränderlich. Das Gefälle kann näherungsweise als gleich für die verschiedenen Lotrechten angesehen und vor das Summenzeichen gesetzt werden. Um auszudrücken, daß es einen Mittelwert darstellt, geben wir ihm zunächst den Index m. Nun zum Geschwindigkeitsbeiwert! Dieser ist meist abhängig von der Bettrauhigkeit und dem Profilradius, also $c = f(\gamma, t_0)$. Die Rauhigkeit kann für das eigentliche Flußbett angenähert meist als gleich angenommen werden (γ = konst.). Dagegen ist t_0 mit den wechselnden Tiefen veränderlich und damit auch c.

Im Widerspruch mit dieser bisher allgemein geltenden Anschauung stehen die Untersuchungsergebnisse einer Reihe mit großer Sorgfalt durchgeführter Messungen v. Rinsums, Wittmanns usw. Nach ersterem wird der Geschwindigkeitsbeiwert im Flußschlauch (Hauptbett) von geschiebeführenden Flüssen nicht größer als

$$c_m = 46 - 48.$$

Dieser Grenzwert wird dort schon bei verhältnismäßig niederen Wasserständen erreicht, und er behält dann diesen Wert unveränderlich bei (vgl. dazu die kritischen Betrachtungen auf S. 90ff.). Freilich, noch liegt nicht genug verläßliches Beobachtungsmaterial vor, um diesen Widerspruch zwischen der bestehenden Anschauung und den neuerlichen Feststellungen klarzulegen.

In dem vorliegenden Beispiel werden deshalb die Untersuchungen zunächst auf Grund der bisher bestehenden Anschauungen über die

Veränderlichkeit des Geschwindigkeitsbeiwertes durchgeführt und dann auch noch gezeigt, wie sich die Verhältnisse gestalten, wenn c festwertig im Sinne v. RINSUMs wird. Damit ergeben sich 3 Fälle:

a) c näherungsweise festwertig bei ein und demselben Wasserstand für alle Profilformen, aber veränderlich hinsichtlich der verschiedenen Wasserstände; maßgeblich für jeden Wasserstand das c des Ausgangsprofils, als Mittelwert aus den 12 Flächenstreifen abgeleitet;

b) c auch bei ein und demselben Wasserstand mit den verschiedenen Werten t_0 veränderlich;

c) $c = \sim 46$ (Messungsergebnis an der Donau unterhalb der Isarmündung) unveränderlich für alle Profilformen und alle Wasserstände.

Nach dieser Zwischenbetrachtung über die J- und c-Werte nehmen wir nun in der obigen Gleichung für Q diese beiden Werte vor das Summenzeichen (Fall b und c) und erhalten:

$$Q = c_m \cdot \sqrt{J_m} \cdot \int_0^b (t_0^{3/2} \cdot db)$$

oder

$$\int_0^b (t_0^{3/2} \cdot db) = \frac{Q}{c_m \cdot \sqrt{J_m}} .$$

Setzt man statt mit dem veränderlichen t_0 die Wassermenge mit dem festen Mittelwert t_m an, dann errechnet sich Q aus dem Ansatz:

$$Q = c_m \cdot \sqrt{J_m} \cdot \int_0^b (t_m^{3/2} \cdot db)$$

bzw.

$$\int_0^b (t_m^{3/2} db) = \frac{Q}{c_m \cdot \sqrt{J_m}} \quad \text{bzw.} \quad t_m^{3/2} \cdot b = \frac{Q}{c_m \cdot \sqrt{J_m}},$$

weil $t_m = \text{konst.}$

Unter Zugrundelegung des gegebenen Zahlenbeispiels soll nun untersucht werden, welche Abweichungen sich bei diesen beiden Rechenverfahren ergeben, d. h. welchen Einfluß die Berücksichtigung der Profil*form*unterschiede auf das Gefälle J hat.

Außer dem gegebenen *Ausgangs*profil steht zum Vergleich bereits das *Rechteck*profil ($b \cdot t_m$) zur Verfügung. Als 3. Vergleichsform wird ein *Mulden*profil[1] und als letzte Form ein *Krümmungs*profil (eingeknicktes Dreieck mit tiefem Kolk am rechten Ufer) angenommen. Diese Formen sind in Abb. 56a dargestellt. Diese 4 Profile haben den gleichen Wasserstand (MW), die gleiche Querschnittsgröße ${}_{\mathrm{MW}}F = 384\ \mathrm{m}^2$ und die gleiche Spiegelbreite $b = 180$ m. Soweit innerhalb der Flußbreite von

[1] Siehe dazu Aufgabe 11, S. 87.

$b = 180$ m die Sohlenlinie den Wasserspiegel nicht erreicht, sind die Profile beiderseits senkrecht abgeschnitten gedacht, um für die Rechnung möglichst übersichtliche und einfache Verhältnisse zu erhalten. Von der Annahme verschiedener Querschnittsformen wird die Größe des Zuflusses Q von oben nicht berührt, so daß dieses ebenfalls als festwertig betrachtet werden kann. Schließlich wird auch noch vorausgesetzt, daß die Bettrauhigkeit in allen Profilformen unverändert bleibt ($\gamma = 0{,}96$ nach BAZIN = konst.). Damit ist gewährleistet, daß für eine bestimmte Spiegellage lediglich die Veränderlichkeit der t_0-Werte, d. h. lediglich die Bett*form* mit dem Ansatz $\int_0^b t_0^{3/2} \cdot db$ einen Einfluß auf J auszuüben vermag. Daß der Einfluß der Bettform auch im c stecken kann, wurde oben schon erörtert.

Die erste Frage, die nun beantwortet werden soll, lautet: Bleibt in der Gleichung

$$\int_0^b t_0^{3/2} \cdot db = \frac{Q}{c_m \cdot \sqrt{J_m}}$$

die linke Seite für die ausgewählten Profilformen bei den gemachten Voraussetzungen gleich? Die Berechnung wurde zunächst für MW ($Q = 635$ m³/sek; $F = 384$ m²; $b = 180$ m; $\gamma = 0{,}96$) durchgeführt. Zu diesem Zweck wurde die Aufteilung des Querschnitts in 12 Streifen von je $\Delta b = 15$ m Breite entsprechend der Peilung zugrunde gelegt. Nun ergibt sich zunächst für das *Ausgangs*profil (vgl. Abb. 56a):

$$\int_0^b t_0^{3/2} \cdot db = \sum_{b=0}^{b=180} \left[\frac{1{,}0+1{,}6}{2}\right]^{3/2} \cdot 15{,}0 + \left[\frac{1{,}6+1{,}6}{2}\right]^{3/2} \cdot 15{,}0 + \\ + \left[\frac{1{,}6+1{,}8}{2}\right]^{3/2} \cdot 15{,}0 + \cdots$$

$$= 15{,}0 \cdot \sum_0^{180} 1{,}3^{3/2} + 1{,}6^{3/2} + 1{,}7^{3/2} + \cdots$$

$$= 15{,}0 \cdot 38{,}25$$

$$= \mathbf{574}\ m^{5/2}.$$

Für das *Rechteck*profil (Profil für $t_1 = \sim t_m =$ konst.) wird

$$\int_0^b t_m^{3/2} \cdot db = t_m^{3/2} \cdot b = 2{,}13^{3/2} \cdot 180 = \mathbf{560}\ \text{m}^{5/2}.$$

Entsprechend erhält man für das *Mulden*profil **597** $m^{5/2}$ und für das *Krümmungs*profil **624** $m^{5/2}$. Die Rechnung führt also zu dem für manchen Leser vielleicht etwas überraschenden Ergebnis, daß die linke Seite der obigen Gleichung für jede Profilform trotz gleicher Querschnittsfläche F und gleicher Spiegelbreite b einen anderen Zahlenwert aufweist. Der

Unterschied zwischen dem kleinsten Wert (*Rechteck!*) und dem größten (*Krümmungs*profil!) beträgt 624 − 560 = 64 $m^{5/2}$, ist also mit 11% ziemlich erheblich.

Nun soll auch gleich noch untersucht werden, welche Verhältnisse sich ergeben, wenn die Wasserspiegellage verändert wird. Es werden 2 Fälle herausgegriffen: einmal *Senkung* des Spiegels um 80 cm *unter* MW, und dann *Hebung* des Spiegels um 3,0 m *über* MW. Die zugehörigen geometrischen und hydraulischen Größen sind in Abb. 56a, die Rechenergebnisse in Tab. 6a eingetragen. Bei *niederem* Pegel vergrößert sich der Unterschied von 276 $m^{5/2}$ (Rechteck!) auf 387 $m^{5/2}$ (Krümmungsprofil!), also um 111 $m^{5/2}$, entsprechend 40% gegenüber der Rechteckform. Bei der HW-Spiegellage beträgt der Unterschied zwischen dem Rechteck- und dem Krümmungsprofil dagegen nur noch 2160 − 2090 = 70 $m^{5/2}$, entsprechend 3% Vergrößerung gegenüber dem Rechteckquerschnitt.

Je kleiner also das Verhältnis $\frac{t_{\max}}{t_m}$ wird, desto geringer wird auch der Unterschied zwischen $\int_0^b t_0^{3/2}\,db$ und $\int_0^b t_m^{3/2}\,db$. Aber eine einfache Beziehung zwischen $t_{\max}$ und t_m einerseits, den beiden Summengrößen andererseits läßt sich aus den Ergebnissen nicht ohne weiteres ablesen. Man beachte in diesem Zusammenhang, daß das Muldenprofil trotz kleinerem $t_{\max}$ gegenüber dem Ausgangsprofil einen größeren Summenwert aufweist als letzteres.

Nun stellen wir die zweite Frage: Welchen Einfluß hat das vorstehende Untersuchungsergebnis auf das Spiegelgefälle J? In der Ausgangsgleichung

$$\int_0^b t_0^{3/2}\,db = \frac{Q}{c_m \cdot \sqrt{J_m}}$$

ist nun die linke Seite eine mit der Querschnittsform veränderliche Größe geworden. Die von oben kommende Wassermenge hat hinsichtlich ihrer Größe mit der Formempfindlichkeit nichts zu tun, ist also nach wie vor als festwertig zu betrachten. Wenn deshalb die vorstehende Beziehung den Charakter als Gleichung behalten soll, müssen c oder $\sqrt{J}$ oder aber beide zusammen veränderlich werden. Ermittelt man die Größe von c für jeden Flächenstreifen db, wobei mit dem hydraulischen Radius die Profilform zur Geltung kommt, und bildet c_m aus

$$c_m = \frac{\Sigma c}{\text{Anzahl der Flächenstreifen}} = \frac{\Sigma c}{12},$$

so erhält man für MW die in Tabelle 6b eingetragenen Werte. c_m schwankt demnach zwischen 52,5 beim Rechteckprofil und 49,3 beim Krümmungsprofil, spricht mit seiner Größe also auch auf die Form an,

Tabelle 6a u. b. *Abhängigkeit des Spiegelgefälles von der Querschnittsform bei unveränderlichem Q, F, b für jede Profilform der Abb. 56a und ein und dieselbe Wasserspiegellage.*

Tabelle 6a.

Wasserspiegellage / Profilform	80 cm *unter* MW $t_m = 1,33$ m; $F = 240$ m²; $Q = 293$ m³/sek				MW $t_m = 2,13$ m; $F = 384$ m²; $Q = 635$ m³/sek				3,0 m *über* MW $t_m = 5,13$ m; $F = 923$ m²; $Q = 2720$ m³/sek			
	t_{max} m	$\int_0^b t_0^{3/2} \cdot db$ $m^{5/2}$	$\left(\frac{\int_0^b t_0^{3/2} \cdot db}{\int_0^b t_m^{3/2} \cdot db}\right)^2$	$\frac{J}{J_{Rechteck}}$, für c_m konst.	t_{max} m	$\int_0^b t_0^{3/2} \cdot db$ $m^{5/2}$	$\left(\frac{\int_0^b t_0^{3/2} \cdot db}{\int_0^b t_m^{3/2} \cdot db}\right)^2$	$\frac{J}{J_{Rechteck}}$, für c_m konst.	t_{max} m	$\int_0^b t_0^{3/2} \cdot db$ $m^{5/2}$	$\left(\frac{\int_0^b t_0^{3/2} \cdot db}{\int_0^b t_m^{3/2} \cdot db}\right)^2$	$\frac{J}{J_{Rechteck}}$, für c_m konst.
Rechteckprofil	1,33	276	1,0	1,0	2,13	560	1,0	1,0	5,13	2090	1,0	1,0
Ausgangsprofil	2,40	296	1,15	0,87	3,20	574	1,06	0,94	6,20	2100	1,02	0,98
Muldenprofil	2,18	305	1,23	0,81	2,98	597	1,15	0,87	5,98	2110	1,02	0,98
Krümmungspr.	4,92*	387*	1,96	0,51	5,80	624	1,23	0,81	8,80	2160	1,06	0,94

* Hebung der Sohle gleichmäßig um 8 cm zur Gewährleistung der Voraussetzung F = konst. (= 240 m²).

Tabelle 6b.

Wasserspiegellage / Profilform	80 cm *unter* MW					MW					3,0 m *über* MW				
	c_m $\gamma = 0,96$ nach BAZIN	Spiegelgefälle J, wenn				c_m $\gamma = 0,96$ nach BAZIN	Spiegelgefälle J, wenn				c_m $\gamma = 0,96$ nach BAZIN	Spiegelgefälle J, wenn			
		c_m unveränderl.		c_m veränderl.			c_m unveränderl.		c_m veränderl.			c_m unveränderl.		c_m veränderl.	
		Änderung %	J ‰	Änderung %	J ‰		Änderung %	J ‰	Änderung %	J ‰		Änderung %	J ‰	Änderung %	J ‰
Rechteckprofil	47,5	+15	0,52	+10,7	0,498	52,5	+ 4,8	0,472	+3,7	0,466	61,1	+0,8	0,453	+0,3	0,451
Ausgangsprofil	46,6	± 0	0,45	± 0	0,45	52,1	± 0	0,45	±0	0,45	61	±0	0,45	±0	0,45
Muldenprofil	48,5	− 6	0,423	−13,3	0,39	51,6	− 7,5	0,416	−6,0	0,423	61	−1	0,445	−1	0,445
Krümmungspr.	42,4	−41,5	0,263	−29,3	0,318	49,3	−13,9	0,388	−5,5	0,425	60,7	−5,3	0,426	−4,5	0,43

wie es nach den bisher üblichen Anschauungen nicht anders erwartet werden konnte. Da aber die Veränderlichkeit der c_m-Werte wesentlich hinter jenen der $\int_0^b t_0^{3/2} \cdot db$-Werte zurückbleibt, *muß* auch J_m *formabhängig sein.*

Kennzeichnen wir die Größen des Rechteckprofils mit dem Index R, jenen des Ausgangsprofils mit A und lassen die Mittelwertkennzeichnung bei c und J der Übersichtlichkeit halber weg, dann kann man schreiben

$$Q = \text{konst.} = c_R \cdot \sqrt{J_R} \cdot \int_0^b (t_m^{3/2} \cdot db)_R = c_A \cdot \sqrt{J_A} \cdot \int_0^b (t_0^{3/2} \cdot db)_A .$$

Daraus

$$\frac{J_R}{J_A} = \left(\frac{c_A}{c_R}\right)^2 \cdot \left[\frac{\int_0^b (t_0^{3/2} \cdot db)_A}{\int_0^b (t_m^{3/2} \cdot db)_R}\right]^2$$

oder

$$J_R = J_A \cdot \left(\frac{c_A}{c_R}\right)^2 \cdot \left[\frac{\int_0^b (t_0^{3/2} \cdot db)_A}{\int_0^b (t_m^{3/2} \cdot db)_R}\right]^2 .$$

Für $c_A = c_R = \text{konst.}$ wird

$$\frac{J_R}{J_A} = \left[\frac{\int_0^b (t_0^{3/2} \cdot db)_A}{\int_0^b (t_m^{3/2} \cdot db)_R}\right]^2 \quad \text{und} \quad J_R = J_A \cdot \left[\frac{\int_0^b (t_0^{3/2} \cdot db)_A}{\int_0^b (t_m^{3/2} \cdot db)_R}\right]^2 .$$

Dabei ist das Gefälle J_A im *Ausgangs*profil für MW mit $J = 0{,}45^0/_{00}$ gemessen. Auch seine rechnerische Ermittlung ergibt mit den gegebenen Werten

$$J_A = \left(\frac{Q}{c_A}\right)^2 \cdot \frac{1}{\int_0^b (t_0^{3/2} \cdot db)^2} = \left(\frac{635}{52{,}1}\right)^2 \cdot \frac{1}{574^2} = 0{,}00045 = 0{,}45^0/_{00} .$$

In der Tabelle 6a ist für die verschiedenen Profilformen und für die drei zugrunde gelegten Wasserstände jeweils die Größe

$$\left[\frac{\int_0^b (t_0^{3/2} \cdot db)}{\int_0^b (t_m \cdot db)_R}\right]^2$$

berechnet und eingetragen, ebenso ihre reziproken Werte

$$\frac{J}{J_R} \quad \text{für } c_m = \text{konst.}$$

Dabei zeigt den vergleichsweise größten Gefällsbedarf das Rechteckprofil, den vergleichsweise kleinsten das Krümmungsprofil. Weiter ergibt sich, daß der Unterschied des Gefällsbedarfes zwischen Rechteck- und Krümmungsprofil mit zunehmendem Wasserstand abnimmt und sich bei Hochwasserständen nahezu ausgleicht. Andererseits ist der Rückgang des Gefällsbedürfnisses im Krümmungsprofil auf etwa die Hälfte des Rechteckprofils bei Niederwasserstand und damit der Formeinfluß sehr beachtlich.

In Tabelle 6b sind außer den veränderlichen c_m-Werten die Spiegelgefälle J für festwertiges und veränderliches c eingetragen. Die formbedingten prozentualen Veränderungen der Gefällsgrößen sind dabei auf das Spiegelgefälle des *Ausgangs*profils bezogen, mit $0{,}45^0/_{00}$ für den MW-Spiegel festgestellt, also von vornherein bekannt.

Für den niederen Wasserstand (80 cm *unter* MW) berechnet sich für dieses Profil das Gefälle zu

$$J = \left(\frac{293}{46{,}6}\right)^2 \cdot \frac{1}{296^2} = 0{,}00045 = 0{,}45^0/_{00},$$

und für den hohen Wasserstand (3,0 m *über* MW) ebenfalls zu

$$J = \left(\frac{2720}{61}\right)^2 \cdot \frac{1}{2100^2} = 0{,}00045 = 0{,}45^0/_{00}.$$

Die berechneten Gefällswerte in der Tabelle 6b zeigen, wie sich mit fallendem Wasserstand die Wechselwirkung zwischen Querschnittsform und Längsgefälle verstärkt, mit wachsendem Wasserstand abschwächt. Die Zusammenstellungen in Tabelle 6b zeigen außerdem, daß ein etwa wirksamer Formeinfluß auf die c-Werte die Wirkung der Formänderung auf das Spiegelgefälle zwar abschwächt, daß er aber nicht ausreicht, sie ganz auszugleichen. Insbesondere bei niederen Wasserständen bleibt der Gefällsbedarf im Krümmungsprofil noch um weit über $^1/_3$ gegenüber jenem des Rechteckprofils kleiner. Der Unterschied sinkt bei MW auf etwa 9%, bei HW auf etwa 5% herab.

Tabelle 6c. *Berechnungsergebnisse bei Verwendung der Annäherung* $\frac{F}{b} \sim t_m$ *(Verwischung des Profilformeinflusses) und deren Abweichungen von den aus der wirklichen Profilform hergeleiteten Ergebnissen.*

Wasserspiegellage	t_m	$F \cdot \sqrt{t_m}$, entsprechend $\int_0^b t_e^{3/2} \cdot db$	c_m	$J_{Rechteck}$	Prozentuale Abweichung der J-Werte vom Gefälle $J_{Rechteck}$ bei verändertem c_m im			
					Rechteck-profil	Ausgangs-profil	Mulden-profil	Krümmungs-profil
	m	$m^{5/2}$		$^0/_{00}$	%	%	%	%
80 cm *unter* MW .	1,33	276	47,5	0,498	±0	+9,6	+21,8	+36,2
MW	2,13	560	52,5	0,466	±0	+3,5	+ 9,2	+ 9,0
3,0 m *über* MW . .	5,13	2090	61,1	0,451	±0	+0,3	+ 1,4	+ 4,7

In Tabelle 6c wurden die Rechenergebnisse nochmals für die Annahme $\frac{F}{b} = t_m$ (Rechteckprofil) für die 3 Wasserspiegellagen zusammengestellt und die prozentualen Abweichungen der J-Werte gegenüber dem J-Rechteck ermittelt.

Hier muß noch eine naheliegende Frage beantwortet werden: Welcher Wert t_{0_m} tritt nun im Geschwindigkeitsansatz

$$v = c \cdot \sqrt{t_m} \cdot \sqrt{J}$$

an die Stelle des bisherigen Mittelwertes $\sqrt{t_m}$? Der Summenwert $\int_0^b (t_0^{3/2} \cdot db)$ ist hergeleitet aus den Faktoren $t_0^{1/2}$ und $(t_0 \cdot db)$ für einen Flächenstreifen, wobei also $t_0 \cdot db$ ein Flächenelement und seine Summe die Gesamtfläche F darstellt. Da diese gegeben ist, muß die Beziehung gelten:

$$t_{0_m}^{1/2} \cdot F = \int_0^b (t_0^{3/2} \cdot db),$$

woraus folgt

$$t_{0_m}^{1/2} = \frac{\int_0^b (t_0^{3/2} \cdot db)}{F} \quad \text{und} \quad t_{0_m} = \left[\frac{\int_0^b (t_0^{3/2} \cdot db)}{F}\right]^2.$$

Dieser Wert t_{0_m} ist der jeweilige Profilradius für die verschiedenen Querschnittsformen, der die Form vollkommen berücksichtigt.

Für unser Beispiel ergeben sich bei MW-Spiegel und c_m = veränd. für die vier zugrunde gelegten Profilformen folgende Zahlenwerte für t_{0_m} (unter Benutzung der Tabellen 6a und 6b):

Krümmungsprofil:

$$t_{0_m}^{1/2} = \frac{624}{384} = 1{,}625\ m^{1/2};\quad t_{0_m} = \mathbf{2{,}64}\ \text{m};$$

$$v_m = 49{,}3 \cdot 1{,}625 \cdot \sqrt{0{,}000425} = \mathbf{1{,}65}\ \text{m/sek.}$$

Muldenprofil:

$$t_{0_m}^{1/2} = \frac{597}{384} = 1{,}556\ m^{1/2};\quad t_{0_m} = \mathbf{2{,}42}\ \text{m};$$

$$v_m = 51{,}6 \cdot 1{,}556 \cdot \sqrt{0{,}000423} = \mathbf{1{,}65}\ \text{m/sek.}$$

Ausgangsprofil:

$$t_{0_m}^{1/2} = \frac{574}{384} = 1{,}496\ m^{1/2};\quad t_{0_m} = \mathbf{2{,}24}\ \text{m};$$

$$v_m = 52{,}1 \cdot 1{,}496 \cdot \sqrt{0{,}00045} = \mathbf{1{,}65}\ \text{m/sek.}$$

Rechteckprofil:

$$t_{0_m}^{1/2} = \frac{560}{384} = 1{,}460\ m^{1/2};\quad t_{0_m} = \mathbf{2{,}13}\ \text{m};$$

$$v_m = 52{,}5 \cdot 1{,}460 \cdot \sqrt{0{,}000466} = \mathbf{1{,}65}\ \text{m/sek.}$$

Probe: Da Q und F gegeben und festwertig angenommen sind, muß sich auch mit Q/F für alle Formen dasselbe v_m ergeben, also:

$$v_m = \frac{Q}{F} = \frac{635}{384} = \mathbf{1{,}65}\ \text{m/sek}.$$

Nun zum Fall c) eines durchweg festwertigen Geschwindigkeitsbeiwertes $c = \sim 46$! Die Zugrundelegung des Geschwindigkeitsbeiwertes als unveränderlichen Wert für alle Wasserspiegellagen bedeutet natürlich eine willkürliche Änderung der festgelegten Durchflußgrundlagen unseres Beispiels. Wir können deshalb auch nicht mehr erwarten, daß für das Ausgangsprofil die Gleichung für Q bei Einsatz aller gegebenen Werte (Q, J, t_0) noch erfüllt ist. Behalten wir das Spiegelgefälle mit $J = 0{,}45^0/_{00}$ weiterhin bei, dann ergeben sich aus dieser Gleichung andere Werte Q, behalten wir aber die Q-Werte der ursprünglichen Aufgabenstellung bei, dann müssen sich notwendig die Größen für J des Ausgangsprofils ändern. Man kann sich leicht davon überzeugen, daß man in *jedem* Falle auf die gleichen prozentualen Gefälleänderungen des Falles a) (c_m=konst. in Tabelle 6b) kommt, ganz gleich, welche von den beiden Annahmemöglichkeiten man wählt. Nachfolgend wird die Rechnung für den Fall der Beibehaltung des Gefälles $J = 0{,}45^0/_{00}$ für das Ausgangsprofil bei allen 3 Wasserspiegellagen durchgeführt. Für die Q-Werte erhält man jetzt mit

$$Q = 46 \cdot \sqrt{0{,}00045} \cdot \int_0^b (t_0^{3/2} db)$$

und für $\int_0^b (t_0^{3/2} db) = 296$ bzw. 574 bzw. 2100 $m^{5/2}$ die in Tabelle 6d eingetragenen Werte. Wie aus vorstehender Beziehung ersichtlich, sind die geänderten Q-Werte *lediglich* durch die Änderung der c-Werte auf

Tabelle 6d. *Formbedingte Änderungen der Spiegelgefälle für $c = 48$ (festwertig) und die angegebenen Wasserführungen.*

Wasserspiegellage / Profilform	c_m = konst. für alle Spiegellagen und Formen	Spiegelgefälle J bei: 80 cm *unter* MW Q = 288 m³/sek, Änderung %	J ‰	MW Q = 560 m³/sek, Änderung %	J ‰	3,0 m *über* MW Q = 2050 m³/sek, Änderung %	J ‰
Rechteckprofil . . .	46	+15	0,52	+ 5,5	0,48	+1,8	0,46
Ausgangsprofil . . .	46	± 0	0,45	± 0	0,45	±0	0,45
Muldenprofil	46	− 6	0,42	− 7,5	$0{,}41_6$	−1,2	$0{,}44_5$
Krümmungsprofil .	46	−41,3	0,26	−15,5	0,38	−4,8	0,43

$c = 46$ bedingt, so daß der Quotient Q/c gegenüber den früheren Rechnungen unverändert geblieben ist, also Q/c = konst. für die dem Q zugeordnete Wasserspiegellage. Die Ansätze für die J-Werte eines und desselben Wasserstandes vereinfachen sich deshalb wieder zu

$$J = J_A \cdot \left[\frac{\int (t_0^{3/2} \cdot db)_A}{\int (t_0^{3/2} db)} \right]^2.$$

Die rechte Gleichungsseite hat sich also gegenüber dem Fall a) nicht geändert, so daß auch die J-Werte wieder die gleiche Größe bzw. die gleichen prozentualen Abweichungen wie dort aufweisen (vgl. Tabelle 6d).

Zusammenfassend lehren die vorstehenden Untersuchungen, daß die Vernachlässigung der Form durch die Zugrundelegung des Profilradius t_m als Mittelwert um so bedenklicher ist, je unregelmäßiger die Sohle des Gewässers geformt ist, d. h. je stärker die wechselnden Wassertiefen von t_m abweichen und je kleiner der absolute Wert von t_m bei einer gegebenen Spiegelbreite b ist.

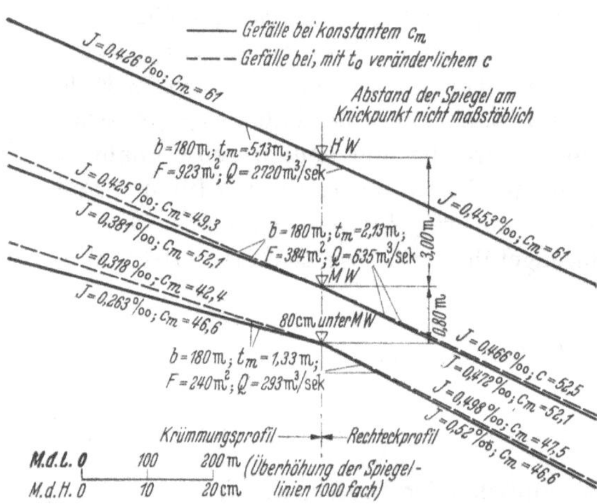

Abb. 56b. Abhängigkeit des Spiegelgefälles J von der Profil*form* bei jeweils *gleichem* F, b und Q im Krümmungs- und Rechteckprofil für 3 verschiedene Wasserstände.

Betrachtet man näherungsweise das Rechteckprofil der Abb. 56a als ein *Furt*profil, das in der geraden Übergangsstrecke zwischen zwei Krümmungen einer gewundenen Flußstrecke liegt, und das gebrochene Dreieckprofil als ein zugeordnetes Krümmungsprofil, und trägt die Untersuchungsergebnisse für diese beiden Querschnitte auf, wie es in Abb. 56b geschehen ist, dann zeigt diese Darstellung sehr anschaulich die Gestaltung und Verteilung der Gefällsverhältnisse in Krümmung und Übergang, insbesondere auch, wie mit *ab*nehmendem Wasserstand das Gefälle *in der Krümmung ab*nimmt, während es in der *Übergangs*strecke (Furt) bei *fallendem* Spiegel *zu*nimmt, wie sich andererseits bei *hohen* Wasserständen (HW) die Gefälle J *ausgleichen* (*Zu*nahme von J in der *Krümmung*, *Ab*nahme von J in der *Übergangs*strecke), eine Naturgesetzlichkeit, die natürlich längst allgemein bekannt ist. Von Wichtigkeit ist aber, daß die in vorliegendem Beispiel festgestellten Gefällswerte *ausschließlich* aus der *Form* der Profile hergeleitet wurden (F *und* b festwertig). Die Berücksichtigung der Tatsache, daß mit *zu*nehmender Krümmung die Strombreite b abzunehmen und $F(t_0)$ zuzunehmen pflegt, bedeutete eine weitere Vergrößerung des Wertes $\int_0^b (t_0^{3/2} db)$ und damit auch eine Verstärkung der Gefällsunterschiede zwischen Furt und Krümmung.

Böss weist darauf hin, daß durch Einbau von Leitschwellen Krümmungskolke am hohlen (konkaven) Ufer bei sonst gleichen Bedingungen fast restlos vermieden werden können, wie neue Versuche gezeigt hätten. „Solche Leitschwellen bilden ein wirksames Mittel, die gleichmäßige Ausbildung des Querschnitts auch in der Krümmung zu erzwingen"[1]. Dabei muß aber folgendes bedacht werden: Die theoretisch begründete große Abhängigkeit des Gefälles J von der Querschnitts*form* besonders in Krümmungen läßt den Schluß zu, daß eine solche künstliche Verhinderung der Kolkbildung, also der natürlichen Formgestaltung des Querschnitts, eine Steigerung des Gefällsbedürfnisses hervorrufen muß, das durch seine Summierung bei einem Fluß mit zahlreichen hintereinander folgenden Krümmungen Gleichgewichtsstörungen im Regime (Erhöhung der Wühlkraft des Flusses, Spiegelhebung flußaufwärts) zur Folge haben muß, wenn diese nicht *gleichzeitig* durch andere bauliche Maßnahmen wieder *ausgeglichen* werden, was auf eine *Änderung* der bisherigen Bedingungen hinausläuft.

Aufgabe 9[2].
Einfluß von J auf c nach Ganguillet-Kutter.

Es soll an den folgenden 2 Beispielen nachgeprüft werden, welchen Einfluß die Berücksichtigung des Gefälles J in der Formel für den Geschwindigkeitsbeiwert c nach Ganguillet-Kutter auf die Größe dieses c hat. Welche praktischen Folgerungen lassen sich aus dem Ergebnis ziehen?

1. Betonierter Werkkanal mit hydraulischem Radius $R = 2{,}0$ m und Gefälle $J = 0{,}155\,^0/_{00}$.

2. Wasserschloßbecken in Erde mit hydraulischem Radius $R = 3{,}0$ m und Gefälle $J = 0{,}03\,^0/_{00}$.

Lösung.

Um den Einfluß festzustellen, den die Berücksichtigung des Gefälles auf den Geschwindigkeitsbeiwert c hat, ermitteln wir diesen zunächst mit Formeln, welche *ohne* Einbeziehung des Gefälles auskommen. Die für den Vergleich nächstliegende und daher zweckmäßigste Formel für c

[1] Böss: Die Berechnung mittels der Potentialtheorie, in Wittmann-Böss: Wasser- und Geschiebebewegung in gekrümmten Flußstrecken, S. 40. Berlin: Springer 1938.

[2] Vgl. Rümelin: Wie bewegt sich fließendes Wasser? Dresden: v. Zahn u. Jaensch 1913.

ist jene von KUTTER (abgekürzte KUTTERsche Formel). Außerdem ziehen wir zum Vergleich noch die BAZINsche Formel für c heran, da sie genau wie die kleine KUTTER-Formel aufgebaut ist.

Für Beispiel 1 ergibt sich

α) nach BAZIN ($\gamma = 0{,}30$)

$$c_B = \frac{87}{1 + \frac{\gamma}{\sqrt{R}}} = \frac{87}{1 + \frac{0{,}30}{\sqrt{2{,}0}}} = \mathbf{71{,}7},$$

β) nach KUTTER (kurze Formel)

$$c_K = \frac{100\sqrt{R}}{m + \sqrt{R}}.$$

Da zwischen m und n (nach GANGUILLET-KUTTER) ungefähr die Beziehung besteht

$$m = 100 \cdot n - 1$$

und n für rauh zugeriebene ältere Betonputzflächen (entsprechend $\gamma = 0{,}30$ nach BAZIN): $n = 0{,}015$ ist, wird

$$m = 100 \cdot 0{,}015 - 1 = \mathbf{0{,}50}.$$

Also

$$c_K = \frac{100 \cdot \sqrt{2}}{0{,}50 + \sqrt{2}} = \mathbf{73{,}8}.$$

γ) Wenn wir nun das gegebene Gefälle J mit berücksichtigen durch Benutzung der GANGUILLET-KUTTERschen Formel für c:

$$c_G = \frac{23 + \frac{1}{n} + \frac{0{,}00155}{J}}{1 + \left(23 + \frac{0{,}00155}{J}\right) \cdot \frac{n}{\sqrt{R}}},$$

wobei das relative Gefälle J dem absoluten Werte nach einzusetzen ist, also mit 0,000155, oder

$$c_G = \frac{23 + \frac{1}{n} + \frac{1{,}55}{J_r}}{1 + \left(23 + \frac{1{,}55}{J_r}\right) \cdot \frac{n}{\sqrt{R}}},$$

wobei das relative Gefälle J_r in $^0/_{00}$ einzusetzen ist, so ergibt sich bei $n = 0{,}015$, $R = 2{,}0$ m und $J_r = 0{,}155\,^0/_{00}$

$$c_G = \frac{23 + \frac{1}{0{,}015} + \frac{1{,}55}{0{,}155}}{1 + \left(23 + \frac{1{,}55}{0{,}155}\right) \cdot \frac{0{,}015}{\sqrt{2}}} = \mathbf{73{,}8}.$$

Nun zum Beispiel 2! Hier ergeben sich folgende entsprechende Geschwindigkeitsbeiwerte c:

α) nach BAZIN $c_B = \dfrac{87}{1 + \dfrac{1,30}{\sqrt{3}}} = \mathbf{49,7}.$

Der Rauhigkeitsziffer 1,30 nach BAZIN entspricht ein Kanalprofil in Erde, das schon längere Zeit der Benutzung unterliegt, also da und dort schon etwas Pflanzenwuchs zeigt. Der entsprechende Rauhigkeitskoeffizient n nach GANGUILLET-KUTTER ist etwa 0,027, der Wert m also

$$m = 100 \cdot 0,027 - 1 = 1,7.$$

Demnach

β) nach KUTTER (abgekürzt) $c_K = \dfrac{100 \cdot \sqrt{3}}{1,7 + \sqrt{3}} = \mathbf{50,5}.$

Bei Berücksichtigung von J wird

γ) nach GANGUILLET-KUTTER

$$c_G = \frac{23 + \dfrac{1}{0,027} + \dfrac{1,55}{0,03}}{1 + \left(23 + \dfrac{1,55}{0,03}\right) \cdot \dfrac{0,027}{\sqrt{3}}} = \mathbf{51,7}.$$

Die zwei Beispiele lehren, daß bei Zugrundelegung der gleichen Rauhigkeitsklasse die Geschwindigkeitsbeiwerte nach KUTTER (abgekürzt) und nach GANGUILLET-KUTTER größer werden als jene nach BAZIN. Das führt bei sonst gleichem R und J auch auf größere Werte v und damit letzten Endes auf größere Wassermengen, als die Rechnung nach BAZIN ergibt.

Wesentlicher als diese Feststellung ist die Erkenntnis, daß die Berücksichtigung des Gefälles J im GANGUILLET-KUTTERschen Geschwindigkeitsbeiwert nichts bringt als eine Vermehrung der Rechenarbeit. Denn selbst für den extremen Fall, daß J nur $0,03^0/_{00}$ beträgt, ist der Einfluß dieses J auf die Größe des Wertes c kleiner als die Unsicherheit, welche durch die Wahl der Rauhigkeitsziffer n in das Resultat hineingetragen wird. Für die Rechnungen der *praktischen* Hydraulik kann deshalb auf die Benutzung der großen GANGUILLET-KUTTER-Formel nicht nur bei Gefällen $J \geqq 0,5^0/_{00}$, wie LUEGER meinte, sondern, wie RÜMELIN schon 1913 zeigte, überhaupt verzichtet werden.

Aufgabe 10.
Zusammengesetztes Profil. Hochwasserdeiche.

Ein verwilderter Fluß soll mittels eines aus Trapezen zusammengesetzten Doppelprofils korrigiert werden. Das *Mittelwasserprofil* erhält eine Böschungsneigung $\operatorname{ctg} \alpha = m = 2$ und bis Bordrand eine Tiefe von

$t_1 = 2{,}40$ m. Es soll bei dieser Fülltiefe die Wintermittelwassermenge (Wi.MQ)$=120$ m³/sek fördern. Der Rauhigkeitsbeiwert für dieses Mittelwasserbett beträgt nach Feststellungen an der für die Regulierung maßgebenden Musterstrecke nach BAZIN $\gamma_1 = 1{,}1$.

Das *Hochwasserbett* ist so breit zu machen, daß das bekannte höchste Sommerhochwasser (So.HHQ) $= 600$ m³/sek abgeführt werden kann bei einer Wassertiefe von $t_2 = 1{,}6$ m. Dies erfordert die Anlage von *Deichen*. Die Außenböschungen erhalten eine Neigung $\operatorname{ctg}\alpha = m = 3$. Der Rauhigkeitsbeiwert der Vorländer und Deichböschungen ist mit $\gamma_2 = 2{,}0$ anzusetzen. Das Spiegelgefälle J_ω = Sohlgefälle J_s beträgt $0{,}4^0/_{00}$ für alle Wasserstände. Geschiebegang findet nicht statt.

Es sind zu berechnen:

1. die Breiten vom Mittelwasser- und Hochwasserbett;

2. die Wasserstände

a) für das überhaupt bekannte niederste Niederwasser (NNW für 18 m³/sek);

b) für Sommermittelwasser (So.MW für 50 m³/sek);

c) für gewöhnliches Winterhochwasser (Wi.HW für 250 m³/sek);

d) für bekanntes höchstes Winterhochwasser (Wi.HHW für 1050 m³/sek) unter der in der Wirklichkeit nicht zutreffenden Annahme, daß bei dieser Wasserführung keine Deichüberflutung eintritt.

Lösung.

I.

Von den verschiedenen Arbeiten, welche der Verbesserung eines Flußlaufes dienen können (Begradigung [Rektifikation], Zusammenfassung der Durchflüsse zum Hochwasserschutz und zur Wassernutzung allgemein [Korrektion], Regelung des Flußlaufes im besonderen zur Schaffung einer beständigen und hinreichend tiefen Schiffahrtsrinne [Regulierung])[1], wird in vorliegender Aufgabe die Zusammenfassung des Nieder- und Mittelwasserdurchflusses[2] und die Gewährleistung des Hochwasserschutzes bis zum So.HHQ einschließlich behandelt. Die Korrektion soll mittels eines aus Trapezen zusammengesetzten Doppelprofils durchgeführt werden.

Das *Mittelwasserbett* soll bei Füllung bis zum Bordrand ($t = 2{,}40$ m) die Wintermittelwassermenge (Wi.MQ) $= 120$ m³/sek abführen. Die Böschungen dieses Profilteiles werden gedeckt (rolliert) und unter $\operatorname{ctg}\alpha = m = 2$ geneigt.

---

[1] SCHOKLITSCH: Der Wasserbau, Bd. 2. Wien: Springer 1930.

[2] Bezügl. Mittelwasserregelung vgl. Aufgabe 11, S. 87.

Auch das *Hochwasserbett* erhält trapezförmigen Querschnitt durch Anlage von Hochwasserleitwerken (Hochwasserdämmen), auch *Deiche* genannt. Die Deiche dienen dazu, die Abflüsse auch bei höheren Wasserständen zusammenzuhalten und so dem Flusse bei diesen Wasserführungen einen geregelten, mit dem Mittelwasserbett tunlichst übereinstimmenden Lauf zu sichern. Je nach dem Umfang des Schutzes, den die Deiche über den vorstehenden Zweck hinaus gewähren sollen, unterscheidet man *Winter*deiche und *Sommer*deiche. Erstere haben Schutz zu bieten gegen *alle* Hochfluten, namentlich auch gegen die größten Durchflüsse am Ende des Winters, wenn die Schneeschmelze im Gange ist (Winter- [Frühjahrs-] Hochwasser). Gegenüber diesen Hochfluten sind die Sommerhochwässer in den Flachlandstrecken der deutschen Flüsse verhältnismäßig kleiner. Handelt es sich also darum, Wachstum und Ernten von Heu, Getreide und sonstigen landwirtschaftlichen Nutzpflanzen vor Überflutungen zu schützen, dann sind lediglich die Sommerhochwässer abzuhalten und dazu genügen die gegenüber den Winterdeichen niedrigeren *Sommerdeiche*. Natürlich werden diese von den Winterhochwässern überronnen und lagern dann in den überfluteten Gebieten Schlick ab (Düngung des landwirtschaftlich genutzten Bodens). Die Hauptablagerungen von Schwemmstoff (Sinkstoff) erfolgen jedoch im Flußbett bzw. auf den Vorländern, sofern die Schleppkraft $S = 1000 \cdot t \cdot J$ kg/m² des eingedeichten Flusses nicht ausreicht, diese Ablagerungen zu verhindern. Die Folge davon ist dann eine ständig wachsende Aufhöhung zumindest der Vorländer, die ihrerseits wiederum zur fortgesetzten Erhöhung der Deiche zwingt. Andererseits wird, da die deichgeschützten Binnenländereien einer gleichen Aufhöhung (Auflandung) entzogen sind, deren Entwässerung mit der Zeit immer mehr erschwert, und die schädliche Grundwasserhebung zwingt zur künstlichen Entwässerung. Durch die Zusammenfassung des Hochwassers zwischen Deichen erfährt die Hochwasserwelle eine Umgestaltung: die Wellenhöhe wird größer, ebenso die Fortschrittsgeschwindigkeit, während die Wellenlänge abnimmt.

Die Dämme müssen so bemessen und hergestellt sein, daß sie gegen Wasserdruck standfest sind und auch beim Überrinnen nicht zerstört werden. Anhalte für die Querschnittsbemessung gibt die Abb. 57a u. b. Die Herstellung erfolgt nach den gleichen Grundsätzen, die für die Herstellung der Staudämme und Dämme für die Wasserkraftkanäle gelten. Zunächst ist ein Deichlager zu schaffen, indem der Mutterboden und fäulnisfähige Stoffe sorgfältig aus der Grundfuge entfernt werden. Hat man undurchlässigen Boden in genügender Menge zur Verfügung, z. B. Gemisch aus Ton und Sand, das dicht ist und beim Austrocknen nicht reißt, so kann der Damm einheitlich in durchgehenden Schichten von 0,2 bis 0,3 m bei Handeinwalzung, von 0,5 m Stärke bei Maschinenbetrieb ausgeführt werden. Bei Mangel an dichtem Bodenmaterial erhält nur die Wasserseite (Außenseite) des Deiches dichteren Boden, die Landseite (Binnenseite) durchlässiges Bodenmaterial. Fetter Ton wird nur als Dichtungskern benutzt. Bei der Deichherstellung muß auf die unvermeidliche Setzung Rücksicht genommen werden (bis 10%). Ent-

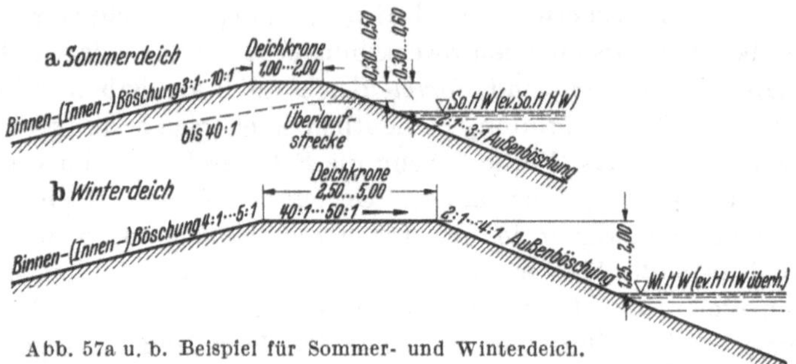

Abb. 57a u. b. Beispiel für Sommer- und Winterdeich.

nimmt man das Dammaterial dem Vorland (Hochwasserbett), dann muß dies aus Gräben geschehen, die *quer* zum Ufer laufen. Diese Gräben müssen aber 5 bis 10 m *vor* dem Deichfuß aufhören, so daß dort ein Streifen von dieser Breite unberührt stehenbleibt als sog. Außenberme. Die Quergräben werden vom Flusse selbst im Laufe der Zeit wieder zugefüllt.

Die Deichkronen erhalten gegen den Flußlauf hin eine schwache Neigung, damit Niederschlagswasser rasch ablaufen kann. Bei ausgesprochenen Winterdeichen wird die Kronenbreite größer genommen, wenn die Krone als Verkehrsweg dient. Mindestens muß die Zufuhr der zur Instandhaltung und Verteidigung erforderlichen Baustoffe gesichert sein.

Die flußseitigen Böschungen sind sorgfältig mit Rasenziegeln zu befestigen; die Binnenböschungen erhalten 10 cm Mutterboden, der angesät wird (besondere Grassamenmischungen!)[1]. Zur Verringerung der Wirkung des Wellenschlages und Eisdruckes dienen Strächerpflanzungen am Fuße der Außenböschungen. Dazu eignen sich flachwurzelnde und Feuchtigkeit liebende Strauchpflanzen. Auf der binnenseitigen Böschung können, zur Verschönerung des Landschaftsbildes, einzelne Bäume gesetzt werden.

Zum Verkehr auf den Dämmen und über die Dämme hinweg werden Deichrampen mit einer Steigung 12 : 1 bis 20 : 1 ($\cot\alpha = m = 12$ bis 20) angelegt, außendeichs stromab gerichtet, oder aber der Verkehr geschieht durch Deichlücken, die bei höheren Wasserständen geschlossen werden[2].

[1] Weber: Ansaat von Böschungen und Deichen. Kulturtechniker 1931.

[2] Vgl. zu I. u. a. Kreuter: Der Flußbau. Hdb. d. Ing.-Wiss., III. T., 6. Bd., 4. Aufl. Leipzig: Engelmann 1910. — Schoklitsch: Der Wasserbau, Bd. II. Wien: Springer 1930. — Winkel: Die Grundlagen der Flußregelung. Berlin: Ernst u. Sohn 1934. — Wittmann: Flußbau. Taschenbuch f. Bauingenieure. Berichtigter Neudruck. Berlin: Springer 1949.

II.

1. Bemessung der Breite vom Mittelwasser- und Hochwasserbett.

Mittelwasserbett (vgl. Abb. 58)

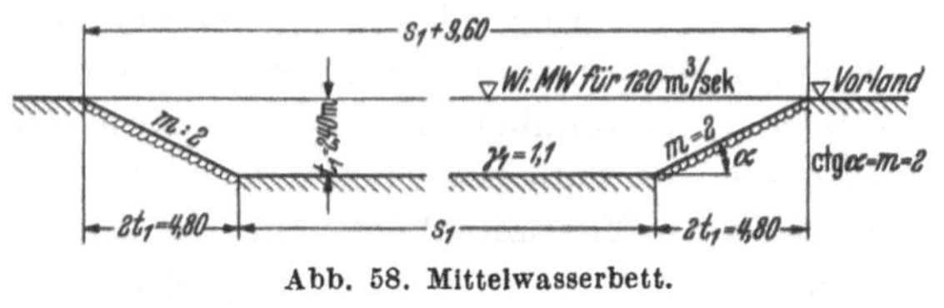

Abb. 58. Mittelwasserbett.

$$F_1 = (s_1 + 2 \cdot t_1) \cdot t_1 = (s_1 + 4{,}80) \cdot 2{,}40,$$

$$p_1 = s_1 + 4{,}47 \cdot t_1 = s_1 + 10{,}7,$$

$$R_1 = \frac{F_1}{p_1} = \frac{(s_1 + 4{,}80) \cdot 2{,}40}{s_1 + 10{,}7},$$

$$\text{Wi.MQ} = 120\ \text{m}^3/\text{sek} = c \cdot \sqrt{R \cdot J} \cdot F$$

$$= \frac{87}{1 + \dfrac{1{,}1}{\sqrt{\dfrac{(s_1 + 4{,}80) \cdot 2{,}40}{s_1 + 10{,}7}}}} \cdot \sqrt{\frac{(s_1 + 4{,}80) \cdot 2{,}40}{s_1 + 10{,}7} \cdot 0{,}0004} \cdot (s_1 + 4{,}80) \cdot 2{,}40.$$

Durch Versuchsrechnung ergibt sich für $s_1 = \mathbf{30{,}60}$ m.
Probe:

$$F_1 = (30{,}6 + 4{,}8) \cdot 2{,}40 = 85{,}0\ \text{m}^2; \quad p_1 = 30{,}6 + 10{,}7 = 41{,}3\ \text{m};$$

$$R_1 = \frac{85{,}0}{41{,}3} = 2{,}05\ \text{m}; \quad \sqrt{R_1} = 1{,}43; \quad c_1 = \frac{87}{1 + \dfrac{1{,}1}{1{,}43}} = 49{,}2.$$

Damit

$$49{,}2 \cdot 1{,}43 \cdot 0{,}02 \cdot 85{,}0 = 1{,}41\ [\text{m/sek}] \cdot 85{,}0\ [\text{m}^2] = 119{,}5 \sim 120\ \text{m}^3/\text{sek}.$$

Hochwasserabfluß.

Die Berechnung der mittleren Geschwindigkeit mit den Brahms-Bazinschen Formeln setzt einen regelmäßigen Querschnitt voraus, dessen Breiten mit zunehmender Tiefe allmählich wachsen (oder im Falle geschlossener Leitungen sich allmählich ändern). Beim zusammengesetzten Profil tritt eine sprungweise Änderung des Querschnitts ein. Außerdem weisen die verschiedenen Teile des zusammengesetzten Querschnitts verschiedene Rauhigkeiten auf (in unserem Falle $\gamma_1 = 1{,}1$, $\gamma_2 = 2{,}0$), so daß sich auch verschiedene mittlere Geschwindigkeiten in den Teilprofilen einstellen. Bei einem zusammengesetzten Mittelwasser-Hochwasser-Profil ist bei Hochwasserführung die wesentlich größere Fließgeschwindigkeit im Mittelfeld (Bereich des Mittelwasserquerschnitts) gegenüber den überströmten Hochwasservorländern sehr gut wahrnehmbar.

Will man deshalb bei der Berechnung eines zusammengesetzten Profils zu einigermaßen zutreffenden Ergebnissen kommen, dann muß dieser Querschnitt so zerlegt werden, daß die Profilteile für sich als regelmäßig im oben angedeuteten Sinne angesprochen werden können.

In unserem Beispiel ist gewöhnlich nur das Mittelwasserbett von wechselnden Abflußmengen durchflossen. Bei steigendem Zufluß füllt sich dieser Teil des Gesamtprofils allmählich ganz an und überflutet bei weiterem Ansteigen die Betten des Hochwasserprofils. Diese Querschnittsanordnung hat den Vorteil, daß die kleine Wasserführung in einem Bett von verhältnismäßig geringer Breite zusammengehalten wird und dadurch eine gewisse Mindestgeschwindigkeit behält. Dagegen wird die Höhe der großen Anschwellungen durch die Ausbreitung des Wassers im Hochwasserbett (oberer Teil des zusammengesetzten Profils) verringert, womit auch eine Verminderung der Strömungsgeschwindigkeit verbunden ist auf einen Betrag, der Angriffe auf die Sohle der Vorländer und Deichufer ausschließt.

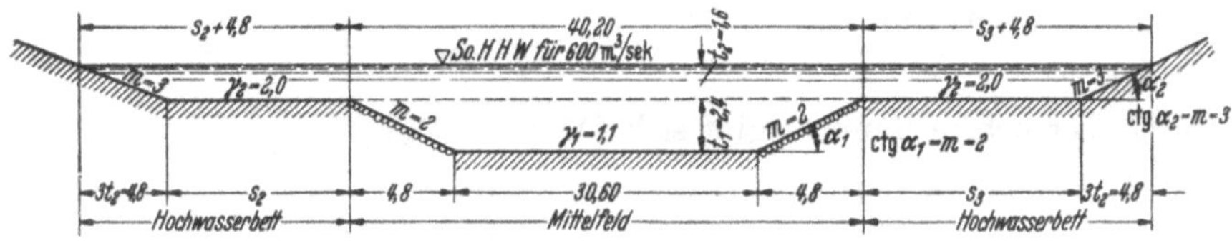

Abb. 59. Hochwasserabfluß im Doppelprofil.

Aus Abb. 59 ist die Unterteilung des zusammengesetzten Profils unseres Beispiels ersichtlich. Die Berechnung ergibt sich nun wie folgt:

Mittelfeld:

$$F_m = \frac{30{,}6 + 40{,}2}{2} \cdot 2{,}4 + 40{,}2 \cdot 1{,}6 = 85{,}0 + 64{,}3 = 149{,}3 \text{ m}^2.$$

$$p_m = 30{,}6 + 4{,}47 \cdot 2{,}4 = 41{,}3 \text{ m}.$$

$$R_m = \frac{149{,}3}{41{,}3} = 3{,}62 \text{ m}; \quad \sqrt{R_m} = 1{,}9; \quad c_m = \frac{87}{1 + \frac{1{,}1}{1{,}9}} = 55.$$

$$Q_m = 55 \cdot 1{,}9 \cdot 0{,}02 \cdot 149{,}3 = 2{,}09\,[\text{m/sek}] \cdot 149{,}3\,[\text{m}^2] = \mathbf{312{,}0} \text{ m}^3/\text{sek}.$$

Hochwasserbett:

$$F_H = (s_2 + s_3 + 3 \cdot t_2) \cdot t_2 = (s_2 + s_3) \cdot 1{,}6 + 7{,}68.$$

$$p_H = s_2 + s_3 + 2 \cdot t_2 \cdot \sqrt{1 + \text{m}^2}$$

$$= s_2 + s_3 + 2 \cdot 1{,}6 \cdot \sqrt{1 + 9} = (s_2 + s_3) + 10{,}12.$$

$$R_H = \frac{(s_2 + s_3) \cdot 1{,}6 + 7{,}68}{(s_2 + s_3) + 10{,}12}.$$

Restwassermenge, welche in den Hochwasserprofilteilen zum Abfluß kommt:

$$Q_H = 600{,}0 - 312{,}0 = 288{,}0 \text{ m}^3/\text{sek}.$$

Damit:

$$Q_H = 288{,}0 = \frac{87}{1 + \frac{\gamma_2}{\sqrt{R_H}}} \cdot \sqrt{R_H \cdot J} \cdot F_H = \frac{87}{1 + \frac{2{,}0}{\sqrt{R_H}}} \cdot \sqrt{R_H} \cdot 0{,}02 \cdot F_H.$$

Durch Versuchsrechnung ergibt sich $s_2 + s_3 = \mathbf{210}$ m.

Probe:

$$R_H = \frac{210 \cdot 1{,}6 + 7{,}68}{210 + 10{,}12} = \frac{343{,}68}{220{,}12} = 1{,}56 \text{ m}; \quad \sqrt{R_H} = 1{,}25;$$

$$c_H = \frac{87}{1 + \frac{2{,}0}{1{,}25}} = 33{,}5.$$

$$f(Q_H) = 33{,}5 \cdot 1{,}25 \cdot 0{,}02 \cdot 343{,}68 = 0{,}84 [\text{m/sek}] \cdot 343{,}68 [\text{m}^2] = 288 \text{ m}^3/\text{sek}.$$

2. Ermittlung der Wasserstände.

a) Für niederstes Niederwasser (NNQ = 18 m³/sek).

Es ist

$$F = (30{,}6 + 2 \cdot t) \cdot t; \quad p = 30{,}6 + 4{,}47 \cdot t; \quad R = \frac{(30{,}6 + 2 \cdot t) \cdot t}{30{,}6 + 4{,}47 \cdot t}.$$

Daher

$$Q = 18{,}0 \text{ m}^3/\text{sek}$$

$$= \frac{87}{1 + \frac{1{,}1}{\sqrt{\frac{(30{,}6 + 2 \cdot t) \cdot t}{30{,}6 + 4{,}47 \cdot t}}}} \cdot \sqrt{\frac{(30{,}6 + 2 \cdot t) \cdot t}{30{,}6 + 4{,}47 \cdot t} \cdot 0{,}0004} \cdot (30{,}6 + 2 \cdot t) \cdot t.$$

Daraus durch Versuchsrechnung $t = \mathbf{0{,}82}$ m.

Probe:

$$F = (30{,}6 + 1{,}64) \cdot 0{,}82 = 26{,}4 \text{ m}^2;$$

$$p = 30{,}6 + 3{,}66 = 34{,}26 \text{ m};$$

$$R = \frac{26{,}4}{34{,}26} = 0{,}77 \text{ m}; \quad \sqrt{R} = 0{,}878; \quad c = 38{,}7.$$

$$f(Q) = 38{,}7 \cdot 0{,}878 \cdot 0{,}02 \cdot 26{,}4$$
$$= 0{,}68 [\text{m/sek}] \cdot 26{,}4 [\text{m}^2] = 17{,}9 \sim \mathbf{18} \text{ m}^3/\text{sek}.$$

b) Für Sommermittelwasser (So.MQ = 50 m³/sek).

Hier gilt der gleiche Ansatz für Q wie vorstehend. Es ist lediglich statt 18,0 m³/sek der Wert 50,0 m³/sek einzuführen. Die Wassertiefe ermittelt sich dann zu $t = \mathbf{1{,}46}$ m.

Probe: $F = 33{,}52 \cdot 1{,}46 = 48{,}9\ \mathrm{m}^2;$

$p = 37{,}13\ \mathrm{m};$

$R = 1{,}32\ \mathrm{m}; \quad \sqrt{R} = 1{,}15; \quad c = 44{,}6.$

$$f(Q) = 44{,}6 \cdot 1{,}15 \cdot 0{,}02 \cdot 48{,}9 = 1{,}02\ [\mathrm{m/sek}] \cdot 48{,}9\ [\mathrm{m}^2] = 50\ \mathrm{m}^3/\mathrm{sek}.$$

c) Für gewöhnliches Winterhochwasser (Wi. HQ = 250 m³/sek).

Mittelfeld: Wassertiefe im Mittelwasserbett $= 2{,}40 + t$, wenn t = Wassertiefe im Hochwasserbett bedeutet.

$$F = 85{,}0 + 40{,}20 \cdot t,$$
$$p = 41{,}3,$$
$$R = \frac{85{,}0 + 40{,}20 \cdot t}{41{,}3};$$

Hochwasserbetten:

$$F = (210 + 3\,t) \cdot t,$$
$$p = 210 + 6{,}33 \cdot t,$$
$$R = \frac{(210 + 3\,t) \cdot t}{210 + 6{,}33 \cdot t}.$$

Somit

$$Q = 250\ \mathrm{m}^3/\mathrm{sek}$$

$$= \frac{87}{1 + \dfrac{1{,}1}{\sqrt{\dfrac{85{,}0 + 40{,}2 \cdot t}{41{,}3}}}} \cdot \sqrt{\frac{85{,}0 + 40{,}2 \cdot t}{41{,}3} \cdot 0{,}0004} \cdot (85{,}0 + 40{,}2 \cdot t) +$$

$$+ \frac{87}{1 + \dfrac{2{,}0}{\sqrt{\dfrac{(210 + 3t) \cdot t}{210 + 6{,}33 \cdot t}}}} \cdot \sqrt{\frac{(210 + 3 \cdot t) \cdot t}{210 + 6{,}33 \cdot t} \cdot 0{,}0004} \cdot (210 + 3t) \cdot t.$$

Die Gleichung ist befriedigt für $t = \mathbf{0{,}67}$ m.

Probe:

$$52{,}1 \cdot 1{,}646 \cdot 0{,}02 \cdot 112 = 1{,}71\ [\mathrm{m/sek}] \cdot 112\ [\mathrm{m}^2] = 192\ \mathrm{m}^3/\mathrm{sek}$$
$$25{,}1 \cdot 0{,}81 \cdot 0{,}02 \cdot 142 = 0{,}41\ [\mathrm{m/sek}] \cdot 142\ [\mathrm{m}^2] = 58\ \mathrm{m}^3/\mathrm{sek}$$
$$\sum Q = 250\ \mathrm{m}^3/\mathrm{sek}$$

d) Für höchstes Winterhochwasser (HHQ = 1050 m³/sek).

Das höchste Winterhochwasser entspricht hier dem überhaupt bekannten größten Hochwasser. Die Deichkronen (Deichkappen) liegen in unserem Falle (Abb. 60) 60 cm über So. HHW, also $1{,}60 + 0{,}60 = 2{,}20$ m über den Vorländern. Solange die dem HHQ = 1050 m³/sek entsprechende Wassertiefe über den Vorländern $t \gtreqless 2{,}20$ m ist, also kein Überfluten des Deiches eintritt, läßt sie sich mit dem gleichen Ansatz wie unter c) ermitteln. Die Rechnung ergibt $t = \mathbf{2{,}42}$ m. Der HHW-Spiegel übersteigt also die Deichkronen. Die dadurch hervorgerufene Überflutung derselben führt zu einem Absinken des Hochwasserspiegels im Hochwasserbett. Letzterer kann eben nur so hoch über die Deichkrone emporsteigen, als der Überlaufhöhe der über die Deichkronen hinweggehenden Wassermengen entspricht. Es bildet sich also so eine Art Gleichgewichtszustand zwischen Überflutungsmenge und Überflutungshöhe heraus.

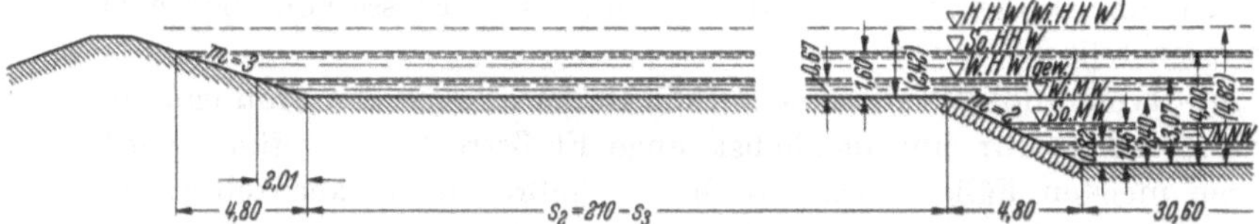

Abb. 60. Die Wasserstände für die gegebenen Wasserführungen.

Aufgabe 11.

Ermittlung der Geschwindigkeit v für einen muldenförmigen Flußquerschnitt nach Kutter, Bazin, Ganguillet-Kutter, sowie nach Hermanek, Matakiewicz und Winkel. Kritische Betrachtungen zu den Fließformeln.

Für die Mittelwasserregelung eines schiffbaren Flusses wurde für einen Flußabschnitt das in Abb. 61 dargestellte Muldenprofil entwickelt[1]. Das Spiegelgefälle der Flußstrecke liegt mit $J = 0{,}18^0/_{00}$ fest. Die Mittelwassermenge beträgt $Q = 812$ m³/sek, der Muldenquerschnitt wurde mit $F = 744$ m² bemessen.

Man prüfe das Profil hydraulisch nach für folgende Formeln für die mittlere Geschwindigkeit v:

a) Kutter (abgekürzt) — b) Bazin — c) Ganguillet-Kutter — d) Hermanek — e) Matakiewicz — f) Winkel.

Lösung.

Unter Mittelwasserregelung eines Flusses versteht man die Zusammenfassung der Durchflüsse bis zur Mittelwassermenge in einem einheitlichen Bett zur Erzielung eines hemmungsfreien Abflusses. Dies

[1] Vgl. Winkel: Grundsätzliches zur planmäßigen Flußregelung, dargestellt an einem praktischen Beispiel des Weichselgebietes. Dtsch. Wasserw. 35. Jg. (1940) S. 382ff.

führt auf die Verminderung der übermäßigen Breiten des natürlichen Zustandes des Flusses durch Schaffung einer sorgfältig ermittelten neuen Regelungsbreite. Diese Zusammenfassung der Wassermengen erhöht die Spülwirkung des Flusses, so daß er sich selbst allmählich eintieft und so die Vorflutverhältnisse verbessert. Diese Vergrößerung der Wassertiefe soll dabei erfolgen, ohne daß die normalen Wasserstände in ihrer absoluten geodätischen Höhenlage verändert werden. Die Regelung soll auch erreichen, daß Eisbildungen und Eisversetzungen begünstigende Geschiebebänke verschwinden, und daß künftig möglichst keine Wanderbänke des Geschiebes mehr entstehen können, sondern daß sich eine stetige Bewegung des Geschiebes im Flusse von oben nach unten einstellt.

Selbstverständlich setzt eine auf die Dauer erfolgreiche Flußregelung voraus, daß sie für eine möglichst lange Flußstrecke ausgeführt wird. In den meisten Fällen wird mit dieser Flußregelung gleichzeitig eine wesentliche Verbesserung der Schiffahrt erreicht.

Das in unserem Beispiel gegebene Muldenprofil ist das praktische Ergebnis von Voruntersuchungen für eine solche Flußregelung (Weichselgebiet). Da sich in einem *natürlichen* Gewässer Knicklinien, d. h. scharfe Bruchkanten, wie sie beispielsweise ein Trapezprofil aufweist, nicht bilden und, falls künstlich geschaffen, auf die Dauer nur bei Sicherung der Böschungsfüße und der Böschungen, wenn diese keine sehr flache Neigung aufweisen, erhalten, weil bei Geschiebegang alle Tiefen-

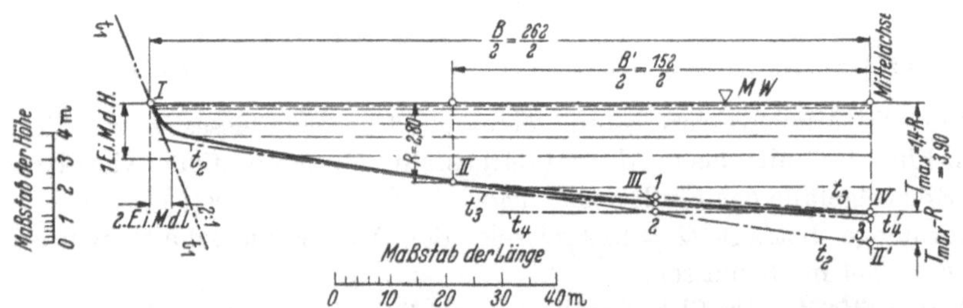

Abb. 61. Muldenprofil. Halber Regelquerschnitt (5fach überhöht).
Beschreibung der zeichnerischen Darstellung der Muldenform nach WINKEL: 1. Tangente t_1 in I ist 2 : 1 geneigt ($m = 2$). 2. Tangente t_2 in II ist da, wo $t = R$, und geht durch II', wobei Abstand $IV - II' = (T_{max} - R)$ ist. 3. Tangente t_4 in IV ist waagrecht. 4. Tangente t_3 in III wird erhalten: a) „2" ist der Schnittpunkt der Tangenten t_4 und t_2; b) „1" liegt auf der Verbindungslinie $\overline{II-IV}$ über $2 \perp t_4$; c) „III" halbiert Strecke $\overline{1-2}$; d) $\overline{3-IV} = \overline{1-III} = \overline{2-III}$, daher ist die Tangente t_3 in III eine Parallele durch 3 zu $II-IV$.

änderungen nicht sprungartig, sondern stetig und allmählich entstehen, ist in dem vorliegenden Fall von vornherein der angegebene *muldenförmige* Querschnitt zugrunde gelegt. Wie er zeichnerisch entsteht, ist aus Abb. 165 und der dort gegebenen Beschreibung zu ersehen.

Die vorstehende Kritik am Trapezprofil ist, wie oben angedeutet, dann nicht mehr stichhaltig, wenn die Böschungen gedeckt und die

Böschungsfüße durch Steinschüttungen gesichert sind. Die meisten unserer geregelten Gebirgsflüsse weisen solche Trapezprofilformen auf, die sich bei Vorhandensein solcher Böschungssicherungen durchaus bewährt haben. Für Schiffahrtszwecke ist aber das Muldenprofil dem Trapezquerschnitt überlegen wegen der günstiger gestalteten Fahrwassertiefen.

Nachprüfung des Profils.

1. Formeln mit Rauhigkeitsbeiwert.

Hydraulischer Radius $R = \sim \frac{F}{B} = \frac{744}{262} = \text{rd. } 2{,}8 \text{ m} = t_m$.

a) Nach KUTTER (abgekürzt):

Da hier ein regelmäßiges Profil mit Böschungen und Sohle in Erde (Kies) vorliegt, ist die Rauhigkeitsziffer etwa mit $m = 1{,}75$ anzusetzen.

$$c = \frac{100 \cdot \sqrt{R}}{m + \sqrt{R}} = \frac{100 \cdot \sqrt{2{,}80}}{1{,}75 + \sqrt{2{,}80}} = 48{,}8\,,$$

$$v = c \cdot \sqrt{R \cdot J} = 48{,}8 \cdot \sqrt{2{,}80 \cdot 0{,}00018} = 48{,}8 \cdot 1{,}67 \cdot 0{,}0134 = \mathbf{1{,}09}\,\text{m/sek}$$

$$(Q = v \cdot F = 1{,}09 \cdot 744 = 812 \text{ m}^3/\text{sek}).$$

b) Nach BAZIN: $\gamma = 1{,}30$*

$$c = \frac{87}{1 + \frac{\gamma}{\sqrt{R}}} = \frac{87}{1 + \frac{1{,}30}{\sqrt{2{,}80}}} = 48{,}9\,,$$

$$v = 48{,}9 \cdot 1{,}67 \cdot 0{,}0134 = \mathbf{1{,}09} \text{ m/sek}$$

$$(Q = 812 \text{ m}^3/\text{sek}).$$

c) Nach GANGUILLET-KUTTER: $n = 0{,}025$**

$$c = \frac{23 + \frac{1}{n} + \frac{1{,}55}{J^0/_{00}}}{1 + \left(23 + \frac{1{,}55}{J^0/_{00}}\right) \cdot \frac{n}{\sqrt{R}}} = \frac{23 + \frac{1}{0{,}025} + \frac{1{,}55}{0{,}18}}{1 + \left(23 + \frac{1{,}55}{0{,}18}\right) \cdot \frac{0{,}025}{\sqrt{2{,}80}}} = 48{,}7\,,$$

$$v = 48{,}7 \cdot 1{,}67 \cdot 0{,}0134 = \mathbf{1{,}09} \text{ m/sek} \quad (Q = 812 \text{ m}^3/\text{sek}).$$

Nach allen 3 Formeln genügt das gewählte Profil.

2. Formeln ohne Rauhigkeitsbeiwert.

d) Nach HERMANEK gilt für *natürliche* Wasserläufe:

$$v = c \cdot \sqrt{t_m \cdot J}.$$

Dabei ist c abhängig von t_m, und zwar wie folgt:

für $t_m \leqq 1{,}50$ m: $c = 30{,}7 \cdot \sqrt{t_m}$,

für $1{,}50 \leqq t_m \leqq 6{,}00$ m: $c = 34 \cdot \sqrt[4]{t_m}$,

für $6{,}00 < t_m$: $c = (50{,}2 + 0{,}5\, t_m)$.

* Vgl. Anhang, Tafel 1. ** Vgl. Anhang, Tafel 2.

In unserem Falle ist:

$$t_m = \sim R = 2{,}80 \text{ m},$$

daher

$$c = 34 \cdot \sqrt[4]{t_m} = 34 \cdot \sqrt[4]{2{,}80} = 44{,}0,$$

$$v = 44{,}0 \cdot 1{,}67 \cdot 0{,}0134 = \mathbf{0{,}99} \text{ m/sek},$$

$$Q = 0{,}99 \cdot 744 = \mathbf{737} \text{ m}^3\text{/sek} < 812 \text{ m}^3\text{/sek}.$$

e) MATAKIEWICZ hat *früher* folgende Formel für die Geschwindigkeit v entwickelt:

$$v = \frac{116 \cdot J^{0{,}493 + 10 \cdot J}}{2{,}2 + t^{\frac{2}{3} + \frac{0{,}15}{t^2}}}.$$

Seine vereinfachte *neue* Formel lautet[1]:

$$v = 1{,}04 \cdot t_m^{0{,}7} \cdot (34 \cdot J^m),$$

wobei der Exponent m wie früher $m = 0{,}493 + 10 \cdot J$.

Der Faktor $34 \cdot J^m$ ergibt sich aus der Tabelle für $J = 0{,}00018$ zu 0,48*.

Also

$$v = 1{,}04 \cdot 2{,}8^{0{,}7} \cdot 0{,}48 = \mathbf{1{,}03} \text{ m/sek},$$

$$Q = 1{,}03 \cdot 744 = 767 \text{ m}^3\text{/sek} < 812 \text{ m}^3\text{/sek}.$$

f) Nach WINKEL ist[2]

$$v = R^{5/7} \cdot J^{4/7} (185 - 210 \cdot J^{0{,}5/7})$$

$$= 2{,}8^{5/7} \cdot 0{,}00018^{4/7} (185 - 210 \cdot 0{,}00018^{0{,}5/7}) = \mathbf{1{,}09} \text{ m/sek}$$

$$(Q = 812 \text{ m}^3\text{/sek}).$$

Kritische Betrachtungen.

Der Vergleichung der Ergebnisse der vorstehend durchgeführten Geschwindigkeitsberechnungen soll eine allgemeine kritische Betrachtung der Geschwindigkeitsformeln vorangestellt werden.

Die Wassermassen, die in ungebundener Freiheit dahinströmen, talabwärts wirbelnd, nur durch das Bett in seinen Bahnen gehalten, unterstehen dabei zahlreichen wechselseitigen Beziehungen zwischen den in ihnen wirksamen inneren Reibungskräften und der Wirkung der Schwere, der Strömungsgeschwindigkeit, dem Spiegelgefälle, der Wassermenge und der Schleppkraft. Mit jeder Änderung auch nur eines dieser Faktoren tritt jeweils auch eine Veränderung in den übrigen bestimmenden Faktoren, in dem vorhandenen Kräftespiel und seinen Wirkungen ein. Zu diesen dem fließenden Wasser wesensgemäßen (imma-

[1] Z. öst. Ing.- u. Archit.-Ver. Bd. 79 (1927) S. 393.

* Wegen der Tabelle vgl. WEYRAUCH-STROBEL: Hydraul. Rechnen. 6. Aufl. S. 155.

[2] WINKEL: Zbl. Bauverw. Bd. 43 (1923) S. 613; Bd. 48 (1928).

nenten) Wechselbeziehungen kommen noch die aus der Bettgestaltung (Bettgröße, Bettform in Längsschnitt, Querschnitt und Grundriß, Bettmaterial) entspringenden zusätzlichen wechselseitigen Einflüsse vom Bett auf den Fließvorgang oder umgekehrt von den Strömungsverhältnissen auf das Bett. Die auch bei den Bettfaktoren meist vorhandene große Veränderlichkeit vermehrt noch die Kompliziertheit der Zusammenhänge und die Vielheit der möglichen Vorgänge, deren Resultante schließlich die jeweiligen Strömungsverhältnisse einschließlich ihrer Wirkungen auf die Betten, die Uferbauten und gegebenenfalls Einbauten bestimmt. Vervielfacht werden die daraus herleitbaren Möglichkeiten hinsichtlich Wirkungsart und Wirkungsgröße noch durch die Tatsache, daß die Natur von Ort zu Ort, von Flußstrecke zu Flußstrecke immer wieder andersgeartete Vorbedingungen stellt. Es ist also nicht verwunderlich, wenn das mit diesen verwickelten Strömungsverhältnissen befaßte Gebiet der praktischen Hydraulik und demgemäß auch der damit auf das engste zusammenhängende Flußbau im Rufe steht, zu den schwierigsten Gebieten des Wasserbaues zu gehören.

Wegen der hier vorliegenden verwickelten Zusammenhänge ist es der Forschung trotz wachsenden Bemühens auch seitens der exakten Wissenschaften bisher noch nicht gelungen, alle diese Zusammenhänge bedingenden Naturgesetzlichkeiten „exaktwissenschaftlich" zu klären und auf allgemeingültige Regeln und Gesetze zurückzuführen, mit deren Hilfe diese Zusammenhänge und Vorgänge dann für jeden vorkommenden praktischen Fall eindeutig wirkungs- und größenmäßig erfaßt werden können. So sind die wasserbauliche Praxis und die ihr eng zur Seite stehende wasserbauwissenschaftliche Forschung — wie ehedem — so auch heute noch in der Hauptsache auf sich selbst gestellt und gezwungen, weiterhin den „empirischen" Weg der Erfahrungswissenschaften zu gehen, der über die planmäßige Sammlung von Beobachtungsdaten und Erhebungen, über die Beschaffung neuen Tatsachenmaterials durch Messungen und über den Modellversuch zu jenen Schlüssen führt und die Aufstellung jener formelmäßigen Beziehungen ermöglicht, aus denen dann die zahlenmäßigen Grundlagen für die wasserbauliche Gestaltung hergeleitet werden.

So kommt es, daß — wie übrigens fast alle Teilgebiete des Wasserkreislaufes — auch die Hydraulik der offenen fließenden Gewässer wesentlich auf Empirie aufgebaut ist und daß schon deshalb die daraus hergeleiteten Beziehungen und Zahlengrößen Mängel aufweisen. Das Bestreben, letztere zu beseitigen, gab dann Anlaß zur Aufstellung immer neuer Formeln, besonders zur Erfassung der mittleren Strömungsgeschwindigkeit v. Wenn der dadurch erzielte Fortschritt gleichwohl nicht im Verhältnis zur aufgewendeten Mühe stand, so hat dies unter anderem wohl folgende Gründe: einmal sind die für die Herleitung dieser Formeln benützten Beobachtungen und Messungen mehr oder weniger mit Fehlern belastet, besonders hinsichtlich der Profilaufnahmen (t_0), des mittleren Gefälles (J) und der Wassermenge (Q), ohne daß es nachträglich möglich wäre, diese Fehler ihrem „Gewicht" nach festzustellen und dementsprechend zu berücksichtigen. Zum anderen ist es besonders schwierig, zuverlässige Gefällsmessungen für den kleinen Bereich des Meßquerschnitts durchzuführen. Dies gilt besonders für die Bestimmung des Gefälles im Bereich des Stromstriches und für das schließlich anzusetzende mittlere Gefälle. Dabei ist zu bedenken, daß die Meßmethoden, mit denen wirklich zuverlässige Wassermessungen durchgeführt werden können, insbesondere auch bei HHW-Wasserständen, vielfach erst nach Aufstellung der Formeln entwickelt wurden. Schließlich kann ja auch der jeweilige Aufbau einer solchen Formel keinen Anspruch darauf erheben, die Zusammenhänge so auszudrücken, wie es die hier geltenden Naturgesetze wirklich erfordern würden.

So ist z. B. es noch nicht gelungen, einwandfrei festzustellen, welche Werte den Exponenten α und β in der Fließformel

$$v = c \cdot R^{\alpha} \cdot J^{\beta}$$

naturgesetzlich zukommen, ja ob überhaupt schon die Definition des Profilradius R mit F/p in jedem Fall zutreffend ist, ob er insbesondere die Profilform ausreichend kennzeichnet (vgl. dazu Aufgabe 8, S. 74). Noch schwieriger liegen die Verhältnisse hinsichtlich des Geschwindigkeitsbeiwertes c. Er soll den Einfluß der äußeren und inneren Reibung, also die Einflüsse der Bettrauhigkeit und der Wirbel bei Flechtströmung (turbulenter Strömung) auf die Geschwindigkeit so erfassen, daß seine Zahlengröße schließlich eindeutig festgestellt werden kann. Ist er nur eine veränderliche Zahl (Manning, Strickler bei $v = c \cdot R^{2/3} \cdot J^{1/2}$); wenn nicht, von welchen geometrischen Größen (Bettform) und hydraulischen Faktoren eines fließenden Gewässers hängt dann dieser Geschwindigkeitsbeiwert außer von der Rauhigkeit des Bettmaterials noch ab? Von der Wassertiefe oder vom Profilradius (Bazin, kleine Kutter-Formel), vielleicht auch vom Spiegelgefälle (Ganguillet-Kutter) oder vom Energieliniengefälle, oder etwa auch noch irgendwie von der Wassermenge? Ändert sich der Rauhigkeitsbeiwert und gegebenenfalls unter welchen Umständen mit der 1. Potenz der Geschwindigkeit v oder — und dann wann — mit einer höheren Potenz von v?

So liegen also auch ähnliche Schwierigkeiten bei der Erfassung der zahlenmäßigen Größe des Rauhigkeitsbeiwertes vor. Zum Beispiel haben Messungen ergeben, daß sich in natürlichen Wasserläufen (Flüssen) der Rauhigkeitsbeiwert mit der Wassermenge Q bzw. der Wassertiefe t ändert, ohne daß man diese Änderung genau bestimmen kann. Bei Geschiebegang ist die Rauhigkeitsziffer erheblich größer als bei einigermaßen unbeweglicher Sohle. Da diese Sohlenbewegung im allgemeinen nicht plötzlich, etwa wie die Mure eines Wildbaches in Gang kommt, weil zunächst das Feinmaterial zu wandern beginnt, vollzieht sich auch der Übergang von der kleineren Rauhigkeit der ruhenden Sohle auf die größere bei Geschiebegang allmählich. Nun sind die Rauhigkeitsziffern an sich schon für beide Zustände schwer zu schätzen. Hat man sie aber irgendwie genauer zahlenmäßig festgestellt, so hat man keine Gewähr, ob sie diese Größe beibehalten oder sich bald wieder ändern, z.B. durch Änderung des Flußbettes infolge eines Hochwassers. Daß die Größe des Rauhigkeitsbeiwertes längs einer Flußlaufstrecke oft noch weiteren erheblichen Schwankungen unterworfen ist, macht diese γ-Feststellungen noch schwieriger. Alle diese Schwierigkeiten und Unsicherheiten hinsichtlich der Größe des Rauhigkeitsbeiwertes, besonders bei *natürlichen* Gewässern, gaben Veranlassung, für die Ermittlung der mittleren Geschwindigkeit v_m *empirische Formeln ohne besonderen Rauhigkeitsbeiwert* aufzustellen (vgl. z. B. die Formeln von HERMANEK, MATAKIEWICZ, WINKEL usw.). Man ging dabei von der Vorstellung aus, daß der Gesamteinfluß der äußeren und inneren Rauhigkeit (Umfangsreibung und Turbulenz) im gemessenen Wasserspiegelgefälle ausgedrückt werden kann. Vergleicht man die Rauhigkeits- bzw. Geschwindigkeitsbeiwerte und die Größen der Gefällewerte sowie die daraus hergeleiteten v-Werte der Aufgabe 7 und die entsprechenden Rechenergebnisse bei dem Muldenprofil dieser Aufgabe (11), dann ergibt sich eine gewisse Bestätigung für die prinzipielle Richtigkeit der obigen Vorstellung. Trotzdem befriedigen auch diese empirischen Formeln ohne Rauhigkeitsziffer (Flußformeln) im allgemeinen noch nicht, und zwar nicht nur wegen ihrer unbequemen und unübersichtlichen Form. Deshalb werden immer neue Versuche unternommen, um unter Ausnützung der genaueren Messungsergebnisse der jüngsten Zeit zuverlässigere Grundlagen für die Ermittlung der c_m- oder v_m-Werte bereitzustellen.

So hat in jüngster Zeit v. RINSUM[1] eine Reihe von Wassermengen- und Spiegelgefällemessungen neueren Datums wissenschaftlich ausgewertet und dabei folgende Grenzwerte für c_m gefunden:

an geschiebeführenden Flüssen als *obere* Grenze . . . 46—48,
bei kleineren Flüssen mit verkrauteter Sohle oder auf Rasen als *untere* Grenze . . . . 23.

Dabei wurde der *obere* Grenzwert in der Donau unterhalb der Isarmündung schon bei $t_m = \sim 1{,}8$ m erreicht und blieb von da ab mit weiterem Steigen des Wasserspiegels mit $c_m = 46$ festwertig. v. RINSUM vertritt auf Grund seiner Ergebnisse die Anschauung, daß für höhere

[1] v. RINSUM: Untersuchungen über die Hochwasserführung der bayerischen Donau und des Mains. Z. dtsch. Wasserw. 1940, Heft 7 u. 8.

Wasserstände mit diesem c_m ohne Rücksicht auf den Rauhigkeitswert und die mittlere Tiefe gerechnet werden kann. Früher schon fand WITTMANN[1] für den korrigierten Oberrhein, daß der Geschwindigkeitsbeiwert c_m in der üblichen Formeldarstellung $v_m = c_m \cdot \sqrt{t_m \cdot J}$, wenn er in Abhängigkeit von v_m aufgetragen wird, beim Abfluß *ohne* Geschiebebewegung *zu*-, beim Abfluß *mit* Geschiebebewegung *ab*nehme. Die erstere Feststellung deckt sich im allgemeinen mit den bisherigen Anschauungen, wogegen die letztere Feststellung über das v. RINSUMsche Ergebnis noch hinausgeht, indem dort sogar eine *Ab*nahme des c mit steigendem Wasser bei Geschiebegang ermittelt wurde. Daß außerdem bei WITTMANN die c_m-Werte vielfach weit über 50 hinausgehen, stellt vorerst noch eine weitere bemerkenswerte Abweichung der beiden Untersuchungsergebnisse dar. Es ist zu hoffen, daß diese Untersuchungen weiter fortgeführt werden können unter Zugrundelegung einer vereinbarten einheitlichen Meßmethode und einem einheitlichen Auswertungsverfahren, etwa wie es v. RINSUM entwickelt hat[2].

Nachfolgend soll untersucht werden, wieweit die v. RINSUMschen Ergebnisse mit Formeln ohne Rauhigkeitsbeiwert übereinstimmen. Wir wählen wieder die beiden Formeln von MATAKIEWICZ und WINKEL. Zunächst bringen wir diese auf die Form

$$v_m = c_m \cdot \sqrt{t_m \cdot J}.$$

Die neue Formel von MATAKIEWICZ sieht dann wie folgt aus:

$$v = 35{,}4 \cdot J^{10J-0{,}007} \cdot t_m^{1/6} \cdot \sqrt{t_m \cdot J},$$

so daß dann

$$c_m = 35{,}4 \cdot J^{10J-0{,}007} \cdot t_m^{1/6}.$$

Analog ergibt sich nach WINKEL:

$$v_m = (185 - 210 \cdot J^{1/14}) \cdot J^{1/14} \cdot R^{3/14} \cdot \sqrt{R \cdot J}$$

und

$$c_m = (185 - 210 \cdot J^{1/14}) \cdot J^{1/14} \cdot R^{3/14}.$$

(Man könnte auch auf $v_m = c_m \cdot R^{2/3} \cdot J^{1/2}$ umformen, also schreiben:

$$v_m = (185 - 210 \cdot J^{1/14}) \cdot J^{1/14} \cdot R^{1/21} \cdot (R^{2/3} \cdot J^{1/2}),$$

wobei

$$c_m = (185 - 210 \cdot J^{1/14}) \cdot J^{1/14} \cdot R^{1/21}.)$$

---

[1] WITTMANN: Der Einfluß der Korrektion des Rheins zwischen Basel und Mannheim auf die Geschiebebewegung des Rheins. Z. dtsch. Wasserw. 1927 Heft 10, 11, 12.

[2] Vgl. Fußnote S. 93 und Aufgabe 44.

Für diese c_m-Werte erhält man für das von v. RINSUM an der Donau unterhalb der Isarmündung festgestellte Gefälle $J_m = 0{,}45\,^0/_{00}$ für verschiedene t_m bzw. R folgende Zahlen:

t_m bzw. R in m	1,0	2,0	3,0	4,0	5,0
c_m (nach MATAKIEWICZ) . .	36,1	41,4	45,0	47,5	49,7
c_m („ WINKEL)	36,7	42,5	46,5	49,4	51,8

Diese c_m-Werte sind natürlich mit t_m bzw. R veränderlich, sie kommen aber im Bereich der höheren Wasserstände den gemessenen Werten $c_m = 46 - 48$ verhältnismäßig nahe. Um aber keine voreiligen Schlüsse aus der verhältnismäßig guten Übereinstimmung zu ziehen, soll die Formel von MATAKIEWICZ als Beispiel noch genauer betrachtet werden. Sie lautete oben:

$$v = 35{,}4 \cdot J^{10\,J - 0{,}007} \cdot t^{1/5} \cdot \sqrt{t_m \cdot J}\,.$$

In Abb. 62 ist die Beziehung, die zwischen verschiedenen Gefällen J und den zugeordneten Rauhigkeitsgefällswerten $J^{10\,J-0{,}007}$ besteht, durch eine Kurve dargestellt, wobei die J-Werte in logarithmischem Maßstabe aufgetragen sind. Für

$$J = 0{,}0007 = 0{,}7\,^0/_{00} \quad \text{wird} \quad J^{10\,J-0{,}007} = 1\,.$$

Für diesen Fall vereinfacht sich der obige Geschwindigkeitsansatz zu

$$v = (35{,}4 \cdot t_m^{1/5}) \cdot \sqrt{t_m \cdot J} = 35{,}4 \cdot t_m^{0{,}7} \cdot J^{0{,}5}.$$

Im ersteren Ansatz nach BRAHMS ist c_m eine Zahl, die nur noch mit $t_m^{1/5}$ veränderlich ist, im zweiten Ansatz (entsprechend dem Formelaufbau nach FORCHHEIMER) wird der Geschwindigkeitsbeiwert für $J = 0{,}7\,^0/_{00}$ eine feste, unveränderliche Zahl, wogegen er bei FORCHHEIMER für das gleiche J mit $c' = 1/n$ mit der Bettrauhigkeit *veränderlich* bleibt. Hier liegt der grundlegende Unterschied zwischen dem c_m nach MATAKIEWICZ und dem c' nach FORCHHEIMER. Hat diese Abweichung auch eine praktische Bedeutung? Je nach der Bettgestaltung und dem Bettmaterial kann $^1/_n$ etwa schwanken zwischen 50 und 25 (vgl. Tafel 2 des Anhangs), wobei der erstere Wert feinen Kies mit viel Sand voraussetzt. Mit zunehmender Größe des Kieses nimmt c' ab (Kies grob 20/40/60 mm $- c' = \sim 40$; 50/100/150 mm $- c' = \sim 30$; bei sehr grobem Geröll bzw. wachsendem Geschiebegang gegebenenfalls weiter abnehmend auf $c' \gtreqless 25$).

Wie die Längsentwicklung unserer Flüsse zeigt, besteht ein unmittelbarer Zusammenhang zwischen der Größe des Geschiebes im Flußbett und dem Längsgefälle, indem letzteres mit abnehmender Geröllgröße ebenfalls abnimmt. In unserem Beispiel wurde vom Gefälle $J = 0{,}7\,^0/_{00}$ ausgegangen. Lassen wir für den Ansatz von J im c_m-Wert von MATA-

KIEWICZ näherungsweise eine Abweichung bis zu $\pm 2\%$ (1,02 bis 0,98) zu, dann kann der Faktor $J^{10J-0,007}$ auch noch für die Gefällewerte zwischen $1^0/_{00}$ und $0,4^0/_{00}$ angenähert mit 1 angenommen werden (vgl. Abb. 62).

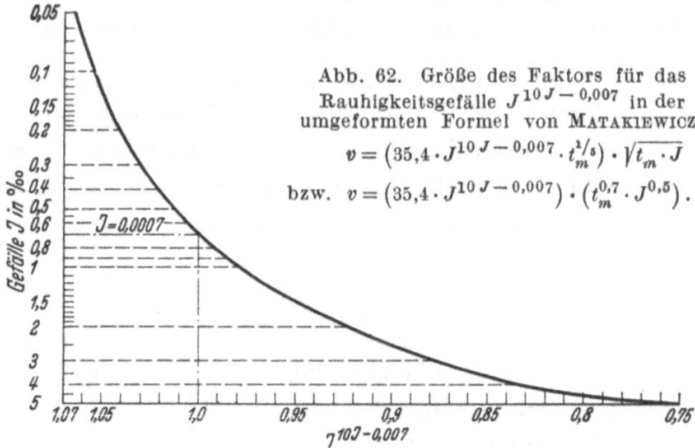

Abb. 62. Größe des Faktors für das Rauhigkeitsgefälle $J^{10J-0,007}$ in der umgeformten Formel von MATAKIEWICZ: $v = (35,4 \cdot J^{10J-0,007} \cdot t_m^{1/6}) \cdot \sqrt{t_m \cdot J}$ bzw. $v = (35,4 \cdot J^{10J-0,007}) \cdot (t_m^{0,7} \cdot J^{0,5})$.

Nachfolgend sind mehrere beliebig ausgewählte europäische Flußstrecken aufgeführt, deren mittlere Gefälle bei MW innerhalb des vorgenannten Gefällsbereichs liegen:

Bayerischer Inn zwischen Landesgrenze (bei Kufstein) und Passau	0,90 bis $0,79^0/_{00}$
Bayerische Donau zwischen Ulm und Donauwörth	$0,83^0/_{00}$
Desgl. in der mittleren Donauebene	$0,65^0/_{00}$
Österreichische Donau unterhalb Passau	0,42 bis $0,50^0/_{00}$
Bayerische Salzach im Mittel	$1^0/_{00}$
Unterlauf der Isar	$1^0/_{00}$
Loisach zwischen Kochelsee und Einmündung in die Isar	$0,67^0/_{00}$
Regen im Bayerischen Wald von Cham bis Pulling	$0,74^0/_{00}$
Oberer Main vom Zusammenfluß Roter und Weißer Main bis Hallstadt	0,85 bis $0,66^0/_{00}$
Oberrhein bis zur Illmündung (oberhalb der Thurmündung $0,7^0/_{00}$, unterhalb der Thurmündung $1,1^0/_{00}$)	0,90 „ $0,52^0/_{00}$
Rhone zwischen St. Vallier und Avignon	$0,70^0/_{00}$
Fulda und Werra	ca. $0,70^0/_{00}$
Elbe oberhalb Melnik (Böhmen)	$0,42^0/_{00}$

Die meisten dieser Flüsse führen zum Teil sogar sehr grobes Geschiebe, so daß hier mit höheren Rauhigkeitswerten, d. h. mit kleineren $1/n$-Werten zu rechnen ist. Der obengenannte Schwankungsbereich für die $1/n$-Werte verkleinert sich deshalb auf vielleicht 40—30. Es ist aber keinesfalls zu erwarten, daß diese Flüsse in ihrem Regime und Charakter so gleich sind, daß für sie alle ein und derselbe c_m-Wert 35,4 zutrifft oder, wenn man die Abweichungen von $J = 0{,}7^0/_{00}$ berücksichtigt, ein c_m-Wert zwischen 34,7 bis 36,1 (Abb. 62) der Wirklichkeit gerecht wird, selbst wenn man die bisherige Anschauung als überholt betrachten würde, wonach sich die Rauhigkeitswerte mit der Stärke des Geschiebeganges und mit der wachsenden Wassertiefe t noch ändern. Damit wird aber die grundsätzliche Schwäche der hier untersuchten Flußformel ohne Rauhigkeitsbeiwert offenkundig, insoweit sie trotz ihres empirischen Charakters den Anspruch auf Allgemeingültigkeit erhebt. Sie bildet hier aber nur ein Beispiel für viele andere. Solche Schwächen haften allen solchen empirischen Formeln in um so stärkerem Maße an, je weiter der Bereich erstreckt wird, für den sie allgemeingültig sein wollen. Hier stellen sie nur Notbehelfe dar. Umgekehrt werden sie um so wertvoller und zuverlässiger, je enger die Grenzen ihres Geltungsbereiches gesteckt sind. Über diese Sachlage, nur Notbehelfe zu sein, dürfen auch fallweise mit solchen Formeln erzielte gut zutreffende Ergebnisse nicht hinwegtäuschen, wenn man als verantwortlicher Wasserbaupraktiker nicht unangenehme Überraschungen erleben will.

Wie liegen nun die Verhältnisse bei *künstlichen* Gerinnen? Sie sind vor allem dadurch gekennzeichnet, daß sie ein durchweg regelmäßig geformtes und meist unveränderliches Profil aufweisen, d. h. eine dem Angriff des fließenden Wassers widerstehende Sohle und ebensolche Wandungen und Böschungen haben, und daß es in ihnen gewöhnlich keinen Geschiebegang gibt oder bei richtiger Anlage und guter Wartung nicht geben sollte. Damit fallen viele der Schwierigkeiten weg, die für die Ermittlung der Rauhigkeitsziffer und der Festlegung des Geschwindigkeitsbeiwertes c an natürlichen Flüssen vorliegen. Die Benützung einer Rauhigkeitsziffer wird hier noch durch die Tatsache begünstigt, daß sich diese für verschiedene Fülltiefen kaum ändert, wie Messungen in solchen Gerinnen gezeigt haben. Wird in einem solchen mit ungleichförmiger Geschwindigkeit gearbeitet, wie es vielfach bei Triebwasserkanälen geschieht (Stau im Krafthaus-Oberwasser bei kleiner Wasserführung!), so wird die Fülltiefe selbst wenig veränderlich. Ebenso wichtig dürfte es aber sein, daß bei Entwurf und Ausführung eines künstlichen Gerinnes die vorliegenden zahlreichen Erfahrungen und Messungsergebnisse der mit verschiedenen Baustoffen ausgeführten Gerinnewandungen zur Verwertung herangezogen werden können, wodurch Fehlgriffe in der Wahl der Rauhigkeitsziffer weitgehend vermieden werden können. Hier liegt ein grundsätzlicher Unterschied zwischen den Verhältnissen an einem natürlichen Flusse und jenen an einem künstlichen Gerinne vor. Dort hat jedes Gewässer sein individuelles Gepräge, so daß man in den meisten Fällen auch hinsichtlich der Rauhigkeit nicht vom einen auf das andere schließen kann, wogegen dies bei gleichartigen künstlichen Gerinnen fast selbstverständlich ist.

Es ist noch ein weiterer Gesichtspunkt zu bedenken! Bei der Vielgestaltigkeit der künstlichen Gerinne, der Vielzahl ihrer Verwendungszwecke und der dabei verwendbaren Baustoffe können hier alle Rauhigkeiten vorkommen zwischen höchster Glätte (z. B. Gerinnewandung aus glattgeputztem Beton oder ungehobelten Brettern $\gamma = \sim 0{,}06$ bis $0{,}16$ nach BAZIN) und größter Rauhigkeit (z. B. rauh aus dem Felsen gesprengte Stollen ohne besondere Verarbeitung $\gamma > 2{,}0$). Dagegen handelt es sich bei natürlichen Gewässern (Flüssen) im allgemeinen um Erdgerinne mit Rauhigkeiten zwischen etwa $\gamma = \sim 1{,}0$ und $\gamma > 2{,}2$*. Es dürfte für diesen kleineren Schwankungsbereich der Rauhigkeiten immerhin noch vergleichsweise leichter eine Beziehung zu finden sein, die ohne Rauhigkeitsziffer auskommt, als für einen Schwankungsbereich der Rauhigkeiten, wie sie bei künstlichen Gerinnen vorkommen. Wesentlicher dürfte aber noch sein, daß man bei Flüssen die Möglichkeit hat, gut brauchbare Gefällemessungen durchzuführen, wenn man die nötige Sorgfalt dafür aufwendet, wogegen dies bei einem neu anzulegenden Gerinne *vorher* nicht möglich ist, weil es eben zunächst noch nicht vorhanden ist. Hier muß also das Gefälle irgendwie angenommen werden, um danach das Profil zu dimensionieren, oder es muß berechnet werden. Dafür leistet aber ein durch die Erfahrung festgestellter Rauhigkeitswert große Dienste, besonders wenn er zu einer möglichst einfach aufgebauten und daher gut übersichtlichen Formel gehört, mit der der Praktiker rasch und sicher mit Hilfe des Rechenschiebers rechnen kann.

Nachdem und solange wir im Wasserbau gezwungen sind, uns für die hydraulischen Berechnungen mit empirischen Formeln zu behelfen, von denen keine für sich in Anspruch nehmen kann, frei von Mängeln zu sein, empfiehlt es sich, sich hauptsächlich auf *eine* Formel und ihre Eigenart einzuspielen, unter beständiger kritischer Ausnützung der damit gewonnenen Erfahrungen. Auf diese Weise kann schließlich auch eine „schlechte" Formel sehr gut brauchbar werden und zu verlässigen Ergebnissen führen. In vielen Aufgabenstellungen kommt es auf die sichere Erfassung von Größtwerten (größte zu erwartende oder zu fördernde Wassermenge, max v, max J, ungünstigster Stauspiegel nach oben usw.) oder von Kleinstwerten an (min Q**, min v, min J, möglicher niederster Stauspiegel usw.). In solchen Fällen kann es sehr dienlich sein, dieselbe Berechnung mit verschiedenen Formeln durchzuführen und die im Sonderfall zuverlässigsten, nicht die bequemsten Ergebnisse für die notwendigen Schlußfolgerungen und Maßnahmen zu verwenden.

Aus solchen Erwägungen heraus wurde in diesem Buche in den meisten Beispielen auch nur mit *einer und derselben* Fließformel, und

* Vgl. die Messung bei Mastrils, Aufgabe 7, S. 58.

** Vgl. S. 63 der Aufgabe 7.

zwar mit dem Ansatz für die Geschwindigkeit nach BRAHMS-DE CHÉZY ($v = c \cdot R^{1/2} J^{1/2}$) mit dem Geschwindigkeitsbeiwert γ nach BAZIN gerechnet. Mitbestimmend war dabei auch noch die Absicht, den im Wasserbau noch weniger erfahrenen Leser vor allem mit einer einfach aufgebauten und in der Zahlenrechnung übersichtlichen und bequemen (Rechenschieber) Fließformel mit den zu ihr gehörenden Rauhigkeitsbeiwerten in der Anwendung gut vertraut zu machen, ihn also nicht von vornherein durch eine Fülle von verschiedenartigen Formeln zu verwirren. Daneben wurden in mehreren Aufgabenbeispielen natürlich auch noch einige andere Fließformeln mit und ohne Rauhigkeitsbeiwert herangezogen, schon auch um zu zeigen, daß die BRAHMS-BAZINsche Fließformel nicht die einzige ist, mit der man erfolgreich praktisch arbeiten kann. Eine umfangreiche Zusammenstellung solcher Fließformeln verschiedenster Aufbauart gibt z. B. WEYRAUCH-STROBEL; im Bedarfsfalle wolle diese dort nachgelesen werden[1].

Nun noch eine kurze Betrachtung zu unserem Beispiel! Für den muldenförmigen Querschnitt wurde der Geschwindigkeitsbeiwert c der BRAHMSschen Geschwindigkeitsgleichung mit $m = 1{,}75$ nach KUTTER, mit $\gamma = 1{,}30$ nach BAZIN und mit $n = 0{,}025$ nach GANGUILLET-KUTTER ermittelt. Diese Rauhigkeitsziffern entsprechen jeweils einem regelmäßigen Profil mit Böschungen und Sohle in Erde. Eine Geschiebebewegung an der Sohle ist dabei *nicht* berücksichtigt. Würde man dies tun, käme man auf höhere Rauhigkeitsbeiwerte und damit bei gleichem Gefälle J und gleicher Wassertiefe t_m auf kleinere Geschwindigkeitswerte, wie die folgende Zusammenstellung zeigt:

$m = 2{,}5$ (Geschiebegang); $c = 40$; $v = 0{,}90$ m/sek; $Q = 660$ m³/sek < 812 m³/sek; notw. $F' = 900$ m² $= 121\%$ von F.

$\gamma = 1{,}75$ (Geschiebegang[2]); $c = 42{,}5$; $v = 0{,}95$ m/sek; $Q = 697$ m³/sek < 812 m³/sek; notw. $F' = 855$ m² $= 115\%$ von F.

$n = 0{,}035$ (Geschiebegang[2]); $c = 36{,}2$; $v = 0{,}81$ m/sek; $Q = 594$ m³/sek < 812 m³/sek; notw. $F' = 1000$ m² $= 134\%$ von F.

Die auseinandergehenden Ergebnisse zeigen überdies, daß die Rauhigkeitsbeiwerte m, γ, n für Geschiebegang nicht gleichwertig, d. h. nicht aufeinander abgestimmt sind. In jedem Falle aber wird für Geschiebegang bei Benützung einer Formel *mit* Rauhigkeitsbeiwert eine *Querschnittsvergrößerung* notwendig, um bei gleichem J die Wassermenge $Q = 812$ m³/sek zu fördern. Bei den Formeln *ohne* Rauhigkeitsbeiwert dagegen würde sich der Geschiebegang auf den Wert v bei gleichem Gefälle J, das ja durch das vorhandene Längsprofil des

[1] WEYRAUCH-STROBEL: Hydraulisches Rechnen. 6. Aufl. Stuttgart: K. Wittwer 1930.

[2] Vgl. Tabellen 1 u. 2 des Anhanges.

Flusses als gegeben zu betrachten ist, *nicht* auswirken. Das besagt aber, daß diese Formeln in dem Augenblick sehr unzuverlässig werden, wenn stärkerer Geschiebegang ohne stärkere Gefälleänderung auftritt, da für diesen Fall nach den bisherigen Anschauungen v kleiner werden muß.

Für die Mitte des Muldenprofils wird die *Schleppkraft*[1] $S = 1000 \cdot t \cdot J = 1000 \cdot 3{,}9 \cdot 0{,}00018 = 0{,}7$ kg/m². Das entspricht nach KREUTER etwa der Schleppkraft, bei der bereits gröberer Sand fortgeschleppt wird[2]. Bei den sorgfältig durchgeführten Voruntersuchungen für den Entwurf des Muldenprofils unseres Beispiels darf unterstellt werden, daß hier bei Mittelwasserführung Störungen durch gröberen Geschiebegang nicht zu erwarten sind und daß deshalb die Übereinstimmung der Vergleichsrechnungen *für* die Brauchbarkeit des Zahlenergebnisses ($v = 1{,}09$ m/sek) bei der Regelung des Flusses — und auch für die Brauchbarkeit der v-Formeln *mit* Rauhigkeitsbeiwert bei Flußregelungen mit regelmäßigem Profilquerschnitt — spricht.

Aufgabe 12.

Freispiegelstollen.

Im Zuge des Oberwasserkanals einer Wasserkraftanlage muß auf 215 m Länge ein Bergrücken mit einem Stollen durchfahren werden. Die Normalwassermenge der Kraftanlage ist durch die wasserwirtschaftlichen Untersuchungen bereits festgelegt und beträgt 45,0 m³/sek. Die Gebirgsverhältnisse bedingen eine Ausmauerung des Stollens. Es ist dafür Beton mit rauh zugeriebenem Verputz in Aussicht genommen. Damit dieser Beton seinerseits von der dauernd vorhandenen Wasserströmung nicht angegriffen wird, soll die maximale Geschwindigkeit des Wassers (Geschwindigkeit = mittlere Profilgeschwindigkeit, definiert mit $v = Q/F$) bei keiner Fülltiefe 2,50 m/sek überschreiten. Es wird aber als wünschenswert betrachtet, mit einer kleineren Geschwindigkeit auszukommen, wobei der lichte Stollenquerschnitt jedoch das Ausmaß von etwa $\Phi = 22$ m² aus wirtschaftlichen Gründen nicht überschreiten soll. Als Richtlinie für die Querschnittsgestalt des Stollens wird beigegebenes Profil zugrunde gelegt (vgl. Abb. 63a). Das Rinngefälle des Stollens wird mit 0,7‰ in Ansatz gebracht.

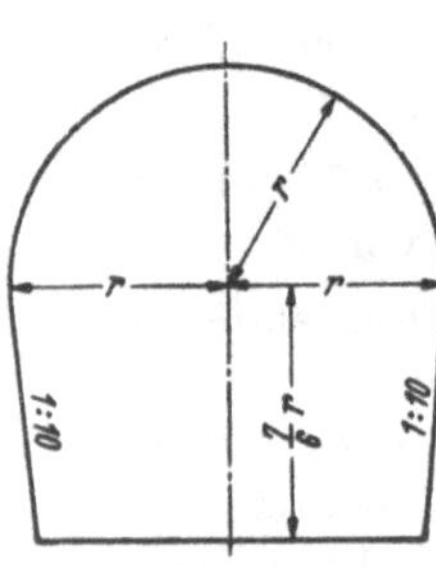

Abb. 63a. Gegebenes Lichtraumprofil des Freispiegelstollens.

Es ist der Stollen zu dimensionieren, und zwar so, daß er für die Förderung der Normalwassermenge gerade das günstigste Profil aufweist!

[1] Vgl. Aufgabe 49. [2] Vgl. Tafel 6 des Anhanges.

Lösung.

Der Stollen ist hier ein Stück des Oberwasserkanals. Man bildet ihn deshalb, wie meist in solchen Fällen, als *Freispiegel*stollen aus, in welchem der Stollenscheitel „frei" bleibt, d. h. vom Wasser nicht benetzt wird. Wie bereits in Aufgabe 3 gezeigt (vgl. Abb. 15, S. 23), hat ein solcher Stollen sein größtes Wasserführungsvermögen nicht bei voller Füllung, sondern bei einem kleineren Wasserstand. Auch das Maximum der mittleren Profilgeschwindigkeit tritt nicht bei vollaufendem Profil auf, sondern bei einer Fülltiefe, die kleiner ist als jene für das größte Wasserführungsvermögen. Daraus folgt, daß unser endgültiges Profil zunächst zwei Bedingungen genügen muß:

1. Es soll *gerade* die Normalwassermenge abführen können. Das ist so zu verstehen, daß in diesem Profil nur bei *einem*, und zwar ganz bestimmten Wasserstand 45,0 m³/sek abfließen. Bei allen sonst noch möglichen Fülltiefen *dieses gleichen Profils* wird demnach die abfließende Wassermenge kleiner sein als 45,0 m³/sek ($= Q_{max}$).

2. Die *größtmögliche* Profilgeschwindigkeit dieses gemäß 1 festgelegten Profils soll 2,50 m/sek nicht überschreiten. Da diesem v_{max} eine andere Fülltiefe entspricht als dem Q_{max} im *gleichen* Profil, so wird das v, welches bei der Förderung Q_{max} herrscht, kleiner sein als v_{max}.

Es sind also die Profilausmaße so zu wählen, daß sie der Bedingung 1 genügen, wobei dann die Bedingung 2 von selbst mit erfüllt sein muß. Dabei ist leicht einzusehen, daß die *Annahme* einer entsprechend kleinen Geschwindigkeit ohne weiteres vorstehenden beiden Bedingungen gerecht würde. Überdies sinkt durch diese Annahme der Gefällsbedarf. Die kleine Geschwindigkeit bedingt aber, wie aus der Kontinuität ohne weiteres gefolgert werden kann, einen großen Wasserquerschnitt, verteuert also den Bau. Da unser Stollenprofil aus letzterem Grunde nur etwa 22 m² lichtes Flächenausmaß bekommen soll, muß der Wasserquerschnitt für Q_{max} noch *unter* diesem Maße bleiben, wodurch der Geschwindigkeitsverminderung eine Grenze gesetzt ist. Wir haben es hier also mit einer 3. Bedingung für unsere Aufgabe zu tun.

Würde diese 3. Bedingung nicht bestehen, so wäre folgender Weg zur Lösung einzuschlagen. Man geht von der gegebenen Normalwassermenge aus und versucht, mit einer diesem Wasserführungsvermögen entsprechenden Geschwindigkeit auszukommen, um einerseits keinen zu großen Querschnitt zu bekommen, andererseits nicht zuviel Gefälle zu verbrauchen.

In unserem Beispiel würde man vielleicht $v = 2{,}20$ m/sek setzen. Daraus folgt dann ein Wasserquerschnitt

$$F = \frac{Q}{v} = \frac{45{,}0}{2{,}20} = 20{,}5 \text{ m}^2.$$

Es ist nun ein Profil zu suchen, für welches bei diesem Wasserquerschnitt F die Wassermenge $Q = 45{,}0\ m^3/sek$ die maximal abfließende Wassermenge Q_{max} des Profils bildet, und hernach zu prüfen, ob in diesem Profil v_{max} innerhalb der gesetzten Grenze von 2,50 m/sek bleibt, ob andererseits das Lichtprofil des Stollens nicht zu groß, d. h. unwirtschaftlich geworden ist bzw. der Gefällsbedarf normale Verhältnisse übersteigt.

Für die Durchführung der Rechnung könnte man zunächst daran denken, das günstigste Profil für die vorliegenden Verhältnisse auf exakt mathematischem Wege direkt zu berechnen, wie seinerzeit das günstigste Trapezprofil (vgl. Aufgabe 5, S. 36). Wie man sich nun leicht überzeugen kann, führt dieser Weg auf umfangreiche und umständliche Beziehungen und gipfelt letzten Endes doch in einer Versuchsrechnung, um zur zahlenmäßigen Lösung zu gelangen. Bei den verschiedenartigen Bedingungen, die für derlei Berechnungen in der Praxis meist bestehen, müßte dieses Verfahren evtl. wiederholte Anwendung finden. Aus diesen Gründen ist das Probierverfahren als der praktischere Weg vorzuziehen.

In dem Beispiel der uns vorliegenden Aufgabe wird die Zahl der Versuchsrechnungen wesentlich herabgemindert und damit die ganze Rechnung vereinfacht, weil die Bedingung besteht, daß der lichte Stollenquerschnitt $\Phi \gtrless 22{,}0\ m^2$ sein soll. Setzen wir nun in 1. Annäherung den lichten Stollenquerschnitt $\Phi = 22{,}0\ m^2$, dann ergibt sich nachstehende Bedingungsgleichung für r (vgl. Abb. 63a):

$$\Phi = \frac{1}{2}\left[2r + \left(2r - \frac{7}{30}\,r\right)\right]\cdot\frac{7}{6}\,r + \frac{r^2\pi}{2}$$

$$= 2{,}2 \cdot r^2 + 1{,}57 \cdot r^2$$

$$= 3{,}77 \cdot r^2;$$

daraus $$r = \sqrt{\frac{\Phi}{3{,}77}};$$

für $\Phi = 22{,}0\ m^2$ wird

$$r = \sqrt{\frac{22{,}0}{3{,}77}} = 2{,}415 \sim \mathbf{2{,}40}\ m.$$

Wiederholte Berechnungen von Stollenprofilen mit einer Profilgestalt, ähnlich der in unserer Aufgabe zugrunde gelegten, zeigen, daß die günstigste Fülltiefe für

$v_{max} \sim 5/6$ der lichten Profilhöhe des Stollens
$Q_{max} \sim 13/14$ „ „ „ „ „

beträgt.

Für *unser* Profil von $r = 2{,}40$ m wird demnach die günstigste Fülltiefe

$$\text{für } Q_{\max}: \tfrac{13}{14} \cdot (r + \tfrac{7}{6} r) = 2{,}01 \cdot r = 2{,}01 \cdot 2{,}40 = \mathbf{4{,}82} \text{ m},$$
$$\text{für } v_{\max}: \tfrac{5}{6} (\tfrac{7}{6} r + r) \quad = 1{,}81 \cdot r = 1{,}81 \cdot 2{,}40 = \mathbf{4{,}34} \text{ m}.$$

Es ist nun zu prüfen, ob die Zahlenwerte für $Q_{\max}$ und $v_{\max}$ bei $r = 2{,}40$ m im Einklang mit den gestellten Bedingungen stehen.

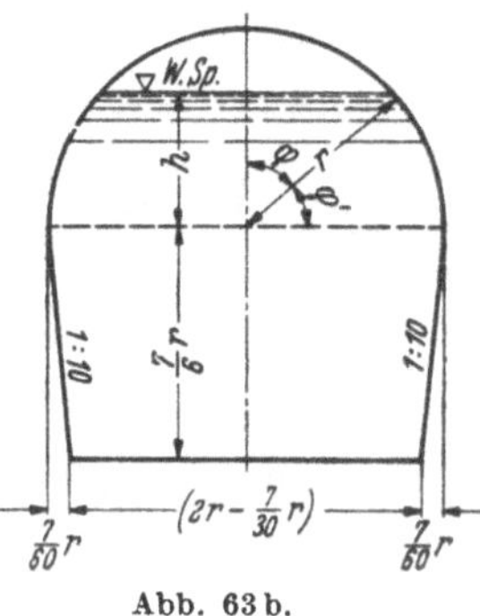

Abb. 63 b.

Allgemein gilt für den in Abb. 63b angegebenen Wasserstand:

Wasserquerschnitt $F = \Phi$ − Segment

$$F = 3{,}77 \cdot r^2 - \frac{r^2}{2}\left(\frac{2\varphi^\circ}{180^\circ} \cdot \pi - \sin 2\varphi\right)$$
$$= 3{,}77 \cdot r^2 - \frac{r^2}{2}\left(\frac{\varphi^\circ}{90^\circ} \cdot \pi - \sin 2\varphi\right),$$

wobei

$$\frac{h}{r} = \cos\varphi \qquad \text{und} \qquad \varphi' = 90^\circ - \varphi;$$

benetzter Umfang p:

$$p = \left(2r - \frac{7}{30} r\right) + 2 \cdot \sqrt{\left(\frac{7}{6} r\right)^2 + \left(\frac{7}{60} r\right)^2} + 2 \cdot \frac{r\pi \cdot \varphi'}{180^\circ} = 4{,}087 \cdot r + \frac{r\pi}{90^\circ} \cdot \varphi'.$$

Für $\frac{13}{14}$-Fülltiefe, also für $Q_{\max}$, wird h:

$$h = 4{,}82 - \tfrac{7}{6} r = 4{,}82 - 2{,}80 = 2{,}02 \text{ m}.$$

Daher

$$\cos\varphi = \frac{h}{r} = \frac{2{,}02}{2{,}40} = 0{,}841; \quad \varphi = 32^\circ\,45'; \quad 2\varphi = 65^\circ\,30';$$
$$\sin 2\varphi = 0{,}910; \quad \varphi' = 90^\circ - 32^\circ\,45' = 57^\circ\,15'.$$

Also

$$F = 3{,}77 \cdot 2{,}40^2 - \frac{2{,}40^2}{2}\left(\frac{3{,}14}{90^\circ} \cdot 32^\circ\,45' - 0{,}910\right)$$
$$= 21{,}68 - 2{,}88 \cdot (0{,}0349 \cdot 32{,}75 - 0{,}910)$$
$$= 21{,}68 - 0{,}66$$
$$= \mathbf{21{,}02} \text{ m}^2, \quad \text{wobei} \quad \Phi = 21{,}68 \text{ m}^2 \text{ ist,}$$

$$p = 4{,}087 \cdot 2{,}40 + \frac{2{,}40 \cdot 3{,}14 \cdot 57^\circ\,15'}{90^\circ}$$
$$= 9{,}80 + 0{,}0837 \cdot 57{,}25$$
$$= \mathbf{14{,}59} \text{ m},$$

$$R = \frac{F}{p} = \frac{21{,}02}{14{,}59} = 1{,}44 \text{ m}; \quad \sqrt{R} = 1{,}20;$$

für $\gamma = 0{,}30$ wird $c = 69{,}5$. Daher

$$v = c\sqrt{R \cdot J}, \quad \text{wobei} \quad J = 0{,}0007\,,$$

$$v = 69{,}5 \cdot 1{,}20 \cdot 0{,}02645 = \mathbf{2{,}21}\ \text{m/sek}\,,$$

also

$$Q_{max} = v \cdot F = 2{,}21 \cdot 21{,}02 = \mathbf{46{,}5}\ \text{m}^3/\text{sek} > 45{,}0\ \text{m}^3/\text{sek}.$$

Für $\frac{5}{6}$-Fülltiefe, also für v_{max}, wird h:

$$h = 4{,}34 - \tfrac{7}{6} \cdot r = 4{,}34 - 2{,}80 = 1{,}54\ \text{m}.$$

Daraus folgt:

$$\cos\varphi = \frac{h}{r} = \frac{1{,}54}{2{,}40} = 0{,}642; \quad \varphi = 50°\,4'; \quad 2\varphi = 100°\,8';$$

$$\sin 2\varphi = \cos(2\varphi - 90) = 0{,}984; \quad \varphi' = 39°\,56'.$$

Also

$$\begin{aligned} F &= 21{,}68 - 2{,}88\,(0{,}0349 \cdot 50{,}07 - 0{,}984) \\ &= 21{,}68 - 2{,}20 \\ &= \mathbf{19{,}48}\ \text{m}^2, \end{aligned}$$

$$\begin{aligned} p &= 9{,}80 + 0{,}0837 \cdot 39{,}93 \\ &= 9{,}80 + 3{,}34 \\ &= \mathbf{13{,}14}\ \text{m}, \end{aligned}$$

$$R = \frac{F}{p} = \frac{19{,}48}{13{,}14} = 1{,}48\ \text{m}; \quad \sqrt{R} = 1{,}216; \quad c = 69{,}8.$$

Daraus

$$v_{max} = c\sqrt{R \cdot J} = 69{,}8 \cdot 1{,}216 \cdot 0{,}02645 = \mathbf{2{,}24}\ \text{m/sek} < 2{,}50\ \text{m/sek}.$$

Während demnach die Bedingungen 2 ($v_{max} < 2{,}50$ m/sek) und 3 (lichter Stollenquerschnitt $\Phi < 22{,}0$ m²) erfüllt sind, ist die Bedingung 1, wonach $Q_{max} = 45{,}0$ m³/sek betragen soll, nicht erfüllt. Wir können nun zwei Wege einschlagen, um auch noch der Bedingung 1 zu genügen. Der eine Weg besteht darin, das Gefälle so weit zu reduzieren, daß Q_{max} gerade 45,0 m³/sek wird. Damit würde gleichzeitig auch v kleiner. Der andere Weg besteht darin, unter Beibehaltung des Gefälles $J = 0{,}7‰$ den Stollenquerschnitt etwas zu verkleinern, wodurch die Aufwendungen für den Stollen sinken.

Der 1. Weg ergibt:

$$Q_{max} = 45{,}0\ \text{m}^3/\text{sek}; \quad F = 21{,}02\ \text{m}^2;$$

daher

$$v = \frac{45{,}0}{21{,}02} = 2{,}14\ \text{m/sek},$$

somit

$$J = \frac{v^2}{c^2 \cdot R} = \frac{2{,}14^2}{69{,}5^2 \cdot 1{,}44} = 0{,}000658 \sim 0{,}66‰.$$

Rechnerisch ergäbe sich daher ein Gefällsgewinn für die Kraftanlage von

$$H = (0{,}0007 - 0{,}00066) \cdot 215 = 0{,}0086 \sim 0{,}009 \text{ m}$$

und ein Kraftgewinn

$$L = 10 \cdot Q \cdot H = 10 \cdot 45{,}0 \cdot 0{,}009 = 4{,}05 \text{ PS}.$$

2. Weg: Schätzen wir die Geschwindigkeit v nach der Profilverkleinerung für $\frac{13}{14}$-Füllung zu 2,20 m/sek, so würde der Wasserquerschnitt $F = \frac{45{,}0}{2{,}20} \cong 20{,}5 \text{ m}^2$. Angenähert besteht nun folgende Beziehung zwischen den Wasserquerschnitten und den Radien r des Profils:

$$\frac{F_1}{F_2} \sim = \frac{r_1^2}{r_2^2}$$

oder mit Zahlen

$$\frac{21{,}02}{20{,}5} = \frac{2{,}40^2}{r_2^2},$$

daraus

$$r_2 = \sqrt{\frac{20{,}5}{21{,}02} \cdot 2{,}40^2} = \sim 2{,}37 \text{ m},$$

somit

$$h = \tfrac{13}{14}(\tfrac{7}{6} \cdot 2{,}37 + 3{,}37) - \tfrac{7}{6} \cdot 2{,}37 = 4{,}76 - 2{,}76 = 2{,}00 \text{ m},$$

$$\cos\varphi = \frac{h}{r} = \frac{2{,}00}{2{,}37} = 0{,}844; \quad \varphi = 32^\circ\,26'; \quad 2\varphi = 64^\circ\,52';$$

$$\sin 2\varphi = 0{,}905; \quad \varphi' = 57^\circ\,34',$$

also

$$\begin{aligned} F &= 3{,}77 \cdot 2{,}37^2 - \frac{2{,}37^2}{2}(0{,}0349 \cdot 32{,}43 - 0{,}905) \\ &= 21{,}2 - 0{,}63 \\ &= 20{,}57 \text{ m}^2, \quad \text{wobei} \quad \Phi = \mathbf{21{,}20} \text{ m}^2 < 22{,}0 \text{ m}^2 \end{aligned}$$

(Bedingung 3!).

$$\begin{aligned} p &= 4{,}087 \cdot 2{,}37 + \frac{2{,}37 \cdot 3{,}14}{90^\circ} \cdot 57{,}57 \\ &= 9{,}69 + 0{,}0826 \cdot 57{,}57 \\ &= 14{,}45 \text{ m}. \end{aligned}$$

$$R = \frac{20{,}57}{14{,}45} = 1{,}42 \text{ m}; \quad \sqrt{R} = 1{,}19; \quad c = 69{,}5.$$

$$v = 69{,}5 \cdot 1{,}19 \cdot 0{,}02645 = 2{,}19 \text{ m/sek}.$$

$$Q = 2{,}19 \cdot 20.57 = \mathbf{45{,}0} \text{ m}^3/\text{sek}. \qquad \text{(Bedingung 1!)}$$

Da durch die Profilverkleinerung alle Geschwindigkeiten kleiner geworden sind[1], erübrigt sich die Nachprüfung von v_{max} für das neue Profil. (Bedingung 2.)

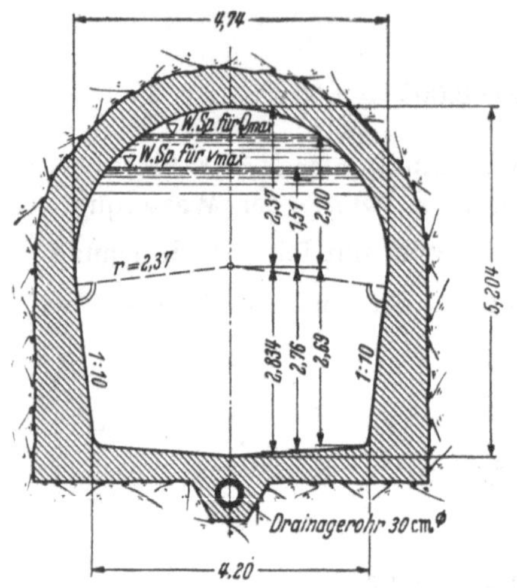

Abb. 64. Ausführungsquerschnitt des Stollens.

Kritische Betrachtungen zu den gefundenen Ergebnissen.

In Abb. 64 ist das fertig dimensionierte Profil, das gerade der in der Aufgabe gestellten Forderung entspricht, dargestellt. Die kleinen Änderungen an der Profilgestalt, die aus Zweckmäßigkeitsgründen erfolgt sind, haben an den Abflußverhältnissen nichts mehr geändert, wie die Kurven für die Geschwindigkeiten v und Fördermengen Q bei verschiedenen Fülltiefen in Abb. 64a zeigen.

Bemerkenswert an dieser Auftragung ist der Verlauf der Kurven für R, v, Q. Diese Werte erreichen bereits vor Eintritt der vollen Füllung ihren Größtwert und nehmen dann bis zur Erreichung der vollen Füllung wieder etwas ab. Die Abnahme von Q mag dabei für manchen besonders auffällig, zunächst vielleicht sogar als „naturwidrig" erscheinen, da ja in offenen Gerinnen die Abflußmenge unter sonst gleichen Bedingungen mit wachsender Wassertiefe ständig zunimmt[2].

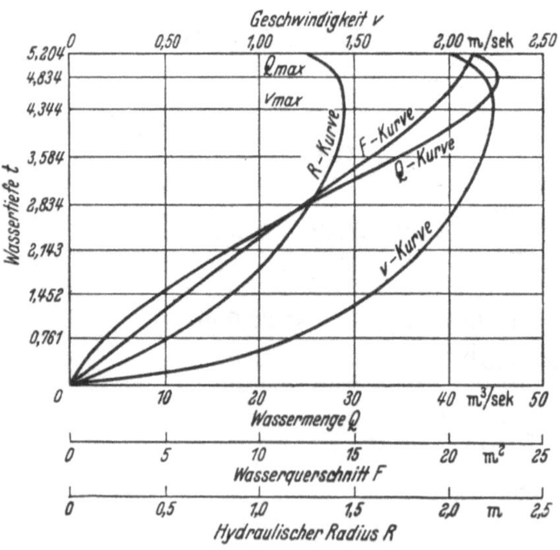

Abb. 64a. Zusammenhang zwischen Fülltiefe und F, R, v, Q für das gefundene Stollenlichtprofil.

---

[1] Die Verkleinerung der Profilfläche führt auf ein kleineres R, damit auch auf ein kleineres c, so daß bei gleichbleibendem Gefälle J auch die Geschwindigkeit v kleiner wird (und damit die Förderung Q, was der Anlaß zur Profilverkleinerung war).

[2] WINKEL: Angewandte Hydromechanik im Wasserbau, S. 43. Berlin: Ernst & Sohn 1943.

Um über diese Verhältnisse Klarheit zu gewinnen, denken wir uns den gegebenen Freispiegelstollen einmal von der Wassertiefe $t = 2{,}834$ m an auf die Breite 4,74 m senkrecht nach oben aufgeschlitzt (Abb. 65, rechte Hälfte). Für das so erhaltene offene Gerinne ergeben sich für verschiedene Fülltiefen die in Abb. 65a strichliert eingetragenen Kurven für v und Q. Bei $5{,}20_4$ m Wassertiefe (entsprechend voller Füllung des Freispiegelstollens) wird $Q = 56{,}0$ m³/sek; es wächst bis $t = 7{,}0$ m auf $Q =$ rd. 80 m³/sek.

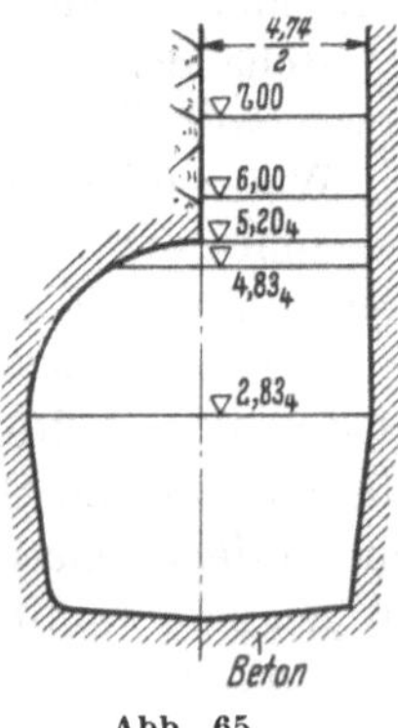

Abb. 65.

Wenn wir nun in dieses offene Gerinne von oben her Einbauten hineinbringen, die unter den Wasserspiegel des offenen Gerinnes herunterreichen, dann wird dadurch der Abfluß gehemmt, und zwar in um so stärkerem Maße, je stärker diese den Abflußquerschnitt vermindert. Für diesen verkleinerten Abflußquerschnitt kann natürlich die in Abb. 65a für das vollkommen offene unverbaute Profil aufgetragene Q-Linie nicht mehr gelten. Da der Einbau von oben her erfolgen soll, wachsen die Q-Werte im oberen Ast der

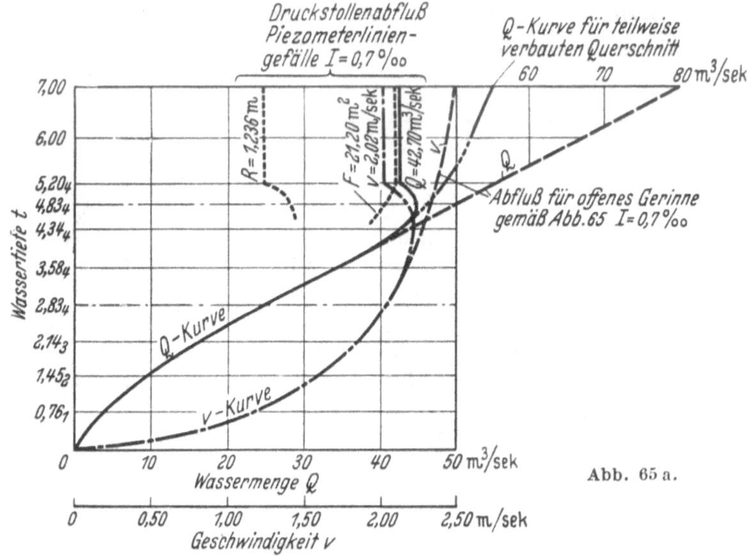

Abb. 65 a.

Kurve nicht mehr so schnell wie bei dem vorher angenommenen ganz freien Gerinne, d. h. die Q-Kurve biegt sich nach oben, wie es etwa Abb. 65a zeigt.

Nun wird die Verbauung so weit fortgeführt, daß wieder unser Stollenprofil entsteht. Dadurch nimmt die lichte Querschnittsfläche noch weiter ab und somit auch Q. Die Q-Linie muß sich infolgedessen noch weiter nach links biegen.

Um ihren genaueren Verlauf festzustellen, nehmen wir an, der Stollen sei voll mit Wasser gefüllt, der Spiegel benetze also den Stollenscheitel, und in einer von oben bis zum Scheitel herunter gebohrten Röhre stehe der Wasserspiegel 7,0 m über der Stollensohle, d. h. so hoch wie vorher im vollkommen offenen Gerinne bei 7,0 m Wasserstand. Wir nehmen weiter an, daß in *jeder* solchen Röhre, die wir im Längsschnitt des Stollens oberhalb und unterhalb des Betrachtungsquerschnitts durch den Scheitel gebohrt denken, der Wasserstand von 7,0 m über der Sohle vorhanden ist. Die Verbindungslinie dieser Wasserstände in diesen Röhren (Piezometerlinie[1]) weist dann das gleiche Gefälle auf wie die Sohle und wie der Wasserspiegel des vorher vollkommen offenen Gerinnes, nämlich $J = 0{,}7^0/_{00}$. Die Abflußverhältnisse im Stollen sind damit also unmittelbar vergleichbar mit jenen des vollkommen offenen Gerinnes. Für das Piezometergefälle $J = 0{,}7^0/_{00}$ erhält man nun für die geometrischen Größen des lichten Stollenprofils $F = 21{,}20\ \text{m}^2$, $p = 17{,}14$ m, $R = 1{,}23_6$ m, und für den Geschwindigkeitsbeiwert $c = 68{,}5$ (Tab. 7):

$$\text{die Geschwindigkeit } v = 68{,}5 \cdot \sqrt{1{,}236 \cdot 0{,}0007} = \mathbf{2{,}02}\ \text{m/sek}$$

$$\text{und die Wassermenge } Q = 21{,}20 \cdot 2{,}02 = \mathbf{42{,}70}\ \text{m}^3/\text{sek}.$$

Tabelle 7.

Wassertiefen t m	F m²	p m	R m	c	v m/sek	Q m³/sek
$0{,}76_1$	2,94	5,57	0,528	61,6	1,18	3,47
$1{,}45_2$	5,99	6,96	0,865	65,7	1,61	9,65
$2{,}14_3$	9,10	8,35	1,090	67,6	1,87	17,00
$2{,}83_4$	12,34	9,74	1,268	68,7	2,04	25,25
$3{,}58_4$	15,85	11,21	1,411	69,4	2,18	34,55
$4{,}34_4$	19,01	12,95	1,469	69,8	2,23	42,55
$4{,}83_4$	20,57	14,45	1,420	69,5	2,19	45,00
$5{,}20_4$	21,20	17,14	1,236	68,5	2,02	42,70

Nach Bazin ist $c = \dfrac{87}{1 + \dfrac{\gamma}{\sqrt{R}}}$, wobei $\gamma = 0{,}30$.

Dem aufmerksamen Leser wird schon aufgefallen sein, daß bei der Ermittlung dieser Werte die Höhenlage der Wasserspiegel in den Piezometerrohren (also die Wassertiefe $t = 7{,}0$ m) belanglos ist. Es liegen eben für den unter Druck erfolgenden Abfluß andere Bedingungen vor als beim Abfluß mit entspanntem Spiegel (offene Gerinne). Wir erhalten also obige Werte für jede beliebige Piezometerlinie, wenn sie nur die

[1] Vgl. dazu S. 114 der Aufgabe 13.

Bedingung $J = 0{,}7^0/_{00}$ erfüllt, d. h. v und Q werden unter letzterer Bedingung für jede Annahme von $t > 5{,}20_4$ m *unveränderlich*. Die Q-Linie des „*Druckrohr*"abflusses bildet also jetzt eine *lotrechte Gerade* ($Q = 42{,}7$ m³/sek = konstant, Abb. 65a). Erst mit einer Änderung des Piezometer- (Drucklinien-) Gefälles ändert sich v und damit Q. Der Übergang von den Abflußbedingungen im offenen, drucklosen Gerinne ($t < 5{,}20_4$ m in unserem Beispiel) zu jenen, die für den unter Druck erfolgenden Abfluß gelten, vollzieht sich nun durch Anpassung der Abflußmengen Q, hängt im übrigen aber — wenn keine sonstigen störenden Einflüsse (z. B. mangelnde Belüftung) wirksam sind[1] — von der Querschnitts*form* ab, wie nachfolgend gezeigt wird.

Gehen wir wieder von der Q-Kurve für vollkommen offenes Gerinne aus (Abb. 65 und 65a) und führen nun die Verbauung von oben her so aus, daß sie in der Höhe $t = 5{,}20_4$ m einen waagerechten Abschluß erhält. Welcher Unterschied besteht nun bei $5{,}20_4$ m Wassertiefe zwischen dem unverbauten, also vollkommen offenen Profil und dem verbauten Querschnitt? Bei ersterem findet am bewegten Wasserspiegel lediglich eine Reibung zwischen Wasserspiegel und Luft statt. Dadurch ergeben sich in einzelnen Meßlotrechten Vertikalgeschwindigkeitskurven, wie sie etwa in Abb. 8, S. 7, dargestellt sind. Dagegen wirkt nun bei der Verbauung die benetzte Unterseite des Verbauungskörpers mit seiner ihm gemäßen Rauhigkeit genau so hemmend auf den Abfluß ein wie die Sohle und Seitenwände. Die Vertikalgeschwindigkeitslinien werden dadurch umgeformt. Der obere Ast wird zur Meßlotrechten ($v' = 0$) hingebogen, und der mittlere Geschwindigkeitswert v'_m wird kleiner. Da dies mehr oder weniger für jede Meßlotrechte gilt, muß auch der mittlere Geschwindigkeitsbeiwert c_m und damit die mittlere Profilgeschwindigkeit v_m kleiner werden. Das führt aber bei gleichem F zu einem kleineren Q als bei vollkommen offenem Gerinne. Für den Fall der rechteckigen Begrenzung oben geht für $t = 5{,}20_4$ m die Wassermenge Q von 56,0 m³/sek auf 47,8 m³/sek zurück, also auf das 0,85fache.

Diese sprunghafte Änderung von Q kann man sehr gut beobachten, wenn sich über einem Flusse rasch eine geschlossene Eisdecke bildet. v. Rinsum hat an der vollkommen vereisten Donau unterhalb der Isarmündung im kalten Winter 1939/40 Messungen durchgeführt[2]. Dort

[1] Vgl. dazu Möhring: Die Leistungsfähigkeit von Rohrquerschnitten mit Teilfüllung. Bautechnik 1938, S. 709. — Ferner Schleiermacher: Wasserabfluß durch Stollen. München: Oldenbourg 1928. — *Versuchsanstalt Graz*: Das Vollaufen der Kanäle. Die Wasserbaulaboratorien Europas. VDI.-Verlag, 1925. — v. Bülow: Kritische Betrachtungen über die Leistungsfähigkeit des Kreisquerschnitts. Gesundh.-Ing. 1926, S. 268. — v. Bülow: Abfluß in Kreisröhren bei Teilfüllung. Gesundh.-Ing. 1931, S. 695. — Sherman: Hydraulic Formulas Incorrect for Partly Filled Pipes. Eng. News Rec. Bd. 103 vom 15. 8. 1928. Nr. 7.

[2] v. Rinsum: Die Abflußkurve. Arch. Wasserw. Nr. 65 (1941) S. 93.

verkleinerte sich der Geschwindigkeitsbeiwert um 18%, also auf $0{,}82 \cdot c_m$ des Geschwindigkeitsbeiwertes ohne Eisdecke. Diese Eisbildung, die damals bei starker Mittelwasserführung des Flusses einsetzte, hemmte also den Abfluß und führte im fortschreitenden Aufbau von Passau flußaufwärts zu einer beträchtlichen *Hebung* des Wasserspiegels und damit der Eisdecke, die bei Niederalteich nahe an die Grenze der bisher beobachteten Höchstwasserstände heranreichte[1].

Bei unserem Freispiegelstollen haben wir oben als Abschluß kein Rechteck, sondern ein Kreisgewölbe. Deshalb tritt hier die abbremsende Wirkung nicht plötzlich, sprunghaft ein, sondern allmählich, woraus sich auch der allmähliche Übergang in der Wasserführung von $\max Q = 45{,}0$ m³/sek auf $Q = 42{,}7$ m³/sek ergibt. Daß die Wassermenge (42,7 m³/sek) wegen des kleineren Lichtprofils kleiner werden muß als bei oberer rechteckiger Profilform (47,8 m³/sek), ist wohl selbstverständlich.

Mit diesen kritischen Betrachtungen dürfte die hier vorliegende Unstetigkeit der Abflußlinie wohl ausreichend erklärt und begründet sein. Dagegen bedarf die Tatsache noch einer Erwähnung, daß auf Grund der errechneten Abflußkurve die gleiche Abflußmenge Q bei verschiedenen Wassertiefen t abfließen kann. Dies gilt z. B. für die Fülltiefen $t = 5{,}20_4$ und $t = 4{,}37$ m, bei welchen jedesmal $Q = 42{,}70$ m³/sek abfließt. Nun gehen aber diese beiden gleichen Abflußmengen nicht unter den gleichen Bedingungen durch den Freispiegelstollen, wie die untenstehende Übersicht zeigt.

Wassertiefe t	Wasserquerschnitt F	Mittlere Geschwindigkeit v	Abflußmenge Q
4,37	19,15	2,24	42,70
$5{,}20_4$	21,20	2,02	42,70

Welche Wassertiefe sich für den Transport der Wassermenge $Q = 42{,}7$ m³/sek tatsächlich einstellen wird, hängt von den *gesamten* Abflußfaktoren ab, und da es sich hier um „strömenden" Abfluß handelt[2], insbesondere von den Vorflutverhältnissen am unteren Ende des Stollens. Dabei sei darauf hingewiesen, daß je nach den dort vorkommenden Wasserständen und Fließgeschwindigkeiten der Abfluß — $Q = 42{,}7$ — auch *zwischen* den beiden Grenztiefen erfolgen kann, unter Übergang in eine ungleichförmige Wasserbewegung (Stau), da ja nur bei den beiden Grenztiefen — wenigstens rechnungsmäßig — gleichförmiges Fließen vorliegt.

[1] Vgl. dazu die Aufgabe 47.
[2] Vgl. Aufgabe 22, S. 216.

Besonders lehrreich und praktisch wichtiger ist der Fall, daß die konstante Fördermenge in unserem Freispiegelstollen 45,0 m^3/sek (Normalwassermenge) betragen soll. *Rechnungsmäßig* ist dieses Q die höchstmögliche Fördermenge, welche der ermittelte *Frei*spiegelstollen bei gleichförmigem Abfluß zu leisten vermag. Was geschieht nun, wenn sich die Vorflutverhältnisse am Stollenende dessen Mündungsspiegel nicht genau anpassen (z. B. Stauwirkung durch etwas zu hohe Wasserspiegellage!)? Dann gibt es keine Möglichkeit mehr, $Q = 45{,}0$ m^3/sek mit $J = 0{,}7^0/_{00}$ drucklos durch den Stollen zu fördern. In diesem Fall wird eine Stauschwallwelle stromauf laufen und den ganzen Stollen bis zum Scheitel füllen. Da hierbei das Fördervermögen nur 42,7 m^3/sek beträgt, bleiben die restlichen 2,3 m^3/sek im Zubringer oberhalb des Stollens zurück, sammeln sich dort und heben so lange den Stolleneinlaufspiegel, bis die dadurch gewonnene Druckhöhe genügt, die Geschwindigkeit im Stollen so zu steigern, daß das Produkt $v \cdot F = Q$ den Wert 45,0 m^3/sek erreicht. Die Piezometerlinie verläuft dann vom Stauspiegel oben bis zum Ausmündungsspiegel unten, hat also ein größeres Gefälle als $J = 0{,}7^0/_{00}$, weil eben bei letzterem Druckliniengefälle nur 42,7 m^3/sek abfließen können. Unser Freispiegelstollen wird dadurch also zu einem Druckstollen mit einem Aufstau am oberen Stollenanfang, der bei sehr langen Stollen erheblich werden und dort gegebenenfalls zu Unzuträglichkeiten führen kann. Das gleiche Ergebnis tritt übrigens auch ein, wenn die Rauhigkeit in Wirklichkeit größer ist, als dem in der Rechnung zugrunde gelegten Beiwert γ entspricht.

Es ist deshalb im Wasserbau immer falsch, zu knapp, ohne Sicherheiten zu dimensionieren. Man sollte für die verschiedenen Möglichkeiten, die sich für den Abfluß aller Voraussicht nach ergeben können, Sicherheiten bei der Größenbemessung schaffen. Diese Kritik und die daraus zu ziehenden Schlußfolgerungen treffen auch auf unser „günstigstes" Profil für die Normalwassermenge $Q = 45{,}0$ m^3/sek zu. Man hätte deshalb in der Praxis ein gegen Rückstau weniger empfindliches, also größeres Profil zu wählen, so daß zwischen dem Wasserspiegel für Normalwasser und dem Scheitel ein Spielraum bleibt, der ausreicht, um von unten kommende Spiegelschwankungen aufzunehmen, ohne den Charakter des Gerinnes als „Freispiegel"stollen preiszugeben. An dieser Notwendigkeit darf auch die Tatsache nichts ändern, daß das „günstigste" Profil den vergleichsweise kleinsten Arbeits- und Materialaufwand erfordern, das größere Profil also höhere Kosten verursachen wird. Um diese Mehraufwendungen auf das wirklich Notwendige zu beschränken, wird man in erster Linie versuchen, das Gewölbe zu heben, sofern die Gebirgsverhältnisse dies für tunlich und zweckmäßig erscheinen lassen.

Aufgabe 13.

Rohrleitungsberechnungen unter Berücksichtigung der Druckhöhenverluste und Darstellung der Piezometerlinien für verschiedene Fälle.

Ein Teich wird aus einem See mittels einer 650 m langen Rohrleitung gespeist. Der Seespiegel liegt auf Kote 480,20 m, das untere Ende der Rohrachse auf Kote 415,65 m, der Teichwasserspiegel auf Kote 415,00 m.

I. Mit welcher Geschwindigkeit verläßt das Wasser das unten vollkommen offene Rohr, wenn dieses 2″ (= 50,8 mm)[1] Durchmesser hat und das obere Mundstück scharfrandig ist? Wie groß ist in diesem Falle die Fördermenge pro Sekunde? Verlauf der Piezometerlinie? Ist die berechnete Fördermenge bereits die Maximalmenge für die vorgenannten Bedingungen?

II. Welche Geschwindigkeit herrscht in derselben Rohrleitung, wenn deren Ausfluß bei B durch einen Hahn so reguliert wird, daß nur 1,5 l/sek ausströmen? Wie verläuft nunmehr die Piezometerlinie?

III. Wie ergeben sich die Abflußverhältnisse in der Rohrleitung und wie groß ist die Fördermenge, wenn der Ausfluß bei B vollkommen freigegeben ist und wenn die Rohrleitung so zusammengesetzt würde, daß auf 200 m Länge Rohre von 2″, auf die anschließenden 250 m Rohre von $2^1/_4$″ Verwendung finden, während die noch verbleibende Reststrecke der Leitung aus $2^1/_2$″-Rohren gebildet würde und wenn nur die Reibungsverluste berücksichtigt werden? Piezometerlinie? Mit welchem Durchmesser ist bei A zu beginnen?

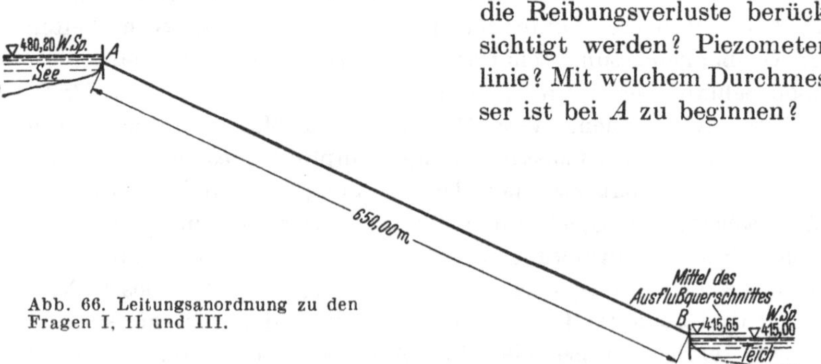

Abb. 66. Leitungsanordnung zu den Fragen I, II und III.

Bei Beantwortung der Fragen I bis III ist anzunehmen, daß die Rohrleitung mit stets gleichmäßigem Gefälle von A nach B geführt ist (Abb. 66).

[1] 2″ = 2 Zoll.

IV. Was ist über die Abflußverhältnisse in der Rohrleitung zu sagen, wenn die Geländeverhältnisse eine Führung der Rohrleitung gemäß Abb. 67 bedingen, wenn ferner bei B ungehinderter Ausfluß stattfindet und der Rohrdurchmesser wie im Falle I 2″ beträgt?

Abb. 67. Leitungsanordnung für Frage IV.

Lösung.

Allgemeine Vorbemerkung.

Die grundlegenden Beziehungen für die Berechnung von Rohrleitungen mit *stationärer* Strömung[1], die in den meisten praktischen Fällen vorliegt, sind:

a) die *Kontinuitätsgleichung*. Sie lautet (vgl. Abb. 68)

$$Q = v_1 \cdot F_1 = v_2 \cdot F_2 = v \cdot F = \text{konstant}.$$

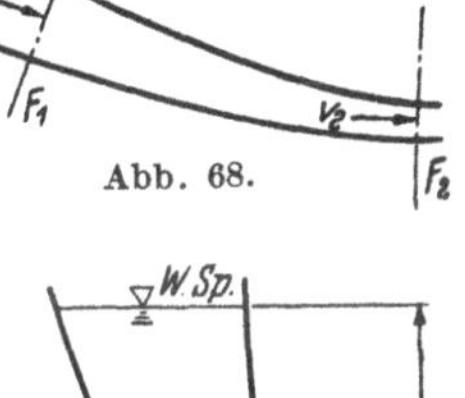

Abb. 68.

Diese Beziehung besagt, daß bei zeitlich unveränderlicher Strömung für alle Querschnitte eines Stromfadens (Durchflußquerschnitte) in jedem Augenblick das Produkt aus Querschnitt F und zugehöriger Geschwindigkeit v konstant ist. Wegen $Q = v \cdot F$ ist damit auch die *Flüssigkeitsmenge* Q, welche in der Zeiteinheit durch irgendeinen Querschnitt fließt, *stets gleich groß*.

b) die TORICELLIsche Gleichung

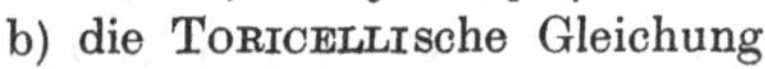

$$v = \sqrt{2gh} \quad \text{(vgl. Abb. 69)}^2.$$

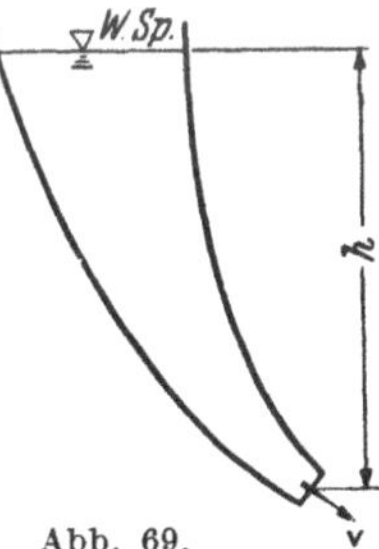

Abb. 69.

[1] Eine Strömung ist *stationär*, wenn in einem *bestimmten*, d. h. fest gewählten Querschnitt für *jeden* Beobachtungszeitpunkt *stets die gleiche Geschwindigkeit* v vorhanden ist (mit der *Zeit un*veränderliche Strömung). Dabei kann natürlich in einem Nachbarquerschnitt eine *andere* Geschwindigkeit v' vorhanden sein; aber auch dieses v' ist für diesen Nachbarquerschnitt mit der Zeit *konstant*. Für diesen Fall, daß $v \neq v'$, daß aber $v =$ konst. und $v' =$ konst., d. h. unabhängig von der Zeit ist, haben wir es mit einer *ungleichförmigen* Wasserbewegung zu tun. Wird überdies $v = v' =$ konst., so liegt der Fall der *gleichförmigen* Wasserbewegung vor.

[2] Herrscht über dem Wasserspiegel des Behälters ein Barometerstand b und am Rohrausfluß ein solcher von b_1, so wird

$$v = \sqrt{2g(h + (b - b_1))}$$

Meist kann man den Unterschied $(b - b_1)$ wegen seiner geringen Größe vernachlässigen.

Sie besagt, daß die Geschwindigkeit v des fließenden Wassers gleich ist der Fallgeschwindigkeit v eines Körpers für die Fallhöhe h, wenn *keine* Verluste auftreten. Die Gleichung läßt sich auch schreiben:

$$h = \frac{v^2}{2g},$$

d. h. der herrschenden Geschwindigkeit v entspricht eine Fallhöhe oder „Geschwindigkeitshöhe" $v^2/2g$.

c) die BERNOULLIsche Gleichung, auch *Energie*gleichung, *dynamische Druck*gleichung oder kurz *Druck*gleichung genannt.

Für eine zu jeder Zeit lückenlos ausgefüllte und dichte Rohrleitung lautet sie (vgl. Abb. 70)

$$\frac{v_1^2}{2g} + \frac{p_1}{\gamma} + z_1 = \frac{v_2^2}{2g} + \frac{p_2}{\gamma} + z_2 = \frac{v_3^2}{2g} + \frac{p_3}{\gamma} + z_3 = H = \text{konstant}.$$

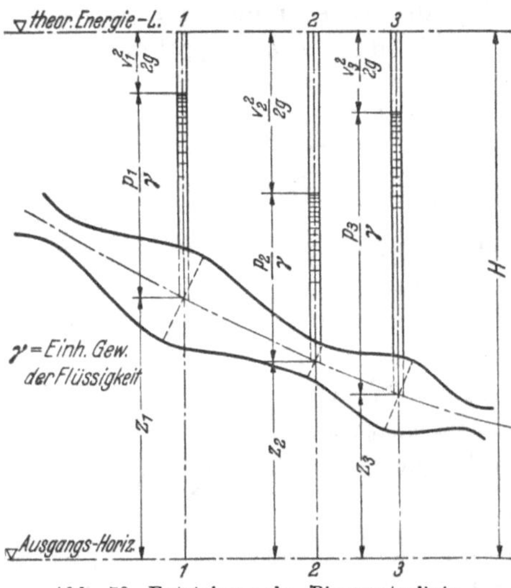

Abb. 70. Entstehung der Piezometerlinie.

Sie besagt, daß für *alle* Teile eines *idealen* Stromfadens die *Summe* aus der Geschwindigkeitshöhe $v^2/2g$, der Druckhöhe p/γ und der geodätischen Höhe (Ortshöhe, von irgendeinem Ausgangshorizont gerechnet) *konstant* ist.

Würde man in den Querschnitten 1, 2 und 3 die Leitung anbohren und Wasserstandsröhrchen (Piezometerröhrchen) aufsetzen, so würde sich in jedem der Röhrchen der in Abb. 70 angegebene Wasserspiegel einstellen. Die Verbindungslinie dieser Wasserspiegel ergibt die *hydrostatische Druck*linie (*Piezometerlinie*), die jeweils um die Geschwindigkeitshöhe $v^2/2g$ tiefer liegt als die *dynamische Druck*linie (=*Energielinie*).

Die obige Gleichung läßt sich auch, wenn man sie mit dem Faktor $m \cdot g$ multipliziert, wie folgt deuten: die *Strömungs*energie, d. h. die *Summe* aus kinetischer Energie, Druckenergie und potentieller Energie eines Teilchens, ist zeitlich unveränderlich und hat für alle Punkte längs einer Stromlinie denselben Wert.

Diese Unveränderlichkeit gilt nur für reibungsfreie Flüssigkeit, d. h. für *verlustloses* Fließen. *Tatsächlich* sind aber *Verluste vorhanden.* Diese entziehen der Strömung Energie (verbrauchen Druckhöhe), die nicht mehr zurückgewonnen werden kann. Damit ergibt sich folgende Berichtigung der BERNOULLIschen Gleichung (vgl. Abb. 71):

$$\frac{v_1^2}{2g} + \frac{p_1}{\gamma} + z_1 = \frac{v_2^2}{2g} + \frac{p_2}{\gamma} + z_2 + h = H = \text{konstant}.$$

Die wirkliche Energielinie sinkt also in der Fließrichtung um die auftretenden Verluste h ab. (Wegen der Größe der Verluste vergleiche die eigentliche Lösung dieser Aufgabe und die übrigen Aufgaben über unter Druck durchflossene Gerinne.)

Nun zum gegebenen Beispiel!

Das Seewasser, soweit es über dem Mittel des Ausflußquerschnitts B liegt, besitzt in bezug auf diesen Punkt Energie der Lage, die — wie schon erwähnt — gegebenenfalls noch vergrößert werden kann durch Druck auf den Wasserspiegel. Beim Abfluß des Wassers von A nach B setzt sich potentielle Energie (Wasserdruck) in Energie der Bewegung um. Da wir annehmen, daß sich mit der *Zeit* weder der Seespiegel noch der Abflußvorgang in der Leitung A bis B, noch der Teichspiegel ändert (d. h. über die Rohrmündung emporsteigt), die Wasserbewegung also eine *unveränderliche* ist, muß auch die bei B ausfließende Wassermenge wegen der Kontinuität ständig genau so groß sein wie die bei A eintretende Wassermenge.

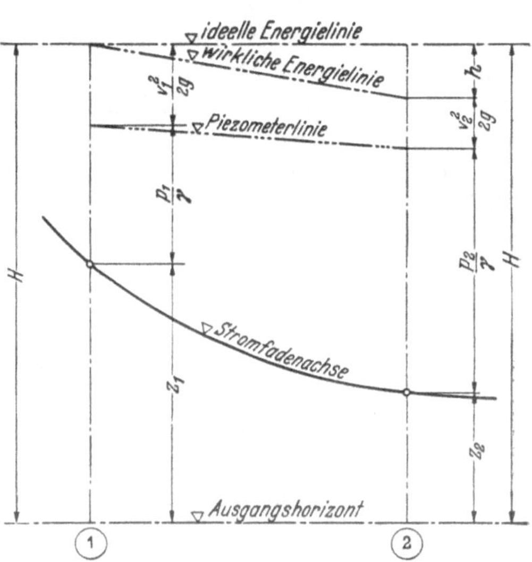

Abb. 71. Energielinie und Piezometerlinie.

Würde sich die *ganze* vorhandene *Druckhöhe* H in Geschwindigkeit umsetzen können, dann ergäbe sich an der Abschlußstelle B eine Geschwindigkeit

$$v = \sqrt{2gH} \text{ m/sek}.$$

Nun geht aber der Abfluß bekanntlich *nicht verlustlos* vor sich. Schon gleich beim Eintritt des Wassers in die Rohrleitung bei A ergibt sich ein *Eintrittsverlust*, ferner verursacht die Reibung des Wassers an der Rohrwandung längs der ganzen Rohrleitung A bis B *Reibungsverluste*. Außerdem können noch *Verluste* durch *Krümmer*, *Knickpunkte*, *Querschnittsänderungen*, *Drosselklappen* usw. auftreten.

Die Überwindung dieser Widerstände geschieht auf Kosten eines Teiles der Druckhöhe H. Was dann an Druckhöhe noch übrigbleibt, wird, wenn man die Wasserbewegung nicht hemmt, zur Umsetzung in Geschwindigkeit voll aufgebraucht.

Besteht dagegen eine derartige Hemmung z. B. bei Drosselung der Leitung, dann vermag sich nur eine solche Geschwindigkeit v zu entwickeln, daß die Kontinuität $v = \frac{Q}{F}$ gewahrt bleibt. Die zur Erzeugung dieses v aufzuwendende Druckhöhe ist natürlich kleiner als der eben erwähnte Restdruck nach Abzug der Widerstandshöhen. Was dann noch an unverbrauchter Druckhöhe vorhanden ist, bleibt als *Druckwirkung* (potentielle Energie) bestehen.

Zusammenfassend ist also die zur Erzeugung von Geschwindigkeit verbrauchte Druckhöhe (= Geschwindigkeitshöhe) gleich der gesamten Druckhöhe H abzüglich sämtlicher Widerstandshöhen und abzüglich der noch unverbrauchten Druckhöhe (potentielle Energie). Wenn der Ausgangshorizont durch die Rohrmitte bei B gelegt, also $z = 0$ gesetzt wird, ergibt sich für $\gamma = 1{,}0$ t/m³:

$$\frac{v^2}{2g} = H - (p + \sum h)^*.$$

Bezeichnet man nun den Eintrittsverlust mit h_0, den Reibungsverlust mit h, die übrigen Verluste infolge von Widerständen mit h_s und den verbleibenden unverbrauchten Druck p mit h_p (= m Wassersäule), dann muß also die Geschwindigkeitshöhe h_v sein:

$$h_v = \frac{v^2}{2g} = H - (h_0 + h + h_s + h_p).$$

Welchen Einfluß haben die auftretenden Widerstände auf die Wasserbewegung? Insoweit an irgendeiner Stelle der Leitung noch unverbrauchte Druckhöhe vorhanden ist, insoweit muß die Leitung vollgefüllt sein; außerdem besteht die Beziehung $v = \frac{Q}{F}$, d. h. für konstantes Q und konstantes Lichtprofil F der Leitung muß auch v konstant, die Wasserbewegung also eine *gleichförmige* sein. Die *gleichförmige* Bewegung bleibt auch noch bestehen, wenn dieser unverbrauchte Druck für irgendeine Teilstrecke der Leitung zu Null oder sogar negativ wird (Saugwirkung!), wenn dabei nur die praktisch mögliche Saughöhe nicht überschritten wird, wenn also der Wasserfaden nicht abreißen kann.

---

* Wegen der ungleichen Geschwindigkeit der einzelnen Wasserteilchen wäre die Geschwindigkeitshöhe genauer mit $\alpha \cdot \frac{v^2}{2g}$ anzusetzen, wobei $\alpha \sim 1{,}1$ ist. Meist begnügt man sich damit, $\alpha \sim 1{,}0$ anzunehmen, wie es auch im obigen Beispiel geschehen ist.

Erst da, wo das Wasser keine potentielle Energie (keinen unverbrauchten Druck) mehr hat, wo außerdem der Gefällszuwachs von Querschnitt zu Querschnitt stets größer ist als die zur Überwindung der Gesamtwiderstände notwendige Druckhöhe, und wo überdies Saugwirkungen durch geeignete Maßnahmen (z. B. Belüftungsrohre!) ausgeschaltet sind, wird eine beschleunigte Wasserbewegung auch bei gleichbleibendem oder selbst kleiner werdendem Querschnitt auftreten können. Es handelt sich in diesem Falle um *nicht* vollaufende Profile, also um Verhältnisse, wie sie in offenen Gerinnen vorliegen (Leerlaufleitungen von Wasserkraftanlagen usw., vgl. Aufgabe 28). Aus der Kontinuität folgt für Leitungen mit *stetig zunehmendem* Querschnitt eine von vornherein *verzögerte*, für *stetig abnehmende* Querschnitte eine beschleunigte Bewegung *bei Vorhandensein von unverbrauchtem Druck* h_p (von potentieller Energie). Fehlt letzterer, dann gilt die für das Auftreten der beschleunigten Wasserbewegung angestellte Betrachtung sinngemäß auch hier.

Bei der nun folgenden rechnerischen Lösung der gestellten Fragen dieser Aufgabe wird noch Gelegenheit genommen, auf die vorstehend angedeuteten Fließverhältnisse nach der einen oder anderen Richtung hin einzugehen.

I.

Die Leitung hat von A bis B gleichbleibenden Durchmesser. Der Ausflußquerschnitt ist vollkommen offen, d. h. der Ausfluß kann ohne Hemmung vor sich gehen. Es wird sich deshalb der Abfluß so gestalten, daß von A bis B die gesamte vorhandene Druckhöhe gerade aufgebraucht wird, d. h. daß die Wassergeschwindigkeit v in der Leitung das mögliche Maximum erreicht.

Setzt man

$h_0 = \zeta_0 \cdot \frac{v^2}{2g} = 0{,}505 \cdot \frac{v^2}{2g} \sim 0{,}51 \cdot \frac{v^2}{2g}$ (= Eintrittsverlust[1]),

$h = \zeta \cdot \frac{l}{d} \cdot \frac{v^2}{2g} = \frac{8g}{c^2} \cdot \frac{l}{d} \cdot \frac{v^2}{2g}$* (= Reibungsverlust; c = Geschwindigkeitsbeiwert nach BAZIN [dann bei stählernen Wasserleitungsrohren meist $\gamma = 0{,}16$] oder nach KUTTER [abgekürzt] [$m = 0{,}25$ bis $0{,}35$], l = Länge der Rohrleitung, für welche der Durchmesser $= d$ ist),

[1] Vgl. Tafel 7 des Anhanges.

* Dieser Ausdruck ergibt sich wie folgt: $v = c\sqrt{R \cdot J} = c\sqrt{R \cdot \frac{h}{l}}$; daraus $h = \frac{v^2 \cdot l}{c^2 \cdot R} = \frac{2g}{c^2} \cdot \frac{l}{R} \cdot \frac{v^2}{2g}$; für $R = \frac{d}{4}$ wird also $h = \frac{8g}{c^2} \cdot \frac{l}{d} \cdot \frac{v^2}{2g}$.

$h_s = \zeta_s \cdot \frac{v^2}{2g}$ (= Summe der übrigen Verluste; bezüglich des Koeffizienten ζ_s für jeden der hier noch in Frage kommenden Verluste vergleiche man spätere Beispiele),

$h_p = \frac{p}{\gamma}$ (= unverbrauchte Druckhöhe in m Wassersäule)

und beachtet, daß in Frage I außer Eintritts- und Reibungsverlust keine Verluste auftreten, dann ergibt sich folgende Bedingungsgleichung für die Druckhöhe zur Erzeugung der Geschwindigkeit (= Geschwindigkeitshöhe):

$$\frac{v^2}{2g} = H - (h_0 + h) = H - \left(0{,}51 \cdot \frac{v^2}{2g} + \frac{8g}{c^2} \cdot \frac{l}{d} \cdot \frac{v^2}{2g}\right).$$

Daraus folgt

$$\frac{v^2}{2g}\left(1 + 0{,}51 + \frac{8g}{c^2} \cdot \frac{l}{d}\right) = H,$$

$$v = \sqrt{\frac{2gH}{1 + 0{,}51 + \frac{8g}{c_z} \cdot \frac{l}{d}}}.$$

Für $H = 480{,}20 - 415{,}65 = 64{,}55$ m,

$l = 650{,}0$ m,

$d = 2'' = 50{,}8$ mm $= 0{,}0508$ m,

$m = 0{,}25$ (nach Kutter für Wasserleitungsrohre) und

$R = \frac{d}{4} = 0{,}0127$ m. d. h. $c = \frac{100 \cdot \sqrt{R}}{m + \sqrt{R}} = \frac{100 \cdot \sqrt{0{,}0127}}{0{,}25 + \sqrt{0{,}0127}} = 31{,}1$

ergibt sich v zu

$$v = \sqrt{\frac{2 \cdot 9{,}81 \cdot 64{,}55}{1{,}51 + \frac{8 \cdot 9{,}81}{31{,}1^2} \cdot \frac{650{,}0}{0{,}0508}}}$$

$$v = \sqrt{\frac{1266}{1{,}51 + 1039}}$$

$$v = 1{,}103 \sim \mathbf{1{,}10}\ \text{m/sek}.$$

Daher beträgt sie in den Teich fließende Wassermenge Q

$$Q = v \cdot F = 1{,}10 \cdot \frac{0{,}0508^2 \cdot \pi}{4} = 1{,}10 \cdot 0{,}00202 = 0{,}00222\ \text{m}^3/\text{sek}$$

$$\sim = \mathbf{2{,}2}\ \text{l/sek}.$$

Zur Auftragung der *Piezometerlinie*[1] (= Linie des unverbrauchten Druckes) benötigt man die Größe der einzelnen Druckhöhenverbräuche. Sie werden:

[1] Wie schon eingangs dieser Aufgabe erwähnt, erhält man sie, wenn man an verschiedenen Stellen der Rohrleitung senkrechte, oben offene Röhrchen anbringt und die Wasserspiegel, welche sich nunmehr in den Röhrchen einstellen, verbindet.

Geschwindigkeitshöhe:

$$h_v = \frac{v^2}{2g} = \frac{1{,}10^2}{2g} = 0{,}06202 \qquad = \sim \mathbf{0{,}062}\ \mathrm{m}$$

Eintrittsverlust:

$$h_0 = 0{,}51 \cdot \frac{v^2}{2g} = 0{,}51 \cdot 0{,}06202 \qquad = \sim \mathbf{0{,}032}\ \mathrm{m}$$

Reibungsverlust:

$$h = \left(\frac{8g}{c^2} \cdot \frac{l}{d}\right) \cdot \frac{v^2}{2g} = 1039 \cdot 0{,}06202 = \sim \mathbf{64{,}456}\ \mathrm{m}$$

verbrauchte Gesamtdruckhöhe = 64,550 m

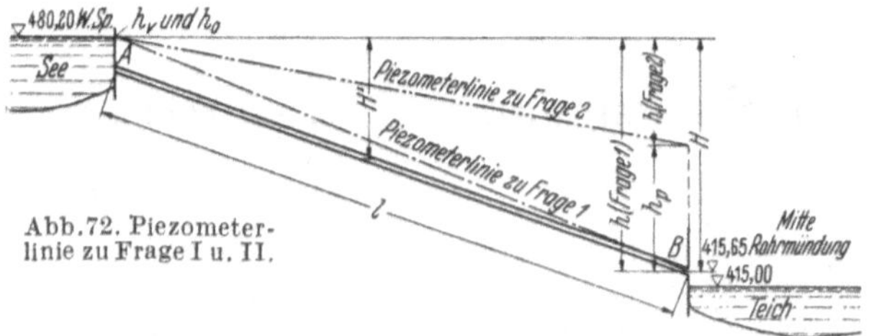

Abb. 72. Piezometerlinie zu Frage I u. II.

Es ist also der Gesamtdruckhöhenverbrauch gleich der gesamt zur Verfügung stehenden Druckhöhe. Man sieht, daß der Druckhöhenverbrauch zur Überwindung der Reibung den Verbrauch zur Erzeugung der Geschwindigkeit und zur Überwindung des Eintrittswiderstandes weit überwiegt. (Bei dem der Abb. 72 zugrunde gelegten Maßstab verschwinden die beiden letzteren.) Deshalb wird in der Praxis bei langen Leitungen mit nicht zu großem Durchmesser, also insbesondere bei Verhältnissen, wie sie für Wasserversorgungsanlagen vorliegen, lediglich die Reibungshöhe h berücksichtigt, die übrigen Verluste vernachlässigt. Wenn nachfolgend gleichwohl da und dort die gesamten Verluste erfaßt werden, so geschieht das aus Übungszwecken.

Es ist noch gefragt, ob es unter den gegebenen Bedingungen möglich wäre, eine größere Fördermenge Q zu erzielen als 2,2 l/sek. Die Voraussetzung für eine Leistungssteigerung der Rohrleitung wäre, da $Q = v \cdot F$ ist und F als konstant betrachtet wird, die Zunahme der Geschwindigkeit v. Mit zunehmendem v wachsen aber sämtliche Verluste, es wächst also der *Bedarf* an Gesamtdruckhöhe H. Da aber die gesamte *vorhandene* Druckhöhe H zur Förderung von 2,2 l/sek bereits restlos aufgebraucht ist, so erhellt, daß diese Fördermenge bereits das Maximum darstellt. Würden die Verhältnisse eine größere Wassermenge als 2,2 l/sek erfordern, so müßte demnach entweder der Seespiegel gehoben bzw. die Rohrausmündung tiefer gelegt werden, um an vorhandener Druckhöhe zu gewinnen, oder besser, weil ausgiebiger, es müßte ein größerer Rohrdurchmesser zur Verwendung gelangen.

II.

Nunmehr ist $Q = 1{,}5$ l/sek $= 0{,}0015$ m³/sek. Aus der Kontinuität folgt für $F = \frac{d^2\pi}{4} = 0{,}00202$ m² eine Wassergeschwindigkeit im Rohr von

$$v = \frac{Q}{F} = \frac{0{,}0015}{0{,}00202} = \mathbf{0{,}740}\ \text{m/sek}.$$

Mit der Geschwindigkeit v sind nun auch die Verluste gegeben. Sie betragen:

Geschwindigkeitshöhe:

$$h_v = \frac{v^2}{2g} = \frac{0{,}740^2}{2 \cdot 9{,}81} = 0{,}0279 \qquad = \sim \mathbf{0{,}028}\ \text{m}$$

Eintrittsverlust:

$$h_0 = 0{,}51 \cdot \frac{v^2}{2g} = 0{,}51 \cdot 0{,}0279 \qquad = \sim \mathbf{0{,}014}\ \text{m}$$

Reibungsverlust:

$$h = \frac{8g}{c^2} \cdot \frac{l}{d} \cdot \frac{v^2}{2g} = 1039 \cdot 0{,}0279 \qquad = \sim \mathbf{28{,}948}\ \text{m}$$

gesamter Druckhöhenverbrauch $= \mathbf{28{,}990}$ m

Demnach bei B noch vorhandener Druck:

$$h_p = H - 28{,}99 = 64{,}55 - 28{,}99 = \mathbf{35{,}56}\ \text{m}.$$

Beim Austritt aus dem Rohrende (Hahn) setzt sich diese potentielle Energie, soweit sie nicht zur Überwindung von Widerständen beim Durchfließen des Hahnes verbraucht wird, in Geschwindigkeit um. Diese beträgt dann an dieser Stelle insgesamt (bei Vernachlässigung weiterer Verluste):

$$\text{Geschwindigkeitshöhe bei } B = \frac{v'^2}{2g} = h_v + h_p$$

$$= 0{,}028 + 35{,}560 = \mathbf{35{,}588}\ \text{m}$$

und somit

$$v' = \sqrt{2g \cdot 35{,}588} = \mathbf{26{,}5}\ \text{m/sek}.$$

Hier könnte beispielsweise das Rohrende als Springbrunnendüse im Teich angeordnet werden.

Bezüglich der Auftragung der Piezometerlinie vgl. Abb. 72 und das zu Frage I Gesagte.

III.

Es beziehe sich der Zeiger 1 auf die Rohrstrecke von 2″, 2 auf die Strecke von $2^1/_4$″ und 3 auf jene von $2^1/_2$″ Durchmesser. Wenn wir nunmehr nur die Reibungsverluste berücksichtigen, alle übrigen Verluste wegen ihres geringen Anteils am Gesamtverlust vernachlässigen, dann bedingt die Überwindung der Summe der Reibungswiderstände einen

Druckhöhenverbrauch H. Also

$$H = \frac{8g}{c_1^2} \cdot \frac{l_1}{d_1} \cdot \frac{v_1^2}{2g} + \frac{8g}{c_2^2} \cdot \frac{l_2}{d_2} \cdot \frac{v_2^2}{2g} + \frac{8g}{c_2^3} \cdot \frac{l_3}{d_3} \cdot \frac{v_3^2}{2g}. \tag{1}$$

Das Bestehen der Kontinuität führt auf folgende Bedingungsgleichungen:

$$Q = v_1 \cdot F_1 = v_2 \cdot F_2 = v_3 \cdot F_3.$$

Drückt man v_1 und v_2 durch v_3 aus, so erhält man

$$v_1 = v_3 \cdot \frac{F_3}{F_1}, \tag{2}$$

$$v_2 = v_3 \cdot \frac{F_3}{F_2}. \tag{3}$$

Somit

$$H = \frac{8g}{c_1^2} \cdot \frac{l_1}{d_1} \cdot \frac{v_3^2}{2g} \cdot \frac{F_3^2}{F_1^2} + \frac{8g}{c_2^2} \cdot \frac{l_2}{d_2} \cdot \frac{v_3^2}{2g} \cdot \frac{F_3^2}{F_2^2} + \frac{8g}{c_3^2} \cdot \frac{l_3}{d_3} \cdot \frac{v_3^2}{2g}$$

$$H = \frac{v_3^2}{2g} \cdot \left[\left(\frac{8g}{c_1^2} \cdot \frac{l_1}{d_1}\right) \cdot \frac{F_3^2}{F_1^2} + \left(\frac{8g}{c_2^2} \cdot \frac{l_2}{d_2}\right) \cdot \frac{F_3^2}{F_2^2} + \left(\frac{8g}{c_3^2} \cdot \frac{l_3}{d_3}\right)\right].$$

Nun ist:

$$d_1 = 2'' \quad = 50{,}80 \text{ mm} \sim 0{,}051 \text{ m}$$

$$d_2 = 2^1/_4'' = 57{,}03 \text{ mm} \sim 0{,}057 \text{ m}$$

$$d_3 = 2^1/_2'' = 63{,}50 \text{ mm} \sim 0{,}063 \text{ m},$$

also

$$F_1 = \frac{d_1^2 \cdot \pi}{4} = 0{,}00204 \text{ m}^2$$

$$F_2 = \frac{d_2^2 \cdot \pi}{4} = 0{,}00255 \text{ m}^2$$

$$F_3 = \frac{d_3^2 \cdot \pi}{4} = 0{,}00312 \text{ m}^2$$

$$l_1 = 200{,}0 \text{ m}$$

$$l_2 = 250{,}0 \text{ m}$$

$$l_3 = 200{,}0 \text{ m}$$

$$H = 64{,}55 \text{ m}$$

$$c_1 = \frac{100 \cdot \sqrt{\frac{0{,}051}{4}}}{0{,}25 + \sqrt{\frac{0{,}051}{4}}} = 31{,}2$$

$$c_2 = \frac{100 \cdot \sqrt{\frac{0{,}057}{4}}}{0{,}25 + \sqrt{\frac{0{,}057}{4}}} = 32{,}3$$

$$c_3 = \frac{100 \cdot \sqrt{\frac{0{,}063}{4}}}{0{,}25 + \sqrt{\frac{0{,}063}{4}}} = 33{,}4.$$

Diese Zahlenwerte in obige Gleichung für H eingesetzt, ergibt:

$$64{,}55 = \frac{v_3^2}{2g} \cdot \left[\left(\frac{8g}{31{,}2^2} \cdot \frac{200{,}0}{0{,}051} \right) \cdot \frac{0{,}00312^2}{0{,}00204^2} + \right.$$

$$\left. + \left(\frac{8g}{32{,}3^2} \cdot \frac{250{,}0}{0{,}057} \right) \cdot \frac{0{,}00312^2}{0{,}00255^2} + \frac{8g}{33{,}4^2} \cdot \frac{200{,}0}{0{,}063} \right]$$

$$= \frac{v_3^2}{2g} [316{,}0 \cdot 2{,}34 + 330{,}0 \cdot 1{,}50 + 223{,}3]$$

$$= \frac{v_3^2}{2g} \cdot 1457{,}8 .$$

Daraus

$$v_3 = \sqrt{\frac{2g \cdot 64{,}55}{1457{,}8}} = 0{,}9325 \sim \mathbf{0{,}93} \text{ m/sek}$$

und

$$v_1 = v_3 \cdot \frac{F_3}{F_1} = 1{,}427 \sim \mathbf{1{,}43} \text{ m/sek}$$

$$v_2 = v_3 \cdot \frac{F_3}{F_2} = \mathbf{1{,}140} \text{ m/sek}.$$

Die Fördermenge Q beträgt demnach

$$Q = v_1 \cdot F_1 = v_2 \cdot F_2 = v_3 \cdot F_3 = \mathbf{2{,}9} \text{ l/sek}.$$

Größen der Reibungsverluste für die einzelnen Teilstrecken:

Strecke mit 2″ Durchmesser: $h_{2''} = 316{,}0 \cdot \frac{v_1^2}{2g} = 32{,}80$ m

„ „ $2^1/_4$″ „ $h_{2^1/_4''} = 330{,}0 \cdot \frac{v_2^2}{2g} = 21{,}87$ m

„ „ $2^1/_2$″ „ $h_{2^1/_2''} = 223{,}3 \cdot \frac{v_3^2}{2g} = 9{,}88$ m

insgesamt verbrauchte Druckhöhe $= 64{,}55 \text{ m} = H$

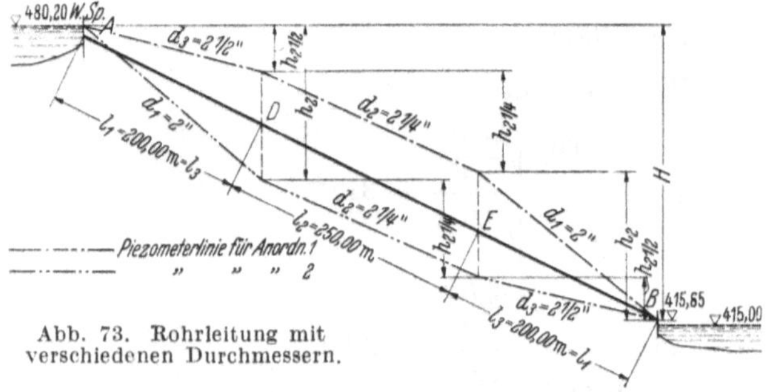

Abb. 73. Rohrleitung mit verschiedenen Durchmessern.

Für die Verlegung der Rohrleitung gibt es nun zwei Möglichkeiten: man kann bei A entweder mit der $2^1/_2$″-Leitung beginnen (Anordnung 1, Abb. 73). Dann erhält man eine Piezometerlinie, welche stets über der Rohrachse liegt. Würde man statt dessen bei A mit der 2″-Leitung beginnen (Anordnung 2, Abb. 73), so hätten wir nahezu für die gesamte Länge der Rohrleitung Saugwirkung (vgl. Frage IV). Da man dies zu vermeiden trachtet, ist die Leitung nach Anordnung 1 zu verlegen.

IV.

Das zur Verfügung stehende Gesamtgefälle vom Wasserspiegel des Sees bis zur Rohrausmündung bei B ist nach wie vor 64,55 m. Da der Rohrdurchmesser ebenfalls, wie im Beispiel 1 dieser Aufgabe, 2″ beträgt und bei B keine Drosselung, also ungehinderter Ausfluß stattfindet, ergeben sich für v und Q rechnerisch die gleichen Ergebnisse wie im Beispiel 1.

Während aber dort die Piezometerlinie von A bis B *über* der Leitung verläuft, also das in der Rohrleitung fließende Wasser unter Druck steht, der von A nach B zu stetig abnimmt, um in B selbst zu Null zu werden, schneidet jetzt die Piezometerlinie die Rohrachse in J (vgl. Abb. 74).

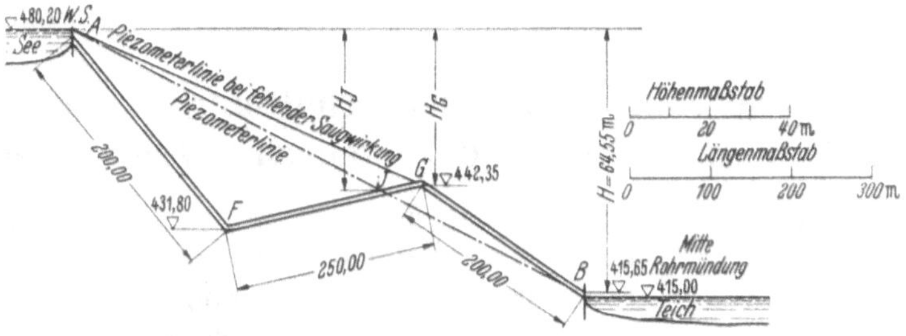

Abb. 74. Piezometerlinie für die Frage IV.

Es steht demnach nur noch die Strecke AJ unter Überdruck. Dieser ist bei J vollkommen aufgebraucht. Die Strecke $J—B$ steht sogar unter einem Unterdruck, d. h. es ist der Druckhöhenverbrauch rechnerisch größer als die zur Verfügung stehende Druckhöhe. Erst im Rohrausmündungsquerschnitt bei B stimmen Gesamtgefälleverbrauch und gemaßte zur Verfügung stehende Druckhöhe wieder überein. Es hat deshalb zunächst den Anschein, als ob die Wasserbewegung bei J ins Stocken geriete. Dem ist nun nicht so. Denn wenn die Wassergeschwindigkeit von J aus nach G zu abnähme, müßte wegen der Kontinuität auf der ganzen Strecke AJ die Wasserbewegung abgebremst werden. Da nun die auftretenden Widerstände von v^2 abhängen, würden auch sie mit kleiner werdendem v abnehmen, d. h. die Piezometerlinie rückte zwischen A und J in die Höhe, und zwar so lange, bis genügend Druck vorhanden wäre, um das Wasser mit der verkleinerten Geschwindigkeit v gerade über den Bergpunkt G hinwegzubringen. Die Druckhöhe zwischen G und B reichte dann nicht nur für Aufrechterhaltung dieses neuen Fließzustandes aus, sondern es bliebe bei B zunächst noch ein unverbrauchter Restdruck, der sich aber sofort in Geschwindigkeit umsetzen und damit auf der Strecke GB eine Steigerung von v bewirken würde. Wegen der Kontinuität muß nun der gesamte Wasserfaden von A bis G diese Geschwindigkeitssteigerung mitmachen, so daß sich die Piezometerlinie auf die Gerade $J—B$ einpendelt. Die Strecke JB ist dann Saugstrecke. Könnte aber die saugende Wirkung aus irgendwelchen Gründen (z. B. Eintritt von Luft infolge Undichtigkeit der Rohrmuffen, zu große Saughöhe usw.) nicht eintreten, so führte das zu einem Abreißen des Wasserfadens etwa bei G. In diesem Falle wäre der Rohrquerschnitt an der Stelle G als Austrittsquerschnitt zu betrachten, die Piezometerlinie würde also von A nach G verlaufen. H_G wäre die für die Größe von v und Q maßgebende Druckhöhe, die *gleichförmige* Wasserbewegung also *nur von A bis G* vorhanden, während auf der *Strecke GB beschleunigte* Wasserbewegung bestände, wobei die Leitung nicht mehr voll gefüllt wäre.

Aufgabe 14.

Rohrdimensionierung und Druckermittlungen für ein mit 2 Behältern in Verbindung stehendes Rohrsystem.

Die Trinkwasserversorgungsanlage einer Gruppe von Ortschaften (Gruppenversorgung) besteht aus zwei Hochbehältern R_1 und R_2 und aus drei Hauptleitungssträngen R_1A, R_2A und AB (siehe Abb. 75). Die maximale Entnahme aus den beiden Behältern findet im Brandfalle statt. Aus R_1 werden dann 8,0 l/sek, aus R_2 10 l/sek entnommen. Die Zusammenführung der zwei Behälterabflußleitungen an der Stelle A gestattet, in Zeiten geringeren Bedarfs den Behälter R_1 (Spitzenbehälter) von R_2 (= Hauptbehälter in Verbindung mit Pumpwerk) aus wieder aufzufüllen. Die Längen der Hauptleitungsstränge sind der schematischen Abb. 75 zu entnehmen, ebenso die zur Rechnung notwendigen Höhenknoten.

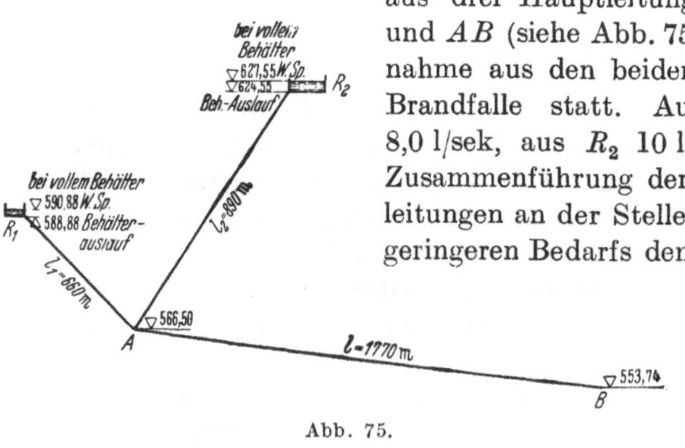

Abb. 75.

I. Wie sind die gegebenen Leitungsstränge zu dimensionieren, damit im Brandfalle an der Stelle B im Maximum $8,0 + 10,0 = 18,0$ l/sek entnommen werden können bei einem geforderten Hydrantendruck von

30,0 m Wassersäule und bei vollgefüllten Behältern? Wie groß ist in diesem Falle der Druck in A?

II. Welcher Druck herrscht in A, wenn in B ein Rohrbruch erfolgt, so daß das Wasser dort ohne jeden Widerstand ins Freie ausströmen kann? Welche Wassermenge geht hierdurch jedem der beiden vollgefüllten Behälter in der Sekunde verloren?

III. Bis zu welchem Betrage muß die Entnahmemenge bei B sinken, damit diese Fördermenge restlos aus dem vollgefüllten Behälter R_2 stammt, d. h. also keine Wasserbewegung von R_1 nach A stattfindet, wenn die Wasserspiegelkote in diesem Behälter auf 588,88 m gesunken ist? Welcher Druck herrscht in diesem Falle in B?

IV. Wie müßte die Wasserentnahme bei B reguliert werden, damit in den Behälter R_1 9,0 l/sek einströmen, wenn sein Behälterwasserspiegel die Kote 588,88 m zeigt, während der Behälterwasserspiegel in R_2 auf Kote 627,55 m steht?

Lösung

I.

Die Leitungen sind für die maximale Inanspruchnahme zu dimensionieren, also Leitung R_1A für 8,0 l/sek, R_2A für 10,0 l/sek, AB für $8{,}0 + 10{,}0 = 18{,}0$ l/sek. Da in B bei dieser Fördermenge von 18,0 l/sek ein Druck von 30,0 m Wassersäule gefordert ist, muß die Piezometerlinie an dieser Stelle als Minimum die Kote $553{,}74 + 30{,}0 = 583{,}74$ m haben. Die Überwindung der Rohrreibung von A bis B bedingt weiterhin eine Druckhöhe h, so daß die Drucklinie an der Vereinigungsstelle A bereits die Kote $583{,}74 + h$ aufweist. Wir können deshalb die vorhandenen *Leitungs*gefälle der Stränge R_1A und R_2A nicht ausnützen, sondern müssen mit einem wesentlich kleineren *Drucklinien*gefälle auskommen. Da ferner an der Vereinigungsstelle A der drei Leitungsstränge in jeder dieser Leitungen der gleiche Druck herrschen muß, weil sonst kein Gleichgewicht und damit kein Beharrungszustand der Wasserbewegung gegeben wäre, haben die Piezometerlinien (Drucklinien) der drei Stränge die gleichen Koten bei A. Damit ist eine weitere Bedingung für die Drucklinien von R_1 und R_2 nach A gegeben.

Wie aus der Beziehung

$$h = \zeta \cdot \frac{l}{d} \cdot \frac{v^2}{2g} = \zeta \cdot \frac{l}{d} \cdot \left(\frac{Q}{F}\right)^2 \frac{1}{2g} = \zeta \cdot \frac{l}{d} \cdot \frac{Q^2}{d^4\pi^2} \cdot \frac{16}{2g}$$

ersichtlich ist, wächst für gegebenes l und Q der Bedarf an Reibungsgefälle mit abnehmendem Durchmesser, und umgekehrt. Wählen wir also für die Strecke $A-B$ einen großen Durchmesser, so führt das auf ein kleines h, damit auf ein großes Druckliniengefälle von R_1 und R_2 nach A, also auf kleinere Durchmesser für diese Strecken. Für einen kleinen Durchmesser des Stranges AB ergeben sich für R_1A und R_2A umgekehrt große Kaliber. Die Festlegung der endgültigen Rohrdurchmesser hat deshalb auf dem Wege des Probierens zu erfolgen.

Wir nehmen für den Strang AB nun einen Rohrdurchmesser $d = 200$ mm. Dann ergibt sich aus der Tafel 8 des Anhanges bei 18 l/sek ein Druckgefälle

$$J = 0{,}00308 - 0{,}00022 \cdot \frac{0{,}3}{0{,}6} = 0{,}00297,$$

d. h. auf 1770 m einen Druckhöhenverbrauch

$$h = 0{,}00297 \cdot 1770 = 5{,}25 \text{ m}.$$

Demnach liegt die Piezometerlinie an der Stelle A auf Kote 583,74 + 5,25 = 588,99 m. Für die Rohrstränge R_1A und R_2A ergeben sich also folgende Druckliniengefälle:

$$R_1A: \qquad J_1 = \frac{590{,}88 - 588{,}99}{660} = \frac{1{,}89}{660} = 0{,}00286;$$

für dieses $J_1 = 0{,}00286$ und für $Q_1 = 8{,}0$ l/sek wird $d_1 = 150$ mm der Tafel 8 unmittelbar entnommen.

$$R_2A: \qquad J_2 = \frac{627{,}55 - 588{,}99}{890} = \frac{38{,}56}{890} = 0{,}0433;$$

für $Q_2 = 10{,}0$ l/sek und $J_2 = 0{,}0433$ ergibt sich ein $d_2 = 100$ mm.

(Um die Rechnungen übersichtlich zu gestalten, wurden die Behälterkoten so gewählt, daß sich für die zur Verfügung stehenden Druckliniengefälle und für die gegebenen Wassermengen gerade geeignete Durchmesser aus der Tafel ergaben. Im anderen Falle hätte man die nächstgrößeren Durchmesser nehmen müssen, was auf geringeren Druckhöhenverbrauch bzw. größere Leitungsdrücke hinausläuft, oder man hätte die Stränge R_1A und R_2A mit verschiedenen handelsüblichen Kalibern so zu kombinieren, daß die vorhandenen Druckliniengefälle gerade aufgebraucht würden. Bei der Führung der Leitungen über kubiertes Gelände wäre für die Dimensionierung der Teilstränge analog zu verfahren, wie im letzten Falle der Aufgabe 13.)

Wie groß ist nun der Druck in A? Die gesamte zur Verfügung stehende Druckhöhe zwischen R_2 und A beträgt 627,55 − 566,50 = 61,05 m, der Druckhöhenverbrauch zur Überwindung der Reibung auf der Strecke R_2A 38,56 m. Somit verbleibender unverbrauchter Druck: 61,05 − 38,56 = **22,49** m. Der gleiche Druck muß sich natürlich ergeben, wenn die Rechnung für den Strang R_1A durchgeführt wird, weil ja die beiden Leitungsstränge dieser Bedingung gemäß dimensioniert wurden: gesamt zur Verfügung stehende Druckhöhe zwischen R_1 und A = 590,88 − 566,50 = 24,38 m; verbrauchte Druckhöhe zur Überwindung der Reibung auf der Strecke R_1A = 1,89 m; somit unverbrauchter Druck = 24,38 − 1,89 = **22,49** m.

II.

Der Druck bei B ist nunmehr auf *Null* herabgesunken, da in B infolge des Rohrbruches ungehemmter Ausfluß stattfindet, die ganze zur Verfügung stehende Druckhöhe von R_2 bzw. von R_1 bis B also aufgebraucht wird. Es läßt sich dieser Gedanke auch dahin ausdrücken, daß sich die Wasserbewegung immer so einstellt, daß die unter den gegebenen Umständen mögliche Maximalwassermenge abfließt. Bei un-

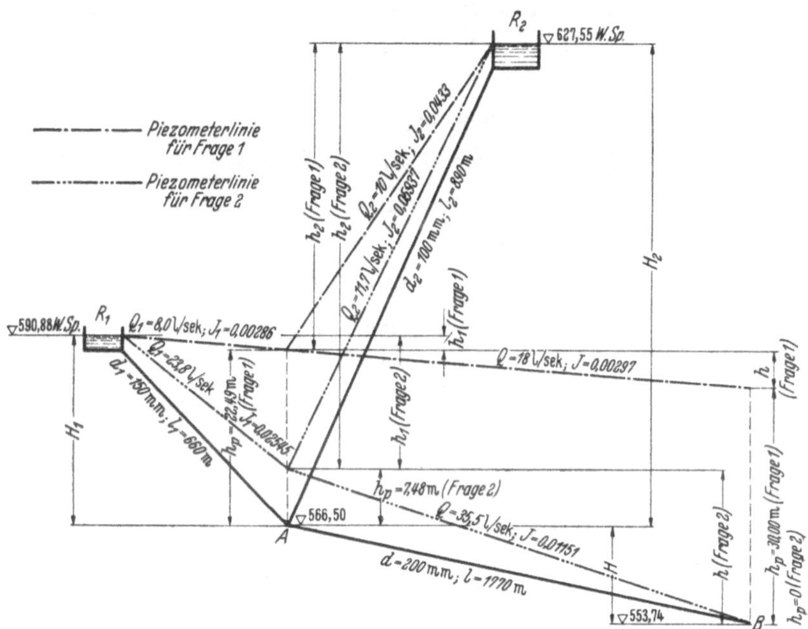

Abb. 76. Piezometerlinien zu den Fragen I und II der Aufgabe 14.

gehemmtem Ausfluß tritt dieser Zustand ein, wenn in B der Druck auf Null herabgesunken ist (vgl. Aufg. 13, 1). Es hat also die Piezometerlinie in B die Kote 553,74 m. Die in A zusammenstoßenden Querschnitte der drei Leitungsstränge R_1A, R_2A und BA müssen wieder unter ein und demselben Drucke stehen, in diesem Punkte also eine gemeinsame Drucklinienkote haben.

Bezeichnet (vgl. Abb. 76)

H_1 = Höhenunterschied zwischen Wasserspiegel des vollgefüllten Behälters R_1 und dem Rohrmittel bei A = 24,38 m,

H_2 = Höhenunterschied zwischen Wasserspiegel des vollgefüllten Behälters R_2 und dem Rohrmittel bei A = 61,05 m,

H = Höhenunterschied zwischen dem Rohrmittel im Querschnitt A und dem Rohrmittel im Ausflußquerschnitt B = 12,76 m,

h_1 = Druckhöhenverbrauch zur Überwindung der Reibung im Strang R_1A,
h_2 = Druckhöhenverbrauch zur Überwindung der Reibung im Strang R_2A,
h = Druckhöhenverbrauch zur Überwindung der Reibung im Strang AB,
Q_1 = Fördermenge des Stranges R_1A unter der Bedingung ungehinderten Ausflusses bei B und vollgefüllten Behälters R_1,
Q_2 = Fördermenge des Stranges R_2A unter der Bedingung ungehinderten Ausflusses bei B und vollgefüllten Behälters R_2,
Q = Fördermenge des Stranges AB unter der Bedingung ungehinderten Ausflusses bei B,
d_1 = Rohrdurchmesser der Leitung $R_1A = 0{,}15$ m,
d_2 = Rohrdurchmesser der Leitung $R_2A = 0{,}10$ m,
d = Rohrdurchmesser der Leitung $AB = 0{,}20$ m,

so läßt sich obige Bedingung für den Druck in A wie folgt ausdrücken:

$$H_1 - h_1 = H_2 - h_2, \tag{1}$$

$$h = H_1 + H - h_1 \quad [\text{oder} \quad (2\text{a}) \; h = H_2 + H - h_2]. \tag{2}$$

Die Wassermenge, welche bei B ausströmt, ist zunächst unbekannt, daher auch die Wassermengen Q_1 und Q_2. Aber es besteht die Beziehung

$$Q = Q_1 + Q_2. \tag{3}$$

Allgemein ist

$$Q = v \cdot F = c \cdot \sqrt{R \cdot J} \cdot \frac{d^2\pi}{4} = \frac{100 \cdot \sqrt{R}}{m + \sqrt{R}} \cdot \sqrt{R \cdot J} \cdot \frac{d^2\pi}{4}.$$

Setzt man $R = \frac{d}{4}$ und $m = 0{,}25$ (= Rauhigkeitsziffer der benützten Tafel 8 des Anhangs), so wird

$$Q = \frac{100 \cdot \sqrt{\frac{d}{4}}}{0{,}25 + \sqrt{\frac{d}{4}}} \cdot \sqrt{\frac{d}{4} \cdot J} \cdot \frac{d^2\pi}{4} = \frac{100 \cdot \sqrt{d}}{0{,}50 + \sqrt{d}} \cdot \frac{1}{2} \cdot \sqrt{d \cdot J} \cdot \frac{d^2\pi}{4}$$

$$Q = \frac{\pi}{8} \cdot \frac{100 \cdot \sqrt{d}}{0{,}50 + \sqrt{d}} \cdot d^2 \cdot \sqrt{d \cdot J}$$

und für $J = \frac{h}{l}$

$$Q = 0{,}393 \cdot \frac{100 \cdot \sqrt{d}}{0{,}50 + \sqrt{d}} \cdot d^2 \cdot \sqrt{\frac{d \cdot h}{l}}.$$

Der Wert $c = \frac{100 \cdot \sqrt{d}}{0{,}50 + \sqrt{d}}$ ist nur noch abhängig von d, kann also für die drei Leitungsstränge ein für allemal bestimmt werden:

$$d = 0{,}20 \text{ m}; \quad c = \frac{100 \cdot \sqrt{0{,}20}}{0{,}50 + \sqrt{0{,}20}} = 47{,}2;$$

$$d_1 = 0{,}15 \text{ m}; \quad c_1 = \frac{100 \cdot \sqrt{0{,}15}}{0{,}50 + \sqrt{0{,}15}} = 43{,}7;$$

$$d_2 = 0{,}10 \text{ m}; \quad c_2 = \frac{100 \cdot \sqrt{0{,}10}}{0{,}50 + \sqrt{0{,}10}} = 38{,}7.$$

Drücken wir nun die Wassermengen Q_1, Q_2 und Q unseres Beispiels durch die oben abgeleitete Beziehung aus und setzen die gegebenen Werte ein, so erhalten wir die weiteren Gleichungen:

$$Q_1 = 0{,}393 \cdot c_1 \cdot d_1^2 \cdot \sqrt{\frac{d_1 h_1}{l_1}} \tag{4}$$

$$= 0{,}393 \cdot 43{,}7 \cdot 0{,}15^2 \sqrt{\frac{0{,}15}{660} \cdot h_1} = 0{,}00582 \cdot \sqrt{h_1};$$

$$Q_2 = 0{,}393 \cdot c_2 \cdot d_2^2 \sqrt{\frac{d_2 \cdot h_2}{l_2}} \tag{5}$$

$$= 0{,}393 \cdot 38{,}7 \cdot 0{,}10^2 \sqrt{\frac{0{,}10 \cdot h_2}{890}} = 0{,}00161 \cdot \sqrt{h_2};$$

$$Q = 0{,}393 \cdot c \cdot d^2 \sqrt{\frac{d \cdot h}{l}} \tag{6}$$

$$= 0{,}393 \cdot 47{,}2 \cdot 0{,}20^2 \sqrt{\frac{0{,}20 \cdot h}{1770}} = 0{,}00788 \cdot \sqrt{h}.$$

Gl. (4), (5) und (6) in Gl. (3) eingesetzt, gibt

$$0{,}00788 \cdot \sqrt{h} = 0{,}00582 \cdot \sqrt{h_1} + 0{,}00161 \sqrt{h_2}. \tag{7}$$

Gl. (1) und (2) in Gl. (7) eingesetzt, liefert

$$\left.\begin{aligned} 0{,}00788 \cdot \sqrt{H_1 + H - h_1} &= 0{,}00582 \sqrt{h_1} + 0{,}00161 \sqrt{H_2 - H_1 + h_1}, \\ 0{,}00788 \cdot \sqrt{37{,}14 - h_1} &= 0{,}00582 \sqrt{h_1} + 0{,}00161 \cdot \sqrt{36{,}67 + h_1}, \\ 1{,}353 \cdot \sqrt{37{,}14 - h_1} &= \sqrt{h_1} + 0{,}277 \sqrt{36{,}67 + h_1}. \end{aligned}\right\} \tag{8}$$

Durch zweimaliges Quadrieren und geeignetes Zusammenfassen erhält man eine neue Gleichung, aus der ein brauchbarer Wert h_1 folgt zu

$$h_1 = \mathbf{16{,}90}\ \text{m}.$$

Daraus der gesuchte Druck in A:

$$h_p = H_1 - h_1 = 24{,}38 - 16{,}90 = \mathbf{7{,}48}\ \text{m};$$

ferner der Druckverbrauch von R_2 nach A:

$$h_2 = H_2 - H_1 + h_1 = H_2 - h_p = \mathbf{53{,}57}\ \text{m};$$

und der Druckverbrauch von A nach B:

$$h = H_1 + H - h_1 = H_2 + H - h_2 = \mathbf{20{,}24}\ \text{m}.$$

Fördermengen:

Strang R_1A: $Q_1 = 0{,}00582 \sqrt{h_1} = 0{,}00582 \cdot \sqrt{16{,}90}$
$= 0{,}0238\ \text{m}^3/\text{sek} = \mathbf{23{,}8}\ \text{l/sek};$

„ R_2A: $Q_2 = 0{,}00161 \sqrt{h_2} = 0{,}00161 \cdot \sqrt{53{,}57}$
$= 0{,}0117\ \text{m}^3/\text{sek} = \mathbf{11{,}7}\ \text{l/sek},$

zur Probe „ AB: $Q\,(= Q_1 + Q_2) = 0{,}00788\,\sqrt{h}$
$= 0{,}00788\,\sqrt{20{,}24} = 0{,}0355$ m³/sek
$=$ **35,5** l/sek.

Es werden demnach dem Behälter R_1 23,8 l/sek, dem Behälter R_2 11,7 l/sek entzogen, so daß bei B 23,8 + 11,7 = 35,5 l/sek ausströmen.

III.

Die Bedingung für das Aufhören der Wasserbewegung von R_1 nach A ist das Fehlen eines Druckgefälles von R_1 nach A. Die Piezometerlinie an der Stelle A muß in diesem Falle auf derselben Kote liegen wie der Behälter-

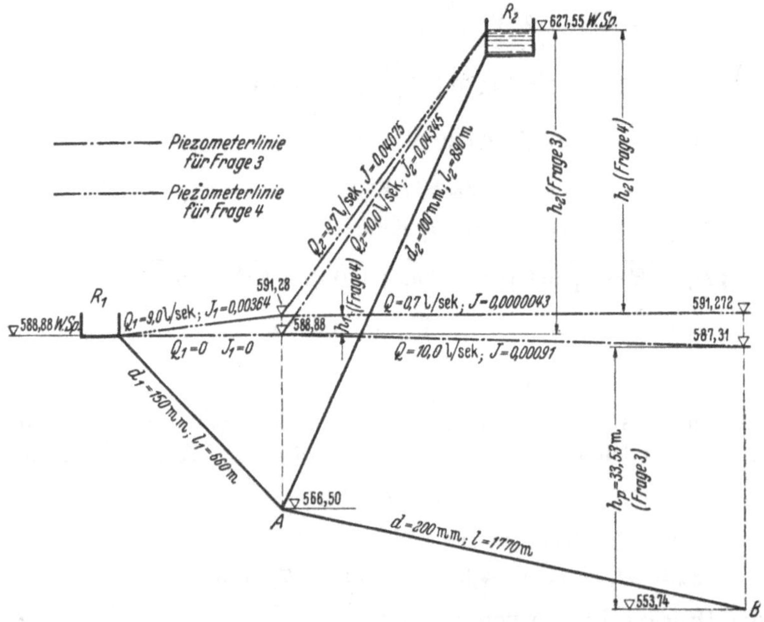

Abb. 77. Piezometerlinien zu den Fragen III und IV.

wasserspiegel R_1, also auf Kote 588,88 (Abb. 77). Der Druckhöhenverbrauch für die Strecke R_2A muß demnach 627,55 − 588,88 = 38,67 m und $J_2 = \frac{38{,}67}{890} = 0{,}04345$ betragen. Für $d = 100$ mm und $J = 0{,}04345$ ergibt sich aus der Tafel 8 des Anhangs Q_2 zu $10{,}8 - 0{,}00655 \cdot \frac{1{,}2}{0{,}01}$ $=$ **10,0** l/sek. Lediglich diese 10,0 l/sek fließen von R_2 nach A, so daß die Fördermenge des Stranges AB ebenfalls 10,0 l/sek betragen muß. Der Regulierschieber bei B darf also nur so weit geöffnet sein, daß gerade diese 10,0 l/sek wegfließen, wenn aus Behälter R_1 nichts entnonmen werden soll. Für $d = 200$ mm und $Q = 10{,}0$ l/sek wird $J = 0{,}00091$, und der Druckverbrauch auf der Strecke AB: $h = 0{,}00091 \cdot 1770 = 1{,}61$ m. Bei B hat die Piezometerlinie demnach die Kote $588{,}88 - 1{,}61 = 587{,}27$ m; es herrscht dort also ein unverbrauchter Druck $h_p = 587{,}27 - 553{,}74 = \mathbf{33{,}53}$ m.

Man kann nun die Frage aufwerfen: Was würde eintreten, wenn bei B aus irgendwelchen Gründen vollkommen geöffnet würde, im Hinblick auf den *leeren* Behälter R_1? Zur Beantwortung dieser Frage denken wir uns die Leitung R_1A durch einen Schieber bei A zunächst abgesperrt. Dann besteht die Beziehung

$$Q = Q_2$$

und

$$h = h_2 = H + H_2 = 73{,}81 \text{ m}.$$

(Die Bedeutung von H und H_2 siehe Abb. 76.)

Unter Benutzung der in Frage II entwickelten Ausdrücke für Q und Q_2 ergibt sich:

$$0{,}001\,61 \sqrt{h_2} = 0{,}007\,88 \sqrt{h}$$

$$h_2 = 24 \cdot h.$$

Da $h_2 = 73{,}81 - h$, wird

$$h = \frac{73{,}81}{25} = \mathbf{2{,}95} \text{ m}$$

und

$$h_2 = \mathbf{70{,}86} \text{ m}.$$

Die Fördermenge berechnet sich darnach zu $Q_1 = Q_2 = \mathbf{13{,}5}$ l/sek. Die gesamte Leitung von R_2 bis B steht darnach unter einem *Unterdruck*, der bei A sein Maximum mit

$$566{,}50 - (553{,}74 + 2{,}95) = 9{,}81 \text{ m}$$

erreicht.

Tatsächlich tritt dieser Zustand aber *nicht* ein, wenn wir uns wieder die Verbindung der Leitung R_2A und AB mit R_1A hergestellt denken. Mit der Vergrößerung der Ausflußöffnung bei B wird das in der Leitung R_1A stehende Wasser zum Abfluß gelangen, wodurch die Drucklinie dieser Leitung im gleichen Maße als Ganzes nach abwärts rückt und damit auch die Kote der Drucklinie der Leitung R_2A an der Stelle A mit nach abwärts zieht, was eine Zunahme von Q_2 bedeutet. Wenn das oberste Ende des Wasserfadens der Leitung R_1A bei A angelangt ist, ist auch die Piezometerlinie für R_2A im Bereiche von A in die Rohrachse R_2A gerückt, der *Über*druck in A also Null geworden. Da nun von R_1 her kein Wasser mehr in die Leitung AB kommt, müßte der vorberechnete Zustand eintreten, daß $Q = Q_2$ wird, die Drucklinie also 9,81 m unter die Kote des Rohrmittels bei A sänke, demnach bei A

*Unter*druck herrschte, so daß sich in der ganzen Leitung R_2AB eine *Saug*wirkung geltend machen würde. Diese Saugwirkung bliebe jedoch nicht nur auf die Stränge R_2A und AB beschränkt, sondern zöge auch die Leitung R_1A in Mitleidenschaft, indem von R_1 her Luft in die Leitung gerissen wird, die den Wasserfaden bei A abreißt und den Unterdruck ausgleicht. Es wird sich also die Drucklinie für die Strecke R_2A so einstellen, daß in A gerade der Druck = Null herrscht. Das gibt ein Gefälle $J_2 = \frac{61,05}{890} = 0,0686$ und ein $Q = 12,6$ l/sek.

Diese Wassermenge fließt nun auch von A nach B. Da — wie aus obiger Rechnung ohne weiteres abzulesen oder der Tafel 8 des Anhangs zu entnehmen ist — ihr Transport einen kleineren Druckhöhenverlust bedingt als die zwischen A und B zur Verfügung stehende Druckhöhe, ist die Leitung AB nicht nur nicht voll gefüllt, sondern die Wasserbewegung ist von A abwärts gegen B hin auch noch *beschleunigt*, und zwar so lange, bis der Reibungswiderstand mit der abnehmenden Fülltiefe so angewachsen ist, daß er sich mit dem vorhandenen Rohrgefälle deckt. Von dieser Stelle ab herrscht dann *gleichförmige* Wasserbewegung bis B.

IV.

Die Wasserbewegung geht jetzt so vor sich, daß die vom Behälter R_2 kommende Fördermenge Q_2 an der Vereinigungsstelle A geteilt wird: Q fließt von A nach B, Q_1 von A nach R_1. Dabei besteht die Beziehung:

$$Q_2 = Q + Q_1.$$

Es ist Q_1 mit 9,0 l/sek gegeben. Bei dem vorhandenen Durchmesser $d_1 = 150$ mm fordert der Transport dieser Wassermenge Q_1 nach R_1 ein Gefälle $J_1 = 0,00364$. Das entspricht einem Druckhöhenverbrauch von A bis R_1 von $0,00364 \cdot 660 = 2,40$ m. Demnach Kote der Drucklinie an der Stelle A (Abb. 77):

$$588,88 + 2,40 = 591,28 \text{ m}.$$

Es steht also für den Transport der Fördermenge Q_2 von R_2 nach A eine Druckhöhe von $627,55 - 591,28 = 36,77$ m oder ein Druckliniengefälle $J_2 = \frac{36,27}{890} = 0,04075$ zur Verfügung. Für dieses J_2 und den gegebenen Durchmesser $d_2 = 100$ mm ergibt sich eine Wassermenge $Q_2 = 9,6 + 0,00075 \cdot \frac{1,2}{0,01} = \mathbf{9,7}$ l/sek. Für den Strang AB verbleibt $Q = 9,7 - 9,0 = \mathbf{0,7}$ l/sek. Es dürfen demnach bei B nur 0,7 l/sek entnommen werden. Der Transport dieser Wassermenge erfordert bei dem

vorhandenen Kaliber $d = 200$ mm eine Druckhöhe $h = \frac{2g}{c^2} \cdot \frac{l}{d} \cdot \frac{v^2}{2g}$,
wobei

$$v = \frac{Q}{F} = \frac{0,0007}{0,0314} = 0,022 \text{ m/sek},$$

also

$$h = \frac{78,5}{47,2^2} \cdot \frac{1770}{0,20} \cdot \frac{0,022^2}{19,62} = 0,0077 \sim \mathbf{0,008} \text{ m}.$$

Kote der Piezometerlinie über B: 591,28 − 0,008 = **591,272** m, und Leitungsdruck in B: 591,272 − 553,74 = **37,532** m.

Aufgabe 15.

Ermittlung des Wasserbedarfs für eine Ortsversorgung, Bemessung des wirtschaftlichen Durchmessers für eine Druckleitung zwischen Pumpenanlage und Hochbehälter, Festlegung des notwendigen Fassungsvermögens für einen „Volldurchgangsbehälter" und Bemessung des Hauptstranges der Versorgungsleitung für den höchsten Stundenverbrauch unter Berücksichtigung der Feuerhydranten.

Ein Landstädtchen von 11500 Einwohnern soll eine neue Wasserversorgungsanlage bekommen. Diese Anlage besteht aus einer Quellfassung, von der das Wasser durch eine Pumpanlage in einen Hochbehälter gepumpt wird. Von dort wird das Wasser dem Ort in einer Schwergewichtsleitung (Hauptstrang) zugeführt.

Der größte Tagesverbrauch tritt dort an den Werktagen in den Monaten Juli und August auf. Er beträgt das 1,5fache des mittleren Tagesbedarfs, der für diesen Ort zu 100 l je Kopf und Tag angenommen werden kann. Bei der Ermittlung des Wasserbedarfs soll vorsorglich mit einer Zunahme der Bevölkerung um 25% gerechnet werden.

I. Wie groß ist die benötigte größte tägliche Förderwassermenge Q (= Anforderung an die Quellenleistung)?

II. Welches ist der *wirtschaftliche* Durchmesser für die Druckrohrleitung zwischen Pumpanlage und Hochbehälter, wenn die unter I. festgestellte täglich benötigte Fördermenge Q in 12 Pumpstunden nach dem 3050 m entfernten Hochbehälter gepumpt werden soll? Die höchsten und die niedrigsten Wasserspiegel bei A und B sind aus Abb. 79 zu entnehmen.

III. Welches Fassungsvermögen muß der Behälter als „Volldurchgangsbehälter" erhalten, wenn die Pumpenanlage von morgens 6 Uhr bis abends 18 Uhr (12 Stunden) in Tätigkeit ist und wenn der Gang des stündlichen Verbrauchs innerhalb eines Tages mit den in Spalte 1 und 2 der Tabelle 8 gegebenen Prozentsätzen des Tagesverbrauchs angenommen werden kann? Für Feuerlöschzwecke ist darüber hinaus eine Reservewassermenge von 200 m³ vorzusehen.

IV. Welche maximale Wassermenge hat die Leitung vom Behälter zur Stadt zu fördern, und welcher Durchmesser ergibt sich dafür, wenn an der höchsten Stelle des Ortes, die 5000 m vom Behälter entfernt liegt, die Straßenoberkante mit +337,5 m kotiert ist und der bürgerliche Druck dort noch 20 m Wassersäule betragen soll, wenn die Leitung außerdem in der Lage sein muß, 3 Feuerhydranten (Feuerlöschpfosten) für einen Wasserverbrauch von je 5 l/sek zu versorgen?

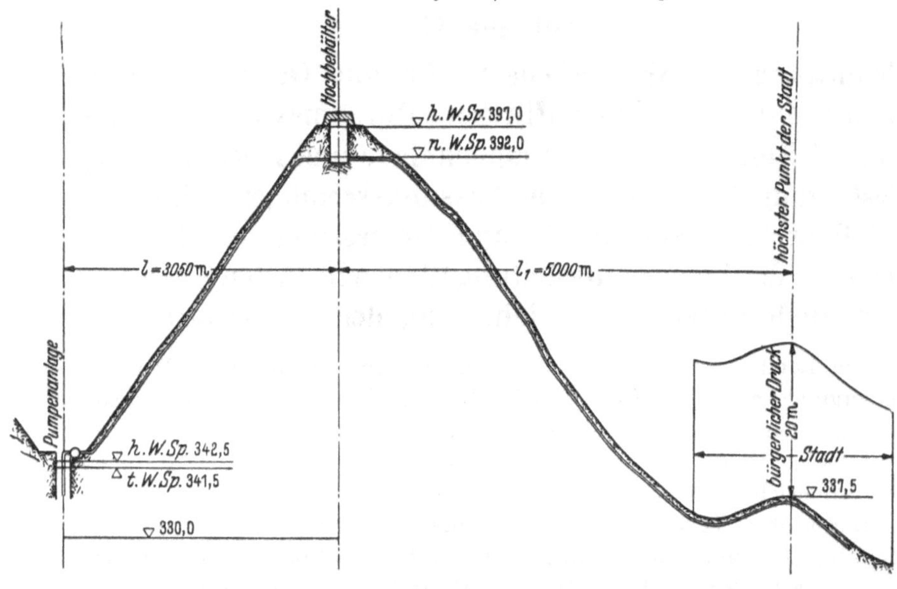

Abb. 78.

Lösung.

I.

Unter Berücksichtigung der vorsorglich angenommenen Bevölkerungszunahme um 25% sind $11500 + 0{,}25 \cdot 11500 = 14400$ Einwohner mit Wasser zu versorgen. Der größte Tagesverbrauch dafür beträgt $1{,}5 \cdot 0{,}100 = 0{,}15$ m³ je Kopf, also für den ganzen Ort

$$Q = 0{,}15 \cdot 14400 = \mathbf{2160}\ \text{m}^3.$$

Diese Wassermenge muß von der Quellfassung täglich in den Sammelschacht geliefert und von der Pumpenanlage täglich in den Behälter gefördert werden.

II.

Unter *wirtschaftlichem* Rohrdurchmesser wird derjenige Durchmesser verstanden, welcher für die gleiche Fördertätigkeit die vergleichsweise geringsten Ausgaben erfordert. Es muß für ihn die Summe der jährlichen Aufwendungen (Zins, Tilgung und Erneuerungsrücklage, Unterhalt, Pumpbetrieb) ihren Kleinstwert aufweisen. Unveränderliche Kosten (z. B. Pumpenhaus, Pumpenwärter) bleiben außer Ansatz.

Bezeichnet $\mathfrak{K}_a$ die jährliche Aufwendung für die Anlage (Rohrleitung einschl. Pumpe und Motor) und $\mathfrak{K}_p$ die jährliche Ausgabe für die Pumparbeit, so gilt für den wirtschaftlichen Durchmesser D

$$\mathfrak{K}_a + \mathfrak{K}_p = \text{Minimum}.$$

Zur Lösung der Aufgabe können nun zwei Wege gegangen werden:

1. man stellt für verschieden angenommene D-Werte die ihnen entsprechenden Jahreskosten $\mathfrak{K}_a + \mathfrak{K}_p$ fest und ermittelt so jenen Durchmesser D, für den diese Jahreskosten vergleichsweise am kleinsten werden;
2. es wird ganz allgemein die mathematische Beziehung für den wirtschaftlichsten Durchmesser D hergeleitet.

Nachfolgend wird das erstere Verfahren gezeigt. Bezüglich des zweiten Verfahrens vgl. z. B. SCHLEICHER: Taschenbuch f. Bauingenieure. Berichtigter Neudruck 1949. Berlin: Springer.

Annahme verschiedener D-Werte.

Um das Ergebnis möglichst anschaulich zu machen, führen wir die Rechnung für folgende Rohrdurchmesser durch:

$$D = 200\text{ mm},\quad 300\text{ mm},\quad 400\text{ mm},\quad 500\text{ mm}.$$

1. Kostenermittlung für die Druckrohrleitung[1].

a) Kosten der Erdarbeit.

Aushubtiefe = 1,20 m = Frosttiefe + Rohrdurchmesser D + 0,10 m Sandbettung.

Der Preis für den cm³ Erdarbeit umfaßt: den Aushub, dazu bei mehr als 1,50 m Baugrubentiefe das Ein- und Ausschalen, das Wiedereinfüllen der Baugrube und die Abfuhr des überschüssigen Aushubes.

Durchmesser	200	300	400	500 mm
Baugrubenbreite	0,90	1,00	1,20	1,20 m
Baugrubentiefe	1,50	1,60	1,70	1,80 m
Aushub je lfd. m	1,35	1,60	2,00	2,20 m³
Einheitspreis je m³	4,00	4,60	4,70	4,80 M
Kosten der Erdarbeit je lfd. m .	5,40	7,35	9,40	10,50 M

[1] Wegen der derzeit unstabilen Preise wurden hier Vorkriegsverhältnisse zugrunde gelegt. Diese Preisangaben haben ja lediglich den Zweck, als Zahlenunterlagen für die Herleitung des wirtschaftlichen Rohrdurchmessers für irgendein Beispiel zu dienen. Diese Unterlagen ändern sich mit der Zeit und dem Ort und führen für jeden anderen Fall zu anderen Ergebnissen. Das Grundsätzliche des Verfahrens bleibt davon aber unberührt.

b) Materialkosten der Rohre.

Es werden *gußeiserne Schraubenmuffenrohre* vorgesehen.

Durchmesser	200	300	400	500 mm
Preis ab Lager	11,31	19,70	28,52	40,20 M
Anfuhr rd. 20% Zuschlag . . .	2,29	3,95	5,73	8,05 „
Rohrpreis je lfd. m	13,60	23,65	34,25	48,25 M

c) Verlegen der Rohre.

Als beschäftigt sind angenommen 2 Rohrleger und 4 Helfer, für die je Arbeitstag einschl. der Nebenausgaben 60 bis 64 M angesetzt sind.

Durchmesser	200	300	400	500 mm
Arbeitsfortschritt täglich rd. . .	80	40	32	24 lfd. m
Also Kosten je lfd. m rd. . . .	0,80	1,50	2,00	2,60 M

d) Gesamtpreis der Rohrleitung je lfd. m.

Durchmesser	200	300	400	500 mm
Erdarbeit	5,40	7,35	9,40	10,50 M
Rohrpreis	13,60	23,65	34,25	48,25 „
Rohrverlegen	0,80	1,50	2,00	2,60 „
Grundkosten, Unvorhergesehenes usw. .	2,00	2,10	2,20	2,20 „
Zusammen je lfd. m	**21,80**	**34,60**	**47,85**	**63,55** M

e) Gesamtkosten der Rohrleitung für 3050 lfd. m.

Durchmesser	200	300	400	500 mm
Gesamtkosten	66500	105600	146000	194000 M

2. Kosten der Maschinenanlage.

Durchmesser	200	300	400	500 mm
Kosten der Pumpe mit Motor und Zubehör einschl. Aufstellung (auf Grund der Angebote von Firmen[1])	5800	4200	4000	4000 M

3. Gesamtbaukosten.

Durchmesser	200	300	400	500 mm
Gesamtbaukosten	72300	109800	150000	198000 M

[1] Die größeren Rohrwiderstände bei kleineren Durchmessern erfordern eine höhere Maschinenleistung; daher die mit *zu*nehmendem D *ab*nehmenden Maschinenanlagekosten!

4. Jährliche Kosten $\mathfrak{K}_a$.

Diese ergeben sich aus dem Kapitaldienst (Verzinsung, Tilgung, Rücklagen) für die unter 3. genannten Gesamtbaukosten und aus dem Unterhalt der Anlagen. Es ist üblich, diese Kosten in Prozenten der Bausumme anzusetzen, und zwar rechnet man gewöhnlich

für die Druckrohrleitung . . 7% (der Baukosten der Rohrleitung)
für Pumpe und Motor . . . 20% (der Kosten der Maschinenanlage)

Damit ergibt sich

Durchmesser	200	300	400	500 mm
Rohrleitung 7%	4655	7400	10220	13580 M
Maschinenanlage 20%	1160	840	800	800 ,,
K_a (Kapitaldienst und Unterhalt)	**5815**	**8240**	**11020**	**14380** M

5. Jährliche Pumpkosten $\mathfrak{K}_p$.

Die jährlichen Kosten für den Pumpbetrieb hängen ab von der notwendigen Pumpleistung N und damit von der Förderwassermenge Q und der Förderhöhe H. Dabei setzt sich die letztere zusammen aus der geodätischen Förderhöhe h_1 (= Höhenunterschied zwischen den beiden Wasserspiegeln im Sammelschacht und im Hochbehälter) und

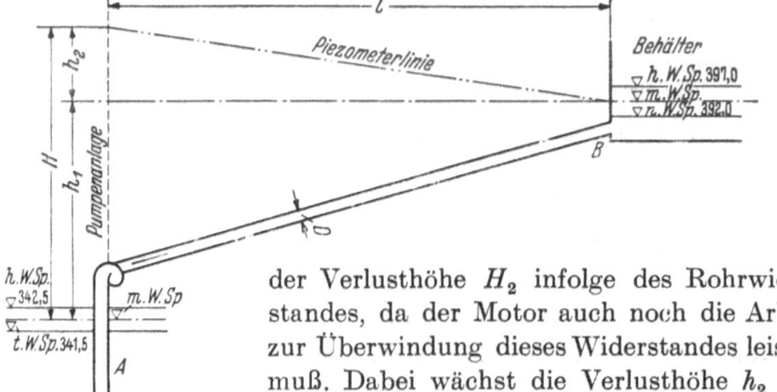

Abb. 79.

der Verlusthöhe H_2 infolge des Rohrwiderstandes, da der Motor auch noch die Arbeit zur Überwindung dieses Widerstandes leisten muß. Dabei wächst die Verlusthöhe h_2 mit kleiner werdendem Rohrdurchmesser D rasch an (vgl. dazu die nachfolgenden Rechnungen!).

Weiterhin hängen die jährlichen Pumpkosten vom Wirkungsgrad η von Pumpe und Motor, vom Strompreis je Kilowattstunde (kWh) und damit natürlich auch von der Zahl der jährlichen Pumpstunden ab.

Es beträgt die Fördermenge $Q = 2160\ \text{m}^3$ je 12 Pumpstunden $= \frac{2160}{12 \cdot 60 \cdot 60} = \mathbf{0{,}05}\ \text{m}^3/\text{sek}$.

Die Förderhöhe $\underline{H = h_1 + h_2}$. Dabei ist (vgl. Abb. 79)

$$h_1 = \frac{397{,}0 + 392{,}0}{2} - \frac{342{,}5 + 341{,}5}{2} = 394{,}5 - 342{,}0 = \mathbf{52{,}5}\ \text{m}.$$

Der Druckhöhenverlust h_2 infolge Reibung ist auf die Leistungslänge l nach Aufgabe 13, S. 117

$$h_2 = \frac{v^2 \cdot l}{c^2 \cdot R} = \frac{v^2}{c^2} \cdot \frac{4}{D} \cdot l.$$

Für $v = \frac{Q}{F} = \frac{Q}{\frac{D^2\pi}{4}} = \frac{4Q}{D^2\pi}$, also für $v^2 = \frac{16Q^2}{D^4 \cdot \pi^2}$ wird

$$h_2 = \frac{64}{c^2 \cdot \pi^2} \cdot \frac{1}{D^5} \cdot Q^2 \cdot l.$$

Setzt man $\frac{64}{c^2 \cdot \pi^2} \cdot \frac{1}{D^5} = \alpha$, so ist $h_2 = \alpha \cdot Q^2 \cdot l$.

Für $Q = 0{,}05\ \mathrm{m^3/sek}$ und $l = 3050$ m wird

$$h_2 = \alpha \cdot 0{,}05^2 \cdot 3050 = \alpha \cdot \mathbf{7{,}62}\ \mathrm{m}.$$

Der Faktor α ist abhängig vom Durchmesser D. Wird der Geschwindigkeitsbeiwert c nach KUTTER (abgekürzt) mit $m = 0{,}25$ angesetzt, ergibt sich für ihn

$$c = \frac{100 \cdot \sqrt{R}}{0{,}25 + \sqrt{R}} = \frac{100 \cdot \sqrt{\frac{D}{4}}}{0{,}25 + \sqrt{\frac{D}{4}}} = \frac{100 \cdot \sqrt{D}}{0{,}50 + \sqrt{D}}$$

und für

$$\alpha = \frac{64}{3{,}14^2} \cdot \frac{(0{,}50 + \sqrt{D})^2}{(100 \cdot \sqrt{D})^2} \cdot \frac{1}{D^5} = \frac{64}{3{,}14^2} \cdot \frac{(0{,}50 + \sqrt{D})^2}{100^2} \cdot \frac{1}{D^6}.$$

Die den verschiedenen Rohrdurchmessern zugeordneten Werte α können der Tafel 10a des Anhanges entnommen werden.

Die Gesamtförderhöhe ergibt sich damit zu:

$$\underline{H = 52{,}5 + \alpha \cdot 7{,}62}.$$

Für die Pumpenleistung in PS gilt:

$$N = \frac{1}{\eta} \frac{\gamma \cdot 1000 \cdot Q \cdot H}{75}\ (\mathrm{PS}).$$

Wird der Gesamtwirkungsgrad von Pumpe und Motor mit $\eta = 0{,}75$* in Ansatz gebracht und $\gamma = 1{,}0\ \mathrm{t/m^3}$ (Einheitsgewicht des Wassers gesetzt, so wird

$$N = \frac{1}{0{,}75} \cdot \frac{1{,}0 \cdot 1000 \cdot 0{,}05 \cdot H}{75} = 0{,}89 \cdot H\ (\mathrm{PS}).$$

Da 1 PS = 0,736 kW, ergibt sich

$$N = 0{,}736 \cdot 0{,}89 \cdot H = \underline{0{,}655 \cdot H}\ (\mathrm{kW}).$$

* Die installierte Pumpenleistung muß natürlich so groß sein, daß die nach Abzug der in den Maschinen auftretenden Leistungsverluste verbleibende Restleistung ausreicht, die Fördermenge in den Hochbehälter zu drücken. Daher erscheint hier der Wirkungsgrad η im *Nenner*.

Für 12 Pumpstunden täglich ermitteln sich die jährlichen Pumpleistungen zu

$$A = 0{,}655 \cdot H \cdot 365 \cdot 12 = \underline{2870 \cdot H} \text{ (kWh)}$$

und die Pumpkosten $\mathfrak{K}_p$ bei einem Strompreis von 0,06 M je kWh

$$\mathfrak{K}_p = 0{,}06 \cdot 2870 \cdot H = \underline{172 \cdot H} \text{ (M)}.$$

Nachfolgend sind die Rechenergebnisse für die zu untersuchenden Rohrdurchmesser zusammengestellt:

Durchmesser	200	300	400	500 mm
h_1	52,50	52,50	52,50	52,50 m
α	9,091	0,976	0,203	0,0605
h_2	69,20	7,43	1,55	0,461 m
$H = h_1 + h_2$	121,70	59,93	54,05	52,961 m
N	79,80	39,2	35,6	34,7 kW
$\mathfrak{K}_p$	20900	10300	9300	9100 M
$\mathfrak{K}_a + \mathfrak{K}_p$	26715	18540	20320	23480 M
v*	1,59	0,708	0,398	0,255 m/sek

In Abb. 80 ist das Ergebnis der Untersuchung graphisch dargestellt. Darnach liegt der Kleinstwert von $\mathfrak{K}_a + \mathfrak{K}_p$ bei einem Rohrdurchmesser von $D \sim 310$ mm, so daß dieser Durchmesser als der *wirtschaftliche* anzusprechen ist. Ihm entspricht eine Durchflußgeschwindigkeit $v \sim 0{,}65$ m/sek. Dieses v steht in Übereinstimmung mit anderen Wirtschaftlichkeitsuntersuchungen für D, denn bei ihnen ergab sich, daß dem wirtschaftlichen Durchmesser eine wirtschaftliche Durchflußgeschwindigkeit v entspricht, die zwischen 0,6 und 0,7 m/sek schwankt, je nachdem mit hohen oder niedrigen Zins- und Abschreibungssätzen zu rechnen ist[1].

Für Überschlagsrechnungen wurde folgende gut brauchbare *Näherungs*formel für den wirtschaftlichen Durchmesser aufgestellt:

$$D = n \cdot \sqrt{Q}.$$

Q (m³/sek) bedeutet die Fördermenge, die vom Pumpwerk zum Hochbehälter gedrückt werden muß, also in unserem Fall: $D = n \cdot 0{,}223$ (m). Der Faktor n ergibt sich aus der Beziehung

$$n = \frac{1}{0{,}886 \cdot \sqrt{v}}.$$

* Die Durchflußgeschwindigkeiten ermitteln sich aus

$$v = \frac{Q}{F} = \frac{Q}{\frac{D^2 \pi}{4}} = \frac{4\,Q}{D^2 \cdot \pi} = \frac{4 \cdot 0{,}05}{D^2 \cdot 3{,}14} = \frac{0{,}0637}{D^2} \text{ (m/sek)}.$$

[1] Siehe Fußnote S. 135.

Wie schon oben erwähnt, ist v mit 0,6 bis 0,7 m/sek, je nach Zins- und Abschreibungssätzen, anzusetzen, womit sich n-Werte zwischen 1,30 und 1,50 ergeben. Für unser Beispiel erhält man mit diesen Grenzwerten für n die D-Werte zwischen den Grenzen 290 mm und 335 mm. Innerhalb dieser wirtschaftlichen Grenzdurchmesser liegt auch der oben empirisch gefundene Rohrdurchmesser mit $D \sim 310$ mm[1].

Je mehr der tatsächliche Ablauf des Pumpbetriebes sich deckt mit den dafür gemachten Annahmen in der Rechnung

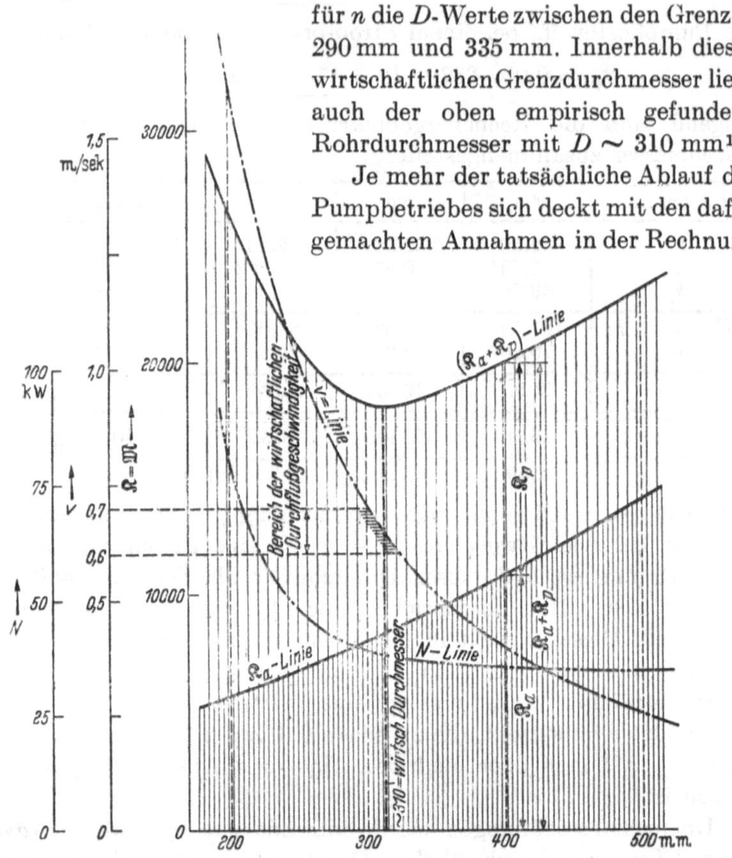

Abb. 80. Zusammenhang zwischen D bzw. v einerseits, N bzw. $\mathfrak{K}_a + \mathfrak{K}_p$ andererseits. Bestimmung des wirtschaftlichen Durchmessers.

für den wirtschaftlichen Durchmesser, desto zutreffender ist das Rechnungsergebnis. Andernfalls ist bei der Bemessung des D auf die tatsächlichen Betriebsverhältnisse Rücksicht zu nehmen.

[1] Hätte man die wirtschaftlichste Geschwindigkeit mit der von MARQUARDT in SCHLEICHER: Taschenbuch für Bauingenieure S. 1131, angegebenen Überschlagsformel $v = \frac{0,5}{\sqrt[3]{\beta}}$ bis $\frac{0,6}{\sqrt[3]{\beta}}$ (m/sek) ermittelt, dann ergäbe sich, da $\beta = \frac{t \cdot 360}{8760} = \frac{\text{tatsächl. Jahresbetriebsstd.}}{\text{Jahresstundenzahl}}$ und $t = 12$ Std., in unserem Falle $\beta = 0,5$; $v = \frac{0,5}{\sqrt[3]{0,5}}$ bis $\frac{0,6}{\sqrt[3]{0,5}} = 0,63$ bis 0,76 m/sek, und mit $F = \frac{Q}{v} = \frac{0,05}{0,63}$ bis $\frac{0,05}{0,76} = 0,079$ bis 0,066 m² wird $\diameter\, D = 0,32$ bis 0,29 m, im Mittel also 0,305 m = ~310 mm.

III.

Der tägliche Wasserzufluß von 2160 m³ deckt sich mit dem größten Wasserverbrauch für einen ganzen Tag. Diese Übereinstimmung zwischen Zufluß und Verbrauch innerhalb des Zeitabschnittes von einem Tag besteht nicht mehr für die einzelnen Stunden des Tages. Während einzelner Stunden des Tages fließt mehr zu, als verbraucht wird, zu einer anderen Tageszeit wiederum übersteigt der Verbrauch den Zufluß. Es muß deshalb Vorsorge getroffen werden, daß der jeweilige Zuflußüberschuß aufgespeichert wird, damit in den Stunden, in denen der Bedarf die Pumpwassermenge übersteigt, die fehlende Wassermenge zugeschossen werden kann. *Diese Aufspeicherung des zeitweiligen Überschußwassers geschieht in einem Hochbehälter.*

Die *günstigste Lage* für einen solchen Hochbehälter ist der Verbrauchsschwerpunkt des Versorgungsgebietes, weil in diesem Falle das Rohrnetz am billigsten und die Drücke im Versorgungsgebiet am gleichmäßigsten werden. In flachen Gegenden, in denen man den Hochbehälter als „Wasserturm" ausbildet, läßt sich dieser Idealfall erreichen. Mit Rücksicht auf die Baukosten (Turmhöhe!) wird dort aber diese günstige Lage des Behälters zum Versorgungsgebiet mit verhältnismäßig kleiner verfügbarer Druckhöhe und den damit verbundenen größeren Rohrdurchmessern erkauft.

Wo immer möglich, verlegt man deshalb den Behälter auf natürliche Anhöhen, auch wenn sie — wie es meist der Fall ist — abseits vom Versorgungsschwerpunkt liegen. Diese Sachlage gilt auch für unser Beispiel. Hier befindet sich die zur Verfügung stehende Höhe für die Unterbringung des Behälters zwischen der Quellfassung und der zu versorgenden Stadt. Eine andere Höhe ist nicht vorhanden. Daher kommt von den verschiedenen Möglichkeiten für die Anordnung des Behälters – Volldurchgangsbehälter, Gegenbehälter, Endbehälter – der *Volldurchgangsbehälter* in Betracht. Er hat seinen Namen daher, daß bei ihm der Zufluß (das gepumpte Quellwasser!) in den Behälter einströmt und der jeweilige Wasserbedarf unmittelbar dem Behältervorrat entnommen wird.

Die *Größe des Behälters* ist außer vom Wasserbedarf von der Art des Zuflusses (Betriebsform) abhängig[1]. Sie wird zweckmäßig *rechnerisch* mittels Tabelle ermittelt (Verfahren LUEGER-WEYRAUCH). Die gleichzeitige graphische Auftragung empfiehlt sich wegen der großen Anschaulichkeit des sich abspielenden wasserwirtschaftlichen Vorganges.

[1] A. GÖLLER hat in einem Aufsatz Gesundh.-Ing. 53. Jg. (1930) S. 678ff. gezeigt, daß die übliche Berechnungsweise des kleinstmöglichen Behälterinhalts aus der „*fluktuierenden*" Tagesmenge nur gültig ist, wenn der Anstieg der Spiegelganglinie innerhalb 24 Stunden stetig erfolgt und keine rückläufigen Bewegungen macht.

In Tabelle 8 ist in Spalte 2 der Wasserverbrauch V in den einzelnen Stunden des Tages in Prozenten des Gesamtbedarfes angegeben. Spalte 3 gibt die Pumpfördermenge F für die Pumpstunden ebenfalls in Pro-

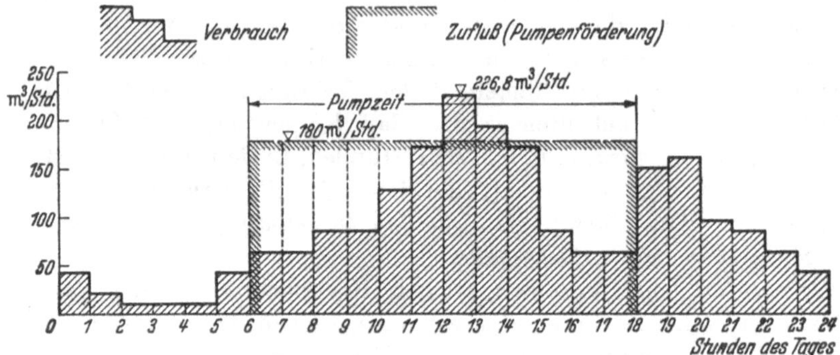

Abb. 81a. Verbrauch und Pumpenförderung während der einzelnen Stunden des Tages.

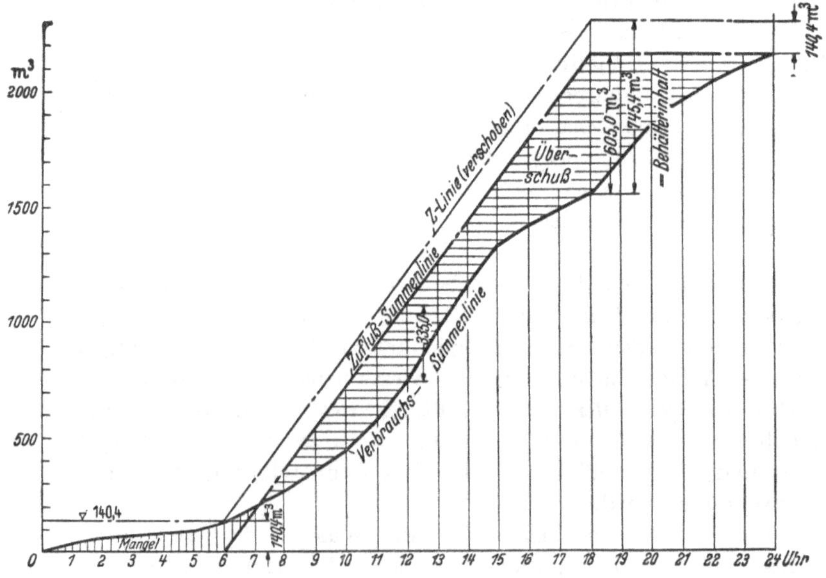

Abb. 81b. Behälterwirtschaftsplan.

zenten der Gesamtpumpmenge Q (= Gesamttagesbedarf), die Spalten 4 und 5 analog die Zu- und Abgänge $F-V$ bzw. $V-F$ und schließlich Spalte 6 die Bewegung des Behälterinhalts für die einzelnen Tagesstunden in Prozenten des Gesamtbehälterinhalts.

In unserem Falle ergibt sich die „*fluktuierende*“ Wassermenge — das ist jene Wassermenge, welche in den Stunden des Minderverbrauches gesammelt werden muß, um in den Stunden des Mehrverbrauches die fehlende Menge decken zu können — zu 37,34% von Q (Spalte 4 und 5!).

Nun zu Spalte 6! Aus ihr ergibt sich, daß in der Zeit von 0 Uhr bis 6 Uhr 6,5% der Tageswassermenge dem Behälter entnommen

Tabelle 8. *Bestimmung des Behälterinhalts.*

Tagesstunden von ... bis ...	Verbrauchsmenge V in % von Q	Fördermenge F in % von Q	Behälter		Inhaltsbewegung	
			Zugang(+) in % $F-V$	Abgang(−) in % $V-F$	in % von Q	in m³
1	2	3	4	5	6	7
0—1	2	0	—	2	− 2	− 43,2
1—2	1	0	—	1	− 3	− 64,8
2—3	0,5	0	—	0,5	− 3,5	− 75,6
3—4	0,5	0	—	0,5	− 4,5	− 86,4
4—5	0,5	0	—	0,5	− 4,5	− 97,2
5—6	2	0	—	2	− 6,5	−140,4
6—7	3	8,33	5,33	—	− 1,17	− 25,3
7—8	3	8,33	5,33	—	+ 4,16	+ 89,9
8—9	4	8,34	4,34	—	+ 8,50	+183,5
9—10	4	8,33	4,33	—	+12,83	+277,1
10—11	6	8,33	2,33	—	+15,16	+327,7
11—12	8	8,34	0,34	—	+15,50	+335,0
12—13	10,5	8,33	—	2,17	+13,33	+288,0
13—14	9	8,33	—	0,67	+12,66	+273,6
14—15	8	8,34	0,34	—	+13,00	+281,0
15—16	4	8,33	4,33	—	+17,33	+374,5
16—17	3	8,33	5,33	—	+22,66	+489,5
17—18	3	8,34	5,34	—	+28,00	+605,0
18—19	7	0	—	7	+21	+454,0
19—20	7,5	0	—	7,5	+13,5	+291,6
20—21	4,5	0	—	4,5	+ 9	+194,4
21—22	4	0	—	4	+ 5	+108,0
22—23	3	0	—	3	+ 2	+ 43,2
23—24	2	0	—	2	± 0	± 0
	100	100,00	37,34	37,34		

werden müssen, um den Bedarf zu decken. Es ergibt sich weiterhin, daß der Behälter von der Pumpwassermenge außerdem 28% der Tageswassermenge aufspeichern muß, um den Bedarf von 18 Uhr bis 24 Uhr zu decken. Das besagt, daß der Behälter insgesamt mindestens 6,5 + 28,0 = 34,5% der Tageswassermenge Q fassen muß, d. h. 140,4 + 605,0 = **745,4** m³ (Spalte 7). Dieser Inhalt ist um 37,34 − 34,5 = 2,84% kleiner, als der fluktuierenden Wassermenge entspricht.

Der wasserwirtschaftliche Betrieb des Speichers läuft dabei idealisiert so ab, daß dieser in der 1. Stunde des Tages der Inbetriebnahme eine Füllung von 6,5% von Q aufweisen muß, also $\frac{6,5}{100} \cdot 2160 = 140,4$ m³ (Spalte 7). Bis 6 Uhr ist dieser Behälterinhalt aufgebraucht. Dann füllt sich der Speicher wieder; sein Inhalt überschreitet zwischen 7 und 8 Uhr die anfängliche Füllungswassermenge von 140,4 m³ und erreicht um 12 Uhr: 335,0 + 140,4 = 475,4 m³. Nach einem Rückgang des Inhalts bis 14 Uhr um 2,84% (Spalte 6) auf 6,5 + 12,66 = 19,16%, entsprechend 140,4 + 273,6 = 414,0 m³, ergibt sich dann wieder eine Zunahme, die

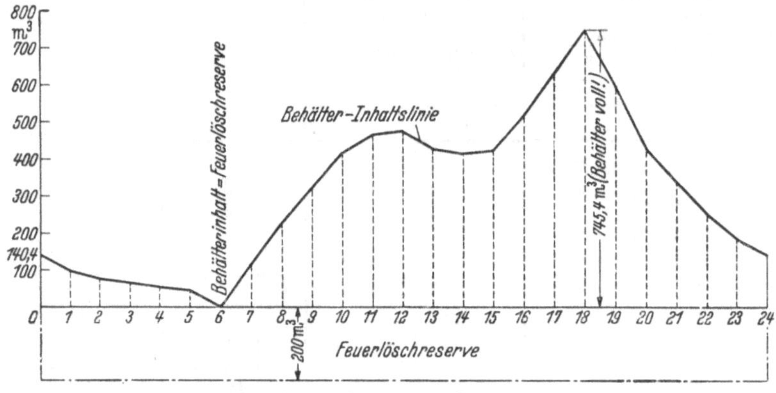

Abb. 81c. Schwankungen des Behälterinhalts (Füllung bei Betriebsbeginn = 140,4 m³).

um 18 Uhr ihr Maximum (volle Füllung) mit 140,4 + 605,0 = **745,4** m³ erreicht. Dann entleert sich der Behälter wieder um 28,0% = 605,0 m³ bis auf 6,5% = 140,4 m³ bis 24 Uhr. Nun wiederholt sich der vorgeschilderte Ablauf, der in der Abb. 81c graphisch dargestellt ist.

Unter Berücksichtigung des Feuerlöschbedarfes ist der Hochbehälter unseres Beispieles zu bemessen für:

$$745{,}4 + 200 = 945{,}4 = \text{rd. } \mathbf{950}\ \text{m}^3.$$

Dabei reicht die Feuerlöschreserve aus, um 3 Feuerpfostenanschlüsse von je 5 l/sek Verbrauch nahezu 4 Stunden mit Wasser zu versorgen ($3 \cdot 0{,}005 \cdot 4 \cdot 60 \cdot 60 = 216$ m³).

IV.

Der größte Verbrauch findet zwischen 12 und 13 Uhr statt (vgl. Tabelle 8, Spalte 1 und 2). Denn in dieser Stunde erreicht der Bedarf 10,5% des Tagesverbrauchs. Dem entspricht eine sekundliche Wassermenge von

$$\frac{10{,}5}{100} \cdot 2160 \cdot \frac{1}{60 \cdot 60} = 0{,}063\ \text{m}^3/\text{sek}.$$

Dazu kommt der Feuerlöschbedarf für 3 Feuerpfosten von je 5 l/sek = 0,005 m³/sek, das sind $3 \cdot 0{,}005 = 0{,}015$ m³/sek. Damit ergibt sich die maximale Fördermenge zu $q_{\max} = \mathbf{0{,}078}$ m³/sek.

Da der Höhenunterschied H' zwischen dem tiefsten Wasserspiegel des Behälters (+ 392,0) und der höchsten Straßenkote des Ortes (+ 337,5)

$$H' = 392{,}0 - 337{,}5 = 54{,}5 \text{ m}$$

beträgt und an dieser Stelle des Versorgungsgebietes noch $h_3 = 20$ m Wasserdruck (bürgerlicher Druck) für die Leitung gefordert wird, steht zur Förderung von $q_{max} = 78$ l/sek die Druckhöhe

$$h_4 = 54{,}5 - 20{,}0 = 34{,}5 \text{ m}$$

zur Verfügung.

Für den Abstand $l_1 = 5000$ m zwischen dem Behälterauslauf und der höchsten Straßenstelle im Ort ergibt sich ein Piozemeterliniengefälle für die Leitung von

$$\frac{h_4}{l_4} = \frac{34{,}5}{5000} = 0{,}00690.$$

Dafür ist ein Durchmesser von **300** mm erforderlich (Tabelle 8 des Anhanges). Bei diesem Rohrkaliber und der Fördermenge $q_{max} = 78$ l/sek beträgt das Gefälle $J = 0{,}00587$, so daß an der höchsten Stelle der Stadt ein Druck vorhanden ist von

$$54{,}5 - 0{,}00587 \cdot 5000 = 54{,}5 - 29{,}3 = \mathbf{25{,}2} \text{ m}.$$

Aufgabe 16.

Untersuchung eines Venturi-Messers.

In den Hauptstrang einer Wasserversorgungsanlage vom lichten Durchmesser $d_1 = 1250$ mm soll zur Feststellung des Wasserverbrauches ein *Venturi-Messer* eingebaut werden. Der lichte Durchmesser der Einschnürung (Düse) beträgt $d_2 = 355$ mm. Die für die Messung in Frage kommenden Wassermengen schwanken zwischen $Q_1 = 3450$ m³/Std. und $Q_2 = 380$ m³/Std.

1. Welcher Druckabfall H (Differentialdruck) entspricht diesen Wassermengen Q_1 und Q_2 am Venturi-Manometer, wenn der Gesamtdruckverlust in dem Venturi-Messer im Mittel $0{,}08 \cdot H$ beträgt?

2. Welche Schlüsselkurve für den Zusammenhang zwischen H und Q ergibt sich für diesen Venturi-Messer?

Lösung.

G. Venturi fand im Jahre 1791 bei Versuchen mit Auslaufstutzen, denen eine konische Erweiterung angefügt ist, daß durch Löcher, welche an der Einschnürungsstelle angebracht sind, Luft eingesogen werden kann, daß also an dieser Stelle eine Saugwirkung vorhanden ist. Schon vorher (1738) hatte D. Bernoulli mit dem nach ihm benannten

BERNOULLIschen Theorem die theoretischen Zusammenhänge aufgedeckt, welche den von VENTURI beobachteten Erscheinungen zugrunde liegen. Doch erst der Amerikaner C. HERSCHEL kam im Jahre 1886 auf die Idee, die Beobachtungen VENTURIS praktisch zu verwenden zur Messung der Geschwindigkeit und der Durchflußmenge in einer Druckleitung durch Einschaltung eines Doppeltrichters in die Rohrleitung. Er nannte diese Meßeinrichtung „*Venturi-Messer*". Seine eingehenden Versuchsmessungen in solchen verjüngten Rohrteilen führten zu folgender Feststellung:

Durchfließt das Wasser in einer Druckrohrleitung einen eingebauten Doppeltrichter (Rohrverengung), dann sinkt der Druck an der Engstelle, da wegen der Unveränderlichkeit von $v \cdot F = Q$ (Kontinuität) mit kleiner werdendem F die Fließgeschwindigkeit v zunehmen, also statische Druckhöhe in Geschwindigkeitshöhe umgesetzt werden muß. Dadurch ergibt sich zwischen dem Normalleistungsquerschnitt unmittelbar oberhalb der Einschnürung und dem Einschnürungsquerschnitt eine Differenz der statischen Drücke. Dieser Druckabfall H (Venturi-Differentialdruck) steht nun immer in einem ganz bestimmten Verhältnis zu der Wassergeschwindigkeit und damit zur augenblicklichen Durchflußmenge. Aus der gemessenen Druckdifferenz kann deshalb auf die Größe der Durchflußmenge geschlossen werden. Der sich an die Einschnürung anschließende Trichter, der für die Messung selbst ohne Bedeutung ist, hat die Aufgabe, zwischen der Rohrverengung und der folgenden Normalrohrleitung einen allmählichen Übergang herzustellen, wodurch der in der Engstelle verkleinerte Druck seine ursprüngliche Größe fast vollständig wieder erreicht, so daß der auftretende Druckverlust sehr klein bleibt.

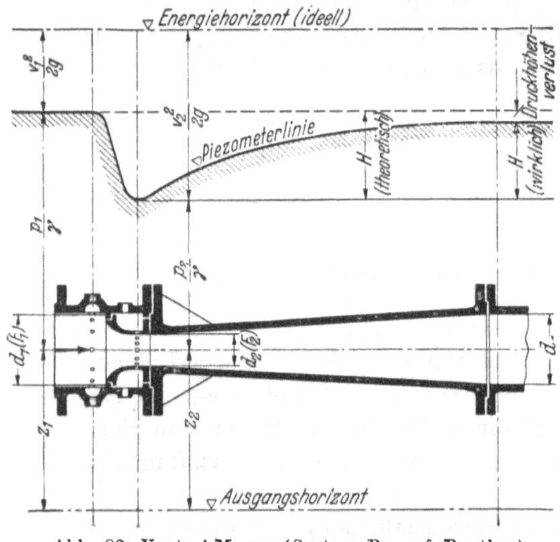

Abb. 82. Venturi-Messer (System Bopp & Reuther) und zugeordnete Piezometerlinie.

Unter Bezug auf Abb. 82 ergibt die BERNOULLIsche Gleichung für verlustloses Fließen (vgl. S. 114 der Aufgabe 13)

$$\frac{p_1}{\gamma} + \frac{v_1^2}{2g} + z_1 = \frac{p_2}{\gamma} + \frac{v_2^2}{2g} + z_2 .$$

Für horizontale Lage der Rohrachse ($z_1 = z_2$) und $\gamma = 1{,}0$ t/m³ (Wasser!) wird

$$p_1 + \frac{v_1^2}{2g} = p_2 + \frac{v_2^2}{2g}.$$

Da nur der Druckabfall H (Differentialdruck) für die weitere Rechnung interessiert, weil ja diese Druckdifferenz unmittelbar am Venturi-Manometer abgelesen werden kann, setzen wir

$$p_1 - p_2 = H = \frac{v_2^2 - v_1^2}{2g}.$$

Auf Grund der *Kontinuität* (S. 113 der Aufgabe 13) bleibt die Durchflußmenge für alle Querschnitte gleich groß, d. h. es ist in unserem Falle

$$v_1 \cdot F_1 = v_2 \cdot F_2.$$

Daraus

$$v_1 = v_2 \cdot \frac{F_2}{F_1}.$$

Dies in die obige Beziehung für H eingesetzt, ergibt

$$H = \frac{v_2^2 - v_2^2 \cdot \left(\frac{F_2}{F_1}\right)^2}{2g} = \left[1 - \left(\frac{F_2}{F_1}\right)^2\right] \cdot \frac{v_2^2}{2g}.$$

Daraus folgt für die sogenannte *Einlaufgeschwindigkeit*

$$v_2 = \frac{1}{\sqrt{1 - \left(\frac{F_2}{F_1}\right)^2}} \cdot \sqrt{2gH}$$

und für die Durchflußmenge Q:

$$Q = v_2 \cdot F_2 = \frac{F_2}{\sqrt{1 - \left(\frac{F_2}{F_1}\right)^2}} \cdot \sqrt{2gH}.$$

Die Größen F_1, F_2 sind mit dem gegebenen Rohrleitungsquerschnitt d_1 und der gewählten Einschnürung d_2 (Düse) als gegeben zu betrachten, so daß

$$\frac{F_2}{\sqrt{1 - \left(\frac{F_2}{F_1}\right)^2}} \cdot \sqrt{2g} = \text{konstant} = C$$

gesetzt werden kann. Damit

$$\boxed{Q = C \cdot \sqrt{H}} \quad \text{und Differentialdruck} \quad \boxed{H = \left(\frac{Q}{C}\right)^2}.$$

Drückt man die Querschnitte F_1 und F_2 durch ihre Durchmesser d_1 und d_2 aus, dann wird

$$C = \frac{\frac{d_2^2 \cdot \pi}{4}}{\sqrt{1 - \left(\frac{d_2}{d_1}\right)^4}} \cdot \sqrt{2g}.$$

Für den Ausnahmefall, daß der Venturi-Messer *nicht* waagerecht angeordnet ist, ergibt sich mit der weiter oben angegebenen BERNOULLIschen Gleichung

$$\frac{p_1 - p_2}{\gamma} + z_1 - z_2 = \frac{v_2^2}{2g} - \frac{v_1^2}{2g} = \frac{v_2^2}{2g} - \frac{v_2^2}{2g} \cdot \left(\frac{F_2}{F_1}\right)^2 = v_2^2 \cdot \frac{F_1^2 - F_2^2}{2gF_1^2}.$$

Daraus mit $\gamma = 1{,}0\ \mathrm{t/m^3}$ und $p_1 - p_2 = H$

Einlaufgeschwindigkeit $$v_2 = \sqrt{\frac{2gF_1^2}{F_1^2 - F_2^2}(H + z_1 - z_2)}$$

und Durchflußwassermenge $$Q = v_2 F_2 = \sqrt{\frac{F_1^2 F_2^2}{F_1^2 - F_3^2} \cdot 2g\,(H + z_1 - z_2)}.$$

Nachdem nun der Zusammenhang zwischen H und v (Einlaufgeschwindigkeit) sowie H und Q (Durchflußmenge) allgemein gefunden ist, kann an die zahlenmäßigen Ermittlungen für unser Beispiel gegangen werden.

Zu 1. Da die Verluste in unserem Falle $0{,}08\,H$ betragen, wird

$$Q = C\sqrt{(1{,}0 - 0{,}08)H} = C \cdot \sqrt{0{,}92\,H},$$

also der Differentialdruck

$$H = \frac{1}{0{,}92} \cdot \left(\frac{Q}{C}\right)^2.$$

Da

$$C = \frac{F_2}{\sqrt{1 - \left(\frac{F_2}{F_1}\right)^2}} \cdot \sqrt{2g} = \frac{0{,}0987}{\sqrt{1 - \left(\frac{0{,}0987}{1{,}2272}\right)^2}} \cdot \sqrt{2 \cdot 9{,}81} = 0{,}434,$$

ergibt sich für $Q_1 = 3450\ \mathrm{m^3/Std.} = \frac{3450}{60 \cdot 60} = 0{,}959\ \mathrm{m^3/sek}$

ein Differentialdruck: $$H_1 = \frac{1}{0{,}92} \cdot \left(\frac{0{,}959}{0{,}434}\right)^2 = \frac{4{,}88}{0{,}92} = \mathbf{5{,}301}\ \mathrm{m},$$

für $$Q_2 = 380\ \mathrm{m^3/Std.} = \frac{380}{60 \cdot 60} = 0{,}1055\ \mathrm{m^3/sek}$$

ein Differentialdruck: $$H_2 = \frac{1}{0{,}92} \cdot \left(\frac{0{,}1055}{0{,}434}\right)^2 = \frac{0{,}0591}{0{,}92} = \mathbf{0{,}0642}\ \mathrm{m}.$$

Zu 2. Allgemein ist der Zusammenhang zwischen Q und H für unseren Venturi-Messer festgelegt mit

$$Q = C \cdot \sqrt{0{,}92 \cdot H} = 0{,}434 \cdot 0{,}959 \cdot \sqrt{H},$$

also $$\boxed{Q = 0{,}4162\sqrt{H}}.$$

Für verschiedene Annahmen von H ergeben sich die zugehörigen Werte der Durchflußmengen Q. In Abb. 83 sind die Wertepaare aufgetragen und durch eine stetige Kurve, die gesuchte Schlüsselkurve, verbunden.

Hinsichtlich der Verwendung der Venturi-Messer sei noch kurz darauf hingewiesen, daß ihr Anwendungsbereich groß ist. Dies beruht einmal darauf, daß infolge der Wiedergewinnung des größten Teiles des Differenzdruckes verhältnismäßig große Differenzdrücke zugelassen werden können, was auf große Meßbereiche führt (1 : 15 bis 1 : 20). Außerdem

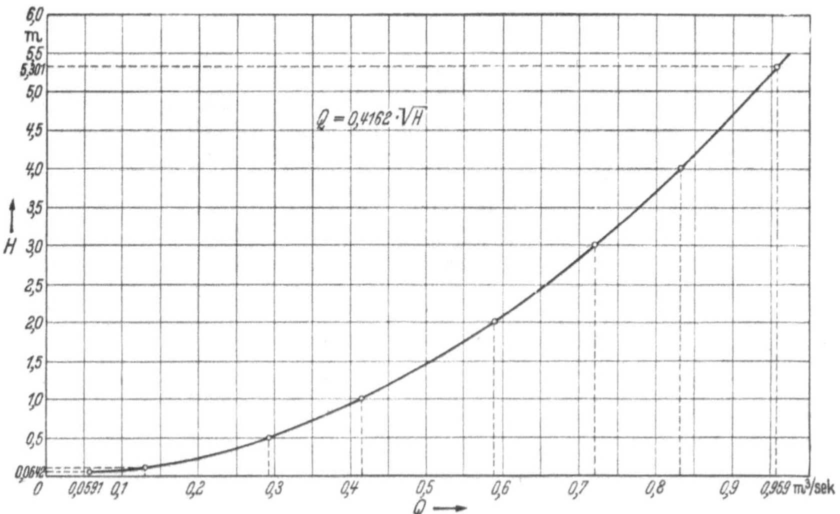

Abb. 83. Wassermengen-Schlüsselkurve für die verschiedenen Differentialdrücke H.

enthält das Venturi-Rohr keine beweglichen Teile, so daß es auch zum Messen von schmutzigen oder grobe Fremdkörper führenden Flüssigkeiten gebraucht wird. Wir finden den Venturi-Messer deshalb heute

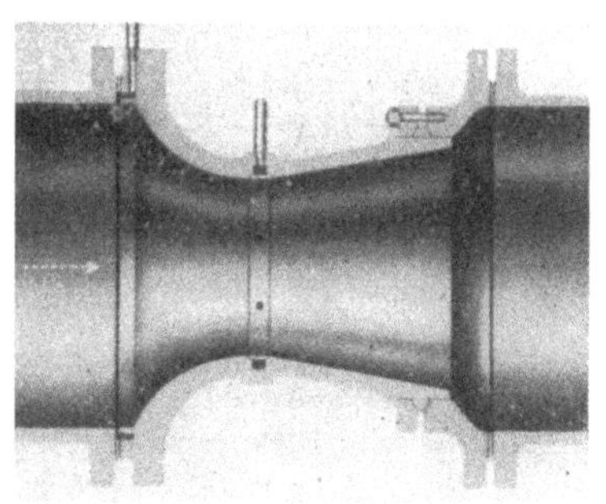

Abb. 84a. Venturi-Rohr mit Stopfbüchsenauslauf (Siemens).

Abb. 84b. Einteiliger Venturi-Einsatz (für große Rohrweiten) (Siemens).

fast überall, wo in Druckleitungen Flüssigkeitsmengen gemessen werden müssen, im Wasserbau z. B. bei Hochdruckwasserkraftanlagen genau so wie in der Wasserversorgung und Abwasserwirtschaft.

Die Abb. 84a und b zeigen die Schnitte durch zwei Venturi-Rohre, System Siemens, Berlin.

Die Abb. 85a, b und c zeigen verschiedene Anordnungen von Venturi-Apparaten der Fa. Bopp & Reuther, Mannheim.

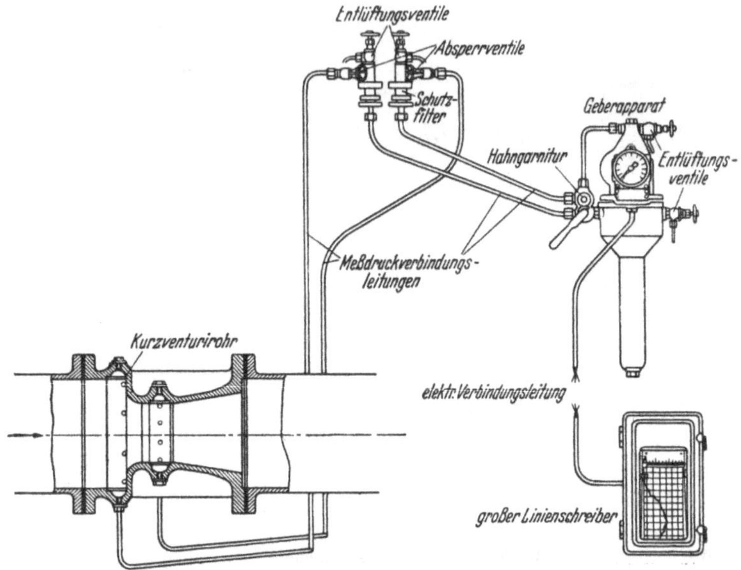

Abb. 85a. Venturi-Kaltwassermesser (Anordnung des Venturi-Apparates *oberhalb* des Meßdruckgebers) (Bopp & Reuther).

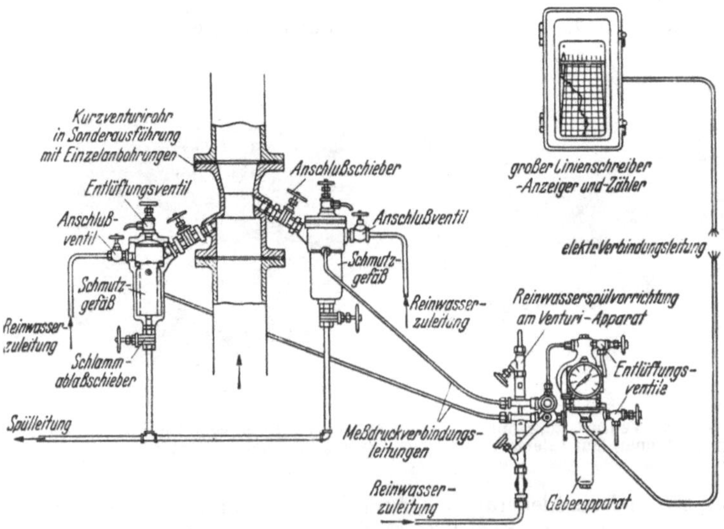

Abb. 85b. Venturi-Schmutzwassermesser (Anordnung des Venturi-Apparates *unterhalb* des Kurz-Venturi-Rohres) (Bopp & Reuther).

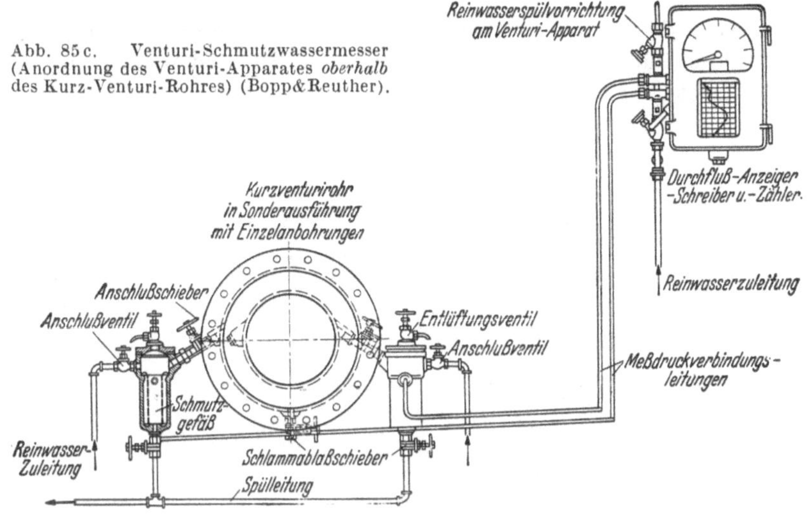

Abb. 85c. Venturi-Schmutzwassermesser (Anordnung des Venturi-Apparates *oberhalb* des Kurz-Venturi-Rohres) (Bopp&Reuther).

Aufgabe 17.

Untersuchung des Grundablaßrohres einer Stauweiheranlage auf seine Leistungsfähigkeit. Dauer der Entleerung des Staubeckens (Ausflußzeit).

Das Grundablaßrohr einer Staumauer soll so bemessen werden, daß der Wasserstand bei der zu gewärtigenden größten Zuflußmenge von 5 m³/sek nicht höher steigt als $H = 35{,}0$ m (vgl. Abb. 86). Die Länge des Grundablaßrohres beträgt $l = 30{,}0$ m.

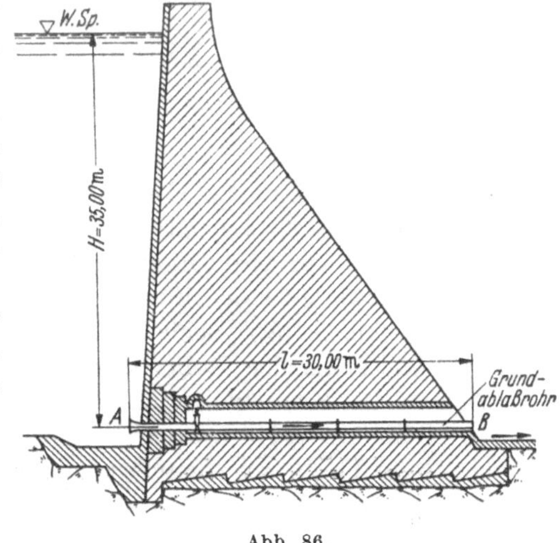

Abb. 86.

I. Welcher Durchmesser wird für vorstehende Bedingungen benötigt, wenn die Einmündung bei A

a) glockenförmig, —

b) scharfrandig

ausgebildet wird?

Der Ausfluß erfolgt ins Freie. Der Verlust beim Durchgang durch den vollkommen geöffneten Schieber wird vernachlässigt. Das Rohr liegt horizontal.

II. Wie lange dauert es bei dem gewählten Rohrdurchmesser, bis das Becken entleert, d. h. der Wasserspiegel bis auf die Rohrachse abgesenkt ist, wenn die Beziehung zwischen H und F einerseits, H und Q andererseits durch das Graphikon Abb. 87 gegeben ist, und wenn kein Zufluß stattfindet?

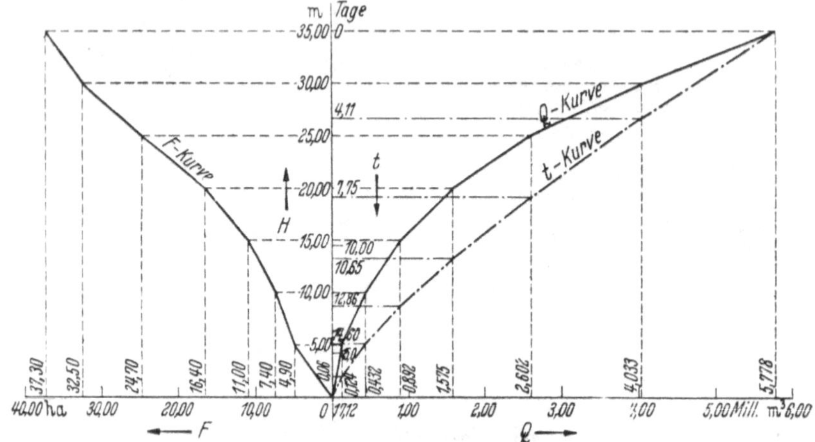

Abb. 87. Zusammenhang zwischen Stauhöhe, Seespiegelfläche und Stauinhalt, sowie zwischen Stauinhalt und Abflußzeit.

III. Welcher Rohrdurchmesser ist zu wählen, damit das volle Becken ($H = 35{,}0$ m) in 6 Tagen entleert werden kann?

Lösung.

I.

Wir nehmen an, daß die Geschwindigkeit des Stauseewassers praktisch Null ist. Dann muß beim Eintritt des Wassers in das Rohr bei A die volle Geschwindigkeit erzeugt werden, mit welcher das Wasser das Rohr durchfließt. Dazu wird Druckhöhe aufgebraucht (h_v). Außerdem bedingt die Überwindung des Eintrittswiderstandes bei A einen Verbrauch an Druckhöhe (h_0). Schließlich verzehrt die Reibung des abfließenden Wassers an den Rohrwandungen abermals Druckhöhe (h). Da der Ausfluß ins Freie erfolgt, ist der Druck am Rohrende B gleich Null. Von A bis B wird demnach die ganze zur Verfügung stehende Druckhöhe H in Form der vorstehend aufgeführten Druckverbräuche aufgezehrt. Es besteht also die Beziehung:

$$H = h_v + h_0 + h$$

oder

$$H = \frac{v^2}{2g} + \zeta_0 \cdot \frac{v^2}{2g} + \zeta \cdot \frac{l}{d} \cdot \frac{v^2}{2g},$$

$$H = \left(1 + \zeta_0 + \zeta \cdot \frac{l}{d}\right) \cdot \frac{v^2}{2g}.$$

Dabei ist $\zeta = \frac{8g}{c^2}$; setzen wir nach BAZIN $c = \frac{87}{1+\frac{\gamma}{\sqrt{R}}} = \frac{87}{1+\frac{0,16}{\sqrt{\frac{d}{4}}}}$,

so wird $\zeta = \frac{8g}{\left(\frac{87\cdot\sqrt{d}}{\sqrt{d}+0,32}\right)^2}$.

Da v ebenfalls unbekannt ist, ersetzen wir es durch die bekannte Größe q m³/sek (q zum Unterschied von Q m³, mit welchem wir hier den Beckeninhalt oder Teile davon bezeichnen), indem wir setzen:

$$v = \frac{q}{F} = \frac{q\cdot 4}{d^2\cdot\pi},$$

$$v^2 = \frac{q^2\cdot 16}{d^4\pi^2}.$$

Damit wird H:

$$H = \left(1+\zeta_0+\frac{8g}{\left(\frac{87\cdot\sqrt{d}}{\sqrt{d}+0,32}\right)^2}\cdot\frac{l}{d}\right)\cdot\frac{q^2}{d^4}\cdot\frac{16}{\pi^2\cdot 2g}$$

oder

$$\frac{H}{q^2}\cdot\frac{\pi^2\cdot 2g}{16} = \left(1+\zeta_0+\frac{8g}{\left(\frac{87\cdot\sqrt{d}}{\sqrt{d}+0,32}\right)^2}\cdot\frac{l}{d}\right)\cdot\frac{1}{d^4}.$$

In dieser Gleichung ist nur noch die eine Unbekannte d, die wir ja suchen.

Der Koeffizient ζ_0 ist nach WEISBACH zu setzen

für glockenförmige Mundstücke $\zeta_0 = 0,08$,

„ scharfrandige „ $\zeta_0 = 0,51$ (sichergehend).

a) $\zeta_0 = 0,08$.

Damit wird

$$\frac{H}{q^2}\cdot\frac{\pi^2\cdot 2g}{16} = \left(1,08+\frac{8g}{\left(\frac{87\cdot\sqrt{d}}{\sqrt{d}+0,32}\right)^2}\cdot\frac{l}{d}\right)\cdot\frac{1}{d^4}.$$

Wie des öfteren bei hydraulischen Aufgaben lösen wir die vorstehende Gleichung mit dem graphisch-rechnerischen Verfahren. Da für $H = 35,0$ m der Zufluß gleich dem Abfluß sein muß, also gleich 5,0 m³/sek, damit der Stauseespiegel nicht weiter steigt, ist in vorstehender Beziehung $H = 35,0$ m und $q = 5,0$ m³/sek zu setzen, demnach:

$$\frac{H}{q^2}\cdot\frac{\pi^2\cdot 2g}{16} = \frac{35,0}{5,0^2}\cdot\frac{3,14^2\cdot 2\cdot 9,81}{16} = 16,95,$$

$$16,95\cdot d^4 - \frac{78,5\cdot 30}{\left(\frac{87\cdot\sqrt{d}}{\sqrt{d}+0,32}\right)^2}\cdot\frac{1}{d} - 1,08 = 0,$$

$$\text{(a)}\qquad 16,95\cdot d^4 - \frac{2355}{\left(\frac{87\cdot\sqrt{d}}{\sqrt{d}+0,32}\right)^2}\cdot\frac{1}{d} - 1,08 = 0 = f(d).$$

b) $\zeta_0 = 0{,}51$.

(b) $$16{,}95 \cdot d^4 - \frac{2355}{\left(\frac{87 \cdot \sqrt{d}}{\sqrt{d} + 0{,}32}\right)^2} \frac{1}{d} - 1{,}51 = 0 = f'(d).$$

Vernachlässigt man die Druckverbräuche für die Geschwindigkeitserzeugung und die Überwindung des Eintrittswiderstandes, berücksichtigt also lediglich die Reibung an der Rohrwandung, dann fällt das Glied 1,08 bzw. 1,51 in vorstehenden Gleichungen für d weg, und es bleibt die Beziehung:

(c) $$16{,}95 \cdot d^4 - \frac{2355}{\left(\frac{87 \cdot \sqrt{d}}{\sqrt{d} + 0{,}32}\right)^2} \cdot \frac{1}{d} = 0 = f''(d).$$

Die Ermittlung der Funktionswerte für verschiedene Werte d wird in nachstehender Tabelle durchgeführt.

Tabelle 9.

d	$16{,}95 \cdot d^4$	$\left(\frac{87 \cdot \sqrt{d}}{\sqrt{d} + 0{,}32}\right)^2$	$\frac{2355}{\left(\frac{87 \cdot \sqrt{d}}{\sqrt{d} + 0{,}32}\right)^2} \cdot \frac{1}{d}$	(a) $f(d)$	(b) $f'(d)$	(c) $f''(d)$
1,0	16,95	4350	0,54	15,33	14,90	16,41
0,9	11,13	4240	0,616	9,434	9,004	10,514
0,8	6,95	4100	0,717	5,153	4,723	6.233
0,7	4,07	3970	0,847	2,143	1,713	3,223
0,6	2,196	3780	1,039	0,077	−0,353	1,157
0,5	1,06	3590	1,312	−1,332	−1,762	−0,252
0,4	0,434	3340	1,762	−2,408	−2,838	−1,328
0,3	0,137	3016	2,604	−3,547	−3,977	−2,467

Werden die zusammengehörigen Wertepaare d und $f(d)$ bzw. $f'(d)$ und $f''(d)$ in einem rechtwinkligen Koordinatensystem aufgetragen, so läßt sich für $f(d) = 0$ bzw. $f'(d) = 0$ bzw. $f''(d) = 0$ der zugehörige Durchmesser d ohne weiteres herausgreifen (vgl. Abb. 88). Darnach erfordert die Fördermenge $q = 5{,}0$ m³/sek bei 35,0 m Wasserstand über Rohrachse für scharfrandiges Mundstück einen Durchmesser $d = 0{,}62$ m und für glockenförmiges Mundstück einen Durchmesser $d = 0{,}595$ m. Vernachlässigt man die Druckhöhenverbräuche h_v und h_0, berücksichtigt also lediglich die Reibung, indem man annimmt, daß die ganze zur Verfügung stehende Druckhöhe zur Überwindung der Reibung an der Rohrwandung aufgebraucht wird, so kommt man auf einen Rohrdurchmesser $d = 0{,}525$ m.

Man sieht, daß bei derartigen Leitungen h_v und h_0 nicht vernachlässigt werden dürfen, weil sonst die Rohrdurchmesser zu klein werden.

Da mit der Annahme des Wertes $\gamma = 0{,}16$ bezüglich der Rauhigkeit bereits weit gegangen worden ist, weil bei dem Grundablaßrohre nicht in dem Maße mit Inkrustationen zu rechnen ist wie bei ständig voll-laufenden und mit kleinem v durchflossenen Wasserleitungsrohren, betrachten wir das für den Durchmesser handelsübliche Maß 0,60 m

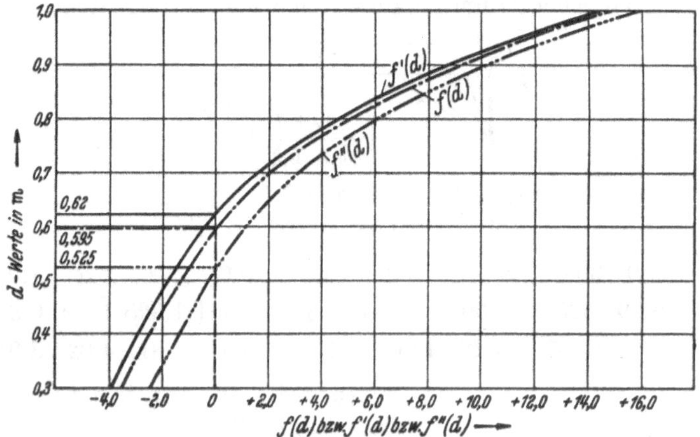

Abb. 88. Graphische Ermittlung der Durchmesser d.

als ausreichend und legen es den weiteren Rechnungen zugrunde. Überdies versehen wir das Grundablaßrohr mit einem glockenförmigen Mundstück, um einen weiteren Sicherheitsfaktor zu gewinnen.

II.

Die Zeit zur Entleerung des Beckens hängt von der Förderleistung des Grundablaßrohres ab. Diese wiederum ist eine Funktion der zur Verfügung stehenden Druckhöhe, also eine Abhängige von der Lage des Stauseespiegels über dem Rohrmundstück. Deshalb soll zunächst der Zusammenhang zwischen q und H festgelegt werden.

In Frage I wurde für glockenförmiges Mundstück die Beziehung abgeleitet:

$$H \cdot \frac{\pi^2 \cdot 2g}{16} = \left(1{,}08 + \frac{8g}{\left(\frac{87 \cdot \sqrt{d}}{\sqrt{d} + 0{,}32}\right)^2} \cdot \frac{l}{d}\right) \cdot \frac{1}{d^4} \cdot q^2,$$

daraus

$$q = \sqrt{\frac{H \cdot \frac{\pi^2 \cdot 2g}{16} \cdot d^4}{1{,}08 + \frac{8g}{\left(\frac{87 \cdot \sqrt{d}}{\sqrt{d} + 0{,}32}\right)^2} \cdot \frac{l}{d}}}$$

$$= \frac{\pi d^2}{4} \cdot \sqrt{\frac{2g \cdot H}{1{,}08 + \frac{8g}{\left(\frac{87 \cdot \sqrt{d}}{\sqrt{d} + 0{,}32}\right)^2} \cdot \frac{l}{d}}} = \mathfrak{A} \sqrt{H}\,.$$

Da l und d gegeben, also konstant sind, ist q direkt proportional $\sqrt{H}$. $\mathfrak{A}$ ist die Abflußmenge für $H = 1{,}0$ m. Nachstehend sind für verschiedene Werte H die entsprechenden Werte q berechnet, und in Abb. 89 ist der Zusammenhang zwischen Q und H durch eine Kurve dargestellt.

$$\mathfrak{A} = \frac{\pi \cdot d^2}{4} \sqrt{\frac{2g}{1{,}08 + \dfrac{8g}{\left(\dfrac{87 \cdot \sqrt{d}}{\sqrt{d} + 0{,}32}\right)^2} \cdot \dfrac{l}{d}}}$$

$$= \frac{3{,}14 \cdot 0{,}60^2}{4} \sqrt{\frac{19{,}62}{1{,}08 + 1{,}039}} = 0{,}861\,.$$

H (m) =	35,0	30,0	25,0	20,0	15,0	10,0	5,0	2,5	1,0
q (m³/sec) =	5,09	4,715	4,305	3,850	3,332	2,721	1,925	1,360	0,861
v (m/sec) =	18,0	16,67	15,22	13,60	11,78	9,64	6,81	4,82	3,04

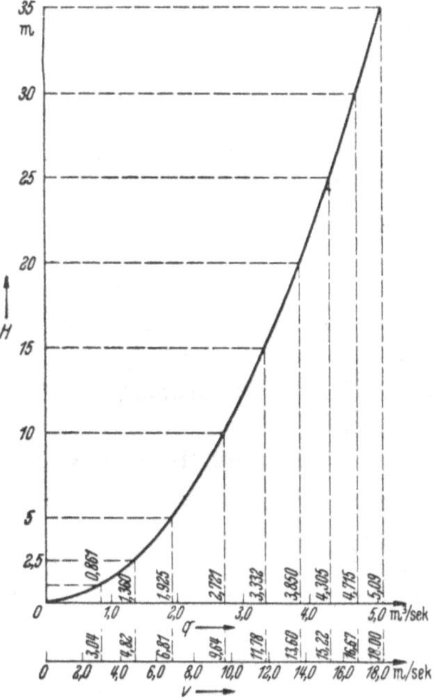

Abb. 89. Abflußmengen des Grundablaßrohres für veränderliche Druckhöhe (Stauhöhe) H und die entsprechenden Ausflußgeschwindigkeiten.

Aus Abb. 89 läßt sich für jede Stauseespiegellage, d. h. für jede Stauhöhe (= Druckhöhe) H die zugehörige Förderleistung q des Grundablaßrohres in der Zeiteinheit ablesen, sowie die Ausflußgeschwindigkeiten, welche jeweils durch Bildung des Quotienten $v = \frac{q}{f}$ erhalten werden, wenn f den lichten Rohrquerschnitt bedeutet.

Wir denken uns nun den Wasserkörper im Stausee durch Horizontalebenen in sehr dünne Schichten von der Dicke dH geteilt. Eine solche Schicht hat dann den Inhalt $F \cdot dH$ m³, wenn F die Wasserspiegelfläche dieser Schicht bedeutet. Zu jeder solchen Schicht gehört eine Druckhöhe H, welche gemessen wird durch den Abstand der jeweiligen Schichtspiegelfläche vom Rohrmittel. Greifen wir nun eine solche Schicht heraus, dann fließen in der Sekunde $\mathfrak{A}\sqrt{H}$ m³ ab, wenn H die zu dieser Schicht gehörige Druckhöhe H ist, im Zeitteilchen dt also $dt \cdot \mathfrak{A} \cdot \sqrt{H}$ m³. Nehmen wir nun an, daß dt die Zeit bedeutet, welche zum Abfluß der Schichtwassermenge $F \cdot dH$ notwendig ist, dann besteht die Beziehung

$$dt \cdot \mathfrak{A}\sqrt{H} = F \cdot dH$$

oder

$$dt = \frac{F \cdot dH}{\mathfrak{A} \cdot \sqrt{H}} = \frac{dQ_H}{q_H}.$$

Für das endliche Zeitteilchen Δt ergibt sich also

$$\Delta t = \frac{F \cdot \Delta H}{\mathfrak{A} \cdot \sqrt{H}} = \frac{\Delta Q_H}{q_H}.$$

Die Wasserinhalte ΔQ_H der Schichten sind aus Abb. 87 zu entnehmen, die zugehörigen sekundlichen Abflußmengen q_H der Abb. 89. Damit ist die Abflußdauer jeder Schicht berechenbar. Summiert man dann alle diese Zeiten Δt, dann erhält man die Gesamtabflußdauer für den ganzen Beckeninhalt zwischen $H = 0$ und $H = 35{,}0$ m.

Es frägt sich jetzt, welche Schichtdicke man für das vorliegende Beispiel zweckmäßig wählt. Denn je größer ΔH angenommen wird, desto größer ist auch die Änderung der Druckhöhe H innerhalb des Zeitintervalls Δt und damit die Änderung der sekundlichen Abflußmenge q_H. Nun zeigt die Kurve in Abb. 89, daß diese Änderung der Abflußmengen q_H oberhalb der Stauhöhe $H = 15{,}0$ m von 10,0 m zu 10,0 m hinreichend genau als geradlinig betrachtet werden kann. Zwischen $H = 15{,}0$ m und 5,0 m darf die Änderung von q_H innerhalb von 5,0 m Schichten ebenfalls angenähert als geradlinig angenommen werden.

Die Abflußzeit der noch verbleibenden sehr kleinen Restschicht zwischen $H = 0$ und 5,0 m soll, da ihr praktisch nicht mehr die hohe Bedeutung zukommt wie den höher gelegenen Schichten, ebenfalls so gerechnet werden, daß für q_H innerhalb dieser Schicht geradlinige Änderung angenommen wird. Es sei deshalb folgende Schichteinteilung gewählt:

zwischen $H = 35{,}0$ m und $H = 15{,}0$ m: $\Delta H = 10{,}0$ m,
" $H = 15{,}0$ m " $H = 0{,}0$ m: $\Delta H = 5{,}0$ m.

Für die oberste Schicht von $\Delta H = 10{,}0$ m, das ist für eine Stauhöhe zwischen 35,0 und 25,0 m, schwankt die Abflußmenge q_H zwischen 5,09 und 4,305 m³/sek (vgl. Abb. 89). Das entspricht einem mittleren Abfluß von

$$\frac{5{,}09 + 4{,}305}{2} = 4{,}697 \text{ m}^3/\text{sek}.$$

Der Schichtinhalt beträgt (vgl. Abb. 87): 5778000 − 2602000 = 3176000 m³. Die Abflußzeit für diese Schicht beträgt demnach

$$\Delta t = \frac{\Delta Q_H}{q_H} = \frac{3\,176000 \text{ m}^3}{4{,}697 \text{ m}^3/\text{sek}} = 676000 \text{ sek}.$$

Analog erhält man die Δt für die übrigen Schichten. Deren Berechnung sowie die Summierung ist in nachstehender Tabelle 10 durchgeführt.

Tabelle 10.

Schichtlage zwischen		Schichtdicke	$Q_{H_2} - Q_{H_1} = \Delta Q_H$	$\frac{q_{H_2} + q_{H_1}}{2} = q_H$ m³/sek	$\frac{\Delta Q_H \text{ m}^3}{q_H \text{ m}^3/\text{sek}} = \Delta t$ sek
H_2	H_1	$H_2 - H_1 = \Delta H$	in Millionen m³		
35,0	25,0	10,0	5,778 − 2,602 = 3,176	$\frac{5{,}09 + 4{,}305}{2} = 4{,}697$	$\frac{3\,176\,000}{4{,}697} = 676\,000$
25,0	15,0	10,0	2,602 − 0,892 = 1,710	$\frac{4{,}305 + 3{,}332}{2} = 3{,}818$	$\frac{1\,710\,000}{3{,}818} = 448\,000$
15,0	10,0	5,0	0,892 − 0,432 = 0,460	$\frac{3{,}332 + 2{,}721}{2} = 3{,}026$	$\frac{460\,000}{3{,}026} = 152\,000$
10,0	5,0	5,0	0,432 − 0,124 = 0,308	$\frac{2{,}721 + 1{,}925}{2} = 2{,}323$	$\frac{308\,000}{2{,}323} = 132\,500$
5,0	0,0	5,0	0,124 − ∼ 0 = 0,124	$\frac{1{,}925 + 0}{2} = 0{,}962$	$\frac{124\,000}{0{,}962} = 129\,000$

$$\sum_{H=0}^{H=35{,}0\,\text{m}} \Delta t = T = 1\,537\,500 \text{ sek} = \frac{1\,537\,500}{60 \cdot 60 \cdot 24} = \mathbf{17{,}8} \text{ Tage.}$$

Wie sich aus obenstehenden Ausführungen ergibt, ist die vorstehende Berechnung der Zeiten Δt als Näherungsrechnung zu betrachten. Wir stellen uns nun die Aufgabe, die praktische Brauchbarkeit dieser Rechenmethode nachzuprüfen, wobei aber lediglich die Werte F, nicht aber die Werte Q als gegeben betrachtet werden sollen.

Wir gehen zu diesem Zweck wieder von der Beziehung aus:

$$dt = \frac{F \cdot dH}{\mathfrak{A} \cdot \sqrt{H}}.$$

Oben wurde bereits ausgeführt, daß die sekundliche Abflußmenge $q_H = \mathfrak{A}\sqrt{H}$ von der jeweiligen Druckhöhe H abhängt. Wie aus Abb. 87 ersichtlich, ändert sich auch F mit H, es ist also $F = f(H)$, und man kann schreiben

$$dt = \frac{f(H) \cdot dH}{\mathfrak{A}\sqrt{H}}$$

und

$$t = \frac{1}{\mathfrak{A}} \int_{H_1}^{H_2} \frac{f(H) \cdot dH}{\sqrt{H}}.$$

Nun handelt es sich darum, die Fläche F durch die Stauhöhe (= Druckhöhe H) auszudrücken. Die in Abb. 87 aufgetragenen Werte F sind dadurch entstanden, daß in einem Lageplan geeigneten Maßstabes mit Schichtlinien von 5,0 m zu 5,0 m die von diesen Schichtlinien begrenzten Flächen F, soweit sie oberstrom der Sperre gelegen sind, planimetriert wurden. Dadurch erhielt man ein zahlenmäßiges Bild über die Zunahme der Flächen F von 5,0 m zu 5,0 m. Diese Zunahme wurde mangels weiterer Unterlagen von Schicht zu Schicht als geradlinig angenommen, was ja für die in den praktischen Fällen geforderte Genauigkeit meist auch ausreicht. Für die F-Kurve der Abb. 87 ergab sich dadurch ein gebrochener Linienzug, der für jede Schicht aus einer Geraden besteht. Es kann deshalb auch $f(H)$ als Funktion einer Geraden betrachtet werden. Bezeichnet F_1 die Wasserspiegelfläche bei der Druckhöhe H_1, F_2 jene bei der Druckhöhe H_2, dann muß die Gerade $f(H)$ für den Bereich $H_2 - H_1$ durch die Punkte mit den Koordinaten F_1, H_1 und F_2, H_2 gehen. Die Gleichung lautet:

$$\frac{H - H_1}{F - F_1} = \frac{H_2 - H_1}{F_2 - F_1}$$

oder

$$F = f(H) = H \cdot \frac{F_2 - F_1}{H_2 - H_1} - \left[\frac{H_1}{H_2 - H_1} \cdot (F_2 - F_1) - F_1\right].$$

Setzt man diesen Ausdruck für $f(H)$ in obige Gleichung für t ein, so erhält man:

$$t = \frac{1}{\mathfrak{A}} \int_{H_1}^{H_2} \frac{\left\{H \cdot \frac{F_2 - F_1}{H_2 - H_1} - \left[\frac{H_1}{H_2 - H_1} (F_2 - F_1) - F_1\right]\right\} dH}{\sqrt{H}},$$

$$t = \frac{1}{\mathfrak{A}} \cdot \frac{1}{(H_2 - H_1)} \times$$

$$\times \int_{H_1}^{H_2} \{(F_2 - F_1) H^{1/2} dH - [H_1(F_2 - F_1) - F_1(H_2 - H_1)] H^{-1/2} dH\},$$

$$t = \frac{1}{\mathfrak{A}} \cdot \frac{1}{(H_2 - H_1)} \times$$

$$\times \{(F_2 - F_1) \cdot \tfrac{2}{3} H^{3/2} - [H_1(F_2 - F_1) - F_1(H_2 - H_1)] \cdot 2 H^{1/2}\}_{H_1}^{H_2}.$$

Für die Grenzwerte H_1 und H_2 wird demnach die Abflußzeit t

$$t = \frac{1}{\mathfrak{A}} \cdot \frac{1}{(H_2 - H_1)} \times$$

$$\times \{(F_2 - F_1) \cdot \tfrac{2}{3} [H_2^{3/2} - H_1^{3/2}] - [H_1(F_2 - F_1) - F_1(H_2 - H_1)] \cdot 2 \cdot [H_2^{1/2} - H_1^{1/2}]\}.$$

Dieser Ansatz für die Abflußzeit t läßt sich für jede Schicht von 5,0 m ansetzen. Die Summierung sämtlicher Werte t ergibt dann wiederum die Gesamtabflußzeit für den ganzen Beckeninhalt. Die Berechnung wurde in der umstehenden Tabelle 28 durchgeführt. In derselben bedeuten:

$$a = (F_2 - F_1) \cdot \tfrac{2}{3} [H_2^{3/2} - H_1^{3/2}],$$

$$b = [H_1(F_2 - F_1) - F_1(H_2 - H_1)] \cdot 2 \cdot [H_2^{1/2} - H_1^{1/2}],$$

also

$$t = \frac{1}{\mathfrak{A}} \cdot \frac{1}{(H_2 - H_1)} \cdot \{a - b\}.$$

Man erhält also für die Gesamtabflußzeit $T = \sum_{H=0}^{H=35,0} t$ den Wert 17,12 Tage gegen 17,8 Tage des ersten Ermittlungsverfahrens. Unter Berücksichtigung der Unsicherheiten, welche durch die Annahme der Koeffizienten (ζ_0 und γ) und durch die Benutzung des Kartenmaterials in das Zahlenergebnis getragen werden, darf die einfachere erste Methode als hinreichend genau bezeichnet werden. Sie setzt allerdings die Q-Werte als bekannt voraus. Ist das nicht der Fall, so führt die zweite Methode rascher zum Ziele, weil die Ermittlung der Q-Werte (evtl. mit Hilfe der SIMPSONschen Regel) erspart wird.

In Abb. 87 ist die Beziehung zwischen der Ausflußzeit t und der Wassermenge Q zur Darstellung gebracht. Die Auftragung der t-Kurve gestattet für die gegebenen Verhältnisse, für den gegebenen Wasserinhalt irgendeiner Lamelle sofort die entsprechende Abflußzeit zu entnehmen.

III.

Die Abflußzeit t für den Lamelleninhalt zwischen den Grenzen H_1 und H_2 hatten wir angesetzt zu

$$t = \frac{1}{\mathfrak{A}} \int\limits_{H_1}^{H_2} \frac{f(H)\,dH}{\sqrt{H}}.$$

Die Summierung für *diesen* Lamellenstreifen ergab weiter oben

$$t = \frac{1}{\mathfrak{A}} \cdot \frac{1}{(H_2 - H_1)} \cdot \{a - b\}_{H_1}^{H_2}.$$

Wird diese Summierung für sämtliche Lamellen durchgeführt, so ergibt sich, da $\mathfrak{A}$ eine konstante Größe ist, welche in sämtlichen Summanden der rechten Gleichungsseite wieder vorkommt und deshalb vor das Summenzeichen genommen werden kann,

$$\sum_{H=0}^{H=35,0} t = T = \frac{1}{\mathfrak{A}} \sum_{H_1=0}^{H_2=35,0} \left[\frac{1}{(H_2 - H_1)} \cdot \{a - b\}_{H_1}^{H_2}\right].$$

Der gesuchte Rohrdurchmesser d ist *nur* in der Größe $\mathfrak{A}$ enthalten und bildet darin die einzige Unbekannte. Deshalb bestimmen wir zunächst die Größen $\mathfrak{A}$, indem wir setzen

$$\mathfrak{A} = \frac{1}{T} \sum_{H_1=0}^{H_2=35,0} \left[\frac{1}{(H_2 - H_1)} \cdot \{a - b\}_{H_1}^{H_2}\right].$$

Da Schichten von 5,0 m zugrunde gelegt sind, ist $H_2 = H_1 + 5,0$ m, also $H_2 - H_1 = 5,0$ und

$$\mathfrak{A} = \frac{1}{T} \sum_{H_1=0}^{H_2=35,0} \left[\frac{1}{5,0} \cdot \{a - b\}_{H_1}^{H_1+5,0}\right],$$

$$\mathfrak{A} = \frac{1}{T} \cdot \left[\frac{1}{5,0} \cdot \{a - b\}_{H_1}^{H_1+5,0}\right]_{H_1=0}^{H_2=35,0},$$

$$\mathfrak{A} = \frac{1}{5 \cdot T} \cdot \left[\{a - b\}_{H_1}^{H_1+5,0}\right]_{H_1=0}^{H_2=35,0}.$$

Der Ausdruck $[\{a-b\}_{H_1}^{H_1+5,0}]_{H_1=0}^{H_2=35,0}$ ist bereits ermittelt und kann aus Tabelle 11 entnommen werden zu 6355600; T ist gegeben mit 6 Tagen oder = 518400 sek. Demnach:

$$\mathfrak{A} = \frac{1}{5 \cdot 518400} \cdot 6355600 = 2{,}46.$$

Tabelle 11.

H_2	H_1	H_2-H_1	F_2	F_1	F_2-F_1	$H_2^{3/2}$	$H_1^{3/2}$	$H_2^{3/2}-H_1^{3/2}$	a	$H_1(F_2-F_1)$
35,0	30,0	5,0	373000	325000	48000	207	164	43	1370000	1440000
30,0	25,0	5,0	325000	247000	78000	164	125	39	2030000	1945000
25,0	20,0	5,0	247000	164000	83000	125,	89,5	35,5	1965000	1660000
20,0	15,0	5,0	164000	110000	54000	89,5	58,0	31,5	1135000	810000
15,0	10,0	5,0	110000	74000	36000	58,0	31,6	26,4	631000	360000
10,0	5,0	5,0	74000	49000	25000	31,6	11,2	20,4	340000	125000
5,0	0,0	5,0	49000	600	48400	11,2	0	11,2	361000	0

$F_1(H_2-H_1)$	$H_1(F_2-F_1) - F_1(H_2-H_1)$	$H_2^{1/2}$	$H_1^{1/2}$	$H_2^{1/2}-H_1^{1/2}$	b	$a-b$	$\frac{[a-b]}{\mathfrak{A}(H_2-H_1)}$ sek
1620000	−180000	5,92	5,48	0,44	−158000	1528000	355000
1235000	+710000	5,48	5,00	0,48	+681000	1349000	314000
820000	+840000	5,00	4,47	0,53	+890000	1075000	250000
550000	+260000	4,47	3,87	0,60	+312200	823000	191000
370000	− 10000	3,87	3,16	0,71	− 14200	645200	150000
245000	−120000	3,16	2,24	0,92	−221000	561000	130000
3000	− 3000	2,24	0	2,24	− 13400	374400	87000

$\Sigma(a-b) = 6355600$

$\Sigma t = T = 1477000$ sek

$= \frac{1477000}{60 \cdot 60 \cdot 24} = $ **17,12** Tage.

Tabelle 12.

d	$\left(\frac{87\sqrt{d}}{\sqrt{d}+0{,}32}\right)^2 = c^2$	$\frac{2355}{c^2 \cdot d}$	$\sqrt{1{,}08 + \frac{2355}{c^2 \cdot d}}$	$f_3(d)$
0,70	3970	0,85	1,39	2,83
0,80	4100	0,72	1,34	2,09
0,90	4220	0,62	1,30	1,61
1,00	4340	0,54	1,27	1,27
1,10	4860	0,44	1,23	1,02
Probe 0,95 (Abb. 90 entnommen)	4290	0,578	1,287	1,426

Nach früherem ist für glockenförmiges Mundstück

$$\mathfrak{A} = \frac{\pi d^2}{4} \cdot \sqrt{\frac{2g}{1{,}08 + \frac{8g}{\left(\frac{87\sqrt{d}}{\sqrt{d}+0{,}32}\right)^2} \cdot \frac{l}{d}}} = 2{,}46,$$

also

$$\frac{1}{d^2}\sqrt{1{,}08+\frac{2355}{\left(\frac{87\sqrt{d}}{\sqrt{d}+0{,}32}\right)^2\cdot d}} = 1{,}42 = f_3(d)\,.$$

Die Lösung der Gleichung erfolgt auf graphisch-rechnerischem Wege (vgl. Tabelle 12 und Abb. 90).

Die Auflage, das Staubecken in 6 Tagen zu leeren, würde demnach ein Grundablaßrohr von 0,95 m bedingen.

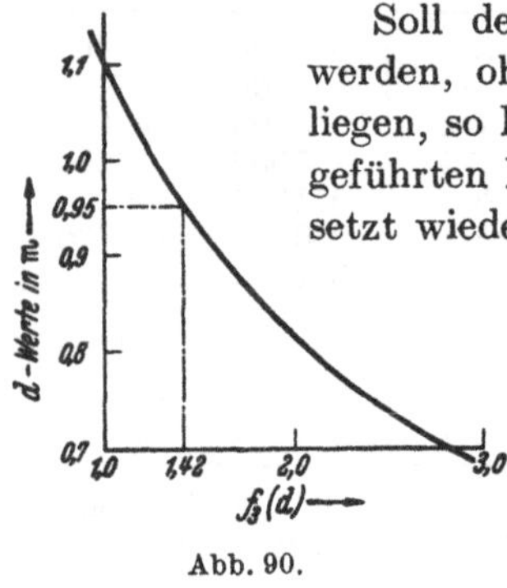

Abb. 90.

Soll der Durchmesser für $T = 6$ Tage berechnet werden, ohne daß die Zahlenwerte der Tabelle 11 vorliegen, so kann man mit der bereits weiter oben durchgeführten Näherungsrechnung zum Ziele gelangen. Man setzt wieder:

$$\varDelta t = \frac{\varDelta Q_H}{q_H} = \left[\frac{Q_{H_2}-Q_{H_1}}{\frac{q_{H_2}+q_{H_1}}{2}}\right].$$

Die sekundlichen Ausflußmengen q_H sind jetzt *nicht* bekannt, sie hängen vielmehr vom gesuchten Durchmesser d ab durch die bereits abgeleitete Beziehung $q_H = \mathfrak{A}\sqrt{H}$, wobei $\mathfrak{A}$ eine Funktion des Rohrdurchmessers ist. Wir setzen also

$$\varDelta t = \frac{Q_{H_2}-Q_{H_1}}{\frac{\mathfrak{A}\cdot\sqrt{H_2}+\mathfrak{A}\sqrt{H_1}}{2}} = \frac{1}{\mathfrak{A}}\left[\frac{Q_{H_2}-Q_{H_1}}{\frac{\sqrt{H_2}+\sqrt{H_1}}{2}}\right].$$

Wird der Wert $\varDelta t$ für sämtliche Schichten gebildet und dann summiert, so erhält man:

$$\sum \varDelta t = T = \frac{1}{\mathfrak{A}}\cdot\sum_{H_1=0}^{H_2=35{,}0}\cdot\left[\frac{Q_{H_2}-Q_{H_1}}{\frac{\sqrt{H_2}+\sqrt{H_1}}{2}}\right].$$

Der gesuchte Rohrdurchmesser kommt nur in $\mathfrak{A}$ vor, daher

$$\mathfrak{A} = \frac{1}{T}\cdot\sum_{H_1=0}^{H_2=35{,}0}\cdot\left[\frac{Q_{H_2}-Q_{H_1}}{\frac{\sqrt{H_2}+\sqrt{H_1}}{2}}\right].$$

In nachstehender Tabelle 13 ist die Summe der rechten Gleichungsseite gebildet.

Für $T = 6$ Tage $= 518400$ sek wird $\mathfrak{A} = \frac{1323500}{518400} = 2{,}55$

oder $$f_3'(d) = \frac{1}{d^2}\sqrt{1{,}08+\frac{2355}{\left(\frac{87\sqrt{d}}{\sqrt{d}+0{,}32}\right)^2\cdot d}} = \frac{\pi}{4}\cdot\frac{\sqrt{2g}}{2{,}55} = 1{,}365\,,$$

Tabelle 13.

Schichtlage zwischen		$Q_{H_2} - Q_{H_1} = \Delta Q_H$	$\sqrt{H_2}$	$\sqrt{H_1}$	$\frac{\sqrt{H_2}+\sqrt{H_1}}{2}$	$\frac{Q_{H_2} - Q_{H_1}}{\frac{\sqrt{H_2}+\sqrt{H_1}}{2}}$
H_2	H_1	in Millionen m³				
35,0	25,0	3,176	5,915	5,000	5,457	582000
25,0	15,0	1,710	5,000	3,870	4,435	385500
15,0	10,0	0,460	3,870	3,160	3,515	130800
10,0	5,0	0,308	3,160	2,235	2,697	114200
5,0	0	0,124	2,235	0	1,117	111000

$$\sum_0^{35,0}\left[\frac{Q_{H_2} - Q_{H_1}}{\frac{\sqrt{H_2}+\sqrt{H_1}}{2}}\right] = 1\,323\,500$$

so daß sich aus Abb. 90 ein Durchmesser von rd. 0,97 m gegen 0,95 m der genauen Rechnung ergibt. Der Unterschied gegenüber der ersten Berechnungsmethode ist also unwesentlich und in den meisten praktischen Fällen ohne Belang.

Wären die Schichteninhalte ΔQ_H *nicht* bekannt, sondern lediglich die Flächen F_H, so ist nach früherem statt ΔQ_H lediglich $F_H \Delta H = \frac{F_2+F_1}{2}\Delta H$ zu setzen. Für die oberste Schicht ergäbe sich z. B.

$$\Delta t_1 = \frac{F_H \Delta H}{\mathfrak{A}\sqrt{H}} = \frac{1}{\mathfrak{A}}\left[\frac{\frac{F_2+F_1}{2}(H_2 - H_1)}{\frac{\sqrt{H_2}+\sqrt{H_1}}{2}}\right]_{H_1=25,0}^{H_2=35,0}.$$

Setzt man die Abflußzeiten sämtlicher Schichten analog an und summiert, so ergibt die Auflösung nach $\mathfrak{A}$:

$$\mathfrak{A} = \frac{1}{T}\sum_{H_1=0}^{H_2=35,0}\left[\frac{\frac{F_2+F_1}{2}(H_2 - H_1)}{\frac{\sqrt{H_2}+\sqrt{H_1}}{2}}\right].$$

Durch Bildung der Funktion $f_3''(d)$ läßt sich aus Abb. 90 abermals der Durchmesser d ablesen.

Aufgabe 18.

Druckhöhenverluste in einem Rohrdüker im Zuge einer drucklosen Triebwasserleitung.

Für die Kreuzung eines Freispiegelstollens mit einem Flusse im Zuge einer Wasserkraftanlage wurde eine Dükeranlage mit Stahlrohren von 1,6 m lichtem Durchmesser angelegt. Bei der maximalen Wasserführung von 4,0 m³/sek steigt die Strömungsgeschwindigkeit von 1,0 m/sek im Stollen auf 2,0 m/sek in der Rohrleitung.

Wie groß ist die Spiegeldifferenz zwischen Anfang und Ende der Dükeranlage (Abb. 91)?

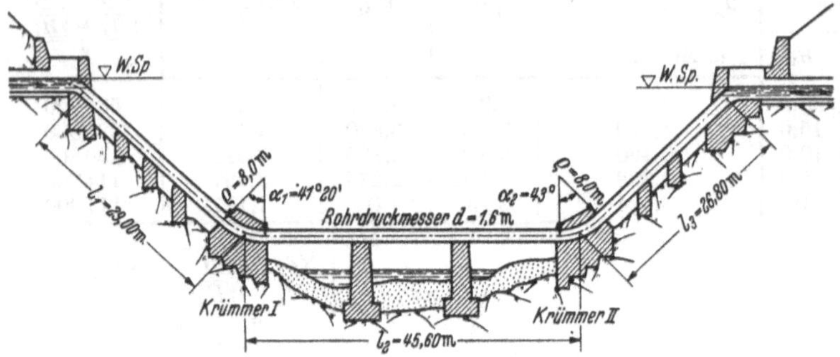

Abb. 91. Überführung einer Triebwasserleitung über einen Fluß als Rohrdüker.

Lösung.

Wenn eine drucklose Kanalleitung (z. B. offener Kanal, Freispiegelstollen, nicht vollgefüllte Rohrleitungen) an irgendeiner Stelle der Trasse nicht geradlinig weitergeführt werden kann, weil dort eine Talsenke, ein Flußlauf, querlaufende Leitungen, tiefliegende Verkehrsanlagen (Bahneinschnitte, U-Bahnen) oder ein anderes Hindernis die geradlinige Weiterführung wirtschaftlich oder konstruktiv unmöglich machen, wird häufig die Anlage eines *Dükers* durchgeführt. Sie besteht darin, daß die drucklose Kanalleitung durch eine unter dem Hindernis hindurchgeführte Druckleitung mit dem unterhalb anschließenden Teil der Gefällsleitung verbunden wird. Die Druckleitung schließt also an die Kanalleitung mit einem absteigenden Ast an, hat dann meist noch eine waagerechte oder besser schwach geneigte Rohrstrecke und steigt in der Fließrichtung wieder zur Kanalleitung auf. Die Verbindungsleitung „taucht“ also gewissermaßen unter das Hindernis, daher der Name „Düker“. Hydraulisch ist der Düker also eine *Druckleitung* und wird wie diese berechnet.

In unserem Beispiel handelt es sich darum, die Fördermenge einer drucklosen Triebwasserleitung (Freispiegelstollen) einer Wasserkraftanlage über einen Fluß hinwegzuleiten. Hydraulisch am einfachsten könnte dies durch eine mit dem Stollen sohlengleiche *Kanalbrücke* (Aquädukt) geschehen. Genauere Untersuchungen ergaben aber, daß für unseren Fall die Anlage eines *Dükers* zur Überleitung des Wassers zweckmäßiger ist, so daß diese technische Lösung gewählt wurde. Dabei „taucht“ *hier* aber der Dücker lediglich in das Flußtal, nicht unter den Fluß hinab, überbrückt diesen vielmehr mit einer Rohrbrücke.

Bei der Festlegung des Dükers im Längsschnitt ist davon auszugehen, daß der Auslaufwasserspiegel um den Druckverlust, der sich in der Dükerleitung ergibt, tiefer liegt als am Einlauf. Bei gleicher Querschnittsausbildung des Freispiegelgerinnes oberhalb und unterhalb des Dükers führt diese Spiegeldifferenz zu einer entsprechend tiefen Sohlenlage des Kanals am Dükerauslauf. Um diese verlässig festlegen zu können und damit zu vermeiden, daß der Düker die zu fördernde größte Wassermenge eventuell nur bei größerem Aufstau des Spiegels dükeraufwärts zu leisten vermag, müssen die möglichen Druckverluste gewissenhaft festgestellt werden. Besondere Sorgfalt erfordert diese Ermittlung dann, wenn durch den Aufstau im Zubringergerinne oberhalb des Dükers die Förderung des Höchstwassers dort in Frage gestellt würde.

In unserem Beispiel ergeben sich folgende Druckhöhenverbräuche:

1. Am Übergang vom Freispiegelstollen zur Rohrleitung des Dükers: *Steigerung der Geschwindigkeit* von $v_1 = 1{,}0$ m/sek im Freispiegelstollen auf $v_2 = 2{,}0$ m/sek im Dükerrohr, um den notwendigen Rohrdurchmesser nicht zu groß zu erhalten (Kosten!). Dazu wird Druckhöhe benötigt, die sich, wenn man hier die ungleiche Geschwindigkeit der einzelnen Wasserteilchen durch Beifügung des Faktors $\alpha \sim 1{,}1$ der Sicherheit halber berücksichtigt, ermittelt zu

$$h_1 = \alpha\left(\frac{v_2^2}{2g} - \frac{v_1^2}{2g}\right) = \frac{\alpha v_2^2}{2g}\left(1 - \frac{v_1^2}{v_2^2}\right) = \alpha\left(1 - \frac{F_2^2}{F_1^2}\right)\cdot\frac{v_2^2}{2g},$$

$$h_1 = 1{,}1\cdot\left(1 - \frac{2{,}0^2}{4{,}0^2}\right)\cdot\frac{2{,}0^2}{2g} = 1{,}1\cdot 0{,}75\cdot 0{,}204 = \mathbf{0{,}168}\text{ m}.$$

2. Beim Eintritt des Wassers in das Dükerrohr tritt noch ein Druckverbrauch zur Überwindung des *Eintrittswiderstandes* auf. Unter Berücksichtigung des hydraulisch gut ausgebildeten glockenförmigen Rohrmundes wird der Eintrittsverlust angesetzt zu

$$h_2 = 0{,}10\frac{v_2^2}{2g} = 0{,}10\cdot\frac{2{,}0^2}{2g} = \mathbf{0{,}020}\text{ m}.$$

3. Im Dükerrohr selbst ergibt sich beim Durchströmen ein Druckhöhenverbrauch zur *Überwindung der Reibung* an der Rohrwandung und wegen der Turbulenz. Dieser beträgt je 1 lfd. m Dükerleitung von überall gleichem Durchmesser

$$h_r = \zeta_r\cdot\frac{1}{d}\cdot\frac{v_2^2}{2g} = \frac{78{,}5}{c^2}\cdot\frac{1}{d}\cdot\frac{v_2^2}{2g}.$$

Der Geschwindigkeitsbeiwert c nach BAZIN ist

$$c = \frac{87}{1 + \frac{\gamma}{\sqrt{R}}}.$$

Setzt man $\gamma = 0{,}16$ (längs- und quergenietete Eisenrohre) und $R = \frac{d}{4}$ (vollaufendes Kreisprofil) $= \frac{1{,}60}{4} = 0{,}40$ m, also $\sqrt{R} = 0{,}632$, dann wird

$$c = \frac{87}{1 + \frac{0{,}16}{0{,}632}} = 69{,}4$$

und

$$h_r = \frac{78{,}5}{69{,}4^2} \cdot \frac{1}{1{,}60} \cdot \frac{2{,}0^2}{19{,}62} = 0{,}0021 \text{ m}.$$

Für die Gesamtdükerlänge $l = 29{,}0 + 45{,}6 + 26{,}8 = 101{,}4$ m ergibt sich der Gesamtreibungsverlust zu

$$h_3 = 101{,}4 \cdot 0{,}0021 = \mathbf{0{,}213} \text{ m}.$$

4. Druckhöhenverbrauch zur Überwindung der Widerstände an den *Rohrkrümmern*:

Allgemein gilt für den Krümmungswiderstand nach WEISBACH[1]

$$h_{kr} = \zeta_{kr} \cdot \frac{\alpha^\circ}{90^\circ} \cdot \frac{v_2^2}{2g} *,$$

wenn α° den Zentriwinkel des Krümmungsbogens bedeutet.

Nach WEISBACH ist ζ_{kr} für Kreisprofile zu setzen:

$$\zeta_{kr} = 0{,}131 + 1{,}847 \cdot \left(\frac{r}{\varrho}\right)^{7/2},$$

wobei r den Rohrhalbmesser und ϱ den Krümmungshalbmesser der Rohrachse bezeichnet.

In unserem Falle ergibt sich für die beiden Krümmer I und II

$$\zeta_{kr} = 0{,}131 + 1{,}847 \cdot \left(\frac{0{,}8}{8{,}0}\right)^{7/2} = 0{,}131 + 0{,}001 = 0{,}132.$$

Daher

$$h_{kr\,I} = 0{,}132 \cdot \frac{41{,}33^\circ}{90^\circ} \cdot \frac{2{,}0^2}{19{,}62} = 0{,}012 \text{ m}$$

und

$$h_{kr\,II} = 0{,}132 \cdot \frac{43^\circ}{90^\circ} \cdot \frac{2{,}0^2}{19{,}62} = 0{,}013 \text{ m}.$$

Somit Gesamtkrümmerverlust h_4 der Dükeranlage

$$h_4 = 0{,}012 + 0{,}013 = \mathbf{0{,}025} \text{ m}.$$

5. Am Übergang vom Dükerrohr zum in der Fließrichtung anschließenden Freispiegelstollen tritt einerseits ein „Austrittsverlust“ infolge des Stoßes des rascher fließenden Wassers auf das anschließend

---

[1] WEISBACH: Lehrbuch der theoretischen Mechanik. S. 438. Braunschweig 1845.

* Nach SCHOKLITSCH (Wasserbau Bd. 1, S. 76) ist die Länge des Bogens, also der Ablenkwinkel α°, für den Krümmerverlust belanglos. Dies führt für $\alpha < 90^\circ$ zu höheren Krümmerverlusten als in dem WEISBACHschen Ansatz, worauf hier besonders hingewiesen wird.

langsamer fließende Wasser auf, andererseits vermindert sich die Strömungsgeschwindigkeit von $v_2 = 2{,}0$ m/sek wieder auf $v_3 = v_1 = 1{,}0$ m/sek womit ein Gefällsrückgewinn verbunden ist.

Bei *Rohrleitungen* hat man diese entgegengesetzten Wirkungen bei *plötzlichen* Querschnittserweiterungen zu berücksichtigen versucht durch den Ansatz für den Gefälls*rückgewinn*

$$h_a = \zeta_a \cdot \frac{v_3^2}{2g} = 2 \cdot \left(\frac{F_3}{F_2} - 1\right) \cdot \frac{v_3^2}{2g} \quad \text{(Gewinn!)}^1.$$

Dabei ist in unserem Beispiel F_3 der erweiterte Wasserquerschnitt des an den Düker anschließenden Freispiegelstollens $= F_1$, F_2 der Rohrquerschnitt.

Mit unseren Werten ergibt sich

$$h_a = 2 \cdot \left(\frac{4{,}0}{2{,}0} - 1\right) \cdot \frac{1{,}0^2}{19{,}62} = 0{,}102 \text{ m (Gewinn!)}.$$

Da der Druckverbrauch zur Geschwindigkeitssteigerung am Dükereinlauf zu $h_1 = 0{,}168$ m ermittelt wurde, berechnet sich der reine Auslaufverlust zu $0{,}168 - 0{,}102 = 0{,}066$ m.

In unserem Falle entsteht die Querschnittsverbreiterung durch Einmündung des Dükerrohres in den Freispiegelstollen. Es ist damit zu rechnen, daß hier neben dem Stoß noch zusätzliche Wirbelungen auftreten, welche den Austrittsverlust vergrößern. Außerdem findet eine Änderung der Fließrichtung statt, mit der ebenfalls ein Verlust verbunden ist.

Zur Sicherheit wird in unserem Beispiel deshalb der Gesamtübergangsverlust gleichgesetzt dem theoretischen Druckhöhenrückgewinn, also

$$h_5 = 0.$$

Sollte der Gefällsrückgewinn wirklich positiv sein, d. h. den Austrittsverlust in der Größe übertreffen, dann ist der anschließende Freispiegelstollen um diesen positiven Betrag zu tief kotiert, und es findet deshalb im *oberen* Zulaufgerinne eine Spiegelablenkung statt. Durch einen leichten Stau von unten her läßt sich diese Absenkung — falls erwünscht oder notwendig — wieder ausgleichen.

---

[1] Stoßverlust (theor.): $\frac{(v_2 - v_3)^2}{2g}$; Gefällsrückgewinn (theor.): $\frac{v_2^2}{2g} - \frac{v_3^2}{2g}$. Zieht man davon den Stoßverlust ab, so verbleibt folgender *Rückgewinn*:

$$h_a = \frac{v_2^2 - v_3^2}{2g} - \frac{(v_2 - v_3)^2}{2g} = \left(\frac{v_2^2}{v_3^2} - 1\right) \cdot \frac{v_3^2}{2g} - \left(\frac{v_2}{v_3} - 1\right)^2 \cdot \frac{v_3^2}{2g}$$

$$= \left[\left(\frac{F_3^2}{F_2^2} - 1\right) - \left(\frac{F_3}{F_2} - 1\right)^2\right] \cdot \frac{v_3^2}{2g} = 2\left[\frac{F_3}{F_2} - 1\right] \cdot \frac{v_3^2}{2g}.$$

Gesamtdükerverlust:

$$
\begin{aligned}
h_1 &= 0{,}168 \text{ m} \\
h_2 &= 0{,}020 \text{ ,,} \\
h_3 &= 0{,}213 \text{ ,,} \\
h_4 &= 0{,}025 \text{ ,,} \\
h_5 &= 0{,}000 \text{ ,,} \\
\hline
\Sigma h &= 0{,}426 \text{ m}
\end{aligned}
$$

Die Spiegeldifferenz zwischen Anfang und Ende der Dükeranlage beträgt demnach 42,6 m. Da der Freispiegelstollen beiderseits der Flußsenke gleiche Maße hat, ist auch dessen Sohle am Auslauf um 42,6 cm tiefer anzulegen als am Einlauf in den Düker.

Aufgabe 19.

Bemessung eines Abwasserkanaldükers und Bestimmung der Dükerdruckverluste.

Der Bau einer Untergrundbahn in einer Stadt erfordert die Dükerung eines Abwasserkanals. Aus Abb. 92 sind die örtlichen Verhältnisse im Längsschnitt zu ersehen. Der Abwasserkanal hat 100 l/sek

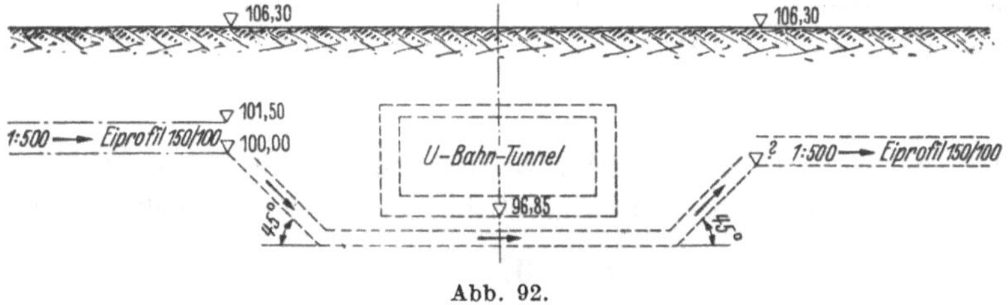

Abb. 92.

Brauchwasser (höchster sekundlicher Trockenwetterabfluß!) und 1500 l/sek Regenwasser, insgesamt also 1600 l/sek abzuführen. Er ist oberhalb und unterhalb der Dükerstelle jeweils als normales Eiprofil mit den lichten Ausmaßen 1500/1000 mm und dem Gefälle 1 : 500 auszubilden. Man bemesse die Dükeranlage der Entwässerungsleitung!

Lösung.

Die Anlage und Bemessung eines Dükers im Zuge eines Abwasserkanals erfordert beim Mischsystem besondere Achtsamkeit, denn dieser führt nur bei Regen größere Wassermengen, bei Trockenwetter dagegen nur die verhältnismäßig kleine Brauchwassermenge. Würde man nun die Dükerleitung etwa mit dem gleichen lichten Querschnitt ausführen wie den Abwasserkanal oberhalb und unterhalb des Dükers, dann ergäbe sich in letzterem bei Trockenwetter mit dem kleinen Q und dem großen Querschnitt F eine sehr kleine Fließgeschwindigkeit. Die Folgen wären starke Ablagerungen, deren Beseitigung meist nicht ganz einfach ist. Man braucht also für den Trockenwetterabfluß einen kleinen Rohrquerschnitt mit einer solchen Geschwindigkeit darin, daß Ablagerungen möglichst vermieden werden (wenn möglich $v \geqq 1$ m/sek). Dieser kleine Rohrquerschnitt reicht aber für die Abführung der Regenwassermenge nicht aus, so daß dafür besondere Dükerleitungen angelegt werden müssen[1].

Es ergibt sich damit eine Auflösung der Leitung in ein kleineres Dükerrohr für Brauchwasser und in ein oder gegebenenfalls mehrere größere Rohre für das Regenwasser. Dabei muß natürlich die Anlage so gestaltet werden, daß der Trockenwetterabfluß ausschließlich in das Brauchwasserrohr gelangt, und daß erst bei Regenwasserführung die größeren Rohre beschickt werden. Diese Betriebsregelung wird erreicht entweder durch Anordnung der Rohreinläufe in verschiedener Höhe oder durch Überfallschwellen, die den Regenleitungen von einer gewissen Füllung an das Wasser zuführen.

Für die Ausbildung einer solchen Dükeranlage im Längsschnitt haben sich zwei Systeme eingeführt. Das eine zeigt zwei flachgeneigte Äste mit einem waagerechten unteren Verbindungsstück. Je flacher dabei der *aufsteigende* Ast ist, um so leichter werden sich die Sinkstoffe wieder nach oben bewegen. Das andere System zeigt einen schräg fallenden Ast, ein anschließendes waagerechtes oder besser in der Fließrichtung wenig fallendes Teilstück und einen senkrecht aufsteigenden Schacht. Der Vorteil besteht hier darin, daß sich die Ablagerungen am Grunde des Schachtes ansammeln und von dort nach Leerpumpen der Schächte mit Wasserstrahlpumpen herausbefördert werden können.

Da die Dükerleitungen die durchgehende Lüftung des Abwasserkanals unterbrechen, müssen *vor* **und** *hinter* der Dükeranlage Luftschächte angebracht werden.

Entsprechend den vorstehenden Gesichtspunkten lösen wir in unserem Falle den Abwasserkanal in ein Dükerrohr für Brauchwasser und ein Dükerrohr für Regenwasser auf. Um den Trockenwetterabfluß ausschließlich in das Brauchwasserrohr zu führen, ordnen wir eine Überfallschwelle an, deren Höhe so bestimmt werden soll, daß die über 100 l/sek hinausgehende Wassermenge durch das Regenrohr abgeführt wird.

---

[1] Vgl. z. B. W. GEISLER: Kanalisation und Abwasserbeseitigung. Berlin: Springer 1933.

Berechnung der Anlage.

1. Abwasserkanal oberhalb und unterhalb des Dükers.

Derselbe besteht aus einem normalen Eiprofil mit den lichten Ausmaßen 150 × 100 cm (Abb. 93). Dieses Profil fördert bei voller Füllung

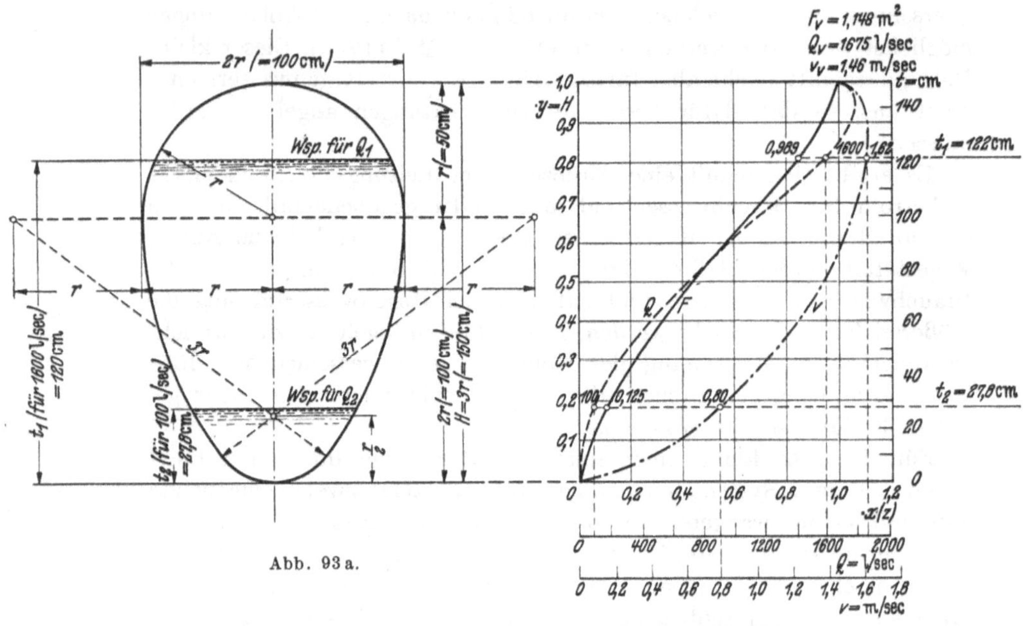

Abb. 93a.

Abb. 93b.

a) Normales Eiprofil. Die Zahlenwerte für das Eiprofil 150 × 100 cm unseres Beispiels sind in Klammern beigefügt. Die Fülltiefen ergeben sich dabei für $m = 0{,}35$ nach KUTTER und $J = 2‰$ (1 : 500).

b) Füllungsdiagramm. Beziehung zwischen t, F, Q und v. Für teilweise Füllung des Eiprofils gilt unter Bezug auf vorstehendes Diagramm:

Q_1, Q_2 = teilw. Füllnug; Q_v = volle Füllung; v_v = Geschw. für Q_v,

$$x_1 = \frac{Q_1}{Q_v} = \frac{1600}{1675} = 0{,}955;\quad y_1 = 0{,}815;$$

$$t_1 = y_1 \cdot H = 0{,}815 \cdot 150 = 122 \text{ cm},$$

$v_1 = z_1 \cdot v_v$; für $y_1 = 0{,}815$ wird $z_1 = 1{,}108$ und $v_1 = 1{,}108 \cdot 1{,}46 = 1{,}62$ m/sek,

$$x_2 = \frac{Q_2}{Q_v} = \frac{100}{1675} = 0{,}06;\quad y_2 = 0{,}185;$$

$$t_2 = y_2 \cdot H = 0{,}185 \cdot 150 = 27{,}8 \text{ cm},$$

$v_2 = z_2 \cdot v_v$; für $y_2 = 0{,}185$ wird $z_2 = 0{,}55$ und $v_2 = 0{,}55 \cdot 1{,}46 = 0{,}80$ m/sek.

(Vgl. auch Tafel 11 des Anhangs!)

und bei dem Gefälle 1 : 500 ($J = 0{,}002$) laut Tabelle 10 des Anhangs $Q_v = 1675$ l/sek bei einer mittleren Geschwindigkeit $v_v = 1{,}46$ m/sek. Auf Grund des Teilfüllungsdiagramms der Tafel 11 des Anhangs (vgl. auch Abb. 93) wird die Fülltiefe t und die zugehörige Geschwindigkeit

für den Regenfall

($Q_1 = 1600$ m³/sek): $t_1 = 1{,}22$ m, $F_1 = 0{,}989$ m² und $v_1 = 1{,}62$ m/sek, für Trockenwetterabfluß

($Q_2 = 100$ l/sek): $t_2 = 0{,}278$ m, $F_2 = 0{,}125$ m² und $v_2 = 0{,}80$ m/sek.

Für die unterhalb des Dükers anschließende Kanalstrecke, welche ebenfalls mit dem Eiprofil 150 × 100 cm ausgebildet ist, gelten die gleichen Fülltiefen und Geschwindigkeiten für die Wasserführungen Q_1 und Q_2.

2. Brauchwasser-Dükerrohr.

Um auch noch bei geringerer Wasserführung während der Nacht Ablagerungen im Dükerrohr zu vermeiden, wird ein Rohrdurchmesser von $d_b = 30$ cm gewählt. Dem entspricht für $Q_2 = 100$ l/sek $= 0{,}1$ m³/sek eine Geschwindigkeit

$$v_b = \frac{Q_2}{F_b} = \frac{Q_2}{\frac{d_b^2 \cdot \pi}{4}} = \frac{0{,}1}{\frac{0{,}3^2 \cdot 3{,}14}{4}} = \frac{0{,}1}{0{,}0705} = \mathbf{1{,}42}\ \text{m/sek}.$$

Auftretende Druckverbräuche zwischen Einlauf und Auslauf: Steigerung der Geschwindigkeit von $v_2 = 0{,}80$ m/sek im Eiprofil auf $v_b = 1{,}42$ m/sek

$$h_s = 1{,}1\left(\frac{v_b^2}{2g} - \frac{v_2^2}{2g}\right) = 1{,}1 \cdot \left(1 - \frac{v_2^2}{v_b^2}\right) \cdot \frac{v_b^2}{2g} = 1{,}1\left(1 - \frac{(F_b)^2}{(F_2)^2}\right) \cdot \frac{v_b^2}{2g},$$

$$h_s = 1{,}1\left(1 - \frac{0{,}0705^2}{0{,}125^2}\right) \cdot \frac{v_b^2}{2g} = 0{,}75\,\frac{v_b^2}{2g} = 0{,}75 \cdot \frac{1{,}42^2}{19{,}62}$$

$$= 0{,}75 \cdot 0{,}103 = \mathbf{0{,}077}\ \text{m}.$$

Eintrittsverlust (gute Ausrundung am Übergang!):

$$h_e = 0{,}1 \cdot \frac{v_b^2}{2g} = 0{,}1 \cdot 0{,}103 = \mathbf{0{,}010}\ \text{m}.$$

Reibungsverlust:

Die Dükerleitung soll unter 45° gegen die Waagerechte nach unten führen. Dieser Ast erhält eine Länge von 6,5 m. Anschließend folgt ein fast waagerechter Leitungsteil von 18,0 m. Dann steigt die Leitung wieder unter 45° geneigt zum Eiprofil-Abwasserkanal empor. Da am Auslauf der Spiegel um die Druckhöhenverluste Σh der Dükerleitung tiefer liegt als am Einlauf, wird auch der aufsteigende Ast kürzer als der absteigende Ast. Wir schätzen zunächst seine Länge mit 5,70 m. Damit wird die Länge der Brauchwasser-Dükerleitung

$$l_b = 6{,}5 + 18{,}0 + 5{,}7 = \mathbf{30{,}2}\ \text{m},$$

$$h_r = \frac{78{,}5}{c_b^2} \cdot \frac{l_b}{d_b} \cdot \frac{v_b^2}{2g};$$

dabei ist für $m = 0{,}35$ nach KUTTER:

$$c_b = \frac{100 \cdot \sqrt{d_b}}{0{,}70 + \sqrt{d_b}} = \frac{100 \cdot \sqrt{0{,}30}}{0{,}70 + \sqrt{0{,}30}} = 43{,}9;$$

damit wird:

$$h_r = \frac{78{,}5}{43{,}9^2} \cdot \frac{30{,}2}{0{,}30} \cdot \frac{1{,}42^2}{19{,}62} = 4{,}09 \cdot 0{,}103 = \mathbf{0{,}421}\ \text{m}.$$

Krümmerverlust für 2 Krümmer mit dem Profilhalbmesser $r_b = 0{,}15$ m, dem Krümmungshalbmesser $\varrho_b = 1{,}5$ m, dem Ablenkwinkel $\alpha = 45°$ nach WEISBACH:

$$h_{Kr} = 2 \cdot \left[0{,}131 + 1{,}847 \cdot \left(\frac{r_b}{\varrho_b}\right)^{7/2}\right] \cdot \frac{\alpha}{90°} \cdot \frac{v_b^2}{2g}$$

$$= 2 \cdot \left[0{,}131 + 1{,}847 \cdot \left(\frac{0{,}15}{1{,}5}\right)^{7/2}\right] \cdot \frac{45°}{90°} \cdot \frac{1{,}42^2}{19{,}62},$$

$$h_{Kr} = 1 \cdot [0{,}131] \cdot 0{,}5 \cdot 0{,}103 = \mathbf{0{,}013}\ \text{m}.$$

Rückgewinn an Druckhöhe am Dükerauslauf: Mit Rücksicht auf die Ausmündung des Regenwasser-Dükerrohres neben dem Brauchwasser-Dükerrohr wird der Übergang als *plötzliche* Querschnittserweiterung betrachtet. Dafür ergibt sich für den Rückgewinn (vgl. S. 167 der Aufgabe 18), wenn F' den erweiterten Querschnitt und v' die darin herrschende Geschwindigkeit bedeutet,

$$h_g = 2 \cdot \left(\frac{F'}{F_b} - 1\right) \cdot \frac{v'^2}{2g}.$$

Mit Rücksicht auf den gleichen Kanalquerschnitt und das gleiche Kanalgefälle J oberhalb und unterhalb der Dükeranlage wird $F' = F_2$ und $v' = v_2$ (Trockenwetterabfluß!), so daß

$$h_g = 2 \cdot \left(\frac{F_2}{F_b} - 1\right) \cdot \frac{v_2^2}{2g} = 2 \cdot \left(\frac{0{,}125}{0{,}0705} - 1\right) \cdot \frac{0{,}80^2}{19{,}62} = 2 \cdot 0{,}775 \cdot 0{,}0326$$

$$= \mathbf{0{,}050}\ \text{m (Rückgewinn!)}.$$

Der *Gesamtdükerverlust* für das Brauchwasserrohr bei $Q = 100$ l/sek beträgt bei Berücksichtigung des Gefällerückgewinns h_g:

$$\begin{aligned} h_s &= +0{,}077\ \text{m} \\ h_e &= +0{,}010\ \text{,,} \\ h_r &= +0{,}421\ \text{,,} \\ h_{Kr} &= +0{,}013\ \text{,,} \\ h_g &= -0{,}050\ \text{,,} \\ \hline \Sigma h &= +0{,}471\ \text{m} = \sim \mathbf{0{,}47}\ \text{m}. \end{aligned}$$

Ob und gegebenenfalls wie weit der Rückgewinn h_g bei der Festlegung der Sohlenkote des abgehenden Kanalprofils Berücksichtigung findet, diese Frage soll erst am Schlusse behandelt werden. (Das Ergebnis rechtfertigt übrigens den Schätzungswert der Reibungslänge für den aufsteigenden Ast mit 5,70 m.)

3. Regenwasser-Dükerrohr.

Die Höchstbelastung des Abwasserkanals beträgt $Q = 1600$ l/sek. Davon soll nach den getroffenen Dispositionen das Regenrohr $Q_r = 1500$ l/sek fördern, während das Brauchwasserrohr weiterhin $Q_b = 100$ l/sek übernehmen soll.

Da der Einlauf in die beiden Rohre aus demselben Zuflußkanal erfolgt, haben beide Rohre auch den gleichen Einlaufspiegel. Auch der Auslauf der beiden Rohre erfolgt in den gemeinsamen Abflußkanal. Damit haben also beide Rohre gemeinsame Oberwasser- und Unterwasserspiegel, d. h. für den Transport des Wassers durch die Dükeranlage steht für jedes Rohr die gleiche Druckhöhe zur Verfügung. Bezeichnen wir diese Druckhöhe mit Σh und geben den auf das Brauchwasserrohr bezüglichen Größen den Zeiger b und jenen des Regenrohres den Zeiger r, dann gilt

$$Q_b + Q_r = Q = v_b \cdot F_b + v_r \cdot F_r .$$

Da

$$\Sigma h = k_b \cdot \frac{v_b^2}{2g} = k_r \cdot \frac{v_r^2}{2g},$$

wobei k_b die Summe der Verlustbeiwerte ζ der Teilverluste $\zeta \cdot \frac{v_b^2}{2g}$ im Brauchwasserrohr und k_r die entsprechende Summe im Regenwasserrohr bedeutet, wird

$$v_b = \frac{\sqrt{2g\,\Sigma h}}{\sqrt{k_b}} \quad \text{und} \quad v_r = \frac{\sqrt{2g\,\Sigma h}}{\sqrt{k_r}},$$

also

$$Q = \sqrt{2g\,\Sigma h}\left(\frac{F_b}{\sqrt{k_b}} + \frac{F_r}{\sqrt{k_r}}\right)$$

und

$$\Sigma h = \frac{Q^2}{2g} \cdot \frac{1}{\left(\frac{F_b}{\sqrt{k_b}} + \frac{F_r}{\sqrt{k_b}}\right)^2}.$$

Zur Abführung von 100 l/sek benötigt das Brauchwasserrohr bei einer Zuflußgeschwindigkeit im Eiprofil von $v_2 = 0{,}80$ m/sek eine Druckhöhe $\Sigma h = 0{,}52$ m *ohne* Berücksichtigung des Gefällerückgewinns h_g (vgl. S. 172). Bei Höchstbelastung des Abwasserkanals ($Q_1 = 1600$ l/sek) steigt die Zuflußgeschwindigkeit auf $v_1 = 1{,}62$ m/sek. Damit ändert sich natürlich auch Σh.

Σh hängt von der Strömungsgeschwindigkeit in den Dükerrohren ab, damit vom Querschnitt bzw. Durchmesser. Die k-Werte ergeben sich, wie schon oben erwähnt, als Summe der ζ-Werte für die Geschwindigkeitsänderung am Einlauf, für Eintrittsverlust, für die Reibung an der Dükerwandung und für die Rohrkrümmungen, wenn man Austrittsverlust und Gefällerückgewinn am Auslauf zunächst außer Ansatz läßt. Damit ergibt sich k_r für das *Regen*rohr:

$$k_r = 1{,}1\left(1 - \frac{(F_r)^2}{(F_1)^2}\right) + 0{,}1 + \frac{78{,}5}{c_r^2}\cdot\frac{l_r}{d_r} + 0{,}131,$$

wobei auch hier, wie beim Brauchwasserrohr, das Verhältnis des Profilhalbmessers r_r zum Krümmungshalbmesser ϱ_r mit $\frac{r_r}{\varrho_r} = 0{,}1$ zugrunde gelegt wird.

Für k_b tritt hier auch bei Beibehaltung des Durchmessers $d_b = 0{,}30$ m gegenüber der Berechnung für Trockenwetterabfluß insofern eine Änderung ein, als am Einlauf die Zuflußgeschwindigkeit jetzt $v_1 = 1{,}62$ m/sek beträgt, während im Düker die Fließgeschwindigkeit bei 100 l/sek nur 1,42 m/sek erreicht. Druckhöhe zur Geschwindigkeitssteigerung wird hier also nicht verbraucht. Damit wird (vgl. unter 2. Brauchwasser-Dükerrohr):

$$k_b = 0{,}1 + \frac{78{,}5}{c_b^2}\cdot\frac{l_b}{d_b} + 0{,}131$$

oder mit den Zahlenwerten der Brauchwasser-Dükerrohrberechnung

$$k_b = 0{,}1 + 4{,}09 + 0{,}131 = 4{,}321$$

und

$$\Sigma h_b = k_b\cdot\frac{v_b^2}{2g} = 4{,}321\cdot\frac{1{,}42^2}{19{,}62} = 4{,}321\cdot 0{,}103 = \mathbf{0{,}445}\text{ m}.$$

Diese Gefällshöhe von rd. 45 cm soll auch für die Förderung der 1500 l/sek durch den Regenwasserdüker zugrunde gelegt werden. Aus der Tabelle 9 im Anhang ergibt sich für einen Durchmesser $d_r = 80$ cm und $Q_r = 1500$ l/sek ein notwendiges Gefälle $J = 0{,}01084$. Für $l_r = 30{,}2$ m $(= l_b)$ erreicht allein schon der Reibungsverlust $h = 0{,}01084\cdot 30{,}2 = 0{,}328$ m $=$ rd. 33 cm. Da bei diesem Durchmesser die Fließgeschwindigkeit im Rohr nahe an 3 m/sek herankommt, wachsen auch alle übrigen Druckhöhenverbräuche stark an und gehen in ihrer Summe wesentlich über $h = 45$ cm hinaus. Wir wählen deshalb das nächst größere handelsübliche Profil mit $d_r = 0{,}90$ m, $F_r = 0{,}636$ m² und $v_r = 2{,}36$ m/sek und führen dafür die Berechnung durch.

Es ergibt sich aus Tabelle 10a des Anhangs $c_r = 57{,}5$ und

$$k_r = 1{,}1\left(1 - \frac{0{,}636^2}{0{,}989^2}\right) + 0{,}1 + \frac{78{,}5}{57{,}5^2}\cdot\frac{30{,}2}{0{,}90} + 0{,}131,$$

$$k_r = 0{,}645 + 0{,}1 + 0{,}797 + 0{,}131 = 1{,}673.$$

Somit

$$\Sigma h = \frac{1{,}6^2}{19{,}62}\cdot\frac{1}{\left(\frac{0{,}0705}{\sqrt{4{,}321}} + \frac{0{,}636}{\sqrt{1{,}673}}\right)^2}\cdot\frac{2{,}56}{19.62}\cdot 3{,}61 = \mathbf{0{,}47}\text{ m}.$$

Dieser Wert bedarf nun noch einer Berichtigung. Wie weiter oben bereits ausgeführt, wird der Einlauf zum Regenrohrdüker durch eine

Schwelle vom Einlauf zum Brauchwasserrohr getrennt, um den Trockenwetterabfluß vollständig durch die letztere Leitung abzuführen. Bei dieser Wasserführung (100 l/sek) beträgt die Fülltiefe im Eiprofil $t_2 = 0{,}278$ m (vgl. S. 171 und Abb. 93). So hoch muß also auch die Schwelle mindestens geführt werden. Wir machen sie $t_2' = 0{,}42$ m hoch, um für das Regenrohr eine gewisse Verdünnung zu erzielen. Der Zufluß aus dem Eiprofilkanal in das Regenrohr erfolgt also über ein unvollkommenes Wehr.

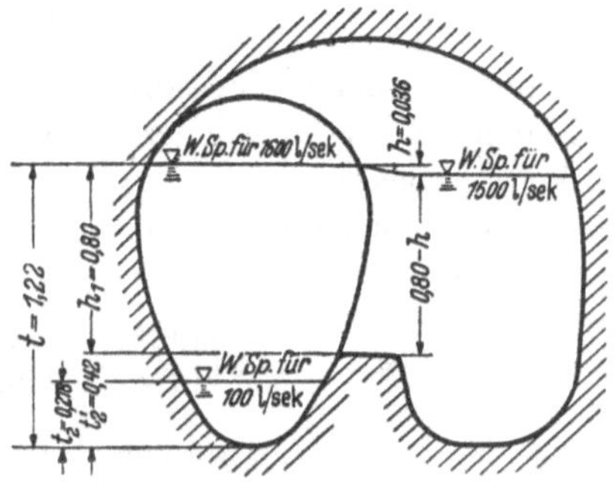

Abb. 94. Querschnitt durch die Trennschwelle.

Setzt man in der Formel für den unvollkommenen Überfall (Grundwehr) $\frac{2}{3}\mu_1 = 0{,}45$ und $\mu_2 = 0{,}64$, setzt außerdem die Zuflußgeschwindigkeit $v_1 = 0$ (sichergehend!), so wird (vgl. Abb. 94)[1]:

$$Q = 1{,}50 = 2{,}01 \cdot b \cdot h^{3/2} + 2{,}83 \cdot b \cdot (h_1 - h) \cdot h^{1/2}.$$

Für $b = 3{,}55$ m (Länge der Schwelle), $h_1 = t_1 - t_2' = 1{,}220 - 0{,}42 = 0{,}80$ m ergibt sich

$$1{,}50 = 7{,}15 \cdot h^{3/2} + 10{,}05 \cdot (0{,}80 - h) \cdot h^{1/2}$$

oder

$$\frac{1{,}50}{7{,}15} = 0{,}210 = h^{3/2} + 1{,}41 \cdot (0{,}80 - h) \cdot h^{1/2}.$$

Daraus folgt:

$$h = 2{,}6 \text{ cm} \sim \mathbf{3{,}0} \text{ cm}.$$

Um diese Druckhöhe steht der Wasserspiegel über dem Einlauf zum Brauchwasser-Dükerrohr höher als über dem Einlauf zum Regenrohr, so daß $\Sigma h_b = 0{,}47 + 0{,}03 = 0{,}50$ m wird.

Es frägt sich nun noch, ob und welcher Gefällerückgewinn am Auslauf der Dükerrohre angesetzt werden kann.

Für das Regenrohr gilt (vgl. S. 167 der Aufgabe 18) für den *Rückgewinn* nach Abzug des Austrittsverlustes

$$h_g = \frac{v_1(v_r - v_1)}{g} * \text{ (Gefällsgewinn!)}.$$

[1] Vgl. hierzu auch Aufgabe 35.

$$[Q = \tfrac{2}{3}\mu_1 \cdot \sqrt{2g} \cdot b \cdot h^{3/2} + \mu_2 \sqrt{2g} \cdot (h_1 - h) \cdot h^{1/2}].$$

* Vielfach wird der Austrittsverlust bei Übergang vom Rohr in ein weiteres Gefäß gleich dem Eintrittsverlust gesetzt, d. h. $h_a = \zeta_e \cdot \frac{v^2}{2g}$ mit $\zeta = 0{,}1$ und der Druckrückgewinn vollkommen vernachlässigt.

Dabei ist

v_1 = Geschwindigkeit im Eiprofil = 1,62 m/sek für 1600 l/sek,

v_r = Geschwindigkeit im Regenrohr = 2,36 m/sek für 1500 l/sek,

also

$$h_{gr} = \frac{1{,}62\,(2{,}36 - 1{,}62)}{9{,}81} = \mathbf{0{,}12}\ \text{m (Gefällsgewinn!)}.$$

Für das Brauchwasser kommt, da $v_b < v_1$ ist, ein Gefällerückgewinn nicht in Frage, sondern nur ein Austritts*verlust*, zum Unterschied beim Trockenwetterabfluß. Dieser Verlust entspricht mindestens der Geschwindigkeitshöhe zur Steigerung der Geschwindigkeit von $v_b = 1{,}42$ m/sek auf $v_1 = 1{,}62$ m/sek, also

$$h_{ab} = 1{,}1\left(\frac{1{,}62^2}{19{,}62} - \frac{1{,}42^2}{19{,}62}\right) = \mathbf{0{,}034}\ \text{m}.$$

Während also beim Regenrohr nach der Formel mit einem Gefällerückgewinn von 12 cm gerechnet und demgemäß Σh_r um diesen Betrag auf $0{,}47 - 0{,}12 = 0{,}35$ m verringert werden könnte, ergibt sich für Σh_b eine weitere Vergrößerung um rd. 3 cm auf $0{,}50 + 0{,}03 = 0{,}53$ m. Darüber hinaus würde die mit dem Gefällerückgewinn verbundene Unterwasserspiegelhebung eine Verminderung des Druckgefälles für das Brauchwasserrohr bringen.

Zur Förderung von 100 l/sek sind notwendig:

$h_b = 0{,}47 + 0{,}03$	$= +0{,}50$ m
Durch die Trennschwelle kommen hinzu	$= +0{,}03$ m
Durch den Gefällerückgewinn beim Regenrohr . . .	$= -0{,}12$ m
Als wirksame Druckhöhe verbleiben also	0,41 m

Dem entspricht eine Verringerung der Fördermenge im Brauchwasserrohr um etwa 7 bis 8 l/sek. Ein ganz geringer Stau von wenigen Millimetern genügt, um diese Menge durch die beiden Rohre zusammen abzuführen. Außerdem verträgt der Füllungsgrad des Eiprofils bei $Q = 1600$ l/sek oberwasserseitig auch noch einen Stau von mehreren Zentimetern, falls die Abweichung der Wirklichkeit von der Rechnung zur Erzeugung eines solchen Staues Veranlassung geben sollte. Es werden deshalb von dem rechnungsmäßigen Rückgewinn (12 cm) 10 cm als wirksam zugrunde gelegt, so daß die Kanalstrecke dükerabwärts um diesen Betrag höher angelegt werden kann. Es ergibt sich dafür die Kote

$$100{,}00 - (0{,}47 + 0{,}036 - 0{,}10) = 100{,}00 - 0{,}406 = 99{,}594 \sim \mathbf{99{,}59}\ \text{m}.$$

Die Abb. 95 zeigt, wie man eine solche Anlage im einzelnen ausbilden kann (vgl. z. B. auch die Düker, die unter der Hamburger Untergrundbahn hindurchgehen!).

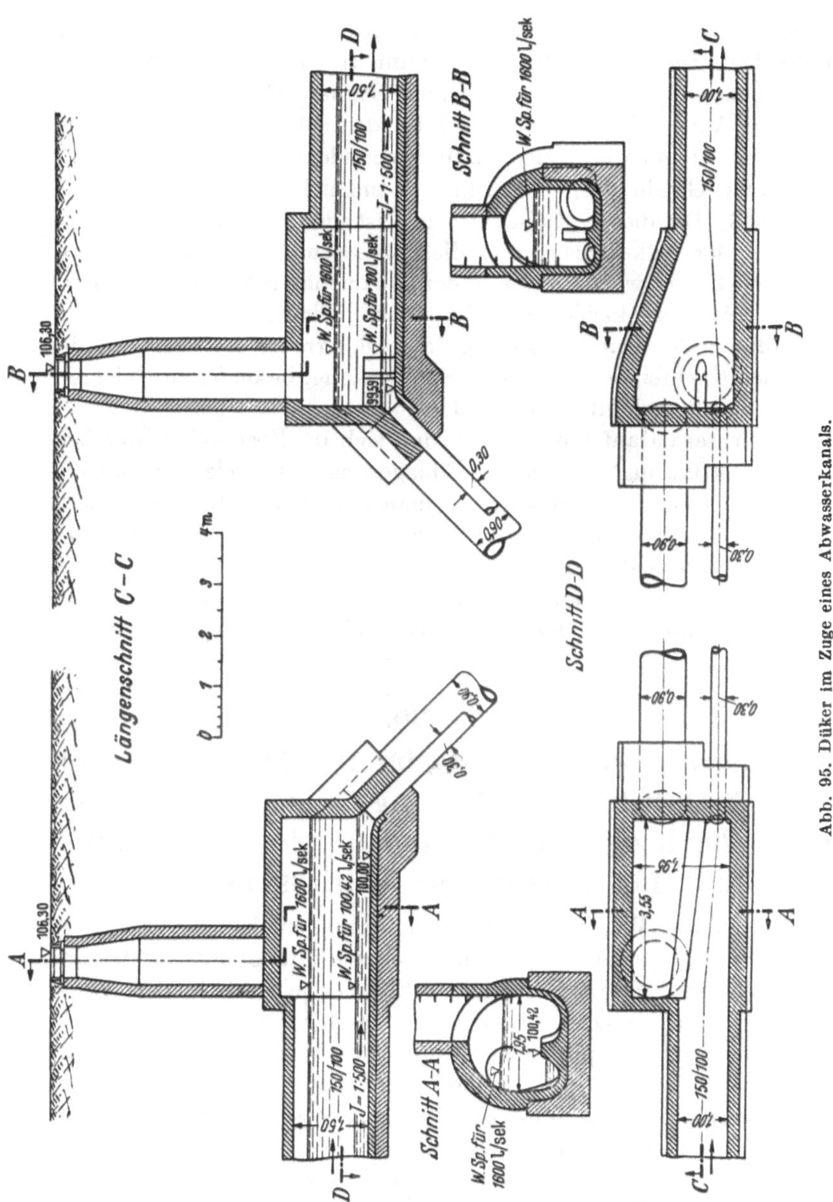

Abb. 95. Düker im Zuge eines Abwasserkanals.

Im vorstehenden Beispiel ist angenommen, daß der Bau der Untergrundbahn und die Anlage des Abwasserkanals gleichzeitig erfolgt. Häufig liegt die Aufgabe so, daß der Abwasserkanal bereits besteht, wenn die Untergrundbahn gebaut wird. Dann liegen Gefälle und Sohlenkoten des Abwasserkanals oberhalb und Unterhalb der Kreuzung mit der Bahn fest. Die Dükeranlage muß dann so bemessen werden, daß unter Beibehaltung dieser festliegenden Kanalverhältnisse die Abwässer durch Aufstau im Zuflußkanal durch den Düker gedrückt werden, wobei dieser Aufstau wegen der damit verbundenen Geschwindigkeitsverminderung (Gefahr der Ablagerungen!) möglichst 10 cm nicht überschreiten soll. Da dieser Aufstau gleich ist den besonderen Druckverlusten in der Dükeranlage und diese wiederum mit dem Quadrat der Geschwindigkeit wachsen, die in den Dükerrohren herrscht, ergeben sich verhältnismäßig kleine verfügbare Geschwindigkeiten, d. h. verhältnismäßig große Durchmesser für die Dükerrohre mit dem damit verbundenen Nachteil der schlechten Spülwirkung, besonders bei kleiner Wasserführung (Trockenwetterabfluß!).

Außerdem sei darauf hingewiesen, daß sich im Regenrohrdüker bei kleiner Wasserführung fast immer Ablagerungen befinden, die einen äußerst üblen Geruch verbreiten. Wo man immer deshalb Gelegenheit hat, durch Anlage eines Regenauslasses oberhalb des Dükers das Regendükerrohr zu vermeiden, sollte man davon Gebrauch machen. Man wird dann statt dessen *zwei* Brauchwasserdükerrohre so anlegen, daß man durch wechselweise Benutzung die Rohre zu jeder Zeit leicht reinigen kann.

Aufgabe 20.

Berechnung der Druckverluste im Druckstollen und in der Druckrohrleitung (Falleitung) einer Hochdruck-Wasserkraftanlage und Bestimmung des Nettogefälles (Nutzgefälles) für verschiedene Betriebswassermengen.

Eine Hochdruck-Wasserkraftanlage besitzt einen kleinen Stausee für Tagesspeicherung, dessen Spiegel bei voller Füllung auf 1000,00 m ü. N.N. liegt. Die Nutzwassermenge schwankt je nach der Wasserdarbietung des ausgenützten Flusses zwischen 4,5 und 30 m^3/sek (letztere für kurz dauernde Spitzenbelastung). Diese Wassermenge wird vom Speicher durch einen 3,7 km langen *Druck*stollen von kreisförmigem lichtem Querschnitt und 2,80 m lichtem Durchmesser und 1,5$^0/_{00}$ Gefälle zu einem aufgelösten Wasserschloß mit oberer und unterer Kammer geleitet[1]. Der Druckstollen weist je nach der Standfestigkeit des Gebirges verschieden starke Auskleidungen auf (Abb. 96). Unmittelbar hinter (stromab) dem Wasserschloß gabelt sich die Stollendruckleitung in drei offen verlegte eiserne Rohrleitungen (Falleitungen), von denen jede 450 m lang ist und deren lichter Rohrdurchmesser von 1800 mm auf

[1] Vgl. Aufgabe 31, S. 350.

1600 mm abgestuft ist (Abb. 97). Durch Krümmer werden diese Leitungen dem Krafthaus mit seinen 6 Maschinensätzen für Einphasenstrom (Bahnbetrieb) und Wechselstrom (Überlandversorgung) zugeführt. Die Düsenmittel der Freistrahlturbinen (Peltonturbinen) liegen auf 718,0 m,

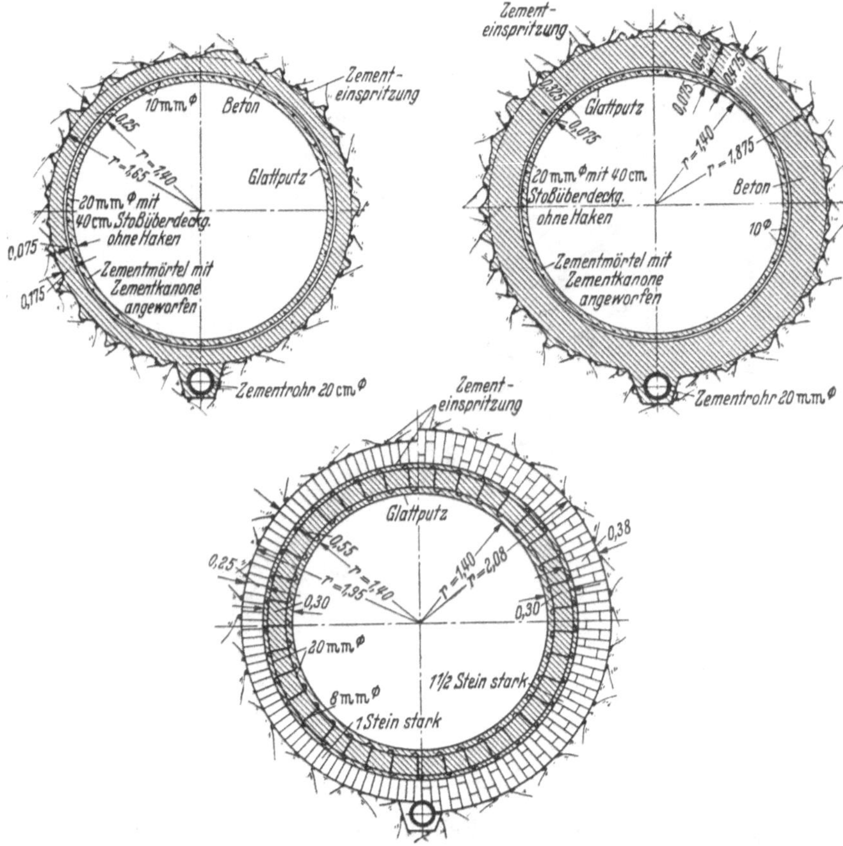

Abb. 96. Ausführungsbeispiele für Druckstollenquerschnitte bei verschieden standfestem Gebirge (vgl. den Druckstollen des Reußkraftwerks zwischen Pfaffensprung und Amsteg der Schweiz. Bundesbahnen).

so daß sich das Bruttogefälle der Kraftanlage zu 1000,0 − 718,0 = 282,0 m ergibt. Der Höhenunterschied zwischen Turbinendüsen und Unterwasserspiegel kommt *nicht* zur Verwertung.

Welche Nutzgefälle (Nettogefälle) ergeben sich für die Anlage

I. bei voller Ausnützung ($Q = 30$ m³/sek) der Leistungsfähigkeit der Anlage und gleicher Beschickung aller drei Falleitungen;

II. a) wenn bei einer Nutzwassermenge von $Q = 17$ m³/sek eine der Falleitungen 10 m³/sek, die zweite nur 7 m³/sek fördert, wogegen in dem dritten Leitungsstrang keine Wasserbewegung stattfindet, oder

II. b) zwei der Falleitungsstränge je $\frac{17,0}{2} = 8,5$ m³/sek abführen und in der dritten Leitung keine Förderung vorhanden ist;

III. wenn nur 4,5 m³/sek in einer der Falleitungen dem Krafthaus zufließen, während in den beiden anderen Leitungen keine Wasserbewegung stattfindet?

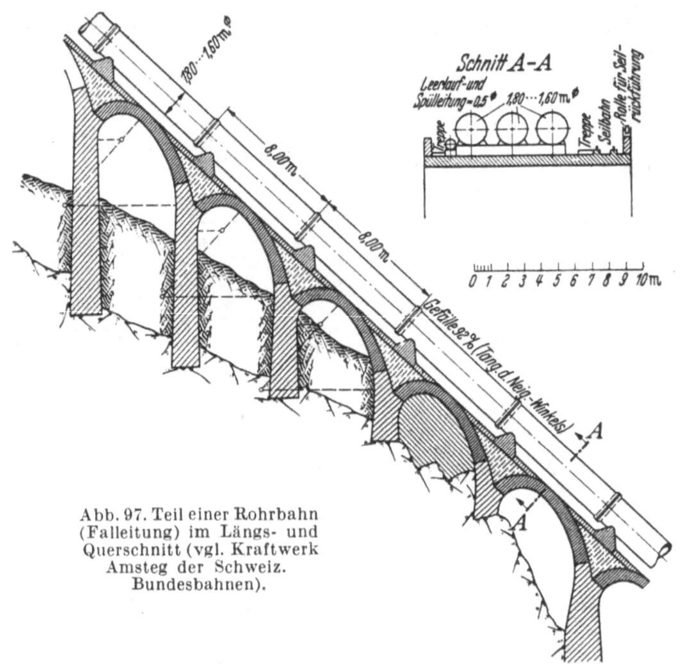

Abb. 97. Teil einer Rohrbahn (Falleitung) im Längs- und Querschnitt (vgl. Kraftwerk Amsteg der Schweiz. Bundesbahnen).

Lösung.

Das Eigentümliche *jeder Druck*leitung ist die Tatsache, daß sie außerordentlich schnell auf Änderungen in der Wasserentnahme ansprechen, und zwar durch Ausnützung des *Überdruckes*, der über den in der Druckleitung bewegten Wassermassen lastet. Die Richtung und Größe des Leitungslängsgefälles ist für diese hydraulische Eigenschaft ohne Belang. Bei drucklosen Wassergerinnen, d. h. bei Wasserleitungen, deren Wasserspiegel *nicht* unter Druck steht, also „frei" ist, dagegen ist das Fördervermögen an das ein für allemal festgelegte Längsgefälle des Gerinnes gebunden[1]. Die Ausbildung von Druckstollenquerschnitten für unser Beispiel ergibt sich aus den Darstellungen der Abb. 96. In

[1] Vgl. dazu S. 321ff. der Aufgabe 30, wo diese Verhältnisse für Wasserkraftdruckleitungen eingehender behandelt sind.

der Fließrichtung am Ende des Stollens befindet sich das sogenannte Wasserschloß, das hier als „aufgelöster" Typus gedacht ist, wie die Abb. 172, einen darstellt. Seine Wirkungsweise ist in den Aufgaben 30, S. 320, und 31, S. 350, eingehend behandelt. Der Übergang des Druckstollens in die mit 92% nach abwärts führende dreiteilige Fallleitung aus Stahl erfolgt durch ein dreiteiliges Hosenrohr aus Stahlblech. Um das unregelmäßig verlaufende Gelände mit dem einheitlichen Gefälle von 92% überfahren zu können, liegt die Falleitung auf einem Unterbau von überwölbten Strebepfeilern, deren Höhe je nach dem Gelände stark wechselt.

Unter *Brutto*gefälle verstehen wir *hier* den Höhenunterschied zwischen Speicherseespiegel und Turbinen, genauer den Kotenunterschied zwischen Stauseespiegel einerseits und dem Düsenmittel der Freistrahlturbinen andererseits. Da sich bei Freistrahlturbinen Saugrohre nicht bewährt haben, entfällt, wie schon im Aufgabentext erwähnt, die Ausnützung des Höhenunterschieds zwischen Turbinendüse und Unterwasserspiegel.

Was vom Bruttogefälle noch verbleibt, wenn die Energieverluste vom Stausee bis zur Düse in Abzug gebracht werden, bezeichnet man mit *Netto-* oder *Nutz*gefälle. Um letzteres zu bestimmen, müssen also die Energieverluste ermittelt werden. Das Nettogefälle wird demnach erhalten, indem man den Verlauf der *Energie*linie vom Stausee bis zu den Turbinendüsen ermittelt. Echte Verluste sind dabei Eintrittsverluste, Reibungsverluste, Krümmungsverluste, evtl. Verluste beim Übergang auf eine andere Querschnittsform oder -größe, Verluste an Knickpunkten usw. Soweit Gewißheit besteht, daß die einmal erzeugte Geschwindigkeit erhalten bleibt, handelt es sich bei Geschwindigkeitserzeugung oder Geschwindigkeitssteigerung lediglich um eine *Umwandlung* von potentieller Energie in Bewegungsenergie, die beim Austritt aus der Düse wieder genützt wird. Während also die *Piezometer*linie (*Druck*linie, Linie der *Lagen*energie) bei Geschwindigkeitserzeugung bzw. -steigerung um die dafür aufgewendete Druckhöhe $v^2/2g$ absinkt, behält die *Energie*linie ihre Höhenlage bei, solange diese umgewandelte Energie nicht wirklich zu Verlust geht.

I. Bestimmung der Formgrößen.

1. Vom Stollen.

Durchmesser $d_1 = 2{,}80$ m; daher lichter Querschnitt $F_1 = \frac{d_1^2 \cdot \pi}{4} = \frac{2{,}80^2 \cdot 3{,}14}{4} = \mathbf{6{,}16}\ \mathrm{m}^2$; hydraulischer Radius $R_1 = \frac{d_1}{4} = 0{,}70$ m; $\sqrt{R_1} = 0{,}84\ \mathrm{m}^{1/2}$.

2. Von jeder der Falleitungen.

Die Änderung der Durchmesser erfolgt zunächst durch Übergang von 1,80 m auf 1,70 m und dann von 1,70 m auf 1,60 m, und zwar jeweils durch konische Übergangsrohrstutzen in Abständen von je 150 m.

a) $d_2' = 1{,}80$ m; $F_2' = \frac{1{,}80^2 \cdot \pi}{3{,}14} = \mathbf{2{,}54}$ m²; $R_2' = \frac{1{,}80}{4} = \mathbf{0{,}45}$ m;
$\sqrt{R_2'} = 0{,}67$ m$^{1/2}$;

b) $d_2'' = 1{,}70$ m; $F_2'' = \frac{1{,}70^2 \cdot \pi}{3{,}14} = \mathbf{2{,}27}$ m²; $R_2'' = \frac{1{,}70}{4} = \mathbf{0{,}43}$ m;
$\sqrt{R_2''} = 0{,}65$ m$^{1/2}$;

c) $d_2''' = 1{,}60$ m; $F_2''' = \frac{1{,}60^2 \cdot \pi}{3{,}14} = \mathbf{2{,}01}$ m²; $R_2''' = \frac{1{,}60}{4} = \mathbf{0{,}40}$ m;
$\sqrt{R_2'''} = 0{,}63$ m$^{1/2}$.

II. Bestimmung der Druckhöhenverluste.

1. Im Stollen.

a) Der Druckhöhenverbrauch zur Erzeugung der Geschwindigkeit stellt in unserem Falle *keinen* Verlust dar;

b) Eintrittsverlust $h_{e_1} = \sim 0{,}10 \cdot \frac{v_1^2}{2g} = \frac{0{,}10}{2g} \cdot v_1^2$;

c) Reibung im Stollen $h_1 = \frac{l_1 \cdot v_1^2}{c_1^2 \cdot R_1} = \frac{l_1}{c_1^2 \cdot R_1} \cdot v_1^2$;

$$\Sigma_1 h = \left[\frac{0{,}10}{2g} + \frac{l_1}{c_1^2 \cdot R_1}\right] \cdot v_1^2 = \beta_1 \cdot v_2^2.$$

Um den Zahlenwert β_1 zu berechnen, muß zuerst der Geschwindigkeitsbeiwert c_1 ermittelt werden. Die Stollenauskleidung besteht *innen* jeweils aus einem Stahlbetonring (vgl. Abb. 96), auf den ein Glattputz aufgebracht ist. Die Rauhigkeitsziffer γ nach Bazin kann bei dieser Ausführung, wenigstens im neuen Zustand, auf etwa $\gamma = 0{,}10$ heruntergehen. Nach längerem Betrieb wird die Rauhigkeit durch die mechanische und evtl. auch chemische Einwirkung des durchfließenden Wassers auf die Putzoberfläche zunehmen und kann unter ungünstigen Umständen Werte von $\gamma = 0{,}20$ bis $0{,}30$ erreichen. Um den Einfluß einer solchen möglichen Rauhigkeitsänderung auf das Nutzgefälle zahlenmäßig zu erfassen, soll im vorliegenden Beispiel mit $\gamma_1' = 0{,}10$ und $\gamma_1'' = 0{,}30$ gerechnet werden. Damit ergibt sich

$$c_1' = \frac{87}{1 + \frac{\gamma_1'}{\sqrt{R_1}}} = \frac{87}{1 + \frac{0{,}10}{0{,}84}} = \mathbf{77{,}8} \quad \text{und} \quad c_1'' = \frac{87}{1 + \frac{\gamma_1''}{\sqrt{R_1}}} = \frac{87}{1 + \frac{0{,}30}{0{,}84}} = \mathbf{64{,}1},$$

woraus für die beiden β-Werte folgt:

$$\beta_1' = \frac{0{,}10}{2g} + \frac{3700}{77{,}8^2 \cdot 0{,}70} = \mathbf{0{,}88} \quad \text{und} \quad \beta_1'' = \frac{0{,}10}{2g} + \frac{3700}{64{,}1^2 \cdot 0{,}70} = \mathbf{1{,}29};$$

daher

$$\Sigma_1' h = 0{,}88 \cdot v_1^2 \quad \text{und} \quad \Sigma_1'' h = 1{,}29 \cdot v_1^2.$$

2. In der Falleitung.

Bei der Wassermenge $\max Q = 30$ m³/sek herrscht im Stollen eine Geschwindigkeit $v_1 = \frac{\max Q}{F_1} = \frac{30}{6{,}16} = \mathbf{4{,}87}$ m/sek. Im *oberen* Teil jeder der 3 Falleitungen ergibt sich bei $Q = \frac{30}{3} = 10$ m³/sek eine mittlere Fließgeschwindigkeit $v_2' = \frac{10}{2{,}54} = \mathbf{3{,}94}$ m/sek. Beim Übergang vom Stollen durch das dreiteilige Hosenrohr in die 3 Falleitungen findet also eine Abnahme der Fließgeschwindigkeit des Betriebswassers statt, also theoretisch eine Umwandlung von Bewegungsenergie in Energie der Lage. Ihr entspräche ebenfalls theoretisch — wenn der Vorgang verlustlos vor sich gehen würde — eine Hebung der Drucklinie (Piezometerlinie) von $\frac{v_1^2 - \left(\frac{v_2'}{v_1} \cdot v_1\right)^2}{2g}$ oder für $\frac{v_2'}{v^1} = \frac{3{,}94}{4{,}87} = 0{,}81$ eine Erhöhung des Piezometerwasserstandes von $\frac{v_1^2}{2g}(1 - 0{,}81^2) = 0{,}34\frac{v_1^2}{2g}$. Nun ergeben sich an diesem Übergang effektive Verluste durch Änderungen der Fließrichtungen — wenigstens für die beiden äußeren Rohrstränge, die seitlich verzogen sind —, sowie durch die Querschnittsumformung und die dadurch bedingten Eintrittsverluste. Dieselben sind hier rechnungsmäßig schwer zu erfassen. Um sie dennoch zu berücksichtigen, wird der Rückgewinn an Energie der Lage als nicht gegeben angenommen, d. h. als tatsächlicher Verlust (Absinken der Energielinie um diesen Betrag) gebucht und außerdem noch $0{,}16\frac{v_1^2}{2g}$ als zusätzlicher Verlust in Ansatz gebracht. Das gibt zusammen $(0{,}34 + 0{,}16) \cdot \frac{v_1^2}{2g} = 0{,}50 \cdot \frac{v_1^2}{2g}$. Im mittleren Rohrstrang werden dabei die Verhältnisse in Wirklichkeit günstiger liegen, als dieser Verlustannahme entspricht, wogegen in den beiden äußeren Falleitungen der Verlust möglicherweise sogar noch etwas größer sein kann, als er jetzt angenommen ist. Daraus ergibt sich, daß es vorteilhaft ist, die mittlere Druckrohrleitung jeweils stärker bei der Wasserförderung zu belasten als die beiden äußeren Stränge.

Wie die Querschnittsverengung in der Falleitung vorgenommen wird, wurde bereits weiter oben angegeben. Bei der alle 150 m erfolgenden allmählichen Verringerung des lichten Rohrdurchmessers um 0,10 m treten jeweils ganz geringe Effektivverluste auf, d. h. ein ganz geringes

Tabelle 14. *Druckhöhenverluste in der Druckleitung (Druckstollen und Falleitung) einer*

Druckstollen						Fall-						
						1. Leitungsstrang						
Q	v_1	$\Sigma_1' h$ für $\gamma=0{,}10$	$\Sigma_1'' h$ für $\gamma=0{,}30$	Höhe der Energielinie am Stollenende über Düsenmitel für $\gamma=0{,}10$	Höhe der Energielinie am Stollenende über Düsenmitel für $\gamma=0{,}30$	Q_2	v_2'	v_2''	v_2'''	$\Sigma_2 h$	Nettogefälle für γ im Druckstollen 0,10	Nettogefälle für γ im Druckstollen 0,30
m³/sek	m/sek	m	m	m	m	m³/sek	m/sek	m/sek	m/sek	m	m	m
1. Fall: Gesamt-Q = 30 m³/sek;												
30,0	4,87	20,85	30,35	261,15	251,65	10,0	3,94	4,41	4,97	5,21	255,94	246,44
2. Fall: a) Gesamt-Q = 17 m³/sek;												
17,0	2,76	6,70	9,82	275,30	272,18	10,0	3,94	4,41	4,97	5,21	270,09	266,97
2. Fall: b) Gesamt-Q = 17 m³/sek;												
17,0	2,76	6,70	9,82	275,30	272,18	8,5	3,25	3,75	4,22	3,54	271,76	268,64
3. Fall: min. Betriebswassermenge Q = 4,5 m³/sek;												
4,5	0,73	0,47	0,69	281,53	281,31	4,5	1,77	1,98	2,24	0,95	280,58	280,36

Absinken der Energielinie. Dagegen sinkt natürlich die Piezometerlinie infolge der Geschwindigkeitssteigerung stark ab (wiederum Umwandlung von Energie der Lage in Energie der Bewegung). Mit Rücksicht auf die verhältnismäßig großen Geschwindigkeiten bei voller Förderung (max$Q$; Spitzenbetrieb) sollen die Energieverluste infolge der Übergänge für jeden Fallrohrstrang mit $0{,}03 \cdot \frac{v_2'^2}{2g} + 0{,}03 \frac{v_2''^2}{2g}$ insgesamt in Ansatz gebracht werden.

Schließlich sind in jeder der 3 Falleitungen 2 Krümmer anzunehmen, in der oberen Teilstrecke mit einem Ablenkwinkel von rd. $\alpha = 42°$ (von der Stollenneigung zur Neigung der Rohrbahnachse) und einem Verhältnis: $\frac{\text{Rohrhalbmesser } r}{\text{Krümmungshalbmesser } \varrho} = \sim 0{,}1$, am unteren Ende die Ablenkung aus der Achse der Rohrbahn zum Krafthaus mit einem mittleren Ablenkwinkel $\alpha = \sim 60°$ und wiederum $\frac{r}{\varrho} = \sim 0{,}1$. Dafür ergibt sich mit

$$\zeta_{kr} = \left[0{,}131 + 1{,}847 \left(\frac{r}{\varrho}\right)^{7/2}\right] \cdot \frac{\alpha°}{90°} \quad \text{für} \quad \zeta'_{kr_2} = 0{,}13 \cdot \frac{42°}{90°} = 0{,}06 \quad \text{und}$$

$$h'_{kr_2} = 0{,}06 \cdot \frac{v_2'^2}{2g}, \text{ ferner } \zeta'''_{kr_2} = 0{,}13 \cdot \frac{60°}{90°} = 0{,}09, \text{ also } h'''_{kr_2} = 0{,}09 \cdot \frac{v_2'''^2}{2g}.$$

Für die Ermittlung der Reibungsverluste in den stählernen Falleitungen setzen wir geschweißte Stahlrohre mit Quernähten voraus,

Hochdruck-Wasserkraftanlage und Nutzgefälle bei verschiedenen Betriebswassermengen.

Leitungen

2. Leitungsstrang							3. Leitungsstrang						
Q_2'	v_2'	v_2''	v_2'''	$\Sigma_2 h$	Nettogefälle für γ im Druckstollen 0,10	Nettogefälle für γ im Druckstollen 0,30	Q_3''	v_3'	v_3''	v_3'''	$\Sigma_3 h$	Nettogefälle für γ im Druckstollen 0,10	Nettogefälle für γ im Druckstollen 0,30
m³/sek	m/sek	m/sek	m/sek	m	m	m	m³/sek	m/sek	m/sek	m/sek	m	m	m
je Falleitung 10 m³/sek													
10,0	3,94	4,41	4,97	5,21	255,94	246,44	10,0	3,94	4,41	4,97	5,21	255,94	246,44
Falleitung Teilung in 10 und 7 m³/sek													
7,0	2,76	3,08	3,48	2,46	272,84	269,72	—	—	—	—	—	(274,91	271,79)*
Falleitung Teilung in 8,5 und 8,5 m³/sek													
8,5	3,25	3,75	4,22	3,54	271,76	268,64	—	—	—	—	—	(274,91	271,79)*
Verarbeitung in *einem* Strang													
—	—	—	—	—	(281,50	281,28)*	—	—	—	—	—	(281,50	281,28)*

daher $\gamma = \sim 0{,}16$, also $c = \dfrac{87}{1 + \dfrac{0{,}16}{\sqrt{R_2}}}$, wobei sich R_2 nach je 150 m Länge ändert.

Wir erhalten also in den Falleitungen folgende Energieverluste:

a) Gesamtverluste am Eintritt in die Fallrohrstränge

$$\frac{0{,}50}{2g} \cdot v_1^2 = 0{,}025 \cdot v_1^2;$$

b) Verlust durch Querschnittsverkleinerung

$$\frac{0{,}03}{2g}\,(v_2'^2 + v_2''^2) = 0{,}002 \cdot (v_2'^2 + v_2''^2);$$

c) Krümmungsverluste

$$\frac{0{,}06}{2g} \cdot v_2'^2 + \frac{0{,}09}{2g} \cdot v_2'''^2 = 0{,}003 \cdot v_2'^2 + 0{,}005 \cdot v_2'''^2;$$

d) Reibungsverluste

α) oberer Rohrstrang mit $d_2' = 1{,}80$ m, $l = 150$ m,

$$c_2' = \frac{87}{1 + \dfrac{0{,}16}{0{,}67}} = 70{,}2 \quad \text{und} \quad h_2' = \frac{l}{c_2'^2 \cdot R_2'} \cdot v_2'^2 = \frac{150}{70{,}2^2 \cdot 0{,}45} \cdot v_2'^2 = 0{,}068 \cdot v_2'^2;$$

* Höhenlage der *Piezometer*linie über Düsenmittel; sie liegt um $\dfrac{v_1^2}{2g}$ *unter* der Energielinienhöhe am Stollenende, da die hier in Ruhe befindlichen Wassersäulen *keine Bewegungs*energie mehr besitzen.

β) mittlerer Rohrstrang mit $d_2'' = 1{,}70$ m, $l = 150$ m,

$$c_2'' = \frac{87}{1 + \frac{0{,}16}{0{,}65}} = 70{,}0 \quad \text{und} \quad h_2'' = \frac{150}{70^2 \cdot 0{,}43} = 0{,}071 \cdot v_2''^2;$$

γ) unterer Rohrstrang mit $d_2''' = 1{,}60$ m, $l = 150$ m,

$$c_2''' = \frac{87}{1 + \frac{0{,}16}{0{,}63}} = 69{,}5 \quad \text{und} \quad h_2''' = \frac{150}{69{,}5^2 \cdot 0{,}40} = 0{,}078 \cdot v_2'''^2.$$

Für die *Gesamt*verluste je Falleitung erhält man also:

$$\Sigma_2 h = 0{,}025 \cdot v_1^2 + (0{,}002 + 0{,}003 + 0{,}068) \cdot v_2'^2 + \\ + (0{,}002 + 0{,}071) \cdot v_2''^2 + (0{,}005 + 0{,}078) \cdot v_2'''^2.$$

$$\Sigma_2 h = 0{,}025 \cdot v_1^2 + 0{,}073 \cdot v_2'^2 + 0{,}073 \cdot v_2''^2 + 0{,}083 \cdot v_2'''^2.$$

Die jeweiligen Geschwindigkeitswerte v hängen nun von den veränderlichen Wasserführungen der einzelnen Falleitungen ab.

In Tabelle 14 sind für die verschiedenen Betriebswassermengen die Σh-Werte eingerechnet. Ferner ist darin die jeweilige Höhe der Energielinie am Stollenende (am Übergang zur Falleitung) sowie über den Turbinen angegeben für die verschiedenen Q-Werte. Die letztere Höhenangabe entspricht dem jeweils vorhandenen Nutzgefälle, aus dem sich zusammen mit dem zugeordneten Q-Wert dann die jeweilige Maschinenleistung herleitet.

In den Falleitungen, in denen keine Wasserbewegung herrscht infolge zu geringer Wasserdarbietung oder aber vorübergehend kleineren Energiebedarfs, deckt sich die Energielinie mit der Piezometerlinie (vgl. auch Fußnote zu Tabelle 14).

Aufgabe 21.

Ermittlung der Kräfte infolge Eigengewichten, Reibungen aller Art, Temperatureinflüssen, Krümmungen, Rohrverengungen, Strahlablenkung und Stoßwirkungen auf Festpunkte der Hochdruckleitung eines Wasserkraftwerks. Druckänderungen beim Bewegen von Absperrorganen.

Der höchste vorkommende Wasserstand des Stausees einer Hochdruck-Wasserkraftanlage liegt auf Kote 500,0 m, der tiefste Wasserstand auf 494,0 m. Vom Stausee leitet ein Stollen das Betriebswasser zum Wasserschloß. Der Betriebswasserspiegel in letzterem liegt bei dem maximalen Kraftwasserverbrauch von 16 m³/sek für jeden Druckrohrstrang um 3,90 m unter dem jeweiligen Stauseespiegel. Vom Wasserschloß gehen die Druckrohre[1] mit drei vertikalen Knickpunkten herab auf Kote 294,25 (Festpunkt IV), von da horizontal zum Festpunkt V und von hier mit Horizontalkrümmern in das Krafthaus (Abb. 98).

Es soll untersucht werden, welche Kräfte auf die Festpunktklötze I mit IV der Druckrohrleitung wirken, wenn an den Stellen F, G, H,

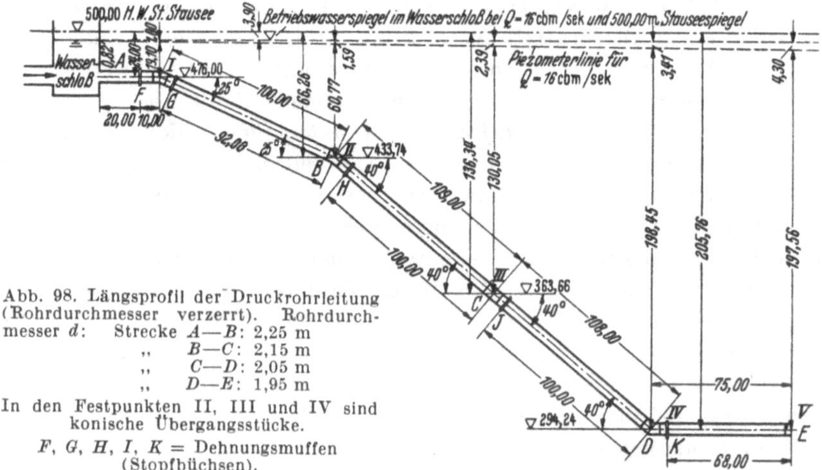

Abb. 98. Längsprofil der Druckrohrleitung (Rohrdurchmesser verzerrt). Rohrdurchmesser d: Strecke A—B: 2,25 m, „ B—C: 2,15 m, „ C—D: 2,05 m, „ D—E: 1,95 m. In den Festpunkten II, III und IV sind konische Übergangsstücke. F, G, H, I, K = Dehnungsmuffen (Stopfbüchsen).

J und K der Leitung (vgl. Abb. 98) Dehnungsmuffen (Stopfbüchsen) angebracht sind und wenn die Auflagersättel der Rohrpfeiler zwischen den Festpunkten Blechverkleidung erhalten. Die Rohrverjüngung ist in die Festpunkte verlegt und dort, wo die Rohrachse eine Brechung erfährt, mit dem dafür angeordneten Krümmer kombiniert. Die Schließzeit der Abschlußorgane ist mit $T = 3$ sek gegeben.

Die Eisenquerschnitte und Gewichte der Rohre sind unter Berücksichtigung der nach unten zunehmenden Wandstärken in Tabelle 15 gegeben:

Tabelle 15.

Strecke:	$A-B$	$B-C$	$C-D$	$D-E$
Lichter Durchmesser in m	2,25	2,15	2,05	1,95
Wandstärke s in m	0,0105	0,019	0,0265	0,0355
Eisenquerschnitt f_e in m²	0,076	0,128	0,178	0,216
Gewicht des leeren Rohres q in t/m	0,60	1,00	1,40	1,70
Wassergewicht je lfd. m Rohr $q' =$ t/m	4,00	3,65	3,30	3,00
Gewicht je lfd. m gefülltes Rohr $q'' =$ t/m	4,60	4,65	4,70	4,70

Lösung.

Die Druckrohrleitung ist — wie ihr Name schon sagt — eine unter Druck durchflossene Wasserleitung, welche in unserem Beispiel die Aufgabe hat, das Nutzwasser vom Wasserschloß, und wenn ein solches

[1] (Falleitung.)

nicht vorhanden wäre, vom Druckstollen oder der Wasserfassung den Turbinen zuzuführen[1]. Für die Ausführung solcher Druckrohrleitungen (Wahl der Bauweise und Art der Verlegung) stehen verschiedene Lösungsmöglichkeiten zur Verfügung. In *unserem Beispiel* ist eine *offene*, d. h. in *freier Luft* verlegte Leitung zu untersuchen (im Gegensatz zu einer eingebetteten, also *gedeckten* Verlegung). Diese freiliegende Rohrleitung ist auf mit Blechsätteln versehenen Stützen gelagert. Außerdem sind die Rohrstränge unterhalb jedes Festpunktes mit Dehnungsmuffen (Stopfbüchsen) versehen. Bei einer solchen Bauweise spricht man von Rohrleitungen mit „*aufgelösten*" („*unterteilten*" oder „nachgiebigen") Rohrsträngen, im Gegensatz zu Rohrleitungen mit „*geschlossenem*" („*starrem*") Rohrstrang bzw. der „geschlossenen" Bauweise[2].

Je nach dem gewählten Rohrleitungssystem (Bauweise) und der Art seiner Verlegung ändern sich die bei einer solchen Druckrohrleitung auf einen Festpunkt wirkenden Kräfte, deren Zahl sehr groß ist (nach HRUSCHKA[2] sind es 32). Nachfolgend sollen die für die Festpunktbemessung ausschlaggebenden dieser Kräfte zunächst ganz allgemein behandelt werden, um dann die gewonnenen Erkenntnisse auf das gegebene Zahlenbeispiel anzuwenden, wobei folgende 3 Belastungszustände zugrunde gelegt werden:

1. die Rohre sind *leer*;

2. die Rohre sind *mit Wasser gefüllt*, es findet aber *keine Wasserbewegung* in den Rohren statt;

3. die Rohre sind *vom Wasser durchströmt*. Dabei sind natürlich die Druckänderungen beim Bewegen der Absperrorgane mit zu erfassen, um zu den ungünstigsten Belastungszuständen zu kommen.

1. Auftretende Kräfte.

Bei der Berechnung von Druckrohrleitungen und deren Verankerungsklötzen (Festpunkten) kommen im wesentlichen folgende Kräfte in Frage:

a) Eigengewicht der Rohrwandung.

Es wirkt einmal mit seiner achsensenkrechten Komponente (Querkraft) auf jeden Stützpfeiler als Satteldruck, stellt also einen Anteil des Auflagerdruckes in den Stützen dar (Abb. 99). Wie HRUSCHKA[2] zeigt, darf man das Rohr bei der Berechnung dieser Drucke als über allen Stützen und den Festpunkten zerschnittenen Träger betrachten.

---

[1] Vgl. dazu besonders auch die Aufgabe 30.

[2] BUNDSCHU: Druckrohrleitungen. 2. Aufl. Berlin: Springer 1929. — HRUSCHKA: Druckrohrleitungen der Wasserkraftwerke. Wien u. Berlin: Springer 1929. — LUDIN: Wasserkraftanlagen. I. Hälfte H. f. B. Berlin: Springer 1934.

Achsenparallel wirkt im Bereich einer Teilstrecke b die Komponente von G_e (in Abb. 99 bilden l_1 und l_2 solche Teilstrecken). Sie ist allgemein

$$-D_e = G_e \cdot \sin\alpha = q_e \cdot l \cdot \sin\alpha. \tag{1a}$$

$$N_e = G_e \cdot \cos\alpha = q_e \cdot l \cdot \cos\alpha. \tag{1b}$$

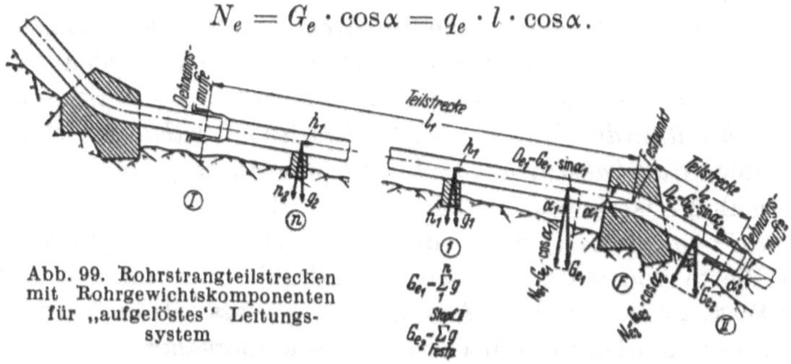

Abb. 99. Rohrstrangteilstrecken mit Rohrgewichtskomponenten für „aufgelöstes" Leitungssystem

Zur Wirkungsweise dieser axialen Kraftkomponenten ist noch folgendes zu bemerken: Die *ober*halb des zu untersuchenden Festpunktes liegenden Rohre *drücken* infolge ihres Gewichtes in der Rohrachsrichtung auf diesen, der unterhalb liegende Rohrstrang übt aus dem gleichen Grunde in der Richtung *seiner* Achse einen *Zug* auf den Ankerklotz aus. Dabei begrenzen die Stopfbüchsen die wirksamen Rohrlängen (l_1 und l_2).

Würde die Stopfbüchse aus irgendwelchen Gründen nicht wirksam sein, so wären als wirkende Gewichte für einen Festpunkt die jeweils halben Leitungslängen bis zum nächst oberen und nächst unteren Festpunkt in Ansatz zu bringen, wobei der obere Teil auf den Ankerklotz schiebt, der untere an diesem hängt, also zieht.

Nach BUNDSCHU[1] setzt man die Eigengewichtskomponente D in Stoßstrecken voll in Rechnung, ohne die bremsende Reibung zwischen Rohrwandung und Unterlage zu berücksichtigen (s. Ziff. 1), da letztere infolge Erschütterungen, Feuchtigkeit usw. zeitweise stark vermindert werden kann. Dagegen kann in flachen Strecken das D mit Sicherheit von der Reibungskraft aufgenommen werden.

b) Wassergewicht (Wasserdruck).

Wie das Rohrwand-Eigengewicht, zerlegt sich das Gewicht der Wasserfüllung $Q_w = \gamma_w \cdot \frac{d^2 \cdot \pi}{4} \cdot l = q_w \cdot l$ in eine *Normalkraft* (Querkraft)

$$N_w = G_w \cdot \cos\alpha = q_w \cdot l \cdot \cos\alpha, \tag{2a}$$

die als Auflagerdruck im Verhältnis der anteiligen Stützweite in die Auflagerpfeiler (evtl. Bettung) geht, und in eine *achsenparallele* Kraft

$$D_w = G_w \cdot \sin\alpha = q_w \cdot l \cdot \sin\alpha. \tag{2b}$$

[1] BUNDSCHU: Zitiert S. 188.

Zu dieser *achsenparallelen* Komponente des Wassergewichtes sagt HRUSCHKA[1]: „Da der hydrostatische Druck p gleich ist dem Gewicht der vom erweiterten Wasserschloßspiegel bis zur betrachteten Stelle reichenden lotrechten Wassersäule gleicher Bodenfläche, darf das darin enthaltene Wassergewicht der letzten Teilstrecke nicht (wie in Büchern mitunter zu finden) noch besonders in Rechnung gestellt werden."

Wo diese *Längs*kraft des Wasserfüllungsgewichtes zur Wirksamkeit kommt, *ist sie bereits in den dort aufgeführten Kräften mit enthalten* (siehe die Ziffern c, d und e), *darf also nicht noch besonders in Ansatz gebracht werden.*

Als Druckhöhe ist jeweils der größte „möglicherweise auftretende Gesamtdruck" einzusetzen, d. h. „die größte Summe der *gleichzeitig* möglichen Werte von statischem und Stoßdruck beim raschen Stillsetzen der Wassersäule" (rasches Abstoppen der Wasserströmung durch Abschließen der Rohrleitung mittels der Verschlußorgane[2]).

Die Auswirkung eines solchen Betriebsvorganges auf die Vergrößerung (beim raschen *Schließen*) bzw. Verkleinerung (beim raschen *Öffnen*) der Druckhöhe wird weiter unten im Anschluß an die Erörterung der wirksamen Kräfte behandelt (vgl. S. 200ff).

c) Wasserdruck infolge Änderung des lichten Rohrquerschnittes (Übergangsstück, Kegelstück).

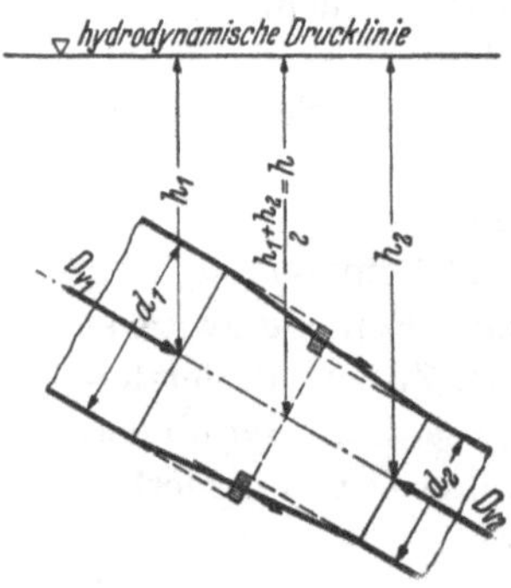

Abb. 100. Rohrverjüngungsdruck.

Findet eine Rohrverjüngung vom Durchmesser d_1 auf den Durchmesser d_2 statt, so tritt eine statische Axialkraft im Übergangsstück auf, die sich auf den unterhalb liegenden Festpunkt überträgt; denn dem axialen hydrostatischen Druck D_{v_1} von oben steht der kleinere axiale Druck D_{v_2} von unten entgegen. Mit Bezug auf Abb. 100 ergibt sich

$$D_v = D_{v_1} - D_{v_2}$$

$$D_v = \gamma_w h_1 \cdot \frac{d_1^2 \pi}{4} - \gamma_w \cdot \frac{d_2^2 \pi}{4}.$$

In den meisten Fällen kann man mit hinreichender Genauigkeit für h_1 und h_2 setzen

$$h_1 = h_2 = h = \frac{h_1 + h_2}{2},$$

womit man für D_v erhält

$$D_v = \gamma_w \frac{h_1 + h_2}{2} \cdot \frac{\pi}{4} \cdot (d_1^2 - d_2^2)$$

oder

$$D_v = \gamma_w \cdot h \cdot \frac{\pi}{4} (d_1^2 - d_2^2). \tag{3}$$

[1] HRUSCHKA: S. 88. Zitiert S. 188. [2] LUDIN: S. 317. Zitiert S. 188.

d) Kraftwirkung infolge Richtungsänderung der Rohrachse (Knickpunkt- oder Krümmerstreckkraft).

Da, wo die Rohrachse einen Knickpunkt (Krümmer) vom Ablenkungswinkel $(\alpha_2 - \alpha_1)$ aufweist (Abb. 101), verursacht der ruhende Wasserdruck infolge dieser Richtungsänderung eine Kraftwirkung, welche den Krümmer (bzw. das Kniestück) aus der Rohrachsenrichtung heraus zu verschieben trachtet. Diese Kraft läßt sich wie folgt ableiten[1]: Wird der in Abb. 101 schraffierte Teil des Rohrknicks unberücksichtigt gelassen, dann wirkt von oben ein hydrostatischer Druck in der Achsrichtung des oben anschließenden Leitungsstranges, dessen Größe ist

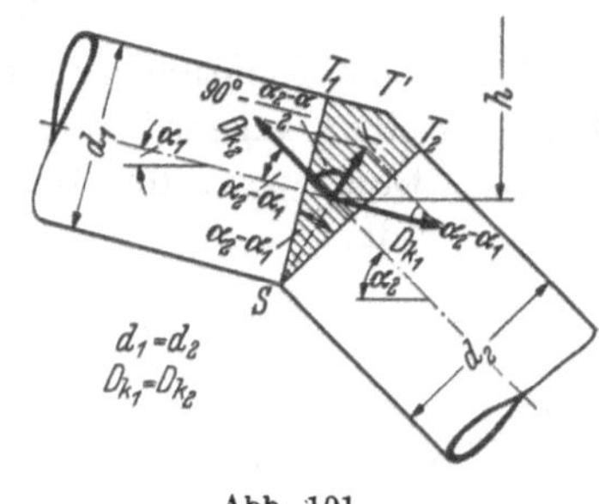

Abb. 101.

$$D_{K_1} = \gamma_w F \cdot h,$$

wenn F den Rohrquerschnitt in m², h den Abstand des Schwerpunktes der gedrückten Fläche vom Wasserspiegel in m bedeutet[2].

Dem Druck D_{K_1} wirkt ein Druck D_{K_2} entgegen, und zwar in der Achsrichtung der nach unten anschließenden Leitung. Bei dem geringen Unterschied der in den gedrückten Querschnitten ST_1 und ST_2 wirksamen Druckhöhen h können diese einander gleichgesetzt werden. Nimmt man für h den Abstand des Mittelpunktes d (statt genauer des Schwerpunktes) der Fläche ST' vom Wasserschloßspiegel als wirksame Druckhöhe für die Flächen ST_1 und ST_2 an, dann kann auch

$$D_{K_1} = D_{K_2}$$

gesetzt werden.

Verlegt man noch die Kräfte D_{K_1} und D_{K_2} (als weitere zahlenmäßig unwesentliche Annäherung) in die Rohrachsen, so erhält man mit dem Sinussatz nach Abb. 101 aus

$$\frac{D_{K_2}}{K} = \frac{D_{K_1}}{K} = \frac{\sin\frac{180 - (\alpha_2 - \alpha_1)}{2}}{\sin(\alpha_2 - \alpha_1)}$$

---

[1] Hruschka: Die Berechnung von Druckrohrleitungen. Z. Elektrotechn. Ver. Wien 1922, Nr. 46ff.

[2] Solange keine Wasserbewegung in den Rohrleitungen und im Stollen stattfindet, ist der Wasserspiegel im Wasserschloß gleich jenem im Stausee. Da für die Untersuchung der vorkommende höchste Druck maßgebend ist, muß für stehendes Wasser der Druck aus dem höchsten Seestand hergeleitet werden.

die Resultierende K

$$K = D_{K_2} \cdot 2 \cdot \sin\frac{\alpha_2 - \alpha_1}{2} = D_{K_1} \cdot \sin\frac{\alpha_2 - \alpha_1}{2},$$

$$K = \gamma_w h \frac{d_2^2 \cdot \pi}{2} \cdot \sin\frac{\alpha_2 - \alpha_1}{2} = \gamma_w h \frac{d_1^2 \cdot \pi}{2} \cdot \sin\frac{\alpha_2 - \alpha_1}{2}. \tag{4}$$

Häufig ist die Richtungsänderung im Festpunkt oder unmittelbar oberhalb desselben angeordnet und verbunden mit einer Querschnittsverjüngung. Dann wird die Kraftwirkung von c) und d) wie folgt zusammengefaßt:

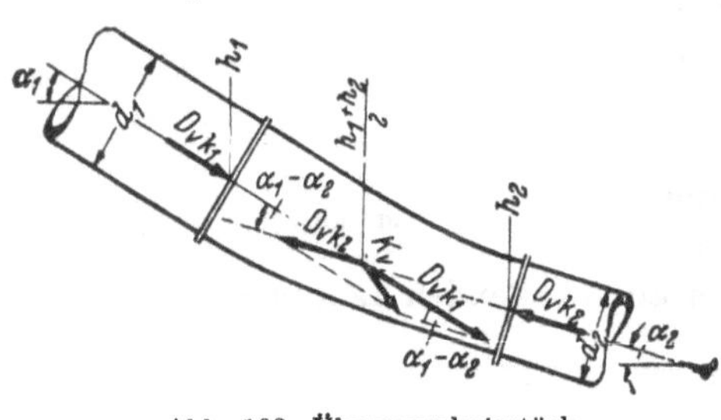

Abb. 102. Übergangskniestück.

Knickpunkt und Übergangsstück.

Für einen Ablenkwinkel $\alpha_1 - \alpha_2$ (Knick nach *unten*, vgl. Abb. 101; $\alpha_2 - \alpha_1$ gilt für einen Knick nach *oben*, vgl. Abb. 102!) und eine Verjüngung von d_1 auf d_2 ergibt sich nach dem Kosinussatz

$$K_v = \sqrt{D_{VK_1}^2 + D_{VK_2}^2 - 2 \cdot D_{VK_1} \cdot D_{VK_2} \cdot \cos(\alpha_1 - \alpha_2)}, \tag{5}$$

wobei

$$D_{VK_1} = \gamma_w h_1 \cdot \frac{d_1^2 \cdot \pi}{4} \quad \text{und} \quad D_{VK_2} = \gamma_w h_2 \cdot \frac{d_2^2 \cdot \pi}{4}.$$

Setzt man wieder näherungsweise

$$h_1 = h_2 = h = \frac{h_1 + h_2}{2},$$

dann wird

$$K_V = \gamma_w \frac{\pi}{4} h \cdot \sqrt{a_1^4 + a_2^4 - 2 \cdot a_1^2 \cdot a_2^2 \cdot \cos(\alpha_1 - \alpha_2)}.^* \tag{5a}$$

e) Stopfbüchsendruck.

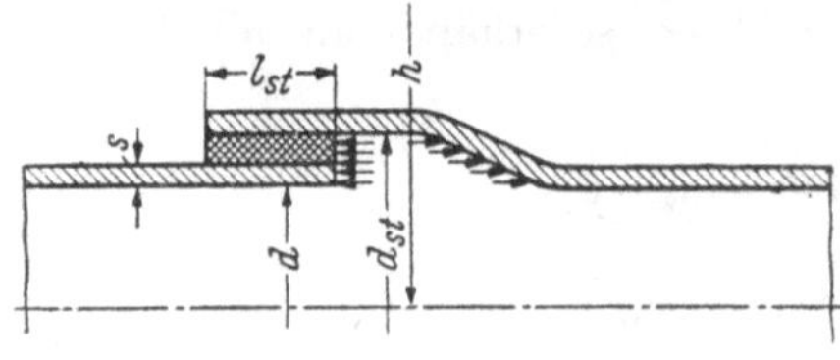

Abb. 103. Stopfbüchsendruck.

In dem Zwischenraum zwischen Packung und Muffenrückwand einer Stopfbüchse oder Muffe ist ein Wasserdruck (Stopfbüchsendruck) wirksam, der die beiden Rohrteile auseinanderzuschieben trachtet (Abb. 103). Er beträgt

$$D_{st} = \gamma_w \frac{\pi}{4} (d_{st}^2 - d^2) \cdot h = \sim \gamma_w \cdot h \cdot d \cdot \pi \cdot s \tag{6}$$

(vgl. auch Abb. 104 u. 104a).

* Ludin: Wasserkraftanlagen, S. 318. Zitiert S. 188.

f) Querzusammenziehungskraft.

Der Innendruck der Rohrleitung bewirkt eine elastische Querzusammenziehung (Kontraktion) λ der Rohrwandung, die gleich ist dem m-ten Teil der Umfangdehnung (m = Poissonsche Zahl), also

$$\lambda = \frac{1}{m} \cdot \frac{\sigma}{E} \cdot 1,$$

bezogen auf die Längeneinheit.

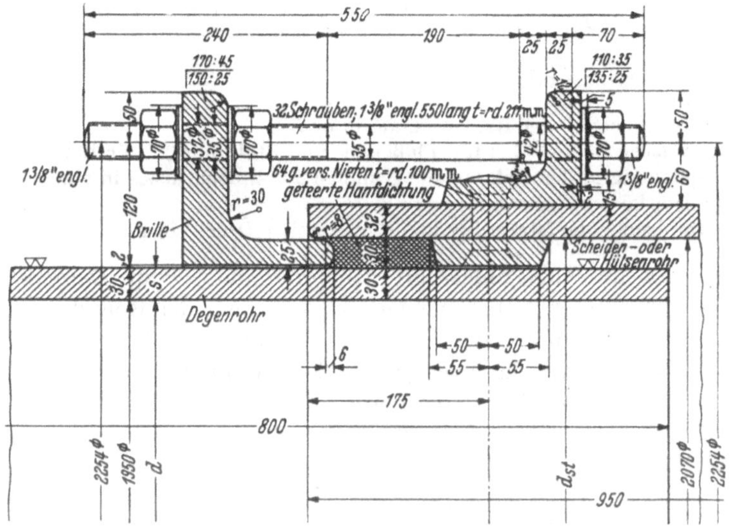

Abb. 104. Beispiel für eine ausgeführte Stopfbüchse.

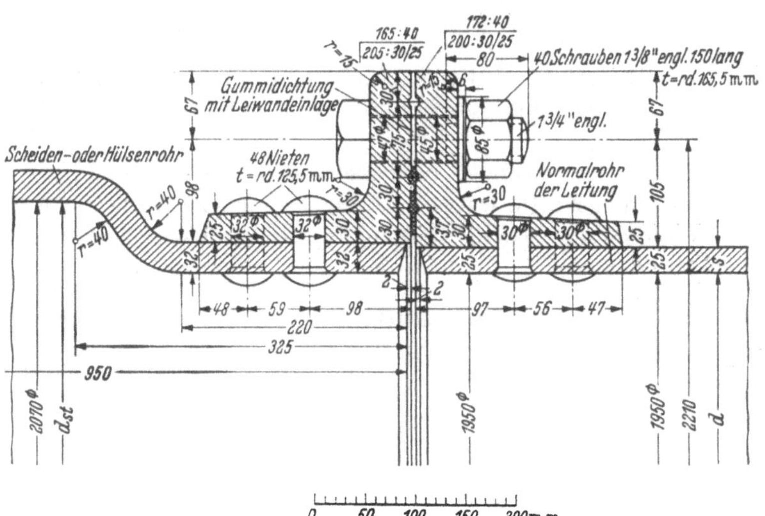

Abb. 104a. Anschluß der Rohrleitung an das Scheidenrohr der Stopfbüchse.

Kann diese Zusammenziehung nicht wirksam werden, so entsteht in der Rohrwandung eine entsprechende Zugkraft. Diese ergibt sich für den Wandquerschnitt f zu

$$D_q = \frac{\sigma f}{m},$$

und mit $\sigma = \gamma_w \cdot \frac{h \cdot d}{2 \cdot s}$ („Kesselformel") und $f = \pi \cdot d \cdot s$ wird

$$D_q = \gamma_w \cdot \frac{\pi \cdot d^2 \cdot h}{2 \cdot m} \sim 0{,}471 \cdot d^2 \cdot h \qquad (7)$$

für *Stahlrohre*. Dabei bedeuten:

E = Elastizitätsmodul der Rohrwandung in t/m²;
m = POISSONsche Zahl (= 3,3 für Flußeisen- und Stahlrohre, 7 für Beton);
σ = Zugspannung in der Rohrwandung infolge des Innendruckes in t/m²;
s = Wandstärke der Rohrwandung in m;
h = Gesamtdruckhöhe (statischer und dynamischer Druck) in m.

Die Querzusammenziehungskraft ist, wie die Temperaturkraft (siehe diese weiter unten!), unabhängig von der Länge der Rohrstrecke. Sie kann für große d- und h-Werte eine beträchtliche Größe erreichen[1].

Besteht die Rohrstrecke zwischen 2 Festpunkten aus mehreren Teilstrecken mit verschiedenen Werten d, h und Materialquerschnittsflächen f der Rohrwandung, dann ergibt sich für die Querzusammenziehungskraft[2]

$$D_q = \frac{\pi}{2m} \cdot \frac{\Sigma\left(d^2 \cdot h \cdot \frac{1}{f}\right)}{\Sigma\left(\frac{1}{f}\right)} = 0{,}471 \cdot \frac{\Sigma\left(d^2 \cdot h \cdot \frac{1}{f}\right)}{\Sigma\left(\frac{1}{f}\right)}. \qquad (7a)$$

Meist genügt es in solchen Fällen, für d den in der Strecke vorherrschenden lichten Durchmesser und für h die mittlere Druckhöhe einzusetzen.

Bei aufgelösten Rohrleitungen (mit Dehnungsmuffen) können die Querzusammenziehungskräfte wie ja auch die Temperaturkräfte nur so weit zur Wirkung kommen, bis die Reibung in den Ausdehnungsstücken (Muffen) überwunden ist.

g) Temperaturkraft.

Wird eine Rohrstrecke von der Länge l um $t°$ gegenüber der Einbautemperatur erwärmt (bzw. abgekühlt), dann hat sie das Bestreben, sich auszudehnen (bzw. zusammenzuziehen) um

$$\lambda = \omega \cdot t \cdot l.$$

---

[1] Siehe auch die Ausführungen auf S. 209 unten.
[2] Vgl. BUNDSCHU: Rohrleitungen, S. 20ff. Zitiert S. 288.

Kann diese Längenänderung nicht auftreten, sei es, daß die beiden Enden der Rohrstrecke festhängen, sei es, daß die Auflager- bzw. Bettungsreibung eine Rohrbewegung verhindert, dann entstehen Temperaturkräfte.

Besitzt die Leitung im untersuchten Strang einen Eisenquerschnitt von f m², ist E der Elastizitätsmodul, ω der Ausdehnungsbeiwert, dann ist die Temperaturkraft in Tonnen:

$$D_t = \pm \omega \cdot E \cdot t \cdot f \quad (+ = \text{Zugkraft}). \tag{8}$$

Tabelle 16. *Mittelwerte von* ω, E und $(\omega \cdot E)$[1].

Baustoff	Elastizitätsmodul E in t/m²	Ausdehnungs-beiwert	$(\omega \cdot E)$ in t/m²
Stahl und Flußstahl . . .	20000000 bis 22000000	0,000012	240 bis 260
Beton	2000000	0,000010	20
Holz	1000000	0,000004	4

Wie die Gl. (8) zeigt, ist die Temperaturkraft unabhängig von l, d. h. eine kurze Rohrstrecke übt dieselbe Temperaturkraft aus wie eine lange.

Besteht die Rohrstrecke zwischen 2 Festpunkten aus mehreren Teilstrecken mit verschiedenen Materialquerschnittsflächen, so ergibt sich die Temperaturkraft zu

$$D_t = \pm \omega \cdot E \cdot t \cdot \frac{\Sigma l}{\Sigma\left(\frac{l}{f}\right)} \quad (+ = \text{Zugkraft}). \tag{8a}$$

Bei nachgiebigem oder aufgelöstem Rohrstrang kann D_t höchstens die Größe der verfügbaren Axialreibung erreichen, darüber hinaus tritt Gleiten ein. Bei vollen Rohren sind die Temperaturschwankungen gering (etwa ±7° gegenüber der mittleren Wassertemperatur).

Bei leeren und freiliegenden Rohren ergeben sich Schwankungen von −25° bis +40° C (Montage möglichst genau bei mittlerer Temperatur, etwa +5° bis +6° C). Bei den Kraftwerken der mittleren Isar wurden für das leere Rohr ±40° C, für das gefüllte Rohr ±10° C zugrunde gelegt[2].

h) Schwindkräfte.

Diese treten bei Stampf- und Stahlbetonrohren auf, wenn nicht genügend zahlreiche Fugen für Bewegungsmöglichkeit sorgen. Sie haben ihre Ursache in der Verkürzung des Betons infolge der Austrocknung, die auf den Abbinde- und Erhärtungsprozeß zurückzuführen ist. Der Schwindprozeß dauert so lange, bis ein Gleichgewicht zwischen der Luft- und der Betonfeuchtigkeit eingetreten ist. Größtmaß der Schwindung etwa 0,5 mm je m! Das Schwinden hat das Auftreten

[1] Hruschka: Druckrohrleitungen, S. 96. Zitiert S. 188.

[2] Siehe auch die Ausführungen auf S. 209 unten.

beträchtlicher Schwindspannungen zur Folge. Nach BUNDSCHU[1] können diese Kraftwirkungen ebenso wie Temperaturkräfte erfaßt werden, wobei nach dessen Vorschlag bei normaler Ausführung der Betonrohre schätzungsweise eine Temperaturabnahme von 10° C als Äquivalent der Schwindkräfte angenommen werden kann.

i) Reibungskraft in den Stopfbüchsen.

Diese errechnet sich zu (Abb. 103 u. 104)

$$R_{st} = a \cdot \gamma_w \cdot \pi \cdot d_{st} \cdot l_{st} \cdot h \cdot \mu_{st} \quad \text{(in Tonnen)}^2. \qquad (9)$$

μ_{st} = Reibungszahl zwischen Rohr und Packungsmaterial (Hanf auf Eisen $\mu_{st} = 0{,}25$);
d_{st} = äußerer Durchmesser der Packung in m;
l_{st} = Länge der Packung in m;
h = statische Wasserdruckhöhe in m[3];

Zur näherungsweisen Berechnung, insbesondere für Muffenleitungen, deren Reibungswert μ schwer zu bestimmen ist, genügt es nach BUNDSCHU[4], die Reibungskraft R_{st} gleich der Temperaturkraft D_t bei einer Temperaturerhöhung von einigen wenigen Temperaturgraden t zu ersetzen $\left(R_{st} \sim (\omega \cdot E) \cdot t \cdot f\right)$[5].

k) Schleppkraft (Reibung zwischen strömendem Wasser und innerer Rohrwandung).

Findet in der Rohrleitung eine Wasserbewegung vom Wasserschloß (bzw. der Wasserfassung) zu den Turbinen statt, so ruft die Reibung des Wassers an der Rohrwandung eine Kraft hervor, indem das abwärts fließende Wasser durch diese Reibung die Rohrwandung gewissermaßen „*mitzuschleppen*" trachtet. Das bewirkt von oben einen Schub auf den Ankerklotz, von unten einen Zug.

Die Reibungshöhe (der Energiegefällsverlust) in m pro lfd. m Rohr ergibt sich zu

$$h_v = \frac{v^2}{c^2 \cdot R} = \frac{4\,v^2}{c^2 \cdot d}\,.$$

Der Schleppkraft unterliegt jeweils das Leitungsstück zwischen Festpunkt und Stopfbüchse oberhalb und unterhalb. Beim Fehlen der letzteren kommen dann die halben Leitungslängen der jeweils nach oben und unten anschließenden Stränge bis zu den nächsten Festpunkten in Frage.

---

[1] BUNDSCHU: Druckrohrleitungen. Zitiert S. 188.

[2] Nach LUDIN: S. 321. Zitiert S. 188) ist der Wert für R_{st} noch mit der Zuschlagsziffer a zu multiplizieren, um die Starrheit der gepreßten Packung gegenüber hydrostatischer Druckverteilung zu berücksichtigen ($a = \sim 1{,}5$).

[3] Der dynamische Druckanstieg ist nur von ganz kurzer Dauer und daher für die Größe von R_{st} ohne merklichen Einfluß.

[4] BUNDSCHU: Zitiert S. 188.

[5] Siehe auch die Ausführungen auf S. 209 unten.

Für die Länge l zwischen Festpunkt und Stopfbüchse erhält man:

$$h_v = \frac{4 \cdot v^2 \cdot l}{c^2 \cdot d}.$$

Für $v = \frac{Q}{F} = \frac{4Q}{d^2\pi}$, also $v^2 = \frac{16 \cdot Q^2}{d^4 \cdot \pi^2}$, wird $h_v = \frac{4 \cdot 16 \cdot Q^2 \cdot l}{c^2 \cdot d^5 \cdot \pi^2}$; daher ist die Schleppkraft für die Länge l gleich dem Energiefallhöhenverlust h auf die Länge l, multipliziert mit dem Querschnitt $\frac{d^2 \cdot \pi}{4}$ und dem spez. Gewicht des Wassers, also

$$R_s = \gamma_w \cdot \frac{d^2 \cdot \pi}{4} \cdot \frac{4 \cdot 16 \cdot Q^2 \cdot l}{c^2 \cdot d^5 \cdot \pi^2},$$

$$R_s = \gamma_w \cdot \frac{16 \cdot Q^2 \cdot l}{c^2 \cdot d^3 \cdot \pi} \text{ in Tonnen}.$$

Die Schleppkraft für ein Leitungsstück von der Länge l läßt sich auch noch auf folgende anschauliche Weise ableiten[1]. Wir denken uns die Flüssigkeitssäule in lauter ineinanderliegende Ringe zerlegt, innerhalb deren die Geschwindigkeit jeweils konstant ist, während sie von Ring zu Ring wechselt. Dann ist in jedem solchen Ring gleichförmige Bewegung. Durch die Schwere entstände Beschleunigung, und zwar in der Richtung des Gefälles. Zwischen je zwei Ringen ergibt sich bei der Bewegung ein solcher Geschwindigkeitsunterschied, daß die dadurch hervorgerufene Reibung die Beschleunigung des inneren Ringes aufhebt. An jedem Ring wirken nur zweierlei Reibungen, eine an der Innenseite und eine an der Außenseite. Der Unterschied beider ist gleich der beschleunigenden Kraft des Ringes, die vernichtet wird. So wächst die Reibung in den äußeren Trennungsflächen der Ringe immer mehr, da sie gleich der Summe der Reibungen der inneren Ringschichten ist. Im Inneren ist die Reibung Null (im Zentrum bewegt sich ein Zylinder, dessen Teilchen alle dieselbe Geschwindigkeit haben); an der äußeren Fläche des äußersten Ringes ist sie gleich der Summe der Reibungsdifferenzen der einzelnen Ringe und insgesamt gleich der beschleunigenden Kraft der ganzen Wassermasse.

Es bezeichne J das relative Piezometerliniengefälle, g_1, g_2, g_3, g_4 usw. die Gewichte der einzelnen Ringe gleicher Geschwindigkeit in der Reihenfolge von innen nach außen, folglich $g_1 J_1$, $g_2 J_2$ usw. die beschleunigende Kraft in der Richtung des Gefälles. Außerdem sei R_{S_0} die Reibung im Zentrum des Wasserquerschnitts, R_{S_1} die Reibung zwischen dem innersten Ring (Zylinder) und dem nächstfolgenden, R_{S_2} jene zwischen dem 2. und 3. Ring usw. Dann ist

$$\begin{aligned}
R_{S_n} - R_{S_{n-1}} &= g_n \cdot J \\
&\cdots\cdots \\
R_{S_4} - R_{S_3} &= g_4 \cdot J \\
R_{S_3} - R_{S_2} &= g_3 \cdot J \\
R_{S_2} - R_{S_1} &= g_2 \cdot J \\
R_{S_1} - R_{S_0} &= g_1 \cdot J
\end{aligned}$$

$$R_{S_n} - R_{S_0} = (g_n + \cdots + g_4 + g_3 + g_2 + g_1) \cdot J = \sum_1^n \cdot g \cdot J.$$

[1] Vgl. Hdb. d. Ing.-Wiss., III. Teil, 6. Bd., Aufl. 1921, S. 8 (Erklärung der Schleppkraft von Professor Dr. S. Finsterwalder).

$\sum\limits_1^n g$ stellt aber das Gesamtgewicht der Wassersäule im Rohr dar, also $\sum\limits_1^n g = G_w$. Da nun $R_{S_0} = 0$, so folgt für die Schleppkraft, wenn für $G_w = \gamma_w \cdot V$ gesetzt wird,

$$R_{S_n} = \gamma_w \cdot V \cdot J$$

$$R_{S_n} = \gamma_w \cdot \frac{d^2 \pi}{4} \cdot \frac{v^2}{c^2 \cdot \frac{d}{4}} \cdot l$$

$$R_{S_n} = \gamma_w \cdot \frac{d^2 \cdot \pi}{4} \cdot \frac{4 \cdot l}{c^2 \cdot d} \cdot \frac{4^2 \cdot Q^2}{d^4 \cdot \pi^2}$$

$$R_{S_n} = R_S = \gamma_w \cdot \frac{16 \cdot Q^2 \cdot l}{c^2 \cdot d^3 \cdot \pi} \text{ in Tonnen}$$

in Übereinstimmung mit der oben abgeleiteten Formel (11).

l) Reibungskräfte zwischen Rohr und Unterlage (Bettungsreibung, Rohrauflagerreibung).

Eine Längsbewegung der Rohrleitungsstränge mobilisiert *Reibungskräfte*, die zwischen äußerer Rohrwandung und Auflager (Blechsättel der Zwischenstützen, Beton- oder Kiesbettung) entstehen und ebenfalls axial wirken. Ihre Größe ist verhältnisgleich dem senkrecht zur Bettungsoberfläche wirkenden Auflagerdruck (der entsprechenden Gewichtskomponente) und der Reibungsziffer μ_a. Unter Benützung der Ansätze (1b) und (2a) ergibt sich als Reibungskraft der Ruhe

für *leeren* Rohrstrang:

$$R_e = \pm N_e \cdot \mu_a = \pm q_e \cdot l \cdot \cos\alpha \cdot \mu_a, \tag{11a}$$

für *wassergefüllten* Rohrstrang:

$$R_{e_w} = \pm (N_e + N_w) \cdot \mu_a = \pm \left(q_e \cdot l \cdot \cos\alpha + \gamma_w \frac{d^2 \cdot \pi}{4} \cdot l \cdot \cos\alpha\right) \cdot \mu_a$$

$$= \pm q_{e_w} \cdot l \cdot \cos\alpha \cdot \mu_a. \tag{11b}$$

Diese Werte sind Höchstwerte, weil darüber hinaus das Rohr auf der Unterlage gleitet. Der Beiwert μ_a ist, wie die unten angegebenen Werte erkennen lassen, sehr verschieden und ändert sich dort, wo nicht etwa eine ständige Schmierung vorgesehen ist, mit der Zeit beträchtlich.

Werte für die Reibungsziffer μ_a bei stählernen Rohrleitungen:

Rohrsättel mit Gleitlagern aus Stahl	0,12
„ aus glattem Beton	0,20
Durchlaufende Betonbettung	0,40
Erdreich	0,70

Bei Gleitsätteln kann μ_a je nach Art der Schmierung und je nach dem Zustand (neu oder alt) schwanken zwischen 0,12 und 0,45. Deshalb rechnet z. B. THYSSEN im allgemeinen sicherheitshalber mit 0,5[1].

[1] HRUSCHKA: Druckrohrleitungen, S. 94. Zitiert S. 188.

Das Wechselvorzeichen erinnert daran, daß die Richtung dieser Kraft doppelsinnig sein kann, je nach dem Bewegungsstreben der Rohrwand. So addiert sich z. B. bei Streckung des Stranges l_1 der Abb. 99, da er den Festpunkt F unten hat, die Reibungskraft R_e bzw. R_{e_w} zur achsenparallelen Komponente des Rohreigengewichts D_e. Wie schon unter a) erwähnt, wird bei Steilstrecken die Reibung sicherheitshalber im allgemeinen gleich 0 gesetzt. In anderen Fällen wird angenommen, daß die Reibungskräfte eben ausreichen, die Eigengewichtskomponente der Rohrwandung aufzunehmen. Auf Anordnung von Festpunkten kann gleichwohl *nicht* verzichtet werden.

m) Ablenkungskraft (Fliehkraft) in Krümmern und Rohrknien.

Bei Wasser*bewegung* in der Rohrleitung werden die an den Gefällsbrechpunkten ankommenden Stromfäden durch die dort eingeschalteten Übergangsstücke (Krümmer oder Kniestücke) in die neue Achsrichtung übergeführt. Bei dieser Strahlablenkung entsteht eine auf die Krümmer-

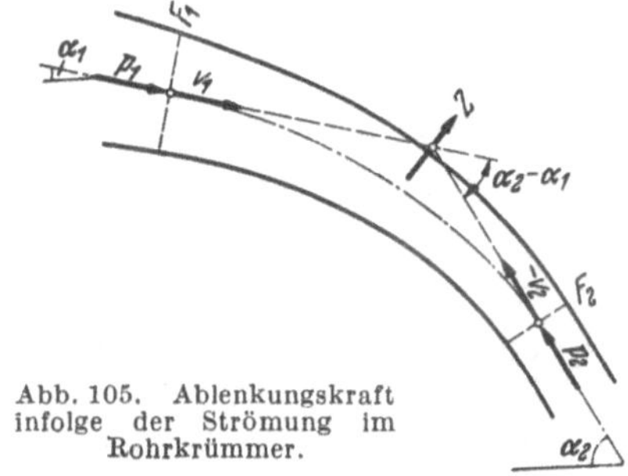

Abb. 105. Ablenkungskraft infolge der Strömung im Rohrkrümmer.

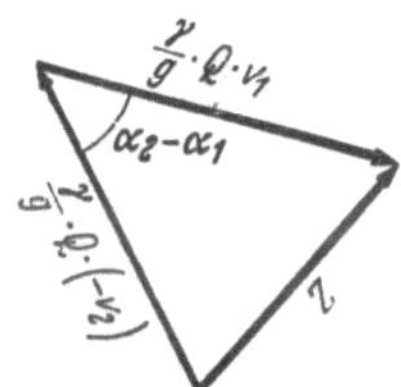

Abb. 106. Bestimmung der Resultierenden aus dem Kraftdreieck.

(Kniestück-) Außenwand wirkende *Ablenkungskraft* (Fliehkraft), die auch als *Reaktionsdruck* bezeichnet wird. Zur Erfassung dieser Kraft werden meist die *Impulssätze* (Sätze vom Antrieb) angewendet. Danach ist bei *stationärer*, d. h. mit der Zeit nicht veränderlicher Strömung, die in unserem Falle vorliegt, die Impulsänderung der durch F_1 und F_2 abgegrenzten Flüssigkeitsmasse gleich dem Überschuß des bei F_2 austretenden Impulses über den bei F_1 eintretenden Impuls (Abb. 105). Beachtet man, daß außerdem der Impuls gleich der sekundlichen Bewegungsgröße ist, also $= m \cdot v$, so ergibt sich als *Reaktionsdruck* (Fliehkraft) nach Abb. 105

$$Z = (m \cdot v_1 + p_1 \cdot F_1) - (m \cdot v_2 + p_2 \cdot F_2),$$

oder mit $m = \frac{\gamma}{g} \cdot Q$:

$$Z = \left(\frac{\gamma_w}{g} \cdot Q \cdot v_1 + p_1 \cdot F_1\right) - \left(\frac{\gamma_w}{g} \cdot Q \cdot v_2 + p_2 \cdot F_2\right).$$

Da wegen der Kontinuität $Q = v_1 \cdot F_1 = v_2 \cdot F_2$, wird

$$Z = \left(\frac{\gamma_w}{g} \cdot F_1 \cdot v_1^2 + p_1 \cdot F_1\right) - \left(\frac{\gamma_w}{g} \cdot F_2 \cdot v_2^2 + p_2 \cdot F_2\right).$$

Der Reaktionsdruck der bewegten Wassermasse gegen die Rohraußenwand setzt sich also aus den zwei Kräften zusammen:

$$\frac{\gamma_w}{g} \cdot F_1 \cdot v_1^2 + p_1 \cdot F_1 \quad \text{und} \quad \frac{\gamma_w}{g} \cdot F_2 \cdot v_2^2 + p_2 \cdot F_2,$$

welche senkrecht zu den Krümmereintritts- bzw. -austrittsquerschnitten stehen und beide nach dem Krümmerinnern gerichtet sind. Aus dem so bestimmten Kraftdreieck ergibt sich dann ohne weiteres die Resultierende Z. Läßt man den Überdruck p außer Betracht, setzt also $p_1 = p_2 = 0$, so wird

$$Z = \frac{\gamma_w}{g} F_1 \cdot v_1^2 - \frac{\gamma_w}{g} F_2 \cdot v_2^2 = \frac{\gamma_w}{g} Q \cdot v_1 - \frac{\gamma_w}{g} Q \cdot v_2.$$

Wendet man auf Abb. 106 den Kosinussatz an, dann läßt sich schreiben:

$$Z^2 = \left(\frac{\gamma_w}{g} Q\right)^2 \cdot v_1^2 + \left(\frac{\gamma_w}{g} Q\right)^2 \cdot v_2^2 - \left(\frac{\gamma_w}{g} Q\right)^2 \cdot Z \cdot v_1 \cdot v_2 \cdot \cos(\alpha_2 - \alpha_1)$$

$$= \left(\frac{\gamma_w}{g} Q\right)^2 \cdot v_1^2 + v_2^2 - Z \cdot v_1 \cdot v_2 \cdot \cos(\alpha_2 - \alpha_1).$$

Also

$$Z = \frac{\gamma_w}{g} Q \cdot \sqrt{v_1^2 + v_2^2 - 2 \cdot v_1 \cdot v_2 \cdot \cos(\alpha_2 - \alpha_1)}. \tag{12}$$

Für $F_1 = F_2$, also $v_1 = v_2$, vereinfacht sich vorstehende Gleichung für Z zu

$$Z = \frac{\gamma_w}{g} Q \cdot v \cdot \sqrt{2\left(1 - \cos(\alpha_2 - \alpha_1)\right)}.$$

Da $1 - \cos(\alpha_2 - \alpha_1) = 2 \cdot \sin^2 \frac{(\alpha_2 - \alpha_1)}{2}$, ergibt sich schließlich

$$Z = \frac{\gamma_w}{g} Q \cdot v \cdot 2 \cdot \sin \frac{(\alpha_2 - \alpha_1)}{2} = \frac{\gamma_w}{g} \cdot F \cdot v^2 \cdot 2 \cdot \sin \frac{(\alpha_2 - \alpha_1)}{2},$$

$$Z = \frac{2\gamma_w}{g} \cdot \frac{d^2 \pi}{4} \cdot v^2 \cdot \sin \frac{(\alpha_2 - \alpha_1)}{2} = 0{,}16 \cdot d^2 \cdot v^2 \cdot \sin \frac{(\alpha_2 - \alpha_1)}{2}. \tag{12a}$$

2. Änderungen des Wasserdruckes bei Bewegung der Absperrorgane (Schließen oder Öffnen) (Stoßdruck).

Beim Schließen und Öffnen einer Rohrleitung durch die Absperrorgane bzw. Turbinenregler entsteht dort eine Druckänderung, die eine sehr schnell ablaufende Störungserscheinung in der Druckrohrleitung verursacht. Die Gesetzmäßigkeiten dieser dynamischen Störungserscheinungen hat ALLIÉVI 1902 in einem grundlegenden Werk erfaßt[1]. Seine wenig übersichtliche und für den praktischen Gebrauch wenig geeignete Darstellungsform veranlaßten u.a. HRUSCHKA und BUNDSCHU, die ALLIÉVIschen Ergebnisse zu überarbeiten. Die nachfolgenden Ausführungen lehnen sich im wesentlichen an die Arbeit von BUNDSCHU an.

Die Formeln von ALLIÉVI gelten unter folgenden Voraussetzungen:

1. Die Fließgeschwindigkeit des Wassers ist im Verhältnis zur Fortpflanzungsgeschwindigkeit der Druckänderung klein;
2. das Bewegen der Absperrorgane erfolgt gleichmäßig (linear);
3. die zur Überwindung der Reibung und zur Erzeugung der Geschwindigkeit nötige Druckhöhe *kann* vernachlässigt werden;
4. die Fließgeschwindigkeit in der Rohrleitung ist gegenüber der Ausflußgeschwindigkeit klein.

Diese Voraussetzungen sind bei Druckrohrleitungen von Wasserkraftanlagen im allgemeinen gegeben.

Für den Verlauf und für die Größe der Druckänderungen spielt die *Schnelligkeit* ω, mit der sie sich längs der Druckleitung fortpflanzt, eine wichtige Rolle.

Diese Druckfortpflanzung erfolgt mit der Schallgeschwindigkeit im Wasser und beträgt allgemein:

$$\omega = \sqrt{\frac{g}{\gamma\left(\frac{1}{E_w} + \frac{1}{E_r}\cdot\frac{d}{s}\right)}} \text{ m/sek.} \tag{13}$$

Setzt man $E_w = 2{,}1 \cdot 10^5\, t/\text{m}^2$ für Wasser von $+15°$ C, also

$$\frac{1}{E_w} = 47{,}6 \cdot 10^{-7};$$

E_r (Elastizitätsmodul des Rohrmaterials [Stahl]) $= 2{,}5 \cdot 10^7\, t/\text{m}^2$ *,

$$g = 9{,}81 \text{ m/sek}^2, \qquad \gamma = 1{,}0\, t/\text{m}^3,$$

so wird

$$\omega = \frac{9900}{\sqrt{47{,}6 + 0{,}4 \cdot \frac{d}{s}}} \text{ m/sek}, \tag{13a}$$

wobei d = lichter Rohrdurchmesser in m, s = Rohrwandstärke in m.

---

[1] ALLIÉVI, L.: Teoria generale del morto pertubato dell' acqua nei tubi in pressione. Ann. Soc. Ing. ed Archit. Rom Bd. 17 (1902) — Allgemeine Theorie über die veränderliche Bewegung des Wassers in Leitungen. (Übersetzung des Hauptwerkes durch R. DUBS und V. BATAILLARD.) Berlin: Springer 1909. — HRUSCHKA: Druckrohrleitungen der Wasserkraftwerke. Wien u. Berlin: Springer 1929. — BUNDSCHU: Druckrohrleitungen. Berlin: Springer 1929. — Veröffentlichungen zur Erforschung der Druckstoßprobleme in Wasserkraftanlagen und Rohrleitungen. Herausgegeben von TÖLKE. H. 1. Berlin: Springer-Verlag 1949.

* $2{,}5 \cdot 10^7$ statt $2{,}1 \cdot 10^7$ nach KREITNER [Druckschwankungen in Druckrohrleitungen. Wasserwirtschaft, Wien H. 10 (1926) S. 258], um die durch die Nietnähte, Flanschen, Gleitsättel usw. bewirkte Versteifung der Stahlrohre wenigstens annähernd zu berücksichtigen.

Tabelle 17. *Spezifische Gewichte und Elastizitätsmaße von Wasser und Rohrbaustoffen.*

Stoff	t/m³	E t/m²
Wasser 0° C	0,9998	198000—227000
Wasser 4° C	1,0000	
Wasser 10° C	0,9997	
Wasser 20° C	0,9980	
Schweißeisen	7,8	20000000
Flußeisen	7,85	21000000—21500000
Flußstahl	7,86	22000000
Stahlguß	7,85—7,87	21500000
Gußeisen	7,25	7500000—10500000
Holz (weich)	0,35—0,76	1000000 (im Mittel)
Beton (auf Druck)	2,2 (im Mittel)	2000000 (im Mittel)

Als praktisch genügend genauen Mittelwert für die Fortpflanzungsgeschwindigkeit der Druckwellen (Druckänderungen) bei Eisenbeton- und Holzrohren kann man

$$\omega = 1000 \text{ m/sek} \tag{13b}$$

annehmen (ω schwankt zwischen 500 und 1400 m/sek).

Für die Berechnung der Druckänderungen spielt die Zeit, welche dieselben brauchen, um die Druckleitung hin und zurück zu durchlaufen, die sog. *Laufzeit* t', eine wesentliche Rolle. Sie beträgt

$$t' = \frac{2 \cdot L}{\omega} \text{ sek.} \tag{14}$$

L = *wahre* Länge der Rohrleitung in m (in der Rohrachse gemessen) vom Abschlußorgan bis zu dem Punkte, an dem sich das Wasser frei ausspiegeln kann (Wasserschloß bzw. Wasserfassung, wenn kein Wasserschloß vorhanden).

Bei der Berechnung der Druckänderung ist zu unterscheiden, ob die Schließzeit T kleiner oder größer ist als die Laufzeit t'. Wird vorausgesetzt, daß die Druckleitung auf ihrer ganzen Länge L einen gleichbleibenden Querschnitt besitzt, dann ergeben sich die nachfolgenden Formeln für die Druckänderung.

a) Drucksteigerung beim Schließen.

α) $T \leqq \frac{2 \cdot L}{\omega}$. Am Absperrorgan am unteren Ende der Leitung ergibt sich dann für die Drucksteigerung

$$h_d = \frac{\omega \cdot v}{g}\,^{*}. \tag{15}$$

Mit $\omega = 1000$ m/sek und $g = 9{,}81$ m/sek² wird

$$h_d = 102 \cdot v \text{ (Meter)} \tag{15a}$$

$T = \frac{2 \cdot L}{\omega}$, dann h_d = Maximum.

* v = Fließgeschwindigkeit in der Rohrleitung *vor* Beginn des Abschließens in m/sek.

β) $T > \frac{2 \cdot L}{\omega}$, dann

$$h_d = m - h - \sqrt{m^2 - m'^2}, \tag{16}$$

dabei ist $m = m' + m''$, wobei $m' = h + \frac{\omega \cdot v}{g}$ und

$$m'' = \frac{v^2}{2 \cdot h \cdot g^2}\left(\omega - \frac{2 \cdot L}{T}\right)^2.$$

Für $\omega = 1000$ m/sek und $g = 9{,}81$ m/sek² wird $m' = h + 102 \cdot v$ und

$$m'' = \frac{0{,}021 \cdot v^2 \cdot (500\,T - L)^2}{h \cdot T^2}.$$

Druckanstieg in einem beliebigen Querschnitt: Wenn $T \geqq \frac{2 \cdot L}{\omega}$, nimmt die Drucksteigerung *linear* entsprechend den wahren Längen der Rohrstrecken von h_d am Absperrorgan bis auf 0 am Wasserschloß bzw. an der Wasserfassung ab.

Ist $T < \frac{2 \cdot L}{\omega}$, so erreicht der Druckanstieg am Absperrorgan das Maximum. Dieses Maximum des Druckanstiegs bleibt auf einer gewissen Strecke vor dem Absperrorgan als konstanter Druck erhalten. Bezeichnet man mit l_m jene Strecke, welche die Schwingung in der Zeit T hin *und* zurück durchlaufen kann, so läßt sich dafür ansetzen

$$l_m = \frac{\omega \cdot T}{2}.$$

Der konstante Druck ist auf der Strecke $L - l_m$ vor dem Absperrorgan vorhanden, auf der Reststrecke l_m nimmt der Druck linear auf Null ab (Abb. 108*).

Für $T = 0$ wird $l_m = 0$, d. h. die konstante Drucksteigerung h_d ist theoretisch längs der ganzen Rohrleitung vorhanden. Praktisch ist mit einem Abfall des Druckanstiegs in der Nähe des Wasserschlosses zu rechnen.

b) Druckabfall beim Öffnen.

Am *Absperrorgan* (unteren Ende der Leitung) erhält man den Druckabfall

$$h_a = +\sqrt{n \cdot (2 \cdot h + n)} - n. \tag{17}$$

α) Für $T \leqq \frac{2 \cdot L}{\omega}$ wird

$$n = \frac{\omega^2 \cdot v^2}{2 \cdot g^2 \cdot h}. \tag{17a}$$

β) Für $T > \frac{2 \cdot L}{\omega}$ wird

$$n = \frac{2 \cdot v^2 \cdot L^2}{g^2 \cdot T^2 \cdot h}. \tag{17b}$$

---

* Der Druckhöhenplan stellt ein Längenprofil dar, bei dem als Abszissen die *wahren Längen* der Rohrstrecken aufgetragen sind. Die Bezeichnung stammt von BUNDSCHU.

Der Druckabfall in einem beliebigen Querschnitt der Druckleitung ergibt sich aus den Druckhöhenplänen Abb. 107 und 108. Diese erlauben auch die sofortige Feststellung, ob beim Öffnen die Druckabfallinie irgendwo die Rohrachse schneidet, d. h. unter dieselbe zu liegen kommt,

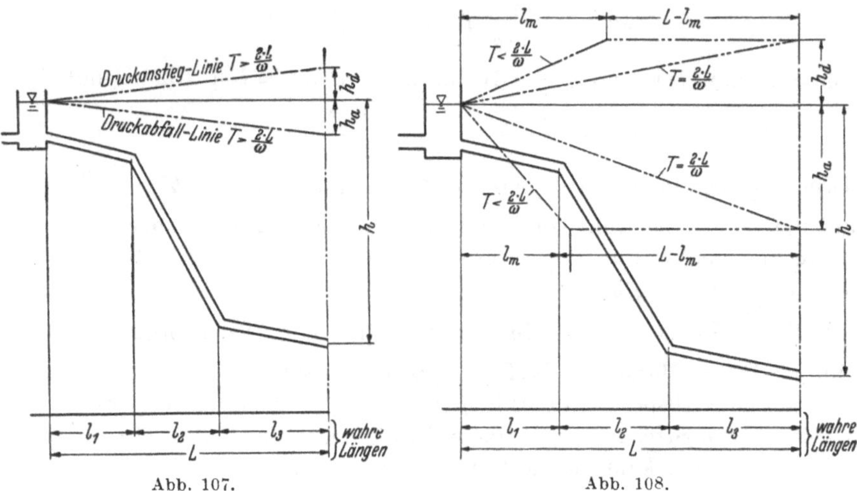

Abb. 107. Abb. 108.

wodurch in der Rohrleitung ein Unterdruck entsteht, der praktisch bereits bei etwa 6 m (theoretisch bei 10 m) zu einem Vakuum führt, wobei der Wasserstrang abreißt. In solchem Falle ist also der maximal zulässige Druckabfall h_a gegeben. Die dazugehörige Öffnungszeit T erhält man mit der Beziehung

$$T = \frac{2 \cdot v \cdot L}{g \cdot h_a} \sqrt{\frac{h - h_a}{h}} . \tag{18}$$

Diese Formel ist nur gültig, wenn gleichzeitig die Bedingung erfüllt ist: $T \geqq \frac{2 \cdot L}{\omega}$, da für $T < \frac{2 \cdot L}{\omega}$ der Druckabfall h_a einen konstanten Wert hat, der nicht überschritten werden kann.

c) Druckänderungen bei Rohrleitungen mit verschiedenen Rohrdurchmessern.

α) $T > \frac{2 \cdot L}{\omega}$. Es ist das mittlere $v = \frac{\Sigma(l \cdot v)}{L}$ * zu bestimmen und dann mit diesem v der Druckanstieg mit Formel (16), der Druckabfall mit Formel (17) zu berechnen. Die Druckverteilung längs der Rohrleitung kann näherungsweise linear angenommen werden.

* In $\Sigma\,(l \cdot v)$ bedeutet l die Länge der einzelnen Strecken gleichen Durchmessers und v die diesen Strecken zugeordnete Geschwindigkeit.

β) Plötzliches Schließen (Öffnen).

Plötzliches Schließen. Es tritt in jeder Teilstrecke jeweils jener Druckanstieg $h_d = \frac{\omega \cdot v}{g}$ auf, der sich aus der Fließgeschwindigkeit berechnet. Dieser Druckanstieg bleibt dann auf der Länge einer Teilstrecke konstant.

Plötzliches Öffnen. Der Druckabfall wird nach den Formeln (17) und (17a) für die einzelnen Teilstrecken ermittelt, wobei die zugeordneten Fließgeschwindigkeiten v und die statischen Druckhöhen h am Ende der Teilstrecken in die Formeln einzusetzen sind (Abb. 109).

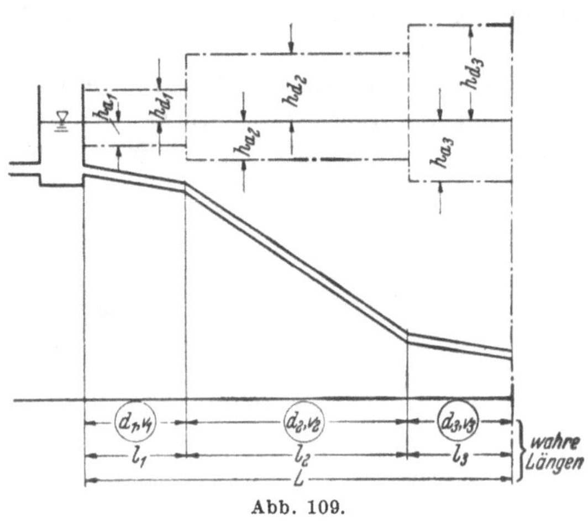

Abb. 109.

γ) $T < \frac{2 \cdot L}{\omega}$. Man ermittelt $l_m = \frac{\omega \cdot T}{2}$. Für den Druckanstieg am Absperrorgan ergibt sich h_d aus Formel (15), für den Druckabfall am Absperrorgan h_a aus Gleichung (17) und (17a), wobei für das mittlere $v = \frac{\Sigma (l \cdot v)}{L}$ die Strecke $l_m = \frac{\omega \cdot T}{2}$, gemessen vom Absperrorgan, in Betracht kommt. Das ergibt je einen Punkt der Druckanstieg- bzw. Druckabfallinie. Analog ermittelt man je einen Punkt dieser Linien für die Strecke l_m, vom Wasserschloß aus gemessen (Abb. 110). Ein dritter Punkt dieser Linien ist der Spiegel des Wasserschlosses (bzw. der Wasserfassung). Die 3 Punkte werden je durch Gerade miteinander verbunden.

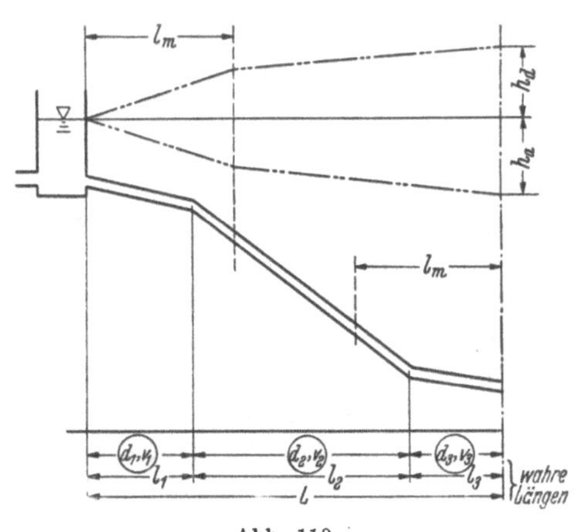

Abb. 110.

Wie schon weiter oben gesagt, ist bei der Festlegung der an einem Festpunkt wirksamen Kräfte jeweils der *Gesamt*druck in Ansatz zu bringen, soweit diese Kräfte davon abhängen.

Dieser Gesamtdruck setzt sich zusammen aus dem ungünstigsten *statischen* Druck der ruhenden Wassersäule *und der dynamischen Druckänderung* (Stoßwirkung) bei raschem Schließen oder Öffnen der Verschlußorgane an den Turbinen. Dies muß beachtet werden bei der Ermittlung der zahlenmäßigen Größe der auftretenden Kräfte.

Dabei ist ein Vorgang zu berücksichtigen. Die plötzliche Änderung der Wasserbewegung in der Druckrohrleitung (zwischen Wasserschloß und Turbinen) infolge des Druckstoßes führt im Wasserschloß zu Schwingungen des Spiegels (vgl. Aufgaben 30 und 31).

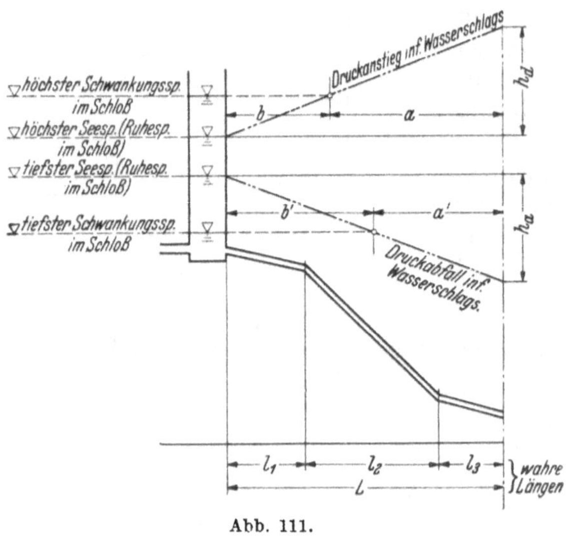

Abb. 111.

Diese Spiegelschwankungen im Wasserschloß sind gleichbedeutend mit Änderungen der Druckhöhe h, die ihrerseits wiederum Druckschwankungen in der Druckleitung hervorrufen. Während aber die Störungserscheinungen in der betroffenen Druckleitung beim Öffnen bzw. Schließen der am unteren Ende derselben befindlichen Verschlußorgane in Sekunden (schlagartig) ablaufen (Wasserschlag), spielen sich die zuletzt erwähnten Druckschwankungen in Minuten ab, sind also erst wirksam, wenn die Wasserschlagwelle schon wieder zur Ruhe gekommen ist, so daß keine Überlagerung dieser beiden Störungserscheinungen eintritt.

Der praktisch ungünstigste Fall wäre hier der plötzlich vollkommene Abschluß der unteren Verschlußorgane aller Druckrohrleitungen der Anlage während der größtmöglichen Wasserführung. Dies führt aber für *jedes* Druckrohr zu einem Wasserschlag, d. h. zu einem Druckanstieg, der für einen großen Teil der Druckleitung größer ist als der später folgende sekundäre Druckanstieg infolge des Spiegelanstieges im Wasserschloß, ist also auf dieser Strecke mit der Berücksichtigung der Wasserschlagwirkung mit erfaßt (vgl. dazu die Druckhöhenpläne der Abb. 107 bis 109). Durch Eintragung der Drucklinien, wie sie sich über die größten Schloßspiegelschwankungen nach oben und unten ergeben, in den Druckhöhenplan mit dem ungünstigsten Druckanstieg und Druckabfall infolge Wasserschlags läßt sich leicht feststellen, für welchen Teil der (oberen) Druckrohrstrecke die Berücksichtigung der Druckänderungen infolge der Spiegelschwankungen noch notwendig ist. In Abb. 111 wäre dies für die Strecken b (Schwankungen nach oben) bzw. b' (Schwankungen nach unten) der Fall. Die für diese Strecken in Frage kommende Druckerhöhung bzw. Druckerniedrigung kann waagerecht angenommen werden.

In vorliegendem Beispiel wurden die Wasserschloßspiegelschwankungen bei Festlegung der hydraulischen und dynamischen Druckhöhen *nicht* berücksichtigt.

3. Ermittlung der zahlenmäßigen Größe der auf die Festpunkte I—IV wirkenden Kräfte für 3 verschiedene Belastungsfälle.

Es werden folgende 3 Belastungsfälle behandelt:

1. Rohrleitung fertig montiert, aber noch nicht mit Wasser gefüllt;
2. Leitung mit Wasser gefüllt, jedoch noch keine Fließbewegung vorhanden;
3. plötzlicher Leitungsschluß bei Vollbetrieb, d. h. wenn in der Sekunde 16 m³ durch die Leitung gehen.

In Tabelle 18 sind die notwendigen Zahlenunterlagen zusammengestellt. Dabei ist bei der Berechnung des Reibungsverlustes mit $\gamma = 0{,}16$ nach Bazin und c zur Vereinfachung durchweg mit 71 in Ansatz gebracht.

Zur Berechnung der dynamischen Drucksteigerung muß zunächst die Fortpflanzungsgeschwindigkeit ω der Druckwelle ermittelt werden. Für den Festpunkt V erhält man

$$\omega = \frac{9900}{\sqrt{47{,}6 + 0{,}4 \cdot \frac{d}{s}}} = \frac{9900}{\sqrt{47{,}6 + 0{,}4 \cdot \frac{1{,}95}{0{,}0355}}} = \mathbf{1185}\ \text{m/sek.}$$

Daher

$$\frac{2 \cdot L}{\omega} = \frac{2 \cdot 422}{1185} = 0{,}71 < T,$$

da T mit 3 Sekunden festgelegt ist.

Es ist also h_d nach Formel (16), S. 203 zu berechnen. Danach ist

$$h_d = m - h - \sqrt{m^2 - m'^2}.$$

m ergibt sich aus

$$m = m' + m'',$$

Tabelle 18. *Zusammenstellung der gegebenen bzw. berechneten Zahlenunterlagen.*

Bezeichnung	Festpunkt I		Festpunkt II		Festpunkt III		Festpunkt IV	
Höchster Stauseespiegel	500,00		500,00		500,00		500,00	
Tiefster Stauseespiegel	494,00		494,00		494,00		494,00	
Wasserschloßspiegel bei $Q = 16$ m³/sek und höchstem Stauseespiegel	496,10		496,10		496,10		496,10	
Wasserschloßspiegel bei $Q = 16$ m³/sek und tiefstem Stauseespiegel	490,10		490,10		490,10		490,10	
Festpunkthöhe	476,00		433,74		363,66		294,24	
Statische Druckhöhe h_r m *ohne* Berücksichtigung der Verluste, bezogen auf Wasserschloßspiegel 496,10 m	20,10		62,36		132,44		210,86	
Hydraulische Druckhöhe h' m bei Berücksichtigung der Verluste für $Q = 16$ m³/sek, bezogen auf Wasserschloßspiegel 496,10 m	19,10		60,77		130,05		198,45 [1])	
Statische Druckhöhe h_r m *ohne* Berücksichtigung der Verluste, bezogen auf Wasserschloßspiegel 490,10 m	14,10		56,36		126,44		195,86	
Hydraulische Druckhöhe h' m bei Berücksichtigung der Verluste für $Q = 16$ m³/sek, bezogen auf Wasserschloßspiegel 490,10 m	13,10		54,77		124,05		192,45 [2])	
Lichter Rohrdurchmesser: d_1 oben: d_2 unten	2,25	2,25	2,25	2,15	2,15	2,05	2,05	1,95
Wasserquerschnitt f_w m²	3,98	3,98	3,98	3,63	3,63	3,30	3,30	2,98
Eigengewicht der leeren Leitung: q_{e_1} t/m bzw. q_{e_2} t/m	0,60	0,60	0,60	1,00	1,00	1,40	1,40	1,70
Gewicht der gefüllten Leitung: q_{ew_1} t/m bzw. q_{ew_2} t/m	4,60	4,60	4,60	4,65	4,65	4,70	4,70	4,70
Wahre Leitungslängen l_m ($\Sigma l = L = 422$ m)	von d. Wasserfassung bis I 30,00		von I—II 100,00		von II—III 109,00		von III—IV 108,0 [3])	
Wahre Teilleitungslängen: l_1 m bzw. l_2 m	100,0	9,0	92,0	9,0	100,0	8,0	100,0	7,0
Mittlere Fließgeschwindigkeit: v_1 m/sek bzw. v_2 m/sek	4,02	4,02	4,02	4,41	4,41	4,85	4,85	5,37
Dynamische Drucksteigerung h_α m	5,24		22,73		41,8		60,7 [4])	
Gesamtdruckhöhe $h' + h_\alpha$ bezogen auf 496,10	24,34		83,50		171,85		259,15 [5])	
Neigungswinkel der Rohrachse α_1 bzw. α_2	0°	25°	25°	40°	40°	40°	40°	0°
$\sin \alpha_1$ bzw. $\sin \alpha_2$	0	0,423	0,423	0,643	0,643	0,643	0,643	0
$\cos \alpha_1$ bzw. $\cos \alpha_2$	1,000	0,906	0,906	0,766	0,766	0,766	0,766	1,000

Für Festpunkt V gelten folgende Werte:

[1]) 197,56 [2]) 191,56 [3]) von IV—V 75,0 [4]) 73,8 [5]) 271,36

Additional material from *Grund- und Wasserbau in praktischen Beispielen*
ISBN 978-3-662-01303-8 (978-3-662-01303-8_OSFO1),
is available at http://extras.springer.com

wobei

$$m' = h + \frac{\omega \cdot v}{g} = 197{,}56 + \frac{1185 \cdot 5{,}37}{9{,}81}$$

und

$$m'' = \frac{v^2}{2 \cdot h \cdot g^2}\left(\omega - \frac{2 \cdot L}{T}\right)^2 = \frac{5{,}37^2}{2 \cdot 197{,}56 \cdot 9{,}81^2}\left(1185 - \frac{2 \cdot 422}{3}\right)^2.$$

Daraus berechnet sich die Drucksteigerung am Festpunkt V zu

$$h_d = \mathbf{73{,}8}\ \text{m}.$$

Da die dynamische Drucksteigerung vom Verschlußorgan am Festpunkt V bis zum Rohranfang am Wasserschloß geradlinig auf Null abnimmt, wurden die den übrigen Festpunkten zugeordneten h_d-Werte einfach durch Interpolation bestimmt.

Diese Berechnungsart hat allerdings nicht berücksichtigt, daß die Rohrdurchmesser nach oben abnehmen, ebenso die Wandstärken. Wollte man diese Verhältnisse bei der Ermittlung der h_d-Werte berücksichtigen, dann wäre zu verfahren, wie auf S. 205 (Abb. 109) angegeben. Es ergibt sich dann eine gestaffelte h_d-Linie. Zum Beispiel gilt von Festpunkt IV bis Festpunkt III:

$$\omega = \frac{9900}{\sqrt{47{,}6 + 0{,}4 \cdot \frac{2{,}05}{0{,}0265}}} = 1115\ \text{m/sek}$$

$$m' = 198{,}45 + \frac{1115 \cdot 4{,}85}{9{,}81} = 749{,}45$$

$$m'' = \frac{4{,}85^2}{2 \cdot 189{,}45 \cdot 9{,}81^2}\left(1185 - (422 - 75)\right)^2 = 481{,}0$$

$$m = 749{,}45 + 481{,}0 = 1230{,}45$$

$$h_d = \mathbf{57{,}0}\ \text{m}.$$

Vom Festpunkt III bis Festpunkt II geht h_d bei diesem genaueren Rechenverfahren auf 30,0 m, von II bis I auf 11,0 m zurück. Die mit dem oben angegebenen Näherungsverfahren erhaltenen h_d-Werte bewegen sich also auf der sicheren Seite.

In der Tabelle 19 sind die wirkenden Kräfte bzw. Kraftkomponenten zusammengestellt für die zu untersuchende Stahlrohrleitung, in Tabelle 20 (Tafel 1) wurde die Größe dieser Kräfte für die Festpunkte I bis IV ermittelt. Man sieht, daß die Schleppkraft R_s und die Krümmerfliehkraft Z so klein bleiben, daß sie vernachlässigt werden können. Da bei dem zu behandelnden Beispiel eine „aufgelöste“ Druckrohrleitung (Leitung mit Stopfbüchsen zwischen jedem Festpunkt) zugrunde gelegt ist, können sich die Temperaturkraft D_t und die Querzusammenziehungskraft D_q nur so weit entfalten, bis die Reibung in den Stopfbüchsen überwunden ist. D_t und D_q können deshalb zusammen nicht größer werden als R_{st}. Es genügt also, lediglich die letztere Kraft anzusetzen.

Tabelle 19. *Zusammenstellung der wirkenden Kräfte bzw. Kraftkomponenten für die zu untersuchende Eisenrohrleitung.*

Benennung der Kraft nach der auslösenden Ursache	Kennzeichnung	Wirkungsrichtung in bez. auf die Rohrachse	Berechnungsformel	Bemerkung
Rohreigengewicht Komponente in der Rohrachse	D_e	∥	$q_e \cdot l \cdot \sin\alpha$	
Rohreigengewicht Komponente senkrecht zur Rohrachse	N_e	⊥	$q_e \cdot l \cdot \cos\alpha$	
Wassergewicht Komponente in der Rohrachse	D_w	∥	$q_w \cdot l \cdot \sin\alpha$	Der auf die Absperrorgane beim Sperren wirksame Bodendruck hat dagegen die Größe $B_w = \frac{d^2 \cdot \pi}{4} \cdot h$ (h = hydrostat. Druckh.)
Wassergewicht Komponente senkrecht zur Rohrachse	N_w	⊥	$q_w \cdot l \cdot \cos\alpha$	
Rohrverjüngungsdruck	D_v	∥	$\gamma_w \cdot h \cdot \frac{\pi}{4} \cdot (d_1^2 - d_2^2)$	Übergangsstück z. Rohrverjüngung befindet sich hier in einer *geraden* Rohrstrecke
Rohrverjüngungdsruck einschließl. Krümmerstreckkraft	K_v	╲	$\gamma_w \cdot \frac{\pi}{4} \cdot h \cdot \sqrt{d_1^4 + d_2^4 - 2 \cdot d_1^2 \cdot d_2^2 \cdot \cos(\alpha_2 - \alpha_1)}$	Kombination von Übergangsstück u. Krümmer, wobei $h_1 = h_2 = h = \frac{h_1 + h_2}{2}$
Krümmerstreckkraft	K	╲	$\gamma_w \cdot h \cdot \frac{d_1^2 \cdot \pi}{2} \cdot \sin\frac{\alpha_2 - \alpha_1}{2}$	Krümmer oder Knickpunkt *ohne* Rohrverjüngung
Stopfbüchsenkraft	D_{st}	∥	$\gamma_w \cdot \frac{\pi}{4} (d_{st}^2 - d^2) \cdot h \sim \gamma_w \cdot h \cdot d \cdot \pi \cdot s$	
Querzusammenziehungskraft	D_q	∥	$\pm \gamma_w \cdot \frac{\pi \cdot d^2 \cdot h}{2 \cdot m} \sim 0{,}471 \cdot d^2 \cdot h$ *	Für die Praxis reicht es meist aus, wenn als Durchmesser der auf der Teilstrecke vorherrschende und als Druckhöhe h die mittl. Druckhöhe angesehen wird
Temperaturkraft	D_t	∥	$\pm (\omega \cdot E) \cdot t \cdot f \sim 240 \cdot t \cdot f$ *	
Reibungskraft in den Stopfbüchsen	R_{st}	∥	$\pm a \cdot \gamma_w \cdot \pi \cdot d_{st} \cdot l_{st} \cdot h \cdot \mu_{st} \sim 4{,}71 \cdot d_{st} \cdot l_{st} \cdot h \cdot \mu_{st}$	
Schleppkraft	R_s	∥	$\gamma_w \cdot \frac{16 \cdot Q^2 \cdot l}{c^2 \cdot d^3 \cdot \pi} = 5{,}09 \cdot \frac{Q^2 \cdot l}{c^2 \cdot d^3}$	
Rohrauflagerreibung für leeren Rohrstrang	R_e	∥	$\pm q_e \cdot l \cdot \cos\alpha \cdot \mu_a$	
Rohrauflagerreibung für wassergefüllten Rohrstrang	R_{ew}	∥	$\pm q_{ew} \cdot l \cdot \cos\alpha \cdot \mu_a$	
Krümmerfliehkraft (Wasserstoß)	Z	╲	$\frac{\gamma_w}{g} \cdot Q \cdot \sqrt{v_1^2 + v_2^2 - 2 \cdot v_1 \cdot v_2 \cdot \cos(\alpha_2 - \alpha_1)}$	für $F_1 = F_2$ $(v_1 = v_2)$ vgl. Formel (12a)

* Vgl. auch Formel (7a) für mehrere Teilstrecken mit verschiedenen Werten d, h und f, ebenso die Formel (8a) für Q_t unter den gleichen vorgenannten Verhältnissen.

Bei Aufstellung des Schemas in Tabelle 21 ist diesen Abhängigkeiten der Kraftwirkungen Rechnung getragen.

In Tabelle 23 sind unter Benutzung der Tabelle 22 die zahlenmäßigen Größen der an den Festpunkten angreifenden äußeren Kräfte (ohne Eigengewicht des Klotzes) übersichtlich zusammengestellt. Sie wurden

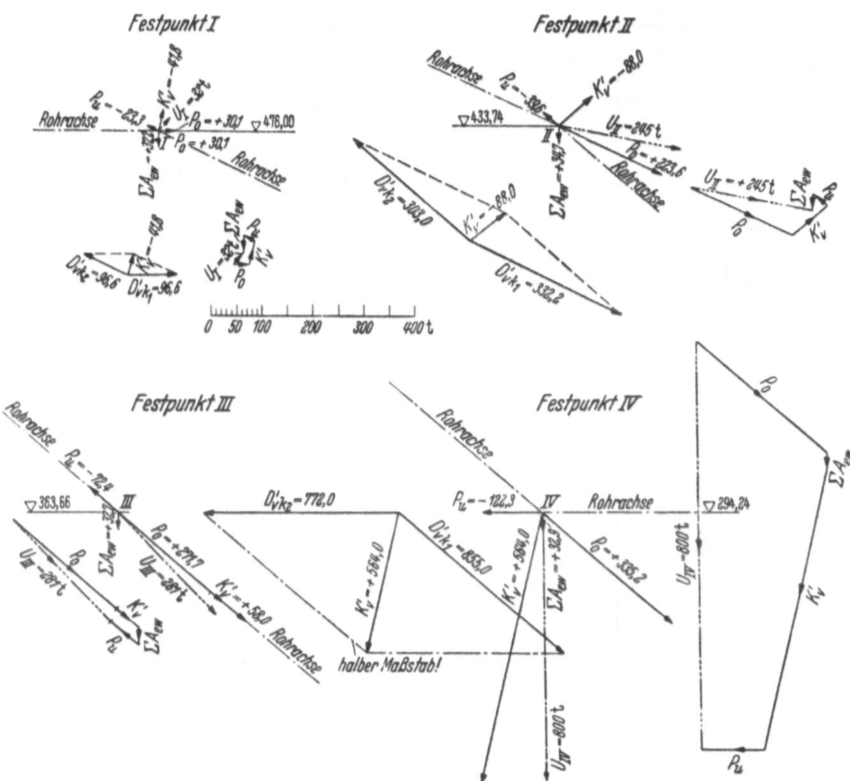

Abb. 112. Die auf die Festpunkte wirkenden äußeren Kräfte und ihre Mittelkraft U für den Belastungsfall 3 bei Temperaturzunahme.

für den Belastungsfall 3 bei Temperaturzunahme graphisch zu den Mittelkräften U zusammengefaßt (Abb. 112). Um dabei die jeweiligen Wirklinien von K_v' festzulegen, mußten die zugehörigen achsparallelen Komponenten D_{vk}' größenmäßig bestimmt (vgl. S. 192) und aufgetragen werden.

Bei der *konstruktiven Ausbildung* der Festpunkte ist normalerweise davon auszugehen, daß der Klotz durch sein Gewicht allein standfest sein muß. Deshalb wächst der Baustoffbedarf mit der Zunahme der waagerechten Komponente der Mittelkraft U, weil dadurch das Verhältnis Normalkraft : Flächenkraft $= \operatorname{tg} \varphi$, also auch der Winkel φ zu-

Tabelle 21. *Übersicht über die auf einen Fixpunkt wirkenden Kräfte für die zu untersuchenden Belastungsfälle.*

Belastungsfall		Auf den Fixpunkt wirkende Kräfte					
		Achsenparallele Resultierende		Rohrauflager		Rohrverjüngungs- und Krümmerkräfte	Eigengewicht des Fixpunktes
		von *oben*	von *unten*	von oben	von unten		
1. Leitung *leer*	Temperaturerhöhung	$P_o = +D_{e_o} + (R_{e_o} + R_{st_o})$	$P_u = +D_{e_u} - (R_{e_u} + R_{st_u})$	A_{e_o}	A_{e_u}	—	G_f
	Temperaturerniedrigung	$P_o = +D_{e_o} - (R_{e_o} + R_{st_o})$	$P_u = +D_{e_u} + (R_{e_u} - R_{st_u})$	A_{e_o}	A_{e_u}	—	G_f
2. Leitung mit *Wasser gefüllt*, aber keine *Fließ*bewegung	Temperaturerhöhung	$P_o = +(D_{e_o} + D_{st_o}) + (R_{ew_o} + R_{st_o})$	$P_u = +(D_{e_u} - D_{st_u}) - (R_{ew_u} + R_{st_u})$	A_{ew_o}	A_{ew_u}	K_v	G_f
	Temperaturerniedrigung	$P_o = +(D_{e_o} + D_{st_o}) - (R_{ew_o} + R_{st_o})$	$P_u = +(D_{e_u} - D_{st_u}) + (R_{ew_u} + R_{st_u})$	A_{ew_o}	A_{ew_u}	K_v	G_f
3. Leitungs*abschluß unten* bei *Voll*betrieb ($Q = 16$ m³/sek)	Temperaturerhöhung	$P_o = +(D_{e_o} + D'_{st_o}) + (R_{ew_o} + R_{st_o})$	$P_u = +(D_{e_u} - D'_{st_u}) - (R_{ew_u} + R_{st_u})$	A_{ew_o}	A_{ew_u}	K'_v	G_f
	Temperaturerniedrigung	$P_o = +(D_{e_o} + D'_{st_o}) - (R_{ew_o} + R_{st_o})$	$P_u = +(D_{e_u} - D'_{st_u}) + (R_{ew_u} + R_{st_u})$	A_{ew_o}	A_{ew_u}	K'_v	G_f

Tabelle 22. *Tabellarische Zusammenstellung der zahlenmäßigen Größe der Kräfte für die zu untersuchenden Fälle.*

Kennzeichnung	Festpunkt I		Festpunkt II		Festpunkt III		Festpunkt IV	
	von oben	von unten	von oben	von unten	von oben	von unten	von oben	von unten
Fall 1: Leitung „leer“.								
$D_{e_{o/u}}$	+ 0	+ 2,0	+23,4	+ 5,8	+64,3	+ 7,2	+90,0	+ 0
$R_{e_{o/u}}$	± 3,0	∓ 2,2	±25,0	∓ 3,4	±38,3	∓ 4,3	±53,6	∓ 5,9
$R_{st_{o/u}}$	± 5,5	∓ 6,4	± 6,4	∓17,9	±17,9	∓35,0	∓35,0	∓49,5
Fall 2: Leitung mit „Wasser gefüllt“, aber „keine“ Fließbewegung.								
$D_{e_{o/u}}$	+ 0	+ 2,0	+ 23,4	+ 5,8	+ 64,3	+ 7,2	+ 90,0	+ 0
$D_{st_{o/u}}$	+ 1,4	− 1,7	+ 1,7	− 8,6	+ 8,6	−23,3	+ 23,3	−43,7
$R_{ew_{o/u}}$	±23,0	∓16,7	±191,6	∓16,0	±178,0	∓14,4	±180,0	∓16,4
$R_{st_{o/u}}$	± 5,5	∓ 6,4	± 6,4	∓17,9	± 17,9	∓35,0	∓ 35,0	∓49,5
K_v	−34,5	−34,5	−66,1		+44,6		+439,0	
Fall 3: Leitungsabschluß unten bei Vollbetrieb ($Q = 16\,m^3/sek$).								
$D_{e_{o/u}}$	+ 0	+ 2,0	+ 23,4	+ 5,8	+ 64,3	+ 7,2	+ 90,0	+ 0
$D_{st_{o/u}}$	+ 1,6	− 2,2	+ 2,2	−11,5	+ 11,5	−30,2	+ 30,2	−56,4
$R_{ew_{o/u}}$	±23,0	∓16,7	±191,6	∓16,0	±178,0	∓14,4	±180,0	∓16,4
$R_{st_{o/u}}$ [1]	± 5,5	∓ 6,4	± 6,4	∓17,9	± 17,9	∓35,0	± 35,0	∓49,5
K_v	−41,8	−41,8	− 88,0	−88,0	+58,0		+564,0	

nimmt. Dieser soll 20° nicht überschreiten, wenn es sich um die Reibung zwischen frei verschiebbarem Mauerwerk und Erde handelt und wenn zweifache Sicherheit vorhanden sein soll. Bei ungünstigen Untergrundverhältnissen (zusammendrückbarer oder leicht abscherbarer Boden) muß φ noch wesentlich unter 20° bleiben. Neben der Sicherheit gegen Gleiten muß der Ankerklotz auch noch Standfestigkeit gegen Kippen besitzen. Außerdem dürfen die Bodenpressungen die Tragfähigkeit des Untergrundes an keiner Stelle überschreiten[2]. Die zulässigen Bodenpressungen liegen im allgemeinen zwischen 1,5 und 8 kg/cm². Nur bei sehr gutem Fels kann bis 10 kg/cm² zugelassen werden. Da der Festpunktklotz nicht nur als Ganzes, sondern auch in seinen Teilen standfest sein muß, sind die Normal- und Schubspannungen auch in den charakteristischen Fugen innerhalb des Klotzes nachzurechnen und festzustellen, ob und wo Eiseneinlagen eingelegt werden müssen. HRUSCHKA[3] empfiehlt, die Kubatur der Festpunkte nicht für die Belastung der Rohrleitung bei

[1] Die Zahlenwerte für $R_{st_{o/u}}$ wurden mit h_r statt genau mit h' (stat. Druckhöhe nach Abzug des Reibungsverlustes) ermittelt. Diese Annäherung ist vertretbar mit Rücksicht auf die Unsicherheit, die im angenommenen Wert für μ_{st} liegt.

[2] Vgl. STRECK: Grund- und Wasserbau in praktischen Beispielen. Bd. I.

[3] HRUSCHKA: Zitiert S. 188.

Tabelle 23.

Die zahlenmäßige Größe der zusammengefaßten auf die Fixpunkte I—IV wirkenden Kräfte für die drei zugrunde gelegten Belastungsfälle.

Belastungsfall		Festpunkt I						Festpunkt II					
		P_o	P_u	A_{eo} A_{ewo}	A_{eu} A_{ewu}	ΣA_e ΣA_{ew}	K_v K'_v	P_o	P_u	A_{eo} A_{ewo}	A_{eu} A_{ewu}	ΣA_e ΣA_{ew}	K_v K'_v
1. Leitung *leer*	Temperaturerhöhung um 30° C	0	− 6,5	+ 2,4	+ 1,8	+ 4,2	—	+ 54,8	−15,5	+ 2,4	+ 3,5	+ 5,9	—
	Temperaturerniedrigung um 30° C	− 8,5	+ 9,7	+ 2,4	+ 1,8	+ 4,2	—	− 8,0	+27,1	+ 2,4	+ 3,5	+ 5,9	—
2. Leitung mit *Wasser* gefüllt, aber *keine* Fließbewegung	Temperaturerhöhung um 10 C°	+29,9	−22,8	+18,4	+13,8	+32,2	−34,5	+223,1	−36,7	+18,4	+16,3	+34,7	−66,1
	Temperaturerniedrigung um 10° C	−27,1	+23,4	+18,4	+13,8	+32,2	−34,5	−172,9	+31,1	+18,4	+16,3	+34,7	−66,1
3. Leitungs*abschluß unten* bei *Voll*betrieb ($Q = 16$ m³/sek)	Temperaturerhöhung um 10° C	+30,1	−23,3	+18,4	+13,8	+32,2	−41,8	+223,6	−39,6	+18,4	+16,3	+34,7	+88,0
	Temperaturerniedrigung um 10° C	−26,9	+22,9	+18,4	+13,8	+32,2	−41,8	−172,4	+28,2	+18,4	+16,3	+34,7	+88,0

Belastungsfall		Festpunkt III						Festpunkt IV					
1. Leitung *leer*	Temperaturerhöhung um 30° C	+120,5	−32,1	+ 4,0	+ 4,2	+ 8,2	—	+178,6	− 55,4	+ 5,6	+ 5,1	+10,7	—
	Temperaturerniedrigung um 30° C	+ 8,1	+46,5	+ 4,0	+ 4,2	+ 8,2	—	+ 1,4	+ 55,4	+ 5,6	+ 5,1	+10,7	—
2. Leitung mit *Wasser* gefüllt, aber *keine* Fließbewegung	Temperaturerhöhung um 10° C	+268,8	−65,5	+18,6	+14,1	+32,7	+44,6	+328,3	−109,6	+18,8	+14,1	+32,9	+439,0
	Temperaturerniedrigung um 10° C	−123,0	+33,3	+18,6	+14,1	+32,7	+44,6	−102,3	+ 22,2	+18,8	+14,1	+32,9	+439,0
3. Leitungs*abschluß unten* bei *Voll*betrieb ($Q = 16$ m³/sek)	Temperaturerhöhung um 10° C	+271,7	−72,4	+18,6	+14,1	+32,7	+58,0	−335,2	+122,3	+18,8	+14,1	+32,9	+564,0
	Temperaturerniedrigung um 10° C	−120,1	+26,4	+18,6	+14,1	+32,7	+58,0	+ 94,8	− 9,5	+18,8	+14,1	+32,9	+564,0

Druckproben oder beim Entleeren im strengen Winter oder bei großer Hitze, sondern für Anforderungen des Betriebes zu bestimmen. In Abb. 113 ist für den Festpunkt II eine Ausbildungsmöglichkeit dargestellt unter der Annahme, daß die Beschaffenheit des Felsuntergrundes

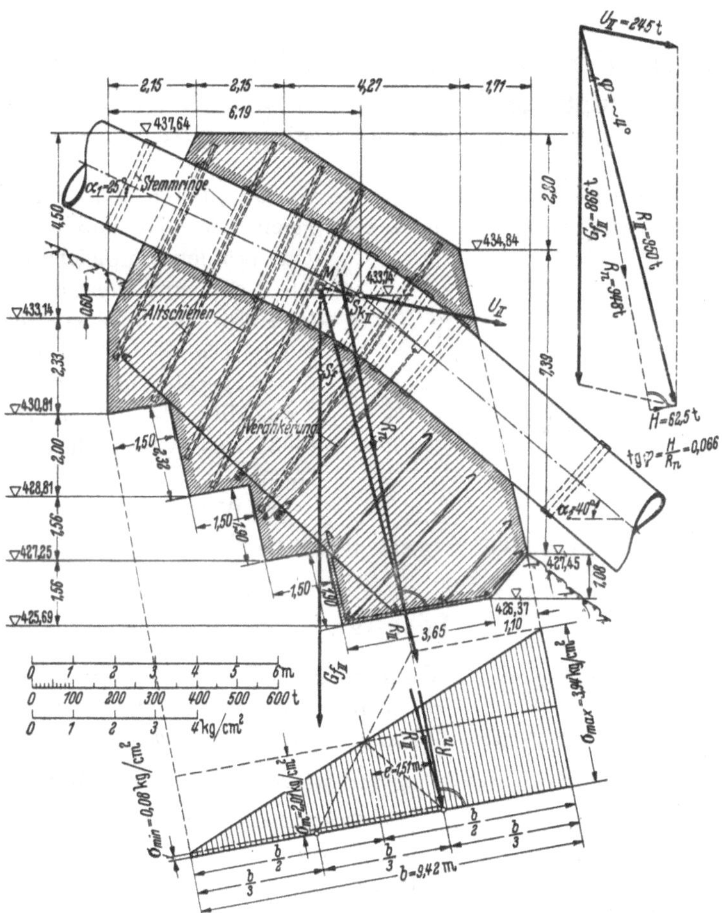

Abb. 113. Ausbildung des Festpunktes II.

keine größere Pressung als 4 kg/cm² zuläßt. Außerdem wurden an Stemmringe angelehnte Altschienen als Beispiel für eine Schubsicherung einskizziert, ebenso 2 Verankerungen als Sicherung gegen die nach außen wirkende Komponente der Resultierenden U_{II} (Krümmerstreckkraft). Diese konstruktiven Einzelheiten werden sich in jedem Falle den vorliegenden besonderen Bedürfnissen anzupassen haben, gehen dabei vielfach über die rein statisch-rechnerischen Erfordernisse hinaus und hängen in ihrer konstruktiven Ausgestaltung stark vom Ideenreichtum des entwerfenden Ingenieurs ab[1].

Aufgabe 22.

Zusammenhang zwischen Energielinie und Wassertiefe, „Strömen“ und „Schießen“ und die Kriterien dafür (Grenztiefe, Grenzgeschwindigkeit, Grenzgefälle).

Durch ein rechteckiges Betongerinne von $b = 9{,}06$ m lichter Breite soll die Wassermenge $Q = 56$ m³/sek so geleitet werden, daß in allen Querprofilen die gleiche mittlere Geschwindigkeit herrscht (gleichförmige Wasserbewegung). Die Höhe der *Energielinie* ist gegeben mit $H = 2{,}54$ m.

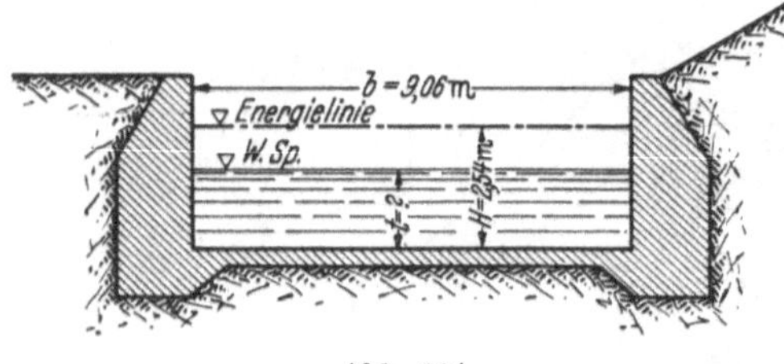

Abb. 114.

1. Mit welcher Wassertiefe fließt das Wasser durch das Gerinne?

2. Welches Sohlgefälle J_s muß das Gerinne erhalten bei den gestellten Bedingungen?

Lösung[2].

Um eine Beziehung für die gesuchte Wassertiefe zu erhalten, wollen wir uns daran erinnern, *daß die Energielinie entsteht, wenn über dem Wasserspiegel die Geschwindigkeitshöhe* $h_v = \frac{v^2}{2g}$ (*Potential der Geschwindigkeit*) aufgetragen wird[3]. Dabei erfolgt die Auftragung von $v^2/2g$ in der Wirkrichtung der Schwerkraft (vgl. Abb. 115).

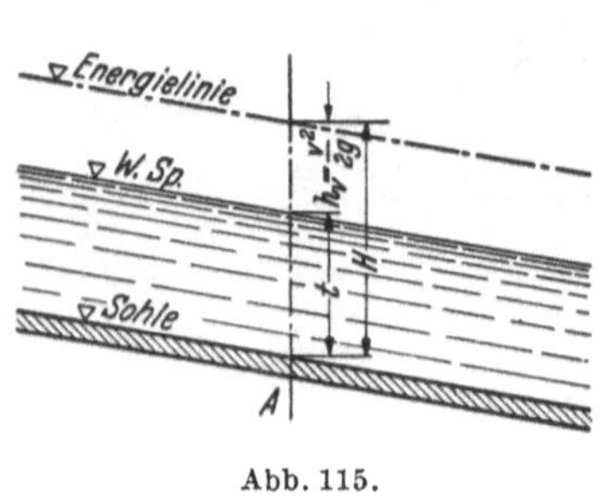

Abb. 115.

Nun gilt für den Querschnitt A:

$$H = t + \frac{v^2}{2g}.$$

[1] Weitere Literaturangabe: HÜRZELER: Zur statischen Berechnung der Fixpunkte einer Druckleitung. Schweiz. Bauztg. 1922. — SCHENK: Graphische Verfahren zur vorläufigen Ermittlung der Gewichte der Festpunkte von Druckrohrleitungen. Wasserkr. u. Wasserwirtsch. 1931.

[2] Vgl. z. B. BÖSS: Berechnung der Wasserspiegellage. Berlin: VDI-Verlag 1927.

[3] Vgl. S. 114 (BERNOULLIsche Gleichung) der Aufgabe 13.

Dabei ist $v = \frac{Q}{F} = \frac{Q}{b \cdot t}$ (Rechteckquerschnitt). Also:

$$H = t + \frac{Q^2}{b^2 t^2} \cdot \frac{1}{2g}.$$

Für *zeitlich unveränderliche (stationäre)* Fließbewegung ist außer b auch Q für den Querschnitt A konstant.

Setzen wir deshalb

$$\frac{Q^2}{b^2 \cdot 2g} = K,$$

so wird

$$H = t + \frac{K}{t^2}$$

oder

$$\underline{t^3 - H \cdot t^2 + K = 0.}$$

Diese kubische Gleichung für t hat drei reelle Wurzeln. Da der negativen Wurzel keine physikalische Bedeutung zukommt, *bleiben zwei reelle*

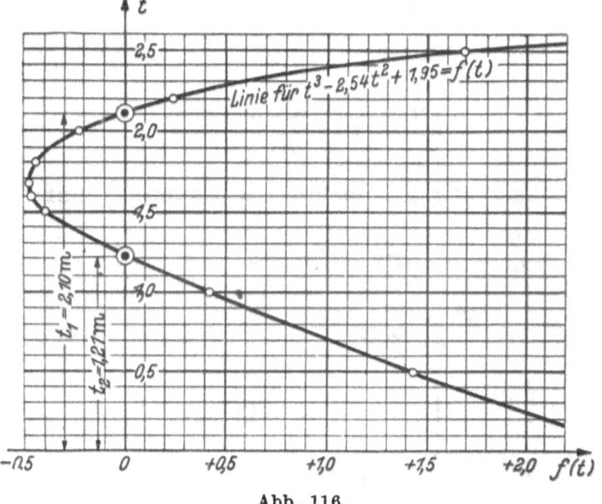

Abb. 116.

Werte t. Damit ergibt sich also, daß bei ein und derselben Höhe H der Energielinie dieselbe Wassermenge Q mit zwei verschiedenen Wassertiefen t abfließen kann. Und zwar gilt dies, wie sich aus der allgemeinen Ableitung ergibt, ganz *allgemein*.

In unserem Zahlenbeispiel wird

$$K = \frac{Q^2}{b^2 \cdot 2g} = \frac{56{,}0^2}{9{,}06^2 \cdot 2 \cdot 9{,}81} = 1{,}95.$$

Damit lautet die Gleichung für t:

$$t^3 - 2{,}54 \cdot t^2 + 1{,}95 = 0.$$

Für die beiden Wassertiefen $t_1 = 2{,}10$ m und $t_2 = 1{,}21$ m ist vorstehende Gleichung erfüllt. [Abb. 116 stellt die Kurve der Gleichung $t^3 - 2{,}54 \cdot t^2 + 1{,}95 = f(t)$ dar.]

Die zwei ermittelten Wassertiefen t_1 und t_2 sind nun verschiedenen Fließzuständen zugeordnet: die *große* Wassertiefe t_1 dem *„strömenden“* Abfluß (t_{str}) mit der Fließgeschwindigkeit $v_1 = 2{,}94$ m/sek, die *kleine* Wassertiefe t_2 dem *„schießenden“* Abfluß (t_{sch}) mit $v_2 = 5{,}11$ m/sek. Auf die Kennzeichnung dieser zwei verschiedenen Fließzustände wird noch zurückgekommen.

Zunächst soll jene Wassertiefe gesucht werden, bei welcher — wenigstens theoretisch — der „strömende“ Fließzustand gerade in den „schießenden“ Zustand übergeht („theoretische Grenztiefe“, „kritische Tiefe“). Für diese Wassertiefe ergibt sich die geringste Höhe H der Energielinie ($H_{\min}$), bei welcher die gegebene Wassermenge Q gerade noch abzufließen vermag.

Wird nämlich die Gleichung

$$H = t + \frac{K}{t^2}$$

differenziert, so ergibt sich

$$\frac{dH}{dt} = 1 - \frac{2K}{t^3}.$$

Für die kleinste Höhe H der Energielinie (H-Minimum) muß

$$\frac{dH}{dt} = 0 \quad \text{bzw.} \quad t^3 - 2\,K = 0$$

sein, woraus mit $K = \frac{Q^2}{b^2 \cdot 2g}$ folgt

$$t = \sqrt[3]{2\,K} = \sqrt[3]{\frac{Q^2}{b^2 \cdot g}} = \text{Grenztiefe } t_{gr}\,^{1}.$$

Setzt man $t_{gr} = \sqrt[3]{2\,K}$ in die obige Gleichung $H = t + \frac{K}{t^2}$ ein, dann ergibt sich

$$H_{gr} = H_{\min} = \sqrt[3]{2\,K} + \frac{K}{(2\,K)^{2/3}} = 1{,}5\,\sqrt[3]{2\,K} = 1{,}5 \cdot \sqrt[3]{\frac{Q^2}{b^2 \cdot g}} = 1{,}5\,t_{gr}.$$

Da

$$H = h_v + t,$$

erhält man für $H_{\min} = 1{,}5\,t_{gr}$

$$1{,}5\,t_{gr} = h_v + t_{gr},$$

woraus

$$h_v = \frac{1}{2}\,t_{gr};$$

d. h. die *Wassertiefe t_{gr} ist gleich der doppelten Geschwindigkeitshöhe.*

[1] t_{gr} für Trapezprofil siehe S. 272 der Aufgabe 27.

Tabelle 24. *Zahlenwerte für die Linie* $H = t + \frac{1,95}{t^2}$, *die* $(H - t)$*-Linie und die* v*-Linie der Abb. 117.*

t_m	$H = t_m + \frac{1,95}{t^2}$	$\frac{v^2}{2g} = H - t_m = \frac{1,95}{t^2}$	$v = \sqrt{2g(H-t)} = \frac{Q}{b \cdot t}$ m/sek
0,7	4,68	3,98	8,84
0,8	3,85	3,05	7,73
1,0	2,95	1,95	6,19
1,21	2,54	1,33	5,11
1,35	2,42	1,07	4,58
1,50	2,37	0,87	4,13
1,57	2,36	0,79	3,94
1,65	2,37	0,72	3,75
1,80	2,40	0,60	3,44
2,00	2,49	0,49	3,10
2,10	2,54	0,44	2,94
2,50	2,81	0,31	2,48
3,00	3,22	0,22	2,06
3,50	3,66	0,16	1,77
4,00	4,12	0,12	1,55
5,00	5,08	0,08	1,24

Diesem t_{gr} und damit dem $H_{\min}$ ist eine mittlere Fließgeschwindigkeit v_{gr} („Grenzgeschwindigkeit“) zugeordnet, deren Größe sich ermittelt aus

$$h_v = \frac{v_{gr}^2}{2g} = \frac{1}{2} t_{gr}$$

zu

$$\underline{v_{gr} = \sqrt{g \cdot t_{gr}}}.$$

Für unser Zahlenbeispiel wird

$$t_{gr} = \sqrt[3]{\frac{56^2}{9,06^2 \cdot 9,81}} = \mathbf{1,57}\ \text{m},$$

$$H_{\min} = \frac{3}{2} \cdot 1,57 = \mathbf{2,36}\ \text{m},$$

$$v_{gr} = \sqrt{9,81 \cdot 1,57} = \mathbf{3,93}\ \text{m/sek}.$$

In Abb. 117 ist der Zusammenhang zwischen Wassertiefe und Höhe der Energielinie bei „Strömen“ und „Schießen“ graphisch dargestellt für die Zahlenwerte unseres Beispiels. Außerdem ist dort auch die zugeordnete v-Linie mit eingetragen.

Aus der Darstellung ergibt sich folgendes:

bei *„Strömen“* bedingt die *Erhöhung* der Energielinie eine *Zunahme* von t und gleichzeitig eine *Verminderung* von v;

bei „*Schießen*“ bedingt die *Erhöhung* der Energielinie ein Sinken des Wasserspiegels (Abnahme von t) und damit ein *Wachsen* der Geschwindigkeit v.

Bei der Berechnung von Wasserspiegellagen erfordern diese Erscheinungen besondere Beachtung[1].

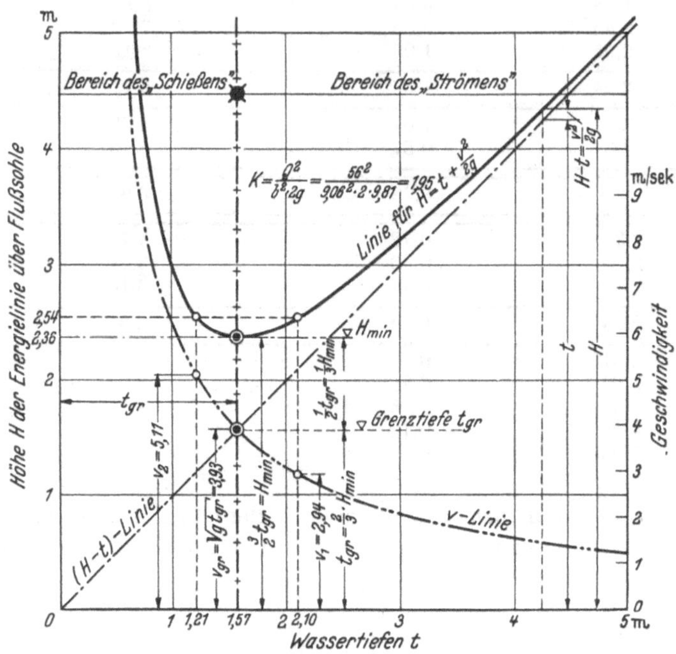

Abb. 117. Zusammenhang zwischen Wassertiefe und Höhe der Energielinie bei „Strömen“ und „Schießen“.

Abb. 118 zeigt in einem Gerinnelängsschnitt die theoretischen Abfluß*möglichkeiten,* wie sie sich aus der Aufgabenstellung ergeben ($H = 2{,}54$ m!), ferner Energielinie und Wasserspiegel für den Grenzzustand zwischen „Schießen“ und „Strömen“, bei dem die gegebene Wassermenge $Q = 56$ m³/sek gerade noch zum Abfluß gelangen kann. Dieser Abfluß Q bei der Grenzwassertiefe t_{gr} stellt andererseits den *Maximal*abfluß für eine gegebene Höhenlage der Energielinie über der Sohle dar. Denn setzt man

$$Q = F \cdot v = b \cdot t \cdot \sqrt{2g(H - t)},$$

bildet

$$\frac{dQ}{dt} = b \cdot \sqrt{2g} \cdot (H - t)^{1/2} - \frac{1}{2} \cdot b \sqrt{2g} \cdot t \cdot (H - t)^{-1/2}$$

[1] Vgl. hierzu z. B. die Aufgaben 25, 26, 36 und 37.

und setzt

$$\frac{dQ}{dt} = 0,$$

so erhält man schließlich

$$H = \frac{3}{2} t,$$

d. h. der maximale Abfluß Q bei gegebener Lage der Energielinie findet für $t = t_{gr} = \frac{2}{3} H$ statt.

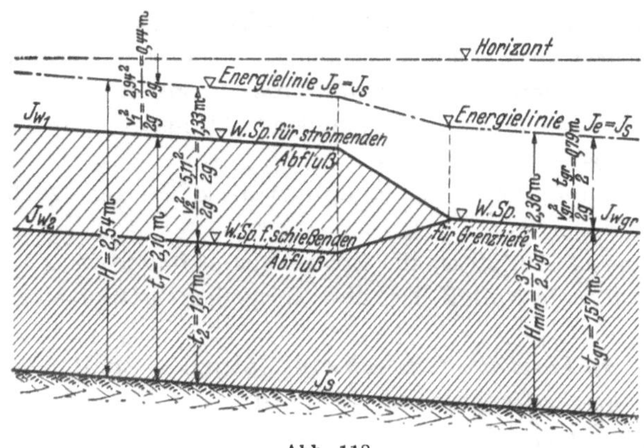

Abb. 118.

Kriterien für „Strömen“ und „Schießen“.

Weiter oben wurde bereits als Kriterium für strömenden oder schießenden Fließzustand die Beziehung abgeleitet:

$$v_{gr} = \sqrt{g \cdot t_{gr}}\,.$$

Ist $v < v_{gr}$, herrscht „Strömen“ (v_{str}),
ist $v > v_{gr}$, herrscht „Schießen“ (v_{sch}).

In unserem Zahlenbeispiel ergibt sich für die Grenztiefe $t_{gr} = 1{,}57$ m die Grenzgeschwindigkeit $v_{gr} = \sqrt{9{,}81 \cdot 1{,}57} = 3{,}93$ m/sek. Andererseits wird für $H = 2{,}54$ m:

$$1.\ t_1 = 2{,}10 \text{ m} \quad \text{und} \quad v_1 = \frac{Q}{b \cdot t_1} = \sqrt{2g(H - t_1)} = 2{,}94 \text{ m/sek} < v_{gr} (3{,}93 \text{ m/sek}),$$

der Abfluß findet also „strömend“ statt;

$$2.\ t_2 = 1{,}21 \text{ m} \quad \text{und} \quad v_2 = \frac{Q}{b \cdot t_2} = \sqrt{2g(H - t_2)} = 5{,}11 \text{ m/sek} > v_{gr} (3{,}93 \text{ m/sek}),$$

in diesem Falle ist der Abfluß also „schießend“.

Die *Grenzgeschwindigkeit* $v_{gr} = \sqrt{g \cdot t_{gr}}$ entspricht der *Wellenfortpflanzungsgeschwindigkeit* (Wellenschnelligkeit) $C = \sqrt{g \cdot t}$ bei der Wassertiefe $t = t_{gr}$. Bei „*Strömen*“ ist also die mittlere Fließgeschwindigkeit *kleiner* als die Wellenschnelligkeit. *In diesem Falle können sich deshalb Störungen* (Wellen, Anstauungen, Absenkungen) *gerinneaufwärts fortpflanzen. Anders* liegen die Verhältnisse bei „*Schießen*“! Hier ist die mittlere Fließgeschwindigkeit *größer* als die Wellenschnelligkeit, so daß sich hier Störungen in der Wasserspiegellage **nicht** strom*aufwärts* fortpflanzen können.

Daraus ergibt sich folgender *Schluß*: Die Ursache des „schießenden“ Abflusses kann *nicht unterhalb* des betrachteten Profils mit schießender Bewegung liegen, sondern muß *oberhalb* dieses Profils gesucht werden. Dagegen ist die Ursache des „strömenden“ Abflusses *unterhalb* des betrachteten Profils zu suchen.

Für die Ermittlung der Spiegellage führt diese Tatsache zu folgendem Grundsatz:

bei „*strömendem*“ Abfluß ist die Spiegellage strom**auf**wärts,

bei „*schießendem*“ Abfluß ist die Spiegellage strom**ab**wärts zu verfolgen.

Zu einer *anderen Form des Kriteriums* für „Strömen“ und „Schießen“ kommt man, wenn man auch noch die BRAHMSsche Geschwindigkeitsformel $v = c \cdot \sqrt{R \cdot J}$ heranzieht.

Für die Grenztiefe t_{gr} muß gelten:

$$v_{gr} = \sqrt{g t_{gr}} = c \cdot \sqrt{R_{gr} \cdot J_{gr}},$$

wobei J_{gr} das Gefälle der Energielinie darstellt[1].

Löst man nach J_{gr} auf, so erhält man für ein *Rechteck*profil

$$J_{gr} = \frac{g}{c^2} \cdot \frac{t_{gr}}{R_{gr}} = \frac{g}{c^2} \cdot \frac{t_{gr}(b + 2t_{gr})}{b \cdot t_{gr}} = \frac{g}{c^2} \cdot \left(1 + \frac{2t_{gr}}{b}\right).$$

Wird für den hydraulischen Radius (Profilradius) R näherungsweise die Wassertiefe t_{gr} gesetzt, dann ergibt sich $\frac{t_{gr}}{R_{gr}} = 1$ und

$$J_{gr} = \frac{g}{c^2}.$$

Das Kriterium lautet jetzt:

$J_e < J_{gr}$, dann „*strömender*“ Abfluß,

$J_e > J_{gr}$, dann „*schießender*“ Abfluß.

Für unser *Zahlenbeispiel* ergab sich $t_{gr} = 1{,}57$ m. Nehmen wir den Geschwindigkeitsbeiwert c nach BAZIN mit

$$c = \frac{87}{1 + \frac{\gamma}{\sqrt{R}}}$$

[1] Vgl. hierzu S. 14 der Aufgabe 2.

an, setzen dabei $\gamma = 0,30$ (Betongerinne!) und

$$R = \frac{b \cdot t_{gr}}{b + 2 t_{gr}} = \frac{9,06 \cdot 1,57}{9,06 + 2 \cdot 1,57} = \mathbf{1,16}\,\text{m},$$

so wird nach Tafel 3 des Anhanges

$$c = \mathbf{68,1}$$

und

$$J_{gr} = \frac{9,81}{68,1^2} \cdot \frac{1,57}{1,16} = 0,00286 = \mathbf{2,86}^0/_{00}.$$

In unserem Falle soll bei $H = 2,54$ m Energielinienhöhe im Gerinne *gleichförmige* Wasserbewegung herrschen. Für gleiche Profilform und gleichen Wasserquerschnitt in allen Gerinnequerprofilen muß dann $J_e = J_w = J_s$ sein. Mit der Festlegung des Energieliniengefälles ist in unserem Beispiel dann auch das Sohlgefälle J_s festgelegt.

Weiter oben wurde gefunden, daß für $H = 2,54$ m zwei Wassertiefen für die Förderung von 56 m³/sek möglich sind. Es soll nun untersucht werden, welche Gefällsverhältnisse diesen Wassertiefen bei gleichförmiger Wasserbewegung zugeordnet sind.

1. *Strömender* Abfluß mit $t_1 = 2,10$ m Wassertiefe und $v_1 = 2,94$ m/sek. Das Energieliniengefälle J_e gibt das Reibungsgefälle an. Damit folgt aus $v = c \cdot \sqrt{R \cdot J}$ das Energieliniengefälle $J_e = \frac{v^2}{c^2 \cdot R}$.

Dabei ist für den strömenden Abfluß

$$R_1 = \frac{b \cdot t_1}{b + 2 t_1} \frac{9,06 \cdot 2,10}{9,06 + 2 \cdot 2,10} = \mathbf{1,44}\,\text{m} \quad \text{und} \quad c_1 = \mathbf{69,6}.$$

Also

$$J_{e_1} = J_{s_1} = J_{w_1} = \frac{2,94^2}{69,6^2 \cdot 1,44} = 0,00124 = \mathbf{1,24}^0/_{00} < 2,86^0/_{00}\,(J_{gr}).$$

Die Überwindung der Reibungsverluste bei gleichförmiger Wasserbewegung erfordert also bei $t_1 = 2,10$ m Wassertiefe die Ausbildung eines Sohlgefälles von $J_{s_1} = 1,24^0/_{00}$.

2. *Schießender* Abfluß mit $t_2 = 1,21$ m Wassertiefe und $v_2 = 5,11$ m/sek.

$$\text{Für } R_2 = \frac{9,06 \cdot 1,21}{9,06 + 2 \cdot 1,21} = \mathbf{0,95}\,\text{m} \quad \text{und} \quad c_2 = \mathbf{66,6} \quad \text{wird}$$

$$J_{e_2} = J_{s_2} = J_{w_2} = \frac{5,11^2}{66,6^2 \cdot 0,95} = 0,0062 = \mathbf{6,2}^0/_{00} > 2,86^0/_{00}\,(J_{gr}).$$

Die vorstehenden Gefällsermittlungen zeigen, daß die bei der gegebenen Energielinienhöhe $H = 2,54$ m möglichen zwei Wassertiefen t_1 und t_2 zur Förderung von $Q = 56$ m³/sek ganz bestimmte Gefällsausbildungen der Sohle erfordern, wenn gleichförmige Wasserbewegung gewährleistet sein soll. Je nachdem das Gefälle der Gerinnesohle mit $J_{s_1} = 1,24^0/_{00}$ bzw. mit $J_{s_2} = 6,2^0/_{00}$ ausgebildet wird, stellt sich die Wassertiefe $t_1 = 2,10$ m bzw. $t_2 = 1,21$ m, also „strömender“ bzw.

„schießender" Abfluß ein. *Mit dieser Entscheidung für die Gefällsausbildung ist die zunächst vorliegende Doppellösigkeit der Aufgabe auf eine eindeutige Lösung zurückgeführt.* Man erkennt außerdem, daß die Ausbildung der einen oder anderen Fließart („Strömen" oder „Schießen") nicht „zufällig" erfolgt, sondern in jedem Fall von den jeweils vorliegenden Gesamtfaktoren erzwungen wird. In diesem Zusammenhang sei auch noch ausdrücklich darauf hingewiesen, daß die schematische Abb. 118 *nicht* die wirklichen Verhältnisse wiedergibt, wie sie sich aus den gestellten Aufgabenbedingungen zwangsläufig ergeben müssen ($J_{e_1} < J_{e_2}$; daher $J_{s_1} < J_{s_2}$!). In Abb. 119 sind die beiden Lösungen maßstäblich mit hundertfacher Überhöhung dargestellt.

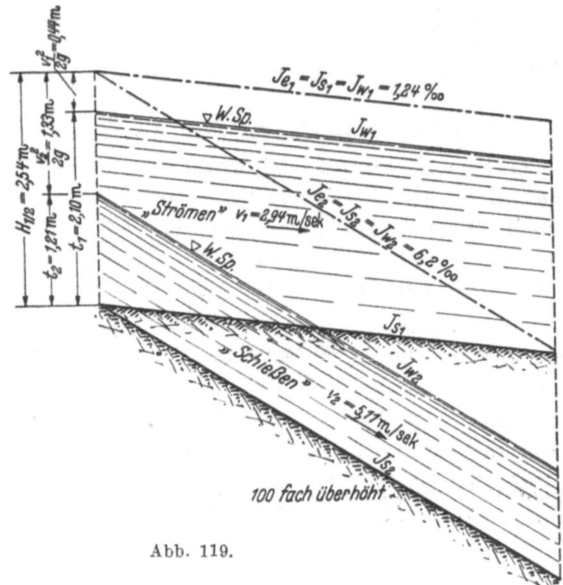

Abb. 119.

Aufgabe 23.
Stationär ungleichförmige Wasserbewegung. Stau und Senkung.

Am unteren Ende eines offenen Wassergrabens von regelmäßiger trapezförmiger Profilgestalt und 242 m Länge soll durch Einbau eines Wehres der Wasserspiegel um 0,50 m gehoben werden. Die Querschnitts-

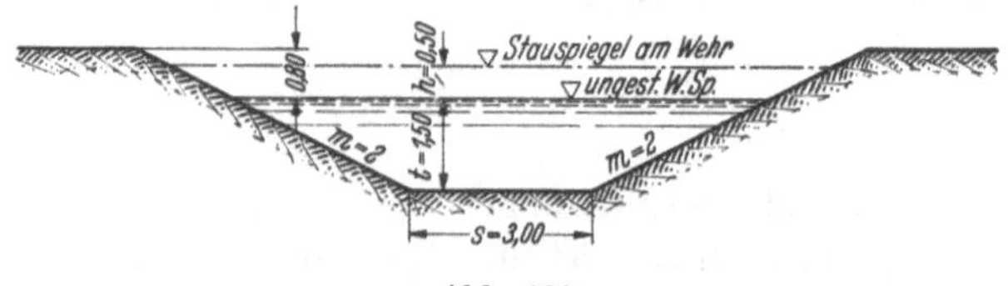

Abb. 120.

verhältnisse sind in Abb. 120 gegeben. Die Wassermenge beträgt zu jeder Zeit $Q = 14{,}4\ \mathrm{m^3/sek}$, das *Sohlen*gefälle des Grabens $J = 3^0/_{00}$. Das Bett besteht aus Schotter von einem Rauhigkeitsgrad $\gamma = 1{,}8$ (nach Bazin).

I. Wie tief liegt der Wasserspiegel unter dem Bordrand des Grabens an dessen oberem Anfang *vor* Einbau des Wehres, wenn das Gerinne in eine vollkommen horizontale Geländefläche eingeschnitten ist?

II. Welche Änderung der Wasserbewegung tritt ein, wenn durch Einbau des Wehres der Wasserspiegel daselbst um 50 cm gehoben wird? Welche Beziehung läßt sich dafür ableiten?

III. Welche Wasserspiegellage ergibt sich am oberen Anfang des Grabens durch den Aufstau von 50 cm unten am Wehr? Welche notwendige Maßnahme bedingt diese Wasserspiegellage?

Lösung.

I.

Die Wasserspiegellage am oberen Anfang des Grabens hängt im allgemeinsten Fall vom Gefälle der *Energie*linie J_e ab. Lediglich im Falle *gleichförmiger* Wasserbewegung ist J_e gleich dem Gefälle J_w des Wasserspiegels. Ob dies für unseren Graben zutrifft, muß erst geprüft werden. Dies geschieht für das Grabenprofil an der Stelle des zukünftigen Wehrbaues. Dort gilt:

$$J_e = \frac{v^2}{c^2 \cdot R} = \frac{Q^2}{F^2} \cdot \frac{1}{c^2 \cdot R}.$$

Dabei ist:

$Q = \mathbf{14{,}4}$ m³/sek; $\quad F = s \cdot t + m \cdot t^2 = 3{,}0 \cdot 1{,}5 + 2 \cdot 1{,}5^2 = \mathbf{9{,}0}\,\text{m}^2$;

$v = \frac{Q}{F} = \frac{14{,}4}{9{,}0} = \mathbf{1{,}60}\,\text{m/sek}$; $\quad p = s + 2\sqrt{1 + m^2} = 3{,}0 + 4{,}47 \cdot 1{,}5 = \mathbf{9{,}7}\,\text{m}$;

$R = \frac{F}{p} = \frac{9{,}0}{9{,}8} = \mathbf{0{,}928}\,\text{m}$; für γ (nach BAZIN) $= 1{,}8$ wird

$$c = \frac{87}{1 + \frac{1{,}8}{\sqrt{0{,}928}}} = 30{,}3.$$

Somit

$$J_e = \frac{14{,}4^2}{9{,}0^2} \cdot \frac{1}{3{,}03^2 \cdot 0{,}928} = 0{,}003 = 3^0/_{00}.$$

Bei den gegebenen Querschnittsverhältnissen der Wassertiefe $t = 1{,}5$ m und der Rauhigkeitsziffer $\gamma = 1{,}8$ erfordert also die Förderung von $Q = 14{,}4$ m³/sek ein Energieliniengefälle J_e von $3^0/_{00}$. Da längs des ganzen Grabens die gleiche Profilform und die gleichen Sohlen- und Böschungsverhältnisse vorliegen, außerdem überall das gleiche Sohlengefälle J_s ausgeführt ist, verlangt die Förderung von $Q = 14{,}4$ m³/sek auch überall das Energieliniengefälle $J_e = 3^0/_{00}$. Dem entspricht aber eine Wassertiefe $t = 1{,}5$ m. Diese muß also ebenfalls überall vorhanden sein, da $J_e = 3^0/_{00}$ aus dieser Wassertiefe hergeleitet ist. Es ist demnach

$J_e = J_s = J_w = 3^0/_{00}$, d. h. Energielinie, Sohle und Wasserspiegel laufen parallel. Daraus folgt, daß in dem Graben *vor* Einbau des Wehres *gleichförmige* Wasserbewegung herrscht (vgl. S. 11 der Aufgabe 2 oder S. 216 der Aufgabe 22).

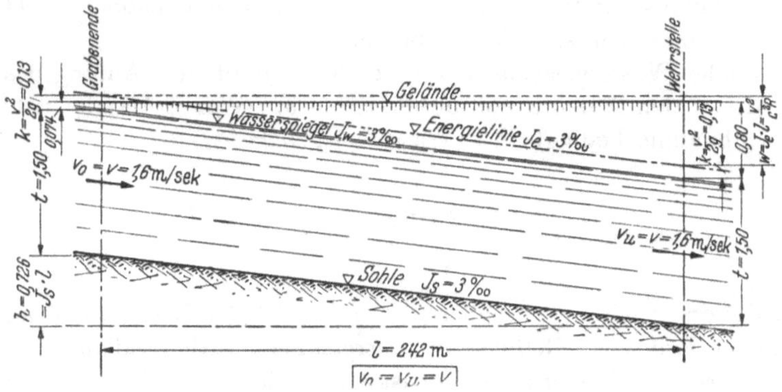

Abb. 121. Gleichförmige Wasserbewegung.

Der Wasserspiegel am oberen Grabenanfang liegt deshalb um $J_w \cdot l = 0{,}003 \cdot 242 = \mathbf{0{,}726}$ m höher als am unteren Ende des Grabens, er hat also am oberen Anfang den Abstand vom Grabenbordrand: $0{,}80 - 0{,}726 = 0{,}074$ m (vgl. Abb. 121).

II.

Es ist nun zu untersuchen, welchen Einfluß die Hebung (Aufstauung) des Wasserspiegels um 50 cm an der Wehrstelle[1] auf die Wasserbewegung im Graben hervorruft.

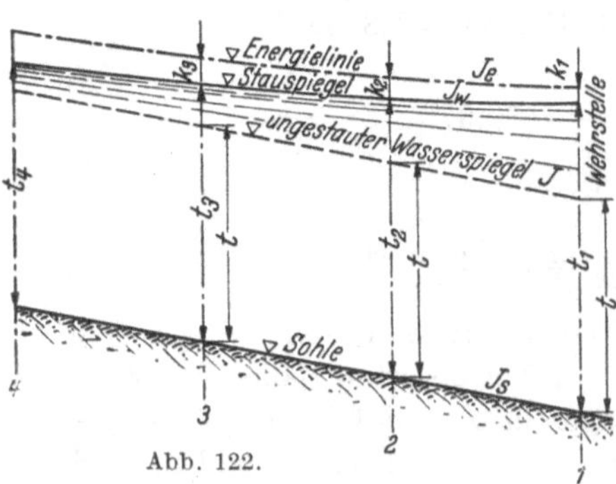

Abb. 122.

Durch den Aufstau erhöht sich unmittelbar oberhalb des im Profil 1 gelegenen Wehres (vgl. Abb. 122) die Wassertiefe von $t = 1{,}50$ m auf $t_1 = 2{,}0$ m. Daher wird auch der Wasserquerschnitt F_1 bei Stau größer als der Wasserquerschnitt F des ungestauten Profils. Desgleichen wird $R_1 > R$, folglich auch $c_1 > c$.

Laut Angabe beträgt die Wasserführung jederzeit $Q = 14{,}4$ m³/sek, d. h. es liegt eine *stationäre*, d. h. zeitlich *un*veränderliche Bewegung vor (Q = konstant!). Nun ist aber nach den vorstehenden Überlegungen

[1] Über *Wehre* vgl. die Aufgaben 35 bis 37.

$\frac{Q}{F_1} < \frac{Q}{F}$. Da diese Quotienten die mittleren Fließgeschwindigkeiten v_1 für gestauten und v für ungestauten Zustand bei Profil 1 (oberhalb des Wehres!) darstellen, ist also auch $v_1 < v$. Somit wird auch der Gefällsverbrauch für die Überwindung der Reibung bei Stau kleiner als bei ungestautem Abfluß, d. h. $\frac{v_1^2}{c_1^2 \cdot R_1} < \frac{v^2}{c^2 \cdot R}$. Da dieser Gefällsverbrauch im Gefälle der Energielinie zum Ausdruck kommt, ist also $J_{e_1} < J_e$; im oberstromigen Bereich des Profils 1 nähert sich also die Energielinie grabenaufwärts dem ungestauten Wasserspiegel. Damit muß sich auch der gestaute Wasserspiegel diesem nähern, da er stets unter der Energielinie verlaufen muß, d. h. es muß $J_{w_1} < J_w$ sein.

Nun betrachten wir die Verhältnisse im Bereich des Profils 2! Auch hier ist $t_2 > t$, aber $t_2 < t_1$ wegen der *Konvergenz* des gestauten mit dem ungestauten Spiegel zwischen den Profilen 1 und 2 (Abb. 122). Daraus folgt: $F_2 < F_1$, also $v_2 > v_1$; außerdem $R_2 < R_1$, $c_2 < c_1$, daher $\frac{v_2^2}{c_2^2 \cdot R_2} > \frac{v_1^2}{c_1^2 \cdot R_1}$, d. h. $J_{e_2} > J_{e_1}$, wobei aber $J_{e_2} < J_e$ ist.

Wie liegt nun das Stauspiegelgefälle zum Energieliniengefälle? Nach der Konstruktion der Energielinie (vgl. z. B. Aufgabe 22) erhält man diese, indem man die Geschwindigkeitshöhe $k = \frac{v^2}{2g}$ über dem Wasserspiegel aufträgt. Im Profil 1 liegt also die Energielinie um $k_1 = \frac{v_1^2}{2g}$ über dem Stauspiegel, im Profil 2 um $k_2 = \frac{v_2^2}{2g}$. Nun ist, da $v_2 > v_1$, auch $\frac{v_2^2}{2g} > \frac{v_1^2}{2g}$, d. h. $k_2 > k_1$. Es hat demnach der Stauspiegel zwischen den Profilen 1 und 2 ein kleineres Gefälle als die Energielinie, er konvergiert also stärker mit dem ungestauten Spiegel als die Energielinie (vgl. Abb. 122). Daher $J_{w_2} < J_{e_2}$, aber $J_{w_2} > J_{w_1}$.

Für den Bereich des Profils 3 ergibt sich entsprechend: $t_3 > t$, aber $t_3 < t_2$; deshalb $v_3 > v_2$ und $J_{w_3} > J_{w_2}$, wobei aber $J_{w_3} < J_w$ ist.

Diese Betrachtung läßt sich für beliebig viele Profile gerinneaufwärts fortsetzen. Immer ist $t_n > t$, aber $t_n < t_{n-1}$ und deshalb $v_n > v_{n-1}$ bzw. $J_{e_n} > J_{e_{n-1}}$; oder — worauf es uns hier besonders ankommt — $J_{w_n} > J_{w_{n-1}}$, wobei aber stets $J_{w_n} < J_w$ bleibt. Die Unterschiede werden nur immer kleiner, je weiter man grabenaufwärts kommt.

Daraus ergibt sich folgendes:

1. Die *Wassertiefen nehmen* bei *Stau* von unten nach oben, also strom*aufwärts* fortlaufend *ab*, bis sie schließlich die Wassertiefe des ungestauten Zustandes erreichen.

2. Die *Fließgeschwindigkeiten nehmen* umgekehrt vom oberen Beginn des Staues in der Fließrichtung, also strom*abwärts ab*. Die v-Werte werden also im Bereich des Staues von oben nach unten immer *kleiner*, die Wasserbewegung zeigt also in dieser Richtung eine „*Verzögerung*“

3. Die *Spiegellinie des Staues* — im ganzen betrachtet — bildet eine *gekrümmte* Linie, die nach *oben* (nach dem Zenith) *offen* ist und sich der ungestauten Wasserspiegellinie asymptotisch nähert (*Staukurve!*).

Die Antwort auf den ersten Teil der Frage II läßt sich also wie folgt zusammenfassen: Während im Graben *vor* dem Stau eine *gleichförmige* Wasserbewegung geherrscht hat, bei der in *allen* Profilen die *gleiche* mittlere Fließgeschwindigkeit vorhanden war, herrscht *nach* Durchführung der Einstauung in unserem Graben eine *ungleichförmige*, und zwar *verzögerte* Wasserbewegung (Stau!). Sie ist *ungleichförmig*, weil in *jedem* Profil eine *andere mittlere Geschwindigkeit* herrscht, sie ist *verzögert*, weil die Geschwindigkeit *in der Fließrichtung stetig kleiner* wird.

Näherungsverfahren.

Zur *schätzungsweisen Ermittlung des Stauspiegelverlaufes* kann man sich eines einfachen *Näherungsverfahrens* bedienen. Es hat folgende Überlegung zur Grundlage:

Da sich die Staukurve dem ungestauten Spiegel asymptotisch nähert, erstreckt sie sich stromaufwärts *theoretisch ins Unendliche. Praktisch* ist aber der Aufstau schon in endlicher Entfernung vom Wehr (oder der sonstigen Aufstauursache) *nicht mehr* meßbar. Man kann sich deshalb die Staukurve zunächst durch eine Parabel ersetzt denken, welche einmal den gestauten Wasserspiegel am unteren Staubeginn (Wehr usw.) berührt und sich zum anderen stromaufwärts an den ungestauten Wasserspiegel berührend anschließt.

Diese Annahme einer Stauparabel für den Stauspiegel ist in vielen Fällen unbedenklich für eine schätzungsweise Ermittlung und manchmal *besser als die Annahme eines Parabelquerprofils.*

Das Verfahren selbst gestaltet sich wie folgt (vgl. Abb. 123):

Vor Eintritt des Staues sei der (ungestaute) Wasserspiegel mit dem Gefälle J_s geradlinig von A nach E' verlaufen. Bei A wird nun um z_a gestaut, d. h. der Spiegel um z_a von A nach A' gehoben. Stellt E' die zunächst unbekannte Stelle dar, in welcher der Stau praktisch aufhört, die Stauparabel also berührend an den ungestauten Spiegel anschließt, so gilt für diese:

$$\overline{AA'} = \overline{E_2E'} = z_a,$$

also

$$\overline{AN} = \overline{E_2N}.$$

Da die Linie $\overline{E_2A'}$ die Tangente an die Stauparabel in A' bildet, stellt diese Linie also die Richtung des Stauspiegelverlaufes unmittelbar oberhalb des Wehres dar. Dem entspricht dort das Stauspiegelgefälle $J_{w_a} = \frac{v_a^2}{c_a^2 \cdot R_a}$, wobei sich die Größen v_a, c_a, R_a auf die dortigen Verhältnisse beziehen

Zieht man demnach die Waagerechte $\overline{A'E_1}$, so ist

$$\overline{E_1E_2} = J_{w_a} \cdot L,$$

wobei L die Stauweite $\overline{AE}$ bezeichnet[1].

Für die Höhe $\overline{EE'}$ gilt deshalb:

$$\overline{EE'} = z_a + J_{w_a} \cdot L + z_a = 2 \cdot z_a + J_{w_a} \cdot L.$$

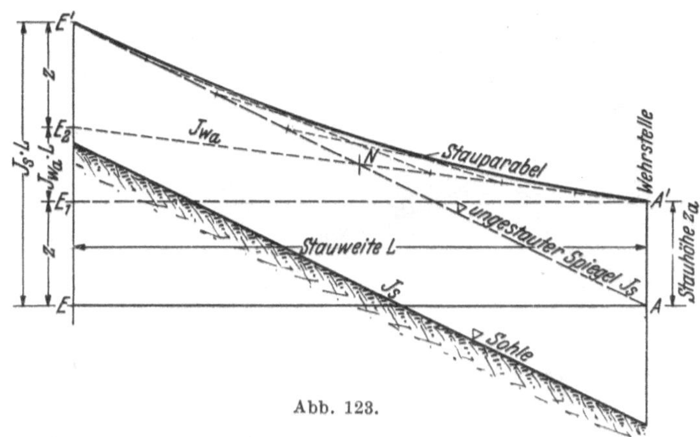

Abb. 123.

Andererseits ist

$$\overline{EE'} = J_s \cdot L.$$

Daher

$$2z_a + J_{w_a} \cdot L = J_s \cdot L.$$

Daraus

(a) $$L = \frac{2z_a}{J_s - J_{w_a}} = \frac{\frac{2z_a}{J_s}}{1 - \frac{J_{w_a}}{J_s}}.$$

Ist J_{w_a} so klein, daß es vernachlässigt werden darf — diese Annahme $J_{w_a} \sim 0$ ist in jedem einzelnen Falle zu prüfen —, dann wird

$$L = \frac{2z_a}{J_s},$$

d. h. der hydraulische Stau reicht doppelt so weit wie der hydrostatische Stau.

Zur Bestimmung eines *Zwischenpunktes* S der Stauparabel, der von A' (Wehr) den horizontalen Abstand x hat, kann man setzen (vgl. Abb. 124):

(b) $$y = \frac{z_a}{L^2} \cdot x^2 + J_{w_a} \cdot x$$

[1] Für die näherungsweise Ermittlung der Stauweite kann L genau genug waagerecht gemessen werden.

Für $J_{w_a} \sim 0$ wird

$$y = \frac{z_a}{L^2} \cdot x^2 .$$

Das Verfahren läßt sich auch sinngemäß verwenden, wenn Gefällsbrüche vorliegen.

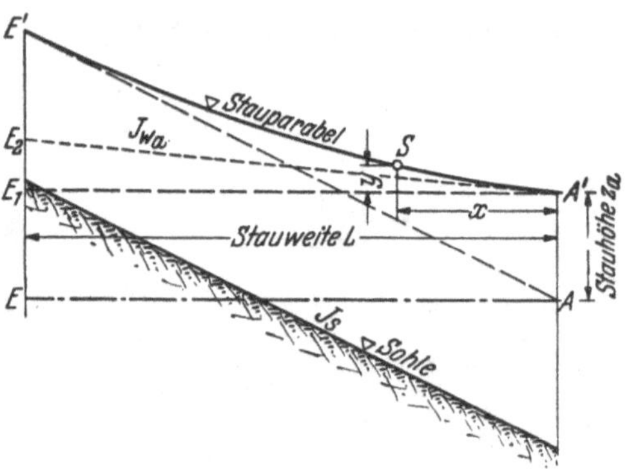

Abb. 124. Näherungsverfahren zur Bestimmung des Stauspiegelverlaufs.

Ableitung der allgemeinen Gleichung für die stationär ungleichförmige Wasserbewegung[1].

In den Abb. 125 und 126 sind die beiden Möglichkeiten für die stationär ungleichförmige Wasserbewegung dargestellt, wobei jeweils 2 Querschnitte o und u miteinander verglichen sind. Wendet man für die Bestimmung der Wasserspiegellage den Satz von BERNOULLI an, so ergibt sich unter Bezug auf die Abb. 125 bzw. 126:

$$J_s \cdot l + t_o + k_o = t_u + k_u + w .$$

Daraus folgt:

$$J_s \cdot l + (t_o - t_u) = k_u - k_o + w .$$

Der Ausdruck $J_s \cdot l + (t_o - t_u)$ stellt das gesuchte absolute Wasserspiegelgefälle zwischen den Querschnitten u und o dar. Er ist in den Abb. 125 und 126 mit h bezeichnet. Die obige Gleichung läßt sich deshalb auch noch in der Form schreiben:

$$k_u - k_o = h - w$$

oder

$$\frac{v_u^2}{2g} - \frac{v_o^2}{2g} = h - J_e \cdot l .$$

---

[1] Literatur z. B. ENGELS: Handbuch des Wasserbaues, Bd. 1. Leipzig: Engelmann. — BÖSS: Berechnung der Spiegellage. Zitiert S. 216. — WEYRAUCH-STROBEL: Hydraulisches Rechnen. Zitiert S. 99. Dort weitere Literaturangaben.

Aus dieser Gleichung ergibt sich folgendes:

für $J_e \cdot l > h$ wird

$$\frac{v_u^2}{2g} - \frac{v_o^2}{2g} \text{ negativ, d.h. } v_u < v_o \text{ (\textit{verzögerte} Bewegung, Stau),}$$

für $J_e \cdot l = h$ wird $\frac{v_u^2}{2g} - \frac{v_o^2}{2g} = 0$, d. h. $v_u = v_o$ (*gleichförmige* Bewegung),

für $J_e \cdot l < h$ wird $\frac{v_u^2}{2g} - \frac{v_o^2}{2g}$ positiv, d.h. $v_u > v_o$ (*beschleunigte* Bewegung).

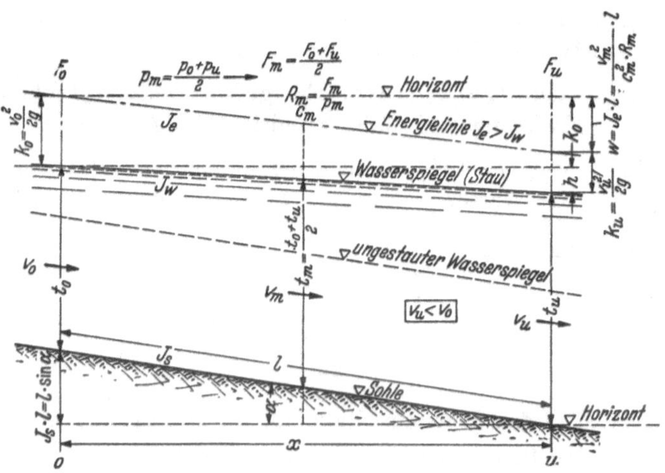

Abb. 125. Stationär verzögerte Wasserbewegung (Stau).

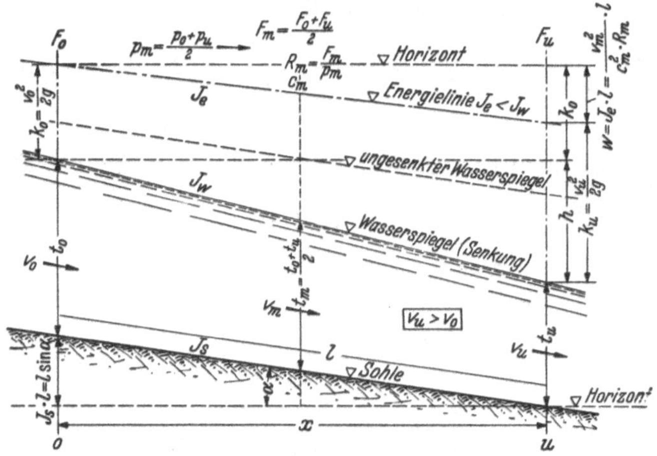

Abb. 126. Stationär beschleunigte Wasserbewegung (Senkung).

Das absolute Wasserspiegelgefälle wurde oben mit

$$h = J_s \cdot l + (t_o - t_u)$$

festgestellt. Diese Wasserspiegelgefälle kann auch mit

$$h = J_w \cdot l$$

ausgedrückt werden.

Setzt man in die obigen Kriterien für h diesen Wert $J_w \cdot l$ ein, so erhält man weitere Kriterien für die Art der Wasserbewegung aus den Gefällen der Energielinien und Wasserspiegel. Denn es ergibt sich:

$J_e \cdot l > J_w \cdot l$ oder $J_e > J_w$, d. h. Energieliniengefälle größer als das Wasserspiegelgefälle bei *verzögerter* Bewegung,

$J_e \cdot l = J_w \cdot l$ oder $J_e = J_w$, d. h. Energieliniengefälle *gleich* dem Wasserspiegelgefälle bei gleichförmiger Bewegung,

$J_e \cdot l < J_w \cdot l$ oder $J_e < J_w$, d. h. Energieliniengefälle *kleiner* als das Wasserspiegelgefälle bei *beschleunigter* Bewegung.

In der Gleichung

$$\frac{v_u^2}{2g} - \frac{v_o^2}{2g} = h - J_e \cdot l$$

oder

$$h = \frac{v_u^2 - v_o^2}{2g} + J_e \cdot l$$

stellt der Wert $J_e \cdot l$ das Reibungsgefälle auf der Strecke l dar. Leitet man dasselbe aus der BRAHMSschen Geschwindigkeitsformel $v = c \cdot \sqrt{R \cdot J}$ mit $J = \frac{v^2}{c^2 \cdot R}$ her und bringt die Mittelwerte für die beiden Querschnitte u und o in Ansatz, so ergibt sich

$$F_m = \frac{F_o + F_u}{2}; \quad p_m = \frac{p_o + p_u}{2}; \quad R_m = \frac{F_m}{p_m}; \quad c_m = \frac{87}{1 + \frac{\gamma}{\sqrt{R_m}}} \text{ (nach BAZIN)};$$

$v_m = \frac{Q}{F_m}$, wobei natürlich *alle* Größen auf die *Stau-* bzw. *Senkungs*verhältnisse bezogen sind, und es wird

$$h = \frac{v_u^2 - v_o^2}{2g} + \left(\frac{Q}{c_m}\right)^2 \cdot \frac{p_m}{F_m^3} \cdot l$$

oder da

$$v_u = \frac{Q}{F_u} \quad \text{und} \quad v_o = \frac{Q}{F_o},$$

$$\boxed{h = \left(\frac{Q}{c_m}\right)^2 \cdot \frac{p_m}{F_m^3} \cdot l + \frac{Q^2}{2g}\left(\frac{1}{F_u^2} - \frac{1}{F_o^2}\right)}. \tag{1}$$

In dieser allgemeinen Gleichung für die stationär ungleichförmige Bewegung, die — wie die Ableitung gezeigt hat — *für Beschleunigung und Verzögerung in gleicher Weise gilt,* stellt der 1. Summand das Reibungsgefälle, der 2. Summand das Gefälle zur Änderung der lebendigen Kraft (der Bewegungsenergie) dar.

Für die *beschleunigte* Bewegung ist dabei die Änderung der lebendigen Kraft *positiv.* Denn die Wassermasse muß von der kleineren Geschwindigkeit v_o auf die größere Geschwindigkeit v_u gebracht werden. In diesem Falle muß also $h = J_w \cdot l$ größer sein als das Reibungsgefälle $w = J_e \cdot l$.

Für die *verzögerte* Bewegung ist die Änderung der lebendigen Kraft *negativ,* d. h. es findet theoretisch ein Rückgewinn an Energie statt, indem sich Energie der Bewegung in solche der Lage umsetzt. Ein solcher Energierückgewinn findet z. B. fast vollständig statt in einem Venturirohr bei der verzögerten Bewegung vom engen Düsenquerschnitt durch das konische Übergangsrohr zum ursprünglichen Durchmesser (vgl. Abb. 82, S. 146). In manchen Fällen der Praxis ist dieser Rückgewinn mindestens zweifelhaft, insbesondere wenn es sich um natürliche Flußläufe mit Walzenbildungen handelt, so daß man ihn dann sicherheitshalber unberücksichtigt läßt.

Man erhält dann die von TOLKMITT vorgeschlagene *vereinfachte Staugleichung*:

$$h = \left(\frac{Q}{c_m}\right)^2 \cdot \frac{p_m}{F_m^3} \cdot l. \tag{2}$$

Solange es sich um Flüsse und Kanäle handelt, ist der Neigungswinkel α der Gerinnesohle sehr klein, also $\sin\alpha = \sim \operatorname{tang}\alpha = \sim \alpha$, so daß $l = \sim x$ ist. Es kann also in diesen Fällen anstatt des schief gemessenen Abstandes l der horizontale Abstand x gesetzt werden. Dann wird

$$J_s \cdot l = \sim J_s \cdot x$$

und

$$J_e \cdot l = \sim J_e \cdot x.$$

Um auszudrücken, daß wir die Ermittlung des Spiegelverlaufes schrittweise, d. h. für jeweils kleine Gerinnestrecken durchführen, setzen wir $h \rightarrow \Delta h$ und $x \rightarrow \Delta x$. Wird dann noch berücksichtigt, daß die Umsetzung von Geschwindigkeit in Druckhöhe nicht verlustlos erfolgt, daß also statt $\frac{v_u^2 - v_o^2}{2g}$ zu setzen ist $\alpha \cdot \frac{v_u^2 - v_o^2}{2g}$, so läßt sich Gl. (1) schreiben:

$$\Delta h = \left(\frac{Q}{c_m}\right)^2 \cdot \frac{p_m}{F_m^3} \cdot \Delta x + \frac{\alpha Q^2}{2g}\left(\frac{1}{F_u^2} - \frac{1}{F_o^2}\right). \tag{1a}$$

Dabei schwankt α zwischen 1,14 (Stau) und 1,0 (Senkung).

Nachfolgend sollen nochmals die Größen der Gleichung erläutert werden:

Δh = Unterschied der Spiegelkoten zweier benachbarter Querschnitte im Abstand Δx,

Δx = Abstand der zwei Querschnitte, je nach den Verhältnissen waagrecht oder schräg gemessen (Δl),

Q = sekundlich abfließende Wassermenge,

F_o, F_u = die den Profilen zugeordneten Wasserquerschnittsflächen,

F_m, p_m, c_m siehe S. 232.

Für viele Teilstrecken von der Länge Δx wird

$$h = Q^2 \sum \frac{p_m}{c_m^2 \cdot F_m^3} \cdot \Delta x + \frac{\alpha Q^2}{2g} \sum \left(\frac{1}{F_u^2} - \frac{1}{F_v^2}\right)^*. \tag{1b}$$

Die Gl. (1) bzw. (1a), (1b) oder (2) erlauben die *schrittweise* Ermittlung des Spiegelverlaufes und sind deshalb ganz allgemein verwendbar, auch bei natürlichen Gewässern mit unregelmäßigem Profil. Man muß in diesem Fall nur darauf achten, daß in den einzelnen Abschnitten Δx *vor* dem Stau bzw. *vor* der Senkung *angenähert gleichförmige* Wasserbewegung herrscht. Meist kann man dieser Forderung dadurch entsprechen, daß man die Teilstrecken mit angenähert gleichförmiger Bewegung als Abschnitte Δx wählt. In Aufgabe 24, S. 246 ist ein entsprechendes Beispiel für die schrittweise Ermittlung einer Staukurve behandelt.

Anwendung der Gl. (1a) für die Staukurvenermittlung in einem regelmäßigen, gleichbleibenden Profil.

Hat man in einem Gerinne mit *regelmäßigem, gleichbleibendem* Profil (z. B. in einem regulierten Fluß, künstlichem Kanalgerinne) den Spiegelverlauf für eine stationär ungleichförmige Bewegung zu verfolgen, dann empfiehlt es sich, die Gl. (1a) in eine andere Form zu bringen. Für die *verzögerte* Wasserbewegung (Stau) ergibt sich nach Abb. 127[1], wenn J_s das Sohlgefälle und Δz die Änderung der Wassertiefe auf die Strecke Δx bedeutet:

$$\Delta h = J_s \cdot \Delta l - \Delta z.$$

Andererseits ist Δh durch die Gl. (1a) gegeben. Durch Gleichsetzen erhält man, wenn in vorgenannter Gleichung zunächst statt Δx wieder die schräge Entfernung Δl gesetzt wird:

$$J_s \cdot \Delta l - \Delta z = \left(\frac{Q}{c_m}\right)^2 \cdot \frac{p_m}{F_m^3} \cdot \Delta l + \frac{\alpha Q^2}{2g}\left(\frac{1}{F_u^2} - \frac{1}{F_o^2}\right).$$

---

* Anwendung dieser Gleichung vgl. Aufgabe 24, S. 246.

[1] Die Umformung für die *beschleunigte* Wasserbewegung ist in Aufgabe 25, S. 254 durchgeführt.

Die Auflösung nach Δl ergibt:

$$\Delta l = \frac{\frac{\alpha Q^2}{2g}\left(\frac{1}{F_u^2} - \frac{1}{F_o^2}\right) + \Delta z}{J_s - \left(\frac{Q}{c_m}\right)^2 \cdot \frac{p_m}{F_m^3}}. \qquad (3)$$

Bei kleinem Sohlgefälle kann wieder ohne großen Fehler $\Delta l \to \Delta x$ gesetzt werden. Vernachlässigt man außerdem noch den Energierückgewinn, dann wird

$$\Delta x = \frac{\Delta z}{J_s - \left(\frac{Q}{c_m}\right)^2 \cdot \frac{p_m}{F_m^3}}. \qquad (4)$$

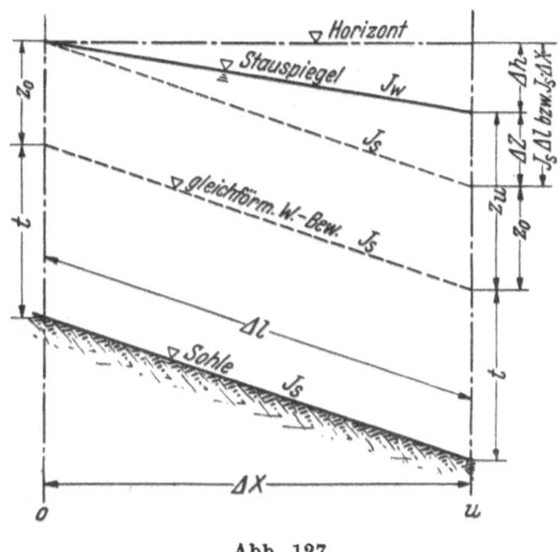

Abb. 127.

In der Gl. (3) bzw. (4) für den *Stau* sind zunächst J_s und Q bekannt. Wir können nun die Frage stellen, in welchem Abstand Δx vom Wehr der Stau um Δz abgenommen hat, wobei wir für Δz einen geeigneten Zahlenwert annehmen können, z. B. $\Delta z = 5$ cm. Mit dieser Zahlenannahme für Δz sind außer z_a (Spiegelhebung am Wehr) und $t + z_a$ die Größen z_0 $(= z_a - \Delta z)$, $t + z_0$ und damit alle übrigen Formgrößen dieser beiden Profile, welche die betrachtete Strecke Δl bzw. Δx begrenzen, bekannt, damit auch die Mittelwerte F_m, p_m, c_m, so daß Δl bzw. Δx — je nachdem, ob man die Länge der Strecke schräg oder horizontal mißt — als einzige Unbekannte aus der vorstehenden Gleichung berechnet werden kann. Dieses Verfahren wird stromaufwärts fortgesetzt bis zur praktischen Grenze der Staukurve, welche etwa bei $z_0 = 1$ bis 10 cm — je nach den Verhältnissen — liegen mag. (Das ist z. B. dort der Fall, wo der Wellengang auf die Wasserspiegelverhältnisse einen größeren Einfluß ausübt, als der sich von unten nach oben fortpflanzende Rückstau z.) Man kann auf diese Weise rasch ohne Probieren — den ganzen Stauspiegelverlauf rechnerisch ermitteln (vgl. dazu Abb. 128).

Dieses Verfahren, das für vorliegende Aufgabe unter III. durchgeführt ist, erfordert eine immerhin umständliche Rechnung, die man um so lieber vermeiden wird, je weniger Punkte der Kurve einem interessieren. Eine Möglichkeit, unter Vermeidung der schrittweisen Berechnung auf bequeme Weise die Stauverhältnisse zu ermitteln, bieten nun die von verschiedenen Hydraulikern aufgestellten Formeln — allerdings auch nur unter gewissen Voraussetzungen. Es will nicht Ziel dieser Aufgabensammlung sein, alle diese Formeln hier aufzuführen. Die Interessenten hierfür seien auf die einschlägige Fachliteratur verwiesen[1]. Wir beschränken uns hier auf die TOLKMITTsche Methode und das RÜHLMANNsche Verfahren.

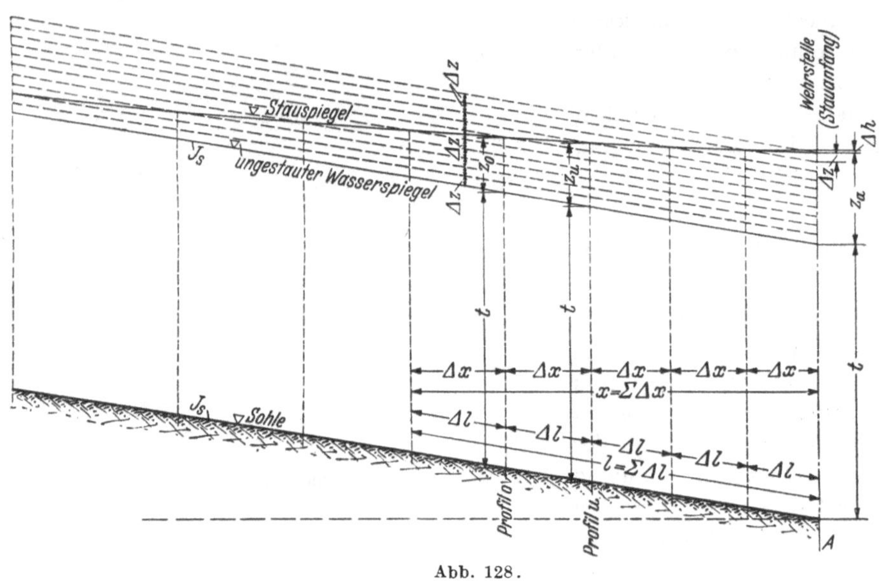

Abb. 128.

Stauformel nach TOLKMITT für das Parabelprofil.

TOLKMITT hat für ein *Parabel*profil die Differentialgleichung der Staukurve integriert. Deshalb gilt seine Formel, streng genommen, nur für *regelmäßige* Gerinne mit *Parabel*profil. *Ihre Benutzung setzt für den ungestauten Zustand gleichförmige Wasserbewegung voraus.*

Bezeichnet (vgl. Abb. 129 a und b) a die größte Wassertiefe des Parabelprofils im ungestauten Zustand, z die *Zunahme* der Wassertiefe a durch den Stau, b die Wasserspiegelbreite des ungestauten Querschnitts, z_a den Aufstau am Wehr, J_s das Spiegelgefälle im ungestauten Zustand (= dem Sohlgefälle wegen der vorher gleichförmigen Fließbewegung gemäß Voraussetzung!), so ist die Entfernung x (bzw. l) vom Wehr, für welche der Aufstau noch z beträgt, nach der *einfacheren Formel von* TOLKMITT (Vernachlässigung des Rückgewinns an lebendiger Kraft):

$$x = \frac{a}{J_s}\left[f\left(\frac{a+z_a}{a}\right) - f\left(\frac{a+z}{a}\right)\right] \tag{5a}$$

[1] Vgl. z. B. WEYRAUCH-STROBEL: Hydraulisches Rechnen, 6. Aufl. Stuttgart: Wittwer 1930. (Dort weitere Literaturangaben!)

und der Spiegelunterschied y für die Strecke x (bzw. l)

$$y = a\left[F\left(\frac{a+z}{a}\right) - F\left(\frac{a+z_a}{a}\right)\right]. \tag{5b}$$

Besitzt das Gerinne, für welches die Stauuntersuchung durchgeführt wird, nicht von vornherein ein Parabelprofil, so ist dieses Profil (z. B. Trapezquerschnitt, Rechteckquerschnitt) erst auf ein parabolisches Profil mit demselben Wasserquerschnitt umzurechnen. Daraus ergibt sich dann die größte Wassertiefe a des gleichwertigen Parabelprofils.

Denn aus

$$F = \frac{2}{3}\,a \cdot b$$

(Fläche der quadratischen Parabel)

folgt

$$a = \frac{3 \cdot F}{2 \cdot b}.$$

Für die Funktionswerte

$$f\left(\frac{a+z_a}{a}\right),\ f\left(\frac{a+z}{a}\right)$$

bzw. $F\left(\frac{a+z}{a}\right),\ F\left(\frac{a+z_a}{a}\right)$

wurden Tabellen erstellt (vgl. Tafel 13 des Anhanges).

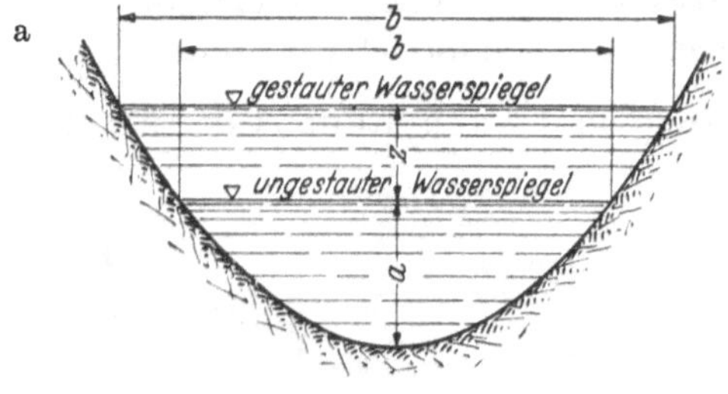

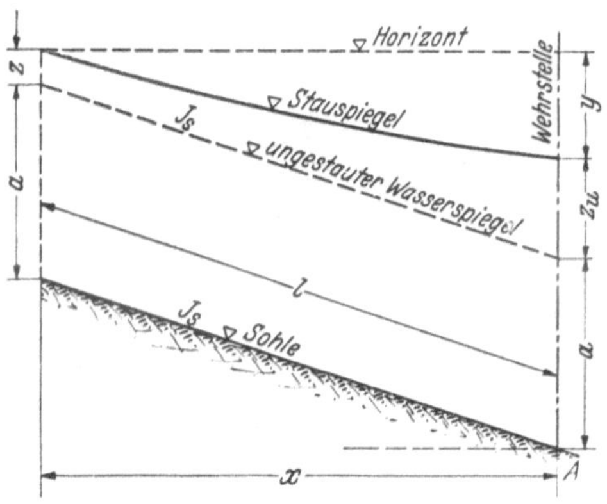

Abb. 129a u. b. Staukurvenermittlung nach TOLKMITT.

Die TOLKMITTsche Stauformel für das Parabelprofil hat den Vorteil, daß man jeden beliebigen Punkt der Staukurve ohne weiteres berechnen kann. Dabei ist es gleichgültig, ob man etwa für bestimmte ausgewählte Werte x die zugehörigen Stauhöhen z jeweils rechnen will oder aber für bestimmte Werte z die zugehörigen Werte x. Diese Stauformel gestattet also, z. B. für eine ganz bestimmte Stelle der Staustrecke (z. B. Brückenstelle) im Abstand x von der Stau„ursache“ (Wehr!) die dortige Stauhöhe z unmittelbar zu ermitteln, ohne daß man den *Verlauf* der Staukurve oberhalb und unterhalb dieser Stelle selbst untersucht. Ebenso erlaubt sie in einem einfachen Rechenansatz die Stelle in der Staustrecke zu suchen (Abstand x vom Wehr), für welche die Stauhöhe z eine gegebene Größe hat. Daß dabei z nur zwischen z_a am Wehr und $z = 0$ liegen kann, ist selbstverständlich. Die Ausnützung dieser Möglichkeit zur einfachen und raschen Ermittlung der Stauverhältnisse an einer bestimmten Stelle der Staustrecke ist besonders für Vorermittlungen und Vorklärung der Auswirkung einer geplanten Anstauung vorteilhaft. *Für die endgültige Planung wird man in den meisten Fällen aber die Mühe nicht scheuen dürfen, den Stauspiegelverlauf im einzelnen* ***zuverlässiger festzustellen mit Hilfe einer der allgemeinen Staugleichungen (1) bis (4).*** (Anwendung der TOLKMITTschen Stauformel siehe unter Frage III dieser Aufgabe!)

Stauformel nach RÜHLMANN für Rechteckquerschnitt.

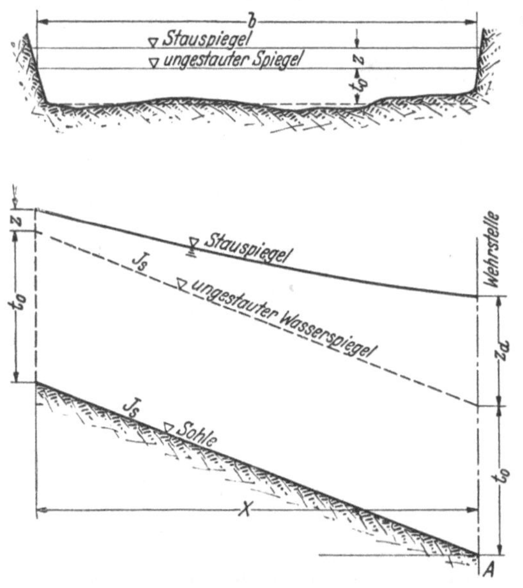

Abb. 130a u. b. Zur Staukurvenermittlung nach RÜHLMANN.

Nach der Methode von RÜHLMANN muß für eine bestimmte Staustrecke gegeben sein (vgl. Abb. 130a und b):

ein *rechteckig* angenommener Gerinnequerschnitt, bei dem die Breite im Vergleich zur Wassertiefe so groß ist, daß man die Einwirkung der Seitenwände vernachlässigen, also $R \sim t_m$ setzen kann,

t_m die ungestaute mittlere Tiefe dieses Rechteckgerinnes,

J_s das natürliche (*ungestaute*) Gefälle des Gerinnespiegels (= dem Gefälle der Gerinnesohle),

z_a die gesamte Stauhöhe (Spiegelhebung) an der Stelle der Stauursache (z. B. Wehr).

Werden im übrigen die in den TOLKMITTschen Formeln (5a) und (5b) verwendeten Bezeichnungen beibehalten, so gilt nach RÜHLMANN für die Stauhöhe z im Abstand x vom Wehr

$$x = \frac{t_m}{J_s}\left[\varphi\left(\frac{z_a}{t_0}\right) - \varphi\left(\frac{z}{t_0}\right)\right]. \tag{6a}$$

Bezeichnet L die Stauweite, d. i. der Abstand des Stauendes vom Wehr, so ergibt sich dafür

$$L = \frac{t_m}{J_s}\left[\varphi\left(\frac{z_a}{t_0}\right) - 0{,}0067\right]. \tag{6b}$$

Das Verfahren von RÜHLMANN eignet sich besonders für natürliche Flußläufe.

III.

Es ist zunächst festzustellen, welche Wasserspiegellage der durch den Wehreinbau hervorgerufene Stau von 50 cm am oberen Anfang des Grabens bewirkt.

Nach den allgemeinen Betrachtungen unter Frage II kann die Spiegellage oben am Grabenanfang einmal durch das erläuterte *Näherungsverfahren* ermittelt werden. Aus Übungsgründen soll dies hier geschehen.

Es ergibt sich am Wehr:

Stau $z_a = 0{,}50$ m; Stauquerschnitt $F_a = \frac{2 \cdot 3{,}0 + 2 \cdot 2 \cdot 2{,}0}{2} \cdot 2{,}0 = 14{,}0\,\text{m}^2$ (vgl. Abb. 120); $p_a = 3{,}0 + 2 \cdot 2{,}0 \cdot \sqrt{1 + 2^2} = 11{,}95$ m; $R_a = \frac{F_a}{p_a} = \frac{14{,}0}{11{,}95}$ $= 1{,}17$ m; $c = 32{,}7$ für $\gamma = 1{,}8$ nach Bazin; $v_a = \frac{Q}{F_a} = \frac{14{,}4}{14{,}0}$ $= 1{,}03$ m/sek.

Demnach

$$J_{w_a} = \frac{v_a^2}{c_a^2 \cdot R_a} = \frac{1{,}03^2}{32{,}7^2 \cdot 1{,}17} = 0{,}00085 = 0{,}85\,^0/_{00}.$$

Daher Stauweite L nach Gl. (a) (Frage II):

$$L = \frac{2 \cdot z_a}{J_s - J_{w_a}} = \frac{2 \cdot 0{,}50}{0{,}003 - 0{,}00085} = \mathbf{465}\ \text{m}.$$

Für $x = 242$ m (= Länge des Grabens) wird nach Gl. (b):

$$y = \frac{z_a}{L^2} \cdot x^2 + J_{w_a} \cdot x = \frac{0{,}5}{465^2} \cdot 242^2 + 0{,}00085 \cdot 242.$$

$$y = 0{,}135 + 0{,}206 = \mathbf{0{,}341}\ \text{m}.$$

Danach liegt also der Stauspiegel am oberen Beginn des Grabens etwa $0{,}341 - 0{,}30 = \mathbf{0{,}041}$ m *über* dem Gelände, d. h. das Wasser würde infolge der Anstauung dort über die Grabenufer ausfließen. Es müssen deshalb kleine Dämme angeordnet werden.

Eine weitere Möglichkeit, unmittelbar die Stauspiegellage am oberen Graben festzustellen, bietet die Tolkmittsche Formel (5a).

Umrechnung des gegebenen ungestauten Wasserquerschnitts auf ein flächengleiches Parabelprofil:

$$\left.\begin{aligned} F &= \frac{2 \cdot 3{,}0 + 2 \cdot 2 \cdot 1{,}5}{2}\, 1{,}5 = 9{,}0\ \text{m}^2 \\ a &= \frac{3}{2} \cdot \frac{9{,}0}{9{,}0} = 1{,}5\ \text{m} \end{aligned}\right\}\ \text{vgl. S. 237}.$$

Setzt man die bereits bekannten Größen in die Gl. (5a) ein, so erhält man eine Beziehung für die gesuchte Stauhöhe z im Abstand $x = 242$ m vom Wehr.

Es ergibt sich

$$242 = \frac{1,5}{0,003} \cdot \left[f\left(\frac{1,5+0,5}{1,5}\right) - f\left(\frac{1,5+z}{1,5}\right)\right].$$

Daraus

$$0,485 = f\,(1,333) - f\left(\frac{1,5+z}{1,5}\right).$$

In Tafel 12 des Anhanges sucht man nun unter $\frac{a+z_a}{a}$, wo 1,333 steht. Man findet dort für 1,330 den Wert der Funktion $f\left(\frac{a+z_a}{a}\right)$ zu 1,164, für 1,340 das $f\left(\frac{a+z_a}{a}\right)$ zu 1,178. Durch Interpolation ergibt sich für $\left(\frac{a+z_a}{a}\right) = 1,333$ das $f\left(\frac{a+z_a}{a}\right) = 1,168$.

Demnach

$$f\left(\frac{1,5+z}{a}\right) = 1,168 - 0,485 = 0,683.$$

Man suche nun in der gleichen Tafel den Wert $\frac{a+z}{a}$, für den $f\left(\frac{a+z}{a}\right) = 0,683$. Man findet für $f\left(\frac{a+z}{a}\right) = 0,692$ ein $\frac{a+z}{a} = 1,095$ und für $f\left(\frac{a+z}{a}\right) = 0,675$ ein $\frac{a+z}{a} = 1,090$. Durch Interpolation erhält man für $f\left(\frac{a+z}{a}\right) = 0,683$ einen Wert $\frac{a+z}{a} = 1,092$.

Also

$$z = 1,092 \cdot a - a$$

oder mit $a = 1,5$ m

$$z = 1,092 \cdot 1,5 - 1,5 = \mathbf{0,14}\ \text{m}.$$

Der Aufstau von 50 cm am Wehr führt demnach zu einer Hebung des Wasserspiegels über den ungestauten Spiegel am oberen Grabenanfang um 0,14 m. Da der ungestaute Spiegel an dieser Stelle um $J_s \cdot x = 0,003 \cdot 242 = 0,726$ m höher liegt als der entsprechende Spiegel am Wehr, ergibt sich für ihn dort ein Abstand vom Bordrand zu $0,80 - 0,726 = 0,074$ m. Die Hebung dieses Spiegels um 0,14 m durch die Anstauung führt dazu, daß er um $0,14 - 0,074 =$ **0,066** m über den Uferbord emporsteigt. (Die Näherungsrechnung auf S. 239 ergab dafür 0,041 m!)

Um das Ausufern im oberen Grabenbereich zu vermeiden, müssen beiderseits des Gerinnes Dämme angeschüttet werden. Wo könnten nun diese beiderseitigen Dämme ins Gelände auslaufen, wenn die Bedingung gestellt wird, daß der Grabenbordrand bzw. die Dammkronen überall mindestens 25 cm über dem gestauten Wasserspiegel liegen müssen?

Bei dieser Bedingung muß der Damm an *derjenigen* Stelle beginnen, an der der Stauspiegel sich auf 25 cm dem Grabenbordrand genähert hat. Dies trete im Abstand x vom Wehr ein. Unter Bezug auf Abb. 131 muß dann sein

$$J_s x + (a + z) + 0{,}25 = 2{,}30.$$

Daraus

$$x = \frac{2{,}30 - 0{,}25 - (a + z)}{J_s}.$$

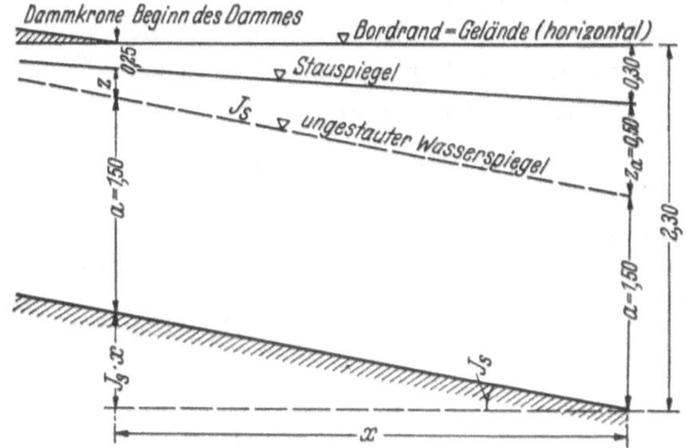

Abb. 131. Bestimmung des Beginns des Dammes.

Andererseits ergibt sich x nach Tolkmitt aus Gl. (5a) zu

$$x = \frac{a}{J_s}\left[f\left(\frac{a + z_a}{a}\right) - f\left(\frac{a + z}{a}\right)\right].$$

Durch Gleichsetzen erhält man:

$$\frac{2{,}30 - 0{,}25 - (a + z)}{J_s} = \frac{a}{J_s}\left[f\left(\frac{a + z_a}{a}\right) - f\left(\frac{a + z}{a}\right)\right]$$

oder unter Benützung der bereits bekannten Größen

$$\frac{0{,}55 - z}{1{,}50} - 1{,}68 = -f\left(\frac{a + z}{a}\right)$$

oder

$$f\left(\frac{a + z}{a}\right) = 1{,}168 - \frac{0{,}55 - z}{1{,}50}.$$

Wir lösen diese Gleichung graphisch-rechnerisch. Die *linke* Seite der Gleichung ergibt für die nachfolgend angenommenen Werte z:

für $z = 0{,}45$ m wird $\frac{a + z}{a} = 1{,}30$ und $f\left(\frac{a + z}{a}\right) = f\left(\frac{1{,}50 + 0{,}45}{1{,}50}\right) = 1{,}119$,

„ $z = 0{,}40$ m „ $\frac{a + z}{a} = 1{,}267$ „ $f\left(\frac{a + z}{a}\right) = f\left(\frac{1{,}50 + 0{,}40}{1{,}50}\right) = 1{,}066$,

„ $z = 0{,}35$ m „ $\frac{a + z}{a} = 1{,}233$ „ $f\left(\frac{a + z}{a}\right) = f\left(\frac{1{,}50 + 0{,}35}{1{,}50}\right) = 1{,}008$.

Für die gleichen Annahmen von z erhält man für die *rechte* Seite der Gleichung:

$$\text{für } z = 0{,}45 \text{ m wird } f'(z) = 1{,}1014,$$
$$\text{,, } z = 0{,}40 \text{ m ,, } f'(z) = 1{,}0680,$$
$$\text{,, } z = 0{,}35 \text{ m ,, } f'(z) = 1{,}0347.$$

Trägt man die beiden Ergebnisse in einem rechtwinkligen Koordinatensystem auf (Abb. 132), so ergibt die Ordinate des Schnittpunktes beider Kurven den gesuchten Wert z, denn bei diesem Wert z werden beide Seiten der Gleichung einander gleich.

$$z = 0{,}4008 \sim 0{,}40 \text{ m}.$$

Daraus folgt

$$x = \frac{2{,}30 - 0{,}25 - (a + z)}{J_s} = \frac{0{,}55 - z}{J_s} = \frac{0{,}15}{0{,}003} = \mathbf{50{,}0}\,\text{m}.$$

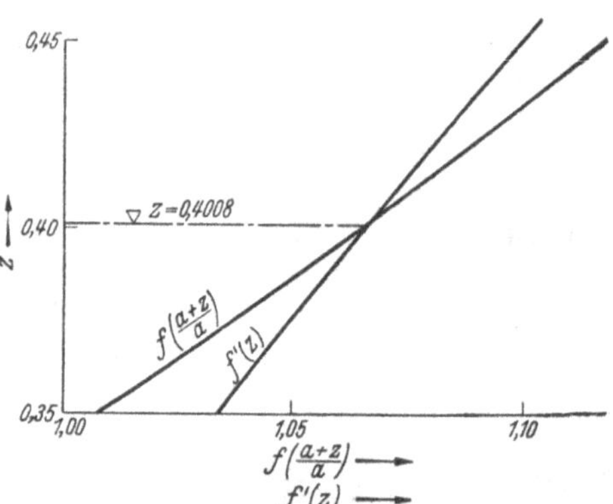

Abb. 132. Graphische Ermittlung von z.

In Abb. 134 ist der Damm eingetragen.

In den Fällen, in denen der Verlauf der Staukurve aus anderen Gründen an und für sich ermittelt werden muß, würde man natürlich vorstehende Rechnung nicht durchführen, sondern x aus dem Längenschnitt des Stauspiegels entnehmen.

Der Übung halber soll nun auch noch der gesamte Verlauf der Staukurve für die 242 m lange Gerinnestrecke festgestellt werden, und zwar einmal mit Hilfe der unter Frage II abgeleiteten allgemeinen Staugleichungen und dann noch nach Tolkmitt. (Die Rühlmannsche Methode ist für das vorliegende Trapezprofil weniger geeignet!)

Da uns im gegebenen Beispiel ein *regelmäßiges* Gerinne mit *gleichbleibendem* Profil vorliegt, benützen wir zweckmäßig die allgemeine Staugleichung in folgender Form [vgl. Gl. (3) S. 235, große Stauformel]:

$$x = \frac{\frac{Q^2}{2g}\left(\frac{1}{F_u^2} - \frac{1}{F_o^2}\right) + \Delta z}{J_s - \left(\frac{Q}{c_m}\right)^2 \cdot \frac{p_m}{F_m^3}},$$

wenn die Profilabstände waagerecht gemessen werden ($\Delta l \to \Delta x$) und $\alpha \sim 1{,}0$ gesetzt wird.

Tabelle 25. *Schrittweise Berechnung des Stauspiegels mit der Differentialgleichung der Staukurve mit* (x) *und ohne Berücksichtigung des Energierückgewinnes* (x').

$t+z$	Δz	Δb	b_u / b_o	ΔF	F_u / F_o	F_m	Δp	p_u / p_o	p_m	R_m	c_m	$\frac{Q_2}{2g}$	$\frac{1}{F_u^2}$ / $\frac{1}{F_o^2}$	$\frac{1}{F_u^2} - \frac{1}{F_o^2}$
2,00	—	—	11,00	—	14,000		—	11,950				10,56	0,00510	—
1,95	0,05	0,20	10,80	0,545	13,455	13,727	0,224	11,726	11,838	1,160	32,6	10,56	0,00552	−0,00042
1,90	0,05	0,20	10,60	0,535	12,920	13,187	0,224	11,502	11,614	1,135	32,3	10,56	0,00599	−0,00047
1,85	0,05	0,20	10,40	0,525	12,395	12,657	0,224	11,278	11,390	1,111	32,2	10,56	0,00651	−0,00052
1,80	0,05	0,20	10,20	0,515	11,880	12,137	0,224	11,054	11,166	1,086	31,9	10,56	0,00708	−0,00057
1,75	0,05	0,20	10,00	0,505	11,375	11,627	0,224	10,830	10,942	1,063	31,7	10,56	0,00772	−0,00064
1,70	0,05	0,20	9,80	0,495	10,880	11,127	0,224	10,606	10,718	1,038	31,4	10,56	0,00845	−0,00073
1,65	0,05	0,20	9,60	0,485	10,395	10,637	0,224	10,382	10,494	1,014	31,2	10,56	0,00926	−0,00081
1,60	0,05	0,20	9,40	0,475	9,920	10,157	0,224	10,158	10,270	0,990	31,0	10,56	0,01016	−0,00090

$t+z$	A	$A+\Delta z$ (Zähler)	J_s	$\left(\frac{Q}{c_m}\right)^2$	$\frac{p_m}{F_m^3}$	B	$J_s - B$ (Nenner)	Δx	$\Sigma\Delta x = x$	$\Delta x'$	$\Sigma\Delta x' = x'$
2,00	—	—	0,003	—	—	—	—	—	—	—	—
1,95	−0,00444	0,04556	0,003	0,1950	0,00457	0,00089	0,00211	21,59	21,59	23,70	23,70
1,90	−0,00497	0,04503	0,003	0,1988	0,00507	0,00101	0,00199	22,61	44,20	25,10	48,80
1,85	−0,00549	0,04451	0,003	0,2000	0,00561	0,00112	0,00188	23,68	67,88	26,60	75,40
1,80	−0,00602	0,04398	0,003	0,2039	0,00626	0,00129	0,00171	25,71	93,59	29,24	104,64
1,75	−0,00676	0,04324	0,003	0,2064	0,00696	0,00144	0,00156	27,72	121,31	32,05	136,69
1,70	−0,00771	0,04229	0,003	0,2103	0,00778	0,00164	0,00136	31,10	152,41	36,75	173,44
1,65	−0,00856	0,04144	0,003	0,2130	0,00872	0,00186	0,00114	36,35	188,76	43,86	217,30
1,60	−0,00951	0,04049	0,003	0,2158	0,00979	0,00211	0,00089	45,50	234,26	56,20	273,50

Für das gleichbleibende Trapezprofil des Wassergrabens müssen sich F_u und F_o, ebenso p_u und p_o für gleiche Δz-Werte jeweils nach einem leicht feststellbaren Gesetz ändern. Es ist nämlich die Abnahme der Wasserspiegelbreite von b_u auf b_o: $\Delta b = 2m \cdot \Delta z$ (vgl. Abb. 133), also die Abnahme der Fläche von F_u auf F_o

$$\Delta F = \frac{b_u + (b_u - \Delta b)}{2} \Delta z = (b_u - m \cdot \Delta z) \cdot \Delta z .$$

Der benetzte Umfang nimmt auf der Strecke Δx ab um

$$\Delta p = 2 \cdot \Delta z \cdot \sqrt{1 + m^2} .$$

Für unser Zahlenbeispiel wird

$$\Delta F = (b_u - 0{,}10) \cdot 0{,}05 = (0{,}05 \cdot b_u - 0{,}005) \text{ m}^2$$

und $$\Delta p = 2 \cdot 0{,}05 \cdot \sqrt{1 + 2^2} = 4{,}47 \cdot 0{,}05 = 0{,}224 \text{ m} .$$

Die Rechnung selbst wird der Übersichtlichkeit wegen zweckmäßig in Tabellenform durchgeführt (vgl. Tabelle 25). Dabei wurden — des Vergleichens wegen — gleichzeitig auch noch die $\Delta x'$-Werte bei Vernachlässigung des Energierückgewinnes gemäß der Beziehung

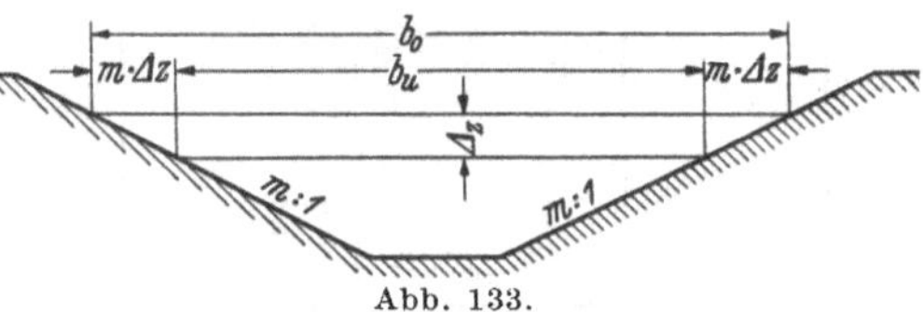

Abb. 133.

$$\Delta x = \frac{\Delta z}{J_s - \left(\frac{Q}{c_m}\right)^2 \cdot \frac{p_m}{F_m^3}}$$

ermittelt (kleine Stauformel). Der Unterschied in den Stauhöhen beträgt im oberen Staubereich nur etwa 2,5 cm.

Die Berechnung der Staukurve mit Hilfe des TOLKMITT-Verfahrens ist ebenfalls in Tabellenform durchgeführt (Tabelle 26). Dabei ist Δz wiederum mit 0,05 m angenommen. Die Untersuchung ist vom Wehr ausgehend stromauf durchgeführt, indem zunächst jener Abstand x''

Tabelle 26.

Δz	z	$f\left(\frac{a+z_a}{a}\right)$	$\frac{a+z}{a}$	$f\left(\frac{a+z}{a}\right)$	$f\left(\frac{a+z_a}{a}\right) - f\left(\frac{a+z}{a}\right)$	$\frac{a}{J_s}$	x''
0,05	0,45	1,168	1,300	1,119	0,049	500	24,5
0,05	0,40	1,168	1,267	1,066	0,102	500	51,0
0,05	0,35	1,168	1,233	1,008	0,160	500	80,0
0,05	0,30	1,168	1,200	0,948	0,220	500	110,0
0,05	0,25	1,168	1,167	0,880	0,288	500	144,0
0,05	0,20	1,168	1,133	0,801	0,367	500	183,6
0,05	0,15	1,168	1,100	0,708	0,460	500	230,0
0,05	0,10	1,168	1,067	0,586	0,582	500	281,0

vom Wehr ermittelt wurde, für den der Stau nur noch $z = 0{,}50 - \Delta z = 0{,}45$ m beträgt, dann jenes x'', für das $z = 0{,}50 - 2\Delta z = 0{,}40$ m wird usw.

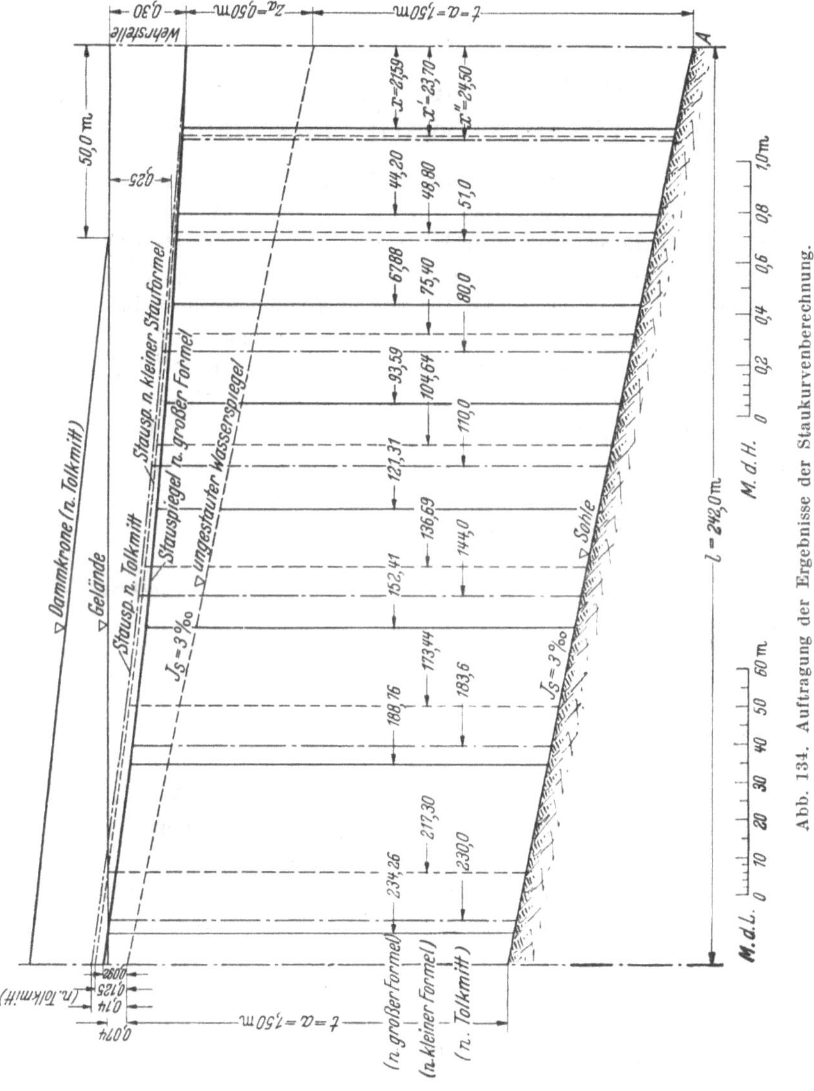

Abb. 134. Auftragung der Ergebnisse der Staukurvenberechnung.

In Abb. 134 sind die berechneten Stauspiegel mit Überhöhung (Verzerrung der Höhen 66,7fach) aufgetragen. Da auch die einfache Tolkmitt-Methode den Gefällerückgewinn vernachlässigt, wie die kleine

Stauformel, sind diese beiden Ergebnisse unmittelbar vergleichbar. Ihre gute Übereinstimmung zeigt die gute Brauchbarkeit der TOLKMITT-Formel, wenn es sich um künstliche Gerinne handelt, deren Querprofile von einem Parabelprofil nicht allzu erheblich abweichen.

Aufgabe 24.

Schrittweise Ermittlung der Staukurve für einen unregelmäßig ausgebildeten Flußschlauch.

Zum Zwecke der Kanalisierung einer Flußstrecke soll am unteren Ende dieser Strecke, d. i. im Profil I, in den Fluß ein Wehr eingebaut werden, so daß an dieser Stelle der Flußwasserspiegel eine Hebung auf Kote 211,000 m erfährt. Gegeben sind 5 Querprofile I bis V, die so ausgewählt wurden, daß zwischen diesen Profilen jeweils keine Unregelmäßigkeiten bezüglich Querschnitt und Gefälle vorkommen. Diese Profile wurden zur Zeit eines Beharrungszustandes im Flusse aufgenommen bei jenem Pegelstand, für welchen im Profil I der Stau 3,50 m betragen soll. Gegeben sind von den Profilen nachfolgend die einander entsprechenden Wasserquerschnittsflächen und benetzten Umfänge der 5 Profile. Außerdem sind die Profile in Abb. 135 in fünffacher Verzerrung aufgetragen. Der Fluß führt Geschiebe, so daß mit $\gamma = 1{,}75$ nach BAZIN gerechnet werden soll. Das Gesamtspiegelgefälle zwischen I und V wurde mit 4,200 m festgestellt, die Spiegelkote im Profil I mit 207,500.

Profile	I		II		III		IV		V
Entfernungen		1500		1300		800		1000 m	
Wasserquerschnitt	160		140		145		170		150 m²
benetzter Umfang	65		55		60		62		60 m.

Kann die Wasserbewegung im Flußschlauch *vor* dem Aufstau mit hinreichender Genauigkeit als gleichförmig bezeichnet werden? Welcher Spiegelverlauf ergibt sich für ungestautes Wasser und wie groß ist die Wassermenge, welche durch die gegebenen Wasserquerschnitte in der Sekunde hindurchgeht? Wie verläuft der Wasserspiegel *nach* durchgeführtem Stau?

Lösung.

Mit dem Gesamtspiegelgefälle zwischen I und V ist, zusammen mit der Entfernung I bis V = 4600 m, zwar das *durchschnittliche* Spiegelgefälle bekannt. Da wir aber nicht wissen, ob sich die Teilspiegelgefälle zwischen den einzelnen Profilen mit diesem Durchschnittsgefälle decken, müssen erst diese ermittelt werden. Davon hängt auch die Bestimmung von Q ab, weil $Q = v \cdot F$ und v eine Funktion des Spiegelgefälles J ist.

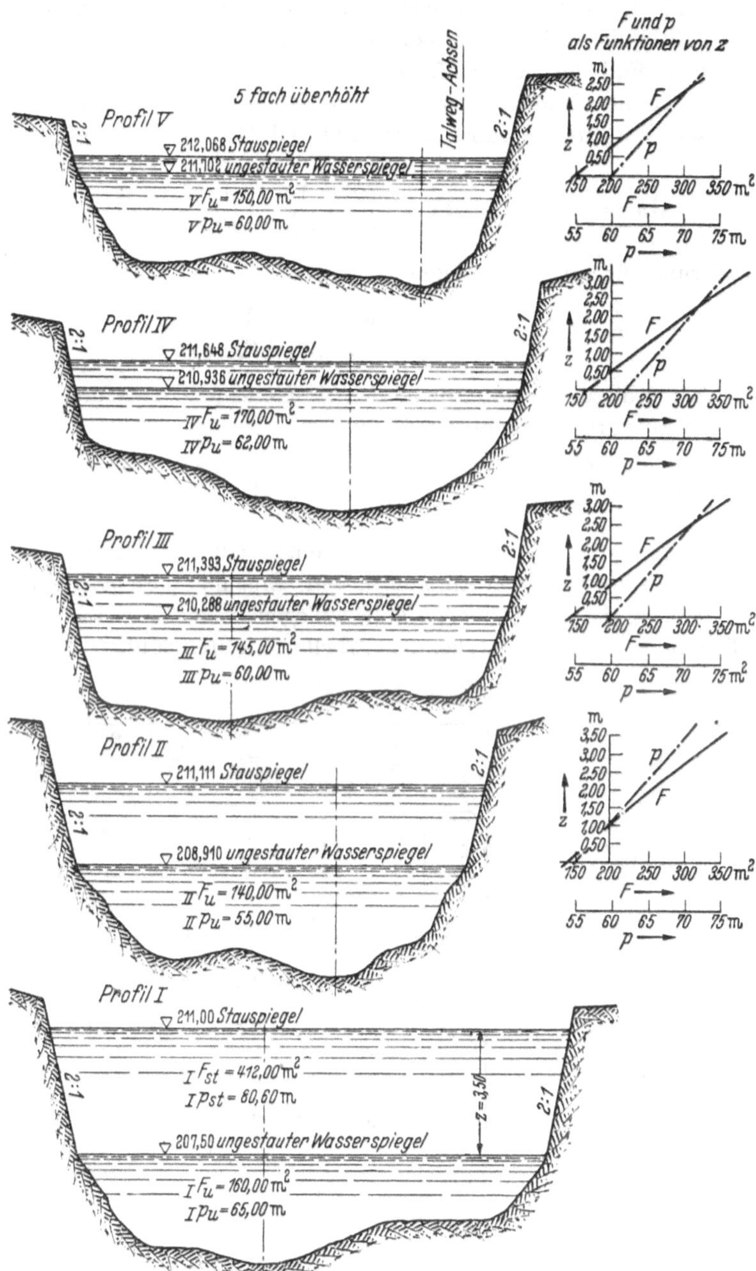

Abb. 135. Flußquerschnitte in den untersuchten Staustrecken.

Da wir zunächst nicht wissen, welche Wasserbewegung in den einzelnen Profilabschnitten herrscht, nehmen wir an, es handle sich um den allgemeinen Fall der ungleichförmigen Bewegung, bei welcher sowohl Beschleunigung als auch Verzögerung auftreten kann. Wir hatten uns für diesen Fall in Aufgabe 23 [S. 233, Gl. (1a)] die Beziehung abgeleitet:

$$\varDelta h = \left(\frac{Q}{c_m}\right)^2 \cdot \frac{p_m}{F_m^3} \cdot \varDelta x + \frac{\alpha Q^2}{2g}\left(\frac{1}{F_u^2} - \frac{1}{F_o^2}\right).$$

Die Summierung für alle Teilstrecken $\varDelta x$ ergibt:

$$\Sigma \varDelta h = h = Q^2 \sum_{x=0}^{x=L} \frac{p_m \cdot \varDelta x}{c_m^2 \cdot F_m^2} + \frac{\alpha Q^2}{2g} \sum_{x=0}^{x=L} \left(\frac{1}{F_u^2} - \frac{1}{F_o^2}\right).$$

Schreiben wir diese Gleichung nach dem Vorschlage Tolkmitts, um kleine Brüche zu vermeiden, in der Form:

$$\left(\frac{100}{Q}\right)^2 \cdot h = \frac{1}{2g} \sum_{x=0}^{x=L} \left[\left(\frac{100}{F_u}\right)^2 - \left(\frac{100}{F_o}\right)^2\right] + \sum_{x=0}^{x=L} \left[\left(\frac{100}{c_m}\right)^2 \cdot \frac{p_m \varDelta x}{F_m^3}\right],$$

so übersieht man sofort, daß sich die einzelnen Glieder der rechten Gleichungsseite unmittelbar bestimmen lassen. Erst mit diesem Ergebnis ist es möglich, die Wassermenge Q festzulegen.

Die Rechnung ist in nachstehender Tabelle 27 durchgeführt.

Tabelle 27.

Profilbezeichnung	Wasserquerschnitt F m²	$\left(\frac{100}{F}\right)^2$	$\frac{1}{2g}\cdot\left(\frac{100}{F}\right)^2$ + Beschleunigung = Druckhöhenverbrauch	$\frac{1}{2g}\cdot\left(\frac{100}{F}\right)^2$ − Verzögerung = Druckhöhenrückgewinn	Profilabstand $\varDelta x$ m	Wasserquerschnitt $_mF$ m²	Benetzter Umfang $_mp$ m	Hydraulischer Radius $_mR$ m	Geschwindigkeitsbeiwert $_mc$ (nach Bazin)	$\left(\frac{100}{_mc}\right)^2 \cdot \frac{_mp}{_mF^3} \cdot \varDelta x = \Phi$	$\varDelta h = \left(\frac{Q}{100}\right)^2 \cdot \Phi$
I	160,0	0,391									
			—	−0,006	1500	150,0	60,0	2,50	41,3	$0{,}156_5$	1,410
II	140,0	0,510									
			+0,002	—	1300	142,5	57,5	2,48	41,2	0,153	1,378
III	145,0	0,475									
			+0,004	—	800	157,5	61,0	2,58	41,6	0,072	0,648
IV	170,0	0,405									
			—	−0,002	1000	160,0	61,0	2,62	41,8	0,085	0,766
V	150,0	0,443									
			+0,006	− 0,008	4600					$0{,}466_5$	4,202
			$\Sigma = -0{,}002$								

Ohne Berücksichtigung der bei der Verzögerung auftretenden Verluste wäre Q:

$$\left(\frac{100}{Q}\right)^2 \cdot 4{,}200 = 0{,}466_5 - 0{,}002 = 0{,}464_5,$$

daraus

$$Q = \mathbf{301}\ \mathrm{m^3/sek}.$$

Nimmt man dagegen an, daß sich der rechnerisch ergebende Rückgewinn an lebendiger Energie bei der verzögerten Bewegung in Wirbeln und Stößen aufzehrt, dann wird:

$$\left(\frac{100}{Q}\right)^2 \cdot 4{,}200 = 0{,}466_5 + 0{,}006 = 0{,}472_5,$$

daraus

$$Q = \mathbf{299}\ \mathrm{m^3/sek}.$$

Würde man den Einfluß der Änderung an lebendiger Kraft überhaupt vernachlässigen, dann ergäbe sich Q zu:

$$\left(\frac{100}{Q}\right)^2 \cdot 4{,}200 = 0{,}466_5,$$

daraus

$$Q = \mathbf{300}\ \mathrm{m^3/sek}.$$

Das Rechenergebnis zeigt, daß in unserem Beispiel ohne merklichen Fehler von der Vorstellung Gebrauch gemacht werden darf, daß in jedem Abschnitt Δx für sich gleichförmige Wasserbewegung herrscht, wobei aber die Geschwindigkeiten in den einzelnen Abschnitten voneinander abweichen, während die Druckhöhenverbräuche zur Geschwindigkeitserhöhung bzw. die Druckhöhenrückgewinne aus den Geschwindigkeitsermäßigungen im Hinblick auf die sonstigen Genauigkeiten der Rechnung — man beachte in diesem Zusammenhange die großen Werte Δx! — vernachlässigt werden dürfen. Ihre Berücksichtigung würde auf die Gesamtgefällshöhe kaum einige Zentimeter ausmachen.

Es wird deshalb im weiteren Verlauf der Rechnung mit $Q = 300\,\mathrm{m^3/sek}$ und mit den in der Tabelle 27 errechneten Werten Δh gearbeitet. Im Längenprofil Abb. 136 ist der sich hieraus ergebende Spiegelverlauf des ungestauten Wassers dargestellt.

Mit den bisherigen Ermittlungen läßt sich nun an die Feststellung des Stauspiegelverlaufes gehen. Im Hinblick auf die unregelmäßige Profilgestaltung des Flußschlauches benützen wir die Gleichung

$$\Delta y = \Delta x \left(\frac{Q}{{}_m c_{st}}\right)^2 \cdot \frac{{}_m p_{st}}{{}_m F_{st}^3},$$

vernachlässigen also den Rückgewinn an lebendiger Kraft. Da wir beim Übergang von Profil I nach Profil II in letzterem den Stau selbst zunächst nicht kennen, die Größen ${}_m F_{st}$, ${}_m p_{st}$ und ${}_m c_{st}$ aber die Mittelwerte der entsprechenden Werte der Profile I und II, bezogen auf den *Stau*, darstellen, bleibt nichts anderes übrig, als für die erste Annäherung für Profil II eine Spiegelhebung Δy zu schätzen und nun durch Einsetzen der erhaltenen Werte in die Gleichung zu prüfen, ob letztere den gleichen Wert Δy ergibt, wie er von uns angenommen worden ist.

In den meisten Fällen wird dieses errechnete Δy mit dem vorher geschätzten nicht übereinstimmen, so daß die Rechnung zu wiederholen wäre, da ja das errechnete Δy auch andere Werte ${}_{II}F_{st}$, ${}_{II}p_{st}$ und ${}_{II}c_{st}$ bedingt. Wie weit hier die Genauigkeit zu treiben ist, hängt jeweils von den besonderen Verhältnissen ab und wird daher auch von Fall zu Fall zu entscheiden sein.

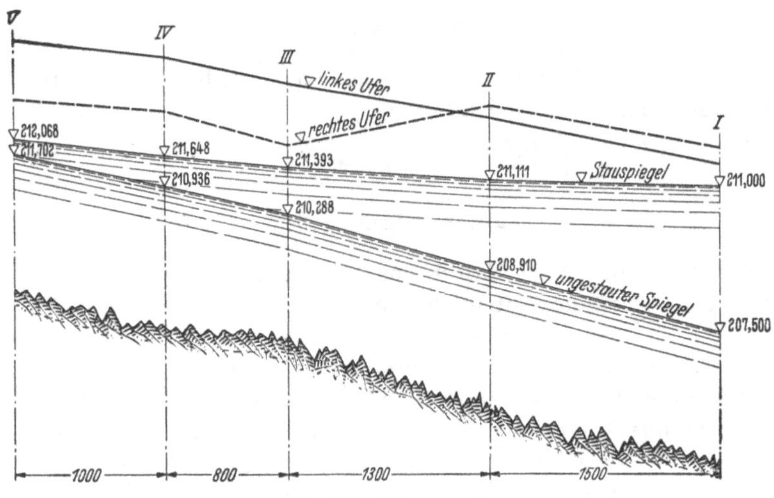

Abb. 136. Längenprofil.

In unserer Aufgabe betrachten wir es als genügend genau, mit dem *errechneten* Δy auf den nächsten Abschnitt überzugehen, für welche Rechnung aber ${}_{II}F_{st}$, ${}_{II}p_{st}$ und ${}_{II}c_{st}$ entsprechend dem *errechneten* Δy verbessert werden. Nun wiederholt sich das Verfahren für diesen neuen Abschnitt. Auf diese Weise ergibt sich *schrittweise* der Verlauf der Staukurve.

Nachfolgend ist das Verfahren für einige Abschnitte durch die vorgeführte Zahlenrechnung im Detail erläutert, die Gesamtzusammenstellung der Rechnung gibt Texttabelle 28.

Im Profil I ist nach Durchführung des Staues

$$ {}_{I}F_{st} = 412{,}00 \text{ m}^2; \quad {}_{I}p_{st} = 80{,}6 \text{ m}. $$

Um im Profil II die entsprechenden Werte in erster Annäherung zu erhalten, setzen wir zunächst $\Delta y = 0$, d. h. wir nehmen an, der Stauspiegel läuft von I nach II horizontal. Dies ergibt z_{II} zu

$$ z_{II} = 211{,}000 - 208{,}910 = 2{,}09 \text{ m} \qquad \text{(vgl. Abb. 137).} $$

Durch Eintragung von z in das Querprofil II erhält man den Stauspiegel in diesem Profil und durch Planimetrieren oder Rechnung ${}_{II}F_{st}$ und ${}_{II}p_{st}$.

Es ist manchmal sehr zweckmäßig und bequem, besonders wenn der Verlauf der Staukurven für mehrere charakteristische Pegelstände (z. B. für NW, MW und HW) festgestellt werden muß, für jedes Profil F und p als Funktionen von z aufzutragen und dann für errechnete z-Werte die zugehörigen F und p aus diesen Kurven zu entnehmen. So

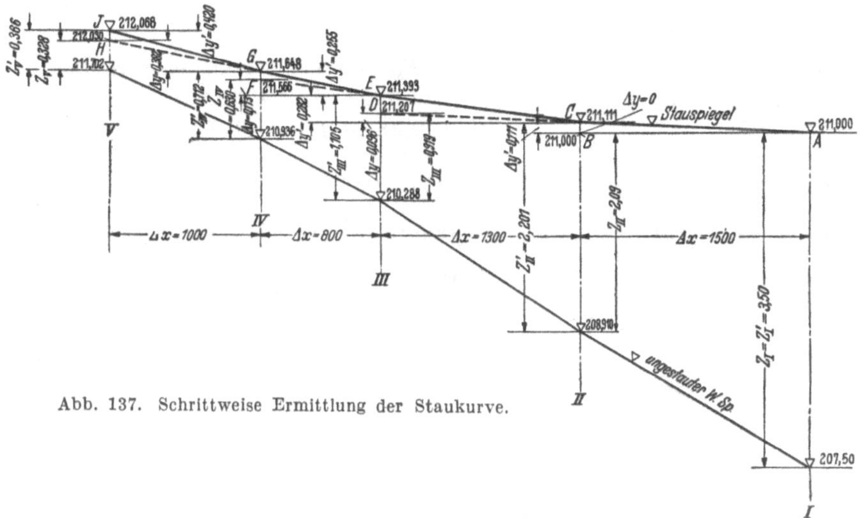

Abb. 137. Schrittweise Ermittlung der Staukurve.

wurde auch in dem vorliegenden Beispiel verfahren (vgl. Abb. 135). Wir entnehmen z. B. für $z_{II} = 2{,}09$ m

$$_{II}F_{st} = 262{,}0 \text{ m}^2 \quad \text{und} \quad _{II}p_{st} = 64{,}2 \text{ m}.$$

Damit wird für die Strecke I—II:

$$_mF_{st} = \frac{_IF_{st} + _{II}F_{st}}{2} = \frac{412{,}0 + 262{,}0}{2} = 337{,}0 \text{ m}^2$$

und

$$_mp_{st} = \frac{_Ip_{st} + _{II}p_{st}}{2} = \frac{80{,}6 + 64{,}2}{2} = 72{,}4 \text{ m}.$$

Nunmehr ergibt sich für die Teilstrecke I—II

$$_mR_{st} = \frac{_mF_{st}}{_mp_{st}} = \frac{337{,}0}{72{,}4} = 4{,}66 \text{ m}$$

und $_mc_{st}$ für $\gamma = 1{,}75$ nach Tafel 3 des Anhanges zu 48. Mit diesen in die Gleichung der Staukurve eingesetzten Werten erhält man

$$\Delta y' = 1500 \cdot \left(\frac{300}{48}\right)^2 \cdot \frac{72{,}3}{337{,}0^3} = \mathbf{0{,}111} \text{ m}.$$

Es ist deshalb $\Delta y' \neq 0$, sondern $\Delta y' = 0{,}111$ m, so daß der Stauspiegel im Profil II nicht auf Kote 211,000, wie zuerst angenommen, liegt, sondern auf Kote

$$211{,}000 + 0{,}111 = 211{,}111 \text{ m}.$$

Mit dieser Stauspiegelkote rechnen wir nun weiter als Ausgangspunkt für den Ab chnitt II bis III. Es sind deshalb auch die Werte ${}_{\mathrm{II}}F_{st}$ und ${}_{\mathrm{II}}p_{st}$ für die Stauspiegelkote 211,111, d. h. für $z_{\mathrm{II}} = 2{,}201$ m, zu verbessern. Daher

$${}_{\mathrm{II}}F'_{st} = 270{,}0 \text{ m}^2 \quad \text{und} \quad {}_{\mathrm{II}}p'_{st} = 64{,}7 \text{ m}.$$

Zur vorläufigen Bestimmung von ${}_{\mathrm{III}}F_{st}$ nehmen wir an, es verlaufe der Stauspiegel bis zum Profil III geradlinig von A über C nach D (Abb. 137). Das ergibt eine Stauspiegelkote in D (Profil III) von

$$211{,}111 + \frac{1300}{1500} \cdot 0{,}111 = 211{,}111 + 0{,}096 = 211{,}207 \text{ m}.$$

Das entspricht der Annahme $\Delta y = 0{,}096$ für die Strecke II—III. Daher

$$z_{\mathrm{III}} = 211{,}207 - 210{,}288 = 0{,}919 \text{ m}.$$

Diesem z_{III} entsprechen ${}_{\mathrm{III}}F_{st} = 200{,}0 \text{ m}^2$; ${}_{\mathrm{III}}p_{st} = 64{,}0$ m. Somit für die Teilstrecke II—III:

$${}_mF_{st} = \frac{{}_{\mathrm{II}}F'_{st} + {}_{\mathrm{III}}F_{st}}{2} = \frac{270{,}0 + 200{,}0}{2} = 235{,}0 \text{ m}^2,$$

$${}_mp_{st} = \frac{{}_{\mathrm{II}}p'_{st} + {}_{\mathrm{III}}p_{st}}{2} = \frac{64{,}7 + 64{,}0}{2} = 64{,}35 \text{ m},$$

$${}_mR_{st} = \frac{{}_mF_{st}}{{}_mp_{st}} = \frac{235{,}0}{64{,}35} = 3{,}65 \text{ m},$$

$${}_mc_{st} = 45{,}3$$

und

$$\Delta y' = 1300 \cdot \left(\frac{300}{45{,}3}\right)^2 \cdot \frac{64{,}35}{235{,}0^3} = 0{,}282 \text{ m}.$$

Der Stauspiegel geht also nicht durch Punkt D, sondern durch Punkt E des Profils III und hat die Kote

$$211{,}111 + \Delta y' = 211{,}111 + 0{,}282 = 211{,}393 \text{ m}.$$

Daher

$$z_{\mathrm{III}} + 211{,}393 - 210{,}288 = 1{,}105 \text{ m}.$$

Nun sind wieder die verbesserten Werte ${}_{\mathrm{III}}F'_{st}$ und ${}_{\mathrm{III}}p_{st}$ zu bilden und damit die Stauspiegellage im Profil IV zu bestimmen usw.

Wie man sieht, läßt sich die Rechnung tabellarisch sehr einfach und übersichtlich durchführen.

Das Ergebnis wurde dann in die Querprofile (Abb. 135) und in das Längenprofil (Abb. 136) übertragen. Bei letzterem wurde von der sonst üblichen Verzerrung 1 : 1000 abgegangen im Hinblick auf die verhältnismäßig kurze Flußstrecke.

Dagegen wurde an dem Brauche festgehalten, das Wasser von links nach rechts fließen zu lassen, die linke Uferlinie auszuziehen und die rechte, welche dem Beschauer zu liegt und nicht zu sehen ist, zu punktieren.

Tabelle 28.

Profilbezeichnung	Spiegelkoten			z aus erster Versuchsrechnung, darunter verbesserter Wert z'	F_{st} aus erster Versuchsrechnung, darunter verbesserter Wert F'_{st}	${}_mF_{st}$	p_{st} aus erster Versuchsrechnung, darunter verbesserter Wert p'_{st}	${}_mp_{st}$	${}_mR_{st}$	${}_mc_{st}$	Profilabstand Δx	$\Delta x \cdot \left(\frac{Q}{{}_mc_{st}}\right)^2 \cdot \frac{{}_mp_{st}}{{}_mF_{st}^3} =$	$\Delta y'$
	ungestaut (Normalwasser)	gestaut: erste Versuchsrechnung	gestaut: verbesserte Kote										
1	2	3	4	5	6	7	8	9	10	11	12	13	14
I	207,500	—	211,000	3,500	412,0	337,0	80,6	72,4	4,66	48	1500	$1500 \cdot \left(\frac{300}{48}\right)^2 \cdot \frac{72,4}{337,0^3} =$	0,111
II	208,910	211,000	—	2,090	262,0		64,2						
II	208,910	—	211,111	2,201	270,0	235,0	64,7	64,35	3,65	45,3	1300	$1300 \cdot \left(\frac{300}{45,3}\right)^2 \cdot \frac{64,35}{235,0^3} =$	0,282
III	210,288	211,207[1])	—	0,919	200,0		64,0						
III	210,288	—	211,393[2])	1,105	212,0	211,0	64,9	64,9	3,25	44,2	800	$800 \cdot \left(\frac{300}{44,2}\right)^2 \cdot \frac{64,9}{211,0^3} =$	0,255
IV	210,936	211,566[3])	—	0,630	210,0		64,8						
IV	210,936	—	211,648[4])	0,712	215,0	193,0	65,2	63,3	3,05	43,5	1000	$1000 \cdot \left(\frac{300}{43,5}\right)^2 \cdot \frac{63,3}{193,0^3} =$	0,420
V	211,702	212,030[5])	—	0,328	171,0		61,4						
V	211,702	—	212,068[6])	0,366									

[1]) $211,111 + \frac{1300}{1500} \cdot 0,111$
$= 211,111 + 0,096 = 211,207,$

d. h. Δy für II—III mit 0,096 als erster Versuchswert angenommen.

a

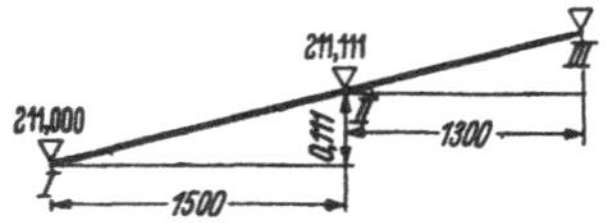

[2]) Verbesserte Stauspiegelkote in III:
$211,111 + 0,282 = 211,393$ m.

b

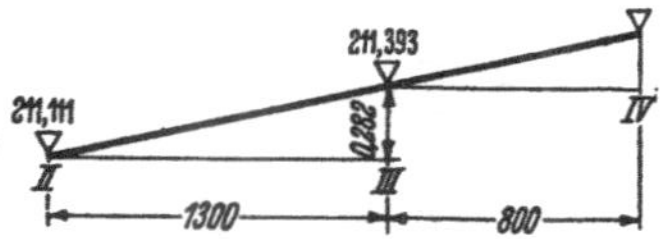

[3]) $211,393 + \frac{800}{1300} \cdot 0,282$
$= 211,393 + 0,173 = 211,566,$

d. h. Δy für III—IV als erster Versuchswert mit 0,173 m angenommen.

[4]) Verbesserte Stauspiegelkote in IV:
$211,393 + 0,255 = 211,648$ m.

c

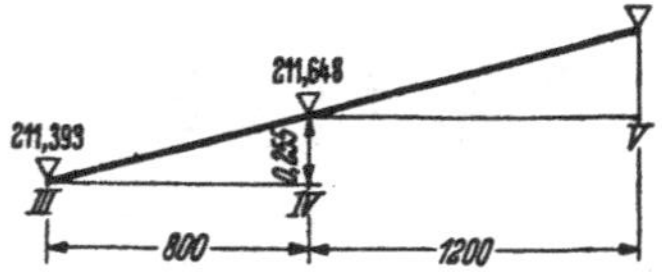

[5]) $211,648 + \frac{1200}{800} \cdot 0,255$
$= 211,648 + 0,382 = 212,030,$

d. h. Δy für IV—V als erster Versuchswert mit 0,382 m angenommen.

[6]) Verbesserte Stauspiegelkote in V:
$211,648 + 0,420 = 212,068$ m.

Aufgabe 25[1].

Ermittlung der Senkungskurve (beschleunigte Wasserbewegung) in einem rechteckigen Gerinne.

Zwei Wasserläufe sind durch ein Gerinne von gegebener Profilform miteinander verbunden. Wie gestaltet sich die Senkungskurve, wenn das Gerinne 2,00 m³/sek abführen soll bei 60 cm Wassertiefe am Anfange des Gerinnes, und wenn das Sohlgefälle im Gerinne

a) $J_{s_1} = +0{,}5^0/_{00}$, b) $J_{s_2} = \pm 0{,}0^0/_{00}$, c) $J_{s_3} = -0{,}5^0/_{00}$

beträgt?

Das Gerinne, dessen Sohle und lotrechte Wände mit Bruchsteinmauerwerk ausgekleidet sind, hat 2,50 m lichte Breite.

An welcher Stelle ist ein Wassersprung zu erwarten, wenn das genügend lange Gerinne durchweg stetig verläuft?

Lösung.

Nach S. 234 der Aufgabe 23 lautet die Gleichung der ungleichförmigen Bewegung, wenn das Spiegelgefälle auf die Länge dx im vorliegenden Falle mit z bezeichnet (Abb. 138) und $\alpha = 1{,}0$ gesetzt wird:

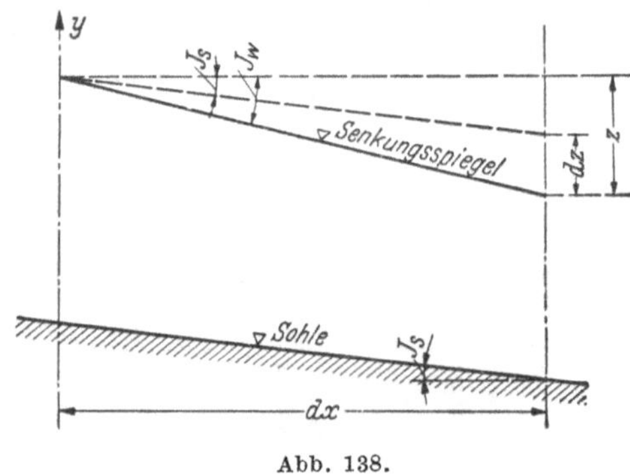

Abb. 138.

$$z = \frac{Q^2}{2g}\left[\frac{1}{F_u^2} - \frac{1}{F_o^2}\right] + \left(\frac{Q}{c_m}\right)^2 \cdot \frac{p_m\, dx}{F_m^3}.$$

z ergibt sich (Abb. 138) als Summe aus dem Reibungsgefälle und dem Gefällsverbrauch für die Beschleunigung:

$$\frac{z}{dx} = J_w = J_s + \frac{dz}{dx},$$

$$z = J_s \cdot dx + dz.$$

Demnach

$$J_s \cdot dx + dz = \frac{Q^2}{2g}\left[\frac{1}{F_u^2} - \frac{1}{F_o^2}\right] + \left(\frac{Q}{c_m}\right)^2 \cdot \frac{p_m\, dx}{F_m^3},$$

$$dx \cdot \left[\left(\frac{Q}{c_m}\right)^2 \cdot \frac{p_m}{F_m^3} - J_s\right] = dz - \frac{Q^2}{2g} \cdot \left[\frac{1}{F_u^2} - \frac{1}{F_o^2}\right],$$

$$dx = \frac{dz - \frac{Q^2}{2g} \cdot \left[\frac{1}{F_u^2} - \frac{1}{F_o^2}\right]}{\left(\frac{Q}{c_m}\right)^2 \cdot \frac{p_m}{F_m^3} - J_s}.$$

[1] Vgl. auch ENGELS: Handbuch des Wasserbaues. Bd. 1. 3. Aufl. Leipzig: Engelmann 1923.

Man setzt in dieser Gleichung noch

$$\frac{1}{2}\left[\frac{1}{F_u^2}-\frac{1}{F_o^2}\right]=\frac{F_o^2-F_u^2}{2\cdot F_u^2\cdot F_o^2}=\frac{F_o+F_u}{2}\cdot\frac{F_o-F_u}{F_u^2\cdot F_o^2}$$

und berücksichtigt, daß $\frac{F_o+F_u}{2}=F_m$, ferner $F_u^2\cdot F_o^2\sim F_m^4$. Letzteres ergibt sich wie folgt: es ist

$$F_u^2\cdot F_o^2=\left[F_m-\frac{F_o-F_u}{2}\right]^2\cdot\left[F_m+\frac{F_o-F_u}{2}\right]^2$$

$$=\left[F_m^2-\left(\frac{F_o-F_u}{2}\right)^2\right]^2.$$

Nun kann man $\left(\frac{F_o-F_u}{2}\right)^2$ vernachlässigen, da es gegenüber F_m^2 klein ist, so daß $F_u^2\cdot F_o^2\sim F_m^4$ gesetzt werden kann. Damit erhält man

$$\frac{1}{2}\left(\frac{1}{F_u^2}-\frac{1}{F_o^2}\right)=\frac{F_o-F_u}{F_m^3}.$$

Für *endliche* Differenzen Δx und Δz wird jetzt unsere Gleichung:

$$\Delta x=\frac{\Delta z-\frac{Q^2}{g}\cdot\frac{F_o-F_u}{F_m^3}}{\left(\frac{Q}{c_m}\right)^2\cdot\frac{p_m}{F_m^3}-J_s}.$$

Damit ist die Senkungskurve in einer Form dargestellt, welche auf bequeme Weise ihre schrittweise Berechnung ermöglicht, wobei aber stetige Profilform vorausgesetzt ist.

Gegeben sind zunächst Q m³/sek, der Wasserquerschnitt F_o m², der benetzte Umfang p_o m, damit auch c_o, außerdem das Sohlgefälle J_s.

Nehmen wir nun ein bestimmtes Δz an und fragen uns, in welchem Abstand Δx vom Anfangspunkt der Senkungskurve dieses Δz erreicht wird, dann kennen wir durch diese Wahl von Δz auch F_u, p_u, c_u, also auch $F_m=\frac{F_o+F_u}{2}$, $p_m=\frac{p_o+p_u}{2}$, c_m aus $R_m=\frac{F_m}{p_m}$, können also damit Δx rechnen.

Die Wiederholung dieses Rechenverfahrens gibt uns verschiedene Punkte der Senkungskurve und damit deren Verlauf.

Die Rechnung selbst ist in Texttabelle 29 durchgeführt.

Welches Sohlgefälle müßte das gegebene Gerinne haben, damit unter Beibehaltung der übrigen Bedingungen das Wasser *gleichförmig* abfließt?

Für $t=0{,}60$ m Wassertiefe ist der Wasserquerschnitt $F=0{,}60\cdot 2{,}50=1{,}50$ m², der benetzte Umfang

$$p=2{,}50+2\cdot 0{,}60=3{,}70 \text{ m},$$

daher $R = \frac{1,50}{3,70} = 0,405$ m und somit $c = 50,5$ (nach BAZIN mit $\gamma = 0,46$). Außerdem beträgt die Eintrittsgeschwindigkeit $v = \frac{Q}{F} = \frac{2,0}{1,5} = 1,333$ m/sek. Damit wird

$$J_s = \frac{v^2}{c^2 \cdot R} = \frac{1,333^2}{50,5^2 \cdot 0,405} = 0,00172 = \mathbf{1,72^0/_{00}}.$$

Bei der gleichbleibenden Gerinneform ist für dieses gleichförmige Fließen das Spiegelgefälle gleich dem Sohlgefälle; daher müßte zur Erreichung dieses Abflußverhältnisses letzteres im Gerinne $1,72^0/_{00}$ betragen.

Es fragt sich nun, wo der *Wassersprung* auftritt! Da der Verlauf der Senkungskurven nunmehr bekannt ist und daher zu jedem Δz oder zu jedem Wert t das zugehörige Δx bzw. x der graphischen Auftragung der ermittelten Kurven entnommen werden kann, haben wir zunächst die dem Wassersprung entsprechende *kritische Tiefe* t_{gr}, d. i. die Tiefe, bei welcher das Auftreten des Wassersprunges zu erwarten steht, zu ermitteln.

Die Bedingung für den Wassersprung lautet

$$\Delta x = 0.$$

Diese Bedingung wird in der Gleichung

$$\Delta x = \frac{\Delta z - \frac{\alpha Q^2}{g} \cdot \frac{F_o - F_u}{F_m^3}}{\left(\frac{Q}{c_m}\right)^2 \cdot \frac{p_m}{F_m^3} - J_s}$$

erfüllt sein, wenn der Zähler zu Null wird, während der Nenner gleichzeitig $\gtrless 0$ ist. (Der zweite Fall, daß $\Delta x = 0$ wird, indem der Nenner unendlich groß wird bei endlicher Größe des Zählers, kommt *praktisch* nicht in Frage.)

Es muß also sein

$$\Delta z = \frac{\alpha Q^2}{g} \cdot \frac{F_o - F_u}{F_m^3},$$

wenn gleichzeitig

$$\left(\frac{Q}{c_m}\right)^2 \cdot \frac{p_m}{F_m^3} \gtrless J_s$$

(d. h. der Nenner *nicht* zu Null wird).

Für

$$\alpha = 1,0, \quad F_u = b \cdot t_u, \quad F_o = b \cdot t_o, \quad F_m = b \cdot t_m,$$

$$Q = v_m \cdot F_m = v_m \cdot b \cdot t_m, \quad \Delta z = t_o - t_u$$

erhält man

$$t_o - t_u = \frac{1}{g} \frac{b \cdot (t_o - t_u)}{b^3 \cdot t_m^3} \cdot v_m^2 \cdot b^2 \cdot t_m^2$$

Tabelle 29.

Wassertiefe t	Δz	F_o / F_u	$F_o - F_u$	$\frac{F_o + F_u}{2} = F_m$	F_m^3	$\frac{F_o - F_u}{F_m^3} = a$	$\frac{Q^2}{g} = b$	$a \cdot b$	$\Delta z = a \cdot b = Z$	p_o / p_u	$\frac{p_o + p_u}{2} = p_m$	$\frac{F_m}{p_m} = R_m$	c_m für $\gamma = 0,46$ (nach BAZIN)	$\left(\frac{Q}{c_m}\right)^2 = d$	$\frac{p_m}{F_m^3} = e$	$d \cdot e$
0,60		1,50								3,70						
	0,05		0,125	1,4375	2,975	0,0420	0,4075	0,0171	0,0329		3,65	0,394	50,2	0,00159	1,226	0,00195
0,55		1,375								3,60						
	0,05		0,125	1,3125	2,265	0,0551	0,4075	0,0224	0,0276		3,55	0,370	49,5	0,00163	1,567	0,00255
0,50		1,250								3,50						
	0,05		0,125	1,1875	1,677	0,0746	0,4075	0,0304	0,0196		3,45	0,344	48,7	0,00169	2,057	0,00351
0,45		1,125								3,40						
	0,05		0,125	1,0625	1,205	0,1037	0,4075	0,0422	0,0078		3,35	0,327	48,1	0,00173	2,780	0,00481
0,40		1,000								3,30						

Bei Abnahme der Wassertiefe von	J_{s_1}	$d \cdot e - J_{s_1} = N_1$	$\frac{Z}{N_1} = \Delta x_1$	J_{s_2}	$d \cdot e - J_{s_2} = N_2$	$\frac{Z}{N_2} = \Delta x_2$	J_{s_3}	$d \cdot e - J_{s_3} = N_3$	$\frac{Z}{N_3} = \Delta x_3$
0,60 auf 0,55	+0,00050	0,00145	22,70	0,0	0,00195	16,87	−0,00050	0,00245	13,42
0,55 ,, 0,50	+0,00050	0,00205	13,46	0,0	0,00255	10,82	−0,00050	0,00305	9,05
0,50 ,, 0,45	+0,00050	0,00301	6,51	0,0	0,00351	5,58	−0,00050	0,00401	4,89
0,45 ,, 0,40	+0,00050	0,00431	1,81	0,0	0,00481	1,62	−0,00050	0,00531	1,47

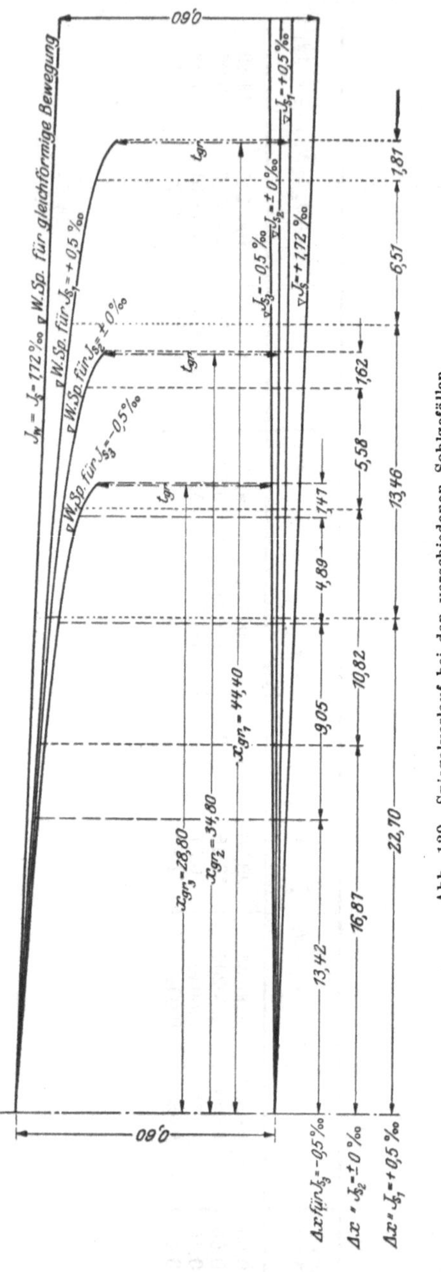

Abb. 139. Spiegelverlauf bei den verschiedenen Sohlgefällen.

oder

$$t_m = \frac{v_m^2}{g}.$$

Für

$$v_m = \frac{Q}{F_m} = \frac{Q}{b \cdot t_m}$$

wird

$$t_m = \frac{Q^2}{b^2 \cdot t_m^2} \cdot \frac{1}{g}.$$

Setzen wir, da t_m die gesuchte Grenztiefe ist,

$$t_m = t_{gr},$$

so ist also

$$t_{gr} = \sqrt[3]{\frac{Q^2}{b^2 \cdot g}}\,*.$$

Für $Q = 2{,}0\ \mathrm{m^3/sek}$, $b = 2{,}5\ \mathrm{m}$, $g = 9{,}81\ \mathrm{m/sek^2}$ berechnet sich t_{gr} zu

$$t_{gr} = \sqrt[3]{\frac{2{,}0^2}{2{,}5^2 \cdot 9{,}81}} = \mathbf{0{,}402\ m}.$$

Diese Grenztiefe $t_{gr} = 0{,}402$ m tritt ein:

bei einem Sohlgefälle $J_{s_1} = +0{,}5$ ‰ im Abstand $x_{gr_1} = 44{,}40$ m,
bei einem Sohlgefälle $J_{s_2} = +0{,}0$ ‰ im Abstand $x_{gr_2} = 34{,}80$ m,
bei einem Sohlgefälle $J_{s_3} = +0{,}5$ ‰ im Abstand $x_{gr_3} = 28{,}80$ m

vom Gerinneanfang.

Da bei *gleichförmiger* Bewegung die Wassertiefe t dauernd 0,60 m beträgt, also stets größer t_{gr} ist, kann hier ein Wassersprung *nicht* auftreten.

Wir haben uns nun noch Rechenschaft von der *praktischen* Bedeutung der durchgeführten Rechnung zu geben. Der Fließvorgang läßt sich rechnungsmäßig einwandfrei nur bis zum Eintritt des

* Vgl. hierzu die Ableitung S. 219 der Aufgabe 22, die auf das gleiche Ergebnis führt.

Wassersprunges, d. h. bis zum Auftreten der Grenztiefe verfolgen[1]. Will man die durch den Wassersprung gegebene Unstetigkeit im Gerinneabfluß vermeiden, dann wird man das Verbindungsgerinne eben nur so lang machen, daß die *Grenztiefe nicht erreicht* wird, d. h. der *Wassersprung nicht auftritt.* Ist aber die Gerinnelänge l gegeben, dann muß das Sohlgefälle J_s so gewählt werden, daß $l < x_{gr}$ oder, was dasselbe besagt, die kleinste vorkommende Wassertiefe $> t_{gr}$ bleibt. Dann hat man klare Fließvorgänge, und damit können die bisher verwendeten Rechenregeln Anwendung finden.

Abb. 139 zeigt in der Verzerrung 1 : 20 den Verlauf der Wasserspiegellinien und die Lage der Grenztiefen t_{gr} für die verschiedenen Sohlengefälle.

Aufgabe 26.

Übergang von einem rauhen rechteckigen Profil auf ein glattes Rechteckgerinne von gleicher Breite mit strömendem bzw. schießendem Abfluß.

Im Zusammenhang mit einer wasserbaulichen Anlage muß ein Entlastungsgerinne angelegt werden, in dem bis zu $Q = 23$ m³/sek abzuführen sind. Das Gerinne muß zunächst auf 150 m durch einen Bergrücken hindurchgeführt werden, der aus dichtem, standfestem und widerstandsfähigem Fels besteht. Dieser Stollen soll als Freispiegelgerinne angeordnet werden und zur Erhöhung der Reibung *keine* Auskleidung erhalten. Nach vorliegenden Erfahrungen sprengt sich das hier anstehende Gebirgsmaterial scharfkantig, so daß eine Rauhigkeitsziffer von etwa $\gamma = 2{,}20$ nach BAZIN zu erwarten steht.

Das Stollenprofil wird rechteckig herausgesprengt und oben mit einem Radius $r = 2{,}20$ m gewölbt. Die mittlere Fließgeschwindigkeit im Stollen soll mit etwa 3,5 m/sek angesetzt werden.

Am unteren Ende der Stollenstrecke schließt sich ein betoniertes Gerinne ($\gamma = 0{,}30$ nach BAZIN) von ebenfalls rechteckiger Querschnittsgestalt und gleicher lichter Breite b wie im Freispiegelstollen an. Die Länge beträgt 350 m.

Man studiere die Spiegel-, Gefälls- und Abflußverhältnisse in den beiden Gerinnen und insbesondere im Bereich des Übergangs vom Stollen zum Betongerinne, wenn sowohl im Stollen als auch im offenen Betonkanal der *Normal*abfluß *gleichförmig* erfolgen soll!

[1] Vgl. dazu die Aufgaben 26 (unten), 36, und 37.

Lösung.

a) Freispiegelstollen.

Aus der gegebenen Höchstwassermenge $Q = 23$ m³/sek und der mittleren Geschwindigkeit $v = \sim 3{,}5$ m/sek ergibt sich ein Wasserquerschnitt im Stollen von $F = \frac{23}{3{,}5} = 6{,}58\ \text{m}^2$. Wir bilden diesen Rechteckquerschnitt mit $b = 3{,}0$ m Breite und $t_0 = 2{,}20$ m Höhe aus. Damit wird, wenn wir die Größen im Stollen mit dem Zeiger 0 versehen, der Wasserquerschnitt im Stollen endgültig $F_0 = 3{,}00 \cdot 2{,}20 = \mathbf{6{,}6}\ \text{m}^2$ und die mittlere Geschwindigkeit $v_0 = \frac{Q}{F_0} = \frac{23{,}0}{6{,}6} = \mathbf{3{,}49}$ m/sek.

Andererseits ist nach BRAHMS-DE CHÉZY:

$$v_0 = c_0 \cdot \sqrt{R_0 \cdot J}.$$

Daraus ergibt sich das notwendige Gefälle J zu

$$J = \frac{v_0^2}{c_0^2 \cdot R_0}.$$

Dieses J stellt das Gefälle der Energielinie dar (J_e). Da außerdem *gleichförmige* Fließbewegung gewährleistet werden soll, muß die Wassertiefe überall im Stollen gleich sein ($= t_0$). Damit ergibt sich Parallelität von Energielinie (J_{e_0}), Sohle (J_{s_0}) und Wasserspiegel (J_{w_0}), d. h. es wird $J_{e_0} = J_{s_0} = J_{w_0}$. Mit J_{e_0} ist also auch J_{s_0} und J_{w_0} festgelegt.

$$J_{e_0} = J_{s_0} = J_{w_0} = \frac{v_0^2}{c_0^2 \cdot R_0}.$$

Da

$$R_0 = \frac{F_0}{p_0} = \frac{b \cdot t_0}{b + 2 \cdot t_0} = \frac{3{,}0 \cdot 2{,}2}{3{,}0 + 2 \cdot 2{,}2} = \frac{6{,}6}{7{,}4} = 0{,}892\ \text{m}$$

und

$$c_0 = \frac{87}{1 + \frac{2{,}20}{\sqrt{0{,}892}}} = 26{,}10$$

wird

$$J_{e_0} = J_{s_0} = J_{w_0} = \frac{3{,}49^2}{26{,}10^2 \cdot 0{,}892} = 0{,}0201 = \mathbf{2{,}01\%}.$$

Bei diesem großen Gefälle von $2{,}01\% = 20{,}1‰$ liegt die Frage nach dem herrschenden Fließzustand, d. h. ob „Strömen“ oder „Schießen“ vorliegt, nahe. Nach den in Aufgabe 22 gefundenen Kriterien ergeben sich für die Verhältnisse im Freispiegelstollen bei der Fülltiefe $t_0 = 2{,}20$ m, d. h. $Q = 23$ m³/sek:

Grenztiefe $t_{gr_0} = \sqrt[3]{\frac{Q}{b^2 \cdot g}} = \sqrt[3]{\frac{23^2}{3{,}0^2 \cdot 9{,}81}} = \mathbf{1{,}815} < 2{,}2$ m;

Höhenlage der Energielinie $H_{\min_0} = 1{,}5 \cdot t_{gr_0} = \mathbf{2{,}724}$ m;

Grenzgeschwindigkeit $v_{gr_0} = \sqrt{g \cdot t_{gr_0}} = \sqrt{9{,}81 \cdot 1{,}815} = \mathbf{4{,}223} > 3{,}49$ m/sek;

Grenzgefälle $J_{gr_0} = \frac{g}{c_0^2}\left(1 + \frac{2t_{gr_0}}{b}\right) = \frac{9,81}{26,1^2}\left(1 + \frac{2 \cdot 1,815}{3,0}\right) = 0,0318$

$= \mathbf{3,18\%} > 2,01\%.$

Im Freispiegelstollen herrscht also bei der Fördermenge $Q = 23$ m³/sek „*strömender*" Abfluß. Die Energielinie liegt in $H_0 = t_0 + \frac{v_0^2}{2g} = 2,20 + \frac{3,49^2}{19,62} = 2,20 + 0,62 = \mathbf{2,82}$ m über der Sohle. In Abb. 141 sind Wasserspiegel, Energielinie, theoretische Grenztiefe im Stollen in zehnfacher Überhöhung aufgetragen. (Da die Energielinie mit der Scheitellinie des Stollens nahezu zusammenfallen würde, wurde letztere in der Zeichnung etwas höher gelegt, um die Darstellung klarer zu erhalten.)

Nachdem das Sohlgefälle J_s mit 2,01% für den Freispiegelstollen festgelegt ist, kann für jede Wassertiefe die zugeordnete Abflußmenge bzw. für jede Abflußmenge die ihr entsprechende Wassertiefe im Stollengerinne für die gewollte gleichförmige Wasserbewegung ($J_{e_0} = J_{s_0}$) angegeben werden entsprechend der Beziehung:

$$Q = v_0 \cdot F_0 = c_0 \sqrt{R_0 \cdot J_{s_0}} \cdot F_0,$$

oder mit den eingesetzten Werten

$$Q = \frac{87}{1 + \frac{2,20}{\sqrt{\frac{3,0 \cdot t_0}{3,0 + 2 \cdot t_0}}}} \sqrt{\frac{3,0 \cdot t_0}{3,0 + 2 \cdot t_0} \cdot 0,0201} \cdot 3,0 \cdot t_0$$

In Tabelle 30 sind für verschiedene Annahmen von t_0 die entsprechenden Größen F_0, p_0, R_0, c_0 und Q, ferner die zugeordneten Werte der Grenztiefe t_{gr_0} zusammengestellt und in Abb. 140b aufgetragen. Wie aus

Tabelle 30.

t_0 m	F_0 m²	p_0 m	R_0 m	c_0	Q m³/sek	t_{gr_0} m
0,5	1,50	4,0	0,375	18,9	2,46	0,409
1,0	3,00	5,0	0,600	22,7	7,45	0,857
1,5	4,50	6,0	0,750	24,55	13,58	1,279
2,0	6,00	7,0	0,857	25,70	20,24	1,667
2,2	6,60	7,4	0,892	26,10	23,00	1,815
2,5	7,30	8,33	0,875	26,0	25,1	
2,79	7,74	10,63	0,728	24,3	22,7	

Tabelle 30 und Abb. 140b ersichtlich, wurde das Stollenprofil auch noch auf einen über 2,20 m hinausgehenden Füllungsgrad untersucht, um Gewißheit zu erhalten, daß die Fülltiefe von 2,20 m noch nicht das Maximum des Fördervermögens des Stollens als *Freispiegel*stollen darstellt und damit nicht die Gefahr besteht, daß bei irgendwelchen kleinen störenden Einflüssen im Abfluß oder bei etwas zu niederer Einschätzung der Rauhigkeitsziffer ($\gamma = 2{,}20$) der Stollen volläuft und in einen *Druck*stollen übergeht (falls die hydraulischen Verhältnisse oberhalb eine solche Möglichkeit zulassen). Wie man sich leicht durch eine kurze Rechnung überzeugen kann, dürfte bei $t_0 = 2{,}5$ m der Rauhigkeitsbeiwert sogar auf die außergewöhnliche Größe von $\gamma \sim 2{,}50$ anwachsen für die zu fördernde Wassermenge $Q = 23{,}0$ m³/sek.

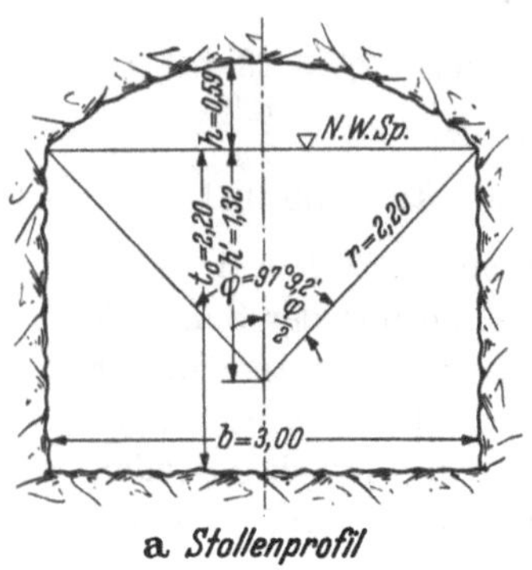

a *Stollenprofil*

Abb. 140 a.

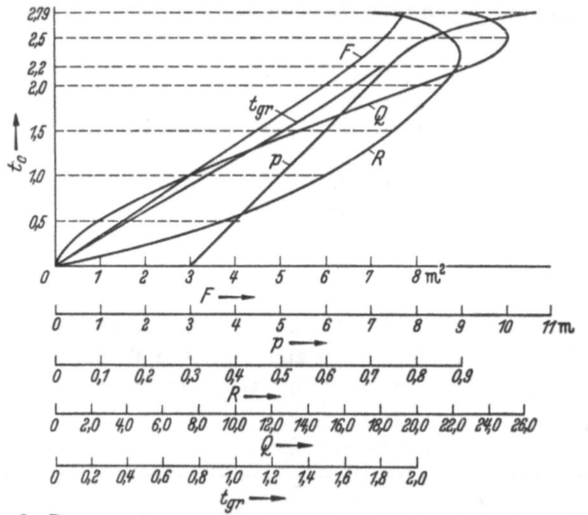

b *Zusammenhang zwischen Fülltiefe und übrigen hydraulischen Größen*

Abb. 140 b.

b) Betongerinne.

Wir gehen hier wieder von der abzuführenden Maximalwassermenge $Q = 23{,}0$ m³/sek aus. Denn diese Wassermenge kommt von oben durch den Freispiegelstollen und muß auch durch das Betongerinne weitergeleitet werden. Da der Querschnitt des letzteren ebenso wie derjenige des Stollens rechteckig ist mit der gleichbleibenden Breite $b = 3{,}0$ m, ergibt sich für ihn mit $\gamma = 0{,}30$ nach Bazin (bei der zunächst unbekannten Wassertiefe t_u) für die Wasserförderung bei *gleichförmiger*

Wasserbewegung ($J_{e_u} = J_{s_u} = J_{w_u}$) wieder die Beziehung

$$Q = \frac{87}{1 + \frac{0{,}30}{\sqrt{\frac{3{,}0 \cdot t_u}{3{,}0 + 2 \cdot t_u}}}} \cdot \sqrt{\frac{3{,}0 \cdot t_u}{3{,}0 + 2 \cdot t_u} \cdot J_{s_u}} \cdot 3{,}0 \cdot t_u = 23{,}0 \, \mathrm{m^3/sek}.$$

Man erkennt, daß die eindeutige Bestimmung der Wassertiefe t_u von der *Annahme eines Sohlgefälles* J_{s_u}, oder aber die rechnerische Festlegung des erforderlichen J_{s_u} von der *Wahl einer bestimmten Wassertiefe* t_u abhängig ist. Dabei gibt es beliebig viele Wertepaare J_{s_u} und t_u, welche obiger Gleichung genügen.

In der Praxis wird bei solchen Entlastungsgerinnen meistens das Gefälle J_{s_u} *weitgehend bedingt durch die naturgegebenen Geländeverhältnisse, womit dann die Wassertiefe* t_u *mit dem zugrunde gelegten* J_{s_u} *rechnerisch festzulegen ist.*

In unserer Aufgabe ist über das Gelände bzw. das Gefälle nichts gesagt, wir wollen vielmehr für verschiedene Möglichkeiten der Gefälleannahme J_{s_u} bzw. der Annahme der Wassertiefe t_u die Spiegellage und Abflußverhältnisse untersuchen unter Berücksichtigung der Wasserspiegellage im oben anschließenden Stollen.

1. Wir greifen zunächst den hydraulisch einfachsten Fall heraus, *bei dem die Wassertiefe* t_u *im Betongerinne gleich ist der Wassertiefe* t_o *im Stollen.* Damit liegen Sohle und Wasserspiegel an der Übergangsstelle vom Stollen zum Betongerinne in gleicher Höhe und es ist $F_o = b \cdot t_o = F_u = b \cdot t_u$. Somit sind auch die Geschwindigkeiten v_o und v_u einander gleich, weil $v_o = \frac{Q}{F_o} = v_u = \frac{Q}{F_u}$. Mit den Zahlenwerten

$$t_o = t_u = 2{,}20 \text{ m}; \quad b_o = b_u = b = 3{,}0 \text{ m}; \quad F_o = F_u = 6{,}60 \text{ m}^2;$$
$$v_o = v_u = 3{,}49 \text{m/sek};$$
$$p_o = p_u = 7{,}40 \text{ m}; \quad R_o = R_u = 0{,}892; \quad c_u = 66{,}0 \text{ (für } \gamma = 0{,}30!)$$

wird daher für gleichförmigen Abfluß im Betongerinne

$$J_{e_u} = J_{s_u} = J_{w_u} = \frac{v_u^2}{c_u^2 \cdot R} = \frac{3{,}49^2}{66{,}0^2 \cdot 0{,}892} = 0{,}00313 = \mathbf{3{,}13}\,^0/_{00}.$$

Für die Lage der Energielinie ergibt sich dann — wie im Stollen —

$$H_u = t_u + \frac{v_u^2}{2g} = t_o + \frac{v_o^2}{2g} = 2{,}82 \text{ m} = H_o.$$

In Abb. 141 ist auch der Verlauf der Energielinie, des Wasserspiegels, der theoretischen Grenztiefe und der Gerinnesohle des Betongerinnes eingezeichnet. Der Übergang vom Freispiegelstollen zum Betongerinne erfolgt dabei — wenigstens theoretisch — glatt, ohne

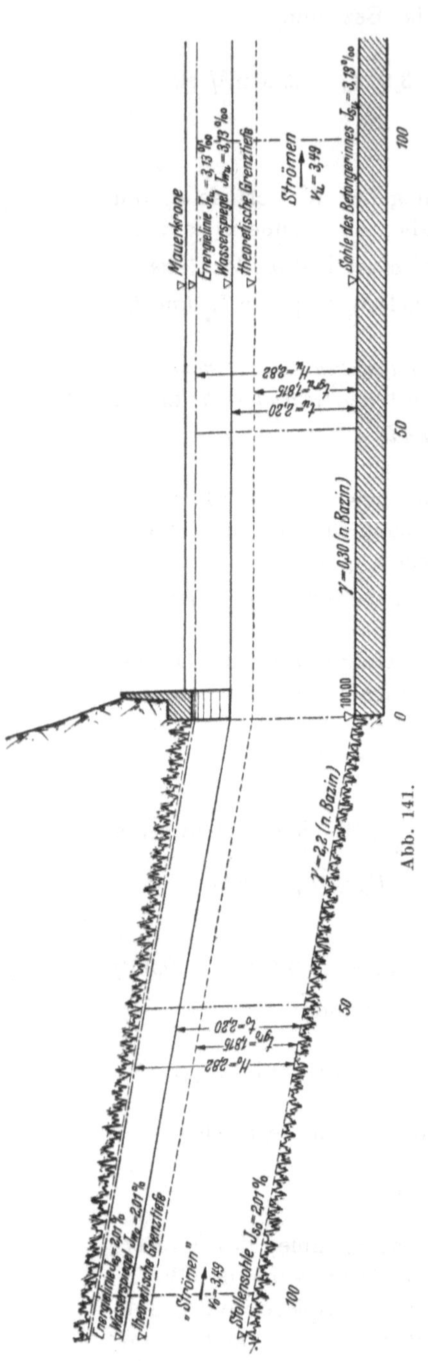

Abb. 141.

Störung. In der Natur ist es wahrscheinlich, daß die geringe Änderung der Fließrichtung (die Abb. 141 zeigt ja die Verhältnisse zehnfach überhöht!) zu einem wenn auch kleinen Gefällsverlust führt. Um diese Verlusthöhe hebt sich die Energielinie im Querschnitt O. Damit ist aber, da „strömender" Abfluß vorliegt, eine entsprechende Zunahme der Wassertiefe t_o oberhalb der Störungsstelle (Querschnitt O) verbunden, d. h. es ergibt sich am unteren Ende des Stollens ein kleiner Stau und im Stollen selbst eine Staukurve. Wie sich aus der ausführlichen Betrachtung in Aufgabe 22 ergibt, nähern sich Stauenergielinie und Stauspiegel stollenaufwärts allmählich wieder den entsprechenden Linien für Normalabfluß (= ungestörter Abfluß).

2. Im vorstehend betrachteten Fall stimmen an der Übergangsstelle vom Stollen zum Betongerinne für das Gefälle $J_{e_u} = J_{s_u} = J_{w_u} = 3{,}13^0/_{00}$ Wassertiefe und Höhe der Energielinie überein. Würde man aus irgendwelchen Gründen *das Gefälle* J_u *noch kleiner als* $3{,}13^0/_{00}$ *wählen,* so ergäbe dies eine Verkleinerung von v_u und damit eine Vergrößerung von t_u. Da der Abfluß im Betongerinne ebenfalls „strömend" erfolgt, hat — worauf oben unter 1. bereits hingewiesen wurde — die Hebung des Wasserspiegels daselbst eine Hebung der Energielinie zur Folge.

Zum Beispiel ergibt sich für $J_{e_u} = J_{s_u} = J_{w_u} = 2{,}5^0/_{00}$ aus der auf S. 263 angesetzten Gleichung für Q die Wassertiefe t_u zu 2,40 m, die Geschwindigkeit $v_u = 3{,}19$ m/sek und die Höhe der Energielinie $H = 2{,}4 + \frac{3{,}19^2}{19{,}62} = 2{,}92$ m.

Diese Abflußverhältnisse im Betongerinne führen natürlich zu einer Anstauung des Wasserspiegels im Freispiegelstollen, d. h. zur Bildung einer Staukurve im

Stollen[1]. Je mehr dabei die Wassertiefe t_u die Normalwassertiefe $t_0 = 2{,}20$ m im Stollen übertrifft, desto mehr steigt der Füllungsgrad desselben, bis er volläuft und schließlich zum *Druck*stollen wird. Die Gewährleistung des Abflusses von $Q = 23\,\mathrm{m^3/sek}$ im Stollen mit *freiem* Spiegel läßt es deshalb in unserem Beispiel als zweckmäßig erscheinen, das Sohlgefälle des Betongerinnes nicht kleiner als $3{,}13^0/_{00}$ zu machen.

3. Im Falle 1 sind wir davon ausgegangen, daß die Wassertiefe $t_u = t_0$ und damit die Höhe der Energielinie über der Sohle $H_u = H_0$ werden soll. Wie wir bereits in Aufgabe 22 gesehen haben, *kann die Wassermenge Q bei der gleichen Lage H der Energielinie mit zwei verschiedenen Wassertiefen abfließen*. Für unser Beispiel ergibt sich mit

$$H_u = 2{,}82 \text{ m} \quad \text{und} \quad K = \frac{Q^2}{b^2 \cdot 2g} = \frac{23{,}0^2}{3{,}0^2 \cdot 19{,}62} = 3{,}0 \quad \text{nach S. 217}$$

$$t_u^3 - 2{,}82 \cdot t_u^2 + 3{,}00 = 0.$$

Daraus findet man neben $t_u = 2{,}20$ m (Fall 1) noch die *zweite Wassertiefe* $t_u = 1{,}51$ m, für die ebenfalls die vorgenannten Bedingungen erfüllt sind, d. h. im Betongerinne kann bei einer Lage $H_u = H_0 = 2{,}82$ m der Energielinie eine Fördermenge $Q = 23{,}0\,\mathrm{m^3/sek}$ auch noch bei einer Wassertiefe $t_u = 1{,}51$ m abgeführt werden.

Für diese Wassertiefe wird nun

$$F_u = 3{,}0 \cdot 1{,}51 = 4{,}53\,\mathrm{m^2}; \quad p_u = 6{,}02 \text{ m}; \quad R_u = 0{,}753 \text{ m}; \quad c_u = 64{,}6;$$

$$v_u = \frac{23{,}0}{4{,}53} = 5{,}07\,\mathrm{m/sek} \text{ und } J_{e_u} = J_{s_u} = J_{w_u} = \frac{5{,}07^2}{64{,}6^2 \cdot 0{,}753} = 0{,}0082 = 8{,}2^0/_{00}.$$

Da diese Wassertiefe $t_u < t_{gr}$ ($= 1{,}815$ m), herrscht jetzt „schießender" Abfluß.

Wir haben also folgende Abflußverhältnisse: im Stollen herrscht zunächst „strömender" Abfluß mit der Wassertiefe $t_0 = 2{,}20$ m, dem Gefälle $J_{e_0} = J_{s_0} = J_{w_0} = 2{,}01\%_0$ und der Höhenlage der Energielinie $H_0 = 2{,}82$ m; im Betongerinne dagegen findet der Abfluß „schießend" statt bei einer Wassertiefe $t_u = 1{,}51$ m, dem Gefälle $J_{e_u} = J_{s_u} = J_{w_u} = 8{,}2^0/_{00}$ und der Lage der Energielinie über der Sohle ebenfalls mit $H_u = 2{,}82$ m. Damit muß der Wasserspiegel im Bereich des Überganges vom Stollen zum Betongerinne von $t_0 = 2{,}20$ m auf $t_u = 1{,}51$ m absinken.

Wie gestaltet sich nun dieser Spiegelverlauf? Böss hat gezeigt[2], daß sich der *Übergang vom „Strömen" zum „Schießen"* dort einstellen muß, wo der Gefälls- und Rauhigkeitswechsel stattfindet, nämlich im *Profil 0*. In diesem Querschnitt muß also die Wassertiefe die

[1] Es liegt hier im Prinzip die gleiche Wirkung vor, wie etwa beim Hochwasserrückstau eines Vorfluters in ein Zubringergerinne (Nebenfluß, Unterwasserkanal usw.).

[2] Vgl. Böss: Berechnung der Wasserspiegellage. Berlin: DVI-Verlag 1927.

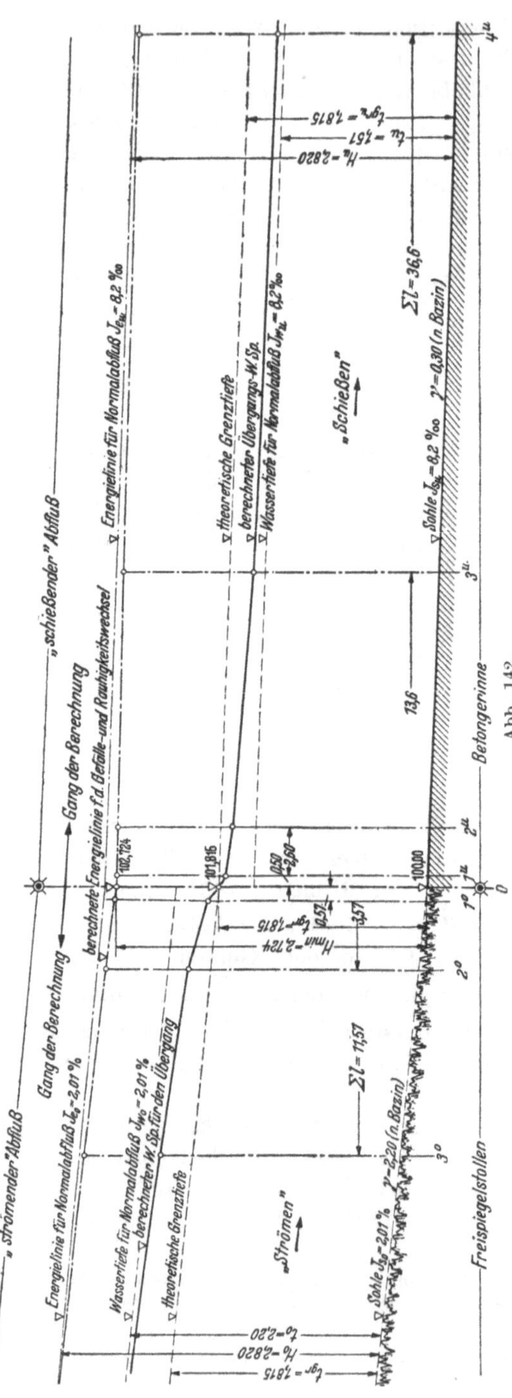

Abb. 142.

Grenztiefe $t_{gr} = 1{,}815$ m erreichen. Demgemäß liegt dort die Energielinie um $H_{\min} = 2{,}724$ m über der Sohle (vgl. S. 260). Nach dieser Klarstellung bietet die Berechnung der Wasserspiegellage keine Schwierigkeiten mehr, da sie von diesem Grenzprofil *0* aus eindeutig nach oben und nach unten durchgeführt werden kann.

Betrachtung der Verhältnisse *aufwärts* von Profil *0*! Da in letzterem die Grenzwassertiefe $t_{gr} < t_0$ anzunehmen ist, herrscht hier die Geschwindigkeit $v_{gr} > v_0$. Damit handelt es sich im Stollenteil, der unmittelbar oberhalb des Querschnittes liegt, um eine *beschleunigte* Wasserbewegung. Es nimmt also die Geschwindigkeit vom Grenzquerschnitt nach oben hin mit der zunehmenden Wassertiefe allmählich ab, bis sie den Wert v_0 für den gleichförmigen strömenden Abfluß im Stollen erreicht. Damit vermindert sich auch der Gefällsverbrauch zur Überwindung der Reibung vom Profil 0 stollenaufwärts bis zu jener Stelle, bei der $v = v_0$. Da die Energielinie dieses Reibungsgefälle widerspiegelt, hat sie bei 0 ein stärkeres Gefälle, als dem J_e für gleichförmigen Abfluß im

Stollen entspricht. Dieses Gefälle der Energielinie nimmt also nach oben (gerinneaufwärts) ab, nähert sich also nach oben immer mehr der Energielinie für den Normalabfluß (J_{e_0}), bis sie diese *praktisch* da erreicht, wo $v \sim v_0$ ist (*theoretisch* liegt diese Vereinigung im Unendlichen!) (vgl. Abb. 142).

Verhältnisse gerinne*abwärts* von Profil 0! In diesem selbst herrscht die Geschwindigkeit v_{gr}, die kleiner ist als das v_u für Normalabfluß im Betonkanal. Mit der nach unten abnehmenden Wassertiefe wächst dann das v, bis es den Wert $v = v_u$ dort erreicht, wo $t \sim t_u$ wird. Damit ist der Gefällsverbrauch zur Überwindung der Reibung unmittelbar unterhalb des Grenzquerschnittes *0* kleiner als bei dem Normalabfluß. Dementsprechend liegt dort auch die Energielinie flacher als die Energielinie bei gleichförmigem, schießendem Abfluß im Betongerinne. Auch hier nähern sich Energielinie und Wasserspiegel von Querschnitt zu Querschnitt, bis die Linien *praktisch* zusammenfallen (*theoretisch* wieder im Unendlichen!) (vgl. Abb. 142).

Der Übergangswasserspiegel ergibt sich nach den vorstehenden allgemeinen Überlegungen als eine S-förmig gekrümmte Kurve.

Man sieht außerdem, daß die Berechnung des Wasserspiegels für den Übergangsbereich ohne weiteres möglich ist, sofern dabei nur von der Grenztiefe im Profil des Gefällswechsels bzw. Rauhigkeitswechsels ausgegangen wird.

In Tabelle 31 ist die Berechnung für einige Spiegelpunkte durchgeführt. Dabei ist die Sohlenkote im Grenzquerschnitt (Profil *0*) mit +100,000 m ü. N.N. angenommen. Bei der Berechnung selbst wurde im vorliegenden Fall jeweils ein t_{n+1}-Wert angenommen und durch Probieren der zugehörige Abstand l zwischen t_n und t_{n+1} gesucht, der die allgemeine Gleichung für die ungleichförmige Wasserbewegung für die zugehörigen Profilgrößen erfüllt. Die allgemeine Gleichung wurde dabei in folgender Form angesetzt (vgl. dazu Aufgabe 23, Frage 2):

$$h = \frac{Q^2}{c_m^2} \cdot \frac{p_m}{F_m^3} \cdot l + \left(\frac{v_u^2}{2g} - \frac{v_o^2}{2g}\right) = w + (k_u - k_o).$$

Man kann gegebenenfalls auch so verfahren, daß man den Abstand l zwischen 2 Profilen n und $n + 1$ festlegt und nun durch Probieren die diesem Abstand entsprechende Wassertiefe t_{n+1} ermittelt. Da für jeden Versuch (Annahme eines Wertes t_{n+1}!) sämtliche mittleren Profilgrößen F_m, p_m, R_m, $u \cdot c_m$ jeweils neu bestimmt werden müssen, ist dieses Verfahren mühsamer als das im Beispiel verwendete. Man wird deshalb zweckmäßigerweise nur dann das andere Verfahren verwenden, wenn besondere Verhältnisse, z. B. Profiländerungen mit fest gegebenen Abständen l im Längs- und Querschnitt dazu zwingen, an diesen Stellen die Spiegellage zu ermitteln.

Ta-

Querprofil Nr.	Angenommener Abstand l in m	Höhenlage der Sohle	Höhenlage des W.Sp.	Absolutes Gefälle des W.Sp. h' für angenommenes l in m	Wassertiefe t in m	Querschnittsfläche F in m²	Mittlere Querschnittsfläche F_m in m²	Benetzter Umfang p in m	Mittlerer benetzter Umfang p_m in m	Mittlerer hydraulischer Radius R_m in m
1	2	3	4	5	6	7	8	9	10	11
									Berechnung	
0		100,000	101,815		1,815	5,450		6,630		
	0,57			+0,111			5,600		6,730	0,832
1_o		100,011	101,926		1,915	5,750		6,830		
	3,00			+0,160			5,900		6,930	0,852
2_o		100,071	102.086		2,015	6,050		7,030		
	7,95			+0,260			6,200		7,130	0,869
3_o		100,231	102,346		2,115	6,350		7,230		
	16,60			+0,384			6,425		7,280	0,883
4_o		100,565	102,730		2,165	6,500		7,330		
									Berechnung	
0		100,000	101,815		1,815	5,450		6,630		
	0,50			0,054			5,375		6,580	0,817
1_u		99,996	101,761		1,765	5,300		6,530		
	2,10			0,067			5,225		6,430	0,806
2_u		99,979	101,694		1,715	5,150		6,430		
	11,0			0,190			5,000		6,330	0,790
3_u		99,889	101,504		1,615	4,850		6,230		
	23,0			0,239			4,775		6,180	0,773
4_u		99,700	101,265		1,565	4,700		6,130		
	75,0			0,665			4,625		6,080	0,761
5_u		99,085	100,600		1,515	4,550		6,030		

Ein Teil der Rechenergebnisse ist in Abb. 142 in fünffacher Überhöhung aufgetragen. Kennzeichnend für diesen Übergang von Strömen zum Schießen ist der langgestreckte flache Spiegelverlauf, der sich grundsätzlich von dem steilen Spiegelanstieg beim Übergang vom Schießen zum Strömen unterscheidet.

4. Nun könnten die Geländeverhältnisse gegebenenfalls auch noch die Verwendung eines wesentlich *größeren Sohlengefälles* J_{s_u} *für das Betongerinne* als im Falle 3 notwendig machen. Am charakteristischen S-förmigen Spiegelverlauf für den Übergang vom strömenden Abfluß im Stollen zum schießenden Abfluß im Betongerinne, wie er unter Fall 3 ermittelt und in Abb. 142 dargestellt wurde, ändert sich dadurch nichts. Der Übergang wird nur mit zunehmendem J_{s_u} und abnehmendem t_u länger und länger, so daß schließlich der Zustand erreicht wird, bei dem sich die Absenkungskurven über die ganze Länge des Stollens und des betonierten Kanalprofils erstrecken und somit nirgends mehr gleichförmiger Abfluß vorhanden ist. Die rechnerische Ermittlung des Spiegelverlaufes wird in jedem Falle genau so durchgeführt, wie unter 3. gezeigt wurde.

belle 31.

Rauhigkeitsbeiwert γ (BAZIN)	Geschwindigkeitsbeiwert c_m (BAZIN)	Mittlere Geschwindigkeit v_m in m/sek	Relatives Gefälle der Energielinie J_e	Absolutes Gefälle der Energielinie w in m	Geschwindigkeitshöhe $k = \frac{v^2}{2g}$ in m	Geschwindigkeitsgefälle $k_u - k_o$ in m	Berechnetes absolutes W.Sp.-Gefälle $h = w + (k_u - k_o)$ in m	Höhe der Energielinie über Sohle H in m	Bemerkungen
12	13	14	15	16	17	18	19	20	21
nach *oben*									
					0,909			2,724	Grenztiefe
2,20	25,48	4,223	0,0312	+0,018		+0,093	+0,111		
					0,816			2,731	
2,20	25,70	4,000	0,0270	+0,081		+0,079	+0,160		
					0,737			2,752	
2,20	25,90	3,803	0,0236	+0,189		+0,071	+0,260		
					0,668			2,783	
2,20	26,05	3,620	0,0214	+0,355		+0,029	+0,384		
					0,639			2,804	
nach *unten*									
		4,223			0,909			2,724	Grenztiefe
0,30	65,33		0,00526	+0,003		+0,051	+0,054		
		4,340			0,960			2,725	
0,30	65,25		0,00564	+0,011		+0,056	+0,067		
		4,467			1,016			2,731	
0,30	65,05		0,00634	+0,061		+0,129	+0,190		
		4,741			1,145			2.760	
0,30	64,82		0,00714	+0,164		+0,075	+0,239		
		4,895			1,220			2,785	
0,30	64,70		0,00776	+0,583		+0,082	+0,665		
		5,058			1,302			2,817	

Hier soll nun noch eine andere Erscheinung bei stärker geneigten Gerinnen betrachtet werden. Mit wachsendem Sohlgefälle J_{s_u} steigert sich auch die Abflußgeschwindigkeit v_u und das Betongerinne nimmt immer mehr den Charakter einer *Leerschußrinne* an. Der Steigerung der Geschwindigkeit scheinen aber Grenzen gesetzt zu sein. Denn nach angestellten Beobachtungen ist die Geschwindigkeit v nirgends über 20 bis 22 m/sek hinausgegangen. Erreicht das Wasser diese Geschwindigkeit, dann mischt es sich stark mit Luft. Es entsteht ein Wasser-Luft-Gemisch, wodurch sich der Abflußquerschnitt wieder erheblich vergrößert (Beobachtungen z. B. am Leerschuß des *Ruetzwerkes* südlich von Innsbruck!).

Bei Annahme einer Geschwindigkeit $v_u = 22$ m/sek würde in unserem Fall $F_u = \frac{23,0}{22,0} = 1,045\ \text{m}^2$ und $t_u = \frac{1,045}{3,0} = 0,35$ m werden. Daraus folgt ein Profilradius $R_u = \frac{1,045}{3,0 + 2 \cdot 0,35} = 0,283$ m und $c_u = 55,6$ (für $\gamma = 0,30$ nach BAZIN).

Zur Ermittlung des Gerinnegefälles kann hier nun nicht mit $J \sim \operatorname{tg} \alpha$ gerechnet werden (wenn $\sphericalangle\ \alpha$ die Neigung der Sohle im Längsschnitt angibt), wie wir das sonst bei kleinem $\sphericalangle \alpha$ in der BRAHMS-Formel $\left(v = c \cdot \sqrt{R \cdot J}\right)$ getan haben[1], sondern es muß statt J der Wert $\sin\alpha$ in Ansatz gebracht, d. h. $v = c\sqrt{R \cdot \sin\alpha}$ gesetzt werden. Mit den ermittelten Werten wird dann

$$\sin\alpha = \frac{v_u^2}{c_u^2 \cdot R_u} = \frac{22{,}0^2}{55{,}6^2 \cdot 0{,}283} = \mathbf{0{,}554} \quad \text{und} \quad \alpha = \sim 33^2/_3{}^\circ.$$

Daraus $\operatorname{ctg}\alpha = \operatorname{ctg} 33^2/_3{}^\circ = 1{,}5 = 3:2$ (Neigung der Schußrinne).

R. EHRENBERGER[2] hat die Beobachtungen an der Leerschußrinne des Ruetzwerkes experimentell untersucht und für *sehr glatte*, unter dem Winkel α geneigte Rinnen die nachfolgenden empirischen Beziehungen für den Zusammenhang zwischen Abflußmenge Q und den erforderlichen Gerinneabmessungen gefunden:

$$\text{für } \sin\alpha < 0{,}476: \quad Q = 22 \cdot \sin^{0,14}\alpha \cdot \frac{F^{1,47}}{p^{0,47}}$$

$$\text{bzw. für } \sin\alpha > 0{,}476: \quad Q = 25{,}4 \cdot \frac{F^{1,47}}{\sin^{0,34}\alpha \cdot p^{0,47}}.$$

Die Benützung dieser Formeln setzt Gerinne mit glatter Holzverschalung voraus (entsprechend einer Rauhigkeitsziffer $\gamma = 0{,}06$ bis $0{,}16$ nach BAZIN). Außerdem gelten sie nur für Neigungen mit $\alpha < 45^\circ$ und Profilradien $R = \frac{F}{p} < 0{,}30$ m.

Um eine Vergleichsrechnung anstellen zu können, wird jetzt angenommen, daß unser Betongerinne bei $\alpha = 33^2/_3{}^\circ$ Neigung ($\sin\alpha = 0{,}554$) mit Holzverschalung ausgekleidet ist, so daß γ auf etwa 0,16 heruntergeht. Dann ergibt sich nach BRAHMS aus

$$Q = 23{,}0 = \frac{87}{1 + \frac{0{,}16}{\sqrt{R_u}}} \cdot \sqrt{R_u \cdot 0{,}554} \cdot 3{,}0 \cdot t_u \quad \text{und} \quad R_u = \frac{3{,}0 \cdot t_u}{3{,}0 + 2 \cdot t_u}$$

die Wassertiefe zu $t_u = 0{,}31$ m und $R_u = 0{,}257$ m.

Dagegen erhält man nach EHRENBERGER aus

$$Q = 23{,}0 = 25{,}4 \cdot \frac{1}{\sin^{0,34}\alpha} \cdot \frac{F_u^{1,47}}{p_u^{0,47}}$$

für $\alpha = 33^2/_3{}^\circ$, $\sin\alpha = 0{,}554$, $F_u = b \cdot t_u = 3{,}0 \cdot t_u$ und $p_u = 3{,}0 + 2 \cdot t_u$ durch einige Versuchsrechnungen den Wert $t_u = 0{,}41$ m wegen der Querschnittsvergrößerung als Folge der Vermischung des Wassers mit Luft.

---

[1] Vgl. Ableitung der Formel $v = c\sqrt{R \cdot J}$ in Aufgabe 2, S. 12.

[2] EHRENBERGER: Wasserbewegung in steilen Rinnen. Z. öst. Ing.- u. Archit.-Ver. Bd. 78 (1926) S. 155.

Aufgabe 27.

Einfluß einer Querschnittsverengung (Sohlenhebung) auf den Spiegelverlauf in einem Kanal.

Ein Kanal, der eine Maximalwassermenge von $Q = 60\ m^3/sek$ abführen soll, wurde wie folgt dimensioniert: Trapezprofil mit zweimaligen Böschungen ($\cot g\alpha = m = 2$), Wassertiefe $t = 2{,}50$ m und Sohlenbreite $s = 19{,}0$ m, so daß eine mittlere Profilgeschwindigkeit $v = \frac{Q}{F} = \frac{60{,}0}{60{,}0} = 1{,}0$ m/sek vorhanden ist; Sohle und Böschungen sind in Erde (ungedeckt) auszuführen, womit die Rauhigkeitsziffer mit $\gamma = 1{,}30$

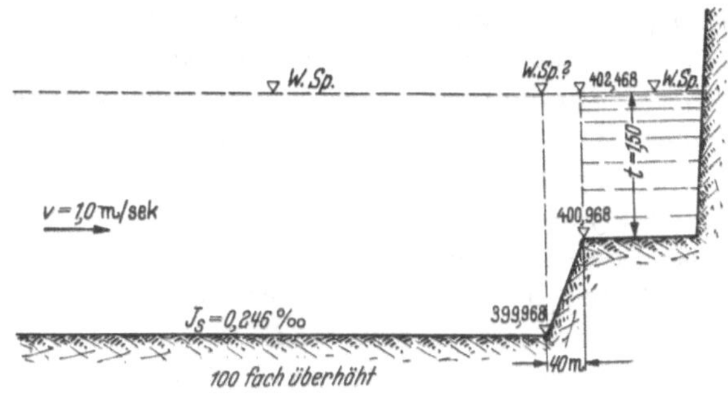

Abb. 143.

(nach Bazin) angesetzt werden kann. Für den gewollten gleichförmigen Abfluß bedingt dies ein Sohlengefälle $J_s = J_e = 0{,}246^0/_{00}$.

Der Vorfluter dieses Kanals besitzt an der Einmündungsstelle eine Wassertiefe von nur 1,50 m, so daß hier eine rampenartige Hochführung der Kanalsohle um 1,0 m notwendig wird (vgl. Abb. 143). Die Rampe erhält eine Länge von 40 m. Auf diese Länge werden die Böschungen mit Pflasterungen versehen ($\gamma = 0{,}85$ nach Bazin).

Welcher Wasserspiegelverlauf ergibt sich für diese Sohlenhebung in der Rampenstrecke?

Lösung.

Man könnte hier zunächst die Frage aufwerfen, welche Verhältnisse sich ergeben würden, wenn die Wassertiefe im Kanal gleich jener im Vorfluter ($t = 1{,}50$ m) angenommen und so die Sohlenhebung (Rampe) vermieden würde. Bleibt man mit Rücksicht auf die ungedeckten Böschungen ($m = 2$) bei der mittleren Profilgeschwindigkeit $v = 1{,}0$ m/sek, dann wird wieder ein Wasserquerschnitt $F = \frac{Q}{v} = \frac{60}{1{,}0} = 60\ m^2$ erforderlich. Daraus folgt eine Sohlenbreite $s = \frac{F}{t} - m \cdot t = \frac{60}{1{,}5} - 2 \cdot 1{,}5 = 37{,}0$ m, ein benetzter Umfang $p = s + 4{,}47 \cdot t = 37{,}0 + 4{,}47 \cdot 1{,}5 = 43{,}7$ m, ein Profilradius $R = \frac{F}{p} = \frac{60{,}0}{43{,}7} = 1{,}37$ m, ein Geschwindigkeitsbeiwert $c = 41{,}2$ (mit $\gamma = 1{,}30$ nach BAZIN) und ein Gefälle $J_e = J_s = \frac{v^2}{c^2 \cdot R}$ $= \frac{1{,}0^2}{41{,}2^2 \cdot 1{,}37^2} = 0{,}00043 = 0{,}43^0/_{00}$. Die Wahl von $t = 1{,}5$ m für den Kanal führt also nicht nur zu einem fast doppelt so großen Grundbedarf, wie bei $t = 2{,}5$ m, sondern darüber hinaus auch noch auf einen fast doppelt so großen Gefällsbedarf (0,43 gegen $0{,}25^0/_{00}$). Stellt der Kanal z. B. den Unterwasserkanal einer Wasserkraftanlage dar, so bedeutet allein dieser zusätzliche Gefällsverbrauch je km Kanal einen Verlust an Nutzgefälle von $0{,}43 - 0{,}25 = 0{,}18$ m (vgl. hierzu auch Aufgabe 5, Abb. 37).

Welchen Einfluß hat nun andererseits die ansteigende Sohle auf die Wasserspiegellage (Verkleinerung der Wassertiefe von $t = 2{,}50$ m auf $t = 1{,}50$ m)? Zum Studium der Verhältnisse legen wir den einfachen Fall zugrunde, daß an der Einmündungsstelle des Kanals in den Vorfluter (Profil 0) die beiden Wasserspiegel gleich hoch liegen und daß außerdem auch die Energielinien an diese Stelle für beide Gerinne das gleiche Niveau zeigen. Diese Voraussetzung besagt, daß die Fließgeschwindigkeiten im Kanal und Vorfluter in unmittelbarer Nähe des Übergangsprofils 0 gleich groß sind. Damit haben wir vom Vorfluter her auf den Kanal keinen störenden Einfluß zu erwarten, können also die Spiegelverhältnisse im Kanal unabhängig vom Vorfluter verfolgen.

Für die Rampenstrecke nehmen wir zunächst an, daß die Sohlenbreite des Kanals auch in der Rampenstrecke überall $s = 19{,}0$ m beträgt. Für $t = 1{,}50$ m Wassertiefe und $s = 19{,}0$ m im Profil 0 wird $F = (s + m \cdot t) \cdot t = (19{,}0 + 2 \cdot 1{,}5) \cdot 1{,}5 = 33{,}0$ m³. Bei $Q = 60$ m³/sek herrscht dann eine Geschwindigkeit $v = \frac{Q}{F} = \frac{60{,}0}{33{,}0} = 1{,}82$ m/sek gegen 1,0 m/sek im Kanal für ungestörten Abfluß. Die Rampe bewirkt also eine *beschleunigte* Wasserbewegung. Diese Beschleunigung führt zu einer Hebung der Energielinie und damit — weil hier offensichtlich „strömender" Abfluß vorliegt[1] — zu einer Hebung des Wasserspiegels, so daß im Profil 4, also beim Übergang vom Normalkanal zur Rampenstrecke, eine Wassertiefe $t > 2{,}5$ m vorhanden ist. Für den Kanal selbst bedeutet das aber bei dem gewählten Gefälle $J_e = J_s = 0{,}246^0/_{00}$ eine Anstauung, d. h. eine verzögerte Bewegung, an die sich auf die Länge

[1] Für ein *Trapez*profil gilt $t_{gr} = \sqrt[3]{\frac{Q^2}{(s + t_{gr} \operatorname{ctg}\alpha)^2 \cdot g}} = \sqrt[3]{\frac{Q^2}{(t + t_{gr} \cdot m)^2 \cdot g}}$; mit den Werten unseres Beispieles erhält man

$$t_{gr} = \sqrt[3]{\frac{60^2}{(19{,}0 + t_{gr} \cdot 2)^2 \cdot 9{,}81}}; \text{ daraus } t_{gr} = \mathbf{0{,}943} \text{ m} < 2{,}50 \text{ m}.$$

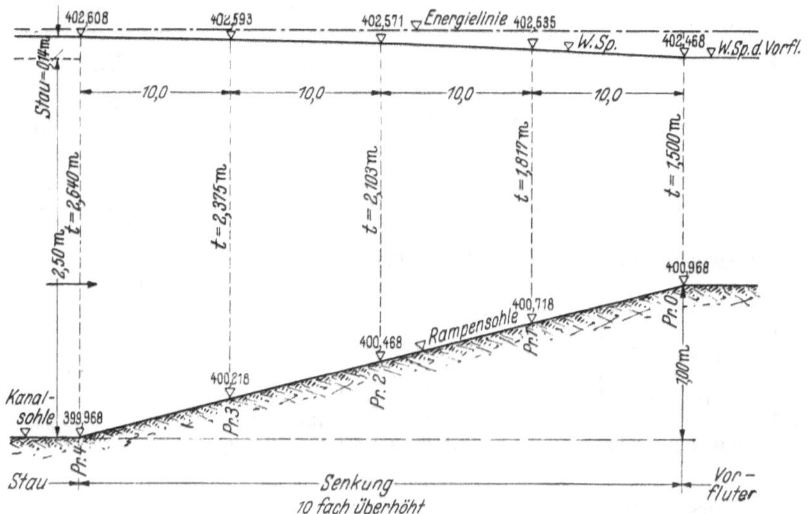

Abb. 144. Wasserspiegelverlauf bei gleichbleibender Sohlenbreite (10fach überhöht).

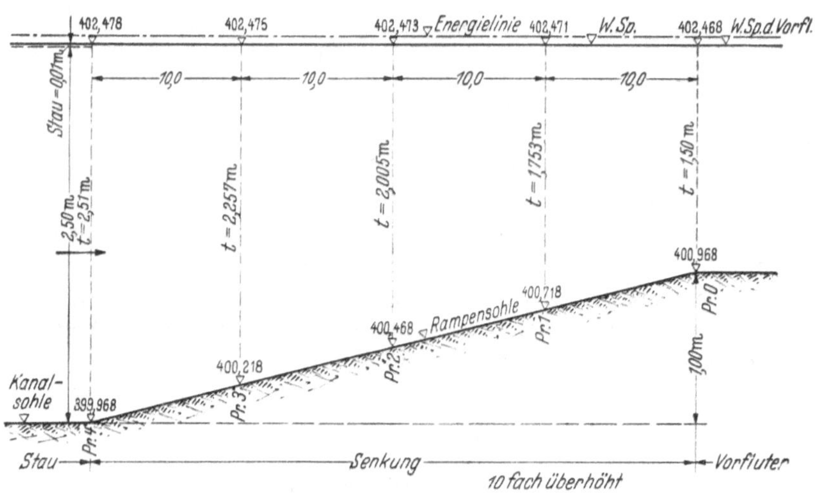

Abb. 145. Wasserspiegelverlauf bei zunehmender Sohlenbreite im Bereich der Rampe (10fach überhöht).

Profil Nr.	Sohlen-breite s	Wasser-tiefe t	Wasser-querschnitt $F = (s + 2t) \cdot t$	Benetzter Umfang $p = s + 4{,}47 \cdot t$
0	37,0	1,500	60,0	43,63
1	30,8	1,753	60,2	38,64
2	26,0	2,005	60,2	34,86
3	22,2	2.257	60,3	32,29
4	19,0	2,510	60,32	30,21

Tabelle 32. *Berechnung des Wasserspiegels*

Profil Nr.	Durch Festlegung gegebener Abstand l in m	Höhenlage der Sohle m ü.N.N.	Höhenlage des W.Sp. m ü.N.N.	*Angenommenes* absolutes Gefälle des W.Sp. h' in m	Wassertiefe t in m	Querschnittsfläche F in m²	Mittlere Querschnittsfläche F_m in m²	Benetzter Umfang p in m	Mittlerer benetzter Umfang p_m in m	Mittlerer Profilradius R_m in m
1	2	3	4	5	6	7	8	9	10	11
								a) Ermittlung für		
0		400,968	402,468		1,500	33,00		25,702		
	10,0			0,067			37,05		26,411	1,402
1		400,718	402,535		1,817	41,10		27,120		
	10,0			0,036			44,97		27,76	1,620
2		400,468	402,571		2,103	48,85		28,400		
	10,0			0,022			52,62		29,01	1,814
3		400,218	402,593		2,375	56,40		29,620		
	10,0			0,015			60,25		30,21	1,993
4		399,968	402,608		2,640	64,10		30,80		
						b) Ermittlung des Wasserspiegels für				
0		400,968	402,468		1,500	60,00		43,63		
	10,0			0,003			60,10		41,135	1,460
1		400,718	402,471		1,753	60,20		38,64		
	10,0			0,002			60,20		36,75	1,638
2		400,468	402,473		2,005	60,20		34,86		
	10,0			0,002			60,25		33,57	1,796
3		400,218	402,475		2,257	60,30		32,29		
	10,0			0,003			60,31		31,25	1,929
4		399,968	402,478		2,510	60,32		30,21		

der Rampenstrecke die oben festgestellte beschleunigte Bewegung anschließt. In Tabelle 32 sind unter a) für Profile von je 10 m Abstand die Spiegellagen in der Rampenstrecke bei gleichbleibender Sohlenbreite ermittelt. Die Rechnung geschah von Profil zu Profil durch Probieren, indem jeweils für den 10-m-Abschnitt das absolute Spiegelgefälle h' angenommen und dann geprüft wurde, ob sich dieser Wert auch in Spalte 19 der Tabelle ergibt und somit die Gleichung

$$h = \frac{Q^2}{c_m^2} \cdot \frac{p_m}{F_m^3} \cdot l + \left(\frac{v_u^2}{2g} - \frac{v_o^2}{2g}\right) = w + (k_u - k_o)$$

für die in Frage kommenden Profilwerte befriedigt.

Das Ergebnis, das in Abb. 144 in 10facher Überhöhung dargestellt ist, zeigt, daß die Rampe bei gleichbleibender Sohlenbreite am unteren Ende des eigentlichen Kanals einen Stau von 0,14 m hervorruft. Dieser Stau ermäßigt sich erst in einer Entfernung $\Delta x = 1324$ m vom unteren Kanalende um $\Delta z = 0{,}05$ m auf 0,09 m und in weiteren $\Delta x = 2135$ m um weitere $\Delta z = 0{,}05$ m auf 0,04 m (vgl. Aufgabe 23). Sofern also der Kanal etwa die meist kurze Unterwassertriebleitung einer Niederdruck-Wasserkraftanlage darstellt, bedeutet dieser Stau eine spürbare Einbuße an Nutzgefälle und damit an Nutzenergie.

für eine Sohlenerhöhung am Kanalende.

Rauhigkeitsbeiwert γ (BAZIN)	Geschwindigkeitsbeiwert c_m (BAZIN)	Relatives Gefälle der Energielinie J_e	Absolutes Gefälle der Energielinie w in m	Geschwindigkeit v in m/sek	Geschwindigkeitshöhe $k = \frac{v^2}{2g}$ in m	Geschwindigkeitsgefälle $k_u - k_o$ in m	*Berechnetes* absolutes W.Sp.-Gefälle $h = w + (k_u - k_o)$ in m	Höhe der Energielinie über Sohle H in m	Bemerkung
12	13	14	15	16	17	18	19	20	21
gleichbleibende Sohlenbreite									
				1,82	0,169			1,669	
0,85	50,6	0,0007	0,007			0,060	0,067		
				1,459	0,109			1,926	
0,85	52,1	0,0004	0,004			0,032	0,036		
				1,225	0,077			2,181	
0,85	53,3	0,0003	0,003			0,019	0,022		
				1,062	0,058			2,433	
0,85	54,3	0,0002	0,002			0,013	0,015		
				0,936	0,045			2,685	
zunehmende Sohlenbreite im Bereich der Rampe									
				1,00	0,051			1,551	
0,85	51,1	0,0003	0,003			0,000	0,003		
				0,997	0,051			1,804	
0,85	52,3	0,0002	0,002			0,000	0,002		
				0,997	0,051			2,056	
0,85	53,2	0,0002	0,002			0,000	0,002		
				0,995	0,051			2,308	
0,85	54,0	0,0002	0,002			0,001	0,003		
				0,994	0,050			2,560	

Will man nun den Stau vermeiden, ohne auf die Anordnung der Rampe verzichten zu können, so kann man dies erreichen durch allmähliche Verbreiterung der Sohle im Rampenbereich. Für unser Beispiel ist auch dieser Fall untersucht. Dabei wurde die Vergrößerung der Sohlenbreite so abgestimmt, daß in allen Querschnitten ungefähr die Kanalgeschwindigkeit herrscht ($v \sim 1{,}0$ m/sek). Die Rechnung ist in Tabelle 32 unter b) durchgeführt, und zwar nach dem gleichen Verfahren wie unter a) (Annahme von h' und Prüfung der obigen Gleichung auf diesen Wert). Die Abb. 145 gibt den Spiegelverlauf wieder. Der Stau ist hier auf $h = 0{,}01$ m zurückgegangen.

Nun noch eine kurze *konstruktive* Bemerkung!

Wenn sich die Sohle des Vorfluters an der Kanaleinmündung im Laufe der Zeit eintiefen sollte, dann sinkt damit auch der Wasserspiegel des Vorfluters. Die Rampe wirkt dann wie ein Grundwehr (unvollkommenes Wehr), über welches das Kanalwasser in den Vorfluter überfällt. Damit wächst für sie aber die Gefahr eines Grundbruches. Ein solcher Grundbruch führt im Kanal zu einem Absinken des Wasserspiegels unter Anpassung an die Vorfluterspiegellage. Handelt es sich dabei um einen Unterwasserkanal einer Kraftanlage mit Turbinensaugschläuchen, so könnte durch die Spiegelabsenkung infolge des Grund-

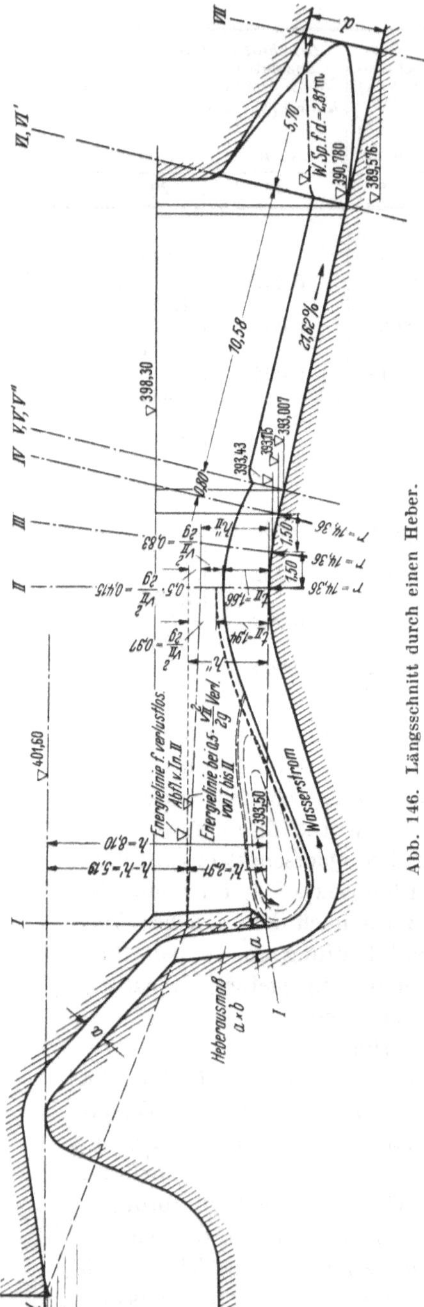

Abb. 146. Längsschnitt durch einen Heber.

bruches gegebenenfalls Luft in die Saugschläuche eintreten und die Maschinenanlagen schwer schädigen. Zur Vermeidung des Grundbruches muß deshalb die Rampe im Profil 0 durch geeignete Maßnahmen gesichert werden, z. B. durch Schlagen einer genügend tief reichenden Spundwand. Natürlich müssen auch die flußseitig anschließenden Uferböschungen gegen Kolkungen gesichert werden.

Aufgabe 28.

Untersuchung eines Hebers mit anschließender Leerlaufleitung (Betongerinne und stählerne Rohrleitung) — allgemeiner Fall einer ungleichförmigen Wasserbewegung mit veränderlichen Querschnitten.

Zur Entlastung des Oberwasserkanals einer Großwasser-Kraftanlage wird beabsichtigt, eine Heberanlage, bestehend aus zwei Hebern, zu erstellen. Die Heberfördermenge muß mit Rücksicht auf die Gelände- und Raumverhältnisse in einer geschlossenen Rohrleitung abgeführt werden. Die Entwurfsskizze ohne die betriebstechnischen Einzelheiten liegt bereits vor und ist in Abb. 146 mit den für die Untersuchung notwendigen Daten gegeben.

1. Wie sind die Heber zu dimensionieren, wenn dieselben bei $h = 8{,}10$ m Hebergefälle je $Q = 28{,}0\ \mathrm{m^3/sek}$ leisten sollen, und wenn der Lizenzinhaber der ge-

wählten Konstruktion bei sachgemäßer Ausführung $\mu = 60\%$ Wirkungsgrad garantiert[1]?

2. Wie läßt sich der Wasserspiegelverlauf in der Entlastungsanlage rechnerisch verfolgen und zu welcher konstruktiven Lösung führt er?

Lösung.

I. Heberwirkungsgrad $\mu = 60\%$.

1. Heber und Ablaufbecken bis Profil II.

Die Wassergeschwindigkeit im unteren Endquerschnitt des Hebers (I—I, Abb. 146) ergibt sich für verlustloses Durchfließen desselben zu

$$v_{\mathrm{I}} = \sqrt{2gh} = \sqrt{2g \cdot 8{,}10} = 12{,}60 \text{ m/sek}.$$

Die Reibung des Wassers an den Heberwandungen, das Aufprallen rascher fließender Wasserteilchen auf langsamer fließende Teilchen, Wirbel, Kontraktionen an den Krümmern u. dgl. bewirken einen Energieverlust, so daß nur noch der Teil h' der ganzen zur Verfügung stehenden Saughöhe h des Hebers sich in Geschwindigkeit umsetzen kann. Die tatsächliche Heberaustrittsgeschwindigkeit berechnet sich deshalb zu

$$v_{\mathrm{I}}' = \sqrt{2gh'}.$$

Das Verhältnis der beiden Geschwindigkeiten $v_{\mathrm{I}}'/v_{\mathrm{I}}$ ist gegeben durch den Heberwirkungsgrad μ. Daher

$$\mu = \frac{v_{\mathrm{I}}'}{v_{\mathrm{I}}} = \frac{\sqrt{2gh'}}{\sqrt{2gh}} = \frac{\sqrt{h'}}{\sqrt{h}}.$$

Da μ und h gegeben, so folgt

$$h' = \mu^2 \cdot h = 0{,}60^2 \cdot 8{,}10 = \mathbf{2{,}91} \text{ m}.$$

Die Austrittsgeschwindigkeit v_{I}' beträgt also

$$v_{\mathrm{I}}' = \sqrt{2g \cdot 2{,}91} = \mathbf{7{,}55} \text{ m/sek},$$

das sind 60% von v_{I}, wie vorausgesetzt.

Der Heberaustrittsquerschnitt F ergibt sich damit zu

$$F = \frac{Q}{v_{\mathrm{I}}'} = \frac{28{,}0}{7{,}55} = \mathbf{3{,}71} \text{ m}^2.$$

Würde sich die dem Heber entströmende Wassermenge in einen Vorfluter ergießen oder in ein Becken, dessen Wasserspiegel durch den

[1] Nach Modellversuchen der Mittl. Isar A.-G. im hydraulischen Institut der Technischen Hochschule München ergaben sich Wirkungsgrade von 75%, wobei vorausgesetzt ist, daß der Heber im Innern mit Zementglattputz versehen ist. Obwohl mit einem stellenweisen Abblättern und Wegsaugen des Putzes bei öfterem Anspringen des Hebers gerechnet werden muß, bietet der in dieser Aufgabe 28 vorausgesetzte Wirkungsgrad von 60% noch einige Sicherheit.

Wasserzustrom nicht merklich gehoben wird, so könnte die Wahl der lichten Querschnittsmaße a und b des rechteckigen Hebers ohne weiteres vorgenommen werden. Es erheischen dabei lediglich die Gesichtspunkte Beachtung, welche auf der einen Seite den Wirkungsgrad und auf der anderen Seite die Herstellungs- und Betriebskosten des Hebers günstig beeinflussen.

In unserem Falle muß das Heberwasser durch einen kurzen Verbindungskanal der Rohrleitung zugeführt werden. Um am unteren Heberrande ein Wasserbecken zu schaffen, steigt die Sohle des Verbindungskanals bis zur Kote des unteren Heberendes und führt dann im gleichen Gefälle, wie die Rohrleitung verlegt ist, zu dieser. Wir wollen nun einmal die Abflußverhältnisse ins Auge fassen, die am Scheitelpunkt des Verbindungskanals herrschen. Die dem Heber entströmenden 28,0 m³/sek müssen über diesen Scheitelpunkt hinwegfließen, und zwar vermöge der durch das Hebergefälle (potentielle Energie) gewonnenen kinetischen Energie.

Bezeichnen wir die Geschwindigkeit am Scheitelpunkt (Profil II) mit v_{II}, so entspricht dieser Geschwindigkeit — dieser Bewegungsenergie — eine Geschwindigkeitshöhe (Druckhöhe, potentielle Energie) von $v_{\text{II}}^2/2g$. Die Lage der Energielinie über dem Scheitelpunkt der Sohle ist demnach, wenn dort gleichzeitig die Wassertiefe t_{II} herrscht (vgl. Abb. 146)

$$h'' = t_{\text{II}} + \frac{v_{\text{II}}^2}{2g}\,.$$

Es frägt sich nun, wie groß h' mindestens sein muß, damit die Wassermenge $Q = 28{,}0\ \text{m}^3/\text{sek}$ durch diesen Querschnitt hindurchgeht.

Wird die Breite des rechteckigen Gerinnes im Profil II mit b bezeichnet, so läßt sich v_{II} auch ausdrücken durch

$$v_{\text{II}} = \frac{Q}{F_{\text{II}}} = \frac{Q}{b \cdot t_{\text{II}}}\,;$$

daher

$$h'' = t_{\text{II}} + \frac{1}{2g} \cdot \frac{Q^2}{b^2 \cdot t_{\text{II}}^2}\,.$$

Der Abfluß gestaltet sich nun so, daß h'' ein Kleinstwert wird, d. h. daß

$$\frac{dh''}{dt_{\text{II}}} = 0 \quad \text{und} \quad \frac{d^2h''}{dt_{\text{II}}^2} > 0\,*.$$

---

* Letztere Bedingung ist erfüllt, denn

$$\frac{d^2h''}{dt_{\text{II}}^2} = +\frac{3}{g} \cdot \frac{Q^2}{t_{\text{II}}^4 \cdot b^2}\,;$$

da t_{II} oder aber b endliche Werte sind, ist $\dfrac{d^2h''}{dt_{\text{II}}^2} > 0$.

Führt man die Differentiation durch, so erhält man

$$\frac{dh''}{dt_{II}} = 1 - \frac{2}{2g} \cdot \frac{Q^2}{t_{II}^3 \cdot b^2} = 0.$$

Daraus

$$t_{II}^3 = \frac{1}{g} \cdot \frac{Q^2}{b^2}$$

oder

$$t_{II} = \sqrt[3]{\frac{1}{g} \cdot \frac{Q^2}{b^2}} \; *.$$

Damit wird

$$v_{II} = \frac{Q}{b} \cdot \sqrt[3]{\frac{g \cdot b^2}{Q^2}} = \sqrt[3]{\frac{Q^3 \cdot b^2 \cdot g}{b^3 \cdot Q^2}} = \sqrt[3]{\frac{Q}{b} \cdot g}$$

und

$$\frac{v_{II}^2}{2g} = \frac{1}{2} \sqrt[3]{\frac{Q^2}{g^3 \cdot b^2} \cdot g^2} = \frac{1}{2} \sqrt[3]{\frac{Q^2}{g \cdot b^2}} = \frac{1}{2} \cdot t_{II}.$$

Daher

$$h'' = t_{II} + \frac{1}{2} \cdot t_{II} = \frac{3}{2} \cdot t_{II}.$$

Für den günstigsten Abfluß wird also

$$\frac{v_{II}^2}{2g} = \frac{1}{2} \cdot t_{II} \quad \text{und} \quad h'' = \frac{3}{2} \cdot t_{II}.$$

Würde die Wasserbewegung vom Profil I zum Profil II *verlustlos* vor sich gehen, dann müßte die Energie des Wassers im Profil I gleich sein der Energie des Wassers im Profil II, d. h. die Energielinie würde zwischen I und II horizontal verlaufen.

Unter den gegebenen Umständen (untere Heberschnauze [I—I] auf gleicher Kote wie die Sohle des Profils II!) würde also sein:

$$h' = h''.$$

Mit dem weiter oben berechneten Wert $h' = 2{,}91$ m wird also auch $h'' = 2{,}91$ m und

$$t_{II} = \tfrac{2}{3} h'' = 1{,}94 \text{ m}.$$

Nunmehr läßt sich aus der Beziehung

$$t_{II} = \sqrt[3]{\frac{1}{g} \cdot \frac{Q^2}{b^2}}$$

die Kanalbreite b berechnen zu

$$b = \sqrt[2]{\frac{Q^2}{g \cdot t_{II}^3}} = \sqrt[2]{\frac{28{,}0^2}{9{,}81 \cdot 1{,}94^3}} = 3{,}31 \text{ m}.$$

Man sieht, daß bei verlustlosem Fließen des Wassers von I nach II eine ganz bestimmte Minimalgerinnebreite notwendig ist, damit die ganze sekundliche Fördermenge Q des Hebers dort zum Abfluß gelangt

* Vgl. auch S. 218 der Aufgabe 22.

und damit das Wasser dabei außerdem seinen Fließzustand nicht zu ändern braucht. Die weiter oben ermittelte Wassertiefe t_{II} stellt die Grenztiefe zwischen „schießendem" und „strömendem" Wasser dar, d. h. wenn schießendes Wasser allgemein gekennzeichnet ist durch die Bedingung $v > \sqrt{gt}$ (Profilgeschwindigkeit größer als die Wellenschnelligkeit), so gilt für den zugrunde gelegten Grenzfall

$$v_{II} = \sqrt{g t_{II}},$$

oder, da $v_{II} = \frac{Q}{b \cdot t_{II}}$,

$$\sqrt{g \cdot t_{II}} = \frac{Q}{b \cdot t_{II}}.$$

Mit $Q = 28{,}0\ \text{m}^3/\text{sek}$, $b = 3{,}31$ m und $t_{II} = 1{,}94$ m ergeben beide Seiten der Gleichung tatsächlich 4,35 m/sek.

Wie liegen nun die Verhältnisse für eine andere als die berechnete Breite $b = 3{,}31$ m? Allgemein gilt:

$$h'' = t + \frac{v^2}{2g} = \mathbf{2{,}91}\ \text{m},$$

oder

$$2{,}91 = t + \frac{1}{2g} \cdot \frac{Q^2}{b^2 \cdot t^2};$$

für $Q = 28{,}0\ \text{m}^3/\text{sek}$ wird

$$2{,}91 = t + 40 \cdot \frac{1}{b^2 \cdot t^2}.$$

Für $b < 3{,}31$ m (z. B. $b = 3{,}00$ m) gibt die Gleichung überhaupt keinen reellen Wert t, welcher der Lage der Energielinie 2,91 m über der Sohle entspricht, d. h. es ist nicht möglich, bei der Lage der Energielinie 2,91 m über der Sohle 28,0 m³/sek zu fördern durch ein Profil, dessen Breite $< 3{,}31$ m ist. Das ist auch gar nicht anders zu erwarten gewesen, denn die Bestimmung der Breite $b = 3{,}31$ m ist ja bereits durch die Bedingung erfolgt, daß h'' einen Kleinstwert darstellt, oder, was dasselbe besagt, daß für die gegebene Lage der Energielinie (für gegebenes h'') und für gegebenes Q die Breite b zu einem Minimum wird.

Für $b > 3{,}31$ m wird der Ausdruck $40/b^2$ kleiner. Damit nun die Bedingung erfüllt bleibt, daß

$$t + \frac{40}{b^2} \cdot \frac{1}{t^2} = 2{,}91\ \text{m}$$

ist, muß t um einen bestimmten Betrag anwachsen ($t > t_{II}$) oder aber um einen festen Betrag abnehmen ($t < t_{II}$); z. B. für $b = 4{,}00$ m wird

$$t + \frac{40}{16} \cdot \frac{1}{t^2} = t + 2{,}5 \cdot \frac{1}{t^2} = 2{,}91.$$

Die Gleichung ist befriedigt für $t_1 = 1{,}21$ m und $t_2 = 2{,}50$ m. Für $t_1 = 1{,}21$ m wird $F = 1{,}21 \cdot 4{,}00 = 4{,}84\ \text{m}^2$ und $v = \frac{28{,}0}{4{,}84} = 5{,}80$ m/sek.

Da

$$v_{gr} = \sqrt{g \cdot t_1} = \sqrt{9{,}81 \cdot 1{,}21} = 3{,}45 \text{ m/sek} < 5{,}80 \text{ m/sek},$$

so herrscht also bei der Wassertiefe $t_1 = 1{,}21$ m und der Gerinnebreite $b = 4{,}0$ m „schießende" Wasserbewegung.

Für $t_2 = 2{,}50$ m wird $F = 2{,}50 \cdot 4{,}00 = 10{,}0 \text{ m}^2$, $v = \frac{28{,}0}{10{,}0} = 2{,}80$ m/sek.

Da

$$v_{gr} = \sqrt{g \cdot t_2} = \sqrt{9{,}81 \cdot 2{,}50} = 4{,}95 \text{ m/sek} > 2{,}80 \text{ m/sek},$$

so herrscht demnach bei der Wassertiefe $t_2 = 2{,}50$ m und der Gerinnebreite $b = 4{,}00$ m „strömende" Wasserbewegung, d. h. es hätte für diesen Fall zwischen I und II ein Wechsel des Fließzustandes stattgefunden.

Solange allerdings eine Ursache zum Übergang vom Schießen zum Strömen fehlt durch Vermeidung von raschen Querschnittsänderungen oder von sonstigen konzentriert auftretenden Verlusten, steht auch ein Wechsel des Fließzustandes im allgemeinen kaum zu erwarten, und zwar um so weniger, je größer die tatsächliche Profilgeschwindigkeit gegenüber der Grenzgeschwindigkeit ist. So kommt man *zunächst* zu dem Schlusse, daß die Unveränderlichkeit des vom Heber her „schießenden" Fließzustandes um so sicherer zu erwarten steht, je mehr die Gerinnebreite b über den Wert 3,31 m hinausgeht.

Aber die Möglichkeit, daß aus irgendwelchen nicht vorherzusehenden Gründen doch ein Wechsel des Fließzustandes eintritt, bleibt bestehen. Und für diese Eventualität gestalten sich die Abflußverhältnisse im Profil II dann um so ungünstiger (Wassersprung, dann sehr kleines v, große Wassertiefe t!), je breiter das Gerinne ausgeführt wurde.

Welches ist nun die günstigste Gerinnebreite? Offenbar jene, für welche eine Änderung des Fließzustandes keine Störung in die Abflußverhältnisse bringt. Und dieser Fall wiederum ist gegeben für die Grenztiefe t_{II}, weil bei dieser der Fließzustand die Grenze zwischen Schießen und Strömen darstellt, also hier gewissermaßen Schießen und Strömen zu gleicher Zeit stattfindet, so daß die vorgeschilderten unliebsamen Begleiterscheinungen des Überganges vom Schießen zum Strömen in Wegfall kommen. Wir dimensionieren also die Gerinnebreite b in II endgültig so, daß wir sie aus der Grenztiefe t_{II} ableiten.

Die zahlenmäßige Ermittlung von t_{II} und b aus den günstigsten Abflußverhältnissen ging von der Annahme aus, daß zwischen Profil I und II keine Verluste auftreten würden. Dies trifft nun praktisch nicht zu. Denn es sind zwischen I und II nicht nur die Reibungen zwischen Wasser und Gerinnewandung zu überwinden, sondern die turbulente Strömung führt auch noch zu Energieverbräuchen infolge von Stößen, Wirbelungen u. dgl. Einen besonderen Verlust bedeutet auch noch der Energieverbrauch zur dauernden Erhaltung der Wasserwalze, welche sich wahrscheinlich über den Abflußquerschnitt im Becken I—II einstellen wird (vgl. Abb. 146). Es ist zwar, um die Bildung dieser Deckwalze tunlichst zu vermeiden, der Heberauslauf sehr steil gewählt worden. Gleichwohl muß mit einer Deckwalze und mit den durch sie bedingten Verlusten gerechnet werden. Rechnungsmäßig lassen sich die genannten Verluste nicht fassen, sie müssen vielmehr schätzungsweise angenommen werden. Wir setzen sie mit $0{,}5 \cdot \frac{v_{II}^2}{2g}$ in Rechnung. Das besagt, daß die Energielinie im Profil II $0{,}5 \cdot \frac{v_{II}^2}{2g}$ m tiefer liegt als im Profil I, also

$$h''_{II} = h' - 0{,}5 \cdot \frac{v_{II}^2}{2g}.$$

Andererseits ist nach den früheren Entwicklungen

$$h''_{II} = t_{II} + \frac{v_{II}^2}{2g} = \frac{3}{2} \cdot t_{II}.$$

Daher muß sein

$$h' - 0{,}5 \cdot \frac{v_{II}^2}{2g} = \frac{3}{2} \cdot t_{II},$$

für $\frac{v_{II}^2}{2g} = \frac{1}{2} \cdot t_{II}$ ergibt sich

$$h' - \frac{1}{4} \cdot t_{II} = \frac{3}{2} \cdot t_{II}$$

oder

$$t_{II} = \frac{4}{7} \cdot h'.$$

Für $h' = 2{,}91$ m wird nunmehr

$$t_{II} = \frac{4}{7} \cdot 2{,}91 = \mathbf{1{,}66} \text{ m}$$

und

$$b_{II} = \sqrt[2]{\frac{Q^2}{g \cdot t_{II}^3}} = \sqrt[2]{\frac{28{,}0^2}{9{,}81 \cdot 1{,}66^3}} = \mathbf{4{,}18} \text{ m}.$$

Damit ist das Gerinne im Profil II endgültig dimensioniert. Die Annahme eines Verlustes von $0{,}5 \cdot \frac{v_{II}^2}{2g}$ führt also auf eine Breite b_{II}, die um $4{,}18 - 3{,}31 = 0{,}87$ m größer ist als die Grenzbreite bei verlustlosem Fließen von I nach II. Während in letzterem Falle sich die mittlere Profilgeschwindigkeit in II zu 4,35 m/sek berechnete, ergibt sie sich nunmehr zu

$$v_{II} = \sqrt{g \cdot t_{II}} = \sqrt{9{,}81 \cdot 1{,}66} = \mathbf{4{,}04} \text{ m/sek}.$$

Es fragt sich nun noch, ob das lichte Breitenmaß des Hebers von dem berechneten Wert $b_{II} = 4{,}18$ m abhängt oder ob es ganz unabhängig davon festgelegt werden kann. Den stetigsten Fließvorgang erzielen wir, wenn wir die Gerinnewandungen parallel führen, wenn wir also auch dem Heber das lichte Breitenmaß 4,18 m geben. Das entspricht einer lichten Heberhöhe $a = \frac{F}{b} = \frac{3,71}{4,18} = 0,89$ m. Käme im Heber als Verlust nur die Reibung an den Wänden in Frage, so würde das Lichtmaßverhältnis 0,89 · 4,18 keineswegs der Bedingung genügen, daß die Reibung im Heber zu einem Minimum wird. Hierfür müßte $a = b = \sqrt{F} = \sqrt{3,71} = 1,93$ m gewählt werden. Nun sind die Reibungsverluste in Wirklichkeit klein gegenüber den Krümmerverlusten infolge Kontraktion, so daß also auch die Reibungsverluste nicht ausschlaggebend sind für die Wahl der lichten Hebermaße.

Das wichtigste Ziel, das beim Heber angestrebt wird, ist sein möglichst unmittelbares Intätigkeittreten, wenn der Oberwasserspiegel die festgelegte Maximalkote überschreitet. Dieses Ziel wird erreicht, wenn die notwendige Überfallhöhe am Heber zum Anspringen tunlichst klein wird. Und eine kleine Überfallhöhe führt auf eine große Überfallbreite. (HEYN hat deshalb die Verwendung einer Zickzackkrone vorgeschlagen, um durch eine solcherart *vergrößerte* Überfall*breite* die Überfall*höhe* zu *verringern.*) Aus den vorskizzierten Erwägungen heraus wählen wir die lichten Hebermaße endgültig zu 4,18 · 0,89 m, führen also die Seitenflächen des Hebers und die Wandungen des Ablaufgerinnes parallel und in einer Flucht.

Damit ist die Untersuchung des Hebers mit dem anschließenden Ablaufbecken bis zu dessen Scheitelpunkt im Profil II abgeschlossen. Den entsprechenden Spiegelverlauf zeigt Abb. 146.

2. Untersuchung des Spiegelverlaufs vom Scheitelpunkt des Ablaufkanals bis zum Beginn der Rohrleitung.

Wie aus den Abb. 146 und 152 zu ersehen, soll die Heberförder menge $Q = 28,0\ m^3/sek$ bzw. $Q = 2 \cdot 28,0\ m^3/sek$ vom Profil V ab zu einer Rohrleitung und in dieser in den Vorfluter abgeführt werden. Zunächst ist zu prüfen, ob die gewählte Konstruktion des Ablaufkanals bis zum Rohrbeginn (Profil VII) obenstehende Wassermenge abzuführen vermag, und im weiteren Verlaufe, ob die Rohrdimensionen selbst ausreichen. Die letztere Untersuchung setzt die Kenntnis der Gefällsverhältnisse unmittelbar vor dem Rohrmund voraus. Diese suchen wir uns zu verschaffen, indem wir vorerst die Abflußverhältnisse vom Profil II bis zum Rohrbeginn *schrittweise* ermitteln — schrittweise deshalb, weil die unterhalb des Querschnitts II vorhandenen Fließvorgänge zunächst noch unbekannt sind.

Strecke II—III (vgl. Abb. 146).

Mittleres Gefälle von II bis III:

$$h = 14,36 - \sqrt{14,36^2 - 1,50^2} = 0,07_8\ \text{m}.$$

Sohlenkote im Querschnitt III:

$$393{,}50 - 0{,}07_5 = 393{,}43 \text{ m}.$$

Geschwindigkeitshöhe im Querschnitt III:

$$h_{III} = h_{II} + 0{,}07_5 - 0{,}01$$

(= Geschwindigkeitshöhe in II + Zuwachs an Gefällshöhe von II bis III − Gefällsverbrauch zur Überwindung der Reibung von II bis III). Dabei ist der Reibungsverlust von II bis III zunächst mit 0,01 m geschätzt worden.

Geschwindigkeitshöhe in II:

$$\frac{v_{II}^2}{2g} = \frac{t_{II}}{2} = \frac{1{,}66}{2} = 0{,}83 \text{ m}.$$

Daher $h_{III} = 0{,}83 + 0{,}07_5 - 0{,}01 = 0{,}90$ m.

Demnach Geschwindigkeit in III:

$$v_{III} = \sqrt{2g \cdot h_{III}} = 4{,}43 \cdot \sqrt{0{,}90} = 4{,}20 \text{ m/sek}.$$

Wasserquerschnitt $F_{III} = \frac{Q}{v_{III}} = \frac{28{,}2}{4{,}20} = 6{,}68 \text{ m}^2$; daraus

Wassertiefe $t_{III} = \frac{F_{II}}{b_{III}} = \frac{6{,}68}{4{,}18} = 1{,}60$ m.

Hydraulischer Radius $R_{III} = \frac{F_{III}}{p_{III}} = \frac{6{,}68}{4{,}18 + 2 \cdot 1{,}60} = 0{,}905$ m.

Für $\gamma = 0{,}30$ (Betonsohle und Betonseitenwände!) wird $c_{III} = 66{,}15$.

Im Profil II sind die entsprechenden Größen:

$$v_{II} = 4{,}04 \text{ m/sek},$$

$$F_{II} = t_{II} \cdot b_{II} = 1{,}66 \cdot 4{,}18 = 6{,}93 \text{ m}^2,$$

$$R_{II} = \frac{F_{II}}{p_{II}} = \frac{6{,}93}{4{,}18 + 2 \cdot 1{,}60} = 0{,}925 \text{ m},$$

$$c_{II} = 66{,}35.$$

Daher Reibungsverlust von II bis III:

$$h_r = \frac{v^2 \cdot l}{c^2 \cdot R},$$

wenn v, R und c jeweils die Mittel der Werte für die Profile II und III darstellen.

$$h_r = \frac{4{,}12^2 \cdot 1{,}50}{66{,}25^2 \cdot 0{,}915} = 0{,}006 \text{ m}.$$

Daher *verbesserte* Werte für Profil III:

$$h_{\mathrm{III}} = 0{,}83 + 0{,}07_5 - 0{,}006 = 0{,}904 \text{ m},$$

$$v_{\mathrm{III}} = 4{,}43\sqrt{0{,}904} = 4{,}21 \text{ m/sek},$$

$$F_{\mathrm{III}} = \frac{28{,}0}{4{,}21} = 6{,}65 \text{ m}^2,$$

$$t_{\mathrm{III}} = \frac{6{,}65}{4{,}18} = 1{,}59 \text{ m},$$

$$R_{\mathrm{III}} = \frac{6{,}65}{7{,}36} = 0{,}905 \text{ m},$$

$$c_{\mathrm{III}} = 66{,}15.$$

Strecke III—IV.

Gefällszuwachs III bis IV: 393,43 − 393,175 = 0,255 m.

Reibungsverlust III bis IV geschätzt zu 0,007 m.

Daher Geschwindigkeitshöhe in IV:

$$h_{\mathrm{IV}} = 0{,}904 + 0{,}255 - 0{,}007 = 1{,}152 \text{ m},$$

$$v_{\mathrm{IV}} = 4{,}43\sqrt{1{,}152} = 4{,}75 \text{ m/sek},$$

$$F_{\mathrm{IV}} = \frac{28{,}0}{4{,}75} = 5{,}89 \text{ m}^2,$$

$$t_{\mathrm{IV}} = \frac{5{,}89}{4{,}18} = 1{,}40 \text{ m},$$

$$R_{\mathrm{IV}} = \frac{5{,}89}{6{,}98} = 0{,}843 \text{ m},$$

$$c_{\mathrm{IV}} = 65{,}5.$$

Reibungsverlust III bis IV:

$$h_r = \frac{4{,}48^2 \cdot 1{,}50}{65{,}82^2 \cdot 0{,}874} = 0{,}008 \text{ m}.$$

Verbesserte Werte für Profil IV:

$$h_{\mathrm{IV}} = 0{,}904 + 0{,}255 - 0{,}008 = 1{,}151 \text{ m},$$

$$v_{\mathrm{IV}} = 4{,}43 \cdot \sqrt{1{,}151} = 4{,}75 \text{ m/sek}.$$

Alle anderen Werte bleiben unverändert.

Strecke IV—V.

Profil V liegt am unterstromigen Rand der Zwischenwand zwischen den beiden Hebergerinnen. Von dieser Stelle ab haben die beiden Heber ein gemeinsames Ablaufgerinne. Von IV bis V tritt eine Profilerweiterung ein. Die Sohlenkote im Profil V liegt auf 393,007 m; daher Gefällszuwachs von IV bis V: 393,175 − 393,007 = 0,168 m.

Reibungsverlust geschätzt zu 0,006 m.

Daher

$$h_V = 1{,}151 + 0{,}168 - 0{,}006 = 1{,}313 \text{ m},$$
$$v_V = 4{,}43 \cdot \sqrt{1{,}313} = 5{,}08 \text{ m/sek},$$
$$F_V = \frac{28{,}0}{5{,}08} = 5{,}51 \text{ m}^2.$$

Die Gerinnebreite b_V beträgt $4{,}18 + 0{,}35 = 4{,}53$ m, also

$$t_V = \frac{5{,}51}{4{,}53} = 1{,}22 \text{ m},$$
$$R_V = \frac{5{,}51}{4{,}53 + 2 \cdot 1{,}22} = \frac{5{,}51}{6{,}97} = 0{,}79 \text{ m},$$
$$c_V = 65{,}0,$$
$$h_r = \frac{4{,}91^2 \cdot 0{,}80}{65{,}25^2 \cdot 8{,}16} = 0{,}006 \text{ m}.$$

Verbesserung nicht notwendig.

Vom Profil V nach abwärts ist nun mit der ganzen Gerinnebreite, d. i. im Profil V selbst mit $2 \cdot 4{,}53 = 9{,}06$ m und mit $Q = 2 \cdot 28{,}0 = 56{,}0 \text{ m}^3/\text{sek}$ zu rechnen. Bezeichnen wir nun den Nachbarquerschnitt von V mit V′, dann ergibt sich dort:

$$t_{V'} = t_V = 1{,}22 \text{ m},$$
$$F_{V'} = 9{,}06 \cdot 1{,}22 = 11{,}02 \text{ m}^2,$$
$$v_{V'} = v_V = \frac{56{,}0}{11{,}02} = 5{,}08 \text{ m/sek},$$
$$R_{V'} = \frac{11{,}02}{9{,}06 + 2 \cdot 1{,}22} = 0{,}96 \text{ m},$$
$$c_{V'} = 66{,}7.$$

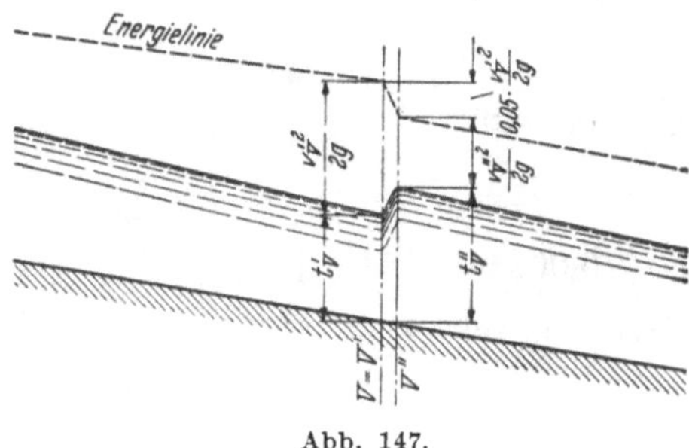

Abb. 147.

Der Übergang vom Profil V′ des Gerinnes auf den verengten Querschnitt vor dem Rohrmund erfolgt ganz allmählich. Gleichwohl ist ein Übergangsverlust in Rechnung zu setzen. Dieser Verlust wird sich auf die ganze Übergangsstrecke verteilen. Wir nehmen aber an, daß er im Profil V′ bzw. V″ konzentriert auftritt in der Größe $0{,}05 \cdot \frac{v_{V'}}{2g}$. Da sich das zufließende Wasser im „schießenden" Zustand befindet ($v_V = 5{,}08$ m/sek, v_{gr} im Profil V $= \sqrt{g \cdot t_V} = \sqrt{9{,}81 \cdot 1{,}22} = 3{,}46$ m/sek, also $v_V > v_{gr}$), wird der Verlust $0{,}05 \cdot \frac{v_{V'}^2}{2g}$ zu einer Hebung des Wasserspiegels Veranlassung geben.

Lage der Energielinie über der Sohle im Querschnitt V′ (= V):

$$t_{V'} + \frac{v_{V'}^2}{2g} = 1{,}22 + \frac{5{,}08^2}{2g} = 2{,}54\ \text{m}.$$

Im Schnitt V″ ist die Energielinie um die Verlusthöhe $0{,}05 \cdot \frac{v_{V'}^2}{2g} \sim 0{,}12$ m gesunken. Die Energielinie hat dort demnach die Höhe:

$$2{,}54 - 0{,}12 = 2{,}42\ \text{m}.$$

Andererseits muß sein:

$$t_{V''} + \frac{v_{V''}^2}{2g} = 2{,}42\ \text{m}.$$

Da

$$t_{V''} = \frac{Q}{b_V \cdot v_{V''}} = \frac{56{,}0}{9{,}06 \cdot v_{V''}} = 6{,}19 \cdot \frac{1}{v_{V''}},$$

erhält man

$$6{,}19 \cdot \frac{1}{v_{V''}} + \frac{v_{V''}^2}{2g} = 2{,}42\ \text{m} = f(v_{V''}).$$

Die graphisch-rechnerische Lösung dieser Gleichung 3. Grades ergibt zwei reelle Lösungen (vgl. Abb. 148), nämlich

$${}_1v_{V''} = 4{,}58\ \text{m/sek bei einer Wassertiefe}\ {}_1t_{V''} = 1{,}35\ \text{m}$$

und $\quad {}_2v_{V''} = 3{,}35\quad$,, ,, ,, ,, $\quad {}_2t_{V''} = 1{,}847$ m.

Die graphischen Auftragungen in den Abb. 148 und 149 geben uns gleichzeitig Auskunft über die Bedeutung dieser beiden Wurzeln. Wie aus Texttabelle 33 zu entnehmen ist, gehören zu jedem an-

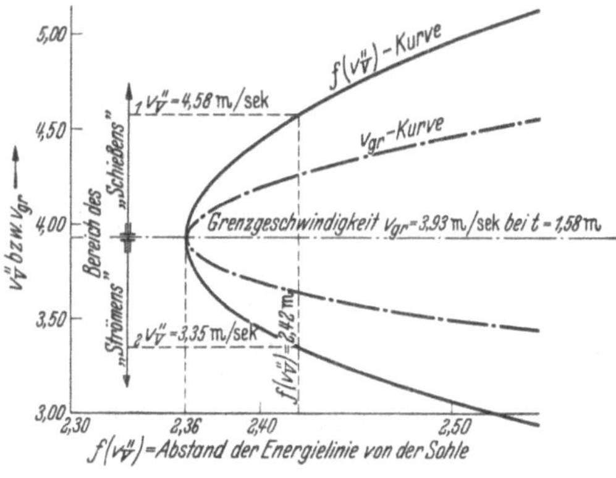

Abb. 148.

genommenen Wert $v_{V''}$ ein bestimmtes $f(v_{V''})$, sowie auch ein bestimmtes $t_{V''}$. Diesem $t_{V''}$ entspricht wiederum ein Grenzgeschwindigkeitswert $v_{gr} = \sqrt{g \cdot t_{V''}}$, d. h. es entspricht auch jedem $f(v_{V''})$ ein bestimmter Grenzgeschwindigkeitswert v_{gr}. Den Zusammenhang zwischen $f(v_{V''})$ und v_{gr} gibt Abb. 148. Vergleicht man die $f(v_{V''})$-Kurven und

v_{gr}-Kurven mit den Werten der Texttabelle 33, so erkennt man, daß zum *oberen* Kurvenast der $f(v_{V''})$-Kurve der *untere* Kurvenast der v_{gr}-Kurve gehört. Umgekehrt entspricht dem *unteren* Kurvenast der $f(v_{V''})$-Kurve der *obere* Ast der v_{gr}-Kurve. Das besagt, daß sich für Profilgeschwindigkeiten $v_{V''} > 3{,}93$ m/sek Funktionswerte $v_{V''}$ ergeben, welche Grenzgeschwindigkeiten v_{gr} zugeordnet sind, die *unter* der

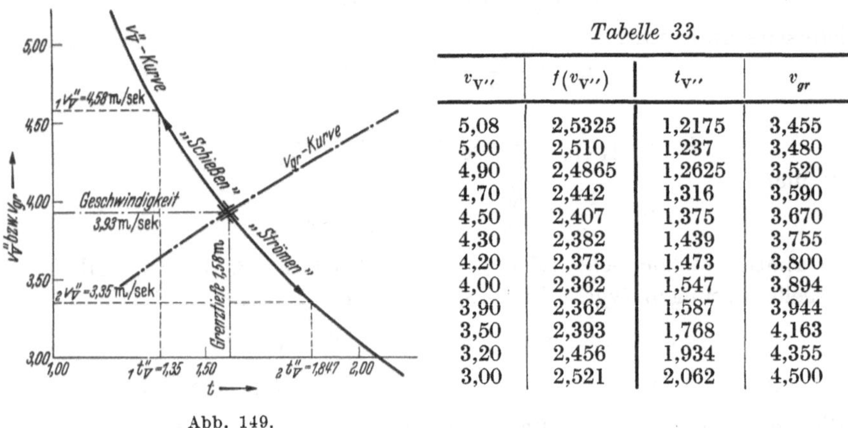

Abb. 149.

Tabelle 33.

$v_{V''}$	$f(v_{V''})$	$t_{V''}$	v_{gr}
5,08	2,5325	1,2175	3,455
5,00	2,510	1,237	3,480
4,90	2,4865	1,2625	3,520
4,70	2,442	1,316	3,590
4,50	2,407	1,375	3,670
4,30	2,382	1,439	3,755
4,20	2,373	1,473	3,800
4,00	2,362	1,547	3,894
3,90	2,362	1,587	3,944
3,50	2,393	1,768	4,163
3,20	2,456	1,934	4,355
3,00	2,521	2,062	4,500

Grenzgeschwindigkeit 3,93 m/sek liegen. Mit anderen Worten: Die $v_{V''}$-Werte, welche $> 3{,}93$ m/sek, sind jeweils auch $> v_{gr}$. In diesem Bereich haben wir also *schießendes* Wasser. Der Wurzelwert $_1v_{V''} = 4{,}58$ m/sek liegt in diesem Bereich.

Andererseits entsprechen Profilgeschwindigkeiten $v_{V''} < 3{,}93$ m/sek Funktionswerte $(v_{V''})$, denen v_{gr}-Werte zugeordnet sind, welche $> 3{,}93$ m/sek, oder für $v_{V''} < 3{,}93$ m/sek sind die zugehörigen v_{gr}-Werte $> 3{,}93$ m/sek. In diesem Bereich herrscht der Fließzustand des *Strömens*. Der Wurzelwert $_2v_{V''} = 3{,}35$ m/sek gilt also für strömendes Wasser.

Noch deutlicher zeigen sich diese Abhängigkeiten des Schießens bzw. Strömens von den Profilgeschwindigkeiten und Profilwassertiefen in Abb. 149, wo die Werte $v_{V''}$ und v_{gr} als Funktionen der Profilwassertiefen t (vgl. Texttabelle 33) aufgetragen sind.

Es sind also im Profil V″ (wie ja auch im Profil II für $b > 4{,}18$ m) zwei Fließzustände möglich, ohne daß die Lage der Energielinie sich ändert[1]. Geht die Geschwindigkeit $v_{V''}$ infolge des angesetzten Verlustes von 5,08 m/sek nur auf 4,58 m/sek zurück, dann bleibt der Zustand des „Schießens" bestehen. Es entsteht ein kleiner Wassersprung, dessen Höhe sich *rechnerisch* ergibt zu $1{,}35 - 1{,}22 = 0{,}13$ m. Im

[1] Vgl. auch S. 217 der Aufgabe 22.

anderen Falle geht die Profilgeschwindigkeit $v_{V''}$ von 5,08 m/sek auf 3,35 m/sek zurück, es entsteht ein großer Wassersprung von 1,847 – 1,22 = 0,627 $\sim$ 0,63 m und das Wasser „strömt" nunmehr.

Die *praktische Bedeutung* dieser Feststellungen beruht darin, daß beim tatsächlichen Übergang vom „Schießen" zum „Strömen" die Profilgeschwindigkeit wesentlich zurückgeht, so daß das Wasser mit einer kleineren Geschwindigkeit vor dem Rohrmund ankommt, was evtl. zu einem größeren Rohreinlauf, vielleicht auch noch zu größeren Rohrdimensionen im oberen Teil der Leitung Veranlassung gibt. Um die unangenehmen Begleiterscheinungen bei einem Wechsel im Fließzustande zu vermeiden, könnte man das Gerinne jeweils auf die Grenzwassertiefe dimensionieren. Davon wurde hier Abstand genommen, weil sich der Verlust $0{,}05 \cdot \frac{v_{V'}^2}{2g}$ auf eine größere Strecke verteilt und weil er überdies reichlich angenommen wurde.

Im Zusammenhang mit vorstehenden Erörterungen sei noch auf Abb. 148 verwiesen, welche zeigt, daß für

$$f(v_{V''}) < 2{,}36,$$

also für einen Verlust, der größer ist als 2,54 – 2,36 = 0,18 m, die Gleichung

$$6{,}19 \cdot \frac{1}{v_{V''}} + \frac{v_{V''}^2}{2g} = f(v_{V''}) < 2{,}36$$

überhaupt keine reelle Wurzel mehr liefert. Das besagt, daß bei einer Energielinie, welche im Profil V'' einen kleineren Abstand von der Sohle als 2,36 m zeigt, eine Förderung von 56 m³/sek in diesem Gerinneprofil nicht mehr möglich ist. Diese Störung im Abfluß im Profil V'' würde sich natürlich nach oben fortsetzen und evtl. nicht ohne Einfluß auf die Saughöhe des Hebers sein. Es ist deshalb bei der Konstruktion sorgsam Bedacht zu nehmen, daß durch stetige Linienführung, glatte Wandungen und durch Anordnung ganz allmählicher, groß ausgerundeter Übergänge rasche Querschnittsänderungen, insbesondere plötzliche Querschnittsverengungen vermieden werden, so daß ein stetiger Fließzustand gewährleistet ist.

Aus den weiter oben angeführten Gründen bringen wir für das Profil V'' folgende Werte für die weitere Rechnung in Ansatz: $v_{V''} = 4{,}58$ m/sek; $t_{V''} = 1{,}35$ m; daher $F_{V''} = 9{,}06 \cdot 1{,}35 = 12{,}20$ m², $R_{V''} = \frac{12{,}20}{9{,}06 + 2 \cdot 1{,}35} = 1{,}04$ m; $c_{V''} = 67{,}3$.

Strecke V''–VI.

Profil VI wird an den Beginn des Übergangs vom rechteckigen Gerinne zum Kreisprofil gelegt. Die Sohlenkote ergibt sich hier rechnerisch zu 390,78 m, der Gefällszuwachs demnach zu 393,007 – 390,780

$= 2{,}227$ m. Die Reibungslänge beträgt 10,58 m, der Reibungsverlust von V″ bis VI wird zunächst zu 0,12 m geschätzt.

Daher Geschwindigkeitshöhe in VI:

$$h_{\mathrm{VI}} = \frac{4{,}58^2}{2g} + 2{,}227 - 0{,}12 = 3{,}285 \text{ m},$$

daraus

$$v_{\mathrm{VI}} = 4{,}43 \cdot \sqrt{3{,}285} = 8{,}04 \text{ m/sek},$$

$$F_{\mathrm{VI}} = \frac{56{,}0}{8{,}04} = 6{,}96 \text{ m}^2;$$

da $b_{\mathrm{VI}} = 5{,}60$ m wird $t_{\mathrm{VI}} = \frac{6{,}96}{5{,}60} = 1{,}24$ m,

$$R_{\mathrm{VI}} = \frac{6{,}96}{5{,}60 + 2 \cdot 1{,}24} = 0{,}86 \text{ m};$$

$$c_{\mathrm{VI}} = 65{,}7.$$

Reibungsverlust V″ bis VI:

$$h_r = \frac{6{,}31^2 \cdot 10{,}58}{66{,}5^2 \cdot 0{,}95} = 0{,}106 \text{ m};$$

verbesserte Werte:

$$h_{\mathrm{VI}} = 3{,}299 \text{ m},$$

$$v_{\mathrm{VI}} = 4{,}43 \cdot \sqrt{3{,}299} = 8{,}04 \text{ m/sek};$$

damit bleiben auch alle anderen Werte unverändert.

3. Rohrleitung.

Das Profil VII wird an den oberen Rohranfang gelegt. Um den Verlusten durch den allmählichen (windschiefen) Übergang vom rechteckigen Profil zum Kreisprofil Rechnung zu tragen, sollen sie mit $0{,}05 \cdot \frac{v_{\mathrm{VI}}^2}{2g}$ in Ansatz gebracht werden. Dieser Verlust entspricht etwa dem Eintrittsverlust, welcher zu überwinden ist, wenn Wasser aus einem großen Becken von der Geschwindigkeit $v = 0$ in ein Rohr mit glockenförmigem Mundstück eintritt. Wie im Profil V′ bzw. V″ gilt auch hier wieder für die Lage der Energielinie über der Sohle im Profil VI:

$$t_{\mathrm{VI}} + \frac{v_{\mathrm{VI}}^2}{2g} = 1{,}24 + 3{,}299 = 4{,}539 \text{ m}.$$

Lage der Energielinie über der Sohle im Profil VI′:

$$4{,}539 - 0{,}05 \cdot 3{,}299 = \sim 4{,}37 \text{ m}.$$

Es muß also die Beziehung gelten:

$$t_{\mathrm{VI}'} + \frac{v_{\mathrm{VI}'}^2}{2g} = 4{,}37 \text{ m}.$$

Da

$$t_{\mathrm{VI}'} = \frac{Q}{b \cdot v_{\mathrm{VI}'}} = \frac{56{,}0}{5{,}60 \cdot v_{\mathrm{VI}'}} = 10{,}0 \cdot \frac{1}{v_{\mathrm{VI}'}},$$

wird

$$10{,}0 \cdot \frac{1}{v_{\mathrm{VI}'}} + \frac{v_{\mathrm{VI}'}^2}{2g} = 4{,}37\ \mathrm{m}.$$

Durch Probieren erhält man für die Annahme, daß sich der Fließzustand nicht ändert:

$$v_{\mathrm{VI}'} = 7{,}77\ \mathrm{m/sek}, \quad \text{damit} \quad t_{\mathrm{VI}'} = 1{,}286\ \mathrm{m}$$

und

$$t_{\mathrm{VI}'} + \frac{v_{\mathrm{VI}'}^2}{2g} = 4{,}366 \sim 4{,}37\ \mathrm{m}.$$

Daher Verhältnisse im Profil VI′:

$$v_{\mathrm{VI}'} = 7{,}77\ \mathrm{m/sek},$$

also Geschwindigkeitshöhe

$$h_{\mathrm{VI}'} = \frac{v_{\mathrm{VI}'}^2}{2g} = 3{,}08\ \mathrm{m},$$

$$t_{\mathrm{VI}'} = 1{,}286\ \mathrm{m},$$

$$F_{\mathrm{VI}'} = t_{\mathrm{VI}'} \cdot b = 1{,}286 \cdot 5{,}60 = 7{,}20\ \mathrm{m}^2,$$

$$R_{\mathrm{VI}'} = \frac{7{,}20}{5{,}60 + 2 \cdot 1{,}286} = 0{,}882\ \mathrm{m};$$

$$c_{\mathrm{VI}'} = 65{,}9.$$

Strecke VI′—VII.

Wir nehmen zunächst an, daß das Sohlengefälle der Strecke VI′—VII im Längenachsschnitt gleich ist dem Sohlengefälle der Strecke V″—VI, bzw. gleich jenem der Rohrsohle von VII nach abwärts (= 21,62%) (vgl. Abb. 146). Dann ist die Sohlenkote im Profil VII = 389,576 m, daher Gefällszuwachs von VI′ nach VII: 390,780 − 389,576 = 1,204 m. Der Profilabstand VI′ und VII, im Gefälle gemessen, beträgt 5,40 m. Wird der Reibungsverlust von VI′ nach VII zu 0,10 m geschätzt, dann ergibt sich die Geschwindigkeitshöhe in VII zu:

$$h_{\mathrm{VII}} = 3{,}08 + 1{,}204 - 0{,}10 = 4{,}184\ \mathrm{m}$$

und

$$h_{\mathrm{VII}} = 4{,}43 \cdot \sqrt{4{,}184} = 9{,}06\ \mathrm{m/sek},$$

daher

$$F = \frac{Q}{v_{\mathrm{VII}}} = \frac{56{,}0}{9{,}06} = 6{,}18\ \mathrm{m}^2.$$

Nehmen wir das Kreisprofil VII als vollaufend an, dann benötigen wir einen Rohrdurchmesser

$$d = \sqrt{\frac{F \cdot 4}{\pi}} = \sqrt{\frac{6{,}18 \cdot 4}{3{,}14}} = 2{,}81\ \mathrm{m}.$$

Daraus ergibt sich eine Kote der Energielinie von

$$389{,}576 + t_{\mathrm{VII}} + h_{\mathrm{VII}} = 389{,}576 + 2{,}81 + 4{,}184 = 396{,}570\ \mathrm{m}.$$

Die Energielinie im Profil VI′ liegt dagegen auf Kote

$$390{,}780 + 1{,}286 + 3{,}08 = 395{,}146 \text{ m}.$$

Da die Energielinie des Profils VII *um den Druckhöhenverbrauch* zur Überwindung der Verluste zwischen VI′ und VII *tiefer liegen muß* als die Energielinie im Profil VI′, *tatsächlich* aber um 1,524 m *höher liegt*, kann die vorstehende Berechnung für Profil VII in obiger Form *nicht* in Ordnung gehen. Woran liegt das nun?

Denken wir uns einmal die sekundliche Abflußwassermenge im Profil VI′ im Schwerpunkt vereinigt! Dieser liegt, da Profil VI′ rechteckige Form hat, in halber Wassertiefe, also $\frac{1{,}286}{2} = 0{,}643$ m über der Sohle, d. i. also die Kote

$$390{,}78 + 0{,}643 = 391{,}423 \text{ m}.$$

Da Profil VII volläuft, liegt dort der Schwerpunkt der sekundlichen Wassermenge im Kreismittelpunkt, das ist $\frac{2{,}81}{2} = 1{,}405$ m über der Sohlenkote oder auf Kote $389{,}576 + 1{,}405 = 390{,}981$ m. Wir haben oben einen Gefällszuwachs von 1,204 m in Rechnung gesetzt. Tatsächlich vermindert sich aber dieser Gefällszuwachs wegen der relativen Hebung des Schwerpunktes des Wasserquerschnitts auf dem Wege von VI′ nach VII, weil bei dieser Schwerpunktshebung Energie der Bewegung in Energie der Lage umgewandelt wird. Mit anderen Worten: Zwischen den Profilen VI′ und VII haben wir eine *Staustrecke*. Damit wird aber v_{VII} kleiner, so daß der Querschnitt F größer werden muß als 6,18 m², und deshalb $d > 2{,}81$ m, wenn 56,0 m³/sek durch das Profil hindurchgehen sollen.

Um die — besonders im Hinblick auf das „schießende" Wasser — rechnerisch schwer zu fassenden Abflußvorgänge zwischen den Profilen VI′ und VII klar zu gestalten, nehmen wir folgendes an[1]:

1. es herrsche im Profil VII die gleiche mittlere Profilgeschwindigkeit wie im Profil VI′;

2. um hinsichtlich der Abführung der Heberfördermenge von 56,0 m³/sek sicher zu gehen, wird zu dem bei VI—VI′ in Ansatz gebrachten Eintrittsverlust mit Rücksicht auf die hohe Geschwindigkeit und die unvermeidlich starke Turbulenz in der Übergangsstrecke ein neuerer Verlust für die Strecke VI′—VII angenommen von $0{,}40 \cdot \frac{v_{\text{VI}'}^2}{2g} = 0{,}40 \cdot 3{,}08 = 1{,}23$ m;

[1] Soweit in einem praktischen Falle genügend Rohrgefälle vorhanden ist, die Rohrdimensionen also nicht unwirtschaftlich groß werden, würde es am sichersten sein, die Übergangsstrecke VI′—VII zu einem Schacht auszubilden, der so tief ist, daß für $v \sim 0$ m/sek die vorhandene Druckhöhe ausreicht, die notwendige Eintrittsgeschwindigkeit in das Rohr zu erzeugen. Auf diese Weise läßt sich ein Rückstau im Verbindungskanal sicher ausschalten.

3. wir wählen für Profil VII ein solches Lichtprofil, also einen solchen Durchmesser, daß dasselbe beim Auftreten des vollen Verlustes von $0{,}40 \cdot \frac{v_{VI'}^2}{2g}$ etwa den günstigsten Füllungsgrad hinsichtlich der Geschwindigkeit aufweist.

Da nunmehr die Geschwindigkeitshöhen im Profil VI′ und im Profil VII gleich sind, und zwar jeweils 3,08 m betragen, muß die Kote der Energielinie im Profil VII um 1,23 m tiefer liegen als jene im Profil VI′, das ist die Kote

$$395{,}146 - 1{,}23 = 393{,}916 \text{ m}.$$

Damit erhält der Wasserspiegel im Profil VII die Kote (vgl. Abb. 150)

$$393{,}916 - 3{,}08 = 390{,}836 \text{ m}.$$

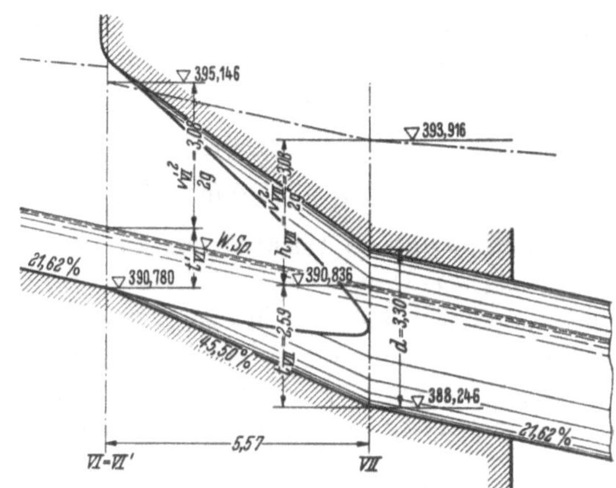

Abb. 150. Übergang zur Rohrleitung.

Da $v_{VII} = v_{VI'} = 7{,}77$ m/sek, wird $F_{VII} = \frac{Q}{v_{VII}} = \frac{56{,}0}{7{,}77} = 7{,}2 \text{ m}^2$. Der günstigste Füllungsgrad bezüglich der Geschwindigkeit liegt im Kreisprofil beim Zentriwinkel $\varphi \sim 257°$. Für $\varphi = 257°$ wird φ (Bogenmaß) $= \frac{257 \cdot \pi}{180} = 4{,}48$. Aus der Tafel 11a des Anhangs entnimmt man für $\varphi = 4{,}48$ den Verhältniswert $\frac{F}{r^2} = 2{,}73$; daraus $r^2 = \frac{F}{2{,}73} = \frac{7{,}2}{2{,}73} = 2{,}64$ und $r = 1{,}625 \sim 1{,}65$ m. Mit $r_{VII} = 1{,}65$ m wird $\frac{F_{VII}}{r_{VII}^2} = 2{,}64$; $\frac{t_{VII}}{r_{VII}} = 1{,}57$, also $t_{VII} = 1{,}57 \cdot 1{,}65 = 2{,}59$ m. $\left(\frac{R}{r}\right)_{VII} = 0{,}607$; $R_{VII} = 0{,}607 \cdot 1{,}65 = 1{,}00$ m. Die Sohlenkote im Profil VII wird demnach

$$390{,}836 - 2{,}59 = 388{,}246 \text{ m}.$$

Daraus ergibt sich ein Sohlengefälle von VI′ nach VII von $\frac{2{,}534}{5{,}57} = 0{,}455 = 45{,}5\%$.

Nunmehr sind die Grundlagen für die konstruktive Durchbildung der Übergangsstrecke festgelegt.

Wir prüfen noch nach, welcher Fließzustand im Profil VII herrscht. Da die Grenzgeschwindigkeit

$$v_{gr} = \sqrt{g \cdot t} = \sqrt{9{,}81 \cdot 2{,}59} = 5{,}04 \text{ m/sek}$$

beträgt, während v_{VII} zu 7,77 m/sek festgelegt wurde, „schießt“ das Wasser durch Profil VII, d. h. es ist keine Änderung im Fließzustand eingetreten.

Strecke VII—VIII.

Das Profil VIII liegt in 10 m Abstand vom Profil VII, horizontal gemessen. Gefällszuwachs von VII bis VIII: 2,162 m (21,62%). Wir bilden den Rohrstoß VII—VIII als konischen Übergang aus von $r = 1{,}65$ m auf $r = 1{,}45$ m.

Rohranfang (Profil VII):

$$v_{VII} = 7{,}77 \text{ m/sek}; \quad h_{VII} = 3{,}08 \text{ m}; \quad F_{VII} = 7{,}20 \text{ m}^2; \quad t_{VII} = 2{,}59 \text{ m};$$
$$R_{VII} = 1{,}00 \text{ m}.$$

Die relativ stauende Wirkung der Rohrverjüngung berücksichtigen wir, um sicherzugehen, indem wir den Gesamtverlust VII—VIII mit 1,00 m Druckhöhe in Ansatz bringen, wovon 0,20 m Druckhöhe durch die Rohrreibung endgültig aufgebraucht sein sollem.

Dann verbleiben zur Geschwindigkeitserzeugung bzw. zur Beschleunigung auf der Strecke VII—VIII

$$h_{VII-VIII} = 3{,}08 + 2{,}162 - 1{,}00 = 4{,}242 \text{ m}.$$

Daraus

$$v_{VIII} = 4{,}43 \cdot \sqrt{4{,}242} = 9{,}12 \text{ m/sek}; \quad F_{VIII} = \frac{56{,}0}{9{,}12} = 6{,}13 \text{ m}^2;$$
$$\left(\frac{F}{r^2}\right)_{VIII} = \frac{6{,}13}{1{,}45^2} = 2{,}92 \text{ m}^2; \quad \left(\frac{t}{r}\right)_{VIII} = 1{,}76;$$
$$t_{VIII} = 1{,}76 \cdot 1{,}45 = 2{,}55 \text{ m};$$
$$\left(\frac{R}{r}\right)_{VIII} = 0{,}602; \quad R_{VIII} = 0{,}87 \text{ m}.$$

Prüfung des Reibungsverlustes auf der Strecke VII—VIII: Die Mittelwerte aus VII und VIII ergeben $v = 8{,}45$ m/sek; $R = 0{,}935$ m.

Für die längs- und quergenieteten Stahlblechrohre der Leerlaufleitung setzen wir $\gamma = 0{,}16$ nach Bazin. Daher mittlere Geschwindigkeitsbeiwert für die Strecke VII—VIII: $c = 73{,}3$.

Die Reibungslänge l' berechnet sich zu $l' = \frac{l}{\cos\alpha} = \frac{10{,}0}{0{,}9775} = 10{,}225$ m, wenn der Neigungswinkel der Rohrachse $\alpha = 12^\circ\, 11'\, 49''$ beträgt.

Daher Reibungsverlust VII—VIII:

$$h_r = \frac{8{,}45^2 \cdot 10{,}225}{73{,}3^2 \cdot 0{,}935} = 0{,}15 \text{ m}.$$

Von dem oben angesetzten Druckhöhenverlust von 1,00 m wurden 0,20 m als Reibungsverlust betrachtet; von dem Rest von 0,80 m wurde angenommen, daß er zur relativen Hebung des Wasserspiegels infolge der Rohrverjüngung verbraucht wird. Diese Druckhöhe ist also in Form von Energie der Lage im Profil VIII vorhanden, so daß dort einschließlich der Einsparung an Reibungsgefälle an Energie insgesamt zur Verfügung stehen:

$$\frac{v_{\mathrm{VIII}}^2}{2g} + 0{,}80 + 0{,}05 = 4{,}242 + 0{,}80 + 0{,}05 = 5{,}092\,\mathrm{m}.$$

Vom Profil VIII bis XI wird der Rohrdurchmesser 2,90 m wegen des hohen Füllungsgrades beibehalten.

Strecke VIII—IX.

Profil IX liegt in 10,0 m Abstand vom Profil VIII, horizontal gemessen.

Geschwindigkeitshöhe in IX:

$$h_{\mathrm{IX}} = h_{\mathrm{VIII}} + \text{Gefällszuwachs} - \text{Reibungsverlust (geschätzt)},$$

$$h_{\mathrm{IX}} = 5{,}092 + 2{,}162 - 0{,}25 = 7{,}004\,\mathrm{m},$$

$$v_{\mathrm{IX}} = 4{,}43 \cdot \sqrt{7{,}008} = 11{,}72\,\mathrm{m/sek}; \quad F_{\mathrm{IX}} = \frac{56{,}0}{11{,}72} = 4{,}78\,\mathrm{m}^2;$$

$$\left(\frac{F}{r^2}\right)_{\mathrm{IX}} = 2{,}27; \quad \left(\frac{t}{r}\right)_{\mathrm{IX}} = 1{,}36; \quad t_{\mathrm{IX}} = 1{,}97\,\mathrm{m};$$

$$\left(\frac{R}{r}\right)_{\mathrm{IX}} = 0{,}585; \quad R_{\mathrm{IX}} = 0{,}846\,\mathrm{m}.$$

Mittelwerte VIII—IX:

$$v = \frac{9{,}12 + 11{,}72}{2} = 10{,}42\,\mathrm{m/sek}; \quad R = \frac{0{,}87 + 0{,}846}{2} \approx 0{,}86\,\mathrm{m}.$$

Reibungsverlust VIII—IX:

$$h_r = \frac{10{,}42^2 \cdot 10{,}225}{73{,}1^2 \cdot 0{,}86} = 0{,}242\,\mathrm{m} \sim 0{,}25\,\mathrm{m}, \text{ wie oben angesetzt.}$$

In analoger Weise wird die Untersuchung der Rohrleitung fortgeführt. Die Lage der Energielinie ist in Abb. 151 eingetragen.

Das Wasser, welches mit großer, stetig wachsender Geschwindigkeit die Rohrleitung herabschießt, nimmt dabei erhebliche Luftmengen mit. Will man vermeiden, daß hierdurch Saugwirkungen in der Rohrleitung und die damit verbundenen statischen Einwirkungen auf die Rohre sowie Störungen im Abflußvorgang (stoßweise vorübergehende Erhöhung der Förderleistung in der Leitung!) auftreten, so muß die Rohrleitung mit Be- und Entlüftungsschächten versehen werden, damit die in der Rohrleitung bewegten Luftmassen zugeführt und an den entsprechenden Stellen der Leitung (verengte Luftquerschnitte!) abgestoßen werden können. Da bei den Entlüftungsschächten, insbesondere im unteren Leitungsteil, die austretende Luft auch Wasser mitnehmen wird, ist bei der konstruktiven Durchbildung für dessen unschädliche Ableitung Vorsorge zu treffen.

In Abb. 151 sind solche Schächte durch strichlierte Eintragung angedeutet.

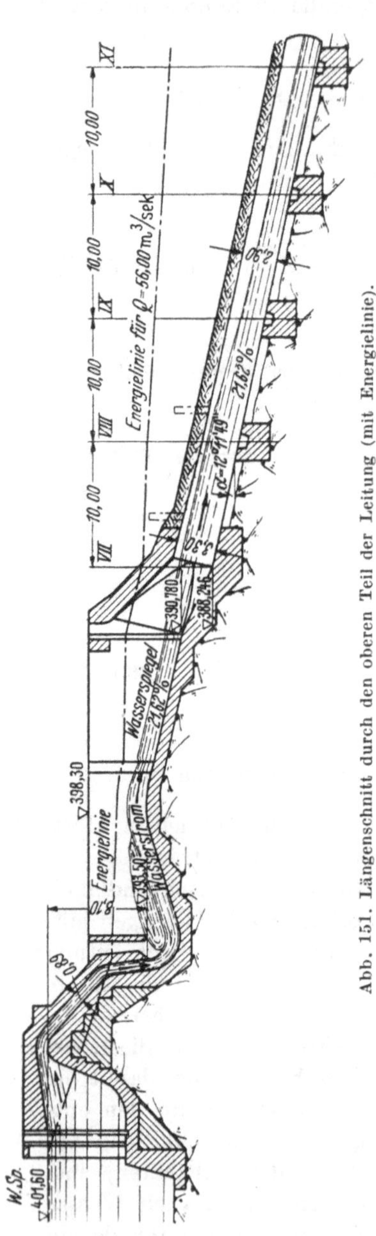

Abb. 151. Längenschnitt durch den oberen Teil der Leitung (mit Energielinie).

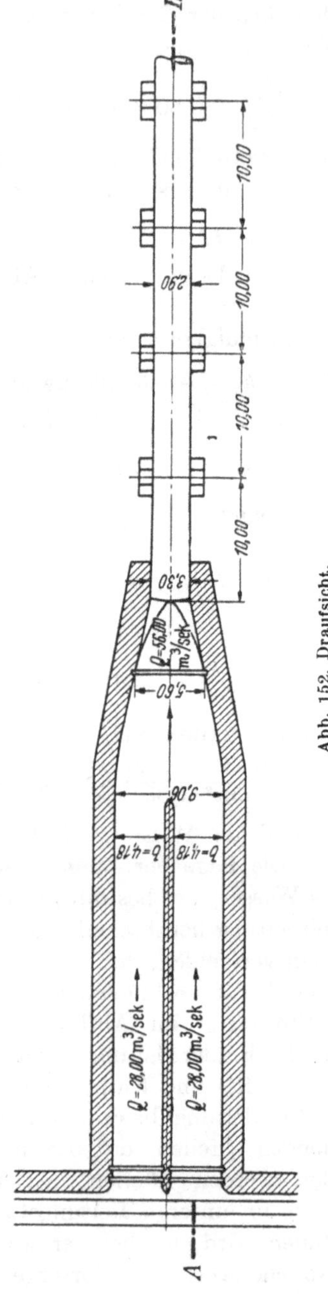

Abb. 152. Draufsicht.

Damit ist die Untersuchung des Hebers einschließlich Abflußleitung durchgeführt. Kann die dabei verwendete Rechenmethode auch keinen Anspruch auf weitgehende Genauigkeit machen, so gibt sie doch eine Möglichkeit, in schwierig gelagerten Fällen sich wenigstens ein aus brauchbaren Rechengrundlagen hervorgegangenes Bild über den Abflußvorgang zu machen, insbesondere Stellen mit unklaren Abflußverhältnissen festzustellen und durch geeignete konstruktive Maßnahmen klare Abflußverhältnisse zu schaffen. Diese sind in dem vorliegenden Beispiel gegeben, wenn das Abflußgerinne sowie die Rohrleitung an jeder Stelle 56,0 m³/sek abzuführen vermögen, ohne einen sich nach oben fortsetzenden störenden Rückstau auszulösen.

II. Heberwirkungsgrad $\mu = 75\%$.

Es soll nun noch kurz der Frage nähergetreten werden, wie sich die Abflußverhältnisse gestalten, wenn der Heber statt des angenommenen 60%igen Wirkungsgrades einen 75%igen Wirkungsgrad aufweisen und wenn gleichzeitig infolge einer Unregelmäßigkeit im Abflußvorgang (z. B. Übergang vom Schießen zum Strömen!) die Geschwindigkeit vor dem Rohreinlauf, also etwa oberhalb des Profiles VI klein wird!

1. Abflußverhältnisse im Heber bis Profil II.

Heberwirkungsgrad $\mu_1 = 0{,}75\%$;

daher Heberleistung $Q = \frac{\mu_1}{\mu} \cdot Q_1 = \frac{0{,}75}{0{,}60} \cdot 28{,}0 = \mathbf{35{,}0}\ \text{m}^3/\text{sek}$;

effektive Hebersaughöhe $h' = \mu_1^2 \cdot h = 0{,}75^2 \cdot 8{,}10 = \mathbf{4{,}56}\ \text{m}$.

Im Profil II besteht dann bei den gewählten Profilgrößen und unter Beibehaltung eines Verlustes von $0{,}5 \cdot \frac{v_{II}^2}{2g}$ zwischen den Profilen I und II folgende Beziehung zwischen h_1 und t_{II}:

$$0{,}5 \cdot \frac{v_{II}^2}{2g} + \frac{v_{II}^2}{2g} + t_{II} = 4{,}56\ \text{m},$$

$$1{,}5 \cdot \frac{v_{II}^2}{2g} + t_{II} = 4{,}56\ \text{m},$$

$$\frac{1{,}5}{2g} \cdot \frac{Q^2}{b_{II}^2 \cdot t_{II}^2} + t_{II} = 4{,}56\ \text{m};$$

für $Q = 35{,}0\ \text{m}^3/\text{sek}$, $b_{II} = 4{,}18$ m ergibt sich

$$5{,}34 \cdot \frac{1}{t_{II}^2} + t_{II} = 4{,}56.$$

Wie in den Profilen V'' und VI' ergeben sich auch hier zwei Werte t_{II} für die angenommene Lage der Energielinie:

$${}_1t_{II} = 1{,}29\ \text{m}\ \ (\text{„schießendes" Wasser})$$

und

$${}_2t_{II} = 4{,}30\ \text{m}\ \ (\text{„strömendes" Wasser}).$$

Es ist nun mit der Möglichkeit zu rechnen, daß die angenommene Störung im Gerinneteil zwischen den Profilen II und VI den Abfluß im Profil II so beeinflußt, daß in dessen Bereich — wenigstens für eine kurze Spanne Zeit — die Abflußtiefe ${}_2t_{II} = 4{,}30$ m herrscht. (Lange wird dieser Zustand nicht andauern, weil das Fortschreiten des Schwalls nach aufwärts zu einer Verringerung der Hebersaughöhe und damit zu einer Reduzierung der Heberleistung führt, und weil überdies die für die zwei Heber in Frage kommende Maximalleistung nur $2 \cdot 28{,}0 = 56{,}0$ m³/sek beträgt, so daß die nunmehrige Leistung von $2 \cdot 35{,}0 = 70{,}0$ m³/sek nur vorübergehend sein kann.) Um ein Austreten des Wassers über die Seitenwände des Gerinnes zu vermeiden, wurde deren Oberkante $4{,}30 + 0{,}50 = 4{,}80$ m über die Sohlenkote des Profils II gelegt, d. i. auf Kote $393{,}50 + 4{,}80 = 398{,}30$ m.

2. Abflußverhältnisse in der Rohrleitung.

Kann die Rohrleitung bei den gewählten Dimensionen für den vorstehend unter 1. skizzierten Fließvorgang im Abflußgerinne die Förderleistung der zwei Heber von zusammen 70 m³/sek abführen? Damit in die Rohrleitung 70 m³/sek eintreten können, bedarf es im Querschnitt VII, also am Beginn der Leitung, unter Annahme vollaufenden Profils einer Geschwindigkeit $v_{VII} = \frac{Q}{F} = \frac{70{,}0}{1{,}65^2 \cdot 3{,}14} = 8{,}19$ m/sek.

Zur Erzeugung dieser Geschwindigkeit wäre bei 10% Eintrittsverlust eine Geschwindigkeitshöhe notwendig von

$$h_{VII} = 1{,}1 \cdot \frac{v_{VII}^2}{2g} = 1{,}1 \cdot \frac{8{,}19^2}{19{,}62} = 3{,}76 \text{ m}.$$

Befindet sich das Wasser vor der Rohreinmündung im Augenblick der Beobachtung vollkommen in Ruhe, dann muß sich das Wasser diese Geschwindigkeitshöhe von 3,76 m selbst schaffen, indem es im Becken so hoch ansteigt, bis sein Spiegel 3,76 m über den Scheitelpunkt der Leitung bei Profil VII liegt. Die so gewonnene Druckhöhe wird nun, soweit sie nicht zur Überwindung des Eintrittsverlustes verbraucht wird, in Geschwindigkeit umgesetzt, so daß im besagten Scheitelpunkt des Profils VII der Druck 0 herrscht. Wäre im Becken schon eine Wassergeschwindigkeit v' vorhanden, dann vermindert sich die Hebung des Spiegels über den Scheitelpunkt des Rohranfangs um $1{,}1 \cdot \frac{v'^2}{2g}$. Im übrigen hat sich an den Geschwindigkeits- und Druckverhältnissen *im Profil VII selbst* nichts geändert.

Da die Unterkante der Rohrleitung im Profil VII auf Kote 388,236 m liegt, die Oberkante also auf $388{,}246 + 3{,}30 = 391{,}546$ m, so ergibt sich für $v' = 0$ eine Wasserspiegelkote im Gerinnebecken von $391{,}546 + 3{,}76 = 395{,}306$ m.

Diese Spiegelkote liegt $397{,}80 - 396{,}306 = 2{,}494$ m tiefer als der angenommene Spiegel im Profil II. Es ist somit zwischen den Profilen II und VI genügend Spiegelgefälle vorhanden, so daß hier weitere Störungen für den Abfluß nicht zu erwarten sind und v' eine nicht unbeträchtliche Größe erreichen wird. Selbst für schießendes Wasser im Profil II bei $Q = 35{,}0$ m³/sek Leistung pro Heber wäre nur ein Wassersprung von $395{,}306 - (393{,}50 + 1{,}29) = 0{,}516$ m notwendig, um im unteren Becken auf den Wasserspiegel 395,306 m zu kommen. Dieser Fließzustand ist deshalb nicht nur möglich, sondern für einen *Dauer*zustand sogar wahrscheinlicher als jener für „strömendes" Wasser im Profil II.

Jedenfalls sind die Bedingungen nunmehr festgelegt, unter denen in das Profil VII 70 m³/sek eintreten. Bei gleichbleibendem Rohrdurchmesser und stetigem Gefällszuwachs, welcher gleich dem stetigen Gefällsverbrauch zur Überwindung der auftretenden Verluste wäre, ergäbe sich in der Rohrleitung eine gleichförmige Wasserbewegung, vergleichbar jener in einem *vollaufenden* Freispiegelstollen (Rohrscheitel *ohne* Druckbeanspruchung).

Unsere Leitung nimmt von Profil VII bis Profil VIII von 3,30 m Durchmesser auf 2,90 m ab. Genügt nun der vorhandene Gefällszuwachs zwischen VII und VIII, um die 70 m³/sek auch durch das verkleinerte Profil in VIII zu fördern? Wenn er nicht genügte, dann müßte sich das Wasser durch weitere Hebung des Spiegels im Becken zusätzliches Druckgefälle schaffen, um damit auf die notwendige Geschwindigkeitssteigerung zu kommen. Wir führen die Untersuchung für unser Profil VIII durch, indem wir für dasselbe gleich den günstigsten Füllungsgrad für die Wassermenge Q voraussetzen, d. i. jener Füllungsgrad, bei welchem das Profil $Q_{\max}$ fördert. Dieser Füllungsgrad liegt beim Zentriwinkel $\varphi_{\mathrm{VIII}} = 308°$. Für diesen Winkel wird das Bogenmaß für 1,0 m Radius $\varphi_{\mathrm{VIII}} = 5{,}376$, damit $\left(\frac{F}{r^2}\right)_{\mathrm{VIII}} = 3{,}075$ (vgl. Tafel 11a des Anhangs), somit $F_{\mathrm{VIII}} = 6{,}46$ m² und daraus die mittlere Profilgeschwindigkeit für $Q_{\max} = 70{,}0$ m³/sek:

$$v_{\mathrm{VIII}} = \frac{Q_{\max}}{F_{\mathrm{VIII}}} = \frac{70{,}0}{1{,}46} = 10{,}82 \text{ m/sek}.$$

Die Fülltiefe t_{VIII} ergibt sich für $\left(\frac{t}{r}\right)_{\mathrm{VIII}} = 1{,}9$ zu $t_{\mathrm{VIII}} = 1{,}9 \cdot 1{,}45 = 2{,}76$ m. Der Geschwindigkeit v_{VIII} entspricht nun eine Geschwindigkeitshöhe

$$h_{\mathrm{VIII}} = \frac{v_{\mathrm{VIII}}^2}{2g} = \frac{10{,}82^2}{19{,}62} = 5{,}98 \text{ m}.$$

Die Geschwindigkeitshöhe im Profil VII war:

$$h_{\mathrm{VII}} = \frac{v_{\mathrm{VII}}^2}{2g} = \frac{8{,}19^2}{19{,}62} = 3{,}42 \text{ m}.$$

Zur Steigerung der Geschwindigkeit zwischen den Profilen VII und VIII ist demnach ein Gefällszuwachs notwendig von 5,98 − 3,42 = 2,56 m. Das zur Überwindung der Reibungsverluste auf der betrachteten Strecke notwendige Gefälle berechnet sich überschlägig zu 0,12 m. Der insgesamt notwendige Gefällszuwachs zwischen VII und VIII beträgt demnach 2,67 m.

Aus dem gegebenen Gefälle der Rohrsohle von 2,162 m zwischen VII und VIII und dem Unterschied der Wassertiefen in den Profilen VII und VIII im Betrage von $t_{\text{VII}} - t_{\text{VIII}} = 3{,}30 - 2{,}76 = 0{,}54$ m ergibt sich sohin ein gesamter Gefällszuwachs von $2{,}162 + 0{,}54 = 2{,}702$ m. Benötigt werden 2,67 m. Es ist also noch ein kleiner Gefällsüberschuß vorhanden, so daß damit gerechnet werden kann, daß auch in dem jetzt zur Untersuchung stehenden Falle mit $Q = 70\,\text{m}^3/\text{sek}$ die Leerlaufleitung ausreicht und dabei, was bezüglich der Dimensionierung der Rohre sehr erwünscht ist, nicht volläuft. Wäre das Rohrgefälle kleiner, so würde für den untersuchten Fall die Leerlaufleitung bei den gewählten Dimensionen zu einer *Druckleitung*, und die Förderleistung derselben hinge von der gesamten zur Verfügung stehenden Druckhöhe ab, also von der Differenz zwischen oberem Beckenwasserspiegel (oder bei $v' \neq 0$ zwischen der Kote der Piezometerlinie dortselbst) und unterem Austrittswasserspiegel (bzw. der Kote der Piezometerlinie an dieser Stelle).

Aus der Annahme des günstigsten Profils in VIII folgert weiter, daß der sich aus der Voraussetzung eines vollaufenden Profils VIII ergebende Gefällszuwachs nicht mehr ausgereicht hätte, um einen *drucklosen* Abfluß zu gewährleisten. Da der Abfluß jedoch nach dem Gesetz der Überwindung des kleinsten Widerstandes vor sich geht, mußte auch zunächst mit der günstigsten Profiltiefe für die Förderung der Wassermenge $Q = 70\,\text{m}^3/\text{sek}$ gerechnet werden. Wäre *dabei* der Gefälls*bedarf* schon größer geworden als der tatsächliche Gefälls*zuwachs*, dann müßte mit vollaufender, also mit einer Druckrohrleitung gerechnet werden.

Zusammenfassend zeigen die angestellten Überlegungen, daß es sehr zweckmäßig ist, zunächst die Abflußverhältnisse in ähnlicher Weise zu klären, wie es hier geschehen ist, und entsprechend dem Ergebnisse die Rohrdurchmesser zu bestimmen. Nunmehr kann der Spiegelverlauf für die vorausgesetzten *normalen* Abflußverhältnisse verfolgt und *dabei geprüft werden, inwieweit schwer vorausberechenbare Abflußverhältnisse an der einen oder anderen Stelle des Systems der Leerlaufleitung konstruktive Maßnahmen zur Gestaltung klarer Abflußverhältnisse empfehlenswert erscheinen lassen.*

Aufgabe 29[1].

Bemessung der Hauptstränge einer städtischen Mischkanalisation nach dem Summenlinienverfahren (mittels Anlaufkurven).

Ein weitläufig, meist mit Einfamilienhäusern bebauter Teil einer kleinen Stadt in Nordbayern soll an das für andere Stadtteile bestehende Kanalisationsnetz (Mischsystem) angeschlossen werden.

[1] Die Unterlagen zu dieser Aufgabe wurden mir von Oberbaudirektor Prof. E. STECHER †, München, zur Verfügung gestellt.

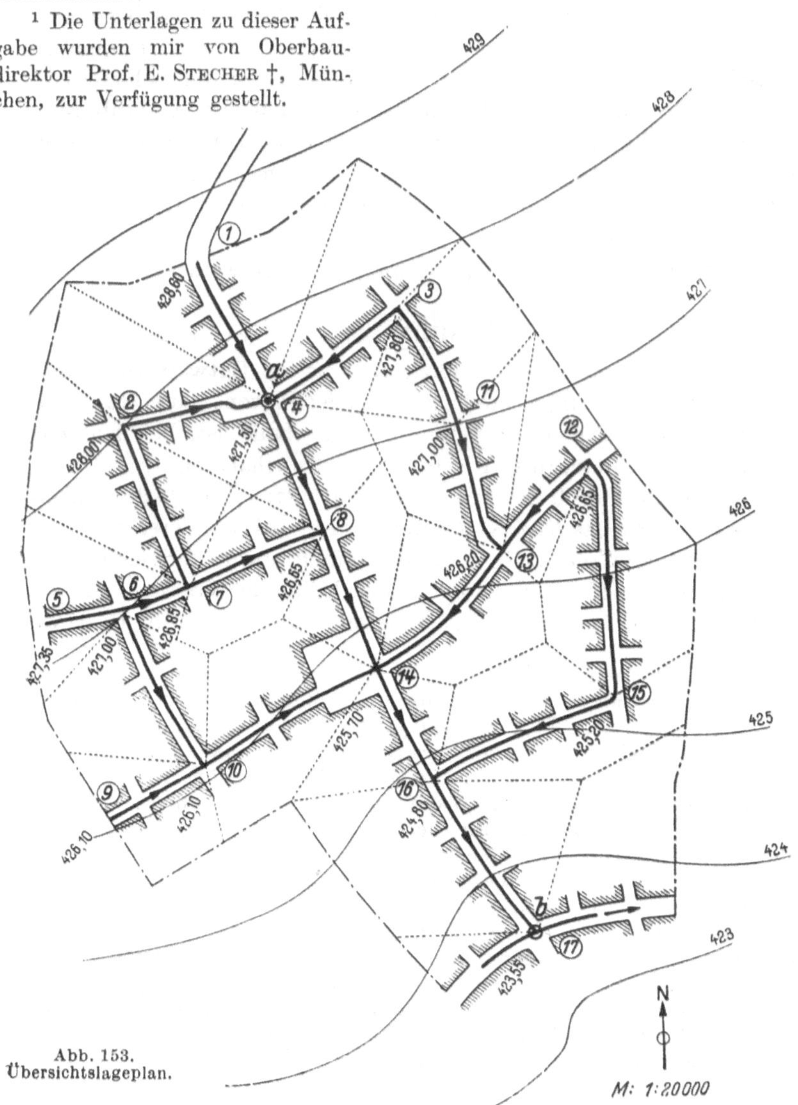

Abb. 153. Übersichtslageplan.

In dem Übersichtsplan 1 : 20000 (Abb. 153) sind die Hauptstraßenzüge, das Einzugsgebiet (strichpunktiert umgrenzt) und die Höhenschichtlinien angegeben.

Da bei Mischsystemen vorliegenden Umfanges die Schmutzwassermengen, welche das Kanalnetz aufzunehmen hat, gegenüber den Regenwassermengen belanglos sind, hat die Bemessung des Netzes lediglich für die letzteren zu erfolgen. Die Abflußbeiwerte ψ sind gegeben (vgl. Texttabelle 36, Spalte 4).

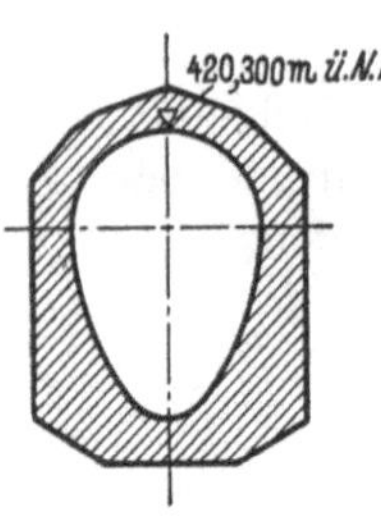

Abb. 154.

Die innere Scheitelhöhe (höchster Punkt des Lichtquerschnitts) des großen Hauptkanals bei *b*, in welchen die Entwässerung des zu kanalisierenden Gebietes einmünden muß, hat die Kote 420,300 ü. N.N. (Abb. 154). Ferner ist gefordert, daß die kleinste Tiefe des inneren Kanalscheitels unter Gelände in der etwas dichter bebauten Hauptstraße *a*—*b* mindestens 3,0 m, in den übrigen Straßen mindestens 2,5 m betragen muß.

Zu bestimmen sind die Endquerschnitte der Hauptkanäle[1].

Lösung[2].

Voruntersuchungen haben ergeben, daß für die Entwässerung (Abwasserbeseitigung) des in unserem Beispiel gegebenen Entwässerungsgebietes (Ortsteiles) das *Misch*system das gegebene ist, bei dem das *Brauch*wasser (verschmutztes Abwasser der Haushaltungen, Fäkalien usw.) und das zum Abfluß gelangende *Regen*wasser des Entwässerungsgebietes in *ein und demselben* Kanal abgeführt wird. (Anderes System: *Trenn*system, bei dem die Abführung des Brauchwassers und des Regenwassers in *getrennten* Kanälen erfolgt. Hinsichtlich der Voraussetzungen für die Verwendung des einen oder anderen Systems sowie über deren

[1] Vgl. auch Aufgabe 19, S. 168.

[2] Literatur u. a.: IMHOFF, K.: Taschenbuch der Stadtentwässerung. München u. Berlin 1936. — GEISSLER, W.: Kanalisation und Abwasserreinigung. Handb. f. Bauingenieure, III. Teil, 6. Bd. Berlin: Springer 1933. — KEHR, D.: Die Berechnung von Regenwasserabflüssen. München u. Berlin 1933. — MÜLLER, G.: Regenwasseraufhaltebecken in städtischen Entwässerungsnetzen. Beihefte z. Gesundh.-Ing. Heft 19 (1939). — REINHOLD, F.: Die Bemessung von Regenwasserkanälen mit Hilfe nomographischer Verfahren. Gesundh.-Ing. Bd. 50 (1927) S. 321. — Vorläufige Näherungswerte für Regenspenden in Deutschland. Gesundh.-Ing. Bd. 59 (1936) S. 196. — Einheitliche Grundlagen für die Leitungsbemessung in der Abwassertechnik. Dtsch. Wasserw. 1939, S. 275. — SCHOENEFELDT, O.: Die rechnerische Erfassung des Regenwasserabflusses bei der Städteentwässerung. Gesundh.-Ing. Bd. 60 (1937). — STECHER, E.: Einheitliche Bemessungsverfahren für Regen- und Mischwasserkanäle, Wirkung der Zugbewegung der Regen. Gesundh.-Ing. Bd. 57 (1934) S. 297. — Hütte des Bauingenieurs, 26. Aufl., Bd. 3, berichtigter Neudruck 1926. Berlin: W. Ernst & Sohn.

Vorteile und Nachteile vgl. die angegebene Literatur! Dort sind noch weitere Literaturhinweise zu finden.)

Das zu entwässernde Gelände fällt von Nordwest nach Südost hin ziemlich gleichmäßig ab (vgl. Abb. 153). Dabei liegt die Hauptstraße *a—b* in einer Geländefalte. Der Hauptsammler des Kanalnetzes wird deshalb in diese Geländemulde gelegt. Er schließt bei *b* an das bereits bestehende Kanalisationsnetz der Stadt an. Bei dieser Festlegung des Hauptkanals im Grundriß ergibt sich die Kanalführung der links und rechts davon liegenden Entwässerungsgebiete ganz von selbst: die zur Hauptstraße *a—b* führenden Straßen werden durch Seitenkanäle zu dieser hin entwässert. In diese Seitenkanäle entwässern die Rohrstränge der zur Hauptstraße parallelen Straßen, und zwar dem natürlichen Gefälle des Geländes folgend, von Nord nach Süd. Es ergibt sich damit in unserem Falle für die allgemeine Anordnung des zu entwerfenden Kanalnetzes das sog. *Verästelungs*system. (Andere Systeme: Abfangsystem, Fächer- oder Parallelsystem, Radialsystem!)

Im Lageplan 1 : 20000 (Abb. 153) ist das so entwickelte Kanalnetz eingetragen, wobei die Fließrichtungen in den einzelnen Strängen (Richtungen des Gefälles) durch Pfeile angegeben sind. Die Anfangs- und Endpunkte der Teilstrecken wurden mit Ziffern versehen, und zwar oben am Anfang mit 1 beginnend und nach unten fortschreitend, dabei die Reihenfolge der Einmündung der Nebensammler berücksichtigend. Außerdem wurde die Abgrenzung der Einzugsgebiete dieser Teilstrecken mit punktierten Linien im Lageplan festgelegt. Schließlich wurden die Geländehöhen (Koten der Straßenoberflächen) für die bezifferten Eckpunkte der Hauptstraßenzüge aus den gegebenen Schichtlinien ermittelt und in den Lageplan eingetragen.

Die Bemessung der Kanalleitungen erfolgt für das *Misch*system unseres Falles mittels einer „Zahlentafelrechnung" (Tabelle 36, Tafel 11 S. 320) in Verbindung mit dem graphischen „*Summenlinienverfahren*" (Auftragung der Flutkurve). Die Grundlage für die Bemessung bildet dabei der *Regenwasserabfluß*, wobei für unsere Verhältnisse (Mischsystem!) die Brauchwassermenge unberücksichtigt bleiben kann. Letztere spielt beim Mischsystem nur eine Rolle bei großen Hauptsammlern und ist maßgebend für die Bemessung der Abwasserbehandlungsanlagen.

Die Regenwasserabflußmenge hängt außer von der Größe der zu entwässernden Fläche ab von der *Regenintensität* und *Regendauer*, vom *Abflußbeiwert* und gegebenenfalls von *Abflußverminderung* des Regenwassers im Kanalnetz infolge der kurzen Dauer der Starkregen.

1. Regenintensität und Regendauer, Berechnungsregen.

Für die Bemessung von Kanalisationsleitungsnetzen sind lediglich die *kurzen Starkregen* („Platzregen", „Sturzregen") von entscheidender

Bedeutung, denn sie bringen in kurzen Zeiträumen verhältnismäßig große Wassermengen (Aufzeichnung solcher starker Kurzregen durch selbstschreibende Regenmesser).

Von den nach Intensität und Dauer verschiedenen Sturzregenfällen ist für jeden Punkt eines bestimmten Entwässerungsgebietes nur *ein* Regen von bestimmter Dauer und damit bestimmter Intensität der

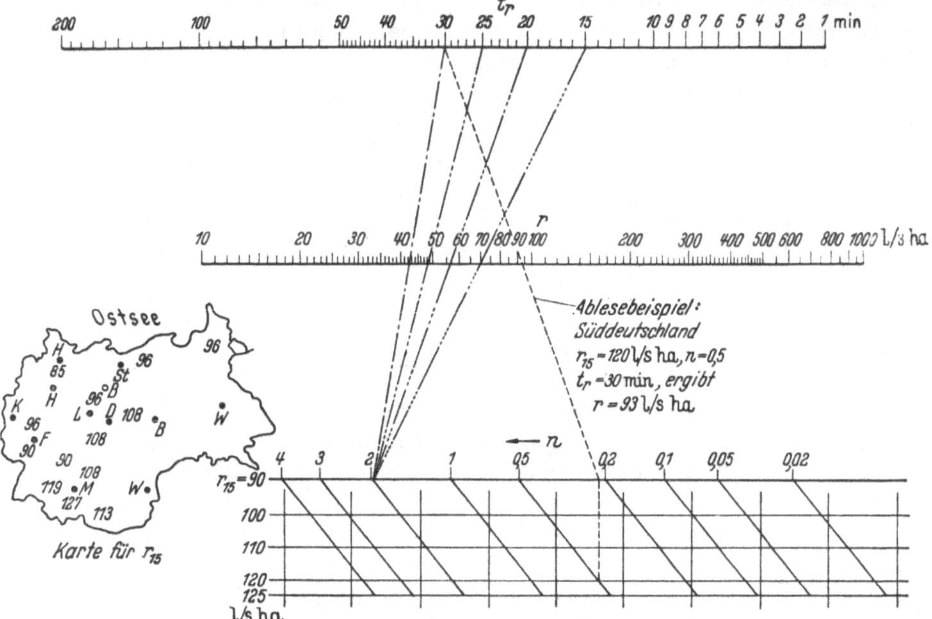

Abb. 155. Regennomogramm nach REINHOLD.

ungünstigste, d. h. *der Berechnungs*regen. Aus wirtschaftlichen Gründen, d. h. um für das Kanalisationsnetz nicht zu hohe Kosten zu erhalten, scheiden Regen unter 10 bis 15 min Dauer aus, ebenso außergewöhnliche, katastrophale Regengüsse.

REINHOLD[1] hat für Deutschland die gleich häufigen, stärksten Regen zusammengestellt. Er fand, daß zwischen diesen Regen und ihrer Häufigkeit überall die gleiche Beziehung besteht, die er in einem Nomogramm darstellte (vgl. Abb. 155). Dieses REINHOLDsche Nomogramm ist hinreichend genau für Kanalisationszwecke innerhalb der deutschen Grenzen des Jahres 1939, so daß sich die Auswertungen weiterer Regenbeobachtungen für diese Zwecke in dem umrissenen Grenzbereich erübrigen.

Entscheidend für die Kanalbemessung ist nun — neben der unter 2.

[1] Vgl. Literaturangabe in der Fußnote S. 302.

behandelten Feststellung der Abflußbeiwerte — die zu wählende *Häufigkeit* der *Regenreihe,* die der Berechnung zugrunde gelegt wird. Unter Häufigkeit n wird dabei die Zahl verstanden, die angibt, wie oft der Regen jährlich überschritten wird.

In dem Entwässerungsgebiet unseres Beispiels sind keine besonders hochwertigen Gebäude und keine wertvollen Lager und Betriebe in Kellern. Wir können also auf eine Häufigkeit $n = 2$ gehen, d. h. wir legen der Abflußberechnung eine Regenreihe zugrunde, die jährlich 2mal übertroffen wird.

Aus der Kartenskizze von Deutschland und die östlich anschließenden Gebiete auf REINHOLDS Nomogramm (Abb. 155) ergibt sich für *Nordbayern* für einen 15-Minutenregen von der Häufigkeit $n = 1$ der Wert $r_{15} = 90$ l/sek und ha. Für $n = 2$ unseres Beispiels erhält man für die Grundzahl $r_{15} = 90$ aus dem Nomogramm folgende *Regenreihe*:

Regendauer	$t_r = 15$	20	25	30 min
Regenspenden	$r = 70$	56	48	42 l/sek und ha*.

(Im Nomogramm sind vom Punkt $n = 2$ auf der Linie $r_{15} = 90$ die strichpunktierten Hilfslinien zu den Punkten 30, 25, 20, 15 min der t_r-Linie gezogen. Dabei treffen diese strichpunktierten Hilfslinien auf der r-Linie die Punkte 42 bzw. 48, 56, 70 l/sek und ha. Für einen anderen 15-Minutenregen mit $r_{15} = 120$ l/sek und ha ist für $n = 0{,}5$ und $T = 30$ min im Nomogramm ein weiteres Ablesebeispiel mit strichlierter Hilfslinie gegeben!)

Für die spätere Auftragung der *Anlauf*kurve wird der kürzeste, also stärkste Regen der Reihe ($r = 70$ l/sek und ha, $t_r = 15$ min) zugrunde gelegt.

2. Abflußbeiwert.

Derselbe gibt an, wieviel vom Niederschlag zum Abfluß gelangt. Der infolge der Versickerung und Verdunstung nicht abfließende Teil des Regens hängt ab von der Gelände- und Oberflächenbeschaffenheit und nimmt mit steigender Regendauer ab. Während über Regenintensität, Regendauer und Abflußvorgänge gute Beobachtungen vorliegen, sind die Feststellungen über den *Abflußbeiwert* ψ bei städtischen Kanalisationen sehr lückenhaft, obwohl die richtige Festlegung der ψ-Werte für die Größe der tatsächlich abzuführenden Flutwelle die gleiche Bedeutung hat wie die zugrunde gelegte Regenreihe und der Abflußvorgang selbst.

---

* Der allgemeine Ansatz für die Regenspenden lautet:

$$t_r \geqq 15 \text{ min}; \quad r = r_{15} \cdot 10{,}82\, t_r^{-0{,}13} \cdot (n^{-0{,}246} - 0{,}333),$$

$$t_r \leqq 15 \text{ min}; \quad r = r_{15} \cdot 147{,}7 \cdot (t_r + 15)^{-1{,}35} \cdot (n^{-0{,}246} - 0{,}333).$$

Als brauchbar für länger dauernde Regenfälle haben sich die in der Tabelle 34 aufgeführten ψ-Werte erwiesen (nach KEHR, a. a. O. S. 64):

Tabelle 34.

Oberflächenbefestigung	Abflußbeiwert
Dachflächen	0,85—0,95
Fugendichtes Pflaster	0,7 —0,9
Gewöhnliches Pflaster	0,5 —0,7
Chaussierung und Mosaikpflaster	0,4 —0,6
Promenadenbefestigung	0,15—0,3
Unbefestigte Flächen	0,1 —0,2
Parkanlagen und Gärten	0 —0,1

Für größere Gebiete gibt STECHER[1] den Einfluß von Versickerung und Verdunstung auf den Abfluß in folgender Tabelle 35 an.

Tabelle 35.

Kennzeichnung des Entwässerungsgebietes	Abflußbeiwert ψ
Für sehr dicht bebaute Stadtteile	0,7—0,9
Für geschlossen bebaute Stadtteile	0,5—0,7
Für offen bebaute Stadtteile	0,3—0,5
Für gartenreiche Außenviertel	0,2—0,3
Für unbebautes Gelände (Sportplätze, Gleisharfen)	0,1—0,2
Für Parkanlagen	0,0—0,1

IMHOFF schätzt, daß der Abflußbeiwert ψ während 15 min unverändert bleibt und dann im Verlauf von $2^1/_2$ Stunden allmählich um die Hälfte seines ursprünglichen Wertes steigt. Die Berücksichtigung der Steigerung von ψ erhöht bei großen Netzen die Sicherheit gegen Überstauungen.

Für unser Beispiel sind die ψ-Werte der Einfachheit halber gegeben und in Spalte 4 der Tabelle 36 eingetragen.

3. Der Abflußvorgang und die Abflußminderung. (Einfluß der Regendauer.)

Bei der Kanalquerschnittsbestimmung muß berücksichtigt werden, daß in einem größeren Kanalnetz, wie etwa bei dem unseres Beispiels, der gesamte *sekundliche* Zufluß in das Netz *nicht gleichzeitig* zum Abfluß kommt. Die *sekundlichen* Höchstabflüsse aus den unteren Netzteilen werden kleiner, als der Summe der einem betrachteten Kanalquerschnitt zugehörigen *sekundlichen* Zuflüsse in das Netz entspricht, weil die Regenzeiten der Starkregen kürzer sind als die Fließzeiten durch das Netz. Es ist also bereits Wasser aus den unteren Netzteilen abgeflossen, bis Wasser aus den oberen Netzteilen nach unten gelangt. Die

[1] STECHER: Hütte Bd. 3 (1936).

sekundlichen Einzelzuflüsse in die Netzteile addieren sich deshalb in den *unteren* Netzteilen nicht mehr ganz, so daß eine Abflußminderung eintritt. Um deren Wesen und die Bedingung für ihr Auftreten klarzustellen, wird ein einfaches Beispiel betrachtet.

Das Rechteck $ABCD$ stellt ein zu entwässerndes Gebiet dar (Abb. 156). Der zum Abfluß gelangende Niederschlag wird durch den Kanal FE nach E hinabgeführt. Seine Länge betrage L, die Fließgeschwindigkeit im Kanal habe überall die gleiche Größe v. Nun stellen

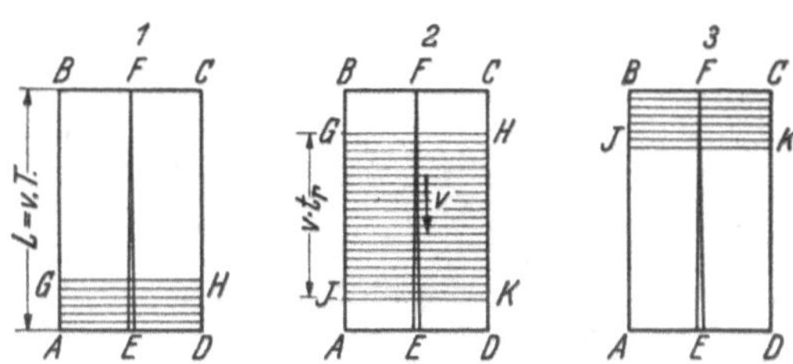

Abb. 156. Abflußvorgang für ein rechteckiges Entwässerungsgebiet.

wir uns als Beobachter bei E auf und verfolgen den Abflußvorgang in diesem Kanalprofil für einen Regen von der Dauer t_1 über dem Einzugsgebiet $ABCD$.

Bei Beginn des Regens liefert nur der Flächenstreifen längs AD einen Abflußbeitrag für den Kanalquerschnitt E. Mit fortdauerndem Regen nimmt die Beitragsfläche gegen BC hin zu. Nach einer gewissen Beobachtungszeit ist die Beitragsfläche auf $AGHD$ angewachsen (Abb. 156, *1*), d. h. der Abfluß dieser Beitragsfläche geht nach dieser Zeit durch E. Diese wasserliefernde Fläche nimmt mit dem Andauern des Regens gegen BC hin zu, d. h. GH wandert in der Richtung kanalaufwärts. Sie — und mit ihr der Durchfluß durch E — erreichten ihren Größtwert mit dem Augenblick des Regenendes (nach t_r Minuten). Von dem Zeitpunkt an hört der Zufluß vom Flächenstreifen längs AD auf. Es löst sich JK von AD und wandert mit gleicher Geschwindigkeit wie die obere Begrenzung GH kanalaufwärts, BC zu. Wenn GH den oberen Rand BC des Einzugsgebietes erreicht hat, dann nimmt die Durchflußmenge in E wieder ab, bis sie mit dem Überdecken von JK mit BC zu Null wird.

Für das Eintreten einer Abflußminderung ist nun Voraussetzung, daß im Augenblick des Regenendes (nach der Zeit t_r) die obere Begrenzung GH der Beitragsfläche die Begrenzung BC des Einzugsgebietes noch nicht erreicht hat, oder mit anderen Worten, daß die Regendauer t_r kleiner ist als die Fließzeit $T = \frac{L}{v}$, die das bei F einfließende Wasser bis E benötigt. Die Größe der Abflußminderung in E

gegenüber dem *möglichen* Größtabfluß aus der Fläche $ABCD$ wird dargestellt durch die Größe der Fläche $BCHG$ im Augenblick des Regenendes, wobei die Leitungslänge innerhalb dieses Flächenteils beträgt $L - v \cdot t_r$ (d. h. JK in Deckung mit AD).

Die Abflußmenge in E steigt an vom Beginn des Regens bis der Regen aufhört, also im Zeitraum $t_1 = t_r$. Sie bleibt dann konstant, bis die obere Begrenzung GH der Beitragsfläche den oberen Rand BC erreicht hat, d.h. für die Zeit $t_2 = \frac{L - v \cdot t_r}{v}$. Nunmehr nimmt sie in der Zeit $t_3 = t_r$ wieder ab bis auf Null.

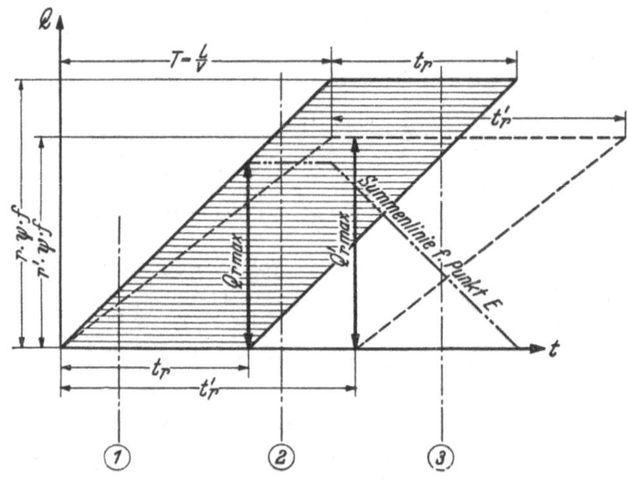

Abb. 157. Flutfläche.

Hydraulisch handelt es sich hier um eine *mit der Zeit veränderliche*, also *nicht stationäre Wasserbewegung*. Wie sich aus den vorstehenden Betrachtungen außerdem ergibt, ist die mögliche Abflußminderung lediglich eine Folge der kurzen Dauer der Starkregen ($t_r < T$), hat also mit einer „Verzögerung" nichts zu tun, worauf KEHR mit Recht hinweist[1].

Trägt man die Abflußmenge des in der Abb. 156 dargestellten Regenfalles auf die Rechteckfläche $ABCD$ als Ordinaten eines rechtwinkligen Koordinatensystems auf mit der Zeit als Abszisse, so erhält man die *Abflußfläche* (*Flutfläche*) in bezug auf den Kanalquerschnitt in E (Abb. 157). Dabei sind die drei in Abb. 156 dargestellten Abflußstadien in den Profilen 1, 2 und 3 der Abb. 157 eingetragen zu ihrer besseren Veranschaulichung. Die durch den Nullpunkt des Koordinatensystems schräg nach oben laufende Seite des Flutflächenparallelogramms stellt die sog. „*Anlaufkurve*" für den einfachen Fall des rechteckigen

[1] KEHR: S. 39. Zitiert S. 302.

Niederschlagsgebietes *ABCD* der Abb. 157 dar. Aus der Abb. 157 ersieht man, daß für $t_r < T$ (Regendauer kürzer als die Fließzeit von *F* nach *E*!) der tatsächliche sekundliche Abfluß Q_1 in *E* unter der Größe $r \cdot \psi \cdot f$ bleibt (ψ = Abflußbeiwert, r = Regenintensität, f = Einzugsfläche), also die weiter oben bereits erläuterte *Abflußminderung* eintritt.

In Abb. 158a u. b sind nun die Flutflächen für zwei einfache Kanalnetze aufgetragen. Da im Falle der Abb. 158a das „Kanalnetz" lediglich aus fünf hintereinanderliegenden Kanalstrecken besteht, ist die Zeichnung der Abflußflächen einfach zu erstellen. Sie ergibt sich durch Untereinanderreihung von fünf Flutflächen der Art, wie in Abb. 157 gezeigt. Die Größen der Wassermengenordinaten Q_{n-m} (z. B. Q_{1-2}, Q_{2-3} usw.) ergeben sich jeweils aus dem Zufluß vom Einzugsgebiet der betreffenden Kanalstrecke *n—m* (z. B. *1—2*, *2—3* usw.). Die Abflußparallelogramme werden so zusammengefügt, daß die Fließzeitabszissen der aufeinanderfolgenden Kanalstrecken aneinanderstoßen (T_{2-3} an T_{1-2} usw.). Die Waagrechte durch den Punkt 6 des so gewonnenen Abflußdiagramms ergibt dann die Gesamtzeit vom Abfluß des 1. Tropfens in *6* bei Regen*beginn*, bis der letzte Tropfen, der am Regen*ende* in den Kanalpunkt *1* eingeflossen ist, den Punkt *6* erreicht, also $\sum_1^6 T + t_r$. Da in dem Beispiel $\sum_1^6 T > t_r$, ist der seitliche Zufluß in die unteren Kanalstrecken zum Teil bereits abgeflossen, bis das in den oberen Strecken zugeflossene Wasser nach unten gelangt. In den unteren Kanalstrecken tritt deshalb eine Abflußminderung gegenüber dem Gesamtzufluß aus dem Gesamteinzugsgebiet $\left(\sum_1^6 Q\right)$ ein. In Abb. 158 sind für die drei Kanalpunkte *6*, *5* und *4* die $Q_{\max}$ eingetragen, die dort tatsächlich zum Abfluß gelangen und für die die Kanalprofile zu bemessen wären. Sie ergeben sich da, wo die *Summenlinie* jeweils die größte Ordinate aufweist. Diese Summenlinien sind im Flutplan stets über der Waagrechten durch jene Kanalpunkte aufgetragen, für die sie die Abflußmengen *an*geben, und stellen deshalb für diese Kanalstellen den zeitlichen Verlauf der Wassermengendurchflüsse dar, sind also die *Wassermengenganglinien*[1] für diese Kanalpunkte.

In Abb. 158b ist der Flutplan für ein kleines verzweigtes Kanalnetz aufgetragen. Bei einem solchen verzweigten Kanalsystem, das ja den Normalfall in der Wirklichkeit darstellt, ist zu beachten, daß alle Teilgebiete gleichzeitig überregnet werden (Annahme!), daß also in *alle* Kanalstrecken sofort mit Regenbeginn Wasser einfließt. Im Falle der Abb. 158b ergibt sich deshalb z. B. für Kanalpunkt *4*, daß ihm von den drei Teilstrecken *1—4*, *2—4* und *3—4* gleichzeitig Wasser zufließt. Der erste bei *1* einlaufende Tropfen braucht dabei die Zeit T_{1-4},

[1] Über Ganglinien siehe auch die wasserwirtschaftliche Aufgabe **43**.

um bis *4* zu fließen; bei *2—4* ergibt sich analog die Zeit T_{3-4} und entsprechend für *3—4* die Zeit T_{2-4}. Das zu *Beginn* des Regens in diese

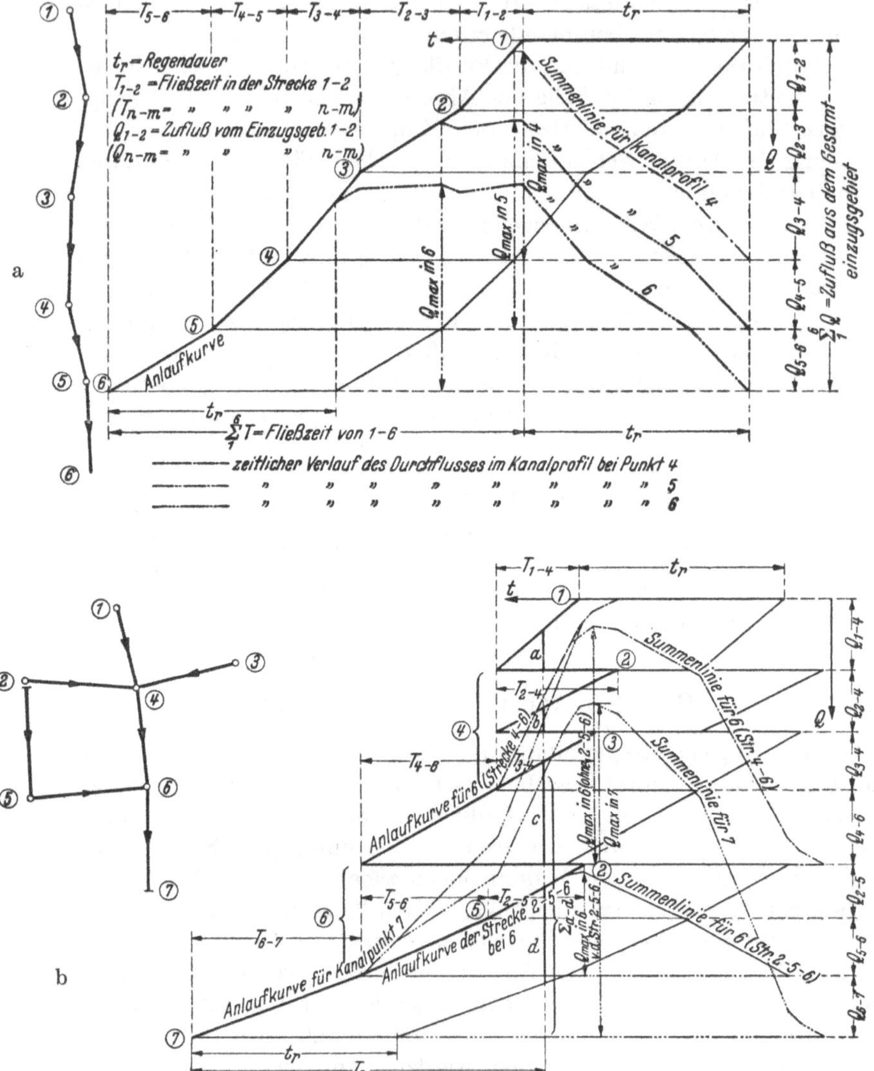

Abb. 158 a u. b. Zeichnerische Ermittlung der Abflußminderung aus den Flutflächen für zwei verschiedene Kanalnetze.

Kanalstrecken im unmittelbaren Bereich der Stelle *4* einlaufende Wasser erreicht diese also *gleichzeitig*. Im Flutplan müssen deshalb die linken Spitzen der Parallelogramme für diese 3 Kanalteile auf einem Lote liegen und demgemäß die Fließzeiten T_{2-4} und T_{3-4} von diesem Lot nach *rechts* abgetragen werden.

Eine analoge Überlegung ergibt sich bei Kanalpunkt *6* für die Teilstrecken *4—6* und *2—5—6*. Beide Kanalstrecken liefern sofort mit Beginn des Regens, also gleichzeitig Wasser an den Punkt *6*. Deshalb liegen auch hier die linken Parallelogrammspitzen der Strecken *4—6* und *5—6* auf dem gleichen Lote. T_{5-6} und anschließend T_{2-5} wird von dieser Senkrechten nach rechts aufgetragen. Auch hier erhält man, wie die

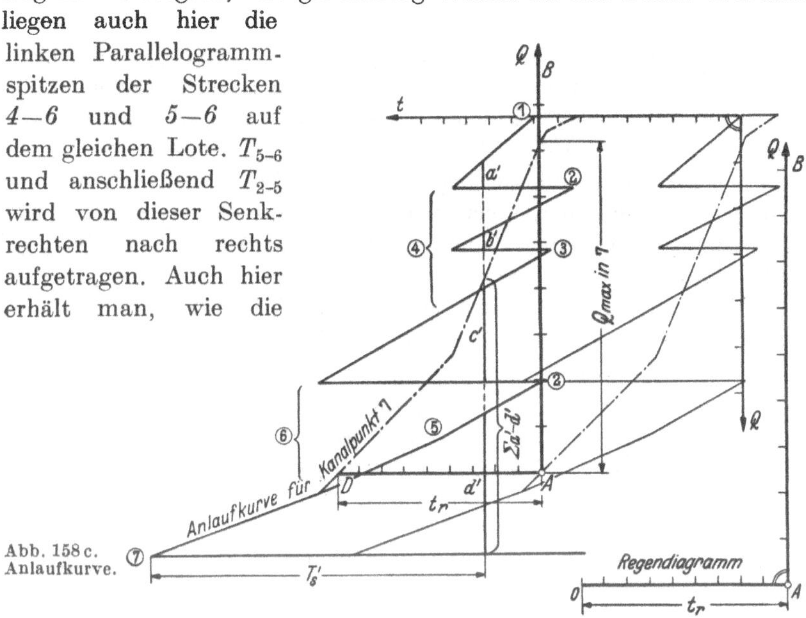

Abb. 158c. Anlaufkurve.

Summenlinien zeigen, eine Abflußminderung in *6* für *4—6*, sowie in *6* für *2—5—6* (unerheblich!) und in *7*. An diesem unteren Endpunkt des Kanals entspricht die Minderung etwa der Zuflußmenge $Q_{1-4} + \frac{Q_{2-4}}{2}$ (vgl. Summenlinie für *7* in Abb. 158b).

Auch im Flutplan Abb. 158b sind die Summenlinien durch Summierung der Ordinatenstücke von Lotrechten, die innerhalb der Flutflächen zu liegen kommen, über der Waagrechten des betrachteten Kanalpunktes, also als Wassermengenganglinien aufgetragen[1]. Die Scheitelpunkte dieser Ganglinien geben für die untersuchten Kanalstellen die größten dort abzuführenden Wassermengen für den angenommenen Starkregen.

Nun ist bereits weiter oben unter 1. darauf hingewiesen worden, daß es unzulässig ist, mit ein und demselben Sturzregen im Kanalnetz zu rechnen. Man muß vielmehr aus der Reihe der wirtschaftlich gleich-

[1] In Abb. 158b sind die Ordinatenstücke a, b, c, d für die Fließzeit T_s stark gezeichnet. Ihre Summe gibt die Ordinate der Summenlinie $\Sigma a—d$, aufgetragen über der Waagerechten durch Punkt *7*.

wertigen Berechnungsregen stets jenen heraussuchen, der für den jeweiligen Netzteil den größten Durchfluß bewirkt. In Abb. 157 ist beispielsweise auch noch die Flutfläche für einen minder starken und infolgedessen länger anhaltenden Sturzregen (Dauer t'_r) gestrichelt eingetragen. Beim Vergleich der größten Durchflußmenge $Q_{r\max}$ der ersten Annahme mit der sich aus der veränderten Regenannahme ergebenden Menge $Q'_{r\max}$ erhält man $Q'_{r\max} > Q_{r\max}$, d. h. hier liefert der Regen von geringerer Intensität infolge der längeren Regendauer eine größere maximale Durchflußmenge als der heftigere, aber kürzere Regen. Im praktischen Falle müßte man also für verschiedene Regen der zugrunde gelegten Reihe immer wieder die Flutpläne auftragen und dazu die Summenlinien konstruieren, um feststellen zu können, welcher Regen für die einzelnen Kanalprofile den vergleichsweise größten Durchfluß ergibt.

Durch das von HAUFF-VICARI entwickelte Verfahren mit dem „*Regendiagramm*“[1] kann diese wiederholte Auftragung des graphischen Planes vermieden und die zeichnerische Arbeit auf eine *einmalige Auftragung der Summenlinie* für den kürzesten, also stärksten Regen der zugrunde gelegten Regenreihe beschränkt werden. Man trägt dabei lediglich die *linken* Schrägseiten der Parallelogrammreihe für diesen Regen auf und bildet dafür wieder die Summenlinie (*Anlaufkurve*) durch Summierung der Ordinatenstücke, wie es in Abb. 158c für die Summenordinaten $\sum a'-d'$ angedeutet ist. Da jetzt die rechten Schrägseiten nicht vorhanden sind, also für die Summierung keinen Einfluß haben, werden die Summenordinaten rechts von $T = t_r$ größer als bei der als Ganglinie aufgetragenen Summenlinie. Um den Unterschied dieser beiden Auftragungen zu zeigen, sind in Abb. 158b *beide* Summenkurven eingezeichnet.

Abb. 158c gibt den linken gebrochenen Linienzug des Beispiels der Abb. 158b im gleichen Maßstab wieder und die zugehörige Anlaufkurve für Kanalpunkt *7*. Daneben ist mit dem gleichen Zeit- und Wassermengenmaßstab das sog. *Regendiagramm OAB* aufgetragen, und zwar zunächst nur für den kürzesten Regen von der Dauer t_r. Man trägt nun dieses Regendiagramm auf ein Pauspapier auf und fährt mit dem Nullpunkt *0* so auf der Anlaufkurve entlang, daß sich die Achsrichtungen des Diagramms stets parallel zu denen der Anlaufkurve halten. Der größte Abschnitt, den dabei die Anlaufkurve (Summenlinie) auf der Diagrammvertikalen abschneidet, ist dann die größte Durchflußmenge beim Kanalpunkt *7**. Diese Lage des Diagramms ist in Abb. 158c eingetragen. Der dabei festgestellte Wert für $Q_{\max}$ stimmt mit dem ent-

[1] VICARI: Die graphische Berechnung städtischer Kanalnetze nach Ingenieur HAUFF, Mainz. Gesundh.-Ing. 1909, S. 569.

* Der Beweis dafür findet sich z. B. in KEHR: S. 46. Zitiert S. 302.

sprechenden Wert $Q_{\max}$ der Ganglinie in Abb. 158b für Kanalpunkt 7 überein.

Das Regendiagramm läßt sich nun für verschiedene Regendauer der zugrunde gelegten Regenreihe erweitern. Das Grundgerippe bleibt wie in Abb. 158c gezeichnet, d. h. OA = angenommene *kürzeste* Regen-

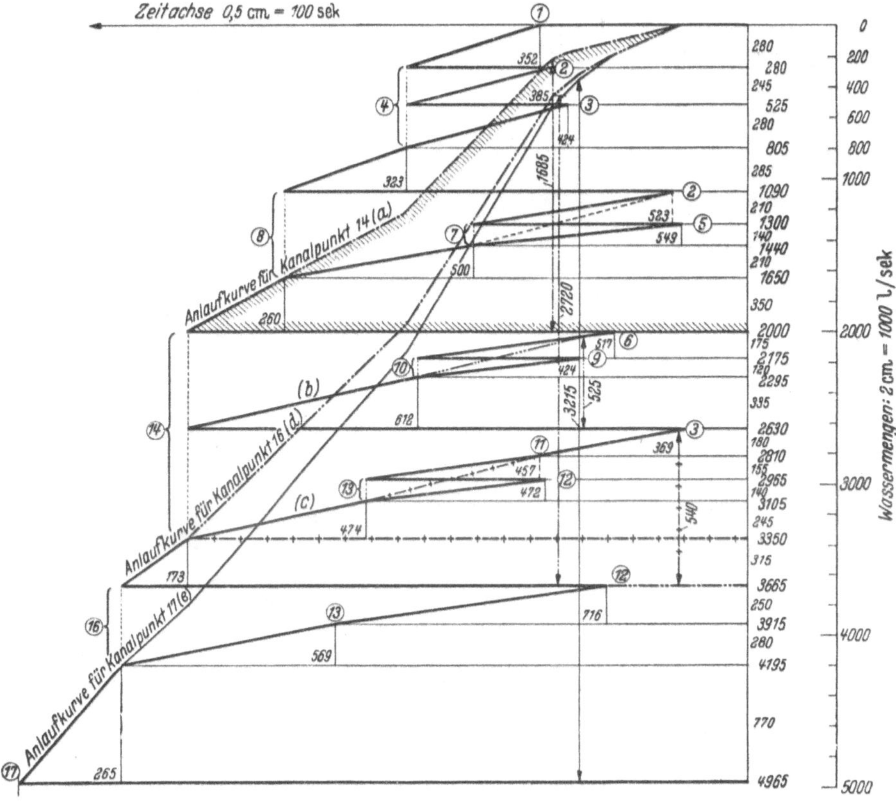

Abb. 159. Zeichnerische Ermittlung der Abflußminderung für das gegebene Beispiel.

dauer t_r, AB = Wassermengenordinate, beide in den gleichen Maßstäben aufgetragen wie der gebrochene Linienzug (des Flutflächenplanes) und die Anlaufkurve. Die Abszissenachse wird nun verlängert für die weiteren in Frage kommenden Regendauern, z. B. außer $t_r = 15$ min, $t_r = 20$, 25, 30 min.

Über diesen t_r-Werten der Berechnungsregen ist nun der Ordinatenmaßstab im umgekehrten Verhältnis der Regenintensität vergrößert. Ist z. B. die Regendichte eines Berechnungsregens $r = \frac{1}{2} r_r$, so ist auf der zugehörigen Ordinate die Einheit doppelt so groß als auf der über t_r

(kürzester Regen). Die angenommene Regenreihe für das Zahlenbeispiel unserer Aufgabe hat folgende Werte:

Regendauer $t_r =$	15	20	25	30 min min
Regenintensität $r =$	70	56	48	42 l/sek und ha

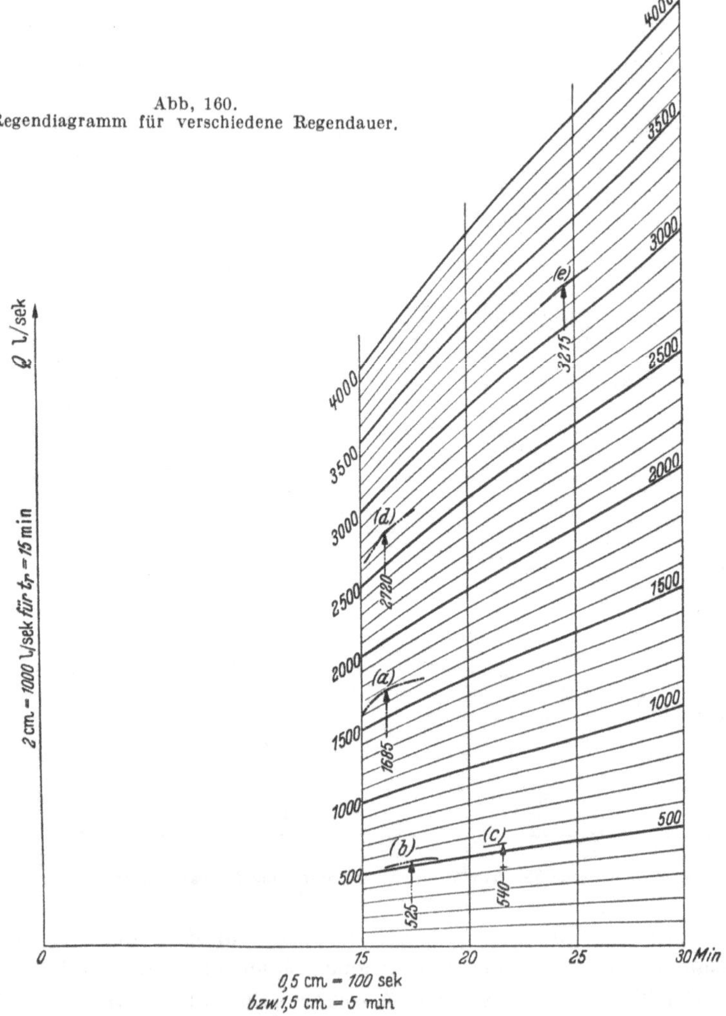

Abb. 160. Regendiagramm für verschiedene Regendauer.

Damit ergeben sich für das Regendiagramm der Abb. 160 folgende Maßstabseinheiten für die Wassermengenordinaten:

Umrechnungsverhältnis	$\frac{250 \cdot 70}{70}$	$\frac{250 \cdot 56}{70}$	$\frac{250 \cdot 48}{70}$	$\frac{250 \cdot 42}{70}$
d. h. 1 cm = l/sek . .	250	200	171,4	150

Die Benützung dieses Regendiagramms geschieht analog der oben für das einfache Diagramm gegebenen Anleitung, indem man wieder mit dem Nullpunkt des durchsichtigen Diagramms die Anlaufkurve entlang fährt unter Parallelhaltung der Achsrichtungen. Man findet den sekundlichen Höchstabfluß Q_{max} beim Berührungspunkt der Anlaufkurve mit der höchsten erreichbaren Schräglinie des Diagramms. Im Diagramm der Abb. 160 wurden die Q_{max}-Werte eingetragen, wie und wo sie sich bei seiner Anwendung auf das Summengraphikon unseres Zahlenbeispiels (Abb. 159) ergeben. Die beigefügten kleinen Buchstaben beziehen sich dabei auf die zugehörigen Anlaufkurven der Abb. 159.

4. Auftragung der Anlaufkurven und Bemessung der Kanalteilstrecken für das gegebene Zahlenbeispiel.

Für die *Auftragung der Anlaufkurven* zur Ermittlung des sekundlichen Höchstabflusses sind folgende *vereinfachende Annahmen* üblich. Die Regendichte ist für die jeweilige Regendauer und das jeweilige untersuchte Gebiet gleichbleibend. Das Einfließen in die Kanäle beginnt und endet mit dem Niederschlag. Die Fließgeschwindigkeiten in den Kanälen haben einen gleichbleibenden mittleren Wert. Die kleinsten Seitenkanäle bleiben unberücksichtigt, ihre Einzugsgebiete werden in jene der größeren Kanäle mit einbezogen. Die Fließgeschwindigkeit v wird aus Q für vollaufendes Kanalprofil berechnet.

Zur Ermittlung der für die Leitungsbemessung maßgebenden sekundlichen Abflußmengen wird — wie schon weiter oben erwähnt — eine Zahlentafelrechnung durchgeführt (Tabelle 36[1]). In die 1. Spalte dieser Tabelle werden nun die im Lageplan (Abb. 153) durch Ziffern gekennzeichneten Teilstrecken, in Spalte 2 deren Längen in Metern eingetragen. Ferner lassen sich die Flächen der Einzugsgebiete dieser Teilstrecken durch die im Lageplan mit punktierten Linien vorgenommenen Abgrenzungen der Größe nach (in ha) ermitteln und in Spalte 3 notieren. Zur Zeichnung der Anlaufkurven, die — worauf schon auf S. 312 hingewiesen wurde — für den kürzesten, also stärksten Regen unserer Reihe ($r_{15} = 70$ l/sek und ha, $t_r = 15$ min $= 900$ sek) aufgetragen werden, muß der sekundliche Regenwasserzufluß in die einzelnen Teilstrecken des Kanalsystems als Folge dieses Regens bestimmt werden aus

$$r_{15(n=2)} \cdot \psi \cdot f \text{ l/sek.}$$

Die Werte ψ sind der Einfachheit halber von vornherein gegeben und in Spalte 4 der Tabelle, das Produkt $r_{15(n=2)} \cdot \psi$ in Spalte 5 und der sekundliche Zufluß in Spalte 6 eingetragen. Zum Beispiel: *Strecke 1—4*: Regenintensität $r_{15(n=2)} = 70$ l/sek und ha, Abflußbeiwert $\psi = 0{,}25$;

[1] Siehe Ausschlagtafel II S. 320.

daher $r_{15(n=2)} \cdot \psi = 70 \cdot 0{,}25 = 17{,}5$ l/sek und ha (eingetragen in Spalte 5). Da $f = 16{,}0$ ha (Spalte 3), wird die sekundliche Zuflußmenge in dieser Kanalstrecke: $17{,}5 \cdot 16{,}0 = 280$ l/sek (Spalte 6).

Nun ist der sekundliche Regenwasserzufluß in das jedem bezifferten Strecken-Endpunkt zugehörige, oberhalb des Punktes liegende Kanalnetz zu bestimmen. Dies geschieht durch Summierung der zugehörigen Einzelzuflüsse der Spalte 6 und evtl. 8 in Spalte 10. Die Endsummen des Zuflusses in den Spalten 5 und 10 müssen also einander gleich sein (Zufluß = Abfluß!).

Beispiel:

Es fließen zu in die Strecke . . . . *1—4*: 280 l (Spalte 6)
2—4: 245 l (Spalte 6)
3—4: 280 l (Spalte 6)

Zusammen: 805 l

In die Strecke 4—8 fließen vom zugehörigen Einzugsgebiet links und rechts zu . . . . *4—8*: 285 l (Spalte 6)

Der Strecke 4—8 fließen außerdem von oben herzu von *1—2*: 280 l (Spalte 10)
2—4: 245 l (Spalte 10)
3—4: 280 l (Spalte 10)

Zusammen: 805 l (Spalte 8)

Bei Kanalpunkt 8 verlassen also die Kanalstrecke *4—8*: 285 + 805 = 1090 l/sek (Spalte 10). Auch für die Endsummen in Spalte 6 und 10 (= je 4965 l/sek) gilt diese Übereinstimmung.

Weiterhin können die bereits festgestellten und in den Lageplan eingetragenen Koten der Straßenoberfläche an den Endpunkten der Hauptstraßenzüge in die Spalte 11 und 12 der Tabelle übertragen werden.

Mit diesen Koten sind die Höhenunterschiede der Straßenoberflächen für diese Teilstrecken und — wegen der notwendigen Scheitelüberdeckungen der Kanäle — deren höchstzulässige innere Scheitelkoten festgelegt. Für *Regenwasser*kanäle des *Trenn*systems ergibt sich die Mindesttiefe aus der Forderung nach Frostsicherheit der Stränge ($\gtreqless$ 1,30 m) bzw. nach Unterkreuzung von Gas- und Wasserleitungen und der Anschlüsse der Regenfallrohre an die Straßenkanäle (1,60 bis 1,70 m Scheitelüberdeckung). Bei den *Brauchwasser*kanälen des *Trenn*systems und den Kanälen des Mischsystems bestimmen die Kellertiefen die Scheitelüberdeckungen der Straßenkanäle ($\geqq$ 2,5 m). *In unserem Beispiel ist die Forderung gestellt, daß die kleinste Tiefe des inneren Kanalscheitels unter Gelände in der dichter bebauten Hauptstraße a—b: $\gtreqless 3{,}0$ m, in den übrigen Straßen $\gtreqless 2{,}5$ m ist.*

Das Spiegelgefälle der Kanäle wird parallel zum Kanalscheitel angenommen. Stau- und Senkungskurven usw. bleiben außer acht, da die Kanallängen groß sind im Verhältnis zu den Querschnitten. Die Scheitellinien der Kanäle gehen — soweit sich dies durchführen läßt — durchlaufend fort. Bei Querschnittsvergrößerungen sind deshalb Abstürze in der Kanalsohle anzuordnen (Abb. 161). Die Höhenlage der inneren Scheitel der Kanäle (höchster Punkt des Lichtquerschnitts) ist also festzulegen. In unserem Beispiel ist sie bei Kanalpunkt *17* durch die Höhenkote 420,300 gegeben (Höhe ü. N.N.), im übrigen ist sie durch die oben genannte Forderung bestimmt. Die Eintragung ist in den Spalten 13 und 14 erfolgt.

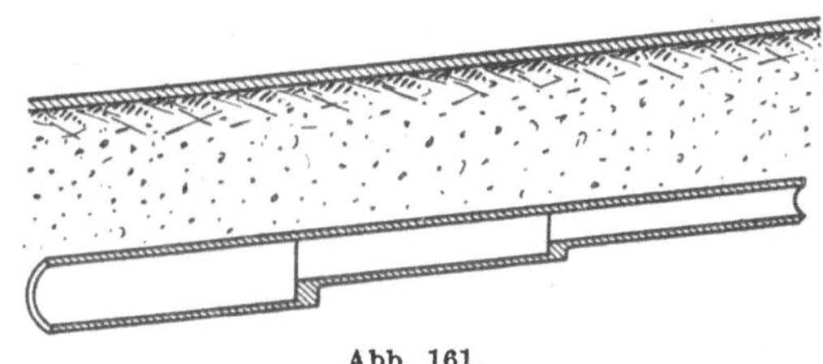
Abb. 161.

Zu dieser Eintragung ist noch folgendes zu bemerken: Zunächst nimmt man die Mindesttiefenlage an und prüft das sich daraus ergebende Kanalgefälle. Erhält man dabei ein sehr schlechtes (geringes) Gefälle und damit eine zu kleine Fließgeschwindigkeit bei Trockenwetterabfluß (Brauchwasser!) in den kleinen Kanälen, dann muß man die Tiefenlage so ändern, daß dieser Mangel beseitigt wird. Zum Beispiel erkennt man bei dem vorliegenden Kanalisationssystem, daß in den oberen Teilen (*5—7*, *9—10* und *12—13*) der 3 Seitenstrecken *5—7—8*, *9—10—14* und *12—13—14* bei Annahme der Mindesttiefe mit 2,5 m ein zu kleines Gefälle herauskommt. Um hier ein besseres Gefälle zu erhalten, werden in den unteren Teilen (*7—8*, *10—14* und *13—14*) der genannten 3 Seitenstrecken geringere Gefälle angenommen und mit diesen, ausgehend von *8* und *14*, wo je 3 m Scheiteltiefe angenommen werden, die Scheitellage in den Punkten *7*, *10* und *13* bestimmt. Dadurch wird das Gefälle in den oberen Strecken besser, d. h. größer. Am Beispiel der Strecke *5—7—8* soll dies noch mit Zahlen erklärt werden:

Teilstrecke *5—7*, 390 m lang; normale Scheiteltiefe bei *5*: —2,5 m
bei *7*: —2,5 m

Teilstrecke *7—8*, 385 m lang; normale Scheiteltiefe bei *7*: —2,5 m
bei *8*: —3,0 m

Aus diesen normalen Scheiteltiefen ergäben sich folgende Scheitelkoten: bei *5*: 424,85; bei *7*: 424,35; bei *8*: 423,65 und die Scheitelgefälle für *5—7* zu 1 : 780; für *7—8* zu 1 : 550.

Um das Gefälle *5—7* zu verbessern, nehmen wir jenes von *7—8* geringer als 1 : 550 an, wählen dafür vielmehr nur 1 : 800. Dann wird

Scheitel bei *8*: 423,650 m ü. NN.
$+\frac{385}{800} =$ 0,480 m
Scheitel bei *7*: 424,130 m ü. NN.
Scheitel bei *5*: 424,850 m ü. NN. (—2,5 m unter Straßenoberfläche)

Absolutes Gefälle *5—7*: 0,720 m entsprechend einem relativen Gefälle *5—7* von

$$\frac{0{,}720}{390} = 1:542.$$

Damit verbessert sich auch das Scheitelgefälle *2—7*.

In Spalte 15 der Tabelle sind die so erhaltenen absoluten Gefälle der Teilstrecken, in Spalte 16 die daraus berechneten relativen Scheitelgefälle eingetragen.

Zur Bestimmung der Kanallichtquerschnitte (Spalte 17) aus dem Scheitelgefälle und aus der sekundlichen Zufluß- bzw. der verringerten sekundlichen Abflußmenge werden die Tafeln des Anhanges benützt, die mit der abgekürzten KUTTER-Formel mit $m = 0{,}35$ errechnet sind.

Bei der Wahl der Querschnitte, die für ganze Füllung bemessen werden, kann man den nächst kleineren noch nehmen, wenn er höchstens 8 bis 10% weniger abführt, als verlangt wird. Denn bei 90% Füllung leisten die Querschnitte fast 10% mehr als die ganze Füllung[1]. Man braucht aber nicht vor einem etwas zu großen Querschnitt zurückscheuen, da die Baukosten der Kanäle wesentlich langsamer steigen (und fallen) als ihre Leistungsfähigkeit.

Die Durchflußgeschwindigkeit in Spalte 18 der Tabelle wird immer für vollen Querschnitt angenommen und ebenfalls aus den Tafeln 9 und 10 des Anhanges, und zwar für die in Spalte 10 bzw. Spalte 20 angegebene Wassermenge abgelesen. Als *größtes* Kreisprofil setzen wir 0,60 m Durchmesser fest, als *kleinstes* Eiprofil 0,90 · 0,60 m.

Mit der Festsetzung der Kanalprofile in Spalte 17 und der Eintragung von v und $T \left(= \frac{L \text{ der Spalte 2}}{v \text{ der Spalte 18}}\right)$ in die Spalten 18 und 19 beginnt man gleichzeitig die Auftragung des Abflußplanes (Abb. 159). An wichtigeren Kanalpunkten, z. B. bei *8* unseres Falles, dann wieder bei *14*, addiert man gleich auch die Anlaufkurve, wenn $T > t_r$.

Bei Strecke *8—14* (Punkt *14*) kommt das erstemal eine Summenkurve zustande, die eine merkliche Abflußminderung (1685 l/sek statt 2000 l/sek Zufluß) nachweist. Diese Abfluß*verkleinerung* erbringt aber noch *keine* Querschnittsermäßigung.

Bei dieser Strecke wurden die Geschwindigkeit und Durchflußzeit nach dem Ergebnis der Summenkurve im Plane (Abb. 159) gleich verbessert. Diese Verbesserung bringt eine unwesentliche Änderung des

[1] Vgl. hierzu Abb. 15 der Aufgabe 3 und Abb. 64a der Aufgabe 12, sowie Tafel 11 des Anhanges.

Abflußplanes. Sie ist deshalb bei den weiteren Summenkurven (für die Strecken *10—14*, *13—14*, *14—16* und *16—17*) nicht mehr durchgeführt worden.

In der Endstrecke ergibt sich statt 4965 l/sek Zufluß ein Höchstabfluß nach Punkt *17* von nur mehr 3215 l/sek. Der größte Kanalquerschnitt wird somit bei Punkt *17*: Eiprofil 1,80 · 1,20 m.

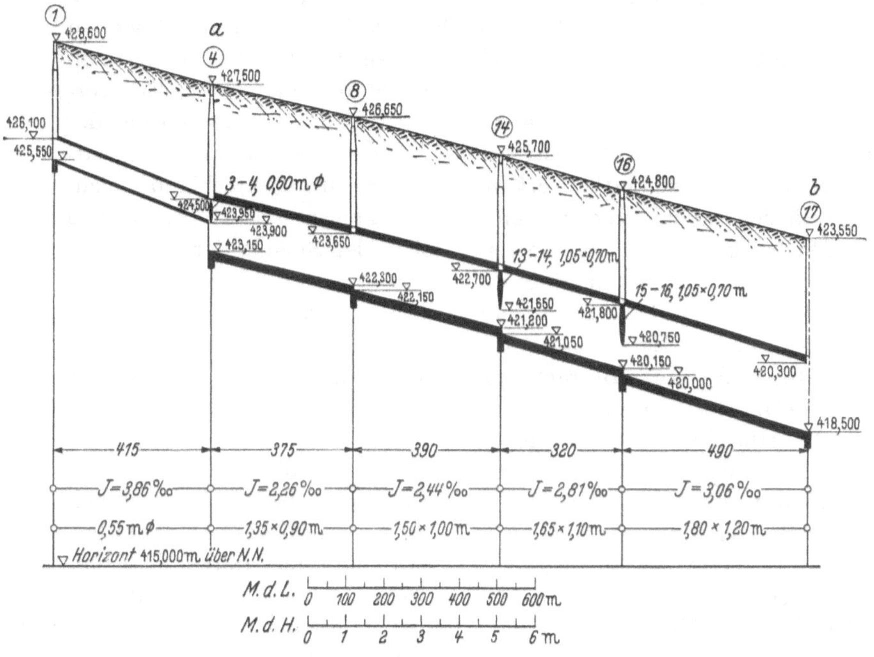

Abb. 162. Längenprofil des neuen Hauptkanals *1–a–b* (100fache Verzerrung).

Die Hauptkanalstrecken, die in der Hauptstraße *a—b* liegen, haben wegen der dort verlaufenden, steiler abfallenden Mulde besonders gutes Gefälle. Dies bringt an sich zwar große Fließgeschwindigkeiten und kleinere Querschnitte, dafür aber steile Strecken der Anlaufkurven (*8—14*, *14—16* und *16—17*), welche wiederum die durch die Fließzeit bedingte Abflußverminderung weniger wirksam machen. In Abb. 162 ist die Kanalstrecke *1—a—b* unter Zugrundelegung der bemessenen Endquerschnitte in 100facher Verzerrung aufgetragen, wobei die Zwischeneinsteigschächte der Übersichtlichkeit wegen weggelassen wurden. Der Abstand dieser Zwischeneinsteigschächte beträgt bei Rohrkanälen zwischen 40 und 50 m, bei begehbaren Kanälen 100 bis 150 m.

Neben dem am vorstehenden Beispiel erläuterten Verfahren, das seine letzte Ausgestaltung durch Kehr erhalten hat, findet für mehr überschlägige Berechnungen das Verfahren von Imhoff immer mehr

Beachtung. Es berücksichtigt allerdings die Form des Gebietes nicht, höchstens schätzungsweise durch Weglassung schmaler Gebietsteile, die der Hauptableitungskanal durchzieht. Deshalb wird es am besten arbeiten bei regelmäßig gestalteten Gebieten. Auch IMHOFFS Verfahren wendet die von REINHOLD ermittelten Regenkurven an. Für jeden Endpunkt des von oben nach unten zu berechnenden Netzes wird die der größten Fließlänge bis zum jeweils betrachteten Punkt zugehörige Fließzeit geschätzt. Aus der Regenreihe wird für den zu berechnenden Kanalpunkt jener Regen verwendet, dessen Stärke der geschätzten Gesamtfließzeit durch den betrachteten Netzteil entspricht. Ein verschiebbares Diagramm ist daher nicht nötig. Für die Auswertung der Regenreihe stellt IMHOFF an Stelle des Diagramms Kurven des „Zeitbeiwertes" auf[1]. Der Zeitbeiwert bringt die in ganz Deutschland gleichartige Beziehung der verschiedenen Regendauern und Höchststärken zum Ausdruck in Form von Prozentanteilen der Spende der kürzesten, hier in Betracht kommenden Regen (15 min).

Neuerdings wird dafür eingetreten, besonderes Gewicht auf den Fassungsraum des Netzes zur Aufnahme der Regen zu legen (SCHÖNEFELD, MÜLLER[2]). Diese Betrachtungsweise hat aber in der Praxis noch kaum Verbreitung gefunden, so daß von ihrer Darstellung in dieser Aufgabensammlung Abstand genommen wird.

Im allgemeinen dürfte der Zweck derartiger Untersuchungen hauptsächlich der sein, das ganze Netz auf eine gleichmäßige Leistungsfähigkeit zu bringen und insbesondere schädliche „Engpässe" zu verhüten. Die Größe dieser Leistungsfähigkeit kann man nur durch eine entsprechende Annahme der Häufigkeit n beeinflussen. In welchem Ausmaße sie tatsächlich erreicht wird, ist auch abhängig von den sehr wechselnden Regenverhältnissen der einzelnen Jahre. Richtig erscheint es, mit ausgiebiger Sicherheit zu arbeiten.

Aufgabe 30.

Untersuchung der Spiegelschwankungen in einem Schachtwasserschloß von gegebenem gleichbleibendem Querschnitt und Bestimmung der Schachthöhe aus diesen Schwankungen.

Das Betriebswasser einer Hochdruckwasserkraftanlage wird durch einen kreisrunden, mit glattem Betonputz versehenen Druckstollen von $L = 1164$ m Länge, $3^0/_{00}$ Gefälle und $f = 18{,}1\ \mathrm{m}^2$ lichtem Querschnitt einem großen Stausee entnommen, dessen Spiegel zwischen

[1] IMHOFF: 9. Aufl. 1941, S. 32ff. Zitiert S. 302.

[2] Vgl. Literaturangaben auf S. 302.

Additional material from *Grund- und Wasserbau in praktischen Beispielen*
ISBN 978-3-662-01303-8 (978-3-662-01303-8_OSFO2),
is available at http://extras.springer.com

den Grenzkoten 503,0 und 496,0 schwanken kann. Der Druckstollen mündet in ein Wasserschloß von $F = 600\,m^2$ Querschnittsfläche und lotrechten Wänden (Schachtwasserschloß). Das Bruttogefälle H der Anlage beträgt 200 m.

Welche Höhe muß das Wasserschloß erhalten, damit für die extremen Fälle des plötzlichen vollkommenen Abschlusses (Zurückgehen der Betriebswassermenge von 60,0 m³/sek entsprechend der Vollast auf 0 m³/sek) bzw. des plötzlichen vollkommenen Öffnens der Turbinen (Anwachsen der Betriebswassermenge von 0 auf 60 m³/sek) einmal kein Überlaufen des Wassers im Schlosse stattfinden kann, andererseits der Wasserspiegel im Schlosse weder unter den Scheitel des Druckstollens an der Einmündung desselben in das Schloß, noch unter den Scheitel der vom Schlosse ausgehenden Druckrohrleitungen sinkt?

Lösung.

Vorbemerkung.

Bei modernen Wasserkraftanlagen mit Fernleitung des Triebwassers kann man im wesentlichen zwei Arten der Ausbildung der Triebwasserleitung unterscheiden. In dem einen Falle wird das Triebwasser in einem Gerinne mit freier Wasseroberfläche, also drucklos vom Zubringer weggeführt. Das geschieht vor allem in jenen Fällen, bei denen der Wasserspiegel an der Entnahmestelle nur innerhalb enger Grenzen schwankt, die bedingt sind durch das Stauziel und den höchsten Hochwasserspiegel an jener Stelle (als Abhängige der Regulierfähigkeit der Wehranlage).

Auch speicherfähige Wasserkraftwerke, soweit sie keine ausgesprochenen Spitzenwerke sind, können in bestimmten Fällen mit dieser drucklosen und daher billigeren Triebwasserleitung ausgerüstet sein, vor allem dann, wenn das Speicherbecken nicht infolge seiner großen Wassertiefe, sondern infolge seiner großen Oberfläche als Reservoir wirksam ist. Kommen bei solchen Anlagen gleichwohl Triebwasserleitungsstrecken vor, welche unter Druck durchflossen werden, so handelt es sich meist um gewöhnliche Düker. Die Ausgleichung der Schwankungen der verarbeiteten Werkwassermengen, welche die momentanen Belastungsänderungen hervorrufen, erfolgt bei den vorskizzierten Anlagen entweder im offenen Werkkanal selbst oder in einem Becken (Wasserschloß), das unmittelbar oberhalb des Krafthauses durch Erweiterung und Vertiefung des Oberwasserkanals geschaffen wird. Die genannten Schwankungen machen sich in demselben durch nach oben laufende Schwall- und Sunkwellen bemerkbar. Als Entlastungsventil für die über den jeweiligen Bedarf hinausgehenden Zuflußwassermengen dient dabei das Übereich und der Leerschuß. Dieses Wasser ist für die

Verwertung im zugehörigen Krafthaus verloren (Kennzeichen eines Laufwerks)! Momentane Spitzenbelastungen sind bei solchen Anlagen nur innerhalb jener engen Grenzen möglich, welche die unschädlich abschluckbaren Wasservorräte des Wasserschlosses und des Oberkanals bestimmen.

Grundverschieden von dieser Art Triebwasserleitung ist jene eines ausgesprochenen *Spitzenwerks*. Letzteres läßt sich dahin kennzeichnen, daß es in der Lage ist, den innerhalb der Ausbaugröße vorkommenden Bedarfsansprüchen — unabhängig von der Größe des Zuflusses zur Wasserfassung — *so gut wie momentan* zu entsprechen.

Zur Erfüllung dieser Ansprüche sind zwei Bedingungen zu erfüllen: einmal ist der Kraftanlage ein genügend großes Speicherbecken vorzuschalten, welches die über den augenblicklichen Zufluß hinausgehende Menge an Verbrauchswasser liefert. Außerdem ist eine Triebwasserleitung notwendig, welche auf eine Belastungsänderung so gut wie momentan anspricht, d. i. ein *Druckstollen* (bzw. *Druck*leitung). Eine solche unter Druck durchflossene Leitung unterscheidet sich von den weiter oben behandelten drucklosen Triebwasserleitungen insofern, als bei letzteren die Leistungsfähigkeit an das bei der Ausführung ein für allemal festgelegte Längsgefälle gebunden ist, wogegen beim Druckstollen eine Änderung in der Fördermenge durch Ausnützung des über den im Stollen bewegten Wassermassen lastenden Überdrucks außerordentlich rasch erreicht wird. Das Rinngefälle des Druckstollens ist für seine hydraulische Wirkungsweise an und für sich ohne Belang, wenn nur die beiden Stollenenden jeweils unter den dort im Betrieb vorkommenden tiefsten Wasserständen liegen. Aus Sicherheitsgründen wird man natürlich Saugstrecken vermeiden und deshalb den Stollen im Vertikallängsschnitt so anordnen, daß seine sämtlichen Scheitelpunkte unter der tiefsten im Betrieb vorkommenden Piezometerlinie liegen (theoretisch ungünstigster Fall dafür: plötzlicher Start sämtlicher Turbineneinheiten von Null auf Vollast!). Im übrigen wird das Rinngefälle des Druckstollens lediglich durch Zweckmäßigkeitsgründe für die praktische Ausführung bestimmt.

Wenn die Länge der unter Druck durchflossenen Triebwasserleitung klein bleibt, läßt sich dieselbe ohne Zwischenschaltung eines besonderen Druckregulierorgans unmittelbar zu den Turbinen führen, z. B. bei einer Talsperrenanlage, deren konzentriertes Gefälle gleich unterhalb der Sperre zur Ausnützung kommt.

Wird dagegen die Druckleitung lang, so entstehen Schwierigkeiten für die Turbinenregelung. Diese ergeben sich aus dem Trägheitswiderstand der in der Druckleitung bewegten Wassermassen, indem diese eine rasche Veränderung des Wasserverbrauchs der Turbinen nicht im gleichen Tempo mitmachen. Zur Behebung dieser Schwierigkeit wird in die Druckleitung ein Regulierorgan eingeschaltet, das auf jede Änderung in der Turbinenbelastung unmittelbar anspricht und die Anpassung der von oben kommenden Wassermenge an die geänderte Schluckwassermenge der Turbinen beschleunigt herbeiführt (Wiederherstellung des Beharrungszustandes). Diesem Regulierorgan hat man den Namen „*Wasserschloß*“ gegeben, ein Name, der mit Rücksicht auf die vorbezeichnete Hauptfunktion dieses Organs nicht gerade glücklich gewählt ist[1].

In Fachkreisen wird da und dort die Auffassung vertreten, daß bei Hochdruck-Speicherkraftwerken, die in Verbundbetriebe „fahrplanmäßig“ eingesetzt sind und damit ohne rasche Schwankungen gefahren werden, wegen des Wegfalls solcher raschen Schwankungen *theoretisch* auf die Zwischenschaltung eines Druckregulierorganes in der Druckleitung verzichtet werden könnte. Dazu ist folgendes zu sagen: Auch bei einem ohne rasche Schwankungen (nach Fahrplan) gefahrenen Werk ist eine Entlastungsanlage erforderlich, da ja die Maschine durch verschiedene Zufälle plötzlich an der Leistungsabgabe in das Netz verhindert werden kann und dann infolge Drehzahlsteigerung die Turbine rasch schließt.

Um im Stollen und in der Falleitung für diesen Fall keinen Wasserschlag zu bekommen, könnte statt des Wasserschlosses auch ein mit dem Turbinenregler gekuppelter Druckregler mit Notauslaß eingebaut werden, der seinerseits so langsam schließt, daß die zulässigen Drücke im Druckstollen nicht überschritten werden. Die Anlage ist in der Anschaffung vielleicht billiger als ein Wasserschloß, auch wenn ein Energievernichter notwendig ist, unterliegt aber als Maschinenteil der Abnützung und erfordert Wartung. Zum Beispiel besitzen die Franzisturbinen des Walchenseewerks solche Druckregler. Diese haben hier aber nicht die Aufgabe, etwa das Wasserschloß zu ersetzen, sondern sie sind dort eingebaut, um Wasserschläge von der Falleitung fernzuhalten.

Die andere Möglichkeit, Wasserschläge im Druckstollen zu vermeiden, besteht darin, die Leistung von der Maschine auch nach der Trennung vom Netz abzunehmen und zu vernichten, am besten in einem Wasserwiderstand. Abgesehen davon, daß es Fälle geben kann, in denen auch diese Maßnahme nicht genügt (Fortfall der Erregung, Kurzschluß in der Maschine, Schaden in der Turbine), erfordert der Einbau eines Wasserwiderstandes und die Ableitung der erzeugten Wärme auch besondere Maßnahmen, die der Wartung bedürfen.

---

[1] Denn die im Wasserschloß oder neben demselben in der Schieberkammer häufig angeordneten *Verschluß*organe sind keine unerläßliche Voraussetzung für das Wasserschloß. Die Verschlußorgane können ebensogut unmittelbar oberhalb der Turbinen angebracht sein, z. B. bei einer im Berg liegenden Sturzleitung (Druckschacht!).

Endlich ist es vom betrieblichen Standpunkt aus gesehen nicht erwünscht, wenn ein Hochdruckwerk, das für die Landeselektrizitätsversorgung arbeiten soll, schon von vornherein unter so einengenden Bedingungen, wie die Vorschrift einer bestimmten Schließungszeit und die Einhaltung eines bestimmten Fahrplanes, betrieben werden soll. Man sollte deshalb bei Hochdruckwerken, auch wenn sie fahrplanmäßig eingesetzt werden sollen, die Kosten für ein Regulierorgan im Druckstollen (Wasserschloß) nicht scheuen. Das Wasserschloß erfordert keine Unterhaltung, ist unbedingt betriebssicher und läßt vollkommen freie Hand, das Werk im Bedarfsfalle auch anders als fahrplanmäßig einzusetzen.

Da, wo man zum Entschluß kommt, ein Wasserschloß anzuordnen, ergibt sich durch dessen Einschaltung ganz natürlich eine Zweiteilung der gesamten Druckleitung[1]. In den meisten Fällen wird diese Teilung so durchgeführt, daß die oberhalb des Wasserschlosses gelegene Triebwasserleitungsstrecke mit relativ kleinem Gefälle ausgestattet wird, um den maximalen inneren Überdruck tunlichst klein zu halten und damit an Baukosten zu sparen. Am häufigsten besteht dieser Teil aus einem Stollen, seltener aus einer an der Geländeoberfläche verlegten Druckleitung aus Stahl, Stahlbeton oder Holz. Da es hydraulisch gleichgültig ist, ob ein Druck„stollen" oder eine Druck„leitung" vorliegt, sei im folgenden der zwischen Wasserfassung und Wasserschloß gelegene Teil der Druckleitung der Einfachheit halber als *Druckstollen* bezeichnet.

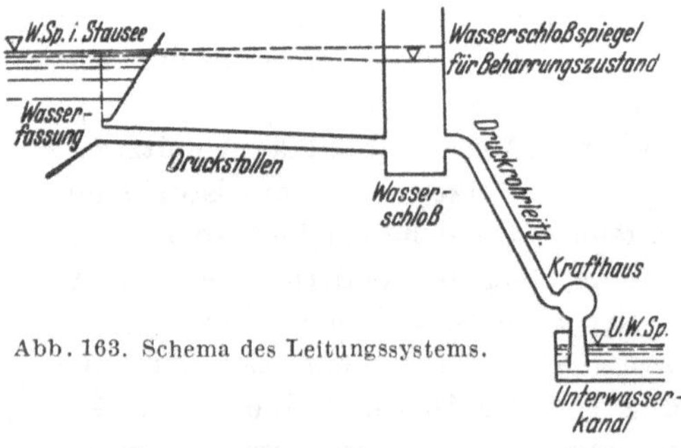

Abb. 163. Schema des Leitungssystems.

Der zwischen Wasserschloß und Krafthaus gelegene zweite Teil der Triebwasserleitung wird gewöhnlich so angeordnet, daß er das Hauptgefälle der Anlage erfaßt und in starkem Gefälle zum Krafthaus herabführt. Er hat deshalb manchmal den Namen Sturzleitung oder, weil

[1] Bei sehr kleinen Betriebswassermengen kann es in besonderen Fällen genügen, als Druckregulierorgan statt eines „Wasserschlosses" lediglich ein Standrohr anzuordnen, das unmittelbar oberhalb der Turbinen in die Druckleitung eingeschaltet wird. In anderem Falle, wo z. B. Geländeverhältnisse die Errichtung eines hinreichend großen Normalwasserschlosses am Stollenende (Druckrohranfang) unmöglich machen, statt dessen nur die Erbauung eines Pufferschachtes gestatten, kommt man zur Anordnung eines Zwischenwasserschlosses, das gegen die Wasserfassung zu verschoben ist und auch noch den Stollen unterteilt (z. B. Kraftwerk der Gemeinde Reutte am Plansee).

er in den meisten Fällen mit stählernen Röhren ausgeführt wird, auch den Namen *Druckrohrleitung*. Diese Bezeichnung wird auch im folgenden beibehalten, wobei es hinsichtlich der hydraulischen Wirkungsweise wiederum gleichgültig ist, ob die „*Druckrohrleitung*“ tatsächlich mit offen verlegten stählernen Rohren oder aber als ein im Berg abgeteufter Schacht (Druckschacht) ausgeführt wird.

1. Die Wirkungsweise des Wasserschlosses[1].

Es wurde bereits darauf hingewiesen, daß das Wasserschloß die Aufgabe hat, einen Ausgleich zu bilden zwischen dem schnell veränderlichen Wasserverbrauch der Turbinen und der langsamer vonstatten gehenden Geschwindigkeitsänderung der bewegten Wassermassen im Druckstollen. Es bildet — wenn das Bild gebraucht werden darf — gewissermaßen eine *zeitliche Übersetzung* zwischen dem fast momentan veränderlichen Wasserverbrauch der Turbinen und der im gleichen Augenblick im Druckstollen unterwegs befindlichen Wassermenge, welche der Beaufschlagungswassermenge des vorhergegangenen Belastungszustandes entspricht.

Solange die durch den Stollen fließende Wassermenge gleich ist jener, welche durch die Druckrohrleitung den Turbinen und durch diese dem Unterwasserkanal zufließt, herrscht *Beharrungszustand*. Der Wasserspiegel im Wasserschloß liegt dabei um die Höhe des Druckverlustes, der zwischen Wasserfassung und Wasserschloß auftritt, tiefer als der Stauseespiegel an der Wasserfassung. In dieser Lage verharrt er, solange sich im Fließvorgang nichts ändert, d. h. solange die dem Wasserzufluß entsprechende Turbinenbelastung unverändert bleibt.

Dieser Beharrungszustand kann nun auf zweierlei Weise gestört werden:

a) durch Anwachsen der Belastung;

b) durch Zurückgehen der Belastung.

Auf *steigende* Belastung reagieren die Turbinenregler durch Öffnen der Leitschaufeln bzw. der Düsen, wodurch das Schluckvermögen und damit der Wasserverbrauch der Turbinen erhöht wird. Die Wasserbewegung in der Druckrohrleitung spricht auf diese Änderung dank des starken Gefälles dieses Anlagenteiles (Gewichtswirkung des Wassers) auf die ganze Länge so gut wie unmittelbar mit Erhöhung der Fließgeschwindigkeit an. Mit anderen Worten: Mit dem Augenblick der Belastungserhöhung fließt durch die Druckrohrleitung vom Wasserschloß

[1] Literatur z. B.: Prašil, F.: Wasserschloßprobleme. Schweiz. Bauztg. Bd. 52 (1908). — Pressel, K.: Beitrag zur Bemessung des Inhaltes von Wasserschlössern. Schweiz. Bauztg. Bd. 53 (1909). — Streck, O.: Das Wasserschloß bei Hochdruckspeicheranlagen. Berlin: Springer 1929. — Vogt, F.: Berechnung und Konstruktion des Wasserschlosses. Stuttgart 1923. — Veröffentlichungen zur Erforschung der Druckstoßprobleme in Wasserkraftanlagen und Rohrleitungen. Herausgegeben von Tölke. H. 1. Berlin: Springer 1949.

mehr Wasser weg, als ihm durch den Stollen von oben während des vorhergegangenen Beharrungszustandes zugeflossen ist.

Da sich in diesem Augenblick weder an der Spiegelkote der Wasserfassung noch an jener im Wasserschloß etwas geändert hat, bestehen für den Fließvorgang im Stollen die Gleichgewichtsbedingungen des Beharrungszustandes noch unverändert fort, d. h. es fördert der Stollen zunächst noch die gleiche Wassermenge wie vor Störung des Beharrungszustandes. Der durch die Belastungserhöhung bedingte Mehrverbrauch der Turbinen wird deshalb automatisch den im Wasserschloß anstehenden Wassermengen entnommen. Damit sinkt in ihm aber allmählich der Wasserspiegel, und mit dessen Fallen bildet sich ein über den Druckhöhenverlust hinausgehendes zusätzliches Druckgefälle von der Wasserfassung zum Schloß heraus. Es wirkt sich in einer Beschleunigung der im Stollen bewegten Wassermassen aus.

Je weiter nun der Wasserspiegel sinkt, um so größer wird die beschleunigende Wirkung. Um so mehr steigert sich damit die Wasserzufuhr von der Wasserfassungsseite her. Es hinkt aber die Steigerung der Geschwindigkeit im Stollen der Zunahme an Druckgefälle infolge der Trägheit der Massen nach. Infolgedessen bedarf es eines größeren Absinkens des Wasserschloßspiegels, als dem für den neuen Wasserbedarf notwendigen Druckgefälle entspricht. Es schwingt, mit anderen Worten, der Wasserschloßspiegel unter die neue Ruhelage, welche der neuen Belastung entspricht, herunter, wodurch Schwingungen verursacht werden um den neuen Beharrungsspiegel im Wasserschloß (vgl. Abb. 166). Letzterer ergibt sich aus dem Druckhöhenverlust von der Wasserfassung bis zum Wasserschloß bei der neuen vergrößerten Förderwassermenge im Stollen, die im neuen Beharrungszustand dann gleich ist jener, welche die Turbinen seit der Belastungserhöhung schlucken[1].

Aus den vorstehenden Betrachtungen erkennt man zunächst, daß die Schwingungsausschläge bei sonst gleichen Verhältnissen um so größer werden müssen, je größer die im Stollen bewegte Wassermasse, je größer der Unterschied zwischen der Anfangs- und der Endbelastung und je kürzer das Zeitintervall ist, innerhalb dessen die Belastungsänderung erfolgt. Außerdem erkennt man, daß die Aufgabe des Wasserschlosses, nämlich möglichst rasch den neuen Beharrungszustand herbeizuführen, um so besser erfüllt ist, je rascher der Wasserschloßspiegel bei einer momentanen Belastungszunahme abgesenkt wird, weil dann der beschleunigend wirkende Überdruck sehr rasch in volle Aktion tritt (Auswertung dieser Tatsache in konstruktiver Hinsicht, z. B. im „Kammer“-wasserschloß[2]).

[1] In besonderen Fällen (großer Schachtquerschnitt F) kann die Schwingung zu einer aperiodischen Bewegung werden, wie das Beispiel II in der Aufgabe 31 zeigt.

[2] Vgl. hierzu die nachfolgende Aufgabe 31.

Anders liegt der Fall, wenn die Belastung im Werk *zurückgeht.* Wir wollen das Studium der Vorgänge wieder unten bei den Kraftmaschinen beginnen. Das den Turbinen in der Druckrohrleitung zufließende Wasser besitzt Bewegungsenergie. Verkleinern die Turbinenregler nun in Auswirkung der Belastungsminderung die Durchflußöffnung im Leitrad bzw. die Austrittsöffnung der Düse und damit die Beaufschlagungswassermenge, so kann ein Teil des von oben kommenden Wassers nicht mehr wegfließen, und es muß sich nach dem Grundsatz von der Erhaltung der Energie die lebendige Kraft des zu viel herabkommenden Wassers in eine andere Energieform umsetzen. Praktisch wird dieses Arbeitsvermögen aufgezehrt durch eine Erhöhung des hydraulischen Druckes auf die Wandung der Druckrohrleitung, oder anders ausgedrückt: Die Arbeitsfähigkeit der völlig unelastisch vorausgesetzten Wassersäule wird dazu aufgebracht, die Rohrwandungen elastisch auszudehnen (Wasserschlag)[1].

Was geht nun im Wasserschloß vor?

Zu Beginn unserer Betrachtung herrscht in der ganzen Triebwasserzuleitung Beharrungszustand, d. h. es kommt von der Wasserfassung durch den Stollen in der Zeiteinheit so viel Wasser ans Wasserschloß heran, als aus diesem in der gleichen Zeiteinheit in die Druckrohrleitung und durch die Turbinen ins Unterwasser abfließt. Der Spiegel im Wasserschloß steht dabei um den Druckhöhenverlust, der sich zwischen Wasserfassung und Wasserschloß ergibt, tiefer als der Stauseespiegel. Entsprechend der Belastungsminderung verkleinert sich die vom Wasserschloß in die Druckrohrleitung abfließende Wassermenge. Für den Druckstollen sind in diesem Augenblick die Gleichgewichtsverhältnisse gegenüber dem bisherigen Beharrungszustand noch un-

---

[1] Bezeichnet p kg/cm² den spez. Wasserdruck auf die Rohrwandung im Beharrungszustand, p' kg/cm² die Drucksteigerung infolge momentaner Entlastung, dann ist der größte spez. Gesamtdruck

$$p_g = p + p' \text{ kg/cm}^2.$$

p' ergibt sich wie folgt:

Die Druck*steigerung* sei H'. Eingehend ist diese Drucksteigerung bzw. Druckminderung in Aufgabe 21, S. 200ff. behandelt. Da diese Drucksteigerung H' in m Wassersäule gemessen ist, ergibt sich die Drucksteigerung pro Flächeneinheit zu $h' = \frac{H'}{f}$ m/m² Wassersäule, wobei $f =$ Rohrquerschnitt in m² an der beobachteten Stelle, und es wird

$$p' = \frac{h'}{10} \text{ kg/cm}^2.$$

Somit Rohrbeanspruchung

$$\sigma_{p_g} = \frac{p_g \cdot d}{2 \cdot s} = \frac{(p + p') \cdot d}{2 \cdot s} = \frac{\left(p + \frac{h'}{10}\right) \cdot d}{2 \cdot s} = \frac{\left(p + \frac{H'}{10 \cdot f}\right) \cdot d}{2 \cdot s} \text{ kg/cm}^2.$$

Dabei $d =$ Rohrdurchmesser in cm; $s =$ Wandstärke in cm. (σ_{p_g} zulässig ~ 700 bis 800 kg/cm².)

verändert, weil sich zunächst an der Lage des Wasserschloßspiegels noch nichts geändert hat und deshalb das Druckgefälle vom Stausee zum Wasserschloß unverändert fortbesteht. Es fließt also von der Wasserfassung her nach wie vor die dem vorausgegangenen Beharrungszustand entsprechende Wassermenge in das Wasserschloß, es ist, mit anderen Worten, der Zufluß zum Wasserschloß größer als der Abfluß aus demselben. Der Überschuß bleibt im Schloß und hebt allmählich dessen Spiegel. Hierdurch erst erfährt der Beharrungszustand im Druckstollen eine Störung, weil das Druckgefälle vom See zum Schloß mit dem Steigen des Schloßwasserspiegels abnimmt; die Wasserbewegung im Druckstollen wird allmählich abgebremst. Je höher der Spiegel im Schloß steigt, um so stärker ist diese Abbremsung. Da aber die Verzögerung der Fließbewegung im Stollen infolge der Trägheit der Massen dem Steigen des Wasserschloßspiegels nachhinkt, muß letzterer weiter steigen, als dem neuen Beharrungszustand, welcher sich aus der neuen kleineren Maschinenbelastung ergibt, entspricht. Es treten also auch hier Schwingungen um den neuen Beharrungsspiegel im Schloß auf (vgl. Abb. 166).

Man übersieht wiederum leicht, daß die Schwingungsausschläge bei sonst gleichen Verhältnissen um so größer werden, je größer die bewegte Wassermasse (langer Stollen), je kräftiger die Belastungsminderung ist und je plötzlicher dieselbe eintritt. Man erkennt weiterhin, daß die ausgleichende Wirkung des Wasserschlosses um so rascher und intensiver eintritt, je rascher der Wasserschloßspiegel bei der Belastungsminderung in die Höhe gebracht wird, weil dadurch der abbremsende Gegendruck außerordentlich rasch in voller Größe zur Wirksamkeit gelangt. Die Auswertung dieser Tatsache in konstruktiver Hinsicht zeigen das „Kammerwasserschloß“[1] und das Wasserschloß mit „Dämpfungswiderstand“[2].

2. Forderungen an das Wasserschloß.

1. Die Wasserschloßdimensionen sind so zu bemessen, daß auftretende Schwingungen stets gedämpft verlaufen, d. h. daß der Wasserspiegel im Wasserschloß nach jeder möglichen Gleichgewichtsstörung als Folge einer Belastungsänderung innerhalb einer bestimmten Zeit wieder eine Beharrungslage erreicht, die „stabil“ ist. Es dürfen also keine andauernden oder angefachten Schwingungen auftreten, weil diese nicht nur zu Unzuträglichkeiten im Wasserschloß selbst führen (Überflutung), sondern auch zu einem starken Verschleiß der Turbinen und deren Reglereinrichtungen. Diese fundamentale Forderung nach „stabilen Verhältnissen“ bei einem Wasserschloß führt auf einen *Minimum-*

---

[1] Vgl. Aufgabe 31, S. 350.

[2] Streck, O.: Das Wasserschloß bei Hochdruckspeicheranlagen, S. 7ff.

querschnitt. Dieser Minimumquerschnitt ist, wie VOGT nachgewiesen hat, für *jeden* Wasserschloßtyp maßgebend, *weil die Stabilitätsgrenze für alle Wasserschloßformen dieselbe ist.*

2. Bei der *größtmöglichen* Belastungs*abnahme* darf der Schloßwasserspiegel nicht so hoch steigen, daß er den Schloßscheitel berührt oder gar zu einer Überflutung des Schlosses führt. Würde man für die Zugrundelegung der größtmöglichen Belastungsabnahme vom Kurzschluß im Netz ausgehen, dann käme man — wenigstens bei größeren modernen elektrischen Kraftanlagen — nur auf eine teilweise Entlastung, weil bei diesen im Kurzschlußfalle gewöhnlich nur ein Teil der Belastung ausgekuppelt wird. Außerdem benötigen die Turbinen auch im Leerlauf etwas Wasser (15 bis 35% des Vollastverbrauches je nach dem Turbinentyp). Im Hinblick auf die erfahrungsgemäß vorhandene Möglichkeit, daß die Ventile den Wasserzufluß momentan abstoppen (Unglücksfall), muß gleichwohl mit vollkommenem und dabei nahezu plötzlichem Absperren der größten Betriebswassermenge gerechnet werden. Damit ist natürlich auch ein etwa vorhandener Überfall oben im Schloß so zu bemessen, daß die dem plötzlichen vollkommenen Absperren bei Vollbetrieb entsprechende Wassermenge abfließen kann, ohne Überflutungen herbeizuführen.

3. Bei *zunehmender* Belastung der Turbinen (Zunahme des Wasserverbrauches!) darf der Wasserspiegel im Wasserschloß nicht so tief sinken, daß Luft in den Stollen oder in die Druckrohrleitung eindringen kann, weil die dabei zu erwartenden Stöße den Bestand dieser Bauteile gefährden könnten. Von den verschiedenen Möglichkeiten der Belastungszunahme[1] ist der ungünstigste Fall der plötzliche Zuwachs des Wasserverbrauches vom Leerlaufverbrauch mit magnetisierten Generatoren (15 bis 35 vH) bis Vollast, d. s. 85 bis 65 vH der Vollast. Praktisch kann dieser Fall nur bei kleinen Anlagen vorkommen, z. B. wenn nur eine Maschineneinheit vorhanden ist. Bei größeren Kraftanlagen verteilt sich die Leistung auf mehrere Einheiten, welche nie gleichzeitig in Betrieb gesetzt werden. Bei Inbetriebnahme beispielsweise einer dritten Einheit haben die beiden laufenden Einheiten wohl meist nahezu Vollast. Ein Belastungsstoß kann deshalb wohl nur wenig über die Leistung des größten Maschinenaggregats hinausgehen. Beim Porjuskraftwerk in Schweden wird mit 30% momentanem Zuwachs gerechnet, beim Norekraftwerk in Norwegen nur mit 15%.

---

[1] Allmähliche Zunahme von Null bis Vollast, z. B. bei Wiederinbetriebnahme der Anlage; plötzliche Zunahme von teilweiser Belastung bis Vollast, z. B. beim Start großer Einheiten (elektr. Lokomotiven, Walzwerksmotoren, Schmelzöfen usw.); Zunahme durch kurzdauernde Belastungsstöße, z. B. beim Start großer Einheiten und bei Kurzschlüssen (für gewisse Arten von Schmelzöfen sind solche Kurzschlüsse normal und kommen regelmäßig vor).

Diesen drei fundamentalen Forderungen kann *grundsätzlich* mit jedem Wasserschloßtyp entsprochen werden. Tatsächlich wird man aber in jedem Falle eingehend zu prüfen haben, welcher Typ betrieblich und wirtschaftlich den Vorzug verdient. Was die wirtschaftliche Seite, also die Baukosten des Wasserschlosses anlangt, darf man annehmen, daß diese etwa mit dem Raumausmaß des Schlosses proportional wachsen. Je besser dieser Rauminhalt nun ausgenützt wird, desto — verhältnismäßig — kleiner kann er werden, und desto kleiner — ebenfalls verhältnismäßig verstanden — werden die Geldaufwendungen für das Wasserschloß.

3. Ermittlung des Minimumquerschnittes.

Da die Stabilitätsgrenze für *alle* Wasserschloßtypen dieselbe ist, soll zunächst deren Berechnung behandelt werden. Um die Forderung zu erfüllen, daß keine andauernden oder angefachten Schwingungen (infolge Resonanz) im Wasserschloß auftreten können, muß nach THOMA[1] folgenden zwei Bedingungen genügt werden

$$\left.\begin{aligned} &\frac{h_0}{H} < \frac{1}{3} \\ \text{und}\quad &\varepsilon < 2 \cdot \frac{1 + \frac{h_0}{H}}{\frac{h_0}{H}} \end{aligned}\right\} . \tag{a}$$

Dabei bedeutet:

$$\varepsilon = \frac{\text{kinetische Energie des Stollenwassers}}{\text{potentielle Energie des Wassers im Wasserschloß}} = \frac{L \cdot f \cdot v_0^2}{g \cdot F \cdot h_0^2},$$

L = wirkliche Länge des Druckstollens zwischen Wasserfassung und Wasserschloß = m,

f = lichter Normalquerschnitt des Stollens = m²,

v_0 = mittlere Wassergeschwindigkeit im Stollen bei Vollast $\left(= \frac{Q_0}{f}\right)$ = m/sek,

Q_0 = normaler Wasserverbrauch bei Vollast und Fallhöhe $H - h_0$ = m³/sek,

H = Bruttogefälle = m,

h_0 = Druckhöhenverlust von der Wasserfassung bis zum Wasserschloß bei der Wassergeschwindigkeit v_0 im Stollen = m,

g = Erdbeschleunigung = m/sek²,

F = Horizontalquerschnitt des Wasserschlosses im lotrechten Abstand z vom Wasserfassungsspiegel = m².

Im Grenzfall darf ε_{gr} höchstens sein:

$$\varepsilon_{gr} = 2 \cdot \frac{1 - \frac{h_0}{H}}{\frac{h_0}{H}} = \frac{L \cdot f \cdot v_0^2}{g \cdot F_{gr} \cdot h_0^2}.$$

---

[1] THOMA, D.: Zur Theorie des Wasserschlosses bei selbsttätig geregelten Turbinenanlagen. Berlin 1909.

Da mit zunehmender Glattheit der Stollenwand der Minimumquerschnitt wächst, ist, um sicher zu gehen, der Druckhöhenverlust h_0 zwischen Wasserfassung und Wasserschloß mit dem *kleinsten* Wert der Reibung in Ansatz zu bringen.

Will man berücksichtigen, daß die Annahme, die Reibung sei proportional dem Quadrat der Geschwindigkeit, nicht ganz genau zutrifft, so hat man den Ausdruck

$$2 \cdot \frac{1 - \frac{h_0}{H}}{\frac{h_0}{H}}$$

mit einem Koeffizienten $\psi < 1$ zu multiplizieren. Dabei kommt man den in praxi vorliegenden Fällen sehr nahe, wenn man $\psi = 0{,}97$ in Ansatz bringt.

Eine weitere Berichtigung ergibt sich aus der Tatsache, daß die kinetische Energie *nicht* $\frac{L \cdot f \cdot \gamma \cdot v_0^2}{2g}$, sondern *gleich* $\frac{L\gamma}{2g} \cdot \int v^2 df$ ist. Man hat deshalb statt mit L mit einer virtuellen Stollenlänge $\varkappa \cdot L$ zu rechnen, wobei

$$\varkappa = \frac{f \cdot \int v^2 df}{[\int v\, df]^2}.$$

$\varkappa$ ist immer größer als 1 und liegt gewöhnlich zwischen 1,02 und 1,20. Für Stollen mit glattem Zementputz dürfte $\varkappa = 1{,}02$ bis 1,05 betragen.

Damit erhält man für die Stabilitätsbedingungen folgende Bestimmungsgleichungen:

$$\left.\begin{aligned} &\frac{h_0}{H} < \frac{1}{3} \\ \text{und}\quad &\varkappa \cdot \varepsilon = \varkappa \cdot \frac{L \cdot f \cdot v_0^2}{g \cdot F_{gr} \cdot h_0^2} \leqq 2\psi \cdot \frac{1 - \frac{h_0}{H}}{\frac{h_0}{H}} \end{aligned}\right\} . \tag{b}$$

Da bei Kraftanlagen im praktischen Falle der Reibungsverlust *im* Stollen immer kleiner als $^1/_3$ der Bruttofallhöhe sein dürfte, ist die Bedingung

$$\frac{h_0}{H} < \frac{1}{3}$$

wohl immer erfüllt.

Um die zweite Bedingung zu erfüllen, muß der Schachtquerschnitt im Wasserschloß einen Mindestquerschnitt erhalten, der sich wie folgt ergibt:

$$F_{gr} \geqq \frac{\varkappa}{2g \cdot \psi} \cdot \frac{L \cdot f \cdot v_0^2}{h_0 \cdot (H - h_0)} = \frac{\varkappa}{2g \cdot \psi} \cdot \frac{L \cdot f \cdot v_0^2}{h_0 \cdot H_{\text{netto}}},$$

wenn $H - h_0 = H_{\text{netto}}$.

Setzt man noch unter Vernachlässigung des Eintrittsverlustes und der Geschwindigkeitssteigerung am oberen Stollenmund

$$h_0 = \frac{v_0^2 \cdot L}{c^2 \cdot R} = \frac{v_0^2 \cdot L \cdot 2\sqrt{\pi}}{c^2 \cdot \sqrt{f}},$$

so wird

$$F_{gr} \geqq \frac{\varkappa \cdot c^2}{4g \cdot \psi \cdot \sqrt{\pi}} \cdot \frac{f^{1,5}}{H_{\text{netto}}}.$$

Für $\varkappa = 1{,}05$, $\psi = 0{,}97$ erhält man

$$F_{gr} \geqq 0{,}01557 \cdot c^2 \cdot \frac{f^{3/2}}{H_{\text{netto}}}. \tag{c}$$

Wie nahe man bei der Bemessung in praxi an die Stabilitätsgrenze, d. i. an den Minimumquerschnitt F_{gr} herangehen soll, ist Sache der Schätzung. Wenn die Berechnung der Minimumreibung so ausgeführt ist, daß geringere Reibung unmöglich vorkommen kann, dürfte es entsprechen, bei niedrigeren und mittleren Fallhöhen den Wasserschloßquerschnitt 10 bis 30% größer als den berechneten Minimumquerschnitt zu wählen. Wahrscheinlich ist dann die wirkliche Reibung größer als die angenommene Minimumgrenze, und der Stabilitätszuschlag wird dann auch in Wirklichkeit größer.

Bei Anlagen mit großen Fallhöhen wird der auf diese Weise berechnete Querschnitt sehr klein und wird oft aus praktischen Rücksichten zu gering. Manchmal zwingt auch die Anordnung von Rechen, Schützen u. dgl. im Wasserschloß oder die Erzielung einer rationellen Führung des Wassers zur Anwendung eines größeren Wasserschloßschachtquerschnitts.

In *unserem Beispiel* ist der Wasserschloßquerschnitt bereits gegeben mit $F = 600\,\text{m}^2$. Wir wollen nun nachprüfen, ob diese Querschnittsbemessung der Bedingung c genügt:

$$F \geqq F_{gr} = 0{,}01557 \cdot c^2 \cdot \frac{f^{3/2}}{H_{\text{netto}}}.$$

Dem kreisrunden Druckstollen vom lichten Querschnitt $f = 18{,}1\,\text{m}^2$ entspricht ein lichter Durchmesser

$$d = \sqrt{\frac{4 \cdot f}{\pi}} = \sqrt{\frac{4 \cdot 18{,}1}{\pi}} = \mathbf{2{,}57}\,\text{m}$$

und der hydraulische Radius

$$R = \frac{d}{4} = \frac{2{,}57}{4} = \mathbf{0{,}64_2}\,\text{m}.$$

Bei der Bestimmung des Minimumquerschnitts muß die Reibung im Stollen mit dem *kleinsten* Wert in Ansatz gebracht werden. Es wird dafür $\gamma = 0{,}10$ nach BAZIN zugrunde gelegt (vgl. dazu S. 337). Dieser

Rauhigkeitsbeiwert ergibt für $R = 0{,}64_2$ m in der BRAHMSschen Formel ($v = c \cdot \sqrt{R \cdot J}$) einen Geschwindigkeitsbeiwert

$$c = \frac{87}{1 + \frac{\gamma}{\sqrt{R}}} = \frac{87}{1 + \frac{0{,}10}{\sqrt{0{,}64_2}}} = 77{,}3 .$$

Der Druckhöhenverlust h_0 im Stollen zwischen Wasserfassung und Wasserschloß bei Vollast ($Q_0 = 60{,}0$ m³/sek entsprechend einem $v_0 = \frac{Q_0}{f} = \frac{60{,}0}{18{,}1} = 3{,}31_5$ m/sek) ermittelt sich zu

$$h_0 = \frac{v_0^2 \cdot L}{c^2 \cdot R} = \frac{3{,}31_5^2 \cdot 1164}{77{,}3^2 \cdot 0{,}64_2} = 3{,}33\,\text{m}.$$

Somit

$$H_{\text{netto}} = H - h_0 = 200{,}0 - 3{,}33 = \mathbf{196{,}67}\ \text{m}$$

und der gesuchte notwendige Minimumquerschnitt

$$F_{gr} \geqq 0{,}01557 \cdot c^2 \cdot \frac{f^{1,5}}{H_{\text{netto}}} = 0{,}01557 \cdot 77{,}3^2 \cdot \frac{18{,}1^{3/2}}{196{,}67} = \mathbf{36{,}50}\,\text{m}^2.$$

Der gegebene horizontale Wasserschloßquerschnitt von $F = 600$ m² ist rd. 25mal so groß als der Grenzquerschnitt (Minimumquerschnitt), bei dem das Auftreten von andauernden oder gar angefachten Schwingungen im Schloß gerade vermieden wird. Die Wahl des großen Querschnitts ergab sich aus der Notwendigkeit, bei dem zugrunde gelegten *Schacht*wasserschloßtyp die Höhe des Schlosses zu begrenzen (vgl. dazu die Aufgabe 31 S. 350).

4. Entwicklung der Schwingungsgleichungen.

Zunächst wird von dem Fall der Belastungs*abnahme* ausgegangen. Dabei ist für die Festlegung der Wasserschloßgröße der ungünstigst mögliche Betriebsfall zugrunde zu legen. Und dieser ist — wie bereits im Abschnitt „Forderungen an das Wasserschloß“ (S. 328) ausgeführt — jener des momentanen und vollkommenen Abschlusses. Bei endlicher, wenn auch kleiner Schlußzeit der Turbinen reichen die Schwingungen natürlich nicht so hoch wie bei plötzlichem Abschluß.

Im Zeitteilchen dt, gerechnet vom Augenblick des vollkommenen Schließens der Turbinen oder der Ventile, fließt vom Stollen die Wassermenge $f \cdot v \cdot dt$ in das Wasserschloß. Dadurch steigt hier der Wasserspiegel um dz. Nehmen wir dz *positiv* für fallenden Wasserspiegel im Wasserschloß (Abb. 164) und beachten, daß das Wasser als vollkommene Flüssigkeit so gut wie nicht zusammendrückbar ist, dann erhalten wir die *Kontinuitätsgleichung*

$$f \cdot v \cdot dt = -dz \cdot F$$

oder

$$-dz = \frac{f}{F} v \cdot dt. \tag{1}$$

Mit dieser Gleichung haben wir die Bilanz für die Wassermengen aufgestellt (Kontinuitätsgleichung). Letztere ist — streng genommen — nur für ein sehr kleines Zeitelement richtig, weil durch die Störung des Beharrungszustandes das Fließen des Wassers im Stollen nicht in gleicher Weise dauernd weitergehen kann. Es ändert sich also v und damit dz mit der Zeit, deshalb haben wir es jetzt mit einer *veränderlichen* Wasserbewegung zu tun.

Nun handelt es sich darum, die Kraft, welche die Geschwindigkeit des Wassers im Stollen abbremst, nach Größe und Wirkungsweise festzustellen. Der steigende Wasserspiegel im Schloß hat einen steigenden Überdruck auf die bewegten Wasserteilchen im Stollen zur Folge, der verzögernd wirkt[1]. Im gleichen Sinne äußert sich der Einfluß des Druckhöhenverlustes h, wenn man ihn sich als Reibungskraft im Stollen angebracht denkt, weil diese stets der Wasserbewegung entgegenwirkt. Da wir den Abstand z des Wasserschloßspiegels von der Nullage (= Seespiegelniveau) nach abwärts positiv angenommen haben, d. i. also für *negativen Überdruck* bezüglich der Wasserbewegung im Stollen, kommt für eine Lage des Wasserschloßspiegels im Abstand $+z$ von der Nulllage wegen der dann entgegengesetzten Wirkung von z und h als abbremsende Druckhöhe nur die Differenz $(z - h)$ in Frage.

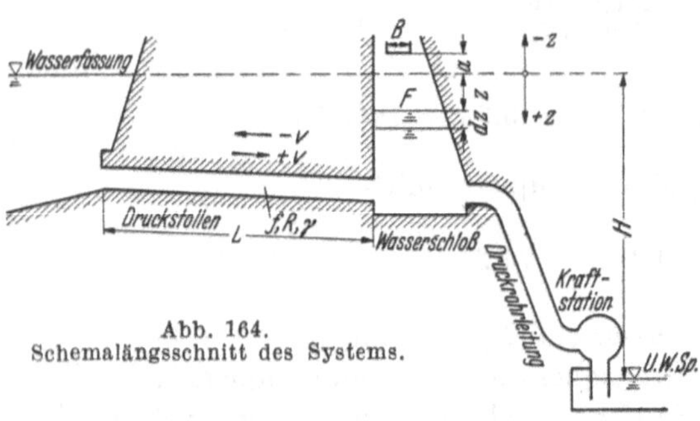

Abb. 164.
Schemalängsschnitt des Systems.

Der auf den Wasserquerschnitt des Stollens wirkende Überdruck beträgt dann

$$P = (z - h) \cdot f.$$

Diese Kraft kann natürlich nur wirken, wenn ihr ein gleich großer Widerstand entgegentritt (actio und reactio). Diesen Widerstand bietet die im Stollen fließende Wassermenge.

---

[1] Zum Unterschied von der unveränderlichen verzögerten Wasserbewegung (z. B. Stau) ändert sich in unserem Fall der veränderlichen Wasserbewegung die Verzögerung selbst mit der Zeit, während dort die Verzögerung zu jedem Beobachtungszeitpunkt gleichbleibt, wobei für beide Fälle ein unveränderlicher Beobachtungsstandpunkt vorausgesetzt ist (*Charakteristikum* der *veränderlichen* Wasserbewegung!).

Die Gegenkraft beträgt daher

$$P = m \cdot \frac{dv}{dt} * .$$

Nach dem eben Gesagten ist

$$m = \frac{1{,}0 \cdot f \cdot L}{g},$$

wobei das spezifische Gewicht des Wassers mit 1,0 t/m³ in Ansatz gebracht ist.

Damit

$$P = \frac{f \cdot L}{g} \cdot \frac{dv}{dt}.$$

Durch Gleichsetzen beider Kräfte folgt

$$\frac{f \cdot L}{g} \cdot \frac{dv}{dt} = (z - h) \cdot f.$$

Durch Umstellen erhält man die Kraftgleichung

$$dv = \frac{g}{L}(z - h) \cdot dt. \tag{2}$$

Wäre der Turbinenabschluß kein vollkommener, so daß dem Wasserschloß im Zeitteilchen dt noch die Wassermenge Q entnommen würde, dann muß diese Wassermenge Q gleich sein der Summe aus der Wassermenge, die dem Wasserschloß im gleichen Zeitteilchen durch den Stollen zufließt, und der Änderung, welche der Wasservorrat des Wasserschlosses in diesem Zeitteilchen selbst erfährt. Die *Kontinuitäts*gleichung lautet dann

$$Q \cdot dt = f \cdot v \cdot dt + F \cdot dz$$

oder

$$-dz = \frac{f \cdot v - Q}{F} \cdot dt. \tag{1a}$$

Man übersieht leicht, daß die Gl. (1a) auch bereits den Fall einer momentanen Belastungs*zunahme* mit einschließt, d. h. die Wasserschloßschwingungen zusammen mit Gl. (2) allgemein beschreibt.

Für $Q < f \cdot v$ wird dz negativ, d. h. der Schloßspiegel steigt (Belastungs*abnahme*).

Für $Q = 0$ und $f \cdot v = Q_0$ wird dz und damit z ein Maximum nach *oben* (vollkommener Abschluß der Turbinen bzw. der Ventile).

Für $Q = f \cdot v$ wird $dz = 0$, d. h. der Schloßspiegel bleibt unverändert (Beharrungszustand).

Für $Q > f \cdot v$ wird dz positiv, d. h. der Schloßspiegel sinkt (Belastungszunahme).

---

* Dabei wird die im Wasserschloß selbst mitschwingende Wassermasse vernachlässigt. Dies ist besonders dann zulässig, wenn ihre Masse im Verhältnis zum Stolleninhalt klein ist. Desgleichen werden die im Wasserschloß auftretenden Widerstände, weil klein gegenüber den Widerständen im Stollen, außer Ansatz gelassen.

Für $Q = Q_0$ und $f \cdot v = 0$ wird dz und somit z ein Maximum nach *unten* (gleichzeitiges vollkommenes Öffnen sämtlicher Turbinen oder Ventile nach Werkstillstand).

Die Wassermenge Q, welche dem Wasserschloß in der Zeiteinheit entnommen wird, setzt sich ihrerseits ganz allgemein zusammen aus einer Wassermenge, die über einen im Wasserschloß eingebauten Überfall zum Abfluß gelangt, und jener Wassermenge, welche durch die Druckrohrleitung abgeht. Dabei braucht sich letztere Wassermenge nicht zu decken mit der Beaufschlagungsmenge der Turbinen. Sie kann sich vielmehr zusammensetzen aus der Turbinenschluckwassermenge und aus einer Wassermenge, welche durch einen irgendwie betätigten Auslaß noch vor den Turbinen aus der Druckrohrleitung austritt (durch die Turbinenregler gesteuerte Auslaßventile zur Vermeidung unzulässiger Drucksteigerungen in der Druckrohrleitung!).

Von den in den Gln. (1) bzw. (1a) und (2) vorkommenden veränderlichen Größen erheischt der Wert h noch besondere Beachtung. Er gibt den absoluten Wert des Druckhöhenverlustes in m an, der zwischen Wasserfassung und Wasserschloß auftritt. Der Druckhöhenverlust setzt sich dabei zusammen aus dem *Eintrittsverlust* beim Eintritt des Wassers vom Stausee (Wasserfassung) in den Druckstollen, ferner aus dem *Druckhöhenverbrauch zur Erzeugung der* im Stollen herrschenden *Geschwindigkeit*, aus der *Druckhöhe zur Überwindung der Reibung* an der Stollenwand und aus der *Druckhöhe zur Überwindung der* im Zuge des Druckstollens auftretenden *Krümmerwiderstände* und der *Druckverbräuche für* evtl. *Querschnittsänderungen.*

Bei längeren Druckstollen wird der Wert h im wesentlichen durch den *Reibungsverlust* im Stollen bestimmt, so daß die *übrigen* Aufwendungen an Druckgefälle vernachlässigt werden können. Diese Vernachlässigung bei längeren Druckstollen läßt sich auch noch im Hinblick auf die Unsicherheit, welche bezüglich der Festlegung der Größe des Stollenreibungsverlustes selbst stets vorliegt, rechtfertigen.

Die Bedeutung, welche der Größe h für die Ermittlung der Schwingungen zukommt, läßt es angezeigt erscheinen, noch etwas ausführlicher darauf einzugehen. Für die zahlenmäßige Erfassung der im Stollen auftretenden Verluste wird angenommen, daß *jeder* Verlust für sich proportional ist dem Quadrat der mittleren Stollenwassergeschwindigkeit v. Der Reibungsverlust h läßt sich deshalb anschreiben mit

$$h = \text{Funktion } (v^2).$$

Die Versuche A. Budaus[1] an einer 2,20 m weiten und 1280 m langen Eisenbetondruckrohrleitung haben zu dem Schlusse geführt, daß man

[1] Budau: Versuche über Druckverluste in Eisenbetonrohrleitungen. Z. öst. Ing.- u. Archit.-Ver. 1914; vgl. ferner Vogt: S. 73ff. Zitiert S. 325.

für Leitungen von nicht zu kleinem Durchmesser „berechtigt ist, den Druckhöhenverlust nach jenen Formeln zu berechnen, welche für offene Gerinne Gültigkeit haben“ und „daß die Behandlung dieser geschlossenen Rohrleitungen nach den Formeln für offene Gerinne die gleichen Rauhigkeitsgrade verträgt, wie sie bei letzteren dem Material der Ufer und der Sohle entsprechend einzuführen wären“.

Im Hinblick auf die entsprechende Regelmäßigkeit des Profils einer Druckleitung kommen für die Auswertung der BUDAUschen Versuchsergebnisse nur solche offene Gerinne in Frage, welche ebenfalls sehr regelmäßig ausgebildet sind. Mit anderen Worten: die Formeln, welche zur Berechnung des Reibungsverlustes im Druckstollen benützt werden, müssen von den Verhältnissen ebenfalls sehr regelmäßig ausgestalteter offener Gerinne hergeleitet sein. Hält man an $h =$ Funktion (v^2) fest, dann kommt zweckmäßig die Fließformel von BRAHMS mit dem BAZINschen Geschwindigkeitsbeiwert in Frage, weil diese Beiwerte aus *regelmäßigen künstlichen* Gerinnen hergeleitet sind.

Damit erhält die obige Beziehung für h die Form:

$$h = \frac{L}{c^2 \cdot R} \cdot v^2,$$

wobei

$$c = \frac{87}{1 + \frac{\gamma}{\sqrt{R}}}.$$

Setzt man die Konstante $\frac{L}{c^2 \cdot R} = \beta$, dann wird $h = \beta \cdot v^2$.

Gewisse Schwierigkeiten bereitet jeweils die Festlegung der Rauhigkeitsziffer γ für den Druckstollen, weil dies *vor* der Bauausführung zu geschehen hat. Beispielsweise hängt die Rauhigkeit bei roh aus den Felsen gesprengten Stollen ohne irgendeine Auskleidung ganz wesentlich davon ab, ob sich der Fels zackig oder muschelig, also relativ glatt sprengt, ob und in welchem Ausmaße nachgearbeitet wird und so weiter. Aber auch bei ausgekleideten Druckstollen hat man keinen sicheren Anhalt dafür, welchen Wert γ *nach der Bauvollendung* und dann später im *Dauerbetrieb* annehmen wird. Das hängt ab von der Qualität und Haltbarkeit des Betonputzes bzw. des Betons überhaupt. Hier spielt nicht nur der Gütegrad der Bauausführung eine gewichtige Rolle, sondern auch die Größe und die Häufigkeit der aus dem Betrieb resultierenden wechselnden Beanspruchungen und der physikalische und chemische Zustand des Betriebswassers (z. B. Gletschermilch). (Vgl. S. 9.)

Um bei der Festsetzung der Wasserschloßabmessungen sicher zu gehen, ist es empfehlenswert, jeweils den ungünstigeren Wert γ in Rechnung zu setzen. Hier sind nun zwei Fälle zu unterscheiden:

1. *Belastungsabnahme:* Der Wasserschloßraumbedarf wird hier *um so größer*, je *geringer* die Abdämpfung im Druckstollen, je *geringer* also

die Reibung und je kleiner damit der Wert γ ist. Zum Beispiel bei betonierten Stollen mit Glattputz hat man — bei sehr sorgfältiger Bauausführung — in der ersten Zeit der Betriebsnahme mit der Möglichkeit eines kleineren Wertes γ zu rechnen, als man zu erzielen beabsichtigt hatte. In den späteren Zahlenbeispielen ist deshalb mit $\gamma = 0{,}16$ für diesen Fall (betonierter, geputzter Stollen) gerechnet. Bei der Ermittlung des Minimumquerschnitts empfiehlt es sich, mit der Sicherheit noch etwas weiter zu gehen. Deshalb wurde dort mit $\gamma = 0{,}10$ gerechnet (vgl. S. 332).

2. *Belastungszunahme:* Der Wasserschloßraumbedarf wird hier um so *größer*, je *größer* die Abbremsung im Druckstollen, je *größer* also die Reibung und damit der Wert γ ist. Beim betonierten Stollen mit Glattputz ist nun beispielsweise der Fall sehr gut denkbar, daß im Laufe der Jahre durch Abblätterung des Putzes, Auslaugungen usw. eine wesentliche Erhöhung der ursprünglichen Rauhigkeit auftritt, zumal wenn die Bauarbeiten seinerzeit nicht mit der nötigen Sorgfalt ausgeführt wurden oder aber die Baustoffe nicht ganz zweckentsprechend waren. Dieser Möglichkeit wurde in dem späteren Zahlenbeispiel (betonierter Stollen) dadurch Rechnung getragen, daß für diesen Fall $\gamma = 0{,}45$ in Ansatz gebracht wurde.

Lösung der Gleichungen.

Plötzliche Belastungsminderung.

Die Schwingungsgleichungen für das Schachtwasserschloß lauteten für den allgemeinen Fall:

$$-dz = \frac{f \cdot v - Q}{F} \cdot dt, \tag{1a}$$

$$dv = \frac{g}{L}(z - h) \cdot dt. \tag{2}$$

Dabei können im allgemeinen Fall alle Größen veränderlich sein bis auf f, g, L. Löst man die Gl. (1a) nach v auf und führt diesen Ausdruck in Gl. (2) ein, so erhält man eine Differentialgleichung zweiter Ordnung, in welcher t die unabhängige und z die abhängige Variable ist. Diese Gleichung erweist sich aber selbst bei einfachstem Bau, nämlich dann, wenn Q und F konstant sind, als nicht integrierbar. Erst wenn man den Sonderfall noch mehr begrenzt, indem man F konstant annimmt und gleichzeitig $Q = 0$ setzt, ist eine, wenn auch nur einmalige Integration möglich. (Es liegt dann ein *Schacht*wasserschloß mit *un*veränderlichem Horizontalquerschnitt vor.) Dieser Sonderfall [Gl. (1) für $F =$ konstant!] ist, wie bereits entwickelt, gegeben, *wenn der Wasserzulauf vom Wasserschloß zu den Turbinen plötzlich vollkommen abgesperrt wird und wenn weder ein Auslaß noch ein Überfall im Wasserschloß vor-*

handen ist (entsprechend der Bedingung $Q = 0$). Eine einmalige Integration ergibt für diesen Sonderfall z aus $\frac{dz}{dt}$ *.

Auf diese Weise ist es möglich, die *größte Erhebung* $z_{e\,max}$ des Wasserspiegels im Wasserschloß über den Stauweiherspiegel zu ermitteln, wenn man die Größen f, L, F und γ fest gewählt hat. Denn für den Augenblick, in welchem z seinen Höchstwert $z_{e\,max}$ annimmt, wird $\frac{dz}{dt} = 0$, woraus sich eine Bestimmungsgleichung für das gesuchte z ergibt. Diese Bestimmungsgleichung lautet:

$$(1 + \varrho \cdot z_{e\,max}) - \operatorname{lognat}(1 + \varrho \cdot z_{e\,max}) = (1 - \varrho \cdot h_a). \qquad (3)$$

Hierin bedeuten

$$\varrho = 2 \cdot \beta \cdot \frac{g \cdot F}{L \cdot f}$$

und

$$h_a = \beta \cdot v_a^2,$$

wobei

$$\beta = \frac{L}{c^2 \cdot R}.$$

v_a entspricht dabei der Wassergeschwindigkeit im Stollen vor Absperren der Druckrohrleitung, wobei $v_a = \frac{Q_a}{f}$, wenn Q_a die durch den Stollen den Turbinen zufließende Wassermenge vor dem Absperren der Druckrohrleitung bedeutet. h_a stellt demnach den Druckhöhenverlust im Druckstollen dar für die Wasserführung Q.

Gl. (3) enthält nach den vorstehenden Ausführungen als einzige Unbekannte die Größe $z_{e\,max}$. Letztere läßt sich ohne sonderliche Schwierigkeiten durch einige Versuchsrechnungen ermitteln.

Da bei der Dimensionierung eines Wasserschlosses vom größten Wert $z_{e\,max}$ auszugehen ist, der im Betrieb überhaupt auftreten kann, letzterer sich aber ergibt, wenn die auf *Vollast* laufende Anlage *plötzlich vollkommen* abgestoppt wird durch Absperren des Wasserdurchflusses durch die Druckrohrleitung, ist $Q_a = Q_0$ zu setzen, womit $h_a = h_0$ wird.

Die Bewegungen des Wasserspiegels im Wasserschloß gehen *für den Fall des plötzlichen Abschlusses*, solange $h = \beta \cdot v^2$ gesetzt wird, stets als Schwingungen vor sich, welche *gedämpft* verlaufen. Zwischen dem ersten und zugleich maximalen Ausschlag $z_{e\,max}$ und den darauffolgenden weiteren Schwingungsausschlägen z_1, z_2, z_3, z_4 usw. bestehen folgende Beziehungen:

$$\left.\begin{aligned}
(1-\varrho \cdot z_1) - \operatorname{lognat}(1-\varrho \cdot z_1) &= (1-\varrho \cdot z_{e\,max}) - \operatorname{lognat}(1-\varrho \cdot z_{e\,max})\\
(1+\varrho \cdot z_2) - \operatorname{lognat}(1+\varrho \cdot z_2) &= (1+\varrho \cdot z_1) - \operatorname{lognat}(1+\varrho \cdot z_1)\\
(1-\varrho \cdot z_3) - \operatorname{lognat}(1-\varrho \cdot z_3) &= (1-\varrho \cdot z_2) - \operatorname{lognat}(1-\varrho \cdot z_2)\\
(1+\varrho \cdot z_4) - \operatorname{lognat}(1+\varrho \cdot z_4) &= (1+\varrho \cdot z_3) - \operatorname{lognat}(1+\varrho \cdot z_3) \text{ usw.}
\end{aligned}\right\} \qquad (4)$$

* Prášil: Zitiert S. 325. — Grammel: Zur Theorie der Schwingungen im Wasserschloß. Z. ges. Turbinenw. 1913.

Hat man $z_{e\,\max}$ mit Hilfe von Gl. (3) berechnet, so können demnach die Werte $z_1, z_2, z_3, z_4 \ldots$ der folgenden Ausschläge auf Grund der Gl. (4) ermittelt werden, deren Auflösung sinngemäß in gleicher Weise erfolgt wie jene der Gl. (3).

In unserem Zahlenbeispiel ergibt sich $z_{e\,\max}$ bei plötzlichem vollkommenem Abschluß (von Q_0 auf 0) für $\beta = \frac{L}{c^2 \cdot R} = \frac{1164}{75{,}91^2 \cdot 1{,}20} = 0{,}1682$ ($\gamma = 0{,}16$ n. Bazin):

$$h_0 = \beta \cdot v_0^2 = 0{,}1682 \cdot 3{,}314^2 = 1{,}849 \text{ m},$$

$$\varrho = 2\beta \cdot \frac{g \cdot F}{L \cdot f} = 2 \cdot 0{,}1682 \cdot \frac{9{,}81 \cdot 600}{1164 \cdot 18{,}1} = 0{,}09402, \text{ aus}$$

$$(1 + 0{,}09402 \cdot z_{e\,\max}) - \operatorname{lognat}(1 + 0{,}09402 \cdot z_{e\,\max})$$
$$= (1 + 0{,}09402 \cdot 1{,}849) = 1{,}1738 \text{ zu } z_{e\,\max} = \mathbf{-5{,}106} \text{ m}.$$

Die weiteren Schwingungsausschläge errechnen sich wie folgt:

$$(1 - 0{,}09402 \cdot z_1) - \operatorname{lognat}(1 - 0{,}09402 \cdot z_1) = (1 - 0{,}09402 \cdot 5{,}106) - \operatorname{lognat}(1 - 0{,}09402 \cdot 5{,}106). \quad z_1 = \mathbf{+3{,}86} \text{ m}.$$

$$(1 + 0{,}09402 \cdot z_2) - \operatorname{lognat}(1 + 0{,}09402 \cdot z_2) = (1 + 0{,}09402 \cdot 3{,}86) - \operatorname{lognat}(1 + 0{,}09402 \cdot 3{,}86). \quad z_2 = \mathbf{-3{,}10} \text{ m}.$$

$$(1 - 0{,}09402 \cdot z_3) - \operatorname{lognat}(1 - 0{,}09402 \cdot z_3) = (1 - 0{,}09402 \cdot 3{,}10) - \operatorname{lognat}(1 - 0{,}09402 \cdot 3{,}10). \quad z_3 = \mathbf{+2{,}59} \text{ m}.$$

$$(1 + 0{,}09402 \cdot z_4) - \operatorname{lognat}(1 + 0{,}09402 \cdot z_4) = (1 + 0{,}09402 \cdot 2{,}59) - \operatorname{lognat}(1 + 0{,}09402 \cdot 2{,}59). \quad z_4 = \mathbf{-2{,}20} \text{ m}.$$

$$(1 - 0{,}09402 \cdot z_5) - \operatorname{lognat}(1 - 0{,}09402 \cdot z_5) = (1 - 0{,}09402 \cdot 2{,}20) - \operatorname{lognat}(1 - 0{,}09402 \cdot 2{,}20). \quad z_5 = \mathbf{+1{,}93} \text{ m}.$$

Die Ergebnisse sind in Abb. 165 aufgetragen.

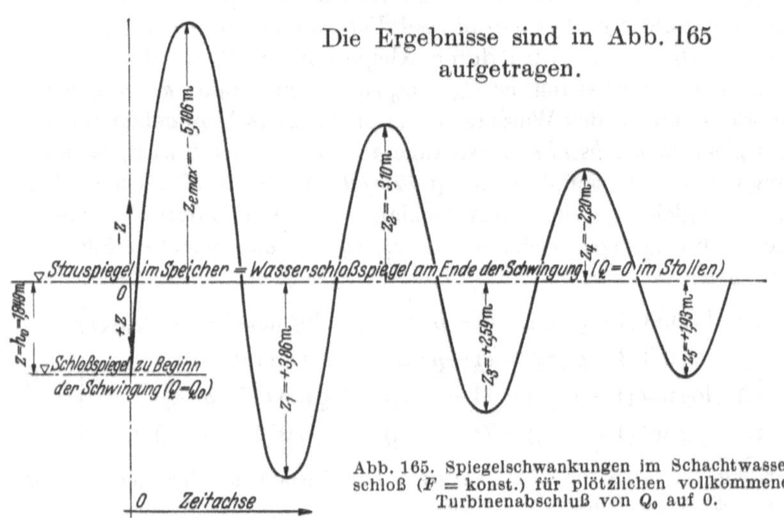

Abb. 165. Spiegelschwankungen im Schachtwasserschloß (F = konst.) für plötzlichen vollkommenen Turbinenabschluß von Q_0 auf 0.

Wird die Ermittlung der maximalen Spiegelerhebung mit Hilfe der Gl. (3) S. 339 unbequem, weil das Produkt $\varrho \cdot z_{e\max}$ sehr klein wird, so kann man statt dieser Gleichung nach VOGT auch folgende gut stimmende und, weil diese Beziehung keine Versuchsrechnungen erfordert, rascher zum Ziele führende Näherungsformel benützen:

$$x_{\max} = \sqrt{\varepsilon + \left(\frac{1+\varepsilon}{2+3\cdot\varepsilon}\right)^2} - \frac{1+2\cdot\varepsilon}{2+3\cdot\varepsilon}, \tag{5}$$

wobei

$$x_{\max} = \frac{z_{e\max}}{h_0},$$

wenn $z_{e\max}$ die maximale Spiegelerhebung über die nachfolgende Ruhelage bezeichnet und

$$\varepsilon = \frac{L\cdot f\cdot v_0^2}{g\cdot F\cdot h_0^2},$$

also

$$z_{e\max} = \left[\sqrt{\varepsilon + \left(\frac{1+\varepsilon}{2+3\cdot\varepsilon}\right)^2} - \frac{1+2\cdot\varepsilon}{2+3\cdot\varepsilon}\right]\cdot h_0 \,(\text{Meter}). \tag{5a}$$

Mit den gleichen Zahlenwerten wie oben erhält man

$$\varepsilon = \frac{1164\cdot 18{,}1\cdot 3{,}314^2}{9{,}81\cdot 600\cdot 1{,}849^2} = 11{,}5$$

und

$$z_{e\max} = \left[\sqrt{11{,}5 + \left(\frac{1+11{,}5}{2+3\cdot 11{,}5}\right)^2} - \frac{1+2\cdot 11{,}5}{2+3\cdot 11{,}5}\right]\cdot 1{,}849,$$

$$z_{e\max} = \mathbf{5{,}09}\text{ m (gegen 5,106 m aus Gl. 3).}$$

Da sich eine nochmalige Integration der früher erwähnten Gleichung für dz/dt, wodurch sich z als Funktion von t ergeben würde, als undurchführbar herausstellt, läßt sich der Zeitpunkt, wann die einzelnen Schwingungsausschläge auftreten, aus den Schwingungsgleichungen nicht herleiten.

Näherungsweise läßt sich die Zeitdauer T, welche der Wasserschloßspiegel braucht, um von der Ausgangslage bis zum ersten $z_{e\max}$ bei plötzlichem vollkommenem Abschluß (oder bei momentaner Belastungszunahme von $Q = 0$ bis $Q = Q_a$ bis $z_{a\max}$) zu schwingen, wie folgt ermitteln:

$$T = \left(1 + \left(\frac{0{,}005\cdot F}{f}\right)\cdot\frac{\pi}{2}\cdot\sqrt{\frac{F\cdot L}{f\cdot g}}\right. \text{(Sekunden)}.$$

Für den obigen Belastungsfall (Q_0 auf 0) und die Zahlenwerte unseres Beispiels ergibt sich die Schwingungsdauer bis zur Erreichung von $z_{e\max}$

$$T = \left(1 + \frac{0{,}005\cdot 600}{18{,}1}\right)\cdot\frac{3{,}142}{2}\sqrt{\frac{600\cdot 1164}{18{,}1\cdot 9{,}81}} = \mathbf{115}\text{ sek}.$$

Dieser Wert stimmt mit dem Ergebnis der nachfolgenden Intervallrechnung vollkommen überein (Tabelle 37).

Will man den Schwingungsverlauf möglichst genau verfolgen oder ist der Wasserschloßquerschnitt *nicht* konstant, so bedient man sich

Tabelle 37. *Plötzliche Entlastung von $Q = 60{,}0\ m^3/sek$ auf $Q = 0$.*

Zeit $\Sigma \Delta t$ für $\Delta t = 10$ sek	$\frac{f}{F}\Delta t$	$\Sigma \Delta v = v$	$\frac{f}{F}\Delta t \cdot v = -\Delta z$	$\frac{g}{L}\cdot \Delta t$	$\Sigma \Delta z = z$	β ($\gamma = 0{,}16$)	v^2	$-\beta \cdot v^2 = -h$	$z - h$	$\frac{g}{L}\Delta t (z-h) = \Delta v$
0	0	3,314	0	0	1,849	0,1682	10,990	−1,849	0	0
10	0,3017	3,314	−1,000	0,0843	0,849	0,1682	10,990	−1,849	−1,000	−0,0843
20	0,3017	3,2297	−0,9745	0,0843	−0,1255	0,1682	10,425	−1,754	−1,8795	−0,1585
30	0,3017	3,0712	−0,9270	0,0843	−1,0525	0,1682	9,439	−1,587	−2,6395	−0,2224
40	0,3017	2,8488	−0,8593	0,0843	−1,9118	0,1682	8,115	−1,365	−3,2768	−0,2763
50	0,3017	2,5725	−0,7761	0,0843	−2,6879	0,1682	6,620	−1,114	−3,8019	−0,3205
60 (1 min)	0,3017	2,2520	−0,6800	0,0843	−3,3679	0,1682	5,075	−0,854	−4,2219	−0,3559
70	0,3017	1,8961	−0,5722	0,0843	−3,9401	0,1682	3,596	−0,6047	−4,5448	−0,3830
80	0,3017	1,5131	−0,4565	0,0843	−4,3966	0,1682	2,290	−0,3850	−4,7816	−0,2015
85	0,15085	1,3116	−0,1980	0,04215	−4,5946	0,1682	1,722	−0,2895	−4,8841	−0,2058
90	0,15085	1,1058	−0,1668	0,04215	−4,7614	0,1682	1,223	−0,2056	−4,9670	−0,2093
95	0,15085	0,8965	−0,1353	0,04215	−4,8967	0,1682	0,8037	−0,1352	−5,0319	−0,2121
100	0,15085	0,6844	−0,1033	0,04215	−5,0000	0,1682	0,4686	−0,0788	−5,0788	−0,2140
105	0,15085	0,4704	−0,0710	0,04215	−5,0710	0,1682	0,2213	−0,0372	−5,1082	−0,2154
110	0,15085	0,2550	−0,0384	0,04215	−5,1094	0,1682	0,0650	−0,0109	−5,1203	−0,2158
115	0,15085	0,0392	−0,0059	0,04215	−5,1153	0,1682	0,00154	−0,0003	−5,1156	−0,2161
120 (2 min)	0,15085	−0,1769	+0,0267	0,04215	−5,0886	0,1682	0,0313	+0,0053	−5,0833	−0,2144

der sog. Intervallrechnung (numerische Integration). Man führt in die Gln. (1) bzw. (1a) und (2) statt der Differentiale dt, dz und dv die endlichen Differenzen Δt, Δz und Δv ein und erhält für den Fall des plötzlichen, vollkommenen Abschlusses der Turbinen:

$$-\Delta z = \frac{f}{F} \cdot v \cdot \Delta t, \qquad \text{(I)}$$

$$\Delta v = \frac{g}{L}(z-h) \cdot \Delta t. \qquad \text{(II)}$$

In Tab. 37 ist diese Intervallrechnung (schrittweise Lösung der Schwingungsgleichungen) für den Fall des plötzlichen vollkommenen *Abschlusses* der Turbinen für das Zahlenbeispiel der Aufgabe durchgeführt.

Vor Betätigung des Abschlusses gingen in jeder Sekunde $Q_0 = 60\ m^3$ durch Stollen und Druckrohrleitung zu den Turbinen. Damit herrschte im Stollen die mittlere Fließgeschwindigkeit

$$v_0 = \frac{Q_0}{f} = \frac{60{,}0}{18{,}1} = 3{,}314\ m/sek.$$

Ihr entspricht ein Reibungsverlust im Stollen von $h_0 = \beta \cdot v_0^2$, wobei

$$\beta = \frac{L}{c^2 \cdot R}.$$

Da für $R = \frac{d}{4} = \frac{4{,}80}{4} = 1{,}20$ m und $\gamma = 0{,}16$ der BRAHMSsche Geschwindigkeitsbeiwert $c = 75{,}91$ (Tabelle 3 des Anhanges), ergibt sich $\beta = \frac{1164}{75{,}91^2 \cdot 1{,}20} = 0{,}1682$ und $h_0 = 0{,}1682 \cdot 3{,}314^2 = 1{,}849$ m. Um diesen Betrag steht der Wasserspiegel im Schloß niedriger als im Stausee.

Nun erfolgt der plötzliche Abschluß in der Druckrohrleitung hinter dem Wasserschloß. 10 sek später, also für $\Delta t = 10$ sek, ergibt sich nach Gl. (I)

$$-\Delta z = \frac{f}{F} \cdot v \cdot \Delta t = \frac{18{,}1}{600{,}0} \cdot 3{,}314 \cdot 10 = 1{,}000 \text{ m},$$

d. h. unter der Annahme, daß sich in den ersten 10 sek die Geschwindigkeit des Wassers im Stollen nicht geändert hat, steigt der Spiegel im Schlosse um 1,000 m.

Zu Beginn der Beobachtung, d. i. im Augenblick des Schlusses, also zur Zeit $t = 0$, herrschte Beharrungszustand, d. h. Gleichgewicht, so daß $z = h$ war. z übte einen negativen Druck auf den Stollenwasserquerschnitt aus mit dem Effekt der Beschleunigung der Wasserteilchen im Stollen, während der Reibungswiderstand die Wasserbewegung abzubremsen suchte. Da weder Beschleunigung noch Verzögerung im Stollen stattfand, sondern ein gleichmäßiges Fließen (Sinn des Beharrungszustandes!), mußten diese beiden Kräfte z und h notwendig gleich groß, aber entgegengesetzt gerichtet sein.

Nach 10 sek ist der Spiegel um 1,000 m gestiegen. Damit hat z den Wert

$$z = 1{,}849 - 1{,}000 = +0{,}849 \text{ m}$$

(der Wasserspiegel liegt 0,849 m unter der Nullage). Da sich — nach Annahme — die Geschwindigkeit v im Stollen bis zu diesem Zeitpunkt noch nicht geändert hat, bleibt auch die Größe der Kraft $h = \beta \cdot v^2$ unverändert. Wir setzen demnach für $t = 10$ sek den Wert $h = 0{,}1682 \cdot 3{,}314^2 = 1{,}849$ m an. Für $\Delta t = 10$ sek ergibt nunmehr die Gl. (2)

$$\Delta v = \frac{g}{l} \cdot \Delta t(z - h) = 0{,}0843(0{,}849 - 1{,}849) = -0{,}0843.$$

Es hat also die Geschwindigkeit — entgegen der ersten Annahme — bis zum Zeitpunkt $t = 10$ sek um 0,0843 auf 3,2297 m/sek abgenommen. Mit diesem verbesserten v untersuchen wir das zweite Intervall von $t = 10$ sek bis $t = 20$ sek. Mit Gl. (I) ergibt sich für dieses Intervall wiederum ein Wert Δz und mit diesem die neue Änderung der Geschwindigkeit im zweiten Intervall. Die Berechnung läßt sich am einfachsten tabellarisch durchführen (vgl. Texttabelle 37). Zur Verbesserung der Genauigkeit wurde von $\sum \Delta t = 80$ sek an mit $\Delta t = 5$ sek gerechnet.

Will man die gedämpfte harmonische Schwingung des Spiegels weiter verfolgen, als bis zur höchsten Erhebung, so muß auf folgendes beachtet werden: Für den ansteigenden Ast der Schwingungskurve, soweit sie über der Nullage liegt, wirken z und h in der gleichen Richtung, d. h. beide bremsen die Wasserbewegung im Stollen allmählich ab (vgl. Texttabelle 37 von $t = 20$ sek bis $t = 110$ sek).

Beim höchsten Stand des Spiegels ist die Wassergeschwindigkeit im Stollen auf Null herabgesunken. Nunmehr bewirkt der Überdruck z eine Wasserbewegung in der Richtung vom Schloß zum Stausee. Die Fließrichtung hat sich also umgedreht (vgl. Texttabelle 37 für $t = 120$ sek und Abb. 166a). Da die Reibung der Fließrichtung stets entgegengerichtet ist, muß sich also mit der Änderung der Bewegungsrichtung des Stollenwassers auch der Kraftpfeil von h umkehren. Es wird auf diese Tatsache deshalb hingewiesen, weil wegen der Abhängigkeit der Größe h von v^2 diese Umkehrung des Kraftpfeiles sich nicht selbsttätig aus der Rechnung ergibt, sondern vom *Rechnenden* durch Änderung des Vorzeichens an der entsprechenden Stelle der Tabellenrechnung (für die Zeit $\sum \Delta t = 120$ sek in Tabelle 37!) berücksichtigt werden muß. (Anderenfalls ergibt die Rechnung statt einer gedämpften eine angefachte Schwingung.)

Im Falle einer plötzlichen *teilweisen* Entlastung tritt lediglich an die Stelle der Gl. (1) bzw. (I) die Gl. (1a) bzw. (Ia). Der Rechnungsverlauf bleibt derselbe.

Plötzliche Belastungssteigerung.

Es wurde bereits darauf hingewiesen, daß für den Fall der momentanen Belastungssteigerung der Turbinen nach Betriebsstillstand eine *strenge* Lösung der Schwingungsgleichungen noch nicht besteht, wenn die Reibung korrekt proportional dem *Quadrat* der Geschwindigkeit im Stollen gesetzt wird. Doch läßt sich für angenommene Betriebsverhältnisse und Wasserschloßdimensionen mit Hilfe der schrittweisen Lösung der Schwingungsgleichungen der Schwingungsverlauf verfolgen. Führt man in die Gleichungen wiederum statt der Differentiale die entsprechenden endlichen Differenzen ein, so lauten dieselben:

$$-\Delta z = \frac{f \cdot v - Q}{F} \cdot \Delta t\,, \tag{Ia}$$

$$\Delta v = \frac{g}{L}(z - h) \cdot \Delta t\,. \tag{II}$$

Der Rechnungsvorgang ist analog jenem bei plötzlicher vollkommener Entlastung und führt stets zum Ziele. Das Verfahren ist für die Annahme der plötzlichen Belastungssteigerung von $Q = 0$ auf $Q = Q_0 = 60\ \mathrm{m^3/sek}$ in Tabelle 38 durchgeführt für Zeitintervalle $\Delta t = 10$ sek und $\gamma = 0{,}45$. Es ergibt sich in der 110. Sekunde die maximale Absenkung $z_{a\,\max}$ zu $+6{,}5204$ m, gemessen vom Ausgangsbeharrungsspiegel im Wasserschloß, der in diesem Falle übereinstimmt mit dem tiefsten Stauseespiegel ($z = \pm 0$, vgl. Abb. 166b).

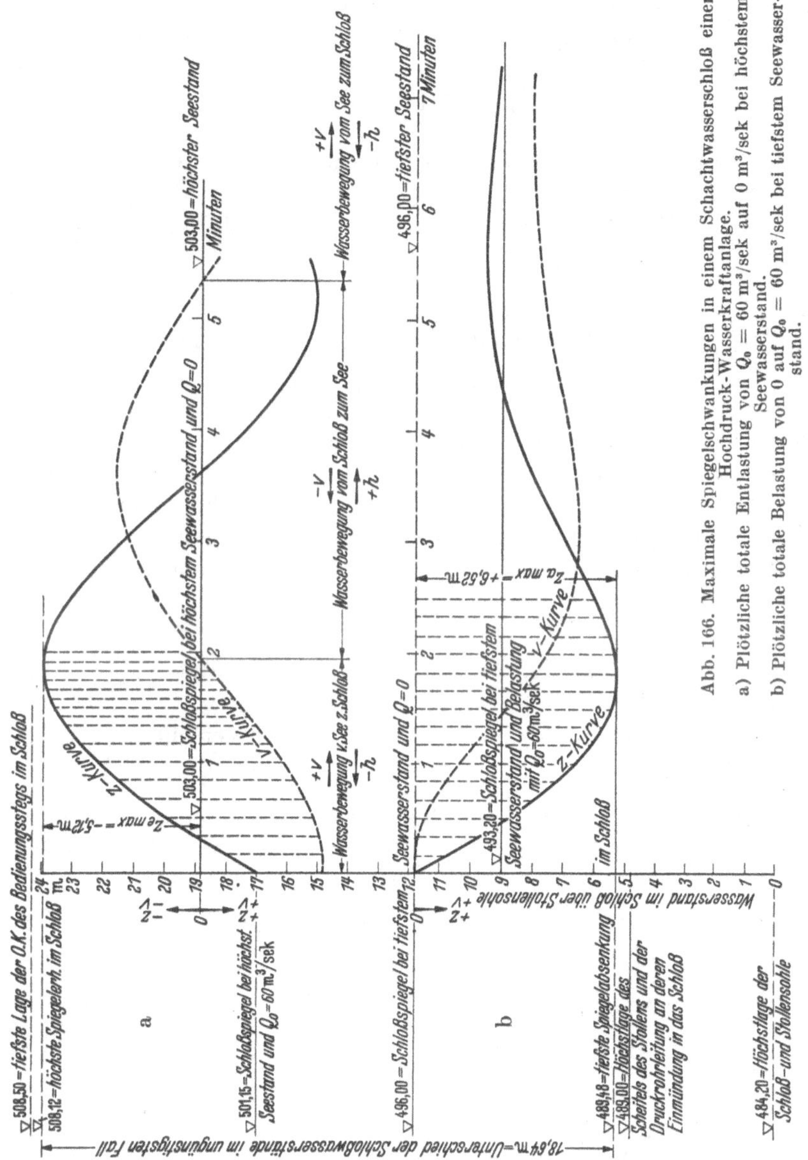

Abb. 166. Maximale Spiegelschwankungen in einem Schachtwasserschloß einer Hochdruck-Wasserkraftanlage.
a) Plötzliche totale Entlastung von $Q_0 = 60$ m³/sek auf 0 m³/sek bei höchstem Seewasserstand.
b) Plötzliche totale Belastung von 0 auf $Q_0 = 60$ m³/sek bei tiefstem Seewasserstand.

Jede solche Rechnung, auch wenn sie die Schwingung nicht länger verfolgt, sondern nur bis zur tiefsten Absenkung $z_{a\,\max}$ geführt wird, ist umständlich und zeitraubend. Man hat deshalb auch für diese Belastungsfälle für die maximalen Spiegelausschläge empirische Formeln aufgestellt.

Für den Fall *plötzlicher totaler* Belastungszunahme von $Q = 0$ bis auf $Q = Q_0$ gibt AKSNES[1] die sehr gut stimmende empirische Formel an:

$$z_{a\,\max} = h_0 \cdot \left[\sqrt{\varepsilon} + 0{,}1 + \frac{0{,}05}{\varepsilon}\right] \text{(Meter)}. \tag{7}$$

Setzt man entsprechend unserem Zahlenbeispiel $\gamma = 0{,}45$, also

$$h_0 = \beta \cdot v_0^2 = 0{,}255 \cdot 3{,}314^2 = 2{,}80\,\text{m} \quad \text{und} \quad \varepsilon = 11{,}5 \cdot \frac{1{,}849}{2{,}80^2} = 5{,}01,$$

so wird $z_{a\,\max}$ nach AKSNES

$$z_{a\,\max} = 2{,}80 \cdot \left[\sqrt{5{,}01} + 0{,}1 + \frac{0{,}05}{5{,}01}\right] = \mathbf{6{,}58}\,\text{m}$$

(gegen 6,52 m der Intervallrechnung).

Es wurde früher bereits darauf hingewiesen, daß bei Hochdruck-Wasserkraftanlagen wegen der Unterteilung der Maschinenleistung in mehrere Einheiten eine *plötzliche totale* Belastungszunahme meist nicht in Frage kommt. Hier kommt also der *teilweisen* Belastungszunahme besondere Bedeutung zu. Dafür hat VOGT[2] nachstehende empirische Formel entwickelt:

$$x_{\max} = \frac{z_{a\,\max}}{h_0} = 1 + \left[\sqrt{\varepsilon - 0{,}275\sqrt{n}} + \frac{0{,}05}{\varepsilon} - 0{,}9\right](1 - n)\left(1 - \frac{n}{\varepsilon^{0,62}}\right), \tag{8}$$

wenn n den Belastungsgrad, nach Wasserverbrauch gerechnet, angibt, also $n = \frac{Q}{Q_0}$.

Diese Beziehung liefert für praktische Zwecke vollständig genügende Genauigkeit. Für $n = 0$, d. h. für $Q = 0$ (momentale totale Belastungszunahme), geht Gl. (8) wieder in Gl. (7) über.

Zahlenbeispiel: Bei Belastungszunahme von $Q = 30\,\text{m}^3/\text{sek}$ auf $Q_0 = 60\,\text{m}^3/\text{sek}$, d. h. für $n = \frac{Q}{Q_0} = \frac{30{,}0}{60{,}0} = 0{,}5$, wird

$$z_{a\,\max} = 2{,}80 \cdot \left\{1 + \left[\sqrt{5{,}01 - 0{,}275 \cdot \sqrt{0{,}5}} + \frac{0{,}05}{5{,}01} - 0{,}9\right](1 - 0{,}5)\left(1 - \frac{0{,}5}{5{,}01^{0,62}}\right)\right\},$$

$$z_{a\,\max} = \mathbf{4{,}30}\,\text{m},$$

gemessen vom Speicherseespiegel nach abwärts.

Eine weitere sehr gut stimmende Näherungsformel für $z_{a\,\max}$ bei *teilweiser* Belastungszunahme wurde von E. BRAUN aufgestellt. Doch geht sie auch wieder vom Betriebsstillstand aus und hat deshalb nur

[1] Tekn. Ukebl., Kristiania 1914. [2] VOGT: S. 48. Zitiert S. 325.

begrenzte Verwendungsmöglichkeit. Nach BRAUN hat man zunächst die Hilfsgröße s zu ermitteln, welche das Kriterium für den Verlauf der Spiegelbewegung angibt. Diese Hilfsgröße lautet:

$$s = \beta \cdot \frac{Q}{f} \cdot \sqrt{\frac{g \cdot F}{L \cdot f}}, \qquad (9)$$

wenn Q die den Turbinen zugeführte Wassermenge nach Aufhebung des Betriebsstillstandes angibt. Der Wasserschloßquerschnitt F ist auch hier als konstant vorausgesetzt.

Ist $s < 1{,}0$, so treten *Schwingungen* auf, die dann stets gedämpft verlaufen. Die Schwingungen wiederholen sich so lange um den Endbeharrungswasserspiegel, bis eine vollkommene Angleichung des Wasserspiegels an diesen für Q m³/sek Turbinenschluckwassermenge erreicht ist.

Ist $1{,}0 \leqq s < 1{,}24$, so kommt eine *aperiodische Bewegung mit einmaliger Durchquerung der Endlage* zustande. Der Wasserspiegel beginnt, ausgehend von der Höhe $z = 0$, zu fallen, durchschneidet seine spätere Endlage $z = h = \beta \cdot \left(\frac{Q}{f}\right)^2$, erreicht den Tiefstand $z_{a\,max}$, steigt wieder empor und gleicht sich hier-

Tabelle 38. *Plötzliche Belastung von $Q = 0$ auf $Q_0 = 60{,}0$ m³/sek.*

Zeit $\Sigma\Delta t$ für $\Delta t = 10$ sek	$\frac{Q}{F}\cdot\Delta t$	$\frac{f}{F}\cdot\Delta t$	$\Sigma\Delta v = v$	$-\frac{f}{F}\Delta t\cdot v$	$\frac{Q}{F}\cdot\Delta t - \frac{f}{F}\times\Delta t\cdot v = \Delta z$	$\frac{g}{L}\cdot\Delta t$	$\Sigma\Delta z = z$	β ($\gamma = 0{,}45$)	v^2	$-\beta\cdot v^2 = -h$	$z - h$	$\frac{g}{L}\Delta t(z-h) = \Delta v$
0	0	0	0	0	0	0	0	0	0	0	0	0
10	1,000	0,3017	0	0	+1,0000	0,0843	+1,0000	0,255	0	0	+1,0000	+0,0843
20	1,000	0,3017	0,0843	−0,0254	+0,9746	0,0843	+1,9746	0,255	0,0071	−0,00181	+0,97279	+0,1663
30	1,000	0,3017	0,2506	−0,0756	+0,9244	0,0843	+2,8990	0,255	0,0628	−0,01602	+2,88298	+0,2430
40	1,000	0,3017	0,4936	−0,1489	+0,8511	0,0843	+3,7501	0,255	0,2436	−0,06213	+3,68797	+0,3109
50	1,000	0,3017	0,8045	−0,2426	+0,7574	0,0843	+4,5075	0,255	0,6468	−0,1650	+4,3425	+0,3660
60 (1 min)	1,000	0,3017	1,1705	−0,3533	+0,6467	0,0843	+5,1542	0,255	1,3710	−0,3495	+4,8047	+0,4050
70	1,000	0,3017	1,5755	−0,4750	+0,5250	0,0843	+5,6792	0,255	2,4810	−0,6315	+5,0477	+0,4254
80	1,000	0,3017	2,0009	−0,6037	+0,3963	0,0843	+6,0755	0,255	4,0060	−1,0210	+5,0545	+0,4261
90	1,000	0,3017	2,4270	−0,7320	+0,2680	0,0843	+6,3435	0,255	5,8808	−1,5023	+4,8412	+0,4080
100	1,000	0,3017	2,8350	−0,8553	+0,1447	0,0843	+6,4882	0,255	8,0400	−2,0500	+4,4382	+0,3740
110	1,000	0,3017	3,2090	−0,9678	+0,0322	0,0843	+6,5204	0,255	10,295	−2,6250	+3,8954	+0,3284
120 (2 min)	1,000	0,3017	3,5374	−1,0672	−0,0672	0,0843	+6,4532	0,255	12,517	−3,1905	+3,2627	+0,2751
130	1,000	0,3017	3,8125	−1,1500	−0,1500	0,0843	+6,3032	0,255	14,540	−3,7060	+2,5972	+0,2190
140	1,000	0,3017	4,0315	−1,2160	−0,2160	0,0843	+6,0872	0,255	16,250	−4,1435	+1,9437	+0,1638
150	1,000	0,3017	4,1953	−1,2660	−0,2660	0,0843	+5,8212	0,255	17,605	−4,4890	+1,3322	+0,1123

auf, von *unten* kommend, der Endlage an, ohne diese nochmals zu durchqueren.

Ist $s \geqq 1{,}24$, so tritt eine *aperiodische Bewegung ohne Durchquerung der Endlage* ein: ausgehend von der Höhe $z = 0$, sinkt der Wasserspiegel stetig nieder, bis er schließlich, von *oben* kommend, seine Endlage $z = h = \beta \cdot \left(\frac{Q}{f}\right)^2$ erreicht, ohne diese auf seinem Wege unterschritten zu haben.

Die *größte Absenkung* $z_{a\,\max}$, welche der Wasserspiegel im Wasserschloß unter die vorhergegangene Ruhelage (hier gleich Wasserfassungsspiegel, Stauweiheroberfläche) ausführt, ergibt sich nun wie folgt:

Ist die Hilfsgröße $s < 1{,}24$, dann wird

$$z_{a\,\max} = \frac{s}{\varrho} \cdot \left[s + \sqrt{s^2 - 3{,}24 \cdot s + 4}\right] \text{ (Meter)}, \tag{10}$$

wobei ϱ wie in Gl. (3) bedeutet:

$$\varrho = 2 \cdot \beta \cdot \frac{g \cdot F}{L \cdot f}.$$

Ist dagegen die Hilfsgröße $s \geqq 1{,}24$, dann wird

$$z_{a\,\max} = h_{\text{für } Q \text{ m}^3/\text{sek}} = \beta \cdot \left(\frac{Q}{f}\right)^2 = \beta \cdot v^2 \text{ (Meter)}. \tag{10a}$$

Die tiefste Absenkung ist in diesem letzteren Fall, wie schon oben ausgeführt, gleich der Ordinate des Wasserspiegels, wie er sich im nachfolgenden Beharrungszustand einstellt.

Der Vollständigkeit halber sei noch darauf hingewiesen, daß an Stelle der numerischen Integration der Schwingungsgleichungen auch deren *zeichnerische* Auflösung möglich ist[1].

Auswertung der Ergebnisse der Untersuchung.

Im Falle der plötzlichen Entlastung (Fall a) der Abb. 166 ergibt sich eine maximale Erhebung des Wasserschloßspiegels um 5,12 m über die endgültige Ruhelage. Da diese für $Q = 0$ mit dem Seespiegel übereinstimmt, ist für die Festlegung dieses höchstmöglichen Wasserstandes im Schlosse infolge plötzlicher Entlastung vom höchsten vorkommenden Seespiegel auszugehen (503,00 m ü. N.N.). Wie aus Abb. 166 zu entnehmen ist, liegt für unser Beispiel dieser höchstmögliche Spiegel im Schloß auf Kote 508,12 m. Deshalb müssen die Bedienungsstege bzw. die Begehungsgalerien im Schlosse *über* diese Kote gelegt werden, um sie jederzeit wasserfrei zu halten. Sie wurden daher mit ihrer Oberkante in Abb. 166 auf Kote 508,50 m gebracht.

---

[1] Zum Beispiel: MÜHLHOFER, L.: Zeichnerische Bestimmung der Spiegelbewegungen in Wasserschlössern von Wasserkraftanlagen mit unter Druck durchflossenem Zulaufgerinne. Berlin: Springer 1924.

Eine Reduzierung der Spiegelerhebung nach oben läßt sich für den Fall der plötzlichen Entlastung erreichen, wenn im Schloß ein Übereich angebracht wird, welches das über eine ins Auge gefaßte Kote aufsteigende Wasser abführt. Dieses Wasser ist dann für den Kraftbetrieb meist verloren.

Im Falle der plötzlichen Belastung (Abb. 166, Fall b) ergibt sich ein maximales Absinken des Schloßspiegels um 6,52 m unter den Ausgangswasserstand im Schloß. Da dieser letztere gleich jenem des Sees ist, weil zur Zeit $t = 0$ auch $Q = 0$ angenommen war, mußte für den ungünstigsten Fall der plötzlichen Vollbelastung vom tiefsten vorkommenden Seewasserstand ausgegangen werden. Dieser liegt auf Kote 496,00. Damit kann der Spiegel im Schloß bis auf Kote 489,48 sinken, so daß der Scheitel des Stollens sowie die Scheitelkoten der Druckrohre an ihrer Einmündung in das Schloß unter dieser Kote liegen müssen. Es wurde im vorliegenden Beispiel deren *höchste* Lage von uns mit 489,00 angenommen. Da der Stollen 4,80 m Durchmesser hat, wurde die höchste Lage der Stollensohlenkote mit 489,00 − 4,80 = 484,20 m festgelegt. Freilich wird dieser Fall der plötzlichen Vollbelastung praktisch nicht leicht eintreten, jedenfalls nicht so leicht wie der Fall der plötzlichen Entlastung bei voller Beanspruchung sämtlicher Turbinen. Es enthalten deshalb die Scheitel- und Sohlenkoten Sicherheiten.

Sind Stollenscheitel bzw. Stollensohle mit Rücksicht auf den tiefsten möglichen Wasserstand im Schlosse kotiert, so lassen sich die entsprechenden Koten des Stollens am See-Einlauf festlegen unter Heranziehung des aus praktischen Gesichtspunkten gewählten Stollengefälles. In unserem Beispiel ergab sich eine maximale *Scheitelkote* des Stollens an seinem oberen Anfange am See von

$$489{,}00 + 0{,}003 \cdot 1164 = 489{,}00 + 3{,}49 = 492{,}49\ \text{m},$$

die entsprechende *Sohlenkote* zu

$$484{,}20 + 3{,}49 = 487{,}69\ \text{m},$$

d. i.

$$503{,}00 - 487{,}69 = 15{,}31\ \text{m}$$

unter dem höchsten, und

$$496{,}00 - 487{,}69 = 8{,}31\ \text{m}$$

unter dem tiefsten vorkommenden Seewasserstand.

Der Stollenscheitel zeigt bei tiefstem Seewasserstand noch eine Überdeckung von 8,31 − 4,80 = 3,51 m am Einlaufbauwerk.

Aufgabe 31.

Bemessung und konstruktive Gestaltung verschiedener Schachtwasserschlösser und eines Kammerwasserschlosses mit Überfallschwelle für ein gegebenes Zahlenbeispiel.

Für ein Speicherwasserkraftwerk mit $H = 62{,}5$ m Bruttogefälle und $Q_0 = 25{,}0\,\text{m}^3/\text{sek}$ Nutzwassermenge bei Vollast soll ein *Wasserschloß* bemessen und konstruktiv gestaltet werden.

Die Wasserzuführung vom Speichersee zum Wasserschloß erfolgt in einem betonierten kreisrunden Druckstollen von $L = 4000$ m Länge und $f = 9{,}15\,\text{m}^2$ lichtem Querschnitt ($d = 3{,}42$ m). Der Stauseespiegel schwankt zwischen 868,20 m ü. N.N. und 865,00 m ü. N.N. (Abb. 167).

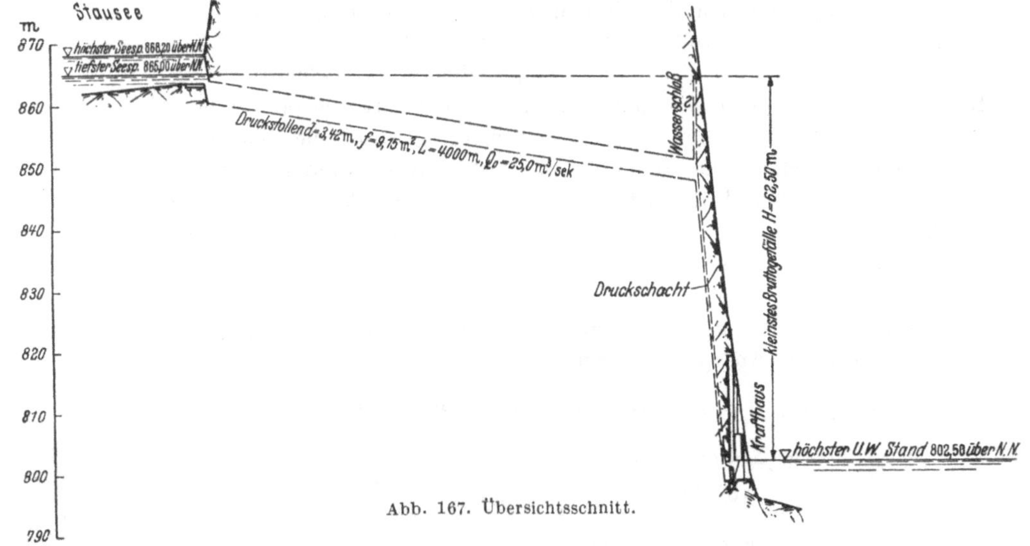

Abb. 167. Übersichtsschnitt.

Die vorhandenen günstigen Gebirgsverhältnisse erlauben die Anordnung eines in den Berg verlegten Druckschachtes an Stelle einer oberirdisch an den Hang verlegten eisernen Druckrohrleitung vom Wasserschloß zum Krafthaus, in dem für die Verarbeitung der maximalen Betriebswassermenge von 25 m³/sek zwei gleich große Maschinensätze aufgestellt werden sollen.

Lösung.

Bei der hier gewählten Kombination Druckstollen-Druckschacht ist es das Gegebene, auch das Wasserschloß in den Berg hineinzuverlegen als sog. Felsenwasserschloß. Dabei muß darauf Bedacht genommen werden, daß die Ausbruchsmassen möglichst niedrig werden, um die statisch-konstruktiven Verhältnisse im Schloß und Druckstollen günstig zu gestalten und gleichzeitig die Kosten tunlichst klein zu halten. Nachfolgend sollen die Überlegungen, die zu einer geeigneten Wasserschloßanordnung führen, entwickelt werden.

In Aufgabe 30 wurde auf S. 328ff. gezeigt, daß die Gewährleistung „stabiler Verhältnisse", d. h. die Wiederherstellung eines Beharrungszustandes nach jeder möglichen Gleichgewichtsstörung als Folge einer Belastungsänderung in den Generatoren, auf einen *Minimumquerschnitt* des Schloßschachtes führt, *ganz gleichgültig, welche Schloßform man auch wählen mag*. Wir bestimmen deshalb vorweg diesen Minimumquerschnitt für unseren Fall.

Nach Gl. (a) (S. 330) muß sein:

$$\frac{h_0}{H} < \frac{1}{3}.$$

Das Bruttogefälle ist gegeben mit $H = 62{,}5$ m.

Der Reibungsverlust im Druckstollen zwischen See und Schloß ermittelt sich für Vollast ($Q_0 = 25{,}0$ m³/sek) zu

$$h_0 = \frac{L}{c^2 \cdot R} \cdot v_0^2 = \frac{4000}{c^2 \cdot 0{,}85} \cdot \left(\frac{25{,}0}{9{,}15}\right)^2 = \frac{4000}{c^2 \cdot 0{,}85} \cdot 2{,}74^2 = \beta \cdot 2{,}74^2.$$

Die Stollenreibung setzen wir für die Bestimmung des Minimumquerschnitts und für den Fall der plötzlichen vollkommenen Entlastung mit $\gamma = 0{,}12$, für den Fall der plötzlichen Belastungszunahme mit $\gamma = 0{,}45$ (nach Bazin) an (vgl. dazu die Hinweise bezüglich der Annahme von γ auf S. 337 und S. 338), wobei wir den Eintrittsverlust und die Geschwindigkeitssteigerung am Stollenmund vernachlässigen. Damit wird hier

$$c = \frac{87}{1 + \frac{0{,}12}{\sqrt{0{,}85}}} = 77{,}0$$

und

$$\beta = \frac{4000}{77{,}0^2 \cdot 0{,}85} = 0{,}79\,,$$

also

$$h_0 = 0{,}79 \cdot 2{,}74^2 = \mathbf{5{,}95}\ \text{m}\,,$$

damit

$$\frac{h_0}{H} = \frac{5{,}95}{62{,}5} = 0{,}095 < \frac{1}{3} \quad \text{(Bedingung ist also erfüllt).}$$

Der Grenzquerschnitt ergibt sich nun nach Gl. (c) (S. 332) zu:

$$F_{gr} = 0{,}01557 \cdot c^2 \cdot \frac{f^{3/2}}{H_{\text{netto}}} = 0{,}01557 \cdot 77{,}0^2 \cdot \frac{9{,}15^{3/2}}{62{,}5 - 5{,}95} = 44{,}9\ \text{m}^2.$$

Dem entspricht ein Wert für ε_{gr} von

$$\varepsilon_{gr} = 2 \cdot \psi \cdot \frac{1 - \frac{h_0}{H}}{\frac{h_0}{H}} = 2 \cdot 0{,}97 \cdot \frac{1 - 0{,}095}{0{,}005} = 18{,}5\,.$$

Wir wählen den kleinsten horizontalen Schachtquerschnitt des Schlosses zu $F = 50{,}0\ \mathrm{m}^2$, entsprechend einem $\varepsilon = 18{,}5 \cdot \frac{44{,}9}{50{,}0} = \mathbf{16{,}6}$.

Damit sind für unser Wasserschloß „stabile" Verhältnisse gewährleistet, wobei wir aber — wie schon erwähnt — noch alle Freiheiten hinsichtlich der Wasserschloßgestaltung besitzen.

1. Schachtwasserschloß mit $F = 50\ \mathrm{m}^2$.

Man könnte nun zunächst daran denken, ein einfaches zylindrisches Schachtwasserschloß anzuordnen mit dem Schachtquerschnitt $F = 50{,}0\ \mathrm{m}^2$. Für eine solche Schloßanordnung berechnen sich die maximalen Spiegelausschläge wie folgt:

1. für plötzliche vollkommene *Entlastung* von $Q_0 = 25\ \mathrm{m}^3/\mathrm{sek}$ auf $Q = 0$ ergibt sich nach der Näherungsformel (5a) S. 341 eine Schloßspiegelerhebung über den höchsten Seespiegel von

$$z_{e\,\max} = \left[\sqrt{\varepsilon + \left(\frac{1+\varepsilon}{2+3\cdot\varepsilon}\right)^2} - \frac{1+2\cdot\varepsilon}{2+3\cdot\varepsilon}\right] \cdot h_0\,,$$

$$z_{e\,\max} = \left[\sqrt{16{,}6 + \left(\frac{1+16{,}6}{2+3\cdot16{,}6}\right)^2} - \frac{1+2\cdot16{,}6}{2+3\cdot16{,}6}\right] \cdot 5{,}95\,,$$

$$z_{e\,\max} = \mathbf{20{,}4\ m}\,,$$

d. h. das Schachtwasserschloß vom Schachtquerschnitt $F = 50\ \mathrm{m}^2$ müßte, wenn kein Überfall oben eingebaut wird, über $868{,}20 + 20{,}40 = \mathbf{888{,}6}$ m emporgeführt werden;

2. für die Bestimmung des maximalen Spiegelausschlages nach *unten* wird, da im Krafthaus zwei gleiche Maschinenaggregate vorgesehen sind, die nicht beide gleichzeitig anlaufen (vgl. auch S. 329), eine *plötzliche Belastungszunahme* von $Q = 12{,}5\ \mathrm{m}^3/\mathrm{sek}$ auf $Q_0 = 25{,}0\ \mathrm{m}^3/\mathrm{sek}$ zugrunde gelegt. In Formel (8) (S. 346)

$$z_{a\,\max} = h_0'\left\{1 + \left[\sqrt{\varepsilon' - 0{,}275\cdot\sqrt{n}} + \frac{0{,}05}{\varepsilon'} - 0{,}9\right](1-n)\left(1 - \frac{n}{\varepsilon'^{\,0{,}62}}\right)\right\}$$

ist deshalb $n = \frac{Q}{Q_0} = \frac{12{,}5}{25{,}0} = 0{,}5$ zu setzen.

Der Rauhigkeitsbeiwert γ ist hier zur Sicherheit *hoch*, also mit 0,45 anzusetzen, womit

$$c' = \frac{87}{1 + \frac{0{,}45}{\sqrt{0{,}85}}} = 58{,}4 \quad \text{und} \quad \beta' = \frac{4000}{58{,}4^2 \cdot 0{,}85} = 1{,}38\,,$$

also $\quad h_0' = 1{,}38 \cdot v_0^2 = 1{,}38 \cdot 2{,}74^2 = \mathbf{10{,}35\ m} \quad$ wird.

Mit diesem gegenüber Fall I veränderten Druckhöhenverlust h_0' im Stollen muß sich natürlich auch der Wert ε' gegenüber $\varepsilon = 16{,}6$ ändern, da der ε-Wert von h_0 bzw. h_0' abhängt. Es ist nämlich für den Schachtquerschnitt F

$$\varepsilon = \frac{L \cdot f \cdot v_0^2}{g \cdot F \cdot h_0^2} \quad \text{und} \quad \varepsilon' = \frac{L \cdot f \cdot v_0^2}{g \cdot F \cdot h_0'^2},$$

woraus

$$\varepsilon' = \varepsilon \cdot \frac{h_0^2}{h_0'^2} = 16{,}6 \cdot \frac{5{,}95^2}{10{,}35^2} = 5{,}49.$$

Somit

$$z_{a\,\max} = 10{,}35\left\{1 + \left[\sqrt{5{,}49 - 0{,}275 \cdot \sqrt{0{,}5} + \frac{0{,}05}{5{,}49}} - 0{,}9\right](1 - 0{,}5)\left(1 - \frac{0{,}5}{5{,}49^{0{,}62}}\right)\right\},$$

$$z_{a\,\max} = \mathbf{16{,}37}\ \text{m},$$

d. h. unser Schachtwasserschloß müßte bis unter $865{,}0 - 16{,}37 = 848{,}63$ m heruntergeführt werden.

Ein aus diesen ermittelten Bedingungen heraus konstruiertes Schachtwasserschloß zeigt Abb. 168. Es weist eine Gesamtschloßhöhe vom Druckstollenscheitel bis zum First von 46,50 m auf. Der auf den Druckstollenscheitel wirkende Wasserdruck im Bereiche des Wasserschlosses schwankt zwischen 0,63 m Wassersäule bei tiefster Absenkung und rd. 40,6 m Wassersäule bei höchster Spiegelhebung. Die Druckschwankung beträgt im Grenzfall also rd. 40 m.

Diese Druckschwankung hat nun die Stollenauskleidung aufzunehmen. Wenn auch bei Anordnung eines *Druck*stollens bereits vorausgesetzt ist, daß das Gebirge nicht zu Bewegungen neigt (nicht nachgiebig ist und sein Gefüge keine Lockerung aufweist), so darf doch nicht übersehen werden, daß die zusätzliche Belastung der Stollenverkleidung, die ja schon den von außen nach innen wirksamen Gebirgsdruck aufzunehmen hat, mit dem von innen nach außen wirkenden Wasserüberdruck Gefahren mit sich bringt. Diese ergeben sich besonders dann, wenn sich in der Auskleidung Haarrisse bilden. Denn bei hohem Wasserüberdruck im Stollen dringt dann Druckwasser durch diese Risse ins Gebirge und wirkt dann beim Kleinerwerden des Innendruckes auf die Auskleidung von außen nach innen zusätzlich zum Gebirgsdruck.

Man sollte deshalb stets versuchen, die gefährlichen Druckschwankungen im Stollen so klein wie möglich zu halten, d. h. auf tunlichst stabile Druckverhältnisse im Druckstollen hinzuarbeiten. Da sich diese Schwankungen als Folge von Belastungsänderungen bei den Maschinen im Krafthaus nicht vermeiden lassen, muß man bestrebt sein, ihre Wirkung auf den Druckstollen durch konstruktive Maßnahmen beim Wasserschloß möglichst herabzumindern.

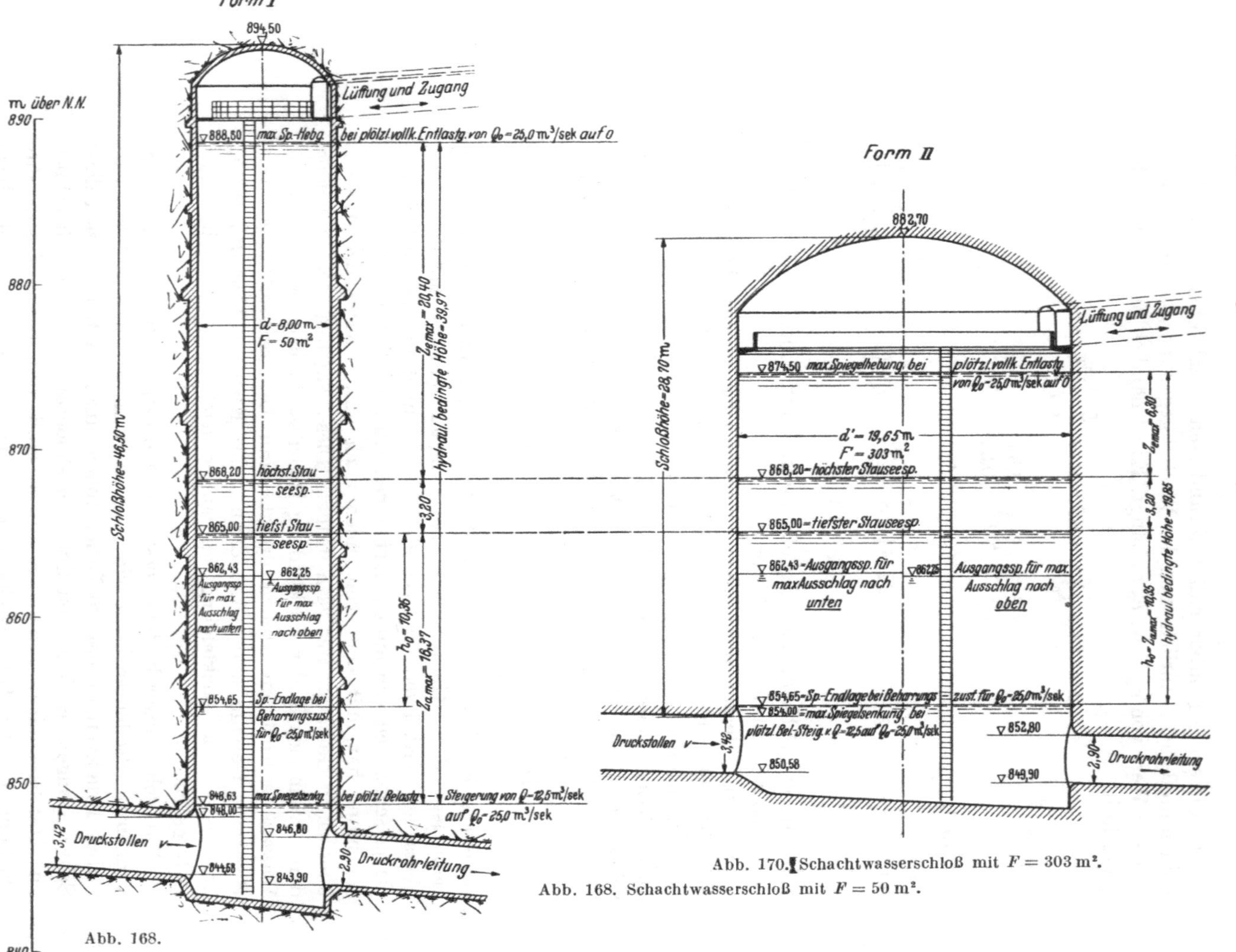

Abb. 168.

Abb. 170. Schachtwasserschloß mit $F = 303$ m².

Abb. 168. Schachtwasserschloß mit $F = 50$ m².

2. Schachtwasserschloß mit $F' = 303\,\text{m}^2$.

Eine Möglichkeit dafür bietet die *Vergrößerung* des Schachtquerschnitts auf F' unter Beibehaltung der *Schacht*wasserschloßform. Um einen Überblick zu erhalten, um welche Größenordnung von F' es sich hier handeln kann, nehmen wir einmal an, der maximale Ausschlag nach oben bei plötzlicher *totaler Entlastung* soll die Kote 874,50 m nicht überschreiten.

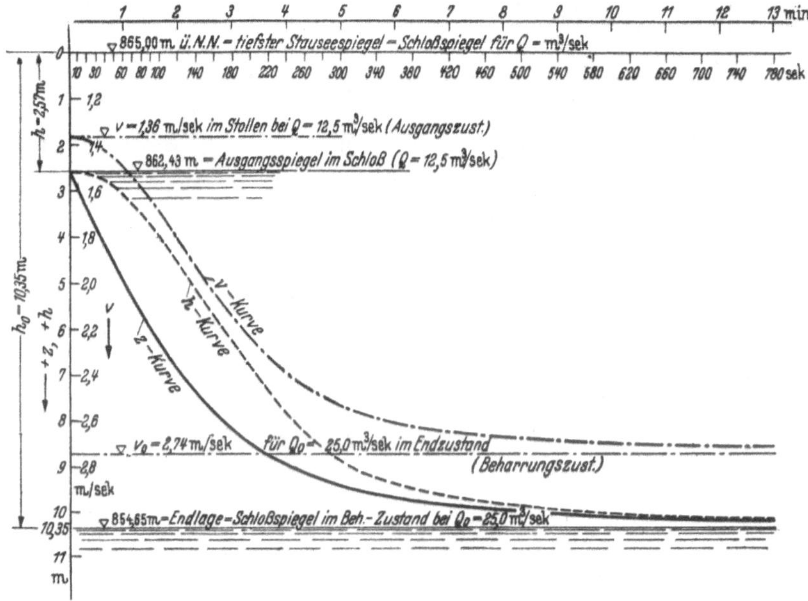

Abb. 169. Aperiodische Spiegelbewegung im Schachtwasserschloß von $F' = 303$ m² bei plötzlicher Belastungszunahme von $Q = 12{,}5$ auf $Q_0 = 25{,}0$ m³/sek (Stollenlänge $L = 4000$ m, Bruttogefälle $H = 62{,}5$ m, $\gamma = 0{,}45$ nach Bazin).

Damit würde

$$z_{e\,\max} = 874{,}50 - 868{,}20 = \mathbf{6{,}30}\,\text{m}.$$

Mit $h_0 = 5{,}95$ m ergäbe sich

$$x_{\max} = \frac{z_{e\,\max}}{h_0} = \frac{6{,}30}{5{,}95} = 1{,}06$$

und mit Gl. (5):

$$x_{\max} = 1{,}06 = \sqrt{\varepsilon'' + \left(\frac{1+\varepsilon''}{2+3\,\varepsilon''}\right)^2} - \frac{1+2\varepsilon''}{2+3\,\varepsilon''}.$$

Daraus ermittelt sich ε'', in dem der gesuchte Wert F' steckt, durch Versuchsrechnung zu

$$\varepsilon'' = \mathbf{2{,}74}$$

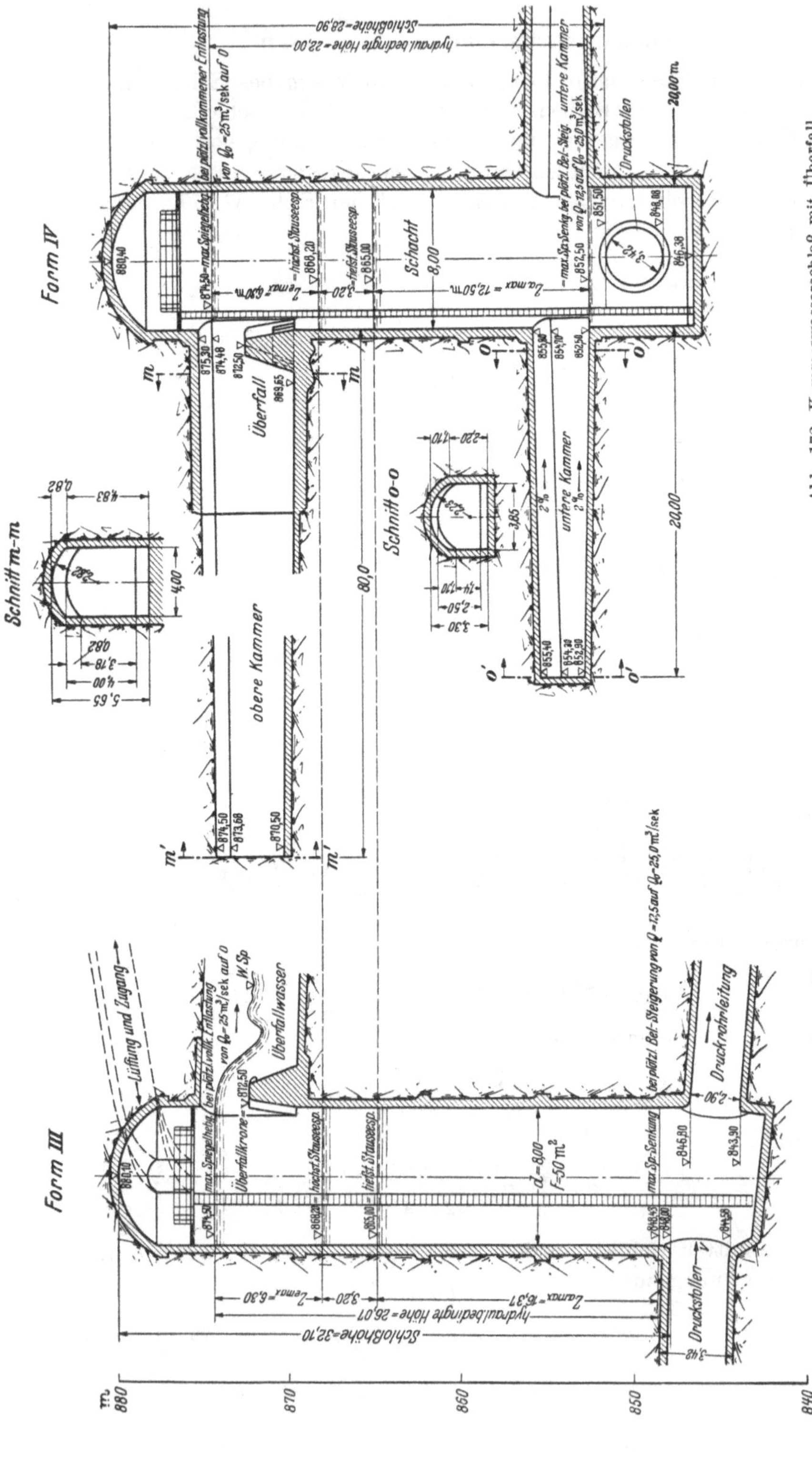

Abb. 171. Sachachtwasserschloß mit Überfall.

Abb. 172. Kammerwasserschloß mit Überfall.

und der neue Schachtquerschnitt F' zu

$$F' = \frac{\varepsilon}{\varepsilon''} \cdot F = \frac{16{,}6}{2{,}74} \cdot 50 = 303\,\text{m}^2 .$$

Bei plötzlicher Belastungs*zunahme* von $Q = 12{,}5\ \text{m}^3/\text{sek}$ auf $Q_0 = 25{,}0\,\text{m}^3/\text{sek}$ ($n = 0{,}5$) ergibt sich für dieses $F' = 303\,\text{m}^2$ ein $\varepsilon''' = \varepsilon'' \cdot \frac{h_0^2}{h_0'^2} = 2{,}74 \cdot \frac{5{,}95^2}{10{,}35^2} = 0{,}905$ und damit die maximale Spiegelabsenkung im Schloß nach Formel (8) zu

$$z_{a\,\max} = 10{,}35 \left\{1 + \left[\sqrt{0{,}905 - 0{,}275 \cdot \sqrt{0{,}5}} + \frac{0{,}05}{0{,}905} + 0{,}9\right] \times \right.$$
$$\left. \times (1 - 0{,}5) \cdot \left(1 - \frac{0{,}5}{0{,}905^{0{,}62}}\right)\right\},$$

$z_{a\,\max} = 10{,}35 \cdot \{1 - 0{,}036\} = 10{,}36 \cdot 0{,}964 \sim 10{,}35\,\text{m}$ (rechnerisch genau 10 m),

d. h. der Schloßspiegel schwingt in diesem Falle *nicht unter* die Endlage herunter, sondern nähert sich dieser Endlage von *oben* her asymptotisch. [Es müßte deshalb hier $z_{a\,\max}$ genau 10,35 m werden; daß dies nicht genau zutrifft, hängt mit dem *empirischen* Charakter der Formel (8) zusammen.] Es liegt hier also *keine* gedämpfte Schwingung vor, sondern es tritt eine aperiodische Bewegung ohne Durchquerung der Endlage ein.

Die in Aufgabe 30, S. 347 erwähnte *Näherungsformel* (9) von BRAUN gibt ein Kriterium für den Verlauf der Schwingungen bei Belastungs*zunahme*, allerdings jeweils *ausgehend* vom Betriebsstillstand ($Q = 0\ \text{m}^3/\text{sek}$). Legen wir für das vorliegende Zahlenbeispiel einmal den Fall der plötzlichen totalen Belastungssteigerung von $Q = 0$ auf $Q_0 = 25\,\text{m}^3/\text{sek}$ zugrunde, dann ergibt sich nach der vorerwähnten Gl. (9)

$$s = \beta \cdot \frac{Q}{f}\sqrt{\frac{g \cdot F}{L \cdot f}} = 1{,}38 \cdot \frac{25{,}0}{9{,}15}\sqrt{\frac{9{,}81 \cdot 303}{4000 \cdot 9{,}15}} = 1{,}072 .$$

Da $1{,}00 < s\ (= 1{,}072) < 1{,}24$, kommt für *diesen* Belastungsfall eine *aperiodische Bewegung mit einmaliger Durchquerung der Endlage* ($z = h_0 = +\,10{,}35$ m) zustande, wobei sich der Spiegel nach Erreichung des tiefsten Ausschlages von *unten* her allmählich der Endlage nähert. Dabei ist der tiefste Ausschlag nach Gl. (10) S. 348

$$z_{a\,\max} = \frac{s}{\varrho}\left[s + \sqrt{s^2 - 3{,}24 \cdot s + 4}\right].$$

Mit

$$\varrho = 2\beta \cdot \frac{g \cdot F}{L \cdot f} = 2 \cdot 1{,}38 \cdot \frac{9{,}81 \cdot 303}{4000 \cdot 9{,}15} = 0{,}224$$

wird

$$z_{a\,\max} = \frac{1{,}072}{0{,}224}\left[1{,}07 + \sqrt{1{,}07^2 - 3{,}24 \cdot 1{,}07 \cdot 4}\right],$$

$$z_{a\,\max} = \mathbf{11{,}30}\ \text{m}.$$

Für den Fall der Belastungssteigerung von $Q = 12{,}5\,\text{m}^3/\text{sek}$ auf $Q_0 = 25{,}0\,\text{m}^3/\text{sek}$ tritt dagegen, wie schon oben gesagt, der Fall der *aperiodischen* Bewegung *ohne* Durchquerung der Endlage ein. Um dies möglichst anschaulich zu zeigen, wurde der Schwingungsverlauf dieses Falles mit Intervallrechnung verfolgt und das Ergebnis für die z-, h- und v-Werte in Abb. 169 aufgetragen. Man sieht, wie sich die z- und h-Kurve asymptotisch der Endlage (Schloßwasserspiegel um $h_0 = 10{,}35$ m unter tiefstem Seespiegel abgesenkt!) nähert, während sich gleichzeitig auch die v-Kurve asymptotisch dem Geschwindigkeitsniveau für $v_0 = \frac{Q_0}{f}$ $= 2{,}74$ m/sek angleicht. Für diesen Fall der plötzlichen teilweisen Belastungssteigerung ergibt sich also *keine* Vergrößerung des Wasserschloßvolumens gegenüber dem Inhalt, den der Beharrungszustand für $Q_0 = 25$ m³/sek bereits erfordert.

In Abb. 170 ist dieses Wasserschloß mit $F' = 303$ m² ($d' = 19{,}65$ m bei Annahme kreisrunden Querschnitts) im gleichen Maßstab wie die Abb. 168 aufgetragen. Die hydraulisch bedingte Höhe des Wasserschlosses beträgt jetzt 19,85 m gegen 39,97 m, der maximale Scheiteldruck im Druckstollen im Schloßbereich erreicht demgemäß jetzt $874{,}59 - 854{,}00 = 20{,}59$ m, wogegen für die erste Annahme des Schloßquerschnitts ($F' = 50$ m²) dieser Überdruck den Wert $888{,}60 - 848{,}00 = 40{,}60$ m erreicht und damit doppelt so groß ist wie für das Schloß mit $F' = 303$ m² Querschnitt. Dieser Vorteil wird allerdings erkauft durch das rd. 3fache des hydraulisch bedingten Schloßvolumens ($50 \cdot 40{,}60 = 2030$ m³ gegen $303 \cdot 20{,}59 = 6230$ m³), abgesehen davon, daß es in den meisten Fällen überhaupt unmöglich sein wird, ein Wasserschloß von so großem lichtem Querschnitt als „Felsen"wasserschloß im Gebirge auszuführen. Auch seine Unterteilung in zwei Schlösser von je $\frac{303}{2} \sim 152$ m² dürfte die Anwendungsmöglichkeit meist nicht günstiger gestalten.

3. Schachtwasserschloß mit $F = 50$ m² und Überfall.

Es gibt nun noch eine Möglichkeit, die Wasserschloßhöhe unter Beibehaltung des Querschnitts $F = 50$ m² zu verringern, nämlich durch Anordnung eines *Überfalles*. Unter der Voraussetzung, daß das Überfallwasser ungehindert in einem Seitenrinnsal abfließen kann, ist in Gl. (1a) S. 338

$$-dz = \frac{dt}{F}(f \cdot v - Q),$$

die Abflußmenge

$$Q = Q_ü$$

zu setzen, wobei

$$Q_ü = \tfrac{2}{3}\mu B \cdot \sqrt{2g}\,(|-z + a|)^{3/2}\,*$$

* Über Überfallformeln vgl. die Aufgabe 35, S. 408.

(vgl. Abb. 164). Die algebraische Summe $-z+a$ ist mit ihrem absoluten Wert einzuführen, daher die Schreibweise $|-z+a|$.

Wählt man der Sicherheit halber $\mu = 0{,}63$ (kantige Überfallkrone), dann wird

$$Q_{ü} = \tfrac{2}{3} \cdot 0{,}63 \cdot 4{,}43 \cdot B \cdot (|-z+a|)^{3/2},$$

$$Q_{ü} = 0{,}93 \cdot B \cdot (|-z+a|)^{3/2}$$

und

$$-dz = \frac{dt}{F}[f \cdot v - 0{,}93 \cdot B \cdot (|-z+a|)^{3/2}].$$

Für die numerische Integration lauten dann die beiden Schwingungsgleichungen

$$-\Delta z = \frac{\Delta t}{F} \cdot [f \cdot v - 0{,}93 \cdot B \cdot (|-z+a|)^{3/2}, \tag{11}$$

$$\Delta v = \frac{g}{L} \cdot (z-h) \cdot \Delta t. \tag{12}$$

Für ein angenommenes B und eine gewählte Höhenlage a der Überfallkrone über dem Seespiegel läßt sich mit Hilfe dieser beiden Gleichungen der Schwingungsverlauf, insbesondere die maximale Spiegelerhebung und deren Zulässigkeit im Rahmen des Gesamtprojektes überprüfen. Erreicht der Spiegelausschlag im Schacht einen unerwünschten Wert, so ist die Größe B oder a, oder es sind beide gleichzeitig zu ändern und die Rechnung zu wiederholen.

Zur Vereinfachung dieses umständlichen Dimensionierungsverfahrens hat Vogt für den Fall des *plötzlichen, vollkommenen Absperrens* der Druckrohrleitung nachstehende Näherungsformeln aufgestellt:

Größte Überlaufwassermenge:

$$Q_{ü\,\max} = y_0 \cdot \mathfrak{a} \cdot \mathfrak{z}_m^{1,5} \cdot Q_0. \tag{13}$$

Die einzelnen Größen haben folgende Bedeutung:

$$y_0 = \sqrt{x_0 + \frac{\varepsilon}{2} - \frac{\varepsilon}{2} \cdot e^{-\frac{2}{\varepsilon}(1-x_0)}}, \tag{14}$$

wenn $x_0 = \frac{a}{h_0}$ (wobei a bei Lage der Überfallkrone *über* Wasserfassungsspiegel mit dem Minuszeichen einzuführen ist) und $\varepsilon = \frac{\varkappa \cdot L \cdot f \cdot v_0^2}{g \cdot F \cdot h_0^2}$ [vgl. Gl. (b), S. 331].

Setzt man

$$\mathfrak{a} = \frac{1{,}85 \cdot B \cdot h_0^{3/2} \cdot y_0^2}{Q_0}, \tag{15}$$

$$\mathfrak{b} = \frac{\varepsilon}{2}, \tag{16}$$

$$\mathfrak{z}_0 = \frac{-x_0}{y_0^2} = -\frac{a}{h_0 \cdot y_0^2}; \tag{17}$$

$$\mathfrak{z}_{\max} = \frac{\text{max. Überfallhöhe in Metern}}{h_0 \cdot y_0^2},$$

so wird nach VOGT angenähert:

$$\mathfrak{a} \cdot \mathfrak{z}_{\max}^{1,5} = 1 - \left(\frac{1 + 0{,}75 \cdot \mathfrak{z}_0}{1 + 0{,}75 \cdot \mathfrak{z}_0 + 0{,}47 \cdot \mathfrak{a} \cdot \mathfrak{b}} \right)^{0,75}. \qquad (18)$$

Damit erhält man den absoluten Wert von $|x_m|$ mit:

$$|x_m| = |x_0| + \mathfrak{z}_{\max} \cdot y_0^2$$

oder mit Einführung der Quotienten für x_m und x_0:

$$\left| \frac{z_{e\max}}{h_0} \right| = \left| \frac{a}{h_0} \right| + \mathfrak{z}_{\max} \cdot y_0^2,$$

somit maximale Spiegelerhebung über dem nachfolgenden Beharrungswasserspiegel

$$|z_{e\max}| = |a| + \mathfrak{z}_{\max} \cdot y_0^2 \cdot h_0. \qquad (19)$$

Der Summand $z_{\max} \cdot y^2 \cdot h_0$ gibt den absoluten Wert der Höhe des überfallenden Wassers an.

Im praktischen Rechenfall wird man wohl meist zunächst die zulässige maximale Spiegelerhebung $z_{e\max}$ über dem nachfolgenden Beharrungsspiegel (= Seespiegel) und außerdem die Höhenlage der Krone des Überfalls festlegen. Dann hat man eine Überfallbreite B so anzunehmen und in Gl. (15) einzusetzen, daß Gl. (19) das festgelegte $z_{e\max}$ ergibt. Mehrere Versuchsrechnungen unter Benutzung der Gln. (14) mit (18) führen rasch zur Ermittlung des passenden Wertes B.

Geht man aus konstruktiven oder sonstigen betrieblichen Gründen von einem fest angenommenen B und einem fest gewählten a aus, so führt die Benützung der Gln. (15) mit (19) unmittelbar zur Bestimmung der maximalen Spiegelerhebung $z_{e\max}$.

In allen Fällen, in welchen die Krone des Überlaufs in Höhe des höchsten Seespiegels (= Wasserfassungsspiegel) liegt und die maximale Betriebswassermenge sehr groß ist, wird $Q_{\ddot{u}\max}$ nahezu gleich Q_0, so daß man zur angenäherten Bestimmung des B von Q_0 ausgehen kann. Das gleiche gilt natürlich auch für alle jene Fälle der Praxis, in denen man keine Veranlassung hat, den Überfall möglichst sparsam zu dimensionieren, d. h. an Überfallbreite zu sparen.

Wir legen für *unser Beispiel* jetzt den Schachtquerschnitt mit $F = 50\,\text{m}^2$ (Fall I) und die maximale Spiegelerhebung bei plötzlich vollkommener Entlastung mit $z_{e\max} = 6{,}30$ m (Fall II) fest, kombinieren also die Fälle I und II. Dem $z_{e\max} = 6{,}30$ m entspricht eine Schloßspiegelkote von 874,50 m. Legen wir nun die Überfallkrone so hoch, daß die Überfallhöhe bei höchster Schloßspiegellage 2,0 m beträgt, also auf Kote 874,50 − 2,0 = 872,50 m zu liegen kommt, dann wird der Wert $a = 872{,}50 - 868{,}20 = 4{,}30$ m.

Überschlägig kann nun die Überfallbreite B ermittelt werden, indem die maximale Überfallwassermenge bei 2,0 m Überfallhöhe gleich der Beaufschlagungswassermenge bei Vollast, also $Q_{\ddot{u}\max} = Q_0$ gesetzt wird. Damit erhält man

$$Q_{\ddot{u}\max} = Q_0 = 25{,}0 = \tfrac{2}{3}\mu \cdot B \cdot \sqrt{2g} \cdot (|-z + a|)^{3/2}.$$

Daraus

$$B = \frac{25{,}0}{\tfrac{2}{3}\mu \cdot \sqrt{2g}(|-z+a|)^{3/2}} = \frac{25{,}0}{\tfrac{2}{3}0{,}63 \cdot 4{,}43 \cdot 2{,}0^{3/2}} = 4{,}75\,\text{m}.$$

Tatsächlich beträgt die im Schacht nach oben steigende Wassermenge nur noch im Augenblick der plötzlichen vollkommenen Schließung des Abflusses durch die Druckrohrleitung $Q_0 = 25\,\text{m}^3/\text{sek}$. Bis der Schloßwasserspiegel zur Kote 874,50 emporgestiegen ist, hat die verzögernde Wirkung des Wasserüberdruckes im Schloß den Zufluß vom Stausee her verringert, ist also $Q_{\ddot{u}\max} < Q_0$ geworden. Damit wird auch die notwendige Überfallbreite zur Abführung dieses $Q_{\ddot{u}\max}$ kleiner als 4,75 m. Sie errechnet sich nach VOGT unter Beachtung der Vorzeichen wie folgt:

$$x_0 = \frac{a}{h_0} = \frac{-4{,}30}{5{,}95} = -0{,}723.$$

Mit $\varepsilon = 16{,}6$ (Fall I für $F = 50\,\text{m}^2$) wird

$$y_0 = \sqrt{-0{,}723 + \frac{16{,}6}{2} - \frac{16{,}6}{2} \cdot 2{,}71828^{-\frac{2}{16{,}6}(1+0{,}723)}}, \tag{14}$$

$$y_0 = \sqrt{-0{,}723 + 8{,}3 - 8{,}3 \cdot 2{,}71828^{-0{,}2075}},$$

$$y_0 = \sqrt{0{,}827} = 0{,}91,$$

$$\mathfrak{z}_{\max} = \frac{2{,}0}{5{,}95 \cdot 0{,}827} = 0{,}406,$$

$$\mathfrak{a} = \frac{1{,}85 \cdot B \cdot 5{,}95^{3/2} \cdot 0{,}827}{25{,}0} = 0{,}89 \cdot B, \tag{15}$$

$$\mathfrak{b} = \frac{16{,}6}{0{,}827} = 20{,}07, \tag{16}$$

$$\mathfrak{z}_0 = \frac{+0{,}723}{0{,}827} = 0{,}875, \tag{17}$$

$$\mathfrak{a} \cdot \mathfrak{z}_{\max}^{3/2} = 1 - \left(\frac{1+0{,}655}{1+0{,}655+0{,}47 \cdot 0{,}89 \cdot 20{,}07 \cdot B}\right)^{3/4} = 1 - \left(\frac{1{,}655}{1{,}655 + 8{,}4 \cdot B}\right)^{3/4}. \tag{18}$$

Für $B = 4{,}0\,\text{m}$ erhält man:

$$\mathfrak{a} = 0{,}89 \cdot 4{,}0 = 3{,}56,$$

$$\mathfrak{a} \cdot \mathfrak{z}_{\max}^{3/2} = 1 - \left(\frac{1{,}655}{1{,}655 + 8{,}4 \cdot 4{,}0}\right)^{3/4} = 0{,}899.$$

Daraus

$$\mathfrak{z}_{\max} = \left(\frac{0{,}899}{3{,}56}\right)^{2/3} = 0{,}3995.$$

Mit

$$|x_m| = |0{,}723| + 0{,}3995 \cdot 0{,}827 = 1{,}054$$

wird

$$z_{e\,\max} = 1{,}054 \cdot 5{,}95 = 6{,}28 \; (\sim 6{,}30 \text{ m})$$

und

$$Q_{\ddot{u}\,\max} = 0{,}91 \cdot 0{,}899 \cdot 25{,}0 = \mathbf{20{,}5} \text{ m}^3/\text{sek.} \qquad (13)$$

In Abb. 171 ist das vorstehend dimensionierte *Schachtwasserschloß mit Überfall* aufgetragen. Seine hydraulisch bedingte Höhe beträgt 26,07 m, das hydraulisch bedingte Volumen ergibt sich zu 26,07 · 50,0 = 1300 m³. Dazu kommt noch das Ausbruchsvolumen für den Stollen zur Abführung der Überfallwassermenge in ein Seitenrinnsal.

4. Wasserschloß mit oberer und unterer Kammer.

Eine weitere Möglichkeit, das Wasserschloß hydraulisch und wirtschaftlich noch günstiger zu gestalten, bietet der *Kammerwasserschloßtyp*.

Der Gedanke, der diesem Typ zugrunde liegt, ist folgender: Begrenzung des hydraulisch wenig wirksamen mittleren Schachtteiles in seinem Horizontalquerschnitt auf das kleinstzulässige Maß (Minimumquerschnitt, in unserem Falle $F = 50$ m²), gleichzeitig aber auch Begrenzung der Schwingungsausschläge nach oben bzw. unten durch Vergrößerung der oberen und unteren Schloßteile durch Anordnung von Kammern. Man hat dieser Wasserschloßform den Namen „*aufgelöstes*" Wasserschloß bzw. *Kammerwasserschloß* gegeben.

Wie sich aus den bisherigen Betrachtungen leicht ergibt, wird die Wirkungsweise des Kammerwasserschlosses um so besser sein, je mehr man hinsichtlich des *Horizontalquer*schnitts des Verbindungsschachtes an den Minimumquerschnitt herangeht und je stärker jedes Kammervolumen auf eine bestimmte Niveauebene konzentriert ist. Das Extrem wäre ein Schacht vom Querschnitt gleich Null und Kammern von unendlich kleiner Höhe. Der kleinste maßgebende Schachtquerschnitt ist an den Minimumquerschnitt gebunden. Um das Kammerwasserschloß gleichwohl in seiner Wirkungsweise möglichst an den vorgenannten Idealzustand heranzubringen, hat man die obere Kammer gegen den Schacht zu durch einen *Überfall* teilweise abgesperrt. Infolge des relativ engen Schachtes steigt der Wasserspiegel in diesem verhältnismäßig rasch bis zu jener Höhe an, bei welcher über den Überfall so viel Wasser in die Kammer einfällt, als durch den Schacht nach oben strömt. Es wird dabei der abbremsende Gegendruck gegenüber der gewöhnlichen Kammer sehr rasch etwa um die Höhe des Überfalles vergrößert. Die sich hieraus ergebende raschere Verzögerung des Wasserzuflusses durch den Druckstollen erlaubt eine Reduzierung des oberen Kammervolumens, weshalb dieser Wasserschloßtyp auch den Namen „Sparwasserschloß" führt (ursprünglich österreichisches Patent Nr. 86089).

Die Dimensionierung eines Kammerwasserschlosses für die Zahlenverhältnisse unserer Aufgabe erfolgt wieder mit den Näherungsformeln nach VOGT[1]. Der Schachtquerschnitt wird mit $F = 50\,\text{m}^2$ (Minimumquerschnitt) festgelegt, womit wiederum $\varepsilon = 16{,}6$ ist.

a) Obere Kammer.

Zugelassene höchste Spiegelerhebung im Schloß: 874,50 m; Lage der Überfallkrone in der oberen Kammer: 872,50 m (entsprechend dem Fall III). Somit Abstand der Überfallkrone vom Ruhespiegel = höchster Stauseespiegel (868,20 m) $a = 4{,}30$ m.

Für plötzliches vollkommenes Absperren des *maximalen* Verbrauches $Q_0 = 25\,\text{m}^3/\text{sek}$ auf 0 gelten nun dieselben Gln. (14) mit (19) wie für das Schachtwasserschloß mit Überfall unter III., also auch — da die maximale Spiegelerhebung und die Lage der Überfallkrone wie dort angenommen wurden — die dort ermittelten Zahlenergebnisse $|x_0| = 0{,}723$; $|x_m| = |x_{\max}| = \frac{6{,}3}{5{,}95} = 1{,}059$; $y_0^2 = 0{,}827$; Überfallbreite $B = 4{,}0$ m. Damit ergibt sich der Kammerinhalt nach der empirischen Formel von VOGT zu:

$$\left.\begin{aligned}
V_K &= \left\{\frac{1}{2}\log\text{nat}\left[1 + \frac{y_0^2}{|x_{\max}| - 0{,}15\cdot(|x_{\max}| - |x_0|)}\right] - \frac{|x_{\max}| - |x_0|}{\varepsilon}\right\}\times \\
&\qquad \times \frac{\varkappa\cdot L\cdot f\cdot v_0^2}{g\cdot h_0}, \\
V_K &= \left\{\frac{1}{2}\log\text{nat}\left[1 + \frac{0{,}827}{1{,}059 - 0{,}15\cdot(1{,}059 - 0{,}723)}\right] - \frac{1{,}059 - 0{,}723}{16{,}6}\right\}\times \\
&\qquad \times \frac{1{,}05\cdot 4000\cdot 9{,}15\cdot 2{,}74^2}{9{,}81\cdot 5{,}95}, \\
V_K &= 0{,}2792\cdot 4940 = \mathbf{1380\,m^3}.
\end{aligned}\right\} \quad (20)$$

Bemessung der oberen Kammer (siehe Abb. 172).

$$\begin{aligned}
&\text{Querschnitt } m - m\text{:}\quad 4{,}83\cdot 4{,}0 &&= 19{,}49\,\text{m}^2 \\
&\quad ,,\qquad m' - m'\text{:}\quad 3{,}18\cdot 4{,}0 = 12{,}72 && \\
&\qquad\qquad +0{,}289\cdot 2{,}82^2 = \underline{2{,}30} && \\
& &&= 15{,}02\,\text{m}^2
\end{aligned}$$

$$\text{mittlerer Querschnitt: } \frac{19{,}40 + 15{,}02}{2} = \frac{34{,}42}{2} = 17{,}21\,\text{m}^2.$$

Da $V_K = 1380\,\text{m}^3$, ergibt sich die notwendige Kammerlänge zu

$$l = \frac{1380}{17{,}21} = 80\,\text{m}.$$

[1] VOGT: Zitiert S. 325. — Ausführliche kritische Betrachtungen für die Bemessung solcher Wasserschlösser siehe auch in STRECK, O.: Das Wasserschloß bei Hochdruckspeicheranlagen. Zitiert S. 325.

b) Untere Kammer.

Das Kammerwasserschloß stellt auch in seinem unteren Teil (= Schacht einschl. unterer Kammer) ein Mittelding dar zwischen einem Schachtwasserschloß und einem idealisierten Kammerwasserschloß, bei welch letzterem der Wasserschloßrauminhalt auf die Spiegellage $z_{a\,\max}$ konzentriert gedacht ist.

Für das idealisierte Kammerwasserschloß wäre nach VOGT bei einer Belastungs*zunahme* von $n \left(= \frac{Q}{Q_0}\right)$ bis 1 der Kammerinhalt für die Einheit $\frac{\varkappa \cdot L \cdot f \cdot v_0^2}{g \cdot h_0}$

$$V_K = \frac{(x_{\max} - n^2)}{\varepsilon_1}$$

$$= \frac{1}{2} \log\text{nat} \left[\left(\frac{x_{\max} - 1}{x_{\max} - n^2} \right) \left(\frac{\sqrt{x_{\max}} + n}{\sqrt{x_{\max}} + 1} \cdot \frac{\sqrt{x_{\max}} - n}{\sqrt{x_{\max}} - 1} \right)^{\frac{1}{\sqrt{x_{\max}}}} \right]. \tag{21}$$

Dabei ist in diesem Falle

$$x_{\max} = \frac{z_{a\,\max}}{h_0}.$$

Aus Gl. (21) läßt sich nun das ε_1 berechnen, das *diesem idealisierten* Kammerwasserschloß entsprechen würde.

Wir legen für unser Beispiel den *tiefsten* Schwankungsspiegel bei *Zunahme* der Belastung von $Q = 12{,}5$ auf $Q_0 = 25$ m²/sek $(n = 0{,}5)$ auf Kote 852,50 m fest. Der Reibungsverlust h_0 im Druckstollen für die Wassermenge Q_0 ist wieder $h_0 = 10{,}35$ m, der Ausgangsspiegel im Stausee 865,00 m. Damit wird $z_{a\,\max} = 865{,}00 - 852{,}50 = 12{,}50$ m und

$$x_{\max} = \frac{12{,}50}{10{,}35} = 1{,}21.$$

Werden diese Werte in die Gl. (21) eingesetzt, so ergibt sich

$$\frac{1{,}21 - 0{,}5^2}{\varepsilon_1} = \frac{1}{2} \log\text{nat} \left[\left(\frac{1{,}21 - 1}{1{,}21 - 0{,}5^2} \right) \left(\frac{\sqrt{1{,}21} + 1}{\sqrt{1{,}21} + 0{,}5} \cdot \frac{\sqrt{1{,}21} - 0{,}5}{\sqrt{1{,}21} - 1} \right)^{\frac{1}{\sqrt{1{,}21}}} \right],$$

woraus der Verhältniswert für das idealisierte Kammerwasserschloß folgt zu

$$\varepsilon = \frac{2 \cdot (1{,}21 - 0{,}5^2)}{\left[\log\text{nat} \frac{1{,}21 - 1}{1{,}21 - 0{,}5^2} \cdot \left(\frac{\sqrt{1{,}21} + 1}{\sqrt{1{,}21} + 0{,}5} \cdot \frac{\sqrt{1{,}21} - 0{,}5}{\sqrt{1{,}21} - 1} \right)^{\frac{1}{\sqrt{1{,}21}}} \right]}$$

$$= \frac{1{,}92}{\log\text{nat} [0{,}219 \cdot 7{,}87^{0{,}505}]} = \mathbf{5{,}38}.$$

Andererseits ergäbe sich für ein *Schacht*wasserschloß mit *unveränderlichem Schachtquerschnitt* und dem Wert $z_{a\,\max} = 12{,}50$ m, wie er für das idealisierte Kammerwasserschloß festgelegt wurde, d. h. also für

$x_{\max} = \frac{z_{a\max}}{h_0} = 1{,}21$ und $n = 0{,}5$ nach der wiederholt verwendeten Gl. (8) ein Verhältniswert ε_2 aus

$$x_{\max} = 1{,}21 = 1 + \left[\sqrt{\varepsilon_2 - 0{,}275 \cdot \sqrt{0{,}5}} + \frac{0{,}05}{\varepsilon_2} - 0{,}9\right](1 - 0{,}5)\left(1 - \frac{0{,}5}{\varepsilon_2^{0{,}62}}\right)$$

zu

$$\varepsilon_2 = \mathbf{2{,}37},$$

was einem Schachtquerschnitt

$$F = \frac{\varkappa \cdot L \cdot f \cdot v_0^2}{g \cdot h_0^2 \cdot \varepsilon_2} = \frac{1{,}05 \cdot 4000 \cdot 9{,}15 \cdot 2{,}74^2}{9{,}81 \cdot 10{,}35^2 \cdot 2{,}37} = \mathbf{116}\ \mathrm{m}^2$$

entspricht.

In unserem Falle handelt es sich, wie schon erwähnt, um ein Zwischending zwischen diesen Grenzfällen, wobei sich ε am Übergang vom Schacht zur Kammer sprungweise ändert. Um für diesen veränderlichen Querschnitt des Wasserschlosses den Wert $x_{\max} = 1{,}21$ zu erreichen, muß nach VOGT folgende Gleichung befriedigt werden:

$$\int_{n^2}^{x_{\max}} \frac{(x - n^2)^{\left(\frac{\varepsilon_1}{\varepsilon_2} - 1\right)}}{\varepsilon} \cdot dx = \frac{(x_{\max} - n^2)^{\frac{\varepsilon_1}{\varepsilon_2}}}{\varepsilon_2}. \tag{22}$$

Da $x_{\max} = 1{,}21$, $\varepsilon_1 = 5{,}38$, $\varepsilon_2 = 2{,}37$, $n = 0{,}5$, enthält die rechte Seite der Gleichung lauter bekannte Größen und kann berechnet werden. Es ergibt sich

$$\frac{(1{,}21 - 0{,}5^2)^{\frac{1{,}21}{5{,}38}}}{5{,}38} = 0{,}1842.$$

Für das Integral der linken Seite liegen für das Kammerwasserschloß mit Schacht und unterer Kammer in Stollenform die Verhältnisse insofern einfach, als sich hier ε sprungweise ändert. Es braucht nur beachtet zu werden, daß im Integral das ε_2' im Nenner sich jetzt auf den Schacht vom Ausführungsquerschnitt bezieht.

Um die Kammer voll auszunützen, wird der Boden derselben zweckmäßig auf $x_{\max}$ gelegt, d. h. $z_{a\max}$ unter den Ausgangsseespiegel.

Um x_0 festzulegen, muß eine Kammerhöhe angenommen werden. Wir wählen als mittlere Kammerhöhe 2,50 m, so daß

$$x_0 = \frac{x_{a\max} - 2{,}50}{h_0} = \frac{12{,}50 - 2{,}50}{10{,}30} = \frac{10{,}0}{10{,}3} = 0{,}971 \quad \text{wird.}$$

Nunmehr ist die Integration der linken Seite der Gleichung zunächst zu erstrecken zwischen den Grenzen 0 und x_0 für den Schacht vom Querschnitt $F = 50\ \mathrm{m}^2$ und dann von x_0 bis $x_{\max}$ für die Kammer. Die Summe dieser beiden Ausdrücke muß dann der rechten Seite der Gl. (22) gleich sein. Aus dieser Beziehung läßt sich nun, wie in unserem Falle, für die angenommene Kammerhöhe das zugehörige ε_2 rechnen und damit der endgültige horizontale Kammerquerschnitt (oder bei angenommenem x_0 und angenommener Kammerbreite die Länge der Kammer).

Bestimmung des ε_2', das einem Schacht vom gegebenen Querschnitt $F = 50\,\mathrm{m}^2$ entspricht:

$$\varepsilon_2' = \varepsilon_2 \cdot \frac{116}{50} = 2{,}37 \cdot \frac{116}{50} = 5{,}50 .$$

Integration der linken Gleichungsseite:

a) zwischen 0 und x_0 (für den Schacht):

$$\frac{(x_{\max} - n^2)^{\frac{\varepsilon_1}{\varepsilon_2}}}{\varepsilon_2' \cdot \frac{\varepsilon_1}{\varepsilon_2}} = \frac{(1{,}21 - 0{,}25)^{\frac{5,38}{2,37}}}{5{,}50 \cdot \frac{5{,}38}{2{,}37}} = \frac{0{,}96^{2,27}}{12{,}50} = 0{,}0729 ;$$

b) zwischen x_0 und $x_{\max}$ (für die Kammer):

$$\frac{1}{\varepsilon_2''}\left[\frac{(x_{\max} - n^2)^{\frac{\varepsilon_1}{\varepsilon_2}} - (x_0 - n^2)^{\frac{\varepsilon_1}{\varepsilon_2}}}{\frac{\varepsilon_1}{\varepsilon_2}}\right] = \frac{1}{\varepsilon_2''}\left[\frac{1{,}21 - 0{,}5^{2,2{,}27} - (0{,}971 - 0{,}5^2)^{2,27}}{2{,}27}\right] = \frac{0{,}192}{\varepsilon_2''} .$$

Nach Gl. (22) muß gelten:

$$0{,}0729 + 0{,}192 \cdot \frac{1}{\varepsilon_2''} = 0{,}1842 .$$

Daraus

$$\varepsilon_2'' = \mathbf{1{,}725} ,$$

womit sich der endgültige horizontale Kammerquerschnitt ergibt zu

$$F = 116 \cdot \frac{\varepsilon_2}{\varepsilon_2''} = 116 \cdot \frac{2{,}37}{1{,}725} = \mathbf{160}\,\mathrm{m}^2 .$$

Bemessung der unteren Kammer (siehe Abb. 172):

Querschnitt 0 – 0 : 2,20 · 3,85	=	8,46 m²
+ Kreisabschnitt	=	2,93 m²
		11,39 m²
Querschnitt 0′ – 0′ : 1,40 · 3,85	=	5,39 m²
+ Kreisabschnitt	=	2,93 m²
		8,32 m²

Mittlerer Querschnitt: $\frac{11{,}93 + 8{,}32}{2} = 9{,}86\,\mathrm{m}^2$.

Die Kammer wird mit ihren beiden Hälften auf zwei gegenüberliegenden Seiten des Schachtes angeordnet. Jeder Kammerteil erhält eine Länge von rd. 20 m. Rechnungsmäßig sind erforderlich $2 \cdot 20{,}25 = 40{,}5$ m, denn damit erhält man einen Kammerinhalt von $9{,}86 \cdot 40{,}5 = 400\,\mathrm{m}^3$, der der Forderung entspricht $160 \cdot 2{,}5 = 400\,\mathrm{m}^3$. Der angenommenen mittleren Kammerhöhe von 2,50 m steht die vorhandene mittlere Kammerhöhe von

$$1{,}80 + \frac{2{,}93}{3{,}85} = 2{,}56\,\mathrm{m}$$

gegenüber.

Das so erhaltene Kammerschloß ist in Abb. 172 dargestellt. Außerdem wurden die Spiegelschwankungen durch Intervallrechnung [nume-

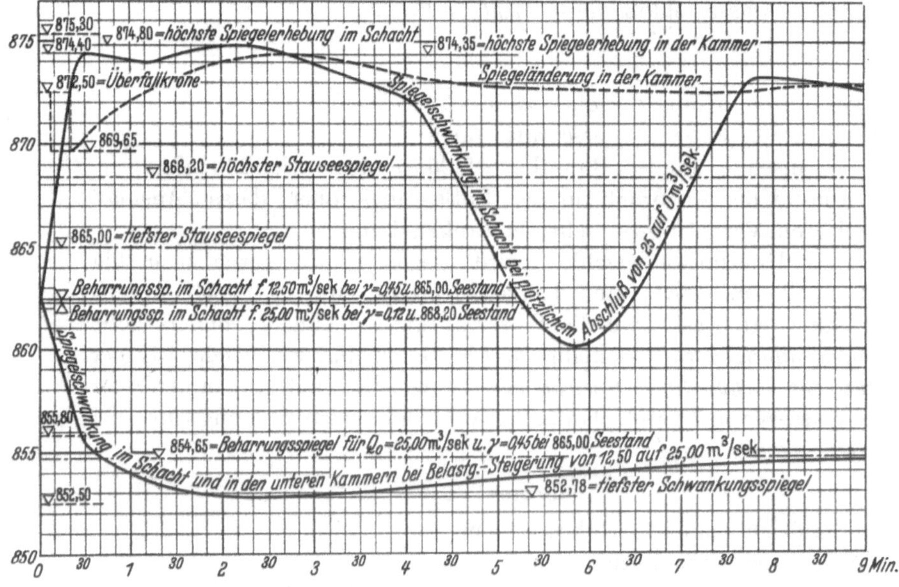

Abb. 173. Darstellung der Spiegelschwankungen im Kammerwasserschloß für die zugrunde gelegten Belastungsänderungen.

rische Integration der Differentialgleichungen (11) und (12) S. 359] schrittweise ermittelt und in Abb. 173 zur Darstellung gebracht. Diese genaue rechnerische Nachprüfung des durch Näherungsformeln gefundenen Kammerwasserschlosses beweist dessen hydraulische Zweckmäßigkeit für das zugrunde gelegte Zahlenbeispiel.

Zusammenstellung der Ergebnisse für die entwickelten 4 Wasserschloßformen.

Form I:

hydraulisch bedingte Höhe: 39,97 m

horizontaler Schachtquerschnitt: 50 m²

hydraulisch bedingter Raumbedarf: 39,97 · 50 = rd. 2000 m³

Dem verhältnismäßig günstigen Raumbedarf stehen sehr große Druckschwankungen im Druckstollen gegenüber.

Form II:

hydraulisch bedingte Höhe: 19,85 m
horizontaler Schachtquerschnitt: 303 m²
hydraulisch bedingter Raumbedarf: $19{,}85 \cdot 303 = \text{rd. } 6000\ \text{m}^3$

Den verhältnismäßig kleinen Druckschwankungen steht ein außerordentlich großer Raumbedarf gegenüber. Diese Form kommt außer wegen der großen Kubatur wegen des großen Schachtquerschnitts für ein „*Felsen*"wasserschloß meist *nicht* in Frage.

Form III:

hydraulisch bedingte Höhe: 25,07 m
horizontaler Schachtquerschnitt: 50 m²
hydraulisch bedingter Raumbedarf $25{,}07 \cdot 50 = \text{rd. } 1250\ \text{m}^3$,
dazu kommt der Ausbruch für den Entlastungsstollen, dessen Ausmaß je nach den Verhältnissen sehr schwanken kann.

Dieses Überfallwasserschloß wird wegen seines verhältnismäßig günstigen Raumbedarfes und der verringerten Schwankungshöhe überall da am Platze sein, wo die Wasserabführung ohne besonders hohe Bauaufwendungen bewerkstelligt werden kann und wo gleichzeitig der *Verlust des hochwertigen Speicherwassers* ($Q_{ü}$) in Kauf genommen oder dieser Wasserverlust durch planmäßige Verbundbewirtschaftung sehr klein gehalten werden kann.

Form IV:

hydraulisch bedingte Höhe: 22,0 m	
horizontaler Schachtquerschnitt: 50 m²	
hydraulisch bedingter Raumbedarf: $22{,}0 \cdot 50 =$	1100 m³
dazu kommt obere Kammer mit	1380 m³
untere Kammer mit	400 m³
	zus. 2920 m³

Seine Anwendung ist fast immer dann gegeben, wenn die Form III nicht in Frage kommt. Sein Vorteil besteht in der geringen Schwankungshöhe und in der Vermeidung des Verlustes wertvollen Speicherwassers.

Aufgabe 32.

Ermittlung des Stauschwalles in einem rechteckigen Gerinne.

In einem $l = 500$ m langen Hangkanal, dessen Querschnitt in Abb. 174 dargestellt ist, wird Wasser für einen wasserwirtschaftlichen Zweck umgeleitet. Das betonierte Gerinne ist unter Zugrundelegung von $\gamma = 0{,}30$ (nach Bazin) für eine Höchstfördermenge von

$Q = 7{,}32\,m^3/sek$ mit $b = 2{,}0\,m$ Breite und $t = 1{,}40\,m$ Fülltiefe bemessen bei $J_s = 3{,}0^0/_{00}$ Längsgefälle der Gerinnesohle, wobei gleichförmiger Wasserabfluß herrscht. Die Höhe der talseitigen Mauer ist zunächst mit 2,2 m vorgesehen, so daß also ihre Krone um 0,80 m über den vorkommenden höchsten Fließspiegel zu liegen kommt. Es soll geprüft werden, ob bei dieser Höhe der Mauer eine Überflutung über die Krone hinweg ausgeschaltet ist für den als möglich festgestellten Fall, daß der Wasserabfluß am unteren Ende des Kanals bei Höchstwasserführung momentan vollkommen abgestoppt wird!

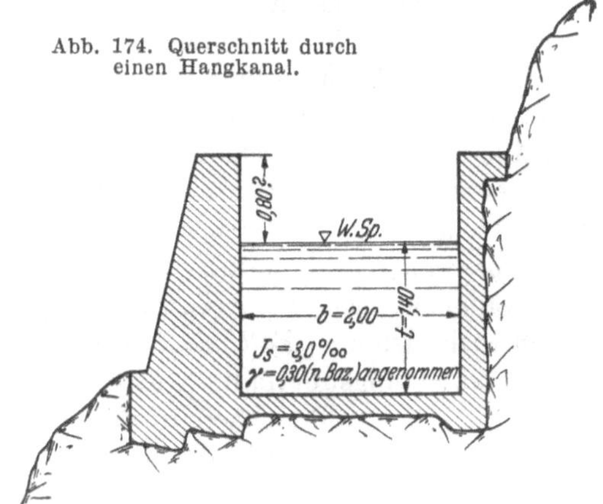

Abb. 174. Querschnitt durch einen Hangkanal.

Lösung[1].

In Wassergerinnen herrscht nur unter besonderen Bedingungen dauernd gleichförmige Wasserbewegung. Viel häufiger ist ungleichförmige Wasserbewegung (Stau und Senkung) vorhanden, in natürlichen Flüssen bildet die abwechslungsweise Folge von beschleunigter und verzögerter Bewegung sogar die Regel. Ändert sich bei solchen Gerinnen die Durchflußwassermenge nach und nach — was dem Normalfall entspricht —, dann stellt sich auch der neue Spiegel (Staukurve, Senkungskurve) allmählich, ohne besonders auffallende Erscheinungen ein.

Die sekundlich durchfließenden Wassermengen können sich in besonderen Fällen aber auch *plötzlich* ändern. Einen solchen Fall und die Ursachen dafür haben wir bereits in den Aufgaben 30 und 31 über das Wasserschloß kennengelernt (momentane Änderung der Turbinenbelastung!). Analoge Vorgänge ergeben sich auch bei Wasserkraftanlagen mit Werkkanälen mit freiem (ungespanntem) Spiegel. Sie führen hier zu gut sichtbaren Wellenbewegungen (Werkabschlußschwall,

[1] Literatur u. a.: ENGELS, H.: Handb. d. Wasserbaues, Bd. 1. Leipzig: Engelmann 1923. — KAUFMANN, W.: Hydromechanik, Bd. 2. Berlin: Springer 1934. — LUDIN, A.: Wasserkraftanlagen. Otzen, Handbibl. f. Bauing., Teil III, Bd. 8, 1. Hälfte. Berlin: Springer 1934. — SCHOKLITSCH, A.: Der Wasserbau, Bd. 1. Berlin: Springer 1930. — Vor allem aber FRANK u. SCHÜLLER: Schwingungen in den Zuleitungs- und Ableitungskanälen von Wasserkraftanlagen. Berlin: Springer 1938.

Stauschwall). In natürlichen Flüssen können solche plötzlichen Änderungen des Spiegelverlaufes entstehen, wenn bei Starkregen momentan große Wassermengen in ein Flußbett mit geringer Wasserführung (geringem Wasserstand) stürzen [Füllschwall; als Sprungschwallerscheinung z. B. in den Wüstenrinnsalen (Wadis) Arabiens und Afrikas die normale Spiegelform des abfließenden Wassers]. Als „Dammbruchwelle" tritt diese plötzliche Änderung des Abflußbildes in Erscheinung beim Auslaufen eines Stauraumes infolge Einsturzes eines Bauwerks (Dammbruch). Alle diese Abflußerscheinungen stellen mit der Zeit veränderliche, also nichtbeharrliche (nichtstationäre) Wasserbewegungen dar.

In unserem Beispiel handelt es sich um eine *plötzliche Hemmung des Abflusses am unteren Ende des Gerinnes* (z. B. durch Betätigung von Abschlußorganen [Schützen, Turbinenregler usw.]), *also um den* — praktisch wichtigsten — *Fall des Stauschwalles*[1]. Da ein eventuell vorhandener Entlastungsüberfall am unteren Kanalende erst voll wirksam wird, wenn der Schwallkopf bereits ausgebildet und am Überfall vorbeigelaufen ist, ergibt sich die Notwendigkeit, den größten Anfangsschwall für die Kotierung der Bermen und Kronen der Kanaldämme und sonstigen Bauwerke zugrunde zu legen, der bei plötzlichem totalem Abschließen des Maximalabflusses entsteht.

1. Berechnung des Stauschwalles.

Beim Stauschwall, auf dessen Entstehung oben bereits hingewiesen wurde, bildet sich an der Stelle der Hemmung des Abflusses eine Wasserstufe, die gerinneaufwärts wandert. Für die „Geschwindigkeit" ω, mit der diese Aufwärtsbewegung des Schwalles vor sich geht, wird — wie übrigens ganz allgemein für die Fortpflanzungsgeschwindigkeit von Wellen — nach SAINT-VENANT[2] die Bezeichnung „Schnelligkeit" gebraucht zum Unterschied von der Geschwindigkeit der einzelnen Wasserteilchen.

Für die Berechnung des Stauschwalles wird der *Impulssatz* (*Stützkraftsatz*) angewendet. Bekanntlich übt eine Wassermenge Q von der Masse m, wenn sie mit der Geschwindigkeit v senkrecht auf eine feste Wand auftrifft, auf diese einen Druck aus von der Größe

$$P = m \cdot v .$$

Das Produkt $m \cdot v$ stellt die Bewegungsgröße (den Impuls), die Richtung von v die Richtung des Impulses dar. Da

$$m = \frac{\gamma \cdot Q}{g} ,$$

---

[1] Auch bei Eisversetzungen treten Schwallerscheinungen auf mit erheblichen Spiegelhebungen stromaufwärts.

[2] DE SAINT-VENANT, B.: C. R. Acad. Sci., Paris Bd. 71 (1870).

läßt sich die Bewegungsgröße auch ausdrücken mit

$$P = \frac{\gamma \cdot Q}{g} \cdot v\,,$$

oder für $\gamma = 1{,}0\ \mathrm{t/m^3}$ (Wasser)

$$P = \frac{Q}{g} \cdot v\,.$$

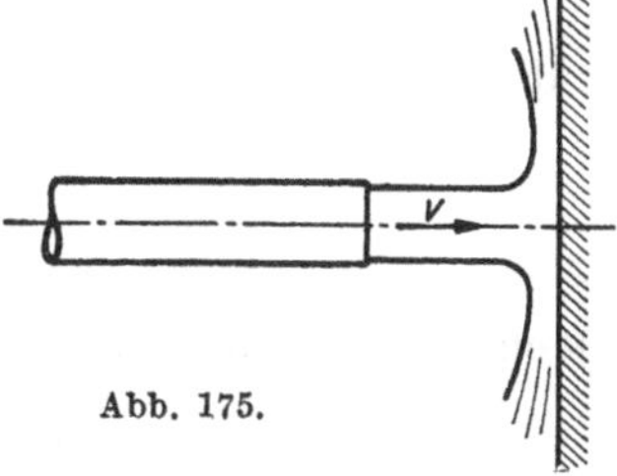

Abb. 175.

Hat der Strahl die Geschwindigkeit v und die Wand die Geschwindigkeit v_1 in der gleichen Bewegungsrichtung, dann ist der Impulsüberschuß

$$P = \frac{Q}{g}(v - v_1)\,,$$

wobei $v_1 < v$.

Nach dem Impulssatz (Stützkraftsatz) ist (bei stationärer Strömung) der Überschuß des in den abgegrenzten Bereich pro Zeiteinheit austretenden Impulses über den eintretenden gleich der Summe der äußeren Kräfte. Diese letzteren werden in unserem Falle gebildet von den als statisch verteilt angenommenen Wasserdrükken auf die beiden Begrenzungsflächen. Deren algebraische Summe ist (vgl. Abb. 176a u. b), wenn wieder $\gamma = 1{,}0\ \mathrm{t/m^3}$ gesetzt wird:

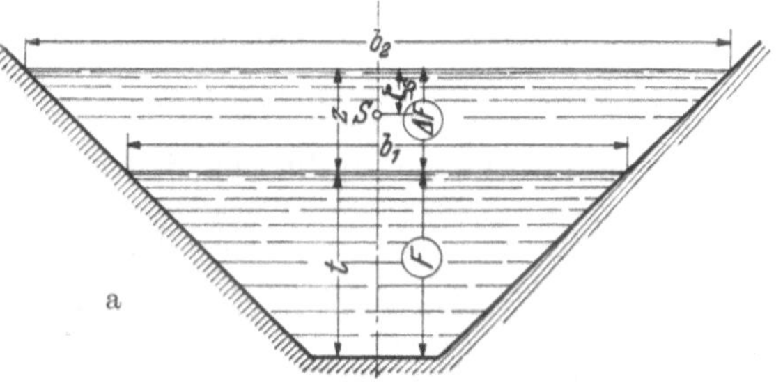

$$P' = W + \Delta W$$
$$= F \cdot z + \Delta F \cdot \zeta_s\,.$$

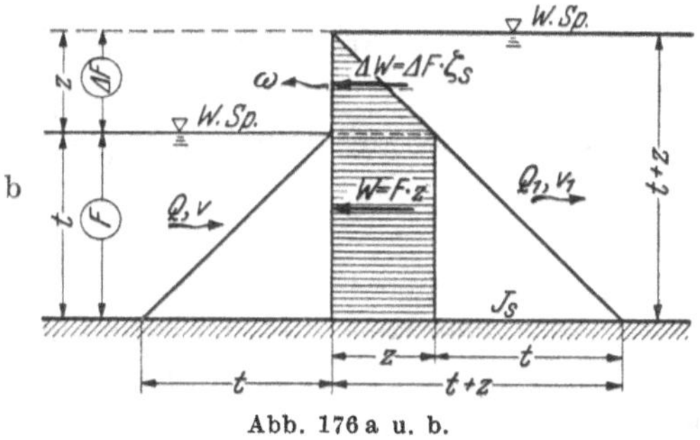

Abb. 176a u. b.

Um den Impulssatz anwenden zu können, muß die an sich unstationäre Bewegung des Schwalles stationär gemacht werden, indem das Koordinatensystem mit dem Schwall fest verbunden angesehen wird. Da dieses Achsenkreuz nunmehr eine Bewegung von der Geschwindigkeit ω, und zwar in der Richtung stromaufwärts mitmacht, ist die Geschwindigkeit des von oben kommenden Wassers mit $v + \omega$ statt mit v und die Geschwindigkeit v_1 des Wassers hinter dem Schwallkopf stromab mit dem Wert $v_1 + \omega$ anzusetzen, womit sich für P ergibt:

$$P = \frac{Q}{g}[(v + \omega) - (v_1 + \omega)],$$

oder, da

$$Q = F \cdot (v + \omega),$$

wird

$$P = \frac{F}{g}(v + \omega)[v - v_1].$$

Da nach dem Impulssatz $P' = P$, erhält man

$$F \cdot z + \Delta F \cdot \zeta_s = \frac{F}{g}(v + \omega)[v - v_1].$$

Wie wir gesehen haben, kommt der Schwall dadurch zustande, daß am unteren Ende des Gerinnes eine Hemmung des Abflusses stattfindet. Die von oben kommende Wassermenge $Q = F_v$ kann also nur mit einem Teil Q_1 zum Abfluß gelangen, wobei

$$Q_1 = (F + \Delta F) \cdot v_1,$$

während der Rest Q_2 den Schwall aufbaut, wobei

$$Q_2 = \Delta F \cdot \omega.$$

Aus Kontinuitätsgründen ergibt sich daher die Raumgleichung

$$Q = Q_1 + Q_2$$

oder

$$F \cdot v = (F + \Delta F)\, v_1 + \Delta F \cdot \omega.$$

Für weitaus die meisten praktisch vorkommenden Gerinneformen kann mit sehr guter Annäherung gesetzt werden

$$\Delta W = \Delta F \cdot \zeta_s = b \cdot \frac{z^2}{2},$$

wenn b die mittlere Schwallbreite angibt $\left(= \frac{b_1 + b_2}{2}\right)$, und entsprechend

$$\Delta F = b \cdot z.$$

Diese Ansätze treffen genau zu für Profile mit senkrechten Wandungen im Bereich der Wellenhöhe und mit sehr guter und vollkommen ausreichender Genauigkeit für alle üblichen Trapez- und ähnlichen Profile. Mit diesen Ansätzen ergibt sich

$$F \cdot z + \Delta F \cdot \zeta_s = F \cdot z + b \cdot \frac{z^2}{2} = \frac{F}{g}(v + \omega)[v - v_1] \tag{1}$$

und

$$F \cdot v = (F + b \cdot z)\, v_1 + b \cdot z \cdot \omega. \tag{2}$$

Daraus folgt:

$$\omega = \frac{F \cdot (v - v_1)}{b \cdot z} - v_1 .$$

Setzt man diesen Ausdruck für ω in die Gl. (1) ein, so erhält man

$$F \cdot z + \frac{b z^2}{2} = \frac{F}{g}\left(v + \frac{F(v - v_1)}{b \cdot z} - v_1\right)(v - v_1)$$

oder

$$F \cdot z + \frac{b z^2}{2} = F \cdot \left[\frac{(v - v_1)^2}{g} \cdot \left(1 + \frac{F}{b z}\right)\right].$$

Vielfach ist es, um einer Gleichung 3. Grades für z aus dem Wege zu gehen, üblich, den Summanden $\frac{b z^2}{2}$ als genügend klein gegenüber $F \cdot z$ zu setzen. Macht man dies, so ergibt sich

$$z = \frac{(v - v_1)^2}{g}\left(1 + \frac{F}{b z}\right)$$

oder

$$z^2 - \frac{(v - v_1)^2}{g} z = \frac{(v - v_1)^2}{g} \cdot \frac{F}{b},$$

woraus

$$z = \frac{(v - v_1)^2}{2g} \overset{+}{(-)} \sqrt{\left[\frac{(v - v_1)^2}{2g}\right]^2 + 2 \frac{(v - v_1)^2}{2g} \cdot \frac{F}{b}}\,. \tag{3}$$

Für *positives* z (Stauschwall!) gilt hier natürlich lediglich das $+$-Zeichen. Bei *plötzlichem vollkommenem Abschluß* des Abflusses ($Q_1 = 0$), wie in unserem Aufgabenbeispiel vorausgesetzt, wird $v_1 = 0$, so daß die Höhe des Schwalles wird

$$z = \frac{v^2}{2g} + \sqrt{\left(\frac{v^2}{2g}\right)^2 + 2 \cdot \left(\frac{v^2}{2g}\right) \cdot \frac{F}{b}}\,. \tag{3a}$$

Bei Trapezprofil ist dabei, wie schon oben erwähnt, für b die mittlere Schwallbreite einzusetzen.

Hat das Gerinne *rechteckigen* Querschnitt, so geht für plötzlichen vollkommenen Abschluß Gl. (3a) wegen $F = b \cdot t$ über in

$$z = \frac{v^2}{2g} + \sqrt{\left(\frac{v^2}{2g}\right)^2 + 2 \cdot \left(\frac{v^2}{2g}\right) \cdot t} \tag{3b}$$

oder mit der Schreibweise FEIFELS[1]

$$z = v \cdot \frac{v + \sqrt{v^2 + 4 g t}}{4 g}\,.$$

Die Fortpflanzungsschnelligkeit ω ergibt sich mit diesem Wert z nunmehr am einfachsten aus (2) zu

$$\omega = \frac{F}{b z}(v - v_1) - v_1 \tag{2a}$$

bzw. für $v_1 = 0$ und $F = b \cdot t$ (Rechteckprofil) zu

$$\omega = \frac{t}{z} \cdot v. \tag{2b}$$

[1] FEIFEL: Über die veränderliche nicht stationäre Strömung in offenen Gerinnen, insbesondere über Schwingungen in Turbinentriebkanälen. Forsch. Ing.-Wes. Heft 205. Berlin: VDI-Verlag 1918.

Zu einer anderen Gleichungsform für die Schwallschnelligkeit ω kommt man, wenn man für die Gl. (2) schreibt

$$F(v - v_1) = (\omega + v_1) \cdot b \cdot z$$

und dies in Gl. (1) einsetzt. Nach Kürzung mit z erhält man

$$g\left(F + \frac{bz}{2}\right) = (v + \omega)(\omega + v_1) \cdot b$$

oder

$$\omega^2 + \omega(v + v_1)\, v + v_1 = g\left(\frac{F}{b} + \frac{z}{2}\right),$$

woraus für ω folgt:

$$\omega = -\frac{v - v_1}{2} + \sqrt{g\left(\frac{F}{b} + \frac{z}{2}\right) + \left(\frac{v - v_1}{2}\right)^2}, \tag{4}$$

wobei

$$v_1 = \frac{Q_1}{F + b \cdot z} = \frac{Q - Q_2}{F + b \cdot z}.$$

Für *plötzlichen vollkommenen* Abschluß wird wieder $Q_1 = 0$, also auch $v_1 = 0$ und daher

$$\omega = -\frac{v}{2} + \sqrt{g\left(\frac{F}{b} + \frac{z}{2}\right) + \left(\frac{v}{2}\right)^2}. \tag{4a}$$

Für *Rechteck*gerinne ist $\frac{F}{b} = t$ zu setzen, und es wird bei $v_1 = 0$

$$\omega = -\frac{v}{2} + \sqrt{g\left(t + \frac{z}{2}\right) + \left(\frac{v}{2}\right)^2}. \tag{4b}$$

Die Benützung dieser Gln. (4) setzt voraus, daß z bereits bekannt ist, andernfalls muß es schätzungsweise angenommen werden. Man kann nun nicht erwarten, daß der aus einer der Gln. (4) ermittelte ω-Wert übereinstimmt mit dem aus (2a) bzw. (2b) berechneten ω-Wert, wenn der Wert für z aus einer der Gln. (3) hergeleitet wurde, weil diese ja entstanden sind durch Vernachlässigung des Summanden $\frac{bz^2}{2}$, eine Vernachlässigung, die übrigens bei Ableitung der Formeln (4) *nicht* vorgenommen wurde.

Für das Rechteckgerinne unseres Zahlenbeispiels erhält man mit $v = \frac{Q}{F} = \frac{Q}{b \cdot t} = \frac{7{,}32}{2{,}0 \cdot 1{,}4} = 2{,}61$ m/sek bei vollkommenem plötzlichem Abschluß nach Gl. (3b) eine Schwallhöhe

$$z = \frac{2{,}61^2}{19{,}62} + \sqrt{\left(\frac{2{,}61^2}{19{,}62}\right)^2 + 2 \cdot \left(\frac{2{,}61^2}{19{,}62}\right) \cdot 1{,}40},$$

$$z = \mathbf{1{,}49}\ \mathrm{m}.$$

Mit diesem Wert z ergibt sich die Schwallschnelligkeit ω nach Gl. (2b) zu

$$\omega = \frac{1{,}40}{1{,}49} \cdot 2{,}61 = \mathbf{2{,}46}\ \mathrm{m/sek}$$

und nach Gl. (4b)

$$\omega = -\frac{2{,}61}{2} + \sqrt{9{,}81\left(1{,}40 + \frac{1{,}49}{2}\right) + \left(\frac{2{,}61}{2}\right)^2} = 3{,}42\,\mathrm{m/sek}.$$

Diese beiden Gln. (2b) und (4b) geben nur für die Schwallhöhe $z = 1{,}12$ m übereinstimmende Werte für ω, nämlich $\omega = 3{,}27$ m/sek. Durch die Vernachlässigung des Summanden $\frac{bz^2}{2}$ errechnet sich also der Schwall in unserem Fall um $1{,}40 - 1{,}12 = 0{,}28$ m zu groß. Bei großen Zuflußgeschwindigkeiten v_1 und kleinen F-Werten ist es deshalb empfehlenswert, auf diese Vernachlässigung zu verzichten. Man erhält dann in der Ableitung für z:

$$Fz + \frac{bz^2}{2} = \frac{F}{g}(v - v_1)^2 + \frac{F^2(v - v_1)^2}{g \cdot b \cdot z}$$

oder

$$F \cdot z^2 + \frac{bz^3}{2} = \frac{Fz}{g}(v - v_1)^2 + \frac{F^2(v - v_1)^2}{gb}.$$

Daraus

$$z^3 + \frac{2F}{b} \cdot z^2 - \frac{2F}{gb}(v - v_1)^2 z - \frac{2F^2(v - v_1)^2}{gb^2} = 0. \tag{5}$$

Dabei steckt der Wert z auch noch in $v_1 \left(= \frac{Q - Q_2}{F + bz}\right)$. Lösung der Gleichung graphisch-rechnerisch oder durch Probieren.

Für *plötzlichen vollkommenen* Abschluß ($v_1 = 0$) ergibt sich als Gleichung für die Schwallhöhe z:

$$z^3 + \frac{2F}{b} z^2 - \frac{2F}{gb} \cdot v^2 \cdot z - \frac{2F^2 v^2}{g \cdot b^2} = 0. \tag{5a}$$

Bei $v_1 = 0$ und *Rechteck*gerinne ($F = b \cdot t$) erhält man

$$z^3 + 2tz^2 - \frac{2tv^2}{g} z - \frac{2t^2 v^2}{g} = 0. \tag{5b}$$

Für die Zahlenwerte unseres Beispiels ($t = 1{,}40$ m, $v = 2{,}61$ m/sek) ergibt sich:

$$z^3 + 2 \cdot 1{,}40\,z^2 - \frac{2 \cdot 1.40 \cdot 2{,}61^2}{9{,}81} \cdot z - \frac{2 \cdot 1{,}40^2 \cdot 2{,}61^2}{9{,}81} = 0$$

oder

$$z^3 + 2{,}80\,z^2 - 1{,}95\,z - 2{,}73 = 0.$$

Der brauchbare positive Wurzelwert dieser Gleichung 3. Grades ist durch einige Versuchsrechnungen leicht zu finden, wobei die Benützung der „regula falsi" sehr praktisch ist. Nehmen wir z. B. $z_1 = 1{,}20$ m an, so wird $f(z_1)$ nicht 0, sondern $f(z_1) = +0{,}69$, für den Versuch mit $z_2 = 1{,}10$ m erhalten wir $f(z_2) = -0{,}16$. Nun ist nach der regula falsi

$$z = z_1 + \frac{(z_2 - z_1) \cdot f(z_1)}{f(z_1) - f(z_2)} = 1{,}20 + \frac{(1{,}10 - 1{,}20) \cdot 0.69}{0{,}69 + 0{,}16} = 1{,}20 - 0{,}08 = \mathbf{1{,}12\,m}.$$

Dieser Wert befriedigt bereits die obige Gleichung 3. Grades für unser Genauigkeitsbedürfnis ausreichend. Wäre das nicht der Fall, würde man noch zwei Annahmen z_3 und z_4 machen, die etwas größer bzw. etwas kleiner als $z = 1{,}12$ m wären, und würde die regula falsi nochmals anwenden.

Es ergibt sich die Schwallhöhe also zu $z = 1{,}12$ m, und wir haben ja weiter oben bereits gesehen, daß dieser Wert in jedem Falle zu der übereinstimmenden Größe $\omega = 3{,}27$ m/sek der Schwallschnelligkeit führt.

Auf die gleiche Weise, wie die Gleichung für z, läßt sich auch eine analoge Gleichung für ω herleiten, in der die Schwallhöhe z nicht mehr vorkommt. Setzt man nämlich für Gl. (2)

$$z = \frac{F(v - v_1)}{b(\omega + v_1)}$$

und führt diesen Ausdruck für z in Gl. (1) ein, so ergibt sich

$$\frac{F^2(v - v_1)}{b(\omega + v_1)} + \frac{b \cdot F^2(v - v_1)^2}{2 \cdot b^2(\omega - v_1)^2} = \frac{F}{g}(v + \omega)(v - v_1)$$

und durch Umformung schließlich

$$\omega^3 + \omega^2(v + 3v_1) + \omega\left(2vv_1 - \frac{gF}{b}\right) = \frac{gF}{2b} \cdot (v + v_1) - vv_1^2. \qquad (6)$$

In dieser Gleichung steckt z noch im v_1, da $v_1 = \frac{Q - Q_2}{F + b \cdot z}$. Zur Berechnung von ω müßte deshalb hier z, falls es noch nicht bekannt ist, zunächst mit einem geschätzten Wert eingesetzt werden. Für den *praktisch wichtigen Fall des vollkommenen plötzlichen Abschlusses* ($Q_1 = Q - Q_2 = 0$) wird $v_1 = 0$, womit der Einfluß von z auf ω in Gl. (6) verschwindet und diese Gleichung übergeht in

$$\omega^3 + v\omega^2 - \frac{gF}{b}\omega - \frac{gF}{2b}v = 0, \qquad (6a)$$

und für *Rechteck*querschnitt ($F = b \cdot t$) vereinfacht sich die Gleichung zu

$$\omega^3 + v \cdot \omega^2 - gt \cdot \omega - \frac{gt}{2}v = 0. \qquad (6b)$$

Daraus läßt sich wieder rasch durch Versuchsrechnung unter Benützung der regula falsi oder graphisch-rechnerisch der brauchbare Wurzelwert ermitteln.

Für unser Zahlenbeispiel gilt wieder

$$v = 2{,}61 \text{ m/sek}, \qquad t = 1{,}40 \text{ m},$$

also

$$\omega^3 + 2{,}61 \cdot \omega^2 - 9{,}81 \cdot 1{,}40 \cdot \omega - \frac{9{,}81 \cdot 1{,}40}{2} \cdot 2{,}61 = 0$$

oder
$$\omega^3 + 2{,}61 \cdot \omega^2 - 13{,}73\,\omega - 17{,}94 = 0.$$

Auch diese Gleichung ist mit dem Wurzelwert $\omega = 3{,}27$ m/sek befriedigt. Aus $z = \frac{F(v - v_1)}{b(\omega + v_1)}$ folgt für $v_1 = 0$ und $F = b \cdot t$ die Schwallhöhe z wieder zu $z = t\frac{v}{\omega} = 1{,}40\frac{2{,}61}{3{,}27} = 1{,}12$ m.

2. Betrachtungen zum Rechenergebnis.

Bei der Fragestellung der Aufgabe und den gegebenen Gerinne- und Abflußverhältnissen berechnet man den Wert z zweckmäßig aus Gl. (3b) und den Wert ω — sofern seine Größe gebraucht wird — aus Gl. (2b). In unserem Fall ergaben sich für die Schwallhöhe z und die Schwallschnelligkeit ω die Werte: $z = 1{,}12$ m und $\omega = 3{,}27$ m/sek. Die obere Begrenzung des Schwallkopfes liegt also rechnungsmäßig 1,12 m *über* dem Beharrungsspiegel für die Förderleistung $Q = 7{,}32$ m³/sek, wogegen die Krone der talseitigen Begrenzungsmauer des Hangkanals nach der vorläufigen Annahme nur 0,80 m über diesem Wasserspiegel liegt. Der Schwall geht also um $1{,}12 - 0{,}80 = 0{,}32$ m über diese Mauerkrone hinaus und überflutet sie.

Es fragt sich nun, wie hoch die Mauer ausgeführt werden muß, damit keine Überflutung eintritt. Ist am unteren Gerinneende keine Entlastung vorhanden, welche die auf dem normalen Abflußweg gehemmte Wassermenge Q wegzuführen in der Lage ist, so tritt schließlich eine *waagrechte* Ausspiegelung im Gerinne ein. Nimmt man ungünstigst an, daß diese Ausspiegelung erreicht sei, bevor die Schwallwelle reflektiert von oben zurückkommt, sieht man außerdem davon ab, daß sich die Höhe z des Schwalles bei seiner Bewegung gerinneaufwärts allmählich erniedrigt, so ergibt sich ein *oberer* Grenzwert für den höchsten Spiegelstand mit $z + J \cdot l$. Mit den Zahlen unseres Beispiels ergäbe dies eine Überhöhung der talweitigen Mauer am *unteren* Ende des Gerinnes von

$$z + J \cdot l = 1{,}12 + 0{,}003 \cdot 500 = 1{,}12 + 1{,}5 = \mathbf{2{,}62}\text{ m},$$

am *oberen* Ende des Kanals von

$$z + J \cdot l = 1{,}12 + 0{,}003 \cdot 0 = \mathbf{1{,}12}\text{ m}.$$

Diese Werte sind natürlich zu groß und reichlich sicher; dies gilt besonders für den *unteren* Gerinneteil.

Der *kleinste* Wert der Spiegelhebung am unteren Kanalende bei Fehlen einer Entlastungsanlage ist denkbar mit $J \cdot l$, wenn die Schwallhöhe sehr klein wird ($z \sim 0$). Für die Zahlenverhältnisse unserer Aufgabe entspräche dies

$$J \cdot l = 0{,}003 \cdot 500 = \mathbf{1{,}5}\text{ m}.$$

Der wirklich auftretende Wert liegt zwischen diesen beiden gedachten Grenzwerten $z + J \cdot l$ und $J \cdot l$.

Befindet sich am unteren Ende eine Entlastungsanlage, so richtet sich die größte *mögliche* Auffüllhöhe jedoch nach den hydraulischen Verhältnissen dieser Einrichtung. Bei Vorhandensein eines freien Überfalls und vollkommenem Abschluß z. B. ergibt sie sich aus der größten dem Kanal zufließenden Wassermenge einerseits und der dieser Wassermenge zugeordneten Überfallhöhe h am Überfall andererseits. Nach Abklingen der Schwallbewegung stellt sich hier im Kanal als Beharrungsspiegel ein Stauspiegel ein mit der Stauhöhe gleich der Überfallhöhe h. Ungünstigst überlagert sich die Schwallwelle mit der vollen Höhe z über diesen Stauspiegel, wobei mit der *vollen* Höhe z besonders in jenem Gerinneteil gerechnet werden muß, der dem Überfall nahe liegt. Damit ergibt sich ein oberer Grenzwert mit $z + h$.

Aufgabe 33.

Füllschwall und Entnahmesunk in einem Schiffahrtskanal und deren Einfluß auf die Größe des Schiffswiderstandes.

In der Abb. 178 sind in einem überhöhten Längsprofil zwei Schleppzugkammerschleusen und die dazwischenliegende Haltung eines zweischiffigen Schiffahrtskanals, in Abb. 177 ist das Querprofil dieser Haltung gegeben. Welche Erscheinungen treten in der Haltung auf, wenn

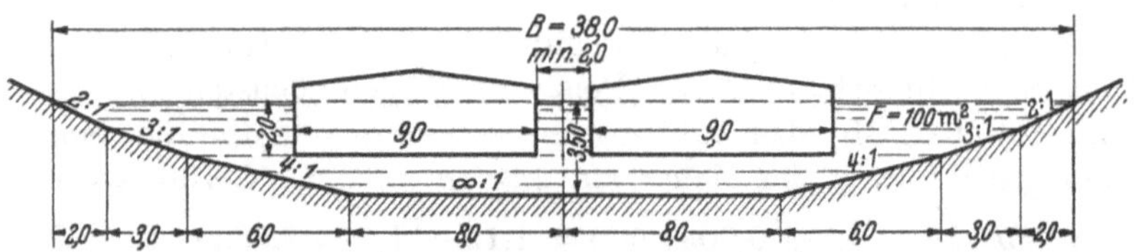

Abb. 177. Querschnitt eines Schiffahrtskanals.

in diese bei der Entleerung der oberen Schleusenkammer 48 m³/sek einströmen und wenn bei der Füllung der Kammer der unteren Schleuse die gleich große Wassermenge aus der Haltung abfließen würde. Welchen Einfluß können diese Erscheinungen auf den Schiffswiderstand eines Lastkahns (Selbstfahrer) von $l = 80$ m Länge, $b = 9{,}0$ m Breite und $h = 2{,}0$ m größtem Tiefgang ausüben, wenn derselbe eine Reisegeschwindigkeit von 5 km je Stunde haben soll[1]?

[1] Vgl. auch DANTSCHER: Wanderwellen in Schiffahrtskanälen. Z. Wasserkr. Wasserwirtsch. Jg. 35 (1940) Heft 7, S. 145ff.

Lösung.

Eine Schiffsschleuse dient bekanntlich dazu, den Schiffen die Überwindung zweier verschieden hoch liegender Wasserspiegel zu ermöglichen[1]. Dabei ist das Charakteristische für die üblichen *Kammerschleusen*, daß sie den Schiffen den Durchgang gewähren, *ohne* daß *gleichzeitig* ein Durchfluß des Wassers stattfindet. Dies wird erreicht durch Anordnung eines Wasserbeckens (einer Kammer), dessen Spiegel einmal auf das gleiche Niveau des Spiegels der oben anschließenden Haltung (bzw. der Stauanlage bei Flußkanalisierung) gebracht werden kann, so daß zwischen Kammer und oberer Haltung freie schiffbare Verbindung bei Abschluß der Kammer gegen das Unterwasser herstellbar ist. Andererseits muß der Spiegel der Kammer aber auch absenkbar sein bis auf die Höhe der Wasserfläche in der unteren Haltung, so daß Kammer und Unterwasser frei verbunden werden können bei gleichzeitigem Abschluß der Kammer gegen das Oberwasser.

Soll nun ein Schiff *tal*wärts fahren, d. h. vom Oberwasser in das Unterwasser gebracht (*durchgeschleust*) werden, dann muß zunächst — bei geschlossenem Ober- *und* Untertor — der Kammerspiegel durch Einleiten von Wasser in die Kammer auf die Höhe des Spiegels in der oberen Haltung, in der sich das Schiff befindet, gebracht werden. Dabei erfolgt die Füllung der Kammer gewöhnlich von der oberen Haltung her, indem die zu diesem Zweck im Obertor oder in den Umläufen des Oberhauptes angebrachten Verschlußorgane geöffnet werden. Ist die Ausspiegelung erfolgt, dann wird — bei immer noch geschlossenem Untertor — das Obertor geöffnet, so daß das

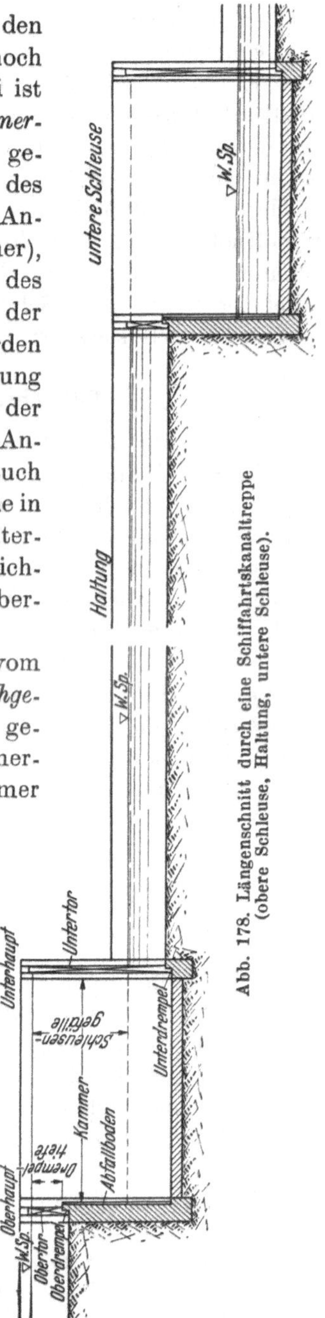

Abb. 178. Längenschnitt durch eine Schiffahrtskanaltreppe (obere Schleuse, Haltung, untere Schleuse).

[1] Literatur u. a.: Engels: Handb. d. Wasserbaues, Bd. 2. Leipzig: Engelmann 1923. — Franzius: Der Verkehrswasserbau. Berlin: Springer 1927. — Tolkmitt-Bubenday: Grundlagen der Wasserbaukunst. Berlin: Ernst & Sohn 1907. — Hentze: Wasserbau. Leipzig u. Berlin: Teubner 1937.

zu Tal fahrende Schiff in die Kammer einfahren kann. Nunmehr wird auch das Obertor wieder geschlossen und dann der Kammerspiegel durch Ablassen von Kammerwasser so lange gesenkt, bis sich die Wasserflächen in der Kammer und in der unteren Haltung ausgespiegelt haben. Das abfließende Wasser wird meist in die untere Haltung geleitet, und zwar durch Öffnen der zu diesem Zweck im Tor oder in den Umleitungen des Unterhauptes angebrachten Verschlußvorrichtungen. Ist die Ausspiegelung erreicht, so wird — bei geschlossenem Obertor — das Untertor geöffnet, so daß das Schiff aus der Kammer in die untere Haltung ausfahren kann. Damit ist die Durchschleusung erledigt.

Bei der Fahrt eines Schiffes von der unteren zur oberen Haltung (Bergfahrt) spielt sich der umgekehrte Vorgang ab.

Füllschwall (Hebungswelle).

In der vorliegenden Aufgabe ist nun bei der *oberen* Schleuse jene Phase des Schleusungsprozesses herausgegriffen, in welcher der Kammerspiegel abgesenkt wird. Die dafür angesetzte sekundliche Wassermenge von 48 m³/sek setzt — neben einer großen Kammer (Schleppzugschleuse!) — ein entsprechend großes Schleusengefälle voraus[1].

Wenn diese erhebliche Wassermenge aus der Schleusenkammer in die Haltung mit ihrem stillstehenden Wasser strömt, entsteht darin eine *Hebungs*welle, welche sich in Richtung der unteren Schleuse weiterbewegt. Für diese Wellenerscheinung hat sich die Bezeichnung „*Füllschwall*" eingeführt (LUDIN bezeichnet diese Erscheinung bei Wasserkraftwerkkanälen mit „Kanaleinlaßöffnungsschwall"[2]). Dieser *Füll*schwall unterscheidet sich von dem „*Stau*schwall", der in Aufgabe 32 genauer behandelt wurde.

Unter der Voraussetzung von ruhendem Wasser im Kanal für den Ausgangszustand ergibt sich die Raumgleichung (vgl. Abb. 179a)

$$v_f \cdot (F + \Delta F) = \omega \cdot \Delta F .$$

Zur Feststellung des Impulsüberschusses wird die unstationäre Bewegung des Schwalles stationär gemacht, indem das Koordinatensystem mit dem Schwall fest verbunden angesehen wird (vgl. auch S. 371 der Aufgabe 32). Da die durch den Schwall verursachte Wasserströmung von der Geschwindigkeit v_f in der gleichen Richtung vor sich geht, wie die Schwallbewegung, beträgt der Impuls*überschuß*

$$P = \frac{\Delta Q}{g} \cdot (\omega - v_f - \omega) = \frac{F \cdot \omega}{g} (\omega - v_f - \omega) = - \frac{F \cdot \omega \cdot v_f}{g} .$$

[1] Vgl. hierzu auch Aufgabe 34, S. 390.

[2] LUDIN: Wasserkraftanlagen. 1. Hälfte. Handbibl. f. Bauing. von OTZEN: Teil III, Bd. 8, S. 185. Berlin: Springer 1934.

Der *Impulssatz* liefert daher den Ansatz (vgl. Aufgabe 32)

$$-(F \cdot z + \Delta F \cdot \zeta_s) = -\frac{F \cdot \omega \cdot v_f}{g}.$$

Mit

$$v_f = \frac{\omega \cdot \Delta F}{F + \Delta F} \tag{1}$$

ergibt sich

$$F \cdot z + \Delta F \cdot \zeta_s = \frac{F \cdot \omega \cdot \omega \cdot \Delta F}{g\,(F + \Delta F)} = \frac{F \cdot \omega^2 \cdot \Delta F}{g\,(F + \Delta F)}.$$

Für $\Delta F \sim B \cdot z$ und $\Delta F \cdot \zeta_s \sim \frac{B \cdot z^2}{2}$, wobei B = mittlere Breite des Schwallkopfes, erhält man

$$F \cdot z + \frac{B \cdot z^2}{2} = \frac{F \cdot \omega^2 \cdot B \cdot z}{g\,(F + B \cdot z)}$$

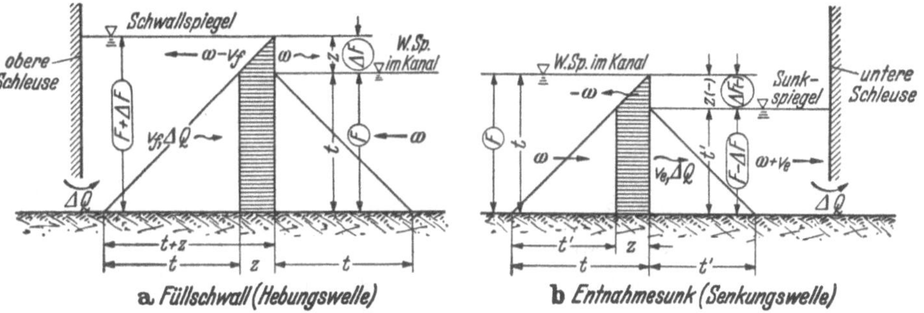

Abb. 179. Füllschwall und Entnahmesunk.

oder

$$F \cdot z \cdot g \cdot (F + B \cdot z) + \frac{B \cdot z^2}{2} \cdot g(F + B \cdot z) = F\omega^2 \cdot B \cdot z$$

und nach Division mit z und $F \cdot B$ erhält man für ω schließlich

$$\omega = \overset{+}{(-)} \sqrt{g\left(\frac{F}{B} + \frac{3}{2}z + \frac{B \cdot z^2}{2 \cdot F}\right)}. \tag{2}$$

Wegen des Vorzeichens ist zu beachten, daß beim *Füll*schwall die „Füllung" von „oben" her erfolgt, d. h. in der Fließrichtung des Kanalwassers, wenn eine Fließbewegung des Kanalwassers im Ausgangszustand vorhanden wäre. ω ist daher mit dem +-Zeichen anzusetzen.

Die Gl. (2) für ω stimmt genau für Profile mit senkrechten Wandungen im Bereich des Schwallkopfes und ist ausreichend genau für trapezähnliche Querschnitte des Schwallkopfes.

Besitzt das Wasser *vor* der Ankunft des Schwalles bereits die Fließgeschwindigkeit v, dann ergibt sich für die absolute Schnelligkeit des Schwalles

$$\omega = v + \sqrt{g\left(\frac{F}{B} + \frac{3}{2}z + \frac{B \cdot z^2}{2 \cdot F}\right)}. \tag{3}$$

Für kleine Wellenhöhen kann das 3. Klammerglied als klein höherer Ordnung vernachlässigt werden, so daß man erhält

$$\omega = +\sqrt{g\left(\frac{F}{B} + \frac{3}{2}z\right)} \tag{2a}$$

bzw.

$$\omega = v + \sqrt{g\left(\frac{F}{B} + \frac{3}{2}z\right)}. \tag{3a}$$

In manchen Fällen läßt sich auch noch das 2. Glied in der Klammer vernachlässigen, so daß man setzen kann

$$\omega = +\sqrt{g \cdot \frac{F}{B}} \tag{2b}$$

bzw.

$$\omega = v + \sqrt{g \cdot \frac{F}{B}}. \tag{3b}$$

Da für rechteckige Profile $\frac{F}{B} = t$, ergibt sich dann

$$\omega = +\sqrt{g \cdot t}.$$

Entnahmesunk (Senkungswelle).

Wenn eine Schleusenkammer gefüllt wird, um den Kammerspiegel niveaugleich mit dem Oberwasser (Spiegel in der oberhalb anschließenden Haltung) zu machen, so wird — wie bereits erwähnt — das Füllwasser der oberen Haltung entnommen, wodurch dort eine *Senkungswelle* entsteht, eine Erscheinung, die man meist mit *Entnahmesunk* bezeichnet. (LUDIN hat für diese Erscheinung bei Wasserkraftwerkkanälen die Bezeichnung „Werköffnungssunk" hinsichtlich des Oberkanals gewählt[1].)

Setzt man auch hier, wie bei der Schwallwelle, voraus, daß der Sunkkopf mit lotrechter Wand weiterwandert, dann ergibt sich *grundsätzlich kein* Unterschied zwischen Füllschwall und Entnahmesunk. Lediglich die Werte z und ΔF erhalten beim Sunk das Minuszeichen. Da die Fortschrittsrichtung des Absperrsunks entgegengesetzt jener beim Füllschwall ist, ist auch ω jetzt mit dem negativen Wurzelwert anzusetzen.

Somit lauten die Formeln für den Absperrsunk

$$\omega = -\sqrt{g\left(\frac{F}{B} - \frac{3}{2}z + \frac{Bz^2}{2F}\right)} \tag{5}$$

bzw.

$$\omega = v - \sqrt{g\left(\frac{F}{B} - \frac{3}{2}z + \frac{Bz^2}{2F}\right)} \tag{6}$$

---

[1] Vgl. LUDIN: Wasserkraftanlagen, 1, Hälfte. S. 185. Zitiert S. 380.

und bei Vernachlässigung des 3. Klammergliedes

$$\omega = -\sqrt{g\left(\frac{F}{B} - \frac{3}{2}z\right)} \tag{5a}$$

bzw.

$$\omega = v - \sqrt{g\left(\frac{F}{B} - \frac{3}{2}z\right)}. \tag{6a}$$

Für z gilt wieder die Gl. (4) $z = \frac{\Delta Q}{\omega \cdot B}$ und in erster Annäherung für ω die Gl. (2b), allerdings mit dem negativen Vorzeichen

$$\omega = -\sqrt{g \cdot \frac{F}{B}}.$$

Diese Form des Ansatzes für ω stimmt überein mit der Grenzgeschwindigkeit zwischen „Schießen" und „Strömen", wie sie in Aufgabe 22 S. 219 für ein Rechteckgerinne ermittelt wurde.

Die Höhe des Schwalles z berechnet sich aus

$$\Delta Q = \omega \cdot \Delta F = \sim \omega \cdot B \cdot z$$

zu

$$z = \frac{\Delta Q}{\omega \cdot B}. \tag{4}$$

ΔQ ist dabei die Füllwassermenge, welche den Schwall verursacht.

In erster Annäherung kann für Gl. (4) die Schnelligkeit ω des Schwallkopfes ermittelt werden aus Gl. (2b) $\left(\omega = \sqrt{g \cdot \frac{F}{B}}\right)$, indem die mittlere Schwallbreite B zunächst ebenfalls schätzungsweise angenommen wird.

Zahlenbeispiel der Aufgabe.

In unserem Fall ist bei *Füllschwall*:
zufließende Wassermenge $\Delta Q = 48\ \text{m}^3/\text{sek}$; Wasserquerschnitt der Haltung (des Kanals) im *Beharrungs*zustand $F = 100\ \text{m}^2$; im Anfangszustand im Kanal stillstehendes Wasser, daher $v = 0\ \text{m/sek}$.

Die mittlere Breite des Schwallkopfes, den die Füllwassermenge $\Delta Q = 48\ \text{m}^3/\text{sek}$ erzeugt, wird zunächst mit $B = 38{,}5\ \text{m}$ geschätzt. Damit ergibt sich in 1. Annäherung die Schwallschnelligkeit ω nach Gl. (2b) zu

$$\omega \sim \sqrt{g \cdot \frac{F}{B}} = \sqrt{9{,}81 \cdot \frac{100}{39{,}5}} = +\,5{,}05\ \text{m/sek}$$

und die Schwallhöhe z mit Formel (4) zu

$$z \sim \frac{\Delta Q}{\omega \cdot B} = \frac{48{,}0}{5{,}05 \cdot 38{,}5} = 0{,}25\ \text{m},$$

was einem mittleren $B = 38{,}5$ m entspricht.

Da z verhältnismäßig klein ist, genügt es nun, mit Gl. (2a) weiterzurechnen. Man erhält

$$\omega = \sqrt{g\left(\frac{F}{B} + \frac{3}{2}z\right)} = \sqrt{9{,}81\left(\frac{100}{38{,}5} + \frac{3}{2}\cdot 0{,}25\right)} = +\,5{,}40\ \text{m/sek},$$

womit sich der verbesserte z-Wert berechnet zu

$$z = \frac{48{,}0}{5{,}40\cdot 38{;}5} = 0{,}23\ \text{m}.$$

Die hinter (ober) dem Schwallkopf vorhandene Strömungsgeschwindigkeit beträgt deshalb nach Gl. (1)

$$v_f = \frac{\Delta Q}{F + \Delta F} = \frac{48{,}0}{100 + 0{,}23\cdot 38{,}5} = 0{,}44\ \text{m/sek}.$$

Für *Entnahmesunk* gilt wiederum:
aus der Haltung abfließende Wassermenge $\Delta Q = 48\ \text{m}^3/\text{sek}$; Wasserquerschnitt der Haltung (Kanal) im Beharrungszustand $F = 100\ \text{m}^2$; im Anfangszustand stillstehendes Wasser im Kanal, d. h. $v = 0$ m/sek.

Wird die mittlere Breite des Sunkkopfes zu 37,5 m geschätzt, so ergibt sich für ω in 1. Annäherung nach Formel (2b)

$$\omega \sim -\sqrt{9{,}81\cdot\frac{100}{37{,}5}} = -\,5{,}12\ \text{m/sek}$$

und

$$z \sim \frac{48{,}0}{-\,5.12\cdot 37.5} = -\,0{,}25\ \text{m}.$$

Damit folgt aus (5a)

$$\omega = -\sqrt{9{,}81\left(\frac{100}{37.5} - \frac{3}{2}\cdot 0{,}25\right)} = -\,4{,}75\ \text{m/sek}$$

und für z:

$$z = \frac{48{,}0}{-\,4{,}75\cdot 37{,}5} = -\,0{,}27\ \text{m}.$$

Die vor (unter) dem Sunkkopf vorhandene Strömungsgeschwindigkeit v_e beträgt unter sinngemäßer Benützung der Gl. (1)

$$v_e = \frac{\Delta Q}{F - \Delta F} = \frac{48{,}0}{100 - 0{,}27\cdot 37{,}46} = \frac{48{,}0}{100 - 10{,}1} = 0{,}53\ \text{m/sek}.$$

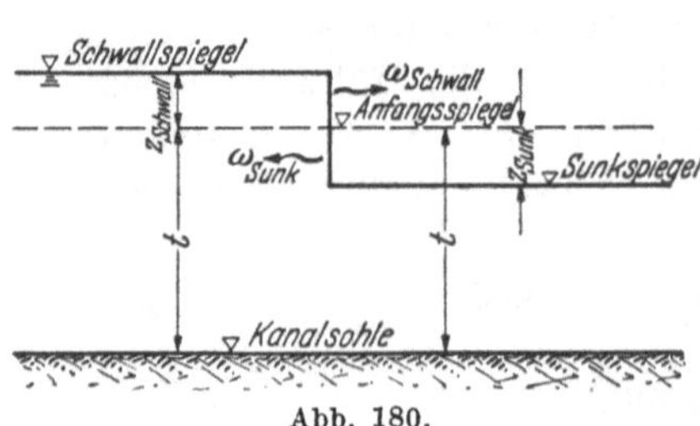

Abb. 180.
Zusammentreffen von Schwall und Sunk.

Nimmt man nun den Fall an, daß die Füllung der unteren Schleusenkammer zur gleichen Zeit erfolgt, in der die obere Schleusenkammer entleert wird, so wandert von oben nach unten eine Schwallwelle von $z_{\text{Schwall}} = 0{,}23$ m, wogegen sich von unten nach oben eine Sunkwelle von der Höhe $z_{\text{Sunk}} = -\,0{,}27$ m bewegt. Da, wo die beiden Wellen in der Haltung aufeinandertreffen, entsteht für einen Augenblick rechnungsmäßig eine Welle (Abb. 180) von der Höhe 0,23 + 0,27 = 0,50 m.

Es soll nun untersucht werden, welchen Einfluß diese Erscheinung auf den Schiffswiderstand eines in seinen Abmessungen gegebenen Lastkahns hat, der in der Haltung zwischen den beiden Schleusen unterwegs ist.

Schiffswiderstand für begrenztes Fahrwasser.

Die erforderliche Schleppkraft (Zugkraft) für die Fortbewegung eines Schiffes hängt von der gewünschten Reisegeschwindigkeit (Fahrtgeschwindigkeit) und von dem dabei zu überwindenden Widerstand ab. Die hier wirksamen Faktoren — Wasser, Schiffskörper, Bettwandung — und ihre gegenseitige Beeinflussung sind rein rechnungsmäßig nicht zu erfassen, sodaß man sich — wenn Modellschleppversuche nicht in Frage kommen — mit der Heranziehung von *Erfahrungs*formeln zur Ermittlung des Schiffswiderstandes begnügen muß.

Da man — nach den Ergebnissen der GEBERSschen Modellversuche — erst dann von „unbegrenztem" Fahrwasser sprechen kann, wenn dessen Breite mindestens die 15fache Schiffsbreite und dessen Tiefe mindestens das 20fache der Tauchtiefe des Schiffes beträgt, hat man es bei den *Binnenwasserstraßen praktisch stets mit begrenztem Fahrwasser* zu tun. Für dieses haben sich, besonders wenn *keine* eigene Strömung vorliegt, wie dies für Schiffahrtskanäle meist zutrifft, die nachfolgend benützten *Erfahrungsformeln* von GEBERS gut bewährt[1].

Wird ein Schiffskörper vorwärts bewegt, so schiebt derselbe eine Wassermenge vor sich her, deren Größe sich ergibt aus dem Produkt aus der größten eingetauchten Querschnittsfläche mal der Reisegeschwindigkeit. Damit entsteht hinter dem Schiff ein Hohlraum von derselben Größe. Das Gleichgewicht im Beharrungszustand wird nun dadurch gewährleistet, daß das am Bug des Schiffes gehobene (gestaute) Wasser stetig in das Tal hinter dem Schiff abfließt. Es entsteht also über die Spiegelsenkung beiderseits des Schiffes hin eine Rückströmung des Wassers, wodurch die Reibung zwischen Schiffswand und Wasser vermehrt wird. Die Geschwindigkeit, mit der sich das Schiff im Wasser bewegt, ist daher gleich der Summe aus der Reisegeschwindigkeit (= Fahrgeschwindigkeit gegen das feste Ufer) und der Geschwindigkeit des zurückströmenden Wassers. Die durch den eintauchenden Schiffskörper verursachte Verkleinerung des Fahrwasserquerschnittes vermehrt noch die Widerstände, die das rückströmende Wasser zu überwinden hat, was zu einer Vergrößerung der Druckhöhe vor dem Schiff Veranlassung

[1] Vgl. z. B. ENGELS: Handb. d. Wasserbaues, Bd. 2, 2. Aufl. Leipzig: Engelmann.

gibt. Die Umsetzung dieser Druckhöhe in Geschwindigkeit führt an den Seiten des Schiffes zu der bereits erwähnten Senkung des Spiegels entsprechend dem Unterschied zwischen der Druck- und der Geschwindigkeitshöhe unmittelbar vor dem Schiff und neben demselben.

Aus dem Vorstehenden ergibt sich, daß der Schiffswiderstand mit zunehmender Relativgeschwindigkeit v_r, und zwar etwa in der 2,25ten Potenz, außerdem mit der Verkleinerung des Verhältniswertes $n = \frac{\text{Wasserquerschnitt } F}{\text{eingestauter Schiffsquerschnitt } f}$ wächst. Ferner verursacht von zwei flächengleichen Wasserquerschnitten der breitere einen größeren Schiffswiderstand als der tiefere, woraus sich die Bedeutung der Form des Kanalquerschnittes auf den Schiffswiderstand ergibt. Schließlich ist der Schiffswiderstand abhängig von der Form des Schiffes und der Beschaffenheit seiner Wandung. Genaueres darüber kann z. B. im 2. Band des Handbuches für Wasserbau von ENGELS nachgelesen werden.

Es bezeichnen:

F = ungestörter Wasserquerschnitt des Kanals (der Haltung) in m²,
B = Wasserspiegelbreite bei ungestörtem Querschnitt in m,
f = eingetauchte Hauptspantfläche des Schiffes $= 0{,}98 \cdot b \cdot h$ in m²,
O = benetzte Oberfläche des Schiffes $= 0{,}85 \cdot l\,(b + 2\,h)$ in m²,
O_S = benetzte Oberfläche der Seiten des Schiffes $= O - O_B$ in m²,
O_B = benetzte Oberfläche des Bodens des Schiffes in m²,
$= 0{,}7 \cdot l \cdot b$ für scharfe Schiffe (Personendampfer, scharfgebaute Leichter, oft auch leere Kähne),
$= 0{,}8 \cdot l \cdot b$ für stumpfe Schiffe (beladene Kanalkähne),
k = Beiwert des Formwiderstandes, abhängig von der Zuschärfung des Schiffes,
= 1,7 für scharfe Schiffe,
= 3,5 für stumpfe Schiffe,
ζ = Beiwert der Reibung und Wirbelbildung, abhängig von der Rauhigkeit der Oberfläche und der Wassertiefe unter dem Schiffsboden = 0,14 für eiserne Schiffe mit gutem Anstrich $= \zeta_S$, für hölzerne Schiffe mit rauhem Boden kann der Wert bis auf das Zweifache und mehr anwachsen,
ζ_B = ist von der Wassertiefe unter dem Boden abhängig [Tabelle 39 (nach ENGELS)].

Tabelle 39 (nach ENGELS).

Wassertiefe unter dem Schiffsboden	ζ_B
1,0	0,140
0,75	0,185
0,50	0,258
0,25	0,350

Diese ζ_B-Werte gelten für guten eisernen Boden mit glattem Anstrich; sie wachsen mit zunehmender Rauhigkeit. Für hölzernen, sehr rauhen Boden ist bei der doppelten Wassertiefe unter dem Schiffsboden der doppelte Wert für ζ_B zu wählen:

v_r = relative Geschwindigkeit des Schiffes gegen das Wasser an den Seiten in m/sek,
v_1 = Reisegeschwindigkeit des Schiffes in m/sek,
v_2 = Rückströmgeschwindigkeit in m/sek.

Die relative Geschwindigkeit v_r des Schiffes gegen das Wasser ergibt sich — wie schon weiter oben gezeigt — als Summe aus der Reisegeschwindigkeit v_1 in m/sek und der Rückströmgeschwindigkeit des Wassers v_2 in m/sek, also

$$v_r = v_1 + v_2.$$

Nach GEBERS gilt nun für den *Widerstand* eines Schiffes in Kanalmitte

a) wenn die Wassertiefe unter Schiffsboden $> 1{,}0$ m:

$$W = (k \cdot f + \zeta \cdot O) \cdot v_r^{2,25} \text{ in kg},$$

und b) wenn die Wassertiefe unter Schiffsboden $< 1{,}0$ m:

$$W = (k \cdot f + \zeta_S \cdot O_S + \zeta_B \cdot O_B) \cdot v_r^{2,25} \text{ in kg}.$$

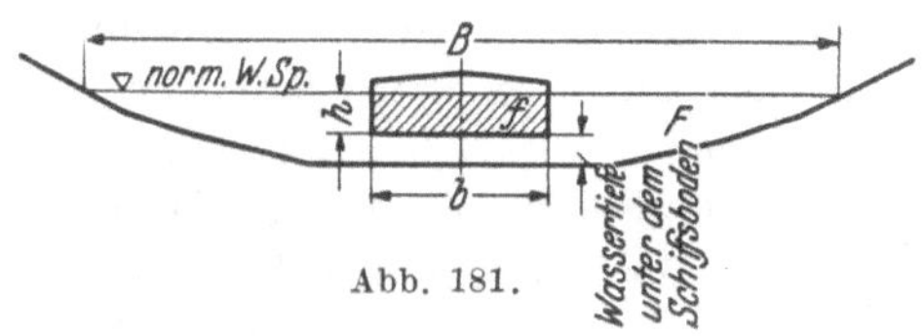

Abb. 181.

Da — wie weiter oben bereits ausgeführt — die Rückströmgeschwindigkeit v_2 auf den Umstand zurückzuführen ist, daß das Schiff bei seiner Fahrt mit der Reisegeschwindigkeit v_1 in jeder Sekunde eine Wassermenge $v \cdot f$ vor sich herschiebt, die dann neben und unter dem Schiffe wieder zurückfließt, kann man dafür einsetzen

$$v_2 = \frac{v_1 \cdot f}{F - f} = \frac{v_1}{\frac{F}{f} - 1}$$

oder, wenn man $\frac{F}{f} = n$ setzt,

$$v_2 = \frac{v_1}{n - 1},$$

damit

$$v_r = v_1 + \frac{v_1}{n - 1}.$$

Die Größe v_r kann noch genauer erfaßt werden, wenn die beiderseits des Schiffes auftretende Spiegelabsenkung s berücksichtigt wird. Nach den weiter oben gemachten Ausführungen ergibt sich diese zu

$$s = \frac{(v_1 + v_2)^2 - v_1^2}{2g}.$$

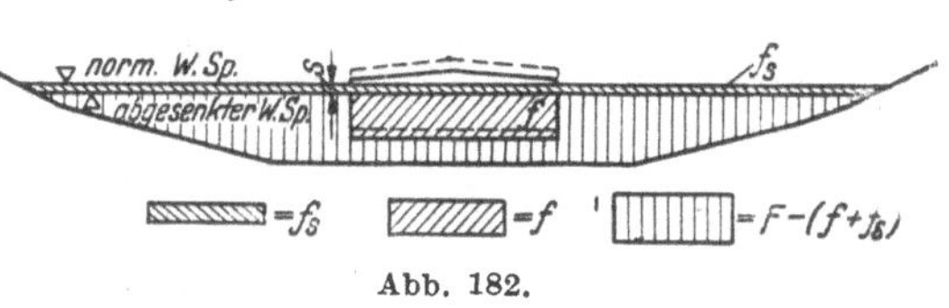

Abb. 182.

Da das Schiff dieser Spiegelabsenkung entsprechend tiefer taucht, wird der für die Rückströmung frei bleibende Wasserquerschnitt vermindert auf $F - (f + f_s)$, wobei $f_s = B \cdot s$. Damit wird die Rückströmgeschwindigkeit v_2 (vgl. Abb. 182):

$$v_2 = \frac{v_1 (f + f_s)}{F - (f + f_s)}.$$

Die Relativgeschwindigkeit des Schiffes folgt jetzt zu

$$v_r = v_1 + v_2 = v_1 + \frac{v_1 (f + f_s)}{F - (f + f_s)} \,.$$

In den meisten Fällen wird es aber genügen, v_r ohne Berücksichtigung der Senkung s zu ermitteln, schon mit Rücksicht auf die sonstigen näherungsweisen Annahmen, die man zu machen gezwungen ist und die dem Endergebnis den Charakter eines Näherungswertes geben.

Zahlenbeispiel der Aufgabe.

Da die Wassertiefe unter dem Boden eines in der Mitte des Kanals fahrenden Schiffes von den gegebenen Abmessungen an allen Stellen 1,5 m beträgt, also $>$ 1,0 m ist, wird die oben unter a) angegebene sog. kleine GEBERS-Formel für unser Zahlenbeispiel herangezogen. Dabei schreiben wir den Ausdruck $v_r^{2,25}$ in der Form $(v_r^{3/2})^{3/2}$, so daß sich die Rechnung sehr leicht mit dem Rechenschieber durchführen läßt. Damit lautet unsere Ausgangsformel für den Schiffswiderstand

$$W = (k \cdot f + \zeta \cdot O) \cdot (v_r^{3/2})^{3/2}.$$

Setzen wir für ein sehr gut gepflegtes eisernes Kanalschiff

$$k = 3{,}5; \quad f = 0{,}98 \cdot 9{,}0 \cdot 2{,}0 = 17{,}65 \text{ m}^2; \quad \zeta = 0{,}14;$$
$$O = 0{,}85 \cdot 80 \cdot (9{,}0 + 2 \cdot 2{,}0) = 883 \text{ m}^2,$$

so wird

$$W = (3{,}5 \cdot 17{,}65 + 0{,}14 \cdot 883) \cdot (v_r^{3/2})^{3/2} = 185{,}45 \cdot (v_r^{3/2})^{3/2}.$$

1. Annahme.

Das Schiff fährt in der Haltung mit stillstehendem Wasser und ungestörtem Spiegel *bergwärts*.

Dann ist

$$v_r = v_1 + v_2,$$

wobei

$$v_1 = 5 \text{ km/Std.} = \mathbf{1{,}39} \text{ m/sek},$$

$$v_2 = \frac{v_1}{n-1} = \frac{1{,}39}{\frac{100}{17{,}65} - 1} = \frac{1{,}39}{5{,}67 - 1} = \mathbf{0{,}30} \text{ m/sek},$$

also

$$v_r = 1{,}39 + 0{,}30 = \mathbf{1{,}69} \text{ m/sek}$$

und

$$W_1 = 185{,}45 \cdot (1{,}69^{3/2})^{3/2} = 185{,}45 \cdot 3{,}25 = \mathbf{603} \text{ kg}.$$

2. Annahme.

Das Schiff fährt *bergwärts* in die von oben kommende Schwallwelle hinein.

In diesem Falle hat die Zugkraft des Schiffes auch noch die von oben hinter dem Schwallkopf wirksame Strömung v_f zu überwinden, wobei sich diese im Bereiche des Schiffes wegen des verkleinerten Durchflußquerschnittes erhöht auf

$$v_f' = v_f \cdot \frac{F + \Delta F_{\text{Schwall}}}{(F + \Delta F_{\text{Schwall}}) - f} = 0{,}44 \cdot \frac{100 + 0{,}23 \cdot 38{,}5}{(100 + 0{,}23 \cdot 38{,}5) - 17{,}65}$$

$$= 0{,}44 \cdot \frac{108{,}85}{108{,}85 - 17{,}65} = \mathbf{0{,}52}\ \text{m/sek}.$$

Damit

$$v_r = v_1 + v_2 + v_f' = 1{,}39 + 0{,}30 + 0{,}52 = \mathbf{2{,}21}\ \text{m/sek}$$

und

$$W_2 = 185{,}45 \cdot (2{,}21^{3/2})^{3/2} = 185{,}45 \cdot 5{,}96 = \mathbf{1105}\ \text{kg}.$$

3. Annahme.

Das *bergwärts* fahrende Schiff wird von dem von unten kommenden Sunk eingeholt. Damit ist von der Zugkraft des Schiffes auch noch die von dem Sunk erzeugte Strömung zu überwinden.

$$v_e' = v_e \cdot \frac{F - \Delta F_{\text{Sunk}}}{(F - \Delta F_{\text{Sunk}}) - f} = 0{,}53 \cdot \frac{100 - 0{,}27 \cdot 37{,}46}{89{,}9 - 17{,}65} = 0{,}53 \cdot \frac{89{,}9}{89{,}9 - 17{,}65}$$

$$= \mathbf{0{,}66}\ \text{m/sek}.$$

Damit

$$v_r = v_1 + v_2 + v_e' = 1{,}39 + 0{,}30 + 0{,}66 = \mathbf{2{,}35}\ \text{m/sek}$$

und

$$W_3 = 185{,}45 \cdot (2{,}35^{3/2})^{3/2} = 185{,}45 \cdot 6{,}83 = \mathbf{1266}\ \text{kg}.$$

4. Annahme

Am Standort des bergwärts fahrenden Schiffes treffen Schwall und Sunk zusammen.

Dann würde:

$$v_r = v_1 + v_2 + v_f' + v_e' = 1{,}39 + 0{,}30 + 0{,}52 + 0{,}66 = \mathbf{2{,}87}\ \text{m/sek}$$

und

$$W_4 = 185{,}45 \cdot (2{,}87^{3/2})^{3/2} = 185{,}45 \cdot 10{,}72 = \mathbf{1990}\ \text{kg}.$$

5. Annahme.

Das Schiff fährt im ungestörten Kanalwasser *talwärts*. Dann wird $W_5 = W_1 = 185{,}45 \cdot 3{,}25 = \mathbf{603}$ kg.

6. Annahme.

Das Schiff fährt *talwärts* und wird von der von oben kommenden Schwallwelle eingeholt. Nunmehr ist

$$v_r = v_1 + v_2 - v_f' = 1{,}39 + 0{,}30 - 0{,}52 = \mathbf{1{,}17}\ \text{m/sek}$$

und

$$W_6 = 185{,}45 \cdot (1{,}17^{3/2})^{3/2} = 185{,}45 \cdot 1{,}42 = \mathbf{264}\ \text{kg}.$$

7. Annahme.

Das *talwärts* gehende Schiff wird von einer von unten kommenden Sunkwelle erreicht.

$$v_r = v_1 + v_2 - v_e' = 1{,}39 + 0{,}30 - 0{,}66 = \mathbf{1{,}03}\ \text{m/sek}$$

und

$$W_7 = 185{,}45 \cdot (1{,}03^{3/2})^{3/2} = 185{,}45 \cdot 1{,}07 = \mathbf{198}\ \text{kg}.$$

8. Annahme.

Das *talwärts* fahrende Schiff gerät in die Kreuzung von Schwall und Sunk.

$$v_r = v_1 + v_2 - v_f' - v_e' = 1{,}39 + 0{,}30 - 0{,}52 - 0{,}66 = \mathbf{0{,}51}\ \text{m/sek}$$

und

$$W_8 = 185{,}45 \cdot (0{,}51^{3/2})^{3/2} = 185{,}45 \cdot 0{,}22 = \mathbf{41}\ \text{kg}.$$

Die Rechenbeispiele zeigen, wie durch die Schwall- und Sunkwellen (Wanderwellen in der Haltung) die aufzuwendende Zugkraft der bergwärts fahrenden Schiffe zeitweise beträchtlich, und zwar stoßartig gesteigert wird, wogegen die Wellen bei den zu Tal gehenden Schiffen diese Zugkraft wesentlich herabmindern und dabei — wegen der geringeren Relativgeschwindigkeit — die Steuerfähigkeit der Schiffe verschlechtern[1].

Aufgabe 34.

Ausfluß aus Öffnungen bei konstanter und veränderlicher Druckhöhe. Füllungs- und Entleerungszeit bei Kammerschleusen.

Eine Schleppzugschleuse im Zuge eines Binnenschiffahrtskanals besitzt eine Kammer, deren Querschnitt in Abb. 189 gegeben ist. Die Nutzlänge der Schleuse, gemessen zwischen Abfallboden des Oberhaupts und Beginn der Torkammernische am Unterhaupt, beträgt $L = 220$ m; die übrigen Ausmaße sind den Abb. 189 und 190 zu entnehmen. Die Schleuse weist $h = 9{,}0$ m Gefälle (= Spiegelunterschied zwischen oberer und unterer Haltung) auf. Für die *Füllung* der Schleusenkammer ist im Oberhaupt auf jeder Seite ein Umlauf mit Zylinderverschluß, für die *Entleerung* im Unterhaupt ebenfalls auf jeder Seite ein Umlauf, aber mit Rollkeilverschluß vorgesehen. Die kleinsten Querschnittsausmaße ergeben sich aus den Abb. 189 und 190. Welche Zeiten ermitteln sich für die Füllung bzw. Entleerung der Schleusenkammer?

[1] Genaueres hierüber siehe in der Z. Wasserkr. Wasserwirtsch. Jg. 1940, Heft 7 und 10 (DANTSCHER: Wanderwellen in Schiffahrtskanälen).

Lösung.

Die Umläufe bilden jeweils die Verbindungskanäle zwischen zwei Behältern, deren Spiegel den Höhenunterschied h aufweist. Im Falle der *Füllung* der Kammer stellt die oben an das Oberhaupt anschließende Kanalstrecke (obere Haltung) den Behälter mit dem hochliegenden Spiegel dar, während die Schleusenkammer den Behälter mit dem tiefliegenden Spiegel bildet. Im Falle der *Entleerung* der Schleusenkammer ist diese selbst der Behälter mit dem hochliegenden Spiegel, wogegen jetzt die am Unterhaupt anschließende Kanalstrecke das Gefäß mit dem tiefliegenden Spiegel bildet. *Hydraulisch* handelt es sich also sowohl bei der Füllung als auch bei der Entleerung der Schleusenkammer um den *Ausfluß aus einem Gefäß* in ein zweites Gefäß, der aus betrieblichen Gründen *unter Wasser* erfolgt, mit dem Ziele, einen *Ausgleich der Spiegel* in den beiden Gefäßen — wie bei kommunizierenden Röhren — herzustellen. Damit geht aber der Ausfluß unter *veränderlicher Druckhöhe* vor sich, wodurch der Strömungsvorgang *unstationär* (mit der Zeit veränderlich) wird.

Zur rechnerischen Erfassung dieses Strömungsvorganges soll zunächst der einfache Fall des Ausflusses aus einer Öffnung ins Freie untersucht werden.

1. Ausfluß aus einer Öffnung ins Freie.

In Abb. 183 ist ein Behälter dargestellt, in den in jedem Augenblick so viel einfließt, als rechts unten ausströmt, so daß die Lage des Spiegels im Behälter von der Fläche F_0 unverändert bleibt. Die Fließgeschwindigkeit im Behälter betrage v_0, die mittlere Ausflußgeschwindigkeit aus der Öffnung vom Querschnitt f sei v, der Luftdruck über dem Behälterwasserspiegel p_0 und an der Ausströmstelle p.

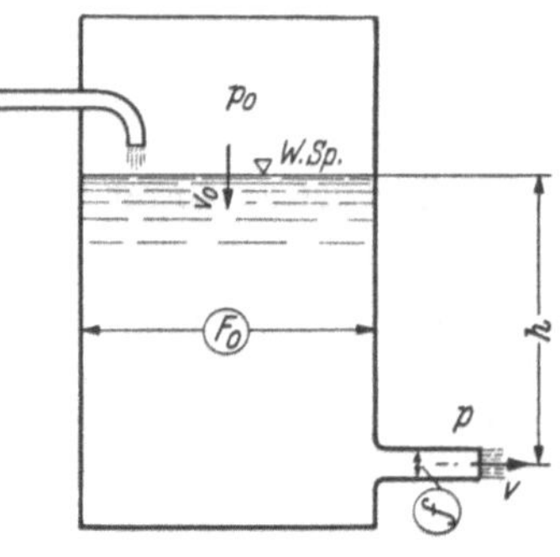

Abb. 183. Ausfluß aus einer Öffnung ins Freie.

Dann gilt, wenn die betrachtete Flüssigkeitsströmung annähernd die Bedingungen des idealen Stromfadens erfüllt (verlustloses Strömen!), nach BERNOULLI die *Druckgleichung*[1]:

$$\frac{v^2}{2g} + \frac{p}{\gamma} = \frac{v_0^2}{2g} + \frac{p_0}{\gamma} + h.$$

Setzt man in der *Raumgleichung*[1]

$$f \cdot v = F_0 \cdot v_0$$

[1] Vgl. dazu Aufgabe 13, S. 112.

das Verhältnis $\frac{f}{F_0} = n$, also $v_0 = n \cdot v$, so ergibt sich

$$\frac{v^2}{2g} + \frac{p}{\gamma} = \frac{n^2 \cdot v^2}{2g} + \frac{p_0}{\gamma} + h$$

und daraus für $\gamma = 1{,}0\ \text{t/m}^3$ über

$$v^2 \cdot (1 - n^2) = 2g \cdot [h + (p_0 - p)]$$

die *Ausströmgeschwindigkeit*

$$v = \sqrt{\frac{2g \cdot h + (p_0 - p)}{1 - n^2}}.$$

Ist $p_0 = p$, d. h. herrscht über dem Behälterspiegel der gleiche Luftdruck wie an der Ausströmstelle, dann wird

$$v = \sqrt{\frac{2 \cdot g \cdot h}{1 - n^2}}.$$

Ist außerdem die Austrittsöffnung f klein gegenüber der Spiegelfläche F_0 im Behälter oder ist umgekehrt F_0 sehr groß gegenüber f, so wird angenähert $n = 0$, und man erhält die TORRICELLIsche Gleichung[1]

$$v = \sqrt{2 \cdot g \cdot h}. \tag{1}$$

Die tatsächliche Ausflußgeschwindigkeit ist nun wegen der Reibungswiderstände im Innern der Flüssigkeit (Zähigkeit), besonders in der Nähe der Gefäßwand, und wegen der *Einschnürung* des ausfließenden Strahles, d. h. weil kein idealer Stromfaden vorhanden ist, kleiner, als dem TORRICELLI-Gesetz entspricht.

In der angewandten Hydraulik werden diese beiden Einflüsse meist nur mit *einem* Korrektionsfaktor μ berücksichtigt, wie dies in zahlreichen Aufgaben dieser Sammlung bereits geschehen ist (vgl. dazu z. B. S. 114 der Aufgabe 13, sowie im Anhang Tabelle 7)[2]. Damit wird die wirklich vorhandene Ausflußgeschwindigkeit

$$v = \mu \cdot \sqrt{2 \cdot g \cdot h}. \tag{1a}$$

2. Ausfluß unter innerem Überdruck.

Solche Fälle ergeben sich nicht nur bei Öffnung von unter Druck gefüllten Flüssigkeitsballons, sie treten vielmehr auch in der Natur auf, z. B. bei angebohrten Mineralquellen, artesischen Brunnen usw.

Man erhält hier für die Ausflußgeschwindigkeit v, wenn innen der Überdruck p_0 und außen der Druck p herrscht (Abb. 184)

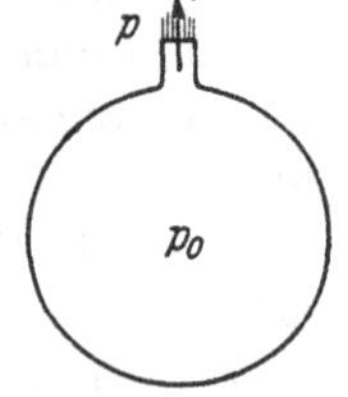

Abb. 184. Ausfluß unter innerem Überdruck.

$$v = \sqrt{\frac{2g \cdot (p_0 - p)}{\gamma}}. \tag{2}$$

[1] Vgl. dazu Aufgabe 13, S. 112.

[2] Zur Theorie der Ausflußziffer vgl. z. B. KAUFMANN: Hydromechanik, Bd. 2, S. 4. Berlin: Springer 1934.

Auch dieses Ergebnis ist wegen der Zähigkeit und Einschnürung zu berichtigen zu

$$v = \mu \cdot \sqrt{\frac{2g \cdot (p_0 - p)}{\gamma}}. \tag{2a}$$

Ausfluß aus einer Öffnung unter Wasser.

Die mittlere Geschwindigkeit eines Ausflußstrahles aus einem Behälter, der h_1 unter dem Behälterwasserspiegel und h_2 unter dem äußeren Wasserspiegel erfolgt, beträgt für *konstante* Lage der Spiegel (Abb. 185)

$$v = \sqrt{2g \cdot (h_1 - h_2)} = \sqrt{2 \cdot g \cdot h} \tag{3}$$

bzw. unter Berücksichtigung der notwendigen Berichtigung

$$v = \mu \cdot \sqrt{2 \cdot g \cdot h}. \tag{3a}$$

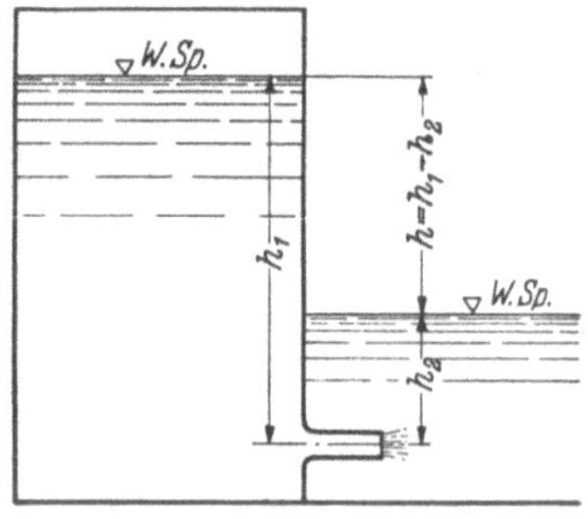

Abb. 185. Ausfluß unter Wasser.

3. Ausfluß aus Boden- und Seitenöffnungen bei veränderlicher Druckhöhe.

(Füllen und Entleeren von Schleusenkammern.)

a) Behälter mit senkrechten Wänden.

In Abb. 186 strömt Wasser vom Behälter I durch den geöffneten Querschnitt f in die Kammer II. Nach I findet kein Zufluß, aus II kein Abfluß statt. Es stellt sich schließlich in beiden Behältern der Ausgleichsspiegel $A-B$ ein nach dem Prinzip der kommunizierenden Röhren. Damit weist die Druckhöhe in jedem Augenblick des Überströmens eine andere Größe auf, ist also *mit der Zeit veränderlich,* und damit gilt dies auch für die Überströmwassermenge, da diese ja von der jeweils herrschenden Druckhöhe abhängt.

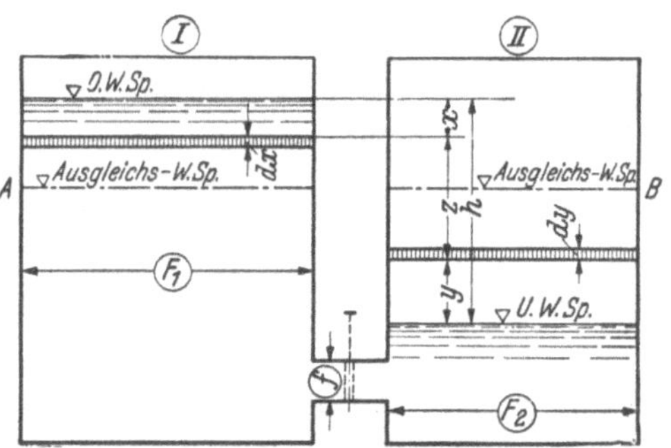

Abb. 186. Ausfluß bei veränderlicher Druckhöhe (Schleusenkammern).

Wie wir bei den Untersuchungen über das Hochdruckwasserschloß[1] gesehen haben, entsteht bei einer solchen Wasserbewegung, wenn die Massenkräfte mit berücksichtigt werden, eine harmonische Schwingung

[1] Vgl. die Aufgaben 30 und 31 dieser Sammlung.

in den beiden Behältern, die infolge der vorhandenen Bewegungswiderstände gedämpft verläuft. Da, wo die Behälter sehr groß sind und die Füllung nur langsam erfolgt, können diese Massenkräfte vernachlässigt werden, was in den nachfolgenden Untersuchungen geschehen ist.

Wird ein beliebiger Zwischenzustand beim Überfließen herausgegriffen, in dem der Wasserspiegel in der Kammer I vom Horizontalquerschnitt F_1 um x gesunken, in der Kammer II vom Horizontalquerschnitt F_2 um y gestiegen ist, dann beträgt der Spiegelunterschied, der für die Ausflußgeschwindigkeit v während der Dauer dt maßgebend ist, gleich z, und es gilt für v nach Formel (3a)

$$v = \mu \cdot \sqrt{2 \cdot g \cdot z},$$

womit sich die überströmende Wassermenge für die Zeit dt berechnet zu

$$dQ = \mu \cdot f \cdot \sqrt{2 \cdot g \cdot z} \cdot dt.$$

In dieser Zeit dt sinkt der Spiegel in der Kammer I um dx und steigt in der Kammer II um dy. Aus Gründen der Kontinuität müssen die dieser Spiegelsenkung dx bzw. der Spiegelhebung dy entsprechenden Wassermengen $F_1 \cdot dx$ und $F_2 \cdot dy$ einander gleich sein und auch mit der Größe der Überströmmenge übereinstimmen, also

$$F_1 \cdot dx = F_2 \cdot dy = \mu \cdot f \cdot \sqrt{2 \cdot g \cdot z} \cdot dt. \tag{4}$$

Ferner ist

$$x + y + z = h.$$

Daraus folgt durch Differentieren

$$dx + dy = -dz. \tag{5}$$

Setzt man für Gl. (4)

$$dx = \mu \cdot f \cdot \sqrt{2 \cdot g \cdot z} \cdot dt \cdot \frac{1}{F_1}$$

bzw.

$$dy = \mu \cdot f \cdot \sqrt{2 \cdot g \cdot z} \cdot dt \cdot \frac{1}{F_2}$$

und addiert diese beiden Gleichungen, so erhält man unter Berücksichtigung von (5)

$$-dz = \mu \cdot f \cdot \sqrt{2g \cdot z} \cdot dt \cdot \left(\frac{1}{F_1} + \frac{1}{F_2}\right)$$

oder

$$\mu \cdot f \cdot \sqrt{2 \cdot g} \cdot \left(\frac{1}{F_1} + \frac{1}{F_2}\right) \cdot dt = -\frac{dz}{\sqrt{z}}.$$

Für die gesamte Ausgleichszeit T ergibt sich der Summenausdruck

$$\mu \cdot f \cdot \sqrt{2 \cdot g} \cdot \left(\frac{1}{F_1} + \frac{1}{F_2}\right) \cdot \int_0^T dt = - \int_h^0 \frac{dz}{z}$$

oder

$$\mu \cdot f \cdot \sqrt{2 \cdot g} \cdot \left(\frac{1}{F_1} + \frac{1}{F_2}\right) \cdot T = + 2 \cdot [\sqrt{z}]_0^h = 2 \cdot \sqrt{h}.$$

Daraus

$$T = \frac{2 \cdot F_1 \cdot F_2 \sqrt{h}}{\mu \cdot f \cdot \sqrt{2 \cdot g} \cdot (F_1 + F_2)}. \tag{6}$$

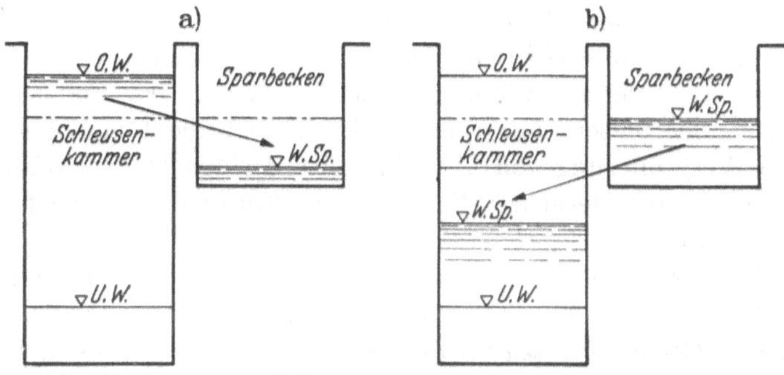

Abb. 187. Schema der Füllung bzw. der Entleerung einer Sparschleuse.

Die Gl. (6) gibt die Zeit T an, die notwendig ist, um z. B. *bei einer Sparschleuse einen Spiegelausgleich zwischen einem Sparbecken und der zugehörigen Schleusenkammer* oder umgekehrt herbeizuführen (schematische Darstellung des Vorganges in Abb. 187a u. b)[1].

Erfolgt die *Füllung einer Schleusenkammer aus der oberen Haltung*, so kann, wenn dieser Oberkanal lang genug, dessen Wasserspiegelfläche also sehr groß ist im Vergleich zur Wasserspiegelfläche der Schleusenkammer, mit hinreichender Genauigkeit gesetzt werden

$$F_1 \sim \infty.$$

Dann bildet der Spiegel der oberen Haltung gleichzeitig auch den Ausgleichsspiegel. Dividiert man die Gl. (6) mit F_1, so erhält sie die Form

$$T = \frac{2 \cdot F_2 \cdot \sqrt{h}}{\mu \cdot f \cdot \sqrt{2g}\left(1 + \frac{F_2}{F_1}\right)}.$$

Mit $F_1 = \infty$ wird der Quotient $\frac{F_2}{F_1} = 0$, und es ergibt sich für die *Füllung der Schleusenkammer aus der oberen Haltung bei senkrechten Kammerwänden*

$$T_f = \frac{2 \cdot F_2 \cdot \sqrt{h}}{\mu \cdot f \cdot \sqrt{2 \cdot g}} = \frac{2 \cdot F_2 \cdot h}{\mu \cdot f \cdot \sqrt{2 \cdot g \cdot h}} = \frac{2 \cdot F \cdot h}{\mu \cdot f \cdot \sqrt{2 \cdot g \cdot h}}, \tag{7}$$

[1] Vgl. dazu z. B. ENGELHARD: Kanal- und Schleusenbau. Handbibl. f. Bauing. Bd. 4, Teil III. Berlin: Springer 1921.

wobei in der letzten Form der Gleichung der Horizontalquerschnitt der Schleusenkammer nunmehr der Einfachheit halber mit F bezeichnet wird ($F_2 = F$).

Da $F \cdot h$ den Rauminhalt der Auffüllung im Behälter II (Schleusenkammer) angibt und $\mu \cdot f \cdot \sqrt{2g \cdot h}$ die sekundliche Ausflußwassermenge bei der Druckhöhe h, so besagt die Gl. (7), daß die Füllzeit bei stetig abnehmender Druckhöhe *doppelt* so groß ist wie die Zeit, die benötigt wird, um die gleich große Wassermenge $F \cdot h$ bei *unveränderlichem* Kammerwasserspiegel (konstanter Druckhöhe), also bei stationärem Fließvorgang, von I nach II überzuleiten.

Wie aus Aufgabe 33 ersichtlich, entsteht bei der Wasserentnahme aus der oberen Haltung zur Füllung der Kammer dort ein *Entnahmesunk*. Um die Höhe dieser Sunkwelle verringert sich die Druckhöhe h, wodurch eine Vergrößerung von T bedingt ist. In den meisten Fällen wird man aber auf die Berücksichtigung dieses Einflusses auf die Füllzeit verzichten können.

Erfolgt die *Leerung der Schleusenkammer ausschließlich* in die *untere* Haltung und ist diese groß genug, um $F_2 \sim \infty$ setzen zu können, so erhält man aus Gl. (6) für *senkrechte Kammerwände*, wenn auch hier jetzt der horizontale Kammerquerschnitt mit F bezeichnet wird ($F_1 = F$), wieder die Gl. (7):

$$T_e = \frac{2 \cdot F_1 \cdot h}{\mu \cdot f \cdot \sqrt{2 \cdot g \cdot h}} = \frac{2 \cdot F \cdot h}{\mu \cdot f \cdot \sqrt{2 \cdot g \cdot h}}. \tag{7}$$

Hier tritt in der unteren Haltung bei der Entleerung, wie ebenfalls in Aufgabe 49 gezeigt wurde, ein *Füllschwall* auf, dessen Höhe ebenfalls die Druckhöhe h vermindert. Auch auf die Berücksichtigung dieses Einflusses wird in den meisten Fällen verzichtet werden können.

Den verhältnismäßig größten Zeitaufwand erfordern die letzten Zentimeter des Ausgleiches, d. h. wenn sich $h-z$ dem Wert Null nähert. Um die Schleusungszeit abzukürzen, wird man die Schleusentore schon etwas vorher, wenn auch gegen den Überdruck h' öffnen. h' wird zwischen 5 und 20 cm zu wählen sein. Die Gl. (7) geht dann in die Form über

$$T = \frac{2 \cdot F}{\mu \cdot f \cdot \sqrt{2 \cdot g}} \left(\sqrt{h} - \sqrt{h'}\right), \tag{8}$$

wobei
$$\left\{\begin{array}{l} \text{für } h' = 5 \text{ cm} \\ \text{,, } h' = 10 \text{ cm} \\ \text{,, } h' = 20 \text{ cm} \end{array}\right\} \text{ wird } \left\{\begin{array}{l} T = \dfrac{2 \cdot F}{\mu \cdot f \cdot \sqrt{2 \cdot g}} \left(\sqrt{h} - 0{,}22\right), \\ T = \dfrac{2 \cdot F}{\mu \cdot f \cdot \sqrt{2 \cdot g}} \left(\sqrt{h} - 0.32\right), \\ T = \dfrac{2 \cdot F}{\mu \cdot f \cdot \sqrt{2 \cdot g}} \left(\sqrt{h} - 0{,}45\right). \end{array}\right.$$

Die bisher angegebenen Formeln für die Füll- und Leerzeiten setzen voraus, daß die Verschlußorgane plötzlich vollkommen geöffnet bzw.

geschlossen werden. Das trifft natürlich nicht zu. Nimmt man an, daß die Freigabe der Umläufe oder Torschützen mit gleichförmiger Geschwindigkeit erfolgt, dann kann man setzen

$$f = k \cdot t, \tag{9}$$

wobei k ein Beiwert ist (m²/sek), der aus dem Übersetzungsverhältnis der Verschlußvorrichtung berechnet werden kann. Damit erhält man für *lotrechte* Kammerwände und Schleusen*füllung*, wenn F wieder den Horizontalquerschnitt der Kammer bedeutet,

$$\mu \cdot k \cdot t \cdot \sqrt{2 \cdot g \cdot z} \cdot dt = -F \cdot dz$$

oder

$$\mu \cdot k \cdot t \cdot \sqrt{2 \cdot g} \cdot dt = -F \cdot \frac{dz}{\sqrt{z}}.$$

Hat die Druckhöhe nach der Zeit T_1, in der das Verschlußorgan gerade vollkommen geöffnet ist, den Wert z_1 erreicht, dann ist vorstehende Gleichung zu summieren zwischen den Grenzen h und z_1, also

$$\mu \cdot k \cdot \sqrt{2 \cdot g} \cdot \int_0^{T_1} t \cdot dt = -F \cdot \int_h^{z_1} \frac{dz}{\sqrt{z}}$$

oder

$$\frac{\mu \cdot k \cdot \sqrt{2 \cdot g}}{2} \cdot T_1^2 = 2 \cdot F \cdot [\sqrt{h} - \sqrt{z_1}]$$

und

$$z_1 = \left[\sqrt{h} - \frac{\mu \cdot k \cdot T_1^2}{2} \cdot \frac{\sqrt{2 \cdot g}}{2 \cdot F}\right]^2. \tag{10}$$

Bezeichnet T_2 die Zeit, die notwendig ist, um die Füllung zu *vollenden*, dann ermittelt sich diese aus (7) bzw. (8) für $h = z_1$ zu

$$T_2 = \frac{2 \cdot F \cdot z_1}{\mu \cdot f \cdot \sqrt{2 \cdot g \cdot z_1}} \quad \text{bzw.} \quad T_2 = \frac{2 \cdot F}{\mu \cdot f \cdot \sqrt{2 \cdot g}} [\sqrt{z_1} - \sqrt{h'}].$$

Gesamtfüllzeit:

$$T = T_1 + T_2. \tag{11}$$

Für die *Entleerung* gelten für die gleichen Voraussetzungen die gleichen Beziehungen.

b) Behälter mit geböschten Wänden.

Die nachfolgende Untersuchung beschränkt sich auf den Fall der *Füllung* einer Schleusenkammer mit geböschten Wänden aus der oberen Haltung, die konstanten Wasserspiegel hat, sowie auf den Fall der *Entleerung* einer solchen Schleusenkammer in die untere Haltung von unveränderlichem Wasserspiegel.

Bezeichnet jetzt F_H den waagrechten Querschnitt der Kammer, soweit er innerhalb der Häupter liegt, deren Wände lotrecht angenommen sind, l die Länge der geböschten Kammer *zwischen* den Häuptern,

a die Kammersohlenbreite ebenfalls zwischen den Häuptern und haben die Kammerböschungen die Neigung $\operatorname{ctg}\alpha = m$, so gilt unter Bezug auf die Abb. 188

1. für die *Füllung*:

$$dq = -[F_H + l \cdot a + 2 \cdot m \cdot l \cdot (t_u + h - z)] \cdot dz = \mu \cdot f \cdot \sqrt{2 \cdot g \cdot z} \cdot dt.$$

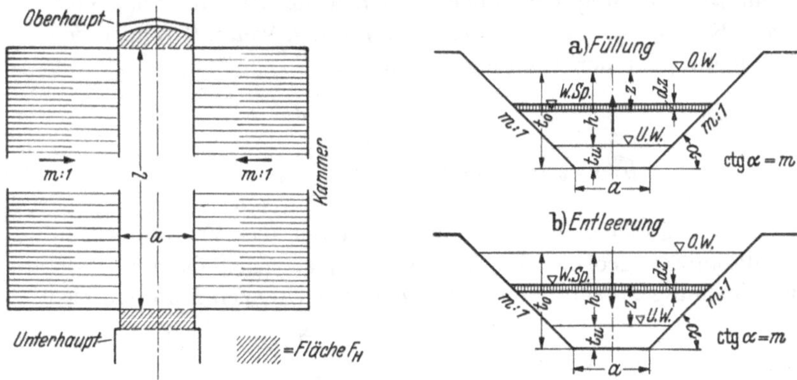

Abb. 188. Schleusen mit geböschten Wänden.

Daraus durch Summierung

$$\int_0^{T_f} dt = -\frac{1}{\mu \cdot f \cdot \sqrt{2 \cdot g}} \int_{z=-h}^{z=0} \frac{[F_H + l \cdot a + 2 \cdot m \cdot l \cdot (t_u + h - z)] \cdot dz}{\sqrt{z}}$$

und

$$T_f = \left[F_H + l \cdot a + 2 \cdot m \cdot l \cdot \left(t_u + \frac{2}{3} \cdot h\right)\right] \cdot \frac{2 \cdot \sqrt{h}}{\mu \cdot f \cdot \sqrt{2 \cdot g}}. \tag{12}$$

Für ein Böschungsverhältnis **1 : 1** ($m = 1$) wird

$$T_f = \left[F_H + l \cdot a + 2 \cdot l \cdot \left(t_u + \frac{2}{3} \cdot h\right)\right] \cdot \frac{2 \cdot \sqrt{h}}{\mu \cdot f \cdot \sqrt{2 \cdot g}}, \tag{12a}$$

und für *senkrechte* Kammerwände ($m = 0$) ergibt sich wieder die Gl. (7)

$$T_f = [F_H + l \cdot a] \frac{2 \cdot \sqrt{h}}{\mu \cdot f \cdot \sqrt{2 \cdot g}} = F \cdot \frac{2 \cdot \sqrt{h}}{\mu \cdot f \cdot \sqrt{2 \cdot g}}.$$

2. für die *Entleerung*:

$$dq = -[F_H + l \cdot a + 2 \cdot m \cdot l \cdot (t_u + z)] \cdot dz = \mu \cdot f \cdot \sqrt{2 \cdot g \cdot z} \cdot dt.$$

Daraus

$$T_e = \left[F_H + l \cdot a + 2 \cdot m \cdot l \cdot \left(t_u + \frac{1}{3} \cdot h\right)\right] \cdot \frac{2 \cdot \sqrt{h}}{\mu \cdot f \cdot \sqrt{2 \cdot g}}. \tag{13}$$

Die *Entleerungszeit* wird also etwas *kleiner* als die *Füll*zeit. Für $m = 1$ wird

$$T_e = \left[F_H + l \cdot a + 2 \cdot l \cdot \left(t_u + \frac{1}{3} \cdot h\right)\right] \cdot \frac{2 \cdot \sqrt{h}}{\mu \cdot f \cdot \sqrt{2 \cdot g}}, \tag{13a}$$

und für *senkrechte* Kammerwände ($m = 0$) erhält man auch für die Entleerung wieder die Gl. (7).

Zahlenbeispiel der Aufgabe.

Wie sich aus dem Schnitt durch die Schleusenkammer der Abb. 189 ergibt, sind die Kammermauern nicht ganz senkrecht gewählt, sondern 1 : 25 geneigt. Die Füllungszeit kann deshalb mit Gl. (12), die Entleerungszeit mit Gl. (13) ermittelt werden.

a) Füllungszeit T_f.

Die Gl. (12) lautet:

$$T_f = \left[F_H + l \cdot a + 2 \cdot m \cdot l \cdot \left(t_u + \frac{2}{3} \cdot h\right)\right] \cdot \frac{2 \cdot \sqrt{h}}{\mu \cdot f \cdot \sqrt{2 \cdot g}}.$$

Bestimmung der Formgrößen: F_H setzt sich zusammen aus der Kammergrundrißfläche F_1 im Oberhaupt (vgl. Abb. 189 bzw. 191) und der Grundrißfläche $F_2 = B \cdot u$ im Unterhaupt (Abb. 190). Dabei ergibt sich aus Abb. 191

$$l = 2 \cdot r \cdot \pi \cdot \frac{\varphi^\circ}{360^\circ} = 2 \cdot 9{,}0 \cdot 3{,}14 \cdot \frac{84^\circ}{360^\circ} = 13{,}2 \text{ m},$$

$$r - s = \sqrt{r^2 - \left(\frac{B}{2}\right)^2};$$

daraus

$$s = r - \sqrt{r^2 - \left(\frac{B}{2}\right)^2} = 9{,}0 - \sqrt{9{,}0^2 - 6{,}0^2} = 9{,}0 - 6{,}71 = 2{,}29 \text{ m};$$

$$e = 6{,}15 - 2{,}29 = 3{,}86 \text{ m}.$$

F_1 setzt sich zusammen aus einem Kreissegment F_{seg} und einem Rechteck F_r. Dabei gilt für F_{seg}

$$F_{seg} = \frac{r\,(l - B) + B \cdot s}{2} = \frac{9{,}0\,(13{,}2 - 12{,}0) + 12{,}0 \cdot 2{,}29}{2} = 19{,}14 \text{ m}^2,$$

also

$$F_1 = F_{seg} + F_r = 19{,}14 + B \cdot e = 19{,}14 + 12{,}0 \cdot 3{,}86 = 65{,}46 \sim \mathbf{65{,}5} \text{ m}^2.$$

Ferner (Abb. 190)

$$F_2 = B \cdot u = 12{,}0 \cdot 3{,}30 = \mathbf{39{,}6} \text{ m}^2,$$

so daß sich für F_H ergibt:

$$F_H = F_1 + F_2 = 65{,}5 + 39{,}6 = \mathbf{105{,}1} \text{ m}^2.$$

Zur Vereinfachung der Berechnung der Füllzeit denken wir uns den Boden der Schleusenkammer in die Tiefe $t_u' = t_u - 1{,}10 = 2{,}40$ m

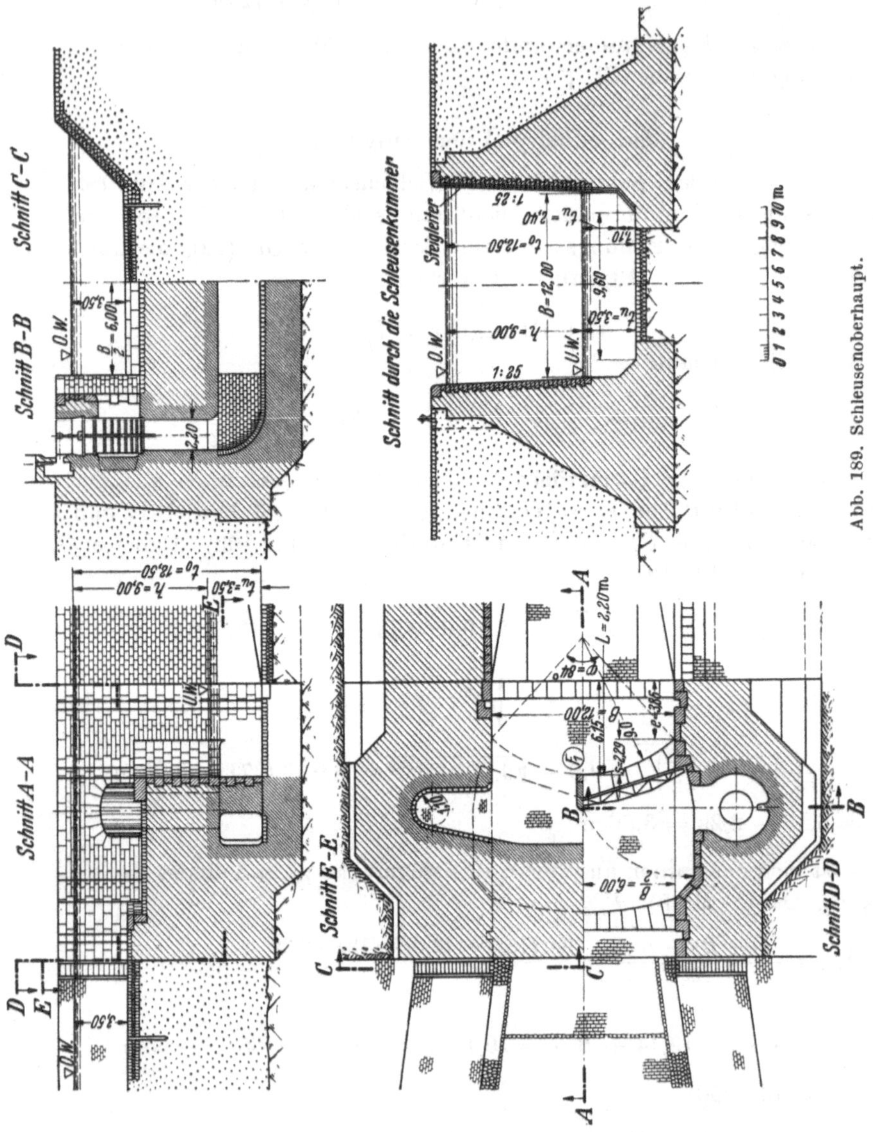

Abb. 189. Schleusenoberhaupt.

unter das Unterwasser gelegt (Abb. 189, Schnitt durch die Schleusenkammer), setzen deshalb $a = B = 12{,}0$ m und daher statt t_u den Wert t_u' in die Gl. (12).

Die Länge der Schleusenkammer l beträgt

$$l = L - [(s + e) + u] = 220 - [(2{,}29 + 3{,}86) + 3{,}30] = 220 - 9{,}45 = 210{,}55 \text{ m}.$$

Die Wandneigung der Kammermauern ist 1 : 25, d. h. $m = \frac{1}{25} = 0{,}04$. Die Summe der kleinsten Querschnitte der beiden Umläufe im Oberhaupt ergibt sich aus Abb. 189 zu

$$f = 2 \cdot \frac{d^2 \cdot \pi}{4} = 2 \cdot \frac{2{,}20^2 \cdot 3{,}14}{4} = 7{,}60 \text{ m}^2.$$

Einer besonderen Erläuterung bedarf noch der Beiwert μ im Ansatz für die Geschwindigkeit $v = \mu\sqrt{2gh}$ des austretenden Wassers, wobei h die Druckhöhe bedeutet. Wie weiter oben bereits erwähnt, gibt μ den Einfluß der Widerstände an, der beim Fluß des Wassers vom Oberwasser zum Unterwasser auftritt. Für Überschlagsberechnungen kann für μ gesetzt werden bei Durchfluß durch

einfache Torschützen	0,8 bis 0,6
Torumläufe, Grundläufe	0,7 bis 0,5
Mauerumläufe	0,4

Da die Zuverlässigkeit des Rechenergebnisses mit der zutreffenden Annahme des Wertes μ steht und fällt, ist es notwendig, besonders bei Umlaufkanälen das μ für den jeweiligen Fall genauer zu erfassen durch Berücksichtigung der Druckhöhenverluste (Bewegungswiderstände) in den Umlaufkanälen. Beim Überströmen des Wassers vom Oberwasser zum Unterwasser (also beim *Füllen* von der oberen Haltung zur „leeren" Kammer, beim *Entleeren* von der vollen Kammer zur unteren Haltung!) erfolgt der Ausfluß zwar unter Wasser, aber doch „ins Freie", d. h. nicht in einen „Druck"behälter, so daß die *ganze* zur Verfügung stehende Druckhöhe aufgebraucht wird zur Geschwindigkeitserzeugung und zur Überwindung der bei dieser Geschwindigkeit auftretenden Widerstände (vgl. hierzu die Aufgaben 13, sowie 17 bis 20). Es gilt also für die gesamte zur Verfügung stehende Druckhöhe h zwischen Oberwasser und Unterwasser

$$h = [1 + \sum \zeta] \cdot \frac{v^2}{2g},$$

woraus für v folgt

$$v = \sqrt{\frac{1}{1 + \Sigma \zeta}} \cdot \sqrt{2g \cdot h}.$$

Die Beziehung zwischen μ und den verschiedenen Druckhöhenverbräuchen lautet also

$$\mu = \sqrt{\frac{1}{1 + \Sigma \zeta}}.$$

Bei den Torumläufen im Oberhaupt unseres Beispiels ist zunächst die Geschwindigkeit oben an jedem der zwei Einläufe zu erzeugen

(Zuflußgeschwindigkeit gleich Null gesetzt!). Dann wird Druckhöhe verbraucht zur Überwindung der Eintrittswiderstände $\left(0{,}1 \cdot \frac{v^2}{2g}\right)$ und der Reibungswiderstände längs der Wände des Umlaufkanals $\left(\frac{l}{d} \cdot \frac{8g}{c^2} \cdot \frac{v^2}{2g}\right)$. Außerdem treten verschiedene Strahlumlenkungen auf. Die erste ergibt sich an den Zylinderschützen mit einem Ablenkungswinkel von 90°. Diese Strahlumlenkung erfolgt wie bei Knierohren hart. Dafür gibt WEISBACH bei 90° Ablenkung den Wert ζ zu 0,98, d. h. der Umlenkungsverlust entspricht etwa der Druckhöhe zur Erzeugung der Ge-

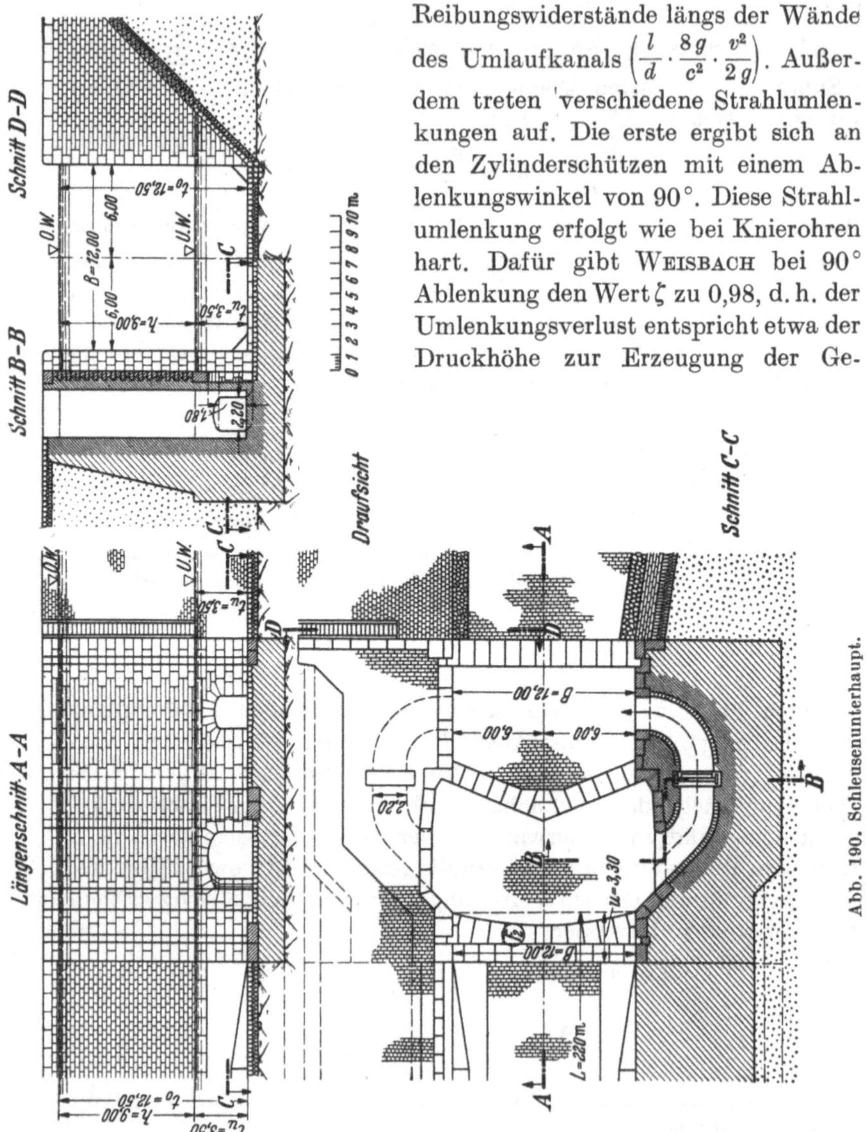

Abb. 190. Schleusenunterhaupt.

schwindigkeit $\left(\frac{v^2}{2g}\right)$. Die Führung des Füllwassers vom Vertikalschacht unterhalb der Zylinderschützen zur Kammer unterhalb des Drempels ergibt eine weitere Füllstrahlumlenkung um 90°, die hier in *Krümmer*form

(Kreisprofilbogen) vollzogen wird. Der Krümmungsradius ϱ beträgt 1,70 m, der lichte Kanalhalbmesser $r = \frac{2{,}20}{2} = 1{,}10$ m. Schließlich erfährt die Wasserbewegung beim Austritt aus dem Abfallboden in die Schleusenkammer ein drittes Mal eine Ablenkung um etwa 90°. Dieser Wasseraustritt erfolgt allerdings erst, nachdem die beiden Füllstrahlen in der Kammer unter dem Drempel aufeinandergeprallt sind und dabei Bewegungsenergie eingebüßt haben. Um sicherzugehen, kann man auch hier annehmen, daß die Geschwindigkeit neu erzeugt werden muß. Da aber der Austrittsquerschnitt f_1 wesentlich größer ist als der Querschnitt f_1 der beiden Umläufe zusammengenommen, ist auch die Ausflußgeschwindigkeit $v_1 < v$. Da

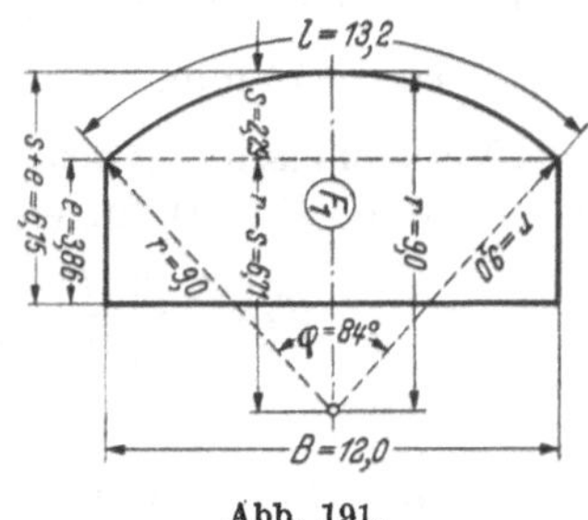

Abb. 191.

$$v \cdot f = v_1 \cdot f_1,$$

also

$$v_1 = v \cdot \frac{f}{f_1},$$

wird

$$\frac{v_1^2}{2g} = \frac{v^2}{2g} \cdot \frac{f^2}{f_1^2}.$$

Unter Berücksichtigung der vorstehenden Überlegungen ergibt sich für die Druckhöhenverluste:

$$1 + \sum\zeta = 1 + 0{,}10 + \frac{l}{d} \cdot \frac{8g}{c^2} + 1 + \zeta_{Kr} \cdot \frac{\alpha^\circ}{90^\circ} + \frac{f^2}{f_1^2}$$

$$= 2{,}10 + \frac{l}{d} \cdot \frac{8g}{c^2} + \zeta_{Kr} \frac{\alpha}{90^\circ} + \frac{f^2}{f_1^2}.$$

Mit den Zahlenwerten: $l = \sim 13$ m; $d = 1{,}10$ m; $c = 71{,}5$ für $\gamma = 0{,}16$ nach BAZIN (für glattes Klinkermauerwerk): $\zeta_{Kr} = 0{,}131 + 1{,}847 \cdot \left(\frac{r}{\varrho}\right)^{7/2}$ $= 0{,}13 + 1{,}847 \cdot \left(\frac{1{,}10}{1{,}70}\right)^{7/2} = 0{,}22$; $\alpha = 90°$; $f = 7{,}60$ m²;

$f_1 = 2{,}80 \cdot 11{,}0 = 30{,}8$ m²

ergibt sich

$$1 + \sum\zeta = 2{,}10 + \frac{13{,}0}{2.2} \cdot \frac{78{,}5}{71{,}5^2} + 0{,}22 + \frac{7{,}60^2}{30{,}8^2}$$

$$= 2{,}10 + 0{,}09 + 0{,}22 + 0{,}06 = 2{,}47.$$

Daraus

$$\mu = \sqrt{\frac{1}{1 + \Sigma\zeta}} = \sqrt{\frac{1}{2{,}47}} = 0{,}636 \sim 0{,}64.$$

Zur Sicherheit wird bei der Ermittlung der Füllzeit nur mit $\mu = 0{,}6$ gerechnet.

Es wird nun

$$T_f = \left[105{,}1 + 210{,}55 \cdot 12{,}0 + 2 \cdot 0{,}04 \cdot 210{,}55\left(2{,}40 + \frac{2}{3}\,9{,}0\right)\right] \cdot \frac{2 \cdot \sqrt{9{,}0}}{0{,}6 \cdot 7{,}60 \cdot \sqrt{2g}}$$

$$= [105{,}1 + 2585 + 141] \cdot \frac{6{,}0}{20{,}2}$$

$$= 840 \text{ sek} = \mathbf{14} \text{ min}.$$

Bei Vernachlässigung des Anlaufes der Kammermauern (also Mauern *senkrecht*, d. h. $m = 0$ angenommen!) ergäbe sich die Füllzeit F_f zu

$$T_f = \frac{2 \cdot F \cdot h}{\mu \cdot f \cdot \sqrt{2g \cdot h}} = \frac{2 \cdot (105{,}1 + 2585) \cdot 9{,}0}{0{,}6 \cdot 7{,}60 \cdot 13.3}$$

$$= 792 \text{ sek} = \mathbf{13{,}2} \text{ min}.$$

Es wurde schon weiter oben darauf hingewiesen, daß die Schützen nicht plötzlich vollkommen hochgezogen werden, so daß die Umläufe nur allmählich ganz freigegeben werden. Nehmen wir beispielsweise an, daß für die vollkommene Freigabe der Umläufe 2 min = 120 sek benötigt würden, dann erhalten wir nach Gl. (9) für $f = 7{,}60 \text{ m}^2$ und $t = T_1 = 120$ sek

$$k = \frac{f}{T_1} = \frac{7{,}60}{120}$$

und damit aus Gl. (10) für senkrecht angenommene Kammerwände

$$z_1 = \left[\sqrt{h} - \frac{\mu \cdot k \cdot T_1^2}{2} \cdot \frac{\sqrt{2 \cdot g}}{2 \cdot F}\right]^2$$

$$= \left[\sqrt{h} - \frac{\mu \cdot f \cdot T_1}{2} \cdot \frac{\sqrt{2 \cdot g}}{2 \cdot F}\right]^2$$

$$= \left[\sqrt{9{,}0} - \frac{0{,}6 \cdot 7{,}60 \cdot 120}{2} \cdot \frac{4{,}43}{2\,(105{,}1 + 2585)}\right]^2$$

$$= [3{,}0 - 0{,}23]^2$$

$$= 2{,}77^2$$

$$= 7{,}67 \text{ m}.$$

Somit wird

$$T_2 = \frac{2 \cdot F}{\mu \cdot f \cdot \sqrt{2 \cdot g}} \cdot \sqrt{z_1}$$

$$= \frac{2 \cdot 2690{,}1}{0{,}6 \cdot 7{,}6 \cdot 4{,}43} \cdot 2{,}77$$

$$= 266 \cdot 2{,}77$$

$$= 737 \text{ sek}.$$

Die Gesamtfüllungszeit berechnet sich deshalb nach Formel (11) zu

$$T_f = T_1 + T_2$$

$$= 120 + 737$$

$$= 857 \text{ sek} = \mathbf{14{,}3} \text{ min}.$$

Die größte Füllwassermenge tritt bei dieser Betriebsannahme im Augenblick der vollkommenen Öffnung des Umlaufs ein, d. i. bei einer Druckhöhe (= Spiegelunterschied) $z_1 = 7{,}67$ m. Sie beträgt in diesem Augenblick

$$Q_{\max} = \mu \cdot \sqrt{2 \cdot g \cdot z_1} \cdot f = 0{,}6 \cdot 4{,}33 \cdot 2{,}77 \cdot 7{,}60 = \mathbf{56}\ \text{m}^3/\text{sek}.$$

Verträgt die obere Haltung eine solche vorübergehende starke Wasserentnahme aus wasserwirtschaftlichen oder betrieblichen Gründen (z. B. wegen zu großem Entnahmesunk) nicht, so kann bei den gegebenen Schleusenverhältnissen die maximale Füllwassermenge durch langsameres Öffnen der Umlaufverschlüsse verkleinert werden.

Nimmt man z. B. die Zeit zum Öffnen des Zylinderverschlusses mit $T_1 = 5$ min $= 300$ sek an, dann wird

$$z_1 = \left[3{,}0 - 0{,}23 \cdot \frac{300}{120}\right]^2 = 2{,}42^2 = 5{,}85 \text{ m}$$

und

$$Q_{\max} = 0{,}6 \cdot 4{,}43 \cdot 2{,}42 \cdot 7{,}60 = 49 \text{ m}^3/\text{sek}.$$

Ferner

$$T_2 = 266 \cdot 2{,}42 = 644 \text{ sek}$$

und

$$T_f = 300 + 644 = 944 \text{ sek} = \mathbf{15{,}7} \text{ min}.$$

Es zeigt sich, daß die Verlängerung der Öffnungszeit um 180 sek = 3 min die Gesamtfüllzeit nur um 1,3 min erhöht, so daß es zeitlich nicht viel bringt, wenn man die Verschlußorgane besonders schnell öffnet[1]. Andererseits kann eine Verkürzung dieser Füllzeit noch erreicht werden, falls das Obertor bereits geöffnet wird, solange die Ausspiegelung noch nicht erfolgt ist. Geschieht dies z. B. für einen Spiegelunterschied $h' = 10$ cm, dann ergibt sich für T_2:

$$\begin{aligned} T_2 &= \frac{2 \cdot F}{\mu \cdot f \cdot \sqrt{2g}} \cdot \left[\sqrt{z_1} - \sqrt{h'}\right] \\ &= 266 \cdot \left[\sqrt{5{,}85} - \sqrt{0{,}10}\right] \\ &= 266 \cdot 2{,}10 \\ &= 559 \text{ sek} \end{aligned}$$

und für die Gesamtfüllzeit T_f:

$$T_f = 300 + 559 = 859 \text{ sek} = \mathbf{14{,}3} \text{ min}.$$

Hätte man $h' = 20$ cm angenommen, dann wäre $T_f = 13{,}8$ min geworden. Man sieht also, daß auch ein allzu vorzeitiges Öffnen des Tores, das zusätzliche Kraft für die Überwindung des mit h' wachsenden Wasserüberdruckes erfordert, hinsichtlich des Zeitgewinnes nicht sehr ausgiebig ist.

---

[1] Vgl. dazu auch O. Franzius: Verkehrswasserbau 1927, S. 420.

b) Entleerungszeit T_e.

Nach Gl. (13) ergibt sich:

$$T_e = \left[F_H + l \cdot a + 2 \cdot m \cdot l \cdot \left(t_u + \frac{1}{3} h\right)\right] \cdot \frac{2 \cdot \sqrt{h}}{\mu \cdot f \cdot \sqrt{2 \cdot g}}.$$

Gegenüber der Füllung ändern sich hier nur die Formgrößen f und μ.

$$f = \sim 2 \cdot (2{,}20 \cdot 2{,}0) = 2 \cdot 4{,}40 = 8{,}8 \text{ m}^2.$$

Die Druckhöhenverluste setzen sich hier zusammen aus: Eintrittsverlust, Reibungsverlust auf etwa 12,0 m Länge des Kanals von *rechteckigem* Querschnitt und die beiden Krümmerverluste mit $\alpha_1 = 45°$, $\varrho_1 = 3{,}20$ m und $\alpha_2 = 90°$, $\varrho_2 = 3{,}20$ m. Dazu kommt der Druckhöhenverbrauch zur Erzeugung der Geschwindigkeit $\left(\frac{v^2}{2g}\right)$. Es wird also

$$1 + \sum\zeta = 1 + 0{,}10 + \frac{l}{R} \cdot \frac{2g}{c^2} + \zeta_{Kr} \cdot \frac{\alpha_1°}{90°} + \zeta_{Kr_2} \cdot \frac{\alpha_1°}{90°}.$$

Mit $l = \sim 12$ m; $R = \frac{F}{p} = \frac{4{,}40}{8{,}40} = 0{,}53$ m; $c = 71{,}2$ für $\gamma = 0{,}16$ (nach BAZIN); Krümmerverlust für Rechteckprofil

$$\zeta_{Kr_1} = 0{,}124 + 3{,}104 \cdot \left(\frac{r}{\varrho}\right)^{7/2} = 0{,}124 + 3{,}104 \cdot \left(\frac{1{,}10}{3{,}20}\right)^{7/2} = 0{,}198 = \zeta_{Kr_2}$$

erhält man

$$1 + \sum\zeta = 1{,}10 + \frac{12{,}0}{0{,}53} \cdot \frac{19{,}62}{71{,}2^2} + 0{,}198 \cdot \frac{45°}{90°} + 0{,}198 \cdot \frac{90°}{90°}$$
$$= 1{,}10 + 0{,}09 + 0{,}10 + 0{,}20$$
$$= 1{,}49$$

und

$$\mu = \sqrt{\frac{1}{1{,}49}} = \mathbf{0{,}82}.$$

Zur Sicherheit wird mit $\mu = 0{,}70$ gerechnet.
Somit

$$T_e = \left[105{,}1 + 2585 + 2 \cdot 0{,}04 \cdot 210{,}55 \left(2{,}40 + \frac{1}{3} \cdot 9{,}0\right)\right] \cdot \frac{2 \cdot \sqrt{9{,}0}}{0{,}7 \cdot 8{,}8 \cdot 4{,}43}$$
$$= [2690{,}1 + 91{,}0] \cdot \frac{6{,}0}{27{,}3}$$
$$= 612 \text{ sek} = \mathbf{10{,}2} \text{ min}.$$

Für *senkrechte* Wände ($m = 0$ angenommen!) wird wieder

$$T_e = \frac{2 \cdot F \cdot h}{\mu \cdot f \cdot \sqrt{2g \cdot h}}$$
$$= \frac{2 \cdot 2690{,}1 \cdot 9{,}0}{0{,}7 \cdot 8{,}8 \cdot 13{,}3}$$
$$= 590 \text{ sek} = \mathbf{9{,}8} \text{ min}.$$

Würde wieder angenommen, daß die Schützen nach 2 min = 120 sek die Umläufe vollkommen freigeben, dann ergäbe sich für senkrecht angenommene Kammerwände:

$$z_1 = \left[\sqrt{9{,}0} - \frac{0{,}7 \cdot 8{,}80 \cdot 120}{2} \cdot \frac{4{,}43}{2 \cdot 2690{,}1}\right]^2$$
$$= [3{,}0 - 0{,}30]^2$$
$$= 2{,}70^2$$
$$= 7{,}29 \text{ m}.$$

Somit

$$T_2 = \frac{2 \cdot F}{\mu \cdot f \cdot \sqrt{2g}} \cdot \sqrt{z_1}$$
$$= \frac{2 \cdot 2690{,}1}{0{,}7 \cdot 8{,}8 \cdot 4{,}43} \cdot 2{,}70$$
$$= 197 \cdot 2{,}70$$
$$= 532 \text{ sek}$$

und

$$T_2 = 120 + 532 = 652 \text{ sek} = \mathbf{10{,}9} \text{ min}.$$

Bei diesen Schleusenbetriebsverhältnissen würde die maximale Wassermenge aus der Kammer in die untere Haltung ebenfalls überströmen in dem Augenblick, in dem die Umlaufverschlüsse im Unterhaupt die Umläufe gerade vollkommen freigeben, d. i. bei der Druckhöhe $z_1 = 7{,}29$ m. Also

$$Q_{\max} = \mu \cdot \sqrt{2g \cdot z_1} \cdot f = 0{,}7 \cdot 6{,}43 \cdot 2{,}70 \cdot 8{,}80 = \mathbf{73{,}7} \text{ m}^3/\text{sek}.$$

Zur Verringerung dieses zu großen Abflusses werden die Schützen langsamer gezogen. Setzt man $T_1 = 8$ min = 480 sek, so wird

$$z_1 = \left[3{,}0 - 0{,}30 \cdot \frac{480}{120}\right]^2$$
$$= [3{,}0 - 1{,}20]^2$$
$$= 1{,}8^2$$
$$= 3{,}42 \text{ m}$$

und

$$Q_{\max} = 0{,}7 \cdot 4{,}43 \cdot 1{,}8 \cdot 8{,}80 = \mathbf{49{,}2} \text{ m}^3/\text{sek}.$$

Außerdem ermittelt sich T_2 jetzt zu

$$T_2 = 197 \cdot 1{,}8 = 354 \text{ sek}$$

und

$$T_e = 480 + 354 = 834 \text{ sek} = 13{,}9 \text{ min}.$$

Diese Entleerungszeit vermindert sich für $h' = 0{,}10$ m auf

$$T_e = 480 + 197[1{,}8 - 0{,}32]$$
$$= 480 + 291$$
$$= 771 \text{ sek} = \mathbf{12{,}9} \text{ min}.$$

Beim Schleusungsprozeß bilden die vorstehend gerechneten Füllungs- bzw. Entleerungszeiten nur einen Teil der Schleusungszeit. Dazu kommen noch die Zeitaufwendungen für Öffnen und Schließen der Tore, für das Ein- und Ausfahren der Schiffe usw., wodurch die Gesamtschleusungszeit wesentlich erhöht wird.

Aufgabe 35.

Festes Wehr als „vollkommener“ und „unvollkommener“ Überfall, Ausfluß- und Überfallformeln.

Ein regulierter Wasserlauf besitzt ein trapezförmiges Querprofil von $s = 28$ m Sohlenbreite und 2maligen Böschungen ($\text{ctg}\,\alpha = m = 2$). Sein Sohlgefälle beträgt $J_s = 1 : 1000$. Der Bordrand dieses regulierten Bettes liegt 3,0 m über der Sohle. Die Abflußkurve (Schlüsselkurve) sowie die Geschwindigkeitskurve in Abhängigkeit vom Wasserstand für das Profil sind in Abb. 197 gegeben. Der Wasserlauf soll bei $Q = 40$ m³/sek um 80 cm aufgestaut werden durch ein *festes* Wehr.

I. Wie hoch ist die Wehrkrone zu legen bei einer Länge der Wehrkrone von $b = 28$ m (= Sohlenbreite)?

II. Welche Leistungsfähigkeit besitzt das 28 m lange Wehr mit abgerundeter Krone, wenn der Oberwasserspiegel bis zum Bordrand reicht?

Lösung.

Von den Bauwerken, die im Wasserbau allgemein unter dem Sammelbegriff *Stauwerke* zusammengefaßt werden (Talsperren, Sperrdämme, Wehre, Deiche aller Art, Buhnen usw.) gehören die *Wehre* der verschiedensten Arten und Formen zu den meist gebrauchten baulichen Mitteln bei Lösung wasserbaulicher Aufgaben. Als Stauwerke dienen sie der Hebung des Wasserspiegels, sei es zur Sammlung des Gefälles für Kraftausnützung oder zur geregelten Ableitung von Wasser (Wasserentnahme), sei es zur Vergrößerung der Wassertiefe z. B. für die Schiffahrt oder zur Hebung des Grundwasserstandes, sei es zur Beseitigung oder Verminderung der Wasserspiegelschwankungen. Häufig hat ein Wehr mehreren Zwecken gleichzeitig zu dienen.

Für *alle* Wehre gilt der Grundsatz, daß sie gegen Hinterspülung an den beiden Seiten sowie gegen Unterspülung und Grundaufbruch gesichert sein müssen. Sie erfordern deshalb eine sehr sorgfältige Ausführung hinsichtlich der Gründung (z. B. durch Spundwandschürzen) sowie eine ausreichend tiefe Einbindung in die beiderseitigen Ufer hinein (z. B. durch Flügelspundwände).

In konstruktiver Hinsicht unterscheidet man die beiden großen Gruppen der *festen* und *beweglichen* Wehre. In unserer Aufgabe handelt es sich um ein solches der ersteren Art. Hydraulisch unterscheidet man „*vollkommene* Überfälle“ (Überfallwehre, Abstürze, Schußwehre) und „*unvollkommene* Wehre“ (Grundwehre, Überströmungswehre, Grundschwellen). Bei ersteren liegt der Unterwasserspiegel *unter* der Wehrkrone, und der Abfluß über das Wehr erfolgt „schießend“, bei letzteren liegt der Unterwasserspiegel *über* der Wehrkrone, und der Abfluß über das Wehr erfolgt „strömend“, *ohne* Wechsel des Fließzustandes. Dabei kann, worauf hier bereits hingewiesen wird, ein „vollkommenes“ Überfallwehr durch höhere Wasserstände vorübergehend zum Grundwehr („unvollkommenem“ Wehr) werden.

1. Ableitung der theoretischen Gleichungen. Vollkommener Überfall (Überfallwehr).

In der praktischen Hydraulik ist es üblich, den vollkommenen Überfall in Anlehnung an die Untersuchungen von POLENI und WEISBACH aus dem Ausfluß aus einem Gefäß mit rechteckiger Seitenöffnung herzuleiten. Unter Bezug auf Abb. 192 ergibt sich die Ausflußwassermenge dQ für einen Streifen von der Höhe dx in der Tiefe x unter dem Wasserspiegel

$$dQ = \mu dF \cdot \sqrt{2g \cdot \left(x + \frac{v_0^2}{2g}\right)}$$
$$= \mu \cdot b \cdot \sqrt{2g \cdot (x + k)} \cdot dx.$$

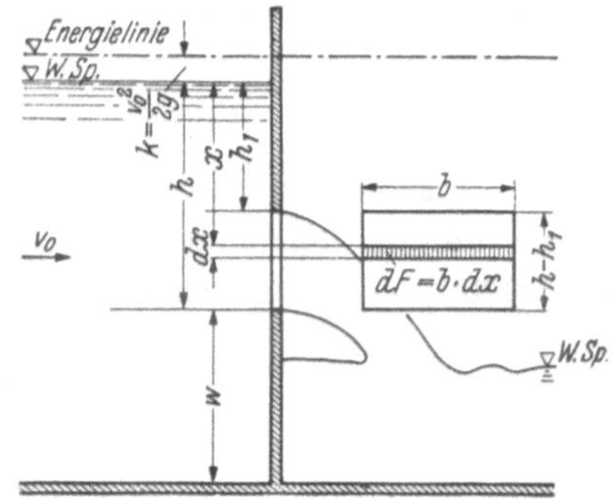

Abb. 192. Freier Durchfluß durch eine rechteckige Seitenöffnung.

Um die Übereinstimmung zwischen dem theoretischen Ansatz und der Wirklichkeit herzustellen, muß ersterer mit einem Berichtigungsfaktor μ versehen werden.

Für die ganze Ausströmungsöffnung ergibt sich durch Summierung

$$Q = \mu \cdot b \cdot \sqrt{2g} \cdot \int_{h_1}^{h} (x + k)^{1/2} \, dx$$

oder

$$Q = \tfrac{2}{3} \cdot \mu \cdot b \cdot \sqrt{2g} \cdot [(h + k)^{3/2} - (h_1 + k)^{3/2}]. \tag{1}$$

Für $v_0 = 0$ wird

$$Q = \tfrac{2}{3} \cdot \mu \cdot b \cdot \sqrt{2g} \cdot [h^{3/2} - h_1^{3/2}].$$

Setzt man $h - h_1 = a$ und $\frac{h + h_1}{2} = H$, so kann nach TOLKMITT-ZANDER[1], wenn $\frac{a}{H} < 1$, für die Ausflußwassermenge mit einem Fehler,

[1] TOLKMITT-ZANDER: Grundlagen der Wasserbaukunst. 3. Aufl., S. 71. Berlin: Ernst u. Sohn 1940.

der kleiner als 1% bleibt, gesetzt werden

$$Q = \mu \cdot b \cdot a \cdot \sqrt{2g \cdot H}.$$

Da H den Abstand der Mitte der Ausflußöffnung vom Oberwasserspiegel darstellt und $b \cdot a$ den lichten Öffnungsquerschnitt angibt, deckt sich vorstehende Beziehung für die Ausflußmenge mit jener auf S. 392 der Aufgabe 34 abgeleiteten Beziehung (1a) für Q, wenn man dort v mit dem lichten Öffnungsquerschnitt $f = b \cdot a$ multipliziert.

Für $h_1 = 0$ erhält man aus Gl. (1) die Überfallwassermenge für den *vollkommenen freien Überfall unter Berücksichtigung der Zuflußgeschwindigkeit* v_0 (sog. WEISBACHsche Gleichung)

$$Q = \tfrac{2}{3} \cdot \mu \cdot b \cdot \sqrt{2g} \cdot [(h + k)^{3/2} - k^{3/2}]. \tag{2}$$

Ist die Zuflußgeschwindigkeit v_0 sehr klein, so daß sie vernachlässigt werden kann, dann ergibt sich die bereits im Jahre 1707 von POLENI aufgestellte Formel für den *vollkommenen freien Überfall unter Vernachlässigung der Zuflußgeschwindigkeit*

$$Q = \tfrac{2}{3} \cdot \mu \cdot b \cdot \sqrt{2g} \cdot h^{3/2} = \tfrac{2}{3} \cdot \mu \cdot b \cdot h \cdot \sqrt{2g \cdot h}. \tag{2a}$$

2. Unvollkommener Überfall (Grundwehr).

Auch dessen Berechnung wird hergeleitet aus dem Ausfluß aus einem Gefäß mit rechteckiger Seitenöffnung unter Verbindung der beiden oben behandelten Fälle: freier Ausfluß über dem Unterwasser (Abb. 192) und Ausfluß ganz unter Unterwasserspiegel (Abb. 193). In letzterem Falle steht jeder beliebige Streifen dF der Ausflußöffnung unter dem konstanten Druck h_2, und man erhält für die Durchflußmenge Q unter Wasser den Ansatz

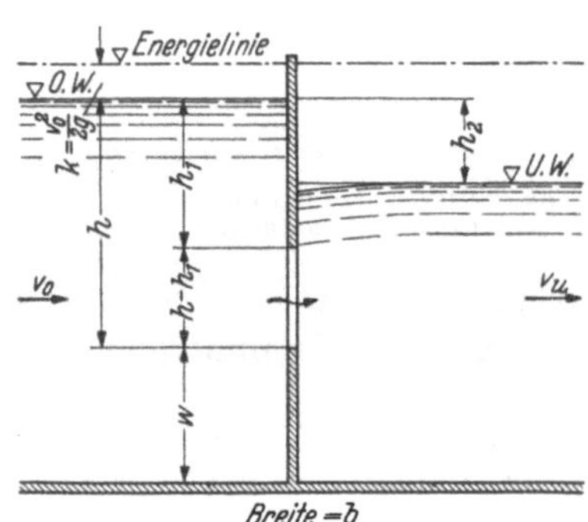

Abb. 193. Durchfluß ganz unter Wasser.

$$Q = \mu \cdot F \cdot \sqrt{2g \cdot (h_2 + k)} \tag{3}$$
$$= \mu \cdot b \cdot (h - h_1) \cdot \sqrt{2g \cdot (h_2 + k)}.$$

Zwischen dem Ausfluß, der vollkommen ins Freie, also *über* dem Unterwasser erfolgt, und dem Ausfluß, der ganz unter Wasser stattfindet, bei dem also die Durchflußöffnung *vollständig unter* dem Unterwasser liegt, gibt es noch die Möglichkeit, daß die Ausflußöffnung nur teilweise in das Unterwasser eintaucht (Abschnitt $h - h_2$ in Abb. 194), wogegen der obere Teil aus diesem herausragt ($h_2 - h_1$). Für letzteren Abschnitt der Durchflußöffnung erfolgt der Ausfluß „ins Freie“, wogegen für den Abschnitt $(h - h_2)$ der Ausfluß unter Wasser stattfindet. Die Gesamtabflußmenge Q setzt sich also aus zwei Teilbeträgen Q_1 und Q_2 zusammen. Wendet man für die beiden gekennzeichneten Ausflußabschnitte die oben abgeleiteten Beziehungen für die Abflußmengen an, so erhält man für Abschnitt $(h_2 - h_1)$ unter Benützung der obigen Gl. (1)

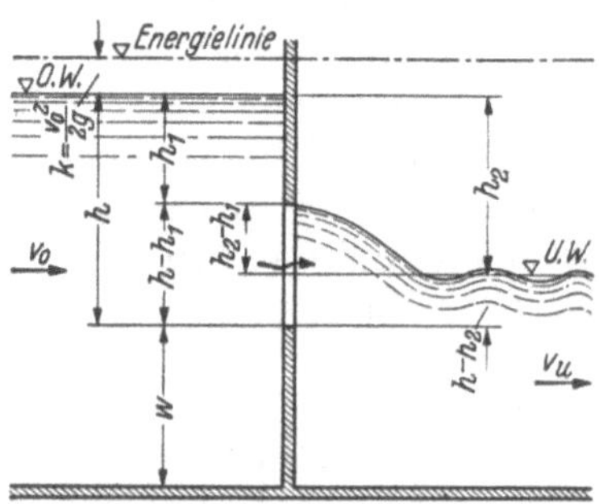

Abb. 194. Durchfluß teilweise unter Wasser.

$$Q_1 = \tfrac{2}{3} \cdot \mu_1 \cdot b \cdot \sqrt{2g} \cdot [(h_2 + k)^{3/2} - (h_1 + k)^{3/2}]$$

und für Abschnitt $(h - h_2)$ bei Verwendung der Gl. (3)

$$Q_2 = \mu_2 \cdot b \cdot \sqrt{2g} \cdot (h - h_2) \cdot \sqrt{h_2 + k}.$$

Damit ergibt sich für den *Ausfluß aus einer rechteckigen Öffnung* teilweise unter Wasser die DUBUATsche Gleichung:

$$Q = Q_1 + Q_2 = \tfrac{2}{3} \cdot \mu_1 \cdot b \cdot \sqrt{2g} \cdot [(h_2 + k)^{3/2} - (h_1 + k)^{3/2}] + \mu_2 \cdot b \cdot \sqrt{2g} \cdot (h - h_2) \cdot \sqrt{h_2 + k}. \tag{4}$$

Läßt man nun wieder h_1 zu Null werden ($h_1 = 0$, Abb. 195), so erhält man die *Formel für den unvollkommenen Überfall (Grundwehr)*:

$$Q = \tfrac{2}{3} \cdot \mu_1 \cdot b \cdot \sqrt{2g} \cdot [(h_2 + k)^{3/2} - k^{3/2}] + \mu_2 \cdot b \cdot \sqrt{2g} \cdot (h - h_2) \cdot \sqrt{h_2 + k}. \tag{5}$$

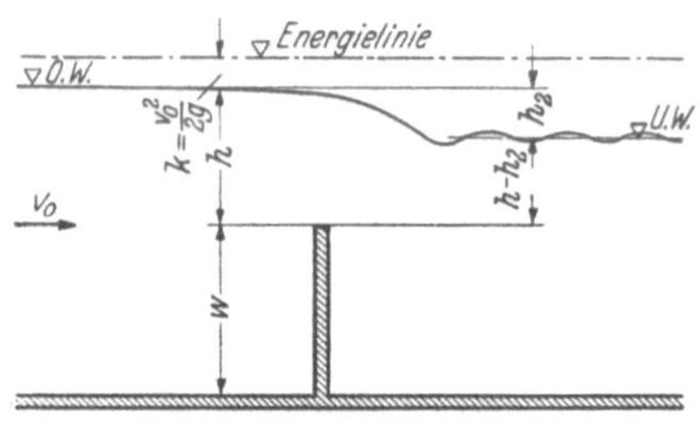

Abb. 195. Grundwehr (unvollkommener Überfall).

Bei Vernachlässigung der Zuflußgeschwindigkeit ($v_2 = 0$) vereinfacht sich die Beziehung zu

$$Q = \tfrac{2}{3} \cdot \mu_1 \cdot b \cdot \sqrt{2g} \cdot h_2^{3/2} + \mu_2 \cdot b \cdot \sqrt{2g} \cdot (h - h_2) \cdot \sqrt{h_2}. \tag{5a}$$

3. Praktische Anwendung der Überfallformeln.

Wie schon weiter oben angedeutet, müssen alle theoretischen Formelableitungen nach POLENI-DUBUAT-WEISBACH durch einen Beiwert μ berichtigt werden, um die durch sie gewonnenen Rechenergebnisse in Übereinstimmung zu bringen mit den Resultaten, die sich durch unmittelbare Messungen ergeben. Da die Ausfluß- bzw. Überfallwassermenge stets kleiner ist, und zwar erheblich kleiner als die unberichtigten theoretischen Gleichungen ergeben würde, muß auch der μ-Wert stets erheblich kleiner als 1 sein.

In dem Beiwert μ müssen folgende Umstände berücksichtigt werden[1]:

1. Die *hydraulischen Verhältnisse*, nämlich die Druckhöhe h, die Zuflußgeschwindigkeit v_0, die Abflußwassermenge Q, die Form des Abflußstrahles (ob Tauch- oder Wellstrahl), der Grad der Belüftung derselben, evtl. vorhandene Seiteneinschnürung und die Zähigkeit der Flüssigkeit;

2. die *Form und Größenverhältnisse* der Ausflußöffnung und des Überfalls, der Abstand der Ausflußöffnung bzw. der Wehrkrone vom Wasserspiegel und von der Behälter- oder Gerinnesohle, die Höhe der Unterschützhebung;

3. bei Wehren auch noch deren Stellung zur Gerinneachse (zur Anströmrichtung).

Bei der Verschiedenartigkeit der in der Praxis vorkommenden Fälle ist natürlich auch der Einfluß der vorgenannten besonderen Umstände sehr verschieden, womit auch der Zahlenwert von μ stark wechselt (zwischen etwa 0,56 und etwa 0,90). Zahlreiche Hydrauliker haben daran gearbeitet, die Gesetzmäßigkeit seiner Abhängigkeiten durch Beobachtungen und Messungen zu erforschen und zahlenmäßig zu erfassen.

In den meisten Fällen wurde dabei an die Grundformeln von POLENI angeschlossen und versucht, einen Ausdruck für μ zu finden, der die von Fall zu Fall veränderlichen Einflüsse auf seine Größe in allgemeiner Form berücksichtigt. Da diese Untersuchungen an Hand von Vergleichsmessungen mit der Methode der Empirie durchgeführt wurden, steckt in dem Ergebnis, nämlich dem μ-Wert, unausgesprochen *auch noch die Berichtigung für den Fehler*, der gegebenenfalls dadurch gemacht wurde, daß *die physikalische Vorstellung von dem Abflußvorgang* und den dabei eine Rolle spielenden Größen *mit der Wirklichkeit nicht übereinstimmt.* Denn auch *diese* Tatsache muß in dem μ-Wert irgendwie einen zahlenmäßigen Ausdruck finden, um die in der Abflußformel steckenden Abweichungen von den wirklich bestehenden Naturgesetzlichkeiten auszugleichen und Übereinstimmung mit den vorgenommenen Vergleichsmessungen herzustellen.

Um zu zeigen, welchen Anteil dieser notwendige Ausgleich an der Gesamtgröße von μ haben kann, wurden in den Abb. 196a—c drei voneinander abweichende Anschauungen für den einfachen vollkommenen Überfall mit Zuflußgeschwindigkeit = Null in ihren Ergebnissen dargestellt. Abb. 196a gibt das graphische Bild der „theoretischen“ Abflußmenge nach POLENI für $b = 1{,}0$ m*. In Abb. 196b ist die von ganz anderen physikalischen Vorstellungen für den Abflußvorgang ausgehende und daraus hergeleitete Abflußmenge nach BUNDSCHU zur Darstellung gebracht[2]. Schließlich wurde der von KEUTNER ermittelte

[1] Vgl. auch WEYRAUCH-STROBEL: Hydraulisches Rechnen, 6. Aufl., S. 177ff.

* Vgl. S. 410.

[2] BUNDSCHU: Angewandte Hydraulik. Berlin: Springer 1929.

Erguß, der sich durch die *Messung* der Größe der Einzelgeschwindigkeiten und deren Verteilung über den Querschnitt des Überfallstrahles ergab, aufgetragen[1]. Der Vergleich der Ergebnisse ist sehr aufschlußreich. Die Q-Flächen a) : b) : c) verhalten sich wie 2,96 : 1,71 : 2,1. Da wir in allen drei Fällen die ganz gleichen Verhältnisse und das gleiche Q voraussetzen, muß im Falle b) der Wert der theoretisch gefundenen Q-Fläche mit dem Faktor 1,23, im Falle a) mit dem Faktor 0,71 multipliziert werden, wenn der Fall c) als mit der Wirklichkeit am besten

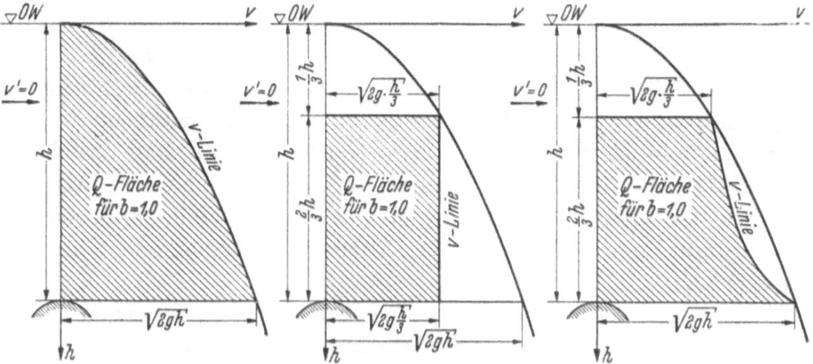

Abb. 196. Darstellung der Abflußmengen eines freien Überfalls nach verschiedenen Anschauungen (POLENI, BUNDSCHU, KEUTNER).

übereinstimmend betrachtet wird, was übrigens auch noch nicht als endgültig bewiesen erscheint. Während also die von BUNDSCHU abgeleitete Grundformel offensichtlich zu *kleine* Q-Werte liefert, wovon er sich durch seine eigenen genauen Messungen übrigens selbst überzeugte, ergibt die POLENIsche Grundformel viel zu *große* Werte. Wenn man früher annahm, daß die Kontraktion und Wandreibung die Ursache für die durch Messungen mit 20 bis 40% festgestellten Verluste seien ($\mu = \sim 0{,}80$ bis $0{,}60$), so sehen wir nunmehr, daß diese Berichtigungsziffern mit einem erheblichen Anteil gar keine „echten Verluste" ausgleichen, sondern daß dieser Anteil eben den Ausgleich darstellt für die mit der Wirklichkeit nicht übereinstimmenden physikalischen Anschauungen bei Aufstellung der Grundformel.

Der angestellte Vergleich der verschiedenen theoretischen Q-Flächen kann natürlich noch nicht alle dabei festzustellenden Abweichungen hinsichtlich der notwendigen Berichtigungen, d. h. der Herstellung der Übereinstimmung zwischen Rechnung und Messung, klarlegen. So scheint z. B. in den besonderen Fällen, in denen der μ-Wert nach POLENI durch Messung größer als 0,70 festgestellt wurde, der KEUT-

[1] KEUTNER: Neues Berechnungsverfahren für den Abfluß an Wehren aus der Geschwindigkeitsverteilung des Wassers über der Wehrkrone. Bautechn. 1929, H.37

NERsche Näherungsansatz für gut abgerundete Kronen $\left(Q = 2{,}1 \cdot h \cdot \sqrt{h}\right)$ zu kleine Q-Werte zu liefern[1].

Die besten Erfolge bei Erforschung der Abflußbeiwerte μ sind bei dünnwandigen Plattenwehren mit scharfen Überfallkanten, d. h. also bei *Meßwehren* mit „vollkommenem“ Überfall erzielt worden[2]. Für die im praktischen Wasserbau verwendeten vielerlei Wehrarten und Wehrformen fehlen dagegen noch in sehr vielen Fällen genauere Unterlagen für die Größe des μ-Wertes, der für den jeweils gerade vorliegenden Fall einigermaßen verlässig zutrifft. *Es steht nur fest, daß für abgerundete Wehrkronen die Ergüsse, also die μ-Beiwerte, größere Werte aufweisen als bei kantigen und eckigen Formen der Wehrkronen*[3], *daß ferner für den unbelüfteten Überfallstrahl bei sonst gleichen Verhältnissen der Erguß, d. h. μ, größer ist als bei dem belüfteten Strahl, daß andererseits aber bei fehlender Belüftung der Überfall unruhig arbeitet*[4]. Im Einzelfall besteht aber hinsichtlich der Berechnungsgrundlage nach wie vor eine gewisse Unsicherheit, die besonders fühlbar ist bei den „unvollkommenen“ Wehren (Grundwehren usw.), deren systematische experimentelle Untersuchung noch aussteht.

In den meisten Fällen der Praxis ist bei Wehrberechnungen die Aufgabe gestellt, eine maximale Hochwassermenge sicher abzuführen, *ohne den zulässigen höchsten Stauspiegel zu überschreiten.* Bei Ermittlung der hydraulisch bedingten Wehrgrößen ist man in solchen Fällen — wenn kein genau zutreffender μ-Wert durch Versuche gegeben ist — gezwungen, den *kleinsten* der für den Fall „üblichen“ μ-Werte in Ansatz zu bringen. Umgekehrt wird man da, wo etwa aus wasserwirtschaftlichen Gründen ein Stauziel *nicht unter*schritten werden soll (Einhaltung eines *Mindest*staues!), mit dem *größten* der wahrscheinlichen μ-Werte rechnen. Um beim Betrieb der Anlage die Möglichkeit zu besitzen, die Abweichungen der Rechenergebnisse hinsichtlich des Ergusses von der Wirklichkeit kompensieren zu können, sollte man — zumindest bei festen Wehren mit „empfindlicher“ Wasserspiegellage — *bewegliche*

---

[1] Die *beiwertfreie* Überfallgleichung (vollkommener Überfall mit gut abgerundeter Wehrkrone) nach KEUTNER lautet:

$$q = 4{,}067 \cdot b \cdot h \cdot \sqrt[5]{\frac{h}{w}} \cdot \sqrt{h + k - 0{,}73 \cdot h \cdot \sqrt[5]{\frac{h}{w}}} = \mathrm{m^3/sek}.$$

b = Wehrbreite, w = Höhe der Wehrkrone über der O.W.-Sohle, h = Überfallhöhe (Unterschied zwischen O.W.- und Wehrkrone), k = Geschwindigkeitshöhe aus der Zuflußgeschwindigkeit (vgl. Abb. 192).

[2] Vgl. die bei S. 412, Fußn. 1 gemachten Literaturangaben.

[3] Vgl. hierzu die μ-Werte in Tafel 15 des Anhanges.

[4] Vgl. dazu auch die Lichtbildaufnahmen der Aufgabe 38, insbesondere Abb. 226a und b, sowie 229a und c (unbelüfteter) und Abb. 226c und e, sowie 229b und d (belüfteter Strahl).

Wehrteile vorsehen, die jederzeit erlauben, durch Vergrößerung oder Verkleinerung der Abflußöffnungen regulierend einzugreifen. Auf diese Weise kommt der Konstrukteur über die vorhandenen Unsicherheiten hinsichtlich der Größe der μ-Werte hinweg, wenn er nur genügend Klarheit über den Charakter des Abflußstrahls — ob Tauchstrahl oder Wellstrahl — hat und damit vor allem entscheiden kann, ob und wann er es mit einem „vollkommenen“ oder „unvollkommenen“ Wehr zu tun hat. Noch wichtiger für den Konstrukteur ist diese Vorauskenntnis des Abflußbildes für die notwendige konstruktive Formgebung des Wehrquerschnittes und der Kolksicherung. Diesen Einblick in die voraussichtlichen Abflußverhältnisse verschafft man sich neuerdings vielfach durch Modellversuche im Laboratorium. Diese haben sich so gut bewährt[1], daß man wenigstens bei Projekten mit größeren bzw. wichtigeren Wehrbauten davon Gebrauch machen sollte.

Nun zur speziellen Lösung des gegebenen Aufgabenbeispiels!

Frage I.

In den Wasserlauf ist ein *festes* Wehr einzubauen, das bei einer Wasserführung $Q = 40\,m^3/sek$ einen Aufstau um $h_2 = 0{,}80$ m bewirkt. Aus der Abflußkurve (Abb. 197) ergibt sich für $Q = 40\,m^3/sek$ eine Wassertiefe $t = 1{,}07$ m und eine mittlere Abflußgeschwindigkeit $v = 1{,}25$ m/sek. Nach Einbau des Wehres soll also der Wasserspiegel *oberhalb* des Staukörpers um $t + h_2 = 1{,}07 + 0{,}80 = 1{,}87$ m über der Gerinnesohle liegen. Es fragt sich nun, welche Höhe w der Wehrkörper erhalten muß oder um welchen Betrag h die Überfallkrone dieses Wehrkörpers unter dem Stauziel liegen muß, um diese geforderte neue Spiegellage zu erzwingen?

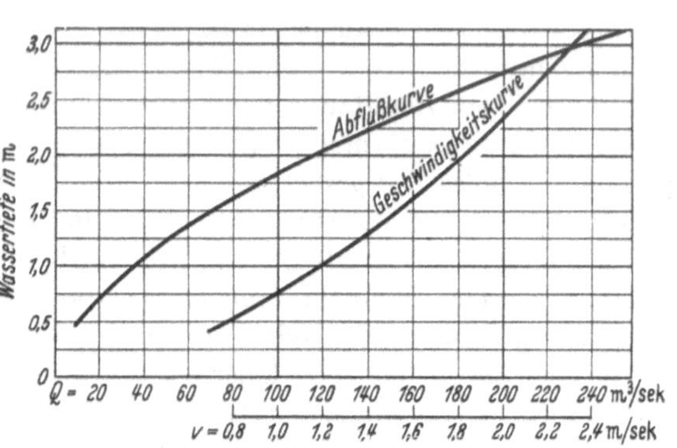

Abb. 197. Abflußkurve und Geschwindigkeitskurve.

Wir haben bereits weiter oben festgestellt, daß das Fördervermögen des Wehres von der Größe des Beiwertes μ abhängt und letzterer wiederum u. a. von der *Form* der Überfallkrone (abgerundet oder kantig!). Der Übung halber werden für das vorliegende Beispiel zweierlei Wehr-

[1] Vgl. z. B. THIERRY-MATSCHOSS: Die Wasserbaulaboratorien Europas. Berlin 1926. — SCHOKLITSCH: Der Wasserbau. Zitiert S. 369. Mit zahlreichen Literaturangaben.

formen zugrunde gelegt, eine kantige und eine runde Form, und die Berechnung wird zunächst auf die einfachste Art durchgeführt, indem *alle* Einflüsse auf den Abflußwirkungsgrad durch einen angenommenen Zahlenwert für μ Berücksichtigung finden sollen, wie dies in der Tafel 15 des Anhangs unter 1a und 2 geschehen ist.

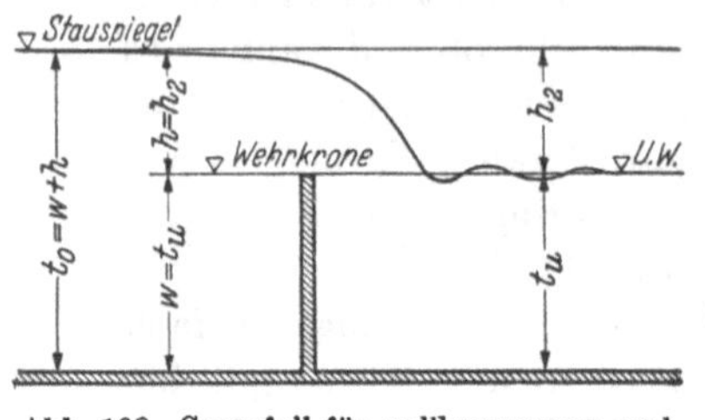

Abb. 198. Grenzfall für vollkommenen und unvollkommenen Abfluß.

Da die Formeln zur Berechnung der Wehrhöhe bzw. Überfallhöhe ganz verschieden sind, je nachdem es sich um einen „vollkommenen“ oder aber um einen „unvollkommenen“ Überfall handelt, muß zunächst für unser Beispiel geklärt werden, um welche Art Überfall es sich hier handelt. Dazu stellt man zweckmäßig eine *Versuchsrechnung* an für den *Grenzfall* zwischen vollkommenen und unvollkommenen Überfall, indem das Wehr so hoch angenommen wird, *daß seine Krone gerade in Höhe des Unterwassers* (= ungestauter Wasserspiegel bei $Q = 40$ m³/sek) *gelegt wird* (Abb. 198). *Für diesen Fall gilt rechnungsmäßig gerade noch die Formel für den vollkommenen Überfall* [Gl. (2) bzw. (2a)]. Wird bei dieser Rechnung $Q > 40$ m³/sek, so muß die Wehrhöhe $w > t_\mu$ gemacht werden, um den gewünschten Stauspiegel bei dem Erguß von $Q = 40$ m³/sek zu halten. Es muß dann ein *Überfallwehr* angeordnet werden.

Ergibt sich bei Benützung der Formel (2) bzw. (2a) für den Grenzfall eine Überfallwassermenge $Q = 40$ m³/sek, so ist die *angenommene* Wehrhöhe w *gleich der gesuchten.*

Wird dagegen für die Annahme $w = t_\mu$ und für die festgelegte Stauhöhe $h_2 = 0{,}80$ m der Erguß $Q < 40$ m³/sek, dann muß die Wehrhöhe w verkleinert werden. Damit kommt die *Wehrkrone unter den Unterwasserspiegel* zu liegen, es ergibt sich entsprechend der Ableitung der Gl. (5) bzw. (5a) ein *unvollkommener* Überfall, also ein *Grundwehr*. Es ist dabei angenommen bzw. vorausgesetzt, daß der Abfluß über das Wehr als *Well*strahl, *nicht* als *Tauch*strahl erfolgt.

Durchführung der Berechnung für den Grenzfall:

1. Annahme: Wehrkrone *abgerundet*; $\mu \sim 0{,}80$ (Abb. 199a).

a) Vernachlässigung der Zuflußgeschwindigkeit ($v_0 = 0$).

Nach Formel (2a) wird

$$Q = \tfrac{2}{3} \cdot \mu \cdot b \cdot \sqrt{2g} \cdot h^{3/2}$$

$$Q = \tfrac{2}{3} \cdot 0{,}80 \cdot 28{,}0 \cdot 4{,}43 \cdot 0{,}80^{3/2}$$

$$Q = 66{,}20 \cdot 0{,}718 = 47{,}5 \text{ m}^3/\text{sek} > 40 \text{ m}^3/\text{sek},$$

also ein *Überfall*wehr notwendig mit einer Wehrhöhe $w > t_u$

b) Berücksichtigung der Zuflußgeschwindigkeit v_0.

$$v_0 = \frac{Q}{F_{st}} = \frac{Q}{s \cdot t_0 + 2 t_0^2} = \frac{40}{28{,}0 \cdot 1{,}87 + 2 \cdot 1{,}87^2} = \frac{40}{59{,}4} = 0{,}674 \text{ m/sek}$$

und $k = \frac{v_0^2}{2g} = \frac{0{,}674^2}{19{,}62} = 0{,}023 \text{ m}$.

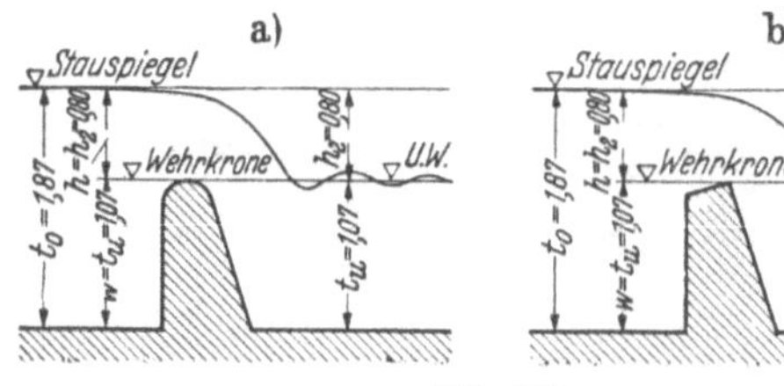

Abb. 199.

Somit nach Gl. (2)

$$Q = \tfrac{2}{3} \cdot \mu \cdot b \cdot \sqrt{2g} \cdot [(h + k)^{3/2} - k^{3/2}]$$

$$Q = \tfrac{2}{3} \cdot 0{,}80 \cdot 28 \cdot 4{,}43 \cdot [(0{,}80 + 0{,}023)^{3/2} - 0{,}023^{3/2}]$$

$$Q = 66{,}20 \cdot [0{,}823^{3/2} - 0{,}023^{3/2}]$$

$$Q = 66{,}20 \cdot [0{,}746 - 0{,}004] = \mathbf{49{,}1} \text{ m}^3/\text{sek}.$$

Das Ergebnis unterstreicht die unter (1a) gemachte Feststellung. Betrachtet man in der vorstehenden Gl. (2) die Größe h als die notwendige, aber unbekannte Überfallhöhe und setzt $Q = 40 \text{ m}^3/\text{sek}$, so erhält man

$$(h + 0{,}023)^{3/2} - 0{,}004 = \frac{40}{66{,}20} = 0{,}605;$$

daraus $h = 0{,}696 \sim \mathbf{0{,}70}$ m, d. h. bei 70 cm Überfallhöhe beträgt bei dem Wehr mit abgerundeter Krone der Erguß, wie gewünscht, $Q = 40 \text{ m}^3/\text{sek}$. Dies entspricht einer Wehrhöhe $w = 1{,}87 - 0{,}70 = \mathbf{1{,}17}$ m.

2. Annahme: Wehrkrone *eckig*; $\mu \sim 0{,}63$ (Abb. 199b).

a) Vernachlässigung der Zuflußgeschwindigkeit ($v_0 = 0$)

$$Q = 47{,}5 \cdot \frac{0{,}63}{0{,}80} = \mathbf{37{,}4} \text{ m}^3/\text{sek}.$$

b) Berücksichtigung der Zuflußgeschwindigkeit v_0

$$Q = 49{,}1 \cdot \frac{0{,}63}{0{,}80} = \mathbf{38{,}7} \text{ m}^3/\text{sek}.$$

Rechnungsmäßig genügt also der Abflußquerschnitt bei eckiger Wehrkrone nicht, so daß eine Verkleinerung der Wehrhöhe w in diesem Falle erforderlich erscheint. Wie man sich aber leicht durch Nachrechnung überzeugen kann, genügt bereits eine Vergrößerung des μ von 0,63 auf etwa 0,65 oder aber eine Vergrößerung des h von 0,80 auf rd. 0,82 m, um rechnungsmäßig den Erguß $Q = 40\,\text{m}^3/\text{sek}$ zu erhalten. Das heißt, bei der 2. Annahme befinden wir uns noch im Grenzbereich zwischen Überfall und Grundwehr. Es wird deshalb $w = 1{,}07$ m ge-

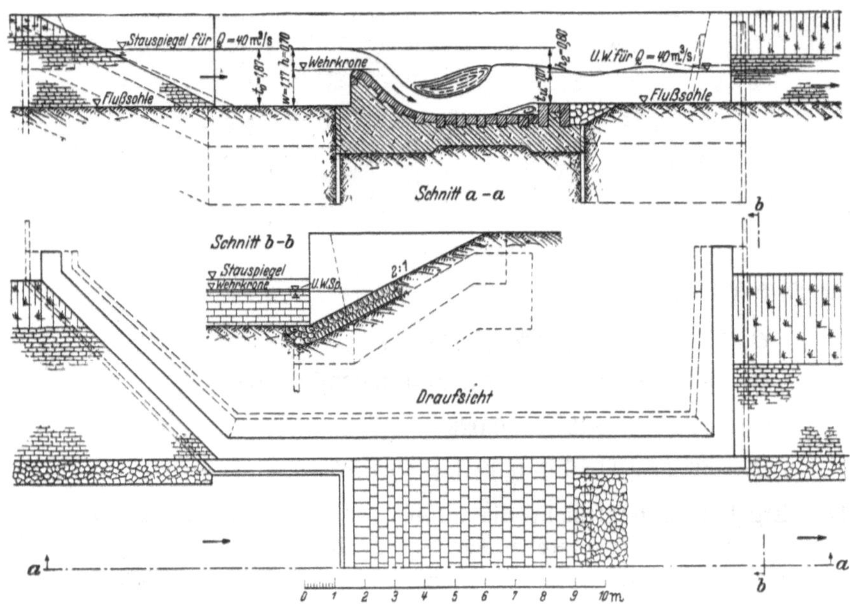

Abb. 200. Beispiel eines festen Wehres mit abgerundeter Wehrkrone.

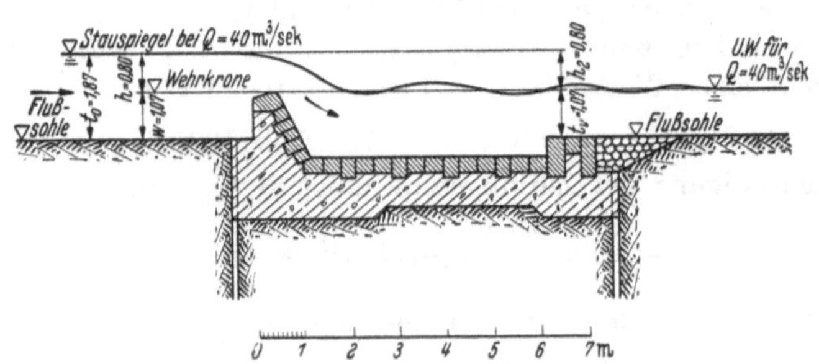

Abb. 201. Festes Wehr mit eckiger Wehrkrone.

wählt und μ etwas vergrößert durch Anordnung einer etwas abgerundeten Überfallkante (Abb. 201).

In den Abb. 200 und 201 sind die berechneten Wehre mit runder und eckiger Krone als Beispiele von vielen Möglichkeiten dargestellt.

Frage II.

Wenn die Wassertiefe oberhalb des Wehres zunimmt, so ist dies auf erhöhten Wasserzufluß von oben zurückzuführen. Damit vergrößert sich auch der Erguß über das Wehr. Dieser wachsende Abfluß über das Stauwerk bedingt eine Zunahme der Tiefe des Unterwassers. Damit geht der vollkommene Überfall allmählich in einen *unvollkommenen* Überfall über. Bei welchen Abflußverhältnissen dieser Zustand tatsächlich eintritt, ist schwer vorauszusagen. Nehmen wir an, bei bordvollem Oberwasserprofil ($t_0 = 3{,}0$ m) wäre dieser Zustand gegeben. Dann kann unter Bezug auf Abb. 202 nach dem Vorgehen DUBUATS die weiter oben entwickelte Formel (5) für den *unvollkommenen* Überfall für die Ermittlung des Ergusses angewendet werden:

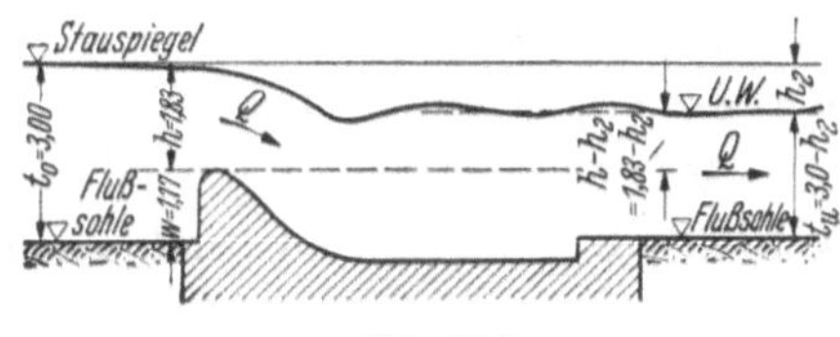

Abb. 202.

$$Q = \tfrac{2}{3} \cdot \mu_1 \cdot b \cdot \sqrt{2g} \cdot [(h_2 + k)^{3/2} - k^{3/2}] + \mu_2 \cdot b \cdot \sqrt{2g} \cdot (h - h_2) \cdot \sqrt{h_2 + k}\,.$$

Dabei ist

$$k = \frac{v_2^2}{2g} = \left(\frac{Q}{F_0}\right)^2 \cdot \frac{1}{2g} = \left(\frac{Q}{102}\right)^2 \cdot \frac{1}{19{,}62}\,.$$

Für die Beiwerte μ dürfte in unserem Falle für $\mu_1 = 0{,}80$ und für $\mu_2 = 0{,}67$ angemessen sein (vgl. Tafel 15 des Anhanges). Mit $b = 28{,}0$ m und $h = 3{,}0 - 1{,}17 = 1{,}83$ m wird dann

$$Q = \tfrac{2}{3} \cdot 0{,}80 \cdot 28{,}0 \cdot 4{,}43 \cdot [(h_2 + k)^{3/2} - k^{3/2}] + 0{,}67 \cdot 28{,}0 \cdot 4{,}43 \cdot (1{,}83 - h_2) \cdot \sqrt{h_2 + k}$$

oder

$$Q = 66{,}2 \cdot [(h_2 + k)^{3/2} - k^{3/2}] + 83{,}0 \cdot (1{,}83 - h_2) \cdot \sqrt{h_2 + k}.$$

In dieser Beziehung sind zunächst Q *und* h_2 unbekannt. Da aber h_2 auch eine Funktion der Unterwassertiefe t_u ist ($t_u = 3{,}0 - h_2$), und der Zusammenhang zwischen t_u und Q in der Abflußkurve (Abb. 197) festgelegt ist $(Q \cdot f(t_u))$, kann der Erguß Q eindeutig ermittelt werden, da wegen des Beharrungszustandes beide Q-Werte gleich groß sein müssen.

Man erhält für $t_u = 2{,}18$ m aus der Abflußkurve $Q = 135$ m³/sek. Diesem $t_u = 2{,}18$ m entspricht ein $h_2 = 3{,}00 - 2{,}18 = 0{,}82$ m und $h - h_2 = 1{,}83 - 0{,}82 = 1{,}01$ m. Mit $Q = 135$ m³/sek wird $k = \left(\frac{135}{102}\right)^2 \cdot \frac{1}{19{,}62}$ $= 0{,}089$ m und $h_2 + k = 0{,}82 + 0{,}089 = 0{,}909$ m, also

$$Q = 66{,}2 \cdot [0{,}909^{3/2} - 0{,}089^{3/2}] + 83{,}0 \cdot 1{,}01 \cdot \sqrt{0{,}909}$$

$$Q = 135{,}4 \sim 135 \text{ m}^3/\text{sek},$$

d. h. der Erguß bei $h_2 = 0{,}82$ m ist ebenso groß wie die Abflußmenge im Unterwassergerinne bei einer Wassertiefe $t_u = 3{,}0 - 0{,}82 = 2{,}18$ m.

Nun wurde ja schon darauf hingewiesen, daß die vorstehend benützte Formel für den unvollkommenen Überfall keine besondere Verlässigkeit besitzt. Denn wenn der Erguß über die Wehrschwelle in Form eines Tauchstrahls erfolgt, kann hydraulisch die Wirkungsweise des „vollkommenen Überfalls" vorliegen. Diesem Falle entspräche eine Fördermenge Q nach Formel (2)

$$Q = 66{,}20 \cdot [(1{,}83 + 0{,}089)^{3/2} - 0{,}089^{3/2}] = \mathbf{174}\ \mathrm{m^3/sek}.$$

Diesem Erguß steht eine Überfallmenge gegenüber von nur 135 m³/sek bei der Annahme der hydraulischen Wirkungsweise eines „unvollkommenen" Überfalls nach DUBUAT. Die letztere Berechnungsgrundlage bietet also erhebliche Sicherheit hinsichtlich des ermittelten Stauspiegels bei gegebenem Q bzw. der errechneten Wassermenge bei festgelegtem Stauspiegel. Mit dieser Kenntnis ist dem Praktiker meist schon sehr viel gedient, da er es ja in der Hand hat, durch entsprechende vorsorgliche konstruktive Maßnahmen beim Entwurf Möglichkeiten für die Regulierung des Stauspiegels zu schaffen.

Eine zweite Unsicherheit in dem Rechenergebnis nach der Formel für den „unvollkommenen" Überfall liegt in der *Annahme* der Größe der Beiwerte μ. Dies gilt besonders für die hohen μ Werte. Man gewinnt auch hier an Sicherheit, wenn man — worauf ja auch in Tafel 15 des Anhangs hingewiesen ist — mit den kleineren μ-Werten rechnet. Dabei ist es nicht zu vermeiden, daß in manchen Fällen die in der Rechnung enthaltenen Sicherheiten durch Summierung zu starken Divergenzen zwischen den *Rechen*ergebnissen und den *tatsächlichen* Verhältnissen in der Natur führen. Solange es aber der wissenschaftlichen Forschung nicht gelingt, dem Wasserbau*praktiker* neue bessere und im Gebrauch einfache Rechnungsgrundlagen für seine hydrotechnischen Berechnungen zur Verfügung zu stellen, und auch der allenfallsige Modellversuch keine ausreichenden zahlenmäßigen Aufschlüsse gibt, muß er sich mit den geschilderten Verhältnissen abfinden und, wie schon erwähnt, in seinem Konstruktionsentwurf Ausgleichsmöglichkeiten schaffen zur Beseitigung solcher Divergenzen, soweit sie später (im Betrieb der Anlage) störend wirken können.

Aufgabe 36.

Stau infolge von Einbauten (Pfeilern, Einspundungen) in fließenden Gewässern („Brückenstau").

Ein von Ufermauern eingefaßter Fluß weist eine mittlere Breite $B = 136$ m auf. Bei einer Hochwasserführung $Q_{HHW} = 1800$ m³/sek beträgt die mittlere Wassertiefe $t_0 = 4{,}0$ m, die mittlere Geschwindigkeit

$v_0 = \frac{Q}{F} = \frac{Q}{B \cdot t_0} = \frac{1800}{136 \cdot 4{,}0} = 3{,}30\,\mathrm{m/sek}$ und das Spiegelgefälle $J = 1{,}4^0/_{00}$. Man ermittle die Stauwirkung von Einbauten in den Flußquerschnitt, und zwar für folgende Annahmen:

1. Einbau von 3 Pfeilern, deren jeder $d = 3{,}0\,\mathrm{m}$ breit und $l = 16{,}0\,\mathrm{m}$ lang ist;

2. Anordnung von 5 Pfeilern mit je $d = 4{,}0\,\mathrm{m}$ Breite und $l = 20\,\mathrm{m}$ Länge;

3. Verbauung des Hochwasserprofils auf $b = \frac{3}{5} B$ durch Einspundung einer Baustelle im Flusse ($b = \frac{3}{5} B = 81{,}6\,\mathrm{m}$, also $d = \frac{2}{5} B = 54{,}4\,\mathrm{m}$; $l = 30\,\mathrm{m}$).

Lösung.

Wenn im Durchflußquerschnitt eines Gerinnes Einbauten errichtet werden, dann verkleinern diese den Durchflußquerschnitt und rufen dadurch eine Spiegelhebung über den ursprünglich vorhandenen Wasserspiegel, also einen *Stau* oberhalb der Einbauten hervor. Bei diesen Einbauten handelt es sich in der Mehrzahl der Fälle um Pfeiler für Brücken oder für bewegliche Wehre. Solche Einbauten liegen aber auch vor z. B. bei Baustellen in Flüssen mit Abdämmungen gegen das Flußwasser durch Spundwände oder Fangedämme[1]. Im Hinblick auf die Tatsache, daß der *Brückenpfeiler* die häufigste Ursache dieses Staues ist, wird er allgemein mit „*Brückenstau*" bezeichnet.

Auf das Ausmaß des Brückenstaues sind nach Untersuchungen Rehbocks[2] folgende 4 Größen von Einfluß: die Geschwindigkeitshöhe k_0 des ungestauten Wasserlaufes; der Umfang der Verbauung des Querschnittes; das Fließverhältnis, das die Eigenschaften des Wasserlaufes kennzeichnet; die geometrische Gestalt des Pfeilers.

Praktisch interessiert die Größe der Stauwirkung vor allem bei größeren Wasserführungen (Hochwässern), also bei den vorkommenden höchsten Wasserständen im Gerinne. Es ist hier nämlich wichtig zu wissen, ob die geplanten Einbauten die an und für sich schon hohen Wasserstände durch die von ihnen hervorgerufenen Stauwirkungen so anwachsen lassen, daß sich stromauf unzulässige Spiegelverhältnisse einstellen. Deshalb müssen die Wasserpolizeibehörden bei Brücken-, Wehrbauten usw. jeweils auch den hydrotechnischen Nachweis fordern, daß die mit dem geplanten fertigen Bauwerk, aber auch die mit den Ausführungsmaßnahmen verbundene Stauwirkung flußaufwärts unschädlich ist. Dabei ist der Stau während des Baues infolge Profilverengung zwar nur vorübergehend wirksam, übertrifft aber denjenigen durch das fertige Bauwerk häufig erheblich.

In der Annahme, daß der Brückenstau eine ganz ähnliche Er-

---

[1] Vgl. dazu Aufgabe 37, S. 434.

[2] Zbl. Bauverw. 1919 Nr. 37; Bauingenieur 1921.

scheinung wie der Stau bei Wehren ist, hat man früher u. a. versucht (z. B. RÜHLMANN), die Brückenstauberechnung aus der Gleichung für Grundwehre (unvollkommener Überfall) herzuleiten.

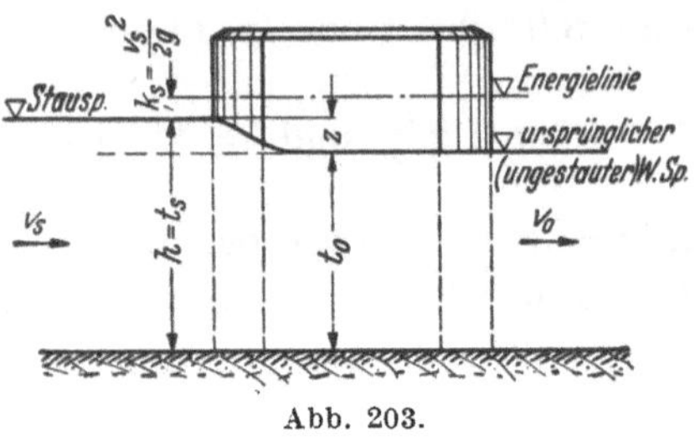

Abb. 203.

Diese Gleichung lautet bekanntlich [vgl. Aufgabe 36, Gl. (5) und Abb. 196]

$$Q = \tfrac{2}{3}\mu_1 b\sqrt{2g}[(h_2 + k)^{3/2} - k^{3/2}] + \\ + \mu_2 b\sqrt{2g}(h - h_2)\cdot\sqrt{h_2 - k}.$$

Setzt man die Wehrhöhe $w = 0$, führt man außerdem für h die Bezeichnung t_s ein und setzt $h_2 = z$ (Stauhöhe!), ferner $t_s - z = t_0$ (t_0 = ursprüngliche Wassertiefe), schließlich $k = k_s$ (= Geschwindigkeitshöhe im Stauquerschnitt), so ergibt die RÜHLMANNsche *Grundablaßformel* (Abb. 203):

$$Q = \tfrac{2}{3}\mu_1 b\sqrt{2g}\cdot[(z + k_s)^{3/2} - k_s^{3/2}] + \mu_2 b\sqrt{2g}\cdot t_0\cdot\sqrt{z + k_s}.$$

b gibt hier die *gesamte* kleinste lichte Durchflußbreite zwischen den Einbauten an. Nimmt man $\mu_1 = \mu_2 = \mu \sim 0{,}9$ (als Mittelwert) an, dann wird

$$\mu\sqrt{2g} = 0{,}9\cdot 4{,}43 = 4{,}0 \quad \text{und die Wassermenge}$$

$$Q = 4\cdot b\cdot\{\tfrac{2}{3}\cdot[(z + k_s)^{3/2} - k_s^{3/2}] + t_0\cdot(z + k_s)^{1/2}\}$$

oder

$$\frac{Q}{4\cdot b} = \frac{2}{3}\cdot[(z + k_s)^{3/2} - k_s^{3/2}] + t_0\cdot(z + k_s)^{1/2}.$$

Daraus wird nun z, das auch im k_s steckt, am besten durch Probieren ermittelt. Dabei ist $v_s = \frac{Q}{B\cdot t_s} = \frac{Q}{B(t_0 + z)}$ und $k_s = \frac{v_s^2}{2g}$ zu setzen. B ist mittlere Breite des Flusses außerhalb der Verbauung.

Einen anderen Weg zur rechnerischen Erfassung des Brückenstaues ging D'AUBUISSON, indem er ihn herleitete aus dem Unterschied der Geschwindigkeitshöhen des oberhalb der Pfeiler langsamer, zwischen den Pfeilern aber schneller fließenden Wassers. Die D'AUBUISSONsche Formel lautet:

$$z = \frac{\zeta}{2g}\cdot\left[\left(\frac{Q}{\mu\cdot b\cdot t_0}\right)^2 - \left(\frac{Q}{B\cdot(t_0 + z)}\right)^2\right].$$

Darin ist

Q = die von oben kommende Gesamtwassermenge,
B = mittlere Breite des unverbauten Flusses,
b = gesamte minimale Durchflußbreite zwischen den Pfeilern,
t_0 = mittlere Wassertiefe des ungestauten Flusses bei einer mittleren Geschwindigkeit v_0,
z = Höhe des Staues,
μ = Einschnürungsbeiwert (meist angenommen mit 0,85 bei stumpfen, mit 0,95 bei spitzen Pfeilern, im Mittel 0,9),
ζ = Berichtigungsziffer, weil die Geschwindigkeit sich nicht gleichmäßig über den Querschnitt verteilt.

Da $Q = v_0 \cdot (B \cdot t_0)$, läßt sich auch setzen:

$$z = \zeta \cdot \frac{v_0^2}{2g} \left[\left(\frac{B}{\mu \cdot b} \right)^2 - \left(\frac{t_0}{t_0 + z} \right)^2 \right].$$

Bei der Berechnung von z setzt man zunächst näherungsweise $(t_0 + z) \sim t_0$ und verbessert dann das erste Ergebnis durch Einsetzen des 1. Näherungswertes für z in den Nenner des 2. Klammerausdruckes.

Neben RÜHLMANN und D'AUBUISSON haben noch viele andere Hydrauliker Brückenstauformeln aufgestellt (z. B. FREYTAG, WEX, LORENZ). *Allen diesen Formeln ist gemeinsam, daß ihre Rechenergebnisse unzuverlässig sind.* Das ist wohl zum Teil darauf zurückzuführen, daß der Abflußvorgang beim Durchfluß durch Öffnungen zwischen Einbauten (Pfeilern) äußerst verwickelter Natur ist und daß Messungen des Brückenstaues an ausgeführten Bauten sehr schwierig sind. Denn abgesehen von der Schwierigkeit der *genauen* Bestimmung der Wassermengen, kennt man meist nicht die genauen Spiegellagen an der späteren Einbaustelle (Brücke, Wehr) *vor* der Erstellung der Einbauten und kann deshalb nachträglich die Stauhöhe nicht mehr genau messen. Jedenfalls erfordert diese Sachlage, daß der Ingenieur, der mit den oben genannten Formeln arbeiten will, dieselben mit der notwendigen kritischen Einstellung verwendet, um sich später unliebsame Überraschungen zu ersparen.

Um der Wasserbaupraxis für die rechnerische Bestimmung des Brückenbaues verlässigere Unterlagen zur Verfügung zu stellen, als es die oben genannten Formeln vermögen, führte REHBOCK im Karlsruher Flußbaulaboratorium über 2000 Stauversuche mit den verschiedensten Pfeilerformen und Verbauungsverhältnissen durch und entwickelte aus den Ergebnissen seine Brückenstauformeln[1]. Etwa zur gleichen Zeit veröffentlichte KREY ein Verfahren zur Bestimmung des Brückenstaues, das — wie die REHBOCKschen Formeln — ebenfalls brauchbare, der Wirklichkeit nahekommende Resultate liefert[2]. Dabei gibt das KREYsche Verfahren[3] zwar ein klareres, anschaulicheres Bild der Abflußverhältnisse, ist aber in der Anwendung schwieriger als die REHBOCKschen Formeln, weshalb die letzteren zur Lösung der vorliegenden Aufgabe benützt werden sollen.

Die REHBOCKschen Brückenstauformeln besitzen für die Stauhöhe z den gleichen Aufbau:

$$z = \beta \cdot \alpha \cdot k_0.$$

Der Faktor β, die „*Stoßziffer*", wird aus den Versuchen ermittelt, während die Faktoren α und k_0 Größen darstellen, die sich aus den Verhältnissen des *un*gestauten Wasserlaufes ergeben.

---

[1] Zbl. Bauverw. 1919; Bauingenieur 1921. [2] Zbl. Bauverw. 1919.

[3] Zbl. Bauverw. 1919, S. 472. — Auf S. 451 wurde eine Stauermittlung in Anlehnung an das KREYsche Verfahren durchgeführt.

α stellt dabei das „*Verbauungsverhältnis*" dar und ist

$$\alpha = \frac{f}{F},$$

wenn F den gesamten, unverbauten Durchflußquerschnitt im ungestauten Wasserlauf, f den unter der ursprünglichen Spiegellinie liegenden größten Verbauungsquerschnitt, senkrecht zur Flußachse gemessen, bedeutet.

k_0 bezeichnet die Geschwindigkeitshöhe der ursprünglichen mittleren Zuflußgeschwindigkeit v_0, also

$$k_0 = \frac{v_0^2}{2g}.$$

Dividiert man den Wert k_0 mit der Wassertiefe t_0 im ungestauten Wasserlauf (ursprüngliche Wassertiefe), dann erhält man nach REHBOCK das „*Fließverhältnis*"

$$\omega = \frac{k_0}{t_0} = \frac{v_0^2}{2g \cdot t_0}.$$

Bei der Berechnung der Stauhöhe unterscheidet REHBOCK 3 Fälle je nach der Bewegungsweise des Wassers zwischen den Einbauten, nämlich

a) *rein „strömender"* Durchfluß, wobei kein Übergang zum „Schießen" vorkommt (Abb. 204);

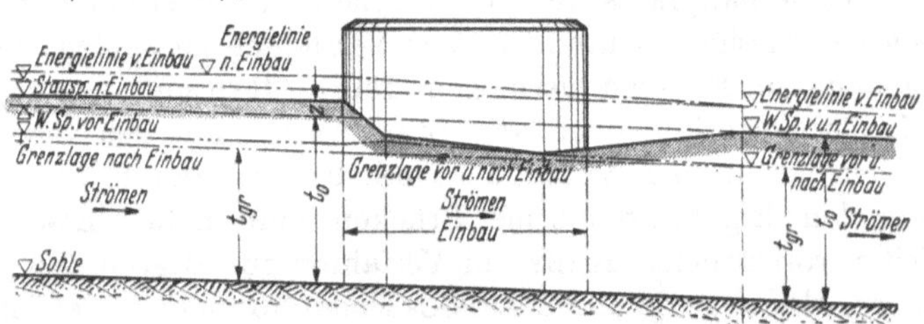

Abb. 204. Rein „strömender" Durchfluß.

b) *teilweiser* Fließwechsel, wobei ein Teil des ursprünglich strömenden Wassers zu schießen beginnt und wobei die auf der Oberfläche entstehenden Deckwalzen mit den unterstromigen Pfeilerenden in Berührung bleiben;

c) *voller Fließwechsel,* wobei das strömende Wasser ganz in den schießenden Schießzustand übergeht und wobei sich die Deckwalzen von den Pfeilerenden trennen und flußabwärts wandern (Abb. 205).

Die Grenzen A und B dieser 3 Arten der Wasserbewegung hängen eng mit dem „Verbauungsverhältnis" und dem „Fließverhältnis" zusammen. Es ergibt sich für die Grenze A zwischen den Durchflußarten a und b der Grenzwert α_A zu

$$\alpha_A = \frac{1}{0{,}97 + 21 \cdot \omega} - 0{,}13$$

und für die Grenze B zwischen den Durchflußarten b und c der Grenzwert α_B zu

$$\alpha_B = 0{,}05 + (0{,}9 - 2{,}5 \cdot \omega)^2.$$

Für die oben näher gekennzeichneten Fälle erhält man nun für den Normpfeiler I (Abb. 206) folgende Beziehungen zur Ermittlung der Stauhöhe:

Fall a): Für *rein strömenden Durchfluß*, dem häufigsten Fall der Praxis, gilt *allgemein*:

$$z_a = [(0{,}72 + 1{,}2 \cdot \alpha + 40 \cdot \alpha^4)\,(1 + 2 \cdot \omega)] \cdot \alpha \cdot k_0.$$

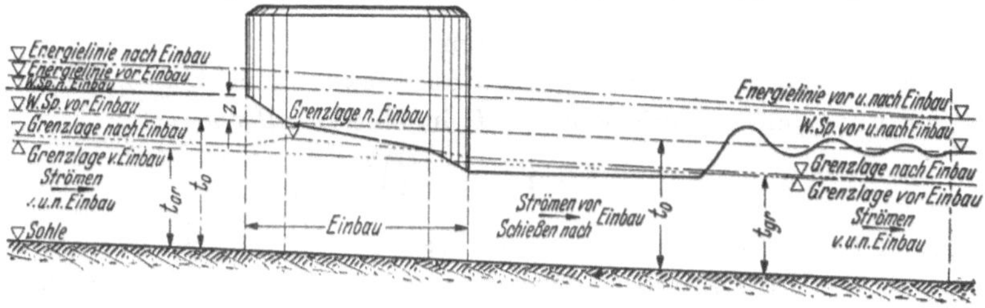

Abb. 205. Durchfluß mit vollem Fließwechsel.

Wie die Rehbockschen Versuche ergaben, ist diese Formel bis zu dem Wert $\alpha = 0{,}6$ gültig, d. h. bis zu einer 60proz. Verbauung.

Ist $0{,}06 < \alpha < 0{,}16$ und gleichzeitig $0{,}03 < w < 0{,}12$, so wird $\beta = [(0{,}72 + 1{,}2 \cdot \alpha + 40 \cdot \alpha^4)\,(1 + 2\omega)] \sim 1$, und man erhält für den Stau die Näherungsformel

$$z_a' = \alpha \cdot k_0 \quad \text{bzw.} \quad \frac{z_a'}{k_0} = \alpha = \frac{f}{F}.$$

Man kann dies auch so ausdrücken

$$\frac{\text{Stauhöhe}}{\text{Geschwindigkeitshöhe}} = \frac{\text{verbauter Querschnitt}}{\text{Gesamtquerschnitt}}$$

Diese Beziehung gilt für Pfeiler von schlanker Form in einem rechteckigen oder von steilen Ufern begrenzten Gerinne mit „strömendem" Durchfluß, d. i. für die weitaus größte Zahl aller gut gebauten neueren Brücken, deren Pfeiler auch hydraulisch gut geformt sind.

Für Brücken- und Wehrpfeiler mit hydraulisch ungünstigerer geometrischer Gestalt, z. B. mit *stumpfen* Vorköpfen, ferner für *sehr flach geböschte* Ufer und für *stark in den Fluß vorspringende* Widerlager werden die Stauhöhen größer und erreichen bei rechteckig begrenzten Pfeilern etwa das 2,1fache des Resultats der obigen Näherungsrechnung, also

$$z_{a_r} = 2{,}1 \cdot \alpha \cdot k_0\,*.$$

* Vgl. dazu die Ausführungen über den Einfluß der geometrischen Pfeilergestalt auf den Grenzformwert δ_0 auf S. 426.

Fall b): Für *teilweisen* Fließwechsel gilt für die Stauhöhe mit ausreichender Genauigkeit

$$z_b = (21{,}5 \cdot \alpha + 33 \cdot \omega - 6{,}6) \cdot \alpha \cdot k_0,$$

solange das Verbauungsverhältnis α innerhalb der Grenzen liegt:

$$0{,}06 < \alpha < 0{,}30.$$

Für $0{,}30 < \alpha < 0{,}60$ gibt Rehbock die Näherungsformel

$$z_b' = \left(\frac{20 \cdot \omega + 3{,}85}{0{,}9 - \alpha} - 6{,}6\right) \cdot \alpha \cdot k_0,$$

die bis 10% von den Beobachtungswerten abweicht.

Fall c): Für *vollen* Fließwechsel gilt für die Wassermenge Q in m³/sek und für die unverbaute Gerinnebreite B in Metern *allgemein*:

$$z_c = (0{,}54 + \alpha + 1{,}9 \cdot \alpha^5) \cdot \left(\frac{Q}{B}\right)^{2/3} - t_0.$$

Diese Formel liefert bis $\alpha \leqq 0{,}9$ genaue Werte.

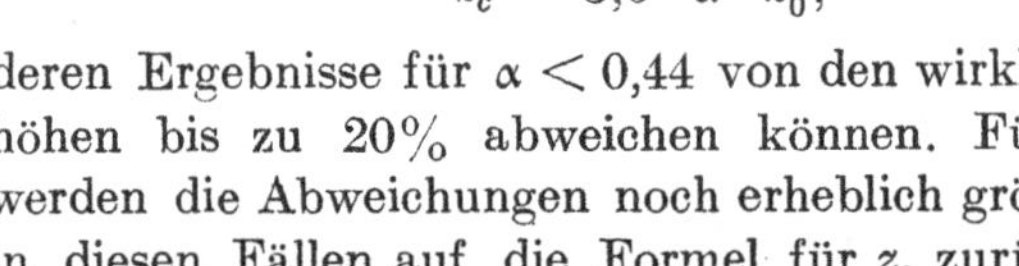
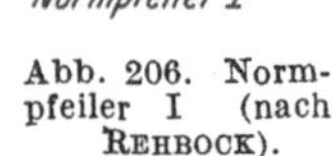

Abb. 206. Normpfeiler I (nach Rehbock).

Wird $\alpha < 0{,}3$, dann vereinfacht sich die Formel zu

$$z_c' = (0{,}54 + \alpha) \cdot \left(\frac{Q}{B}\right)^{2/3} - t_0.$$

Für rechteckige und trapezförmige Querschnitte gibt Rehbock für den Fall c) die Näherungsformel

$$z_c'' = 5{,}6 \cdot \alpha \cdot k_0,$$

deren Ergebnisse für $\alpha < 0{,}44$ von den wirklichen Stauhöhen bis zu 20% abweichen können. Für $\alpha > 0{,}44$ werden die Abweichungen noch erheblich größer, so daß in diesen Fällen auf die Formel für z_c zurückgegriffen werden muß.

Diese Rehbockschen Formeln sind entwickelt für den *Sonderfall*, daß die Pfeiler durch Bögen vom Radius $2d$ (d = Pfeilerbreite) zugespitzt sind bei einer Pfeilerlänge $l = 6{,}67 \cdot d$ (Abb. 206). *Sie gelten aber auch für Pfeiler, deren Längen zwischen $3d$ und $8d$ liegen.*

Es wurde bereits bei Fall a) darauf hingewiesen, daß die geometrische Gestalt der Pfeilereinbauten von wesentlichem Einfluß auf die Stauhöhe z ist, so daß für Einbauten, welche von dem Rehbockschen Normpfeiler *I* abweichen, bei der Verwendung der Formel $z = \beta \cdot \alpha \cdot k_0$ eine Berichtigung notwendig ist, d. h. zu setzen ist

$$z_I = \delta_I \cdot \beta \cdot \alpha \cdot k_0.$$

Für den *rein strömenden Durchfluß* (*Fall a*) ergab sich δ_I (der Formwert) aus den Karlsruher Versuchsreihen zu

$$\delta_I = \delta_0 - \alpha(\delta_0 - 1).$$

δ_0, von REHBOCK mit *Grenzformwert* bezeichnet, gibt dabei den Pfeilerformeinfluß für $\alpha = 0$ an.

Da bei der Ableitung des Grenzformwertes nicht von dem in Abb. 206 dargestellten Normpfeiler, sondern von dem in Abb. 207 gekennzeichneten linsenförmigen Normpfeiler *II* ausgegangen wurde, änderte sich der Ausdruck für β in β_I, so daß sich folgende Formel für die Stauhöhe ergab:

$$z_I = \delta_I \cdot \beta_I \cdot \alpha \cdot k_0 = [\delta_0 - \alpha(\delta_0 - 1)] \times \times [0{,}4 + \alpha + 9 \cdot \alpha^3](1 + 2 \cdot \omega) \cdot \alpha \cdot k_0.$$

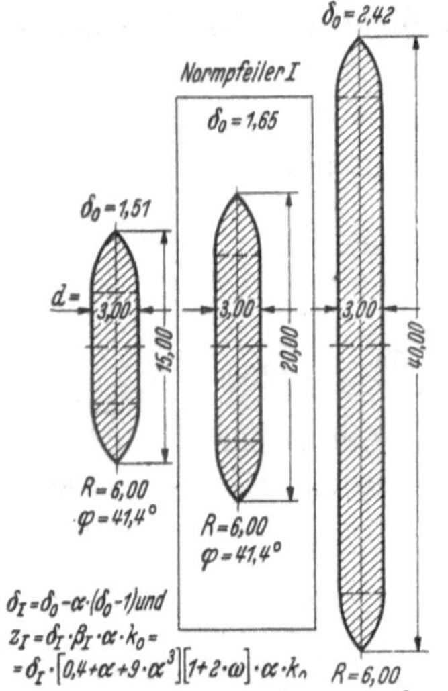

Abb. 208. Einfluß der Pfeilerlänge l auf dem Grenzformwert δ_0 und damit auf die Stauhöhe z_I für rein strömenden Durchfluß.

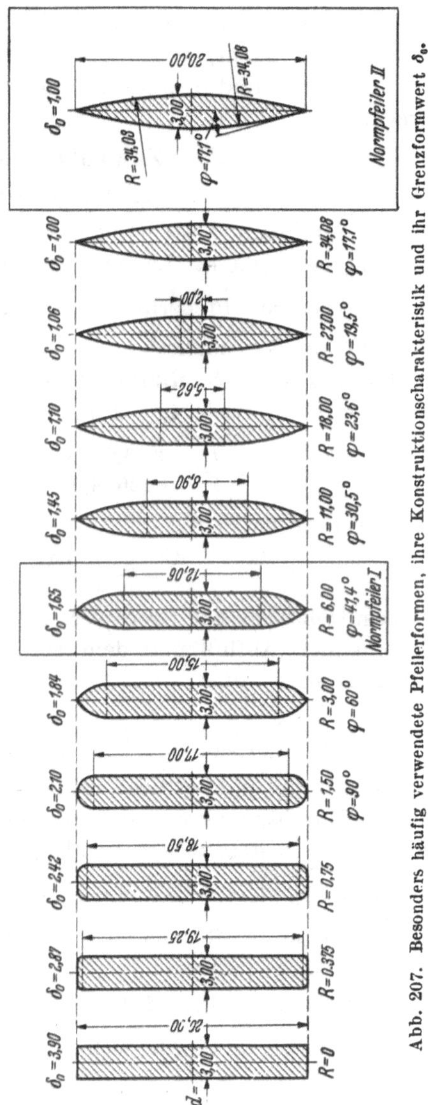

Abb. 207. Besonders häufig verwendete Pfeilerformen, ihre Konstruktionscharakteristik und ihr Grenzformwert δ_0.

In Abb. 207 ist aus den vielen Reihen der in Karlsruhe untersuchten Pfeilerformen eine Serie herausgegriffen, die in der Praxis besonders häufig Verwendung findet. Dabei ist für jeden Pfeiler die Konstruktionscharakteristik und der Wert δ_0 angegeben[1]. Diese Daten gestatten für einen Durchfluß

[1] In dieser Serie erscheint der Normpfeiler *I* der Abb. 206 (in der Abb. 207 durch Umrahmung herausgehoben) mit dem Grenzformwert $\delta_0 = 1{,}65$.

gemäß Fall a) die Stauhöhe z unter *Berücksichtigung der zugrunde gelegten geometrischen Pfeilerform* zu berechnen.

Um auch noch den Einfluß der Pfeilerlänge l auf den Grenzformwert δ_0 und damit auf die Stauhöhe z_I für den Fall a) des *rein strömenden* Durchflusses zu zeigen, sind in Abb. 208 neben dem Normpfeiler I ($l = 20{,}0$ m, $d = 3{,}0$ m) je ein Pfeiler von $l = 15{,}0$ m und $l = 40{,}0$ m bei gleicher Stärke und Kopfform dargestellt und die Grenzformwerte δ_0 eingetragen.

Zahlenbeispiel.

1. Annahme.

Der Pfeilereinbau besteht hier aus 3 Pfeilern von je $d = 3{,}0$ m Breite und $l = 16{,}0$ m Länge. Die Pfeilerlänge beträgt also das $\frac{16{,}0}{3{,}0} = 5{,}3$fache der Pfeilerbreite, liegt also innerhalb des Bereichs, für welchen die REHBOCKschen Formeln gelten.

a) Berechnung nach REHBOCK. Das Verbauungsverhältnis ergibt sich bei der Wassertiefe $t_0 = 4{,}0$ m im ungestauten Zustand für die Annahme 1 zu

$$\alpha = \frac{f}{F} = \frac{3 \cdot 3{,}0 \cdot 4{,}0}{136 \cdot 4{,}0} = \frac{36}{544} = \mathbf{0{,}066}.$$

Das Fließverhältnis wird

$$\omega = \frac{k_0}{t_0} = \frac{v_0^2}{2g \cdot t_0} = \frac{3{,}30^2}{19{,}62 \cdot 4{,}0} = \frac{0{,}555}{4{,}0} = \mathbf{0{,}139}.$$

Damit ermittelt sich der Grenzwert α_A für die Grenze zwischen dem rein strömenden Abfluß und dem Durchfluß mit teilweisem Wechsel des Fließzustandes zu

$$\alpha_A = \frac{1}{0{,}97 + 21 \cdot \omega} - 0{,}13 = \frac{1}{0{,}97 + 21 \cdot 0{,}139} - 0{,}13 = \mathbf{0{,}127}.$$

Es ist also $\alpha < \alpha_A$, d. h. es liegt bei der Annahme 1 der Fall a) des *rein strömenden* Durchflusses vor, der im Flusse auch im *un*verbauten Zustande mit $v = 3{,}30$ m/sek vorhanden war, weil

$$v_{gr} = \sqrt{g \cdot t_0} = \sqrt{9{,}81 \cdot 4{,}0} = 6{,}26 \text{ m/sek} > 3{,}30 \text{ m/sek}.$$

Die allgemeine Stauformel nach REHBOCK für diesen *rein strömenden* Durchfluß (Fall a) lautet:

$$z_a = \beta \cdot \alpha \cdot k_0 = (0{,}72 + 1{,}2 \cdot \alpha + 40 \cdot \alpha^4)(1 + 2 \cdot \omega) \cdot \alpha \cdot k_0.$$

Mit den Zahlenwerten ergibt sich

$$z_a = (0{,}72 + 1{,}2 \cdot 0{,}066 + 40 \cdot 0{,}066^4)(1 + 2 \cdot 0{,}139) \cdot 0{,}066 \cdot 0{,}555,$$

$$z_a = 1{,}02 \cdot 0{,}066 \cdot 0{,}555 = 0{,}037 \text{ m} \sim \mathbf{0{,}004} \text{ m}.$$

Man sieht, daß in diesem Falle $\beta = 1{,}02 \sim 1$ wird, so daß hier die Stauhöhe auch ausreichend genau aus $z'_a = \alpha \cdot k_0$ hätte berechnet werden können.

Da die REHBOCKsche Formel den Normpfeiler I (Abb. 206) zur Grundlage hat, gilt auch die ermittelte Stauhöhe z_a genau nur für den Fall, daß die 3 Pfeiler unseres Beispieles (Annahme 1) eine geometrische Form erhalten, die derjenigen des Normpfeilers I möglichst nahe kommen ($R \sim 2d = 2 \cdot 3{,}0 = 6{,}0\,\text{m}$). Erfüllt der Entwurf unserer Pfeiler diese Bedingung, dann können wir — weil $\alpha < \alpha_A$ — die Stauhöhe auch nach der Formel der Abb. 207 ermitteln. Danach ist

$$z_I = \delta_I \cdot \beta_I \cdot \alpha \cdot k_0,$$

wobei

$$\delta_I = [\delta_0 - \alpha \cdot (\delta_0 - 1)]$$

und

$$\beta_I = [0{,}4 + \alpha + 9 \cdot \alpha^3] \cdot [1 + 2 \cdot \omega].$$

Mit den Zahlenwerten wird dann

$$\delta_I = 1{,}65 - 0{,}066 \cdot (1{,}65 - 1) = 1{,}607$$

$$\beta_I = [0{,}4 + 0{,}066 + 9 \cdot 0{,}066^3] \cdot [1 + 2 \cdot 0{,}139] = 0{,}6.$$

Es ergibt sich also für $\delta_I \cdot \beta_I$ der Wert $1{,}607 \cdot 0{,}6 = 0{,}97$ gegen $\beta = 1{,}02$ der erst benützten, allgemein gebräuchlichen Formel, d. h. eine für die Stauhöhenermittlung hinreichende Übereinstimmung (auch $\delta_I \cdot \beta_I$ wird angenähert 1). Für eine andere Pfeilerform wäre in den Ansatz für δ_I der dieser Form zugeordnete Grenzformwert δ_0 einzusetzen, wozu die Zusammenstellung der Abb. 207 gute Dienste zu leisten vermag, und damit z zu bestimmen.

Nun könnte noch eine Berichtigung unseres Zahlenresultates vorgenommen werden. Denn der benutzte Wert $\delta_0 = 1{,}65$ gilt für 20,0 m Pfeilerlänge, wogegen die Pfeiler unseres Beispiels bei der Annahme 1 nur $l = 16{,}0$ m Länge haben. Aus Abb. 208 erhält man einen Unterschied der δ_0-Werte von $1{,}65 - 1{,}51 = 0{,}14$ bei einem Längenunterschied der Pfeiler von $20{,}0 - 15{,}0 = 5{,}0$ m, was für $l = 16{,}0$ m einem $d_0 \sim 1{,}51 + 0{,}03 = 1{,}54$ und einem $\delta_I = 1{,}50$, d. h. einem $z_I = 1{,}5 \cdot 0{,}6 \cdot 0{,}066 \cdot 0{,}555 = 0{,}9 \cdot 0{,}066 \cdot 0{,}555 = \mathbf{0{,}033}$ m entspricht.

Wie schon weiter oben erwähnt, genügt es aber in Fällen, wie bei unserer Annahme 1, die Stauhöhe z mit der Näherungsformel $z_z' = \alpha \cdot k_0$ zu rechnen.

b) Berechnng nach RÜHLMANN. Zum Zwecke des Vergleichs der Resultate, die sich je nach Benützung der einen oder anderen Formel für den „Brückenstau“ ergeben, wird dieser nachfolgend auch noch nach RÜHLMANN und weiter unten unter c) nach D'AUBUISSON ermittelt.

Die Bestimmungsgleichung nach RÜHLMANN lautet (vgl. S. 422):

$$\frac{Q}{4 \cdot b} = \frac{2}{3}\left[(z + k_s)^{3/2} - k_s^{3/2}\right] + t_0 \cdot (z + k_s)^{1/2}.$$

Für die Zahlenwerte $Q = 1800\,\text{m}^3/\text{sek}$; $B = 136$ m; $t_0 = 4{,}00$ m; $b = 136{,}0 - 3 \cdot 3{,}0 = 127{,}0$ m; $\mu_1 = \mu_2 = \sim 0{,}9$ (spitze Pfeilerköpfe);

$$v_s = \frac{Q}{B \cdot (t_0 + z)} = \frac{1800}{136\,(4{,}0 + z)} = \frac{13{,}23}{(4{,}0 + z)}$$

und $k_s = \frac{v_s^2}{2g}$ ergibt sich durch Versuchsrechnung die Stauhöhe z zu **0,21** m.

Probe:

$$z = 0{,}21\,\text{m}; \quad v_s = \frac{13{,}23}{4.0 + 0{,}21} = 3{,}14\,\text{m/sek}; \quad k_s = \frac{3{,}14^2}{19{,}62} = 0{,}503\,\text{m}.$$

Damit ergibt die rechte Gleichungsseite:

$$= \tfrac{2}{3}[(0{,}21 + 0{,}503)^{3/2} - 0{,}503^{3/2}] + 4{,}0(0{,}21 + 0{,}503)^{1/2}$$
$$= \tfrac{2}{3} \cdot [0{,}602 - 0{,}357] + 4{,}0 \cdot 0{,}844$$
$$= 0{,}162 + 3{,}377 = 3{,}539 \sim 3{,}54.$$

Den gleichen Wert ergibt die linke Gleichungsseite, denn

$$\frac{1800}{4 \cdot 127} = 3{,}54.$$

Der Rühlmannsche Stauwert $z = 0{,}21$ ist rd. 6mal so groß wie jener, der mit den Rehbock-Formeln ermittelt wurde.

c) Berechnung nach d'Aubuisson. Die Formel lautet (vgl. S. **423**):

$$z = \zeta \cdot \frac{v_0^2}{2g}\left[\left(\frac{B}{\mu \cdot b}\right)^2 - \left(\frac{t_0}{t_0 + z}\right)^2\right].$$

Für die Zahlenwerte $B = 136$ m; $t_0 = 4{,}0$ m; $b = 127$ m; $v_0 = 3{,}30$ m/sek; $\zeta \sim 1{,}1$; $\mu \sim 0{,}9$ wird

$$z = 1{,}1 \cdot \frac{3{,}30^2}{19{,}62} \cdot \left[\left(\frac{136}{0{,}9 \cdot 127}\right)^2 - \left(\frac{4{,}0}{4{,}0 + z}\right)^2\right].$$

Daraus $z = \mathbf{0{,}36}$ m.

Dieser d'Aubuissonsche Wert für z ist rd. 10mal so groß wie derjenige nach Rehbock.

2. Annahme

Der Einbau besteht jetzt aus 5 Pfeilern von $l = 20$ m Länge und $d = 4{,}0$ m Breite; $b = 136 - 5 \cdot 4{,}0 = 116{,}0$ m.

a) Nach Rehbock. Verbauungsverhältnis $\alpha = \frac{5 \cdot 4{,}0 \cdot 4{,}0}{136 \cdot 4{,}0} = \frac{80}{544} = \mathbf{0{,}147}$; also $\alpha > \alpha_A = 0{,}127$.

Da der Grenzwert

$$\alpha_B = 0{,}05 + (0{,}9 - 2{,}5 \cdot \omega)^2$$
$$= 0{,}05 + (0{,}9 - 2{,}5 \cdot 0{,}139)^2$$
$$= \mathbf{0{,}354},$$

ist also $\alpha < \alpha_B$, so daß für die Annahme 2 der Fall b) des Durchflusses mit *teilweisem* Fließwechsel vorliegt.

Da außerdem $\alpha < 0{,}30$, gilt die Stauformel (S. 425 oben)

$$z_b = (21{,}5 \cdot \alpha + 33 \cdot \omega - 6{,}6) \cdot \alpha \cdot k_0$$
$$= (21{,}5 \cdot 0{,}147 + 33 \cdot 0{,}139 - 6{,}6) \cdot 0{,}147 \cdot 0{,}555$$
$$= 1{,}15 \cdot 0{,}147 \cdot 0{,}555$$
$$= \mathbf{0{,}094}\,\text{m}.$$

b) Nach Rühlmann. Danach berechnet sich die Stauhöhe z zu **0,34** m. Denn mit diesem Wert ergeben sich:

$$v_s = \frac{1800}{136 \cdot 4,34} = 3,05 \text{ m/sek}; \quad k_s = \frac{3,05^2}{19,62} = 0,474 \text{m}; \quad z + k_s = \mathbf{0,814} \text{m},$$

und die rechte Seite der Rühlmannschen Gleichung wird

$$\begin{aligned} &\tfrac{2}{3}[0,814^{3/2} - 0,474^{3/2}] + 4 \cdot 0,814^{1/2} \\ &= \tfrac{2}{3}[0,734 - 0,326] + 4 \cdot 0,902 \\ &= 0,272 + 3,608 = 3,88. \end{aligned}$$

Dieser Wert stimmt mit der linken Gleichungsseite überein, denn $\frac{1800}{4 \cdot 116,0} = 3,88$.

c) Nach d'Aubuisson.

$$z = 1,1 \cdot \frac{3,30^2}{19,62}\left[\left(\frac{136}{0,9 \cdot 116}\right)^2 - \left(\frac{4,0}{4,0 + z}\right)^2\right].$$

Daraus

$$z = \mathbf{0,57} \text{ m}.$$

3. Annahme

Hier ist der Fall zugrunde gelegt, daß die Ausführung einer wasserbaulichen Anlage die Einspundung einer Baugrube erfordert, die den ursprünglichen Flußquerschnitt von $B = 136$ m Breite auf $b = 81,6$ m verengt. Es wird also $d = 54,4$ m. Der verminderte Durchflußquerschnitt erstreckt sich auf $l = 30$ m.

a) Nach Rehbock. Verbauungsverhältnis $\alpha = \frac{54,4 \cdot 4,0}{136 \cdot 4,0} = \frac{2}{5} = 0,4 > \alpha_B$ ($= 0,354$). Es liegt hier also der Rehbocksche Fall **3** des *vollen Fließwechsels* vor. Somit ergibt sich für die Stauhöhe *näherungsweise*

$$z = 5,6 \cdot \alpha \cdot k_0 = 5,6 \cdot 0,4 \cdot 0,555 = \mathbf{1,24} \text{ m}$$

und mit der *genauen* Formel:

$$\begin{aligned} z &= (0,54 + \alpha + 1,9 \cdot \alpha^5) \cdot \left(\frac{Q}{B}\right)^{2/3} - t_0 \\ &= (0,54 + 0,4 + 1,9 \cdot 0,4^5) \cdot \left(\frac{1800}{136}\right)^{2/3} - 4,0 \\ &= 0,96 \cdot 5,6 - 4,0 \\ &= 5,37 - 4,0 = \mathbf{1,37} \text{ m}. \end{aligned}$$

b) Nach Rühlmann. Die Stauhöhe wird hier $z = \mathbf{0,96}$ m. Probe: linke Gleichungsseite:

$$\frac{1800}{4 \cdot 81,7} = 5,51;$$

rechte Gleichungsseite:

$$v_s = \frac{1800}{136 \cdot (4{,}0 + 0{,}96)} = 2{,}66 \text{ m/sek},$$

$$k_s = \frac{2{,}66^2}{19{,}62} = 0{,}361 \text{ m}; \quad z + k_s = 1{,}341 \text{ m}$$

also

$$\tfrac{2}{3}[1{,}341^{3/2} - 0{,}361^{3/2}] + 4 \cdot 1{,}341^{1/2}$$
$$= \tfrac{2}{3}[1{,}555 - 0{,}217] + 4{,}635$$
$$= 0{,}892 + 4{,}635 = 5{,}527 \sim 5{,}51.$$

c) Nach D'AUBUISSON.

$$z = 1{,}1 \cdot \frac{3{,}30^2}{19{,}62} \cdot \left[\left(\frac{136}{0{,}9 \cdot 81{,}6}\right)^2 - \left(\frac{4{,}0}{4{,}0 + z}\right)^2\right].$$

Daraus $z = \mathbf{1{,}80}$ m.

Zusammenstellung der Zahlenergebnisse für den „Brückenstau".

	Annahme 1 m	Annahme 2 m	Annahme 3 m
REHBOCK	0,037	0,094	1,37
RÜHLMANN	0,21	0,34	0,96
D'AUBUISSON	0,36	0,57	1,80

Diese Ergebnisse zeigen recht anschaulich, auf welch unsicheren Grundlagen die älteren Brückenstauformeln beruhen. Sie zeigen aber auch, daß die Formeln von RÜHLMANN und D'AUBUISSON nur bei rein strömendem Abfluß, sowie im Falle b des teilweisen Fließwechsels viel zu große Stauhöhen ergeben. Im Falle c (bei vollem Fließwechsel) bleiben die Ergebnisse nach RÜHLMANN *unter* den wirklichen Werten für den Stau, worauf hier besonders hingewiesen wird.

In letzterem Fall wird der Stau hauptsächlich durch die *Einschnürung* hervorgerufen im Gegensatz zum Fall a, bei welchem es sich im wesentlichen um einen *Reibungs*stau handelt. REHBOCK hat nun unter Zugrundelegung des GAUSSschen Gesetzes für den kleinsten Energieverbrauch für den Einschnürungsstau z_e die rein theoretische Formel abgeleitet:

$$(t_0 + z_e)^3 - (T_0 + z_e)^2 \cdot \left[\frac{Q}{0{,}544 \cdot (1 - \alpha) \cdot \sqrt{\frac{g}{\alpha_u}} \cdot B}\right]^{2/3} + \frac{\alpha_u \cdot Q^2}{2g \cdot B^2} = 0.$$

Diese Formel enthält außer dem Berichtigungswert α_u für die nicht gleichförmig verteilte Geschwindigkeit keinen Beiwert. Sie liefert für alle Wassermengen Q und Breiten B folgende *Fehler* für die Wassertiefen $t_0 + z_e$ gegenüber der allgemeinen REHBOCKschen Formel für Fall c:

bei einer Verbauung

α zwischen 0,1 und 0,6 und $\alpha_u = 1{,}09$ (REHBOCK!) Fehler bis $\pm 1\%$
α zwischen 0,06 und 0,5 und $\alpha_u = 1{,}11$ (ST. VENANT) Fehler bis $\pm ^1/_2\%$
α zwischen 0,06 und 0,8 und $\alpha_u = 1{,}0$ Fehler bis $\pm 4\%$

REHBOCK weist aber darauf hin, daß diese gute Übereinstimmung zwischen der rein theoretischen Formel und seiner allgemeinen empirischen Formel für Fall c insofern nur zufällig ist, als für diesen Fall der Reibungsstau gegenüber dem Einschnürungsstau sehr klein ist und fast ausgeglichen wird durch die staumindernde Wirkung der „Nachsaugung", die beim Übergang vom Strömen zum Schießen wirksam ist.

Beim Falle c des Durchflusses mit *vollem Fließwechsel* ist noch folgende Tatsache zu beachten: Da hier im Durchflußquerschnitt zwischen den Einbauten und unterhalb derselben eine Geschwindigkeit $v > \sqrt{g \cdot t_0}$ herrscht, können sich Einflüsse, die unterhalb vorhanden sind, *nicht* nach oben fortpflanzen. Das besagt, daß die Gestalt des Flußbettes unterhalb der Einbauten sowie auch die dort vorhandene Höhenlage des Wasserspiegels *keinerlei* Einfluß auf die Höhenlage des Stauspiegels oberhalb der Einbauten ausüben können. Diese Tatsache wurde durch die REHBOCKschen Versuche bestätigt.

Der im Zahlenbeispiel dieser Aufgabe zugrundegelegte Fall des „strömenden" Abflusses für den *un*gestauten Zustand ($v_0 < \sqrt{g \cdot t_0}$) entspricht den allermeisten Fällen der Praxis. Für die seltenen Fälle, daß in ein „schießendes" Gewässer ($v_0 > \sqrt{g \cdot t_0}$; Wildbäche!) Einbauten zu errichten sind, ist in Abb. 209 das Abflußbild dargestellt, wenn der „schießende" Abfluß trotz der Einbauten bestehen bleibt. Eine Stauwirkung oberhalb der Einbauten tritt hier *nicht* ein.

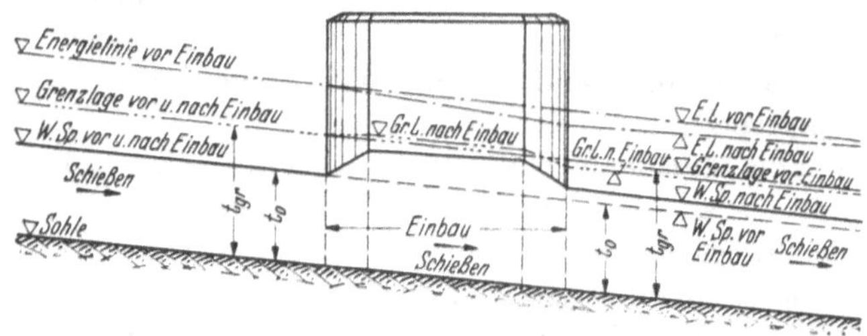

Abb. 209. Schießender Abfluß vor und nach Pfeilereinbau.

In Abb. 210 dagegen ist das Abflußbild schematisch wiedergegeben für den Fall, daß die ursprüngliche Grenztiefe zwischen den Pfeilern t_{gr} nicht ausreicht, um die von oben kommende Wassermenge Q abzuführen, so daß mit der notwendigen Spiegelhebung ein Übergang vom „Schießen" zum „Strömen" stattfindet. Die Staugrenze kommt dann etwa dahin zu liegen, wo die neue Energielinie die alte Energielinie schneidet.

Die Untersuchung des Spiegelverlaufes stromauf erfolgt vom kritischen Querschnitt $A-A$ aus, dessen Wassertiefe gleich der Grenztiefe $t'_{gr} = \sqrt[3]{\frac{Q^2}{b^2 \cdot g}}$ ist und für den die Höhe der Energielinie über der Sohle gegeben ist mit $H = 1{,}5 \cdot t'_{gr}$*.

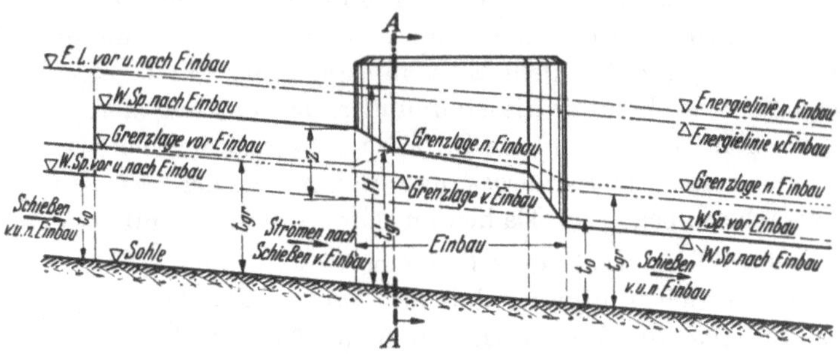

Abb. 210. Übergang vom Schießen zum Strömen infolge Pfeilereinbaues.

Aufgabe 37.

Untersuchung der Stauverhältnisse bei Ausführung eines Wehrkraftwerkes (Sicherung der Baugruben gegen Überflutung im Rahmen der Unternehmerhaftung).

In einen Fluß wird ein *Wehr mit eingebauter Wasserkraftanlage* errichtet. Die Wehrausbildung für diesen Fall ist aus Abb. 211a—c zu ersehen. Die Stauspiegelkote ist mit 415,80 m gegeben. Dieser Spiegel darf auch bei Katastrophenhochwasser ($Q_{HHW} = 1000\,\text{m}^3/\text{sek}$) *nicht* überschritten werden. Durch das hohle Wehr führen 4 *Grundablaßkanäle*, zwischen denen die 3 Turbinenschläuche für die vorgesehenen 3 Maschinenaggregate angeordnet sind. Auf die Wehrkrone sind *niederlegbare Stauklappen* aufgesetzt.

Die 4 Grundablaßkanäle im Zusammenwirken mit den Stauklappenüberfällen sind so bemessen, daß sie die geforderte Abführung des Katastrophenhochwassers ohne Überstau gewährleisten, auch dann, wenn die Turbinen außer Betrieb sind (Turbineneinläufe verschlossen).

Da im vorliegenden Fall eine Umleitung des Flusses während des Baues um die Wehrstelle herum nicht möglich ist, erfolgt die *Ausführung des Wehres* unter Eindämmung der jeweiligen Baugrube in *3 Stadien*. Zunächst wird der rechte Wehrblock (I) samt seinem Uferanschluß erstellt, dann der linksufrige Wehrblock (II) samt Anschluß und schließlich der Mittelblock (III). Dadurch ergibt sich wegen der

* Vgl. dazu auch Böss: Berechnung der Wasserspiegellage, S. 43 und Plan 3 und 4. Berlin: VDI-Verlag 1927.

a

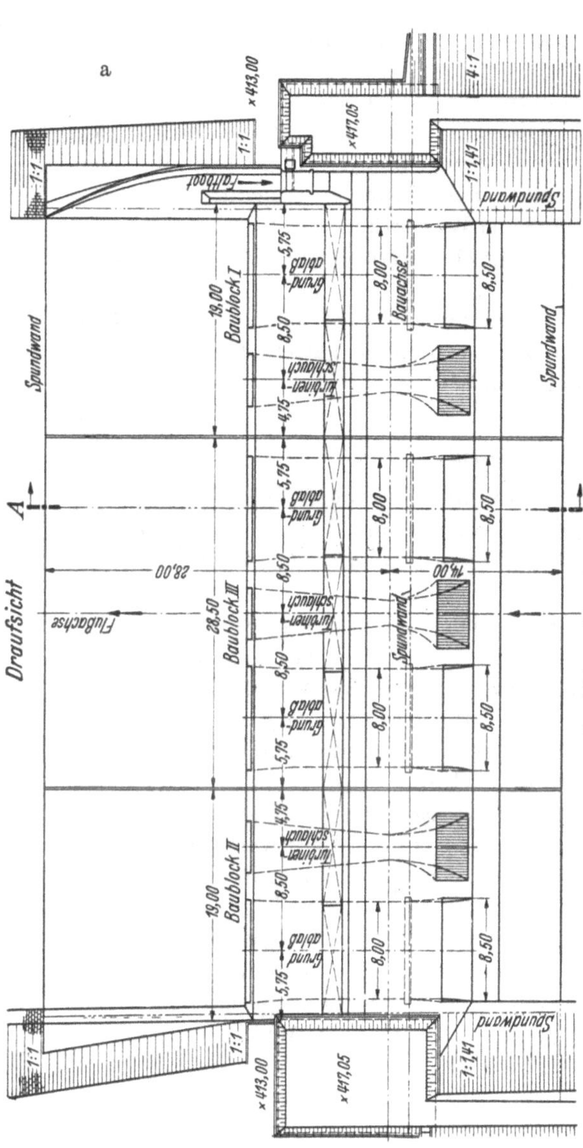

b

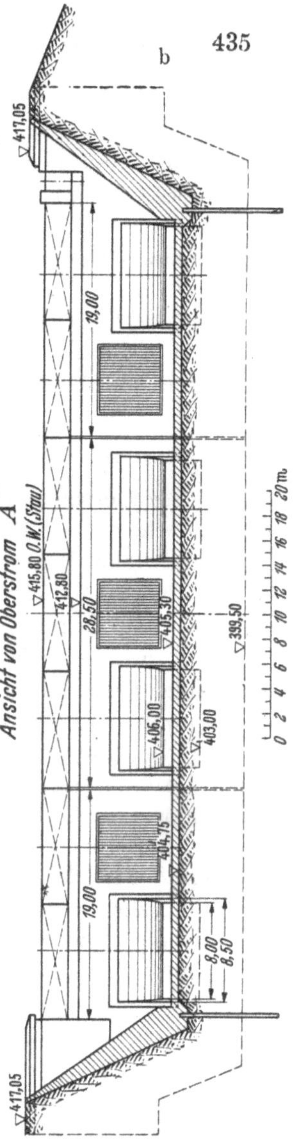

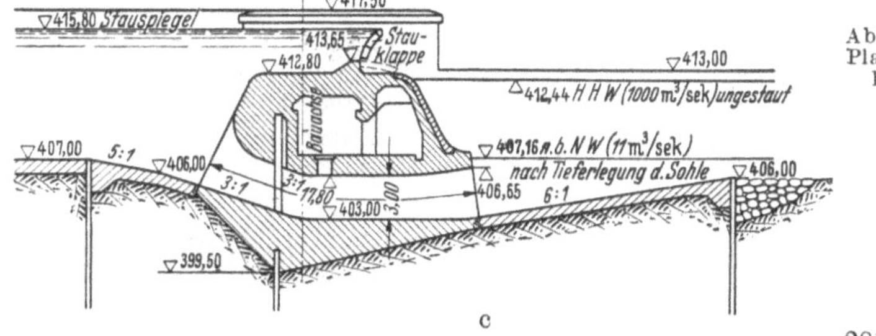

c

Abb. 211 a—c. Plan des Wehrkraftwerkes Flußkraft-(werkes).

starken Einschnürung des Flußprofils schon für die Zeit der Baudurchführung eine kräftige Anstauung des Flußspiegels oberhalb der Baustelle. Auf Grund des abgeschlossenen Bauvertrages übernimmt der Unternehmer während des Baues dem Bauherrn gegenüber im vorliegenden Fall die Haftung bis zu einer Wasserführung von $Q = \mathbf{370}\,\mathrm{m^3/sek}$. Dieser Grenzwassermenge entspricht eine *un*gestaute Wasserspiegelkote von 411,20 m an der Baustelle.

Wie verändert sich diese Wasserspiegellage bei den einzelnen Baustadien; bis zu welchen Grenzwasserständen haftet demgemäß der Unternehmer dem Bauherrn gegenüber?

Lösung.

Das hier zu errichtende Hohlwehr mit eingebauter Wasserkraftanlage unterscheidet sich wesentlich von den sonst üblichen Anordnungen der Flußkraftwerke (Wehrkraftwerke). Während bei letzteren die Kraftwerksanlage und die Wehranlage zur Abführung des über die Schluckwassermenge der Turbinen hinausgehenden Zuflusses, des sogenannten Überwassers, zwei verschiedene Baublocks bilden, die meist unmittelbar nebeneinander liegen mit einer gemeinsamen Bauwerksachse, sind bei dem *vorliegenden* Kraftwerkstyp Kraftanlage und Überwasserabführung in ein und demselben Baukörper gemeinsam untergebracht. In symmetrischer Anordnung reihen sich Grundablaßkanal und Turbinenschlauch, in dem das Turbogeneratoraggregat eingebaut ist, abwechselnd aneinander. Außerdem stellt der Baukörper des Kraftwerks als Ganzes einen Überfall dar, der bei Senkung der Stauklappen in Wirksamkeit tritt, so daß in *diesem* Zustande auch die unterwasserseitige Wehrkörperfront durch den Überfallstrahl wasserbedeckt ist[1]. Grundablässe und Stauklappenüberfall sind so bemessen, daß sie zusammen, ohne einen Überstau stromauf zu erzeugen, die Katastrophenwassermenge abzuleiten vermögen. So ist dieser Kraftwerksbaukörper Maschinenhaus und Hochwasserentlastungsanlage zugleich. Er stellt eine Weiterentwicklung des an der Iller bei Steinbach gebauten Kraftwerktyps dar, insofern dort keine Grundablässe im Kraftwerksbaukörper angeordnet sind, sondern ein bewegliches Wehr für die Hochwasserabfuhr wie bei den sonst üblichen Flußkraftwerken *neben* den Kraftwerksbaukörper gesetzt ist.

Diese Anordnung der Grundablässe *zwischen* den Turbinenschläuchen hat den Vorteil, daß die Fließrichtung des von oberstrom kommenden Wassers keine Ablenkung erfährt, wodurch eine wirksame Kiesspülung wenigstens im unmittelbaren Bereich der Turbineneinläufe

[1] Daher wird dieser Kraftwerkstyp neuerdings auch als „überflutbares" Flußkraftwerk bezeichnet.

erwartet werden kann, ganz abgesehen davon, daß diese Grundrißanordnung eine Verkleinerung des Wehrkörpers quer zur Flußachse ermöglicht. Bei den weiter oben skizzierten bisherigen Flußkraftwerksanordnungen ist eine solche wirksame Kiesspülung vor den Turbineneinläufen nicht möglich. Allerdings ist der Anwendungsbereich der dafür verwendeten Konstruktionen bei den dafür geeigneten Flußstrecken bisher noch auf kleinere Turbinenaggregate beschränkt. Auch die Frage der Bewährung und des Wirkungsgrades des hier verwendeten Turbogenerators ist m. W. noch ungeklärt.

Zur Bauausführung dieser zwei verschiedenen Flußkraftwerkstypen ist folgendes zu sagen: Bei den zweigeteilten Anlagen mit Kraftwerksblock und Wehrblock wird gewöhnlich zunächst der letztere erstellt, wobei der Wasserabfluß über den freibleibenden Flußstreifen hinweg erfolgt, in den im zweiten Stadium das Krafthaus hineingestellt wird. Die Wasserableitung geschieht für das letztere Stadium durch das dann bereits fertige *bewegliche* Wehr. In vielen Fällen liegen die Verhältnisse beim überflutbaren Kraftwerkstyp insofern ähnlich, als bei Anordnung des Baukörpers im *vorhandenen* Flußbett der Fluß für die Dauer der Bauausführung um die Baustelle herum *umgeleitet* werden kann. Erlauben die Gelände- und Bodenverhältnisse sowie Linienführung eine Anordnung des Baukörpers *seitlich* des bisherigen Flußmutterbettes, dann kann die Bauausführung unter verhältnismäßig einfacher Wasserhaltung durchgeführt werden. Nach Fertigstellung erfolgt die Umleitung des Flußwassers in das neugeschaffene Bett und durch die Grundablässe im Bauwerk durch Abdämmung des Flußmutterbettes.

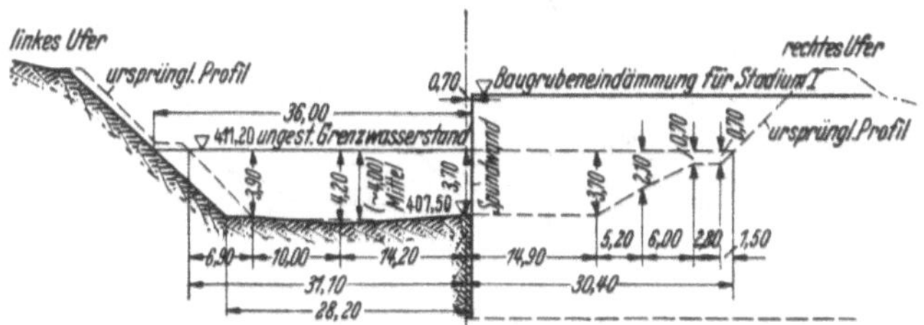

Abb. 212. Flußquerschnitt zu Beginn der Bauarbeiten.

In unserem Beispiel ist keine der vorstehend erwähnten Möglichkeiten gegeben. Es muß deshalb, um das von oben kommende Flußwasser während des Baues abführen zu können, der Flußkraftwerkskörper in Etappen ausgeführt werden. Entsprechend den im Grundriß Abb. 211a angegebenen 3 Wehrblöcken ergeben sich 3 Baustadien. Zunächst wird, nachdem das Flußbett linksseitig durch Baggerung auf die projektmäßige Breite gebracht worden ist (Abb. 212), der an das rechte Flußufer anschließende Wehrblock ausgeführt. Nach dessen

Fertigstellung erfolgt die Herstellung des an das linke Ufer anschließenden Wehrteiles. Ist diese Arbeit beendet, wird schließlich noch der Mittelblock samt den Dichtungsanschlüssen an die Außenblöcke eingefügt. So ergeben sich für die Bauausführung nacheinander 3 Wehrbaugruben im Flußmutterbett, die zwecks Trockenhaltung eingedämmt

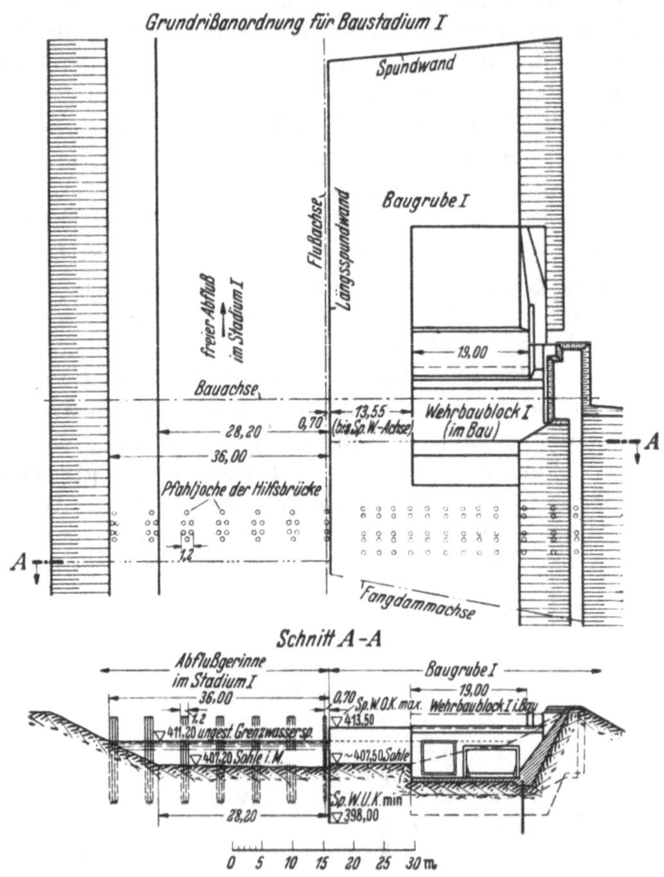

Abb. 213. Grundriß und Querschnitt des Wehrkraftwerks für Baustadium I.

werden müssen. Für die Baustadien I und II erfolgt die Einspundung insofern gemeinsam, als die in der Richtung der Flußachse verlaufende Spundwand für Baugrube I gleichzeitig auch die Längsspundwand für Grube II bildet, so daß diese Wand nur einmal geschlagen zu werden braucht. Ihre Grundrißanordnung ist aus Abb. 213 bzw. Abb. 215 zu ersehen, der kotierte Höhenplan der Längsspundwand mit Abb. 214 gegeben. Für das Baustadium III ist eine vollkommen neue Abdämmung zu erstellen (vgl. Abb. 319).

Für die Flußwasserabführung ergeben sich bei den 3 Baustadien folgende Verhältnisse:

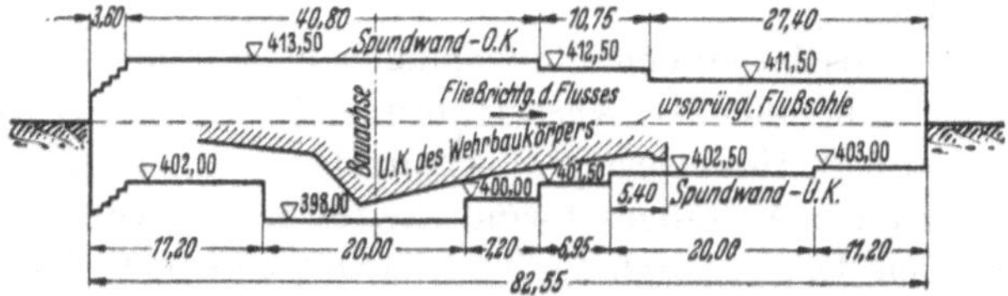

Abb. 214. Kotierter Höhenplan der Längsspundwand in Flußmitte.

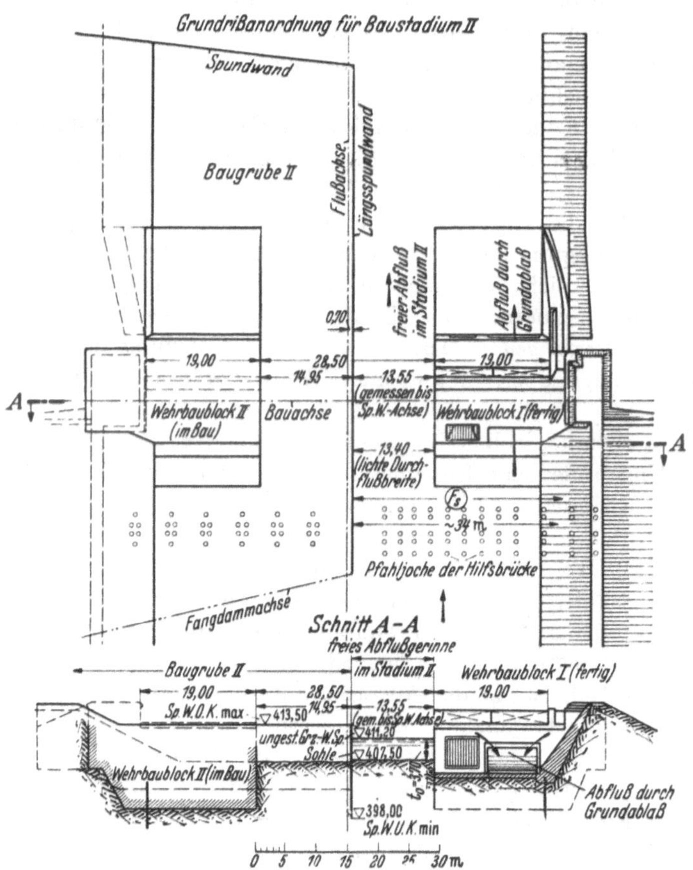

Abb. 215. Grundriß und Schnitt für Baustadium II.

Baustadium I (Abb. 213): Nur linke Flußschlauchhälfte frei.

Baustadium II (Abb. 215): Nur Flußschlauchteil zwischen Längsspundwand in der Mitte und fertigem Wehrblock I (rechts) frei; außerdem wirksam der Grundablaß im Block I und evtl. dessen Stauklappenüberfall.

Baustadium III (Abb. 319): Wirksam lediglich die beiden Grundablässe in den fertigen Wehrblöcken I (rechts) und II (links) und deren Stauklappenüberfälle.

Diese Einengung des bisherigen Flußschlauches während des Baues führt natürlich mit zunehmender Wasserführung des Flusses zu wachsender Anstauung des Abflußspiegels oberhalb der Verbauung und zu immer größer werdenden Abflußgeschwindigkeiten in den verbliebenen engen Abflußgerinnen. Damit durch diese Verhältnisse keine Gefährdung der in Arbeit befindlichen oder fertigen Bauteilleistungen an der Baustelle, insbesondere in der Baugrube eintritt, müssen geeignete Sicherungsmaßnahmen getroffen werden. Dabei wachsen die Aufwendungen für die Sicherungsmaßnahmen mit steigenden Wasserständen meist unverhältnismäßig schnell an.

Nun müssen die *Kosten der Sicherungsmaßnahmen* dem ausführenden Unternehmer im Leistungspreis vergütet werden[1]. Das Ausmaß der Sicherungsmaßnahmen hängt deshalb davon ab, wie weit der Bauherr dem Unternehmer die Haftungsübernahme vertraglich zuweist unter gleichzeitiger Bewilligung des dafür notwendigen Entgelts, von welchen Verhältnissen ab er sich demnach entschließt, selbst das Wagnis der Gefahrentragung zu übernehmen (Bauherrnwagnis). Die *Verdingungsordnung für Bauleistungen* (VOB) nimmt die Abgrenzung der Unternehmerhaftung nach oben in folgender Weise vor (VOB, DIN 1960, § 9, Abs. 1):

„Dem Unternehmer soll kein ungewöhnliches Wagnis aufgebürdet werden für Umstände oder Ereignisse, auf die er keinen Einfluß hat und deren Einwirkung auf die Preise und Fristen er nicht im voraus schätzen kann.“

Und in VOB, DIN 1961, § 7 heißt es über die Verteilung der Gefahr:

„Wird die Bauleistung vor der Abnahme durch höhere Gewalt, Krieg, Aufruhr oder andere unabwendbare, vom Auftragnehmer nicht zu vertretende Umstände beschädigt oder zerstört, so hat dieser für die ausgeführte Teilleistung die Ansprüche nach § 6 Ziff. 5.“

Innerhalb dieser Abgrenzung der Unternehmerhaftung bleibt das Ausmaß der Sicherungsmaßnahmen begrenzt durch die Höhe des Entgelts, das der Bauherr für die Übernahme der Haftung anzulegen bereit ist. Für dieses Entgelt hat der Unternehmer seinerseits innerhalb dieser übernommenen Haftung die notwendigen Maßnahmen zur Schadenverhütung sorgfältig durchzuführen. Reichen diese Maßnahmen trotz

---

[1] Vgl. zu den nachfolgenden Ausführungen außer VOB, DIN 1960—1985: Herde: Die Haftung des Bauunternehmers nach VOB und ihr Versicherungsschutz durch die Bauwesenversicherung. Bauindustrie 1941, Nr. 44. — Hax: Wirtschaftliche Grundlagen der Bauwesenversicherung. Z. ges. Versich.-Wiss. Bd. 41 (1941) Heft 3.

der auf sie verwendeten Sorgfalt nicht aus, einen Schaden abzuwenden, dann ist dieses Ereignis für den Bauunternehmer hinsichtlich der zu Schaden gekommenen *Bauleistungen* als „unabwendbar" anzusehen[1].

In unserem Beispiel reicht die Grenze für die Unternehmerhaftung (Unternehmerwagnis) bis zur Wasserführung von 370 m³/sek. Der Unternehmer haftet dem Bauherrn gegenüber also für alle Schäden, die bei einer Wasserführung $\leq$ 370 m³/sek eintreten. Er muß deshalb unter anderem die Eindämmung der Baugrube so hoch ausführen, daß auch noch bei dieser Grenzwassermenge Sicherheit gegen Überfluten der Baugrube besteht. Nach Angabe entspricht der Wasserführung $Q = 370\,\text{m}^3/\text{sek}$ ein ungestauter Wasserspiegel von 411,20 m. Durch die Verbauung erfährt dieser Spiegel im oberstromigen Bereich der Baugrubeneindämmung eine starke Hebung. Dieser Stau liegt natürlich auch noch im Haftungsbereich des Unternehmers. Daraus ergibt sich für ihn die Notwendigkeit, die Höhe der Fangedämme bzw. Spundwände so auszuführen, daß auch bei den möglichen *gehobenen* Wasserspiegeln keine Schäden auftreten können. Im gegebenen Beispiel interessieren uns dabei lediglich Schäden, die durch Überflutung eintreten könnten, wenn die Dammkronen zu *niedrig* liegen. Die Unternehmerhaftung erstreckt sich natürlich auch noch auf andere Schadensmöglichkeiten, z. B. Unterkolkung der Eindämmung, Eindrücken der Spundwand oder des Fangedammes durch einseitigen Wasserdruck, Grundbruch usw.

Es werden nun nachfolgend für die Grenzwassermenge $Q = 370\,\text{m}^3/\text{sek}$ die Wasserspiegelverhältnisse während der Baustadien untersucht, beziehungsweise es wird, da der Höhenplan der Spundwand bereits vorliegt, nachgeprüft, ob dessen Höhenkotierung für die Gewährleistung der vom Unternehmer übernommenen Haftungsverpflichtungen ausreicht, daß die Baugrube auch noch bei der Grenzwassermenge gegen Überflutung sicher ist.

---

[1] Aus der Verteilung der Gefahr nach VOB auf den Auftraggeber und den Auftragnehmer ergeben sich als Haftungsfolgen:

a) zu Lasten des *Auftraggebers*: Beschädigung oder Zerstörung der Bauleistung durch höhere Gewalt, Krieg, Aufruhr oder andere unabwendbare, vom Auftragnehmer nicht zu vertretende Umstände (Ziff. 5b und c);

b) zu Lasten des *Auftragnehmers*: Beschädigung oder Zerstörung der Bauleistung *vor* der Abnahme durch andere als die unter a) genannten Ereignisse (z. B. gewöhnliche oder ungewöhnliche Witterungseinflüsse — Ziff. 5d), sowie Beschädigung oder Zerstörung von Baugerät und Sonstigem, das keine Bauleistung ist, aus jedem Grunde, auch durch höhere Gewalt, Krieg, Aufruhr oder unabwendbare Umstände.

[Gegen die unter b) genannten Schäden kann sich der Unternehmer versichern (Bauwesen-, Montage-, Haftpflichtversicherung usw.).]

Stauberechnungen.

Vor Beginn des Baues hatte der Fluß im Wehrprofil nach Abb. 212 folgenden Wasserquerschnitt F für die Spiegelkote 411,20 m ($Q = 370\ \mathrm{m^3/sek}$):

$$
\begin{aligned}
6{,}9 \cdot \frac{3{,}90}{2} &= 13{,}5\ \mathrm{m}^2 \\
10{,}0 \cdot \frac{3{,}9 + 4{,}2}{2} &= 40{,}5\ \mathrm{m}^2 \\
14{,}2 \cdot \frac{4{,}2 + 3{,}7}{2} &= 56{,}1\ \mathrm{m}^2 \\
14{,}9 \cdot 3{,}7 &= 55{,}1\ \mathrm{m}^2 \\
5{,}2 \cdot \frac{3{,}7 + 2{,}1}{2} &= 15{,}1\ \mathrm{m}^2 \\
6{,}0 \cdot \frac{2{,}1 + 0{,}7}{2} &= 8{,}4\ \mathrm{m}^2 \\
2{,}8 \cdot 0{,}70 &= 2{,}0\ \mathrm{m}^2 \\
1{,}5 \cdot \frac{0{,}70}{2} &= 0{,}5\ \mathrm{m}^2 \\
\hline
F &= \mathbf{191{,}2}\ \mathrm{m}^2
\end{aligned}
$$

a) Baustadium I (Abb. 213).

Die Stauberechnung wird hier durchgeführt nach REHBOCK und nach RÜHLMANN.

Nach REHBOCK[1]:

Ursprünglicher Durchflußquerschnitt (siehe oben) $F = \mathbf{191{,}2}\ \mathrm{m}^2$

Neuer Durchflußquerschnitt nach der Verbauung durch Eindämmung (Stad. I) (Abb. 212)

$$\frac{28{,}2 + 36{,}0}{2} \cdot 4{,}0 = 128{,}2\ \mathrm{m}^2$$

ab: Verbauung durch die Hilfsbrücke (Abb. 213)

$$\sim 6 \cdot 1{,}2 \cdot 4{,}0 = \underline{28{,}8\ \mathrm{m}^2}$$

verbleibende freie Durchflußöffnung $99{,}4\ \mathrm{m}^2$

Gesamtverbauung $f = \mathbf{91{,}8}\ \mathrm{m}^2$

$$\text{Verbauungsverhältnis } \alpha = \frac{f}{F} = \frac{91{,}8}{191{,}2} = \mathbf{0{,}48}.$$

$$\text{Ursprüngliche Fließgeschwindigkeit } v_0 = \frac{Q}{F} = \frac{370}{191{,}2} = \mathbf{1{,}94}\ \mathrm{m/sek}.$$

$$\text{Geschwindigkeitshöhe } k_0 = \frac{v_0^2}{2g} = \frac{1{,}94^2}{19{,}62} = \mathbf{0{,}19}\ \mathrm{m}.$$

---

[1] Vgl. dazu S. 423ff.

Fließverhältnis für den Mittelwert

$$t_0 = \frac{191{,}2}{61{,}5} = 3{,}1 \text{ m}: \qquad \omega = \frac{k_0}{t_0} = \frac{0{,}19}{3{,}1} = \mathbf{0{,}061}.$$

$$\text{Grenzwert } \alpha_A = \frac{1}{0{,}97 + 21 \cdot \omega} - 0{,}13 = \frac{1}{0{,}97 - 21 \cdot 0{,}061} - 0{,}13 = \mathbf{0{,}31}.$$

$$\text{Grenzwert } \alpha_B = 0{,}05 + (0{,}9 - 2{,}5 \cdot \omega)^2 = 0{,}05 + (0{,}9 - 2{,}5 \cdot 0{,}061)^2 = \mathbf{0{,}61}.$$

Da $\alpha \begin{smallmatrix} > \alpha_A \\ < \alpha_B \end{smallmatrix}$, findet der Abfluß durch die Verbauung mit *teilweisem* Fließwechsel statt (Fall b nach REHBOCK).

Danach ergibt sich die *Stauhöhe* aus der Beziehung

$$z_b = (21{,}5 \cdot \alpha + 33 \cdot \omega - 6{,}6) \cdot \alpha \cdot k_0,$$

$$z_b = (21{,}5 \cdot 0{,}48 + 33 \cdot 0{,}061 - 6{,}6) \cdot 0{,}48 \cdot 0{,}19,$$

$$z_b = 5{,}7 \cdot 0{,}48 \cdot 0{,}19 = \mathbf{0{,}52} \text{ m}.$$

Um den ungünstigeren Formverhältnissen gegenüber den Formverhältnissen, die den Formeln zugrunde liegen (vgl. S. **425**), Rechnung zu tragen, muß der Wert z_b mit einem Faktor > 1 multipliziert werden. Schätzt man ihn mit 1,5, dann wird

$$z = 0{,}52 \cdot 1{,}5 = \mathbf{0{,}78} \text{ m}.$$

Somit Oberwasserkote $\sim 411{,}20 + 0{,}78$ m $=$ **411,98** m.

Nach RÜHLMANN[1]. Setzt man in der Formel

$$Q = \tfrac{2}{3} \cdot \mu_1 \cdot b \cdot \sqrt{2g} \cdot [(z + k_s)^{3/2} - k_s^{3/2}] + \mu_2 \cdot b \cdot \sqrt{2g} \cdot t_0 \cdot \sqrt{z + k_s}$$

wegen der kantigen Einengung $\mu_1 = \mu_2 = \mu = 0{,}85$, dann wird

$$\mu \cdot \sqrt{2g} = 0{,}85 \cdot 4{,}43 = 3{,}76,$$

und es läßt sich setzen

$$\frac{Q}{3{,}76 \cdot b} = \frac{2}{3} \cdot [(z + k_s)^{3/2} - k_s^{3/2}] + t_0 \cdot \sqrt{z + k_s}.$$

Die ursprüngliche mittlere Wassertiefe t_0 ist wieder mit 3,1 m anzunehmen, und die gesamte kleinste lichte Durchflußbreite b zwischen den Einbauten wird im Mittel unter Berücksichtigung der Joche der Hilfsbrücke:

$$b = \frac{28{,}2 + 36{,}0}{2} - 6 \cdot 1{,}20 = \mathbf{24{,}9} \text{ m}.$$

Somit gilt für $Q = 370 \text{ m}^3/\text{sek}$:

$$\frac{370}{3{,}76 \cdot 24{,}9} = 3{,}95 = \frac{2}{3} [(z + k_s)^{3/2} - k_s^{3/2}] + 3{,}1 \cdot \sqrt{z + k_s}.$$

Dabei ist

$$k_s = \frac{v_s^2}{2g} \quad \text{und} \quad v_s = \frac{Q}{F_s}.$$

[1] Vgl. dazu S. 422ff.

F_s kann genau genug gesetzt werden (vgl. Abb. 212):

$$F_s = \left(F + \frac{3,3 + 4,2}{2} \cdot 3,90\right) + (30,4 + 35,3) \cdot z,$$

$$F_s = (191,2 + 14,6) + 65,7 \cdot z = 205,8 + 65,7 \cdot z.$$

Daraus ergibt sich eine Stauhöhe von $z = \mathbf{0,98}$ m und eine Stauspiegelkote 411,20 + 0,98 = **412,18** m.

b) Baustadium II (Abb. 215).

Der rechte Wehrblock von 19,0 m Breite ist einschließlich der Uferanschlußbauten fertig, und der Grundablaßkanal (Leerschuß) in diesem Block steht für die Wasserabführung zur Verfügung. Zur Ausführung des linksseitigen Wehrblocks (Block II) ist jetzt die linksseitige Hälfte des Flußschlauches eingedämmt, wobei die zur Flußachse parallele Spundwand von der Einspundung der Baugrube I stehen gelassen wurde und nun die Abdämmung der Grube II gegen das Flußwasser besorgt. Damit bleibt ein unverbauter Abflußkanal zwischen Längsspundwand und rechtem Wehrblock von 13,55 m Breite, gemessen von der Spundwand*achse* bis zur Stirnmauer des fertigen Wehrblocks. Die *lichte* Breite beträgt daher etwa **13,40** m.

Die Gesamtabflußmenge $Q = 370\,\mathrm{m^3/sek}$ geht zu einem Teil (Q_1) durch die noch frei gebliebene Rinne, zum anderen Teil (Q_2) durch den fertigen Grundablaß des rechten Wehrblocks. Erst wenn der Stauspiegel über die Kote 413,65 hinaus steigen würde, strömte auch noch Wasser *über* den Wehrkörper (Stauklappen noch nicht montiert oder niedergelegt). Dieser Fall tritt, wie die nachfolgenden Untersuchungen zeigen, im Stadium II *nicht* ein. Die Verbauung erfolgt auf dreierlei Weise: zunächst Einengung durch die Eindämmung, dann weitere Zusammenschnürung durch die Hilfsbrückenjoche, schließlich nochmalige Einengung durch den Wehrbaublock I (Abb. 215, Grundriß). Dadurch ergeben sich 3 Staustufen hintereinander, die schrittweise von unten nach oben berechnet werden müssen.

Da die Kenntnis der Förderleistung des Grundablasses bei verschiedenen Stauhöhen z für deren Berechnung notwendig ist, gleichgültig, nach welcher Methode man rechnet, soll sie vorweg ermittelt werden.

Förderleistung eines Grundablasses.

Jeder Grundablaßschlauch wird hier — in Übereinstimmung mit der Konstruktion — als ein unter Druck durchflossener rechteckiger Betonkanal betrachtet von dem lichten Querschnitt $F_2 = 3,0 \cdot 8,0 = 24,0\,\mathrm{m^2}$ (Minimalquerschnitt, siehe Abb. 211a—c) und von der Länge $l = 17,7$ m.

Bei der hydraulisch weichen Formung des Grundablaßeinlaufes und dem großen lichten Durchflußquerschnitt wird der Eintrittsverlust zwischen $0{,}06 \cdot \frac{v_2^2}{2g}$ und $0{,}10 \cdot \frac{v_2^2}{2g}$ liegen. Er wird hier mit

$$h_e = 0{,}06 \cdot \frac{v_2^2}{2g} = 0{,}0031 \cdot v_2^2$$

angesetzt.

Der Druckhöhenverbrauch zur Steigerung der Geschwindigkeit von der Zuströmgeschwindigkeit v_s auf v_2 im engsten Grundablaßquerschnitt[1] berechnet sich zu

$$h_v = 1{,}1 \left(\frac{v_2^2}{2g} - \frac{v_s^2}{2g}\right).$$

Dabei ist

$$v_s = \frac{Q}{F_s} \sim \frac{Q}{34{,}0\,(t_0 + z)} \quad \text{(vgl. Abb. 215)}.$$

Also

$$h_v = 1{,}1 \cdot \frac{v_2^2}{2g} - 1{,}1 \cdot \left(\frac{370}{34{,}0 \cdot (t_0 + z)}\right)^2 \cdot \frac{1}{2g},$$

$$h_v = 0{,}056 \cdot v_2^2 - \frac{6{,}63}{(t_0 + z)^2}$$

Die Rauhigkeitsziffer der Betonwandung des Grundablasses wird mit $\gamma_2 = 0{,}30$ (nach Bazin) angenommen. Nach Brahms ergibt sich dann für den Reibungsverlust

$$h_r = \frac{v_2^2 \cdot l}{c_2^2 \cdot R_2}.$$

Wird der hydraulische Radius R_2 ungünstig für den kleinsten Grundablaßquerschnitt ermittelt, ergibt sich

$$R_2 = \frac{F_2}{p_2} = \frac{3{,}0 \cdot 8{,}0}{2 \cdot 3{,}0 + 2 \cdot 8{,}0} = 1{,}09\,\text{m} \quad \text{und} \quad c_2 = 67{,}6,$$

also

$$h_r = \frac{17{,}7}{67{,}6^2 \cdot 1{,}09} \cdot v_2^2 = 0{,}0035 \cdot v_2^2.$$

Setzt man den Austrittsverlust näherungsweise gleich dem dortigen Gefällsrückgewinn, dann wird der Gesamtdruckhöhenverbrauch

$$h_e = h_v + h_r = z = (0{,}0031 + 0{,}056 + 0{,}0035) \cdot v_2^2 - \frac{6{,}63}{(t_0 + z)^2}.$$

Daraus

$$v_2 = \sqrt{\frac{z + \frac{6{,}63}{(t_0 + z)^2}}{0{,}0626}}$$

und

$$Q_2 = v_2 \cdot F^2 = \sqrt{\frac{z + \frac{6{,}63}{(t_0 + z)^2}}{0{,}0626}} \cdot 24{,}0 = 4 \cdot \sqrt{z + \frac{6{,}63}{(t_0 + z)^2}} \cdot 24{,}0,$$

[1] Man könnte in größerer Annäherung an den wirklichen Abflußvorgang den Grundablaß als eine Art „Venturirohr" betrachten, wobei dann der *größte* Abflußquerschnitt in der folgenden Berechnung zugrunde zu legen wäre, was zu einem größeren hydraulischen Radius und damit zu einem kleineren Reibungsverlust h_r, d. h. bei gleichem Stau z zu einem größeren v_2 und damit Q_r führen würde. Der Ansatz des *Minimal*querschnittes ist also *sichergehend*.

wobei

$$t_0 = \sim 411{,}20 - 407{,}5 = \mathbf{3{,}7}\ \text{m}.$$

Nachfolgend sind für verschiedene Werte z die zugehörigen Werte v_2 und $Q_2 = v_2 \cdot F_2$ tabellarisch zusammengestellt (Tab. 40).

Tabelle 40.

z	v_2	Q_2	z	v_2	Q_2
0,10	2,99	71,8	1,40	5,15	123,5
0,20	3,19	76,6	1,60	5,42	130,0
0,30	3,38	81,1	1,80	5,68	136,5
0,40	3,58	86,0	2,00	5,94	142,7
0,50	3,74	89,8	2,20	6,19	148,5
0,60	3,91	94,0	2,40	6,43	154,3
0,70	4,08	98,2	2,60	6,66	159,8
0,80	4,24	102,0	2,80	6,88	165,2
0,90	4,40	105,7	3,00	7,10	170,4
1,00	4,56	109,5	3,25	7,36	176,7
1,20	4,86	116,6	3,50	7,62	183,0

In Abb. 216 ist der Zusammenhang zwischen dem Stau z und der Durchflußgeschwindigkeit v_2 im Grundablaß bzw. der Durchflußmenge Q_2 bei einem Unterwasserspiegel 411,20 aufgetragen.

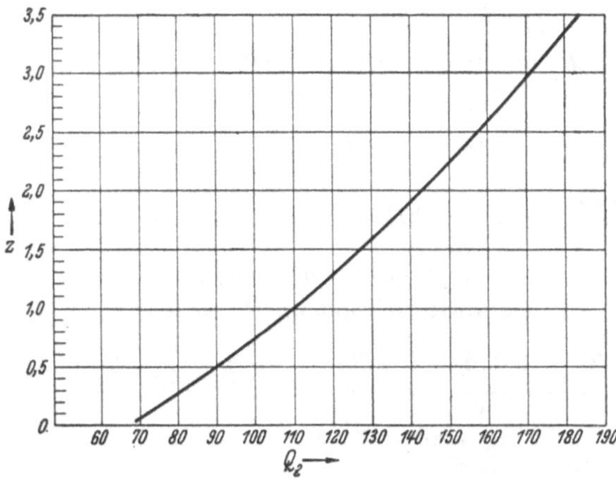

Abb. 216. Zusammenhang zwischen Durchflußmenge des Grundablasses und Stauhöhe z.

Die Stauberechnung selbst wird hier nach REHBOCK, RÜHLMANN und mittels der *Energielinie* durchgeführt.

α) Nach REHBOCK. Diese Berechnungsmethode kann für die untere Staustufe, d. h. für den Stau im unmittelbaren Oberwasser des Wehrbaublocks I, nur bedingt angewendet werden, d. h. es gibt ihr Ergebnis nur einen *überschlägigen* Wert für die Stauhöhe z, da die REHBOCKschen Formeln nicht auch für Verhältnisse entwickelt wurden, wie sie hier vorliegen. Denn das Verbauungsverhältnis α kann hier nicht eindeutig bestimmt werden. Die eine Möglichkeit dafür ergibt sich aus der Annahme, daß sich der *neue* Durchflußquerschnitt *nach* der Verbauung zusammensetzt aus der freigebliebenen Abflußrinne mit dem Wasserquerschnitt $t_0 \cdot 13{,}4 = 3{,}7 \cdot 13{,}4 = 50\ \text{m}^2$ und aus dem Grundablaßquerschnitt $3{,}0 \cdot 8{,}0 = 24{,}0\ \text{m}^2$. Setzt man den Wasserquerschnitt im unmittelbaren Oberwasser des Wehrbaublocks I *ohne* Berücksichtigung des Staues z mit $34{,}0 \cdot t_0 = 34{,}0 \cdot 3{,}70 = 126\,\text{m}^2$ an, dann ergibt sich bei dieser Annahme für α:

$$\alpha = \frac{126 - (50{,}0 + 24{,}0)}{126} = \frac{52{,}0}{126{,}0} = \mathbf{0{,}41}\,.$$

Die andere Möglichkeit besteht darin, den Wert α lediglich auf die freigebliebene Abflußrinne und deren Erguß zu beziehen. Man hat dann den Abflußquerschnitt unmittelbar oberhalb des Wehrbaublockes I lediglich mit dem Anteil in Ansatz zu bringen, der dem Erguß durch diese Abflußrinne entspricht. Dies setzt voraus, daß man vorweg wenigstens überschlägig feststellt, welche Wassermengenanteile Q_1 und Q_2 durch diese Rinne bzw. durch den Grundablaß weggehen.

Wird Q_1 mit $290\,\text{m}^3/\text{sek}$ geschätzt, so daß Q_2 mit $370 - 290 = 80\,\text{m}^3/\text{sek}$ anzunehmen ist, dann wäre der *un*verbaute Querschnitt, soweit er dem Abfluß von $290\,\text{m}^3/\text{sek}$ zugeordnet ist, anzusetzen mit

$$F' = \frac{290}{370} \cdot 126 = 99\,\text{m}^2\,.$$

Daraus folgt dann ein Verbauungsverhältnis

$$\alpha = \frac{99 - 3{,}70 \cdot 13{,}40}{99} = \frac{99 - 50}{99} = \mathbf{0{,}5}\,.$$

1. Dieser *ungünstigere* Wert wird nun der nachfolgenden Stauberechnung nach Rehbock für die 1. Staustufe zugrunde gelegt. Die übrigen Größen ergeben sich wie folgt:

$$v_0 = \frac{370}{126} = \mathbf{2{,}93}\,\text{m/sek}; \quad k_0 = \frac{2{,}93^2}{19{,}62} = 0{,}44\,\text{m}; \quad \omega = \frac{k_0}{t_0} = \frac{0{,}44}{3{,}70} = 0{,}118\,.$$

Zur Feststellung der Durchflußart ist nun der Grenzwert α_B* zu ermitteln.

$$\alpha_B = 0{,}05 + (0{,}9 - 2{,}5 \cdot \omega)^2,$$
$$\alpha_B = 0{,}05 + (0{,}9 - 2{,}5 \cdot 0{,}118)^2,$$
$$\alpha_B = 0{,}41\,.$$

Wegen $\alpha > \alpha_B$, d. h. Durchfluß mit *vollem* Fließwechsel, wird der Stau z_c

$$z_c = (0{,}54 + \alpha + 1{,}9 \cdot \alpha^5) \cdot \left(\frac{Q_1}{B_m}\right)^{2/3} - t_0\,.$$

Setzt man $0{,}54 + \alpha + 1{,}9 \cdot \alpha^5 = \beta$, so wird mit $\alpha = 0{,}5$

$$\beta = 0{,}54 + 0{,}5 + 1{,}9 \cdot 0{,}5^5 = 1{,}056,$$

also

$$z_c = 1{,}056 \cdot \left(\frac{Q_1}{B_m}\right)^{2/3} - t_0\,.$$

---

* Siehe auch S. 425ff.

Daraus

$$Q_1 = B_m \cdot \left(\frac{z_c + t_0}{1{,}056}\right)^{3/2}$$

und die Gesamtabflußmenge Q

$$Q = Q_1 + Q_2 = B_m \left(\frac{z_c + k_0}{1{,}056}\right)^{3/2} + 96 \cdot \sqrt{z_c + \frac{6{,}63}{(t_0 + z_c)^2}}\,;$$

$$B_m \sim 34 \text{ m}; \quad t_0 = 3{,}70 \text{ m},$$

also

$$Q = 370 = 34 \cdot \left(\frac{z_c + 3{,}70}{1{,}056}\right)^{3/2} + 96 \cdot \sqrt{z_c + \frac{6{,}63}{(3{,}70 + z_c)^2}}\,.$$

Für $z_c = 0{,}6$ m berechnet sich der 1. Summand zu $Q_1 = 279$ m³/sek, und der 2. Summand wird nach Tabelle 50: $Q_2 = 94$ m³/sek. Somit $Q = 279 + 94 = 373$ m³/sek (~ 370 m³/sek). Mit einem Berichtigungsfaktor 1,5 vergrößert sich z auf $1{,}5 \cdot 0{,}6 = \mathbf{0{,}9}$ m. Dem entspricht ein Oberwasserspiegel am Wehrbaublock I von $411{,}20 + 0{,}9 = \mathbf{412{,}10}$ m.

2. Es wurde schon weiter oben darauf hingewiesen, daß sich auf den durch die Verengung am Wehrbaublock I verursachten Stau stromauf ein weiterer Stau auflagert, hervorgerufen durch die Pfahljoche der Hilfsbrücke (vgl. Abb. 215 und Abb. 217). Als „ursprüngliche" Wassertiefe im Bereich der Brückenjoche ist zu setzen $t_s = t_0 + z = 3{,}70 + 0{,}90 = 4{,}60$ m. Dieser Wassertiefe entspricht der „ungestaute" Wasserquerschnitt — „ungestaut" in bezug auf den „Stau" durch die Pfahljoche —

$$F_s = 34 \cdot 4{,}60 = 156 \text{ m}^2.$$

Damit erhält man $v_s = \frac{370}{156} = 2{,}37$ m/sek und daraus die Formwerte

$$k_s = \frac{2{,}37^2}{19{,}62} = 0{,}225 \quad \text{und} \quad \omega = \frac{0{,}225}{3{,}70} = \mathbf{0{,}061}\,.$$

Nimmt man die mittlere Stärke eines Pfahljoches wegen des nicht genau axialen Einbringens der einzelnen Pfähle beim Rammen mit 0,7 m an, dann wird die Verbauung

$$\alpha = \frac{10 \cdot 0{,}7}{156} = \frac{7}{156} = \mathbf{0{,}045}\,.$$

Da der Grenzwert

$$\alpha_A = \frac{1}{0{,}97 + 21 \cdot \omega} - 0{,}13 = \frac{1}{0{,}97 + 21 \cdot 0{,}061} - 0{,}13 = \mathbf{0{,}315} > \alpha$$

wird, liegt bei dem Brückenjochstau der Fall *a* des rein strömenden Durchflusses vor. Die Näherungsformel ergibt für die Stauhöhe z_a'

$$z_a' = \alpha \cdot k_s = 0{,}045 \cdot 0{,}225 = 0{,}01 \text{ m}.$$

Im Vergleich mit dem am Wehrbaublock I ermittelten und durch den verhältnismäßig willkürlichen Berichtigungsfaktor von 1,5 vergrößerten Stauwert $z = 0{,}90$ m ist dieser Stau von 0,01 m bedeutungslos (Spiegelkote $\sim$ 412,10 m).

3. Nun liegt noch eine dritte Staustufe dort vor, wo das bisherige oberstromige Flußprofil in das durch die Abdämmung der Baugrube eingeengte Profil übergeht. Der „ungestaute" Wasserspiegel ist hier wieder mit 412,10 anzusetzen, und der auf diese Kote bezogene „ursprüngliche" Profilquerschnitt wird (vgl. Abb. 212)

$$F \sim 191{,}2 + 0{,}90 \cdot (31{,}1 + 30{,}4) = 191{,}2 + 55{,}4 = 246{,}6 \sim 247 \text{ m}^2.$$

Die Verbauung ermittelt sich zu (vgl. Abb. 215)

$$f = 247 - 34 \cdot 4{,}60 = 91 \text{ m}^2.$$

Daraus

$$\alpha = \frac{91}{247} = \mathbf{0{,}37}.$$

Bei einer Flußsohlenkote 407,5 und der W.Sp.-Kote 412,10 beträgt die mittlere Wassertiefe 4,60 m.

Ferner

$$v_s' = \frac{370}{247} = 1{,}5 \text{ m/sek}; \quad k_s' = \frac{1{,}5^2}{19{,}62} = 0{,}11; \quad \omega = \frac{0{,}11}{4{,}60} = 0{,}024.$$

$$\alpha_A = \frac{1}{0{,}97 + 21 \cdot 0{,}024} - 0{,}13 = 0{,}55 > \alpha.$$

Daher REHBOCKscher Fall a) gegeben. Somit

$$z_a = [(0{,}72 + 1{,}2 \cdot \alpha + 40 \cdot \alpha^4)(1 + 2 \cdot \omega)] \cdot \alpha \cdot k_s'$$

$$z_a = [(0{,}72 + 1{,}2 \cdot 0{,}37 + 40 \cdot 0{,}37^4)(1 + 2 \cdot 0{,}024)] \cdot 0{,}37 \cdot 0{,}11$$

$$z_a = \mathbf{0{,}08} \text{ m}.$$

Mit dem Berichtigungsfaktor 1,5 erhält man einen Stauwert $z = 1{,}5 \cdot 0{,}08 = \mathbf{0{,}12}$ m und einen oberen Stauspiegel von $412{,}10 + 0{,}12 = \mathbf{412{,}22}$ m (vgl. Abb. 217).

β) Nach RÜHLMANN. 1. Für die gleichen auf S. 445 gemachten Annahmen ergibt sich für den Gesamtabfluß neben und durch Baublock I („untere Staustufe"):

$$Q = Q_1 + Q_2 = 370 = 3{,}76 \cdot 13{,}4 \{\tfrac{2}{3}[(z + k_s)^{3/2} - k_s^{3/2}] + 3{,}70\,(z + k_s)^{1/2}\} + $$
$$+ 96 \cdot \sqrt{z + \frac{6{,}63}{(3{,}70 + z)^2}}.$$

Für $z = \mathbf{1{,}05}$ m wird $v_s = \dfrac{370}{34{,}0 \cdot (3{,}70 + 1{,}05)} = 2{,}29$ m/sek;

$$k_s = \frac{2{,}29^2}{19{,}62} = 0{,}267:$$

$k_s^{3/2} = 0{,}138$; $(z + k_s) = 1{,}317$; $(z + k_s)^{1/2} = 1{,}147$; $(z + k_s)^{3/2} = 1{,}511$;

damit

$$Q_1 = \mathbf{260}\,\text{m}^3/\text{sek} \text{ und aus Tabelle 40: } Q_2 = \mathbf{111{,}3}\,\text{m}^3/\text{sek}, \quad \text{also}$$

$$Q = 260 + 111{,}3 = 371{,}3 \sim \mathbf{370}\,\text{m}^3/\text{sek}.$$

Stauspiegelkote: $411{,}20 + 1{,}05 = \mathbf{412{,}25}$ m.

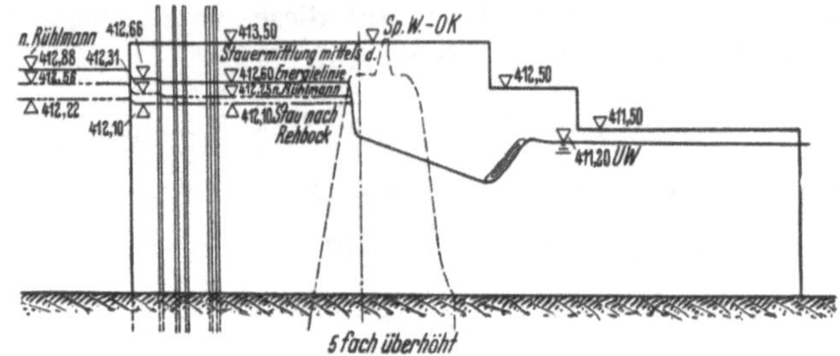

Abb. 217. Stauverhältnisse für Baustadium II nach REHBOCK, RÜHLMANN und mit der Energielinie.

2. Für den Stau durch die Brückenjoche erhält man wiederum (vgl. S. 443):

$$Q = \tfrac{2}{3}\mu_1 b\sqrt{2g}\cdot[(z + k_s')^{3/2} - k_s'^{3/2}] + \mu_2 b\cdot\sqrt{2g}\cdot t_s\cdot\sqrt{z + k_s'}.$$

$\mu_1 = \mu_2 = \mu = 0{,}90$ (abgerundete Übergänge zur Einengung); $\mu\sqrt{2g} = 0{,}9\cdot 4{,}43 = 4$; b (im Mittel) ~ 34 m; Wassertiefe *ohne* Brückenjochstau $t_s = t_0 + z = 3{,}70 + 1{,}05 = 4{,}75$ m; zugehöriger Wasserquerschnitt $F_s = 34\cdot 4{,}75 = 162\,\text{m}^2$. Damit

$$\frac{370}{4\cdot 34} = \frac{2}{3}\cdot[(z + k_s')^{3/2} - k_s'^{3/2}] + t_s\cdot\sqrt{z + k_s'}.$$

Mit $v_s' \sim \dfrac{370}{162 + 35{,}5\cdot z}$ und $k_s' = \dfrac{v_s'^2}{2g}$ ist vorstehende Gleichung für $\mathbf{z = 0{,}06}$ m befriedigt.

Stauspiegelkote: $412{,}25 + 0{,}06 = \mathbf{412{,}31}$ m.

3. Aufstau durch die Einengung infolge des Einbaues der Baugrubeneindämmung.

Wassertiefe ohne Stau $t_s' = t_s + z = 4{,}75 + 0{,}06 = 4{,}81$ m; zugehöriger Wasserquerschnitt:

$$F_s' \sim 191{,}2 + (1{,}05 + 0{,}06)(35{,}3 + 30{,}4) = 191{,}2 + 73{,}0 = 264{,}2 \sim 264\,\text{m}^2;$$

$\mu_1 = \mu_2 = \mu = 0{,}85$ (wegen eckigem Übergang); $\mu\sqrt{2g} = 3{,}76$; $b \sim 34$ m.

$$\frac{370}{3{,}76\cdot 34} = 2{,}90 = \frac{2}{3}\cdot[(z + k_s'')^{3/2} - k_s''^{3/2}] + 4{,}81\,(z + k_s'')^{1/2}.$$

Für $v_s'' \sim \dfrac{370}{264 + 74\cdot z}$ und $k_s'' = \dfrac{v_s''}{2g}$ wird $z = \mathbf{0{,}25}$ m.

Stauspiegelkote: $412{,}31 + 0{,}25 = \mathbf{412{,}56}$ m. In Abb. 217 ist der Stauspiegelverlauf nach REHBOCK und RÜHLMANN eingetragen.

γ) Stauermittlung mittels der Energielinie. 1. Die nachfolgende Stauermittlung erfolgt in Anlehnung an das KREYsche Näherungsverfahren zur Ermittlung des Staues[1].

$$z = s_1 + J_1 l + s_2 - J \cdot l - s_3.$$

Darin bedeuten:

z = Stauhöhe,
s_1 = Gefälleverbrauch zur Geschwindigkeitssteigerung von v_s auf v_1,
$J_1 \cdot l = h_r$ = Gefälleverbrauch zur Überwindung der Reibung längs des verengten Weges l,
s_2 = Gefälleverbrauch zur Geschwindigkeitssteigerung von v_1 auf v_2,
$J \cdot l$ = Gefälleverbrauch zur Überwindung der Reibung auf die Länge l bei *unverbautem* Abfluß,
s_3 = Gefällerückgewinn infolge der Geschwindigkeitsermäßigung von v_2 auf v_0.

Setzt man $J = \frac{v_0^2}{c^2 \cdot R}$, wobei näherungsweise $v_0 \sim \frac{370}{34 \cdot 3{,}7} = 2{,}94$ m/sek, $R \sim 3{,}7$ m und $c = 45{,}5$ für $\gamma \sim 1{,}75$ (nach BAZIN), also

$$J = \frac{2{,}94^2}{45{,}5^2 \cdot 3{,}7} = 0{,}0011 = 1{,}1\,^0/_{00},$$

dann ergibt sich für $l \sim 17{,}8$ m

$$J \cdot l = 0{,}0011 \cdot 17{,}8 = 0{,}02 \text{ m}.$$

Man kann also für die *näherungsweise* Stauermittlung in unserem Falle, in welchem z ein erhebliches Vielfaches dieses Wertes $J \cdot l \sim 0{,}02$ m erreicht, letzteren Wert vernachlässigen, d. h. den ungestauten Spiegel und die Sohle des Abflußgerinnes waagrecht annehmen (vgl. Abb. 218). Dafür gilt dann:

$$z = s_1 + J_1 \cdot l + s_2 - s_3.$$

In dieser Gleichung ist zunächst alles unbekannt. Zur weiteren Klärung der Verhältnisse ziehen wir daher die *Energielinie* heran. Diese liegt unterhalb der Engstelle (im Bereiche t_0) um $\frac{v_0^2}{2g} = \frac{2{,}94^2}{19{,}62} = 0{,}44$ m über dem Wasserspiegel, so daß

$$h_0 = t_0 + \frac{v_0^2}{2g} = 3{,}70 + 0{,}44 = 4{,}14 \text{ m}$$

wird (Energielinienkote $411{,}20 + 0{,}44 = 411{,}64$ m).

Der Verlauf der Energielinie in der verengten Abflußrinne ist nun abhängig von der zu fördernden Wassermenge Q_1, der Wassertiefe t und Breite b, sowie von der Rauhigkeitsziffer γ (nach BAZIN). Die geringstmögliche Höhe der Energielinie, bei der die Wassermenge Q_1 gerade noch durch den verengten Abflußquerschnitt hindurch gefördert werden kann, ergibt sich, wenn sich in diesem Querschnitt als Wassertiefe die theoretische Grenztiefe t_{gr} einstellt. Mit Rücksicht auf das in

[1] Vgl. dazu Zbl. Bauverw. 1919, S. 472.

solchen Fällen gegenüber dem Sohlengefälle wesentlich größere Energieliniengefälle kann dieser Querschnitt mit der Grenztiefe t_{gr} nur am unteren Ende der Verengung liegen, also im Querschnitt 2 unseres Beispiels.

Dafür gilt also im Grenzfalle:

$$t_{gr} = \sqrt{\frac{Q_1^2}{b^2 \cdot g}}.$$

Wird für $Q_1 = Q - Q_2 = 370 - Q_2 = 250\ \mathrm{m^3/sek}$ schätzungsweise angenommen, so wird

$$t_{gr} = \sqrt[3]{\frac{250^2}{13{,}4^2 \cdot 9{,}81}} = \mathbf{3{,}29}\ \mathrm{m} = t_2;$$

damit

$$v_{gr} = \sqrt{t_2 \cdot 9{,}81} = \mathbf{5{,}68}\ \mathrm{m/sek}$$

und

$$H_2 = H_{\min} = t_2 + \frac{v_{gr}^2}{2g} = 3{,}29 + \frac{5{,}68^2}{19{,}62} = 3{,}29 + 1{,}65 = \mathbf{4{,}94}\ \mathrm{m}.$$

Dies entspricht im Profil 2 einer Wasserspiegelkote 407,50 + 3,29 = **410,79** m und einer Energielinienkote 410,79 + 1,65 = **412,44** m*.

Der Gefälleüberschuß von 412,44 — 411,64 = 0,80 m, der am Übergang von dem Engprofil (Profil 2) in das breitere Unterwasserprofil zur Verfügung steht, wird zur weiteren Beschleunigung der Wasserbewegung verwendet, d. h. also für den Übergang zur schießenden Fließart, wobei aber gleichzeitig wegen der dabei auftretenden größeren Reibungsverluste und größeren Turbulenz ein rascher Gefälleaufbrauch eintritt, so daß sich die beiden Energielinien rasch nähern (im Schnittpunkt Übergang vom „Schießen“ zum „Strömen“, Wasser- oder Wechselsprung).

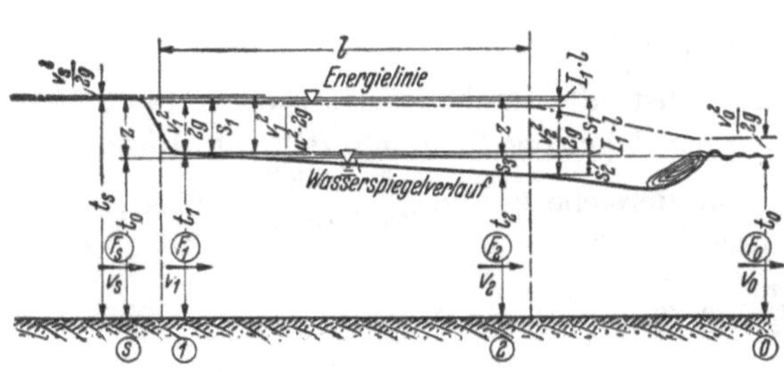

Abb. 218. Ermittlung des Spiegelverlaufes mit Hilfe der Energielinie.

Im Profil 2 ergibt sich nach Vorstehendem eine Wassertiefe $t_2 = 3{,}29$ m und ein $H_2 = 4{,}94$ m. Bei der Wasserbewegung von Profil 1 nach Profil 2 tritt ein Reibungsverlust $J_1 \cdot l = h_r$ auf. Um diese Druckhöhe h_r muß also die Energielinie in Profil 1 höher liegen als in 2. Außerdem herrscht

* Diese Kote liegt um 412,44 — 411,64 = 0,80 m *über* der Energielinie des Abflußbereiches mit t_0. Läge die Energielinie im Profil 2 für t_{gr} etwa *unter* der Energielinie des Bereiches t_0, dann wäre in (2) der Abfluß mit t_{gr} *nicht* möglich. Da er auch weiter stromauf nicht möglich wäre, da dort die Energielinie noch höher als in (2) liegen muß, würde in diesem Fall auch im Profil (2) „strömende“ Fließbewegung vorhanden sein.

im Gerinneabschnitt 1—2 beschleunigte Wasserbewegung. Die Wassertiefe t_1 ist also größer als t_2. Unter Bezug auf Abb. 218 läßt sich deshalb ansetzen:

$$t_2 + \frac{v_2^2}{2g} + J_1 \cdot l = t_1 + \frac{v_1^2}{2g}$$

bzw. $$H_2 + J_1 \cdot l = H_1$$

oder $$H_1 - H_2 = J_1 \cdot l.$$

Daraus läßt sich die Unbekannte t_1 berechnen. Sie ergibt sich zu $t_1 = \mathbf{3{,}86}$ m. Denn mit diesem Wert erhält man

$$v_1 = \frac{250}{3{,}86 \cdot 13{,}4} = 4{,}83\ \text{m/sek}; \qquad v_m = \frac{4{,}83 + 5{,}68}{2} = 5{,}25\ \text{m/sek};$$

$$t_m = \frac{3{,}29 + 3{,}86}{2} = 3{,}57\ \text{m}; \qquad R_m = \frac{3{,}57 \cdot 13{,}4}{13{,}4 + 2 \cdot 3{,}57} = 2{,}33\ \text{m};$$

für den sichergehenden Rauhigkeitsbeiwert $\gamma = 1{,}75$ (nach BAZIN) wird

$$c_m = 44; \quad J_1 = \frac{5{,}25^2}{44^2 \cdot 2{,}33} = 0{,}00612 \quad \text{und} \quad J_1 \cdot l = 0{,}11\ \text{m};$$

$$H_1 = 3{,}86 + \frac{4{,}83^2}{19{,}62} = 3{,}86 + 1{,}19 = 5{,}05\ \text{m}; \quad H_1 - H_2 = 5{,}05 - 4{,}94$$
$$= 0{,}11\ \text{m}\ (= J_1 l).$$

Wasserspiegelkote im Profil 1: 407,50 + 3,86 = **411,36** m.
Energielinienkote im Profil 1: 407,50 + 5,05 = **412,55** m.

Am Übergang vom breiten Profil s auf das eingeengte Profil 1 findet eine starke Spiegelabsenkung infolge der für die Abflußkontinuität notwendigen Beschleunigung statt. Außerdem tritt ein Druckhöhenverlust wegen der Einschnürung am Übergang von Profil s nach 1 ein. Berücksichtigt man diesen Verlust nach ENGELS[1] mit $\frac{v_1^2}{\mu^2 \cdot 2g} = \frac{v_1^2}{0{,}94^2 \cdot 2g}$ ($\mu = 0{,}94$ für harte, kantige Übergangsform), so läßt sich wiederum nach Abb. 218 ansetzen

$$t_1 + \frac{v_1^2}{\mu^2 \cdot 2g} = t_0 + z + \frac{v_s^2}{2g}.$$

Daraus folgt $z = \mathbf{1{,}40}$ m.

Probe $$\mu = 0{,}94; \quad \frac{v_1^2}{\mu^2 \cdot 2g} = \frac{4{,}83^2}{0{,}94^2 \cdot 19{,}62} = 1{,}35\ \text{m}$$

und $$H_1' = 3{,}86 + 1{,}35 = 5{,}21\ \text{m}.$$

$$t_s = z + t_0 = 1{,}40 + 3{,}70 = 5{,}10\ \text{m}; \quad v_s = \frac{250}{5{,}1 \cdot 34{,}0} = 1{,}44\ \text{m/sek}.$$

$$\frac{v_s^2}{2g} = \frac{1{,}44^2}{19{,}62} = 0{,}11; \qquad 3{,}70 + z + \frac{v_s^2}{2g} 3{,}70 + 1{,}40 + 0{,}11 = 5{,}21 = H_1'.$$

Spiegelkote im Profil s: 407,50 + 5,10 = **412,60** m.
Energielinienkote im Profil s: 407,50 + 5,21 = **412,71** m.

[1] Vgl. ENGELS: Handb. d. Wasserbaues, 3. Aufl., Bd. 1, S. 510.

Bei dem Stau $z = 1{,}40$ m fördert der Grundablaß nach Tabelle 40 $Q_2 = 123{,}5$ m³/sek. Mit dem angenommenen $Q_1 = 250$ m³/sek wird die gesamte Fördermenge

$$Q = Q_1 + Q_2 = 250 + 123{,}5 = 373{,}5 \text{ m}^3/\text{sek} \sim 370 \text{ m}^3/\text{sek}.$$

(Mit Rücksicht auf die Unsicherheiten, die der Stauermittlung anhaften schon im Hinblick auf die gemachten Annahmen, denen doch eine gewisse Schätzungswillkür nicht abzusprechen ist, genügt die oben erzielte ungefähre Übereinstimmung.)

2. Stau durch die Brückenjoche (nach RÜHLMANN):

$$t_s = 5{,}10 \text{ m}; \quad F_s \sim 34 \cdot 5{,}10 = 173 \text{ m}^2; \quad v_s' \sim \frac{370}{F_s + 36 \cdot z} = \frac{370}{173 + 36 \cdot z};$$

$$k_s' = \frac{v_s'^2}{2g}.$$

Aus

$$\frac{370}{4 \cdot 34} = 2{,}72 = \frac{2}{3}[(z + k_s')^{3/2} - k_s'^{3/2}] + 5{,}10(z + k_s')^{1/2}$$

ergibt sich $z = 0{,}055 \sim 0{,}06$ m; Stauspiegelkote: $412{,}60 + 0{,}06 = \mathbf{412{,}66}$ m.

3. Aufstau am oberen Beginn der Einengung durch die Baugrubeneindämmung (nach RÜHLMANN): $t_s' = 5{,}10 + 0{,}06 = \mathbf{5{,}16}$ m.

$$F_s' \sim 191{,}2 + (1{,}40 + 0{,}06)(35{,}3 + 30{,}4) = 191{,}2 + 96{,}0 = 287{,}2 \sim 287 \text{ m}^2.$$

$$\mu_1 = \mu_2 = \mu = 0{,}85; \quad \mu\sqrt{2g} = 3{,}76; \quad b \sim 34 \text{ m}.$$

$$\frac{370}{3{,}76 \cdot 34} = 2{,}90 = \frac{2}{3}[(z + k_s'')^{3/2} - k_s''^{3/2}] + 5{,}16 \cdot (z + k_s'')^{1/2}.$$

Mit $v_s'' \sim \dfrac{370}{287 + 75 \cdot z}$ und $k_s'' = \dfrac{v_s''^2}{2g}$ wird $z = \mathbf{0{,}22}$ m;

Stauspiegelkote: $412{,}66 + 0{,}22 = \mathbf{412{,}88}$ m.

c) Baustadium III (Abb. 219).

Nachdem nun auch der linksseitige Wehrblock fertiggestellt ist und dessen Grundablaß für die Wasserableitung mit angesetzt werden kann, kommt die Baugrube des Wehrmittelblocks zur Einspundung.

Für die Wasserabführung sind jetzt insgesamt 2 Grundablässe wirksam, je einer im rechten und linken Wehrblock. Die beiden Entlastungskanäle fördern bei einer O.W.-Spiegelkote 413,65, d. i. bei $413{,}65 - 411{,}20 = 2{,}45$ m Stau nach Tabelle 40 je 155,7 m³/sek, zusammen also $2 \cdot 155{,}7 = \sim 311$ m³/sek. Zur Abführung von 370 m³/sek müssen also auch noch die Überfälle der Wehrblöcke I und II mit zusammen $2 \cdot 19 = 38$ m Länge herangezogen werden[1].

---

[1] Je nach Anordnung der Längsabdämmung für die Baugrube III kann gegebenenfalls auch noch eine Verkleinerung der wirksamen Überfallänge eintreten (< 38 m).

Bei den Überfällen handelt es sich hydraulisch um *vollkommene* Überfälle[1]. Für den Erguß kann deshalb gesetzt werden

$$Q_{\ddot{U}} = \tfrac{2}{3}\mu \cdot b \cdot \sqrt{2g} \cdot [(h + k_s)^{3/2} - k_s^{3/2}].$$

h = Überfallhöhe,

$k_s = \frac{v_s^2}{2g}$, wenn v_s = Zuflußgeschwindigkeit im Stauquerschnitt; v_s kann in unserem Falle genau genug mit rd. 1,0 m/sek und k_s mit rd. 0,05 m angesetzt werden;

b = wirksame Überfallbreite, angenommen zu $2 \cdot 19{,}0 = 38{,}0$ m;

$\mu = \sim 0{,}63$ (kantige Krone; sichergehende Annahme!).

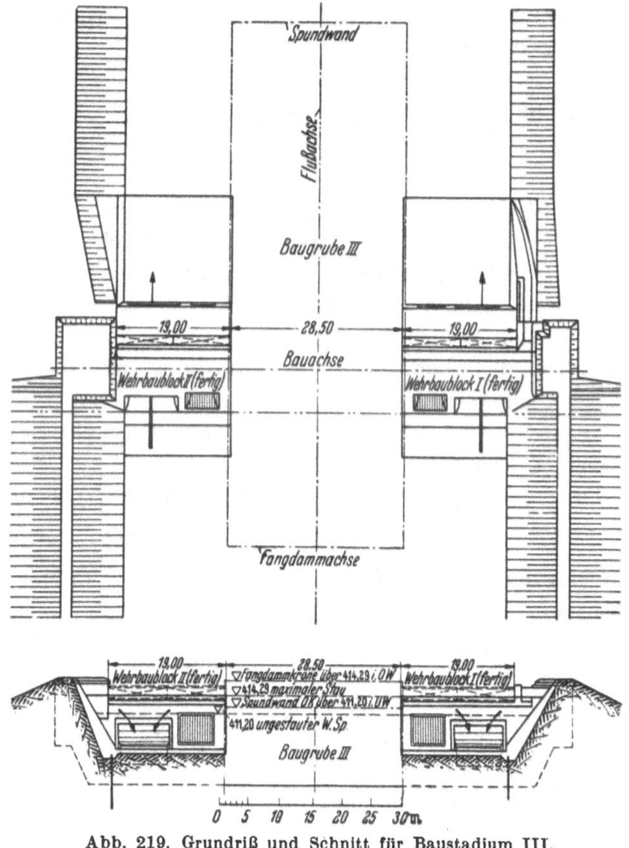

Abb. 219. Grundriß und Schnitt für Baustadium III.

Damit

$$Q_{\ddot{U}} = \tfrac{2}{3} \cdot 0{,}63 \cdot 38{,}0 \cdot \sqrt{2g} \cdot [(h + 0{,}05)^{3/2} - 0{,}05^{3/2}],$$

$$Q_{\ddot{U}} = 70{,}7 \cdot [(h + 0{,}05)^{3/2} - 0{,}011].$$

[1] Vgl. Aufgabe 35, S. 409.

Tabelle 41.

$h =$	0,10	0,15	0,20	0,25	0,30	0,35	0,40	0,45
$Q_u =$	3,32	5,51	8,05	10,89	13,91	17,10	20,57	24,22
$Q_u =$ je lfd. m	0,087	0,145	0,212	0,286	0,366	0,450	0,540	0,637
$h =$	0,50	0,60	0,70	0,80	0,90	1,00	1,20	1,40
$Q_u =$	28,05	36,25	45,1	54,7	64,5	75,5	98,0	122,6
$Q_u =$ je lfd. m	0,738	0,954	1,188	1,465	1,697	1,985	2,58	3,225

Setzt man nun $z = 2{,}45 + h$, wobei 2,45 der Spiegelunterschied zwischen ungest. W.Sp. und Wehrkrone und h die Überfallhöhe ist, dann ergibt sich für den *Gesamt*erguß

$$Q = 370 = 2 \cdot 96{,}0 \sqrt{(2{,}45 + h) + \frac{6{,}63}{(3{,}70 + 2{,}45 + h)^2}} + 70{,}7 \cdot [(h + 0{,}05)^{3/2} - 0{,}011] .$$

Mit Hilfe der Tabellen 40 und 41 erhält man durch Probieren rasch $h = 0{,}53$ m und $z = 2{,}45 + 0{,}53 = 2{,}98$. Dem entspricht ein Stauspiegel von $413{,}65 + 0{,}53 =$ **414,18** m und ein Erguß *je* Grundablaß von 170 m³/sek für $z = 2{,}98$ m und für $Q = 30$ m³/sek.

Auf den Stau an den Wehrblöcken I und II überlagert sich infolge der Einengung durch die oberstromige Eindämmung ein zusätzlicher Stau. Er ergibt sich nach RÜHLMANN wie folgt:

Wassertiefe *ohne* Berücksichtigung des zusätzlichen Staues bei Sohlenkote 407,50: $t_s = 414{,}18 - 407{,}50 = 6{,}68$ m.

Dieser Wassertiefe entspricht ein unverbauter Wasserquerschnitt: $F_s \sim \frac{66{,}0 + 75{,}6}{2} \cdot 6{,}67 = 473\ \text{m}^2$. Mittlere Durchflußbreite nach der Verbauung (im eingeengten Abflußprofil): $b \sim 2 \cdot 21{,}5 = 43$ m.

Damit gilt wieder:

$$\frac{370}{3{,}76 \cdot 43} = 2{,}29 = \frac{2}{3}\left[(z + k_s')^{3/2} - k_s'^{3/2}\right] + 6{,}68 \cdot (z + k_s')^{1/2} .$$

Mit $v_s' \sim \frac{370}{473 + 75{,}6 \cdot z}$ und $k_s' = \frac{v_s'^2}{2g}$ wird $z =$ **0,11** m entsprechend einer Stauspiegelkote $414{,}18 + 0{,}11 =$ **414,29** m.

Die Höhe der Eindämmung genügt also auch bei Zugrundelegung der ungünstigsten Berechnungsergebnisse, um die Baugrube vor Überflutung während der Baustadien I und II zu sichern. Die notwendige Höhe der Eindämmung für Baustadium III ergibt sich aus der obigen Stauermittlung. Wegen der Unsicherheit der Rechnungsgrundlagen für den Stau empfiehlt es sich, die *ungünstigeren* Ermittlungsergebnisse den Entscheidungen für die Baumaßnahmen zur Gewährleistung der übernommenen Haftung zugrunde zu legen.

Tabelle 42. *Zusammenstellung der Berechnungsergebnisse.*

	Nach REHBOCK		Nach RÜHLMANN		Mit der *Energielinie* (bzw. nach RÜHLMANN)		Mit Grundablaß und Überfallformel	
	z m	Stausp.-Kote[1]	z m	Stausp.-Kote[1]	z m	Stausp.-Kote[1]	z m	Stausp.-Kote[1]
Stadium I	0,78	411,98	0,98	412,18	—	—	—	—
Stadium II								
oberhalb des Wehrblockes	0,90	412,10	1,05	412,25	1,40	412,60	—	—
oberhalb der Brückenjoche	(0,01)	~412,10	0,06	412,31	0,06	412,66	—	—
am oberen Anf. der Einengung	0,12	412,22	0,25	412,56	0,22	412,88	—	—
Stadium III								
oberhalb des Wehrblockes	—	—	—	—	—	—	2,98	414,18
am oberen Anf. der Einengung	—	—	—	—	—	—	0,11	414,29

Weiter oben wurde bereits darauf hingewiesen, daß mit der Sicherung der Baugrube gegen Überflutung bis zur Grenzwassermenge die Haftung der ausführenden Unternehmung noch nicht erschöpft ist. Sie erstreckt sich z. B. auch auf die Sicherung der Eindämmung gegen Zusammensturz infolge ungenügender Dimensionierung, zu geringer Rammtiefe oder Unterkolkung. Auf diesen Teil der Unternehmerhaftung (des Unternehmerwagnisses) wird hier besonders hingewiesen, weil nach dieser Richtung immer wieder Schäden entstehen, die meist vermeidbar wären, wenn die anerkannten Regeln der Technik gewissenhafter beachtet würden.

So tritt beispielsweise beim Stadium II im unteren Teil des Mittelgerinnes eine Geschwindigkeit auf, die rechnerisch mit $v_{gr} = 5{,}68$ m/sek ermittelt wurde. Setzt man in der BRAHMSschen Geschwindigkeitsformel $R \sim t$, also $v = c \cdot \sqrt{t \cdot J}$, und formt um nach

$$t \cdot J = \frac{v^2}{c^2},$$

so kann dieser Ausdruck in die Gleichung für die Schleppkraft

$$S = 1000 \cdot t \cdot J$$

eingesetzt werden, also

$$S = 1000 \cdot \frac{v^2}{c^2}.$$

Mit $v = 5{,}68$ m/sek und $c \sim 45$ (siehe oben unter b, γ, S. 451) wird

$$S = 1000 \cdot \frac{5{,}68^2}{45^2} = \mathbf{16}\ \text{kg/m}^2.$$

[1] Gleichzeitig Grenzwasserstände, bis zu denen der Unternehmer dem Bauherrn gegenüber haftet.

Zur kritischen Wertung dieser *außerordentlich* hohen Schleppkraft sei darauf hingewiesen, daß z. B. das Kalkgeschiebe der Isar zwischen München und Freising und des Inn zwischen Innsbruck und Kufstein bereits bei einer Schleppkraft von 3 bis $3^1/_2$ kg/m² zu wandern beginnt, während grober Sand bereits bei 1,0 kg/m² weggetragen wird. Es besteht also für dieses Abflußgerinne die große Gefahr, daß nicht nur die das Gerinne linksseitig begrenzende Spundwand freigelegt wird und so zum Einsturz kommt, sondern daß auch der Boden unter dem fertigen Wehrblock weggespült werden kann. Zur Beseitigung dieser Gefahren ergibt sich meist die Notwendigkeit, eine solche Durchflußrinne, wie sie dem Baustadium II unseres Beispiels entspricht, verlässig zu sichern, wobei Art und Ausmaß der Sicherung von dem anstehenden Bodenmaterial abhängt (z. B. querlaufende Spundwandschürzen, evtl. Betonabdeckung oder auch beides, wenn der Boden sehr wenig widerstandsfähig gegen die Angriffe der Schleppkraft ist und wenn während dieses Baustadiums mit höheren Wasserständen gerechnet werden muß).

Aufgabe 38[1].

Modellversuche für ein Schützenwehr (Wehrbodenformen, Kolktiefe und -lage, Strömungsbilder).

In einem größeren Flusse muß im Rahmen eines Flußkraftwerks ein bewegliches Stauwehr errichtet werden. Der Normalstau dieses Wehres ist mit +234,00 m ü. N.N. festgelegt. Es ist so zu bemessen, daß es in der Lage ist, bei *dieser* Stauspiegellage und vollkommen freigegebenen Wehröffnungen das HQ von 2900 m³/sek abzuführen. Nur bei noch größeren Hochwassermengen, die in seltenen Ausnahmefällen eintreten können, ist ein Überstau über den Oberwasserspiegel +234,00 hinaus zugelassen. Er beträgt bei 3800 m³/sek Wasserführung 1,60 m, der Oberwasserspiegel liegt dann also +235,60 m.

Auf Grund der hydrotechnischen Untersuchungen wurden für dieses Wehr 5 Öffnungen von je 15,0 m lichter Durchflußbreite gewählt mit 4 Zwischenpfeilern von je 4,5 m Breite. Dabei ist zur Sicherheit angenommen, daß eine der Öffnungen für die Wasserabführung *nicht* zur Verfügung steht (z. B. wegen Reparatur oder wegen Versagens der Aufzugsvorrichtung des Wehrverschlusses etwa bei Vereisung), so daß die gesamte Hochwasserabfuhr von 4 Wehröffnungen bewältigt wird. Der Zusammenhang zwischen Wasserstand und Wassermenge im Unterwasser des Wehres ist bekannt.

---

[1] Aus Modelluntersuchungen des Verfassers, durchgeführt 1942 in der Versuchsanstalt für Wasserbau der Technischen Hochschule München.

Die beweglichen Wehrverschlüsse der Anlage bestehen aus *Doppelschützen*. Die Wasserabfuhr kann erfolgen

durch *Hebung* des *Unter*schützes (bis max. 4,0 m über Dichtungsschwelle),

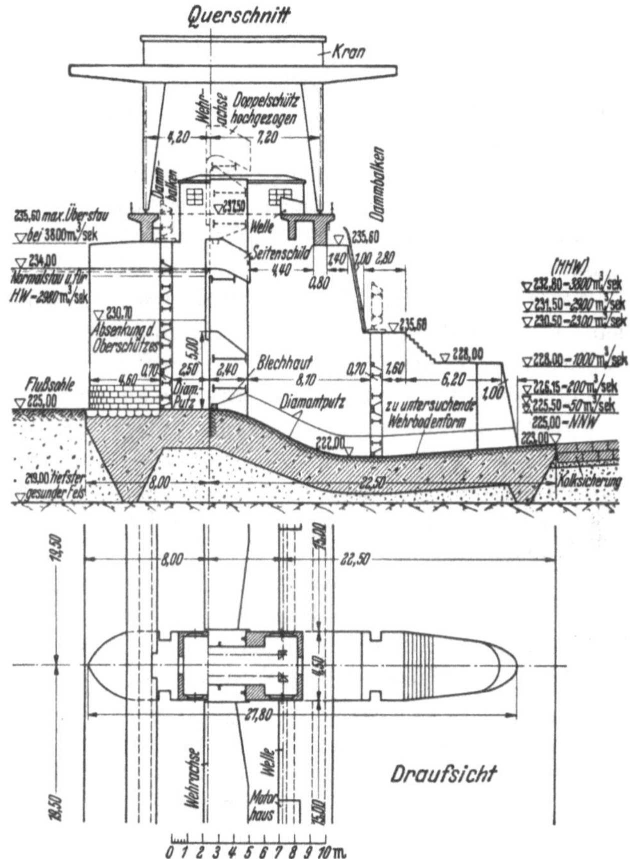

Abb. 220. Wehrschema im Aufriß und Grundriß.
(Berichtigung: HW im Oberwasser [Normalstau] = 2900 m³/sek statt 2980 m³/sek).

durch *gleichzeitiges* Heben des Unter- und Senken des Oberschützes (vorgesehener Kombinationsfall: 0,5 m Hebung und 2,0 m Senkung),

durch *Senkung* des *Ober*schützes (bis max. 3,3 m unter der Staukote + 234,0),

durch das *Hochziehen beider* Schützenteile zur *vollkommenen Freigabe* der Schützenöffnung (vgl. Abb. 220).

Es soll durch *Modellversuche* für die Wehröffnungen eine *Form des Wehrbodens* gefunden werden, bei welcher ein *möglichst geringer Kolk* im Wehrunterwasser auftritt und dieser Kolk dabei *möglichst weit strom-*

abwärts von der Auslaufschwelle des Wehres verlegt wird. Der in Abb. 220 vorgesehene Wehrboden ist dabei lediglich als provisorische Lösung für die Wehrentwurfsskizze zu betrachten.

Lösung.

Zwei Tatsachen sind für den Wasserbau charakteristisch:

1. die außerordentliche Mannigfaltigkeit der Aufgabenstellungen in wasserwirtschaftlicher und baulich-konstruktiver Hinsicht infolge der Vielgestaltigkeit der jeweiligen natürlichen Gegebenheiten (Untergrund- und Geländeverhältnisse, Landschaftscharakter, hydrologische, hydrographische, hydraulische und vielfach auch biologische Voraussetzungen und Bedingungen);

2. die Vielfalt der möglichen Strömungsverhältnisse, die Schwierigkeit hinsichtlich einer zuverlässigen, genauen und eindeutigen Vorausbestimmung des zu erwartenden Strömungsverlaufes, der dabei auftretenden Kräfte und ihrer Wirksamkeit bei der turbulenten Strömung, insbesonders in natürlichen Wasserläufen und bei zahlreichen Wasserbauwerken, besonders wenn Reibungs- und Mischverluste auftreten.

Beide Tatsachen setzen den aus wirtschaftlichen Gründen an sich erwünschten Normungen und Typisierungen im Wasserbau enge Grenzen, weil eben fast jede neue wasserbauliche Aufgabe eine *neue* Lösung erzwingt[1]. In vielen Fällen erweist sich dabei wegen der oben angegebenen Verhältnisse *die Befragung der Natur im wasserbaulichen Versuchsmodell* für die Findung der naturgemäßen und daher zweckmäßigsten Lösung als besonders dienlich. In manchen Fällen ist dies sogar unerläßlich. Dank der wachsenden Heranziehung der wasserbaulichen Versuchsanstalten zu solchen Naturbefragungen im Modell (*Zweck*forschungsaufgaben) in den letzten Dezennien haben nicht nur zahlreiche neue wasserbauliche Anlagen eine Formung erhalten, die für den untersuchten Fall in voller Übereinstimmung mit dem wirklichen Naturgeschehen steht, sondern es ist auch die wasserbauliche *Grundlagen*forschung außerordentlich befruchtet worden. Zwar erschweren die oben unter 2. genannten Tatsachen noch die Aufstellung von allgemeingültigen Gesetzen für das Zustandekommen und den Ablauf von Bewegungserscheinungen und dem dabei auftretenden Spiel der Kräfte, so daß die Wasserbaupraxis auf die bisherigen empirischen, mit „Koeffizienten" belasteten Formeln nach wie vor angewiesen ist. Doch hat die wasserbauliche Grundlagenforschung wertvolle Fortschritte gemacht hinsichtlich der

---

[1] Dies bedeutet andererseits eine außerordentliche Bereicherung der *schöpferischen* Tätigkeit des Wasserbauingenieurs, was auch diesen Zweig des Ingenieurschaffens für seine Träger besonders beglückend macht und zu einer „Kunst" erhebt („Wasserbaukunst").

Anwendung der Gesetze der Mechanik auf verschiedene Bewegungsvorgänge des Wassers (z. B. Wellenschnelligkeit, Schwallhöhen und -geschwindigkeiten usw.)[1].

Um den mit dem wasserbaulichen Versuchswesen noch nicht vertrauten Leser für dieses zu interessieren, wird hier das in der vorstehenden Aufgabe umschriebene Beispiel behandelt. Die beigefügten Aufnahmen der Abflußströmung dienen gleichzeitig dazu, eine wirklichkeitsnahe *Anschauung* von diesen Vorgängen zu vermitteln und so die Brücke zu schlagen von der Empirie der Formeln zur Wirklichkeit des Naturvorganges.

1. Behandlung des Beispiels.

Dem mit der Durchführung der Versuche betrauten Wasserbaulaboratorium stand für den Modellversuch ein Glasgerinne mit einem lichten Querschnitt von 1,17 m Breite und 1,10 m Höhe zur Verfügung. Die größtmögliche Umlaufwassermenge, die die beiden Pumpen des Laboratoriums auf die Dauer darbieten, beträgt 300 l/sek.

Für die Festlegung der *Modellgröße* war zunächst daran gedacht, einen Pfeiler mit beiderseits halben Wehröffnungen, also insgesamt *eine* Wehröffnung einschließlich *eines* Pfeilers aufzubauen, entsprechend einer wirklichen Breite von $15{,}0 + 4{,}5 = 19{,}5$ m. Bei Ausnützung der ganzen lichten Breite des Gerinnes von 1,17 m entspricht das einem *Modellmaßstab* $1{,}17 : 19{,}5 = 1 : 16{,}7$.

Durch *eine* Wehröffnung ergießt sich bei einer Hochwasserführung von $Q_w = 3800$ m³/sek:

$$Q_w = \frac{3800}{4} = \mathbf{950}\ \text{m}^3/\text{sek}.$$

Da für den allgemeinen Modellmaßstab $1 : x$ die Beziehung zwischen Modellwassermenge q_m und wirklicher Wassermenge Q_m gegeben ist durch den Ansatz

$$q_m = \frac{Q_w}{x^{2,5}}\ *,$$

würde der Modellmaßstab $1 : x = 1 : 16{,}7$ für das HHQ $= 3800$ m³/sek die Modellwassermenge erfordern

$$q_m = \frac{950}{16{,}7^{2,5}} = 0{,}834\ \text{m}^3/\text{sek} = \mathbf{834}\ \text{l/sek}.$$

Da die Pumpenanlage der Versuchsanstalt nur 300 l/sek zu fördern vermag, mußte hier schon aus diesem Grunde auf eine solche große Modelldarstellung verzichtet werden.

Man entschied sich im vorliegenden Fall für den Modellmaßstab $1 : x = 1 : 40$, was gestattete, 2 volle Wehröffnungen unterzubringen.

---

[1] Vgl. dazu auch WITTMANN: Wasserbauliche Forschung. Dtsch. Wasserw. 1939, S. 246ff.

* Vgl. Anhang: Tafel 19.

Diesen beiden Öffnungen entsprach bei 3800 m³/sek eine wirkliche Durchflußmenge $Q_w = \frac{3800}{2} = 1900$ m³/sek und erforderte eine Modellwassermenge von

$$q_m = \frac{Q_w}{x^{2,5}} = \frac{Q_w}{40^{2,5}} = \frac{1900}{10100} = 0{,}188 = \mathbf{188}\ \text{l/sek}.$$

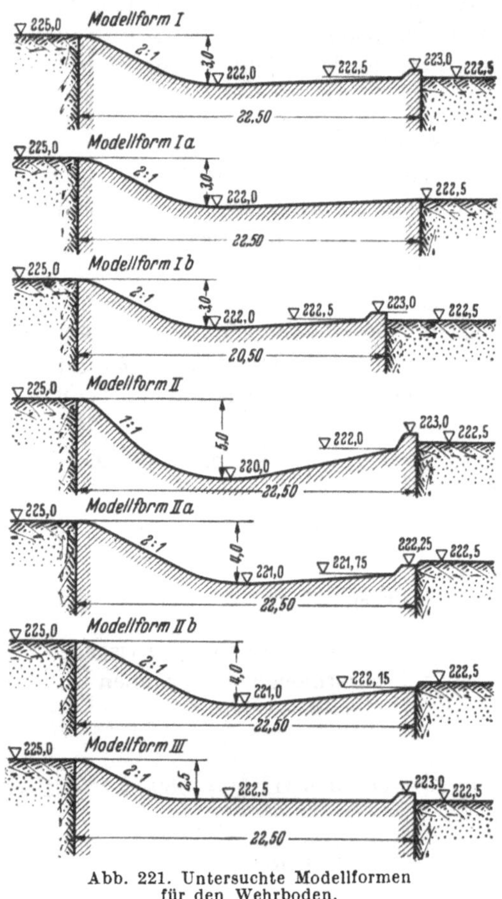

Abb. 221. Untersuchte Modellformen für den Wehrboden.

Um die notwendige Höhe für die Bildung auch großer Kolke im Unterwasserkiesbett zu schaffen, wurde das Wehrmodell auf ein Holzpodium aufgesetzt, das sorgfältig gegen das Oberwasser abgedichtet wurde. Die Wehrmodellteile selbst wurden aus Beton hergestellt, wobei die *Wehrböden auswechselbar* angeordnet wurden (Abb. 221). Lediglich der an die rechte Glaswand anschließende halbe Wehrpfeiler wurde aus Glas gebildet, um die Strömungsvorgänge über dem Wehrboden bei den verschiedenen Untersuchungsfällen beobachten zu können.

Das an das untere Wehrbodenende anschließende Kiesbett erhielt im Modell 250 cm Länge (= 100 m in der Natur). Die Flußbettsohle am unterstromigen Wehrende, die vor dem Wehrbau die Kote 223,0 aufweist, wird im Modellversuch auf 222,5 festgelegt, womit eine spätere Flußbetteintiefung im Unterwasser um 0,50 m bereits beim Modellversuch berücksichtigt wird. Dementsprechend sind auch alle Unterwasserstände um 0,5 m tiefer anzusetzen, als den Verhältnissen *vor* dem Wehrbau (vgl. Abb. 220) entspricht. Als Kiesbettmaterial wurde eine Körnung von etwa 4 mm gewählt. Da nicht sicher ist, ob dieses Bettungsmaterial nach Größe, Form und Gewicht den Naturverhältnissen des Flusses nahekommt, in den das Wehr eingebaut werden soll, kann auch aus den Versuchsergebnissen *kein zahlen*mäßiger Schluß auf die Kolkgrößen, die in Natur auftreten werden, gezogen werden. Abgesehen von dieser Einschränkung, bieten die Versuche aber einen sehr guten Einblick in die zu erwartenden Strömungsverhältnisse einschließlich der kolkenden Wirkung und erlauben sichere Schlüsse vom Modell auf die Wirklichkeit. Insbesondere gestatten sie einen zuverlässigen *Vergleich* der Ergebnisse für die einzelnen Versuchsanordnungen.

2. Untersuchte Wehrformen (vgl. Abb. 221).

Die Modellformgruppe I, Ia, Ib besitzt eine Tosbeckentiefe von 3,0 m. Bei diesen Formen steigt der Wehrboden gegen das Unterwasser zu um 0,50 m an. Bei Form I und Ib bildet den Wehrbodenabschluß eine 0,50 m hohe Endschwelle (Keilleiste), um den über den Wehrboden gehenden Schußstrahl nach oben (zum *Wellstrahl*) abzulenken und so — wenigstens unmittelbar am Wehrende — die Bildung eines kolkenden *Tauchstrahles* zu vermeiden bzw. diesen weiter flußabwärts zu verlegen. Dabei gestatten die Formen I und Ia den Vergleich über die Wirkung einer Keilleiste. Um den Einfluß der Länge des Wehrbodens zu studieren, ist die Form Ib um 2,0 m gegen Form I gekürzt.

Die Modellformgruppe II, IIa und IIb weist eine größere Tosbeckentiefe gegenüber Gruppe I auf. Dabei hat sich bei den Versuchen die Form II mit 5 m Tosbeckentiefe als ungeeignet herausgestellt, weil bei ihr wegen des steilen oberstromigen Abfallbodens eine Ablösung des Schußstrahles vom Wehrboden eintrat (Grundwalze über dem Abfallboden!). Diese Strahlablösung wurde bei den Modellformen IIa und IIb durch die Wahl einer Neigung 2 : 1 ($m = 2$) vermieden. Diese Beobachtung steht in Übereinstimmung mit anderweitigen Untersuchungsergebnissen. Die geringere Neigung ($\alpha < 30°$) vermindert die Gefahr, daß Schwingungen im Unterschütz als Folge von solchen Strahlablösungen entstehen. Die Tosbeckentiefe bei den Formen IIa und IIb ergab sich infolge des 2 : 1 geneigten Sohlenabfalles zu 4,0 m. IIa ist mit Endschwelle, IIb ohne diese ausgebildet.

Die Wehrformen IIa und IIb weisen noch eine Besonderheit gegenüber allen übrigen Wehrformen auf: der Wehrbodenendteil sitzt bei ihnen tiefer als bei allen übrigen. Nach SCHOKLITSCH soll diese tiefe Lage des Wehrbodenendteiles in Verbindung mit der Endschwelle (Keilleiste) den Kolk ganz vermeiden (oder doch wenigstens spürbar vermindern)[1].

Die Modellform III ist die flachste der untersuchten Bodenformen, indem hier der Wehrboden hinter dem Sohlenabfall zum Tosbecken

[1] SCHOKLITSCH: Wasserbau, Bd. 2, S. 691 u. 692. Wien: Springer 1930.

horizontal ausgebildet ist. Dabei ist lediglich die Variante mit Endschwelle dargestellt. Diese Form wird lediglich (für $Q = 2900$ m³/sek) untersucht, um ein Bild zu erhalten, wie sich die Kolkverhältnisse bei kleinster Tosbeckentiefe (Wehrboden horizontal!) gestalten.

3. Aufstellung der Versuchsreihen.

Mit Rücksicht auf den gewählten Doppelschützverschluß für die Anlage und die damit gegebenen Reguliermöglichkeiten für den Abfluß ergab sich je Modellform die in der Tabelle 43 zusammengestellte Versuchsreihe.

Tabelle 43.

Schützenstellung	Q_w m³/sek für 4 Öffnungen	q_m l/sek für 2 Modellöffnungen	Unterwasserspiegel (abgesenkt)
1. Unterschütz *gehoben* bei Normalstau (234,0)			
a) um 1,0 m (= 2,5 cm)	540,6	26,70	226,55
b) um 2,0 m (= 5,0 cm)	1061,2	52,40	227,65
c) um 2,5 m (= 6,25 cm)	—	—	—
d) um 3,0 m (= 7,5 cm)	1518,8	75,0	228,50
e) um 3,5 m (= 8,75 cm)	—	—	—
f) um 4,0 m (= 10,0 cm)	1925,2	95,10	229,30
g) um 0,5 m (= 1,25 cm) und Oberschütz um 2,0 m (= 5,0 cm) gesenkt	592,2	29,25	226,60
2. Oberschütz *gesenkt* bei Normalstau			
a) um 2,0 m (= 5,0 cm)	340,2	16,80	226,05
b) um 3,3 m (= 8,25 cm)	765,8	37,80	227,00
3. HQ = 2900 m³/sek bei Stauziel (234,0) . . (Öffnungen vollkommen frei)	2900,0	143,2	231,00
4. HHQ = 3800 m³/sek bei Überstau (235,6) . (Öffnungen vollkommen frei)	3800,0	187,7	232,30

In der Tabelle ist Q_w insgesamt, also für 4 Öffnungen angegeben, q_m auf das Modell mit seinen 2 Öffnungen bezogen. Die letzte Spalte gibt die Koten der um 0,5 m gesenkten Unterwasserspiegel an. Die q_m-Werte wurden dabei für die Versuchsfälle 1 und 2 bei Normalstauspiegel im Oberwasser durch den Meßüberfall gemessen und daraus die Q_w-Werte gerechnet, für die Fälle 3 und 4 wurden umgekehrt die q_m-Werte aus den gegebenen Hochwassermengen Q_w gerechnet.

Um das Maß der Hebung des Unterschützes zu ermitteln, bei der die ungünstigste Kolkwirkung eintritt, wurden im Schema für eine Versuchsreihe zunächst die unter 1a bis 1f aufgeführten Schützenstellungen ins Auge gefaßt. Es hat sich jedoch gleich zu Beginn der Versuchsreihe I (Modell I) gezeigt, daß auf die Versuche 1c (Unterschütz um 2,5 m gehoben) und 1e (Unterschütz um 3,5 m gehoben) verzichtet werden konnte. Von den Versuchen 1a, 1b, 1d und 1f verdienen die Ergebnisse zu 1 b und 1 f insofern Beachtung, als die Schützenhebung um 2,0 m wegen der zugeordneten geringeren Unterwassertiefe bei den Modellen I, I a, I b zu einem größeren Kolk führt als die Schützenhebung um 4,0 m.

4. Dauer der einzelnen Versuche.

Nach der Modellregel besteht folgende Beziehung zwischen den Zeiten t_m im Modell und T_W in der Wirklichkeit bei einem Modellmaßstab $1 : x$*:

$$T_W = t_m \cdot x^{0,5}.$$

Für den Maßstab $1 : x = 1 : 40$ ergibt sich

$$T_W = t_m \cdot 40^{0,5} = t_m \cdot 6{,}32,$$

d. h. eine Versuchsdauer von $t_m = 1$ Stunde entspricht in der Wirklichkeit

$$T_W = 1{,}0 \cdot 6{,}32 = 6{,}32 \text{ Stunden}.$$

Da die Hochwässer des in Frage stehenden Gebirgsflusses nur kurze Zeit dauern, könnte man zunächst daran denken, es für die Modelluntersuchungen, soweit die Hochwasserführungen ($Q_W = 2900$ bzw. 3800 m³/sek) in Betracht kommen, jeweils bei 1 Stunde Versuchsdauer bewenden zu lassen. Dagegen muß für die hinsichtlich der Kolkausbildung ebenfalls ungünstige Wasserabführung bei Unterschützhebungen um 2,0 m bzw. 4,0 m ($Q_W \sim 1061$ bzw. 1925 m³/sek) ungünstigst mit längeren Betriebszeiten T_W als rd. 6 Stunden gerechnet werden.

Außerdem ist im vorliegenden Falle zu berücksichtigen, daß eine 13 km flußauf liegende Talsperre das aus dem Einzugsgebiet kommende Geschiebe im Stauraum zurückhält. Es kann also nicht damit gerechnet werden, daß die an unserem Wehre entstehenden Kolke durch von *oben* kommendes Geschiebe wieder ausgefüllt werden. Es war deshalb zu prüfen, wie sich die Kolke verändern, wenn sie *wiederholt* oder — was in der Wirkung auf dasselbe hinauskommt — *länger* belastet werden, als der Dauer *einer* Hochwasserwelle entspricht.

Die Versuchsreihen zeigten ganz einheitlich, daß sich bei Hochwasser die Kolke sehr rasch ausbilden. Das dabei weggetragene Bodenmaterial bildet eine hohe Sandbank unterhalb der Kolke, die nun flußab wandert. Diese Sandbank bewirkt im Unterwasser des Wehres einen erheblichen Stau, der die weitere Kolkbildung zunächst verringert. Mit dem Abwärtswandern der Sandbank und der dabei eintretenden Verflachung nimmt der Stau wieder ab. Damit erhöht sich wieder die kolkende Tätigkeit, wodurch sich die Kolke weiter vertiefen und sowohl flußauf wie auch flußab erweitern. Erst nach etwa 5 Stunden Versuchsdauer wurde ein Zustand erreicht, bei dem nur noch wenig Material aus den

* Vgl. Anhang Tafel 19.

Kolken weggetragen, bei dem also ein gewisser Beharrungszustand erreicht wurde.

Die Kolkverhältnisse im Beharrungszustand sind von besonderer Bedeutung für das Ausmaß der Sicherung der unterhalb des Wehres liegenden Uferstrecken gegen Unterkolkungen und daraus folgenden Einrißbildungen (Uferschutz).

5. Erfassung der Versuchsergebnisse.

Die Versuchsreihe mit der Modellform I hat ergeben, daß bei Hebung des Unterschützes die größeren Kolke in der *Mittelachse* der *Wehröffnungen* liegen, während z. B. bei *freier* Durchflußöffnung (HW und HHW) die Kolke in der Achse der Pfeiler und am Widerlager auftreten. Bei den anderen Modellformen ergaben sich in *fast allen* Fällen die tiefsten Kolke ausschließlich in den Pfeilerachsen bzw. in der Verlängerung des Widerlagers. Daraus ergibt sich der Einfluß der *Wehrform* auf die tiefste Stelle der Kolke.

Es wurden deshalb für *alle* untersuchten Wehrformen folgende Untersuchungsergebnisse festgehalten:

1. Kolktiefe am Wehrende,
2. maximale Kolktiefe,
3. Abstand des maximalen Kolkes vom Wehrende,
4. Abstand des Kolkendes vom Wehrende.

Dabei wurden die Ergebnisse zu 1 bis 4 jeweils festgestellt: an der Glaswand und in der Mittelachse der zugehörigen Schützenöffnung, in der Achse des Modellmittelpfeilers, am Widerlager und in der Mittelachse der zugehörigen Schützenöffnung.

Hinsichtlich der angegebenen Kolktiefen ist zu beachten, daß sie in *allen* Fällen auf die Höhenkote 223,0 bezogen sind, d. i. die Oberkante der Keilleiste bei Wehrform I (= *ursprüngliche* Sohlenkote). Damit geben die in Tabelle 44 und den folgenden photographischen Kolkaufnahmen angegebenen Kolktiefen die Ausmaße der Bodeneintiefungen für die *ursprüngliche* Lage der Flußsohle (Kote 223,0 am Wehrende!) an. *Bezogen auf eine um 0,5 m eingetiefte Sohle*, mit welcher die Versuche tatsächlich durchgeführt wurden, *ermäßigen sich sämtliche Kolkmaße um 0,50 m.* In den Kolkaufnahmen wurden jene Höhenzahlen, welche Auflandungen bezeichnen und über die Nullinie *emporgehen*, mit einem +-Zeichen versehen. Der Längenmaßstab in den Kolkaufnahmen gibt eine 10-m-Einteilung in der Natur.

6. Zusammenfassung der Versuchsergebnisse.

In Tabelle 44 sind die Untersuchungsergebnisse für die 7 Wehrformen bei 2900 m³/sek Hochwasserführung zusammengestellt. Dabei sind die beiden Modellformen *ohne* Keilleiste (Ia und IIb) durch Fettdruck, die

Form II durch Schrägdruck hervorgehoben. *Denn diese 3 Formen ergeben sowohl in der Glaspfeilerachse wie auch in der Mittelachse der zugehörigen Schützöffnung und in der Achse des Pfeilers eindeutig die tiefsten Kolke* (an der Glaspfeilerwand 9,0 und 8,4 m, in der Achse der zugehörigen Schützöffnung 7,5 und 7,0 m, in der Mittelpfeilerachse je 7,0 m). Darüber hinaus zeigen die Formen *ohne* Keilleiste (Ia und IIb) in besonders starkem Maße eine periodische Unstetigkeit der Strömung am linken Widerlager durch abwechselndes Auftreten eines Tauch- und Wellstrahles, wobei der erstere jeweils eine große Vertikalwalze erzeugt, die rasch ein tiefes Kolkloch nahe dem Wehrende verursacht, das nach dem wiederkommenden Wellstrahl zum großen Teil wieder zugefüllt wird. Nun ist ja die Widerlagerausbildung bei den hier durchgeführten Versuchen aus versuchstechnischen Gründen erfolgt und insofern bis zu einem gewissen Grade zufällig. Es ist beabsichtigt, dieser Erscheinung durch besondere Versuche nachzugehen, nachdem sich hier gezeigt hat, daß der periodisch auftretende Tauchstrahl — trotz einer ganz kurzen Wirkungsdauer — mit seiner Räumwirkung tiefgehende Freilegungen des unterstromigen Wehrabschlusses hervorrufen kann. Seine Entstehung hängt — außer mit der Wehrbodenform — ohne Zweifel auch mit der Veränderung des Flußquerschnittes (Verbreiterung durch das schräge Widerlager) zusammen. Sein Einfluß auf die unterstromige Begrenzung des Wehres kann vermieden werden, wenn der Widerlagspfeiler parallel zu den Zwischenpfeilern über das Wehrende hinaus noch stromab weitergeführt und wenn erst weiter unten der Anschluß an das Ufer bewerkstelligt wird. Es muß dann aber der Fuß dieser verlängerten Mauer gegen Freilegung durch die normalen Kolkungen ausreichend gesichert werden. In unserem Falle verschwindet diese unstete Tauchstrahlkolkung lediglich bei Modellform IIa bis zur Wasserführung von $Q_W = 2900\,\text{m}^3/\text{sek}$ gänzlich und tritt auch bei $Q_W = 3800\,\text{m}^3/\text{sek}$ nur mit stark abgeschwächter Wirkung in Erscheinung.

Aus den obigen Gründen kommen zunächst die beiden Wehrbodenformen Ia und IIb für die Ausführung *nicht* in Betracht. Auf die Ungeeignetheit der Form II wurde schon weiter oben (S. 463) hingewiesen.

Von den verbleibenden 4 Wehrformen I, Ib, IIa und III mit den kleineren Kolktiefen zeigt auch die Form I die vorbeschriebene Unstetigkeit am Widerlager in starkem Maße, wodurch dort der Wehrabschluß bis auf 3,0 m Tiefe freigelegt wurde. Da diese Modellform andererseits keine besonderen Vorteile aufwies, die diesen Nachteil auszugleichen vermochten, kam auch sie nicht in die engere Wahl. Nach Ausscheiden der Form III, die von vornherein für eine Ausführung nicht gewünscht war, erhielt schließlich die *Form IIa mit ihrer tief in den Boden eingebauten Wehrsohle und Wehrschwelle* als die ver-

Tabelle 44. *Versuchsergebnisse für die*
(5 Stunden

Lage des untersuchten Profils / Tiefe und Abstand des Kolkes	in der Glaspfeilerachse (rechtsseitige Gerinneglaswand)						
	in der Mittelachse der zugehörigen Schützenöffnung						
Modellform	I	Ia	Ib	II	IIa	IIb	III
Kolktiefe am Wehrende in m	2,0 0,5	**1,5** **0,5**	0,5 0,5	*2,0* *1,0*	2,0 0,75	**3,0** **1,0**	3,0 0,0
Maximale Kolktiefe in m	7,2 ~6,0	**9,0** **~7,5**	8,0 6,0	*8,0* *~7,0*	7,2 6,0	**8,4** **7,0**	7,8 6,0
Abstand des maximalen Kolkes vom Wehrende in m	43,0 35,0	**45,0** **45,0**	45,0 45,0	*37,0* *~35,0*	40,0 35,0	**40,0** **35,0**	50,0 45,0
Abstand des Kolkendes vom Wehrende in m	70,0 70,0	**110,0** **100,0**	>100 >100	*110,0* *110,0*	>100 >100	**85,0** **80,0**	>100 >100

Fett gedruckt = Modellformen *ohne* Keilleiste,

Tabelle 45. *Versuchsergebnisse*

Lage des untersuchten Längsprofils / Tiefe und Abstand des Kolkes	in der Glaspfeilerachse (rechtsseitige Gerinneglaswand)				
	in der Mittelachse der zugehörigen Schützenöffnung				
Versuchsfall der Reihe	1b	1f	1g	3	4
Kolktiefe am Wehrende in m	1,0 ~1,0	2,0 1,0	2,0 1,0	2,0 0,75	4,0 1,0
Maximale Kolktiefe in m	3,4 2,0	4,5 4,0	3,0 2,0	7,2 6,0	9,0 7,0
Abstand des maximalen Kolkes vom Wehrende in H	20,0 12,0	30,0 ~ 30,0	10,0 10,0	40,0 35,0	50,0 35,0
Abstand des Kolkendes vom Wehrende in m	50,0 35,0	>100 100	20,0 20,0	>100 >100	>100 >100

gleichsweise günstigste den Vorzug (in Übereinstimmung mit SCHOKLITSCH [S. 463]), da sie unter anderem auch die stabilsten Strömungsverhältnisse aufweist (Ergebnisse der Versuchsreihe für diese Form folgen unten). Aber auch hier ist noch mit einer Kolkbildung zu rechnen.

Noch eine beachtenswerte Erkenntnis brachten die Versuche durch die Feststellung, daß beim *Heben* des *Unter*schützes nur um 2,0 m, d. i. die Hälfte der möglichen Hubhöhe, bereits erhebliche Kolke entstehen (vgl. Abb. 224d). Andererseits ergeben sich beim Betrieb mit gesenkter Oberschütze sowie bei kombiniertem Betrieb mit gesenktem Oberschütz und angehobenem Unterschütz (Abb. 226a—d) nur geringe Bodenabtragungen im Unterwasser des Wehres. Da dieser Abfluß-

7 Modellformen bei Q = 2900 m³/sek.
Versuchsdauer.)

in der Achse des Mittelpfeilers des Modells							am Widerlager (linksseitige Gerinnewand) in der Mittelachse der zugehörigen Schüztenöffnung						
I	I a	I b	II	II a	II b	III	I	I a	I b	II	II a	II b	III
2,2	**1,2**	1,5	*4,0*	3,0	**3,0**	2,0	3,0 0,0	**~4,0** **~2,0**	0,5 0,5	*2,0* *1,0*	1,5 1,0	**3,0** **1,0**	1,0 0,0
~6,0	**7,0**	6,8	*7,0*	6,6	**7,0**	7,0	6,0 ~5,0	**6,6** **~5,0**	6,6 5,0	*7,0* *5,0*	7,8 5,0	**6,0** **5,0**	7,2 5,0
35,0	**42,0**	40,0	*35,0*	35,0	**~40,0**	42,0	35,0 40,0	**35,0** **~30,0**	35,0 40,0	*35,0* *30,0*	35,0 32,0	**30,0** **30,0**	40,0 35,0
90,0	**85,0**	100,0	*90,0*	80,0	**80,0**	>100	65,0 75,0	**67,0** **63,0**	65,0 65,0	*55,0* *60,0*	72,0 70,0	**100,0** **70,0**	65,0 65,0

schräg gedruckt = Modellform II.

für die Modellform IIa.

in der Achse des Mittelpfeilers des Modells					am Widerlager (linksseitige Gerinnewand) in der Mittelachse der zugehörigen Schützenöffnung				
1b	1f	1g	3	4	1b	1f	1g	3	4
~1,5	2,0	2,0	3,0	3,5	1,5 1,0	1,5 1,5	2,0 1,0	1,5 1,0	3,0 2,0
2,0	5,0	2,5	6,6	8,4	3,0 2,0	5,6 ~4,5	2,2 2,0	7,8 5,0	9,3 ~7,0
7,0	30,0	8,0	35,0	50,0	17,0 10,0	35,0 30,0	4,0 15.0	35,0 32,0	40,0 40,0
40,0	75,0	20,0	80,0	>100	30,0 ~40,0	55,0 55,0	30,0 20,0	72,0 70,0	>100 85,0

regulierung durch das Wehr wegen ihrer *verhältnismäßig großen Häufigkeit* besondere Bedeutung zukommt, *empfiehlt sich ein solcher Wehrbetrieb mit möglichst weit gesenktem Oberschütz und geringer Hebung des Unterschützes, solange die Wasserführung und die Wehrkonstruktion das irgendwie gestatten* (möglichst weitgehende Anpassung der Schützenkonstruktionen an diese Forderung!).

Bei sämtlichen untersuchten Wehrformen entsteht in der Mittelachse der Wehröffnungen über der Flußsohle stromab vom Wehrende eine flache Grundwalze, welche *ständig Kiesmaterial zum Wehr hinträgt* und so die unterstromige Wehrabschlußwand mit Kies bedeckt (vgl. die Strömungsbilder für Form IIa auf den folgenden Seiten!).

Abb. 222. Vorderansicht des Modells vom U.W.

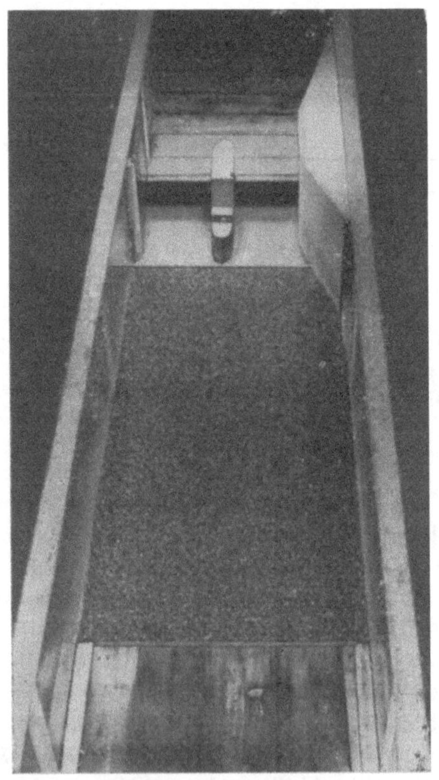

Abb. 223. Schräge Draufsicht auf die Modellanordnung vom U.W.

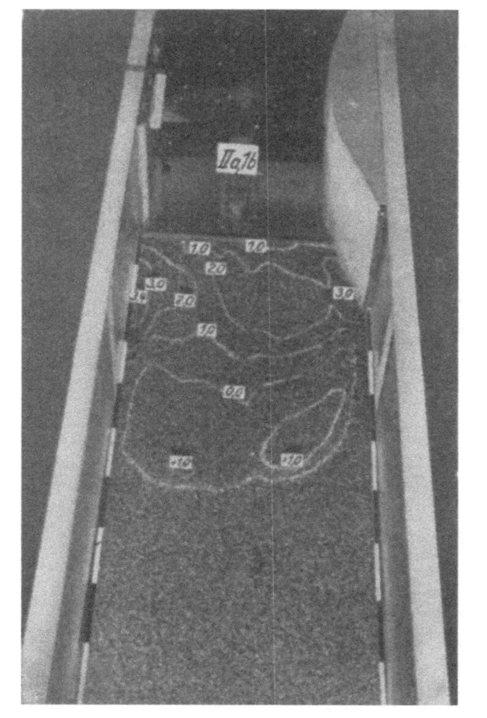

Abb. 224a. Unterschütz um 2,0 m gehoben. $Q_W = 1061,2$ m³/sek, $q_k = 52,4$ l/sek, U.W.Sp. = 227,65. Laufzeit: 5 Stunden. Aufnahme der Kolkschichtlinien.

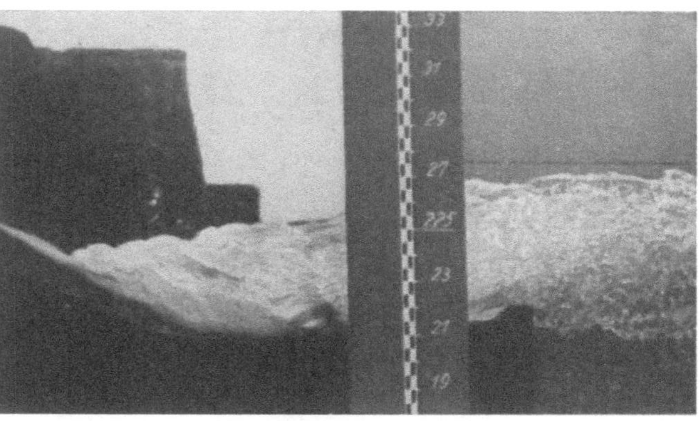

Abb. 224b. Unterschütz um 2,0 m gehoben. Aufnahme des Abflußstrahles. Der Abflußstrahl geht als „Tauchstrahl" unter der Deckwalze weg und wird durch die Keilleiste nach oben abgelenkt. Kolk im Entstehen. (Emporwirbeln des Kieses an der Schwelle!)

Abb. 224c. Unterschütz um 2,0 m gehoben. Ausbildung des Kolkes nach 45 Minuten Versuchsdauer.

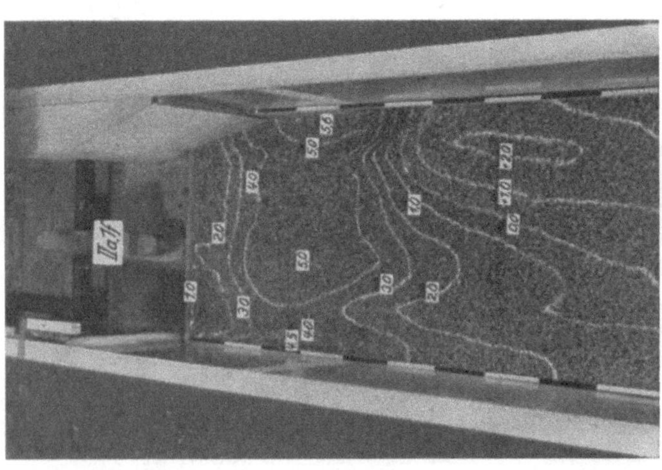

Abb. 225a. Unterschütz um 4,0 m gehoben. Q_W = 1925,2 m^3/sek, q_w = 95,10 l/sek, U.W.Sp. = 229,30. Laufzeit: 5 Stunden. Aufnahme der Kolkschichtlinien.

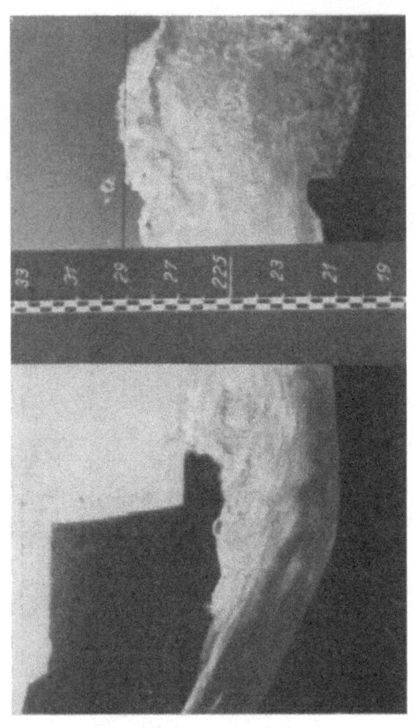

Abb. 225b. Unterschütz um 4,0 m gehoben. Aufnahme des Abflußstrahles.

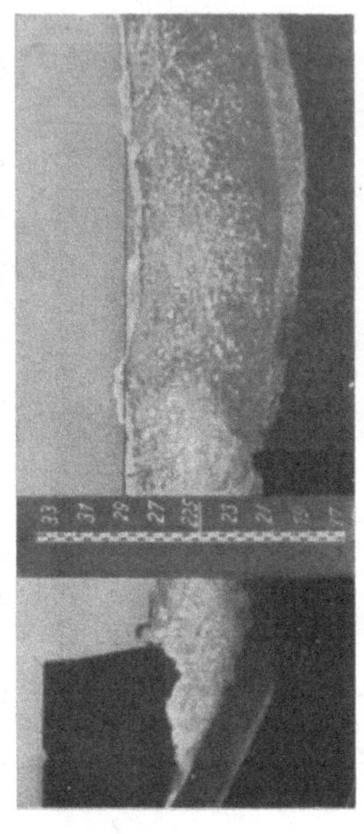

Abb. 225c. Unterschütz um 4,0 m gehoben. Ausbildung des Kolkes nach 45 Minuten Versuchsdauer.

a

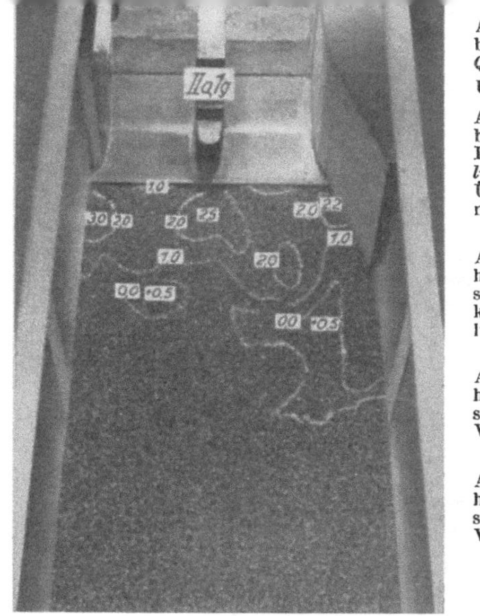

Abb. 226a. Unterschütz um 0,5 m gehoben und Oberschütz um 2,0 m gesenkt. $Q_W = 592{,}2\ \mathrm{m^3/sek}$, $q_m = 29{,}25\ \mathrm{l/sek}$, U.W.Sp. = 226,6. Laufzeit: 5 Stunden.

Abb. 226b. Unterschütz um 0,5 m gehoben und Oberschütz um 2,0 m gesenkt. Der Überfallstrahl ist ***ungestört*** (*unbelüftet*). Die Strömung des tauchenden Überfallstrahles und seine Ablenkung nach oben durch die Endschwelle ist deutlich zu erkennen.

Abb. 226c. Unterschütz um 0,5 m gehoben und Oberschütz um 2,0 m gesenkt. Der Überfallstrahl ist durch eine künstlich herbeigeführte Störung belüftet worden, wodurch er eine andere Fallrichtung angenommen hat.

Abb. 226d. Unterschütz um 0,5 m gehoben und Oberschütz um 2,0 m gesenkt. Kolkbildung nach 45 Minuten Versuchsdauer bei ungestörtem (unbelüftetem) Strahl.

Abb. 226e. Unterschütz um 0,5 m gehoben und Oberschütz um 2,0 m gesenkt. Kolkbildung nach 45 Minuten Versuchsdauer bei gestörtem (künstlich belüftetem) Strahl.

b

c

d

e

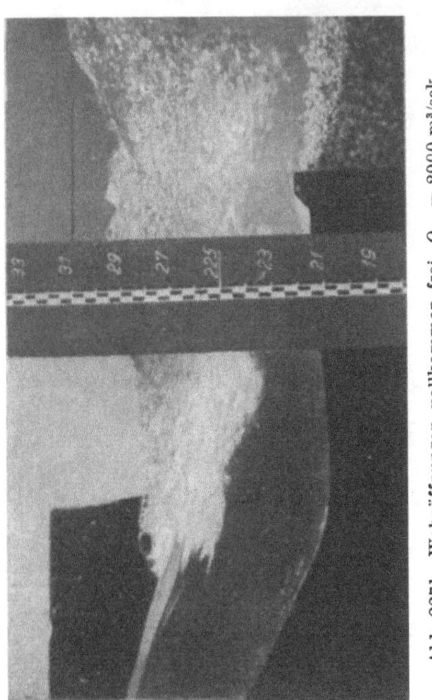

Abb. 227b. Wehröffnungen vollkommen frei. $Q_W = 2900$ m³/sek. Aufnahme des Abflußstrahles.

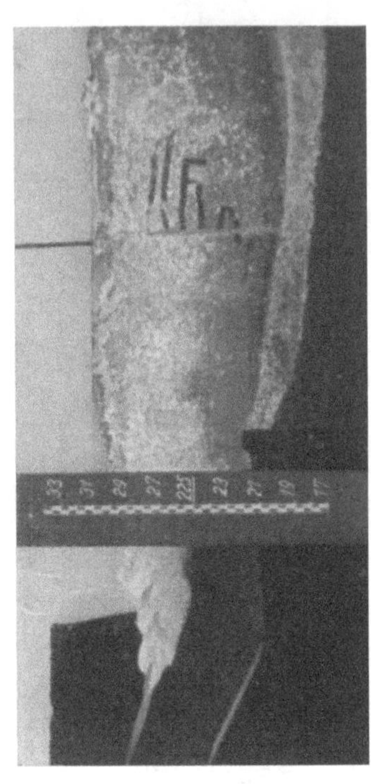

Abb. 227c. Wehröffnungen vollkommen frei. $Q_W = 2900$ m³/sek. Ausbildung des Kolkes nach 45 Minuten Versuchsdauer. Die Fähnchen zeigen sehr schön die Wirksamkeit der Grundwalze (Fließrichtung stromauf) und den Charakter des Abflußstrahles als Wellstrahl.

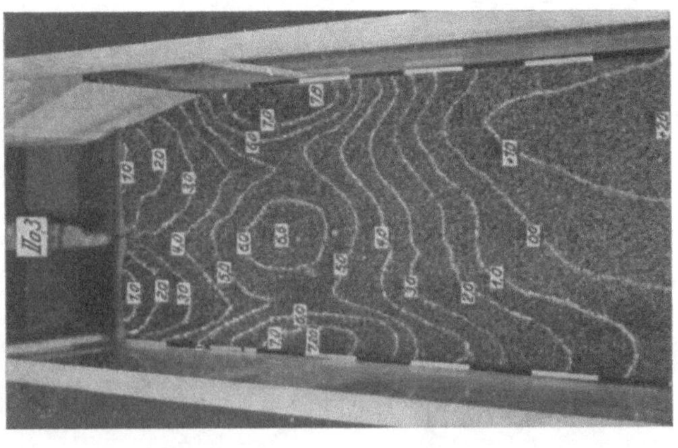

Abb. 227a. Schützenöffnungen vollkommen frei. O.W.Sp. = 234,0, $Q_W = 2900$ m³/sek, $q_m = 143{,}2$ l/sek, U.W.Sp. = 231,0. Laufzeit: 5 Stunden. Aufnahme der Kolkschichtlinien.

a

b

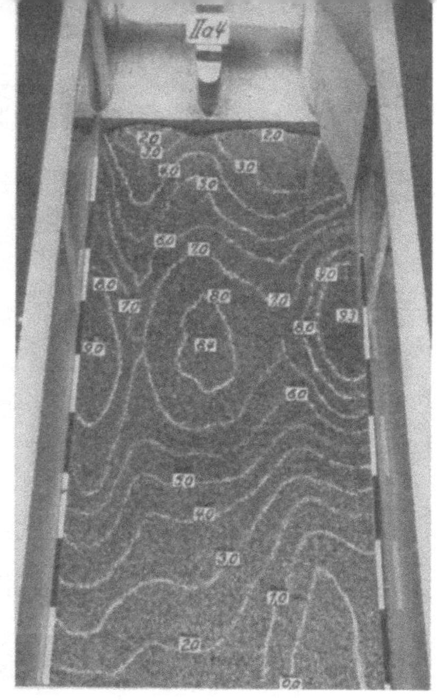

Abb. 228a. Wehröffnungen vollkommen frei. O.W.Sp. = 235,60 (Überstau). Q_W = 3800 m³/sek, q_m = 187,7 l/sek, U.W.Sp. = 232,30. Kolkbild für Laufzeit: 1 Stunde.

Abb. 228b. Versuchsbedingungen wie bei Abb. 228a. Kolkbild für Laufzeit: 5 Stunden.

Abb. 228c. Wehröffnungen vollkommen frei. Q_W = 3800 m³/sek bei Überstau. Aufnahme des Abflußstrahles.

Abb. 228d. Wehröffnungen vollkommen frei. Q_W = 3800 m³/sek bei Überstau. Ausbildung des Kolkes nach 45 Minuten Versuchsdauer. Die Grenze zwischen dem oben weggehenden Wellstrahl und der an der Sohle wirksamen Grundwalze mit der stromauf gerichteten Strömung am Boden ist durch die Fähnchen deutlich sichtbar.

c

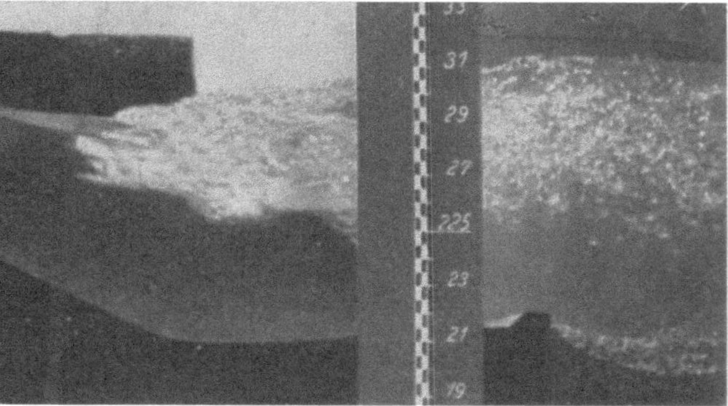

d

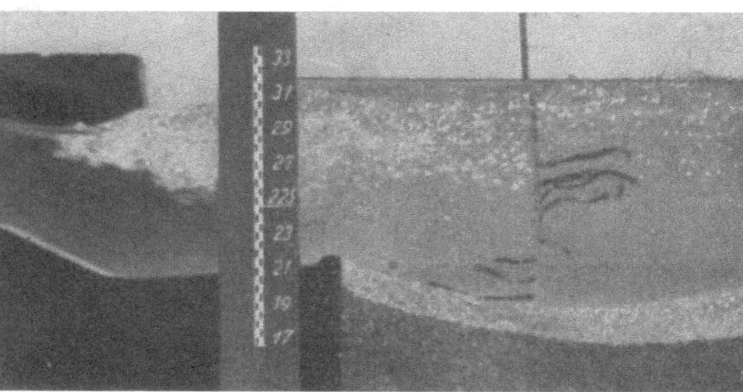

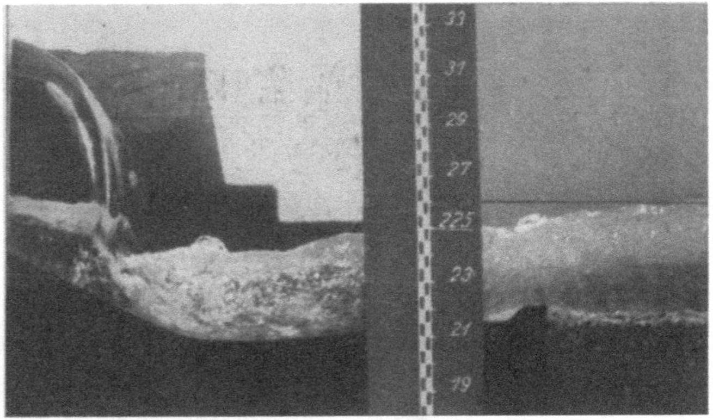

Abb. 229a. Oberschütz um 2,0 m gesenkt, Unterschütz geschlossen. $Q_W = 340{,}2\ \text{m}^3/\text{sek}$, $q_m = 16{,}80\ \text{l/sek}$, U.W.Sp. = 226,05. Überfallstrahl *unbelüftet* (ungestört). Durch den Unterdruck, der im Raum zwischen Strahl und Schützenwand entsteht, steigt der Spiegel dort an (Ejektorwirkung).

Abb. 229b. Oberschütz um 2,0 m gesenkt, Unterschütz geschlossen. Überfallstrahl ist *gestört* (belüftet).

Abb. 229c. Oberschütz um 2,0 m gesenkt, Unterschütz geschlossen. Flußsohle nach 45 Minuten Versuchsdauer. Keine Kolkbildung. Strahl *ungestört* (unbelüftet).

Abb. 229d. Oberschütz um 2,0 m gesenkt, Unterschütz geschlossen. Aufnahme der Flußsohle nach 45 Minuten bei *gestörtem* (belüftetem) Strahl. Keine Kolkbildung.

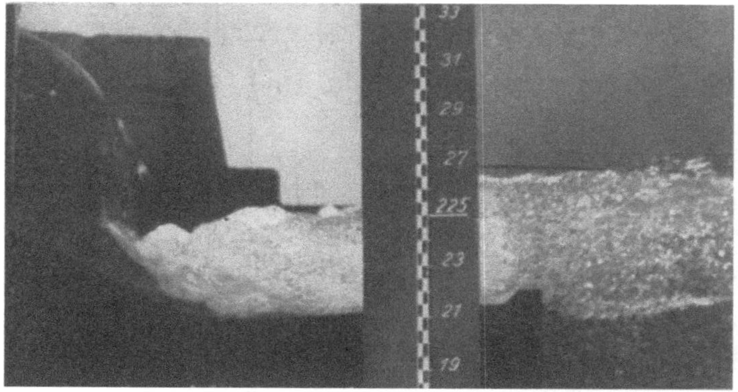

Abb. 230a. Oberschütz um 3,3 m gesenkt, Unterschütz geschlossen. $Q_W = 765{,}8\ m^3/sek$, $q_m = 37{,}8\ l/sek$, U.W.Sp. = 227,0. Überfallstrahl *unbelüftet*. Der Raum zwischen Strahlaußenfläche und Schützenwand ist *vollkommen* mit Wasser gefüllt. Der Überfallstrahl haftet am Schütz an.

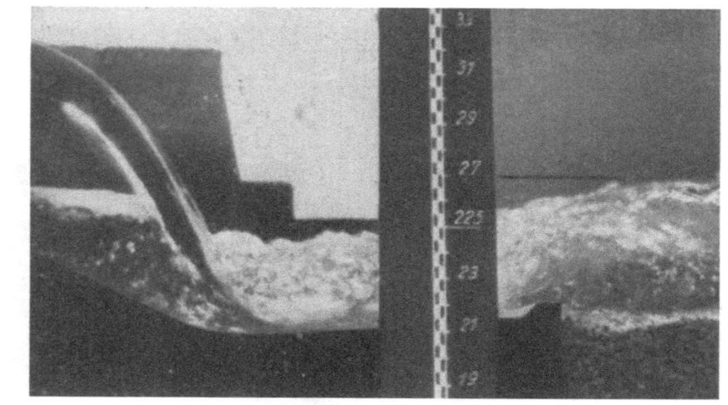

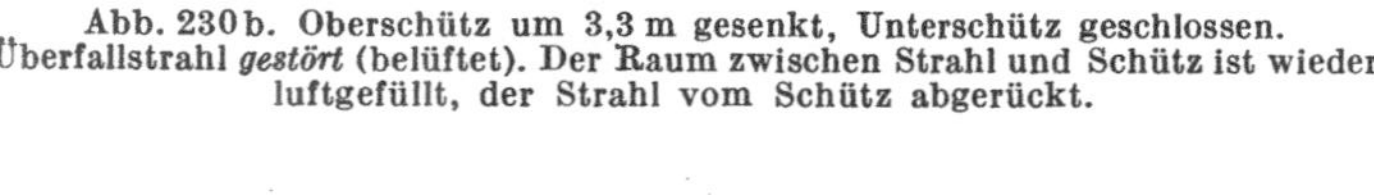

Abb. 230b. Oberschütz um 3,3 m gesenkt, Unterschütz geschlossen. Überfallstrahl *gestört* (belüftet). Der Raum zwischen Strahl und Schütz ist wieder luftgefüllt, der Strahl vom Schütz abgerückt.

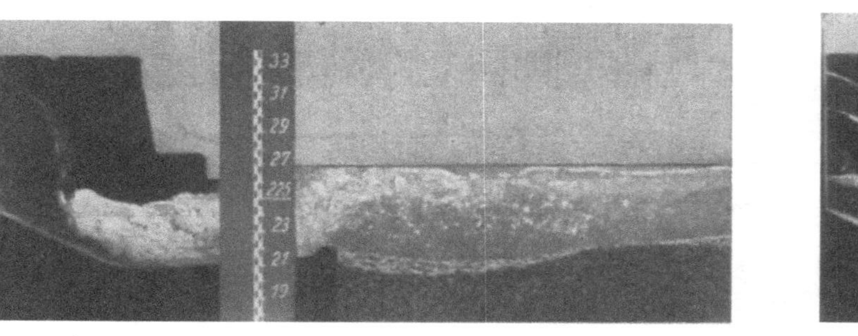

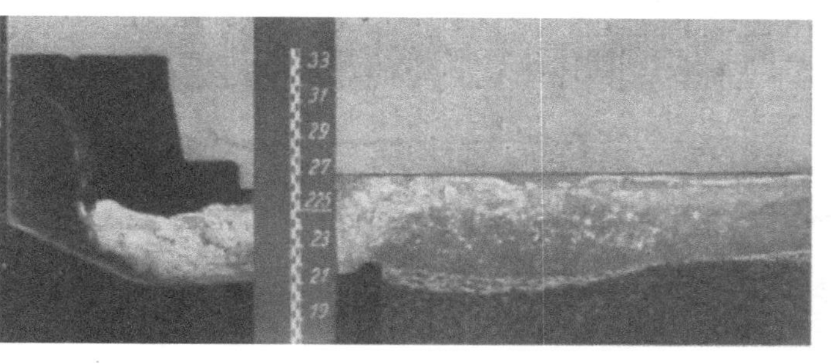

Abb. 230c. Oberschütz um 3,3 m gesenkt, Unterschütz geschlossen. Aufnahme des Kolkes nach 45 Minuten Versuchsdauer bei *ungestörtem* (unbelüftetem) Strahl.

Abb. 230d. Oberschütz um 3,3 m gesenkt, Unterschütz geschlossen. Aufnahme des Kolkes nach 45 Minuten Versuchsdauer bei *belüftetem* Strahl.

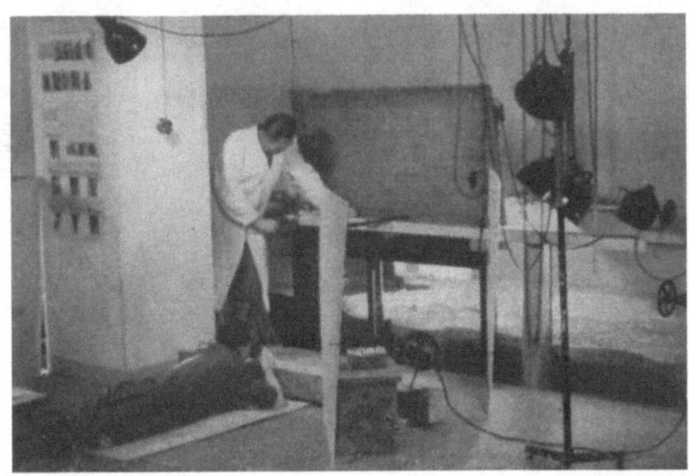

Abb. 231 a. Blick auf die Versuchsanordnung.

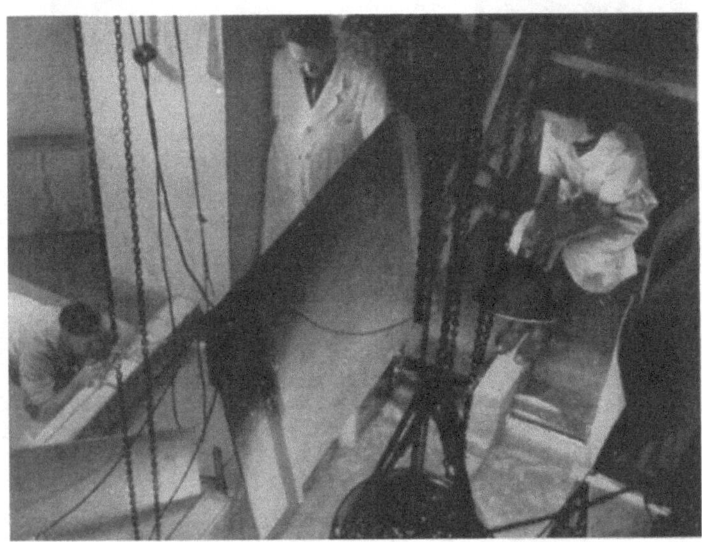

Abb. 231 b. Anordnung der Lampen und Blenden, um brauchbare Strömungsaufnahmen zu erhalten.

7. Versuchsergebnisse für die Modellform IIa.

In Tabelle 45 sind die Meßergebnisse der in den einzelnen Versuchen mit der Modellform IIa entstandenen Kolke übersichtlich zusammengestellt. Die Versuche 2a und 2b für gesenktes Oberschütz wurden nicht weiter verfolgt, da sich bei ihnen nur eine geringe Wirkung auf die Sohle unterhalb des Wehres ergab. Dafür sind aber die Strömungsbilder für die beiden Versuchsfälle beigefügt, um den Unterschied zwischen belüftetem und unbelüftetem Überfallstrahl im Bilde zu zeigen. Auch den Kolkaufnahmen der fünf untersuchten Fälle ist jeweils die photographische Aufnahme des Strömungsbildes beigefügt. Das wiederholte Betrachten gerade solcher Strömungsbilder entwickelt und fördert das Gefühl für Strömungsvorgänge und wird deshalb empfohlen.

Aufgabe 39[1].

Berechnung des Überfallwehres eines Regenauslasses einer Mischkanalisationsanlage (Streichwehr).

In den Hauptableitungskanal $A-B$ einer Kanalisationsanlage nach dem Mischsystem soll für einen Regenauslauf ein *Überfallwehr* eingebaut werden (Abb. 232).

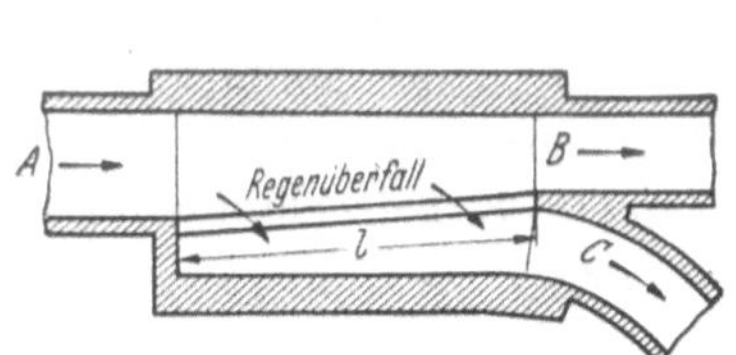

Abb. 232. Regenauslaß mit Streichwehr.

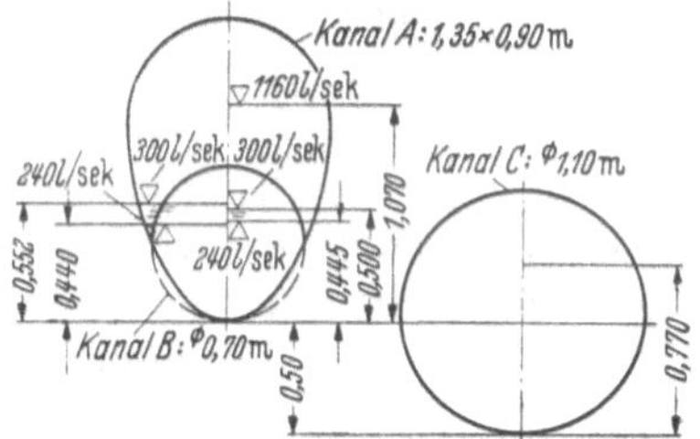

Abb. 233. Anordnung der Kanalleitungsquerschnitte für den Regenauslaß.

Die *tagesdurchschnittliche* Schmutzwassermenge (der Trockenwetterabfluß) beträgt 25 l/sek, die größte Regenwassermenge 1100 l/sek. Das Sohlengefälle des Zuflußkanals A ist festgelegt mit 1 : 500, das des Abflußkanals zur Kläranlage B mit 1 : 750 und jenes des Regenauslaßkanals zum Vorfluter C mit 1 : 900. Mit Rücksicht auf die Höhenlage des Vorfluters darf die Sohle des Kanals C höchstens 0,50 m tiefer gelegt werden als jene des Kanals $A-B$ (vgl. Abb. 233).

Das Überfallwehr darf bei 4facher Verdünnung des *größten* sekundlichen Trockenwetterabflusses in Tätigkeit treten. Andererseits darf höchstens das 5fache des größten sekundlichen Trockenwetterabflusses zur Kläranlage gelangen.

Es ist bereits festgestellt, daß der Wehrrücken hochwasserfrei zu liegen kommt.

[1] Zahlenangaben von Oberbaudirektor Professor E. STECHER†, München.

Lösung[1].

Im Gegensatz zum *Trenn*verfahren müssen beim *Misch*system[2] die Leitungen so groß bemessen werden, daß sie auch das in den Kanal fließende Regenwasser ganz abzuführen vermögen[3]. Wollte man nun die ganze, sich aus dem Flutplan[4] ergebende Regenwassermenge auch noch in der Hauptsammlerstrecke aufnehmen, die zur Kläranlage führt, dann würden die dadurch erforderlichen großen Abmessungen dieser Hauptsammlerstrecke sehr große Kosten verursachen. Man ist deshalb bestrebt, die maximale Wasserführung in diesem Sammlerteil zu verringern, indem man dort, wo der Hauptsammler nahe an den die Vorflut bildenden Fluß herankommt, zur Entlastung *Regenauslässe* (*Notauslässe*) einbaut. Durch sie tritt ein Teil der Durchflußmenge bei stärkerem Regen, wenn der Trockenwetterabfluß einen festgelegten Verdünnungsgrad erreicht hat, unmittelbar in den Fluß. Die zu fordernde Verdünnung ist dabei abhängig zu machen von der Wasserführung und dem Zustand des Vorfluters, aber auch von dem Verdünnungsgrad des Brauchwasserabflusses und andererseits von dem Grad der Beimengung von schmutzigem gewerblichem Abwasser. Zur Gewährleistung einer wirksamen Reinerhaltung unserer Flüsse muß entweder die zu fordernde Verdünnung sehr hoch getrieben werden. Meist noch besser als eine sehr hoch getriebene Verdünnung, weil für die Reinhaltung vielfach wirksamer, sind konstruktive Maßnahmen, welche eine vollkommene Zurückhaltung der ekelerregenden Schwimmstoffe gewährleisten, aber auch möglichst wenig Kanalschlamm und Kanalgeschiebe in den Vorfluter gelangen lassen[5].

---

[1] GAMANN, H.: Hydraulik und ihre Anwendung in der Kulturtechnik, 2. Aufl. Berlin: Parey 1927. — GEISSLER, W.: Kanalisation und Abwasserreinigung. Berlin: Springer 1933. — IMHOFF, K.: Taschenbuch der Stadtentwässerung. München u. Berlin: Oldenbourg 1941. — SCHOKLITSCH, A.: Der Wasserbau, Bd. 1. Wien: Springer 1930. — STECHER, E.: Hütte, 26. Aufl., Bd. 3. Berlin: W. Ernst & Sohn 1936.

Veröffentlichungen über Regenauslässe im besonderen: AMBERGER: Regenauslaß und Schmutzstoffe. Gesundh.-Ing. 1933, S. 298. — BAYERLE, B.: Die Verschmutzung der Wasserläufe durch die Regenauslässe der Entwässerungsnetze. Gesundh.-Ing. 1938, S. 413. — BREITUNG: Inanspruchnahme von Regenauslässen. Techn. Gem.-Bl. 1931, S. 64. — GÜNTZEL: Die Zurückhaltung von Schmutzstoffen in Notauslässen. Gesundh.-Ing. 1933, S. 61. — HEYD, H.: Überfallschwelle oder Trennwand bei Regenauslässen? Städtereinigung 1937, S. 9. — HEYD, H. u. W. SEEGERT: Der Regenauslaß, ein Schutz von Vorfluter und Reinigungsanlage. Städtereinigg. 1937, S. 9. — KEHR: Über die Regenauslässe von Mischkanalisationen. Gesundh.-Ing. 1933, S. 61. — MAHR: Zulässige Belastung eines Gewässers durch Stadtentwässerung. Techn. Gem.-Bl. 1929, Heft 15/16; 1930, Heft 15.

[2] Vgl. S. 302. [3] Vgl. S. 302. [4] Vgl. S. 308.

[5] Zweckmäßige Ausgestaltung der Regenüberfallanlage, evtl. Regenwasserkläranlage, vgl. angegebene Sonderliteratur in Fußnote 1, oben.

Die Verdünnung wird entweder in der Weise festgelegt, daß zu 1 Teil Brauchwasser die entsprechenden Teile Regenwasser angegeben werden (Brauchwasser : Regenwasser = 1 : m). Man spricht dann von der Verdünnung 1 : 4, 1 : 5 usw. Oder man gibt den Grad der Verdünnung n an, das ist das Verhältnis Gesamtabfluß in der Sekunde : Trockenwetterabfluß = n, wobei dann $m = n - 1$ ist. In unserem Zahlenbeispiel ist die Verdünnung in letzterer Form (mit n) gegeben.

1. Feststellung der Abwassermengen.

Gegeben ist die *tagesdurchschnittliche* Schmutzwassermenge (Trockenwetterabfluß) mit 25 l/sek. Bei der Festlegung der Verdünnungswassermenge ist von dem ***höchsten sekundlichen*** Trockenwetterabfluß auszugehen, der seinerseits aus dem ***höchsten stündlichen*** Trockenwetterabfluß berechnet wird. Dabei wird letzterer zu $^1/_{10}$ des *tagesdurchschnittlichen* Trockenwetterabflusses angenommen. Damit ergibt sich in unserem Falle für den ***höchsten sekundlichen*** Trockenwetterabfluß:

$$\frac{25 \cdot 24 \cdot 3600}{10 \cdot 3600} = \mathbf{60}\ \text{l/sek}\,.$$

Da die höchste Regenwassermenge mit 1100 l/sek gegeben ist[1], beträgt der größte *Gesamt*abfluß im Kanal A 1100 + 60 = 1160 l/sek.

Man sieht, daß man die Schmutzwassermenge ohne erheblichen Fehler vernachlässigen könnte.

Die Zuflußmenge, bei welcher der *Überfall in Tätigkeit* treten darf, ermittelt sich zu 4 · 60 = **240** l/sek.

Die Abflußmenge, die ***höchstens zur Kläranlage*** weitergehen darf (Kanal B), beträgt 5 · 60 = **300** l/sek.

Damit beträgt die größte Abflußmenge, die über den *Regenüberfall zum Vorfluter* geht (Kanal C), 1160 — 300 = **860** l/sek.

2. Bemessung der Kanalquerschnitte (vgl. Abb. 232).

Kanal A:

Das Kanalgefälle ist gegeben mit $J = 1 : 500$ (= 0,00200) und die größte abzuführende Wassermenge zu Q = 1160 l/sek. Zur Bemessung des Kanalprofils entnimmt man einer „JDQ-Tabelle" für Kanalisationsleitungen (m = 0,35 nach KUTTER)[2] denjenigen Querschnitt, dessen volle Förderleistung bei J = 0,00200 (1 : 500) der abzuführenden Wassermenge Q = 1160 l/sek am nächsten liegt. In Frage kommt ein Kreisprofil mit D = 1,10 m und Q_v = 1336 l/sek (Wassermenge für volle Füllung) nach Tafel 9e des Anhanges oder ein Eiprofil 1,35 · 0,90 m mit Q_v = 1260 l/sek nach Tafel 10a des Anhanges. Letzteres wird gewählt.

---

[1] Wegen Ermittlung des zugrunde zu legenden Regens und Erfassung der im Kanal abfließenden Mengen siehe Aufgabe 29, S. 301.

[2] Vgl. Anhang Tafeln 9 und 10.

Da die tatsächlich abzuführenden Wassermengen bei diesem *Ei*profil auch im ungünstigsten Falle noch unter der Fördermenge Q_v bei voller Füllung liegen, sind die wirklichen Fülltiefen t zu bestimmen. Dies geschieht unter Heranziehung des Teilfülltiefendiagramms (Tafel 11 des Anhanges). Danach ergibt sich unter Bezug auf die dort beigefügten Erläuterungen:

$$\text{für } 1160 \text{ l/sek}: \quad x = \frac{Q}{Q_v} = \frac{1160}{1260} = 0{,}92; \quad y = 0{,}79,$$

also $$t = y \cdot H = 0{,}79 \cdot 1{,}35 = \mathbf{1{,}070} \text{ m},$$

$$\text{für } 300 \text{ l/sek}: \quad x = \frac{300}{1260} = 0{,}24; \quad y = 0{,}37,$$

also $$t = 0{,}37 \cdot 1{,}35 = \mathbf{0{,}500} \text{ m},$$

$$\text{für } 240 \text{ l/sek}: \quad x = \frac{240}{1260} = 0{,}19; \quad y = 0{,}33,$$

also $$t = 0{,}33 \cdot 1{,}35 = \mathbf{0{,}445} \text{ m}.$$

(Die Wassermenge von 240 l/sek geht *unvermindert* zum Kanal B weiter.)

Kanal B:

$J = 0{,}00133$ (1 : 750). Für 300 l/sek (siehe oben) genügt nach der „*JDQ*-Tabelle" Tafel 9e des Anhanges ein *Kreisprofil* von 0,70 m Durchmesser. Bei voller Füllung leistet dieses Profil $Q_v = 320$ l/sek. Die Teilfülltiefen t ermitteln sich aus Tafel 11 des Anhanges wie folgt:

$$\text{für } 300 \text{ l/sek}: \quad x = \frac{300}{320} = 0{,}94; \quad y = 0{,}75,$$

also $$t = y \cdot D = 0{,}75 \cdot 70 = \mathbf{0{,}525} \text{ m},$$

$$\text{für } 240 \text{ l/sek}: \quad x = \frac{240}{320} = 0{,}75; \quad y = 0{,}63,$$

also $$t = 0{,}63 \cdot 0{,}70 = \mathbf{0{,}440} \text{ m}.$$

Diese Wassertiefe paßt sich jener des Kanals A bei 240 l/sek Fördermenge und bündigem Sohlenanschluß mit $t = 0{,}445$ m gut an (stetiger Spiegelverlauf!).

Kanal C:

$J = 0{,}00111$ (1 : 900). Für die größte Überfallwassermenge von 860 l/sek erhält man aus der „*JDQ*-Tabelle" Tafel 9e des Anhanges ein *Kreis*profil von 1,10 m Durchmesser, das bei voller Füllung $Q = 996$ l/sek fördern würde. Bei Regenauslässen ist ein Kreisprofil oder ein gedrücktes Profil (z. B. Maulprofil) einem Eiprofil vorzuziehen, weil das hohe, unten schmale Eiprofil den Wasserspiegel hochhebt, wodurch sich in vielen Fällen statt eines vollkommenen Überfalls des Regenauslasses ein unvollkommener Überfall ergäbe, der seinerseits wiederum eine wesentlich größere Überfallänge bedingen würde, um das gleiche Fördervermögen zu erreichen. Gedrückte Profile kommen für Notauslässe auch deshalb in erster Linie in Betracht, weil das verfügbare Gefälle zum Vorfluter meist gering ist.

Das Teilfülltiefendiagramm liefert hier für 860 l/sek: $x = \frac{860}{996} = 0{,}86$; $y = 0{,}70$, also $t = 0{,}70 \cdot 1{,}10 = \mathbf{0{,}770}$ m. Die ermittelten Kanalprofile und zugehörigen Fülltiefen sind in Abb. 233 schematisch dargestellt.

3. Bemessung des Regenüberfalls.

a) *Festlegung der Höhenlagen der Schwellenkrone, der Kanalsohlen und Kanalspiegel.* Die *Krone der Überfallschwelle* wird so hoch gelegt, daß das Überschußwasser des Zuflusses erst dann über die Schwelle abzufließen beginnt, wenn dieser Zufluß die geforderte 4fache Verdünnung erreicht hat, das ist in unserem Beispiel bei einem Zufluß von 240 l/sek. Bei dieser Fördermenge hat der Zubringerkanal A die Fülltiefe $t = 0{,}445$ m. *Die Krone des Überfalls ist deshalb 0,445 m über der Sohle des Kanals $A-B$ anzuordnen.*

Nützt man den zulässigen Unterschied der Sohlenhöhenlagen des Kanals $A-B$ einerseits und C andererseits mit **0,50** m aus, dann kommt die *Sohle des Kanals C* um $0{,}445 + 0{,}500 = \mathbf{0{,}945}$ m *unter* die *Schwellenkrone* zu liegen.

Nun soll gleich geprüft werden, ob der Regenüberfall als *„vollkommener" Überfall* wirkt. Dazu ist die Wasserspiegellage im Kanal C zu ermitteln. Für die größte Überschußwassermenge, welche durch den Regenauslaß abgeht (860 l/sek), wurde eine Fülltiefe $t = 0{,}770$ m berechnet. Danach läge also der Wasserspiegel im Kanal C um 0,770 m über dessen Sohle, also $0{,}945 - 0{,}770 = 0{,}175$ m *unter* der Überfallkrone, womit ein vollkommener Überfall gewährleistet wäre. Nun muß aber damit gerechnet werden, daß die Bewegungsenergie des zufließenden Wassers beim Überfallen weitgehend verzehrt wird, so daß die Fließgeschwindigkeit v im Kanal C neu erzeugt werden muß. Die Abflußgeschwindigkeit im Kanal C bei voller Füllung ist $v = 1{,}05$ m/sek nach der *JDQ*-Tabelle Tafel 9e für $J = 1:900$ und $D = 1{,}10$ m. Für die Teilfüllung von 860 l/sek ergibt das Teilfülltiefendiagramm der Tafel 11 des Anhanges wiederum

$$x = \frac{860}{996} = 0{,}86; \quad y = 0{,}70.$$

Damit $z = 1{,}15$ und $v = z \cdot v_v = 1{,}15 \cdot 1{,}05 = 1{,}21$ m/sek.

Zur Erzeugung dieser Geschwindigkeit wird eine *Druckhöhe* $h = \frac{v^2}{2g} = \frac{1{,}21^2}{19{,}62} = \mathbf{0{,}075}$ m gebraucht (Geschwindigkeitshöhe). Um diesen Wert hebt sich der Spiegel am Eintritt in das Regenauslaßrohr. (Der an dieser Stelle etwa vorhandene Eintrittsverlust wird vernachlässigt.) Somit ergibt sich eine Spiegelhöhe über der Sohle des Kanals C (Unterwasser des Überfalls) von 0,770 + 0,075 = 0,845 m. Dieser Spiegel liegt nun 0,945 — 0,845 = **0,100** m *unter der Überfallkrone, womit die Wirksamkeit des Überfalls als „vollkommener" Überfall gewährleistet ist.*

Diese Feststellung gilt für *normale* Wasserstände im Vorfluter. Es muß in jedem Falle noch geprüft werden, welche Höhenlage der Wehrrücken über HHW des Flusses hat. Liegt er *unter* diesem Spiegel, in sehr vielen Fällen wird dieser Zustand gegeben sein, da das Flußbett der meisten unserer Flüsse nur wenig in das Gelände eingeschnitten ist, so muß in Hochwasserzeiten mit einem Rückstau vom Fluß in den Notauslaßkanal hinein und so mit einem *Überstauen* des *Überfalls* gerechnet werden. Zur Beurteilung der Rückstauverhältnisse zieht man die wasserwirtschaftlichen Kennlinien des Vorfluters heran: die Wasserstands- und Wassermengendauerlinie[1]. Aus der Wasserstandsdauerlinie läßt sich die Höhe und Dauer der Überstauung der Regenauslaßmündung ablesen, und von da kann dann der Stauspiegel bis zum Regenüberfall verfolgt werden. Liegt nun der Fall eines zeitweisen Überstauens des Überfalls vor, so erfordert dies geeignete Vorkehrungen: z. B. Anordnung von Dammbalkennuten für hölzerne Dammbalken bei geringem Unterschied der Wasserstände, die eine fallweise Regulierung gestatten; bei größeren Spiegelunterschieden Anordnung von selbständigen Klappen, Schiebern usw. In unserem Beispiel ist die hochwasserfreie Lage der Wehrkrone laut Angabe gewährleistet.

Für die Bemessung des Regenüberfalls ist nun von Interesse, mit welcher *Überfallhöhe* die vom Kanalnetz kommende maximale Wassermenge (1160 l/sek) über den Überfall strömt. Dazu folgendes:

1. An der Stelle, wo der Kanal A in das Regenüberfallbauwerk einmündet, also *am Beginn der Überfallschwelle*, beträgt die Wassertiefe bei maximaler Wasserführung nach der auf S. 482 durchgeführten Berechnung $t = 1{,}070$ m. Da die Schwellenkrone 0,445 m über der Kanalsohle A liegt, wird an dieser Stelle die *Überfallhöhe* 1,070 — 0,445 = **0,625** m.

2. Im Kanal B beträgt die Fülltiefe bei der hier in Frage kommenden größten Wasserführung von 300 l/sek = 0,525 m. Bei der Schwellenhöhe 0,445 m über der Sohle des Kanals B wird die *Überfallhöhe am Ende der Schwelle* (dort, wo der Einlauf des Kanals B ist) 0,525 — 0,445 = **0,080** m. Die Überfallhöhe nimmt also vom Anfang der Schwelle bis zu deren Ende *theoretisch* von 0,525 m auf 0,080 m ab. Um diesen Zustand auch *praktisch* herbeizuführen, müßte das Überfallwehr sehr lang werden, viel länger, als sich vom Kostenstandpunkt aus vertreten läßt.

[1] Vgl. dazu Aufgabe 43, S. 510.

Bei kürzerer Wehrausbildung ist aber damit zu rechnen, daß sich am Einlauf des Kanals B ein höherer Wasserspiegel einstellt, als der ermittelten Fülltiefe von 0,525 m entspricht, was zu einer Vergrößerung der Wasserführung im Kanal B über die 300 l/sek hinausführen würde. Um dies zu vermeiden, wird am Wehrende, d. i. am Einlauf des Kanals B, ein Drosselschieber vorgesehen, der durch Ausprobieren so eingestellt wird, daß bei Starkregen die Kläranlage nicht über das zulässige Maß hinaus überlastet wird.

b) *Berechnung des Überfalls.* Bei kleiner Wasserführung bis zur 4fachen Verdünnung des größten Trockenwetterabflusses geht die Fließbewegung an der Überfallschwelle entlang in den Kanal B. Die Schwelle wirkt hier wie eine Leitwand, die bei 240 l/sek bis zur Krone benetzt ist. Bei zunehmender Wasserführung kommt die Entlastungsanlage zur Wirksamkeit, indem mit dem Steigen des Wasserspiegels im Kanal A Wasser über die Schwelle in den Kanal C überströmt. Dem Überfall fließt dabei das Wasser annähernd parallel zur Längsachse der Schwelle zu, das Wasser fällt also beim „Vorbeistreichen" über die Wehrkrone über. Derart wirkende Wehre werden „*Streichwehre*" genannt. Hierfür wurden eine Reihe von Formeln aufgestellt, die entweder theoretisch oder empirisch aus Versuchsreihen hergeleitet sind. Als Beispiel werden nachfolgend die Formeln von ENGELS angeführt[1].

Streichwehrformeln nach ENGELS. Es bezeichnen:

Q die Überfallwassermenge (Erguß),
Q_o, v_o die oberhalb, Q_u, v_u die unterhalb des Streichwehres im Gerinne fließende Wassermenge bzw. herrschende mittlere Geschwindigkeit,
l die Länge des Streichwehres,
b die (mittlere) Gerinnebreite, *vor* dem Streichwehr b_o, *hinter* dem Streichwehr b_u,
w die Höhe der Wehrkrone über Gerinnesohle,
h_{1_u} die Überströmungshöhe am unteren Ende des Streichwehres,
t_o bzw. t_u die Wassertiefe am oberen bzw. unteren Ende des Streichwehres (Abb. 234).

Nach den Versuchen von ENGELS[2], die an *offenen, rechteckigen* Gerinnen bei *paralleler Anordnung des Wehrrückens zur Wehrsohle* durchgeführt wurden, steigt die Wasserspiegellinie längs des Wehrrückens vom Anfang (oben) bis zum Ende (unten) entsprechend Abb. 234 an. Bei den Versuchen war das Verhältnis Q_o/Q_u klein.

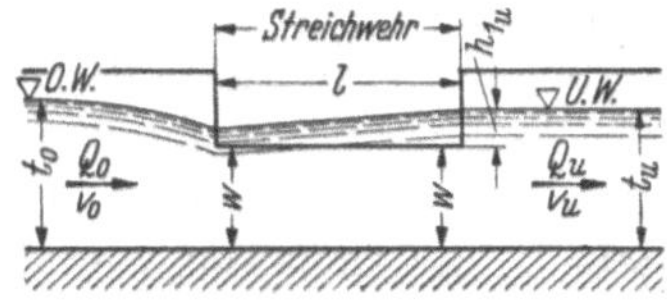

Abb. 234. Schnitt längs des Streichwehres.

ENGELS erhielt für den Erguß Q bei *geraden* Wehren (Richtung des

[1] Vgl. z. B. auch SCHAFFERNAK: Öst. Wschr. öff. Baudienst 1915, Heft 21 u. 1918, Heft 36. — GENTILINI: L'Energia Elettrica 1938, Heft 9.
[2] Vgl. Z. VDI 1918, S. 362; 1920, S. 101.

Wehres parallel zur Achse des Kanals, d. h. $b_o = b_u = b$) (Abb. 235)

$$Q = Q_o - Q_u = \tfrac{2}{3}\mu\sqrt{2g}\cdot\sqrt[3]{l^{2,5}\cdot h_{1_u}^{5,0}} = \tfrac{2}{3}\mu\sqrt{2g}\cdot l^{0,83}\cdot h_{1_u}^{1,67}.$$

bei *schrägen* Wehren (Richtung des Wehres geneigt zur Achse des Kanals, $b_u < b_o$) (Abb. 236)

$$Q = Q_o - Q_u = \tfrac{2}{3}\mu\sqrt{2g}\cdot\sqrt[3]{l^{2,7}\cdot h_{1_u}^{4,8}} = \tfrac{2}{3}\mu\sqrt{2g}\cdot l^{0,9}\cdot h_{1_u}^{1,6}.$$

Die Überfallhöhe h_{1_u} ist dabei herzuleiten aus der Wassertiefe t_u, die sich für die im Gerinne unterhalb des Überfalls weiterzuleitende Wassermenge Q_u ergibt. Die Berichtigungsziffer μ wird man entsprechend der Form des Wehrrückens, ob abgerundet oder kantig, ansetzen. Es empfiehlt sich, bei der Anwendung der „Streichwehrformeln" eine

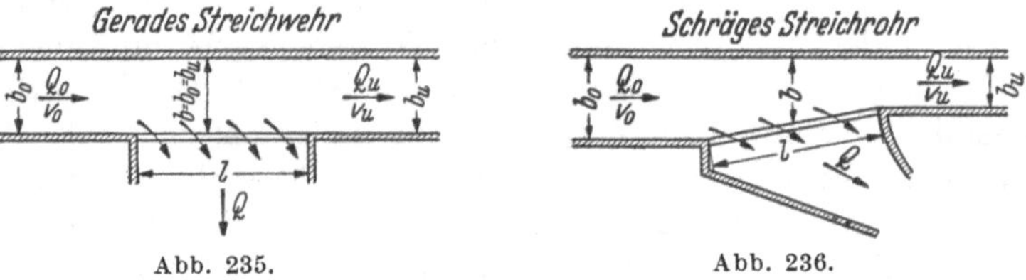

Abb. 235. Abb. 236.

gewisse Vorsicht walten zu lassen, sie insbesondere nur da heranziehen, wo ähnliche Verhältnisse vorliegen, wie sie seinerseit bei den Versuchen zugrunde gelegt waren.

Würde man die Streichwehrformel von Engels für unser Beispiel des Regenüberfalls bei im Grundriß schräger Wehrführung anwenden, unter Benutzung des Mittelwertes $\tfrac{2}{3}\mu\sqrt{2g} = 2,2$, so ergäbe sich für $Q = 860$ l/sek $= 0,86$ m³/sek und $h_{u_1} = 0,08$ m die außerordentlich große Wehrlänge

$$l = \left(\frac{Q}{2,2\cdot h_{u_1}^{1,6}}\right)^{\frac{1}{0,9}} = \left(\frac{0,86}{2,2\cdot 0,08^{1,6}}\right)^{1,11} = \mathbf{31,2}\text{ m}.$$

Tatsächlich ist die Streichwehrformel von Engels für die Bemessung eines Regenüberfalls einer Kanalisationsleitung *ungeeignet.* Denn hier hat man kein offenes Gerinne, sondern geschlossene Abflußprofile. Außerdem ist hier — um eine wirksame Entlastung des weiter führenden Sammelkanals zu erreichen — die Überfallmenge groß, somit Q_u klein, so daß auch das Verhältnis Q_o/Q_u groß wird. Dadurch ergibt sich ein erheblicher Unterschied für die Fülltiefen t_o (= 1,07) und t_u (= 0,525 m) also auch ein starker Spiegelabfall längs der Schwelle (in unserem Beispiel $t_o - t_u = 0,545$ m). Der dadurch bedingte Spiegelverlauf stimmt mit jenem, der bei den Versuchen von Engels aufgetreten ist, keineswegs überein. Wie die Senkungskurve zwischen A und B wirklich verläuft, das ist noch nicht ausreichend geklärt. Damit läßt sich aber auch eine genaue Berechnung der Wehrlänge nicht durchführen, man ist vielmehr auf Näherungsrechnungen oder auf Annahmen, die sich auf die Erfahrung stützen, angewiesen.

Näherungsweise Bestimmung der Wehrlänge. Liegt am Ende des Überfalls (bei B) eine größere Überströmungshöhe vor, dann kann man in der einfachen Überfallformel $\left(Q = \frac{2}{3}\mu\sqrt{2g} \cdot l \cdot h^{3/2}\right)$ diese Überfallhöhe einsetzen und damit die Schwellenlänge l berechnen. Ist dagegen die Überströmungshöhe bei B wie im vorliegenden Beispiel verhältnismäßig klein, dann wird man als Überfallhöhe einen Zwischenwert zwischen den beiden Überströmungshöhen am Wehranfang (A) und Wehrende (B) wählen. Nachfolgend ist für zwei verschiedene Annahmen dieser Mittelwertbildung die Wehrlänge ermittelt. Setzt man unter Vernachlässigung der Zuflußgeschwindigkeit:

$$l = \frac{Q}{\frac{2}{3}\mu\sqrt{2g} \cdot h^{3/2}}$$

und nimmt *sichergehend* $\frac{2}{3}\mu = 0{,}42$ (kantiger Überfall), also $\frac{2}{3}\mu\sqrt{2g} = 1{,}87$ an, so wird

$$l = \frac{Q}{1{,}87 \cdot h^{3/2}}.$$

Für die erste Annahme einer mittleren Überfallhöhe (geradlinige Verbindung der Spiegel bei A und B*, vgl. Abb. 237) erhält man

$$h = \tfrac{1}{2} \cdot (0{,}625 + 0{,}08) = \mathbf{0{,}352}\ \text{m}$$

und

$$l = \frac{0{,}860}{1{,}87 \cdot 0{,}352^{3/2}} = \frac{0{,}860}{1{,}87 \cdot 0{,}209} = \mathbf{2{,}20}\ \text{m}.$$

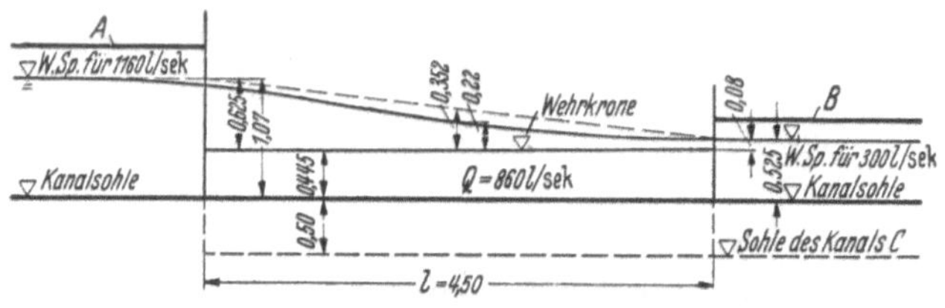

Abb. 237.

Die so erhaltene Wehrlänge ist ohne Zweifel sehr knapp. Bei der zweiten Annahme einer mittleren Überfallhöhe wird die kleinere Überströmhöhe bei B um $\frac{1}{4}$ des Unterschiedes der beiden Überfallhöhen bei A und bei B vermehrt (Vorschlag STECHER). Dieser Ansatz für h berücksichtigt die gekrümmte Spiegelform und kommt der Wirklichkeit näher als die erste Annahme. Für unser Beispiel ergibt sich jetzt (vgl. Abb. 237)

$$h = 0{,}08 + (0{,}625 - 0{,}080) \cdot \tfrac{1}{4} = \mathbf{0{,}22}\ \text{m}$$

und

$$l = \frac{0{,}860}{1{,}87 \cdot 0{,}22^{3/2}} = \frac{0{,}860}{1{,}87 \cdot 0{,}103} = 4{,}47 \sim 4{,}50\ \text{m}.$$

---

* Vgl. B. GAMANN: Hydraulik und ihre Anwendung in der Kulturtechnik, 2. Aufl., S. 219. Berlin: Parey 1927.

(Mit $l = 4{,}50$ m ergäbe sich mit der Streichwehrformel von ENGELS bei schräger Grundrißanordnung der Schwelle und $\frac{2}{3}\mu\sqrt{2g} = 1{,}87$ die Überfallhöhe bei B zu $h_{1_u} = 0{,}265$ m.)

Die näherungsweise ermittelte Schwellenlänge von **4,50** m sollte *mindestens* ausgeführt werden.

Nimmt man die Überfallänge so groß wie möglich an, dann kann nach IMHOFF auf eine besondere Berechnung derselben überhaupt

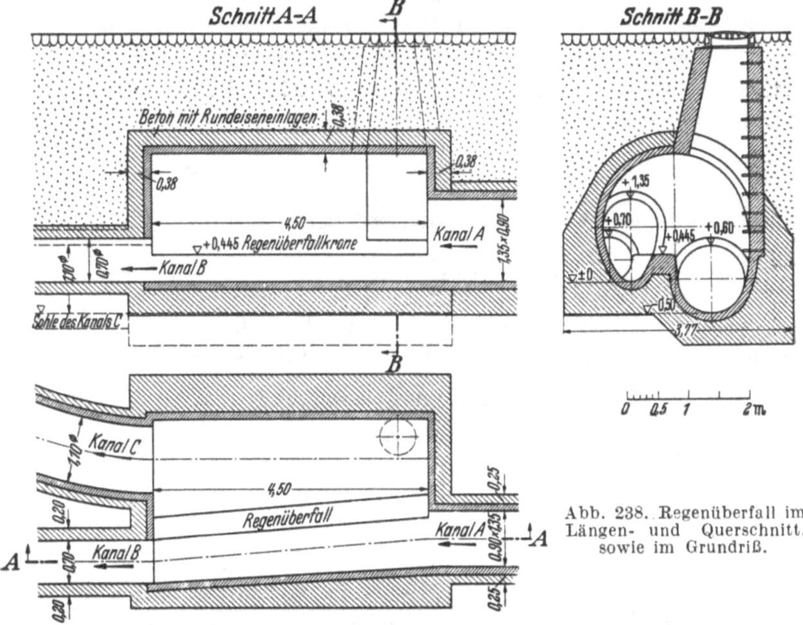

Abb. 238. Regenüberfall im Längen- und Querschnitt, sowie im Grundriß.

verzichtet werden[1]. Eine solche reichliche Wehrlänge erhält man, wenn man sie etwa mit dem 4—5fachen der Höhe des Zuflußkanals bemißt. In unserem Beispiel entspräche dies $l = (4 \text{ bis } 5) \cdot 1{,}35 = 5{,}40$ bis $6{,}75$ m.

Abb. 238 zeigt in maßstäblicher Darstellung *eine* der Möglichkeiten für die konstruktive Gestaltung unseres Regenauslaßbauwerkes. Bei dieser baulichen Formung kommt der Berücksichtigung der Tatsache, daß es sich hier um einen Bauteil einer Mischkanalisation handelt, eine größere Bedeutung zu als der Rechenmethode für die Bestimmung der Schwellenlänge.

Wie schon weiter oben ausgeführt, bildet der Regenauslaß einen Abzweig eines Abwassersammelkanals. In diesem sind die Verunreinigungen nahe der Sohle wesentlich größer als in den Wasserschichten im Bereich des Wasserspiegels. Das über die Schwelle tretende Misch-

[1] IMHOFF: Taschenbuch der Stadtentwässerung, 8. Aufl., S. 11. München u. Berlin: Oldenbourg 1941.

wasser soll deshalb möglichst den oberen Schichten des ankommenden Wassers entnommen werden. Andererseits sollen aber auch die auf der Oberfläche treibenden ekelerregenden Schwimmstoffe nach Möglichkeit zurückgehalten werden. Außerdem soll möglichst wenig Schlamm und Kanalgeschiebe über die Schwelle in den Vorfluter gelangen. Dem über die Schwelle gehenden Wasserstrom ist also tunlichst der auf der Kanalsohle sich langsam fortbewegende Kanalschlamm und das Geschiebe fernzuhalten unter Kleinhaltung der Überlaufgeschwindigkeit.

Die Erfüllung dieser Forderungen setzt zunächst einmal voraus, daß sich der Trockenwetterabfluß durch die Trockenwetterrinne im Auslaßbauwerk so vollzieht, daß hier keine besonderen Schlammablagerungen auftreten können. Dies wird vermieden, wenn das Trockenwettergerinne im Auslaßbauwerk gegenüber den oben und unten anschließenden Sammlern keine Verbreiterung erfährt, sondern unverändert, d. h. bündig vom Zubringerkanal zum Unterkanal weitergeführt wird. Die genannten Forderungen erfordern ferner eine möglichst *lange Schwelle* und eine möglichst *hohe Lage der Schwellenkrone*.

Eine Tauchwand zur Abhaltung der Schwimmstoffe ist meist nur — und auch da nur beschränkt — wirksam für Schwellenkronen, die in der Nähe der Sammelkanalscheitel liegen, wobei die Tauchwandunterkante auch möglichst hoch liegen soll. Liegt sie tiefer, verengt sie den Durchflußquerschnitt, erhöht die Geschwindigkeit und vermehrt den Gehalt des überfließenden Mischwassers an Schweb- und Sinkstoffen. Der Nachteil der Tauchwand besteht eben darin, daß sie eine mehr von unten nach oben gerichtete Wasserbewegung verursacht, wodurch die Schweb- und Sinkstoffe mit nach oben genommen werden. Eine bessere Wirkung als Tauchwände haben Rechenanlagen, aber nur, wenn sie ständig rein gehalten werden. Diese dauernde Reinigung verursacht aber bei Vorhandensein einer größeren Zahl von Regennotauslässen sehr hohe Betriebskosten, wodurch ihre Anwendung sehr erschwert wird.

Da auch Wirbelbildungen an der Schwelle das Übertreten dieser Verunreinigungen begünstigen — ähnlich wie vor Einlaufbauwerken für Zubringerkanäle von Wasserkraftanlagen solche Wirbel das Geschiebe über die Einlaufschwelle tragen —, sind der Schwellenkörper und seine Anschlüsse möglichst hydraulisch weich auszubilden (Abrunden aller scharfen Kanten).

Wenn die konstruktiven Maßnahmen am Regenüberfall zur ausreichenden Reinhaltung der Vorflut nicht ausreichen, dann muß eine Regenwasserkläranlage zwischen Überfall und Vorflutausmündung eingeschaltet werden (Notauslaßkläranlagen)[1].

[1] Vgl. dazu z. B. das von HEYD vorgeschlagene „Zentrisieb". HEYD: Städtereinigg. 1937, S. 9. Siehe auch GEISSLER: Kanalisation und Abwasserreinigung, S. 249. Zitiert S. 302.

Aufgabe 40.
Berechnung eines Seedeichsiels (Gezeitensiels) für die Entwässerung eines Polders.

Eine gegen die See eingedeichte Polderfläche besitzt eine Fläche $F = 1700$ ha. Die Gezeitenganglinie (Außenwasserstandskurve) ist in Abb. 239 gegeben. Der höchste Polderpegel (höchster Binnenwasserstand) liegt $y_1 = 1{,}20$ m über Außenebbe. Die größte aus dem Polder

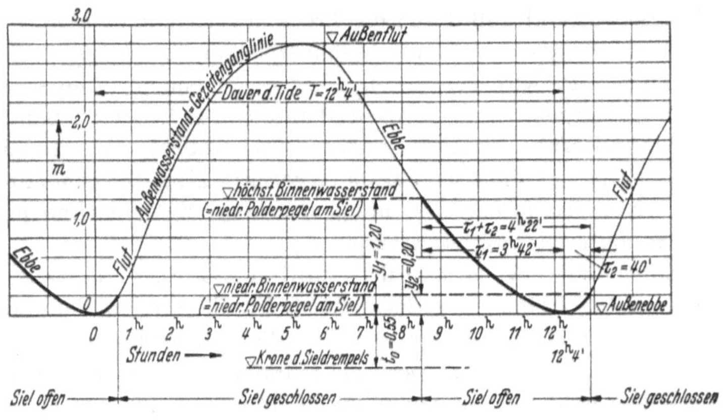

Abb. 239. Gezeitenganglinie.

abzuführende Wassermenge wurde mit $q_T = 30\,\text{m}^3/\text{ha}$ für eine Tide zugrunde gelegt. Die Entwässerung des Polders erfolgt durch ein Deichsiel, dessen Schwellenoberkante (Drempelkrone) bei den gegebenen Außentiefenverhältnissen $t_0 = 0{,}55$ m unter Außenebbe angeordnet werden kann (Abb. 240).

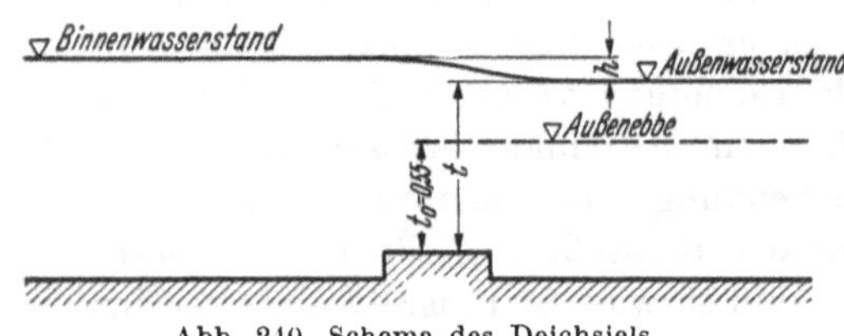

Abb. 240. Schema des Deichsiels.

Es ist die Breite b für dieses Siel zu bestimmen, wenn der niedrigste Binnenwasserstand mit $y_2 = 0{,}20$ m festgelegt ist.

Lösung[1].

Zum Schutze von tiefliegenden landwirtschaftlich wertvollen Landgebieten gegen die Hochwässer eines Flusses oder gegen die Angriffe der Hochfluten des Meeres (Sturmfluten, Springfluten) werden seit alters

[1] Vgl. Handb. d. Ing.-Wiss. III. Teil, Bd. 7. Leipzig: Engelmann 1924. — Franzius, O.: Der Verkehrswasserbau. Berlin: Springer 1927. — Tolkmitt-Zander: Grundlagen der Wasserbaukunst, 3. Aufl. Berlin: Ernst & Sohn 1940.

her Erdanschüttungen in Dammform ausgeführt (*Flußdeiche, Seedeiche*). Ein solcher Deich schneidet die Gewässer des eingedeichten Binnenlandes von ihren natürlichen Vorflutern (Fluß oder Meer) ab. Um die unerläßliche Entwässerung solcher eingedämmten Ländereien gleichwohl zu gewährleisten, müssen durch die Deiche Entwässerungskanäle (*Deichschleusen* oder *Siele*) geführt werden, oder es müssen *Deichheber* angeordnet werden. Um das Eindringen von Hochfluten durch den Siel in die hinter dem Deich liegende Niederung zu verhindern, muß jedes Siel mit *Toren* oder Klappen ausgerüstet sein, die meist so angeordnet sind, daß sie sich *automatisch schließen*, wenn der Außenwasserstand *über* den Binnenwasserstand emporsteigt, die sich andererseits *selbsttätig öffnen*, wenn der Außenwasserspiegel *unter* den Binnenpegel heruntergeht.

In unserem Beispiel handelt es sich um ein Siel an einem *Gezeitenmeer*. Zum Unterschied von einem Siel an einem Flußdeich oder Deich an einem gezeitenlosen Meer, bei denen die Entwässerung lange Zeiten hindurch ohne Unterbrechung wirksam ist, während andererseits in Zeiten langer Hochfluten die Entwässerung vollkommen zum Stillstand kommt und durch Pumpeinrichtungen (Schöpfwerke) ersetzt werden muß, erlauben die *Gezeitensiele* normalerweise täglich *zweimal* die Wirksamkeit der Entwässerung (Ausnahmen nur bei Sturmfluten!).

Für die *Berechnung* eines *Gezeiten*siels muß eine Tidekurve für mittlere Fluten zugrunde gelegt werden. Dieser Forderung entspricht die in Abb. 239 gegebene Gezeitenganglinie für den Abführkanal vom Siel zur See, der die Bezeichnung *Außentief* führt. Die Dauer der *Tide*, d. i. die Zeit für den Wasserstandswechsel von der Ebbe über die Flut bis wieder zur Ebbe, also die Zeit für den Ablauf einer ganzen Gezeitenwelle, ist gegeben mit $T = 12{,}4^h$. Der Spiegelunterschied beträgt dabei 2,80 m. In der Abb. 239 ist der höchste Spiegelstand bezeichnet mit *Außen*flut, der niederste Spiegelstand mit *Außen*ebbe zur Unterscheidung von den *Binnen*wasserständen im eingedeichten Polder.

Der höchste für den Siel maßgebende Binnenwasserstand (= höchster Polderpegel am Siel) ist gegeben mit $y_1 = 1{,}20$ m über Außenebbe der zugrunde gelegten Gezeitenkurve, der niederste Polderpegel am Siel mit $y_2 = 0{,}20$ m über Außenebbe. Die Grenze für die Wirksamkeit des „Sielzuges“ ist durch diese beiden Wasserstände festgelegt. Aus Abb. 239 ergibt sich für $\tau_1 + \tau_2 = 3^h 42' + 40' = 4^h 22'$. Während dieser Zeit liegt der Außenwasserstand *unter* dem Binnenwasserstand, das Siel ist also *offen* und die Entwässerung im Gange.

Dann schließt das Siel auf die Dauer von $12^h 24' - 4^h 22' = 8^h 2'$, bis das Spiel von neuem beginnt, wobei angenommen ist, daß während dieser $8^h 2'$ der Binnenwasserstand wieder von $y_1 = 0{,}20$ m um 1,0 m auf $y_2 = 1{,}20$ m ansteigt.

Wie liegen nun die Wasserverhältnisse in der eingedeichten Marsch? Die abzuführenden Wassermengen setzen sich zusammen aus dem Wasser, welches der eingedeichten Niederung gegebenenfalls von den oberhalb gelegenen Gegenden zufließt, dann aus den Niederschlägen des Polders selbst und schließlich aus dem Druckwasser, das unter den Deichen durch eventuell vorhandene grobe Sandschichten hindurch gepreßt wird und in die Abführungskanäle, sofern sie in diese Schichten einschneiden, austritt. Dieses Wasser bezeichnet man mit Dränge-, Qualm- oder *Kuver*wasser. In *ungünstigen* Fällen erreicht letzteres ein Ausmaß, das einer täglichen Wasserschicht über der zu entwässernden Polderfläche von 3 bis 6 mm und darüber entspricht. Normalerweise kann man aber auf die Berücksichtigung des Kuverwassers verzichten. Der Zufluß von den oberhalb gelegenen Gegenden muß — am besten durch Beobachtung und Messung — ermittelt werden. Für das eigentliche Niederungsgebiet wird meist als sekundliche Abflußmenge q die der gewöhnlichen starken Sommerniederschläge in Ansatz gebracht, wofür etwa 0,25 bis 0,90 l/sek und ha, oder, da eine Tide $T = 12{,}4 \cdot 3600 = 44600$ sek dauert, 11 bis 40 m³/ha und Tide, *im Mittel etwa 20 m³/ha und Tide* angenommen werden können. Für mittlere norddeutsche Verhältnisse ist — nach TOLKMITT-ZANDER[1] — $q = 20$ m³/ha und Tide jedenfalls ein brauchbarer und auskömmlicher Mittelwert.

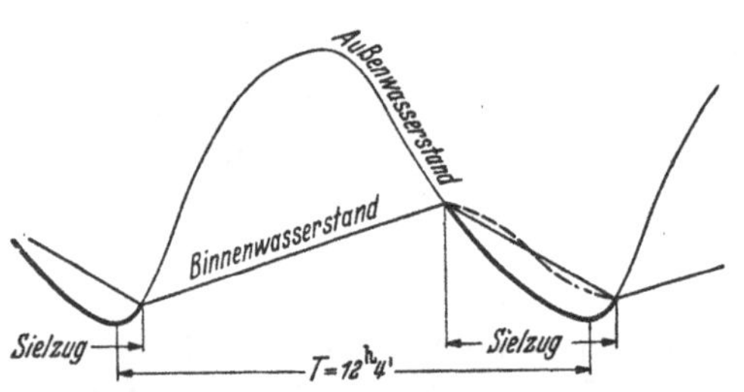

Abb. 241. Schema des Spiegelverlaufes im Zuführungskanal zum Siel (Gang des Polderpegels).

In unserem Beispiel ist die abzuführende Wassermenge einschließlich des von oberhalb zufließenden Wassers mit $q_r = 30$ m³/ha und Tide zugrunde zu legen. Da der Polder eine Fläche $F = 1700$ ha besitzt, ergibt sich ein Wasserzufluß zum Siel von

$$Q_r = 1700 \cdot 30 = 51000 \text{ m}^3/\text{Tide}.$$

Da der „Sielzug“, d. h. die Dauer der Wirksamkeit der Entwässerung durch das Siel, in unserem Falle $\sum\tau = 4^h 22' = 15700$ sek dauert, beträgt die Aufspeicherung Q_s bei geschlossenem Siel

$$Q_s = Q_r \cdot \frac{T - \Sigma\tau}{T} = 51000 \cdot \frac{44600 - 15700}{44600} = 33000 \text{ m}^3.$$

Diese Aufspeicherungsmenge soll im Zuführungskanal zum Siel (Binnentief), und zwar im Sielbereich, zu keinem höheren Ansteigen des

[1] TOLKMITT-ZANDER: 3. Aufl., S. 180. Zitiert S. 490.

Wasserspiegels führen, als den gegebenen Bedingungen entspricht, nämlich

$$y_1 - y_2 = 1{,}20 - 0{,}20 = 1{,}00\,\text{m}.$$

Diese Bedingung ist erfüllt, wenn die Oberfläche O dieses Zuführungskanals einschließlich der in das Binnentief einmündenden Teile der Zubringerkanäle beträgt:

$$O = \frac{Q_s}{y_2 - y_1} = \frac{33\,000}{1{,}0} = 33\,000\,\text{m}^2 = 3{,}3\,\text{ha},$$

das sind rd. 0,2% der Gesamtpolderfläche F. Das Binnentief stellt also ein breites und langes *Speicherbecken* dar.

Die weiter entfernten Zubringer zum Binnentief haben einen ihrem Gefällsbedürfnis entsprechenden höheren Wasserspiegel, als dem höchsten Wasserstand des Binnentiefs (dem maximalen Polderpegel) entspricht. Die tiefstgelegenen Grundstücke der eingedeichten Niederung müssen dann um ein gewisses Maß noch *über* dem Stauspiegel liegen, das von der Kulturart (Weideland, Grasland, Ackerland) abhängt (0,3 bis 1,0 m). Aus deren Höhenlage ergibt sich im allgemeinen Fall demnach die Festlegung der maximalen Spiegellage für das Binnentief, die in unserem Beispiel mit $y_1 = 1{,}20$ m über Außenebbe festgelegt wurde.

Wie schon weiter oben erwähnt, erfolgt die Öffnung der Sieltore, wenn der Außenwasserstand unter den höchsten Polderpegel am Siel absinkt. Denn damit bildet sich ein Gefälle vom Binnentief zum Außentief aus. Weil dieser Spiegelunterschied h zunächst klein ist, ist auch die Wassergeschwindigkeit im Siel und damit die Abflußmenge klein. Da das abströmende Wasser nicht nur aus dem vor dem Deich angesammelten Stauwasser stammt, sondern auch noch vom weiteren Zufluß aus der Marsch gespeist wird, fällt der Polderpegel langsamer als der Außenwasserstand. Mit dem Größerwerden des Spiegelunterschiedes h nimmt auch die mittlere Sielgeschwindigkeit zu, wodurch der Binnenwasserstand rascher zu sinken beginnt. Wenn der Sielstau h eine gewisse Größe erreicht hat, ist die Geschwindigkeit v so groß geworden, daß sich Binnenwasser und Außenwasser gleichmäßig senken. Nach dem Eintritt der Außenebbe steigt der Außenwasserstand wieder, wodurch sich h verkleinert und der Sielabfluß wieder abnimmt. Wenn dann der Außenwasserstand so weit angestiegen ist, daß $y_2 \sim 0{,}20$ m wird, d. h. der Außenwasserstand beginnt über den niedrigsten Binnenwasserstand emporzusteigen, muß das Schließen des Siels erfolgen, damit kein Wasser binnenwärts durch das Siel strömt.

Hydraulisch liegt hier eine mit der Zeit *veränderliche* Wasserbewegung (Abfluß durch einen Grundablaß) vor. Zu seiner schrittweisen rechnerischen Erfassung hat O. FRANZIUS[1] ein Verfahren skizziert. In

[1] FRANZIUS, O.: Der Verkehrswasserbau, S. 247. Zitiert S. 490.

TOLKMITT-ZANDER, Grundlagen der Wasserbaukunst, 3. Aufl. wird aber mit Recht darauf hingewiesen, daß sich hier eine solche mühevolle Rechnung nicht lohnt, „und zwar um so weniger, weil sie bei aller Umständlichkeit doch die willkürliche Einschätzung der Wassermenge, die dem Binnentief zufließt, bedingt“. Dazu kommt noch die Einschätzung des Beiwertes μ, der — selbst wenn er für die Inbetriebnahme zutreffend sein sollte — im Verlauf des Betriebes Veränderungen unterworfen sein kann. Für die Berechnung der Sielweite rechtfertigt sich deshalb das nachfolgend skizzierte *Näherungsverfahren.*

Wird mit v die mittlere Fließgeschwindigkeit im Siel, mit b dessen lichte Weite, mit t die mittlere Abflußtiefe über Schwellenoberkante und mit h der Spiegelunterschied zwischen Binnentief und Außentief im Siel (Gefällehöhe h in Abb. 240) bezeichnet, dann kann man für die sekundliche Abflußmenge q setzen:

$$q = \mu \cdot b \cdot t \cdot v.$$

Mit

$$v = \sqrt{2gh}$$

wird

$$q = \mu \cdot b \cdot t \cdot \sqrt{2gh}.$$

Diese Wassermenge q ist, wie oben gezeigt, veränderlich mit der Zeit τ. In der Zeit $\Delta\tau$ ergibt sich die Ausflußwassermenge

$$\Delta Q = \Delta\tau \cdot \mu \cdot b \cdot t \cdot \sqrt{2gh}.$$

Die Näherungsrechnung besteht nun darin, daß man die Gesamtmenge des Sielabflusses $Q_T = \sum \Delta Q$ während des Sielzuges $\sum \Delta\tau$, also

$$Q_T = \sum \Delta Q = \mu \cdot b \cdot t \cdot v \cdot \sum \Delta\tau$$

in die Zeitabschnitte τ_1 und τ_2 vor und nach Eintritt der Außenebbe zerlegt und für beide Zeitabschnitte passende Mittelwerte für v und t einführt. Steht das Wasser im Binnentief beim Beginn der Abwässerung um y_1, am Schlusse um y_2 über dem Außenniederwasser (über der Außenebbe), so kann man für die *mittlere Tiefe* der Abflußquerschnitte beider Zeitabschnitte τ_1 und τ_2 *schätzungsweise* setzen:

$$t_1 = t_0 + \frac{y_1}{3} \quad \text{und} \quad t_2 = t_0 + \frac{y_2}{3}.$$

Bezeichnet man nun noch die mittleren Geschwindigkeiten in den Zeitabschnitten τ_1 und τ_2 mit v_1 bzw. v_2, so ergibt sich für die Gesamtabflußmenge Q_T während der Zeit $\tau_1 + \tau_2$:

$$Q_T = \mu b \cdot \left[\left(t_0 + \frac{y_1}{3}\right) \cdot v_1 \cdot \tau_1 + \left(t_0 + \frac{y_2}{3}\right) \cdot v_2 \cdot \tau_2\right].$$

Hinsichtlich der Annahme der Geschwindigkeiten v_1 und v_2 gilt folgendes: Je größer die Geschwindigkeit, desto größer ist die zu ihrer

Erzeugung erforderliche Druck- bzw. Stauhöhe, desto ungünstiger werden damit die Gefällsverhältnisse für die Entwässerung in den Polderkanälen. Außerdem wird bei großer Geschwindigkeit im Siel dessen Bestand gefährdet. Bei kleiner Geschwindigkeit werden diese Nachteile vermieden, es nimmt dafür aber die Breite des Siels zu, und damit wachsen dessen Baukosten. In vielen Fällen hat sich als zulässige größte

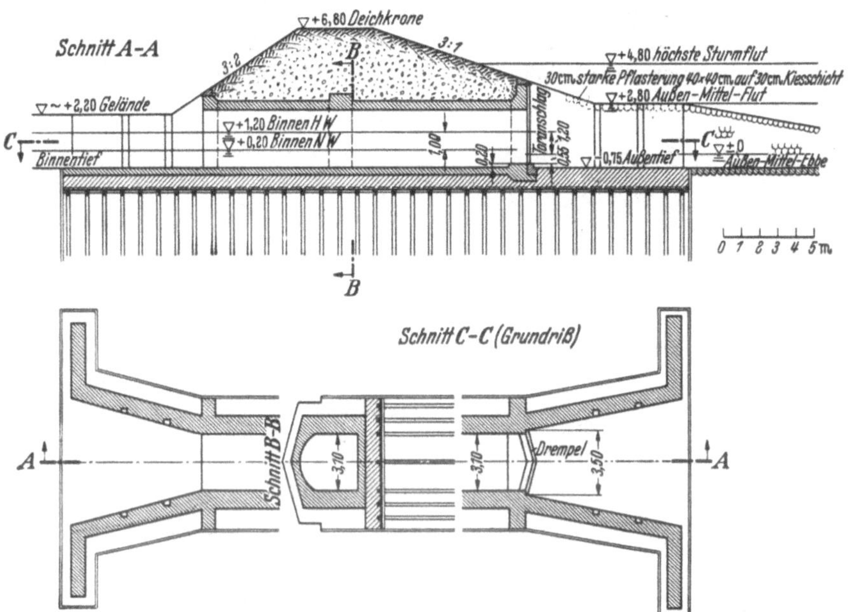

Abb. 242. Längsschnitt, Grundriß und Querschnitt des Siels.

Geschwindigkeit für $v_1 \sim 1{,}5$ bis $2{,}0$ m/sek für kurzdauernde Entwässerungen, für $v_2 \sim 1{,}0$ m/sek bewährt.

Für $v_1 = 1{,}5$ m/sek, $v_2 = 1{,}0$ m/sek, $\mu = 0{,}80$, $\tau_1 = 3^h 42' = 13300$ sek und $\tau_2 = 40' = 2400''$ ergibt obige Gleichung:

$$51000 = 0{,}80 \cdot b \cdot \left[\left(0{,}55 + \frac{1{,}20}{3}\right) \cdot 1{,}5 \cdot 13300 + \left(0{,}55 + \frac{0{,}20}{3}\right) \cdot 1{,}0 \cdot 2400\right],$$

$$51000 = 0{,}80 \cdot b \cdot [19000 + 1490].$$

Daraus ergibt sich für *die lichte Sielbreite*

$$b = \frac{51000}{0{,}80 \cdot 20400} = 3{,}11 \sim 3{,}10\,\mathrm{m}.$$

In Abb. 242 ist eine Lösungsmöglichkeit in Längenschnitt, Grundriß und Querschnitt dargestellt.

Aufgabe 41.
Röhrendränung eines Wiesengeländes.

Ein großes Wiesengelände leidet infolge der hohen Niederschläge an übermäßiger Bodennässe und soll durch eine Tonrohrdränung schrittweise entwässert werden. Der mittlere Jahresniederschlag beträgt $N = 900$ mm. Die auf dem Wiesengelände angestellten Bodenuntersuchungen haben ein ziemlich einheitliches Bild ergeben: Auf die 0,3 bis 0,4 m mächtige obere Mutterbodenschicht folgt gewöhnlicher bis sandiger

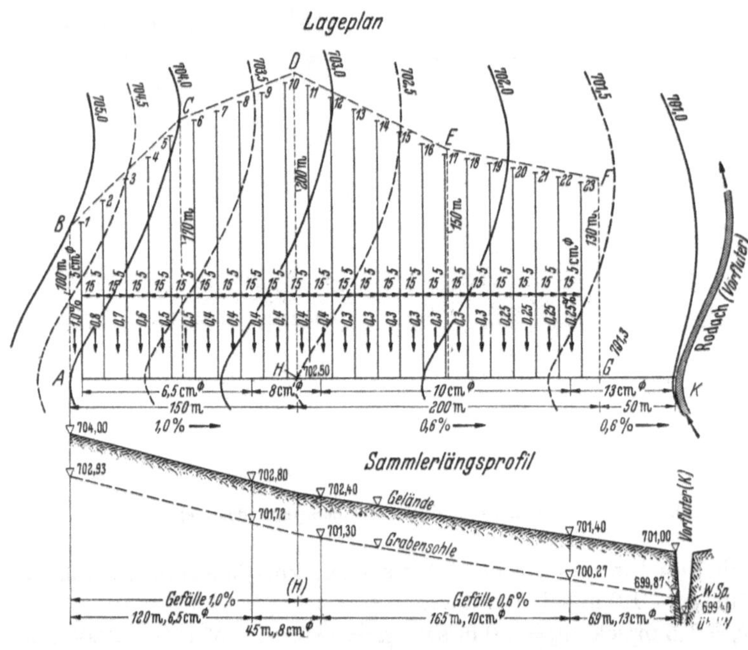

Abb. 243. Lageplan der untersuchten Dränabteilung und Sammlerlängsprofil.

Lehm. Letzterer wurde mit dem Spülverfahren untersucht. Dieses ergab, daß der Lehm im Mittel 40% Gewichtsteile an Korngröße I < 0,02 mm enthält.

Aus dem Gesamtprojekt ist im Lageplan Abb. 243 lediglich eine Dränabteilung (*ABDFG*) mit dem Sammler *AGJ* dargestellt, der bei *K* in den Vorfluter mündet. Der mittlere Wasserstand bei *K* beträgt während der Wachstumszeit 699,40 m ü. N.N., der tiefste Punkt im Drängelände liegt auf 701,00 m ü. N.N.

Es ist das Dränsystem für die gegebene Dränabteilung zu entwerfen!

Lösung.

Die Dränung ist eine Entwässerung, bei der das überschüssige Grundwasser durch unterirdische Wasserabzüge künstlisch abgeleitet wird. Diese können entweder ausgesparte Hohlräume sein oder Abzugsleitungen aus Holz, Steinen oder Röhren, die auf der Sohle der zu ihrer Anlegung ausgehobenen Gräben verlegt werden. Dabei sind die Röhrendräne die zuverlässigsten und haltbarsten und daher am meisten in Verwendung.

Der Vorteil der Dränung liegt darin, daß durch die unterirdische Verlegung der Entwässerungsleitungen die Bewirtschaftung des zu entwässernden Bodens nicht eingeschränkt wird. Die entwässernde Wirkung von Dränleitungen ist aus Abb. 244 zu ersehen.

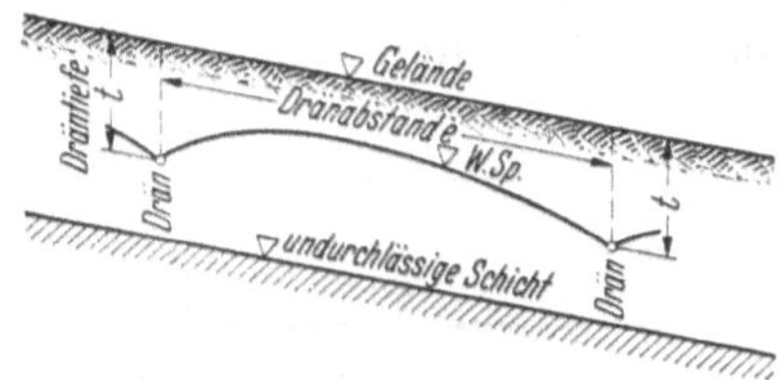

Abb. 244. Schemaquerschnitt durch das dränierte Gelände.

Die Vereinigung einer Anzahl von Dränsträngen, die das Wasser in einen gemeinsamen Sammelstrang leiten, bilden eine *Dränabteilung*. Eine solche besteht also aus den Dränsträngen, welche zueinander parallel laufen und die eigentliche Entwässerung besorgen (*Saugstränge* oder *Sauger*), und aus dem für diese gemeinsamen *Sammelstrang* (Sammler), der das zugeflossene Wasser in den Hauptsammelstrang oder in den Vorfluter weiterleitet.

Die entwässernde Wirkung einer Dränung ist abhängig von der Dränstrangentfernung und der Dräntiefe. Unter *Dräntiefe* versteht man den Abstand zwischen der inneren Dränrohrsohle und der Geländeoberfläche. Sie ist abhängig von den angebauten Pflanzen, von den Bodenverhältnissen und dem Klima im Dränungsgebiet. Für deutsche Verhältnisse gilt im allgemeinen:

Ackerdränung:

Dräntiefe 0,8 bis 1,0 m in schweren Böden und feuchtem Klima;
,, 1,0 ,, 1,2 m in schweren und mittleren Böden;
,, 1,2 ,, 1,3 m in mittelschweren und leichten Böden;
,, 1,3 ,, 1,8 m für tiefwurzelnde Pflanzen (Zuckerrüben, Hopfen usw.).

Wiesendränung:

Dräntiefe 0,8 bis 1,1 m.

Weidendränung:

Dräntiefen, die zwischen jenen bei Acker und Wiese liegen.

In unserem Beispiel handelt es sich um mittelschweren Boden und feuchtes Klima. Es sind daher die Sauger auf etwa 1,0 m Tiefe zu verlegen.

Der *Abstand der Dränstränge* (Dränentfernung) voneinander muß so gewählt werden, daß das überschüssige Wasser rechtzeitig und möglichst gleichmäßig aus dem Drängebiet weggeführt und dadurch dessen Boden genügend aufgelockert und durchlüftet wird. Bodenbeschaffenheit, Dräntiefe und Dränentfernung stehen dabei in Abhängigkeit voneinander[1]. Die Tabelle 46 gibt einen Anhalt für die Wahl der Dränabstände, die für folgende Verhältnisse gelten: *Acker*dränung, gleichmäßige Bodenbeschaffenheit, mittlerer Jahresniederschlag N bis zu etwa 650 mm, Geländegefälle unter 2%, Ausführung als Quer- oder Schrägdränung.

Tabelle 46.

Bodenart	Korngröße I < 0,02 mm in Gew.-%	Dränentfernung für Dräntiefen in m			
		0,80	1,00	1,20	1,40
Schwerer Ton . . .	100—75	6 — 8	6,5— 8,5	7 — 9	7,5— 9,5
Gewöhnlicher Ton .	75—60	8 — 9	8,5—10	9 —11	9,5—11,5
Schwerer Lehm . .	60—50	9 —10	10 —11,5	11 —12,5	11,5—13,5
Gewöhnlicher Lehm	50—40	10 —11,5	11,5—13	12,5—14,5	13,5—16
Sandiger Lehm . .	40—25	11,5—14,5	13 —17	14,5—19,5	16 —22
Lehmiger Sand . .	25—10	14,5—18	17 —22	19,5—26	22 —30
Sand	< 10	>18	>22	>26	>30

Für den im Drängebiet des Beispiels vorhandenen Boden (Grenzlage von gewöhnlichem Lehm und sandigem Lehm) ergäbe sich nach dieser Tabelle für 40 Gew.-% Korngröße I < 0,02 mm und 1,0 m Dräntiefe der Dränabstand

$$e' = 13\,\text{m}.$$

Nun beträgt in unserem Beispiel der mittlere Jahresniederschlag nicht 650 mm, sondern 900 mm, und das Drängebiet ist kein Ackerland, sondern Wiese.

Es müssen also noch Berichtigungen an dem Wert 13 m vorgenommen werden.

a) Berichtigung für den höheren Jahresniederschlag N: Wird angenommen, daß der mittlere Jahresniederschlag und die von den Dränen abzuführende sekundliche Wassermenge q' m³/sek und m² einander verhältnisgleich sind, dann verhalten sich nach der Dränabstandsformel von ROTHE[2] die Dränabstände bei verschiedenen mittleren Jahres-

[1] Vgl. die vom Deutschen Ausschuß für Kulturbauwesen aufgestellten Beziehungen für diesen Zusammenhang z. B. in FAUSER: Kulturtechnische Bodenverbesserungen. Samml. Göschen, Bd. I: Allgemeines, Entwässerung. 3. Aufl., S. 74. Berlin: de Gruyter & Co. 1935. — Ferner SCHROEDER: Landwirtschaftl. Wasserbau. H. f. B. (OTZEN), III. Teil, 7. Bd., S. 214. Berlin: Springer 1937.

[2] Nach ROTHE gilt:

$$e = 2t\sqrt{\frac{k}{q'}}\,;$$

darin bedeuten: e = Dränabstand in m, t = größte zulässige Aufwölbung des Grundwassers über die Dränsohle in m, k = Durchlässigkeitswert des Bodens in m/sek, q' = die je Flächeneinheit abzuführende Sickerwassermenge in m³/sek und m².

niederschlägen wie deren Wurzelwerte. Der verbesserte Dränabstand beträgt also

$$e'' = e' \sqrt{\frac{N'}{N}} = 13 \cdot \sqrt{\frac{650}{900}} = 11\,\mathrm{m}.$$

b) Da das zu entwässernde Grundstück als Dauerwiese benutzt wird, kann der Dränabstand um 30 bis 40% vergrößert werden[1]. Also

$$e = e'' \cdot \left(1 + \frac{35}{100}\right) = 11 \cdot 1{,}35 = 14{,}9 \sim \mathbf{15}\,\mathrm{m}.$$

Da weitere Berichtigungen (infolge von Kalkgehalt, Eisengehalt, Feinsand usw.)[2] nicht veranlaßt sind, wird der vorermittelte Abstand e der Ausführung zugrunde gelegt.

1. Festlegung der Abflußspende (Sickerwasserspende).

Die den Rohrbemessungen zugrunde zu legende *Abflußspende* q, ausgedrückt in l/sek und ha, ist als reine Erfahrungszahl zu betrachten, da die verschiedenartigsten Umstände die Größe des Wertes q beeinflussen. Wenn das Drängebiet flach ist und keinen zu starken Fremdwasserzufluß aufweist, kann Tabelle 47 zur Bestimmung der Abflußspende dienen.

Tabelle 47.

Mittlerer Jahresniederschlag	Bei schweren und mittelschweren Böden l/sek und ha	Bei leichten Böden l/sek und ha
unter 650 mm (z. B. Norddeutschland) . . .	0,40	0,55
650 bis 750 mm	0,40—0,55	0,55—0,70
über 750 mm (Gebirge)	0,55—0,70	0,70—0,85

Danach ergibt sich für unser Beispiel (mittelschwerer Boden und mittlerer Jahresniederschlag über 750 mm)

$$q = \sim \mathbf{0{,}7}\ \mathrm{l/sek\ u.\ ha}.$$

2. Vorflut.

Für jede Dränung ist eine ausreichende Vorflut der Sammler unerläßliche Voraussetzung. Die Vorfluter haben aber bei Dränentwässerungen noch die zusätzliche Aufgabe, das bei Schneeschmelze bzw. Starkregen im Übermaß vorhandene Wasser (Oberflächenwasser) rasch abzuführen, das die Dränung allein nicht vermag.

In unserem Beispiel bildet die Rodach den Vorfluter. Dieser hat an der Einmündung des Sammlers während der Wachstumszeit einen mitt-

[1] Siehe z. B. FAUSER: Kulturtechnische Bodenverbesserungen, S. 76. Zitiert S. 498.

[2] Vgl. dazu SCHROEDER: Landwirtschaftlicher Wasserbau, S. 214ff. Zitiert S. 498.

leren Wasserstand von 699,40 m ü. N.N. gegenüber dem tiefsten Punkt im Drängelände mit 701,00 m ü. N.N., liegt also bei einem Kotenunterschied von 701,00 — 699,40 = 1,60 m ausreichend tief.

Wäre die Vorflut nicht genügend, so müßte die Rodach so weit nach abwärts geregelt werden, bis bei Punkt K die notwendige Senkung des Wasserspiegels erreicht würde. Dabei wäre bei günstigen Gefällsverhältnissen ein Vorflutwasserspiegel von etwa 0,20 m unter Dränausmündung, bei ungünstigem Gefälle wenigstens auf Ausmündungstiefe anzustreben, in unserem Beispiel also auf

$$701{,}00 - 0{,}80^* - 0{,}20 = 700{,}00 \text{ m ü. N.N.}$$

oder ungünstig

$$701{,}00 - 0{,}80^* = 700{,}20 \text{ m ü. N.N.}$$

3. Ermittlung der Dränrohrweiten.

Die gebrannten Tondränrohre werden nach der kleinen KUTTER-Formel berechnet. Danach beträgt die Geschwindigkeit

$$v = \frac{100}{1 + \frac{m}{\sqrt{R}}} \cdot \sqrt{R \cdot J}\,.$$

Setzt man $m = 0{,}3$, $R = \frac{d}{4}$ (d = innerer Rohrdurchmesser) und $J = \frac{h\%}{100}$ (h = Wasserspiegelgefälle in m auf 100 m Länge), so ergibt sich

$$v = \frac{100 \cdot \frac{d}{4}}{\frac{\sqrt{d} + 2 \cdot 0{,}3}{2}} \cdot \sqrt{\frac{h\%}{100}}$$

bzw.

$$v = \frac{5 \cdot d}{0{,}6 + \sqrt{d}} \cdot \sqrt{h\,\%} \text{ m/sek}\,.$$

Mit $F = \frac{d^2\pi}{4}$ m² erhält man als Abflußmenge

$$Q = \frac{3{,}927 \cdot d^3}{0{,}6 + \sqrt{d}} \cdot \sqrt{h\,\%} \text{ m}^3/\text{sek},$$

oder in Litern je Sekunde ausgedrückt

$$Q = \frac{3927 \cdot d^3}{0{,}6 + \sqrt{d}} \cdot \sqrt{h\,\%} \text{ l/sek}\,.$$

Zur möglichsten Vereinfachung der Berechnung sind die mit diesen Formeln und m = **0,27**** erhaltenen Rechnungsergebnisse für Rohr-

---

* Zulässige Mindesttiefe des Sammlers an der Ausmündung wegen Frostgefahr. (Diese Mindesttiefe würde in unserem Beispiel auch eine Verkleinerung des Sammlergefälles längs des Stranges GK und eine Nachprüfung des Dränrohrdurchmessers für diese Strecke erfordern.)

** FAUSER: Kulturtechnische Bodenverbesserungen, S. 81. Zitiert S. 498.

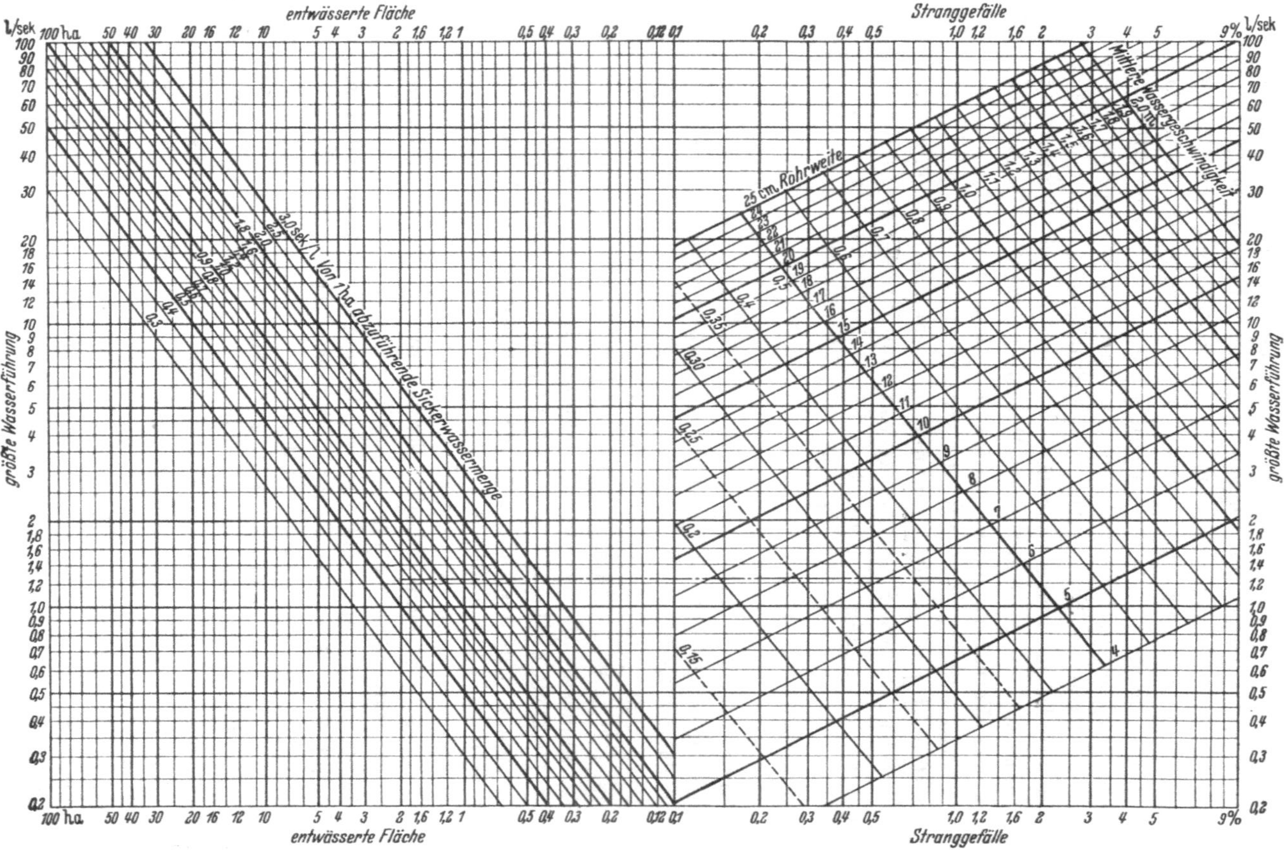

Abb. 245. Diagramm zur Bemessung von Dränrohrleitungen (Fauser).

weiten von 4 bis 25 cm in der Abb. 245 zeichnerisch dargestellt und in Beziehung gesetzt zu der entwässerten Fläche bei Sickerwasserspenden von 0,3—3,0 l/sek und ha. Zum Beispiel ergibt sich für eine Dränungsfläche von 1,82 ha bei einer Abflußspende von 0,7 l/sek und ha bei 1% Gefälle ein Rohrdurchmesser von 6,5 cm. (Man gehe im Diagramm links auf der Ordinate für 1,82 ha bis zur schräg verlaufenden Abflußspendenlinie 0,7 l/sek und ha und vom Schnittpunkt waagerecht nach rechts bis zur Ordinate für 1%. Der neue Schnittpunkt liegt zwischen Rohrweite 6 und 7 cm, und zwar näher an 6 cm. Der Rohrdurchmesser von 6,5 cm ist also ausreichend.) Dieser Rohrstrang vermag 1,9 ha unter den gegebenen Verhältnissen zu entwässern. (Man gehe vom Schnittpunkt 6,5 cm ∅ und 1% Gefälle wieder waagrecht nach links und liest am Schnittpunkt mit $q = 0{,}7$ l/sek und ha senkrecht darüber oder darunter 1,9 ha ab.) Am Schnittpunkt von Rohrdurchmesser und Gefälle kann an den schräg nach rechts unten verlaufenden Linien auch die mittlere Geschwindigkeit für die vollaufenden Dränrohre abgelesen werden. (Im obigen Beispiel: ∅ 6,5 cm, 1% Gefälle wird $v = 0{,}4$ m/sek.)

Aus dem Lageplan Abb. 243 ergibt sich, daß die vorkommenden Gefälle schwanken zwischen 1% und 0,25% (letzteres Gefälle stellt das geringst zulässige Gefälle dar). Die größte Saugerlänge erreicht nur im Strang 10 rd. 200 m und liegt sonst überall, z. T. wesentlich, darunter. Im allgemeinen vermögen Sauger von 4 und 5 cm Durchmesser auch im zulässigen Mindestgefälle die ihnen zukommende Wassermenge abzuleiten. Bei Gefällen, die kleiner sind als 0,4%, sowie bei Wiesen benützt man aber keine kleineren Dränrohre als 5 cm, wie dies auch für das vorliegende Beispiel geschah.

Für den Sammelstrang wurde wegen des hohen Jahresniederschlages und der bei dem vorliegenden Boden ziemlich raschen Versickerung als kleinster Rohrdurchmesser 6,5 cm gewählt.

In Tabelle 48 (Strangtabelle) ist die Bemessung der Rohrstränge entsprechend dem oben skizzierten Verfahren durchgeführt für den Sammelstrang. Hierzu wurden zunächst sämtliche Sauger mit Nummern versehen, ihre Längen gemessen und, mit dem obersten Sauger beginnend, in die Tabelle eingetragen. Aus den Saugerlängen und den Dränabständen errechnet man die von jedem Strang entwässerten Flächen und bildet von oben her für jeden einzelnen Sammler die Summen dieser Teilflächen.

Da auch die Abflußspende (0,7 l/sek u. ha) bekannt ist, weiß man also für jede Stelle des Sammlers die größte dort auftretende Wassermenge und könnte dann die Rohrstrangweiten berechnen. In der Praxis benutzt man aber dazu Tabellen oder, wie hier, graphische Tafeln (Abb. 245).

Tabelle 48. *Strangtabelle.*

Sauger Nr.	Sammlerstrecke	Saugerlänge	Dränabstand	Entwässerte Fläche		Abflußspende	Größte Wasserführung	Gefälle	Rohrdurchmesser	Länge der einzelnen Rohrdurchmesser	Geschwindigkeit	Leistung der Rohre bei 0,7 l/sek u. ha Abflußspende
				einzeln	zusammen							
		m	m	ha	ha	l/sek u. ha	l/sek	%	cm	m	m/sek	ha
1		103	15	0,16	0,16	0,70	0,11	1,0	5	—	—	—
2		117	15	0,18	0,34	0,70	0,24	0,8	5	—	—	—
3		130	15	0,20	0,54	0,70	0,38	0,7	5	—	—	—
4		144	15	0,22	0,76	0,70	0,53	0,6	5	—	—	—
5		159	15	0,25	1,01	0,70	0,71	0,5	5	—	—	—
6		169	15	0,26	1,27	0,70	0,89	0,5	5	—	—	—
7		175	15	0,27	1,54	0,70	1,08	0,4	5	—	—	—
8		180	15	0,28	1,82	0,70	1,27	0,4	5	—	—	—
	1—8	—	—	—	1,82	0,70	1,27	1,0	6,5	120	0,41	1,9
9		186	15	0,28	2,10	0,70	1,47	0,4	5	—	—	—
10		193	15	0,29	2,39	0,70	1,67	0,4	5	—	—	—
	8—10	—	—	—	2,39	0,70	1,67	1,0	8	30	0,49	3,5
11		190	15	0,28	2,67	0,70	1,87	0,4	5	—	—	—
	10—11	—	—	—	2,67	0,70	1,87	0,6	8	15	0,37	2,7
12		183	15	0,27	2,94	0,70	2,06	0,4	5	—	—	—
13		175	15	0,26	3,20	0,70	2,24	0,3	5	—	—	—
14		168	15	0,25	3,45	0,70	2,41	0,3	5	—	—	—
15		160	15	0,24	3,69	0,70	2,58	0,3	5	—	—	—
16		152	15	0,23	3,92	0,70	2,75	0,3	3	—	—	—
17		145	15	0,22	4,14	0,70	2,90	0,3	5	—	—	—
18		142	15	0,21	4,35	0,70	3,05	0,3	5	—	—	—
19		139	15	0,21	4,56	0,70	3,20	0,3	5	—	—	—
20		136	15	0,20	4,76	0,70	3,33	0,25	5	—	—	—
21		133	15	0,20	4,96	0,70	3,48	0,25	5	—	—	—
22		130	15	0,20	5,16	0,70	3,61	0,25	5	—	—	—
	11—22	—	—	—	5,16	0,70	3,61	0,6	10	165	0,45	5,2
23		126	15	0,19	5,35	0,70	3,75	0,25	5	—	—	—
	23—*K*	—	—	—	5,35	0,70	3,75	0,6	13	69	0,55	11,0

Bei Bemessung der Rohre ist zu beachten, daß auch bei reichlichem Gefälle in den unteren Strecken keine kleineren Rohre mehr gewählt werden dürfen als in den vorangegangenen gefälleärmeren Oberliegerstrecken.

In Abb. 243 ist ein Längsschnitt durch den Sammlergraben dargestellt. Da die Sauger oben in die Sammlerrohre eingeführt werden, muß die Sohle des Sammlergrabens etwa um den jeweiligen Durchmesser der Sammlerdränrohre tiefer gelegt werden (hier $1{,}0 + d$ m). In Abb. 246 ist die Einmündung eines Saugers in den Sammler dargestellt.

Zählt man die in der Strangtabelle angegebenen Einzellängen für die verschiedenen Rohrdurchmesser zusammen und teilt diese jeweils mit der Dränrohrlänge (meist 0,30 oder 0,33 m), so ergibt sich der Gesamtrohrbedarf, zu dem ein Bruchzuschlag von 5% zuzugeben ist. Es empfiehlt sich, vor der Planaufstellung Erhebungen über die in der betreffenden Gegend in Betracht kommenden Rohrmaße und -gewichte (handelsübliche Rohrweiten und -längen, Gewichte der Dränrohre) durchzuführen.

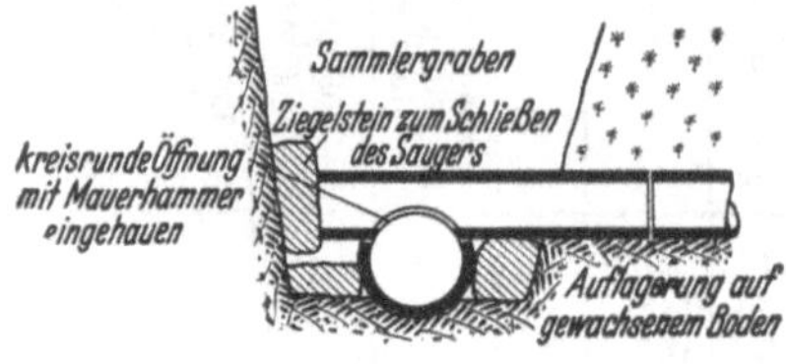

Abb. 246.

Wegen der Ausführung und der Kosten vergleiche die weiter oben in Fußnoten angegebene Literatur.

Aufgabe 42.

Bewässerung durch eine Beregnungsanlage[1].

Das im Lageplan Abb. 247 dargestellte ~ 45 ha große Gebiet soll zur Sicherstellung seiner Erträge eine Bewässerungsanlage erhalten.

Die Bewässerungsfläche liegt am Rande des Rheintales, in einem tertiären Hügelland, das dem Haardtgebirge unmittelbar vorgelagert ist. Der nördliche Hügelzug des Bewässerungsgebietes hat auf tertiärem Sandboden als Untergrund eine diluviale, sandige Lehmkrume. Der Talgrund des Fuchsbaches besteht aus alluvialem Lehm und der südlich abschließende Rücken aus diluvialen Sanden mit schwach lehmiger Krume.

In den Hügeln liegt der Grundwasserstand während der Wachstumszeit so tief, daß das Wasser für die Pflanzen nicht erreichbar ist, aber auch im Fuchsbachtal treten trotz der günstigeren Grundwasserverhältnisse in trockenen Sommern Dürreschäden auf.

Die nächstgelegene Beobachtungsstelle Ungstein-Bad Dürkheim hatte in den Jahren 1911 bis 1933 folgende Regenhöhen (Tabellen 49 u. 50):

Tabelle 49.

Okt.	Nov.	Dez.	Jan.	Febr.	März	April	Mai	Juni	Juli	Aug.	Sept.	Winterhalbjahr	Sommerhalbjahr	Jahr
mm	mm	mm	mm	mm	mm	mm	mm	mm	mm	mm	mm	mm	mm	mm
46	46	42	36	28	38	45	48	54	57	60	50	235	314	550

[1] Unterlagen von Min.-Rat Popp, München.

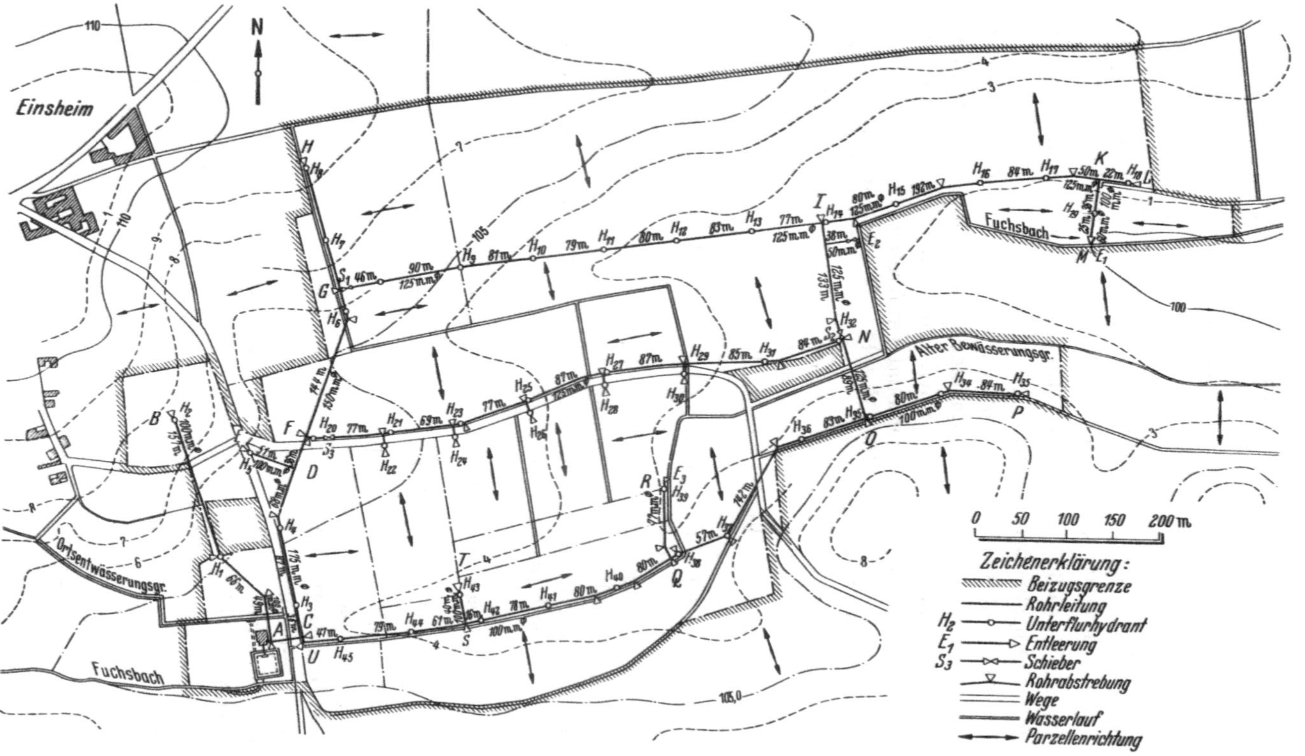

Abb. 247. Lageplan des Bewässerungsgebietes.

Tabelle 50.

Während dieser 23 Jahre lagen in den Monaten	April	Mai	Juni	Juli	Aug.	Sept.
Die Niederschläge unter den von ZUNKER angegebenen Mindesthöhen von mm	50	60	60	60	60	50
In ... Monaten	16	16	15	14	14	14
Das sind in % der Monate . . .	70	70	65	60	60	60

Im Mittel sind also 64% aller Wachstumsmonate zu trocken, so daß starkes Bewässerungsbedürfnis vorliegt.

(Nach ZUNKER[1] ist Bewässerung nötig, wenn in einem Zeitraum von 10 Jahren von den 10 · 6 Wachstumsmonaten April bis September bei leichten Böden mehr als 20, bei mittleren Böden mehr als 25, bei schweren Böden mehr als 30 Dürremonate auftreten.)

In unserem Gebiet sind es $\frac{(16+16+15+14+14+14)\cdot 10}{23} \sim 39$ Dürremonate in 10 Jahren.

Die Fläche wird infolge der günstigen Boden- und Klimaverhältnisse mit hochwertigen Kulturen bebaut und sehr intensiv bewirtschaftet. Vor allem kommt dem dort betriebenen Anbau von Frühgemüse hohe Bedeutung zu.

Die Grundstücke sind fast durchweg klein, im Mittel 100 bis 180 m lang und 15 bis 25 m breit.

Der als Wasserspender allein in Betracht kommende Fuchsbach hat eine sommerliche Mindestwasserführung von 40 l/sek. Durch Verhandlungen mit den Unterliegern wurde erreicht, daß ihm für die geplante Bewässerung während der Sommermonate laufend 20 l/sek entnommen werden dürfen.

Es ist die Bewässerungsanlage zu bemessen.

Lösung.

Da, wo die Niederschläge nicht ausreichen, um den Wasserbedarf der Pflanzen zu decken, muß Wasser *künstlich* zugeführt werden. Bei oberirdischer Bewässerung unterscheidet man drei Hauptverfahren: den Einstau, die Rieselung und die Beregnung.

Von den verschiedenen Arten der Einstaubewässerung käme bei den gegebenen Anbauverhältnissen nur die Furchenbewässerung in Betracht. Sie scheidet aber aus, da das Gelände für sie zu wellig und zu stark geneigt ist.

Die Rieselverfahren kommen nicht in Betracht, da bei ihnen der leichte Boden abgewaschen und fortgeschwemmt würde, und vor allem deshalb, weil auf den Gemüsekulturen eine gleichmäßige Verteilung des fließenden Wassers unmöglich ist.

Es bleibt also nur die Beregnung.

[1] ZUNKER: Kulturtechniker 1925, S. 251/252.

1. Bestimmung des Wasserbedarfs.

Es gibt viele, zum Teil sehr schwierige Verfahren, den Wasserbedarf einer Beregnungsanlage zu bestimmen.

Am einfachsten und sichersten geht man davon aus, daß die Beregnungsanlage imstande sein soll, in jedem Monat den Pflanzen die geforderte Mindestwassermenge, also nach ZUNKER 60 mm Regenhöhe zu spenden. Damit ist erreicht, daß die Kulturen auch in den oft 6 bis 8 Wochen dauernden Trockenzeiträumen eine hinreichende Wassermenge erhalten. (Dabei wird der für die Wasserversorgung der Pflanzen sehr wichtige Tau zur Sicherheit außer acht gelassen.)

Theoretisch muß also die 45 ha große Anlage monatlich leisten:

$$45 \cdot 10000 \cdot 0{,}06 = 27000\,\text{m}^3.$$

Die heute allgemein zur Anwendung kommenden Weitstrahlregner beregnen — von einzelnen Ausnahmen abgesehen — Kreisflächen. Um die ganze Fläche zu überregnen, müssen daher Überschneidungen der einzelnen Kreise in Kauf genommen werden. Diese Überschneidungen können bei günstigster Anordnung auf das geringste Maß von 17,3% zurückgehen. In der Praxis muß mit Rücksicht auf die Grundstücksbreiten von 15 bis 25 m und die verschiedenen Kulturen mit einer noch weit ungünstigeren Ausnützung des Regens gerechnet werden.

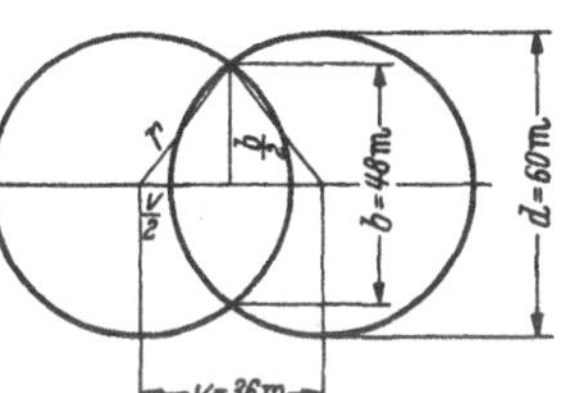

Abb. 248. Überschneidung der Beregnungskreise.

Nehmen wir an, daß die Regner mit Rücksicht auf die schmalen Grundstücke einen Kreis von nur 60 m Durchmesser bestreichen sollen, und setzen wir die Verwendung der üblichen 6 m langen Feldleitungsrohre voraus, dann ergibt sich für die Durchregnung der Grundstücke je nach deren Breite folgende Ausnützung (vgl. hierzu Tabelle 51 und Abb. 248):

Tabelle 51.

Vorschub v der Regner im □ Verband m	Voll beregnete Breite b $b = 2 \cdot \sqrt{r^2 - \frac{v^2}{4}}$ m	Je Regnerstellung also $v \cdot b$ m²	Ausnützung des vollen Kreises von 2827 m² %	Ausnützung im Mittel %
36	48	1728	61	
42	42,8	1800	64	$\frac{186}{3} = 62\%$
48	36	1728	61	
			186	

Dieser Wert ist niedrig, wenn man ihn mit den Ausnutzungen vergleicht, die man in den Werbeschriften für die geometrisch ausgetüftelten, die Grenzen außer acht lassenden Regneranordnungen findet. Wer aber nur einmal bei etwas kräftigem Wind die tatsächlich vom Regner bestrichene Fläche ermittelt hat, weiß, daß sich dabei praktisch nicht Kreise, sondern Flächen ganz anderer Gestalt ergeben. Um sich daher vor unangenehmen Überraschungen zu sichern, dürfen keinesfalls solche idealen Ausnützungen dem Entwurf zugrunde gelegt werden.

Der Wasserbedarf ermittelt sich in unserem Falle bei 62% Ausnützung und 60 mm Beregnungsspende für 45 ha zu

$$\frac{450000 \cdot 0{,}06}{0{,}62} = 43500 \text{ m}^3 \text{ je Monat.}$$

Zur Verfügung stehen: $30 \cdot 86400 \cdot 0{,}02 = 51800 \text{ m}^3/\text{Monat}$.

2. Bestimmung der Regnerzahl.

Dazu müssen die Prospekte der Firmen mit herangezogen werden. Aus diesen wurden für 30 m Wurfweite der Regner die im linken Teil der Tabelle 52 angegebenen Möglichkeiten ermittelt.

Hieraus errechnet man sich nun die Intensitäten (mm/Std.). Diese sollen bei hochwertigen Früchten und empfindlichen, feinteilreichen Böden möglichst klein sein, da die Böden sonst zugeschlämmt werden. (Mittlere Intensität eines Landregens 1 bis 2 mm/Std., eines Weitstrahlregners 7 bis 30 mm/Std.!)

Beregnet wird heute durchweg in größeren Regengaben, meist von 20 mm Regenhöhe. Für diese Gabe wurde für die einzelnen Regner in der Tabelle 52 auch die erforderliche Zeit errechnet.

Tabelle 52. *Regner für 30 m Wurfweite (Kreisfläche 2827 m²).*

Nr.	Düsendurchmesser mm	Austrittsdruck m	Wasserverbrauch m³/Std.	Regenintensität[1] mm/Std.[1]	Zeitdauer Std./20 mm Regenhöhe
1	16	30	20	7,1	2 Std. 50 Min.
2	18	30	24	8,5	2 „ 20 „
3	20	30	28	9,9	2 „ — „
4	24	30	44,5	15,75	1 „ 15 „
5	26	30	52	18,4	1 „ 5 „

Wird 30 Tage im Monat beregnet, dann sind täglich $\frac{43500}{30} = 1450 \text{ m}^3$ aufzubringen. Hierzu sind nötig (vgl. Tabelle 53):

Tabelle 53.

Nr.	Regnerzahl n	Leistung der n Regner m³/Std.	Erforderliche Arbeitszeit/Tag Std.	Regner zahl n	Leistung der n Regner m³/Std.	Erforderliche Arbeitszeit/Tag Std.
1	5	100	14,5	6	120	12,1
2	4	96	15,1	5	120	12,1
3	4	112	12,95	—	—	—
4	3	133,5	10,85	—	—	—
5	2	104	14,0	—	—	—

[1] Regenintensität zu Nr. 1: $\frac{20 \text{ m}^3/\text{Std.} \cdot 1000 \text{ mm/m}}{2827 \text{ m}^2} = 7{,}1 \text{ mm/Std.}$

Aus betriebstechnischen Gründen (kürzere Arbeitszeit und nicht zu hohe Regenintensität) ist die Verwendung von Regnern mit 20 mm Düsendurchmesser (Fall Nr. 3) am günstigsten. Es werden also 4 Regnerpaare, d. h. 8 Stück beschafft; von diesen sind stets 2 Paar in Betrieb, 2 Paar im Umbau. Zur Bedienung dieser 4 Regnerpaare sind 2 Mannschaften zu je 2 Mann nötig.

3. Anordnung und Bemessung der Stammleitung.

Wie Abb. 247 zeigt, sind die Stammleitungen gewöhnlich längs der Wege, also senkrecht zur Furchenrichtung (⟷ in Abb. 247) geführt. Die Lage an den Wegen ist zweckmäßig, da man so die Rohre auf (eigens hierfür gebauten) Wagen herbeischaffen kann; man braucht die Rohre der Feld- und der Regnerleitung also nie weit zu tragen.

Bei der Bemessung der Rohrleitung geht man nach SCHROEDER[1] für die erste Berechnung von der Faustformel aus:

$$d = 40\sqrt{\frac{q}{v}}.$$

Hierin bedeutet:

d = lichter Rohrdurchmesser in mm,
q = sekundliche Wassermenge in l/sek,
v = Wassergeschwindigkeit in m/sek.

Dabei ist die Verkrustung der Rohre bereits berücksichtigt.

Die Wassergeschwindigkeit wird meist zwischen 1,5 und 2,5 m/sek angenommen. Höhere Geschwindigkeiten als 2,5 m/sek sind unwirtschaftlich, da sie zu hohe Reibungsverluste bedingen. Bei größeren Anlagen muß man im einzelnen untersuchen, bei welchem Verhältnis von Rohrlichtweite: erforderlicher Pumpenleistung die wirtschaftlichste Lösung liegt.

Da sich für Fall Nr. 3 (vgl. Tabelle 53) die erforderliche Arbeitszeit je Tag zu 12,95 ~ 13 Std. ergibt, errechnet sich der sekundliche Wasserbedarf zu

$$q = \frac{1450 \cdot 1000}{13 \cdot 3600} = 31\ \text{l/sek}.$$

Für $v = 2{,}5$ m erhält man dann überschlägig nach SCHROEDER einen Rohrdurchmesser von

$$d = 40 \cdot \sqrt{\frac{31}{2{,}5}} = 141{,}4\ \text{mm} = \text{rd. } \mathbf{15}\ \text{cm}.$$

4. Speicherbecken.

Die gewählten Regner verspritzen täglich 1450 m³. In der dazu nötigen Betriebszeit von rd. 13 Stunden fließen aber nur 13 · 3600 · 0,02 = 935 m³ zu. Während der 11stündigen Betriebsruhe fallen 11 · 3600 · · 0,02 = 770 m³ an. Von diesen müssen zur Deckung des Tagesbedarfes

[1] SCHROEDER: Landwirtschaftlicher Wasserbau. Handbibl. f. Bauing. III. Teil, Bd. 7, S. 327. Berlin: Springer 1937.

mindestens 1450 — 935 = 515 m³ gespeichert werden. Zur Sicherheit wird das Speicherbecken jedoch auf 600 m³ Inhalt bemessen[1].

5. Pumpenleistung.

Die Pumpe hat 31 l/sek zu leisten. Die Förderhöhe setzt sich dabei zusammen aus

a) dem Höhenunterschied zwischen höchstem Stand der Regner und tiefstem Stand des Speicherspiegels,

b) dem Reibungsverlust in den Leitungen,

c) der Mindestdruckhöhe an den Düsen (30 m).

Für die Summe dieser 3 Werte und die genannte Fördermenge ist die Pumpanlage zu bemessen (vgl. dazu S. 137).

Aufgabe 43.
Beziehungen zwischen Wasserständen und Wassermengen (Ganglinien, Häufigkeitslinien, Dauerlinien, Schlüsselkurve).

Von einem, an einem Flachlandfluß gelegenen Pegel liegen die täglichen Wasserstandsablesungen eines Abflußjahres (hydrologischen Jahres) vor (Tabelle 54), außerdem die Ergebnisse einer Anzahl im Bereiche des Pegels durchgeführter Wassermengenmessungen (Tabelle 62). Man stelle für dieses Beobachtungsjahr auf:

1. die *Wasserstands*ganglinie,
2. die Häufigkeitslinie der Wasser*stände*,
3. die Wasser*stands*dauerlinie (Linie der Überschreitungs- bzw. Unterschreitungsdauer der Wasser*stände*),
4. die *Schlüsselkurve* (Durchflußmengenlinie, Abflußkurve),
5. die Wasser*mengen*ganglinie,
6. die Häufigkeitslinie der Wasser*mengen*,
7. die Wasser*mengen*dauerlinie (Linie der Überschreitungs- bzw. Unterschreitungsdauer der Wasser*mengen*).

Lösung.

Die Voraussetzung für jede wasserwirtschaftliche Planung und die sich daraus ergebenden wasserbaulichen Maßnahmen bildet die Kenntnis der klimatologischen[2] und hydrographischen (gewässerkundlichen) Verhältnisse des zu bearbeitenden Einzugsgebietes oder Gewässers. Klima-

[1] Die Speicherung hat noch den weiteren Vorteil, daß sie zur Erwärmung des Wassers beiträgt.

[2] Abhängigkeit des Abflußvorganges von den Witterungsverhältnissen (Hydrometeorologie). Vgl. Haeuser: Die hydrometeorologische Forschung in Bayern. (Denkschrift 1934.)

Tabelle 54. *Pegelliste. Wasserstandsablesungen (Gang der Wasserstände) in cm Pegel.*

Kalendertag	Monate											
	Nov.	Dez.	Jan.	Febr.	März	April	Mai	Juni	Juli	Aug.	Sept.	Okt.
1	79	161	212	108	204	210	110	119	148	100	92	82
2	79	147	193	105	195	198	110	114	151	96	87	82
3	78	139	165	112	187	193	109	112	144	90	86	80
4	76	146	156	108	183	186	142	110	136	89	91	78
5	79	146	154	108	186	185	147	122	127	87	91	81
6	79	148	157	107	199	180	138	127	124	84	93	84
7	77	140	184	104	254	186	138	128	121	83	93	84
8	84	139	203	95	307	207	158	121	127	89	95	84
9	86	133	190	92	355	220	174	116	130	87	96	84
10	86	131	179	96	324	225	176	107	132	87	100	85
11	82	134	196	99	316	218	160	104	124	86	98	87
12	87	168	204	107	312	203	146	101	117	87	92	87
13	95	208	185	107	314	193	154	97	110	91	90	88
14	126	217	164	118	294	184	178	95	109	92	89	88
15	140	204	151	156	282	174	178	95	106	90	88	97
16	150	204	149	196	276	169	160	93	108	103	87	96
17	168	205	134	233	278	163	146	91	115	117	87	92
18	196	231	144	247	288	156	133	90	115	135	89	92
19	223	238	150	250	304	153	142	90	111	174	92	92
20	235	228	157	260	280	146	156	87	110	180	85	94
21	224	208	163	266	251	140	173	90	116	167	84	92
22	205	190	140	264	247	137	150	110	123	151	86	84
23	186	173	147	250	238	134	137	174	129	140	86	84
24	168	167	131	242	230	129	133	207	124	132	90	85
25	157	160	124	239	223	129	130	205	127	117	93	84
26	147	157	117	220	275	128	127	176	126	105	96	84
27	139	152	110	215	231	126	122	160	125	109	92	85
28	136	160	110	208	240	124	118	145	122	105	87	84
29	135	205	108	—	245	122	115	145	113	102	85	80
30	150	241	108	—	230	119	118	151	109	99	83	80
31	—	242	112	—	224	—	123	—	104	90	—	79
MW	132	178	155	168	256	168	142	123	122	109	90	86
MW 10 Jahre	117	154	168	165	182	158	118	100	98	95	93	105

Tabelle 55. *Wassermessungsergebnisse.*

Wasserstände in cm	73	101	119	127	155	180	320	218	253	268	272	287	295	312	355
Gemessene Wassermengen in m³/sek	38,6	56,0	70,2	82,0	114	145	172	218	281	339	351	387	426	473	620

tologisch vor allem interessierende Verhältnisse sind die Niederschläge, der Temperaturverlauf und die Verdunstung; manchmal kommen dazu der Luftdruck, die Winde und die Luftfeuchte. Zu den eigentlichen hydrographischen Gegebenheiten gehören vor allem die fortlaufende Feststellung der Wasserstände der fließenden und stehenden Gewässer einschließlich des Grundwassers, der Zusammenhang zwischen Niederschlag und Abfluß, die Beobachtung der Gestaltung des Abflusses, der Geschiebeführung, die Feststellung des Schwebestoffgehaltes, der Eisverhältnisse, der Versickerung, im Einflußgebiet der Gezeiten auch noch die Beobachtung der Ebbe- und Flutverhältnisse. Unter *Hydrographie* wird nun im allgemeinen verstanden die kritische Verarbeitung und Verwertung der vorstehend genannten Beobachtungsergebnisse, wobei mit Rücksicht auf den untrennbaren Zusammenhang zwischen Abfluß einerseits, Niederschlag und Verdunstung andererseits keine scharfe Trennung zwischen Hydrographie und den meteorologischen Faktoren der Klimatologie möglich ist, letztere vielmehr einen unerläßlichen Bestandteil der Hydrographie bildet[1]. Aus der Vielfalt der in der Praxis vorkommenden hydrographischen Aufgaben greift das vorliegende Beispiel die Verarbeitung eines gegebenen Pegelmaterials und vorliegender Messungsergebnisse für eine bestimmte Pegelstelle eines Flachlandflusses heraus, um daran die Zusammenhänge zwischen Wasserstand und Abflußmengen und die Aufbereitung eines solchen hydrographischen Materials zu zeigen.

Wie oben bereits angedeutet, hängt die Größe der Wasserführung eines Flusses von dem im Einzugsgebiet herrschenden Wetter (Niederschlag, Temperatur) ab. Mit dem Wechsel von mehr oder weniger regenreichen Tagen mit trockenen warmen Tagen oder aber mit Frostperioden (Winter, Hochgebirge) schwankt auch die Abflußmenge des den Vorfluter des Gebietes bildenden Flusses fast von Tag zu Tag. Die genaue tägliche Erfassung dieser Wasser*mengen* durch *Messung* ist bei der großen Zahl der dafür täglich in Frage kommenden Meßstellen praktisch nicht möglich. Man weiß aber, daß den verschiedenen Abflußmengen jeweils bestimmte Wasserstände zugeordnet sind. Mit steigender Wasserführung steigt auch der Wasserstand, und wenn der Abfluß kleiner wird, fällt auch der Wasserspiegel des Flusses. Diese Wasserstandsänderungen sind leicht meßbar. Man begnügt sich deshalb damit, täglich an dafür festgelegten Stellen des Flusses (Pegelstellen) statt der Abflußmengen die Wasser*stände* zu messen. Die aufzustellende Beziehung zwischen Wasserstand und Wassermenge gibt dann die dem festgestellten Wasserstand zugeordnete Abflußmenge.

1. Wasserstände, Wasserstandslinien.

Unter *Wasserstand* (Pegelstand) eines fließenden oder stehenden Gewässers versteht man die *Höhe*, bis *zu welcher der Wasserspiegel reicht*, bis zu welcher also das *Bett des Gewässers* (beim Grundwasser der Grundwasserträger) *mit Wasser angefüllt ist.* Die Feststellung dieser Höhe er-

---

[1] Vgl. u. a. z. B. SCHAFFERNAK: Hydrographie. Wien: Springer 1935. — SCHOKLITSCH: Wasserbau, Bd. 1. Wien: Springer 1930. — Wasserkraftjahrbuch. München: Pflaum-Verlag.

folgt für eine bestimmte Stelle eines Gewässers in einfachster Weise durch Ablesen der Spiegellage an einer mit Längenmaßeinteilung versehenen hölzernen oder eisernen Latte, *Lattenpegel* oder kurz Pegel genannt. Bei schlechten Sichtverhältnissen für die Ablesung macht man von *Schwimmpegeln* Gebrauch. Legt man Wert darauf, den Wasserstandsverlauf ununterbrochen verfolgen zu können, dann wird man einen *selbstschreibenden Pegel* (Schreibpegel, Limnigraph) aufstellen. Da bei den Wasserstandsbeobachtungen lediglich die dauernden Veränderungen der Spiegellage, also die *Spiegel*schwankungen festgestellt werden, ist es an sich gleichgültig, in welcher Höhenlage man den *Nullpunkt des Pegels* anbringt. Es ist aber darauf zu achten, daß die einmal gewählte Nullpunktlage in Zukunft unverändert beibehalten wird, damit die im Laufe langer Jahresreihen festgestellten Pegelstände untereinander vergleichbar bleiben. Um diese unveränderte Lage des Nullpunktes stets einwandfrei nachprüfen und überwachen zu können, muß der Nullpunkt des Pegels an *mindestens* einen zuverlässigen Fixpunkt durch Höhenmessung angeschlossen werden. Auf diese Weise wird auch die absolute Höhenlage des Nullpunktes und damit aller Wasserstände festgelegt, die man bei den wasserwirtschaftlichen Aufgaben stets benötigt. Eine etwaige Veränderung des Nullpunktes oder der Fixpunkte ist sorgfältig festzustellen und in den Pegelakten zu vermerken.

Wie schon erwähnt, wird der Wasserstand gewöhnlich täglich einmal, und zwar stets zur gleichen Stunde abgelesen und in *Pegellisten* eingetragen. Während des Auftretens von Hochwasserständen erfolgt die Pegelablesung im Verlauf eines Tages mehrmals (der Schreibpegel besorgt dies natürlich automatisch).

In unserem Beispiel ist für eine Pegelstation an einem Mittelgebirgsfluß die Pegelliste für ein *hydrologisches* Jahr (Abflußjahr)[1] gegeben (Tabelle 54). In dieser Liste sind die täglich abgelesenen Wasserstände laufend vom 1. November bis 31. Oktober des folgenden Jahres eingetragen. Um den Verlauf der Wasserspiegelschwankungen des untersuchten Flusses während des betrachteten Zeitraumes deutlicher zu veranschaulichen, als dies die Zahlenreihen in der Liste vermögen, wurden sie in Abb. 249 Tag für Tag, beginnend mit dem 1. November, aufgetragen. Man bezeichnet diese Darstellung mit *Ganglinie der Wasserstände.* Solche Ganglinien der Wasserstände eines Flusses zeigen, wie die Ganglinien der Wassermengen, einen charakteristischen Verlauf entsprechend dem Gang der Niederschläge, dem Gang der Temperatur und der Beschaffenheit des Einzugsgebietes. So zeigen die hinsichtlich ihrer Wasserführung in erster Linie von der Schnee- und Gletscherschmelze, d. h. von der Lufttemperatur im Quellgebiet abhängigen Hochgebirgsflüsse stark ausgeprägt hohe Wasserführung im Sommer und kleinen

[1] Vgl. Anhang: Tafel 20.

Abfluß im Winter (vgl. Abb. 255 u. 259) und einen entsprechenden Verlauf der Wasserstände. Bei Flachland- und Mittelgebirgsflüssen, deren

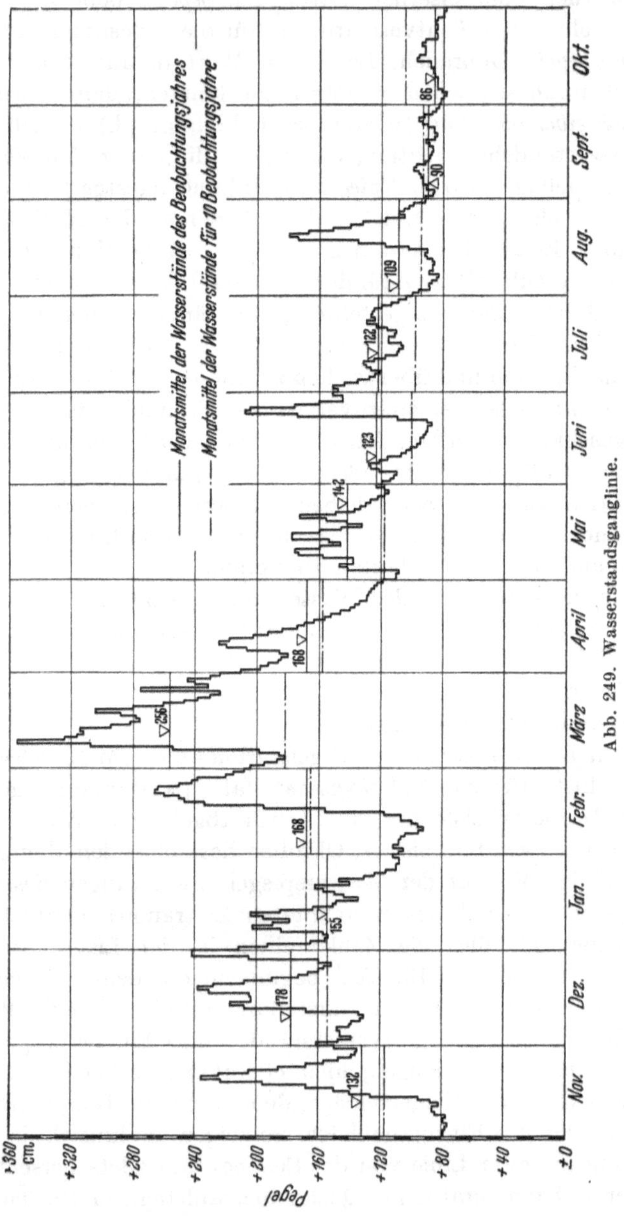

Abb. 249. Wasserstandsganglinie.

Einzugsgebiet keine Vergletscherung aufweist, ist kein solcher einheitlicher Rhythmus vorhanden wie bei Hochgebirgsflüssen. Zwar tritt auch bei ihnen während der Frühjahrsschneeschmelze höherer Wasserstand auf; da aber bei diesen Flüssen Wasserspende und Spiegelverlauf in erster Linie vom Niederschlag abhängig sind und dieser zu allen Zeiten des Jahres reichlich Wasser bringen kann, zeigt hier die Ganglinie unregelmäßig auftretende Spitzen von hohen Wasserständen über das ganze Jahr verteilt (vgl. die Abb. 258 bzw. 259).

Neben den höchsten, mittleren und niedersten Wasserständen ist der *Gang* der Wasser*stände* während des Jahres wasserwirtschaftlich von großer Bedeutung z. B. für die Flußschiffahrt, für die Wasserkraftausnutzung, für Meliorationen, aber auch für die Bauausführung von Wasserbauten usw.

In unserem Beispiel liegt die Pegelliste für nur *ein* Jahr vor. Die damit erhaltene Wasserstandsganglinie (Abb. 249) gestattet natürlich an sich noch keine Schlüsse auf irgendeinen Rhythmus, da der Spiegelverlauf eines beliebig herausgegriffenen Jahres zu sehr den Charakter des Zufälligen hat. Nun liegen aber auch noch die monatsmittleren Wasserstände für eine zehnjährige Beobachtungsreihe vor (Tabelle 54 unten). Werden für die gegebenen Tagespegel ebenfalls die Monatsmittel der Wasserstände gebildet als arithmetisches Mittel sämtlicher Tageswasserstände eines Monats (die Ergebnisse sind in Tabelle 54 eingetragen!), so lassen sich diese mit den Mittelwerten für 10 Jahre vergleichen. Es zeigt sich, daß die letzteren lediglich in den Monaten Januar, September und Oktober über den entsprechenden Monatsmitteln des ausgewählten Jahres liegen. sonst aber, und zwar zum Teil erheblich, kleiner sind als diese. Bei dem untersuchten hydrologischen Jahr handelt es sich also um ein Jahr mit überdurchschnittlicher Wasserführung (relativ nasses Jahr). In jedem Falle tritt aber der höchste monatsmittlere Wasserstand im Monat März auf. Der auf den März fallende Höcker in der Ganglinie des gewählten Beobachtungsjahres — wie übrigens auch die relativ hohen mittleren Wasserstände im Dezember und Januar — sind also keine Zufälligkeit, sondern für diesen Fluß als *Flachland*fluß charakteristisch. Das gilt auch für die unregelmäßig über die 12 Monate des untersuchten hydrologischen Jahres verteilten kleineren Hochwasserspitzen (vgl. dazu die Ganglinien für den Mainpegel bei Schweinfurt in Abb. 258).

In Abb. 249 sind die Wasserstände dem *zeitlichen Verlauf nach* aufgetragen. Nun kann man die Wasserstände auch noch *der Größe nach geordnet* auftragen und erhält damit die sogenannte *Wasserstands*dauerlinie, auch mit *Linie der Benetzungsdauer* oder *Linie der Über-* bzw. *Unterschreibungsdauer* bezeichnet (Abb. 250). Diese Dauerlinie der Wasserstände wird auf 2 Wegen gefunden:

1. über die Häufigkeitslinie,
2. unmittelbar aus der Ganglinie.

1. Um zur Häufigkeitslinie zu gelangen, stellt man die Frage, wie *häufig*, d. h. an wie vielen Tagen einer Beobachtungsperiode sich der Wasserstand zwischen zwei bestimmten Pegelhöhen, d. h. innerhalb einer Pegelstufe bewegt hat. Erstreckt man diese Frage auf alle vorkommenden Pegelstufen, dann erhält man die Häufigkeit sämtlicher

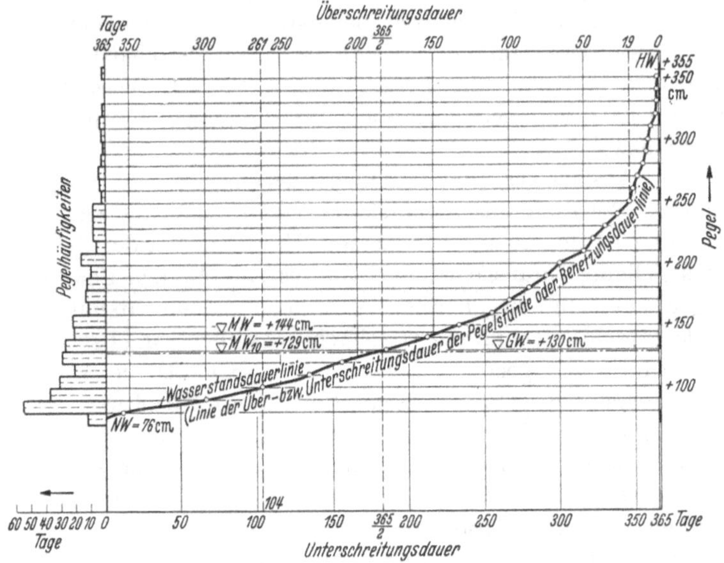

Abb. 250. Wasserstandsdauerlinie und Pegelhäufigkeitslinie.

während dieses Beobachtungszeitraumes auftretenden Wasserstandsstufen. Die Wahl der Größen der Stufen hängt von den jeweiligen Größen der Spiegelschwankungen ab. In den meisten Fällen dürfte eine Stufenhöhe von 10 cm entsprechen. Die Häufigkeiten der einzelnen Pegelstufen erhält man am zweckmäßigsten durch Auszählen aus den Pegellisten. Das Auszählen der Pegelliste Tabelle 54 führte auf Tabelle 56[1]. Hätte man Pegellisten für eine größere Zahl von Jahren auszuwerten, dann ist die Gesamthäufigkeitszahl der Reihe für jede Pegelstufe durch

[1] Bei dieser listenmäßigen Auszählung der Häufigkeiten werden jene Wasserstände bzw. Wasserstandsstufen nicht als aufgetreten berücksichtigt, die zwar beim raschen Steigen oder Fallen des Wassers benetzt werden, also wirklich vorhanden waren, aber infolge der täglich nur einmal erfolgenden Pegelablesung listenmäßig nicht erfaßt werden. Zum Beispiel werden beim Steigen des Pegels von +110 cm auf +174 cm innerhalb 24 Stunden in der Wasserstandsliste nur die beiden genannten Pegel erfaßt, wogegen natürlich auch alle anderen Wasserstände zwischen +110 und +174 innerhalb dieser 24 Stunden vorhanden waren. Die Häufigkeit dieser Wasserstände bzw. Pegelstufen beträgt für diese Spiegelhebung nur Bruchteile von Tagen. In der Praxis kann auf die Berücksichtigung solcher Feinheiten meist verzichtet werden.

die Zahl der zugrunde liegenden Beobachtungsjahre zu dividieren. Diese Häufigkeiten bilden dann die mittleren Häufigkeiten der Jahresreihe.

Die graphische Darstellung der Häufigkeiten ergibt die Häufigkeitslinie. Man zieht — nach den Regeln der graphischen Statistik — im Stufen*mittel* Parallele zur Zeitachse, trägt auf diesen die zugehörige

Tabelle 56. *Pegelhäufigkeiten.*
(Benetzungs- und Unterschreitungsdauer der Pegelstände.)

Pegelstufe cm	Häufigkeit des Auftretens Tage	Benetzungs- bzw. *Über*schreitungsdauer Tage	*Unter*schreitungsdauer Tage
Über 350—360	1	1	365
„ 340—350	0	1	364
„ 330—340	0	1	364
„ 320—330	1	2	364
„ 310—320	3	5	363
„ 300—310	2	7	360
„ 290—300	1	8	358
„ 280—290	2	10	357
„ 270—280	4	14	355
„ 260—270	3	17	351
„ 250—260	2	19	348
„ 240—250	8	27	346
„ 230—240	8	35	338
„ 220—230	8	43	330
„ 210—220	6	49	322
„ 200—210	16	65	316
„ 190—200	9	74	300
„ 180—190	12	86	291
„ 170—180	13	99	279
„ 160—170	11	110	266
„ 150—160	22	132	255
„ 140—150	21	153	233
„ 130—140	27	180	212
„ 120—130	29	209	185
„ 110—120	21	230	156
„ 100—110	31	261	135
„ 90—100	37	298	104
„ 80— 90	55	353	67
„ 70— 80	12	365	12

Stufenhäufigkeit auf und verbindet die erhaltenen Punkte entweder staffelförmig, wie es im vorliegenden Beispiel geschehen ist (vgl. Abb. 250), oder aber polygonal.

Summiert man nun die in der Häufigkeitslinie aufgetragenen Häufigkeiten der Pegelstufen fortlaufend (Tabelle 56) und trägt die Zwischensummen jeweils in den *unteren* Stufen*enden* auf, beginnend mit der *höchsten* Pegelstufe (in Abb. 250 ist dies die Pegelstufe 351 bis 360), dann erhält man durch Verbindung der auf diese Weise gefundenen Punkte die *Summenlinie* der Häufigkeit, die man mit *Wasserstandsdauerlinie* bezeichnet. Da bei dieser Auftragungsweise die Dauerlinie für jeden Pegelstand angibt, wie oft er im Jahre (bzw. im Mittel mehrerer Jahre) erreicht oder *überschritten*, also *benetzt* wurde, hat man die Dauerlinie auch mit Linie der *Über*schreitungsdauer bzw. *Benetzungs*dauer bezeichnet. Beispielsweise ist der Pegelstand $+251$ cm an insgesamt 19 Tagen vorhanden oder überschritten, dieser Pegel also an 19 Tagen benetzt worden.

Führt man die Summierung der Häufigkeiten so durch, daß die Zwischensummen jeweils am *oberen* Ende der Pegelstufen aufgetragen werden, wobei dann mit der *tiefsten* Pegelstufe zu beginnen ist (in Abb. 250 ist dies die Stufe 70 bis 80 cm), dann erhält man die Linie der *Unter*schreitungsdauer. Zum Beispiel ist der Pegel $+100$ an 104 Tagen *unter*schritten, also an $365 - 104 = 261$ Tagen benetzt (*über*schritten). Ob man von der Überschreitung oder Unterschreitung ausgeht, in *jedem* Falle erhält man ein und dieselbe Dauerlinie.

In Abb. 250 ist an den beiden Enden der Dauerlinie insofern noch eine Berichtigung angebracht, als ihr unteres Ende nicht zum unteren Stufenende $+70$ cm führt, sondern beim Wasserstand $+76$ cm endet, da dieser Wasserstand dem niedersten Pegel dieses Beobachtungsjahres ($NW = +76$ cm) entspricht. Analog hört die Dauerlinie oben mit dem tatsächlich aufgetretenen höchsten Wasserstand $HW = +355$ cm auf, *nicht* mit dem zugehörigen oberen Stufenende $+360$ cm. In Abb. 250 ist dann noch der mittlere Wasserstand des Jahres mit $MW = +144$ cm eingetragen. Er ergibt sich als arithmetisches Mittel der 12 monatsmittleren Wasserstände des Jahres (Tabelle 56). Ebenso wurde das MW 10 Jahre $= +129$ cm als arithmetisches Mittel der monatsmittleren Wasserstände für die Reihe der 10 Jahre berechnet. Der ebenfalls eingetragene gewöhnliche Wasserstand $GW = +130$ cm ist jener Wasserstand, der an ebenso vielen Tagen des Jahres überschritten als unterschritten wird, d. i. an $\frac{365}{2}$ Tagen.

2. Die Wasserstandsdauerlinie kann auch unmittelbar aus der *Ganglinie der Wasserstände* hergeleitet werden, indem man für jeden Wasserstand (für jede Pegelstufe) die Summe derjenigen Tage in jeweiliger Höhe der herausgegriffenen Wasserstände (bzw. im jeweiligen *unteren* Ende der Pegel*stufe*) aufträgt, an denen in der Ganglinie diese Wasserstände (die unteren Stufenenden der Pegelstufen) erreicht oder überschritten werden. In der zusammenfassenden Darstellung der Abb. 254 ist dieses Verfahren für die Wasserstände (Stufenenden) $+100$ ($a + b + c + d$ Tage) und $+250$ ($e + f + g$ Tage) allgemein angedeutet. Wenn man beachtet, daß die Abszisse der Wasserstandsganglinie wie die Abszisse der Wasserstandsdauerlinie je ein ganzes Jahr, d. h. 365 Tage umfaßt, so übersieht man leicht, daß die Dauerlinie auch entstanden gedacht werden kann durch Verschiebung der auf je 1 Tag

bezogenen Flächenelemente der durch die Ganglinie begrenzten Fläche parallel zur Zeitachse unter Berücksichtigung der verschiedenen Zeitmaßstäbe für die Gang- bzw. Dauerlinie. Man hat bei dieser Parallelverschiebung nur für eine Ordnung dieser Elemente der lotrechten Größe nach zu sorgen und eine Überdeckung der einzelnen Flächenelemente zu vermeiden.

2. Schlüsselkurve (Durchflußmengenlinie, Abflußlinie).

Wie schon weiter oben erwähnt, ist die Ursache der Pegelschwankungen die sich ständig ändernde Durchflußmenge. Die Kenntnis dieses Ganges der Wassermengen ist für die meisten wasserwirtschaftlichen Aufgaben ebenso notwendig wie jene der Wasserstandsverhältnisse, ja vielfach noch von größerer Wichtigkeit als letztere. Damit kommt auch der *Beziehung zwischen Pegelstand und Wassermenge* eine große Bedeutung zu, da sie es ja ist, welche die jedem Wasserstand zugeordnete Wassermenge gibt, welche also gestattet, aus den Pegellisten die zugehörigen Durchflußmengenlisten herzuleiten, d. h. das gesammelte Wasser*stands*material nach den Wasser*mengen* hin aufzuschließen.

Diese Beziehung zwischen Wasserstand und Wassermenge ist an sich nicht einfach. Denn wie sich aus dem Ansatz für die Spiegelhebung

$$dh = \frac{dQ - F \cdot dv}{B \cdot v}$$

bei der Zunahme des Abflusses um dQ ergibt, hängt dh von der Wasserquerschnittsfläche F und der Geschwindigkeitsänderung dv, aber auch von der Wasserspiegelbreite B und der Geschwindigkeit v ab. Im Sonderfalle kann dh trotz der *Zu*nahme der Abflußmenge um dQ zu Null oder sogar negativ werden, wenn auch v stark zunimmt. Dazu kommt, daß das Flußbett meist nicht unveränderlich ist. Es ist deshalb bei Aufstellung der Beziehung zwischen Abflußmenge und Pegelstand besonders sorgfältig vorzugehen.

Wie die Durchflußmenge in einem Flußprofil durch Flügelmessung ermittelt wird, wurde bereits in Aufgabe 1 gezeigt. Um dabei Messungswerte zu erhalten, welche einen verlässigen Schluß vom Wasserstand auf die Abflußmenge ermöglichen, ist man bemüht, die Wassermessungen auszuführen, wenn im Fluß *Beharrungszustand* herrscht. Denn bei diesem Zustand bleibt die Wassermenge eine Zeitlang unveränderlich und damit auch der Wasserstand. Ist während der Zeit dieser Messungen auch keine Flußbettveränderung im weiteren Bereich der Meßstelle eingetreten, dann liefern diese Wassermessungen eine Bezugskurve $Q = f(h)$, deren Bezugspunkte geringe Streuung aufweisen. Diese Bezugskurve nennt man *Schlüsselkurve* (*Durchflußmengenlinie, Abflußlinie*).

In Tabelle 55 unseres Beispiels sind für 15 verschiedene Pegelstände die zugehörigen gemessenen Wassermengen gegeben und in Abb. 251

in ein rechtwinkliges Koordinatensystem eingetragen, dessen Abszissenachse m³/sek und dessen Ordinaten x cm Pegel angeben. In diese Meßpunkte wird die *Schlüsselkurve* als ausgleichende stetige Linie gefühlsmäßig eingelegt[1]. Aus dieser Kurve lassen sich nun für *jeden* an der Meßstelle vorkommenden Pegelstand die zugehörigen Wassermengen leicht feststellen.

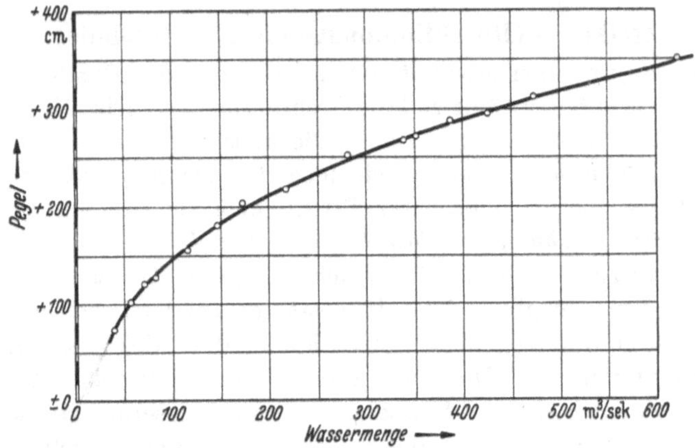

Abb. 251. Schlüsselkurve (Abflußlinie).

3. Ganglinie, Häufigkeitslinie und Dauerlinie der Wassermengen.

Mit Hilfe der *Schlüsselkurve* läßt sich aus der Ganglinie und Dauerlinie der Wasser*stände* die Ganglinie und Dauerlinie der Wasser*mengen* ganz mechanisch herstellen, indem für die verschiedenen Wasserstände die zugehörigen Wassermengen aus der Schlüsselkurve abgegriffen und an den entsprechenden Abszissenpunkten lotrecht aufgetragen werden, wobei jetzt der Ordinatenmaßstab m³/sek angibt. Dieses Verfahren veranschaulicht am besten Abb. 254. Praktischer ist es allerdings, wenn man sich an Hand der Schlüsselkurve eine Hilfstabelle für ausreichend viele Wertepaare Q und h anlegt und mit dieser den Pegellisten entsprechende *Abflußmengenlisten* aufstellt (für unser Beispiel in Tabelle 57 geschehen[2]), besonders wenn Pegellisten großer Jahresreihen zu bearbeiten sind.

---

[1] In Aufgabe 44 wird ein Verfahren zur rechnerischen Erfassung der Schlüsselkurve gezeigt, das infolge seiner kritischen Überprüfung der Ergebnisse der Wassermessungen Fehler vermeidet, die mit dem oben angegebenen rein mechanischen Verfahren leicht gemacht werden können. Es wird dringend empfohlen, das Verfahren der Aufgabe 44 durchzusehen (v. Rinsum-Verfahren).

[2] Für die Zwecke leichterer Vergleichbarkeit der Wertepaare wurde dabei für die durch Interpolation gefundenen Q-Werte mit 1 Dezimale gerechnet. In der Wasserwirtschaft ist es meist üblich, bei sekundlichen Wassermengen von 3stelliger Größe ohne Dezimale, bei 2stelligen Mengen mit 1 Dezimale und bei 1stelligen Mengen mit 2 Dezimalen zu rechnen.

Tabelle 57. *Wassermengenliste. Gang der Abflußmengen in m³/sek (Wassermengenganglinie).*

Kalendertage	Monate											
	Nov.	Dez.	Jan.	Febr.	März	April	Mai	Juni	Juli	Aug.	Sept.	Okt.
1	42	117,3	200,2	61,4	184	196	63	71,1	101,7	55	49,4	43,6
2	42	100,5	163,4	59	167	172,4	63	66,6	105,2	52,2	46	43,6
3	41,5	91,5	122,2	64,8	153,3	163,4	62,2	64,8	97,1	48	45,8	42,5
4	40,5	99,2	111,2	61,4	147,1	151,8	94,8	63	88,3	47,5	48,7	41,5
5	42	99,2	108,8	61,4	151,8	150,2	100,5	74	79	46	48,7	43
6	42	101,7	112,4	60,6	174,2	142,5	90,4	79	76	44,7	50,1	44,7
7	41	92,5	148,7	58,2	295,4	151,8	90,4	80	73	44	50,1	44,7
8	44,7	91,5	182	51,5	455,2	190	113,6	73	79	47,5	51,5	44,7
9	45,8	85,1	158	49,4	650,2	217	134,1	68,4	82	46	52,2	44,7
10	45,8	83	141,1	52,2	526,6	227,7	136,9	60,6	84,1	46	55	45
11	43,6	86,2	168,8	54,3	487,6	212,8	116	58,2	76	45,8	53,6	46
12	46,3	126	184	60,6	473,2	182	99,4	55,8	69,3	46	49,4	46
13	51,5	192	150,2	60,6	480,4	163,4	108,8	52,9	63	48,7	48	46,9
14	78	210,7	121	70,2	410,8	148,7	139,7	51,5	62,2	49,4	47,5	46,9
15	92,5	184	105,2	111,2	372,4	134,1	139,7	51,5	59,8	48	46,9	52,9
16	104	184	102,8	168,8	355	127,2	116	50,1	60,6	57,4	46	52,2
17	126	186	86,2	245,2	360,5	119,7	99,4	48,7	67,5	69,3	46	49,4
18	169	240,7	97,1	277,8	391,6	111,2	85,1	48	67,5	87,2	47,5	49,4
19	223,5	256,5	104	285	444,4	107,6	94,8	48	63,9	134,1	49,4	49,4
20	249,7	234,2	112,4	311	366	99,4	111,2	46	63	142,5	45	50,8
21	225,6	192	119,7	327,5	313,7	92,5	132,7	48	68,4	124,7	44,7	49,4
22	186	158	92,5	322	277,8	89,3	104	63	75	105,2	45,8	44,7
23	151,4	132,7	100,5	285	256,5	86,2	89,3	134,1	81	92,5	45,8	44,7
24	126	124,7	83	265,8	238,5	81	85,1	190	76	84,1	48	45
25	112,4	116	76	258,7	223,4	81	82	186	79	69,3	50,1	44,7
26	100,5	112,4	69,3	217	352,2	80	79	136,9	78	59	52,2	44,7
27	91,5	106,4	63	206,5	240,7	78	74	116	77	62,2	49,4	45
28	88,3	116	63	192	261	76	70,2	98,2	74	59	46	44,7
29	86,8	186	61,4	—	273	74	67,5	98,2	65,7	56,6	45	42,5
30	104	263,4	61,4	—	238,5	71,1	70,2	105,2	62,2	54,3	44	42,5
31	—	265,8	64,8	—	225,6	—	75	—	58,2	49,4	—	42
MQ	93	150	114	154	321	133	96	80	75	65	48	46

An Hand dieser Abflußmengenlisten lassen sich nun für jedes Jahr die *Wassermengenganglinie*, die *Wassermengenhäufigkeitslinie* und die *Dauerlinie* der *Abflußmengen* auftragen, wobei die Häufigkeiten der Wassermengen zweckmäßig aus den Abflußtabellen für geeignete Wassermengenstufen neu ermittelt werden (in unserem Beispiel für 10-m³/sek-Stufen zwischen $Q = 40$ bis $Q = 180$ m³/sek, für 20-m³/sek-Stufen bei $Q > 180$ m³/sek bis 500 m³/sek und für 50 m/³sek Stufen bei $Q > 500$ m³/sek, Tabelle 58). Im übrigen gilt für diese Linien und ihre Auftragung sinngemäß dasselbe, was bereits weiter oben hinsichtlich der entsprechenden Linien der Wasserstände gesagt wurde, auch was die Dauer der Überschreitung bzw. Unterschreitung anlangt. Die Zusammenhänge zwischen der Wasserstandsganglinie und Benetzungsdauerlinie einerseits, der Schlüsselkurve, Wassermengenganglinie und

Wassermengendauerlinie andererseits sind aus der zusammengefaßten Darstellung dieser Linien in Abb. 254 leicht zu übersehen. Dort ist auch zum Gang der sekundlichen Durchflußmengen für die monatlichen

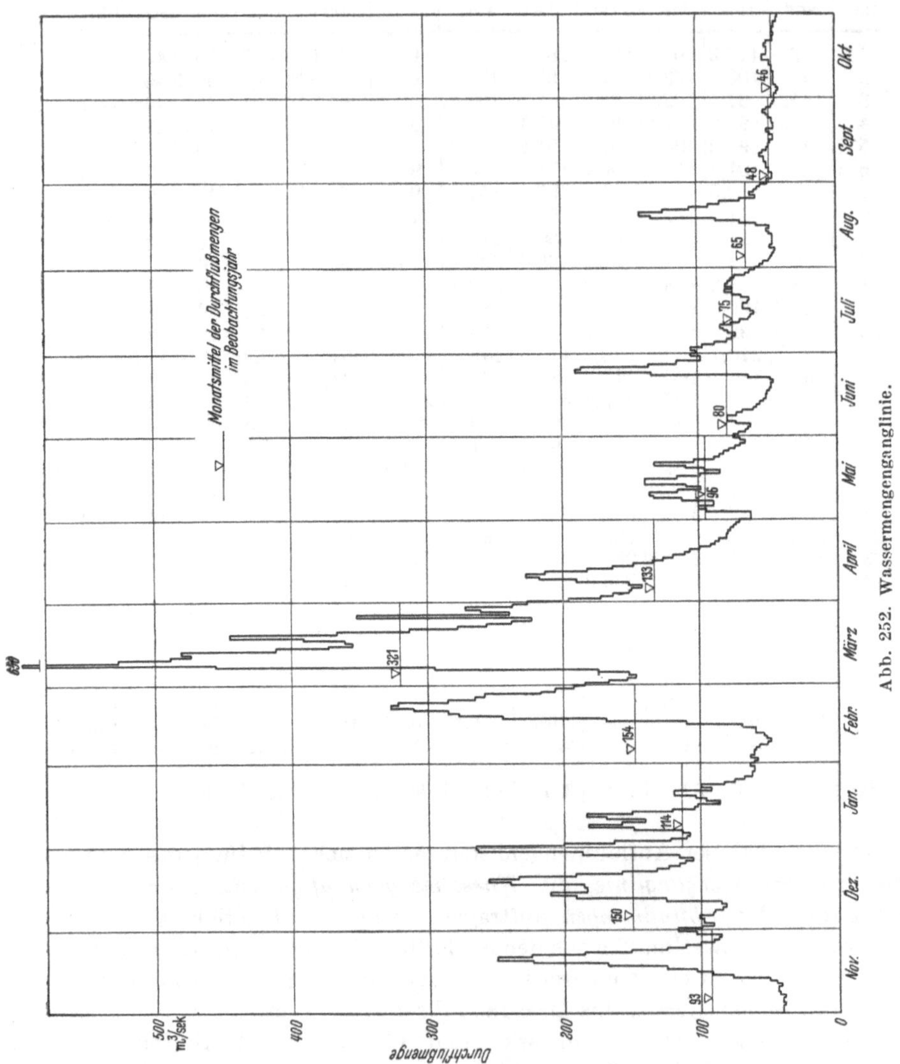

Abb. 252. Wassermengenganglinie.

Gesamtabflüsse die Durchflußmengensummenlinie (m³) eingetragen, deren rasches Steigen zur Zeit der Frühjahrstaufluten (Schneeschmelze) für den hier behandelten Fluß kennzeichnend ist.

Die durch die Wassermengenganglinie eines Jahres begrenzte Fläche stellt den Gesamtabfluß dieses Beobachtungsjahres, der durch das

Pegelprofil gegangen ist, dar. Unter Berücksichtigung der verschiedenen Abszissenmaßstäbe stellt deshalb die oben durch die Wassermengendauerlinie begrenzte Fläche ebenfalls den Jahresabfluß, die sogenannte *Wasserfracht* dieses Jahres in m³ dar. Dividiert man diese Wasserfracht mit 365 · 24 · 60 · 60, dann gibt das Ergebnis die mittlere Abflußmenge (MQ) des Jahres[1]. In unserem Beispiel wird die Wasserfracht

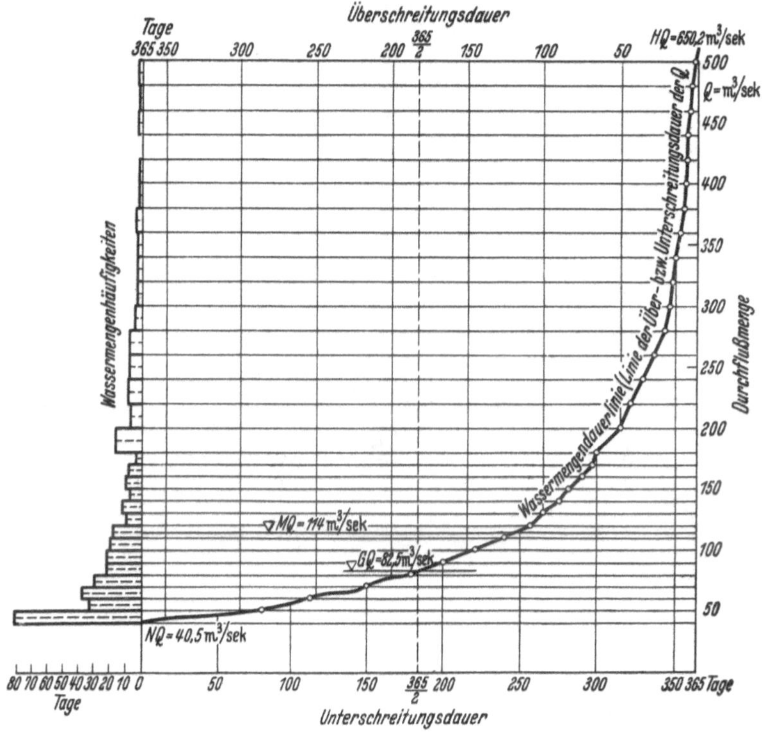

Abb. 253. Häufigkeits- und Dauerlinie der Wassermengen.

$Q = 3{,}6$ Milliarden m³ und $MQ = \dfrac{3{,}6 \text{ Milliarden}}{365 \cdot 24 \cdot 60 \cdot 60} = 114$ m³/sek. Der gesamte jährliche Abfluß wird auch erhalten, wenn in der Abflußmengenliste (Tabelle 57) die täglich festgestellten sekundlichen Abflüsse Monat für Monat summiert und die Endsumme mit 24 · 60 · 60 multipliziert wird. Die in der Tabelle 57 beigefügten und in die Wassermengenganglinie der Abb. 252 eingetragenen MQ-Werte für jeden Monat wurden als arithmetisches Mittel der sekundlichen Abflußmengen aller Tage jedes Monats ermittelt. Das arithmetische Mittel dieser 12 monatsmittleren Wassermengen ergibt wiederum $MQ = 114$ m³/sek für das Jahr.

[1] MQ ist immer größer als $Q(MW)$, d. i. die dem MW entsprechende Wassermenge.

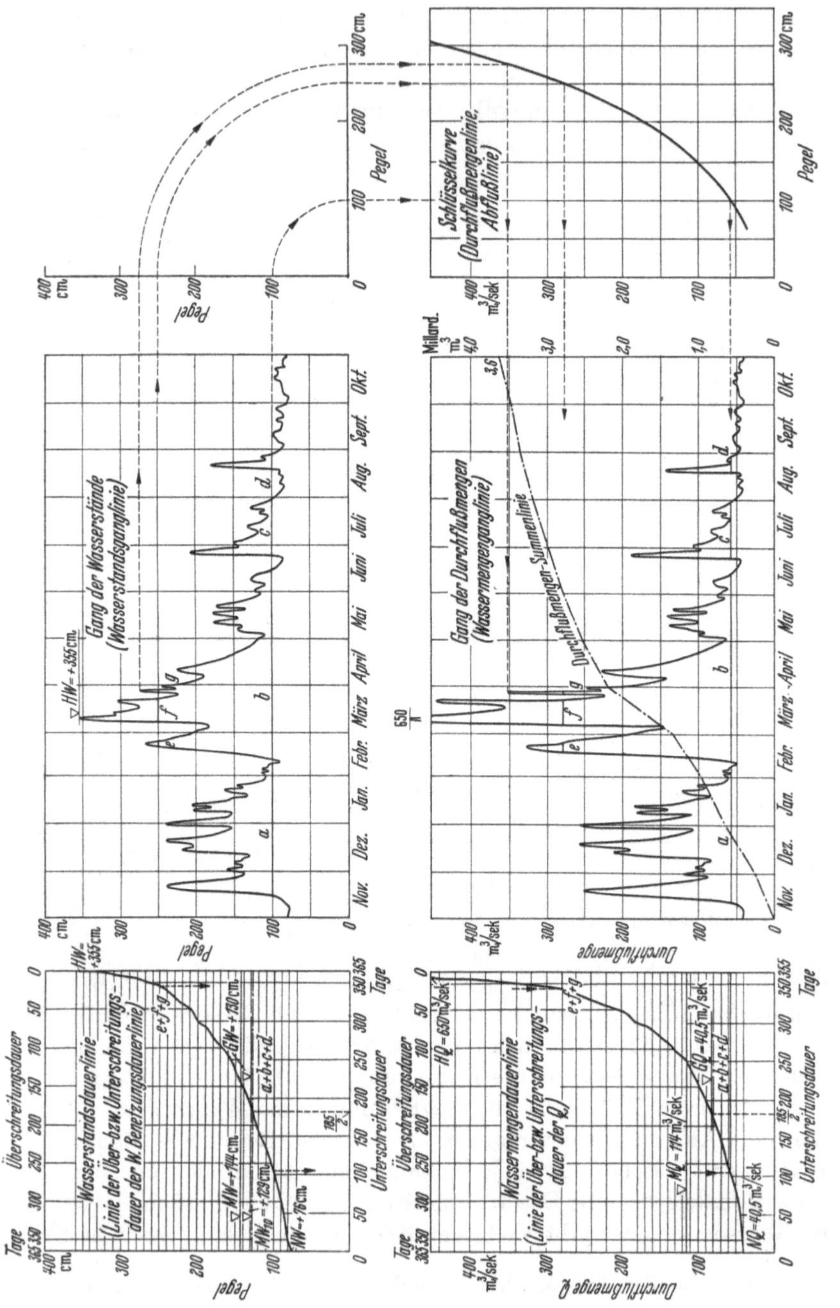

Abb. 254. Darstellung des Zusammenhangs zwischen Gang- und Dauerlinien für das untersuchte Beispiel.

Tabelle 58. *Wassermengenhäufigkeiten.*
(Überschreitungs- bzw. Unterschreitungsdauer der Wassermengen.)

Wassermengenstufe m³/sek	Häufigkeit des Auftretens Tage	*Über*-schreitungsdauer Tage	*Unter*-schreitungsdauer Tage
Über 600—700	1	1	365
„ 550—600	0	1	364
„ 500—550	1	2	364
„ 480—500	2	4	363
„ 460—480	1	5	361
„ 440—460	2	7	360
„ 420—440	0	7	358
„ 400—420	1	8	358
„ 380—400	1	9	357
„ 360—380	3	12	356
„ 340—360	2	14	353
„ 320—340	2	16	351
„ 300—320	2	18	349
„ 280—300	3	21	347
„ 260—280	7	28	344
„ 240—260	7	35	337
„ 220—240	8	43	330
„ 200—220	6	49	322
„ 180—200	16	65	316
„ 170—180	2	67	300
„ 160—170	7	74	298
„ 150—160	9	83	291
„ 140—150	6	89	282
„ 130—140	11	100	276
„ 120—130	8	108	265
„ 110—120	17	125	257
„ 100—110	19	144	240
„ 90—100	21	165	221
„ 80— 90	21	186	200
„ 70— 80	29	215	179
„ 60— 70	37	252	150
„ 50— 60	32	284	113
„ 40— 50	81	365	81

4. Beispiele für charakteristische Wassermengenganglinien.

a) Der Inn bei Simbach (Abb. 255) besitzt eine *hochalpine* Wasserführung, d. h. der Unterschied zwischen Sommer- und Winterwasser-

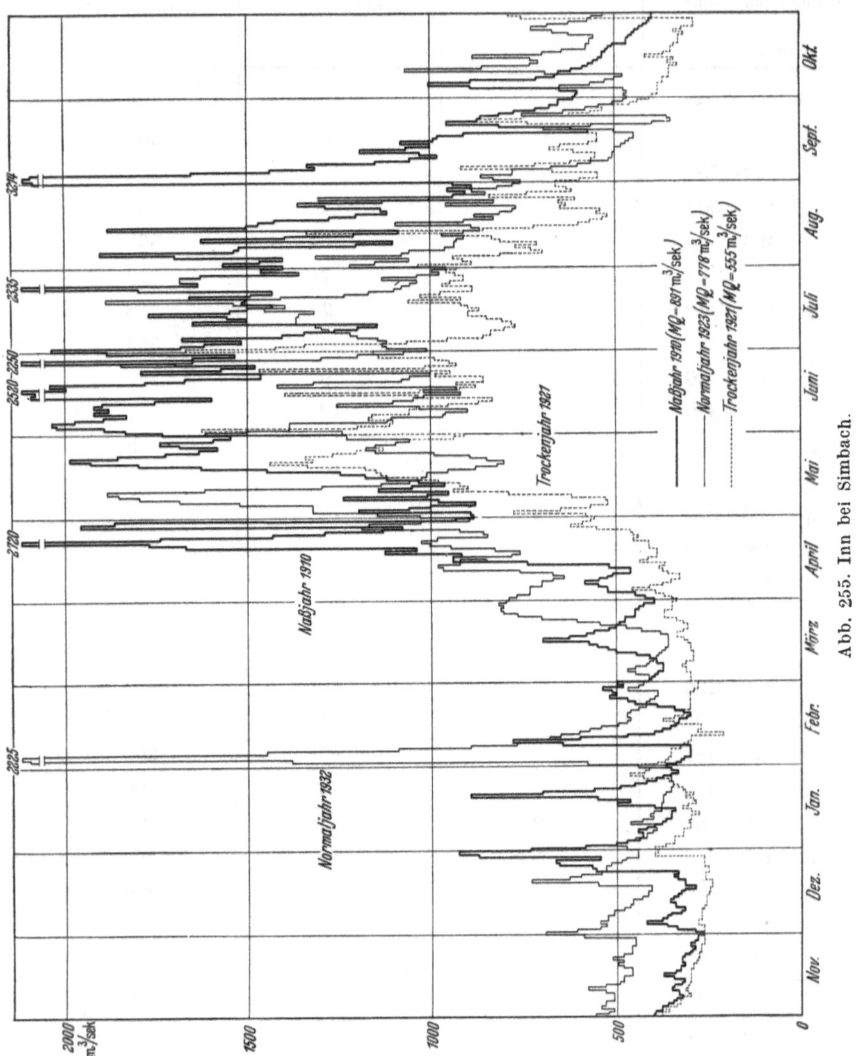

Abb. 255. Inn bei Simbach.

führung ist sehr groß, obwohl durch die Einmündung der Mangfall mit ihrem voralpinen Abflußcharakter und der Alz mit ihrer durch den Chiemsee vergleichmäßigten Wasserführung der hochalpine Abflußgang bereits etwas abgeschwächt ist.

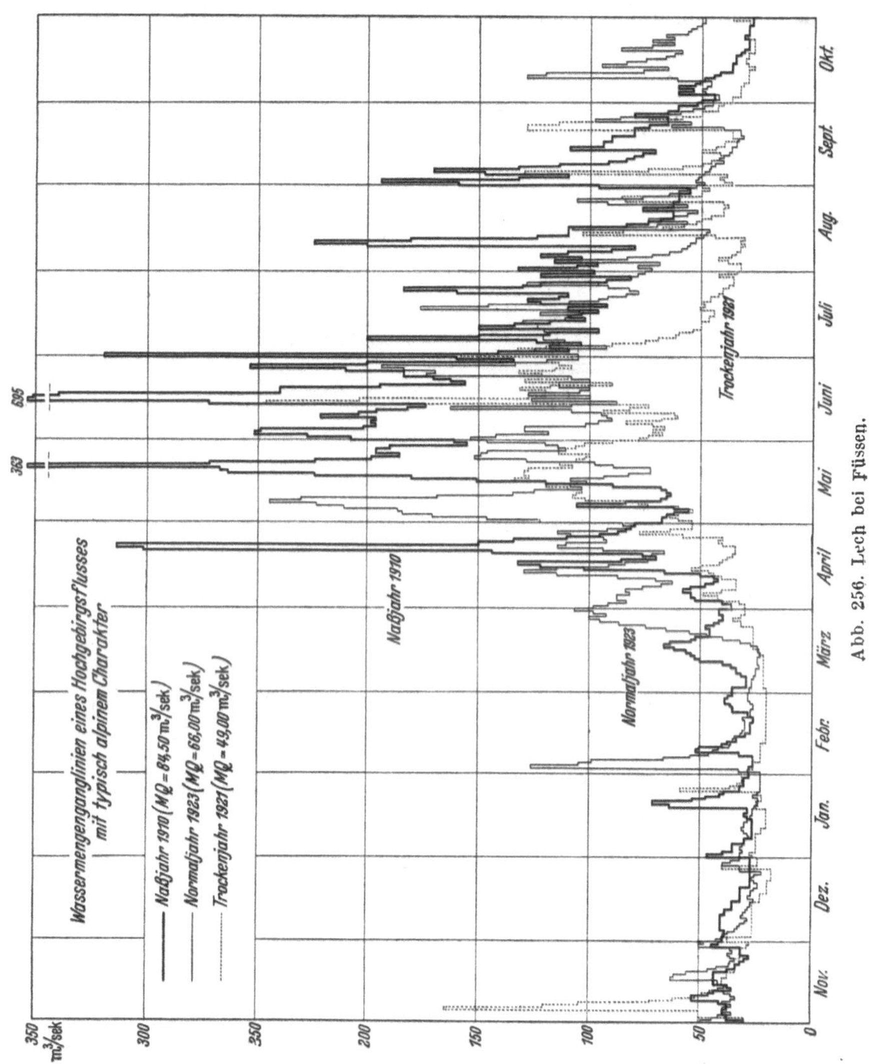

Abb. 256. Lech bei Füssen.

b) Der Lech bei Füssen zeigt von den in den *Kalk*alpen entspringenden bayerischen Flüssen den *alpinen* Abflußcharakter am ausgeprägtesten, d. h. die Wasserführung während des Sommerhalbjahres ist groß, jene des Winterhalbjahres gering. Die Niederwasserführung liegt in den Monaten Oktober bis etwa Ende März (Abb. 256).

c) Die Isar bei München hat charakteristische *voralpine* Abflußverhältnisse mit großen Anschwellungen während der Schneeschmelze und in den Sommermonaten (Abb. 257) (ohne Einfluß des Walchenseekraftwerks!).

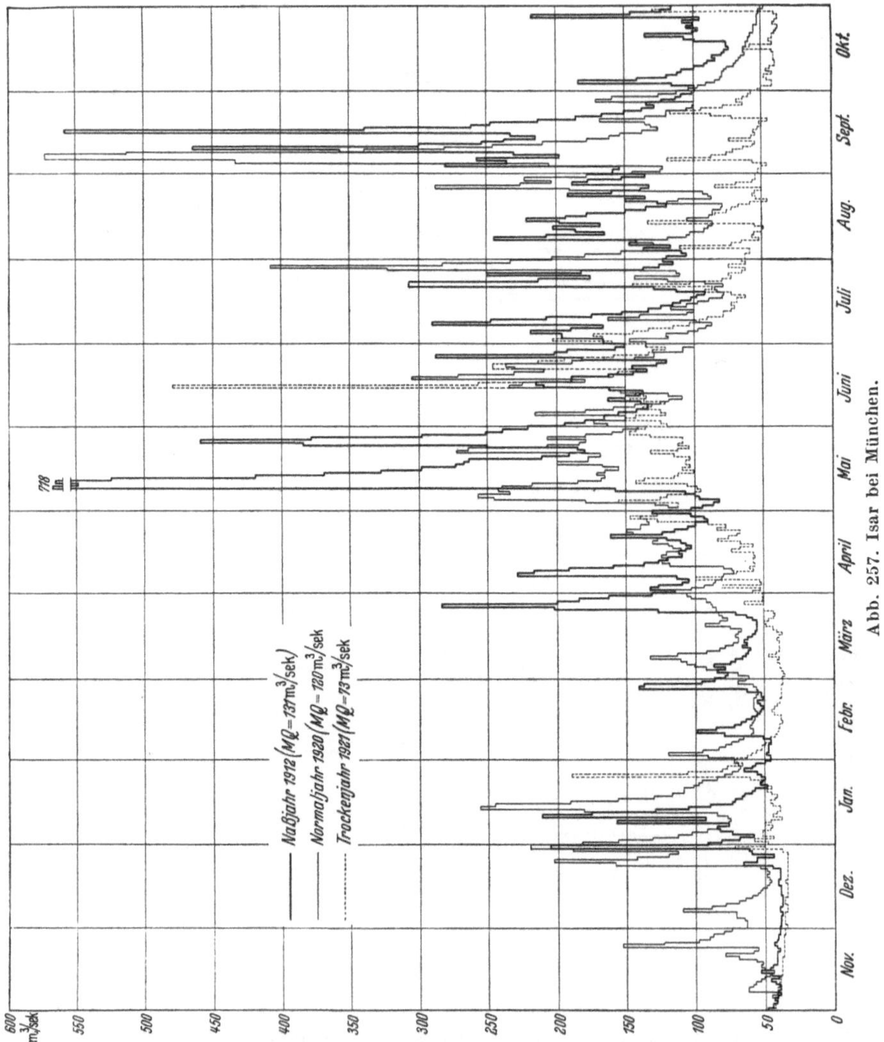

Abb. 257. Isar bei München.

d) Der Main bei Schweinfurt (Abb. 258) zeigt die Merkmale eines Flachlandflusses mit in den Wintermonaten hoher, in den Sommermonaten geringer Wasserführung. Die größere Wasserführung fällt meist in die Monate Januar bis März. Die dabei auftretenden Hochwässer entstehen in der Regel durch Überregnung des Einzugsgebietes bei gleichzeitiger Schneeschmelze. Die Zeit der Wasserklemme erstreckt sich auf die Monate Juni bis Oktober (kleinste Wasserführung im August).

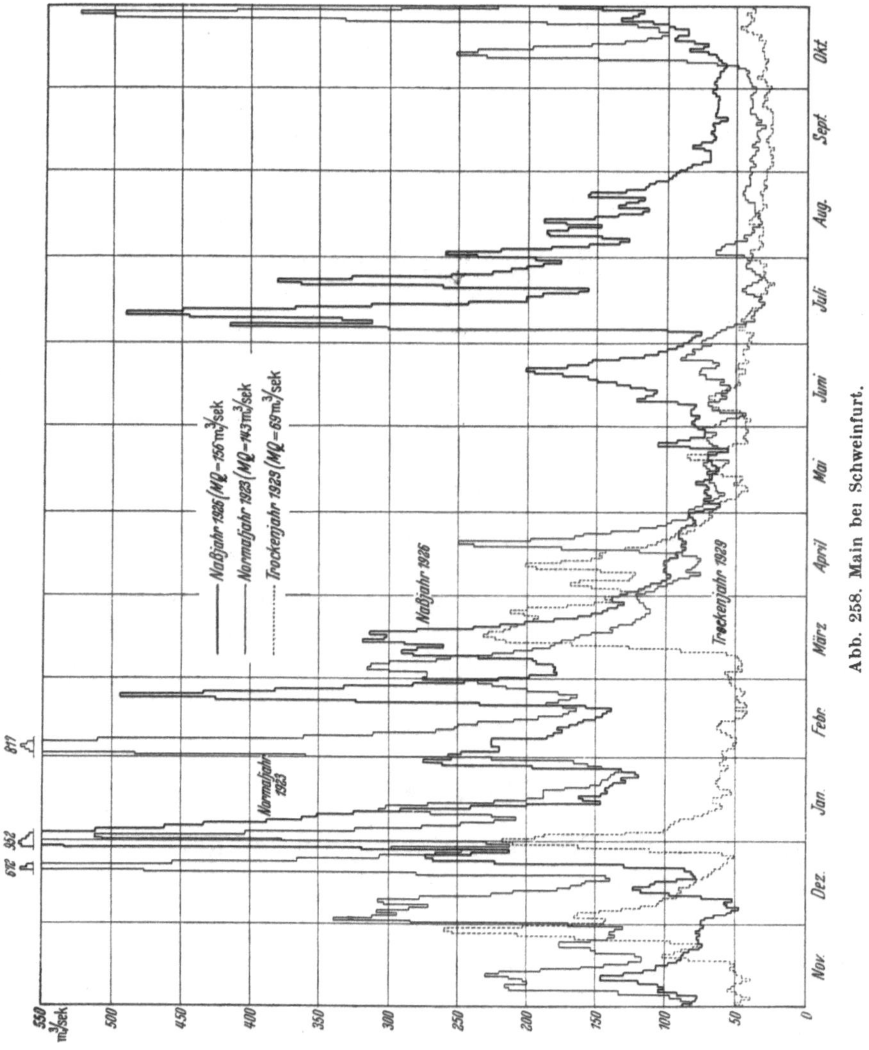

Abb. 258. Main bei Schweinfurt.

e) In Abb. 259 ist der Gang der Abflußmengen des Rheins bei Basel zum Gang der Wassermengen seiner Zuflüsse zwischen Basel und Köln in Vergleich gesetzt. Man erkennt, wie der alpine Abflußcharakter des

Rheins auf seinem Wege von Basel bis Köln durch den Flachlandcharakter seiner Nebenflüsse vollkommen verändert wird.

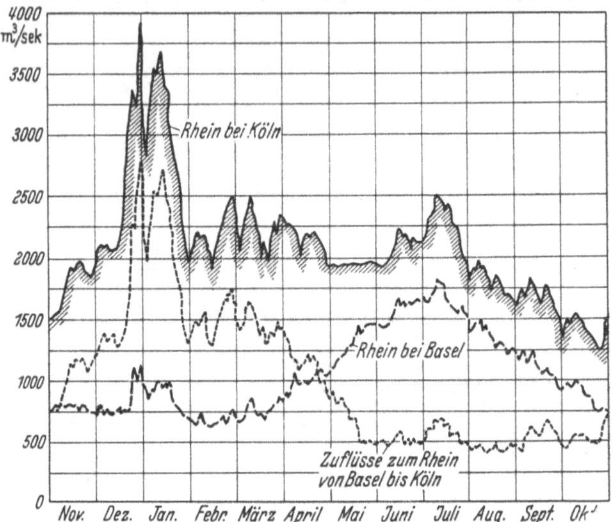

Abb. 259. Rhein bei Basel und Köln*.

f) Die Abb. 260a bis c zeigen am Beispiel des **Chiemsees** die *Vergleichmäßigung* der Wasserführung des Abflusses (Alz) durch *Seerückhalt* (Verschwinden der Hochwasserspitzen des Zuflusses der Tiroler Ache im Abfluß der Alz und zeitliche Verschiebung der gekappten Abflußspitzen). Außerdem zeigen die Abflußganglinien den starken Einfluß der Grundwasserzuführung zum See (unterirdische Speicherung) auf die Größe und den Gang der Abflußmengen (vgl. auch Abb. 291).

Aufgabe 44.

Rechnerische Ermittlung der Schlüsselkurve (Abflußkurve) nach v. Rinsum.

Der Pegel I.O. Nr. 23 an der Iller in Kempten (bayer. Allgäu) wurde im Jahre 1933 an seiner jetzigen Stelle eingerichtet. Die Wassermessungen in diesem Pegelprofil erfolgen seit 1934 regelmäßig. Die Ergebnisse der bis Ende Dezember 1940 durchgeführten 33 Messungen sind im stark umrandeten Teil der Tabelle 59 gegeben. Ferner liegen *alle* Meßdaten einschließlich der Aufnahme des *gesamten* Flußquerschnittes für die Messung vom 5. Juli 1939 vor (Tabelle 60 und Abb. 261).

* Unter Benutzung einer Darstellung in „Die Binnenschiffahrt und Wasserkraftnutzung der Schweiz“. Zürich 1926.

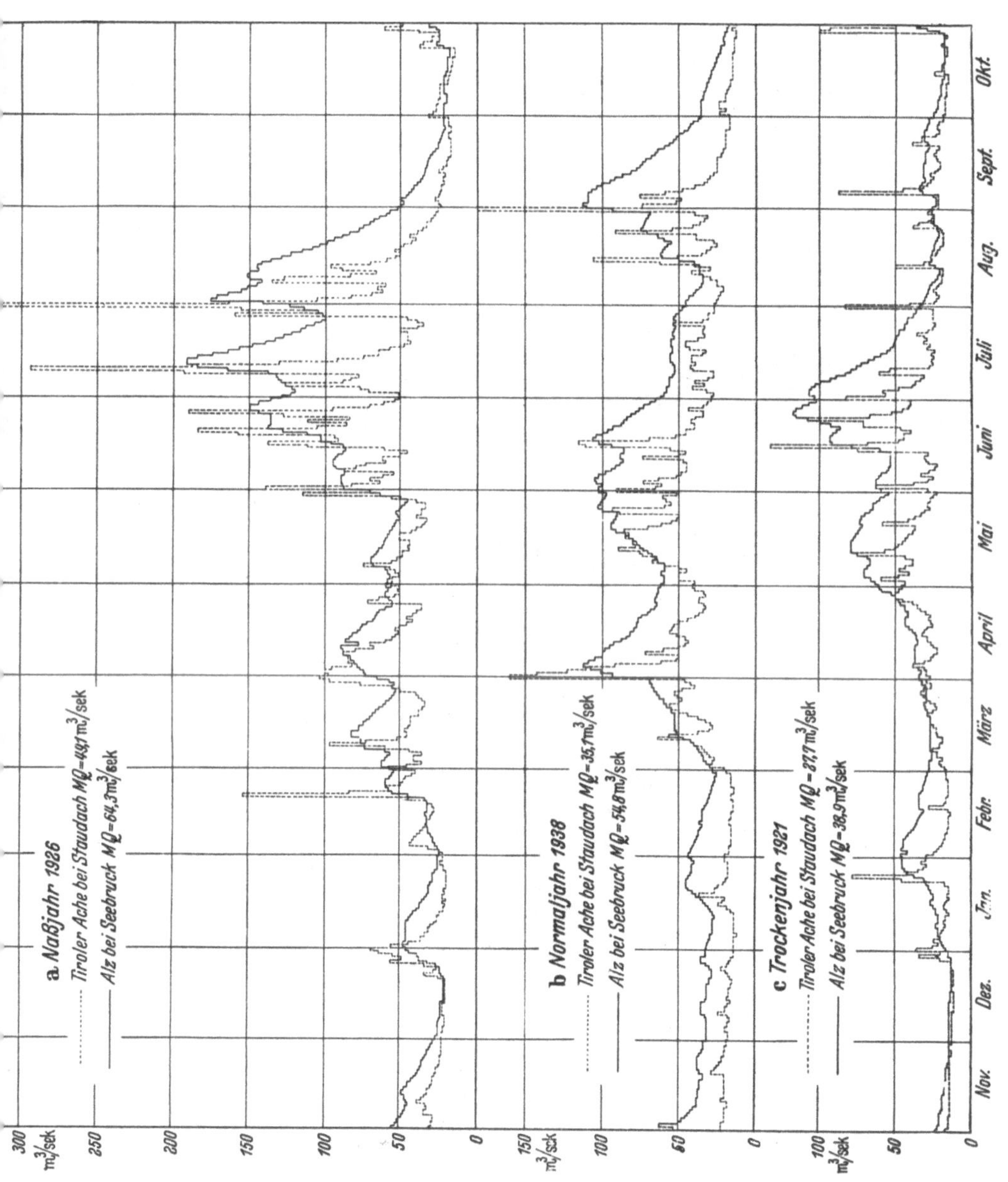

Abb. 260a–c. Einfluß des Chiemsees auf den Abfluß.

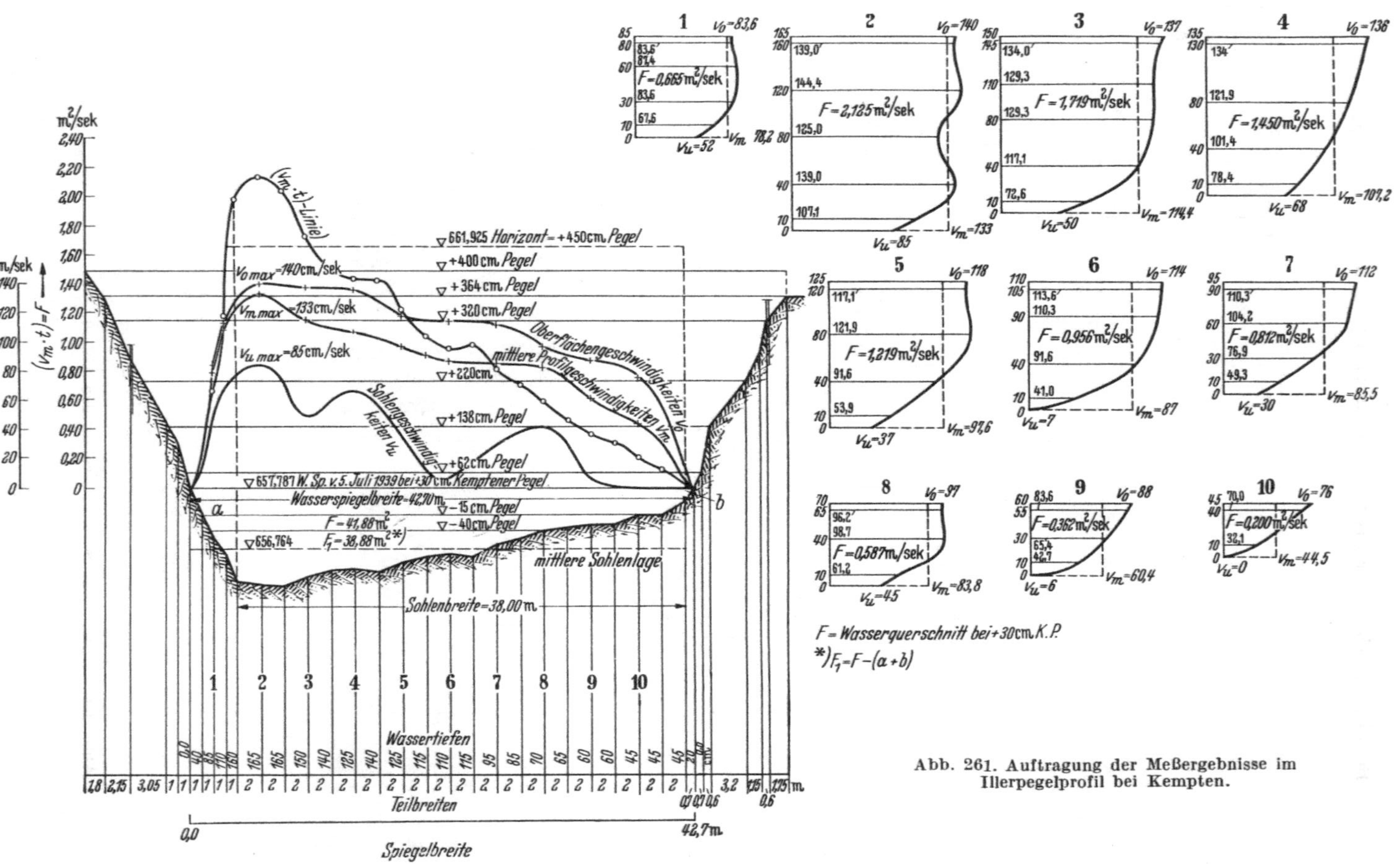

Abb. 261. Auftragung der Meßergebnisse im Illerpegelprofil bei Kempten.

Tabelle 59.

Ergebnisse der Wassermessungen in der Iller bei Kempten von 1934 bis 1940.

Nr. d. Messung	Tag der Messung	Pegelstand cm	Fluß *Fl* oder Vorland *Vl*	Q m³/sek	F m²	b m	t_m m	$F \cdot \sqrt{t_m}$ $m^{5/2}$	$c_m \cdot \sqrt{J}$ $m^{1/2}$/sek	Abstand von der Bezugskurve cm +	cm −
1	2	3	4	5	6	7	$8 = \frac{6}{7}$	9	$10 = \frac{5}{9}$	11	
1	24. IV. 34	+ 18	*Fl*	35	37,6	42,5	0,885	35,4	0,99	—	2
2	13. VII.	+ 9	„	27,2	29,2	41,0	1,71	24,6	1,11	9	—
3	10. XII.	+ 2	„	24,8	31,0	10,0	0,775	27,3	0,91	—	3
4	14. V. 35	+ 80	„	83,4	65,2	45,0	1,45	78,5	1,06	—	3
5	9. IX.	+ 30	„	38,0	41,35	43,05	0,960	40,5	0,94	0	—
6	8. X.	+ 27	„	38,6	40,27	43,0	0,94	39,0	0,99	0	—
7	31. I. 36	— 3	„	21,22	27,88	40,0	0,55	20,7	1,03	6	—
8	1. IV.	+ 33	„	45,3	44,3	43,5	1,02	44,7	1,01	—	2
9	30. XI.	— 11	„	18,70	26,00	38,0	0,68	21,4	0,87	—	2
10	6. IV. 37	+ 73	„	81,25	62,50	44,65	1,40	74,0	1,10	—	4
11	17. VI.	+126	„	137,5	89,0	46,0	1,94	124	1,11	—	13
12	10. VIII.	+ 7	„	29,30	34,70	40,64	0,85	32,0	0,92	—	6
13	23. XI.	+ 8	„	26,70	33,66	41,0	0,82	30,5	0,88	—	1
14	2. XII.	— 22	„	13,90	24,21	35,00	0,69	20,1	0,69	—	10
15	2. V. 38	+ 10	„	28,15	33,75	41,50	0,81	30,4	0,93	0	—
16	16. VIII.	+ 99	„	100	71,25	44,4	1,60	90,2	1,11	1	—
17	2. IX.	+ 65	„	64,50	54,75	43,60	1,25	61,2	1,05	6	—
18	26. IX.	+ 2	„	25,58	30,4	40,0	0,76	26,5	0,96	0	—
19	21. XII.	— 30	„	8,68	19,3	32,0	0,60	14,9	0,58	—	4
20	20. III. 39	— 9	„	19,32	26,62	41,0	0,65	21,5	0,90	0	—
21	15. VI.	+ 57	„	64,1	54,0	43,45	1,24	60,2	1,06	—	1
22	19. VI.	+ 69	„	73,85	59,12	43,70	1,35	68,7	1,07	—	1
23	5. VII.	+ 30	„	40,6	41,88	42,70	0,98	41,5	0,98	0	—
24	16. IX.	+ 88	„	95,62	67,12	44,0	1,52	82,8	1,15	—	1
25	2. X.	— 3	„	20,25	29,00	41,20	0,70	24,3	0,83	0	—
26	11. X.	+127	„	135,75	83,75	45,0	1,86	114,2	1,19	—	1,5
27	4. XII. 40	+ 53	„	60,70	52,25	43,50	1,20	57,2	1,06	—	1
28	21. III.	+109	„	117,0	80,75	44,70	1,80	108,4	1,08	—	12,5
29	9. IV.	+ 32	„	43,75	45,50	43,3	1,05	46,6	0,94	—	5,5
30	26. IV.	+ 69	„	75,0	61,5	43,65	1,41	73,0	1,03	—	7
31[1]	31. V.	+374	„	622	217,5	58,6	3,71	419	1,48?[1]	—	4
			Vl	14	23,0	46,8	0,49	16,1	0,87	—	—
32	15. VII.	+ 48	*Fl*	51,62	49,5	43,50	1,13	52,6	0,98	1	—
33	16. XII.	— 7	„	19,55	26,75	35,40	0,75	23,2	0,84	—	2

Es soll mit Hilfe des von v. RINSUM entwickelten Verfahrens[2] die Beurteilung der Abflußverhältnisse an dieser Pegelstelle der Iller durchgeführt und die Schlüsselkurve (Abflußkurve) aufgestellt werden.

[1] Schwimmermessung.

[2] Vgl. v. RINSUM: Die Abflußkurve. Arch. Wasserw. Nr. 65. Berlin 1941 — Die Abflußkurve. Dtsch. Wasserw. 1941, Heft 6. — v. RINSUM hat auch das Unterlagenmaterial zu dieser Aufgabe freundlicherweise zur Verfügung gestellt.

Tabelle 60.

Wassermessung an der Iller bei Kempten (bei km 102,660) vom 5. Juli 1939

Pegelstand: +30 cm im Mittel (Pegel liegt im Meßprofil).

Beginn der Messung: 14 Uhr 30. Ende der Messung: 15 Uhr 50.

Verhalten des Wasserspiegels während der Messung: Schwankung von +32 auf +28 cm.

Festlegung des Wasserspiegels: 657,787 m ü. N.N.

Die Höhen sind abgeleitet von dem Festpunkt: Bolzen in der Pegelkammer mit Kote 657,720 Neumessung.

Witterungsverhältnisse: schön, windstill.

Sohlenbeschaffenheit: Kies, in Ruhe.

Ergebnisse:

E	950 km²	$\frac{v_m}{v_{0_{max}}} = \frac{97}{140} =$ . . .	0,694
Q	40,6 m³/sek		
q	42,8 l/sek	$v_{0_m} = \frac{43,40}{42,70} =$ . . .	102 cm/sek
F	41,88 m²		
v_m	97 cm/sek	$\frac{v_m}{v_{0_m}} = \frac{97}{102} =$ . . .	0,95
$v_{0_{max}}$	140 cm/sek		

Wasserspiegelbreite $B =$ . . . . 42,70 m

Mittlere Wassertiefe $= \frac{F}{B} = \frac{41,88}{42,70} =$ . . . . 0,98 m

Sohlenbreite von Baufuß zu Baufuß: $b =$ . . . . . 38,0 m

Mittlere Tiefenlage der Sohle: $\frac{38,88}{38,00} =$ 1,02;

Höhenlage hierfür: 656,767

Lösung.

Wie bereits in Aufgabe 43 gezeigt, stellt die Schlüsselkurve (Abflußkurve) den Zusammenhang zwischen der Höhe des Wasserstandes und der Abflußmenge des Flusses her. In Abb. 251 wird die Abflußkurve erhalten als ausgleichende Kurve, die durch die etwas streuenden Meßpunkte gelegt wird. Bei diesem Verfahren werden *alle* Ursachen, die zu dieser Streuung der Meßpunkte Veranlassung geben, *gleich* behandelt, gleichgültig, ob diese Ursachen lediglich auf jene *unvermeidlichen* Fehler zurückzuführen sind, die jeder Wassermessung anhaften und mit denen man sich eben abfinden muß, oder ob diese Ursachen möglicherweise in einer *Änderung der hydraulischen Grundlagen* zu suchen sind. Im ersteren Fall ist gegen die gefühlsmäßige Einlegung einer Ausgleichslinie nichts einzuwenden, während im letzteren Falle natürlich eine Anpassung der Abflußkurve an die veränderten hydraulischen Verhältnisse erfolgen muß, wenn die Schlüsselkurve den wirklich bestehenden Zusammenhang zwischen Pegelstand und Durchflußmenge angeben soll.

Daß die Durchführung der Wassermessungen unter Verwendung verlässigen Meßgerätes[1] mit peinlicher Sorgfalt geschehen und ihre Bearbeitung unter kritischer Würdigung aller bei der Messung vorgelegenen Verhältnisse erfolgen muß, ist wohl selbstverständlich. Auf diese Weise wird man die unvermeidlichen Fehler wohl auch innerhalb einer Fehlergrenze von etwa 5% halten können. Um bei größeren Fehlern feststellen zu können, wo die Fehlerquelle zu suchen ist (Meßfehler *oder* veränderte hydraulische Verhältnisse), ist es notwendig, für *alle* Messungen stets den *gleichen* Meßquerschnitt zu benützen, wenn das Pegelprofil selbst als Meßprofil schon nicht verwendet werden kann, was an sich das beste wäre. Die Erfüllung dieser Forderung (*stets gleiches* Meßprofil) beseitigt eine weitere Ursache zur Streuung der Meßpunkte, so daß nunmehr die Voraussetzung geschaffen ist zur Feststellung, ob die noch verbleibende Meßpunktstreuung auf *unvermeidbaren* Ursachen beruht oder auf eine Änderung des Meßquerschnittes, des Gefälles oder auf beides, oder schließlich auf Änderungen im *Pegel*querschnitt zurückzuführen ist. Letztere Ursache kommt natürlich nur in Frage, wenn Meßquerschnitt und Pegelprofil *keine* Einheit bilden, sondern an verschiedenen Stellen des Flusses liegen.

Setzt man für die Wassermenge Q

$$Q = F \cdot v_m = F \cdot c_m \cdot \sqrt{t_m \cdot J},$$

wenn für den hydraulischen Radius R näherungsweise t_m eingeführt wird, dann kann man — dem Vorgehen v. RINSUMS folgend — diesen Ausdruck für das Wassermessungsergebnis Q in folgende zwei Anteile aufteilen[2]:

$$Q = (F \cdot \sqrt{t_m}) \cdot (c_m \cdot \sqrt{J}).$$

Im *ersten* Klammerprodukt sind jene Größen enthalten, die sich auf den *Querschnitt* beziehen (Querschnittsfaktor). Zur Beurteilung des Einflusses einer Querschnittsänderung auf den Abfluß ist deshalb dieser Querschnittsfaktor allein maßgebend. Die mittlere Tiefe, der Querschnitt oder die Bestimmung der „mittleren Sohlenlage" sind zu einer solchen Beurteilung nicht ausreichend.

Das *zweite* Klammerprodukt ist in erster Linie ein Maßstab für das herrschende Gefälle insbesondere dann, wenn c_m bei den verschiedenen Pegelständen als unveränderlich festgestellt wird.

Ein weiterer Vorteil dieser Trennung der Messungsgrundlagen in die beiden Klammerausdrücke liegt nach v. RINSUM darin, daß — vom mathematischen Standpunkt aus gesehen — die *bekannten* und *unmittelbar* gemessenen Größen des ersten Klammerausdruckes eine höhere

---

[1] Dazu gehört natürlich auch die ständige Kontrolle der Eichkurve des benützten Meßflügels.

[2] v. RINSUM: Die Abflußkurve. Zitiert S. 533.

Wertigkeit ($=\mathrm{m}^{5/2}$) erhalten, als sie etwa F allein zukommt, während die Wertigkeit des 2. Klammerausdruckes — als Produkt von 2 Unbekannten — von geringerem Grad ist als etwa v_m, nämlich $\mathrm{m}^{1/2}$/sek. Die Beurteilung und Aufzeichnung der Abflußkurve wird durch dieses Vorgehen wesentlich erleichtert.

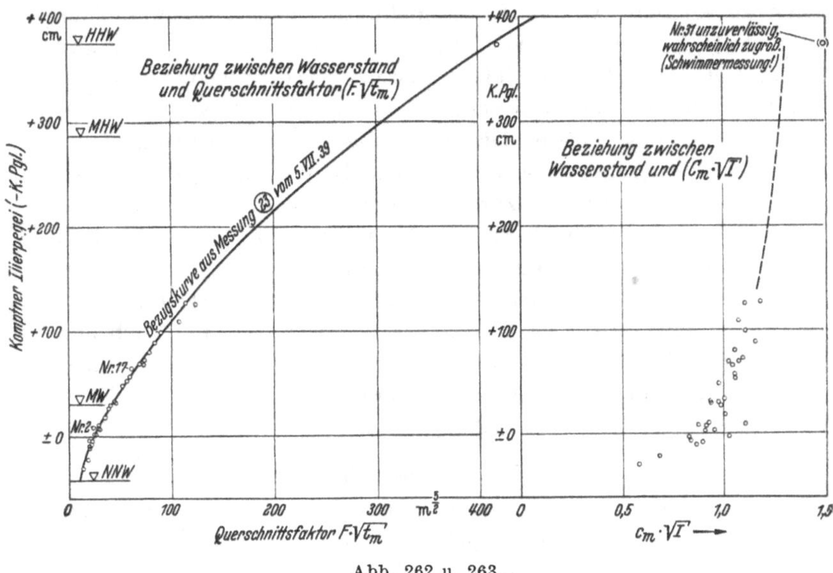

Abb. 262 u. 263.

Zunächst wird in einem rechtwinkligen Koordinatensystem der für die verschiedenen Messungen jeweils erhaltene *Querschnittsfaktor* ($F\cdot\sqrt{t_m}$) in Abhängigkeit von dem zugeordneten Pegelstand aufgetragen (Abb. 262). Bei unveränderlichen Profilverhältnissen und bei Vermeidung jedweder Meßungenauigkeit müßten sämtliche Meßpunkte auf ein und derselben Kurve liegen. Tatsächlich ergibt sich aber eine mehr oder weniger starke Streuung. Die Größe dieser Streuung nun ist ein Maß für die Unterschiede, die zwischen den verschiedenen Querschnittsaufnahmen bestehen. Dabei rühren diese Unterschiede entweder von den unvermeidlichen Meßungenauigkeiten her oder aber sind — was der häufigere Fall ist — auf Änderungen in der Querschnittslage und Querschnittsform zurückzuführen. Die *richtige*, d. h. den wirklichen Verhältnissen am nächsten kommende Kurve ist nun nicht etwa jene, die durch einfache gefühlsmäßige Ausgleichung (in Anlehnung an das bisher übliche Verfahren) gefunden wird. Man erhält diese Kurve vielmehr *zwangsläufig*, wie die folgenden Ausführungen zeigen.

Zunächst wurde in Tabelle 59 für jede Messung der Querschnittsfaktor $(F \cdot \sqrt{t_m})$ ermittelt (Kolonne 9)[1] und in Abb. 262 eingetragen. Außerdem wurde für jede Messung das Klammerprodukt $(c_m \cdot \sqrt{J})$ berechnet aus $\frac{Q}{(\sqrt{F \cdot t_m})}$ und in Kolonne 10 der Tabelle 59 eingetragen. Gleichzeitig erfolgte die Auftragung dieser $(c_m \cdot \sqrt{J})$-Werte in Beziehung

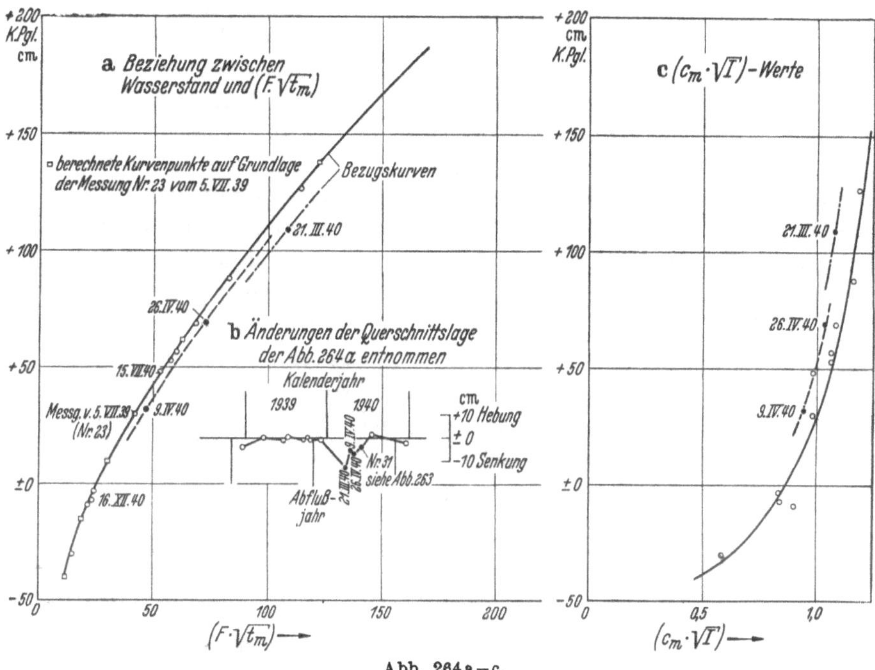

Abb. 264a—c.

zum Wasserstand (Abb. 263). Die Streuung der aufgetragenen Punkte in den Abb. 262 und 263 läßt vermuten, daß im Laufe des Beobachtungszeitraumes vom April 1934 bis Dezember 1940 größere Veränderungen hinsichtlich der *Sohlenlage* und in den *Gefällsverhältnissen* eingetreten sind, *also auch die Abflußkurve Veränderungen unterworfen war.* Um hierüber, vor allem für die *letzten* Jahre, genauere Aufklärung zu bekommen, werden die Messungen der Abflußjahre (hydrologischen Jahre) 1939 und 1940 in vergrößertem Maßstab noch einmal gesondert aufgetragen (Abb. 264a—c). Außerdem wird eine Messung herausgegriffen, auf deren Ergebnisse jene der übrigen Messungen bezogen werden, womit gegebenenfalls — wenn nämlich eine Veränderung im Meßprofil vorliegt — das *Maß* dieser Veränderung festgestellt werden kann. Dazu folgender allgemeiner Hinweis:

[1] Vgl. dazu S. 65 der Aufgabe 8.

Zu dem Wasserstand am Tage der Messung gehört ein bestimmter Wert $(F \cdot \sqrt{t_m})$. Nun liegt aber der Querschnitt aus der Messung nicht nur für *diesen* Pegelstand allein eindeutig nach Lage, Form und Größe fest; es können vielmehr zu jeder anderen beliebig angenommenen Wasserstandshöhe die Formgrößen F und t_m und daraus dann die zugehörigen Werte $(F \cdot \sqrt{t_m})$ berechnet, aufgetragen und durch eine Kurve[1] miteinander verbunden werden. Dies ist in unserem Beispiel für die Messung vom 5. VII. 39 (Nr. 23) in Abb. 262 und 264a geschehen. In letzterer Abbildung sind diese berechneten Punkte durch kleine Quadrate herausgehoben. Die Wahl fiel auf die Messung Nr. 23, weil bei ihr der *gesamte* Flußquerschnitt aufgenommen worden war, so daß damit die ausreichenden Unterlagen über F und t_m zur Berechnung der Kurvenpunkte auch für höhere Wasserstände vorliegen. Die Bezugskurve erlaubt, die Größe des Querschnittsfaktors für jeden im vermessenen Querschnitt angenommenen Wasserstand zu bestimmen. Für die Querschnittsaufnahmen aller anderen durchgeführten Wassermessungen lassen sich auf Grund der gleichen Überlegungen entsprechende „Bezugskurven" für $(F_m \cdot \sqrt{t_m})$ herleiten. Man erhält damit eine Schar von Kurven, deren *senkrechter* gegenseitiger Abstand (Ordinate) an irgendeiner Stelle das Maß ist für die unterschiedliche Wasserstandshöhe, die durch die Veränderung des Querschnittes hervorgerufen wurde, während der *waagrechte* Abstand (Abszisse) das Maß dafür ist, um wieviel sich die Wasserführung bei gleicher Wasserstandshöhe infolge des geänderten Querschnittes *verhältnismäßig* vermehrt oder vermindert hat. Diese Bezugskurven nähern sich — streng genommen — einander mit zunehmendem Wasserstand. Für die vorliegende Untersuchung ist es jedoch zulässig, alle Kurven als zueinander *parallel* verlaufend anzunehmen. Dies gestattet, darauf zu verzichten, die Bezugskurve für jede durchgeführte Messung des in Betracht stehenden Zeitabschnittes zu ermitteln. Es genügt vielmehr die Bezugskurve für *einen* gemessenen Querschnitt, um als Maß der Änderungen von einer Messung zu anderen den lotrechten und waagrechten Abstand der übrigen Meßpunkte in bezug auf diese Kurve festzuhalten.

Wie schon oben erwähnt, ist für das hier behandelte Beispiel die Messung Nr. 23 vom 5. VII. 39 ausgewählt worden zur Aufstellung der Bezugskurve (Tabelle 61, S. 541). Ihre Eintragung in die Abb. 262 zeigt, daß die Mehrzahl der Meßpunkte auf oder nahezu auf der Bezugskurve liegen. Die Meßpunkte Nr. 2 (13. VII. 34) und Nr. 17 (2. IX. 38) liegen *über* ihr, d. h. an diesen Meßtagen war der Meßquerschnitt gegenüber dem 5. VII. 39 gehoben. Im Abflußjahr 1939 blieb die Querschnittslage ziemlich stabil (vgl. Abb. 264a u. b), wogegen im März 1940 eine Senkung der Querschnittslage um mehr als 10 cm festzustellen ist, die

[1] Von v. RINSUM mit *Bezugskurve* bezeichnet.

bis Juli 1940 wieder etwa auf die Lage des Jahres 1939 steigt (Messungen Nr. 28, 29 und 30, durch schwarze Kreisflächen gekennzeichnet, Abb. 264a u. b). Die Abstände der Meßpunkte von der Bezugskurve sind in die Tabelle 59 in zeitlicher Reihenfolge eingetragen. Als Ergebnis dieser Untersuchung kann festgestellt werden, daß die drei genannten Punkte stark aus dem Rahmen fallen. Für die übrigen Punkte kann aber die Bezugskurve $F \cdot \sqrt{t_m}$ als Ausgleichskurve für die Jahre 1939 und 1940 beibehalten werden.

Nun zu der $(c_m \cdot \sqrt{J})$-Kurve. Hierzu sagt v. RINSUM[1]: „Ihre Führung ist in gewissen Grenzen Ermessensache, insbesondere dann, wenn nur wenige Meßpunkte vorliegen. Doch ergeben sich auf Grund der Erfahrungen gewisse Anhaltspunkte für die Führung der Kurve, die mit der Eigenart der Meßstelle zusammenhängen. In einem Meßquerschnitt an einer offenen, durch keine Einbauten gestörten Flußstrecke verläuft sie im allgemeinen in einer parabolischen Krümmung, die zum Ausdruck bringt, daß mit wachsender Wasserführung der Geschwindigkeitsbeiwert und vielfach auch das Gefälle langsam zunehmen. An Meßquerschnitten, die durch Pfeilereinbauten eingeengt sind, wurde auch der umgekehrte Fall festgestellt, daß nämlich bei steigendem Wasserstand der Wert $(c_m \sqrt{J})$ mit der zunehmenden Stauwirkung der Pfeiler stark zurückging. In anderen Fällen wieder hat sich $(c_m \sqrt{J})$ als festwertig erwiesen. In den letztgenannten Fällen kann dann die Abflußkurve völlig eindeutig aus den Messungsgrundlagen abgeleitet werden.“

Wie sich aus den Auftragungen in den Abb. 263 und 264c ergibt, hat die $(c_m \cdot \sqrt{J})$-Kurve parabolische Krümmung. Dabei zeigt sich zunächst einmal in Abb. 263, daß der Wert für die Messung Nr. 31 (Schwimmermessung) unzuverlässig ist; es scheinen die Geschwindigkeiten zu groß angenommen worden zu sein. Zu den übrigen Werten der Abflußjahre 1939 und 1940 läßt sich — mit Ausnahme der 3 schwarz gekennzeichneten Punkte in Abb. 264c — ohne Schwierigkeiten eine stetige Kurve als Schwerlinie der Punktschar finden, die als Unterlage für die Aufstellung der Abflußkurve brauchbar ist.

Zur Aufstellung der Abflußkurve wurden in Tabelle 61 zu einer Reihe von Pegelständen die zugehörigen Werte $(F \cdot \sqrt{t_m})$ gerechnet und die zugeordneten Werte $(c_m \cdot \sqrt{J})$ aus der $(c_m \cdot \sqrt{J})$-Kurve der Abb. 264c entnommen. Das Produkt $(F \cdot \sqrt{t_m}) \cdot (c_m \cdot \sqrt{J})$ aus je einem zusammengehörigen Wertpaar ergibt dann die dem Pegelstand zugeordnete Wassermenge Q. Die Berechnung erfolgte bis Wasserstand $+138$, da zuverlässige Messungen für höhere Pegelstände nicht vorliegen. Die Auftragung geschah in Abb. 265.

---

[1] Vgl. v. RINSUM: Dtsch. Wasserw. 1941, S. 305.

Nun bleibt noch die Frage zu klären, ob die so gewonnene Abflußkurve auch für die erste Hälfte des Jahres 1940 gilt, für welche die oben genannten 3 Meßpunkte bezüglich der $(F \cdot \sqrt{t_m})$- und $(c_m \cdot \sqrt{J})$-Kurve aus dem Rahmen fallen. Wie sich aus Abb. 264 b u. c ergibt, ist die bei den 3 Messungen festgestellte Sohlenänderung (Eintiefung) als Folge der Hochwassertätigkeit des Flusses durch eine ebenso starke *Minderung* des Gefälles begleitet. Hierfür gelten dann Kurven der $(F \sqrt{t_m})$ und $(c_m \sqrt{J})$, die parallel zu den Bezugskurven der Abbildung 264 b u. c zu ziehen sind, aber jeweils nur für eine kurze Zeitspanne richtig sind. Die Eintiefung wird hier durch die Gefällsminderung wieder ausgeglichen, so daß das Produkt $(F \cdot \sqrt{t_m}) \cdot (c_m \sqrt{J})$ eine Wassermenge ergibt, die *nicht* mehr aus dem Rahmen der übrigen Messungen herausfällt.

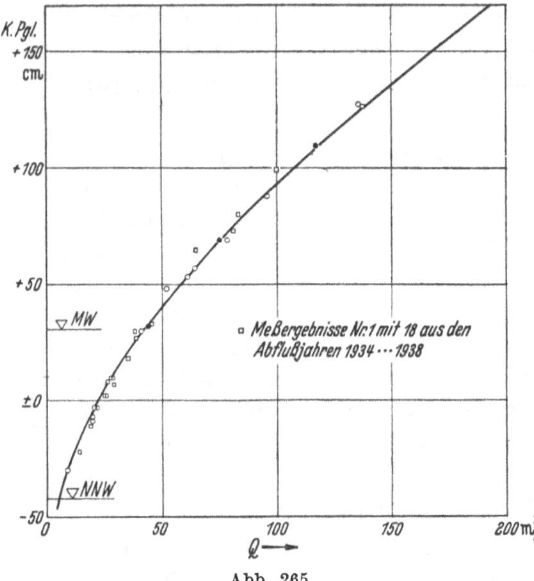

Abb. 265.

Dies ist ein Beweis dafür, daß der Fluß an dieser Stelle sich im Gleichgewicht befindet, so daß die Wassermengen wieder in die gewählte Abflußkurve hineinpassen, wie die schwarz gekennzeichneten Punkte der Abb. 265 zeigen (Q-Werte der Messungen Nr. 28, 29 und 30 der Tabelle 59).

In die Abb. 265 wurden, durch kleine Quadrate gekennzeichnet, auch noch die Meßergebnisse der Abflußjahre 1934 bis mit 1938 eingetragen. Man übersieht leicht, daß die Abflußkurve durch ledigliches Einlegen der Schwerlinie in die Punktschar aller 33 Messungen im unteren Ast nach rechts, im oberen Kurventeil etwas nach links verschoben, insgesamt also gegenüber der nach v. RINSUM *entwickelten* Schlüsselkurve nach links verdreht erhalten worden wäre, so daß sie für die Jahre 1939 und 1940 bei kleinen Pegelständen etwas zu große, bei höheren Wasserständen dagegen etwas zu kleine Wassermengen liefern würde.

v. RINSUM[1] hat eine ganze Reihe von Abflußkurvenuntersuchungen

[1] v. RINSUM: Archiv f. Wasserwirtschaft, H. 65.

Tabelle 61[1].

Berechnung der Bezugskurve für $F \cdot \sqrt{t_m}$ der Messung Nr. 23 und der Abflußkurve.

Pegelstand	Bezugskurve für $F \cdot \sqrt{t_m}$						Abflußkurve			
	Δt	b	ΔF	F	t_m	$F\sqrt{t_m}$	Zeitraum	$F\sqrt{t_m}$	$c_m\sqrt{J}$	Q
1	2	3	4	5	6	7	8	9	10	11
− 40		28,2		15,6	0,55	11,6	1939	11,6	0,47	5,5
	0,25		8,1							
− 15		36,9		23,7	0,64	18,9		18,9	0,76	14,4
	0,25		9,8							
+ 10		41,5		33,5	0,81	30,1		30,1	0,92	27,7
	0,20		8,4							
+ 30		42,7		41,9	0,98	41,5		41,5	1,00	41,5
	0,32		13,9							
+ 62		43,8		55,8	1,27	62,9		62,9	1,09	68,5
	0,76		34,1							
+138		45,9		89,9	1,96	125,9		125,9	1,22	153,3
	0,82		39,9							
+220		51,5		128,8	2,52	206,0				
	1,00		53,6							
+320		55,7		183,4	3,29	332,6				
	0,44		25,2							
+364		58,5		208,6	3,56	392,3				
	0,36		21,3							
+400		59,9		229,9	3,84	450,5				
	0,50		29,8							
+450		59,8		259,8	4,35	542,0				

behandelt, die recht anschaulich zeigen, welche Aufschlüsse sein Verfahren hinsichtlich der kritischen Verwertung von Wassermessungen zur Aufstellung der Schlüsselkurve zu geben vermag. Es sei aber nochmals betont, daß die Verwendung des Verfahrens peinlich durchgeführte Wassermessungen mit Flügeln voraussetzt, deren Umdrehungszahlen mit den bei der Auswertung zugrunde gelegten Eichkurven übereinstimmen.

Aufgabe 45.

Gewässerkundliche Studie eines Flusses für ein Pegelprofil.

Am Beispiel der *Donau* bei *Regensburg-Schwabelweis* sollen die Abflußverhältnisse eines Flusses dargestellt werden.

Lösung.

1. Einzugsgebiet.

Die Abflußverhältnisse, die ein Fluß an einer Beobachtungsstelle aufweist, sind in ihrer typischen Gestaltung bedingt durch die klima-

[1] Die Zahlenwerte im stark umrandeten Teil der Tabelle 61 sind aus dem Querschnittsplan Abb. 261 herausgegriffen, die übrigen Werte sind gerechnet bis auf die $(c_m\sqrt{J})$-Werte, die vermittels der ausgezogenen Kurve der Abb. 264 gefunden sind.

tologischen, hydrographischen (gewässerkundlichen) und geologischen Verhältnisse, die im Einzugsgebiet vorliegen. Deshalb muß die Aufbereitung der gewässerkundlichen Beobachtungen und Messungen für die Pegelstelle eines Flusses stets Hand in Hand gehen mit der eingehenden Klarlegung der vorgenannten Verhältnisse im zugehörigen Einzugsgebiet. Auf diese Notwendigkeit wird besonders hingewiesen,

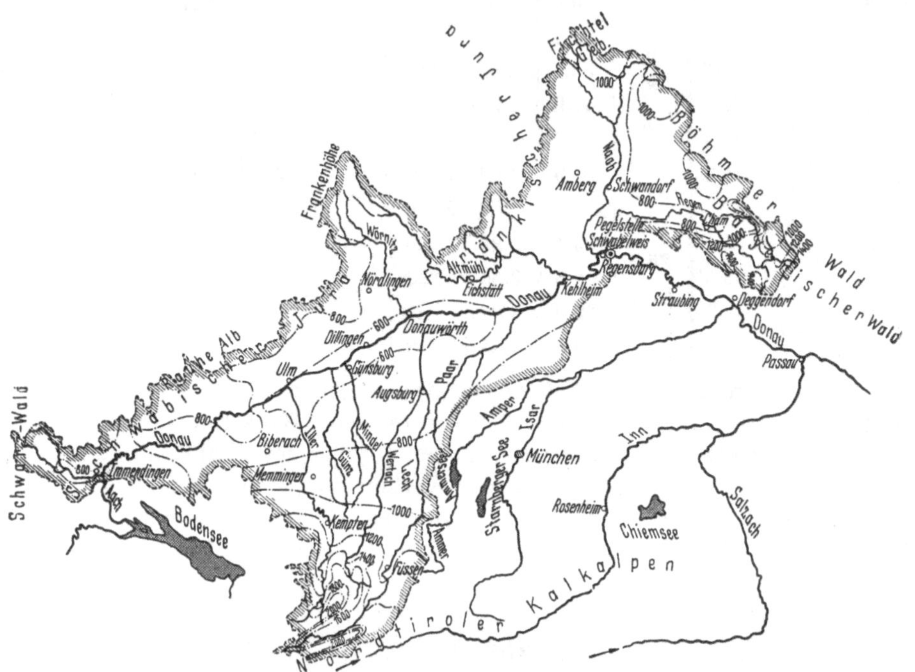

Abb. 266. Einzugsgebiet der Donau für die Pegelstelle Schwabelweis.

da sich die nachfolgenden Ausführungen mit Rücksicht auf den in diesem Buche gesteckten Rahmen nur auf eine kurze Skizzierung der Gliederung des Einzugsgebietes beschränken.

Das gesamte Einzugsgebiet der Donau bei *Schwabelweis*, *unter*halb der Regeneinmündung gelegen, beträgt 35400 km². Es reicht im Süden bis in die niederschlagsreichen Nordtiroler Kalkalpen hinein (Allgäuer und Lechtaler Alpen) (vgl. Abb. 266). Von dort kommen die zwei größten und wasserreichsten Zuflüsse der Donau für die Strecke oberhalb Schwabelweis, nämlich die Iller mit voralpinem Abflußcharakter und mit sich groß und rasch aufbauenden Hochwässern, sowie der Lech mit seinem ausgeprägten alpinen Abflußcharakter (vgl. Abb. 256). Diese Alpenflüsse beeinflussen auch hinsichtlich der Geschiebeführung den Charakter der Donau maßgebend. Aus dem Alpenvorland bzw. der schwäbisch-bayerischen Hochebene fließen der Donau außerdem unter anderem zu: Günz, Mindel und Paar.

Durch ihre Quellflüsse dehnt die Donau ihr Einzugsgebiet nach Westen bis in den Schwarzwald aus. Dabei überdecken sich bei Immendingen das Donau- und Bodensee-Einzugsgebiet, weil in den dortigen Juraformationen ein Teil des Donauwassers unterirdisch in das Bodensee-Einzugsgebiet abfließt.

Die wichtigeren linksseitigen Nebenflüsse der Donau bis zum Pegel Schwabelweis sind die Wörnitz, Altmühl, Naab und der Regen. Durch die beiden erstgenannten Zubringer wird das Einzugsgebiet im Norden zur Frankenhöhe erstreckt, durch die Naab bis zum Fichtelgebirge und durch den Regen nach Nordosten bis zum Bayerischen und Böhmerwald ausgedehnt. Wegen der niederen Überregnungshöhe dieser Gebiete führen die von dort kommenden Nebenflüsse der Donau wesentlich geringere Wassermengen zu als Iller und Lech.

Die Wasserscheide zwischen Isar- und Lechgebiet bildet die südöstliche Grenze des Einzugsgebietes.

Dieses sowohl horizontal als auch vertikal stark gegliederte Einzugsgebiet der Donau bei Schwabelweis umfaßt also Hochgebirge (1737 km²), Mittelgebirge (8741 km²), Hügelland (17809 km²) und Flachland (7113 km²)[1]. Das Zusammenwirken der verschiedenartigen Teileinzugsgebiete bedingt hinsichtlich der Wasserführung den Charakter des Flusses: größtes Hochwasser normalerweise nur durch die Schneeschmelze im Vorgebirge und Flachland, also im Dezember und beim Abklingen des Winters im Februar und März. Doch hat sich in Jahren mit besonders niederschlagsreichen Sommern gezeigt, daß die Donau auch im Sommer Hochwässer abzuführen hat, die katastrophalen Charakter annehmen, wenn ein besonders ungünstiges Zusammentreffen der Überregnung eintritt. Normale Hochwässer treten während des ganzen Jahres auf[1].

2. Niederschlag und Abfluß.

Die oben erwähnte starke Gliederung des Einzugsgebietes wirkt sich in der großen Verschiedenheit der Niederschlagsmengen aus. Während im Ursprungsgebiet der Iller in den Allgäuer Alpen und des Lech in den Lechtaler Alpen die durchschnittliche jährliche Niederschlagshöhe bei etwa $N = 2000$ bis 2500 mm liegt, beträgt die Niederschlagshöhe im Quellgebiet der Günz, Mindel, Paar und der sonstigen kleineren rechtsseitigen Nebenflüsse, die ebenfalls von der schwäbisch-bayerischen Hochebene kommen, $N = 800$ bis 1000 mm (vgl. Abb. 266).

[1] *Denkschrift über den Ausbau der öffentlichen Flüsse in Bayern.* Nach dem Stand vom 31. März 1931. Verfaßt von der Ministerialbauabteilung im bayerischen Staatsministerium des Innern. S. 11.

Nördlich der Donau schwankt die Niederschlagshöhe zwischen $N = 700$ mm im Gebiet der Frankenhöhe und $N = 1400$ bis 1900 mm auf den Berggipfeln des Bayerischen und Böhmerwaldes. Für das gesamte Einzugsgebiet der Donau bei Schwabelweis wurde im Mittel der Jahre 1901/10 eine jährliche Niederschlagshöhe

$$N = 820 \text{ mm}$$

ermittelt[1]. Dieses $N_{01/10}$ stellt die Regenhöhe eines Jahres für jeden m^2 des Gesamteinzugsgebietes dar, die man erhält, wenn man sich die im Mittel der zugrunde gelegten 10 Beobachtungsjahre niedergegangenen Regenmengen gleichmäßig über das gesamte Einzugsgebiet verteilt vorstellt.

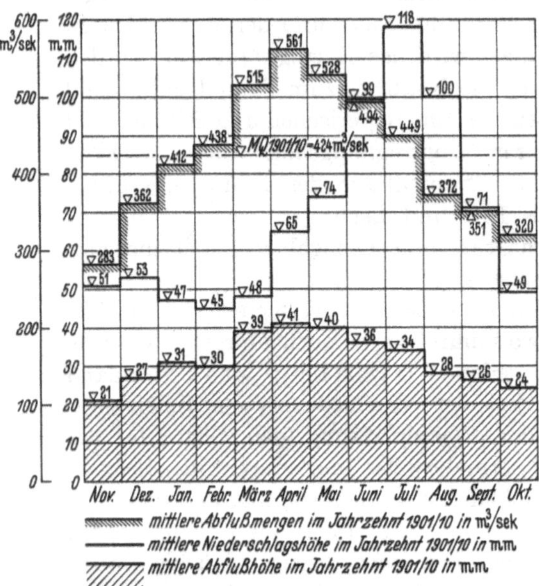

Abb. 267. Mittl. Niederschlags- und Abflußhöhen sowie Abflußmengen für das Jahrzehnt 1901/10 am Pegel zu Schwabelweis.

Den *Jahresgang der Niederschläge*, d. h. die Verteilung der obigen mittleren jährlichen Niederschlagshöhe auf die einzelnen Monate des Abflußjahres, zeigen Tabelle 62 und Abb. 267. Die Hauptniederschläge fallen danach in das Sommerhalbjahr, insbesondere in die Monate Juni, Juli, August.

Ferner sind auch die mittleren sekundlichen Abflußmengen jedes Monats des Pegelprofils Schwabelweis für das gleiche Jahrzehnt 1901/10 dort eingetragen (*Gang der monatlichen MQ* 01/10). Diesen monatsmittleren sekundlichen Abflußmengen in Schwabelweis entsprechen im Einzugsgebiet durchschnittliche Abflußhöhen $A_{m_{\text{Monat}}}$. Diese $A_{m_{\text{Monat}}}$ werden erhalten, wenn der für die 10 Beobachtungsjahre gemittelte Gesamtabfluß jedes Monats über das gesamte Einzugsgebiet gleichmäßig

[1] „Zur Gewässerkunde der Donau von Ulm bis Regensburg." Von Reg.-Baurat 1. Kl. Oexle. Bearb. für die Rhein-Main-Donau A.G. in München, die dem Verf. Material zu der hier behandelten Aufgabe aus der vorgenannten umfangreichen Arbeit zur Verfügung stellte.

Tabelle 62.
Niederschlag und Abfluß an der Donau bei Schwabelweis für 1901/1910.

Zeit	Nov.	Dez.	Jan.	Febr.	März	April	Mai	Juni	Juli	Aug.	Sept.	Okt.	Winter-halbjahr	Sommer-halbjahr	Jahr
Mittlere Abflußmenge in m³/sek (Gang der monatl. *MQ* 01/10)	283	362	412	438	515	561	528	494	449	372	351	320	428	419	424
Mittlere Niederschlagshöhe in mm	51	53	47	45	48	65	74	99	118	100	71	49	309	511	820
Mittlere Abflußhöhe in mm	21	27	31	30	39	41	40	36	34	28	26	24	189	188	377
Niederschlagshöhe—Abflußhöhe in mm	30	26	16	15	9	24	34	63	84	72	45	25	120	323	443

verteilt angenommen wird, also

$$A_{m_{\text{Monat}}} = MQ_{\text{Monat}} \frac{(\text{Anzahl der Tage des Monats}) \cdot 86400}{35400 \cdot 1000^2} \cdot 1000$$

$$= \text{m}^3/\text{sek} \cdot \frac{\text{Tage} \cdot \text{sek/Tag}}{\text{km}^2 \cdot \text{m}^2/\text{km}^2} \cdot \text{mm/m}.$$

$$A_{m_{\text{Monat}}} = MQ_{\text{Monat}} \cdot (\text{Anzahl der Tage des Monats}) \cdot 0{,}00244 = \text{mm},$$

z. B. für *November*:

$$A_{m_{\text{Monat}}} = 283 \cdot 30 \cdot 0{,}00244 = \mathbf{21}\ \text{mm}.$$

In Abb. 267 sind auch die mittleren Abflußhöhen $A_{m_{\text{Monat}}}$ eingetragen.

Für das Mittel der Jahresreihe 1901/10 (vgl. Tabelle 62, letzte Kolonne) ist an Stelle der Anzahl der Tage des Monats die Anzahl der Tage des Jahres einzusetzen, so daß sich ergibt

$$A_m = 424 \cdot 365 \cdot 0{,}00244 = \mathbf{377}\ \text{mm}.$$

Nach KELLER[1] und FISCHER[2] bestehen für Mitteleuropa folgende Beziehungen zwischen durchschnittlicher Niederschlagshöhe N und Abflußhöhe A eines Flußgebietes, wenn eine längere Reihe von Jahren zugrunde gelegt wird:

a) im *Durchschnitt*: $A = 0{,}942 \cdot N - 405$ für $N > 560$ mm;

b) bei besonders *schwacher* Verdunstung: $A = N - 350$ für $N > 500$ mm,

c) bei besonders *starker* Verdunstung: $A = 0{,}884 \cdot N - 460$ für $N > 625$ mm.

---

[1] KELLER: Niederschlag, Abfluß und Verdunstung in Mitteleuropa. Jahrb. d. Gewässerkunde Norddeutschlands. Bes. Mittlg. Bd. 1, Nr. 4.

[2] FISCHER: Abflußverhältnis, Abflußvermögen und Verdunstung. Zbl. Bauverw. 1925, S. 502.

Für das auf den Schwabelweiser Pegel bezogene Flußgebiet der Donau erhält man danach

$$A = 0{,}942 \cdot 820 - 405 = \mathbf{368}\ \text{mm},$$

das ist eine Abweichung um nur 3,8% gegenüber dem oben aus den Abflußmengenmessungen erhaltenen Wert von 377 mm.

In der Wasserwirtschaft wird sehr häufig auch mit der *Abflußspende* q des Einzugsgebietes (Niederschlagsgebietes) eines Flusses gearbeitet, die meist in l/sek · km² angegeben wird. Ihre Größe ist abhängig von den klimatischen Verhältnissen (Verteilung der Niederschläge auf die Jahreszeiten, Gang der Temperatur, Verdunstung), der orographischen Gestaltung des Einzugsgebietes (Geländeneigung), Gestalt des Gewässernetzes, Zustand des Flußbettes, insbesondere des Überschwemmungsgebietes, und Vorhandensein von Seen (Rückhaltvermögen), Pflanzenwuchs und Kulturzustand des Gebietes, geologische Verhältnisse (Durchlässigkeitsgrad des Bodens). Die gleichen Einflüsse sind auch maßgebend für die Größe des MQ im Pegelprofil des Einzugsgebietes E, so daß sich, wenn letzteres bekannt ist, daraus die Abflußspende unmittelbar berechnen läßt mit

$$q = MQ \cdot \frac{1000}{E} = \frac{\text{m}^3}{\text{sec}} \cdot \frac{\text{l/m}^3}{\text{km}^2} = \text{l/sec} \cdot \text{km}^2.$$

Für den Schwabelweiser Pegel ist $E = 35400\ \text{km}^2$ und $MQ\,01/10 = 424\ \text{m}^3/\text{sek}$, somit

$$q_{01/10} = \frac{424}{35{,}4} = \mathbf{12{,}0}\ \text{l/sek} \cdot \text{km}^2.$$

Keller hat auch für die Abflußspende q eine Beziehung empirisch hergeleitet, wobei er wiederum, wie bei der Abflußhöhe A, von der mittleren Niederschlagshöhe N einer längeren Jahresreihe ausgeht. Diese Beziehung, welche für durchschnittliche Verhältnisse gilt, lautet

$$q = 0{,}03 \cdot N - 13\ \text{l/sek} \cdot \text{km}^2.$$

Für das Pegelprofil in Schwabelweis ergibt dies

$$q = 0{,}03 \cdot 820 - 13 = 24{,}6 - 13 = 11{,}6\ \text{l/sek} \cdot \text{km}^2. \ *$$

Die Abweichung des Ergebnisses für q nach der überschlägigen Formel Kellers vom q-Wert, der aus MQ, also aus Messungen erhalten wurde, beträgt demnach nur 4,6%.

In Abb. 267 fällt auf, daß der Gang der monatlichen Abflußmengen (bzw. der Gang der aus ihnen ermittelten Abflußhöhen) einen ganz

---

* Vgl. dazu z. B. auch Hütte, 26. Aufl., Bd. 3 (1936) S. 497, Tafel 5.

anderen Verlauf zeigt als der Gang der Niederschlagshöhen. Außerdem ist der Unterschied in der Größe zwischen Niederschlagshöhe und Abflußhöhe bei einigen Monaten klein. Nach OEXLE ist eine Ursache dafür die unzureichende Zahl von Niederschlagsmeßstellen im Gebirge, besonders im oberen Lechgebiet, wodurch die dortigen großen Niederschlagshöhen (Schneefälle im Winter!) nicht ausreichend erfaßt sind und so das mittlere N zu klein wird. Die besonders kleinen Unterschiede im Frühjahr erklären sich daraus, daß in dieser Zeit die Größe des Abflusses nicht allein durch den Niederschlag in Form von Regen bestimmt wird, sondern mehr noch durch die Schmelzwässer der abschmelzenden Schneemassen im Gebirge, deren Größe außer vom Umfang der im Gebirge lagernden Schneemassen (gespeicherter Winterniederschlag im Gebirge!) stark vom Gang der Temperatur, der Luftfeuchtigkeit und den Windverhältnissen abhängt.

3. Wasserführung der Donau bei Schwabelweis.

Die Beobachtung der Wasserstände am Pegel bei Schwabelweis, dessen Pegelnullpunkt bis 31. 7. 39 die Kote 326,54 ü. N.N., ab 1. 8. 39 die Kote 324,54 ü. N.N. aufweist, reichen zurück bis zum Jahre 1884. Auf Grund dieser Pegelbeobachtungen der Bayerischen Landesstelle für Gewässerkunde wurden in Abb. 268 die jährlichen höchsten, mittleren und niedersten Wasserstände (HW, MW und NW) von 1884 bis 1940 aufgetragen. Dabei ist zu beachten, daß — wie oben erwähnt — der Nullpunkt dieses Pegels ab 1. 8. 1939 um 2,0 m tiefer gelegt wurde. Diese langjährigen Wasserstandsbeobachtungen geben nicht nur für die *Sohlenlage im Pegelprofil* selbst wertvolle Aufschlüsse, sondern auch über die im Laufe der Zeit erfolgten Änderungen der oberhalb und unterhalb anschließenden Flußstrecken, wenn für diese Feststellungen keine unmittelbaren Messungen (Wasserspiegelfixierungen, Querschnitts- und Talwegaufnahmen) zur Verfügung stehen. Wie aus dem Verlauf der niedersten Wasserstände in Abb. 268 zu ersehen, hat sich die Flußsohle im Schwabelweiser Pegelprofil von 1884 bis 1920 um etwa 40 bis 50 cm eingetieft. Seitdem ist diese Bewegung ziemlich zur Ruhe gekommen oder geht doch nur sehr langsam weiter. Die Eintiefungstendenz der Donau im Bereiche dieser Flußstrecke ergibt sich auch aus Beobachtungen des etwa 2,8 km oberhalb liegenden Regensburger Donaupegels. Nach OEXLE beträgt die dort festgestellte Eintiefung des Pegelprofils von 1874 bis 1940 etwa 50 cm.

Das *mittlere Spiegelgefälle* der Donau für die 57,8 km lange Strecke von Regensburg bis Straubing, in deren Bereich der Pegel Schwabelweis liegt, ist mit 0,24‰ festgestellt.

Nun zur *Wasserführung*! Für die Donau bei Schwabelweis standen die von der Bayer. Landesstelle für Gewässerkunde festgestellten täglichen Wassermengen[1] der Jahresreihe 1901 bis 1940 für die Untersuchung der Abflußverhältnisse zur Verfügung, außerdem für jedes

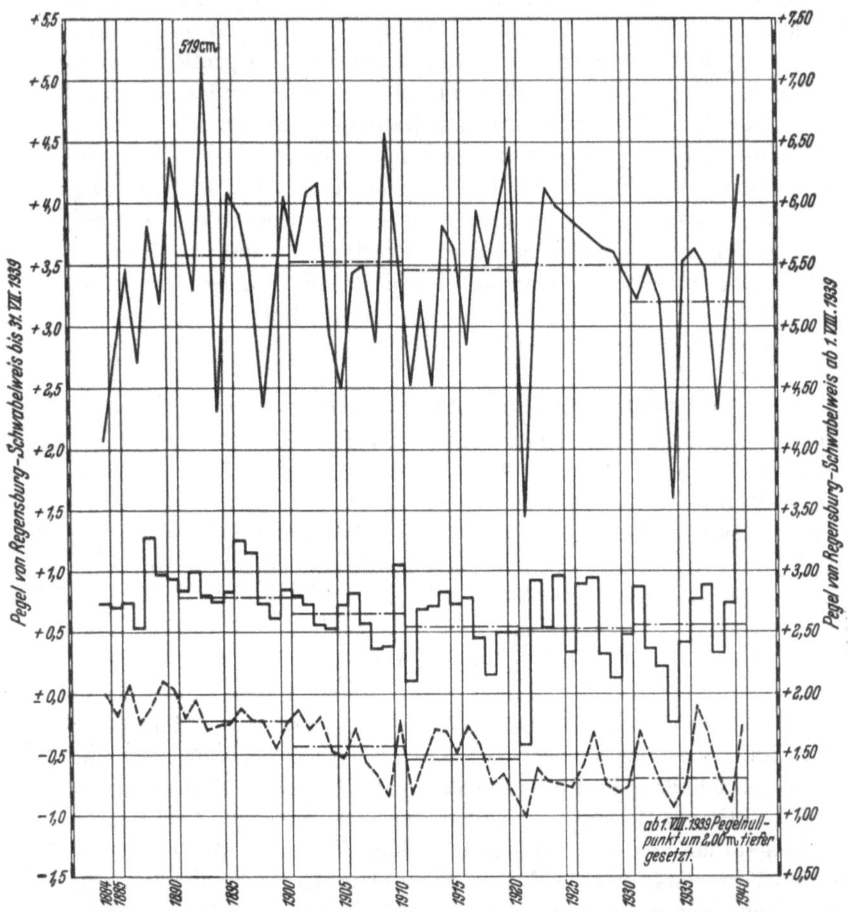

Abb. 268. Die jährlichen höchsten, mittleren und niedersten Wasserstände am Pegel zu Schwabelweis von 1884 bis 1940.

einzelne Jahr der Reihe die höchsten, mittleren und niedersten sekundlichen Monats- und Jahresabflußmengen. In Abb. 269 sind an Hand

[1] Vgl. dazu S. 519 der Aufgabe 43. An wichtigen Pegeln werden die Wasserstände täglich nicht nur einmal, sondern durch Schreibpegel laufend beobachtet. Dadurch ergibt sich die Notwendigkeit, für jeden Kalendertag den *mittleren* Wasserstand festzulegen, womit sich auch — über die Abflußkurve — eine *mittlere* Abflußmenge für jeden Tag ergibt. Diese Tages*mittel*werte liegen für Schwabelweis seit 1926 vor. Von dieser Zeit ab stellen also alle täglichen Abflußmengen solche Mittelwerte dar, auch wenn dies in den textlichen Erläuterungen nicht besonders angegeben ist.

dieses Materials die *Ganglinien* des *Naßjahres* 1940 und des *Trockenjahres* 1921 aufgetragen. Dazu wurde die Ganglinie des Jahres 1912 mit dargestellt, da die mittlere sekundliche Abflußmenge MQ dieses Jahres gut übereinstimmt mit MQ 1901/40 = 436 m³/sek, so daß insofern das Abflußjahr 1912 als ein *mittleres* Jahr der untersuchten Reihe angesprochen werden kann. Die Gesamtjahresabflüsse (*Wasserfracht*) in diesen 3 Jahren betrugen:

Trockenes Jahr 1921	7,045	Milliarden m³
Mittleres Jahr 1912	13,830	„ „
Naßjahr 1940	21,189	„ „

Um den Abflußvorgang noch deutlicher zum Ausdruck zu bringen, wurden in Abb. 270 folgende 3 Ganglinien dargestellt:

a) Ganglinie der *größten Tages*abflußmengen (*Maximum*ganglinie).

Sie wird erhalten, indem für jeden einzelnen Kalendertag der Jahresreihe 1901/40 aus den Abflußwerten die jeweils *höchste Tages*abflußmenge[1] herausgesucht und aufgetragen wird, z. B. aus den vorliegenden 40 Werten für alle 1. November die Abflußmenge 920 m³/sek (Abb. 270) usw.

b) Ganglinie der *mittleren Tages*abflußmengen (MQ-Ganglinie für 1901/40).

Sie ergibt sich als arithmetisches Mittel der Tagesabflußmengen für jeden einzelnen Kalendertag der Jahresreihe 1901/40[1]. So wurden z. B. die Abflußmengen, die am 1. November jedes Jahres der Reihe durch das Pegelprofil gingen, summiert und durch 40 (= Anzahl der Jahre der Reihe) dividiert. Dies ergab 344 m³/sek.

c) Ganglinie der *niedersten Tages*abflußmengen (*Minimum*ganglinie).

Sie entsteht, wenn aus den 40 Abflußwerten für jeden Kalendertag der Reihe der jeweils *kleinste* Tagesabflußwert[2] herausgegriffen und aufgetragen wird.

Die Ganglinie a) zeigt, daß die vergleichsweise höchsten Abflußmengen (*über* 2000 m³/sek) während des Zeitabschnittes 1901/40 in den Monaten Januar, Februar und März auftreten. Im übrigen sind aber die Hochwasserwellen über alle Monate des Jahres verteilt (vgl. dazu auch den kurzen Überblick über die Hochwasserverhältnisse S. 554).

Die durchschnittlich kleinsten Abflußmengen haben die Monate Dezember, Februar und Oktober. Die wasserreichsten Monate sind der April und Mai (vgl. MQ-Ganglinie). In den Monaten Januar, März, April, Mai, Juni, Juli liegen die mittleren Abflüsse *über* dem 40jährigen Mittel (MQ 1901/40 = 436 m³/sek).

---

[1] Vgl. Fußnote 1, S. 548.

[2] Diese „höchsten" Tagesabflußmengen sind aber der *Mittel*wert des Abflusses während des *Tages*, dem sie zugehören (vgl. Fußnote S. 516). Dasselbe gilt für die „mittleren" und „niedersten" Tagesabflußmengen.

Um diese Charakteristik der Wasserführung der Donau bei Schwabelweis besonders deutlich zu machen, wurde in Abb. 270 auch noch die MQ-Ganglinie des Inn bei Wasserburg für die Jahresreihe 1901/30 mit

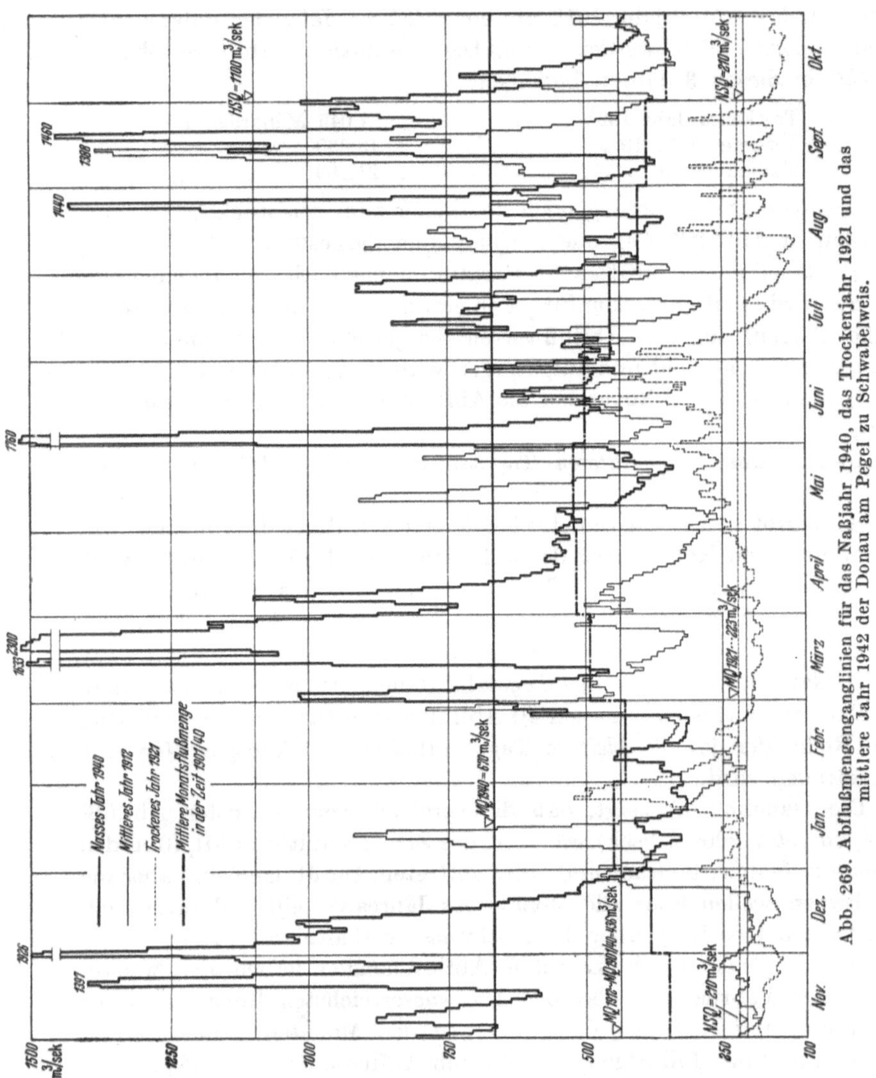

Abb. 269. Abflußmengenganglinien für das Naßjahr 1940, das Trockenjahr 1921 und das mittlere Jahr 1942 der Donau am Pegel zu Schwabelweis.

dem gleichen Wassermengenmaßstab eingetragen, wie dies für die Donau-Ganglinie geschehen ist. Der Unterschied ist in die Augen springend. Dem hochalpinen Charakter entsprechend liegt hier die mittlere Wasserführung in den 6 Wintermonaten November bis einschließlich April zum Teil sogar erheblich unter dem MQ 01/30 = 365 m³/sek, wogegen mit Beginn des Sommerhalbjahres (Mai) die mittlere Abflußmenge stark über den MQ-Wert hinaufgeht, im Juni ihr

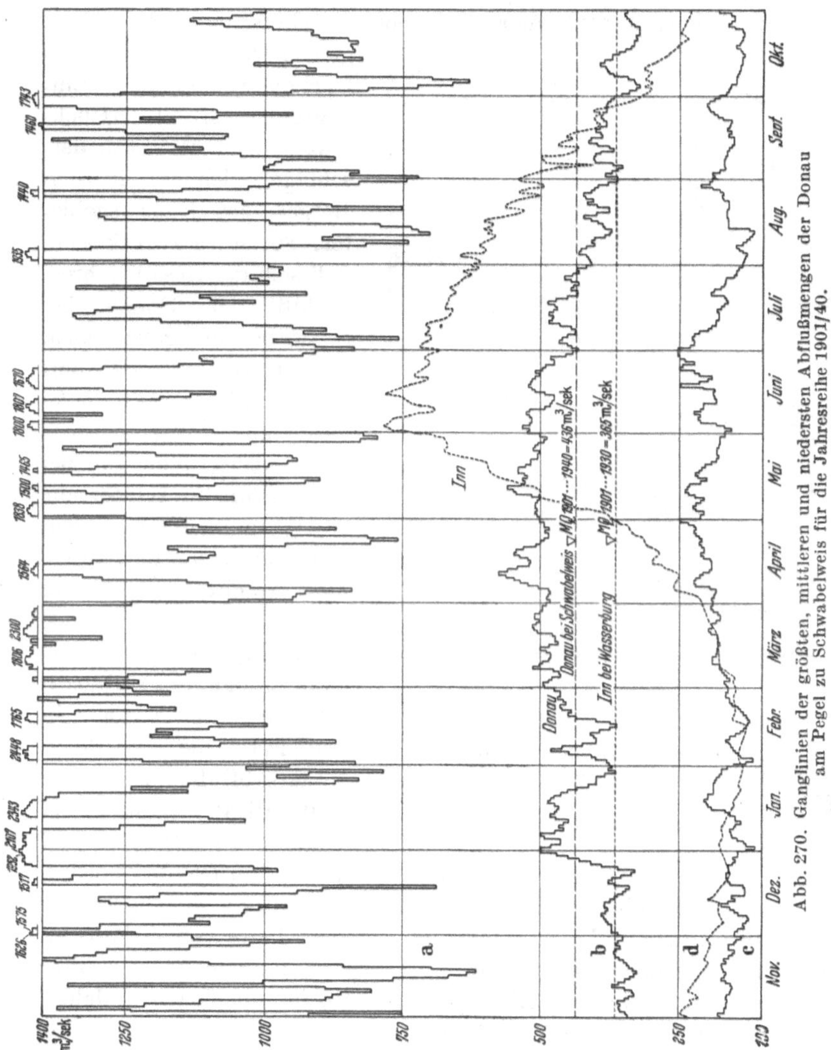

Abb. 270. Ganglinien der größten, mittleren und niedersten Abflußmengen der Donau am Pegel zu Schwabelweis für die Jahresreihe 1901/40.

Maximum erreicht und dann allmählich wieder zurückgeht. Etwa Mitte September sinkt die mittlere Wasserführung wieder unter das 30jährige Mittel. Dieser Rückgang hält auch im Oktober, November, Dezember und Januar noch an, um im Februar das Minimum zu erreichen (vgl. dazu auch die Abb. 255 der Aufgabe 43).

Während die Wasserführung der Donau bei Schwabelweis bedingt ist durch das Zusammenwirken der Gebirgs- und Flachlandflüsse, wobei die letzteren im Winterhalbjahr ausgleichend wirken, besonders durch den Regenfluß (siehe Abb. 266), erhält der Inn seinen Charakter durch die tief bis in den Sommer dauernde Schnee- und Gletscherschmelze (Vergletscherung des höchstgelegenen Teiles seines Einzugsgebietes) und den Rückhalt der Winterniederschläge (Schnee) in den Bergen des Einzugsgebietes. So ist es zu erklären, daß sich der Gesamtjahresabfluß der Donau bei Schwabelweis ganz gleich auf das Winter- und Sommerhalbjahr verteilt (50% im Winter, 50% im Sommer), wogegen im Inn bei Wasserburg im Winter nur 26,4%, im Sommer dagegen 73,6% der gesamten Jahreswasserfracht zum Abfluß gelangen.

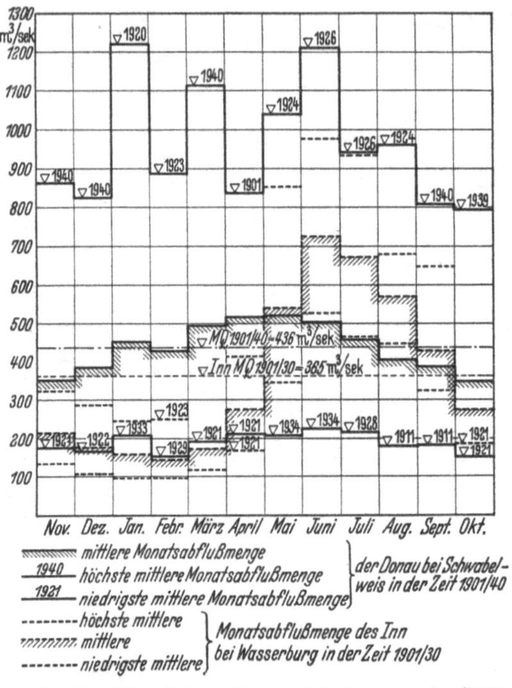

Abb. 271. Die mittleren Monatsabflußmengen der Reihe 01/40, sowie die höchsten bzw. niedrigsten mittleren Monatswassermengen der einzelnen Jahre der Reihe 01/40 der Donau bei Schwabelweis (und des Inn bei Wasserburg für die Reihe 01/30).

Als Ergänzung zur mittleren Ganglinie b) (Donau) der Abb. 270 wurden in Abb. 271 die mittleren Monatsabflußmengen der Reihe 01/40 nochmals besonders aufgetragen und dazu jeweils auch die höchsten bzw. niedrigsten mittleren Monatswassermengen der einzelnen Jahre der Reihe 01/40. Sie zeigen, welche großen Abweichungen die Monatsmittel einzelner Jahre vom 40jährigen Mittel der Reihe nach *oben und unten* aufweisen können unter starker Verzerrung der mittleren Abflußcharakteristik für die einzelnen Jahre. Vergleichsweise ergeben sich zwar auch für den Inn bei Wasserburg für die mittleren Monatsabflußmengen der einzelnen Jahre Schwankungen um das jeweils 30jährige Mittel. Doch sind hier die Unterschiede viel geringer als bei Schwabelweis (vgl. Abb. 271). Für die Schwankungen nach *oben* vergleiche besonders die Monate Februar und Juli, für jene nach *unten* die Monate April und Oktober, da für diese Monate die Extremwerte beider Flüsse in das gleiche Beobachtungsjahr fallen.

Tabelle 63. *Charakteristische Abflußmengen für die Donau bei Schwabelweis und den Inn bei Wasserburg.*

		NQ	MNQ	MQ	MQ im Trockenjahr 1921	MQ im Naßjahr 1940 (Donau) 1910 (Inn)	MHQ	HQ
Donau bei Schwabelweis	absolut m^3/sek	114	195	436	223	670	1488	2448
	verhältnismäßig	0,26	0,45	1	(0,51)	(1,5)	3,4	5,6
Inn bei Wasserburg	absolut m^3/sek	75	120	365	283	431	1309	1652
	verhältnismäßig	0,21	0,33	1	(0,78)	(1,2)	3,6	4,5

Außerdem bleibt beim Inn die Abflußcharakteristik auch mit den Schwankungen erhalten, wie die Eintragung in Abb. 271 anschaulich zeigt. Die Kenntnis dieser Abflußvorgänge im Laufe des Jahres ist für den Betrieb eines einzelnen Wasserkraftwerkes, viel mehr noch für den Ausgleich in der Elektrizitätsverbundwirtschaft von größter Bedeutung.

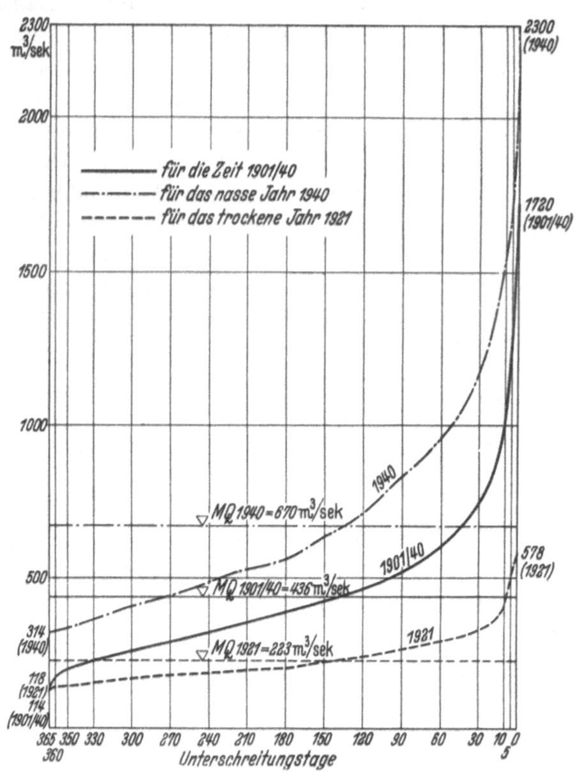

Abb. 272. Wassermengendauerlinien für die Donau bei Schwabelweis.

Die in Abb. 270 dargestellten Ganglinien ermöglichen der Betriebsleitung eines Wasserkraftwerkes ständig einen Vergleich mit dem jeweils laufenden Betriebsjahr. Sie geben auch wichtige Anhaltspunkte für eine Prognose der Wasserführung und sind von großer praktischer und wirtschaftlicher Bedeutung schon bei der Entwurfsbearbeitung sowohl für Wasserkraftausnützung als auch für den Flußbau und den Hochwasser-

Tabelle 64. *Wassermengenhäufigkeiten.*

Zeit		NQ	Wassermengenhäufigkeiten in Tagen															MQ	HQ
			360	350	330	300	270	240	210	180	150	120	90	60	30	10	5	1		
1901—1940	m³/sek	114	167	193	223	256	286	318	352	384	419	463	520	606	747	1024	1242	1720	436	2448
Naßjahr 1940	m³/sek	314	317	327	363	403	435	484	524	559	638	712	834	961	1184	1560	1680	2300	670	2350
Trockenjahr 1921	m³/sek	118	133	140	151	164	178	184	195	200	220	237	264	290	328	405	489	578	223	605

schutz[1]. Die Abflußverhältnisse eines Flusses sind zwar keiner erkennbaren Gesetzmäßigkeit unterworfen. Die dadurch hervorgerufene Unsicherheit wird wieder beseitigt, indem man für Untersuchungen das Beobachtungsmaterial großer Zeiträume zugrunde legt in der begründeten Annahme, daß sich die hydrographischen Verhältnisse innerhalb solcher großen Zeiträume nicht ändern und man so die an sich unbekannte Gesetzmäßigkeit empirisch erfaßt. So erfaßt die Ganglinie der mittleren Tagesabflußmengen der Abb. 270 für den großen Zeitraum von 40 Jahren die an sich unbekannte Gesetzmäßigkeit des Abflusses der Donau bei Schwabelweis. Werden nun durch *künstliche* Eingriffe, wie z. B. Speicheranlagen, Wasserzuleitung aus anderen Einzugsgebieten bzw. Ableitung in solche, Flußkorrektionen, Hochwasserdammanlagen usw., die Abflußverhältnisse geändert, so erlauben Wassermengenganglinien nach Abb. 270 für die Zeitabschnitte mit jeweils geänderten Abflußverhältnissen sehr aufschlußreiche Vergleiche.

Die *charakteristischen Abflußmengen* für die verschiedenen Wasserführungen in der Donau bei Schwabelweis (und vergleichsweise für den Inn bei Wasserburg) sind in Tabelle 63 einmal mit den m³/sek-Werten, wie auch als Verhältniswerte für $MQ = 1$ aufgeführt.

Die Zahlen für die *Wassermengenhäufigkeit* (Überschreitungsdauer) der Donau bei Schwabelweis für die Jahresreihe 1901/40 sowie für das Naßjahr 1940 und das Trockenjahr 1921 sind in Tabelle 64 zusammengestellt und in Abb. 272 als Dauerlinien aufgetragen.

4. Hochwasserverhältnisse der Donau bei Schwabelweis[2].

Die Donau weist unter den deutschen Strömen die meisten Hochwässer auf. Dazu tragen besonders

[1] Vgl. HARTMANN: Gewässerkunde als Unterlage für Projektierung, Bau und Betrieb von Wasserkraftanlagen. Wasserkraftjahrbuch IV. Jg. 4 (1928/29). — OEXLE: Wasserwirtschaftliches über den Inn. Jg. 5 (1930/31).

[2] OEXLE: Zur Gewässerkunde der Donau von Ulm bis Regensburg. Zitiert S. 544.

bei: die Form und Lage ihres Einzugsgebietes, dessen orographische Gestaltung sowie die Laufrichtung der Donau von Westen nach Osten, die parallel mit dem Zuge der Alpen und in der Bewegungsrichtung der barometrischen Tiefdruckgebiete verläuft. Die Hochwässer treten im Winterhalbjahr als Taufluten auf (Schneeschmelze), im Sommerhalbjahr als reine Regenhochwässer. Der örtliche und zeitliche Aufbau der Hochwässer ist aber sehr verschieden, so daß auch Überlagerungen von Taufluten mit reinen Regenfluten vorkommen, bei denen neben dem Niederschlag die Schmelzwässer einer mehr oder weniger weit reichenden und hohen Schneedecke zum Hochwasseraufbau beitragen. Wie aus Abb. 266 zu ersehen, sind die besonders stark überregneten Gebiete die Schwäbisch-Bayerische Hochebene, der Bayerische Wald und Böhmerwald und besonders der Nordrand der Alpenkette, die die feuchten Nordwestwinde zum Aufsteigen zwingt, wodurch in diesen Gebieten besonders starke Regenfälle auftreten. Wegen des Niederschlagrückhalts im Gebirge im Winter (Schnee) bringen die von dort kommenden Nebenflüsse (Lech und Iller) im Winter keine großen Hochwässer, verstärken aber im Frühjahr und Sommer die Regenhochwässer durch Schmelzwässer.

Für den Aufbau eines Hochwassers der Donau ist nun der Zeitunterschied maßgebend zwischen dem Durchgang ihres eigenen Hochwasserscheitels und dem ihrer Nebenflüsse in den betreffenden Vereinigungsstellen. Dabei ist bei Taufluten im Winterhalbjahr die Gefahr des Zusammentreffens mehrerer Hochwasserscheitel der Nebenflüsse mit jenem der Donau größer als bei den Sommerhochwässern, weil im Sommer die Flachland- und Mittelgebirgsflüsse nicht stark anschwellen. Letztere bringen ihre Hochwässer als Taufluten im Winterhalbjahr (Abschmelzen des gefallenen Schnees), wogegen die Alpenflüsse ihre größten Hochwässer der Donau im Sommer zuführen, weil in dieser Zeit der an sich größere Niederschlag als Regen niedergeht und sich — wenigstens im Frühsommer — zu den von der Schneeschmelze herrührenden Abflußmengen addiert.

Außerdem treten an der Donau auch noch *Wasserspiegelhebungen* mit Katastrophencharakter auf, die primär *nicht* verursacht werden durch besonders große Abflußwassermengen, sondern durch Aufstauungen des Wasserspiegels infolge von *Eisstößen*[1].

Bei *Schwabelweis* wurden 171 Hochwässer in den 57 Jahren von 1884 bis 1940 festgestellt, die 950 m^3/sek überschritten. Davon treffen 102 auf das Winterhalbjahr und 69 auf das Sommerhalbjahr. Die 5 bekannten größten Hochwässer mit über 2100 m^3/sek traten als Winterhochwässer im Dezember (1), Januar (2), Februar (1) und März (1) auf;

[1] Vgl. dazu Aufgabe 47, S. 571.

davon erreichte die Hochflut vom 31. Dezember 1882 in Schwabelweis 3050 m³/sek, jene vom 31. März 1845 3200 m³/sek (Schätzung).

Der von OEXLE ermittelte Zusammenhang zwischen Stärke der Hochwasserfluten in m³/sek und der wahrscheinlichen Häufigkeit ihres Auf-

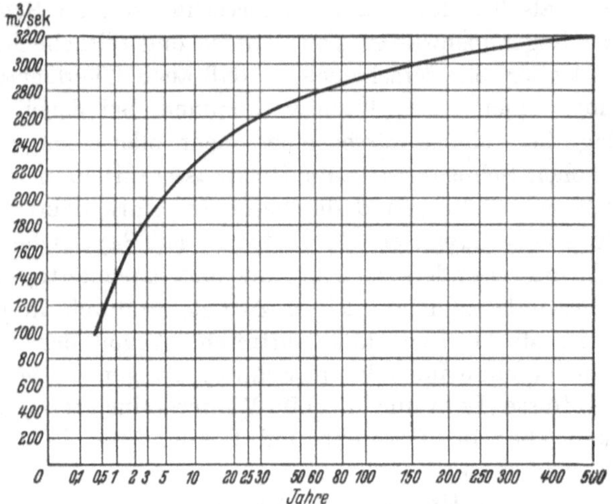

Abb. 273. Zusammenhang zwischen Hochwasserstärke und wahrscheinlicher Häufigkeit des Auftretens.

tretens für den Pegel *Schwabelweis* wurde in Abb. 273 graphisch dargestellt. Dabei ist der Abszissenmaßstab für die Jahre verzerrt aufgetragen entsprechend der Beziehung $x = k \cdot \sqrt[3]{t}$, wobei k eine Konstante und t die Zahl der Jahre bedeutet.

Aufgabe 46.

Zusammenhang zwischen Ausbauwassermenge, Ausbauleistung und Gestehungskosten der nutzbaren elektrischen Arbeit für verschiedene Annahmen (Wirtschaftlichkeit der Ausbauwassermenge).

Für eine bestimmte Strecke eines Hochgebirgsflusses ist eine Wasserkraftausnützung für einen Betrieb mit anpassungsfähigem Energiebedarf geplant. Die notwendigen hydrographischen (gewässerkundlichen) Unterlagen liegen bereits vor. Für die Aufgabe sind gegeben die Ganglinie der mittleren sekundlichen Monatsabflußmengen für den Zeitabschnitt 1901 bis 1930 (Abb. 274), die mittlere Wassermengendauerlinie für 1901 bis 1930 (Abb. 275) und die Gefälledauerlinie der Ausbaustrecke für MQ 1901 bis 1930 (aufgetragen in Abb. 280).

I. Wie groß sind die Werknutzbarkeiten für die verschiedenen, in der Wassermengendauerlinie (Abb. 275) gegebenen Ausbauwassermengen?

II. Welche Ausbauleistungen in PS und kW ergeben sich für diese Ausbauwassermengen, wenn näherungsweise angenommen werden darf, daß für alle vorkommenden Fälle der mittlere Turbinenwirkungsgrad 80%, der mittlere Generatorwirkungsgrad 90% beträgt und die Gefälledauerlinie gleichbleibt?

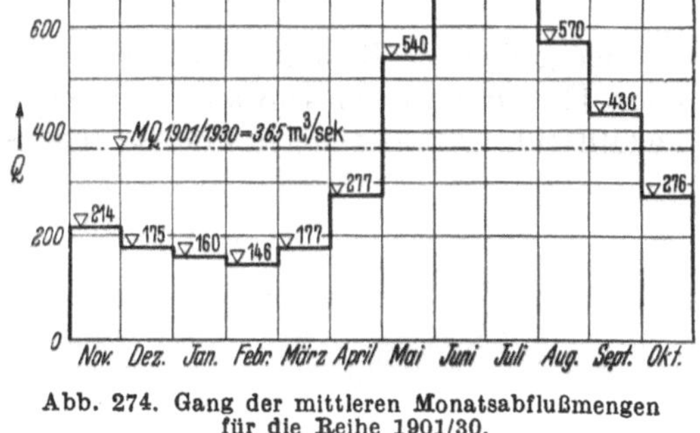

Abb. 274. Gang der mittleren Monatsabflußmengen für die Reihe 1901/30.

III. Wie groß ist die erzeugbare bzw. ausnutzbare elektrische Jahresarbeit in kWh für die verschiedenen Ausbauwassermengen?

IV. Welche Gestehungskosten in Pf/kWh ergeben sich für die Q-Werte, wenn vorausgesetzt wird, daß der Betriebskostenfaktor $\left(j = \frac{\text{Jahresausgaben}}{\text{Anlagekosten}}\right)$ für das vorliegende Beispiel mit 10% zugrunde gelegt werden darf? Die Kosten sind dabei zu ermitteln für folgende 3 Möglichkeiten:

a) Ausbau auf Jahresmittelwasser MQ: 400 M/PS Anlagekosten[1];

b) Ausbau auf Jahresmittelwasser MQ: 600 M/PS Anlagekosten[1];

c) Ausbau auf Jahresmittelwasser MQ: 800 M/PS Anlagekosten[1].

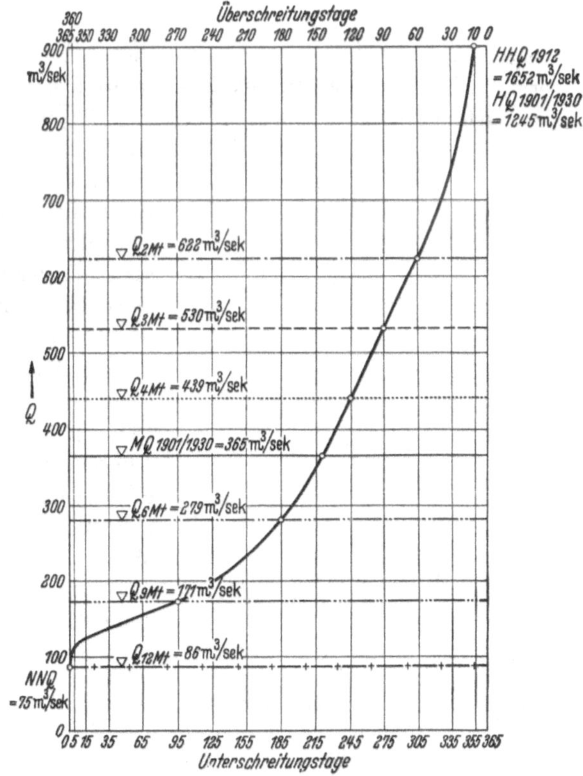

Abb. 275. Mittlere Wassermengendauerlinie für 1901/30.

[1] Die angesetzten Kostenbeträge sollen lediglich als Vergleichsunterlage dienen. Sie liegen derzeit wesentlich höher.

V. Welche Gestehungskosten $\varkappa_{w1}$ in Pf/kWh ergeben sich für die unter IV gemachten Annahmen für die erzeugbare bzw. nutzbare Wasserkraft*mehr*arbeit, wenn die Ausbauwassermenge erhöht wird?

Lösung.

Bei der geplanten Kraftstufe handelt es sich, da das Nutzgefälle zwischen 11,0 und 15,0 m schwankt, um eine *Niederdruck*wasserkraftanlage (Mitteldruckkraftanlagen 15 m $< H < \sim$ 50 m; Hochdruckkraft-

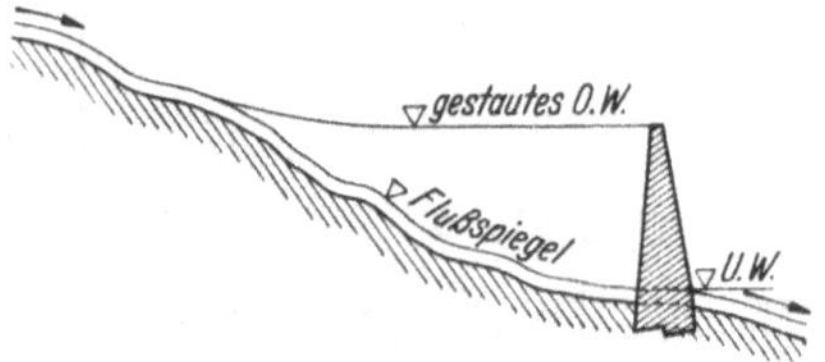

Abb. 276. Flußkraftwerk.

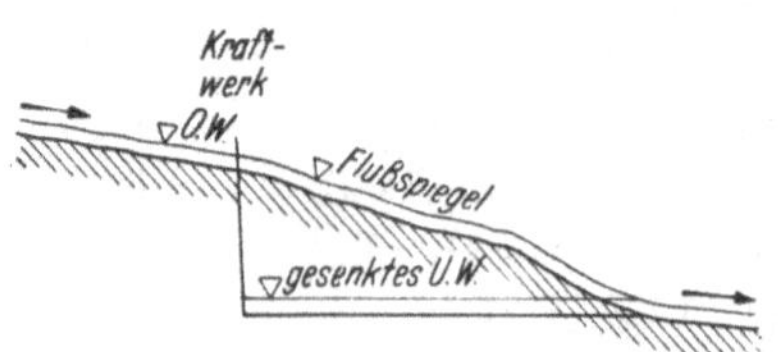

Abb. 277. Spiegelsenkung mit angeschnittenem Rückleitungskanal.

anlagen $H > 50$ m*). Von den möglichen Ausbaugrundformen [Kraftwerk im Fluß mit gestautem O.W. (Abb. 276), Spiegelsenkung mit eingeschnittenem Rückleitungskanal (Abb. 277) und Umleitung des Wassers (Abb. 278a u. b)] kann im vorliegenden Beispiel sowohl der Fall der Stauung mit ausgesprochenem „Flußkraftwerk" (ohne Seitenkanal)[1] als auch der Fall der Umleitung (mit Wasserentnahme an einem Wehr und Leitung durch einen Seitenkanal) in Betracht kommen[2]. Der Gang der mittleren Abflußmengen (Abb. 275) zeigt die den hochalpinen Flüssen Mitteleuropas (Inn, Rhein) eigene Charakteristik: Niedrigwasserführung im Winterhalbjahr, hohe Wasserführung im Sommerhalbjahr während der Schnee- und Gletscherschmelze. Diese Wasserdarbietung bedingt das große Energiedargebot im Sommer, kleines Dargebot im

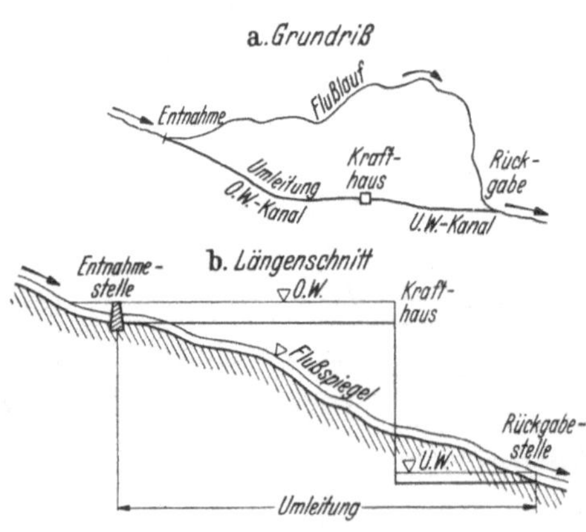

Abb. 278. Kraftausnutzung mit Seitenentnahme (Ober- u. Unterwasserkanal).

* Vgl. dazu die Aufgaben 20 bzw. 30 und 31.

[1] Vgl. dazu auch Aufgabe 37.

[2] Bei Seitenentnahme muß auch bei kleiner Wasserführung Wasser im Flußschlauch verbleiben, wodurch die Entnahmewassermenge verringert wird. Beim Flußkraftwerk ist diese Forderung normalerweise stets erfüllt. Auf diesen für die Energieausbeute wichtigen Unterschied soll hier besonders hingewiesen werden.

Winter. Die während der einzelnen Monate des Jahres auftretenden Schwankungen treten durch die Monatsmittelbildung nicht mehr in Erscheinung. Sie sind aber erfaßt in der Dauerlinie der Abflußmengen (Abb. 275). Danach ergibt sich für die Jahresreihe 1901 bis 1930, daß nur die Wassermenge $Q=86$ m³/sek an 365 Tagen vorhanden ist ($Q_{12\,\mathrm{Mt}}$). Für eine Ausbauwassermenge von dieser Größe, d. h. für eine Dimensionierung der Wasserfassung, gegebenenfalls des Umleitungskanals, dann der Maschinenanlage usw. auf diese Wassermenge könnte also die Kraftanlage in einem „mittleren" Jahr (1901 bis 1930) Tag und Nacht mit *voller* Belastung „fahren". Schwankungen in der Größe der Leistung wären nur bedingt durch die Schwankungen in der Größe des Gefälles. Diese sind in der Hauptsache eine Folge des Rückstaues des Flußwassers in den Unterwasser- (Rückgabe-) Kanal, in dem der Wasserspiegel etwa in den gleichen Grenzen schwankt wie der Flußwasserspiegel an der Einmündung des Unterwasserkanals in den Fluß (vgl. hierzu z. B. die Wasserstandsganglinie der Abb. 249).

Wählt man eine größere Ausbauwassermenge, so erhält man zwar eine größere Ausbauleistung des Werkes und eine größere Ausbeute an elektrischer Arbeit (kWh) für das Jahr, aber man hat diese größere Ausbauleistung nicht alle Tage des Jahres zur Verfügung, sondern nur an jenen Tagen, an denen diese größere Ausbauwassermenge vorhanden ist bzw. überschritten wird. Die über die Ausbauwassermenge hinausgehende Zuflußmenge bleibt ungenutzt. Je höher nun die Ausbauwassermenge gewählt wird, desto kleiner wird die während des Jahres ungenutzt abfließende Wassermenge, desto kleiner wird aber auch die Zahl der Tage, an denen das Werk mit seiner vollen Ausbauwassermenge fahren kann. Ferner: mit steigender Ausbaugröße wächst die Zahl der erzeugbaren kWh je Jahr, also die Größe der verfügbaren elektrischen Arbeit, es nehmen aber auch die Anlagekosten und damit die Gestehungskosten der erzeugten kWh zu. Es ist Aufgabe des planenden Ingenieurs, auch nach dieser Richtung hin ohne alle Phantasterei und frei von ungesunder Geschäftemacherei die beste wirtschaftliche Lösung zu suchen.

Für die Untersuchungen in unserem Beispiel wurden (zu Vergleichszwecken) als mögliche Ausbauwassermengen zugrunde gelegt:

die 12-Monatswassermenge $Q_{12\,\mathrm{Mt}}$, d. i. also jene Wassermenge, welche während 12 Monaten bzw. 365 Tagen des Jahres vorhanden ist bzw. überschritten wird,

die 9- und 6-Monatswassermenge $Q_{9\,\mathrm{Mt}}$ bzw. $Q_{6\,\mathrm{Mt}}$, die an 270 bzw. 180 Tagen des Jahres vorhanden ist bzw. überschritten wird,

die gemittelte Wassermenge MQ der Jahresreihe 1901 bis 1930,

schließlich die 4-, 3- und 2-Monatswassermengen. Die Größe dieser Wassermengen ist aus den Abb. 275 bzw. 280 zu entnehmen.

I. Es wurde bereits oben gesagt, daß mit steigender Ausbauwassermenge die Zahl der Tage zunimmt, an denen die tatsächlich zur Verfügung stehende Nutzwassermenge kleiner als die Ausbauwassermenge ist. Das Verhältnis dieser beiden zueinander heißt man nun die *Werknutzbarkeit* η_w, also

$$\eta_w = \frac{\text{nutzbare Wassermenge } Q_n}{\text{Ausbauwassermenge } Q_a}.$$

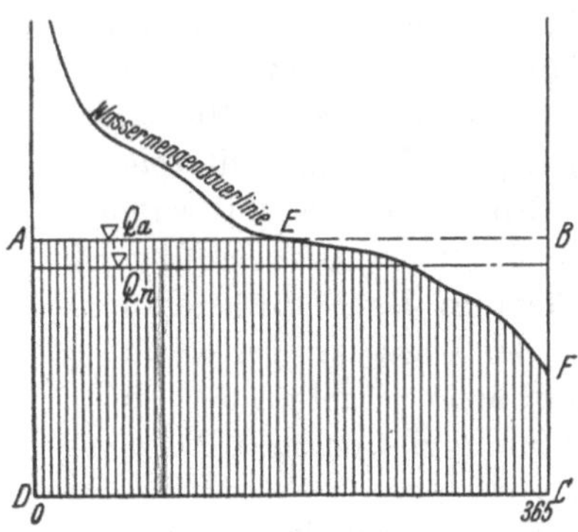

Abb. 279. Darstellung der nutzbaren Wassermenge Q_n bei Ausbau auf Q_a.

Der Begriff der Ausbauwassermenge ist bereits oben klargelegt. Die nutzbare Wassermenge Q_n stellt die *gemittelte* Wassermenge der durch die schraffierte Fläche $AEFCD$ festgelegten Wassermengen dar. Man erhält Q_n, indem man die genannte Fläche planimetriert und — unter Beachtung der Maßstäbe — durch die Abszisse DC dividiert. Da in unserem Beispiel die gesamten, während des Jahres zur Verfügung stehenden sekundlichen Wassermengen entsprechend der Kapazität der Kraftanlage voll verwertet werden (anpassungsfähiger Verbrauch), stellt hier η_w die Werknutzbarkeit bei Vollausnützung dar. In Tabelle 65 sind die den verschiedenen Ausbauwassermengen zugeordneten η_w-Werte zusammengestellt.

Tabelle 65.

	$Q_{12\,\text{Mt}}$	$Q_{9\,\text{Mt}}$	$Q_{6\,\text{Mt}}$	MQ	$Q_{4\,\text{Mt}}$	$Q_{3\,\text{Mt}}$	$Q_{2\,\text{Mt}}$
Ausbauwassermenge m³/sek	86	171	279	365	439	530	622
Werknutzbarkeit	1,0	0,95	0,82	0,73	0,66	0,60	0,55

II. Das „ideelle“ (praktisch nie voll ausnutzbare) Arbeitsvermögen des Wasservolumens V m³ vom Raumgewicht $\gamma_w = 1{,}0$ t/m³*, das sich auf beliebigem Weg um die *Gesamtfallhöhe* H m senkt, beträgt

$$E_i = 1{,}0 \cdot V \cdot H \text{ mt}.$$

Findet das Herabbewegen des Wasservolumens V gleichmäßig über einen beliebigen Zeitabschnitt t sek statt, so wird die sekundliche Wassermenge in der Zeiteinheit (sek)

$$Q = \frac{V}{t} \text{ m}^3/\text{sek}.$$

* Wegen $\gamma_w > 1{,}0$ t/m³ vgl. Aufgabe 48.

Da die sekundlich geleistete Arbeit mit „Leistung" bezeichnet wird, ergibt sich als „ideelle Leistung" in unserem Falle

$$N_i = \frac{E_i}{t} = \frac{1{,}0 \cdot V \cdot H}{t} = 1{,}0 \cdot Q \cdot H \text{ mt/sek}.$$

Wegen der bei der technischen Ausnutzung eintretenden unvermeidlichen Verluste (Reibung, Stöße, Wirbelbildungen, in geringem Maße auch Wassermengenverluste in den Triebwasserleitungen und Turbinen) ist die an den Triebwellen der Wasserkraftmaschinen tatsächlich abnehmbare (nutzbare) Arbeit E bzw. Leistung N immer kleiner als E_i bzw. N_i. Das Verhältnis von tatsächlicher zu ideeller Arbeit bzw. von tatsächlicher zu ideeller Leistung wird mit Wirkungsgrad η bezeichnet, also

$$\eta = \frac{E}{E_i} = \frac{N}{N_i}.$$

In unserem Beispiel sind die Verluste, die längs der Triebwasserleitung auftreten, in der Gefälleganglinie berücksichtigt, d. h. diese Kurve gibt für die verschiedenen Beaufschlagungswassermengen jeweils die zugeordnete *Netto*gefällehöhe (Nutzgefälle) H_n. Dagegen sind die in den Turbinen auftretenden Verluste η_T im Nettogefälle noch nicht eingeschlossen, also besonders zu berücksichtigen. Die Nutzleistung an den Turbinenwellen ergibt sich somit zu

$$N = \eta_T \cdot 1 \cdot Q \cdot H_n \text{ mt/sek}.$$

Für gut gebaute Turbinen kommen heute die Wirkungsgrade bis an 95% heran. Betriebsdurchschnittlich kann man deshalb η_T ohne Bedenken mit 85 bis 90% je nach den vorliegenden, dem Werk eigentümlichen Betriebsverhältnissen ansetzen[1]. Wenn daher in unserem Zahlenbeispiel η_T mit 80% eingeführt wurde, so liegen die weiter unten ermittelten Gestehungskosten nach der sicheren Seite hin.

Da

$$1 \text{ PS} = 75 \text{ mkg/sek} = 0{,}075 \text{ mt/sek},$$

also

$$1 \text{ mt/sek} = \frac{1}{0{,}075} = 13{,}3 \text{ PS},$$

wird die Nutzleistung[2] in PS an der Turbinenwelle

$$N' = 13{,}3 \cdot \eta_T \cdot Q \cdot H_n \text{ PS}.$$

Für den angenommenen Wert $\eta_T = 0{,}80$ ergibt sich also

$$N' = 10{,}6 \cdot Q \cdot H_n \text{ PS.*}$$

[1] LUDIN: Wasserkraftanlagen, I. Hälfte, S. 6. Handb. f. Bauing. von OTZEN, III. Teil, 8. Bd. Berlin: Springer 1934.

[2] Leistung in PS wird im folgenden Teil der Aufgabe mit N', Leistung in kW mit N bezeichnet.

* Setzt man nach LUDIN $\eta_T = 0{,}85$ bzw. 0,90, so wird an der *Turbinen*welle

$$N' = 11{,}3 \text{ bis } 12\, Q \cdot H_n \text{ PS} \quad \text{und} \quad N = 8{,}5 \text{ bis } 9{,}0\, Q \cdot H_n \text{ kW}.$$

Tabelle 66.

Ausbauwassermenge . .	$Q_{12\,Mt}$			$Q_{9\,Mt}$			$Q_{6\,Mt}$		
Tage der Überschreitung	Nutz-wasser-menge	Leistung in		Nutz-wasser-menge	Leistung in		Nutz-wasser-menge	Leistung in	
	m³/sek	PS	kW	m³/sek	PS	kW	m³/sek	PS	kW
0	86	9880	6550	171	19600	13000	279	32000	21200
30	86	10660	7070	171	21200	14050	279	34600	22900
60	86	11020	7300	171	21900	14500	279	35800	23700
90	86	11330	7510	171	22500	14900	279	36800	24400
120	86	11540	7650	171	22900	15200	279	37400	24800
144									
150	86	11710	7760	171	23300	15450	279	38000	25200
180	86	11850	7850	171	23600	15640	270	38450	25500
210	86	11980	7940	171	23800	15800	223	31000	20600
240	86	12100	8020	171	24100	16000	194	27300	18100
270	86	12280	8140	171	24350	16100			
300	86	12450	8250	153	22100	14600			
330	86	12660	8390	135	19900	13200			
350	86	12860	8520	122	18200	12100		←	
360	86	13000	8620	111	16800	11100			
365	86	13130	8700	86	13100	8700			

Beachtet man, daß 1 PS = 0,736 kW, dann berechnet sich die Turbinenleistung in kW zu

$$N = 13{,}3 \cdot 0{,}736 \cdot \eta_T \cdot Q \cdot H_n = 9{,}8 \cdot \eta_T \cdot Q \cdot H_n \text{ kW}.$$

Da die Energieumwandlung von mechanischer Energie in elektrische Energie im Generator (Dynamomaschine, Stromerzeuger) nicht verlustlos vor sich geht, ist auch hierfür ein Wirkungsgrad η in Ansatz zu bringen, der entweder bezogen wird auf Messungen an den Generatorklemmen (η_G) oder auf Messungen „hinter dem Umspanner" (η_U). Für Normalbelastung wird $\eta_G = 0{,}90$ bis $0{,}975$, im Betriebsdurchschnitt $\eta_G = 0{,}85$ bis $0{,}96$.

Wir setzen in unserem Beispiel als Mittelwert für $\eta_G = 0{,}90$ und nehmen diesen Wert für alle Fälle gleichbleibend an. Damit ergibt sich für die zur Verfügung stehende elektrische Leistung

$$N = 9{,}8 \cdot \eta_T \cdot \eta_G \cdot Q \cdot H_n,$$

$$N = 9{,}8 \cdot 0{,}80 \cdot 0{,}90 \cdot Q \cdot H_n,$$

$$N = 7{,}06 \cdot Q \cdot H_n \text{ kW}.$$

In Tabelle 66 sind für die verschiedenen Ausbaugrößen der geplanten Kraftanlage und dabei in jedem Falle für die verschiedenen Nutzwassermengen und zugeordneten Nutzgefälle die Nutzleistungswerte an der Turbinenwelle in PS und an den Generatorklemmen in kW ermittelt und in Abb. 280 in Form von Leistungsdauerlinien aufgetragen.

MQ			$Q_{4\,Mt}$			$Q_{3\,Mt}$			$Q_{2\,Mt}$		
Nutzwassermenge	Leistung in		Nutzwassermenge	Leistung in		Nutzwassermenge	Leistung in		Nutzwassermenge	Leistung in	
m³/sek	PS	kW	m³/sek	PS	kW	m³/sek	PS	kW	m³/sek	PS	kW
365	41800	27700	439	50400	33400	530	60800	40300	622	71500	47400
365	45100	29900	439	54300	36000	530	65600	43500	622	77000	51000
365	46700	30900	439	56200	37200	530	67900	45000	622	79800	52900
365	48000	31800	439	57700	38200	530	69800	46200			
365	48850	32400	439	58800	39000						
365	49500	32800									
349	47500	31500									

III. Die elektrische Jahresarbeit in kWh erhält man aus den verschiedenen Werten der elektrischen Leistung (elektrische Arbeit je Sekunde), indem diese mit den zugehörigen Zahlen von Arbeitsstunden multipliziert werden. Zum Beispiel steigt für die Ausbauwassermenge $Q_{6\,Mt}$ für die Zunahme der Überschreitungsdauer von 0 auf 30 Tagen die verfügbare elektrische Leistung von 21200 auf 22900 kW. Für diesen Zeitraum ($24 \cdot 30 = 720$ Stunden) erhält man also

$$N_a = \frac{21200 + 22900}{2} \cdot 720 = 15{,}9 \text{ Millionen kWh}.$$

In Tabelle 67 sind die Jahreskilowattstunden für die angenommenen Ausbaugrößen zusammengestellt.

Tabelle 67.

Ausbauwassermenge m³/sek	Ausbauleistung in PS	Ausbauleistung in kW	Verfügbare Jahres-kWh in Millionen
$Q_{12\,Mt} = 86$	13130	8700	68,9
$Q_{9\,Mt} = 171$	24350	16100	129,2
$Q_{6\,Mt} = 279$	38450	25500	177,9
$MQ = 365$	49500	32800	206,0
$Q_4 = 439$	58800	39000	226,9
$Q_3 = 530$	69800	46200	243,1
$Q_2 = 622$	79800	52900	256,9

IV. Die Kosten von Kraftanlagen setzen sich zusammen aus den einmaligen Anlagekosten K und den laufenden jährlichen Betriebskosten.

Dividiert man die Anlagekosten K durch die Ausbauleistung N, so erhält man die Ausbaukosten je Leistungseinheit, also

$$A = \frac{K}{N}\ \mathrm{M/PS}\,.$$

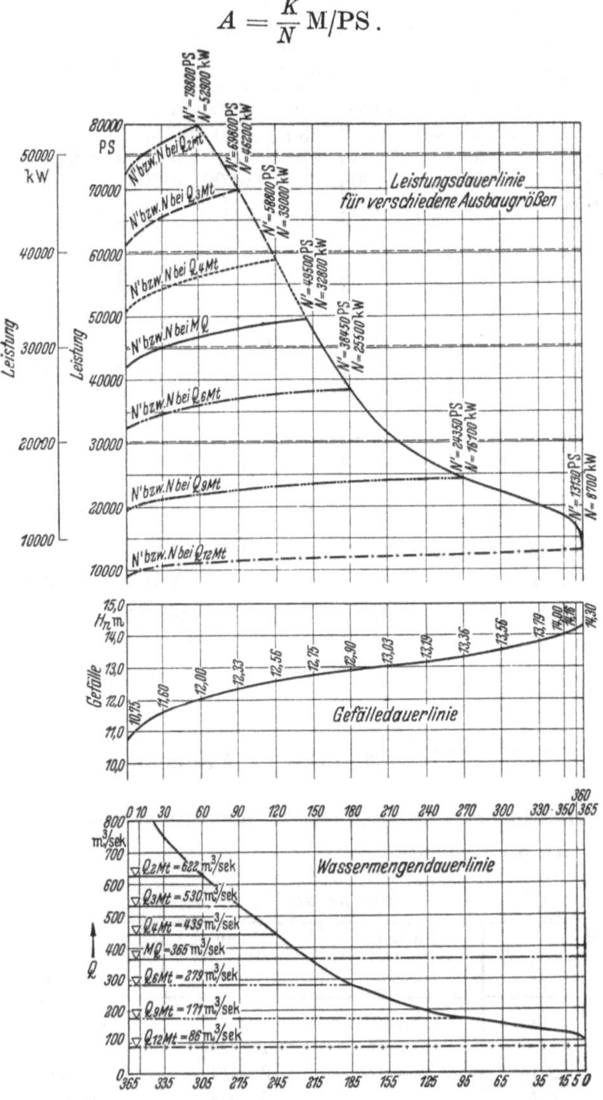

Abb. 280. Leistungsplan für verschiedene Ausbauwassermengen.

Die Jahresbetriebskosten wiederum setzen sich zusammen aus der Verzinsung und Tilgung des Anlagekapitals, den Erneuerungs- und Sicherungsrücklagen; ferner aus den allgemeinen Geschäftsunkosten, den Personalausgaben, den Kosten für Unterhaltung und Ausbesserung und den Sachausgaben. Diese Betriebskosten sind nicht nur abhängig vom Zinssatz des Leihkapitals, sondern unter anderem auch wesentlich von den Belastungsverhältnissen und der Ausbaugröße[1]. Stets betragen die Jahreskosten (Betriebskosten) nur einen kleinen Bruchteil der Anlagekosten, und es ist bei Wasserkraftanlagen näherungsweise zulässig, diesen Bruchteil durch einen aus der Erfahrung hergeleiteten Betriebskostenfaktor j auszudrücken. Dabei läßt sich für die Jahreskosten k ansetzen:

$$k = j \cdot K \text{ M}.$$

Dem in unserem Beispiel zugrunde gelegten Wert $j = 0{,}10$ entspricht etwa eine Durchschnittsverzinsung von 6%.

Der Gestehungspreis der erzeugbaren kWh ergibt sich, indem der Jahreskostenbetrag k durch die elektrische Jahresarbeit N_j (kWh/Jahr) dividiert wird, also

$$\varkappa = \frac{k}{N_j} \text{ M/kWh je Jahr} = 100 \cdot \frac{k}{N_j} \text{ Pf/kWh je Jahr}.$$

In unserem Beispiel ergab sich für die Ausbauwassermenge $MQ = 365$ m³/sek nach Tabelle 66 die maximale Ausbauleistung zu $N_{MQ} = 49\,500$ PS. Betragen nun die Ausbaukosten je Leistungseinheit $A_{MQ} = 400$ M/PS, so errechnen sich die Gesamtausbaukosten zu

$$K = 49\,500 \cdot 400 = 19\,800\,000 \text{ M}$$

und die Jahresbetriebskosten zu

$$k = 0{,}10 \cdot 19\,800\,000 = 1\,980\,000 \text{ M}.$$

Damit ergeben sich die Gestehungskosten $\varkappa$ für 206 Mill. kWh Jahreserzeugung (Tab. 67) zu

$$\varkappa = \frac{1\,980\,000}{206\,000\,000} \cdot 100 = 0{,}94 \text{ Pf/kWh} \quad \text{(Tab. 69)}.$$

Nachfolgend wird gezeigt, wie sich die Werte $\varkappa$ ändern, wenn die Ausbauwassermengen vergrößert bzw. verkleinert werden. Diese Berechnung wird hier durchgeführt nach dem übersichtlichen und einfachen Verfahren, das Ministerialrat HOLLER veröffentlicht hat[2]. Er geht von der Jahresmittelwassermenge MQ als Ausbauwassermenge aus und stellt Beziehungen auf für die Änderungen a) der Anlagekosten je PS, b) der Kosten der elektrischen Arbeitseinheit (kWh), c) der Kosten der PS-Ausbauleistungsmehrung (bzw. -minderung), d) Kosten der Kilowattstunde erzeugbarer Mehr- bzw. Minderarbeit, wenn die Ausbauwassermenge anwächst bzw. abnimmt.

---

[1] Ausführlicheres darüber in LUDIN: Wasserkraftanlagen, S. 110ff. Zitiert S. 561.

[2] HOLLER: Grundsätze für die Bestimmung von Ausbauwassermengen. Wasserkraftjahrbuch 1924. München: Pflaum-Verlag.

Zunächst ist festzustellen, in welchem Verhältnis sich die Kostenanteile, aus denen sich die Anlage- und Betriebskosten zusammensetzen, ändern, wenn die Größe der Ausbauwassermenge geändert wird. Es zeigt sich, daß im allgemeinen die Bau- und Unterhaltungskosten des Wehres, der Wohn- und Betriebsnebenräume, die Bedienungskosten und der größte Teil der Projektierungs-, Grunderwerbs- und sonstigen allgemeinen Kosten unabhängig von der Ausbaugröße sind. Die Kosten des Einlaufbauwerkes, des Wasserschlosses und eines Teiles der Maschinenanlage und des Maschinenraumes nehmen annähernd im gleichen Verhältnis zu wie die Ausbauwassermenge. Dagegen wachsen die Kosten der Wasserzu- und -ableitungen mit der Quadratwurzel aus der Ausbauwassermenge. Stehen diese drei sich verschieden verhaltenden Kostengruppen zueinander im Verhältnis $c_1 : c_2 : c_3$, wobei in den Zahlenbeispielen $c_1 = 0{,}18$, $c_2 = 0{,}40$, $c_3 = 0{,}42$ angenommen wird, dann läßt sich das Anwachsen der Anlagekosten bei Zunahme der Ausbauwassermenge von MQ auf Q_w durch die Beziehung ausdrücken:

$$N'_w \cdot A_w = N'_{MQ} \cdot A_{MQ} \cdot \left(c_1 + c_2 \cdot \frac{Q_w}{MQ} + c_3 \sqrt{\frac{Q_w}{MQ}}\right).$$

Dabei ist

N'_w, N'_{MQ} = Ausbauleistung in PS für eine Ausbauwassermenge Q_w, MQ;
A_w, A_{MQ} = Anlagekosten der Ausbauleistung je PS.

Für $Q_w = MQ$ (Ausbauvergrößerung = Null) ergibt der obige Klammerausdruck — wie es auch sein muß — den Wert 1 (unveränderte Anlagekosten!).

Wird nun die Annahme berücksichtigt, daß Gefälle und Wirkungsgrad unverändert bleiben, d. h. die Ausbauleistungen N'_w und N'_{MQ} sich verhalten wie die Ausbauwassermengen Q_w und MQ, also

$$\frac{N'_w}{N'_{MQ}} = \frac{Q_w}{MQ},$$

so erhält man:

$$A_w = \frac{N'_{MQ} \cdot A_{MQ}}{N'_w} \cdot \left(c_1 + c_2 \cdot \frac{Q_w}{MQ} + c_3 \cdot \sqrt{\frac{Q_w}{MQ}}\right),$$

$$A_w = A_{MQ} \cdot \frac{MQ}{Q_w} \cdot \left(c_1 + c_2 \cdot \frac{Q_w}{MQ} + c_3 \cdot \sqrt{\frac{Q_w}{MQ}}\right),$$

$$A_w = A_{MQ} \cdot \left(c_1 \cdot \frac{MQ}{Q_w} + c_2 + c_3 \cdot \sqrt{\frac{MQ}{Q_w}}\right).$$

Da in unserem Falle $\eta_G = 0{,}90$ angenommen ist, ergibt sich für die Umrechnung von PSh auf kWh:

$$1 \text{ PSh} = 0{,}90 \cdot 0{,}736 = 0{,}66 \text{ kWh}$$

$$\text{bzw.} \quad 1 \text{ kWh} = \frac{1}{0{,}66} = \sim 1{,}5 \text{ PSh}.$$

Die Kosten (der Gestehungspreis) der kWh erzeugbarer elektrischer Arbeit lassen sich deshalb wie folgt ausdrücken:

$$\varkappa_w = \frac{j \cdot A_w}{\eta_G \cdot 0{,}736 \cdot 8760 \cdot \eta_w} = \frac{j \cdot A_w}{0{,}66 \cdot 8760 \cdot \eta_w},$$

j = Betriebskostenfaktor = 0,10; η_w = Werknutzbarkeit.

In den Tabellen 68 und 69 sind die A_w-Werte und $\varkappa_w$-Werte ermittelt und zusammengestellt, wobei aber die letzteren in Pfennigen ausgedrückt sind entsprechend der Beziehung:

$$\varkappa_w = 100 \cdot \frac{j \cdot A_w}{0{,}66 \cdot 8760 \cdot \eta_w} = 0{,}00172 \cdot \frac{A_w}{\eta_w} \text{ Pf/kWh}.$$

Ersetzt man in dem Ausdruck für $\varkappa_w$ den Wert A_w durch die entsprechende Beziehung mit A_{MQ}, also

$$\varkappa_w = 0{,}00172 \cdot \frac{A_{MQ}}{\eta_w} \cdot \left(c_1 \cdot \frac{MQ}{Q_w} + c_2 + c_3 \sqrt{\frac{MQ}{Q_w}}\right),$$

so hat man einen Ansatz für $\varkappa_w$, wenn die A_w-Werte vorher noch nicht ermittelt sind.

Tabelle 68.

A_{MQ} M/PS	MQ m³/sek	Q_w m³/sek	$\frac{MQ}{Q_w}$	$c_1 \cdot \frac{MQ}{Q_w}$	c_2	$c_3 \sqrt{\frac{MQ}{Q_w}}$	(5 + 6 + 7)	A_w	η_w
1	2	3	4	5	6	7	8	9	10
400,—	365	86	4,25	0,765	0,40	0,866	2,031	813,—	1,0
400,—	365	171	2,13	0,384	0,40	0,614	1,398	560,—	0,95
400,—	365	279	1,31	0,236	0,40	0,481	1,117	446,—	0,82
400,—	365	365	1,0	0,180	0,40	0,42	1,0	400,—	0,73
400,—	365	439	0,83	0,149	0,40	0,383	0,932	374,—	0,66
400,—	365	530	0,69	0,124	0,40	0,349	0,873	350,—	0,60
400,—	365	622	0,59	0,106	0,40	0,323	0,829	332,—	0,55

Tabelle 69.

Ausbauwassermenge Q_w m³/sek	Q_w in % von MQ	Werknutzbarkeit η_w	A_{MQ} = 400,— M/PS			A_{MQ} = 600,— M/PS			A_{MQ} = 800,— M/PS		
			A_w M/PS	$\frac{A_w}{\eta_w}$	$\varkappa_w$ in Pf/kWh	A_w M/PS	$\frac{A_w}{\eta_w}$	$\varkappa_w$ in Pf/kWh	A_w M/PS	$\frac{A_w}{\eta_w}$	$\varkappa_w$ in Pf/kWh
86	23,5	1,0	813,—	813	1,72	1220,—	1220	2,1	1626,—	1620	2,78
171	46,8	0,95	560,—	589	1,01	840,—	880	1,54	1120,—	1179	2,03
279	76,4	0,82	446,—	543	0,934	669,—	816	1,40	892,—	1086	1,87
365	100	0,73	400,—	548	0,942	600,—	820	1,41	800,—	1094	1,88
439	120	0,66	374,—	566	0,97	561,—	850	1,46	748,—	1130	1,94
530	145	0,60	350,—	582	1,00	525,—	871	1,50	700,—	1166	2,00
622	171	0,55	332,—	603	1,038	498,—	902	1,55	664,—	1203	2,07

V. Auch die Kosten der *Ausbauleistungsmehrung* je PS sowie die *Kosten der kWh erzeugbarer Mehrarbeit* lassen sich in ähnlicher Weise, wie schon oben gezeigt, analytisch herleiten. Dabei können die Kosten der PS-Ausbauleistungsmehrung A'_{w_1}, die sich ergibt, wenn die Ausbauwassermenge von Q_w auf Q_{w_1} vergrößert wird, ausgedrückt werden durch den Ansatz

$$A'_{w_1} = \frac{\text{Gesamtanlagekosten für Ausbaumenge } Q_{w_1} - \text{Gesamtanlagekosten für Ausbaumenge } Q_w}{\text{Ausbauleistung } N'_{w_1}(f \cdot Q_{w_1}) - \text{Ausbauleistung } N'_w(f \cdot Q_w)}$$

also

$$A'_{w_1} = \frac{N'_{w_1} \cdot A_{w_1} - N'_w \cdot A_w}{N'_{w_1} - N'_w}.$$

Bei Heranziehung der Beziehungen zu A_{MQ} und MQ erhält man

$$A'_{w_1} = \frac{N'_{MQ} \cdot A_{MQ} \cdot \left(c_1 + c_2 \cdot \frac{Q_{w_1}}{MQ} + c_3 \sqrt{\frac{Q_{w_1}}{MQ}}\right) - N'_{MQ} \cdot A_{MQ} \cdot \left(c_1 + c_2 \cdot \frac{Q_w}{MQ} + c_3 \sqrt{\frac{Q_w}{MQ}}\right)}{N'_{w_1} - N'_w}$$

oder, da $N'_{w_1} = \frac{Q_{w_1}}{MQ} \cdot N'_{MQ}$ und $N'_w = \frac{Q_w}{MQ} \cdot N'_{MQ}$, nach Division mit N'_{MQ}:

$$A'_{w_1} = \frac{A_{MQ} \cdot \left(c_1 + c_2 \cdot \frac{Q_{w_1}}{MQ} + c_3 \sqrt{\frac{Q_{w_1}}{MQ}}\right) - A_{MQ} \cdot \left(c_1 + c_2 \cdot \frac{Q_w}{MQ} + c_3 \sqrt{\frac{Q_w}{MQ}}\right)}{\frac{Q_{w_1}}{MQ} - \frac{Q_w}{MQ}},$$

$$A'_{w_1} = \frac{A_{MQ} \cdot \left(c_2 \cdot \frac{Q_{w_1}}{MQ} + c_3 \sqrt{\frac{Q_{w_1}}{MQ}}\right) - A_{MQ} \cdot \left(c_2 \cdot \frac{Q_w}{MQ} + c_3 \sqrt{\frac{Q_w}{MQ}}\right)}{\frac{Q_{w_1}}{MQ} - \frac{Q_w}{MQ}},$$

$$A'_{w_1} = A_{MQ} \cdot \frac{c_2 \cdot \frac{Q_{w_1} - Q_w}{MQ} + c_3 \left(\sqrt{\frac{Q_{w_1}}{MQ}} - \sqrt{\frac{Q_w}{MQ}}\right)}{\frac{Q_{w_1}}{MQ} - \frac{Q_w}{MQ}},$$

$$A'_{w_1} = A_{MQ} \cdot \left(c_2 + c_3 \cdot \frac{\sqrt{\frac{Q_{w_1}}{MQ}} - \sqrt{\frac{Q_w}{MQ}}}{\frac{Q_{w_1}}{MQ} - \frac{Q_w}{MQ}}\right),$$

$$A'_{w_1} = A_{MQ} \cdot \left(c_2 + c_3 \cdot \frac{\sqrt{\frac{Q_{w_1}}{MQ}} - \sqrt{\frac{Q_w}{MQ}}}{\left(\sqrt{\frac{Q_{w_1}}{MQ}} + \sqrt{\frac{Q_w}{MQ}}\right)\left(\sqrt{\frac{Q_{w_1}}{MQ}} - \sqrt{\frac{Q_w}{MQ}}\right)}\right),$$

$$A'_{w_1} = A_{MQ} \cdot \left(c_2 + \frac{c_3}{\sqrt{\frac{Q_{w_1}}{MQ}} + \sqrt{\frac{Q_w}{MQ}}}\right).$$

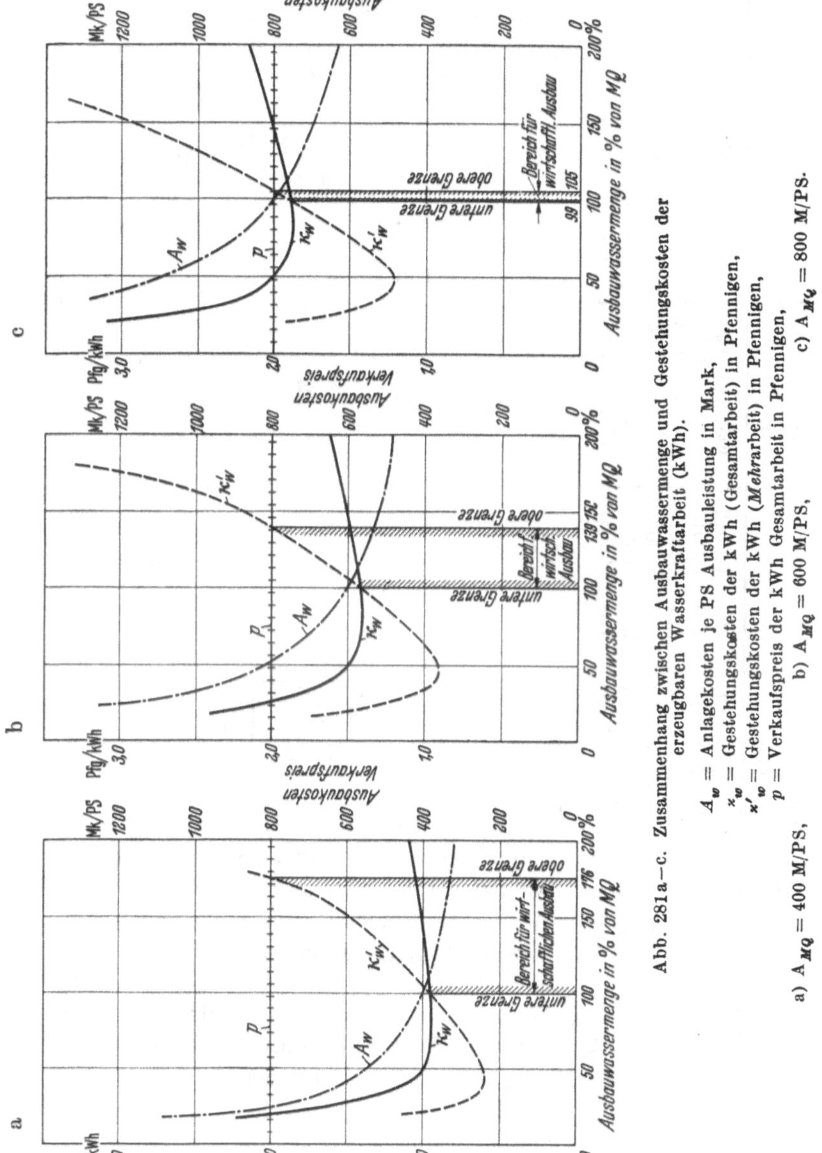

Abb. 281 a—c. Zusammenhang zwischen Ausbauwassermenge und Gestehungskosten der erzeugbaren Wasserkraftarbeit (kWh).

A_w = Anlagekosten je PS Ausbauleistung in Mark,
$\varkappa_w$ = Gestehungskosten der kWh (Gesamtarbeit) in Pfennigen,
$\varkappa'_w$ = Gestehungskosten der kWh (*Mehr*arbeit) in Pfennigen,
p = Verkaufspreis der kWh Gesamtarbeit in Pfennigen,

a) A_{MQ} = 400 M/PS, b) A_{MQ} = 600 M/PS, c) A_{MQ} = 800 M/PS.

Tabelle 70.

Q_w m³/sek	Q_{w_1} m³/sek	$\sqrt{\frac{Q_{w_1}}{MQ}}$	$\sqrt{\frac{Q_w}{MQ}}$	$\frac{c_3}{\sqrt{\frac{Q_{w_1}}{MQ}}+\sqrt{\frac{Q_w}{MQ}}}$	Zähler	t_w Tage	t_{w_1} Tage	$t_{w_1}+t_w$ Tage	Bruch	$A_{MQ}=400,-$ M/PS: A'_{w_1} M	$A_{MQ}=400,-$ M/PS: $\varkappa'_{w_1}$ Pf	$A_{MQ}=600,-$ M/PS: A'_{w_1} M	$A_{MQ}=600,-$ M/PS: $\varkappa'_{w_1}$ Pf	$A_{MQ}=800,-$ M/PS: A'_{w_1} M	$A_{MQ}=800,-$ M/PS: $\varkappa'_{w_1}$ Pf
86	171	0,685	0,485	0,36	0,76	365	270	635	0,0012	305,—	0,60	457,—	0,90	610,—	1,20
171	279	0,875	0,685	0,27	0,67	270	180	450	0,0015	269,—	0,75	404,—	1,12	538,—	1,50
279	365	1,000	0,875	0,22	0,62	180	144	324	0,0019	248,—	0,95	372,—	1,42	496,—	1,90
365	439	1,095	1,000	0,20	0,60	144	120	264	0,00227	240,—	1,135	360,—	1,70	480,—	2,27
439	530	1,205	1,095	0,18$_3$	0,58$_3$	120	90	210	0,0028	234,—	1,40	351,—	2,10	468,—	2,80
530	622	1,306	1,205	0,16$_7$	0,56$_7$	90	60	150	0,00378	227,—	1,89	340,—	2,83	454,—	3,79

Die *Gestehungskosten der Kilowattstunde erzeugbarer Mehrarbeit in Pfennigen* ergeben sich dann unter Berücksichtigung der verschiedenen Überschreitungsdauern t_{w_1} und t_w für Q'_w bzw. Q_w zu

$$\varkappa'_{w_1} = 100 \cdot \frac{j \cdot A'_{w_1}}{\eta_G \cdot 0{,}736 \cdot 24 \cdot \frac{t_{w_1} + t_w}{2}},$$

$$\varkappa'_{w_1} = 100 \cdot \frac{j \cdot A'_{w_1}}{0{,}66 \cdot 24 \cdot \frac{t_{w_1} + t_w}{2}},$$

$$\varkappa'_{w_1} = 100 \cdot \frac{j \cdot A'_{w_1}}{8 \cdot (t_{w_1} + t_w)}$$

oder bei Einsetzung der entsprechenden Beziehung zwischen A'_{w_1} und A_{MQ} (siehe oben!):

$$\varkappa'_{w_1} = 1{,}25 \cdot A_{MQ} \times \frac{c_2 + \frac{c_3}{\sqrt{\frac{Q_{w_1}}{MQ}} + \sqrt{\frac{Q_w}{MQ}}}}{t_{w_1} + t_w} \text{ Pf/kWh}.$$

In der Tabelle 70 sind die Werte A'_{w_1} und $\varkappa'_{w_1}$ ermittelt, und in Abb. 281 wurden die Ergebnisse graphisch aufgetragen[1]. Bei Wasserkraftanlagen, die einen nicht anpassungsfähigen Energiebedarf aufweisen, die also eine Wärmekraftanlage oder einen Wasserspeicher oder beides als Ergänzung für die Bedarfsdeckung brauchen, lassen sich analoge Beziehungen für A und $\varkappa$ aufstellen[2].

[1] Vgl. HOLLER: Grundsätze für die Bestimmung von Ausbauwassermengen. Zitiert S. 565.

[2] Vgl. dazu die unter [1] angegebene Literatur, ferner LUDIN: Wasserkraftanlagen, 1. Hälfte. Zitiert S. 561.

Aufgabe 47.

Untersuchung der Durchflußverhältnisse in einem Flußprofil bei Auftreten eines Eisstandes.

Eine Flußstrecke besitze das in Abb. 284 dargestellte Profil. Das Spiegelgefälle betrage $J = 0{,}5\,^0/_{00}$. Die Rauhigkeit des Flußbettes kann mit $\gamma = 1{,}30$ (nach BAZIN) angesetzt werden. Wie ändert sich der Wasserstand, wenn in der betrachteten Flußstrecke bei 2,0 m Wassertiefe (*NW*) ein *Eisstoß* (Eisstand) auftritt?

Lösung.

Zunächst einige Hinweise zur Eisbildung auf Seen und Flüssen!

Bei stehenden Gewässern (Seen, Altwässern der Flüsse usw.) findet eine Schichtung des Wassers von verschiedener Temperatur (= verschiedener Dichte) statt (vgl. Abb. 282, aus der die Bedeutung dieser Temperaturschichtung z. B. bei Wasserversorgungen aus Seen für die Temperatur des entnommenen Wassers hervorgeht!). Da das Wasser bei $+4°$ C seine größte Dichte hat, bleiben nicht nur die im Sommer am stärksten erwärmten Wassermassen, sondern ebenso die im Winter bei anhaltendem Frost unter $+4°$ C abgekühlten Wasserschichten an der Oberfläche der stehenden Gewässer. Dadurch tritt hier auch die Eisbildung im Winter an der *Oberfläche* ein. Es bildet sich eine feste *Kern*eisschicht, die mit wachsenden Frostgraden und zunehmender Frostdauer an Stärke zunimmt.

In *fließenden* Gewässern verhindert die Turbulenz (Wirbelbildung) der Wasserbewegung eine solche Schichtenlagerung des Wassers von verschiedenen Temperaturen. Im Winter kühlt sich deshalb bei anhaltendem Frost das *gesamte* bewegte Flußwasser auf 0° C und darunter ab. Die *Eisbildung* nimmt dann da ihren Anfang, wo die Eiskristallbildung besonders günstige Bedingungen vorfindet, nämlich an der rauhen Sohle, weil dort die Strömungsgeschwindigkeit verhältnismäßig klein ist (*Grundeis*). Es stellt schlammige Klumpen von wirr zusammengesetzten Kristallnadeln dar. Wenn ein solcher Grundeisklumpen eine gewisse Größe erreicht hat, löst er sich unter der Einwirkung der Strömung und des Auftriebes von der Sohle und steigt zur Oberfläche als *Treibeis* (in Bayern „Sulzeis", an der Donau „Tost" genannt).

Solches Sulzeis bildet sich aber nicht nur an der Flußsohle. Das Flußwasser führt unzählige Schwebestoffteilchen mit sich. Da diese festen Teilchen etwa mit der gleichen Geschwindigkeit talab schwimmen wie das sie umgebende Wasser, setzen sich bei dieser „relativen" Ruhe auch an sie Eiskristalle an, die nach Erreichung einer gewissen

Größe ebenfalls wie das Grundeis aufschwimmen. Je stärker der Schwebstoffgehalt, desto stärker ist die Eisbildung, desto auffälliger ist aber auch die Klärung des Flußwassers, die bei der Eisbildung eintritt.

An ruhigen und seichten Stellen des Flusses, besonders an den Ufern und in stillen Buchten, bildet sich an der Oberfläche auch noch *Kern*eis (Randeis, Saumeis).

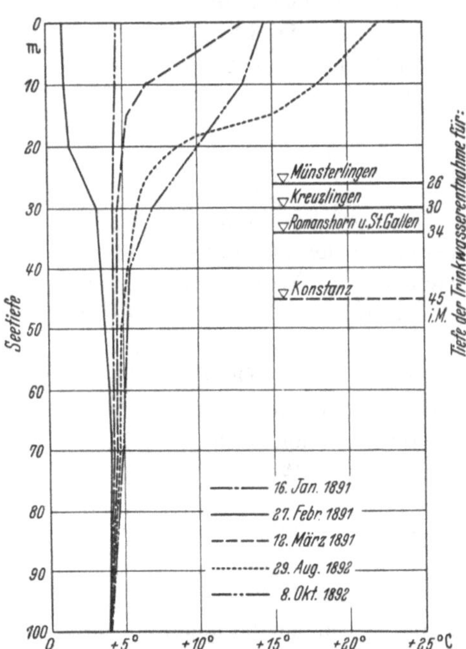

Abb. 282. Verlauf der Temperatur in verschiedenen Tiefen des Bodensees (Tautochronen).

Diese Eisbildungen gehen bei anhaltendem Frost, wenn die Wassertemperatur einmal den Gefrierpunkt erreicht hat, mit großer Schnelligkeit vor sich und führen zu zunehmendem Eistreiben an der Flußoberfläche (*Eisgang*). Kommt es nun zu Eisstauungen, z. B. an Brückenpfeilern, Sandbänken, in scharfen Flußkrümmungen, in Staustrekken, zwischen weit gegen die Flußmitte fortgeschrittenen Saumeisbildungen, dann bildet sich eine feste, stehende Eisdecke (*Eisstand, Eisstoß*). Beim Auftreten des Eisstoßes schieben sich die herabtreibenden Schollen über- und untereinander, wodurch eine Verkleinerung des Abflußquerschnittes eintritt, die erheblich werden kann. Die Abb. 283a (Donau) und 283b (Düna) zeigen das in anschaulicher Weise.

Eine typische Begleiterscheinung des Eisstoßes ist das *Ansteigen des Wasserstandes*. Und zwar tritt diese Erscheinung bereits ein, wenn der Wasserspiegel vollkommen mit Kerneis bedeckt ist. Die Ursachen dafür sind

1. die Verkleinerung des wirksamen Abflußquerschnittes infolge der Eisdecke, gegebenenfalls auch noch durch das Schiebeeis unter der Eisdecke, und durch Grundeis;

2. die Verkleinerung der mittleren Durchflußgeschwindigkeit infolge der Vergrößerung der Widerstände, da nun auch noch Bremswirkungen an der Berührungsfläche des Wassers mit der Eisunterfläche hinzukommen;

3. die Strudelbildungen durch Eisbewegungen unter der Eisdecke.

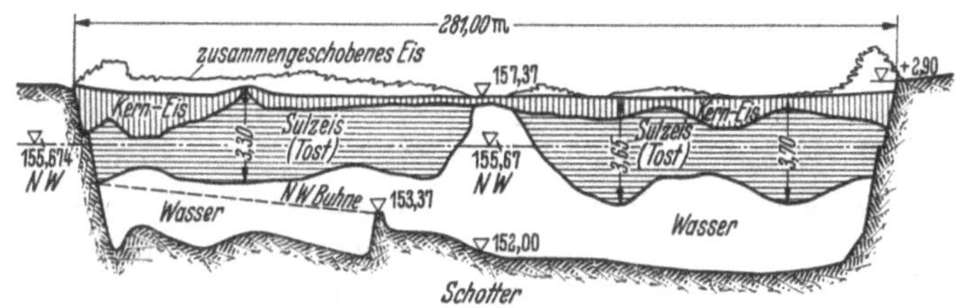

Abb. 283a. Querschnitt durch die Donau bei Wien während eines Eisstandes (~ 10fach überhöht). (SCHOKLITSCH, Wasserbau, Bd. I.)

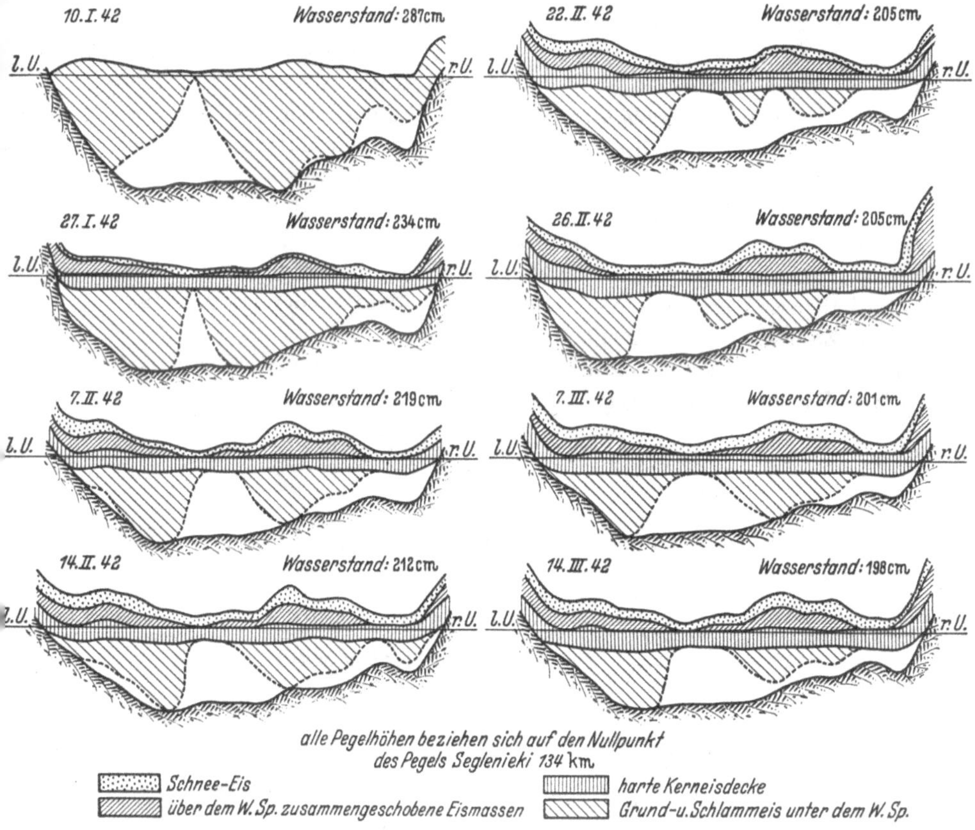

alle Pegelhöhen beziehen sich auf den Nullpunkt des Pegels Seglenieki 134 km

Schnee-Eis
über dem W. Sp. zusammengeschobene Eismassen
harte Kerneisdecke
Grund- u. Schlammeis unter dem W. Sp.

Abb. 283b. Verlauf des Eisstandes in einem Querprofil der Düna vom 10. 1. 42 bis 14. 3. 42.

Bringt man in der Eisdecke eine Öffnung bis hinunter zum Wasser an, so stellt sich der Wasserspiegel wenig unter der Eisoberfläche ein. Es taucht also die Eisdecke in den Wasserquerschnitt ein. Eine Druckwirkung (artesische Wirkung) tritt dabei nicht auf, d. h. die Eisdecke schwimmt auf dem Wasser. Diese Wasserspiegellage weist auch darauf hin, daß die Eisdecke in der Richtung des Abflusses geneigt ist, so daß man aus dem durchschnittlichen Gefälle der Eisdecke auf das maßgebende Wasserspiegelgefälle schließen kann. In Übereinstimmung mit dieser Erscheinung steht die Anschauung JASMUNDS[1] hinsichtlich des Wasserabflusses unter Eis, wenn er sagt: „Die Sachlage ist derjenigen bei *geschlossenen Rohren* ähnlich, aber doch insofern verschieden, als die Wandungen nicht aus demselben Material bestehen und die Eisdecke mit ihrem Gewicht auf dem Wasser schwimmt."

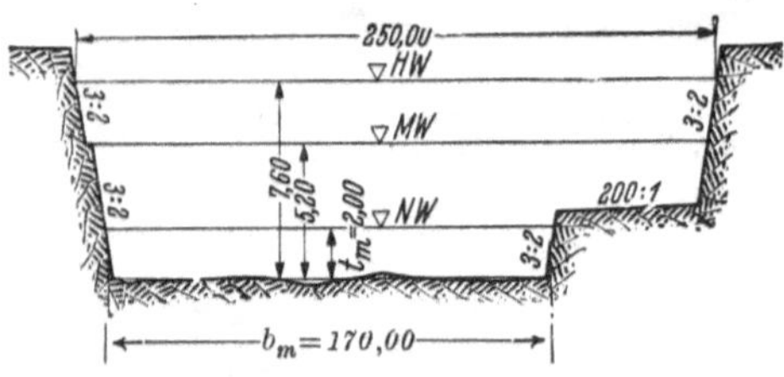

Abb. 284. Querprofil (10fach überhöht).

Aus diesen Verhältnissen ergibt sich, daß die für den *offenen, ungehemmten* Abfluß geltende Abflußkurve bei eintretendem Eisstand *keine* Gültigkeit mehr besitzt[2]. In welcher *Größenordnung* sich hier die Verhältnisse verschieben können, soll an dem in der Aufgabe gegebenen Zahlenbeispiel gezeigt werden.

Danach ergibt sich *vor* Eintritt des Eisstandes für eine Wassertiefe von 2,0 m nach BRAHMS (vgl. Abb. 284):

$$v = c \cdot \sqrt{R \cdot J} = \frac{87}{1 + \frac{1,30}{\sqrt{R}}} \sqrt{R \cdot 0,0005}.$$

Der Profilradius R ist dabei näherungsweise:

$$R \sim \frac{b_m \cdot t_m}{b_m} = t_m = 2,0\,\text{m}.$$

Damit wird

$$v = \frac{87}{1 + \frac{1,30}{\sqrt{2,0}}} \sqrt{2,0 \cdot 0,0005} = \mathbf{1,44}\ \text{m/sek}$$

und die Durchflußmenge

$$Q = v \cdot F = 1,44 \cdot (170 \cdot 2,0) = 1,44 \cdot 340 = \mathbf{490}\ \text{m}^3/\text{sek}.$$

Bei der dieser Wasserführung entsprechenden mittleren Wassertiefe $t_m = 2,0$ m soll nun der *Eisstand* eintreten. Wir nehmen dabei den sehr

---

[1] Handb. d. Ing.-Wissensch. Teil III, Bd. 1, Kap. 2, 5. Aufl. Leipzig 1923.

[2] Vgl. dazu auch v. RINSUM: Die Abflußkurve, S. 77: Die Abflußkurve bei Eisstand. Zitiert S. 533.

günstigen Fall an, daß die Eisdecke lediglich 20 cm unter die bisherige Wasserspiegelfläche herunterreicht, so daß noch $t'_m = 1{,}80$ m mittlere lichte Durchflußhöhe unter dem Eis vorhanden sein soll. Jetzt wird der Profilradius R näherungsweise:

$$R \sim \frac{b_m \cdot t'_m}{2 \cdot b_m} = \frac{t'_m}{2},$$

weil jetzt auch die Eisunterfläche als benetzte Fläche mit ihrem Reibungswiderstand in Wirksamkeit tritt. Setzt man die Reibung an der Eisdecke wie an der Sohle ebenfalls mit $\gamma = 1{,}30$ m an, so ergäbe sich für das bisherige Spiegelgefälle $J = 0{,}0005$ in dem Wasserquerschnitt unter dem Eis eine Durchflußmenge Q:

$$Q = F \cdot v = (170 \cdot t'_m) \cdot \frac{87}{1 + \frac{1{,}30}{\sqrt{\frac{t'_m}{2}}}} \cdot \sqrt{\frac{t'_m}{2} \cdot 0{,}0005}\,.$$

$$Q = (170 \cdot 1{,}80) \cdot \frac{87}{1 + \frac{1{,}30}{\sqrt{0{,}90}}} \cdot \sqrt{0{,}90 \cdot 0{,}0005} = \mathbf{239}\ \text{m}^3/\text{sek}\,.$$

Tatsächlich beträgt aber der Zufluß von oben bei Bildung des Eisstandes $Q = \mathbf{490}$ m³/sek, und diese Wassermenge muß durch den Flußschlauch unter dem Eis abgeführt werden. Das ist möglich durch Hebung der Eisdecke, d. h. durch Vergrößerung der Durchflußwassertiefe t'_m auf t_x, wie es z. B. in der Donau bei Fischamend der Fall war (Abb. 285). Die andere Möglichkeit bildet die Aufstauung oberhalb der geschlossenen Eisdecke, wobei das jetzt größer gewordene Spiegelgefälle die Durchflußgeschwindigkeit unter dem Eisstand entsprechend erhöht. Nebenbei vermindert der nach oben fortschreitende Aufbau auch die Abflußmenge — mindestens vorübergehend — durch die damit verbundene Wasserspeicherung. Da der Eisstand im Fluß von unten nach oben wächst, kann auch diese Spiegelhebung im fortschreitenden Aufbau flußaufwärts ständig zunehmen[1]. Dieser Fall war z. B. im kalten Winter 1939/40 auf der Donau zwischen der Landesgrenze bei Passau und Niederalteich gegeben, wobei in letzterer Gegend Wasserstände erreicht wurden, die nahe an die Grenze der dort bisher beobachteten höchsten Wasserstände herankamen, obwohl die Bildung des Eisstandes lediglich bei starker Mittelwasserführung des Flusses einsetzte.

[1] Dann entsteht *keine* Staukurve, sondern das Spiegelgefälle nimmt nach oben ständig *zu*, und damit auch das Gefälle der Eisdecke, so daß auch der freie Wasserquerschnitt unter der Eisdecke flußaufwärts größer wird.

Unter der vereinfachenden Annahme, daß sich das Gefälle nicht geändert hat, ergibt sich:

$$Q = F \cdot v = (170 \cdot t_x) \cdot \frac{87}{1 + \frac{1{,}30}{\sqrt{\frac{t_x}{2}}}} \sqrt{\frac{t_x}{2} \cdot 0{,}0005}\,.$$

$$\frac{490}{170 \cdot 0{,}0224 \cdot 87} = t_x \cdot \frac{\frac{t_x}{2}}{\sqrt{\frac{t_x}{2}} + 1{,}30} = \frac{t_x^2}{\sqrt{2 t_x} + 2{,}60}\,.$$

Daraus $t_x \sim 2{,}70$ m, d. h. die Oberfläche des Eises ist um 90 cm gehoben worden.

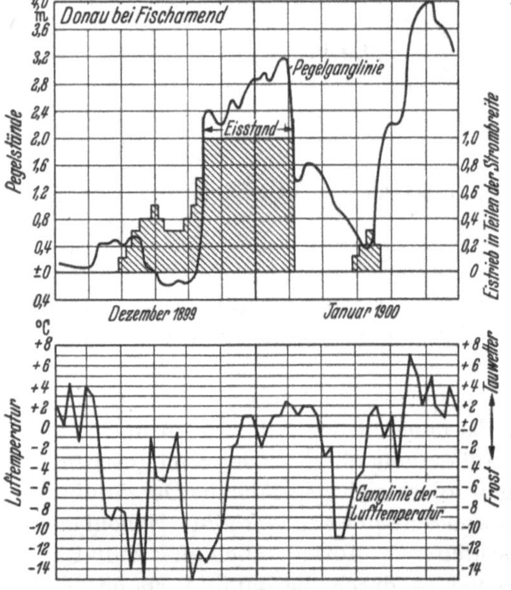

Abb. 285. Zusammenhang zwischen Eisstand und Wassertiefe (Wasserstand). (SCHAFFERNAK, Hydrographie.)

Hätte die verbauende Eisschicht 1,0 m Stärke (20 cm Kerneis, 80 cm Sulzeis), dann würde $t_x = 3{,}7$ m und die Hebung der Eisoberfläche 1,70 m betragen.

Manchmal ist die Bildung eines Eisstandes mit Stauwirkungen und damit mit Gefälleverkleinerungen verbunden. Wird in unserem Falle für 1,0 m Eisdicke ein Gefälle von $J = 0{,}2^0/_{00}$ als Folge einer solchen Staukurvenbildung zugrunde gelegt, erhält man für $t_x \sim 3{,}55$ m, entsprechend einer Wasserstandshebung um 2,55 m.

Bei Eintritt von Tauwetter beginnt der Eisstoß abzuschmelzen; das Eis verliert dabei an Festigkeit, wird mürbe. Aufgebrochen, d. h. in Bewegung gebracht, wird der Eisstand aber meist erst, wenn mit dem Tauwetter eine leichte Anschwellung des Flusses einhergeht (*Eisaufbruch*). Diese vergrößerte Wasserführung verursacht eine kräftige Hebung der Eisdecke und deren Zertrümmerung, so daß der Eisstoß als mächtiger Eisstrom talab treibt. Die Flußstrecke ist dann in wenigen Tagen eisfrei, vorausgesetzt, daß der Eisstrom nicht neuerdings irgendwo an einer Flußstelle aufgehalten wird. Denn dann ergeben sich die gefährlichen *Eisversetzungen* (Eisstopfungen). Der dabei manchmal auftretende außerordentliche Aufstau im Oberwasser kann zu verheerenden Überschwemmungen der beiderseits des Flusses liegenden Niederungen Anlaß geben trotz der vorhandenen Deiche. Die *Beseitigung* der *Eisganggefahren* erfordert eine Regelung des Flusses so, daß alle den Eisstoß oder die Eisversetzung begünstigenden Unregelmäßigkeiten soweit wie möglich beseitigt werden. Dazu gehört natürlich auch die Vermeidung von Querschnittsverengungen, z. B. durch Brücken, feste Wehre, Hochwasserdämme usf. Wenn gleichwohl Eisstopfungen auftreten, können sie erfolgreich nur durch Eisbrecherschiffe, sogenannte *Eisbrecher*, bekämpft werden, wobei gewöhnlich zwei, manchmal auch drei solcher Schiffe zusammenarbeiten.

Aufgabe 48.

Schwemmstoffführung der Flüsse und ihr Einfluß auf das Spiegelgefälle.

Infolge eines sehr starken örtlichen Gewitterregens trat in der Saalach[1] bei Jettenberg am 30. Oktober 1929 eine Anschwellung der Abflußmenge auf 38 m³/sek ein. Dabei wurde beim Höchststand der Abflußwelle ein Schwemmstoffgehalt von 15,5 kg (bezogen auf trockene Masse ohne Poren) in 1 m³ reinem Wasser festgestellt. Die trockene Schwemmstoffmasse ohne Poren besitzt ein Einheitsgewicht (spez. Gewicht) von $\gamma_s = 2{,}8$ t/m³. Das Spiegelgefälle der Saalach bei Jettenberg kann mit $J = 3{,}7\,^0/_{00}$ zugrunde gelegt werden, *wenn der Abfluß im wesentlichen schwemmstoffrei erfolgt.* Wie ändert sich das Spiegelgefälle J bei der starken Schwemmstofführung vom 30. 10. 1929?

Lösung.

1. Die Begriffe Geschiebe und Schwemmstoffe.

In den Flußbetten bewegen sich mit dem abfließenden Wasser je nach dessen Umfang und je nach den Temperaturverhältnissen auch noch feste Körper (Schwerstoffe) der verschiedensten Herkunft und Größe flußabwärts: die Geschiebe und die Schwemmstoffe (Sinkstoffe, Schweb). Sie entstehen durch die dauernd wirksame *Verwitterung* der Gebirge ebenso wie durch die *Erosion* des fließenden Wassers und Eises (Gletscher). Dabei sorgen Abschliff (Abrieb), Zertrümmerung, Lösung und Fortdauer der Verwitterung für eine ständig fortschreitende Verkleinerung. So entstehen die verschiedenen Korngrößen von mehr oder weniger großen Felsbrocken über das Geröll verschiedenster

[1] Oexle: Zur Gewässerkunde der bayerischen Saalach. Bes. Mitt. Nr. 1 zum Jahrb. f. Gewässerkunde des Deutschen Reiches. Berlin 1940. Landesanst. f. Gewässerkunde u. Hauptnivellements in Berlin.

Größen und Formen bis zum staubfeinen Teilchen. Entsprechend bestehen die Geschiebe wie auch die Schwemmstoffe in natürlichen Gewässern aus einem Gemisch von Gesteinskörnern der verschiedensten Größe und Beschaffenheit.

Diese Gemische müssen vor allem hinsichtlich ihrer Korngrößen gekennzeichnet werden. Dies geschieht durch Trennung von Geschiebe- bzw. Schwemmstoffproben in annähernd korngleiche Gruppen mittels

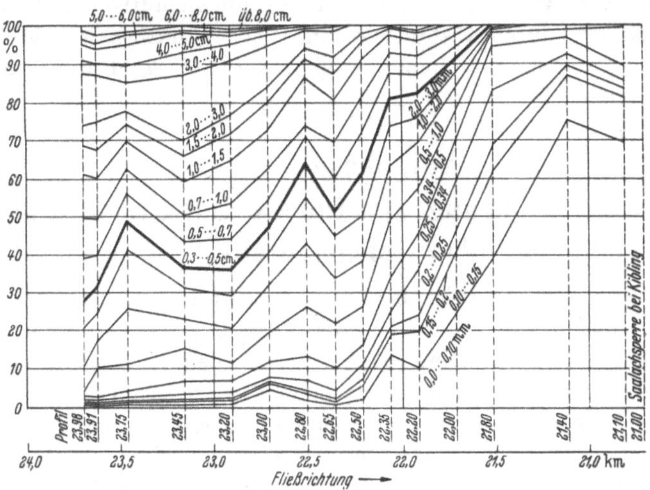

Abb. 286. Geschiebemischungsband für die Auflandung im Saalachstausee. (Vgl. dazu Fußnote 1, S. 577.)

Sieben von verschiedenen Maschenweiten. Trägt man die Ergebnisse solcher Siebanalysen in einem rechtwinkligen Koordinatensystem auf, wobei die den verschiedenen Maschenweiten der Siebe (Korngrößen) zugeordneten Siebdurchlässe im v. H.-Satz die Ordinaten bilden, so erhält man die *Mischungslinie* des Geschiebes oder der Schwemmstoffe. Sehr anschaulich wird die graphische Darstellung der wechselnden Kornzusammensetzung im Längenprofil eines Gewässers durch das von SCHAFFERNAK eingeführte „*Geschiebemischungsband*" (vgl. Geschiebeuntersuchungsband für die Auflandung im Saalachstausee, Abb. 286).

Die *Unterscheidung* der in den Flußbetten beförderten festen Teile in „*Geschiebe*" und „*Schwemmstoffe*" erfolgt wie üblich nach der Art und Weise ihrer Fortbewegung: die größeren, schwereren Steine, die *an der Sohle* gleitend, rollend oder hüpfend fortgeschleppt werden, werden als „*Geschiebe*" bezeichnet. Die feineren Teilchen, die im fließenden Wasser durch die aufwärts gerichtete Geschwindigkeitskomponente hochgerissen werden und so *schwebend* talabwärts treiben, nennt man „*Schwemmstoffe*" (Sinkstoffe, Schwebstoffe). Dabei ist diese Geschwindigkeitskomponente um so größer, je rascher und wirbelnder das Wasser fließt. Es hängt nun ganz von der durchschnittlichen Strömungsgeschwindigkeit des Flusses ab, von welcher Korngröße an man es mit Geschiebe oder Schwemmstoff zu tun hat.

Was z. B. bei einem trägen Flachlandfluß noch als Geschiebe anzusehen ist, erweist sich für einen stark turbulenten Gebirgsfluß als ausschließlicher Schweb. Es wird also ein Geschiebekorn von bestimmter Größe einmal (bei weniger hohen Wasserständen) der Geschiebebewegung und einmal (bei höheren Wasserständen) der Schwemmstoffbewegung zugehören. Man muß sich somit *vor* einer Untersuchung erst über diese Grenzen klar sein, um dann die auch innerhalb dieser Grenzen noch vorhandenen Übergänge in Mittelwerte zusammenzufassen[1].

Für Alpenflüsse verhält sich Schwebmenge: Geschiebemenge wie 3:2.

2. Die Schwemmstoffführung.

Hinsichtlich der Schwemmstoffführung der Gewässer, um die es im Rahmen der hier gestellten Aufgabe geht, ist noch folgendes von Wichtigkeit:

Die Schwemmstoffe, die vom fließenden Wasser oft auf lange Strecken schwebend fortgeführt werden, sind meist kleiner als 0,2 mm. Bei großer Turbulenz (großer Geschwindigkeit) werden auch größere Körner von der Sohle bis an die Wasseroberfläche emporgewirbelt. Nach KREY bleibt ein Sandkorn von 1,4 mm Durchmesser bei einer aufwärts gerichteten lotrechten Geschwindigkeitskomponente von 18 cm/sek, von 1,0 mm Durchmesser bei 14 cm/sek, von 0,5 mm Durchmesser bei 8 cm/sek und von 0,2 mm Durchmesser bei etwa 4 cm/sek in Schwebe. Das Absitzen des Schwebs erfolgt also um so langsamer, je feiner er ist. In Tafel 6 und 6a des Anhanges (S. 654) sind Grenzwerte für die Schleppkräfte und mittleren Geschwindigkeiten gegeben, bei denen verschiedene feine Sohlenmaterialien gerade noch am Boden liegenbleiben (vgl. auch Abb. 289).

Wie sich aus den obigen Ausführungen ergibt, gelangen die Schwemmstoffe zum Teil durch oberirdischen Niederschlagsabfluß in das Gewässer, sie entstehen aber auch in den Flüssen selbst durch den Abrieb des Geschiebes. SCHOKLITSCH hat die vom Abrieb allein herrührende Schwemmstoffmenge in der Donau bei Wien mit 526000 m³ für das mittlere Jahr ermittelt, das sind rd. 20 bis 25% der Jahresschwemmstofffracht (trockenes Jahr 325000 m³, nasses Jahr 786000 m³). Es handelt sich hier also um erhebliche Schwemmstoffmengen. Einige weitere Zahlen für die Gesamtschwebmengen, die während eines Jahres in Flüssen talwärts getragen werden, gibt Tabelle 71.

---

[1] SCHREITMÜLLER u. DÜLL: Probleme der Geschiebeführung. Wasserkraftjahrbuch 1927/28. München: Pflaum-Verlag 1928.

Tabelle 71. *Jährliche Schwemmstoffmengen (Schwebfracht).*[1]

Fluß	Beobachtungsstelle	Einzugsgebiet km²	Wasserfracht 10^6 m³/Jahr	Schwebfracht 10^6 m³/Jahr	Spezifische Schwebfracht m³/km² und Jahr	cm³ Schwebstoff je m³ Wasserfracht
1	2	3	4	5	6	7
Mur	Bruck	5291	—	0,188	35,5	—
Donau . . .	Wien	102236	52000	2,208	21,6	44
Elbe	Harburg	138456	23400	0,398	2,9	17
Garonne . .	Marmande	51940	24840	3,974	76,6	160
Durance . .	Pont de Mirabeau	11917	—	8—10,0	672—839	—
Rhone . . .	an der Mündung in den Genfer See	5383	4730	1,997	371	421
Rhone . . .	an der Mündung in das Mittelmeer	98885	54000	21,0	270	39
Mississippi .	an der Mündung	—	—	180,0	—	—

Starke Schwebführung weisen der Nil, der Ganges und besonders der Hoangho (Gelbe Fluß) auf.

Der *Schwemmstofftrieb*, d. i. die in der Zeiteinheit durch einen Querschnitt gehende Schwemmstoffmenge in kg/sek, ist bei den mitteleuropäischen Flüssen abhängig von der Heftigkeit und Verteilung der Niederschläge, d. h. also von der von *außen* zugeführten Schwebmenge. Der Schwemmstofftrieb wird dabei errechnet aus der *Schwemmstoffdichte.* Darunter versteht man den Gehalt an trockenem, porenfreiem Schwemmstoff in kg auf 1 m³ reinen Wassers. Die Summierung des Schwemmstofftriebes für eine bestimmte Dauer (z. B. Monat, Jahr) ergibt die *Schwemmstoffracht* in kg für diesen Zeitraum. Die *jährliche* Schwemmstoffracht ist also die während eines Jahres durch den Beobachtungsquerschnitt gehende Schwebemenge in kg.

Da der Ingenieur vielfach mit Schwemmstoffablagerungen zu tun hat, ist für ihn auch die Kenntnis des vom Schweb ausgefüllten Raumes und damit die Größe des Raumgewichtes von Wichtigkeit. Dieses wiederum ist veränderlich, und zwar abhängig von der Kornzusammensetzung der Schwemmstoffe, von der Geschwindigkeit des Wassers an der Absitzstelle und vom Alter der Ablagerung. Die Landesstelle für Gewässerkunde in Bayern rechnet mit $\gamma_{r_t} = 1{,}35$ t/m³ trockenen Schwebs bei einem Porenverhältnis von $n = 0{,}51$. Das entspricht etwa einer Schwemmstoff*dichte* von 2,75 t/m³ (trockener Schweb *ohne* Poren)[2].

Bezeichnet γ_s das Einheitsgewicht (spez. Gewicht) des Gesteins, aus dem die Schwemmstoffteilchen herstammen, und gibt n das Poren-

[1] SCHOKLITSCH: Stauraumverlandung und Kolkabwehr. Wien: Springer 1935.

[2] OEXLE: Die Schwebstoff- und Schlammführung der geschiebeführenden Flüsse in Bayern. Sonderdruck aus Wasserkr. u. Wasserwirtsch. 1936, Heft 11. München u. Berlin: Oldenbourg.

verhältnis der abgelagerten Schwemmstoffe an, so wird das *Raumgewicht* γ_{r_t} des trockenen Schwebs

$$\gamma_r = \gamma_s - n \cdot \gamma_s = \gamma_s(1 - n)$$

und das *Raumgewicht* γ_{r_w} des wassergesättigten Schwebs (γ_w = Einheitsgewicht des reinen Wassers = $\sim 1{,}0$ t/m³)

$$\gamma_{r_w} = \gamma_s \cdot (1 - n) + n \cdot \gamma_w = \gamma_s - n \cdot (\gamma_s - 1).$$

Für das Wasser-Schweb-Gemisch des Flusses ergibt sich, wenn auf 1 RT. (Raumteil) Schwemmstoffe m RT. reines Wasser treffen, das Einheitsgewicht γ_g aus

$$\gamma_s \cdot 1 + \gamma_w \cdot m = \gamma_g \cdot (1 + m)$$

zu

$$\gamma_g = \frac{\gamma_s + m}{1 + m}.$$

Auf 1 m³ entsprechend 1000 kg/m³ reinen Wassers treffen in unserem Beispiel 15,5 kg trockenen Schwemmstoffes ohne Poren. Da γ_s mit 2,8 t/m³ gegeben ist, entspricht den 15,5 kg trockenen Schwemmstoffes ein Rauminhalt von $\frac{0{,}0155}{2{,}8} = 0{,}00554$ m³, und das Mischungsverhältnis Wasser-Schweb wird: $m = \frac{1}{0{,}00554} = 180$, d. h. auf 1 RT. trockenen Schwebs ohne Poren treffen 180 RT. reines Flußwasser. Das Wasser-Schweb-Gewicht hat deshalb das Einheitsgewicht

$$\gamma_g = \frac{2{,}8 + 180}{1 + 180} = \frac{182{,}8}{181} = \mathbf{1{,}01}\ \text{t/m}^3.$$

Die Durchsetzung des Wassers mit Schwemmstoffen führt also zu einer Erhöhung des Einheitsgewichtes γ_g des Gemisches und damit zu einer *Verringerung der mittleren Abflußgeschwindigkeit* des Wassers bei Schwebtrieb. Die Förderung einer bestimmten Abflußmenge bedingt demnach für Schweb-Wasser-Gemisch ein größeres Spiegelgefälle als für reines Wasser. Dieses größere Gefälle ist bei steigendem Wasserstand (Abfluß einer Hochwasserwelle) an und für sich schon vorhanden[1].

FILEP[2] macht für die mittlere Geschwindigkeit des Schweb-Wasser-Gemisches den Ansatz

$$v = f \cdot \frac{87}{1 + \frac{\gamma}{\sqrt{R}}} \cdot \sqrt{R \cdot J} \quad \text{(nach BAZIN)}$$

bzw.

$$v = f \cdot \frac{21{,}1}{\sqrt[6]{\varrho}} \cdot \sqrt[6]{R} \cdot \sqrt{R \cdot J} \quad \text{(nach STRICKLER)},$$

wobei

$$f = \frac{a \cdot x^m + b \cdot x^n}{a \cdot x^m + c}.$$

---

[1] Vgl. dazu die Hinweise auf S. 586 unten.

[2] Wasserkr. u. Wasserwirtsch. 1934, S. 49.

Dabei sind: $x =$ Mischungsverhältnis reines Wasser zu Schweb;
$c = f(\gamma)$ ($\gamma =$ Rauhigkeitsbeiwert nach BAZIN);
m und n ganze Zahlen; a und b Zahlenfaktoren.

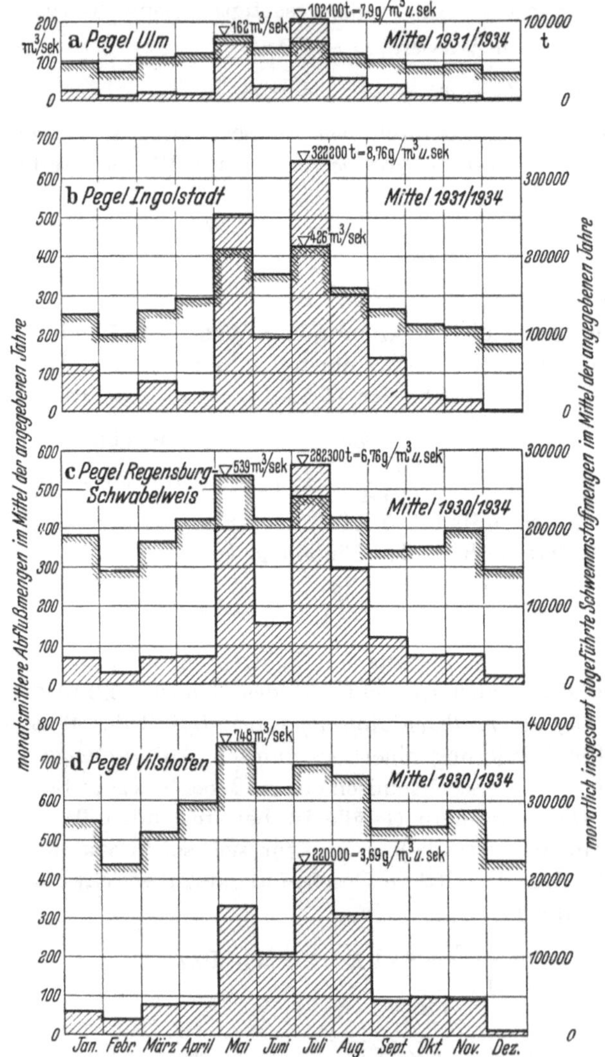

Abb. 287 a–d. Verteilung der in der Donau abgeführten Schwemmstoffmengen auf die einzelnen Monate.

In den Abb. 287a—h ist für die Mehrzahl der geschiebeführenden bayerischen Flüsse (Donau und ihre großen rechtsseitigen Nebenflüsse) die mittlere Schwemmstoffracht in den einzelnen *Monaten* für eine kurze Reihe von Beobachtungsjahren aufgetragen. Dazu wurden für die gleichen Jahresreihen die monatsmittleren sekundlichen Abflußmengen angegeben. Aus den graphischen Darstellungen erkennt man,

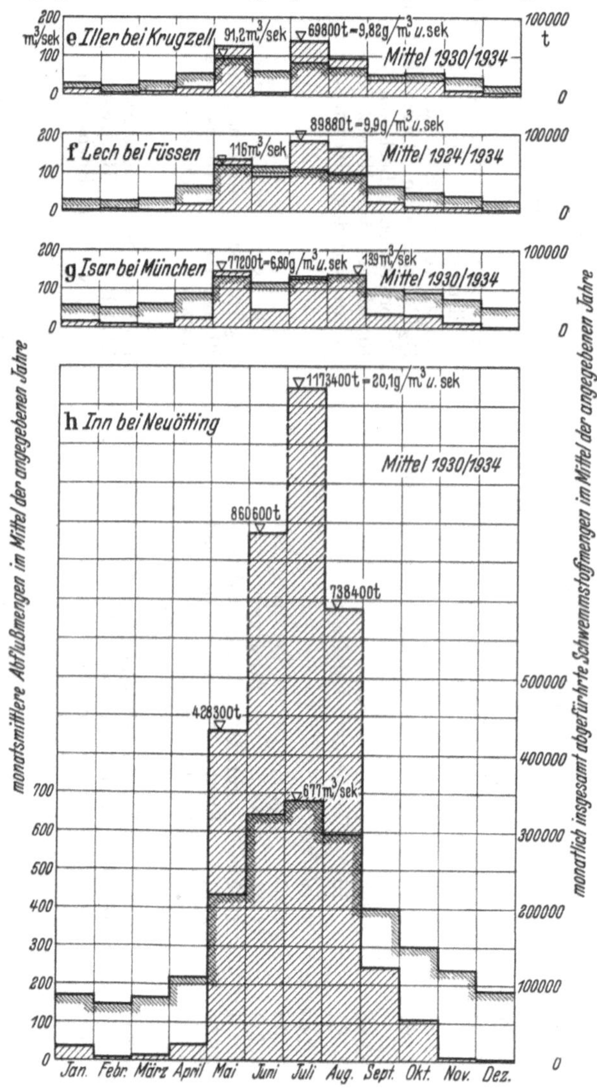

Abb. 287 e–h. Verteilung der Schwemmstoffmengen von Iller, Lech, Isar und Inn auf die einzelnen Monate.

daß die Hauptschwebführung in die Monate Mai bis August fällt. Außerdem wurde für die jeweiligen Monate mit größter Schwebführung der mittlere Schwebgehalt eines Kubikmeters des zugehörigen sekund-

Tabelle 72. *Außerordentliche Schwemmstoffdichten bayerischer Flußstrecken.*

Datum	Größte Schwemmstoffdichte in kg/m	Größte Wasserführung in m³/sek	Ursache der Anschwellung	Eintritt der größten Schwemmstoffdichte Bemerkungen
a) *Donau* in *Ulm*				
8. Mai 1931	2,060	846	Starker Landregen und Schneeschmelze	Einige Stunden vor Höchststand des HW
2. Jan. 1932	1,691	373	Taufluten, Regen und Schneeschmelze	11 Std. vor Höchststand
9. Jan. 1932	0,287!	382	Taufluten, Regen und Schneeschmelze	Geringe Dichte, da Tauflut wenige Tage vorausging
10. Juli 1932	2,520	536	Starke Niederschläge im Gebirge	2 Std. vor Höchststand
11. Sept. 1934	6,525	408	Verbreitete Landregen	3 Std. vor Höchststand
b) *Donau* in *Ingolstadt*				
11. Mai 1931	3,662	1090	Starker Regen im Gebirge mit Schneeschmelze	2 Tg. vor dem Höchststand bei der vorauseilenden Lechwelle
5. Jan. 1932	1,600	825	Regen und Tauwetter	6 Std. vor Höchststand
12. Juli 1932	1,260	1260	Verbreitete Gewitter- und Landregen im Gebirge	1½ Tg. vor dem Höchststand durch die vorauseilende Lechwelle
17. Juli 1934	3,980	693	Gewitterregen	10 Std. vor dem Höchststand
12. Sept. 1934	2,066	810	Verbreitete Landregen	7 Std. vor dem Höchststand
c) *Donau* in *Regensburg–Schwabelweis*				
2. März 1931	0,400	1303	Landregen im Voralpengebiet	—
5. Jan. 1932	1,200	1454	Regen und Tauwetter	8 Std. vor dem Höchststand
13. Juli 1932	2,000	1157	Verbreitete starke Gewitter	2½ Tg. vor dem Höchststand
18. Juli 1934	3,928	721	Starke örtliche Gewitterregen	20 Std. vor dem Höchststand
12. Sept. 1934	1,961	697	Gewitterregen	Kurz vor dem Höchststand
d) *Donau* in *Vilshofen*				
13. Mai 1931	1,200	1462	Starke Landregen und Schneeschmelze	Kurz vor dem Höchststand
7. Jan. 1932	0,133	1652	Regen und Tauwetter	12 Std. vor dem Höchststand
14. Juli 1932	0,600	1411	Verbreitete Landregen	2 Tg. vor dem Höchststand
13. Sept. 1934	0,668	850	Landregen	—
e) *Iller* bei *Krugzell*				
15. Mai 1930	2,900	580	Starke Landregen und Schneeschmelze	Kurz vor dem Höchststand
10. Juli 1932	3,367	425	Starke Gewitterregen	2 Std. vor dem Höchststand
18. Sept. 1933	4,550	94	Wolkenbruchartiger Gewitterregen in einem Teilgebiet	Kurz vor dem Höchststand
10. Sept. 1934	1,940	375	Starker Landregen	Kurz vor dem Höchststand

f) *Lech* bei *Füssen*				
18. Juli 1928	5,472	50	Wolkenbruch und Murgang im Zwieselgebiet	Beim Höchststand
6. Juli 1930	7,930	158	Wolkenbruchartiger Gewitterregen	Beim Höchststand
14. Juli 1930	0,530!	158	Landregen	2 Std. vor dem Höchststand
16. Juli 1934	2,014	518	Starke verbreitete Gewitterregen	2 Std. vor dem Höchststand
g) *Isar* bei *München*				
30. April 1930	1,500	219	Regen und Schneeschmelze	3 Std. vor dem Höchststand
15. Mai 1930	2,300	1042	Starke verbreitete Landregen und Schneeschmelze	12 Std. vor dem Höchststand
21. Aug. 1931	2,787	483	Starke verbreitete Landregen	Kurz vor dem Höchststand
17. Juli 1933	1,111	422	Verbreitete Landregen	Beim Höchststand
h) *Inn* bei *Neuötting*				
22. Aug. 1930	3,390	1684	Starke Landregen	Einige Stunden vor dem Höchststand
10. Juli 1932	4,530	1091	Gewitterregen und Schneeschmelze	Die hohe Dichte entstand hauptsächl. durch Ziehen der Schützen am Jettenbacher Wehr
17. Juli 1933	1,546	1645	Verbreitete Gewitterregen u. Schneeschmelze	6 Std. vor dem Höchststand
14. Aug. 1933	2,200	734	Örtliche Gewitterregen	30 Std. vor dem Höchststand
i) *Saalach* bei *Jettenberg*				
30. Okt. 1929	15,535	38	Sehr starker örtlicher Gewitterregen	Beim Höchststand
21. Aug. 1931	3,730	353	Starker Landregen	Unmittelbar nach dem Höchststand
26. Juni 1934	9,544	40	Starke örtliche Gewitterregen	Beim Höchststand
k) *Salzach* bei *Burghausen*				
21. Juli 1931	6,860	1232	Starke Gewitter- und Landregen	7 Std. vor dem Höchststand
5. Okt. 1931	2,993	485	Landregen	Saalachseespülung
4. Jan. 1932	3,130	1085	Starker Regen und Schneeschmelze	Kurz vor dem Höchststand
12. Aug. 1934	4,575	706	Starke örtliche Gewitter	Kurz vor dem Höchststand
l) *Tiroler Achen* bei *Staudach*				
26. Aug. 1925	1,520	395	Starke Landregen	—
15. Juli 1927	12,482	95	Wolkenbruch in einem Teilgebiet	2 Std. nach dem Höchststand
12. Juli 1932	2,498	45	Örtlicher starker Gewitterregen	Beim Höchststand
15. Aug. 1934	4,652	371	Verbreitete starke Gewitterregen	6 Std. vor dem Höchststand

lichen Abflußgemisches gerechnet (mittlere Belastung jedes sekundlich abfließenden m^3 Mischwasser mit Schweb für die untersuchten Monate). Diese Zahlen zeigen die Abhängigkeit der Schwebführung vom Flußcharakter. Man beachte in diesem Zusammenhang den Mittelgebirgscharakter der Donau bei Vilshofen (3,69 g/m^3 u. sek) und den hochalpinen Charakter (Gletschereinzugsgebiet) beim Inn (20,1 g/m^3 u. sek) für die Monate größter Schwebführung!

In Tabelle 72 sind Werte für außerordentliche Schwemmstoffdichten ebenfalls von bayerischen Flüssen zusammengestellt, die wie die Messungsergebnisse der Abb. 287 ebenfalls einer Arbeit OEXLES entstammen[1]. Diese Übersicht zeigt sehr anschaulich, daß *kein gesetzmäßiger Zusammenhang* zwischen Schwemmstoffdichte und Wasserführung (Wasserstand) besteht, daß vielmehr die *Ursache der Anschwellung* den entscheidenden Faktor für die mehr oder weniger große Dichte des Schwemmstoffgehaltes bildet (vgl. z. B. die fast gleich großen Taufluten der Donau in Ulm am 2. und 9. Jan. 1932 mit den stark voneinander abweichenden Dichten 1,691 und 0,287 kg/m^3 oder die beiden gleich großen Anschwellungen im Lech bei Füssen vom 6. und 14. Juli 1930 mit den gemessenen Dichten 7,930 und 0,530 kg/m^3).

Die Verteilung der Schwemmstoffe über den Querschnitt zeigt eine starke Zunahme gegen die Sohle hin, wobei auch die Korngröße nach unten zunimmt. Bei Durchführung von Punktmessungen über den Meßquerschnitt hin lassen sich — wie die Linien gleicher Geschwindigkeit (Isotachen) bei Punktmessungen mittels hydrometrischer Flügel — die Linien gleicher Schwemmstoffdichte auftragen.

Der größte durch den Querschnitt gehende Schwebgehalt tritt fast immer bei steigendem Wasser und etwas vor dem Höchststand auf. Dies erklärt sich einmal aus der mit steigendem Wasserstand zunehmenden Turbulenz, wodurch große Mengen der bei kleiner Wasserführung abgelagerten Sinkstoffe aufgewirbelt werden; außerdem werden die im überregneten Gebiet liegenden kleineren Schwerstoffe von dem oberirdisch abfließenden Wasser mit steigendem Wasser in zunehmendem Maße weggeschleppt. Hört das Steigen auf, dann findet das abfließende Wasser keine weiteren lagernden Schwemmstoffe mehr. Schließlich hat der rückwärtige Ast der Flutwelle (fallender Wasserstand) ein geringeres Gefälle und damit bei gleich großem Wasserquerschnitt eine geringere mittlere Fließgeschwindigkeit als der vordere Wellenast, so daß auch die die Schwemmstoffe tragenden Kräfte kleiner werden. Dies führt zu einer zunehmenden Beruhigung der Flußsohle und gleichzeitig zu einem allmählichen Absitzen der schwebenden Schwerstoffe.

[1] OEXLE: Zitiert S. 580.

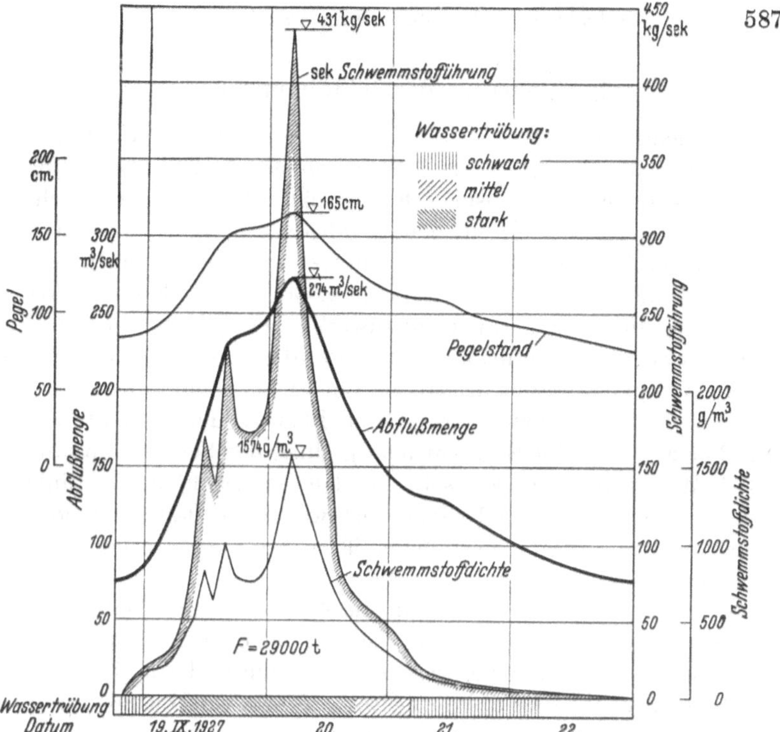

Abb. 288. Schwemmstofführung des Lech bei Füssen während der Hochwasseranschwellung vom 19. bis 22. Sept. 1927*.

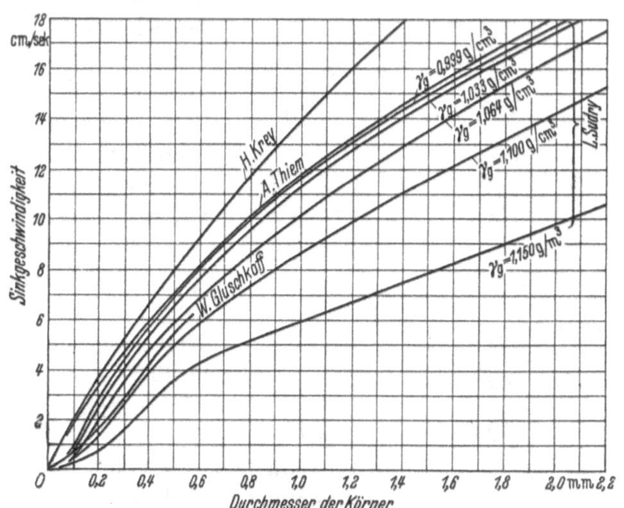

Abb. 289. Sinkgeschwindigkeiten von Schweb in cm/sek.

* Ermittlung der Schwemmstoffführung in natürlichen Gewässern. Referat für Erforschung d. Geschiebebewegung bei der Bayer. Landesst. f. Gewässerk. Bautechn. 1929, Heft 35 und 38.

3. Ablagerung der Schwemmstoffe.

Mit abnehmendem Schwebtrieb beginnen sich die Schwemmstoffe abzusetzen, wobei die gröberen Körner zuerst ausfallen. Die Abb. 289 gibt den Zusammenhang zwischen Korngröße in mm und Sinkgeschwindigkeit in cm/sek für verschiedene Einheitsgewichte γ_g von Wasser-Schweb-Gemischen. Bei Schwebanlandungen in Stauräumen findet sich am oberen Ende (Ende des Staues) eine etwas gröbere Körnung als am unteren Stauraumanfang (Sperrenbauwerk). Doch erfolgt hier die Anlandung der Schwemmstoffe im Gegensatz zu den Geschiebeablagerungen über den *ganzen* Stauraum. In großen und tiefen Stauräumen, sowie in Seen, die von Schwebstoff tragenden Flüssen durchströmt werden (z. B. Bodensee, Genfer See, Chiemsee), sinkt der Schweb enthaltende Zufluß (Wasser-Schweb-Gemisch) infolge seines höheren Einheitsgewichtes γ_g zu Boden und fließt dort weiter, so daß auch dort die Schwebablagerungen in den tiefsten Teilen der Seestrecken erfolgen (Einebnen des Seebodens).

Das Geschiebemischungsband für die Auflandung im Saalachstausee (Abb. 286) zeigt sehr anschaulich, wie sich im oberen Staubereich im wesentlichen die gröberen Schwerstoffe absetzen und wie die gröberen Kiessiebstufen vom Profil 22,65 ab stromabwärts verschwinden und der verhältnismäßige Anteil der feinen Kiessiebstufen und des Schwebs anwächst. Vom Profil 22,65 bis zur Sperre nimmt der Kiesanteil rasch ab, und vom Profil 21,8 ab ist nur noch Schwemmstoff anzutreffen. Dabei überschreitet im unteren Teil des Stauraumes der Anteil des feinsten Schwemmstoffes unter 0,10 mm Korngröße sogar 70%. Die kleine Zunahme der Korngrößen zwischen Profil 21,40 und der Sperre erklärt sich aus durchgeführten Spülungen (teilweises Öffnen der Wehrverschlüsse bei Hochwasser) und die dabei geleistete Sortierarbeit des Wassers.

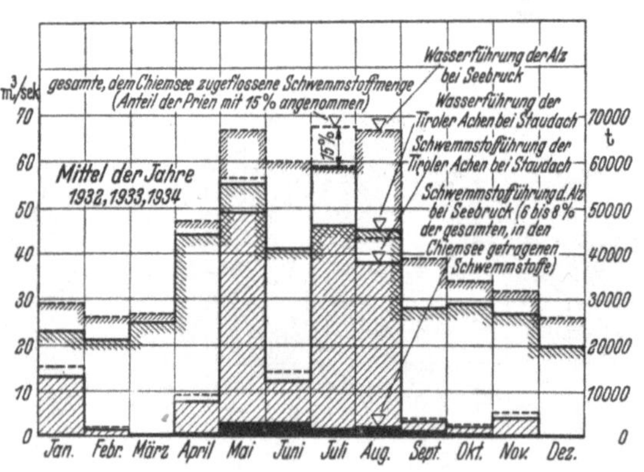

Abb. 290. Schwebstoffrückhalt des Chiemsees.

Wie groß der Rückhalt von Schwemmstoff und damit die reinigende Wirkung eines von einem Fluß durchflossenen Sees ist, zeigt die Auftragung in Abb. 290, in der die Schwemmstoffzuführung der Tiroler Achen (und Prien) zum Chiemsee und die Schwebabführung in der Alz

(Abb. 291) aus dem Chiemsee dargestellt ist. Sie beträgt dort nur etwa 6 bis 8% des in den Chiemsee getragenen Schwebs.

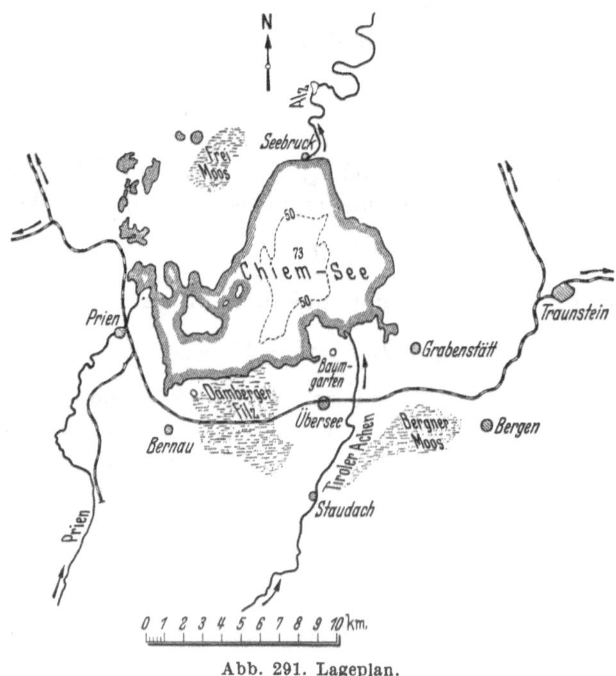

Abb. 291. Lageplan.

4. Zahlenbeispiel der Aufgabe.

Zwei Kräfte K und k verhalten sich unter sonst ähnlichen Verhältnissen zueinander wie n^3, wenn n das Ähnlichkeitsverhältnis der den Kräften zugrunde liegenden Massen angibt ($n:1$ = lineares Maßstabsverhältnis von zwei formengleichen, aber verschieden großen Bauwerken), also

$$K:k = n^3.$$

So verhalten sich z. B. die Gewichte zweier verschieden großer Körper des gleichen Stoffes zueinander wie ihre Rauminhalte, die mit der 3. Potenz zunehmen. Dies trifft auch nach Versuchsmessungen WINKELS[1] für Druckkräfte zu, für die der Ähnlichkeitsmaßstab gilt $n = \gamma_g : \gamma_w$. Dabei bedeutet γ_g das Einheitsgewicht einer schweren Flüssigkeit oder eines flüssigen Gemisches (z. B. Sand-Wasser-Gemisch) und γ_w das Einheitsgewicht des reinen Wassers. Bezeichnet demnach h_g die Druckhöhe der Flüssigkeit mit γ_g, h_w die Druckhöhe für reines Wasser γ_w, so

[1] WINKEL: Angewandte Hydromechanik im Wasserbau, S. 3 u. 16. Berlin: Ernst & Sohn 1943.

verhalten sich die auf die Fläche einwirkenden Druckkräfte wie

$$(\gamma_g \cdot h_g) : (\gamma_w \cdot h_w) = n^3 = \gamma_g^3 \, \gamma_w^3.$$

Für $\gamma_w = 1{,}0\ \mathrm{t/m^3}$ erhält man nach Division mit $\gamma_g : \gamma_w$

$$h_g : h_w = \gamma_g^2.$$

Durch die Erhöhung des Flüssigkeitseinheitsgewichtes von γ_w auf γ_g erhöht sich auch das Fließgefälle von $J_w = h_w \cdot l$ auf $J_g = h_g \cdot l$. Unter Benutzung der vorstehenden Ableitung ergibt sich dann das Gefälle J_g zu

$$J_g = \gamma_g^2 \cdot J_w.$$

Daraus berechnet sich die Gefälleänderung ΔJ zu

$$\Delta J = J_g - J_w = (\gamma_g^2 - 1) \cdot J.$$

Nachfolgend wird mit den gegebenen Zahlenwerten des Aufgabenbeispiels die Rechnung durchgeführt. Weiter oben wurde das Mischungsverhältnis Wasser-Schweb mit $m = 180$ und das Einheitsgewicht des Wasser-Schweb-Gemisches mit $\gamma_g = 1{,}01\ \mathrm{t/m^3}$ ermittelt. Damit wird

$$\Delta J = (1{,}01^2 - 1) \cdot 0{,}0037,$$

$$\Delta J = 0{,}02 \cdot 0{,}0037 = 0{,}000074\ \mathrm{m}.$$

Auf 1 km beträgt demnach die Gefälleerhöhung 0,074 m, auf 10 km bereits 0,74 m (74 cm). Man sieht, daß eine starke Schwebstofführung für eine längere Flußstrecke zu einer erheblichen Gefällevermehrung und damit Spiegelhebung stromaufwärts führen kann. Dies ist besonders zu beachten bei schwebstoffführenden Flüssen, die auf lange Strecken mit Hochwasserdämmen eingedeicht werden.

SOKOLOW[1] hat empirisch eine Formel entwickelt, aus der gegebenenfalls ebenfalls das notwendige Gefälle J_g für ein Wasser-Schweb-Gemisch ermittelt werden könnte, wenn die dazu nötigen übrigen Größen bekannt sind. Sein Ansatz lautet:

$$\gamma_w \cdot R \cdot J_g = \left(0{,}4 \cdot p' \cdot \sqrt[3]{Q} + 1\right) \cdot Q^{0{,}44}.$$

Dabei bedeuten

$\gamma_w \cdot R \cdot J_g$ = Schleppkraft mit Berücksichtigung des Einflusses der Rinnenseitenwände (hydr. Radius R statt Wassertiefe t),
Q = Abflußmenge,
p' = v.H.-Satz des mitgeschwemmten Schwebstoffgewichtes.

Daraus

$$J_g = \frac{(0{,}4 \cdot p' \cdot \sqrt[3]{Q} + 1) \cdot Q^{0{,}44}}{\gamma_w \cdot R}.$$

[1] SOKOLOW: Wasserkr. u. Wasserwirtsch. 1934, S. 109.

Aufgabe 49.

Ausbildung eines Flußprofils zwecks Sicherung der geregelten Geschiebeabfuhr.

Das Gefälle eines geschiebeführenden Flusses soll durch die Anlage einer Großwasserkraftanlage ausgenützt werden. Der Flußschlauch wurde vor Jahren reguliert und befindet sich im Beharrungszustand. Die hydrographischen Grundlagen für die zukünftige Wehrstelle sind bekannt und durch die Pegelhäufigkeitslinie, die Abflußkurve (Schlüsselkurve), die Wasserstands- und Wassermengendauerlinie gegeben, ebenso ist das Flußprofil aufgenommen (vgl. Abb. 292 und 293). Das Wasserspiegelgefälle des Flusses kann für alle

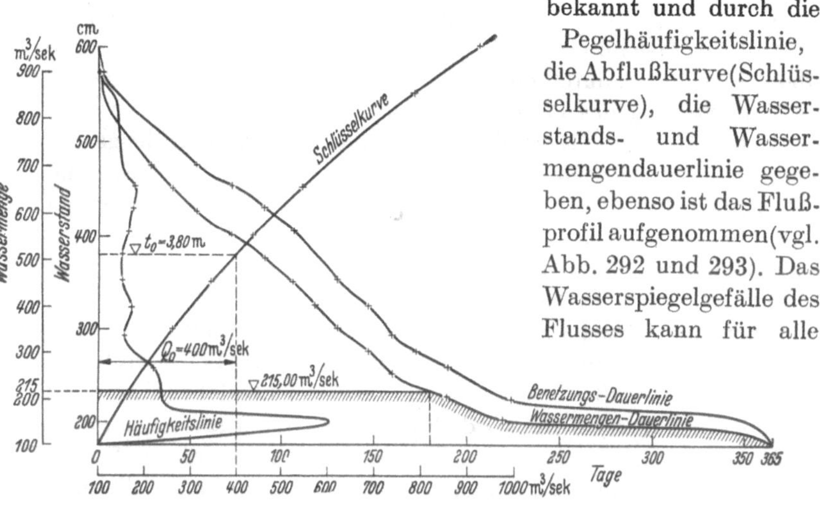

Abb. 292. Pegelhäufigkeitslinie, Schlüsselkurve und Dauerlinien für das Beispiel der Aufgabe 49.

Wasserstände mit 1‰, die Rauhigkeitsziffer nach BAZIN mit $\gamma = 1{,}70$ angenommen werden. Der Schleppkraftgrenzwert für das Geschiebe wurde mit $S_0 = 3{,}8$ kg/m² aus wiederholten Messungen ermittelt. Die

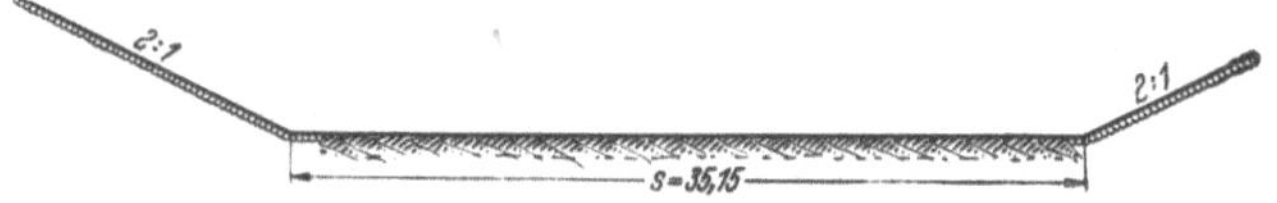

Abb. 293. Regelprofil des untersuchten Flusses.

unter dem Geschiebe anstehende Flußschlauchsohle selbst zeigt eine wesentlich größere Widerstandsfähigkeit gegen den Angriff des Wassers.

Wie muß das ursprüngliche Flußprofil ausgestaltet werden, wenn den Wasserkraftkonzessionären die Bedingung auferlegt wird, daß bei einem Ausbau der Wasserkraftanlage auf die 180tägige Wassermenge, das sind 215 m³/sek (vgl. Abb. 292), das Flußprofil zwischen dem vollkommenen beweglichen Wehr und der Einmündung des Unterwasserkanals in den

Fluß (= Entnahmestrecke) für den *bettbildenden Wasserstand* zu dimensionieren ist, d. i. für jenen Wasserstand, welcher während des Jahres das Maximum der Geschiebeabfuhr erzeugt, um dadurch eine geregelte Geschiebeabfuhr zu gewährleisten?

Das Wasserspiegelgefälle J in der Entnahmestrecke soll auch nach der Entnahme von 250 m³/sek noch mindestens 1‰ betragen.

Lösung[1].

Die dauernde Entnahme einer größeren Wassermenge aus einem Flusse bedeutet fast immer einen gewaltsamen Eingriff in das Regime desselben, weil ihm dadurch ein Teil seines Arbeitsvermögens entzogen und so eine Störung des bisherigen Gleichgewichtszustandes zwischen der Kraft des Wassers, Geschiebe mitzuschleppen, und der Menge des Geschiebes (Geschiebetrieb, Geschiebefracht), d. h. also eine Störung des Gleichgewichtszustandes zwischen Abtrag, Förderung und Auftrag hervorgerufen wird[2].

Bei einem *festen* Wehr werden die von oben kommenden Schwebstoffe und das Geschiebe so lange im Stauraum oberhalb des Wehres liegenbleiben, bis — im Laufe der Jahre — dieser Stauraum aufgekiest ist. In der Entnahmestrecke findet in diesem Zeitraum kein Geschiebetransport statt, so daß die bisher dafür verbrauchte lebendige Kraft des abfließenden Wassers frei wird. Wenn diese Wassermenge und damit auch das Arbeitsvermögen des Flusses durch die seitliche Wasserentnahme nun auch im ganzen kleiner geworden ist, so kann die noch vorhandene freie Energie immerhin groß genug sein, um den Flußschlauch und die Uferböschungen anzugreifen. Erst wenn der Querschnitt oberhalb des Wehres aufgekiest ist und wieder Geschiebegang über die Wehrkrone hinweg ins Unterwasser stattfindet, ändern sich die Verhältnisse in der Entnahmestrecke zwischen Wehr und Einmündung des Unterwasserkanals in den Fluß. Das durch die seitliche Wasserentnahme geschwächte Arbeitsvermögen reicht nun meist nicht aus, das von oben über das Wehr kommende Geschiebe durch die ganze Entnahmestrecke zu schleppen. Es bleibt also zum Teil in diesem Flußabschnitt liegen und führt so zu einer Sohlenhebung (Auflandung).

Bei Anordnung eines *beweglichen* Wehres, wie es in unserer Aufgabe vorgesehen ist, tritt in einem geschiebeführenden Fluß durch die Stauwirkung der Wehrverschlüsse ebenfalls eine Auflandung im Stauraum ein. So betrug z. B. die Sohlenhebung des Inn am Jettenbacher

---

[1] Vgl. hierzu auch Aufgabe 48, S. 577.

[2] Über den Geschiebebewegungsvorgang und die Umstände, welche die Geschiebebewegung beeinflussen, vgl. u. a. Casey: Über Geschiebebewegung. Mitt. Preuß. Versuchsanst. f. Wasserbau u. Schiffbau, Berlin. Eigenverlag, Berlin 1935.

Wehr mit seinen 6 Öffnungen von je 17 m Breite und 8,5 m Rollschützenhöhe von der Inbetriebnahme im Frühjahr 1924 bis zum Frühjahr 1929, also in 5 Jahren, im Mittel 3,7 m*. In der Entnahmestrecke einer solchen Wasserkraftanlage mit Seitenkanal tritt wegen der Geschieberückhaltung im Stauraum trotz der geringeren Wasserführung zunächst eine Eintiefung ein, der im Laufe der Jahre, wenn sich die Sohlenverhältnisse im Stauraum und weiter oben einem neuen Gleichgewichtszustand nähern und wieder mehr Geschiebe durch das Wehr stromab transportiert wird, eine Auflandung folgt.

Auf weite Sicht gesehen führen also beide Wehrarten auf die gleichen Regimeänderungstendenzen in der Entnahmestrecke. Das gleiche gilt für die Flußstrecke flußab der Wiedereinmündung des Werkkanals. Das geschiebefrei zurückgegebene Werkwasser verursacht dort mit seinem erhöhten Arbeitsvermögen starke Eintiefungen der Flußsohle.

Aus dieser kurzen Betrachtung ergibt sich schon ein Einblick in die außerordentlich weitreichenden, verwickelten und mit den Jahren wechselnden Einflüsse auf die morphologischen Verhältnisse eines Flusses bei dauernder Seitenentnahme größerer Wassermengen und in die Schwierigkeiten, diesen Einflüssen, soweit sie störend oder schädlich sind, durch flußbauliche Maßnahmen zu begegnen. Wo hierfür Erfolgsaussichten bestehen, haben sich die Maßnahmen jeweils vollkommen den individuellen Verhältnissen des Flusses anzupassen unter vorheriger eingehender Erforschung der hydrographischen und morphologischen Verhältnisse desselben. Unter diesen Voraussetzungen haben hydrotechnische Berechnungen für Profilgestaltungspläne zur Aufrechterhaltung des Regimes auch nur einen Sinn, können dann aber auch wertvolle Fingerzeige für die durchzuführenden Maßnahmen geben[1].

Dieser Sachverhalt wird an die Spitze der nachfolgend gezeigten Methode zur Ermittlung eines neuen Flußprofils, welches das durch die dauernde seitliche Wasserentnahme gestörte Gleichgewicht in der Geschiebeführung wiederherstellen soll, gesetzt, um damit auf die unerläßliche kritische Einstellung bei Anwendung einer solchen Methode in jedem Einzelfalle und auf den Charakter einer solchen Rechenmethode als *Näherungs*rechnung nachdrücklich hinzuweisen.

Es handelt sich in der Aufgabe unseres Beispieles darum, festzustellen, wie ein Flußprofil in der Entnahmestrecke zu gestalten wäre, das

1. das erforderliche Fassungsvermögen für die in Betracht kommenden Wassermengen besitzt,

---

* Vgl. SCHREITMÜLLER u. OEXLE: Morphologische Umgestaltung der geschiebeführenden Flüsse. Wasserkraft-Jahrbuch 1930/31. München: G. Hirth-Verlag A.G.

[1] Vgl. hierzu u. a. F. SCHAFFERNAK: Neue Grundlagen für die Berechnung der Geschiebeführung in Flußläufen, S. 39ff. Leipzig u. Wien: Deuticke 1922.

2. die vorher vorhandene Geschiebeabfuhr in der Entnahmestrecke trotz der Wasser- und damit Energieentnahme am Wehr auch in Zukunft gewährleistet (Aufrechterhaltung des bisherigen Flußregimes, gleiche Geschiebefracht wie früher!).

Die Untersuchung geht aus vom *Geschiebetrieb* und „bettbildenden Wasserstand" (SCHAFFERNAK)[1].

Die Wassermenge, welche durch das neue Profil abgeht, kann angesetzt werden mit

$$Q = v \cdot F = v \cdot \sqrt{R \cdot J} \cdot F. \tag{1}$$

Die Geschiebemenge, welche pro Sekunde durch die Breiteneinheit des Flusses geht, beträgt nach DU BOYS[2]

$$G = \psi \cdot S \cdot (S - S_0),$$

G ist dabei der *Geschiebetrieb* pro Breiteneinheit[3]. ψ, die DU BOYSsche Konstante, ist die Geschiebeabfuhrziffer, ein von der Geschiebegröße abhängiger Beiwert.

$S = 1000 \cdot t \cdot J$ in t/m² ist die *Schleppkraft* an der Sohle des in Betracht gezogenen Profilelements bei der Wassertiefe t und dem Gefälle J, bezogen auf die Flächeneinheit (m²). Sie ist jene Kraft, mit der das fließende Wasser die Teilchen fortzuschleppen sucht, aus denen Sohle und Wände (Böschungen) eines Rinnsals bestehen oder von welchen sie bedeckt sind. Sie ergibt sich als die parallel zur Sohle gerichtete Komponente des Wassergewichts. Wenn ein Wegschleppen der Sohlen- und Böschungsteilchen vermieden werden soll, muß ihr Widerstand mindestens so groß sein wie die angreifende Schleppkraft.

$S_0 = 1000 \cdot t_0 \cdot J_0$ t/m² ist die *Grenzschleppkraft*. Es wird darunter jene Größe der Schleppkraft verstanden, bei der sich das Geschiebe in Bewegung setzt. Sie erreicht diesen Wert bei t_0 und J_0. Dabei ist die Grenzschleppkraft, bei der die Geschiebebewegung zum Stillstand kommt, kleiner als jene, bei der das Geschiebe zu wandern beginnt. Der Unterschied kann nach KREUTER[4] bis zu 30% betragen. Er fand an der Rienz bei Vintl (Tirol): S_0 für Bewegungsbeginn = 3,65 kg/m² und t_0 = 1,45 m; S_0 für Beginn der Ruhe = 2,98 kg/m² und t_0 = 1,18 m (Unterschied der beiden S_0 ist hier 22%).

---

[1] SCHAFFERNAK: Z. öst. Ing.- u. Archit.-Ver. 1916, S. 209/12.

[2] DU BOYS: Le Rhône et les Rivières à Lit Affouillable. Ann. Ponts Chauss. 1879, S. 11.

[3] Geschichtliche Entwicklung und Kritik der Gleichungen für die *Grenzschleppkraft* und den *Geschiebetrieb* siehe u. a. in CASEY: Über Geschiebebewegung. Mitt. Preuß. Versuchsanst. Wasserbau u. Schiffbau, Berlin, Heft 19 (1935) S. 13ff.

[4] KREUTER: Der Flußbau. Handb. d. Ing.-Wiss. Teil 2, Bd. 4, 4. Aufl. Leipzig 1910.

Setzt man die Ausdrücke für S und S_0 in die DU BOYsche Gleichung für den Geschiebetrieb ein, dann ergibt sich:

$$G = \psi \cdot 1000^2 \cdot t \cdot J \cdot (t \cdot J - t_0 \cdot J_0).$$

Da in unserem Fall J konstant anzunehmen ist, wird $J = J_0$, und die vorstehende Gleichung geht über in

$$G = \psi \cdot (1000 \cdot J)^2 (t - t_0).$$

Wird die Summierung über jene Teile der Profilbreite erstreckt, innerhalb welcher Geschiebegang stattfindet, innerhalb welcher also $t > t_0$, so ergibt sich

$$G = \psi \cdot (1000 \cdot J)^2 \int_0^b (t - t_0)\, t\, dx. \tag{2}$$

Da die Feststellung eines einwandfreien Wertes ψ bisher noch nicht möglich war, wird er aus der Berechnung ausgeschaltet, indem statt der tatsächlichen sekundlichen Geschiebemenge ihr Verhältniswert

$$G' = \frac{G}{\psi}$$

in die Rechnung eingeführt wird. Setzt man außerdem für den Ausdruck in Gl. (2)

$$\int_0^b (t - t_0)\, t \cdot dx = \mathfrak{S},$$

wobei $\mathfrak{S}$ von den Profildimensionen abhängig ist, also $\mathfrak{S} = f(b, t)$, so geht Gl. (2) in folgende Form über:

$$G' = \frac{G}{\psi} = (1000 \cdot J)^2 \cdot \mathfrak{S}. \tag{3}$$

$\mathfrak{S}$ wird nach KREUTER mit „*Maß der Geschiebebewegung*" bezeichnet[1].

Wie noch gezeigt wird, läßt sich G' ermitteln, ist also als bekannt vorauszusetzen. Da außerdem Q und J als vorher bestimmt angenommen werden, sind in den Gln. (1) und (3) nur b und t unbekannt, können also daraus eindeutig ermittelt werden.

Das durch Gl. (1) und (3) erhaltene Profil wird nun eine günstige Wasser- und Geschiebeführung streng genommen nur für jenen Wasserstand verbürgen, welcher der Profilberechnung zugrunde gelegt worden ist. Bei allen anderen Wasserständen jedoch wird das neuermittelte Profil den unter (1) und (3) genannten Bedingungen nicht Genüge leisten können, da sich mit dem Wasserstand in unserem Falle zwar nicht das Gefälle, wohl aber das Maß der Geschiebebewegung sowie die Durchflußmenge ändern. Sollte nun der theoretischen Forderung Rechnung getragen werden, daß der zu konstruierende Profilumriß bei jedem

[1] KREUTER: Zitiert S. 594.

Wasserstand den für die Wasser- und Geschiebeabfuhr gestellten Bedingungen entspricht, so könnte dieser Bedingung nur dadurch Genüge geleistet werden, daß der Querschnitt veränderlich ausgebildet wird. Das ist natürlich praktisch undurchführbar[1].

Deshalb handelt es sich darum, den neuen Querschnitt für den besonders *charakteristischen Wasserstand* zu dimensionieren. Da nun der Schwerpunkt einer richtigen Profilierung in der Erfüllung der geregelten Geschiebeabfuhr gelegen ist, so wird sich der „charakteristische" Wasserstand decken mit jener Wasserstandsgleiche, die während eines bestimmten Zeitintervalls (Jahr) das Maximum der Geschiebeabfuhr erzeugt hat. Diese Wasserspiegelhöhe ist der sogenannte *bettbildende Wasserstand*, oder, wie er vereinzelt auch noch bezeichnet wird, der „maßgebende Wasserstand" oder „hydrotechnische Wasserstand"[2].

Soll nun in der künftigen Entnahmestrecke die gleiche Wasserführung und Geschiebeabfuhr gewährleistet sein, wie es im bestehenden Flußschlauch *vor* Einbau des Wehres und *vor* der Wasserentnahme der Fall ist, so wird die Erfüllung dieser Bedingung dann erwartet werden können, wenn der bettbildende Wasserstand des neuen Profils die gleiche Höhenlage aufweist wie im bisherigen Profil, und wenn weiter bei diesem Wasserstand künftig die gleiche korrespondierende Wassermenge (d. i. die um die Kraftwassermenge verkleinerte Durchflußmenge) sowie die gleiche Geschiebemenge wie bisher zur Abfuhr gelangt.

Es handelt sich deshalb zunächst darum, entsprechend den *bisherigen* Wasserführungsverhältnissen den bettbildenden Wasserstand für das bestehende Stromquerprofil zu ermitteln, um auf Grund des sich hieraus ergebenden Resultats sodann die Auswertung der Gln. (1) und (3) durchführen zu können.

Versehen wir die Größen, welche sich auf die ursprünglichen Verhältnisse beziehen, mit dem Zeiger a, jene für das neue Profil mit dem Zeiger b, so erhalten wir

$$G'_a = (1000 \cdot J_a)^2 \cdot \mathfrak{S}_a, \tag{3a}$$

$$G'_b = (1000 \cdot J_b)^2 \cdot \mathfrak{S}_b. \tag{3b}$$

Soll nun die Geschiebeabfuhr im neuen Profil ebenso ungestört vor sich gehen wie im ursprünglichen Profil, so muß die Forderung erfüllt sein

$$G'_a = G'_b$$

oder

$$(1000 \cdot J_a)^2 \cdot \mathfrak{S}_a = (1000 \cdot J_b)^2 \cdot \mathfrak{S}_b.$$

[1] Vgl. u. a.: Wschr. öffentl. Baudienst, Jg. 25 (1919) Heft 41 (Studie von Ing. Reich über die notwendige Umgestaltung der Donau bei Wien im Falle einer ständigen Wasserentnahme aus dieser Stromstrecke für Zwecke einer Großwasserkraftanlage, S. 482).

[2] Z. öst. Ing.- u. Archit.-Ver. 1916, S. 209/12. — Vgl. dazu auch Ludin: Über den Begriff des bettbildenden Wasserstandes. Wasserwirtschaft, Wien 1932, Heft 36

Daraus
$$\mathfrak{S}_b = \left(\frac{J_a}{J_b}\right)^2 \cdot \mathfrak{S}_a \,.$$

Strebt man weiterhin an, daß sich auch das Wasserspiegelgefälle in der künftigen Entnahmestrecke gegenüber den bisherigen Verhältnissen nicht ändern soll, d. h.
$$J_a = J_b \,,$$
dann muß auch sein
$$\mathfrak{S}_a = \mathfrak{S}_b \,.$$

Es wird sohin genügen, aus dem bestehenden Profil lediglich den Wert $\mathfrak{S}_a$, d. h. das Maß der Geschiebebewegung zu ermitteln, das dem bettbildenden Wasserstand entspricht, um daraus gemäß der Beziehung $\mathfrak{S}_a = \mathfrak{S}_b = f(b, t)$ den neuen Querschnittsumriß — selbstverständlich unter gleichzeitiger Einhaltung der durch Gl. (1) gegebenen Beziehung — feststellen zu können.

Für die zahlenmäßige Auswertung der Gln. (1) und (3) ist zunächst der bettbildende Wasserstand und das diesem Wasserstand zugeordnete Maß der Geschiebebewegung für das bestehende Stromprofil zu ermitteln.

Nach KREUTER ist $\mathfrak{S}$:
$$\mathfrak{S} = U \cdot (t_0 + 2y), \quad (4)$$
wobei U = Inhalt der schraffierten Fläche (vgl. Abb. 294), y = Abstand des Schwerpunktes der Fläche U von der Horizontalen AB*. Daher

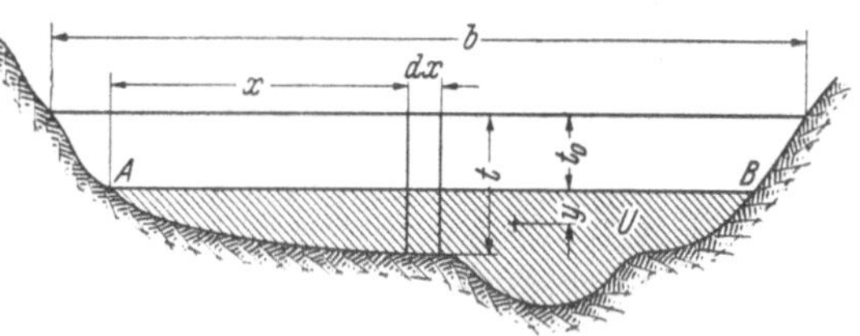

Abb. 294.

$$G' = \frac{G}{\psi} = (1000 \cdot J)^2 \cdot U \cdot (t_0 + 2y) \,. \qquad (5)$$

* Für zusammengesetzte Trapezprofile (polygonale Böschungen) ergibt sich nach KREUTER
$$\mathfrak{S} = U' \cdot t_0 + 2 \cdot U' \cdot y' ,$$
wobei (Abb. 295)
$$U' = U_1 + U_2 + U_3 + \cdots$$
und
$$2 \cdot U' \cdot y' = U_1 \cdot t_1 + U_2 \cdot (2t_1 + t_2) + U_3 \cdot (2t_1 + t_2 + t_3) + \cdots$$
Letztere Beziehung erhält man, wenn in der Gleichung
$$U' \cdot y' = U_1 \cdot y_1 + U_2 \cdot (t_1 + y_2) + U_3 \cdot (t_1 + t_2 + y_3)$$
angenähert allgemein $y_n = \frac{1}{2} t_n$ gesetzt wird $\left(y_1 = \frac{t_1}{2}, y_2 = \frac{t_2}{2}, y_3 = \frac{t_3}{2}\right)$. KREUTER bestimmt U' bei regelmäßigen Profilen durch Aufzeichnen auf starke Pappe, Ausschneiden und Abwägen. Der Schwerpunkt kann dann durch Probieren mit einer Nadel rasch und genau genug gefunden werden. U' läßt sich natürlich auch durch Planimetrieren rasch ermitteln.

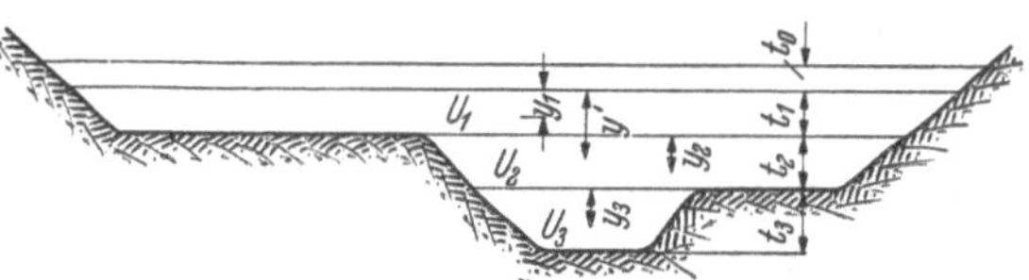

Abb. 295. Zusammengesetztes Trapezprofil.

Dabei ergibt sich t_0 aus

$$t_0 = \frac{S_0}{1000 \cdot J}.$$

S_0 ist bereits festgestellt, ebenso J; damit ist auch t_0, die Grenztiefe, bekannt, nämlich $t_0 = \frac{3,8}{1000 \cdot 0,001} = 3,8\,\text{m}$. Für jeden Pegelstand, das heißt also für jede Wassertiefe, läßt sich nun U, y und damit $\mathfrak{S}$ ermitteln, so daß auch $G' = \frac{G}{\psi}$ für jeden Wasserstand festliegt und in

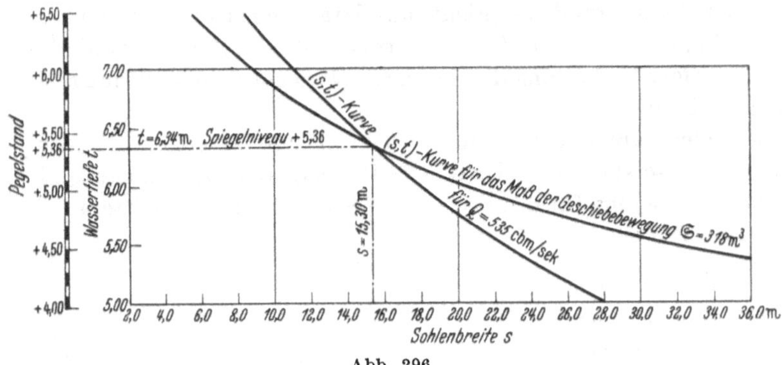

Abb. 296.

einer Kurve aufgetragen werden kann. Die Rechnung ist in der Texttabelle 73 durchgeführt, die Ergebnisse sind in Abb. 297 aufgetragen (G/ψ-Kurve = Geschiebemengenlinie des ursprünglichen Profils).

Zu der Rechnung in Texttabelle 73 ist noch folgendes zu bemerken:

Auf Grund der Wasserstandsbeobachtungen an dem der Wehrstelle zunächst gelegenen Pegel des untersuchten Flusses konnte die durchschnittliche Dauer τ für jeden Wasserstand bzw. für die zugeordneten Wasserstandsintervalle ermittelt werden. Sie sind mit der Häufigkeitskurve in Abb. 292 gegeben. Der für die Geschiebebewegung in Frage kommende Teil dieser Häufigkeitskurve ist in Abb. 297 vergrößert dargestellt und dazu die $G' = \frac{G}{\psi}$-Kurve des ursprünglichen Profils aufgetragen. Nun läßt sich für jeden Wasserstand das Produkt $\frac{G}{\psi} \cdot \tau$ bilden und abermals durch eine Kurve darstellen. Das ist für die zehn ausgewählten Wasserstände der Tabelle 73 geschehen und dadurch die $\frac{G}{\psi} \cdot \tau$-Kurve (Geschiebeteilfrachtlinie) in Abb. 297 erhalten worden. Die Fläche, welche einerseits begrenzt ist durch die Vertikale durch den Punkt $\frac{G}{\psi} \cdot \tau = 0$ und andererseits durch die $\frac{G}{\psi} \cdot \tau$-Kurve selbst, gibt — bei Berücksichtigung der verwendeten Maßstabeinheiten — zahlenmäßig den Verhältniswert G/ψ der durchschnittlichen jährlichen Geschiebemenge.

Innerhalb dieses Durchschnittsjahres hat SCHAFFERNAK nun *jenem Wasserstand die größte Geschiebeabfuhr zugeschrieben, dem in der Kurve* $\frac{G}{\psi} \cdot \tau$ *die größte Abszisse zukommt*[1]. *Dieser Wasserstand wurde mit „bettbildendem Wasserstand" bezeichnet.* Er ergibt sich für unser Beispiel zu 5,36 m (Abb. 297).

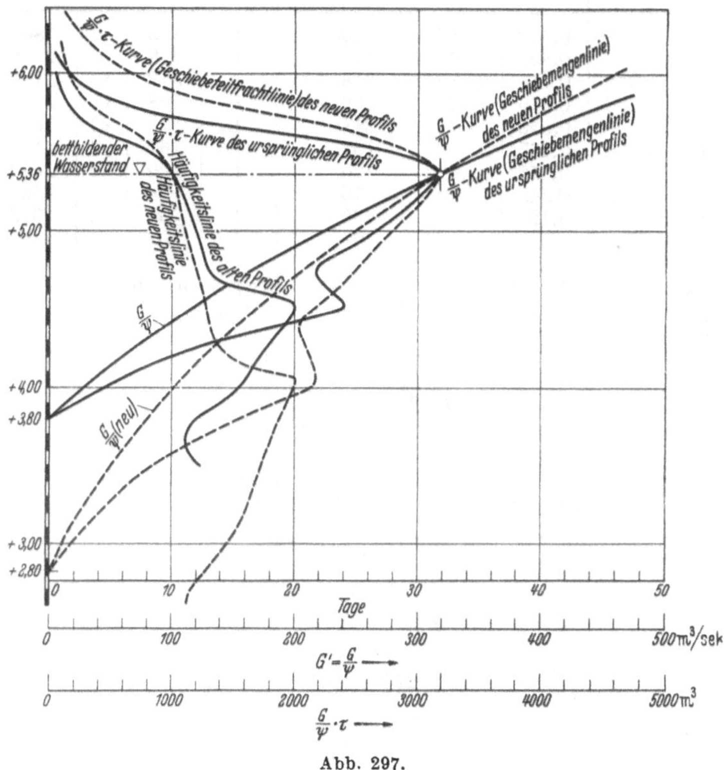

Abb. 297.

Für diesen „maßgebenden" Wasserstand $t = 5{,}36$ m wurde $\mathfrak{S}_a$ ermittelt zu 318 m³ (vgl. Tabelle 73). Es entspricht ihm außerdem eine Wassermenge $Q_a = 750$ m³/sek, wie aus der gegebenen Schlüsselkurve oder aus der Wassermengendauerlinie Abb. 292 abgelesen werden kann.

Wie muß nunmehr das neue Flußprofil in der Entnahmestrecke gestaltet sein, daß es für

$$Q_b = Q_a - Q_w = 750 - 215 = 535 \text{ m}^3/\text{sek}$$

den gleichen bettbildenden Wasserstand hat wie das ursprüngliche Flußprofil bei $Q_a = 750$ m³/sek?

---

[1] SCHAFFERNAK: Z. öst. Ing.- u. Archit.-Ver. 1916, S. 209/12.

Es muß sein

$$\mathfrak{S}_a = \mathfrak{S}_b,$$

daher

$$\mathfrak{S}_a = \mathfrak{S}_b = U \cdot (t_0 + 2y).$$

Tabelle 73.

t m	$J^0/_{00} = 1000 \cdot J$	t_0 m	$y_a{}^*$ m	$U_a{}^*$ m²	$\mathfrak{S}_a = U_a(t_0 + 2y)$ m³	$(J^0/_{00})^2$	$G' = \frac{G}{\psi}$	τ	$\frac{G}{\psi} \cdot \tau$
5,74	1	3,8	0,940	75,8	430	1	430	2	860
5,57	1	3,8	0,857	68,6	378	1	378	6	2268
5,36	1	3,8	0,758	59,8	318	1	318	10	3180
$5{,}17_5$	1	3,8	0,670	52,2	268	1	268	11	2948
$4{,}97_5$	1	3,8	0,576	44,0	218	1	218	12	2616
4,75	1	3,8	0,467	35,2	167	1	167	13	2171
$4{,}52_5$	1	3,8	0,355	26,6	120	1	120	20	2400
4,29	1	3,8	0,243	17,7	76	1	76	18	1368
4,05	1	3,8	0,125	8,9	36	1	36	16	576
3,80	1	3,8	0	0	0	1	0	12	0

Wenn das neue Profil wie das ursprüngliche Trapezform mit 2maligen Böschungen besitzen soll, dann gilt für diese Trapezfläche wieder

$$U = s(t - t_0) + 2(t - t_0)^2$$

und

$$y = \frac{t - t_0}{6} \cdot \frac{3s + 4(t - t_0)}{s + 2(t - t_0)},$$

deshalb

$$\mathfrak{S}_b = [s(t - t_0) + 2(t - t_0)^2] \cdot \left[t_0 + \frac{t - t_0}{3} \cdot \frac{3s + 4(t - t_0)}{s + 2(t - t_0)}\right]. \qquad (6)$$

Ferner

$$Q = c\sqrt{R \cdot J} \cdot F.$$

Für

$$F = s \cdot t + m \cdot t^2$$

und

$$p = s + 2t\sqrt{1 + m^2}$$

wird

$$R = \frac{s \cdot t + m \cdot t^2}{s + 2t\sqrt{1 + m^2}};$$

daher

$$Q = \frac{87}{1 + \frac{\gamma}{\sqrt{\frac{st + mt^2}{s + 2t\sqrt{1 + m^2}}}}} \cdot \sqrt{\frac{s \cdot t + m \cdot t^2}{s + 2t\sqrt{1 + m^2}}} \cdot J \cdot (s \cdot t + m \cdot t^2). \qquad (7)$$

---

* Aus der Trapezform des ursprünglichen Profils folgt allgemein

$$y_a = \frac{t - t_0}{6} \cdot \frac{3s + 4(t - t_0)}{s + 2(-t_0)},$$

$$U = s(t - t_0) + 2(t - t_0)^2,$$

wobei $s = 35{,}15$ m die Sohlenbreite ist, die Böschungen zweifüßig sind (vgl. Abb. 293), während die Bedeutung der übrigen Größen der Abb. 294 entnommen werden können.

In den Gln. (6) und (7) sind bereits bekannt oder gegeben

$$\mathfrak{S}_b = 318\ \text{m}^3; \quad t_0 = 3{,}80\ \text{m}; \quad Q = Q_b = 535\ \text{m}^3/\text{sek};$$
$$\gamma_b = 1{,}70; \quad m_b = 2; \quad J_b = 1\,‰.$$

Somit erhält man

$$318 = f(s, t) = [s(t - 3{,}80) + 2(t - 3{,}80)^2] \times$$
$$\times \left[3{,}80 + \frac{t - 3{,}80}{3} \cdot \frac{3s + 4(t - 3{,}80)}{s + 2(t - 3{,}80)}\right] \qquad (6\text{a})$$

und

$$535 = f(s, t) = \frac{2{,}75}{\sqrt{\frac{s \cdot t + 2t^2}{s + 4{,}47 \cdot t}} + 1{,}70} \cdot \frac{(s \cdot t + 2 \cdot t^2)^2}{s + 4{,}47 \cdot t}. \qquad (7\text{a})$$

Es lassen sich nun sowohl aus der Gl. (6a) als auch aus Gl. (7a) jeweils für gewählte Werte t die zugeordneten Werte s ermitteln und diese Wertepaare in einer Kurve darstellen (vgl. Abb. 296 und Tabelle 74). Sämtliche Wertepaare s und t der Gl. (7a) entsprechen dann einer Wassermenge $Q = 535\ \text{m}^3/\text{sek}$, sämtliche Wertepaare der Gl. (6a) dem Maß der Geschiebebewegung von $318\ \text{m}^3$. Da wir nun ein Wertepaar s und t suchen, das sowohl der Wassermenge $Q = 535\ \text{m}^3/\text{sek}$ als auch dem Maß der Geschiebebewegung $\mathfrak{S}_b = 318\ \text{m}^3$ entspricht, so ist das von uns gesuchte Wertepaar s und t bestimmt durch den Schnitt der beiden s, t-Kurven in Abb. 296. Der Kurvenquerschnitt gibt $t = 6{,}34$ m und $s = 15{,}30$ m.

Nachdem der bettbildende Wasserstand $+5{,}36$ m des ursprünglichen Profils auch gleichzeitig der bettbildende Wasserstand des neuen Profils sein soll, kommt im neuen Profil die Sohle auf

$$+5{,}36 - 6{,}34 = -0{,}98\ \text{m}$$

zu liegen.

Tabelle 74.

$\mathfrak{S} = 318\ \text{m}^3$		$Q = 535\ \text{m}^3/\text{sek}$	
t m	s m	t m	s m
5,00	50,60	5,00	27,80
5,40	34,00	5,40	23,30
5,80	23,80	5,80	19,50
6,20	17,20	6,20	16,35
6,80	10,50	6,80	12,35
7,40	5,90	7,40	8,75
6,34	15,30	6,34	15,30

Die Abb. 298 zeigt das ursprüngliche und das neue Profil mit dem bettbildenden Wasserstand für beide Profile.

Die gestellte Aufgabe, welche lediglich die Dimensionierung des neuen Flußprofils für den *bettbildenden Wasserstand* forderte, ist damit gelöst.

Nun findet nicht nur beim *bettbildenden* Wasserstand Geschiebeabfuhr statt, sondern auch bei *anderen* Wasserständen.

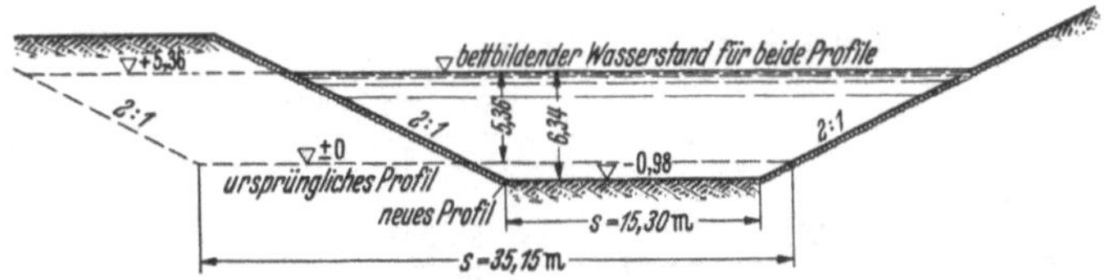

Abb. 298. Ursprüngliches und neues Profil.

Soll also das *neue* Profil die gleiche *Geschiebefracht* (= Geschiebemenge, welche pro Jahr durch den Querschnitt geht) bewältigen wie das *alte* Profil, so müßte das neue Profil auch noch daraufhin untersucht werden. Der Gang dieser Untersuchung hätte sich wie folgt abzuwickeln.

Den in Texttabelle 73 aufgeführten Pegelständen entsprechen Wassermengen Q_a, welche der Schlüsselkurve in Abb. 292 entnommen werden können. Nach Inbetriebnahme der Wasserkraftanlage reduzieren sich diese Wassermengen Q_a je um den Betrag $Q_w = 215$ m³/sek*. Dadurch ergeben sich Wassermengen Q_b, für welche aber bzw. die *gleichen* Häufigkeiten gelten wie für die entsprechenden Wassermengen Q_a. Andererseits lassen sich für die verschiedenen Wasserstände des neuen Profils die zugehörigen Abflußmengen rechnen nach Gl. (7) und durch eine Schlüsselkurve darstellen (Abb. 299). Daraus ergibt sich für die vorerrechneten Werte Q_b jeweils ein bestimmter Pegelstand, dem die gleiche Häufigkeit zukommt wie dieser Wassermenge Q_b, und damit die gleiche Häufigkeit wie der dieser Wassermenge Q_b jeweils entsprechenden früheren Wassermenge Q_a und dem diesen Q_a zugeordneten Pegelstand.

Trägt man nun für die den Wassermengen Q_b jeweils zukommenden Pegelstände die Häufigkeitskurve auf, ermittelt wieder die zugehörigen Werte $\mathfrak{S}$, $\frac{G}{\psi}$ und $\frac{G}{\psi} \cdot \tau$, trägt letztere beiden ebenfalls als Kurven auf (Abb. 297), so ist die jährliche Geschiebemenge, welche im *neuen* Profil gefördert wird, proportional der Fläche, welche begrenzt ist von der Ordinate durch den Punkt $\frac{G}{\psi} \cdot \tau = 0$ und durch die Kurve $\frac{G}{\psi} \cdot \tau$ für das

* Die Kraftwasserentnahme wird erst dann kleiner als 215 m³/sek, wenn der Wasserstand (= Wassertiefe) im ursprünglichen Profil *unter* 2,33 m abgesunken ist. Da die Geschiebebewegung erst bei $t_0 = 3{,}8$ m in Gang kommt, findet also bei einer Kraftwasserentnahme < 215 m³/sek kein Geschiebegang statt, so daß *dieser* Teil der Wassermengendauerlinie für die Geschiebefrachtuntersuchung ohne Belang ist.

neue Profil. In der Texttabelle 75 sind die zur Darstellung vorbenannter Kurven notwendigen Rechnungen bzw. Rechenergebnisse zusammengestellt.

Man erkennt aus Abb. 297, daß die mögliche jährliche Geschiebefracht des neuen Profils wesentlich größer ist als die tatsächliche für

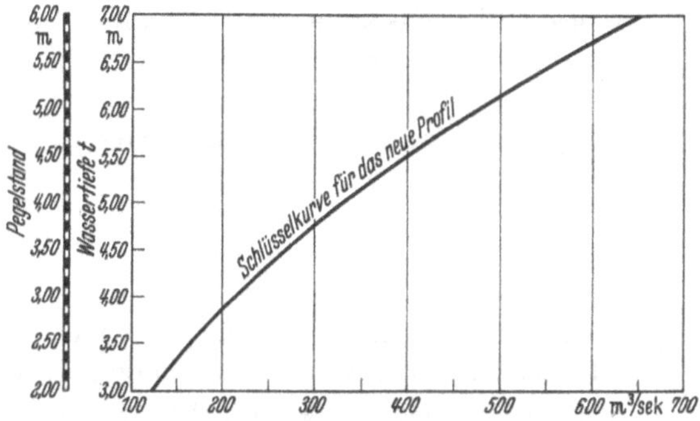

Abb. 299. Schlüsselkurve für das neue Profil.

den ursprünglichen Querschnitt[1], weshalb nicht zu befürchten steht, daß ein Teil des von oben kommenden Geschiebes in der Entnahmestrecke liegen bleibt. Solange das eigentliche Flußbettmaterial eine wesentlich größere Widerstandsfähigkeit gegenüber der Schleppkraft des abfließenden Wassers besitzt als das von oben kommende Geschiebe, solange also mit einer Austiefung der Flußsohle *nicht* gerechnet zu werden braucht, bedarf das festgelegte neue Profil keiner Korrektur mehr. Das ist für das vorliegende Beispiel der Fall.

Tabelle 75.

Pegel im alten Profil	Häufigkeit τ	Wassermenge Q_a *vor* Entnahme	Wassermenge Q_b *nach* Entnahme $(Q_a - Q_w)$	Nebenstehende Wassermenge Q_a entspricht im neuen Profil einem Pegelstand von	U	y	$t_0 + 2y$	$\mathfrak{S}$	$G' = \frac{G}{\psi}$	$\frac{G}{\psi} \cdot \tau$
5,74	2	850	635	+5,92	66,67	1,40	6,60	440	440	880
5,57	6	800	585	+5,66	59,58	1,29	6,38	380	380	2280
5,36	10	750	535	+5,36	51,70	1,17	6,13	318	318	3180
$5,17_5$	11	700	485	+5,07	44,53	1,04	5,88	262	262	2880
$4,97_5$	12	650	435	+4,76	37,23	0,91	5,61	209	209	2510
4,75	13	600	385	+4,42	29,59	0,76	5,31	157	157	2040
$4,52_5$	20	550	335	+4,05	21,83	0,59	4,97	109	109	2160
4,29	18	500	285	+3,65	14,08	0,40	4,60	65	65	1170
4,05	16	450	235	+3,22	6,43	0,20	4,19	27	27	431
3,80	12	400	185	+2,82	0	0	3,80	0	0	0

[1] Da die Größen ψ und τ für *beide* Profile konstant sind, ist die jährliche Geschiebefracht jeweils direkt proportional der von den $\frac{G}{\psi} \cdot \tau$-Kurven umschlossenen Fläche. Es kann also umgekehrt aus der Größe dieser Fläche rückwärts auf die Größe der Geschiebefracht geschlossen werden. Da besagte Fläche für das neue Profil größer ist als für das alte Profil, ist demnach auch die mögliche Geschiebefracht für das neue Profil größer als für das ursprüngliche Profil.

Wäre dagegen zu befürchten, daß das nunmehr vorhandene, über den Transport der von oben kommenden Geschiebemenge hinausreichende Arbeitsvermögen des abfließenden Wassers im neuen Profil sich in einer allmählichen Zerstörung des Flußbettes auswirken könnte, so müßte auf dem Wege des Probierens ein anders geformtes Querprofil gesucht werden, das bei einem Wasserstand +5,36 ein Abführungsvermögen von 535 m^3/sek zeigt und ein Maß der Geschiebebewegung von 318 m^3, das aber überdies noch die gleiche jährliche Geschiebefracht aufweist wie das alte Profil.

Die Schwäche des Verfahrens, den Einfluß von Bettumgestaltungen auf den Geschiebebetrieb rechnerisch mit dem „bettbildenden Wasserstand" zu ermitteln, liegt darin, daß — worauf LUDIN aufmerksam macht[1] — hier nur ein *Einzelwert* aus den verschiedenen Wasserständen und Wassermengen herausgegriffen wird, die im Verlauf von Jahresreihen auftreten. „*Eine einwandfreie und praktisch anwendbare Bestimmung muß sich auf das ‚Zeitintegral' der Wasser- und Geschiebeführung aufbauen*"[1]. LUDIN schlägt deshalb vor, von der *mittleren geschiebeführenden Wassermenge* auszugehen. Er bezeichnet damit diejenige Wassermenge MQ_G, die bei gedachtem ständigem Abfluß während einer geschlossenen Jahresreihe gerade die *wirkliche* zeitdurchschnittliche Jahresgeschiebeführung ergeben würde. Zu dieser Wassermenge MQ_G kommt man wie folgt:

Der Grenzschleppkraft $S_0 = 1000 \cdot t_0 \cdot J$, bei der das Geschiebe gerade zu wandern beginnt, entspricht der Grenzwasserstand t_0 und diesem t_0 wiederum eine Grenzwassermenge Q_0 (aus der Wassermengenkurve für t_0 abzulesen!). In unserem Beispiel erhält man für $t_0 = 3{,}80$ m den Wert $Q_0 = 400$ m^3/sek. Solange $Q_0 < 400$ m^3/sek, findet kein Geschiebegang statt, in unserem Beispiel an 245 Tagen (vgl. Abb. 300). An 120 Tagen überschreitet die Durchflußmenge 400 m^3/sek, während dieser Zeit ist also die Flußsohle in Bewegung. Dieser Bereich ist in Abb. 300 durch Schraffur hervorgehoben. Dabei gibt diese durch Schraffur kenntlich gemachte Fläche jene Gesamtabflußmenge eines Jahres (bzw. die mittlere Gesamtabflußmenge von Jahresreihen) an, welche die Geschiebefracht eines Jahres in dem beobachteten Flußprofil bewirkt.

Wird die Beziehung zwischen Geschiebe- und Wassermenge als linear angenommen in der Form

$$G' = \psi' \cdot (Q - Q_0),$$

[1] LUDIN: Über den Begriff des bettbildenden Wasserstandes. Wasserwirtschaft, Wien 1932, Heft 36.

dann ist auch die schraffierte Fläche der Abb. 300 direkt proportional der Geschiebefracht eines Jahres. Die gemittelte Wassermenge, die sich aus dieser Fläche herleiten läßt, das ist die LUDINsche „mittlere geschiebeführende Wassermenge“ MQ_G, steht dann auch in linearer Beziehung zur mittleren Geschiebemenge $MG = \frac{\text{Geschiebefracht des Jahres}}{365 \cdot 24 \cdot 60 \cdot 60}$. Man kann deshalb bei Kenntnis von MQ_G das zugehörige MG und daraus durch Multiplikation mit $3{,}15 \cdot 10^7$ die Geschiebefracht des Jahres ermitteln. In unserem Zahlenbeispiel wird $MQ_G = 605$ m³/sek, was einem Wasserstand $t = 4{,}77$ entspricht (siehe Schlüsselkurve Abb. 292) gegenüber dem bettbildenden Wasserstand $t = 5{,}36$ m und $BQ = 750$ m³/sek. Daraus geht der erhebliche Einfluß der mittleren und kleineren Wasserführungen auf die *Gesamtgeschiebeführung* (Geschiebefracht eines Jahres) infolge ihrer längeren Wirkungsdauer hervor. Hinsichtlich der Ausbildung der *Bettform* liegen die Verhältnisse insofern anders, als diese im wesentlichen bei den *größeren* Wasserführungen (höheren Wasserständen) vor sich geht. Aber auch hier kommt man der Wirklichkeit näher, wenn man nicht nur *einen* maßgebenden Wasserstand („bettbildenden Wasserstand“) als Maßstab der Beurteilung zugrunde legt, sondern *eine ganze Gruppe* von höheren Wasserständen entsprechend einer Teilfläche der Wassermengen- oder Geschiebedauerlinie. Freilich ist es meist schwierig, diese für die Bettform ausschlaggebende Gruppe von *höheren* Wasserstands- und Wassermengenwerten sicher abzugrenzen. In vielen Fällen der Praxis wird man deshalb, wenn es um die Ausbildung der *Bettform* geht, nach wie vor mit dem „bettbildenden Wasserstand“ vorteilhaft arbeiten, um ein näherungsweise brauchbares Ergebnis zu erzielen. Geht es dagegen um die Feststellung der Geschiebefracht, wird man zweckmäßig auf MQ_G nach LUDIN aufbauen.

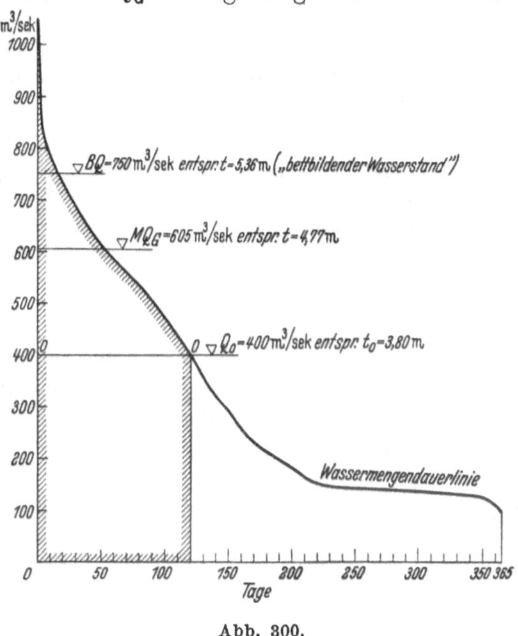

Abb. 300.

Aufgabe 50.

Durchgang einer Hochwasserwelle durch einen See (Seeretention).

In einen Stausee von 500 ha Wasserspiegelfläche ergießt sich infolge starker Gewitterregen eine Hochwasserwelle, die wie folgt festgestellt wurde:

20. VII.	12^{00} mittags	20 m³/sek	
	14^{00} „	29	„
	16^{00} „	60	„
	18^{00} abends	120	„
	20^{00} „	200	„
	22^{00} „	240	„
	24^{00} (0^{00}) nachts	250	„
21. VII.	2^{00} morgens	240 m³/sek	
	4^{00} „	214	„
	6^{00} „	178	„
	8^{00} „	142	„
	10^{00} „	110	„
	12^{00} mittags	76	„
	14^{00} „	50	„
	16^{00} „	34	„
	18^{00} abends	24	„
	20^{00} „	20	„

Der Abfluß während der Beobachtungszeit geht so vor sich, daß 20 m³/sek dauernd durch die Entnahmeleitungen den Turbinen zuströmen, während der Rest über den Hochwasserüberfall von 42 m Gesamtlänge abfließt.

Welchen zeitlichen Verlauf nimmt die Hochwasserwelle am Überfall, wenn zu Beginn der Beobachtung der Wasserspiegel des Sees gerade bis an die Wehrkrone des Überfalls reicht?

Die durch das Steigen des Seespiegels bedingte Vergrößerung der Seeoberfläche kann bei der Rechnung vernachlässigt werden.

Lösung.

1. Allgemeine Betrachtung.

Die Erscheinung, daß beim Durchgang einer Hochwasserwelle durch einen See die Ganglinie des Abflusses flacher ist als die Ganglinie des Zuflusses, und daß der Höchststand des Abflusses später eintritt als der Höchststand des Zuflusses, d. h. daß der See den Hochwasserabfluß *verzögert*, bezeichnet man mit *Seeretention* oder *Seerückhalt*[1]. So wurde z. B. festgestellt, daß eine Hochwasserwelle des Oberrheins von $Q_H = 4700$ m³/sek nach dem Durchgang durch den Bodensee auf

[1] Vgl. u. a.: Z. öst. Ing.- u. Archit.-Ver. 1895, S. 592. — Koženy, J.: Über den Hochwasserverlauf in Flüssen und das Retentionsproblem. Z. öst. Ing.- u. Archit.-Ver. 1914, S. 261. — Schoklitsch, A.: Graphische Hydraulik. Sammlg. math.-phys. Lehrbücher, Bd. 21. Leipzig: B. G. Teubner 1923. — Engels, H.: Handb. d. Wasserbaues, 3. Aufl., Bd. 1. Leipzig: Engelmann 1923.

$Q_H = 1010\,\mathrm{m^3/sek}$ Höchstwasserführung abgeflacht wurde. Diese Erscheinung tritt nicht nur dann auf, wenn ein Fluß sich zu einem Seebecken erweitert, sondern auch — wenn auch nicht so ausgiebig — bei Flüssen, die z. B. ausgedehnte Hochwasserauen mit Baum- und Sträucherbeständen besitzen. Die *Beseitigung* solcher Hochwasserrückhalteräume durch Regulierungen hat den Wegfall der bisherigen natürlichen Retentionen und damit eine Vergrößerung der Hochwasserwellen zur Folge, verbunden mit einem rascheren Ablauf der Hochfluten. Hier hat also erst der *Verlust* des bisher vorhandenen Hochwasserrückhaltevermögens die segensreiche Wirkung und damit *wasserwirtschaftliche* Bedeutung solcher Retentionen so recht zum Bewußtsein gebracht. Die moderne Wasserwirtschaft ist deshalb darauf bedacht, zur Verbesserung der notwendigen Vorratswirtschaft mit Wasser Retentionsmöglichkeiten weitestgehend auszunutzen.

Die *Ursache* für das Zustandekommen einer Retention im *engeren* Sinn (*Seerückhalt*) liegt darin, daß die zufließenden Wassermengen infolge der größeren Seefläche dessen Wasserspiegel nur *langsam heben*. Andererseits ist der See*ab*fluß abhängig von der *Höhe des Seespiegels*. Da sich dieser nur langsam hebt, geht auch der *Abfluß* langsamer, d. h. mit einer flacheren Welle vor sich als der Zufluß (vgl. Abb. 285). Im einzelnen ist zum Fall unseres Beispieles folgendes zu sagen:

Solange der Zufluß in den See genau so groß ist wie der Abfluß, befindet sich der Seespiegel im Beharrungszustand. Das ist in unserem Beispiel noch am 20. VII. 12^{00} mittags der Fall, weil zu diesem Zeitpunkt $20\,\mathrm{m^3/sek}$ zufließen und ebenso $20\,\mathrm{m^3/sek}$ zur Kraftgewinnung aus dem See entnommen werden. In diesem Zustand reicht der Wasserspiegel gerade bis an die Wehrkrone des Überfalls. Würden Zufluß und Abfluß unverändert auf $20\,\mathrm{m^3/sek}$ beharren, bliebe auch die Seespiegelkote unverändert.

Nun steigert sich aber der Zufluß ab 20. VII. 12^{00} mittags stetig. Dieses Mehr an Zufluß ergießt sich in den See und bringt diesen zum Steigen. Die Folge ist, daß die Krone des Überfalls überflutet wird, d. h. daß über den Überfall Wasser abfließt entsprechend der Überströmungshöhe z dortselbst.

Da sich der Zufluß gewissermaßen über die ganze Seefläche ausbreitet, ist die Überströmungshöhe z am Wehr zunächst klein, also auch die dort abfließende Wassermenge. Die Differenz zwischen Zufluß und Abfluß wird vom See zurückgehalten. Auf Grund der Kontinuitätsbedingung muß der Zufluß in der Zeit Δt genau so groß sein wie der Abfluß in der Zeit Δt + der Seeaufspeicherung in dieser Zeit Δt, oder

$$Q_z \cdot \Delta t = Q_a \cdot \Delta t + F \cdot \Delta h.$$

Dabei bedeuten:

Q_z = jeweiliger Zufluß in m³/sek, Q_a = jeweiliger Abfluß in m³/sek,
F = Seespiegelfläche, Δt = Beobachtungszeitintervall,
Δh = Wasserspiegelerhöhung des Sees im Zeitintervall Δt.

Das Q_z wurde ermittelt, indem alle zwei Stunden oberhalb des Seeeinlaufes der Pegelstand des Zuflußgewässers festgestellt und aus der Schlüsselkurve die diesem Pegelstand entsprechende Wassermenge Q_z abgelesen wurde. Bei diesem Beobachtungsmodus für den Zufluß hat es praktisch keinen Wert, die Beobachtungszeitintervalle für die Rechnung kleiner als zwei Stunden zu wählen. Es ergibt sich somit $\Delta t = 2$ Stunden $= 7200$ sek. Q_z ist bekannt für den Anfang und für das Ende eines solchen Zeitintervalls. Deshalb nehmen wir an, daß innerhalb dieses Zeitintervalls die Änderung des Zuflusses geradlinig verläuft, wählen also für jedes Zeitintervall Δt jenen Wert Q_z, der sich als Mittel aus dem zu Anfang und am Ende dieses Zeitintervalls festgestellten Q_z ergibt.

Nun zum Abfluß Q_a:

Q_a setzt sich zusammen

1. aus der konstant bleibenden Kraftwassermenge

$$Q_a' = 20\,\text{m}^3/\text{sek};$$

2. aus der Wassermenge Q_a'', welche sekundlich über das Überfallwehr abfließt. Da die Größe der Übereichwassermenge aber abhängt von der Überströmungshöhe z, und letztere (z) wiederum von dem Steigen oder Fallen des Seespiegels, ist auch Q_a'' abhängig vom jeweiligen Seewasserstand, d. h. veränderlich mit Δh.

Diese Zusammenhänge führen auf eine Differentialgleichung, wobei Q_a'' dargestellt werden könnte durch die Beziehung:

$$Q_a'' = f(z_{\Delta h}).$$

Bei einer Überströmungshöhe z am Überfall ergibt sich Q'' allgemein zu

$$Q_a'' = \tfrac{2}{3}\mu \cdot b \cdot z \cdot \sqrt{2gz}.$$

Das ist jene Wassermenge, welche über einen vollkommenen Überfall von der Breite b und der Überströmungshöhe z abfließt. Setzen wir den Wirkungsgradbeiwert $\mu = 0{,}63$*, die Überfallbreite, wie gegeben, $= 42{,}0$ m, $\sqrt{2g} = 4{,}43$, so wird:

$$Q_a'' = \tfrac{2}{3} \cdot 0{,}63 \cdot 42{,}0 \cdot 4{,}43 \cdot z^{3/2},$$

$$Q_a'' = 78 \cdot z^{3/2}.$$

* Um sicher zu gehen, wird mit eckiger Krone mit seitlicher Einschnürung gerechnet, daher $\mu = 0{,}63$

Unsere Kontinuitätsgleichung lautet jetzt:

$$Q_z \cdot \Delta t = Q_a' \Delta t + Q_a'' \cdot \Delta t + F \cdot \Delta h$$

oder für die Zeiteinheit und für $Q_a'' = 78 \cdot z^{3/2}$

$$Q_z - Q_a' = 78 \cdot z^{3/2} + \frac{F \cdot \Delta h}{\Delta t}.$$

Da $F = 500$ ha $= 5000000$ m² und $\Delta t = 2$ Std. $= 7200$ sek, ergibt sich

$$\frac{F}{\Delta t} = \frac{5000000}{7200} = 694.$$

Daher

$$Q_z - Q_a' = 78 \cdot z^{3/2} + 694 \cdot \Delta h.$$

Die Überströmungshöhe z am Ende eines Beobachtungsintervalls ist die jeweilige *algebraische Summe* der bis *dahin* für *jedes* Beobachtungsintervall ermittelten Seespiegelhebungen bzw. -senkungen. Wir lösen die Aufgabe deshalb *schrittweise*, indem wir für jedes Zeitintervall die entsprechende Wasserspiegelhebung Δh berechnen und damit dann die z ermitteln. Freilich ist mit der schrittweisen Berechnung *allein* noch nicht viel gewonnen, weil das jeweilige Δh auch noch im z steckt in der Form

$$z_n = z_{n-1} + \Delta h_n = \sum_1^{n-1} \Delta h + \Delta h_n,$$

so daß auch bei dieser schrittweisen Berechnung für jedes Zeitintervall obige umständliche Gleichung nach Δh_n aufzulösen wäre durch Versuchsrechnung oder auf graphisch-rechnerischem Wege.

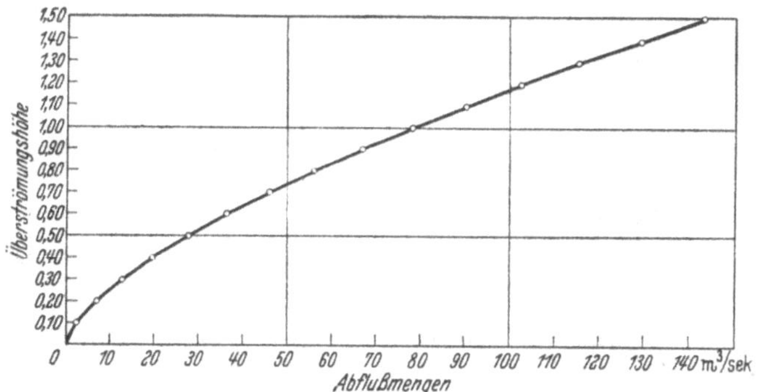

Abb. 301. Zusammenhang zwischen Überfallhöhe z und Abflußmenge Q_a''.

Um einfacher zum Ziele zu gelangen, bedienen wir uns eines Näherungsverfahrens. Bekanntlich stellt der Summand $78 \cdot z^{3/2}$ das Q_a'' dar. Dieses Q_a'' läßt sich nun von vornherein für verschiedene Werte z ermitteln. Aufgetragen, geben diese Werte eine Schlüsselkurve für den Überfall (Abb. 301).

Nun können wir in 1. Annäherung setzen

$$z_n = \sum_1^{n-1} \Delta h,$$

d. h. wir rechnen für das Zeitintervall n mit der Überströmungshöhe z, wie sie sich für das unmittelbar vorhergehende Intervall rechnerisch ergab, rechnen also mit anderen Worten mit jenem Q_a'' im n^{ten} Intervall, wie es für das $n - 1^{\text{te}}$ Intervall ermittelt wurde.

Für den ersten Beobachtungsabschnitt, d. i. am 20. VII. von 12^{00} bis 14^{00} mittags, setzen wir demnach $z = 0$, weil *vor* dem 20. VII. 12^{00} mittags der Wasserspiegel gerade bis zur Wehrkrone reichte, z also Null war. Dem entspricht ein $Q_a'' = 0$.

Unsere Gleichung lautet dann:

$$Q_z - Q_a' = 694 \cdot \Delta h$$

und

$$\Delta h = (Q_z - Q_a') \cdot 0{,}00144 .$$

Für

$$Q_z = \frac{20 + 29}{2} = 24{,}5 \text{ m}^3/\text{sek}, \quad Q_a' = 20 \text{ m}^3/\text{sek}$$

wird

$$\Delta h = (24{,}5 - 20{,}0) \cdot 0{,}00144 = 0{,}0065 \text{ m} = z .$$

Mit diesem $z = 0{,}0065$ m ergibt sich

$$Q_a'' = 78 \cdot z^{3/2} = 78 \cdot 0{,}0065^{3/2} = 0{,}04 \text{ m}^3/\text{sek}^*.$$

Für das *zweite* Intervall von 14^{00} bis 16^{00} mittags setzen wir nun $Q_a'' = 0{,}04$ m³/sek, entsprechend der Überströmungshöhe $z = 0{,}0065$ m des vorangegangenen Intervalls, und erhalten

$$\Delta h = (Q_z - Q_a' - Q_a'') \cdot 0{,}00144 .$$

Für

$$Q_z = \frac{29 + 60}{2} = 44{,}5 \text{ m}^3/\text{sek}; \quad Q_a' = 20 \text{ m}^3/\text{sek}; \quad Q_a'' = 0{,}04 \text{ m}^3/\text{sek}$$

wird

$$\Delta h = (44{,}5 - 20{,}0 - 0{,}04) \cdot 0{,}00144 = 0{,}0352 \text{ m} .$$

Die Überfallhöhe z ist nun angewachsen auf

$$z = \sum_1^2 \Delta h = 0{,}0065 + 0{,}0352 = 0{,}0417 \text{ m},$$

woraus sich ein Q_a'' von $0{,}665 \sim 0{,}7$ m³/sek ergibt.

Mit diesem Q_a'' wird im nächsten Zeitintervall weiter gerechnet, wodurch ein neues Δh und daraus ein $z = \sum_1^3 \Delta h$ erhalten wird, dem in der Abflußkurve wiederum ein Q_a'' zugeordnet ist usw.

---

* Bei den kleinen z-Werten, für welche sich aus der Abflußkurve (Abb. 301) die Q_a''-Werte nicht mehr ablesen lassen, erfolgt deren Ermittlung rechnerisch.

Tabelle 76.

z	0,10	0,20	0,30	0,40	0,50	0,60	0,70	0,80
$z^{3/2}$	0,0316	0,0895	0,1642	0,2530	0,3540	0,465	0,585	0,715
Q_a''	2,46	6,97	12,80	19,48	27,60	36,20	45,70	55,80

z	0,90	1,00	1,10	1,20	1,30	1,40	1,50
$z^{3/2}$	0,854	1,000	1,153	1,314	1,481	1,655	1,837
Q_a''	66,60	78,0	90,0	102,4	115,3	129,0	143,2

Dieses Näherungsverfahren liefert zu *große* Werte für Q_a''. Für die Verbesserung der ersten Näherungswerte Q_a'' wird das nachfolgende Verfahren gewählt, das zu zutreffenderen Ergebnissen führt als die seinerzeit vom Verfasser benutzte Methode[1].

Bekanntlich haben wir im ersten Zeitintervall $Q_a'' = 0$ gesetzt und damit $\Delta h = z = 0{,}0065$ m erhalten, woraus sich ein $Q_a'' = 0{,}04$ m³/sek ergab. Zur Verbesserung setzen wir als Abfluß für das *erste* Zeitintervall

$$\frac{Q_a'' + Q_{a_1}''}{2} = \frac{0 + 0{,}04}{2} = 0{,}02 \text{ m}^3/\text{sek}.$$

Damit wird

$$\Delta h = \left(Q_z - Q_a' - \frac{Q_a'' + Q_{a_1}''}{2}\right) \cdot 0{,}00144$$
$$= (24{,}5 - 20{,}0 - 0{,}02) \cdot 0{,}00144$$
$$= 0{,}00645 \text{ m},$$

also

$$z_{1\,verb} = \sum_1^1 \Delta h = 0{,}00645 \sim \mathbf{0{,}0065} \text{ m}$$

und

$$Q''_{a_1\,verb} = \mathbf{0{,}04} \text{ m}^3/\text{sek}.$$

Wird nun im *zweiten* Intervall *zunächst* wiederum mit diesem $Q''_{a_1\,verb}$ gerechnet, so erhält man

$$\Delta h = (44{,}5 - 20{,}0 - 0{,}04) \cdot 0{,}00144 = 0{,}0352 \text{ m}$$

und

$$z_2 = \sum_1^2 \Delta h = 0{,}0065 + 0{,}0352 = 0{,}0417 \text{ m},$$

also

$$Q''_{a_2} = 0{,}67 \text{ m}^3/\text{sek}.$$

Setzt man nun den Abfluß im zweiten Intervall in Mittel an mit

$$\frac{Q''_{a_1\,verb} + Q''_{a_2}}{2} = \frac{0{,}04 + 0{,}67}{2} = 0{,}35 \text{ m}^3/\text{sek},$$

ermittelt man also Δh nochmals mit *diesem* Wert für den Abfluß im zweiten Beobachtungszeitraum, so führt dies auf

$$\Delta h = (44{,}5 - 20{,}0 - 0{,}35) \cdot 0{,}00144 = 0{,}0348 \text{ m},$$

[1] Vgl. Streck: Aufgaben aus dem Wasserbau, 2. Aufl., S. 334ff. Berlin: Springer 1929.

so daß

$$z_{2\,verb} = \sum_1^2 \Delta h = 0{,}0065 + 0{,}0348 = \mathbf{0{,}0413}\ \text{m}$$

und

$$Q''_{a_2\,verb} = 0{,}656 \sim 0{,}66\ \text{m}^3/\text{sek}.$$

Genau so wird im dritten Intervall verfahren. Zunächst

$$\Delta h = (90{,}0 - 20{,}0 - 0{,}66) \cdot 0{,}00144 = 0{,}0999\ \text{m}.$$

Damit

$$z_3 = \sum_1^3 \Delta h = 0{,}0413 + 0{,}0999 = 0{,}1412\ \text{m}$$

und

$$Q''_{a_2} = 4{,}14\ \text{m}^3/\text{sek}.$$

Verbesserter Wert Δh:

$$\Delta h = \left(90{,}0 - 20{,}0 - \frac{0{,}66 + 4{,}14}{2}\right) \cdot 0{,}00144 = 0{,}0974,$$

also verbessertes z

$$z_{3\,verb} = \sum_1^3 \Delta h = 0{,}0413 + 0{,}0974 = \mathbf{0{,}1387}\ \text{m}$$

und verbessertes

$$Q''_{a_3\,verb} = \mathbf{4{,}03}\ \text{m}^3/\text{sek} \quad \text{usw.}$$

Die so gewonnenen Abflußmengen Q'' können — besonders auch im Hinblick auf die sonstigen gemachten Annahmen und unerfaßten Faktoren — als *praktisch* hinreichend genau betrachtet werden.

2. Durchführung der Zahlenrechnung.

Die Rechnung wurde in Tabellenform durchgeführt, wobei die Zwischenrechnung jeweils in Klammern beigefügt ist (Tabelle 77). Die Auftragung der Ergebnisse erfolgte in Abb. 302.

Ermittlung der Schlüsselkurvenwerte (Abflußmengen am Wehr):

$$Q''_a = 78 \cdot z^{3/2}\ \text{m}^3/\text{sek} \quad \text{(Tabelle 76).}$$

Die Auftragung dieser Werte ergab die Schlüsselkurve Abb. 301.

Die Darstellung des zeitlichen Verlaufes der Hochwasserwelle im Zuflußrinnsal (Q_z) und am Überfallwehr (Q''_a) führt ohne weiteres auch zur *Darstellung jener Wassermenge* $[\Sigma(F\,\Delta h)]$, *welche der See zurückhält.* Sie ergibt sich als jene Fläche, welche oben von der Q_z-Linie, unten von der Q''_a-Linie begrenzt und in der Zeichnung mit Φ bezeichnet ist. Man ersieht, daß die Retentionsfläche bis zum 21. VII. etwa 8⁰⁰ morgens anwächst, also auch der Seespiegel ansteigt (vgl. auch zeitlichen Verlauf der Seespiegelschwankung in Abb. 302 oben). *Nach* diesem Zeitpunkt ist der Abfluß Q''_a *größer* als der Zufluß Q_z, d. h. der See gibt die zurückgehaltenen Wassermengen nach und nach wieder ab ($-\Delta h$ in Tabelle 77), und im gleichen Maße sinkt der Wasserspiegel des Sees. Dank der Retentionswirkung des letzteren ist also der Abfluß der verhältnismäßig kurze Zeit andauernden, aber dafür sehr hohen Zuflußwelle auf einen größeren Zeitraum verteilt und die Wellenspitze nur noch halb so groß wie beim Zufluß (*Bedeutung von Seen für die Vergleichsmäßigung des Abflusses bei*

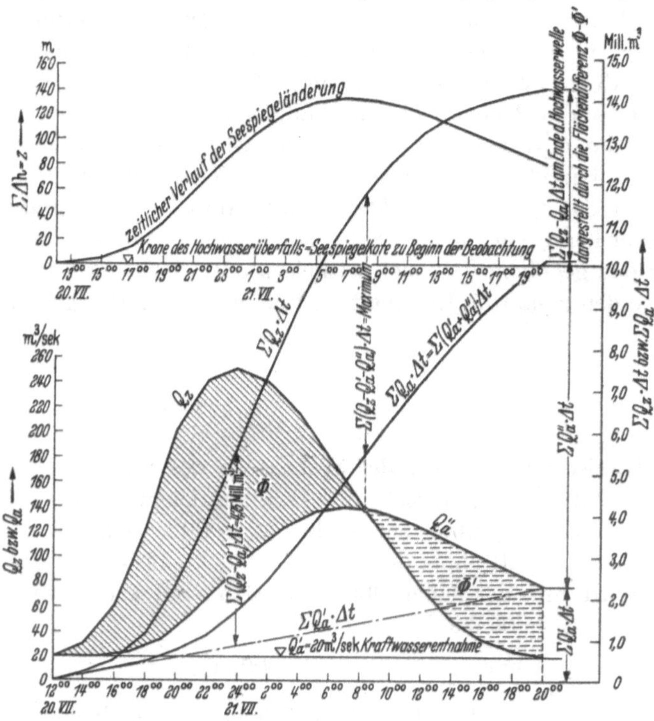

Abb. 302. Rückhalt (Retention) einer durch einen See gehenden Hochwasserwelle bei gegebenen Abflußverhältnissen.

stark schwankenden Zuflußwassermengen: Hochwasserschutz, Wasserhaushalt bei Wasserkraftanlagen, Trinkwasserversorgung, Verbesserung des schiffbaren Wasserstandes, Bodenbewässerung usw.).

In Abb. 302 wurde auch noch die $\Sigma(Q_z \cdot \Delta t)$- und $\Sigma(Q_a \cdot \Delta t)$-Linie zur Darstellung gebracht (vgl. dazu auch Aufgabe 51, S. 621). Dabei gibt die $\Sigma(Q_z \cdot \Delta t)$-Linie — wie in Aufgabe 51 — für irgendeinen Zeitpunkt die vom Anfang der Beobachtung bis zu diesem Zeitpunkt insgesamt zugeflossene Wassermenge in m³ an, analog die $\Sigma(Q_a \cdot \Delta t)$-Linie den gesamten Abfluß in m³ bis zu diesem Beobachtungszeitpunkt. Die Differenz $\Sigma(Q_z \cdot \Delta t) - \Sigma(Q_a \cdot \Delta t)$ bzw. $\Sigma[(Q_z - Q_a) \cdot \Delta t]$ gibt demnach für jeden Zeitpunkt die gerade vorhandene Rückhaltwassermenge des Sees oder seine Retention an. Das Maximum der Retention tritt zu jenem Zeitpunkt ein, in welchem $Q_z > Q_a''$ übergeht in $Q_z < Q_a''$. ($Q_z = Q_a''$, vgl. Abb. 302.)

Soweit der Abfluß Q_a den entsprechenden Zufluß übersteigt, wird er vom Seerückhalt gespeist.

Verfolgt man die Q_a''-Linie weiter, als es in Abb. 302 geschehen ist, so findet man, daß sie sich theoretisch asymptotisch der Q_a'-Linie (= Horizontale für 20 m³/sek) nähert, sofern der Zufluß dauernd gleich bliebe ($Q_z = 20\,\text{m}^3/\text{sek}$). Da der See sein gesamtes Rückhaltwasser wieder abgibt, muß $\Phi = \Phi'$ werden (vgl. Abb. 302) und $\Sigma[(Q_z - Q_a) \cdot \Delta t] = 0$. Das ist theoretisch im Unendlichen der Fall. Da die Q_a''-Linie aber, wenn sie nahe an die Q_a'-Linie herangekommen ist, nahezu parallel der letzteren läuft, kann man sie ohne großen Fehler in die Q_a'-Linie einbiegen, so zwar, daß $\Phi = \Phi'$ wird. Man erhält damit einen für *praktische* Zwecke hinreichend genauen Anhalt, wann der Anfangsbeharrungszustand für das gegebene Beispiel zeitlich wieder vorhanden ist, d. h. wann der See den gesamten Rückhalt an Wasser wieder abgegeben hat.

Man könnte nun die Frage aufwerfen, wie sich der Abfluß Q_a'' gestaltet hätte, wenn am Anfange der Beobachtung der Wasserspiegel des Sees beispielsweise 0,95 m *unter* der Wehrkrone des Überfalls gelegen wäre. Die Verhältnisse lassen sich aus Abb. 302 leicht ablesen.

Soweit der Zufluß Q_z über den Abfluß $Q_a' = 20\,\text{m}^3/\text{sek}$ hinausgeht, wird er zunächst zur Auffüllung des Sees verbraucht, bis dessen Spiegelkote gleich wird mit der Überfallkrone. Dazu sind erforderlich bei 5000000 m² Seespiegelfläche

$$5000000 \cdot 0{,}95 = 4750000\,\text{m}^3.$$

Der See wird also zunächst diese 4,75 Millionen m³ schlucken; dann erst beginnt der Abfluß Q_a'' über den Hochwasserüberfall. Wann tritt dieser Zeitpunkt nun ein? Offenbar dann, wenn die Beziehung besteht

$$\Sigma(Q_z \cdot \Delta t) - \Sigma(Q_a' \cdot \Delta t) = 4750000\,\text{m}^3,$$

denn zu diesem Zeitpunkt sind $\Sigma(Q_z \cdot \Delta t)$ m³ insgesamt zugeflossen, $\Sigma(Q_a' \cdot \Delta t)$ m³ insgesamt zur Wasserkraftnutzung verbraucht, dem See also entnommen worden. Die Differenz ist diejenige Wassermenge, welche im See zurückgeblieben ist und seinen Spiegel bis zur Wehrkronenkote gehoben hat.

Man hat in Abb. 302 lediglich nachzusehen, an welcher Stelle, also zu welchem Zeitpunkt der vertikale Abstand zwischen der $\Sigma(Q_z \cdot \Delta t)$-Linie und $\Sigma(Q_a' \cdot \Delta t)$-Linie 4,75 Millionen m³ beträgt. In unserem Beispiel ist das in der Nacht vom 20. VII. auf den 21. VII., und zwar um etwa 24 Uhr der Fall.

Der weitere Verlauf der Untersuchung über den Abflußvorgang am Überlauf (Q_a''-Linie) gestaltet sich nun genau wie früher. Für die Q_a''-

Linie ist dabei nur noch jener Teil der Hochwasserwelle maßgebend, der zeitlich *nach* Mitternacht vom 20. auf 21. VII. liegt. Von diesem Zeitpunkt an setzt sich die Q_a''-Linie auch erst auf die Q_a'-Linie auf, ebenso die $\Sigma(Q_a \cdot \Delta t)$-Linie $[= \Sigma(Q_a' + Q_a'') \cdot \Delta t]$ auf die $\Sigma(Q_a' \cdot \Delta t)$-Linie, da Q_a'' bis zu diesem Zeitpunkt = Null ist. Am Schlusse des Vorganges, wenn der gesamte eigentliche Seerückhalt abgeflossen, also wieder Beharrungszustand eingetreten ist, beträgt die Differenz $\Sigma(Q_z - Q_a) \cdot \Delta t$ natürlich *nicht* Null, wie im ersten Falle, sondern 4,75 Millionen m³, weil diese Wassermenge zwar zugeflossen, aber nicht mehr zum Abfluß gelangte.

3. Graphisches Verfahren nach Koženy[1].

Um die Konstruktion der Ablaufkurve Q_a'' zu vereinfachen, nehmen wir an, der Zufluß betrage stets nur $Q_z - Q_a'$, so daß der Abfluß Q_a' für die Konstruktion ohne Belang ist. Es steht nun die Aufgabe zur Lösung, Q_a'' als Funktion von t darzustellen, wenn der Zufluß $(Q_z - Q_a')$ als Funktion der Zeit t, ferner der Abfluß Q_a'' als Funktion der Überströmungshöhe z am Überfallwehr (= der Seehöhe) und der Seeinhalt M ebenfalls als Funktion der Seehöhe z bekannt sind. Demnach:

gegeben: $(Q_z - Q_a') = f(t)$ (Abb. 305),

$Q_a'' = f(z)$ (Abb. 304),

$M = f(z)$ (Abb. 304),

gesucht: $Q_a'' = f(t)$.

Zur Erläuterung des Verfahrens wurde in Abb. 303 ein Teil der in Abb. 305 durchgeführten Konstruktion vergrößert herausgezeichnet.

Angenommen, bis zum Zeitpunkt t_1 kennt man die Abflußkurve Q_a''; wie verläuft nun die Abflußkurve weiter? Zunächst wird in Abb. 303 die $\Sigma(Q_z - Q_a') \cdot \Delta t$-Linie als Funktion der Zeit t und dann die Abflußkurve Q_a'' als Funktion des Seeinhalts M, also

$$Q_a'' = f(M)$$

aufgetragen.

$$T_2 U \parallel DG(|), \quad T_1 T' \parallel AB(||), \quad T'U \parallel BC(|||),$$

$$\overline{T_2 T_1} = M_2 - M_1 = \text{Zunahme des Seeinhalts},$$

$$\overline{T_1 U'} = \text{gesamter Zufluß in der Zeit } t_2 - t_1,$$

daher

$$\overline{T_1 U'} - \overline{T_2 T_1} = \overline{T_2 U'} = \text{gesamter Abfluß in der Zeit } t_2 - t_1,$$

oder

$$[\Sigma(Q_z - Q_a')_2 - \Sigma(Q_z - Q_a')_1] \cdot \Delta t - (M_2 - M_1) = Q_a''(t_2 - t_1),$$

d. h

$$(Q_z - Q_a')(t_2 - t_1) - (M_2 - M_1) = Q_a''(t_2 - t_1).$$

[1] Vgl. Literaturangabe S. 606.

Tabelle 77. *Berechnung*

Zeit	Zufluß-menge Q_z m³/sek	Mittel m³/sek	Q'_a m³/sek	$Q_z - Q'_a - Q''_a$ m³/sek
20. VII.				
12^{00} mittags	20			(24,5 — 20,0 = 4,5)
		24,5	20,0	24,5 — 20,0 — 0,02 = 4,48
14^{00} „	29			(44,5 — 20,0 — 0,04 = 24,46)
		44,5	20,0	44,5 — 20,0 — 0,35 = 24,15
16^{00} „	60			(90,0 — 20,0 — 0,66 = 69,34)
		90,0	20,0	90 — 20,0 — 2,40 = 67,60
18^{00} abends	120			(160,0 — 20,0 — 4,03 = 135,97)
		160,0	20,0	160 — 20 — 9,55 = 130,45
20^{00} „	200			(220 — 20,0 — 14,55 = 185,45)
		220,0	20,0	220,0 — 20,0 — 25,10 = 174,90
22^{00} „	240			(245 — 20,0 — 34,23 = 190,77)
		245,0	20,0	245 — 20,0 — 47,82 = 177,18
24^{00} nachts	250			(245,0 — 20,0 — 59,30 = 165,70)
		245,0	20,0	245 — 20,0 — 73,0 = 152,00
21. VII.				
2^{00} morgens	240			(227,0 — 20,0 — 84,30 = 122,70)
		227,0	20,0	227,0 — 20,0 — 95,2 = 111,8
4^{00} „	214			(196,0 — 20,0 — 104,2 = 71,8)
		196,0	20,0	196,0 — 20,0 — 111,1 = 64,9
6^{00} „	178			(160,0 — 20,0 — 116,6 = 23,4)
		160,0	20,0	160,0 — 20,0 — 118,9 = 21,1
8^{00} „	142			(126,0 — 20,0 — 120,6 = —14,6)
		126,0	20,0	126,0 — 20,0 — 119,2 = —13,2
10^{00} „	110			(93,0 — 20,0 — 118,0 = —45,0)
		93,0	20,0	93,0 — 20,0 — 113,7 = — 40,7
12^{00} mittags	76			(63,0 — 20,0 — 110,2 = —67,2)
		63,0	20,0	63,0 — 20,0 — 104,0 = —61,0
14^{00} „	50			(42,0 —20,0 — 99,0 = —77,0)
		42,0	20,0	42,0 — 20,0 — 92,2 = —70,2
16^{00} „	34			(29,0 — 20,0 — 86,6 = —77,6)
		29,0	20,0	29,0 — 20,0 — 79,9 = —70,9
18^{00} abends	24			(22,0 — 20,0 — 74,4 = 72,4)
		22,0	20,0	22,0 — 20,0 — 68,5 = —66,5
20^{00} „	20			

Unter Seeinhalt ist dabei die Retention verstanden, also jene Wassermenge, welche *über dem Seeniveau des vorhergegangenen Beharrungszustandes* liegt. Um nun Q''_a als Funktion von M darzustellen, benützen wir die Kurven in Abb. 304. Dort entspricht einer Seespiegelhebung (= Seehöhe) von $z_1 = 0{,}10$ m eine Überfallwassermenge Q''_{a_1} von etwa 2,5 m³/sek und ein Seeinhalt M_1 von 0,5 Mill. m³. Es ist also in den Abb. 303 bzw. 305 bei $M_1 = 0{,}5$ Mill. m³ $Q''_{a_1} = 2{,}5$ m³/sek aufzutragen. Analog erhält man für eine Seehöhe $z_2 = 0{,}30$ m $Q''_{a_2} = 13{,}0$ m³/sek und $M_2 = 1{,}5$ Mill. m³. In den Abb. 303 bzw. 305 für $M_2 = 1{,}5$ Mill. m³ $Q''_{a_2} = 13{,}0$ m³/sek eingetragen, liefert wiederum einen Punkt der Kurve $Q''_a = f(M)$ usw.

der Q_a''-Werte.

Δh	$z = \sum_1^n \Delta h$	Q_a''	Abgerundete Werte der Spiegelhebung z	$\Sigma(Q_a'' \cdot \Delta t)$	$\Sigma[(Q_a' + Q_a'')\Delta t]$	$\Sigma(Q_z \cdot \Delta t)$
m	m	m³/sek	m	in Millionen m³		
(0,0065)	(0,0065)	(0,04)				
0,0065	0,0065	0,04	0,01	0,0003	0,147	0,176
(0,0352)	(0,0417)	(0,67)				
0,0348	0,0413	0,66	0,04	0,005	0,293	0,496
(0,0999)	(0,1412)	(4,14)				
0,0974	0,1387	4,03	0,14	0,034	0,465	1,144
(0,1958)	(0,3345)	(15,08)				
0,1879	0,3266	14,55	0,33	0,139	0,715	2,295
(0,2670)	(0,5936)	(35,66)				
0,2520	0,5786	34,23	0,58	0,385	1,104	3,880
(0,2745)	(0,8531)	(61,42)				
0,2551	0,8337	59,30	0,83	0,811	1,676	5,64
(0,2386)	(1,0723)	(86,70)				
0,2189	1,0526	84,30	1,05	1,416	2,425	7,40
(0,1767)	(1,2293)	(106,2)				
0,1610	1,2136	104,2	1,21	2,167	3,320	9,04
(0,1034)	(1,3170)	(118,0)				
0,0936	1,3072	116,6	1,31	3,010	4,30	10,45
(0,0337)	(1,3409)	(121,2)				
0,0304	1,3376	120,6	1,34	3,880	5,31	11,60
(—0,0210)	(1,3166)	(117,9)				
—0,0190	1,3186	118,0	1,32	4,730	6,31	12,50
(—0,0648)	(1,2538)	(109,5)				
—0,0586	1,2600	110,2	1,26	5,520	7,25	13,19
(—0,0968)	(1,1632)	(97,8)				
—0,0879	1,1721	99,0	1,17	6,24	8,10	13,63
(—0,1109)	(1,0612)	(85,4)				
—0,1011	1,0710	86,6	1,07	6,85	8,87	13,92
(—0,1119)	(0,9591)	(73,2)				
—0,1021	0,9689	74,4	0,97	7,38	9,55	14,14
(—0,1043)	(0,8646)	(62,6)				
—0,0958	0,8731	63,6	0,87	7,85	10,15	14,30

Nun verfährt man ganz mechanisch wie folgt:

Durch den Nullpunkt des Koordinatensystems wird eine 45°-Linie nach links oben gezogen, dann bringt man die Lote durch L_1 und L_2 zum Schnitt mit dieser 45°-Linie, wodurch man die Punkte S_1 und S_2 erhält. Durch S_1 und S_2 werden Horizontale gelegt. Diese schneiden das Lot durch den bereits bekannt vorausgesetzten Punkt *1* der Kurve $Q_a'' = f(t)$ in den Punkten T_1 und T_2. Nun zieht man durch T_1 eine Parallele zu jenem Teil der $\Sigma(Q_z - Q_a') \cdot \Delta t$-Linie, der senkrecht darüber oder darunter liegt. Da in Abb. 303 die $\Sigma(Q_z - Q_a') \cdot \Delta t$-Linie bei B einen Knick hat, setzt sich auch die Parallele aus den beiden Teilen $T_1T' \| AB$ und $T'U \| BC$ zusammen.

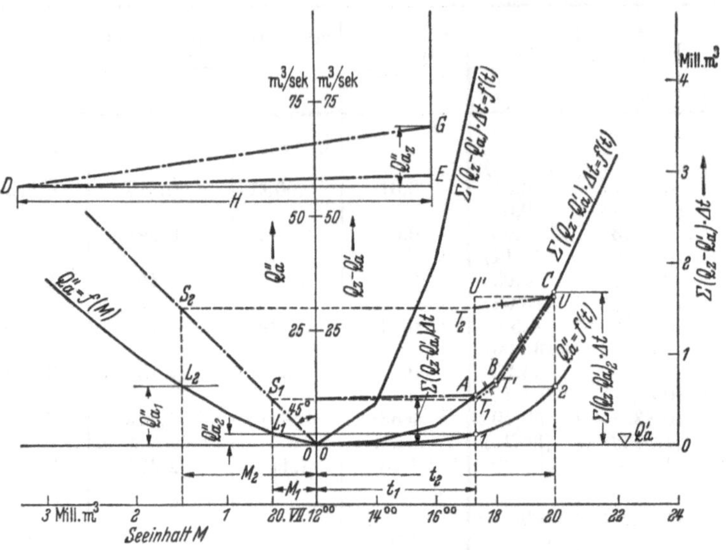

Abb. 303. Erläuterung des KOŽENY-Verfahrens.

Maßstäbe:

Q_a'', $(Q_z - Q_a')$: $\varkappa = 1{,}68\ \mathrm{m^3/sek}$ pro 1 mm,

M, $\Sigma(Q_z - Q_a')\cdot\Delta t$: $\sigma = 84\,000\ \mathrm{m^3}$ pro 1 mm,

Zeit: $\tau = 0{,}253$ St $= 910$ sek pro 1 mm,

$$H = \frac{\sigma}{\varkappa\cdot\tau} = \frac{84\,000}{1{,}68\cdot 910} = 55\ \mathrm{mm}.$$

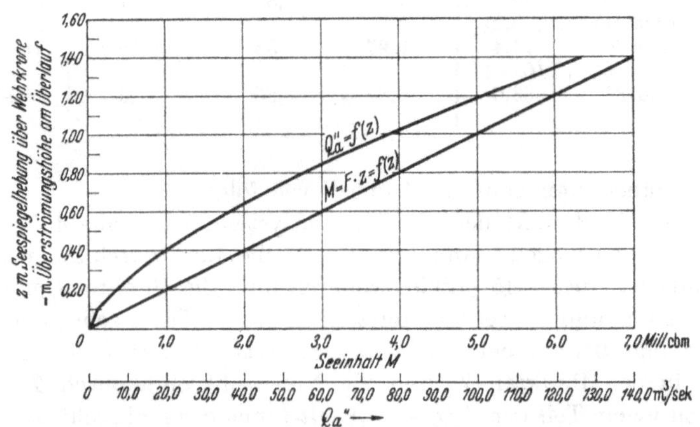

Abb. 304. Zusammenhang zwischen Seespiegelhebung über Wehrkrone einerseits, der Überfallwassermenge und dem Seeinhalt andererseits.

Darauf wird in einem besonderen Graphikon, dessen Grundlinie H ist, der Wert $Q''_{a_2} = EG$ aufgetragen und dann G mit D verbunden. $T_2U \| DG$ gezogen, liefert auf den Parallelen T_1T' bzw. $T'U$ den Schnittpunkt U. Senkrecht unter U auf der Waagrechten durch L_2 liegt der gesuchte Punkt 2, der die Fortsetzung der $\{Q''_a = f(t)\}$-Linie gibt.

Nun ist

$\overline{T_2T_1} = M_2 - M_1 =$ Zunahme des Seeinhalts (= Zunahme der Seeretention) in der Zeit $t_2 - t_1$,

$\overline{T_1U'} =$ gesamter Zufluß in der Zeit $t_2 - t_1$;

daher

$\overline{T_1U'} - \overline{T_2T_1} =$ gesamter Zufluß in der Zeit $(t_2 - t_1)$ — Zunahme der Seeretention in der Zeit $(t_2 - t_1) =$ gesamter Abfluß in der Zeit $(t_2 - t_1) = \overline{T_2U'}$,

oder

$$[\Sigma(Q_z - Q'_a)_2 - \Sigma(Q_z - Q'_a)_1]\,\Delta t - (M_2 - M_1) = Q''_a(t_2 - t_1),$$

d. h. $$(Q_z - Q'_a)(t_2 - t_1) - (M_2 - M_1) = Q''_a(t_2 - t_1).$$

Setzt man, wie früher, $t_2 - t_1 = \Delta t$ und $M_2 - M_1 = F \cdot \Delta h$, so erhält man wieder

$$(Q_z - Q'_a) \cdot \Delta t - F \cdot \Delta h = Q''_a \cdot \Delta t.$$

Damit ist der Beweis für die Richtigkeit der Konstruktion erbracht.

Der Maßstab der Größe H in dem obengenannten Graphikon ist durch die übrigen Maßstäbe festgelegt. Aus der Ähnlichkeit der Dreiecke DGE und UT_2U' folgt

$$\frac{H}{Q''_a} = \frac{t}{\Sigma(Q_z - Q'_a) \cdot \Delta t - (M_2 - M_1)},$$

also

$$H = Q''_a \frac{t}{\Sigma(Q_z - Q'_a) \cdot \Delta t - (M_2 - M_1)},$$

$$H = \frac{\sigma}{\varkappa \cdot \tau} \text{ in mm},$$

wenn $\sigma = \text{m}^3/\text{mm}$, $\varkappa = \text{m}^3/\text{sek}/\text{mm}$ und $\tau = \text{sek}/\text{mm}$ angeben.

Die verwendeten Maßstäbe für H sind den Abb. 303 und 305 zu entnehmen.

Die eigentliche Konstruktion ist in Abb. 305 durchgeführt. Der abfallende Ast der Q''_a-Kurve wurde dabei in gleicher Weise wie der aufsteigende Ast konstruiert. Am Scheitelbogen der Kurve wurden noch Zwischenpunkte für die Konstruktion eingeschaltet.

Wie in Abb. 305 angedeutet ist, läßt sich der absteigende Ast auch dadurch festlegen, daß die den entsprechenden Kurvenpunkten zugeordneten Flächenstreifen Δ_1 und Δ_2 einander gleich sein müssen.

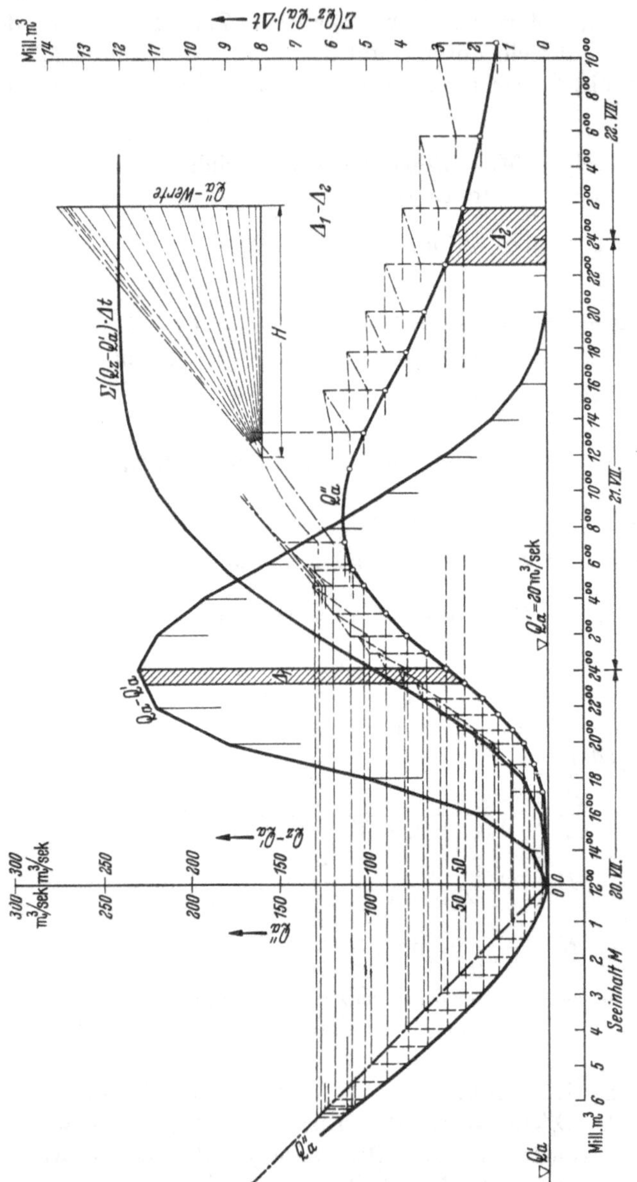

Abb. 305. Graphisches Verfahren zur Bestimmung des Seerückhaltes nach Kozeny.

Aufgabe 51.
Wasserhaushaltsplan für eine Stauweiheranlage.

Eine Schiffahrtskanalstrecke erfordert zur Gewährleistung eines Dauerbetriebs eine ununterbrochene Speisung mit 0,2 m³/sek. Im Rahmen der wasserwirtschaftlichen Gesamtplanung ist vorgesehen, diese Wassermenge der in der Nähe vorbeifließenden Schwarzach zu entnehmen. Über deren Wasserhaushalt liegen 6jährige zusammenhängende Aufzeichnungen vor, von denen die monatlichen Abflußmengen gegeben sind (Tabelle 78)[1]. An die Benutzung des Schwarzachwassers zur Kanalspeisung ist die Bedingung geknüpft, 2mal im Jahre, und zwar vom 16. April bis 31. Mai und vom 16. August bis 30. September, 300 ha Wiesen mit 1 l/sek · ha zu bewässern.

Tabelle 78. *Monatliche Abflußmengen in Kubikmeter.*

Monate	Jahre					
	1898	1899	1900	1901	1902	1903
Januar	2558000	1760000	2175000	795000	1405000	1182000
Februar	2194000	1468000	1087000	555000	593000	974000
März	1660000	463000	396000	1862000	895000	723000
April	562000	1629000	384000	1042000	383000	1298000
Mai	1264000	771000	295000	187000	755000	702000
Juni	279000	286000	105000	112000	717000	188000
Juli	307000	864000	633000	63000	180000	412000
August	340000	102000	352000	64000	314000	838000
September	88000	169000	128000	100000	656000	562000
Oktober	114000	214000	202000	748000	806000	1022000
November	119000	198000	587000	1476000	455000	1337000
Dezember	1106000	507000	1173000	1332000	1525000	833000

Bei den großen Schwankungen der Zuflußmengen der Schwarzach in den einzelnen Monaten und Jahren erfordert die *dauernde* Zuführung des notwendigen *Kanalspeisewassers* und die Bereitstellung des geforderten *Bewässerungswassers* zu den *angegebenen Zeiten* die Schaffung einer *Stauweiheranlage*.

Welche Wasserhaushaltsverhältnisse ergeben sich für die Stauweiheranlage bei den gestellten Forderungen?

Ist es demnach auf Grund des gegebenen 6jährigen Wasserhaushaltes der Schwarzach möglich, die geforderten Verbrauchswassermengen für diese 6 Jahre bedingungsgemäß bereitzustellen, wenn zur

[1] Die Beschränkung auf eine Beobachtungsreihe von *nur* 6 Jahren in der Aufgabe geschah aus der Erwägung heraus, daß diese Reihe genügt, um das Wesentliche des Lösungsweges zu zeigen. Für den praktischen Fall wird man — wenn die Unterlagen vorhanden sind — auf eine möglichst große Beobachtungsreihe (25 Jahre und mehr) zurückgreifen, um dadurch den *periodischen* Ablauf der gewässerkundlichen und damit wasserwirtschaftlichen Geschehnisse zu erfassen.

Berücksichtigung der Verdunstungsverluste eine mittlere jährliche Verdunstungshöhe von 590 mm (unter Vernachlässigung des jährlichen Verdunstungsvorganges) und als Verdunstungsfläche ungefähr jene für volles Becken angesetzt wird?

Wie hoch wird die notwendige Staumauer für die gegebene Stauinhaltskurve (Tabelle 79), wenn der Stauinhalt bis zur Stauhöhe von 12 m als eiserner Bestand betrachtet wird?

Die Untersuchung soll graphisch durchgeführt werden.

Tabelle 79. *Beziehung zwischen Stauinhalt Q, Wasserspiegelfläche F und Stauhöhe h.*

h m	Q m³	F ha
5	110000	6,6
10	510000	9,4
15	1145000	16,0
20	2445000	36,0
25	4495000	46,0
30	6895000	50,0
35	9520000	55,0

Lösung.

Das Wasser gehört zu jenen materiellen Grundlagen des Lebens, die bedingungslos notwendig, aber in ihrer von der Natur dargebotenen *Gesamtmenge nicht vermehrbar* sind. Schon aus dieser Tatsache ergibt sich ganz grundsätzlich die Notwendigkeit, jede Vergeudung dieses unentbehrlichen Rohstoffes zu vermeiden. Dieses Dargebot des Wassers ist überdies noch abhängig von einer Reihe von Faktoren (Klima, Oberflächengestalt, Untergrund). So wie aber diese Verhältnisse in den einzelnen Teilen eines Landes oft stark voneinander abweichen, so verursachen sie auch eine *ungleichmäßige Verteilung* der dargebotenen Gesamtwassermenge über diese Gebiete. Außerdem rufen sie die starken *Schwankungen* im natürlichen Wasserdargebot für ein und dasselbe Verbrauchsgebiet hervor, so daß einmal reichlich Wasser, in einer anderen Zeit dagegen unzureichende Wassermengen zur Verfügung stehen. Damit reicht aber die obengenannte allgemeine Forderung nach lediglicher Vermeidung jeder Wasservergeudung keineswegs mehr aus. Es ergibt sich vielmehr aus dieser Sachlage die dringende Notwendigkeit, das Wasser durch sinnvolle *Planung zu bewirtschaften.*

Diese Bewirtschaftung bezweckt den *Ausgleich* zwischen dem *Wasserdargebot* (jeweiliger oberirdischer und unterirdischer Wasservorrat) und dem *Wasserbedarf* der Menschen für ihre vielseitigen Bedürfnisse (einschließlich der für sie notwendigen Tier- und Pflanzenwelt), um auf diese Weise den wertvollen Rohstoff Wasser bestmöglichst und vielseitigst nutzen zu können. Die planende Wasserwirtschaft hat aber über die Schaffung eines Ausgleichs hinaus auch noch die Aufgabe, bestehende Gefahren und bereits eingetretene Schäden zu beseitigen und künftig drohenden Gefahren vorzubeugen.

Der wasserwirtschaftliche Ausgleich erfaßt nicht nur das Wasserdargebot der Natur und den Wasserbedarf an sich. Er hat vielmehr darüber hinaus *alle* Nutzungsansprüche für das der Planung unterstellte Wasserwirtschaftsgebiet zusammenzufassen und auf ihre Erfüllbarkeit abzustimmen. Dabei ist diese Erfüllbarkeit einerseits abhängig von der für alle geforderten Nutzungen insgesamt verfügbaren Wassermenge, andererseits aber auch von der bestehenden Rangordnung (Dringlichkeitsstufe) für die einzelnen Nutzungsarten vom Standpunkt des Gemeinwohls aus. Die oft widerstreitenden Interessen der Energiegewinnung, Wasserentnahme für Wasserversorgung, Industrie, der Landeskultur, Schiffahrt usw., kurz, die Interessen *aller* Nutzer müssen durch sinnvoll ordnende und auf die Zukunft ausgerichtete Wasserwirtschaftspläne erfaßt und ausgeglichen werden.

Da die Wasserbedürfnisse nach Menge und Nutzungsart mit den Versorgungsgebieten stark wechseln, ergibt sich für die planende Wasserbewirtschaftung notwendig eine *Aufteilung in die strukturell verschiedenartigen Nutzräume*. Die Teilung und Verteilung der Planungsarbeit hat dabei aber stets im Rahmen geschlossener Einzugsgebiete (gegebenenfalls von Teileinzugsgebieten) zu erfolgen, kann sich aber auch einmal über Wasserscheiden hinweg über mehrere geschlossene Einzugsgebiete erstrecken. In allen Fällen ist natürlich auch der Grundwasservorrat mit zu erfassen und seine Mitverwertung bei der Nutzung zu prüfen.

Die *Grundlagen* dieser wasserwirtschaftlichen Planung bilden von der *Verbrauchs*seite her die Erforschung der mengenmäßigen, zeitlichen, räumlichen und qualitativen Anforderungen an das Wasser, hinsichtlich des von der Natur kommenden Wasser*dargebots* die umfassende Erforschung der hydrologischen, hydrographischen und morphologischen Verhältnisse (Abflußvorgang, Wasserstände, Wassermengen, Längen- und Querschnitte, Geschiebefragen, Bettbildungsvorgänge usw.), der Beziehungen zwischen Niederschlag und Abfluß, der chemisch-physikalischen und biologischen Verhältnisse des Gewässersystems neben der Klarstellung der vorliegenden geologischen Verhältnisse.

Die *technischen Mittel und Maßnahmen* zur Verwirklichung der wasserwirtschaftlichen Planung sind der Wasser*bau* und der Kultur*bau*, im einzelnen der Flußbau, der Wasserkraftausbau, der Wasserstraßen- und Verkehrswasserbau, der Küstenschutz und die Landgewinnung, die Wasserversorgung und Abwasserbeseitigung bzw. -verwertung, der landwirtschaftliche Wasserbau mit allen darin einbegriffenen Teilaufgaben und konstruktiven Lösungsmöglichkeiten.

In dem Beispiel ist eine Teilaufgabe aus einer größeren wasserwirtschaftlichen Gesamtplanung für ein geschlossenes Wasserwirtschaftsgebiet herausgegriffen. Das Wasserdargebot eines Baches (Schwarzach) soll für zwei verschiedene, voneinander unabhängige Bedürfnisse — Speisung eines Schiffahrtskanals[1] und Bewässerung von Wiesen — Verwendung finden. Wie schon im Aufgabentext angegeben, deckt sich der Gang des Zuflusses *nicht* mit dem Gang des Verbrauchs; letzterer liegt vielmehr zu verschiedenen Zeiten *über* der Wasserspende. Es muß deshalb in Zeiten mit Zuflußüberschuß über den Verbrauch der Überschuß angesammelt werden, um dann, wenn der Bedarf die Spende übersteigt, aus dem gespeicherten Wasservorrat zuschießen zu können. Daher ist der zeitliche Ablauf des Wasserdargebots in Vergleich zu setzen zum ebenfalls zeitlich verfolgten Verbrauch. Eine Darstellung, in welcher Zufluß (Dargebot) und Verbrauch zeitlich zueinander in Beziehung gesetzt werden, heißt *Wasserhaushaltsplan*[2].

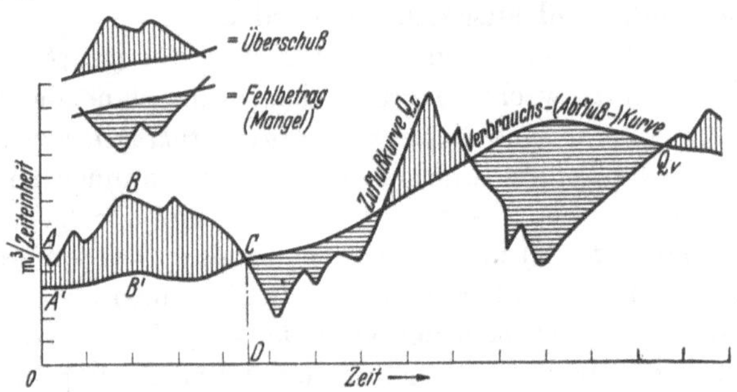

Abb. 306. Schematische Darstellung des Zufluß- und Verbrauchsganges.

Dieser letztere kann zunächst in folgender Weise gebildet werden. In ein rechtwinkliges Koordinatensystem, dessen Abszissen die Zeiten angeben, während die Ordinaten Wassermengen pro Zeiteinheit darstellen, werden die jeweiligen *Zufluß*wassermengen pro Zeiteinheit dem Kalenderverlauf entsprechend eingetragen. Man erhält so die jedem einzelnen Beobachtungsjahre zukommende Wassermengenganglinie. Das gleiche wie für die *Zufluß*wassermengen läßt sich auch für die *Verbrauchs*wassermengen durchführen. Abb. 306 gibt eine schematische

---

[1] Die Wasserspeisung von Schiffahrtskanälen dient zur Deckung der dort auftretenden *Verluste* infolge *Verdunstung* (etwa 720 mm jährlich als Schätzungswert), *Versickerung* (abhängig von Boden, Dichtung, Höhenlage zum Grundwasser, Breite und Wassertiefe des Kanals) und bei Scheitelhaltungen infolge von Undichtigkeiten an den Schleusen (Weser-Ems-Kanal 5 l/sek für 1 m Schleusengefälle), sowie für die Deckung des *Wasserverbrauchs* für die Schleusungen und evtl. noch für Wasserabgaben für andere wasserwirtschaftliche Zwecke (z. B. Bewässerungen). Vgl. z. B. ENGELS: Handb. d. Wasserbaues, 3. Aufl. Leipzig: Engelmann 1923 — Zbl. Bauverw. 1909 — Z. Bauwes. 1913 — Zbl. Bauverw. 1913. — BINDEMANN: Verdunstungsmessungen. Berlin: Mittler & Sohn 1921. — FRIEDRICH: Verdunstung am Mittellandkanal. Berlin: Mittler & Sohn 1930.

[2] Vgl. dazu z. B. LUDIN: Wasserkraftanlagen, 1. Hälfte. Handbibl. f. Bauing. (OTZEN). Berlin: Springer 1934. — SCHAFFERNAK: Hydrographie. Wien: Springer 1935. — SCHOKLITSCH: Wasserbau, Bd. 1. Wien: Springer 1930.

Darstellung dieser Auftragungen. Man sieht, daß bis zum Zeitpunkt D ständig mehr Wasser zufließt, als jeweils verbraucht wird. Die Kreuzung der Zuflußkurve ABC mit der Verbrauchskurve $A'B'C$ im Punkte C besagt, daß zum Zeitpunkt D Zufluß und Verbrauch gleich groß sind. In einem späteren Zeitpunkt reicht der Zufluß nicht aus, um den jeweiligen Bedarf zu decken. Es läßt sich also aus dieser Darstellung ohne weiteres ablesen, wann der augenblickliche Zufluß größer ist als der zeitlich entsprechende Verbrauch, d. h. wann *Überschuß* vorhanden ist, und wann umgekehrt der jeweilige Verbrauch den entsprechenden momentanen Zufluß überwiegt, also *Mangel* auftritt.

Läßt man nun die Überschußmengen nicht weglaufen, sondern sammelt sie, so ist man in der Lage, zu Zeiten des Mangels Wasser zuschießen zu können. Darauf läuft nun unsere Aufgabe hinaus. Wir müssen zahlenmäßig feststellen, ob die gesamten Überschußmengen für den gegebenen Beobachtungszeitraum ausreichen, um auch in Zeiten des Mangels stets die geforderten Verbrauchswassermengen bereitstellen zu können.

Beachtet man, daß die Fläche $ABCB'A'$ der Abb. 306 die gesamte Überschußwassermenge vom Beginn der Beobachtung bis zum Zeitpunkt D angibt, analog die übrigen schraffierten Flächen die weiterhin zur Verfügung stehenden Überschußwassermengen bzw. die Fehlwassermengen, so läuft unsere Feststellung darauf hinaus, der Summe sämtlicher Überschußflächen für den gesamten Beobachtungszeitraum die Summe sämtlicher Mangelflächen vergleichend gegenüberzustellen.

Die Fläche $ABCB'A'$ entstand als Differenz der Flächen $ABCDO$ und $A'B'CDO$. Die Fläche $ABCDO$ stellt den gesamten Zufluß vom Beginn der Beobachtung bis zum Zeitpunkt D dar, die Fläche $A'B'CDO$ den summierten Verbrauch für den gleichen Zeitraum. Wenn man also die Zuflußwassermengen und ebenso die Verbrauchswassermengen fortlaufend summiert bis zu irgendeinem Zeitpunkt, so gibt deren Differenz die algebraische Summe sämtlicher bis dahin aufgetretenen Überschuß- und Mangelflächen. Trägt man diese *summierten* Zufluß- und Verbrauchswassermengen in einem rechtwinkligen Koordinatensystem mit der Abszissenachse als Zeitachse und der Ordinatenachse als Wassermengenachse auf, bildet also die sogenannten *Summenlinien*, so läßt sich für jeden beliebigen Zeitpunkt D' die Differenz

$$\Sigma Q_z - \Sigma Q_v = C'C'' \quad \text{(vgl. Abb. 307)}$$

sofort ablesen. Deshalb wird bei solchen Wasserhaushalts-Untersuchungen von den *Summenlinien* Gebrauch gemacht unter Verzicht auf die oben angedeutete Ermittlung der Überschuß- und Mangelflächen und deren algebraische Zusammenziehung.

Natürlich geben die schraffierten Flächen, welche zwischen den

ΣQ_z- und ΣQ_v-Linien liegen (Abb. 307), lediglich den *Bereich* an, in welchem Überschuß oder Mangel auftritt. Die *Größe* des Überschusses oder Mangels vom Anfang der Beobachtung bis zu dem ins Auge gefaßten Zeitpunkt (z. B. D') gibt stets der *lotrechte Abstand* zwischen der ΣQ_z- und ΣQ_v-Linie *an dieser Stelle* (z. B. $C'C''$). Die schraffierten Flächen

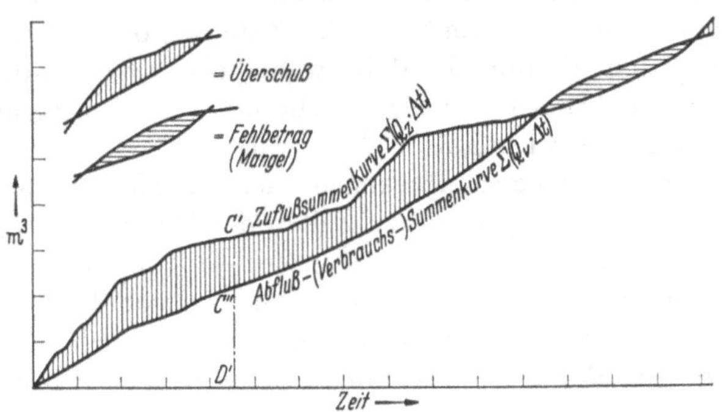

Abb. 307. Schematische Darstellung der Zufluß- bzw. Abflußsummenlinie.

haben keine weitere Bedeutung mehr, wie ja aus der Bedeutung der *Summenlinien* ohne weiteres hervorgeht.

Die Summenlinien stellen den eigentlichen Wasserhaushaltsplan dar. Dessen wesentliche Größen sind demnach

1. der Zufluß zum Stauweiherbecken — ΣQ_z-Linie,
2. die Wasserabgabe aus dem Becken einschließlich der Verluste durch Versickern und Verdunsten — ΣQ_v-Linie (= Abfluß- oder Verbrauchssummenlinie).

Zur Lösung der vorliegenden Aufgabe wird zunächst also die Summenlinie aufgetragen. Die gemachten Angaben erlauben es, die *Zuflußsummenkurve* ΣQ_z unmittelbar aufzustellen. Wir wählen zu diesem Zwecke ein rechtwinkliges Koordinatensystem, dessen Abszisse in unserem Falle eine Zeitunterteilung nach Monaten zeigt, während die Ordinaten m³ darstellen. Addiert man nun die in einem Monat zugeflossene Wassermenge zu der bis zu diesem Monat insgesamt zugeflossenen Wassermenge und trägt diesen Betrag am Ende des beobachteten Monats als Ordinate auf, so hat man einen Punkt der ΣQ_z-Linie.

Unsere Beobachtungsergebnisse gehen bis auf den Januar 1898 zurück. Die Zuflüsse in der weiter zurückliegenden Zeit sind unbekannt. Deshalb beginnen wir mit der Untersuchung am 1. Januar 1898, indem wir den *Zufluß* bis dahin, ebenso auch den Abfluß (= Verbrauch) = Null setzen.

Es beträgt danach der Zufluß bis 31. Januar 1898 2,558 Mill. m³, d. h. am 31. Januar 1898 ist die Ordinate 2,558 Mill. m³ aufzutragen. Vom 1. bis 28. Februar 1898 sind 2,194 Mill. m³ zugeflossen. Der *Gesamt-*

zufluß bis zum 28. Februar 1898 ergibt sich danach zu 2,558 + 2,194 = 4,752 Mill. m^3, und dieser Betrag ist am Ende des Monats Februar 1898 wiederum als Ordinate aufzutragen. Der Zufluß während des Monats März 1898 betrug 1,660 Mill. m^3, der Gesamtzufluß vom Anfang der Beobachtungszeit bis 31. März 1898 demnach 4,752 + 1,660 = 6,412 Mill. m^3. Ende März 1898 ist also die Ordinate 6,412 Mill. m^3 aufzutragen usw.

Abb. 308 gibt den Verlauf der Zuflußsummenkurve für die gegebenen 6 Beobachtungsjahre.

Nun zur *Verbrauchssummenlinie:*

Der Verbrauch setzt sich aus verschiedenen Teilbeträgen zusammen. Da haben wir zunächst den *Verbrauch* zur *Speisung des Schiffahrtskanals*. Dieser Verbrauch ist in unserem Beispiel jahraus, jahrein gleich, und zwar beträgt er in jeder Sekunde 0,2 m^3. Wir können die Summierung des Verbrauchs für die Kanalspeisung gleich auf die *gesamte* Beobachtungsperiode erstrecken, weil infolge der Unveränderlichkeit dieses Verbrauchs dessen Summenkurve geradlinig verlaufen muß. Man erhält für 6 Jahre

$$0{,}2 \cdot 60 \cdot 60 \cdot 24 \cdot 365 \cdot 6 = \mathbf{37{,}8}\ \text{Mill. m}^3.$$

Ein weiterer Verbrauch ergibt sich aus der Bereitstellung von Wasser zur *Wiesenbewässerung*. Hierfür sind erforderlich 1 l/sek · ha. Zu bewässern sind 300 ha, und zwar vom 16. April bis 31. Mai und vom 16. August bis 30. September. Das sind also 2 Perioden zu je 46 Tagen für jedes Jahr. Pro Bewässerungsperiode ergibt sich hieraus

$$0{,}001 \cdot 300 \cdot 60 \cdot 60 \cdot 24 \cdot 46 = \mathbf{1{,}19}\ \text{Mill. m}^3.$$

Als weiterer Verbrauch ist der Verlust an Wasser durch *Verdunstung* anzusehen. Diese ist das ganze Jahr über gleichbleibend angenommen, und zwar mit 590 mm pro Jahr. Als Verdunstungsfläche soll jene Wasserspiegelfläche in Ansatz gebracht werden, welche ungefähr jener für volles Becken entspricht.

Da ein weiterer Verbrauch zunächst nicht in Frage kommt, wäre — um die Wasserspiegelfläche für volles Becken zu ermitteln — der Wasserhaushaltsplan für ΣQ_z und ΣQ_v, letzterer bezogen auf Kanalspeisung und Wiesenbewässerung, zu erstellen, daraus der Beckeninhalt und mit Hilfe der Beziehung zwischen Beckeninhalt Q und Wasserspiegelfläche F (Abb. 310) letztere zu ermitteln. Mit diesem F läßt sich der Verbrauch aus der Verdunstung berechnen. Man erhält so eine Verdunstungsfläche von $F \sim 50$ ha.

Um die Aufgabe zu vereinfachen, wird nun vorausgesetzt, daß das Becken dauernd voll ist, was natürlich praktisch nicht zutrifft. Bei dieser Annahme verteilt sich der aus der Verdunstung resultierende Verbrauch gleichmäßig über die ganze Beobachtungsperiode, stellt sich also als geradlinig verlaufende Summenlinie dar, wenn dieser Verbrauch für sich allein aufgetragen wird. Wie den Verbrauch aus der Kanalspeisung, können wir deshalb auch den Verbrauch aus der Verdunstung unmittelbar für die ganze Beobachtungsperiode summieren und erhalten:

$$0{,}590 \cdot 50 \cdot 100^2 \cdot 6 = \mathbf{1{,}77} \text{ Mill. m}^3.$$

Damit sind alle Verbräuche festgelegt, so daß an die *Auftragung der ΣQ_v-Linie* gegangen werden kann. Dies geschieht nun am zweckmäßigsten so, daß die summierten Verbräuche aus der Kanalspeisung und jene aus der Verdunstung zuerst graphisch summiert werden, weil diese Summenlinie im Haushaltplan als Gerade erscheint. Zu diesen Verbräuchen wird dann schrittweise der Verbrauch für Wiesenbewässerung zugefügt (vgl. Abb. 308).

Die Wasserhaushaltsverhältnisse sind nun dargestellt für die 6 Beobachtungsjahre. Die Auftragungen geben jede gewünschte Auskunft. Obwohl beispielsweise die gesamten Verbrauchsmengen in der zweiten Hälfte des Jahres 1898 und in der zweiten Hälfte des Jahres 1899 wesentlich größer als die Zuflußmengen in diesen Zeitabschnitten, überwiegen letztere bis Ende 1899 — im ganzen genommen — doch den Gesamtverbrauch bis dahin. Zum Beispiel sind nach 16 Monaten, also bis Ende April 1899, 4,3 Mill. m³ insgesamt mehr zugeflossen, als bis zu diesem Zeitpunkt verbraucht wurden. Mitte September 1900 tritt eine Wendung ein. Denn zu diesem Zeitpunkt hat der gesamte Wasserverbrauch vom 1. Januar 1898 bis dahin den gleichen Betrag erreicht wie die summierten Zuflüsse vom 1. Januar 1898 bis Mitte September 1900. Da die Zuflüsse nach diesem Zeitpunkt hinter den geforderten Verbrauchsmengen zurückbleiben, tritt ein Mangel ein. Es muß deshalb Vorsorge getroffen werden, daß auch für diese Mangelperioden Wasser zur Verfügung steht. Nunmehr wechseln Überschuß- und Mangelperioden. Am Ende des 6jährigen Beobachtungsabschnittes schneiden sich die ΣQ_z- und ΣQ_v-Linien. Das besagt, daß die vom 1. Januar 1898 bis 31. Dezember 1903 summierten Zuflußmengen ebenso groß sind wie die im gleichen Zeitraum benötigten Verbrauchswassermengen. Es ist also auf Grund des gegebenen 6jährigen Wasserhaushaltes der Schwarzach möglich, die geforderten Verbrauchswassermengen für diese 6 Jahre bedingungsgemäß bereitzustellen. Dabei ergibt sich ein vollkommener Ausgleich des Zuflusses mit dem Verbrauch, weil ebensoviel Millionen m³ im Beobachtungszeitraum zugeflossen sind, als in diesem Zeitabschnitt verbraucht wurden. Theoretisch ist also kein m³ übrig, keiner ungenützt abgeflossen, kein Mangel aufgetreten.

Welche baulichen Maßnahmen haben wir nun zu treffen, um die im Wasserwirtschaftsplan theoretisch dargestellten Wasserhaushaltsverhältnisse für unsere Bedürfnisse praktisch zu verwirklichen?

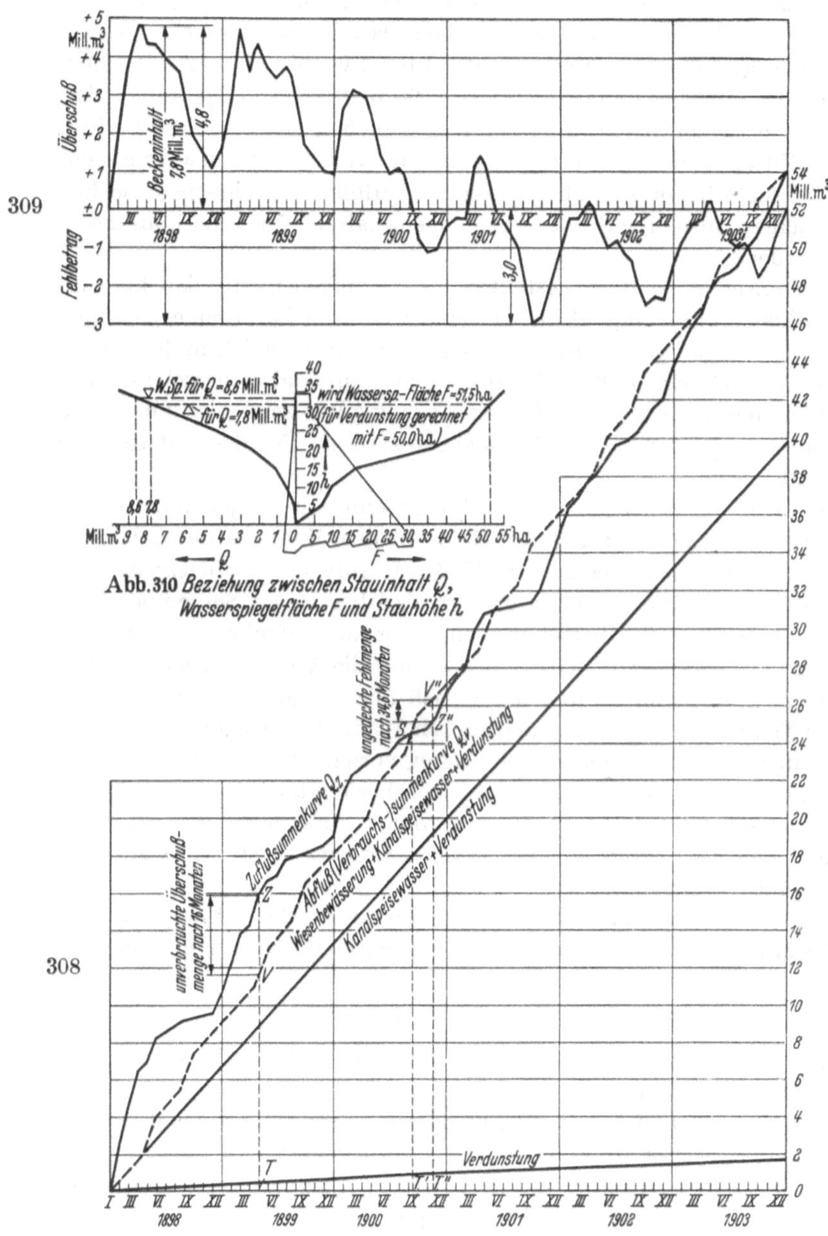

Abb. 308 bis 310.

Abb. 308. Wasserwirtschaftsplan. Abb. 309. Differenzenkurve. Abb. 310. Stauinhaltskurve.

Bei den weiter oben angestellten Betrachtungen über den Haushaltsplan unserer Aufgabe haben wir gesehen, daß die Schwarzach zunächst mehr Wasser liefert, als verbraucht wird (etwa bis Mitte April 1898). Von Ende April bis Ende November 1898 übersteigt der jeweilige Verbrauch die zugeordneten Zuflüsse. Wir brauchen also für diese Periode bereits Zuschußwasser. Dieses erhalten wir, wenn wir die jeweils augenblicklich nicht benötigten überschüssigen Zuflußmengen in einem Becken aufspeichern, also eine Stauweiheranlage schaffen. Wie groß muß dieses nun werden?

Aus unseren bereits angestellten Überlegungen folgte, daß kein m³ des Zuflusses unbenutzt abfließen darf, wenn die Zuflußmengen sämtliche Verbrauchsmengen decken sollen. Der Sammelteich muß also zunächst so groß sein, daß er die größte vorkommende Überschußmenge aufzunehmen vermag. Der Wasserhaushaltsplan zeigt uns aber, daß diese aufgespeicherten Überschußmengen zur Deckung des Bedarfs noch nicht ausreichen.

Dies wird am deutlichsten ersichtlich, wenn man für jeden Zeitpunkt die Differenzen zwischen ΣQ_z und ΣQ_v aus dem Wirtschaftsplan herausgreift und in einem geeigneten Maßstab aufträgt (*Differenzen*kurve, Abb. 309). Die Differenzenkurve zeigt, daß bereits im September 1900 die aufgespeicherten Überschußmengen restlos aufgebraucht sind. In den restlichen Jahren übertrifft der Zufluß die Verbrauchsmengen nur für kurze Zeitabschnitte und dann auch nur um geringe Beträge. Der größte Teil dieser Zeit ist vielmehr durch Wassermangel gekennzeichnet. Soll nun gleichwohl stets so viel Wasser vorhanden sein, als dem Verbrauch entspricht, dann muß das Speicherbecken auch noch die größten vorkommenden Fehlmengen fassen können. *Es ergibt sich also der Beckeninhalt als Summe aus dem größten vorkommenden Überschuß und dem größten vorkommenden Fehlbetrag.*

Der größte vorkommende Überschuß wird aus der Differenzenkurve zu 4,8 Mill. m³ entnommen, der größte vorkommende Fehlbetrag zu 3,0 Mill. m³; es ist also ein Beckeninhalt von

$$4{,}8 + 3{,}0 = 7{,}8 \text{ Mill. m}^3$$

notwendig. Dem entspräche in Abb. 310 eine Staumauerhöhe über dem Gelände von 31,5 m.

Der Beckeninhalt bis zu 12,0 m Stauhöhe soll aber als eiserner Bestand gelten. Dieser Stauhöhe entspricht in der Stauinhaltskurve eine Wassermenge von 0,8 Mill. m³. Daher ist der endgültige Beckeninhalt

$$Q_b = 7{,}8 + 0{,}8 = \mathbf{8{,}6} \text{ Mill. m}^3.$$

Diesem Q_b entspricht eine Staumauerhöhe von 33,0 m. Gibt man für Wellenschlag noch einen Zuschlag von 1,5 m, so liegt die Mauerkrone $33{,}0 + 1{,}5 = 34{,}5$ m über Gelände.

In Abb. 311 sind noch die Spiegelschwankungen des Stauweihers dargestellt für die der Untersuchung zugrunde gelegten sechs Beobachtungsjahre. Die einzelnen Spiegelkoten wurden erhalten, indem aus der Differenzenkurve (Abb. 309) für den entsprechenden Zeitpunkt der Gesamtstauinhalt abgelesen wurde und dann für dieses Q aus Abb. 310 die zugehörige Stauhöhe entnommen wurde. Für die Auf-

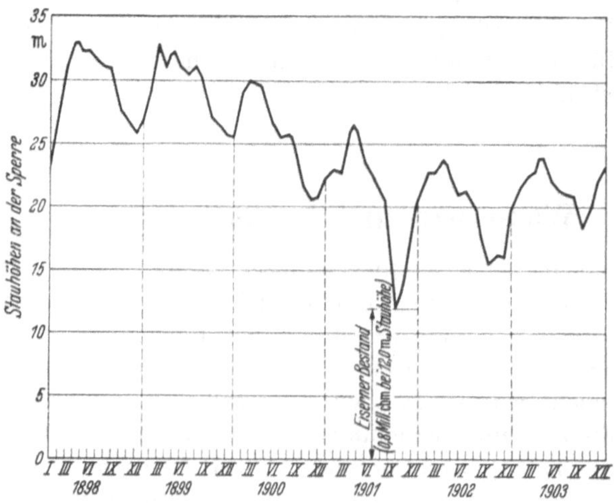

Abb. 311. Spiegelschwankungen des Stauweihers.

tragung der Spiegelschwankungen mußte noch die Überlegung angestellt werden, mit welcher Stauseekote, d. h. mit welcher Stauhöhe zu beginnen war. Da Ende September 1901 nicht nur sämtliche Überschußmengen, sondern auch noch der größte Fehlbetrag, also die Mangelreserve aufgebraucht ist, muß der Betrieb der Stauweiheranlage so gedacht werden, daß nach Vollendung der Sperrmauer der See zunächst auf $3{,}0 + 0{,}8 = 3{,}8$ Mill. m³ Inhalt gebracht wird (= größte Fehlmenge + eiserner Bestand) und dann erst mit dem Betriebe begonnen wird. Diesen 3,8 Mill. m³ entspricht aber eine Stauhöhe von 23,4 m. Von diesem Seespiegel war also auszugehen. Innerhalb der sechs Jahre wird dann der See einmal ganz voll sein und einmal bis auf den eisernen Bestand geleert. Am Ende der sechs Jahre zeigt der Seespiegel wiederum den gleichen Stand wie am Anfange, wenn der Zufluß seine Periodizität beibehält, was natürlich nur für sehr große Jahresreihen angenähert erwartet werden kann.

Eine solche Bauanlage (Talsperre mit Staubecken und Zubehöranlagen) ist ein kostspieliges Bauobjekt. Man wird deshalb prüfen, ob sich mit der Anlage eine weitere wasserwirtschaftliche Nutzung verbinden läßt, welche die Anlagen- und Betriebskosten auf mehrere Bedürfnisse verteilt. In erster Linie kommt die Ausnutzung des Gefälles, das sich durch die Spiegelhebung im Stausee ergibt, für die Wasserkraftgewinnung in Betracht. Es wird heute wohl kaum mehr eine Talsperre gebaut, bei der nicht auch Wasserkraft gewonnen wird. In unserem Beispiel schwankt das zur Verfügung stehende Gefälle zwischen 12,0 m und 33,0 m. Die zu erzielende Leistung liegt dabei zwischen rd. 66 PS bei 33 m Gefälle und rd. 24 PS bei 12 m Gefälle. Eine nochmalige Untersuchung des Wasserhaushaltes unter Berücksichtigung verschiedener Möglichkeiten für diese Wasserkraftausnutzung hätte die Verhältnisse nach dieser Richtung hin also noch klarzulegen.

Wasserbau und Landschaft.

Der Bauingenieur, der ja die meisten seiner Bauwerke in die bodengewachsene Landschaft hineinsetzt, muß sich der Verantwortung und Verpflichtung, die ihm daraus gegenüber der Bevölkerung erwächst, stets bewußt sein. Das Volk hat ein Recht darauf, daß die Landschaft, in der es lebt, nicht verunstaltet wird. Es will und soll auch in den Stunden der Freizeit und Erholung auf seinen Spaziergängen und Wanderungen möglichst viel unberührte Natur, keine häßlichen Verunstaltungen vorfinden. Leider lassen die notwendigen Erfordernisse der Volkswirtschaft nicht immer schwere Eingriffe in das Landschaftsbild vermeiden. Man kann eine Eisenbahnlinie nicht gerade dahin legen, wo etwa die für den Naturschutz verantwortlichen Stellen dies wünschen würden. Noch weniger kann man Wasserbauten durchführen, ohne an dem Wasser irgendwie Eingriffe vorzunehmen. Hier müssen für die höheren Interessen der Volkswirtschaft, für die Notwendigkeiten zur Aufrechterhaltung des zivilisatorischen Standes, ja des Daseins des Volkes schlechthin vom Naturschutz oft schwere Opfer gefordert werden. Um so höher ist die Verpflichtung der in diesem Bereich entwerfenden und ausführenden Ingenieure, überall da, wo sich *beide* Forderungen in Einklang bringen lassen, beim Planen und Bauen alles für die Erhaltung der Natürlichkeit und Schönheit der Landschaft zu tun. Daß dies möglich ist, beweist die nachfolgende Zusammenstellung von Beispielen[1]. Sie zeigt auch, daß das Schöne nicht immer auch kostspieliger zu sein braucht als das wenig Schöne, und daß es immer schon Ingenieure und Handwerker gegeben hat und in Zukunft geben wird, deren bauliche Gestaltungskunst die Forderungen nach technischer Zweckmäßigkeit *und* naturverbundener Einfügung in die Landschaft harmonisch vereint.

[1] Die schönen Aufnahmen stellte Professor ALWIN SEIFERT freundlichst zur Verfügung.

312. In Zementmörtel „schwimmende" Stein- als Ersatz für Natursteinmauerwerk (am Attersee im Salzkammergut).

Abb. 313. In Form und Steinschnitt vorbildlich schöne 200 Jahre alte Sperrmauer aus Kalkstein (im Gosauzwang im Salzkammergut).

4. Völlig handwerkswidriges sogenanntes Zyklo- mauerwerk aus Nummulitenkalk (bei Tölz).

Abb. 315. Handwerksrichtiges Bruchsteinmauerwerk aus Kalk (Vicenza).

Abb. 316. Wildbachverbauung in reiner Mathematik und schlechtem Pflaster (Frasdorfer Ache, Oberbayern).

Abb. 317. Hervorragend schöne handwerksrichtige Wildbachverbauung in nichtmathematischen Formen (Maira im Bergell, Südschweiz).

Abb. 318. Zerstörung einer einzigartigen Flußlandschaft im Ausflugsbereich einer Großstadt (Himmelreich an der Amper, Oberbayern).

Abb. 319. Naturnaher Ausbau eines Alpenflusses mit neuem künstlichem Auensaum (Obere Enns, Österreich).

Abb. 320. Geschiebesperre in hart mathematischen Formen (Mittelpinzgau, Salzburg).

Abb. 321. Handwerksvorbildliche Geschiebesperre aus Holz und Naturstein in einem Wildbach (bei Heiligenblut, Osttirol).

Abb. 322. Zerstörung eines natürlichen Flusses durch naturfernen Ausbau.

Abb. 323. Gutes, mit Brombeeren überwachsenes und mit Weiden und Pappeln bestocktes Granitbruchsteinpflaster (Donau bei Linz).

Abb. 324. Ableitung der gesamten Wasserführung eines Voralpenflusses in einem betonierten Werkkanal (Oberbayern).

Abb. 325. In Mauerwerk und Aufwuchs vorbildlich schön geformte Wasserstraße (Rhein-Marne-Kanal in den Vogesen).

Abb. 326. Zerstörung eines Alpenvorlandflusses durch Ableitung der gesamten Durchflußmenge zur Energiegewinnung (Lech bei Augsburg).

Abb. 327. Gut ausgebauter Alpenfluß mit neuem natürlichem Uferbewuchs (Lech bei Reutte, Tirol).

Abb. 328. Handwerklich richtiges Naturstein-Trockenmauerwerk an einem Güterweg im Lechtal (Bschlaps, Tirol).

Abb. 329. Vorbildlich schöner Bewuchs der Böschungen eines tiefen Kanaleinschnittes (St.-Quentin-Kanal).

Abb. 330. Zur Kloake gewordener Fluß (Moldau bei Krumau).

Abb. 331. So geht es auch nicht.

Abb. 332. Dichter Baumbestand an einer Schiffahrtsstraße (Canal du Loing).

Abb. 333. Eng gestellte Platanenreihen an einer Wasserstraße (Canal du Loing).

Anhang.

Tafeln 1 bis 20.

Tafel 1[1]. *Größe der Rauhigkeitsziffer γ nach* Bazin *im Geschwindigkeitsbeiwert.*

$$c = \frac{87}{1 + \frac{\gamma}{\sqrt{R}}}.$$

Nr.	Beschaffenheit (Material) der Gerinnewandung (des benetzten Umfangs)			γ
	Holz, Stahl	Mauerwerk und Beton	Erdkanäle, Felsgerinne und natürliche Gewässer	etwa
1	*Holz*, glatt gehobelt, sorgfältig gefugt, gestoßen; *Holzrohre*, gehobelt, sorgfältig gefugt, längsgelegt. — *Stahlrohre*, geschweißt, neu, ohne Ränder, sorgfältig asphaltiert	*Beton*, neu, gut profiliert, sorgfältig glattgeputzt (Spiegelputz)[2]. — *Zementbetonrohre*, über geölten Eisenformen gestampft	—	−0,043 bis +0,06
2	*Holz*, gesägt, gefugte Bretter; *Holzgerinne*. — *Gußrohre*, neu. — *Stahlrohre*, versenkt genietet oder geschweißt, aber mit Quernähten, weit (0,12—0,30) (siehe auch unter 3 bis 6). — *Normale Wasserleitungsrohre*, mäßig inkrustiert	*Beton*, älterer, vollständig glattgeputzt (0,10 bis 0,16). — *Stahlbetonrohre*, weit. — *Stollen*, betoniert mit Glattputz (0,12—0,22)	*Feiner Schlamm*	0,06—0,16
3	*Holz* (siehe unter 1 u. 2). — *Stahlrohre*, leicht genietet	*Beton* (siehe unter 1, 2 sowie 4—6). — *Ziegel- oder Quadermauerwerk*, sauber gearbeitet, glatt, gut gefugt. — *Zementrohr*, mit „Kanalhaut" überzogen. — *Steinzeugkanäle*, rein. — *Stollen*, verkleidet (siehe unter 2)	—	0,18—0,20
4	*Holz* (siehe unter 1 u. 2). — *Stahlrohre*, überlappt genietet, bis 10 mm Blechstärke. — *Bohlwände*, rauh (0,30—0,85)	*Ältere Beton*flächen, Wände und Sohle gestampft und rauh zugerieben. — *Rauher Betonputz*. — *Gewöhnliches Schichten- und Quadermauerwerk*. — *Naturstein-Straßenrinnen* (0,22—0,35)	—	0,30
5	*Stahlrohre*, dreifach genietet, 15 mm Blechstärke	*Beton*, gut geschalt, unverputzt (schalungsrauh). — *Bruchsteinmauerwerk*, gut, hammerrecht. — *Pflaster*, gefugt (Böschungspflaster) (0,45—1,0)	*Erdgerinne*, ungewöhnlich eben und regelmäßig in feinem Schlamm, sanfte Linienführung	0,46

6	*Stahlrohre*, schwer, überlappt genietet, in schlechtem Zustand	***Beton***, alt, angegriffen (schlechter Zustand). Böschungen aus altem Beton ohne Putz, Sohle unbefestigt. — ***Bruchsteinmauerwerk***, grob. — *Pflaster* (siehe unter 5)	***Erdgerinne, sehr*** regelmäßige Querschnitte ohne Pflanzen, Kies mit viel Sand oder harter, angeschwemmter Letten (0,85—1,0). — ***Stollen***, roh gesprengt, ***Sohle*** betoniert; desgl. ***Fels***, torkretiert (0,30—1,30 je nach den Verhältnissen). — ***Feiner Kies*** mit ***viel*** Sand	0,85
7	—	*Wildbachschalen* (etwa 1,50)	***Ältere Erdkanäle***, pflanzenfrei, schlammige Sohle, regelmäßiges Profil. — ***Gerinne***, regelmäßiges Erdbett, Böschungen gepflastert (1,0—1,30). — ***Kies*** grob, 20/40/60 mm. — *Torkretierter Fels* (siehe unter 6)	1,30
8	—	*Naturstein-Trockenmauerwerk*, mangelhaft, mit schlammiger Sohle (1,30—1,75)	***Kanäle*** mit unregelmäßigem Bett, viel Wasserpflanzen. — ***Kies*** grob, 50/100/150 mm, bzw. ***Feinkies*** mit ***grobem Geröll*** von über 10 bis 15 cm. — *Bäche, Flüsse*, bei ***ruhender*** Geschiebebewegung (1,30—1,75)	1,75
9	—	—	***Erdkanäle***, schlecht unterhalten, viel Pflanzen, Sohle schlammig und steinig. — ***Drängräben*** (1,75—2,50). — ***Gebirgsflüsse*** mit ***grobem*** Geröll (1,75—2,30) (siehe unter 10 Alpenflüsse); desgl. ***Gewässer*** mit sehr viel Pflanzen, unregelmäßig, schlecht unterhalten. — ***Roher Felsausbruch***, durch Nacharbeit abgeglichen	bis 2,20 u. darüber
10	—	—	***Roher Felsausbruch ohne*** jede weitere Verarbeitung (je nach Felsart 2,50—3,50). — *Vorländer* und ***Tal***böden (2,80—3,70). — ***Alpenflüsse*** (bis etwa 6,5, z. B. Rhein bei Disentis)	~2,5

[1] Vgl. dazu die Ausführungen S. 92ff.

[2] Für ***neuen*** vollständig glattgeputzten Beton (Spiegelputz) kann der Wert γ noch unter 0,06 heruntergehen (siehe oben!). Freilich muß bei der Wahl des γ für Betongerinne, wenn es sich um Rechnungen *für die Praxis* handelt, immer im Auge behalten werden, daß die Größe des Wertes γ im ***Dauerbetrieb*** von der ***Haltbarkeit*** des Betonputzes bzw. des Betons überhaupt abhängt, also eine Funktion des ***Gütegrades der Bauausführung***, der jeweiligen hydraulischen Bedingungen (Größe der Wassergeschwindigkeit, Häufigkeit und Umfang der Spiegelschwankungen usw.) oder der klimatischen Verhältnisse (häufige erhebliche Temperaturunterschiede usw.) ist. Um für das Fördervermögen des Gerinnes ***sicherzugehen***, soll deshalb γ von vornherein schon ***nicht zu klein*** gewählt werden (für Betongerinne Normalwert $\gamma = 0,30$).

Tafel 2[1]. *Größe der Rauhigkeitsziffern nach* Ganguillet-Kutter *im Geschwindigkeitsbeiwert*

$$c = \frac{23 + \frac{1}{n} + \frac{0,00155}{J}}{1 + \left(23 + \frac{0,00155}{J}\right) \cdot \frac{n}{\sqrt{R}}} \quad \left(c = \frac{1}{n} \text{ nach Manning, Strickler u. Forchheimer}\right).$$

Nr.	Beschaffenheit (Material) der Gerinnewandung (des benetzten Umfangs)			n	$\frac{1}{n}$
	Holz, Stahl	Mauerwerk und Beton	Erdkanäle, Felsgerinne und natürliche Gewässer	etwa	
1	*Holz*, glatt gehobelt, sorgfältig gefugt, gestoßen; *Holzrohre* gehobelt, sorgfältig gefugt, längsgelegt. — *Stahlrohre*, geschweißt, neu, ohne Ränder, sorgfältig asphaltiert	*Beton*, neu, gut profiliert, sorgfältig glattgeputzt (Spiegelputz). — *Zementbetonrohre*, über geölten Eisenformen gestampft	—	0,010 bis 0,011	100 bis 91
2	*Holz*, gesägt, gefugte Bretter; Holzgerinne. — *Gußrohre*, neu. — *Stahlrohre*, versenkt genietet oder geschweißt, aber mit Quernähten, weit (0,012—0,016) (siehe auch unter 4—7). — *Normale Wasserleitungsrohre*, mäßig inkrustiert	*Beton*, älterer, vollständig glattgeputzt (0,012—0,013). — *Stahlbetonrohre*, weit. — *Stollen*, betoniert, mit Glattputz (0,012—0,014)	*Feiner Schlamm*	0,012	83,4
3	Rauhe Bretter (0,0125—0,015)	—	—	0,0125	80,1
4	*Holz* (siehe unter 3). — *Stahlrohre*, leicht genietet	*Beton* (siehe unter 2). — *Ziegel- oder Quadermauerwerk*, sauber gearbeitet, glatt, gefugt. — *Zementrohr*, mit „Kanalhaut" überzogen. — *Steinzeugkanäle*, rein. — *Stollen*, verkleidet (siehe unter 2)	—	0,013 bis 0,0135	77,0 bis 74,1
5	*Holz* (siehe unter 1–3). — *Stahlrohre*, überlappt genietet, bis 10 mm Blechstärke. — *Bohlwände*, rauh (0,015—0,020)	*Ältere Betonflächen*, Wände und Sohle gestampft und rauh zugerieben. — *Rauher Betonputz*. — *Gewöhnliches Schichten- und Quadermauerwerk*. — *Naturstein-Straßenrinnen* (0,014-0,0155)	—	0,015	66,7

6	*Stahlrohre*, dreifach genietet, 15 mm Blechstärke	*Beton*, gut geschalt, *un*verputzt (schalungsrauh). — *Bruchsteinmauerwerk*, gut, hammerrecht; *Pflaster*, gefugt (Böschungspflaster) (0,017—0,022)	*Erdgerinne*, ungewöhnlich eben und regelmäßig in feinem Schlamm, sanfte Linienführung	0,017	58,9
7	*Stahlrohre*, schwer, überlappt genietet, in schlechtem Zustand	*Beton*, alt, angegriffen. — *Bruchsteinmauerwerk*, grob. — *Pflaster* (siehe unter 6)	*Erdgerinne*, *sehr* regelmäßige Querschnitte ohne Pflanzen, Kies mit viel Sand oder harter angeschwemmter Letten (0,020 bis 0,022). — *Stollen*, roh gesprengt, *Sohle* betoniert; desgl. *Fels*, *torkretiert* (0,015—0,025). — *Feiner Kies* mit *viel* Sand	0,020	50,0
8	—	*Wildbachschalen* (etwa 0,028)	*Ältere Erdkanäle*, pflanzenfrei, schlammige Sohle, regelmäßiges Profil. — *Gerinne*, regelmäßiges *Erd*bett, *Böschungen gepflastert* (0,022—0,025). — *Kies* grob, 20/40/60 mm. — *Torkretierter Fels* (siehe unter 7)	0,025	40,0
9	—	*Naturstein-Trockenmauerwerk*, mangelhaft, mit schlammiger Sohle	*Kanäle*, mit unregelmäßigem Bett, viel Wasserpflanzen. — *Kies* grob, 50/100/150 mm, bzw. *Feinkies* mit *grobem Geröll* von über 10 bis 15 cm. — *Bäche*, *Flüsse*, bei *ruhender* Geschiebebewegung (0,025—0,030)	0,030	33,3
10	—	—	*Erdkanäle*, schlecht unterhalten, viel Pflanzen, Sohle schlammig und steinig. — *Drängräben* (0,030—0,038). — *Gebirgsflüsse mit grobem* Geröll (0,030—0,035); desgl. *Gewässer* mit viel Pflanzen, unregelmäßig, schlecht unterhalten. — *Roher Felsausbruch*, durch Nacharbeit abgeglichen	0,035	28,6
11	—	—	*Roher Felsausbruch ohne* jede weitere Verarbeitung (je nach Felsart 0,039—0,047). — *Vorländer* und Talböden (0,040—0,050). — *Alpenflüsse* (bis 0,080, z. B. Rhein bei Disentis 0,084)	0,040	25

[1] Vgl. Fußnoten 1 und 2 zu Tafel 1, S. 642.

Tafel 2a. *Bestimmung der Rauhigkeitsziffer m nach* KUTTER.

Die Rauhigkeitsziffer m im abgekürzten KUTTERschen Geschwindigkeitsbeiwert

$$c = \frac{100 \cdot \sqrt{R}}{m + \sqrt{R}}$$

kann näherungsweise hergeleitet werden aus

$$m = 100 \cdot n - 1,$$

wobei n die Rauhigkeitsziffer des Geschwindigkeitsbeiwertes nach GANGUILLET-KUTTER (vgl. vorstehende Tafel 2) ist.

Für Berechnungen aus dem Gebiet der *Wasserversorgung und Kanalisation* seien noch folgende Werte m angeführt:

1. Weite Stahl- und Stahlbetonleitungen, ungehobelte Bretter . 0,20(—0,25)

2. Sorgfältig hergestellte Backstein- und rein gearbeitetes Grundmauerwerk; reine Steinzeugkanäle; *Wasserleitungsrohre nach längerem Gebrauch, wenn die Inkrustation nicht zu stark wird* 0,25

3. Backsteinmauerwerk, *im Gebrauch befindliche Steinzeug- und Zementrohrkanäle*; glatte Backsteinkanäle; quer- und längsgenietete nicht zu weite Stahlrohre . . . . 0,30—0,35

4. Gewöhnliches Mörtelmauerwerk von gespitzten Steinen; *altes Backsteinmauerwerk*; *rauher Betonputz* . . . . 0,45—0,50

5. Sauberes Bruchsteinmauerwerk; *gut gefugtes Pflaster*; *ungeputzter Beton* . . . . 0,55—0,75

Tafel 2b. *Größe des Geschwindigkeitsbeiwertes c_s nach* STRICKLER[1] *in der Geschwindigkeitsformel von* GAUKLER-MANNING

$$v = c_s \cdot R^{2/3} \cdot J^{1/2}.$$

Material der Gerinnewandung	c_s	Material der Gerinnewandung	c_s
Gezogene Messing- u. Kupferrohre	150	Ziegel, gut gefugt	80
Gasrohre verzinkt	125—135	Hausteinquader	80
Zementglattstrich	100	Beton, unverputzt, gut geschalt	60
Rohre mäßig inkrustiert . .	70	Gutes Bruchsteinmauerwerk.	60
Feiner Schlamm	90	Grobes Bruchsteinmauerwerk	50
Holzbretter, Dauben	90	Feiner Kies mit viel Sand .	50
Beton, geglättet	90	Kies, fein, ca. 10/20/30 mm .	45
Rohre, Gußeisen, neu . . .	90	Kies, mittel, ca. 20/40/60 mm	40
Stahlrohre, im Umfang ein Blech	85—100	Kies, grob, ca. 50/100/150 mm	35
Stahlrohre, genietet, im Umfang mehrmals überlappt	65—70	Steine, kopfgroß	25—30
		Fels, mittel	20—28
		Fels, sehr grob	15—20

[1] Mitteilungen des Amtes für Wasserwirtschaft, Bern 1923.

Tafel 3. BAZINscher *Geschwindigkeitsbeiwert* $c = \frac{87}{1 + (\gamma / \sqrt{R})}$ *für Rauhigkeitsziffern* γ *von 0,06 bis 2,30.*

R in m	0,06	0,16	0,30	0,46	0,85	1,30	1,75	2,30
0,06	69,88	52,63	39,11	30,23	19,46	13,79	10,68	8,37
0,07	70,92	54,21	40,77	31,77	20,29	14,71	11,31	8,98
0,08	71,77	55,57	42,22	33,13	21,72	15,55	12,10	9,53
0,09	72,50	56,74	43,50	34,34	22,70	16,31	12,73	10,04
0,10	73,13	57,77	44,65	35,44	23,59	17,02	13,32	10,52
0,11	73,67	58,69	45,68	36,45	24,42	17,68	13,86	10,96
0,12	74,16	59,51	46,62	37,37	25,19	18,31	14,38	11,39
0,13	74,59	60,26	47,49	38,23	25,91	18,89	14,86	11,79
0,14	74,98	60,94	48,29	39,02	26,59	19,44	15,32	12,17
0,15	75,33	61,57	49,03	39,77	27,23	19,97	15,77	12,54
0,16	75,65	62,14	49,71	40,47	27,84	20,47	16,19	12,89
0,17	75,95	62,68	50,36	41,12	28,42	20,95	16,59	13,23
0,18	76,22	63,17	50,96	41,74	28,97	21,41	16,98	13,55
0,19	76,47	63,64	51,53	42,33	29,49	21,85	17,35	13,86
0,20	76,71	64,08	52,07	42,89	29,99	22,27	17,71	14,16
0,21	76,93	64,49	52,58	43,42	30,47	22,68	18,05	14,46
0,22	77,13	64,87	53,06	43,92	30,94	23,07	18,39	14,74
0,23	77,33	65,24	53,52	44,41	31,38	23,45	18,71	15,01
0,24	77,51	65,58	53,96	44,87	31,81	23,81	19,03	15,28
0,25	77,68	65,91	54,38	45,31	32,22	24,17	19,33	15,54
0,26	77,84	66,22	54,77	45,74	32,62	24,51	19,63	15,79
0,27	77,99	66,52	55,16	46,15	33,01	24,84	19,92	16,03
0,28	78,14	66,80	55,52	46,54	33,38	25,17	20,20	16,27
0,29	78,28	67,07	55,87	46,92	33,74	25,48	20,47	16,50
0,30	78,41	67,33	56,21	47,29	34,09	25,79	20,74	16,73
0,31	78,54	67,58	56,54	47,64	34,43	26,09	21,00	16,95
0,32	78,66	67,82	56,85	47,98	34,76	26,38	21,25	17,17
0,33	78,77	68,05	57,15	48,31	35,08	26,66	21,50	17,39
0,34	78,88	68,27	57,45	48,63	35,40	26,94	21,74	17,60
0,35	78,99	68,48	57,73	48,94	35,70	27,21	21,98	17,80
0,36	79,09	68,68	58,00	49,25	36,00	27,47	22,21	18,00
0,37	79,19	68,88	58,26	49,54	36,29	27,73	22,44	18,20
0,38	79,28	69,07	58,52	49,82	36,57	27,98	22,66	18,39
0,39	79,37	69,25	58,77	50,10	36,85	28,23	22,88	18,58
0,40	79,46	69,43	59,01	50,37	37,12	28,47	23,10	18,76
0,41	79,55	69,60	59,24	50,63	37,38	28,71	23,31	18,95
0,42	79,63	69,77	59,47	50,88	37,64	28,94	23,51	19,13
0,43	79,71	69,93	59,69	51,13	37,89	29,17	34,71	19,30
0,44	79,78	70,09	59,91	51,37	38,13	29,39	23,91	19,47
0,45	79,86	70,24	60,12	51,61	38,37	29,61	24,11	19,64
0,46	79,93	70,39	60,32	51,84	38,61	29,83	24,30	19,81
0,47	80,00	70,54	60,52	52,07	38,84	30,04	24,49	19,98
0,48	80,07	70,68	60,71	52,29	39,07	30,25	24,67	20,14
0,49	80,14	70,82	60,90	52,50	39,29	30,45	24,86	20,30
0,50	80,20	70,95	61,08	52,71	39,51	30,65	25,04	20,46
0,55	80,49	71,56	61,95	53,68	40,53	31,60	25,89	21,22
0,60	80,75	72,11	62,71	54,58	41,48	32,48	26,69	21,92
0,65	80,98	72,59	63,40	55,40	42,35	33,31	27,44	22,58
0,70	81,18	73,03	64,04	56,14	43,16	34,07	28,14	23,21
0,75	81,36	73,44	64,62	56,82	43,91	34,77	28,80	23,80

Tafel 3. (Fortsetzung.)

R in m	0,06	0,16	0,30	0,46	0,85	1,30	1,75	2,30
0,80	81,53	73,80	65,15	57,45	44,61	35,46	29,43	24,36
0,85	81,68	74,13	65,64	58,04	45,26	36,09	30,02	24,90
0,90	81,82	74,44	66,10	58,59	45,89	36,70	30,58	25,41
0,95	81,96	74,73	66,53	59,11	46,48	37,28	31,12	25,90
1,00	82,08	75,00	66,92	59,59	47,03	37,83	31,64	26,36
1,10	82,30	75,48	67,65	60,47	48,05	38,86	32,60	27,24
1,20	82,48	75,91	68,30	61,27	48,99	39,79	33,49	28,07
1,30	82,65	76,29	68,88	61,99	49,84	40,65	34,32	28,84
1,40	82,80	76,64	69,40	62,65	50,63	41,45	35,09	29,56
1,50	82,94	76,95	69,88	63,25	51,36	42,20	35,82	30,23
1,60	83,06	77,23	70,32	63,80	52,03	42,90	36,50	30,87
1,70	83,17	77,49	70,72	64,31	52,65	43,56	37,14	31,47
1,80	83,28	77,73	71,10	64,79	53,26	44,19	37,75	32,05
1,90	83,38	77,96	71,45	65,24	53,82	44,78	38,33	32,60
2,00	83,46	78,16	71,77	65,65	54,34	45,33	38,88	33,13
2,20	83,62	78,53	72,36	66,41	55,31	46,36	39,91	34,11
2,40	83,76	78,86	72,89	67,08	56,18	47,30	40,85	35,02
2,60	83,88	79,15	73,35	67,69	56,97	48,17	41,72	35,86
2,80	83,99	79,41	73,77	68,24	57,69	48,96	42,53	36,64
3,00	84,09	79,64	74,17	68,74	58,36	49,70	43,28	37,37
3,20	84,18	79,86	74,51	69,20	58,98	50,38	43,98	38,06
3,40	84,26	80,05	74,83	69,63	59,55	51,03	44,64	38,71
3,60	84,33	80,23	75,12	70,02	60,08	51,63	45,26	39,33
3,80	84,40	80,40	75,40	70,39	60,58	52,19	45,84	39,91
4,00	84,47	80,56	75,65	70,73	61,05	52,73	46,40	40,47
4,20	84,53	80,70	75,89	71,05	61,50	53,23	46,93	40,94
4,40	84,58	80,83	76,11	71,35	61,91	53,71	47,43	41,50
4,60	84,63	80,96	76,32	71,64	62,31	54,17	47,91	41,98
4,80	84,68	81,08	76,52	71,90	62,81	54,60	48,32	42,44
5,00	84,73	81,19	76,71	72,16	63,04	55,02	48,80	42,89
5,20	84,77	81,30	76,89	72,40	63,38	55,41	49,22	43,31
5,40	84,81	81,39	77,05	72,62	63,69	55,78	49,64	43,71
5,60	84,85	81,49	77,21	72,84	64,01	56,15	50,01	44,12
5,80	84,89	81,58	77,36	73,05	64,30	56,50	50,39	44,50
6,00	84,92	81,66	77,51	73,25	64,59	56,84	50,75	44,87
6,20	84,95	81,75	77,65	73,43	64,86	57,16	51,09	45,23
6,40	84,98	81,83	77,78	73,62	65,12	57,47	51,42	45,57
6,60	85,01	81,90	77,90	73,79	65,37	57,77	51,75	45,90
6,80	85,04	81,97	78,02	73,95	65,61	58,06	52,06	46,23
7,00	85,07	82,04	78,14	74,11	65,85	58,34	52,34	46,54
7,20	85,10	82,10	78,25	74,27	66,07	58,61	52,64	46,85
7,40	85,12	82,17	78,36	74,42	66,29	58,87	52,94	47,14
7,60	85,15	82,23	78,46	74,56	66,50	59,12	53,21	47,43
7,80	85,17	82,29	78,56	74,69	66,70	59,37	53,49	47,71
8,00	85,19	82,34	78,66	74,83	66,90	59,60	53,75	47,98
8,50	85,25	82,47	78,88	75,14	67,36	60,17	54,37	48,63
9,00	85,29	82,59	79,09	75,43	67,79	60,70	54,95	49,25
9,50	85,34	82,71	79,28	75,70	68,19	61,19	55,49	49,82
10,00	85,38	82,81	79,46	75,95	68,57	61,65	56,01	50,37

Tafel 4. *Formgrößen für das günstigste Trapezprofil.*
(Für die Anwendung vgl. Aufgabe 5.)

Für das *günstigste* Trapezprofil (und nur für dieses) gilt

Wasserquerschnitt $F = t^2 \cdot M$; Wassertiefe $t = \sqrt{F}/\sqrt{M}$.

4a) Werte für $2\sqrt{1 + m^2}$; M; $\sqrt{M}$ und $1/\sqrt{M}$ bei verschiedenen Werten für $\operatorname{ctg} \alpha = m$.

$\operatorname{cotg} \alpha = m$	=	3,0	2,5	2,0	1,75	1,50	1,25	1,00	0,75	0,50	0,25	0,0
$2\sqrt{1 + m^2}$	=	6,32	5,38	4,47	4,03	3,60	3,20	2,82	2,50	2,24	2,06	2,0
$M = 2\sqrt{1 + m^2} - m$	=	3,32	2,88	2,47	2,28	2,10	1,95	1,82	1,75	1,74	1,81	2,0
$\sqrt{M}$	=	1,82	1,696	1,57	1,51	1,45	1,396	1,35	1,323	1,32	1,345	1,415
$1/\sqrt{M}$	=	0,549	0,589	0,637	0,662	0,689	0,716	0,740	0,755	0,757	0,743	0,706

Die Formgrößen p, R, s, b für *günstigstes* Trapezprofil, *auf t bezogen*:

Benetzter Umfang $p = 2 \cdot t \cdot M$; Sohlenbreite $s = t(M - m)$
Hydraulischer Radius $R = t/2$; Spiegelbreite $b = t(M + m)$

4b) Werte für M, $(M - m)$ und $(M + m)$ bei verschiedenen Werten für $\operatorname{ctg} \alpha = m$.

$\operatorname{cotg} \alpha = m$	=	3,0	2,5	2,0	1,75	1,50	1,25	1,00	0,75	0,50	0,25	0,0
M	=	3,32	2,88	2,47	2,28	2,10	1,95	1,82	1,75	1,74	1,81	2,0
$(M - m)$	=	0,32	0,38	0,47	0,53	0,60	0,70	0,82	1,00	1,24	1,56	2,0
$(M + m)$	=	6,32	5,38	4,47	4,03	3,60	3,20	2,82	2,50	2,24	2,06	2,0

Die Formgrößen p, R, s, b für *günstigstes* Trapezprofil, *auf $\sqrt{F}$ bezogen*:

Benetzter Umfang $p = 2\sqrt{F} \cdot \sqrt{M}$; Sohlenbreite $s = \sqrt{F} \cdot \left(\sqrt{M} - \frac{m}{\sqrt{M}}\right)$.

Hydraulischer Radius $R = \frac{\sqrt{F}}{2\sqrt{M}}$; Spiegelbreite $b = \sqrt{F} \cdot \left(\sqrt{M} + \frac{m}{\sqrt{M}}\right)$.

4c) Werte für M, $\sqrt{M}$, $\frac{1}{2\sqrt{M}}$, $\left(\sqrt{M} - \frac{m}{\sqrt{M}}\right)$, $\left(\sqrt{M} + \frac{m}{\sqrt{M}}\right)$ bei verschiedenen Werten für $\operatorname{ctg} \alpha = m$.

$\operatorname{cotg} \alpha = m$	=	3,0	2,5	2,0	1,75	1,50	1,25	1,00	0,75	0,50	0,25	0,0
M	=	3,32	2,88	2,47	2,28	2,10	1,95	1,82	1,75	1,74	1,81	2,0
$\sqrt{M}$	=	1,82	1,696	1,57	1,51	1,45	1,396	1,35	1,323	1,32	1,345	1,415
$\frac{1}{2\sqrt{M}}$	=	0,275	0,295	0,318	0,331	0,345	0,358	0,370	0,378	0,379	0,372	0,353
$\left(\sqrt{M} - \frac{m}{\sqrt{M}}\right)$	=	0,175	0,223	0,295	0,351	0,416	0,501	0,610	0,756	0,941	1,159	1,415
$\left(\sqrt{M} + \frac{m}{\sqrt{M}}\right)$	=	3,465	3,169	2,845	2,669	2,484	2,291	2,090	1,890	1,699	1,531	1,415

Tafel 5.

Schrittweise Staulinienberechnungen bei Benutzung der BRAHMS*schen Beziehung*

$$J = \frac{v^2}{c^2 \cdot R} \quad \text{und} \quad c = \frac{87}{1 + (\gamma/\sqrt{R})}$$

und für R-Werte von 8,0 bis 0,5 m, γ-Werte von 0,06 bis 2,3.

$\gamma = 0{,}06$

R	$c^2 \cdot R$	$\Delta/10$	R	$c^2 \cdot R$	$\Delta/10$	R	$c^2 \cdot R$	$\Delta/10$	R	$c^2 \cdot R$	$\Delta/10$
8,0	58060	74	6,0	43270	74	4,0	28540	74	2,0	13930	73
7,9	57320	74	5,9	42530	74	3,9	27800	73	1,9	13200	72
7,8	56580	74	5,8	41790	74	3,8	27070	74	1,8	12480	72
7,7	55840	74	5,7	41050	73	3,7	26330	73	1,7	11760	72
7,6	55100	74	5,6	40320	74	3,6	25600	74	1,6	11040	72
7,5	54360	74	5,5	39580	74	3,5	24860	73	1,5	10320	72
7,4	53620	74	5,4	38840	74	3,4	24130	73	1,4	9600	72
7,3	52880	74	5,3	38100	73	3,3	23400	73	1,3	8880	72
7,2	52140	74	5,2	37370	74	3,2	22670	73	1,2	8160	71
7,1	51400	74	5,1	36630	74	3,1	21940	73	1,1	7450	71
7,0	50660	74	5,0	35890	74	3,0	21210	73	1,0	6740	71
6,9	49920	74	4,9	35150	73	2,9	20480	73	0,9	6030	71
6,8	49180	74	4,8	34420	74	2,8	19750	73	0,8	5320	71
6,7	48440	74	4,7	33680	73	2,7	19020	73	0,7	4610	70
6,6	47700	74	4,6	32950	74	2,6	18290	73	0,6	3910	70
6,5	46960	74	4,5	32210	73	2,5	17560	72	0,5	3210	
6,4	46220	74	4,4	31480	74	2,4	16840	73			
6,3	45480	73	4,3	30740	73	2,3	16110	73			
6,2	44750	74	4,2	30010	74	2,2	15380	73			
6,1	44010	74	4,1	29270	73	2,1	14650	72			
6,0	43270		4,0	28540		2,0	13930				

$\gamma = 0{,}16$

R	$c^2 \cdot R$	$\Delta/10$	R	$c^2 \cdot R$	$\Delta/10$	R	$c^2 \cdot R$	$\Delta/10$	R	$c^2 \cdot R$	$\Delta/10$
8,0	54240	72	6,0	40010	71	4,0	25960	70	2,0	12220	67
7,9	53520	71	5,9	39300	70	3,9	25260	69	1,9	11550	67
7,8	52810	71	5,8	38600	71	3,8	24570	70	1,8	10880	67
7,7	52100	71	5,7	37890	70	3,7	23870	69	1,7	10210	67
7,6	51390	72	5,6	37190	71	3,6	23180	70	1,6	9540	66
7,5	50670	71	5,5	36480	70	3,5	22480	69	1,5	8880	66
7,4	49960	72	5,4	35780	71	3,4	21790	69	1,4	8220	65
7,3	49240	71	5,3	35070	70	3,3	21100	69	1,3	7570	65
7,2	48530	71	5,2	34370	71	3,2	20410	69	1,2	6920	65
7,1	47820	71	5,1	33660	70	3,1	19720	69	1,1	6270	64
7,0	47110	71	5,0	32960	71	3,0	19030	69	1,0	5630	64
6,9	46400	71	4,9	32250	70	2,9	18340	68	0,9	4990	63
6,8	45690	71	4,8	31550	70	2,8	17660	69	0,8	4360	62
6,7	44980	71	4,7	30850	70	2,7	16970	68	0,7	3740	62
6,6	44270	71	4,6	30150	70	2,6	16290	68	0,6	3120	60
6,5	43560	71	4,5	29450	70	2,5	15610	68	0,5	2520	
6,4	42850	71	4,4	28750	70	2,4	14930	68			
6,3	42140	71	4,3	28050	70	2,3	14250	68			
6,2	41430	71	4,2	27350	70	2,2	13570	68			
6,1	40720	71	4,1	26650	69	2,1	12890	67			
6,0	40010		4,0	25960		2,0	12220				

Tafel 5. (Fortsetzung.)

R	$c^2 \cdot R$	$\Delta/10$	R	$c^2 \cdot R$	$\Delta/10$	R	$c^2 \cdot R$	$\Delta/10$	R	$c^2 \cdot R$	$\Delta/10$
$\gamma = 0{,}30$											
8,0	49500	68	6,0	36040	67	4,0	22890	65	2,0	10290	60
7,9	48820	68	5,9	35370	66	3,9	22240	64	1,9	9690	60
7,8	48140	68	5,8	34710	66	3,8	21600	65	1,8	9090	59
7,7	47460	67	5,7	34050	66	3,7	20950	65	1,7	8500	59
7,6	46790	68	5,6	33390	67	3,6	20300	64	1,6	7910	59
7,5	46110	67	5,5	32720	66	3,5	19660	64	1,5	7320	58
7,4	45440	68	5,4	32060	66	3,4	19020	63	1,4	6740	58
7,3	44760	67	5,3	31400	66	3,3	18390	63	1,3	6160	57
7,2	44090	68	5,2	30740	66	3,2	17760	62	1,2	5590	56
7,1	43410	67	5,1	30080	66	3,1	17140	63	1,1	5030	55
7,0	42740	67	5,0	29420	66	3,0	16510	63	1,0	4480	54
6,9	42070	67	4,9	28760	65	2,9	15880	63	0,9	3940	53
6,8	41400	68	4,8	28110	66	2,8	15250	62	0,8	3410	52
6,7	40720	67	4,7	27450	65	2,7	14630	63	0,7	2890	52
6,6	40050	67	4,6	26800	66	2,6	14000	62	0,6	2370	50
6,5	39380	67	4,5	26140	65	2,5	13380	63	0,5	1870	
6,4	38710	67	4,4	25490	65	2,4	12750	62			
6,3	38040	67	4,3	24840	65	2,3	12130	62			
6,2	37370	67	4,2	24190	65	2,2	11510	61			
6,1	36700	66	4,1	23540	65	2,1	10900	61			
6,0	36040		4,0	22890		2,0	10290				
$\gamma = 0{,}46$											
8,0	44800	64	6,0	32190	62	4,0	20010	59	2,0	8610	53
7,9	44160	64	5,9	31570	62	3,9	19420	59	1,9	8080	52
7,8	43520	64	5,8	30950	62	3,8	18830	60	1,8	7560	53
7,7	42880	63	5,7	30330	62	3,7	18230	59	1,7	7030	52
7,6	42250	64	5,6	29710	62	3,6	17640	59	1,6	6510	52
7,5	41610	63	5,5	29090	61	3,5	17050	58	1,5	5990	50
7,4	40980	64	5,4	28480	62	3,4	16470	58	1,4	5490	49
7,3	40340	63	5,3	27860	61	3,3	15890	57	1,3	5000	49
7,2	39710	63	5,2	27250	61	3,2	15320	58	1,2	4510	48
7,1	39080	63	5,1	26640	61	3,1	14740	58	1,1	4030	48
7,0	38450	63	5,0	26030	61	3,0	14160	57	1,0	3550	46
6,9	37820	63	4,9	25420	60	2,9	13590	56	0,9	3090	45
6,8	37190	63	4,8	24820	61	2,8	13030	56	0,8	2640	44
6,7	36560	63	4,7	24210	61	2,7	12470	55	0,7	2200	42
6,6	35930	63	4,6	23600	60	2,6	11920	56	0,6	1780	39
6,5	35300	62	4,5	23000	60	2,5	11360	55	0,5	1390	
6,4	34680	63	4,4	22400	60	2,4	10810	56			
6,3	34050	62	4,3	21800	60	2,3	10250	55			
6,2	33430	62	4,2	21200	59	2,2	9700	55			
6,1	32810	62	4,1	20610	60	2,1	9150	54			
6,0	32190		4,0	20010		2,0	8610				

Tafel 5. (Fortsetzung.)

R	$c^2 \cdot R$	$\Delta/10$	R	$c^2 \cdot R$	$\Delta/10$	R	$c^2 \cdot R$	$\Delta/10$	R	$c^2 \cdot R$	$\Delta/10$
					$\gamma = 0{,}85$						
8,0	35800	55	6,0	25030	53	4,0	14910	48	2,0	5900	40
7,9	35250	55	5,9	24500	52	3,9	14430	48	1,9	5500	40
7,8	34700	55	5,8	23980	52	3,8	13950	48	1,8	5100	40
7,7	34150	54	5,7	23460	52	3,7	13470	47	1,7	4700	38
7,6	33610	55	5,6	22940	52	3,6	13000	48	1,6	4320	37
7,5	33160	54	5,5	22420	52	3,5	12520	48	1,5	3950	37
7,4	32520	55	5,4	21900	51	3,4	12040	47	1,4	3580	36
7,3	31970	54	5,3	21390	51	3,3	11570	47	1,3	3220	35
7,2	31430	54	5,2	20880	51	3,2	11100	45	1,2	2870	34
7,1	30890	54	5,1	20370	50	3,1	10650	45	1,1	2530	33
7,0	30350	54	5,0	19870	51	3,0	10200	44	1,0	2200	31
6,9	29810	54	4,9	19360	50	2,9	9760	44	0,9	1890	30
6,8	29270	54	4,8	18860	50	2,8	9320	44	0,8	1590	29
6,7	28730	53	4,7	18360	50	2,7	8880	43	0,7	1300	27
6,6	28200	53	4,6	17860	50	2,6	8450	43	0,6	1030	25
6,5	27670	53	4,5	17360	50	2,5	8020	43	0,5	780	
6,4	27140	53	4,4	16860	49	2,4	7590	43			
6,3	26610	53	4,3	16370	49	2,3	7160	43			
6,2	26080	53	4,2	15880	49	2,2	6730	42			
6,1	25550	52	4,1	15390	48	2,1	6310	41			
6,0	25030		4,0	14910		2,0	5900				
					$\gamma = 1{,}30$						
8,0	28420	47	6,0	19380	43	4,0	11120	39	2,0	4110	30
7,9	27950	46	5,9	18950	43	3,9	10730	38	1,9	3810	29
7,8	27490	47	5,8	18520	43	3,8	10350	38	1,8	3520	29
7,7	27020	46	5,7	18090	43	3,7	9970	38	1,7	3230	29
7,6	26560	46	5,6	17660	43	3,6	9590	38	1,6	2940	27
7,5	26100	46	5,5	17230	43	3,5	9210	37	1,5	2670	27
7,4	25640	46	5,4	16800	42	3,4	8840	36	1,4	2400	26
7,3	25180	45	5,3	16380	42	3,3	8480	35	1,3	2140	25
7,2	24730	46	5,2	15960	42	3,2	8130	36	1,2	1890	23
7,1	24270	45	5,1	15540	41	3,1	7770	36	1,1	1660	23
7,0	23820	45	5,0	15130	41	3,0	7410	36	1,0	1430	22
6,9	23370	45	4,9	14720	41	2,9	7050	35	0,9	1210	20
6,8	22920	45	4,8	14310	41	2,8	6700	35	0,8	1010	20
6,7	22470	45	4,7	13900	40	2,7	6350	33	0,7	810	18
6,6	22020	44	4,6	13500	41	2,6	6020	33	0,6	630	16
6,5	21580	44	4,5	13090	40	2,5	5690	32	0,5	470	
6,4	21140	44	4,4	12690	40	2,4	5370	31			
6,3	20700	44	4,3	12290	39	2,3	5060	32			
6,2	20260	44	4,2	11900	39	2,2	4740	32			
6,1	19820	44	4,1	11510	39	2,1	4420	31			
6,0	19380		4,0	11120		2,0	4110				

Tafel 5. (Fortsetzung.)

$\gamma = 1{,}75$

R	$c^2 \cdot R$	$\Delta/10$	R	$c^2 \cdot R$	$\Delta/10$	R	$c^2 \cdot R$	$\Delta/10$	R	$c^2 \cdot R$	$\Delta/10$
8,0	23110	40	6,0	15450	36	4,0	8610	31	2,0	3020	23
7,9	22710	40	5,9	15090	37	3,9	8300	31	1,9	2790	22
7,8	22310	40	5,8	14720	36	3,8	7990	31	1,8	2570	22
7,7	21910	39	5,7	14360	35	3,7	7680	31	1,7	2350	22
7,6	21520	39	5,6	14010	36	3,6	7370	30	1,6	2130	21
7,5	21130	39	5,5	13650	35	3,5	7070	30	1,5	1920	20
7,4	20740	39	5,4	13300	35	3,4	6770	29	1,4	1720	19
7,3	20350	39	5,3	12950	35	3,3	6480	29	1,3	1530	18
7,2	19960	38	5,2	12600	35	3,2	6190	29	1,2	1350	18
7,1	19580	38	5,1	12250	34	3,1	5900	29	1,1	1170	17
7,0	19200	39	5,0	11910	34	3,0	5610	28	1,0	1000	16
6,9	18810	38	4,9	11570	34	2,9	5330	27	0,9	840	15
6,8	18430	38	4,8	11230	34	2,8	5060	27	0,8	690	14
6,7	18050	38	4,7	10890	34	2,7	4790	27	0,7	550	13
6,6	17670	37	4,6	10550	33	2,6	4520	26	0,6	420	11
6,5	17300	37	4,5	10220	33	2,5	4260	26	0,5	310	
6,4	16930	38	4,4	9890	32	2,4	4000	25			
6,3	16550	37	4,3	9570	32	2,3	3750	25			
6,2	16180	36	4,2	9250	32	2,2	3500	24			
6,1	15820	37	4,1	8930	32	2,1	3260	24			
6,0	15450		4,0	8610		2,0	3020				

$\gamma = 2{,}30$

R	$c^2 \cdot R$	$\Delta/10$	R	$c^2 \cdot R$	$\Delta/10$	R	$c^2 \cdot R$	$\Delta/10$	R	$c^2 \cdot R$	$\Delta/10$
8,0	18420	34	6,0	12080	30	4,0	6550	25	2,0	2190	17
7,9	18080	33	5,9	11780	30	3,9	6300	25	1,9	2020	17
7,8	17750	33	5,8	11480	29	3,8	6050	24	1,8	1850	17
7,7	17420	32	5,7	11190	29	3,7	5810	24	1,7	1680	16
7,6	17100	33	5,6	10900	29	3,6	5570	24	1,6	1520	15
7,5	16770	32	5,5	10610	29	3,5	5330	23	1,5	1370	15
7,4	16450	33	5,4	10320	28	3,4	5100	23	1,4	1220	14
7,3	16120	32	5,3	10040	28	3,3	4870	23	1,3	1080	13
7,2	15800	32	5,2	9760	28	3,2	4640	23	1,2	950	13
7,1	15480	32	5,1	9480	28	3,1	4410	22	1,1	820	12
7,0	15160	32	5,0	9200	28	3,0	4190	22	1,0	700	12
6,9	14840	31	4,9	8920	27	2,9	3970	21	0,9	580	11
6,8	14530	32	4,8	8650	27	2,8	3760	21	0,8	470	9
6,7	14210	31	4,7	8380	27	2,7	3550	21	0,7	380	9
6,6	13900	31	4,6	8110	27	2,6	3340	20	0,6	290	8
6,5	13590	30	4,5	7840	26	2,5	3140	20	0,5	210	
6,4	13290	31	4,4	7580	26	2,4	2940	19			
6,3	12980	30	4,3	7320	26	2,3	2750	19			
6,2	12680	30	4,2	7060	26	2,2	2560	19			
6,1	12380	30	4,1	6800	25	2,1	2370	18			
6,0	12080		4,0	6550		2,0	2190				

Tafel 6. *Zusammenstellung von Werten für die Grenzschleppkraft S_0.*

Material der Sohle	Grenzschleppkraft $S_0 = 1000 \cdot T \cdot J$ kg/m²	Quellenangabe	Beispiele für beobachtete S_0-Zahlenwerte
Gewöhnlicher Quarzsand ⌀ 0,20—0,40 mm	0,18—0,20	Messungen des Kulturbauamtes Nürnberg	Bei den Werkkanälen der „Mittleren Isar" wurde die Schleppkraft $S < 0{,}5$ kg/m² gehalten, damit die Erdsohle nicht angegriffen wird ($S = t \cdot J = 1000 \cdot 4{,}9 \cdot 0{,}0001 = 0{,}49$ kg/m²; $t = 4{,}9$ m; $J = 0{,}1$‰)
⌀ 0,40—1,00 mm	0,25—0,30	desgl.	
⌀ bis 2,0 mm	0,40	desgl.	
Grobes Sandgemisch	0,6—0,7	WEYRAUCH-STROBEL: Hydraulisches Rechnen	
Fest gelagerter Sand und feiner Kies, anhaltend	0,8—0,9	WITTMANN: Taschenbuch f. Bauing.	
Desgl. vorübergehend (bei HW)	1,0—1,2	WEYRAUCH-STROBEL: Hydraulisches Rechnen	
Reiner sandiger Lehm	1,10	WITTMANN: Taschenbuch f. Bauing.	
Rundlicher Quarzkies ⌀ 0,5—1,5 cm	1,25	Messungen des Kulturbauamtes Nürnberg. Auch KREUTER: Der Flußbau. Hdb. d. Ing.-Wiss. Bd. 6. Tl. 3	Inn unterhalb Kufstein (1,4)
Lehmiger Kies anhaltend	1,50	WITTMANN: Taschenbuch f. Bauing.	Donau bei Wien (1,5) Reich: Ö. W. B. 1919
vorübergehend	2,00	desgl.	Oberrhein oberhalb der Lustenauer Brücke (2,9), Isarkalkgeschiebe zwischen München und Freising, Inn zwischen Innsbruck und Kufstein (3,0—3,3)
Grobes Quarzgerölle ⌀ 4—5 cm	bis zu 4,80	Messungen des Kulturbauamtes Nürnberg	
Plattiges Kalkgeschiebe, 1—2 cm stark, 4—6 cm lang	5,60	desgl.	
Rasen auf kurze Zeit	2,0—3,0	KREUTER: Der Flußbau. H.d.Ing.-Wiss. Bd.6, T.3	
Rasen auf lange Zeit	1,5—1,8	WITTMANN: Taschenbuch f. Bauing.	
Rasenziegel, festgewachsen auf lange Zeit	2,5—3,0	desgl.	Rhein von Rütli 20 km abwärts (4,1—4,4) Etsch bei der Marlinger Brücke (15,0)
Rauwehr	4,0	LUEGER: Ö. Z. 1885	

Tafel 6a. *Grenzgeschwindigkeiten* max v_m, *bei denen das Sohlenmaterial der Bewegung gerade noch widersteht*[1].

Sohlenmaterial	max v_m (v_m = mittl. Querschnittsgeschwindigkeit m/sek)	
	klares Wasser ohne Schlamm und Geschiebe	schlammführendes Wasser
Feinkörniger Lehm	0,30	0,50
Sandiger Lehm	0,30	0,50
Harter Lehm	0,60	1,00
Feiner Sandboden	0,20	0,30
Grober Sandboden	0,3—0,5	0,45—0,7
Feiner Kiesboden	0,6	0,8
Mittlerer Kiesboden	0,6—0,8	0,8—1,0
Grober Kiesboden	1,0—1,4	1,4—1,9
Eckige Steine	1,70	1,80
Rasenziegel	1,80	1,80
Grenzgeschwindigkeiten für Ablagerung		
Leichter Schlamm	—	0,30
Feiner Sand	—	0,30—0,50

[1] Nach WITTMANN: Taschenbuch f. Bauing., Neudruck 1949. Teil Flußbau, S. 908. Berlin: Springer.

Tafel 7. *Rohrwiderstände.*

1. *Eintrittsverluste:*

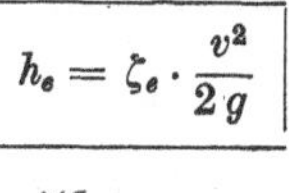

$$h_e = \zeta_e \cdot \frac{v^2}{2g}$$

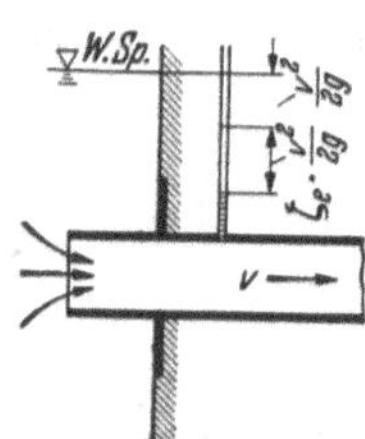

Abb. 334.

Kante stumpf $\zeta_e = 0{,}56$
Kante scharf
$\zeta_e = 1{,}3$ bis $3{,}0$

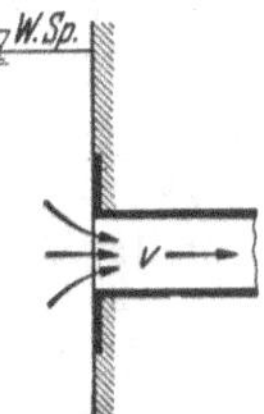

Abb. 335.

Kante gebrochen $\zeta_e = 0{,}25$
Kante scharf $\zeta_e = 0{,}50$

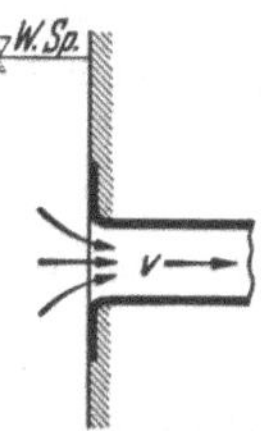

Abb. 336.

je nach Glätte und Durchmesser
$\zeta_e = 0{,}10$ bis $0{,}01$
(im Mittel $\zeta_e = \sim 0{,}06$)

Beachten: Der Rohrscheitel muß *mindestens* $\frac{v^2}{2g} + \zeta_e \cdot \frac{v^2}{2g}$ bei hydraulisch weich geformtem Mundloch unter der Energielinie bzw. dem Wasserspiegel liegen, damit kein Luftschlucken eintritt.

2. *Reibungsverluste:*

Allgemein:

$$h_r = \frac{L \cdot v^2}{c^2 \cdot R} = \frac{2g}{c^2} \cdot \frac{L}{R} \cdot \frac{v^2}{2g}$$

$$\boxed{h_r = \zeta_r \cdot \frac{L}{R} \cdot \frac{v^2}{2g}},$$

wobei

$$\zeta_r = \frac{2g}{c^2} = \frac{19{,}6}{c^2}.$$

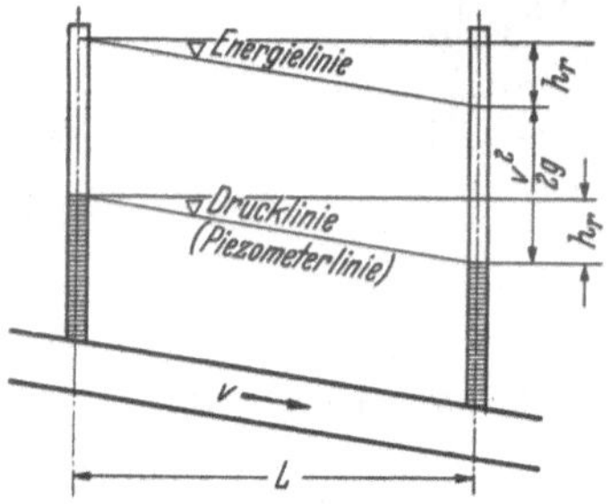

Abb. 337.

Für Kreisprofile ist:

$$R = \frac{d}{4}, \quad h_{rk} = \frac{8g}{c^2} \cdot \frac{L}{d} \cdot \frac{v^2}{2g}, \qquad \boxed{h_{rk} = \zeta_{rk} \cdot \frac{L}{d} \cdot \frac{v^2}{2g}},$$

wobei

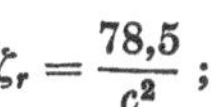

$$\zeta_r = \frac{78{,}5}{c^2};$$

z.B. nach Bazin $c = \dfrac{87}{1 + \dfrac{\gamma}{\sqrt{d/4}}}$; γ-Werte nach Tafel 1.

Bei Trinkwasserleitungen von Wasserversorgungsanlagen und bei städtischen Abwasserkanälen rechnet man nach Kutter:

$$c = \frac{100 \cdot \sqrt{d}}{2m + \sqrt{d}}, \quad \text{wenn } d = \text{lichter Rohrdurchmesser.}$$

Dabei wird im allgemeinen bei Wasserleitungsrohren $m = 0{,}25$,
bei Abwasserkanalrohren $m = 0{,}35$ gesetzt.

Für *überschlägige* Rechnung in der Wasserversorgung:
für $d = 0{,}25$ und $m = 0{,}25$ wird $c = 50$ und $\zeta_r = 0{,}03$.

Tafel 7. (Fortsetzung.)

Bei *langen* Leitungen genügt es, *lediglich* die Reibungsverluste zu berücksichtigen.

Bei kurzen Leitungen, insbesondere wenn ⌀ d groß ist, müssen *alle* Verluste berücksichtigt werden.

Formel von Lang für den Reibungsverlust, besonders wenn die Temperatur der Flüssigkeit eine Rolle spielt:

$$\zeta_r = \alpha + \frac{\beta}{\sqrt{v \cdot d}};$$

dabei ist bei einer Wassertemperatur von 15° C: $\beta = 0{,}0018$
„ „ 3° C: $\beta = 0{,}0024$
„ „ 100° C: $\beta = 0{,}0004$

α-Werte: a) für gezogene Stahlrohre und Rohre aus Glas mit glatten Übergängen an den Verbindungsstellen: $\alpha = 0{,}010$ bis $0{,}012$;
b) für Gußeisenrohre und genietete Rohre: $\alpha = 0{,}02$.

Tabellen zur Auswertung siehe Pöschl: Lehrbuch der Hydraulik.

3. *Krümmerverluste:*

$$\boxed{h_{Kr} = \zeta_{Kr} \cdot \frac{v^2}{2g}}.$$

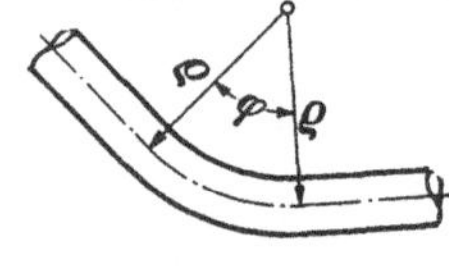

Abb. 338.

Nach Weisbach für *Kreis*profile:

$$\zeta_{Kr} = \left[0{,}13 + 1{,}85\left(\frac{r}{\varrho}\right)^{7/2}\right] \cdot \frac{\varphi^\circ}{90^\circ}.$$

Nach Richter gültig:

1) für $\frac{\varrho}{r} = 1$ bis $\frac{\varrho}{r} = 5$ bis 6;

2) für *Gesamt*verlust, d. h. einschließlich dem Reibungsverlust.

Für *Rechteck*querschnitt:

$$\zeta_{Kr} = \left[0{,}12 + 3{,}10 \cdot \left(\frac{r}{\varrho}\right)^{7/2}\right] \cdot \frac{\varphi^\circ}{90^\circ}.$$

$\frac{r}{\varrho} =$	0,1	0,2	0,3	0,4	0,5	0,6	0,7	0,8	0,9	1,0
$\frac{90^\circ \cdot \zeta_{Kr}}{\varphi^\circ} =$	0,131	0,138	0,158	0,206	0,294	0,440	0,661	0,977	1,408	1,978

4. *Knieverluste:*

$$\boxed{h_{Kn} = \zeta_{Kn} \cdot \frac{v^2}{2g}},$$

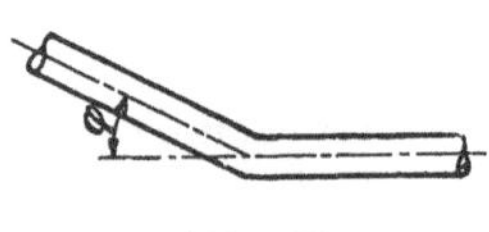

Abb. 339.

$$\zeta_{Kn} = 0{,}946 \cdot \sin^2\frac{\varphi}{2} + 2{,}047 \cdot \sin^4\frac{\varphi}{2}$$

$$\sim \sin^4\frac{\varphi}{2} + 2 \cdot \sin^4\frac{\varphi}{2}.$$

$\varphi =$	20°	40°	60°	80°	90°	100°	120°	140°
$\zeta_{Kn} =$	0,04	0,14	0,36	0,74	0,98	1,26	1,86	2,43

(gültig für Rohre von 30 mm aufwärts!)

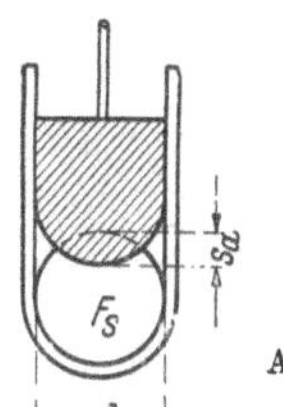

Abb. 340.

Tafel 7. (Fortsetzung.)

5. *Absperrschieber:*

$$h_a = \zeta_a \cdot \frac{v^2}{2g}.$$

F = voller Querschnitt, F_s = freigegebener Querschnitt

s_a	$\frac{d}{8}$	$\frac{2d}{8}$	$\frac{3d}{8}$	$\frac{4d}{8}$	$\frac{5d}{8}$	$\frac{6d}{8}$	$\frac{7d}{8}$	$\frac{8d}{8}$
$\frac{F_s}{F}$	0,948	0,856	0,743	0,609	0,466	0,315	0,159	0,0
ζ_a	0,07	0,26	0,81	2,06	5,52	17,0	97,8	

Weitere Werte für Drosselklappen, Hähne und Ventile sind in PÖSCHL: Lehrbuch der Hydraulik, sowie in WEYRAUCH-STROBEL: Hydraulisches Rechnen, 6. Aufl., S. 168 zu finden.

6. *Plötzliche zentrale Rohrerweiterung:*

$$h_{erw} = \zeta_{erw} \cdot \frac{v_u^2}{2g}.$$

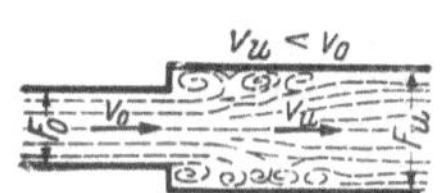

Abb. 341.

Nach CARNOT-WEISBACH: $\zeta_{erw} = \left(\frac{F_u}{F_o} - 1\right)^2$.

Bei allmählicher Erweiterung wird $\zeta_{erw} \sim (0{,}12 \text{ bis } 0{,}20) \cdot \left[\left(\frac{F_u}{F_o}\right)^2 - 1\right]$.

Plötzliche Rohrverengerung:

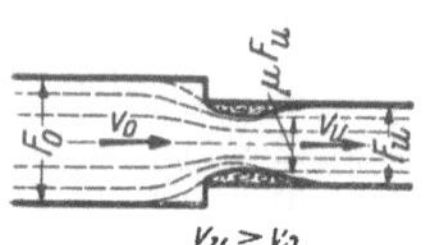

Abb. 342.

$$h_{eng} = \zeta_{eng} \cdot \frac{v_u^2}{2g},$$

$$\zeta_{eng} = \frac{0{,}0765}{\mu^2} + \left(\frac{1}{\mu} - 1\right)^2.$$

$\frac{F_u}{F_o}$ =	0,01	0,1	0,2	0,3	0,4	0,6	0,8	1,0
μ =	0,64	0,65	0,66	0,68	0,70	0,74	0,84	1,0
ζ_{eng} =	0,50	0,47	0,42	0,37	0,33	0,25	0,15	0,0

Nach WEISBACH kann auch gesetzt werden:

$$\zeta_{eng} \sim \eta \cdot \left(1 - \frac{F_u}{F_o}\right)^2, \quad \text{wobei } \eta \sim 0{,}4 \text{ bis } 0{,}5.$$

Bei *allmählicher* Querschnittsverengung treten nur ganz geringe Verluste auf, d. h. ein ganz geringes Absinken der Energielinie. Dagegen sinkt die Drucklinie (Piezometerlinie) infolge der Geschwindigkeitssteigerung ab. Die dafür aufgewendete Geschwindigkeitshöhe beträgt, da jetzt $v_u > v_o$:

$$h_v = \left(1 - \frac{F_u^2}{F_o^2}\right) \cdot \frac{v_u^2}{2g} = \left(1 - \frac{d_u^4}{d_o^4}\right) \cdot \frac{v_u^2}{2g} = \left(\frac{F_o^2}{F_u^2} - 1\right) \cdot \frac{v_o^2}{2g}.$$

Wird das Verhältnis $\frac{F_u}{F_o}$ nicht berücksichtigt, dann läßt sich setzen:

$$h = \zeta_{eng} \frac{v_u^2}{2g}, \quad \text{wobei } \zeta_{eng} = \left(\frac{1}{\psi} - 1\right)^2;$$

ψ = Zusammenziehungsziffer; für $\psi \sim 0{,}64$ wird $\zeta_{eng} = 0{,}315$.

Tafel 8. „*JDQ-Tabellen*“.

Vollaufende Kreisprofile für *Wasserversorgung.*

Beziehung zwischen J, D, Q und v bei vollaufenden Kreisprofilen und $m = 0{,}25$

$$\left(\text{nach Kutter } c = \frac{100 \cdot \sqrt{R}}{m + \sqrt{R}} = \frac{100 \cdot \sqrt{D}}{0{,}50 + \sqrt{D}}\right).$$

Die Tabellen geben die Durchmesser D in mm, die Fördermengen Q in l/sek, die Geschwindigkeiten in m/sek.

Vollaufende Rohre von der Lichtweite

$D = 10$ bis 40 mm $m = 0{,}25$

Profil/Gefälle		$D = 10$ mm		$D = 20$ mm		$D = 30$ mm		$D = 40$ mm	
Verhältnis	J	v	Q	v	Q	v	Q	v	Q
1: 10	0,10000	0,26	0,021	0,60	0,29	0,71	0,50	0,90	1,1
15	0,06667	0,22	0,017	0,49	0,24	0,58	0,41	0,74	0,9
20	0,05000	0,19	0,015	0,42	0,21	0,50	0,35	0,64	0,8
25	0,04000	0,17	0,013	0,38	0,19	0,45	0,32	0,57	0,7
30	0,03333	0,15	0,012	0,35	0,17	0,41	0,29	0,52	0,7
35	0,02857	0,14	0,011	0,32	0,16	0,38	0,27	0,48	0,6
40	0,02500	0,13	0,010	0,30	0,15	0,35	0,25	0,45	0,6
45	0,02222	0,12	0,010	0,28	0,14	0,33	0,24	0,43	0,5
50	0,02000	0,12	0,009	0,27	0,13	0,32	0,22	0,40	0,5
60	0,01667	0,11	0,0085	0,25	0,12	0,29	0,20	0,37	0,5
70	0,01429	0,10	0,0078	0,23	0,11	0,27	0,19	0,34	0,4
80	0,01250	—	—	0,21	0,10	0,25	0,18	0,32	0,4
90	0,01111	—	—	0,20	0,098	0,24	0,17	0,30	0,4
100	0,01000	—	—	0,19	0,093	0,22	0,16	0,29	0,4
125	0,00800	—	—	0,17	0,084	0,20	0,14	0,26	0,3
150	0,00667	—	—	0,15	0,076	0,18	0,13	0,23	0,3
175	0,00571	—	—	0,14	0,071	0,17	0,12	0,21	0,3
200	0,00500	—	—	0,13	0,066	0,16	0,11	0,20	0,3
225	0,00444	—	—	0,12	0,062	0,15	0,11	0,19	0,2
250	0,00400	—	—	0,12	0,059	0,14	0,10	0,18	0,2
275	0,00364	—	—	—	—	0,13	0,10	0,17	0,2
300	0,00333	—	—	—	—	0,13	0,09	0,17	0,2
325	0,00301	—	—	—	—	0,12	0,09	0,16	0,2
350	0,00286	—	—	—	—	0,12	0,08	0,15	0,2
375	0,00267	—	—	—	—	0,12	0,08	0,15	0,2
400	0,00250	—	—	—	—	0,11	0,08	0,14	0,2
425	0,00235	—	—	—	—	0,11	0,08	0,14	0,2
450	0,00222	—	—	—	—	0,11	0,07	0,13	0,2
475	0,00210	—	—	—	—	0,10	0,07	0,13	0,2
500	0,00200	—	—	—	—	0,10	0,07	0,13	0,2
550	0,00182	—	—	—	—	0,10	0,07	0,12	0,2
600	0,00167	—	—	—	—	—	—	0,12	0,1
650	0,00154	—	—	—	—	—	—	0,11	0,1
700	0,00143	—	—	—	—	—	—	0,11	0,1
750	0,00133	—	—	—	—	—	—	0,10	0,1

$D = 50$ bis 125 mm — *Tafel 8.* (Fortsetzung.) — $m = 0{,}25$

Profil/Gefälle		$D=50$ mm		$D=60$ mm		$D=70$ mm		$D=80$ mm		$D=90$ mm		$D=100$ mm		$D=125$ mm	
Verhältnis	J	v	Q	v	Q	v	Q	v	Q	v	Q	v	Q	v	Q
1 : 10	0,10000	1,09	2,1	1,21	3,6	1,45	5,6	1,61	8,1	1,78	11,3	1,94	15,2	2,31	28,4
15	0,06667	0,89	1,8	1,04	2,9	1,18	4,5	1,32	6,6	1,45	9,2	1,58	12,4	1,89	23,2
20	0,05000	0,77	1,5	0,90	2,6	1,03	3,9	1,14	5,7	1,26	8,0	1,37	10,8	1,64	20,1
25	0,04000	0,69	1,4	0,81	2,3	0,92	3,5	1,02	5,1	1,13	7,2	1,22	9,6	1,46	18,0
30	0,03333	0,63	1,2	0,74	2,1	0,84	3,2	0,93	4,7	1,03	6,5	1,12	8,8	1,34	16,4
35	0,02857	0,59	1,1	0,68	1,9	0,77	3,0	0,86	4,3	0,95	6,1	1,03	8,1	1,24	15,2
40	0,02500	0,55	1,0	0,64	1,8	0,72	2,8	0,81	4,1	0,89	5,7	0,97	7,6	1,16	14,2
45	0,02222	0,52	1,0	0,60	1,7	0,68	2,6	0,76	3,8	0,84	5,3	0,91	7,2	1,09	13,4
50	0,02000	0,49	0,9	0,57	1,6	0,65	2,5	0,72	3,6	0,80	5,0	0,87	6,8	1,04	12,7
60	0,01667	0,45	0,9	0,52	1,5	0,59	2,3	0,66	3,3	0,73	4,6	0,79	6,2	0,95	11,6
70	0,01429	0,41	0,8	0,48	1,4	0,55	2,1	0,61	3,1	0,67	4,3	0,73	5,8	0,88	10,7
80	0,01250	0,39	0,8	0,45	1,3	0,51	2,0	0,57	2,9	0,63	4,0	0,68	5,4	0,82	10,0
90	0,01111	0,37	0,7	0,43	1,2	0,48	1,9	0,54	2,7	0,59	3,8	0,65	5,1	0,77	9,5
100	0,01000	0,35	0,7	0,40	1,1	0,46	1,8	0,51	2,6	0,56	3,6	0,61	4,8	0,73	9,0
125	0,00800	0,31	0,6	0,36	1,0	0,41	1,6	0,46	2,3	0,50	3,2	0,55	4,3	0,65	8,0
150	0,00667	0,28	0,6	0,33	0,9	0,37	1,4	0,42	2,1	0,46	2,9	0,50	3,9	0,60	7,3
175	0,00571	0,26	0,5	0,31	0,9	0,34	1,3	0,39	1,9	0,43	2,7	0,46	3,6	0,55	6,8
200	0,00500	0,24	0,5	0,29	0,8	0,32	1,2	0,36	1,8	0,40	2,5	0,43	3,4	0,52	6,4
225	0,00444	0,23	0,5	0,27	0,8	0,31	1,2	0,34	1,7	0,37	2,4	0,41	3,2	0,49	6,0
250	0,00400	0,22	0,4	0,26	0,7	0,29	1,1	0,32	1,6	0,35	2,3	0,39	3,0	0,46	5,7
275	0,00364	0,21	0,4	0,24	0,7	0,28	1,1	0,31	1,5	0,34	2,2	0,37	2,9	0,44	5,4
300	0,00333	0,20	0,4	0,23	0,7	0,27	1,0	0,30	1,5	0,33	2,1	0,35	2,8	0,42	5,2
325	0,00301	0,19	0,4	0,22	0,6	0,26	1,0	0,28	1,4	0,31	2,0	0,34	2,7	0,41	5,0
350	0,00286	0,19	0,4	0,22	0,6	0,25	0,9	0,27	1,4	0,30	1,9	0,33	2,6	0,39	4,8
375	0,00267	0,18	0,4	0,21	0,6	0,24	0,9	0,26	1,3	0,29	1,8	0,32	2,5	0,38	4,6
400	0,00250	0,17	0,3	0,20	0,6	0,23	0,9	0,26	1,3	0,28	1,8	0,31	2,4	0,37	4,5
425	0,00235	0,17	0,3	0,20	0,6	0,22	0,9	0,25	1,2	0,27	1,7	0,30	2,3	0,36	4,4
450	0,00222	0,16	0,3	0,19	0,5	0,22	0,8	0,24	1,2	0,27	1,7	0,29	2,3	0,35	4,3
475	0,00210	0,16	0,3	0,18	0,5	0,21	0,8	0,23	1,2	0,26	1,6	0,28	2,2	0,34	4,1
500	0,00200	0,15	0,3	0,18	0,5	0,21	0,8	0,23	1,1	0,25	1,6	0,27	2,2	0,33	4,0
550	0,00182	0,15	0,3	0,17	0,5	0,20	0,8	0,22	1,1	0,24	1,5	0,26	2,1	0,31	3,8
600	0,00167	0,14	0,3	0,17	0,5	0,19	0,7	0,21	1,0	0,23	1,5	0,25	2,0	0,30	3,7
650	0,00154	0,14	0,3	0,16	0,4	0,18	0,7	0,20	1,0	0,22	1,4	0,24	1,9	0,29	3,5
700	0,00143	0,13	0,3	0,15	0,4	0,17	0,7	0,19	1,0	0,21	1,4	0,23	1,8	0,28	3,4
750	0,00133	0,13	0,2	0,15	0,4	0,17	0,6	0,19	0,9	0,21	1,3	0,22	1,8	0,27	3,3
800	0,00125	0,12	0,2	0,14	0,4	0,16	0,6	0,18	0,9	0,20	1,3	0,22	1,7	0,26	3,2
850	0,00117	0,12	0,2	0,14	0,4	0,16	0,6	0,18	0,9	0,19	1,2	0,21	1,7	0,25	3,1
900	0,00111	0,11	0,2	0,13	0,4	0,15	0,6	0,17	0,9	0,19	1,2	0,20	1,6	0,24	3,0
950	0,00105	0,11	0,2	0,13	0,4	0,15	0,6	0,17	0,8	0,18	1,2	0,20	1,6	0,24	2,9
1000	0,00100	0,11	0,2	0,13	0,4	0,15	0,6	0,16	0,8	0,18	1,1	0,19	1,5	0,23	2,8
1100	0,00091	0,10	0,2	0,12	0,3	0,14	0,5	0,15	0,8	0,17	1,1	0,18	1,5	0,22	2,7
1200	0,00083	—	—	0,12	0,3	0,13	0,5	0,15	0,7	0,16	1,0	0,18	1,4	0,21	2,6
1300	0,00077	—	—	0,11	0,3	0,13	0,5	0,14	0,7	0,16	1,0	0,17	1,3	0,20	2,5
1400	0,00071	—	—	0,11	0,3	0,12	0,5	0,14	0,7	0,15	1,0	0,16	1,3	0,20	2,4
1500	0,00066	—	—	0,10	0,3	0,12	0,5	0,13	0,7	0,15	0,9	0,16	1,2	0,19	2,3
1600	0,00062	—	—	—	—	0,11	0,4	0,13	0,6	0,14	0,9	0,15	1,2	0.18	2,2
1700	0,00059	—	—	—	—	0,11	0,4	0,12	0,6	0,14	0,9	0,15	1,2	0,18	2,2
1800	0,00056	—	—	—	—	0,11	0,4	0,12	0,6	0,13	0,8	0,14	1,1	0,17	2,1
1900	0,00053	—	—	—	—	0,11	0,4	0,12	0,6	0,13	0,8	0,14	1,1	0,17	2,1
2000	0,00050	—	—	—	—	0,10	0,4	0,11	0,6	0,13	0,8	0,14	1,1	0,16	2,0

D = 150 bis 275 mm *Tafel 8.* (Fortsetzung.) m = 0,25

Profil/ Gefälle		D=150 mm		D=175 mm		D=200 mm		D=225 mm		D=250 mm		D=275 mm	
Verhältnis	J	v	Q	v	Q	v	Q	v	Q	v	Q	v	Q
1: 10	0,10000	2,68	47,3	3,02	72,5	3,33	104,6	3,65	145,2	3,95	194,0	4,25	252,1
15	0,06667	2,19	38,6	2,46	59,2	2,71	85,4	2,98	118,5	3,23	158,4	3,47	205,8
20	0,05000	1,89	33,4	2,13	51,3	2,36	74,0	2,58	102,7	2,80	137,2	3,00	178,3
25	0,04000	1,69	29,9	1,91	45,9	2,11	66,2	2,31	91,6	2,50	122,7	2,69	159,4
30	0,03333	1,55	27,3	1,74	41,9	1,92	60,4	2,11	83,8	2,28	112,0	2,45	145,5
35	0,02857	1,43	25,2	1,61	38,8	1,78	55,9	1,96	77,6	2,11	103,7	2,27	134,7
40	0,02500	1,34	23,6	1,51	36,3	1,67	52,3	1,83	72,6	1,98	97,0	2,12	126,0
45	0,02222	1,26	22,3	1,42	34,2	1,57	49,3	1,72	68,4	1,86	91,4	2,00	118,8
50	0,02000	1,20	21,1	1,30	32,4	1,49	46,8	1,63	64,9	1,77	86,8	1,90	112,7
60	0,01667	1,09	19,3	1,23	29,6	1,36	42,7	1,49	59,3	1,61	79,2	1,73	102,9
70	0,01429	1,01	17,9	1,14	27,4	1,26	39,5	1,38	54,9	1,39	73,3	1,60	95,3
80	0,01250	0,95	16,7	1,07	25,6	1,18	37,0	1,29	51,3	1,40	68,6	1,50	89,1
90	0,01111	0,89	15,8	1,01	24,2	1,11	34,9	1,22	48,4	1,32	64,7	1,42	84,0
100	0,01000	0,85	14,9	0,95	22,9	1,05	33,1	1,16	45,9	1,25	61,3	1,34	79,7
125	0,00800	0,76	13,4	0,85	20,5	0,94	29,6	1,03	41,1	1,12	54,9	1,20	71,3
150	0,00667	0,69	12,2	0,78	18,7	0,86	27,0	0,94	37,5	1,02	50,1	1,10	65,1
175	0,00571	0,64	11,3	0,72	17,3	0,80	25,0	0,87	34,7	0,95	46,4	1,02	60,3
200	0,00500	0,60	10,6	0,67	16,2	0,75	23,4	0,82	32,5	0,88	43,4	0,95	56,4
225	0,00444	0,56	10,0	0,64	15,3	0,70	22,1	0,77	30,6	0,83	40,9	0,90	53,1
250	0,00400	0,54	9,5	0,60	14,5	0,67	20,9	0,73	29,0	0,79	38,8	0,85	50,4
275	0,00364	0,51	9,0	0,58	13,8	0,64	19,9	0,70	27,7	0,75	37,0	0,81	48,1
300	0,00333	0,49	8,6	0,55	13,2	0,61	19,1	0,67	26,5	0,72	35,4	0,78	46,0
325	0,00308	0,47	8,3	0,53	12,7	0,58	18,3	0,64	25,5	0,69	34,0	0,75	44,2
350	0,00286	0,45	8,0	0,51	12,3	0,56	17,7	0,62	24,5	0,67	32,8	0,72	42,6
375	0,00267	0,44	7,7	0,49	11,8	0,54	17,1	0,60	23,7	0,65	31,7	0,69	41,2
400	0,00250	0,42	7,5	0,48	11,5	0,53	16,5	0,58	23,0	0,63	30,7	0,67	39,9
425	0,00235	0,41	7,3	0,46	11,1	0,51	16,0	0,56	22,3	0,61	29,8	0,65	38,7
450	0,00222	0,40	7,0	0,45	10,8	0,50	15,6	0,54	21,6	0,59	28,9	0,63	37,6
475	0,00210	0,39	6,9	0,44	10,5	0,48	15,2	0,53	21,1	0,57	28,1	0,62	36,6
500	0,00200	0,38	6,7	0,43	10,3	0,47	14,8	0,52	20,5	0,56	27,4	0,60	35,7
550	0,00182	0,36	6,4	0,42	9,8	0,45	14,1	0,49	19,6	0,53	26,2	0,57	34,0
600	0,00167	0,35	6,1	0,39	9,4	0,43	13,5	0,47	18,7	0,51	25,0	0,55	32,5
650	0,00154	0,34	5,8	0,37	9,0	0,41	13,0	0,45	18,0	0,49	24,1	0,53	31,3
700	0,00143	0,32	5,6	0,36	8,7	0,40	12,5	0,44	17,4	0,47	23,2	0,51	30,1
750	0,00133	0,31	5,5	0,35	8,4	0,39	12,1	0,42	16,8	0,46	22,4	0,49	29,1
800	0,00125	0,30	5,3	0,34	8,1	0,37	11,7	0,41	16,2	0,44	21,7	0,48	28,2
850	0,00117	0,29	5,1	0,33	7,9	0,36	11,3	0,40	15,7	0,43	21,0	0,46	27,3
900	0,00111	0,28	5,0	0,32	7,6	0,35	11,0	0,39	15,3	0,42	20,4	0,45	26,6
950	0,00105	0,27	4,9	0,31	7,4	0,34	10,7	0,38	14,9	0,41	19,9	0,44	25,9
1000	0,00100	0,27	4,7	0,30	7,2	0,33	10,4	0,37	14,5	0,40	19,4	0,42	25,2
1100	0,00091	0,26	4,5	0,29	6,9	0,32	10,0	0,35	13,8	0,38	18,5	0,41	24,0
1200	0,00083	0,24	4,3	0,28	6,6	0,30	9,5	0,33	13,3	0,36	17,7	0,39	23,0
1300	0,00077	0,24	4,1	0,26	6,4	0,29	9,2	0,32	12,7	0,35	17,0	0,37	22,1
1400	0,00071	0,23	4,0	0,26	6,1	0,28	8,8	0,31	12,3	0,33	16,4	0,36	21,3
1500	0,00066	0,22	3,9	0,25	5,9	0,27	8,5	0,30	11,9	0,32	15,8	0,35	20,8
1600	0,00062	0,21	3,7	0,24	5,7	0,26	8,3	0,29	11,5	0,31	15,3	0,34	19,9
1700	0,00059	0,21	3,6	0,23	5,6	0,26	8,0	0,28	11,1	0,30	14,9	0,33	19,3
1800	0,00056	0,20	3,5	0,23	5,4	0,25	7,8	0,27	10,8	0,30	14,5	0,32	18,8
1900	0,00053	0,19	3,4	0,22	5,3	0,24	7,6	0,27	10,5	0,29	14,1	0,31	18,3
2000	0,00050	0,18	3,3	0,21	5,1	0,24	7,4	0,26	10,3	0,28	13,7	0,30	17,8

D = 300 bis 450 *Tafel 8.* (Fortsetzung.) m = 0,25

Profil/ Gefälle		D=300 mm		D=325 mm		D=350 mm		D=375 mm		D=400 mm		D=425 mm		D=450 mm	
Verhältnis	J	v	Q	v	Q	v	Q	v	Q	v	Q	v	Q	v	Q
1 : 10	0,10000	4,53	320	4,80	399	5,07	488	5,63	589	5,59	702	5,83	828	6,08	966
15	0,06667	3,70	261	3,92	325	4,14	398	4,36	481	4,56	574	4,76	676	4,96	789
20	0,05000	3,20	226	3,40	282	3,58	345	3,77	417	3,95	497	4,13	585	4,30	683
25	0,04000	2,86	202	3,04	252	3,21	308	3,37	373	3,54	444	3,69	523	3,84	611
30	0,03333	2,62	185	2,77	230	2,93	282	3,08	340	3,23	406	3,37	478	3,51	558
35	0,02857	2,42	171	2,57	213	2,71	261	2,85	315	2,99	375	3,12	442	3,25	517
40	0,02500	2,26	160	2,40	199	2,54	244	2,67	295	2,80	351	2,92	414	3,04	483
45	0,02222	2,14	151	2,26	188	2,39	230	2,51	278	2,64	331	2,75	390	2,86	456
50	0,02000	2,03	143	2,15	178	2,27	218	2,39	264	2,50	314	2,61	370	2,72	432
60	0,01667	1,85	131	1,96	163	2,07	199	2,18	241	2,28	287	2,38	338	2,48	395
70	0,01429	1,71	121	1,82	151	1,92	184	2,02	223	2,11	266	2,21	313	2,30	365
80	0,01250	1,60	113	1,70	141	1,79	172	1,89	208	1,98	248	2,06	293	2,15	342
90	0,01111	1,51	107	1,60	133	1,69	163	1,78	196	1,86	234	1,94	276	2,03	322
100	0,01000	1,43	101	1,52	126	1,60	154	1,69	186	1,77	222	1,85	262	1,92	306
125	0,00800	1,28	91	1,36	113	1,43	138	1,51	167	1,58	199	1,65	234	1,72	275
150	0,00667	1,17	83	1,24	103	1,31	126	1,38	152	1,44	181	1,51	214	1,57	250
175	0,00571	1,08	77	1,15	95	1,21	117	1,27	141	1,34	168	1,39	198	1,45	231
200	0,00500	1,01	72	1,07	89	1,13	109	1,19	132	1,25	157	1,30	185	1,36	216
225	0,00444	0,96	68	1,01	84	1,07	103	1,13	124	1,18	148	1,23	174	1,28	204
250	0,00400	0,91	64	0,96	80	1,01	98	1,07	118	1,12	141	1,17	166	1,22	193
275	0,00364	0,86	61	0,92	76	0,97	93	1,02	112	1,07	134	1,11	158	1,16	184
300	0,00333	0,83	58	0,88	73	0,93	89	0,97	108	1,02	128	1,07	151	1,11	176
325	0,00308	0,79	56	0,84	70	0,89	86	0,94	103	0,98	123	1,05	145	1,07	170
350	0,00286	0,77	54	0,81	67	0,86	82	0,90	100	0,95	119	0,99	140	1,03	163
375	0,00267	0,74	52	0,78	65	0,83	80	0,87	96	0,91	115	0,95	135	0,99	158
400	0,00250	0,72	51	0,76	63	0,80	77	0,84	93	0,88	111	0,92	131	0,96	153
425	0,00235	0,70	49	0,74	61	0,78	75	0,82	90	0,86	108	0,90	127	0,93	148
450	0,00222	0,68	48	0,72	59	0,76	73	0,80	88	0,83	105	0,87	123	0,91	144
475	0,00210	0,66	46	0,70	58	0,74	71	0,77	86	0,81	102	0;85	120	0,88	140
500	0,00200	0,64	45	0,68	56	0,72	69	0,75	83	0,79	99	0,83	117	0,86	137
550	0,00182	0,61	43	0,65	54	0,68	66	0,72	79	0,75	95	0,79	112	0,82	130
600	0,00167	0,59	41	0,62	51	0,65	63	0,69	76	0,72	91	0,75	107	0,78	125
650	0,00154	0,56	40	0,60	49	0,63	61	0,66	73	0,69	87	0,72	103	0,75	120
700	0,00143	0,54	38	0,57	48	0,61	58	0,64	70	0,67	84	0,70	99	0,73	116
750	0,00133	0,52	37	0,55	46	0,59	56	0,62	68	0,65	81	0,67	96	0,70	112
800	0,00125	0,51	36	0,54	45	0,57	55	0,60	66	0,63	79	0,65	93	0,68	108
850	0,00117	0,49	35	0,52	43	0,55	53	0,58	64	0,61	76	0,63	90	0,66	105
900	0,00111	0,48	34	0,51	42	0,53	51	0,56	62	0,59	74	0,62	87	0,64	102
950	0,00105	0,47	33	0,49	41	0,52	50	0,55	60	0,57	72	0,60	84	0,62	99
1000	0,00100	0,45	32	0,48	40	0,51	49	0,53	59	0,56	70	0,58	83	0,61	97
1100	0,00091	0,43	31	0,46	38	0,48	47	0,51	56	0,53	67	0,56	79	0,58	92
1200	0,00083	0,41	29	0,44	36	0,46	45	0,49	54	0,51	64	0,53	76	0,56	88
1300	0,00077	0,40	28	0,42	35	0,45	43	0,47	52	0,49	62	0,51	73	0,53	85
1400	0,00071	0,38	27	0,41	34	0,43	41	0,45	50	0,47	59	0,49	70	0,51	82
1500	0,00066	0,37	26	0,39	33	0,41	40	0,44	48	0,46	57	0,48	68	0,50	79
1600	0,00062	0,36	25	0,38	32	0,40	39	0,42	47	0,44	56	0,46	65	0,48	76
1700	0,00059	0,35	25	0,37	31	0,39	37	0,41	45	0,43	54	0,45	64	0,47	74
1800	0,00056	0,34	24	0,36	30	0,38	36	0,40	44	0,42	52	0,44	62	0,45	72
1900	0,00053	0,33	23	0,35	29	0,37	35	0,39	43	0,41	51	0,42	60	0,44	70
2000	0,00050	0,32	23	0,34	28	0,36	35	0,38	42	0,40	50	0,41	59	0,43	68

D = 475 bis 700 *Tafel 8.* (Fortsetzung.) m = 0,25

Profil/Gefälle		D=475 mm		D=500 mm		D=550 mm		D=600 mm		D=650 mm		D=700 mm	
Verhältnis	J	v	Q	v	Q	v	Q	v	Q	v	Q	v	Q
1 : 10	0,10000	6,32	1120	6,55	1286	7,00	1663	7,45	2105	7,86	2610	8,28	3186
15	0,06667	5,16	914	5,35	1050	5,72	1358	6,08	1719	6,42	2131	6,76	2602
20	0,05000	4,47	792	4,63	910	4,95	1176	5,26	1488	5,56	1845	5,86	2253
25	0,04000	4,00	708	4,14	813	4,43	1052	4,71	1331	4,97	1650	5,24	2015
30	0,03333	3,65	647	3,78	743	4,04	960	4,30	1215	4,54	1507	4,78	1840
35	0,02857	3,38	599	3,50	688	3,74	889	3,98	1125	4,20	1395	4,43	1703
40	0,02500	3,16	560	3,28	643	3,50	831	3,72	1053	3,93	1305	4,14	1593
45	0,02222	2,98	528	3,09	606	3,30	784	3,51	992	3,71	1230	3,90	1502
50	0,02000	2,83	501	2,93	575	3,13	744	3,33	941	3,52	1167	3,70	1425
60	0,01667	2,58	457	2,67	525	2,86	679	3,04	859	3,21	1065	3,38	1301
70	0,01429	2,39	423	2,48	486	2,65	629	2,81	796	2,97	986	3,13	1204
80	0,01250	2,23	396	2,32	455	2,48	588	2,63	744	2,78	923	2,93	1127
90	0,01111	2,11	373	2,18	429	2,33	554	2,48	702	2,62	870	2,76	1062
100	0,01000	2,00	354	2,07	407	2,21	526	2,35	666	2,49	825	2,62	1008
125	0,00800	1,79	317	1,85	364	1,98	470	2,11	595	2,22	738	2,34	901
150	0,00667	1,63	289	1,69	332	1,81	429	1,92	544	2,03	674	2,14	823
175	0,00571	1,51	268	1,57	307	1,67	398	1,78	503	1,88	624	1,98	762
200	0,00500	1,41	250	1,47	288	1,57	372	1,67	471	1,76	584	1,85	713
225	0,00444	1,33	236	1,38	271	1,48	351	1,57	444	1,66	550	1,75	672
250	0,00400	1,26	224	1,31	257	1,40	333	1,49	421	1,57	522	1,66	637
275	0,00364	1,21	214	1,25	245	1,34	317	1,42	401	1,50	498	1,58	608
300	0,00333	1,15	204	1,20	235	1,28	304	1,36	384	1,44	476	1,51	582
325	0,00308	1,11	196	1,15	226	1,23	292	1,31	369	1,38	458	1,45	559
350	0,00286	1,07	189	1,11	217	1,18	281	1,26	356	1,33	441	1,40	539
375	0,00267	1,03	183	1,07	210	1,14	272	1,22	344	1,28	426	1,35	520
400	0,00250	1,00	177	1,04	203	1,11	263	1,18	333	1,24	413	1,31	504
425	0,00235	0,97	172	1,01	197	1,07	255	1,14	323	1,21	400	1,27	489
450	0,00222	0,94	167	0,98	192	1,04	248	1,11	314	1,17	389	1,23	475
475	0,00210	0,92	163	0,95	187	1,02	241	1,08	305	1,14	379	1,20	462
500	0,00200	0,89	158	0,93	182	0,99	235	1,05	298	1,11	369	1,17	451
550	0,00182	0,85	151	0,88	173	0,94	224	1,00	284	1,06	352	1,12	430
600	0,00167	0,82	145	0,85	166	0,90	215	0,96	272	1,02	337	1,07	411
650	0,00154	0,78	139	0,81	160	0,87	206	0,92	261	0,98	324	1,03	395
700	0,00143	0,76	134	0,78	154	0,84	199	0,89	252	0,94	312	0,99	381
750	0,00133	0,73	129	0,76	149	0,81	192	0,86	243	0,91	301	0,96	368
800	0,00125	0,71	125	0,73	144	0,78	186	0,83	235	0,88	292	0,93	356
850	0,00117	0,69	121	0,71	140	0,76	180	0,81	228	0,85	283	0,90	346
900	0,00111	0,67	118	0,69	136	0,74	175	0,79	222	0,83	275	0,87	336
950	0,00105	0,65	115	0,67	132	0,72	171	0,76	216	0,81	268	0,85	327
1000	0,00100	0,63	112	0,66	129	0,70	166	0,75	211	0,79	261	0,83	319
1100	0,00091	0,60	107	0,63	123	0,67	159	0,71	201	0,75	249	0,79	304
1200	0,00083	0,58	102	0,60	117	0,64	152	0,68	192	0,72	238	0,76	291
1300	0,00077	0,55	98	0,57	113	0,61	146	0,65	185	0,69	229	0,73	280
1400	0,00071	0,53	95	0,55	109	0,59	141	0,63	178	0,67	221	0,70	269
1500	0,00066	0,52	91	0,54	105	0,57	136	0,61	172	0,64	213	0,68	260
1600	0,00062	0,50	89	0,52	102	0,55	132	0,59	166	0,62	206	0,66	252
1700	0,00059	0,49	86	0,50	99	0,54	128	0,57	161	0,60	200	0,64	244
1800	0,00056	0,47	84	0,49	96	0,52	124	0,56	157	0,59	195	0,62	238
1900	0,00053	0,46	81	0,48	93	0,51	121	0,54	153	0,57	189	0,60	231
2000	0,00050	0,45	79	0,46	91	0,50	118	0,53	149	0,56	185	0,59	225

D = 750 bis 1200 *Tafel 8.* (Fortsetzung.) $m = 0{,}25$

Profil/Gefälle		D=750 mm		D=800 mm		D=900 mm		D=1000 mm		D=1100 mm		D=1200 mm	
Verhältnis	J	v	Q	v	Q	v	Q	v	Q	v	Q	v	Q
1 : 10	0,10000	8,68	3835	9,06	4556	9,82	6249	10,55	8281	11,23	10667	11,92	13474
15	0,06667	7,09	3131	7,40	3718	8,02	5102	8,61	6762	9,17	8710	9,73	11002
20	0,05000	6,14	2711	6,41	3221	6,95	4419	7,46	5856	7,94	7543	8,43	9528
25	0,04000	5,49	2425	5,73	2881	6,21	3952	6,67	5238	7,10	6747	7,54	8522
30	0,03333	5,01	2214	5,23	2630	5,67	3608	6,09	4781	6,48	6159	6,88	7780
35	0,02857	4,64	2050	4,85	2435	5,25	3340	5,64	4427	6,00	5702	6,37	7203
40	0,02500	4,34	1917	4,53	2278	4,91	3125	5,27	4141	5,61	5334	5,96	6737
45	0,02222	4,09	1808	4,27	2148	4,63	2946	4,97	3904	5,29	5029	5,62	6352
50	0,02000	3,88	1715	4,05	2037	4,39	2795	4,72	3704	5,02	4770	5,33	6026
60	0,01667	3,54	1566	3,70	1860	4,01	2551	4,31	3381	4,58	4355	4,86	5501
70	0,01429	3,28	1449	3,43	1722	3,71	2362	3,99	3130	4,24	4032	4,50	5093
80	0,01250	3,07	1356	3,20	1611	3,47	2209	3,73	2928	3,97	3771	4,21	4764
90	0,01111	2,89	1278	3,02	1519	3,27	2083	3,52	2760	3,74	3556	3,97	4492
100	0,01000	2,75	1213	2,87	1441	3,11	1976	3,33	2619	3,55	3373	3,77	4261
125	0,00800	2,46	1085	2,56	1289	2,78	1768	2,98	2342	3,18	3017	3,37	3811
150	0,00667	2,24	990	2,34	1176	2,54	1614	2,72	2138	2,90	2754	3,08	3479
175	0,00571	2,08	917	2,17	1089	2,35	1494	2,52	1980	2,68	2550	2,85	3214
200	0,00500	1,94	857	2,03	1019	2,20	1397	2,36	1852	2,51	2385	2,66	3013
225	0,00444	1,83	808	1,91	960	2,07	1317	2,22	1746	2,37	2249	2,51	2841
250	0,00400	1,74	767	1,81	911	1,97	1250	2,11	1656	2,25	2133	2,38	2695
275	0,00364	1,66	731	1,73	869	1,87	1192	2,01	1579	2,14	2034	2,27	2570
300	0,00333	1,59	700	1,66	832	1,79	1141	1,93	1512	2,05	1948	2,18	2460
325	0,00308	1,52	673	1,59	799	1,72	1096	1,85	1453	1,97	1871	2,09	2364
350	0,00286	1,47	648	1,53	770	1,66	1056	1,78	1400	1,90	1803	2,01	2278
375	0,00267	1,42	626	1,48	744	1,60	1021	1,72	1352	1,83	1742	1,95	2200
400	0,00250	1,37	606	1,43	720	1,55	988	1,67	1309	1,78	1687	1,88	2131
425	0,00235	1,33	588	1,39	699	1,51	959	1,62	1270	1,72	1636	1,83	2067
450	0,00222	1,29	572	1,35	679	1,46	932	1,57	1235	1,67	1590	1,78	2009
475	0,00210	1,26	556	1,32	661	1,43	907	1,53	1202	1,63	1548	1,73	1955
500	0,00200	1,23	542	1,28	644	1,39	884	1,49	1171	1,59	1509	1,69	1906
550	0,00182	1,17	517	1,22	614	1,33	843	1,42	1117	1,51	1438	1,61	1817
600	0,00167	1,12	495	1,17	588	1,27	807	1,36	1069	1,45	1377	1,54	1740
650	0,00154	1,08	476	1,12	565	1,22	775	1,31	1027	1,39	1323	1,48	1671
700	0,00143	1,04	458	1,08	545	1,17	747	1,26	990	1,34	1275	1,42	1611
750	0,00133	1,00	443	1,05	526	1,13	722	1,22	956	1,30	1232	1,38	1556
800	0,00125	0,97	429	1,01	509	1,10	699	1,18	926	1,26	1193	1,33	1507
850	0,00117	0,94	416	0,98	494	1,07	678	1,14	898	1,22	1157	1,29	1462
900	0,00111	0,92	404	0,96	480	1,04	659	1,11	873	1,18	1124	1,26	1420
950	0,00105	0,89	393	0,93	467	1,01	641	1,08	850	1,15	1094	1,22	1385
1000	0,00100	0,87	384	0,91	456	0,98	625	1,06	828	1,12	1067	1,19	1348
1100	0,00091	0,83	366	0,86	434	0,94	596	1,01	790	1,07	1017	1,14	1285
1200	0,00083	0,79	350	0,83	416	0,90	571	0,96	756	1,03	974	1,09	1230
1300	0,00077	0,76	336	0,80	400	0,86	548	0,92	726	0,98	936	1,05	1182
1400	0,00071	0,73	324	0,77	385	0,83	528	0,89	700	0,95	902	1,01	1139
1500	0,00066	0,71	313	0,74	372	0,80	510	0,86	676	0,92	871	0,97	1100
1600	0,00062	0,69	303	0,72	360	0,78	494	0,83	655	0,89	843	0,94	1065
1700	0,00059	0,67	294	0,70	349	0,75	479	0,81	635	0,86	818	0,91	1033
1800	0,00056	0,65	286	0,68	340	0,73	466	0,79	617	0,84	795	0,89	1004
1900	0,00053	0,63	278	0,66	331	0,71	453	0,77	601	0,81	774	0,86	978
2000	0,00050	0,61	271	0,64	322	0,70	442	0,75	586	0,79	754	0,84	953

Tafel 9. „*JDQ-Tabellen*". Vollaufende Kreisprofile für *Kanalisation*. $m = 0{,}35$ nach KUTTER.

$D = 40$ bis 100 mm $\quad v =$ Geschwindigkeit in m/s; $\quad Q =$ l/s. $\quad m = 0{,}35$

Profil/Gefälle		$D=40$ mm		$D=50$ mm		$D=60$ mm		$D=70$ mm		$D=80$ mm		$D=90$ mm		$D=100$ mm	
Verhältnis	J	v	Q	v	Q	v	Q	v	Q	v	Q	v	Q	v	Q
1 : 10	0,10000	0,70	0,9	0,85	1,7	1,00	2,8	1,14	4,4	1,28	6,5	1,42	9,0	1,56	12,2
15	0,06667	0,57	0,7	0,70	1,4	0,82	2,3	0,94	3,6	1,05	5,3	1,16	7,4	1,27	9,9
20	0,05000	0,50	0,6	0,60	1,2	0,70	2,0	0,81	3,1	0,91	4,5	1,01	6,4	1,10	8,7
25	0,04000	0,44	0,6	0,54	1,0	0,64	1,8	0,73	2,8	0,81	4,1	0,90	5,7	0,98	7,7
30	0,03333	0,40	0,5	0,49	0,9	0,58	1,7	0,67	2,6	0,75	3,8	0,82	5,2	0,90	7,1
35	0,02857	0,37	0,5	0,46	0,9	0,54	1,5	0,61	2,3	0,69	3,5	0,76	4,8	0,83	6,5
40	0,02500	0,35	0,4	0,43	0,8	0,50	1,4	0,57	2,2	0,65	3,3	0,71	4,5	0,78	6,1
45	0,02222	0,33	0,4	0,40	0,8	0,47	1,3	0,54	2,1	0,61	3,1	0,67	4,2	0,73	5,8
50	0,02000	0,31	0,4	0,38	0,7	0,45	1,3	0,51	2,0	0,57	2,9	0,64	4,1	0,70	5,5
60	0,01667	0,29	0,4	0,35	0,7	0,41	1,2	0,47	1,8	0,53	2,7	0,58	3,7	0,63	5,0
70	0,01429	0,27	0,3	0,32	0,6	0,38	1,1	0,44	1,7	0,49	2,5	0,54	3,4	0,59	4,6
80	0,01250	0,25	0,3	0,31	0,6	0,36	1,0	0,40	1,5	0,46	2,3	0,51	3,2	0,55	4,3
90	0,01111	0,23	0,3	0,29	0,6	0,34	1,0	0,38	1,5	0,43	2,2	0,47	3,0	0,51	4,1
100	0,01000	0,22	0,3	0,27	0,5	0,31	0,9	0,36	1,4	0,41	2,1	0,45	2,9	0,49	3,9
125	0,00800	0,20	0,3	0,24	0,5	0,28	0,8	0,33	1,3	0,37	1,8	0,40	2,6	0,44	3,5
150	0,00667	0,18	0,3	0,22	0,4	0,26	0,7	0,30	1,1	0,33	1,7	0,37	2,3	0,40	3,1
175	0,00571	0,17	0,3	0,20	0,4	0,24	0,7	0,27	1,0	0,31	1,5	0,34	2,2	0,37	2,9
200	0,00500	0,16	0,3	0,19	0,4	0,23	0,6	0,25	1,0	0,29	1,4	0,32	2,0	0,35	2,7
225	0,00444	0,15	0,2	0,18	0,4	0,21	0,6	0,24	1,0	0,27	1,4	0,30	1,9	0,33	2,6
250	0,00400	0,14	0,2	0,17	0,3	0,20	0,6	0,23	0,9	0,26	1,3	0,28	1,8	0,32	2,4
275	0,00364	0,13	0,2	0,16	0,3	0,19	0,6	0,22	0,9	0,25	1,2	0,27	1,8	0,30	2,3
300	0,00333	0,13	0,2	0,15	0,3	0,18	0,6	0,21	0,8	0,24	1,2	0,26	1,7	0,28	2,2
325	0,00308	0,12	0,2	0,15	0,3	0,17	0,5	0,21	0,8	0,23	1,2	0,25	1,6	0,27	2,2
350	0,00286	0,12	0,2	0,14	0,3	0,17	0,5	0,20	0,7	0,22	1,1	0,24	1,5	0,26	2,1
375	0,00267	0,11	0,1	0,14	0,3	0,17	0,5	0,19	0,7	0,21	1,0	0,23	1,4	0,26	2,0
400	0,00250	0,11	0,1	0,13	0,2	0,15	0,5	0,18	0,7	0,20	1,0	0,22	1,4	0,25	1,9
425	0,00235	0,11	0,1	0,13	0,2	0,15	0,5	0,18	0,7	0,20	1,0	0,22	1,4	0,24	1,8
450	0,00222	0,10	0,1	0,13	0,2	0,15	0,4	0,17	0,6	0,19	1,0	0,21	1,3	0,23	1,8
475	0,00210	0,10	0,1	0,12	0,2	0,14	0,4	0,17	0,6	0,19	1,0	0,21	1,3	0,22	1,8
500	0,00200	0,10	0,1	0,12	0,2	0,14	0,4	0,17	0,6	0,18	0,9	0,20	1,3	0,22	1,7
550	0,00182	0,09	0,1	0,12	0,2	0,13	0,4	0,15	0,6	0,18	0,9	0,19	1,2	0,21	1,7
600	0,00167	0,09	0,1	0,11	0,2	0,13	0,4	0,15	0,6	0,17	0,8	0,18	1,2	0,20	1,6
650	0,00154	0,09	0,1	0,11	0,2	0,13	0,3	0,14	0,5	0,16	0,8	0,18	1,1	0,19	1,5
700	0,00143	0,09	0,1	0,10	0,2	0,12	0,3	0,13	0,5	0,15	0,8	0,17	1,1	0,18	1,4
750	0,00133	0,08	0,1	0,10	0,2	0,12	0,3	0,13	0,5	0,15	0,7	0,17	1,1	0,18	1,4
800	0,00125	—	—	—	—	0,11	0,3	0,13	0,5	0,14	0,7	0,16	1,0	0,17	1,4
850	0,00117	—	—	—	—	0,11	0,3	0,13	0,5	0,14	0,7	0,15	1,0	0,17	1,3
900	0,00111	—	—	—	—	0,11	0,3	0,12	0,5	0,14	0,7	0,15	1,0	0,16	1,3
950	0,00105	—	—	—	—	—	—	0,12	0,5	0,13	0,6	0,14	1,0	0,16	1,3
1000	0,00100	—	—	—	—	—	—	0,12	0,5	0,13	0,6	0,14	0,9	0,15	1,2
1100	0,00091	—	—	—	—	—	—	0,10	0,4	0,12	0,6	0,14	0,9	0,14	1,2
1200	0,00083	—	—	—	—	—	—	0,10	0,4	0,12	0,6	0,13	0,8	0,14	1,1
1300	0,00077	—	—	—	—	—	—	0,10	0,4	0,11	0,6	0,13	0,8	0,14	1,1
1400	0,00071	—	—	—	—	—	—	0,10	0,4	0,11	0,6	0,12	0,8	0,13	1,0
1500	0,00066	—	—	—	—	—	—	0,10	0,4	0,10	0,6	0,12	0,7	0,13	1,0
1600	0,00062	—	—	—	—	—	—	0,09	0,3	0,10	0,5	0,11	0,7	0,12	1,0
1700	0,00059	—	—	—	—	—	—	0,09	0,3	0,10	0,5	0,11	0,7	0,12	0,9
1800	0,00056	—	—	—	—	—	—	0,08	0,3	0,10	0,5	0,10	0,6	0,11	0,8
1900	0,00053	—	—	—	—	—	—	0,08	0,3	0,09	0,5	0,10	0,6	0,11	0,8
2000	0,00050	—	—	—	—	—	—	0,08	0,3	0,09	0,5	0,10	0,6	0,11	0,8

D = 125 bis 275 mm *Tafel 9.* (Fortsetzung.) m = 0,35

Profil/Gefälle		D=125 mm		D=150 mm		D=175 mm		D=200 mm		D=225 mm		D=250 mm		D=275 mm	
Verhältnis	J	v	Q	v	Q	v	Q	v	Q	v	Q	v	Q	v	Q
1 : 10	0,10000	1,87	23,0	2,19	38,6	2,48	59,5	2,75	86,4	3,03	120,5	3,29	162,0	3,56	211,0
15	0,06667	1,53	18,8	1,79	31,5	2,02	48,6	2,24	70,5	2,47	98,4	2,69	132,0	2,90	172,2
20	0,05000	1,33	16,3	1,54	27,3	1,75	42,1	1,95	61,1	2,14	85,2	2,34	114,3	2,51	149,2
25	0,04000	1,18	14,6	1,38	24,4	1,57	37,7	1,74	54,7	1,92	76,0	2,09	102,3	2,25	133,3
30	0,03333	1,09	13,3	1,26	22,3	1,43	34,4	1,59	49,9	1,75	69,6	1,90	93,4	2,05	121,8
35	0,02857	1,01	12,3	1,17	20,6	1,32	31,9	1,47	46,2	1,62	64,4	1,76	86,5	1,90	112,7
40	0,02500	0,94	11,5	1,09	19,3	1,24	29,8	1,38	43,2	1,52	60,3	1,65	80,9	1,77	105,5
45	0,02222	0,88	10,9	1,03	18,2	1,17	28,1	1,30	40,7	1,43	56,8	1,55	76,2	1,67	99,4
50	0,02000	0,84	10,3	0,98	17,2	1,15	26,6	1,23	38,7	1,35	53,9	1,48	72,5	1,60	94,5
60	0,01667	0,77	9,4	0,89	15,7	1,01	24,3	1,12	35,3	1,24	49,2	1,34	66,1	1,45	86,1
70	0,01429	0,71	8,7	0,82	14,7	0,94	22,5	1,04	32,6	1,15	45,6	1,24	61,4	1,36	80,0
80	0,01250	0,66	8,1	0,78	13,6	0,88	21,0	0,97	30,6	1,07	42,6	1,17	57,2	1,26	74,6
90	0,01111	0,62	7,7	0,73	12,9	0,83	19,9	0,92	28,8	1,01	40,2	1,10	54,0	1,19	70,3
100	0,01000	0,59	7,3	0,69	12,2	0,78	18,8	0,87	27,3	0,96	38,1	1,04	51,1	1,13	66,8
125	0,00800	0,53	6,5	0,62	10,9	0,70	16,8	0,78	24,4	0,85	34,1	0,93	45,7	1,01	59,8
150	0,00667	0,49	5,9	0,56	9,9	0,64	15,3	0,71	22,3	0,78	31,1	0,85	41,8	0,95	54,5
175	0,00571	0,45	5,5	0,52	9,2	0,59	14,2	0,66	20,6	0,72	28,8	0,79	38,7	0,85	50,4
200	0,00500	0,42	5,2	0,49	8,6	0,55	13,3	0,62	19,3	0,68	27,0	0,73	36,2	0,79	47,2
225	0,00444	0,40	4,9	0,46	8,2	0,53	12,6	0,58	18,2	0,64	25,4	0,69	34,1	0,75	44,4
250	0,00400	0,37	4,6	0,44	7,8	0,49	11,9	0,55	17,3	0,61	24,1	0,66	32,2	0,71	42,2
275	0,00364	0,36	4,4	0,42	7,3	0,48	11,3	0,53	16,4	0,58	23,0	0,63	30,8	0,68	40,2
300	0,00333	0,34	4,2	0,40	7,0	0,45	10,8	0,50	15,8	0,56	22,0	0,60	29,5	0,65	38,5
325	0,00308	0,33	4,1	0,38	6,8	0,44	10,4	0,48	15,1	0,53	21,2	0,58	28,3	0,63	37,0
350	0,00286	0,32	3,9	0,37	6,5	0,42	10,1	0,46	14,6	0,51	20,3	0,56	27,3	0,60	35,6
375	0,00267	0,31	3,7	0,36	6,3	0,40	9,7	0,45	14,1	0,50	19,7	0,54	26,4	0,58	34,5
400	0,00250	0,30	3,6	0,34	6,1	0,39	9,4	0,44	13,6	0,48	19,1	0,53	25,6	0,56	33,4
425	0,00235	0,29	3,6	0,33	6,0	0,38	9,1	0,42	13,2	0,46	18,5	0,51	24,8	0,54	32,4
450	0,00222	0,28	3,5	0,33	5,7	0,37	8,9	0,41	12,9	0,45	17,9	0,49	24,1	0,53	31,5
475	0,00210	0,28	3,3	0,32	5,6	0,36	8,6	0,40	12,6	0,44	17,5	0,48	23,4	0,52	30,6
500	0,00200	0,27	3,2	0,31	5,5	0,35	8,3	0,39	12,2	0,43	17,0	0,47	22,8	0,50	29,9
550	0,00182	0,25	3,1	0,29	5,2	0,34	8,0	0,37	11,6	0,41	16,3	0,44	21,8	0,48	28,4
600	0,00167	0,24	3,0	0,29	5,0	0,32	7,7	0,36	11,1	0,39	15,5	0,43	20,8	0,46	27,2
650	0,00154	0,23	2,8	0,28	4,8	0,30	7,4	0,34	10,7	0,37	14,9	0,41	20,1	0,44	26,2
700	0,00143	0,23	2,8	0,26	4,6	0,30	7,1	0,33	10,3	0,37	14,4	0,39	19,3	0,43	25,2
750	0,00133	0,22	2,7	0,25	4,5	0,29	7,0	0,32	10,0	0,35	13,9	0,38	18,7	0,41	24,3
800	0,00125	0,21	2,6	0,24	4,3	0,28	6,7	0,31	9,7	0,34	13,4	0,37	18,1	0,40	23,6
850	0,00117	0,20	2,5	0,24	4,2	0,27	6,5	0,30	9,3	0,33	13,0	0,36	17,5	0,38	22,8
900	0,00111	0,19	2,4	0,23	4,1	0,26	6,3	0,29	9,1	0,32	12,7	0,35	17,0	0,38	22,3
950	0,00105	0,19	2,4	0,22	4,0	0,25	6,1	0,28	8,8	0,32	12,4	0,34	16,6	0,37	21,7
1000	0,00100	0,19	2,3	0,22	3,8	0,25	5,9	0,27	8,6	0,31	12,0	0,33	16,2	0,35	21,1
1100	0,00091	0,18	2,2	0,21	3,7	0,24	5,7	0,26	8,3	0,29	11,5	0,32	15,4	0,34	20,1
1200	0,00083	0,17	2,1	0,20	3,6	0,23	5,4	0,25	7,9	0,27	11,0	0,30	14,8	0,33	19,2
1300	0,00077	0,16	2,0	0,20	3,5	0,21	5,3	0,24	7,6	0,27	10,5	0,29	14,2	0,31	18,5
1400	0,00071	0,16	1,9	0,19	3,4	0,21	5,0	0,23	7,3	0,26	10,2	0,28	13,7	0,30	17,8
1500	0,00066	0,15	1,9	0,18	3,3	0,21	4,8	0,22	7,0	0,25	9,9	0,27	13,2	0,29	17,2
1600	0,00062	0,15	1,8	0,17	3,2	0,20	4,7	0,21	6,9	0,24	9,5	0,26	12,8	0,28	16,6
1700	0,00059	0,14	1,8	0,17	3,0	0,19	4,6	0,21	6,6	0,23	9,2	0,25	12,4	0,28	16,1
1800	0,00056	0,14	1,7	0,16	2,9	0,19	4,4	0,21	6,4	0,22	9,0	0,25	12,1	0,27	15,7
1900	0,00053	0,13	1,7	0,16	2,8	0,18	4,4	0,20	6,3	0,22	8,7	0,24	11,8	0,26	15,3
2000	0,00050	0,13	1,6	0,15	2,7	0,17	4,2	0,20	6,1	0,22	8,5	0,23	11,4	0,25	14,9

D = 300 bis 450 mm — *Tafel 9.* (Fortsetzung.) — m = 0,35

Profil/ Gefälle		D=300 mm		D=325 mm		D=350 mm		D=375 mm		D=400 mm		D=425 mm		D=450 mm	
Verhältnis	J	v	Q	v	Q	v	Q	v	Q	v	Q	v	Q	v	Q
1 : 10	0,10000	3,81	269	4,05	336	4,28	412	4,49	499	4,75	597	4,97	705	5,19	825
15	0,06667	3,11	219	3,30	274	3,40	336	3,70	408	3,88	488	4,06	576	4,24	674
20	0,05000	2,69	190	2,87	238	3,03	292	3,20	354	3,36	422	3,52	498	3,67	583
25	0,04000	2,40	170	2,56	212	2,71	260	2,86	316	3,01	377	3,14	446	3,28	522
30	0,03333	2,29	155	2,34	194	2,48	238	2,61	288	2,75	345	2,87	407	3,00	477
35	0,02857	2,03	144	2,17	180	2,29	221	2,42	267	2,54	319	2,66	377	2,78	442
40	0,02500	1,90	134	2,02	168	2,15	206	2,27	250	2,38	298	2,49	353	2,60	412
45	0,02222	1,80	127	1,91	158	2,02	194	2,13	236	2,24	281	2,34	332	2,44	389
50	0,02000	1,70	119	1,81	150	1,93	185	2,03	219	2,13	266	2,22	315	2,32	369
60	0,01667	1,55	110	1,65	137	1,75	168	1,85	204	1,94	244	2,03	288	2,12	337
70	0,01429	1,44	102	1,54	127	1,63	156	1,69	187	1,80	226	1,88	267	1,97	313
80	0,01250	1,34	95	1,43	119	1,51	145	1,60	176	1,68	211	1,76	250	1,84	292
90	0,01111	1,27	90	1,35	112	1,43	138	1,51	166	1,58	199	1,65	235	1,73	275
100	0,01000	1,20	85	1,28	109	1,36	130	1,43	158	1,50	189	1,58	223	1,64	261
125	0,00800	1,07	76	1,15	95	1,22	117	1,28	142	1,34	169	1,41	199	1,47	233
150	0,00667	0,98	69	1,05	86	1,11	106	1,17	129	1,22	154	1,29	182	1,34	213
175	0,00571	0,91	64	0,97	80	1,02	99	1,08	120	1,14	143	1,18	169	1,24	197
200	0,00500	0,84	60	0,90	74	0,95	92	1,01	112	1,06	133	1,10	158	1,16	184
225	0,00444	0,80	57	0,85	71	0,90	87	0,96	105	1,00	126	1,05	148	1,09	174
250	0,00400	0,76	53	0,81	67	0,85	83	0,91	100	0,95	120	1,00	141	1,04	165
275	0,00364	0,72	51	0,77	64	0,82	79	0,86	95	0,91	114	0,95	135	0,99	157
300	0,00333	0,69	49	0,74	61	0,79	75	0,82	92	0,87	109	0,91	129	0,95	150
325	0,00308	0,67	47	0,71	59	0,75	73	0,80	87	0,83	105	0,89	124	0,91	145
350	0,00286	0,64	45	0,68	57	0,73	69	0,76	85	0,81	101	0,84	119	0,88	140
375	0,00267	0,62	44	0,66	56	0,70	68	0,74	81	0,77	98	0,81	115	0,85	135
400	0,00250	0,60	43	0,64	53	0,68	65	0,71	79	0,75	94	0,78	112	0,82	131
425	0,00235	0,58	41	0,62	52	0,66	63	0,70	76	0,73	92	0,77	108	0,79	126
450	0,00222	0,57	40	0,60	50	0,64	62	0,68	75	0,71	89	0,74	105	0,78	123
475	0,00210	0,55	39	0,59	49	0,63	60	0,65	73	0,69	87	0,72	102	0,75	121
500	0,00200	0,54	38	0,57	47	0,61	58	0,64	70	0,67	84	0,71	100	0,73	117
550	0,00182	0,51	36	0,55	45	0,57	56	0,61	67	0,64	81	0,67	95	0,70	111
600	0,00167	0,49	35	0,52	43	0,55	53	0,58	64	0,61	77	0,64	91	0,67	107
650	0,00154	0,47	33	0,50	42	0,53	51	0,56	62	0,59	74	0,61	88	0,64	102
700	0,00143	0,45	32	0,48	41	0,52	49	0,54	59	0,57	71	0,60	84	0,62	99
750	0,00133	0,44	31	0,47	39	0,50	47	0,53	58	0,55	69	0,57	82	0,60	96
800	0,00125	0,42	30	0,45	38	0,48	46	0,51	56	0,54	67	0,55	79	0,58	92
850	0,00117	0,41	29	0,45	36	0,46	45	0,49	54	0,52	65	0,54	77	0,56	90
900	0,00111	0,40	28	0,43	35	0,45	43	0,47	53	0,50	63	0,53	74	0,55	87
950	0,00105	0,39	28	0,41	34	0,44	42	0,47	51	0,48	61	0,51	72	0,53	85
1000	0,00100	0,38	27	0,40	33	0,43	41	0,45	50	0,48	59	0,49	71	0,52	83
1100	0,00091	0,36	26	0,39	32	0,41	40	0,43	47	0,45	57	0,48	67	0,50	79
1200	0,00083	0,35	25	0,37	31	0,39	38	0,42	46	0,43	54	0,45	65	0,48	75
1300	0,00077	0,33	24	0,35	29	0,38	36	0,40	44	0,42	53	0,43	62	0,45	73
1400	0,00071	0,32	23	0,34	28	0,36	35	0,38	42	0,40	50	0,42	60	0,44	71
1500	0,00066	0,31	22	0,33	27	0,35	34	0,37	41	0,39	48	0,41	58	0,43	67
1600	0,00062	0,30	21	0,32	26	0,34	33	0,36	40	0,37	48	0,39	55	0,41	65
1700	0,00059	0,29	21	0,31	26	0,33	32	0,35	38	0,37	46	0,38	54	0,40	63
1800	0,00056	0,28	20	0,30	25	0,32	31	0,34	37	0,36	44	0,37	52	0,38	61
1900	0,00053	0,28	20	0,29	24	0,31	30	0,33	36	0,35	43	0,36	51	0,38	60
2000	0,00050	0,27	19	0,29	24	0,30	29	0,32	35	0,34	42	0,35	50	0,37	58

D = 475 bis 750 mm *Tafel 9.* (Fortsetzung.) $m = 0{,}35$

Profil/ Gefälle		D=475 mm		D=500 mm		D=550 mm		D=600 mm		D=650mm		D=700 mm		D=750 mm	
Verhältnis	J	v	Q	v	Q	v	Q	v	Q	v	Q	v	Q	v	Q
1 : 10	0,10000	5,41	959	5,62	1103	6,03	1431	6,44	1820	6,81	2260	7,20	2772	7,57	3344
15	0,06667	4,42	782	4,59	901	4,92	1168	5,25	1486	5,57	1847	5,88	2264	6,18	2729
20	0,05000	3,83	678	3,97	781	4,26	1012	4,54	1285	4,82	1599	5,10	1960	5,35	2363
25	0,04000	3,42	606	3,55	698	3,81	906	4,07	1151	4,31	1431	4,56	1753	4,79	2114
30	0,03333	3,12	554	3,24	637	3,48	827	3,72	1050	3,94	1307	4,16	1601	4,37	1930
35	0,02857	2,89	513	3,00	590	3,22	765	3,44	972	3,64	1210	3,85	1482	4,05	1787
40	0,02500	2,70	479	2,81	552	3,01	715	3,21	910	3,41	1131	3,60	1386	3,78	1672
45	0,02222	2,55	452	2,65	520	2,84	675	3,03	857	3,22	1066	3,39	1307	3,57	1576
50	0,02000	2,42	429	2,52	494	2,70	641	2,84	812	3,04	1014	3,23	1242	3,38	1495
60	0,01667	2,21	391	2,29	450	2,46	585	2,63	742	2,78	923	2,94	1132	3,09	1365
70	0,01429	2,05	363	2,14	419	2,29	543	2,43	688	2,58	858	2,74	1047	2,86	1263
80	0,01250	1,91	339	1,99	390	2,14	506	2,27	643	2,41	800	2,55	980	2,68	1182
90	0,01111	1,81	319	1,87	368	2,01	477	2,14	607	2,27	754	2,40	924	2,52	1114
100	0,01000	1,71	303	1,78	349	1,91	453	2,03	574	2,15	715	2,28	876	2,40	1058
125	0,00800	1,53	271	1,59	312	1,71	405	1,82	514	1,93	640	2,04	784	2,15	946
150	0,00667	1,40	247	1,45	285	1,56	369	1,66	470	1,76	584	1,86	716	1,95	863
175	0,00571	1,29	229	1,35	263	1,44	343	1,54	435	1,63	541	1,72	663	1,81	800
200	0,00500	1,21	214	1,26	247	1,35	320	1,44	407	1,53	506	1,61	620	1,69	747
225	0,00444	1,14	202	1,18	232	1,27	302	1,36	384	1,44	477	1,52	585	1,60	705
250	0,00400	1,08	192	1,12	220	1,21	287	1,29	364	1,36	453	1,43	554	1,52	669
275	0,00364	1,04	183	1,07	210	1,15	273	1,24	347	1,30	432	1,37	529	1,45	637
300	0,00333	0,98	175	1,03	202	1,10	262	1,18	332	1,25	413	1,31	506	1,39	610
325	0,00308	0,94	168	0,99	194	1,06	251	1,13	319	1,20	397	1,26	486	1,33	587
350	0,00286	0,92	162	0,95	186	1,02	242	1,09	308	1,15	382	1,22	469	1,28	565
375	0,00267	0,88	157	0,92	180	0,98	234	1,05	297	1,11	369	1,17	452	1,24	546
400	0,00250	0,86	152	0,89	174	0,96	227	1,02	288	1,08	358	1,14	438	1,19	528
425	0,00235	0,83	147	0,87	169	0,92	220	0,99	279	1,05	347	1,10	425	1,16	513
450	0,00222	0,80	143	0,84	165	0,90	214	0,96	271	1,01	337	1,07	413	1,12	499
475	0,00210	0,79	140	0,82	160	0,88	208	0,93	264	0,99	329	1,04	402	1,10	485
500	0,00200	0,76	135	0,80	156	0,85	202	0,91	258	0,96	320	1,02	392	1,07	473
550	0,00182	0,73	129	0,75	148	0,81	193	0,86	245	0,92	305	0,97	374	1,02	451
600	0,00167	0,70	124	0,73	142	0,78	185	0,83	235	0,88	292	0,93	357	0,98	432
650	0,00154	0,67	119	0,69	137	0,75	177	0,80	226	0,85	281	0,90	344	0,94	415
700	0,00143	0,65	115	0,67	132	0,72	171	0,77	218	0,82	270	0,86	331	0,91	399
750	0,00133	0,62	110	0,65	128	0,70	165	0,74	210	0,79	261	0,84	320	0,87	386
800	0,00125	0,61	107	0,63	124	0,67	160	0,72	203	0,76	253	0,81	310	0,85	374
850	0,00117	0,59	104	0,61	120	0,65	155	0,70	197	0,74	245	0,78	301	0,82	363
900	0,00111	0,57	101	0,59	117	0,64	151	0,68	192	0,72	238	0,76	292	0,80	352
950	0,00105	0,56	98	0,57	113	0,62	147	0,66	187	0,70	232	0,74	284	0,78	343
1000	0,00100	0,54	96	0,56	111	0,60	143	0,65	182	0,69	226	0,72	277	0,76	335
1100	0,00091	0,51	92	0,54	106	0,58	137	0,61	174	0,65	216	0,69	264	0,73	319
1200	0,00083	0,50	87	0,51	100	0,55	131	0,59	166	0,62	206	0,66	253	0,69	305
1300	0,00077	0,47	84	0,49	97	0,53	126	0,56	160	0,60	199	0,63	243	0,66	293
1400	0,00071	0,45	81	0,47	94	0,51	121	0,54	154	0,58	192	0,61	234	0,64	283
1500	0,00066	0,44	78	0,46	90	0,49	117	0,53	149	0,56	185	0,59	226	0,62	273
1600	0,00062	0,43	76	0,45	88	0,47	114	0,51	143	0,54	179	0,57	219	0,60	264
1700	0,00059	0,42	74	0,43	85	0,46	110	0,49	139	0,52	173	0,56	212	0,58	256
1800	0,00056	0,40	71	0,42	82	0,45	107	0,48	136	0,51	169	0,54	207	0,57	249
1900	0,00053	0,39	69	0,41	80	0,44	104	0,47	132	0,49	164	0,52	201	0,55	242
2000	0,00050	0,39	68	0,40	78	0,43	102	0,46	129	0,48	160	0,51	196	0,53	236

D = 800 bis 1200 mm *Tafel 9.* (Fortsetzung.) m = 0,35

Profil/ Verhältnis	Gefälle J	D=800 mm v	Q	D=900 mm v	Q	D=1000 mm v	Q	D=1100 mm v	Q	D=1200 mm v	Q
1 : 10	0,10000	7,93	3987	8,63	5493	9,31	7304	9,95	9447	10,59	11973
15	0,06667	6,48	3252	7,05	4485	7,59	5964	8,12	7717	8,65	9776
20	0,05000	5,61	2819	6,11	3884	6,58	5165	7,03	6683	7,49	8467
25	0,04000	5,01	2521	5,46	3474	5,88	4620	6,83	5978	6,70	7573
30	0,03333	4,58	2301	4,99	3171	5,37	4217	5,74	5456	6,12	6913
35	0,02857	4,24	2131	4,61	2936	4,97	3900	5,32	5050	5,66	6401
40	0,02500	3,96	1993	4,32	2747	4,65	3652	4,97	4726	5,30	5986
45	0,02222	3,74	1880	4,07	2590	4,38	3443	4,69	4450	5,00	5644
50	0,02000	3,56	1785	3,86	2450	4,16	3270	4,45	4225	4,72	5355
60	0,01667	3,24	1628	3,52	2242	3,80	2982	4,06	3857	4,32	4888
70	0,01429	3,01	1510	3,26	2070	3,51	2760	3,76	3571	3,97	4526
80	0,01250	2,80	1410	3,05	1942	3,29	2582	3,52	3340	3,73	4233
90	0,01111	2,64	1329	2,87	1831	3,10	2434	3,31	3150	3,52	3992
100	0,01000	2,51	1261	2,68	1735	2,94	2310	3,15	2987	3,34	3777
125	0,00800	2,24	1128	2,44	1553	2,63	2066	2,82	2687	2,99	3378
150	0,00667	2,05	1028	2,23	1418	2,40	1886	2,57	2439	2,74	3091
175	0,00571	1,90	952	2,06	1313	2,22	1747	2,37	2259	2,53	2855
200	0,00500	1,77	891	1,93	1227	2,08	1634	2,22	2112	2,36	2677
225	0,00444	1,67	840	1,82	1157	1,96	1540	2,10	1991	2,23	2525
250	0,00400	1,58	797	1,73	1098	1,86	1461	1,99	1889	2,11	2395
275	0,00364	1,51	762	1,64	1047	1,77	1389	1,90	1800	2,02	2282
300	0,00333	1,45	728	1,57	1002	1,70	1334	1,82	1725	1,94	2197
325	0,00308	1,39	699	1,51	963	1,63	1282	1,75	1656	1,86	2101
350	0,00286	1,34	673	1,46	928	1,57	1235	1,68	1606	1,79	2024
375	0,00267	1,29	651	1,40	897	1,52	1193	1,62	1543	1,73	1955
400	0,00250	1,25	630	1,36	868	1,47	1155	1,58	1494	1,67	1894
425	0,00235	1,22	611	1,33	843	1,43	1121	1,52	1449	1,63	1837
450	0,00222	1,18	594	1,28	819	1,39	1090	1,48	1408	1,58	1790
475	0,00210	1,15	578	1,26	797	1,35	1061	1,44	1371	1,54	1737
500	0,00200	1,12	563	1,22	777	1,31	1033	1,41	1336	1,50	1694
550	0,00182	1,07	537	1,17	741	1,25	986	1,34	1273	1,43	1615
600	0,00167	1,02	514	1,12	709	1,20	943	1,28	1220	1,37	1546
650	0,00154	0,98	494	1,07	681	1,16	906	1,23	1172	1,32	1485
700	0,00143	0,94	477	1,03	656	1,11	873	1,19	1129	1,26	1432
750	0,00133	0,92	460	0,99	634	1,08	843	1,15	1091	1,23	1383
800	0,00125	0,88	445	0,97	614	1,04	817	1,12	1057	1,18	1339
850	0,00117	0,86	432	0,94	596	1,01	792	1,08	1025	1,15	1299
900	0,00111	0,84	420	0,91	579	0,98	770	1,05	996	1,12	1262
950	0,00105	0,81	408	0,89	563	0,95	750	1,02	969	1,08	1229
1000	0,00100	0,80	399	0,86	549	0,94	731	0,99	946	1,06	1198
1100	0,00091	0,75	379	0,83	524	0,89	697	0,95	900	1,01	1142
1200	0,00083	0,74	364	0,79	502	0,85	667	0,91	863	0,97	1093
1300	0,00077	0,70	350	0,75	482	0,81	641	0,87	829	0,93	1050
1400	0,00071	0,67	337	0,73	464	0,79	618	0,84	799	0,90	1012
1500	0,00066	0,65	325	0,70	448	0,75	596	0,82	772	0,86	977
1600	0,00062	0,63	315	0,68	434	0,73	578	0,79	747	0,84	946
1700	0,00059	0,61	305	0,66	421	0,71	560	0,76	725	0,81	918
1800	0,00056	0,59	297	0,64	409	0,70	544	0,74	704	0,79	892
1900	0,00053	0,58	289	0,62	398	0,68	530	0,72	686	0,76	869
2000	0,00050	0,56	282	0,61	388	0,66	517	0,70	668	0,75	847

Tafel 10. „*JDQ-Tabellen*“.

Vollaufende Eiprofile (3 : 2) für Kanalisation. $m = \mathbf{0,35}$ nach KUTTER.
v = Geschwindigkeit in m/s; Q = l/s

60 : 40 cm bis 135 : 90 cm $m = 0,35$

Profil/ Verhältnis	Gefälle J	60 : 40 cm v	Q	75 : 50 cm v	Q	90 : 60 cm v	Q	105 : 70 cm v	Q	120 : 80 cm v	Q	135 : 90 cm v	Q
1 : 50	0,02000	2,36	436	2,81	806	3,20	1324	3,58	2015	3,94	2896	4,28	3983
60	0,01667	2,16	398	2,56	734	2,92	1209	3,27	1840	3,60	2644	3,91	3635
70	0,01429	2,00	369	2,38	680	2,70	1119	3,03	1704	3,33	2448	3,61	3366
80	0,01250	1,87	345	2,21	636	2,53	1047	2,84	1594	3,11	2289	3,38	3148
90	0,01111	1,77	325	2,09	600	2,39	987	2,67	1503	2,94	2158	3,19	2969
100	0,01000	1,68	308	1,98	569	2,27	937	2,53	1426	2,79	2047	3,03	2816
125	0,00800	1,50	275	1,77	509	2,03	837	2,27	1275	2,49	1832	2,70	2519
150	0,00667	1,37	252	1,62	465	1,85	764	2,07	1164	2,28	1672	2,47	2299
175	0,00571	1,27	233	1,49	430	1,71	708	1,92	1077	2,10	1548	2,29	2123
200	0,00500	1,20	218	1,41	402	1,60	662	1,79	1008	1,97	1448	2,14	1991
225	0,00444	1,12	205	1,32	379	1,51	624	1,69	950	1,86	1365	2,01	1877
250	0,00400	1,06	195	1,25	359	1,43	597	1,60	901	1,76	1295	1,92	1781
275	0,00364	1,01	186	1,21	343	1,37	564	1,53	859	1,68	1234	1,83	1698
300	0,00333	0,97	178	1,15	328	1,30	540	1,46	823	1,61	1182	1,75	1625
325	0,00308	0,93	171	1,10	316	1,26	519	1,41	790	1,55	1136	1,68	1562
350	0,00286	0,91	165	1,05	304	1,21	500	1,36	761	1,49	1094	1,62	1505
375	0,00267	0,86	159	1,03	294	1,17	484	1,30	736	1,44	1057	1,56	1454
400	0,00250	0,84	154	0,99	284	1,13	468	1,27	712	1,39	1023	1,51	1408
425	0,00235	0,81	150	0,96	276	1,10	454	1,23	691	1,35	993	1,47	1366
450	0,00222	0,79	145	0,93	268	1,07	441	1,19	665	1,31	965	1,42	1328
475	0,00210	0,77	141	0,91	260	1,04	430	1,16	654	1,28	940	1,39	1292
500	0,00200	0,75	138	0,89	255	1,02	418	1,13	637	1,25	916	1,35	1260
550	0,00182	0,72	132	0,85	243	0,96	399	1,08	607	1,19	873	1,29	1200
600	0,00167	0,68	126	0,81	232	0,92	382	1,03	582	1,13	836	1,24	1149
650	0,00154	0,66	121	0,78	223	0,89	367	1,00	559	1,09	803	1,18	1104
700	0,00143	0,63	116	0,75	215	0,85	354	0,95	538	1,05	773	1,14	1064
750	0,00133	0,61	112	0,72	207	0,83	342	0,93	520	1,02	748	1,10	1028
800	0,00125	0,59	109	0,70	201	0,80	330	0,89	504	0,98	724	1,07	995
850	0,00117	0,57	106	0,67	194	0,77	321	0,87	488	0,96	702	1,03	966
900	0,00111	0,56	103	0,66	190	0,76	312	0,84	475	0,93	682	1,01	939
950	0,00105	0,54	100	0,65	184	0,74	303	0,82	462	0,91	664	0,98	913
1000	0,00100	0,53	97	0,63	180	0,71	296	0,81	451	0,88	647	0,95	890
1100	0,00091	0,50	93	0,60	172	0,69	282	0,76	430	0,84	617	0,91	848
1200	0,00083	0,48	89	0,57	163	0,65	270	0,73	411	0,80	591	0,87	812
1300	0,00077	0,46	85	0,54	158	0,63	259	0,70	395	0,77	567	0,84	780
1400	0,00071	0,44	82	0,53	151	0,61	250	0,67	381	0,75	547	0,81	752
1500	0,00066	0,43	80	0,51	146	0,58	242	0,66	367	0,72	529	0,78	726
1600	0,00062	0,42	77	0,49	142	0,56	234	0,63	356	0,69	512	0,76	703
1700	0,00059	0,41	74	0,48	138	0,55	227	0,61	346	0,68	496	0,73	682
1800	0,00056	0,39	73	0,47	134	0,53	220	0,59	336	0,66	482	0,72	664
1900	0,00053	0,38	71	0,46	130	0,52	215	0,58	326	0,64	470	0,70	646
2000	0,00050	0,37	69	0,45	127	0,50	209	0,57	318	0,62	457	0,68	629

Tafel 10. (Fortsetzung.)

150 : 100 cm bis 300 : 200 $m = 0,35$

Profil/Gefälle		150 : 100 cm		180 : 120 cm		210 : 140 cm		240 : 160 cm		270 : 180 cm		300 : 200 cm	
Verhältnis	J	v	Q	v	Q	v	Q	v	Q	v	Q	v	Q
1 : 50	0,02000	4,61	5297	5,22	8647	5,81	13077	6,36	18700	6,88	25594	7,37	33878
60	0,01667	4,21	4836	4,77	7894	5,30	11937	5,80	17071	6,28	23364	6,73	30926
70	0,01429	3,90	4477	4,42	7308	4,91	11051	5,38	15804	5,81	21631	6,23	28632
80	0,01250	3,65	4188	4,14	6836	4,59	10338	5,03	14784	5,44	20234	5,83	26783
90	0,01111	3,43	3948	3,90	6445	4,33	9777	4,74	13939	5,12	19077	5,50	25251
100	0,01000	3,27	3746	3,70	6114	4,11	9246	4,50	13224	4,86	18098	5,21	23955
125	0,00800	2,92	3350	3,31	5469	3,67	8270	4,03	11827	4,35	16187	4,67	21426
150	0,00667	2,66	3058	3,02	4992	3,35	7550	3,67	10796	3,97	14776	4,26	19560
175	0,00571	2,47	2831	2,80	4622	3,11	6990	3,40	9955	3,67	13680	3,94	18108
200	0,00500	2,31	2648	2,62	4324	2,90	6538	3,18	9350	3,44	12797	3,69	16939
225	0,00444	2,17	2497	2,47	4076	2,74	6164	3,00	8816	3,25	12064	3,48	15970
250	0,00400	2,06	2369	2,34	3867	2,60	5848	2,84	8363	3,07	11446	3,29	15151
275	0,00364	1,97	2258	2,23	3687	2,48	5576	2,71	7973	2,93	10913	3,15	14445
300	0,00333	1,88	2163	2,13	3530	2,38	5338	2,60	7634	2,81	10449	3,01	13830
325	0,00308	1,81	2077	2,05	3392	2,28	5129	2,49	7334	2,70	10039	2,89	13288
350	0,00286	1,74	2002	1,97	3268	2,19	4942	2,40	7068	2,60	9674	2,78	12805
375	0,00267	1,69	1934	1,91	3158	2,12	4775	2,32	6828	2,51	9345	2,69	12370
400	0,00250	1,63	1872	1,85	3057	2,06	4623	2,25	6611	2,43	9049	2,61	11977
425	0,00235	1,58	1817	1,80	2965	1,99	4485	2,18	6414	2,36	8779	2,53	11620
450	0,00222	1,54	1765	1,74	2882	1,94	4359	2,12	6233	2,29	8531	2,46	11292
475	0,00210	1,50	1718	1,70	2805	1,89	4242	2,07	6067	2,23	8304	2,39	10991
500	0,00200	1,46	1675	1,65	2734	1,83	4135	2,01	5914	2,18	8093	2,33	10712
550	0,00182	1,39	1596	1,57	2607	1,75	3942	1,91	5638	2,08	7717	2,22	10215
600	0,00167	1,33	1529	1,51	2495	1,68	3775	1,83	5398	1,99	7388	2,13	9778
650	0,00154	1,28	1469	1,45	2398	1,61	3627	1,76	5186	1,90	7099	2,05	9396
700	0,00143	1,23	1415	1,39	2311	1,55	3494	1,70	4997	1,84	6840	1,97	9054
750	0,00133	1,19	1367	1,35	2232	1,50	3376	1,64	4828	1,78	6608	1,90	8747
800	0,00125	1,15	1324	1,30	2161	1,46	3269	1,59	4675	1,72	6399	1,85	8469
850	0,00117	1,12	1284	1,27	2097	1,41	3171	1,54	4535	1,67	6207	1,79	8216
900	0,00111	1,09	1249	1,23	2038	1,37	3082	1,50	4408	1,62	6032	1,74	7985
950	0,00105	1,06	1215	1,20	1984	1,33	2999	1,47	4290	1,58	5872	1,69	7771
1000	0,00100	1,03	1184	1,17	1933	1,30	2924	1,43	4181	1,54	5723	1,65	7575
1100	0,00091	0,99	1129	1,12	1843	1,24	2787	1,35	3986	1,47	5456	1,57	7223
1200	0,00083	0,94	1081	1,06	1765	1,19	2669	1,30	3817	1,40	5224	1,50	6915
1300	0,00077	0,91	1038	1,03	1696	1,14	2561	1,25	3667	1,35	5019	1,45	6644
1400	0,00071	0,87	1001	0,99	1634	1,10	2471	1,20	3534	1,30	4836	1,39	6402
1500	0,00066	0,84	966	0,96	1579	1,06	2387	1,16	3414	1,26	4672	1,35	6185
1600	0,00062	0,82	936	0,92	1528	1,02	2311	1,13	3306	1,21	4524	1,30	5989
1700	0,00059	0,79	908	0,89	1482	1,00	2242	1,09	3206	1,18	4389	1,26	5809
1800	0,00056	0,77	882	0,86	1441	0,97	2179	1,06	3116	1,14	4265	1,23	5646
1900	0,00053	0,74	859	0,85	1403	0,94	2121	1,03	3033	1,11	4152	1,19	5495
2000	0,00050	0,73	837	0,83	1371	0,92	2068	1,00	2956	1,09	4047	1,16	5356

Tafel 10a[1].

Es bedeuten: $\lambda = \frac{64}{\pi^2 \cdot c^2}$ und $\alpha = \frac{64}{\pi^2 \cdot c^2} \cdot \frac{1}{D^5} = \frac{\lambda}{D^5}$,

Druckhöhenverlust: $h = \alpha \cdot Q^2 \cdot l = \frac{\lambda}{D^5} \cdot Q^2 \cdot l$.

Tafel der c-Werte nach der kleinen KUTTERschen Formel für vollaufende Kreisprofile			Zusammenstellung der Werte λ und α				
D	$m = 0,25$	$m = 0,35$	D	$m = 0,25$		$m = 0,35$	
mm	c	c	mm	λ	α	λ	α
40	28,6	22,2	40	0,007944	77578,0	0,013131	128232,0
50	30,9	24,2	50	0,006791	21731,0	0,011063	35402,0
60	32,9	25,9	60	0,005998	7713,0	0,009651	12411,0
70	34,6	27,4	70	0,005412	3220,0	0,008619	5128,0
80	36,1	28,8	80	0,004967	1516,0	0,007830	2390,0
90	37,5	30,0	90	0,004611	781,0	0,007205	1220,0
100	38,7	31,1	100	0,004320	432,0	0,006696	670,0
125	41,4	33,6	125	0,003762	123,27	0,005759	188,71
150	43,6	35,6	150	0,003404	44,83	0,005111	67,31
175	45,6	37,4	175	0,003124	19,03	0,004633	28,23
200	47,2	39,0	200	0,002909	9,091	0,004267	13,334
225	48,7	40,4	225	0,002736	4,745	0,003974	6,891
250	50,2	41,7	250	0,002594	2,656	0,003735	3,825
275	51,2	42,8	275	0,002473	1,572	0,003534	2,247
300	52,3	43,9	300	0,002373	0,976	0,003365	1,385
325	53,2	44,9	325	0,002288	0,631	0,003222	0,889
350	54,2	45,8	350	0,002208	0,420	0,003091	0,589
375	55,1	46,7	375	0,002140	0,289	0,002978	0,402
400	55,8	47,5	400	0,002079	0,2030	0,002878	0,2811
425	56,6	48,2	425	0,002025	0,1460	0,002789	0,2011
450	57,3	48,9	450	0,001975	0,1070	0,002708	0,1468
475	58,0	49,6	475	0,001931	0,0799	0,002635	0,1090
500	58,6	50,3	500	0,001890	0,0605	0,002568	0,0822
550	59,7	51,4	550	0,001818	0,0361	0,002450	0,0487
600	60,8	52,5	600	0,001756	0,0226	0,002350	0,0302
650	61,7	53,5	650	0,001702	0,0147	0,002263	0,0195
700	62,6	54,5	700	0,001655	0,0098	0,002187	0,0130
800	64,1	56,1	800	0,001576	0,0048	0,002061	0,0063
900	65,5	57,5	900	0,001512	0,0026	0,001958	0,0033
1000	66,7	58,8	1000	0,001459	0,0014	0,001874	0,0019
1100	67,7	60,0	1100	0,001414	0,00088	0,001803	0,0011
1200	68,7	61,0	1200	0,001375	0,00055	0,001742	0,00070
1300	—	—	1300	0,001342	0,00036	0,001689	0,00045
1400	—	—	1400	0,001310	0,00024	0,001643	0,00031
1500	—	—	1500	0,001286	0,000169	0,001601	0,00021
1600	—	—	1600	0,001258	0,000120	0,001558	0,00014

[1] Vgl. dazu Aufgabe 15.

Tafel 11. *Fülltiefen-Diagramm für Kreis- und normale Eiprofile (3:2) bei Teilfüllung.*

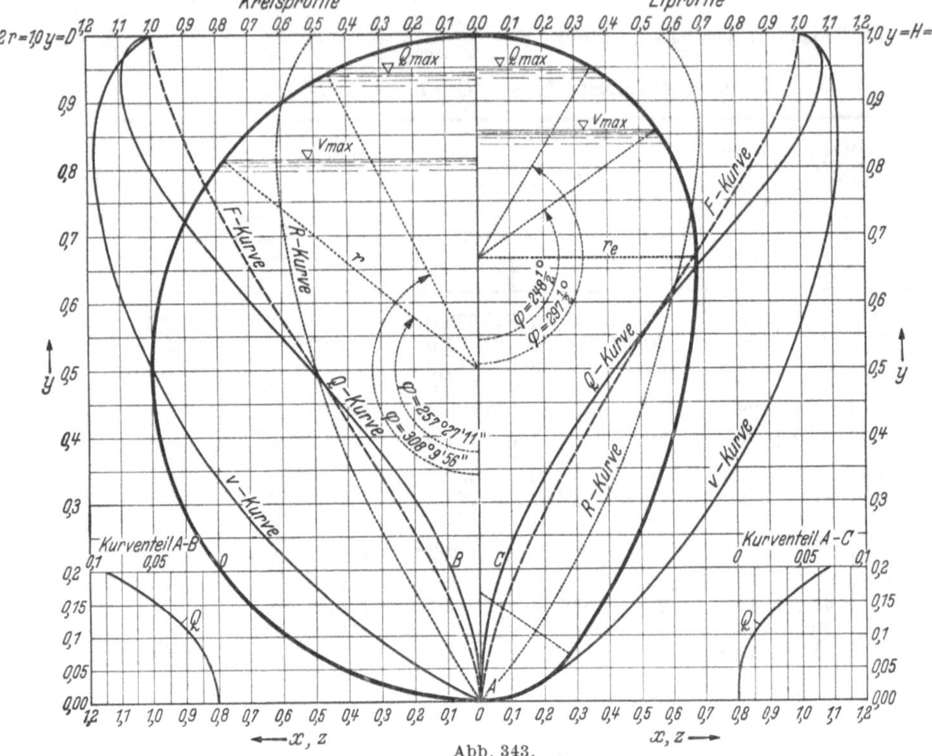

Abb. 343.

Kreis: $F = 3{,}1416 \cdot r^2$; $p = 6{,}283 \cdot r$; $R = 0{,}50 \cdot r$.
Eiprofil 3:2: $D = 0{,}667 \cdot H = 2 \cdot r_e$; $H = 1{,}5 \cdot D = 3 \cdot r_e$; $F = 4{,}594 \cdot r_e^2$; $p = 7{,}93 \cdot r_e$; $R = 0{,}579 \cdot r$.

Es bedeuten: Q_v = Wassermenge bei voller Füllung, v_v = Geschwindigkeit bei voller Füllung. Die Kurven sind nun so berechnet, daß für beliebige Teilfülltiefen t die Beziehungen bestehen

1. $= y \cdot D$ für den Kreis bzw. $t = y \cdot H$ für das normale Eiprofil;

2. $Q = x \cdot Q_v$ oder $x = Q/Q_v$; 3. $v = z \cdot v_v$ oder $z = v/v_v$.

Anwendungsbeispiele: 1. *Gegeben* Kreisprofil für *Kanalisation* mit $D = 800$ mm; $J = 0{,}00444$ aus Tafel 9e: $Q_v = 840$ l/sek; $v_v = 1{,}67$ m/sek.

Gesucht: t und v für $Q = 252$ l/sek. Man rechnet zunächst nach Gl. (2) $x = \frac{Q}{Q_v} = \frac{252}{840} = 0{,}3$. Diesem Abszissenwert $x = 0{,}3$ entspricht die Ordinate $y = 0{,}375$ der Q-Kurve. Dann wird aus Gl. (1) $t = y \cdot D = 0{,}375 \cdot 0{,}800 = 0{,}300$ m. Zur Ermittlung der Geschwindigkeit v wird zur Ordinate $y = 0{,}375$ der v-Kurve die zugehörige Abszisse z abgelesen mit $z = 0{,}86$. Daraus nach Gl. (3): $v = x \cdot v_v = 0{,}86 \cdot 1{,}67 = 1{,}44$ m/sek.

2. *Gegeben:* normales Kanalisations*eiprofil* $1{,}35 \times 0{,}90$ m; $J = 0{,}00200$; aus Tafel 10a: $Q_v = 1260$ l/sek; $v_v = 1{,}35$ m/sek.

Gesucht: Q und v für $t = 0{,}445$ m. Man rechnet zunächst nach Gl. (1) $y = \frac{t}{H} = \frac{0{,}445}{1{,}35} = 0{,}33$. Dieser Ordinate $y = 0{,}33$ der Q-Kurve entspricht die Abszisse $x = 0{,}19$ und nach Gl. (2) $Q = x \cdot Q_v = 0{,}19 \cdot 1260 = 240$ l/sek. Für die Geschwindigkeitsermittlung erhält man zu $y = 0{,}33$ die v-Kurvenabszisse $z = 0{,}77$ und damit aus Gl. (3) $v = z \cdot v_v = 0{,}77 \cdot 1{,}35 = 1{,}04$ m/sek.

Tafel 11a.

$\overline{CD}$ = Fülltiefe t;

$$t = r - \overline{MD} = r - r \cdot \cos\frac{\varphi^0}{2} = r\left(1 - \cos\frac{\varphi^0}{2}\right) = r \cdot \alpha.$$

Wasserquerschnitt für die Fülltiefe t:

$$F = \frac{r^2}{2}(\varphi - \sin\varphi^0);$$

benetzter Umfang

$$p = r \cdot \varphi;$$

hydraulischer Radius

$$R = \frac{F}{p} = \frac{r}{2}\left(1 - \frac{\sin\varphi^0}{\varphi}\right)$$

$$\frac{R}{r} = \frac{1}{2}\cdot\left(1 - \frac{\sin\varphi^0}{\varphi}\right) \quad \text{und} \quad \frac{F}{r^2} = \frac{1}{2}(\varphi - \sin\varphi^0).$$

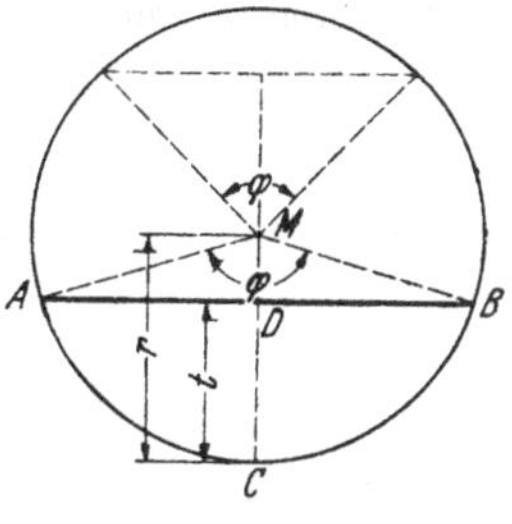

Abb. 344. Beziehung zwischen Rohrhalbmesser r, Fülltiefe t, F und R.

Jedem Werte $\alpha = \frac{t}{r}$, wobei $\alpha \leqq 2{,}0$, da $t \leqq 2 \cdot r$, entspricht nun ein bestimmter Wert φ, F/r^2 und R/r. Untenstehende Abb. 345 gibt diese Beziehungen von $\alpha = 0$ bis $\alpha = 1{,}9$. Über die praktische Verwendung der Tafel vgl. Aufgabe 28 dieser Sammlung.

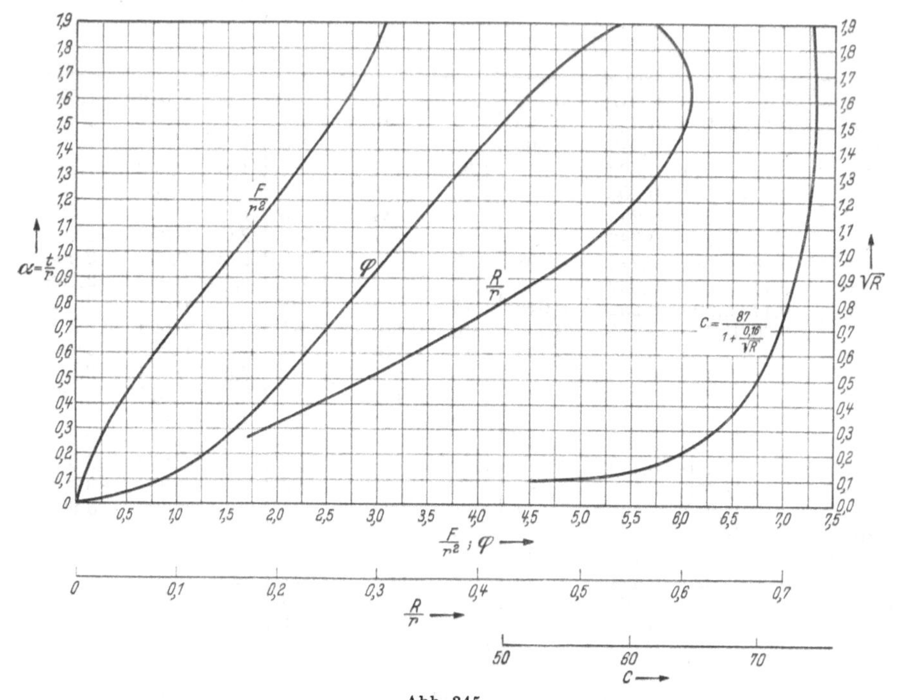

Abb. 345.

Tafel 12. *Tabelle zur Berechnung der Staukurven nach* TOLKMITT[1].

Entfernung x vom Wehr, für welche der Aufstau noch z beträgt:

$$x = \frac{a}{J}\left[f\left(\frac{a+z_a}{a}\right) - f\left(\frac{a+z}{a}\right)\right],$$

Stauspiegelgefälle y von einem Punkt x m oberhalb des Wehres bis zu letzterem:

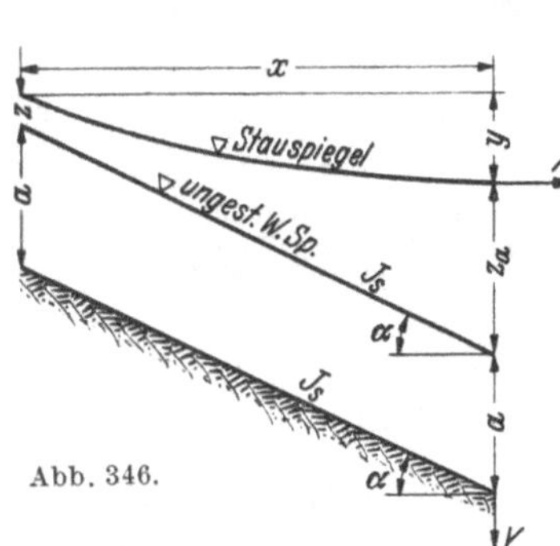

Abb. 346.

$$y = a\left[F\left(\frac{a+z}{a}\right) - F\left(\frac{a+z_a}{a}\right)\right]$$

bei Vernachlässigung des Rückgewinns an lebendiger Kraft.

Dabei bedeuten: a = Wassertiefe im ungestauten Zustand, z = *Zunahme* der Wassertiefe a durch den Stau, z_a = Aufstau am Wehr (d. h. *Zunahme* der Wassertiefe am Wehr), J_s = Spiegelgefälle im *un*gestauten Zustand (*meist gleich* dem Sohlgefälle), vgl. Abb. 346.

$\frac{a+z_a}{a}$ / $\frac{a+z}{a}$	$F\left(\frac{a+z_a}{a}\right)$ / $F\left(\frac{a+z}{a}\right)$	$f\left(\frac{a+z_a}{a}\right)$ / $f\left(\frac{a+z}{a}\right)$	$\frac{a+z_a}{a}$ / $\frac{a+z}{a}$	$F\left(\frac{a+z_a}{a}\right)$ / $F\left(\frac{a+z}{a}\right)$	$f\left(\frac{a+z_a}{a}\right)$ / $f\left(\frac{a+z}{a}\right)$	$\frac{a+z_a}{a}$ / $\frac{a+z}{a}$	$F\left(\frac{a+z_a}{a}\right)$ / $F\left(\frac{a+z}{a}\right)$	$f\left(\frac{a+z_a}{a}\right)$ / $f\left(\frac{a+z}{a}\right)$	$\frac{a+z_a}{a}$ / $\frac{a+z}{a}$	$F\left(\frac{a+z_a}{a}\right)$ / $F\left(\frac{a+z}{a}\right)$	$f\left(\frac{a+z_a}{a}\right)$ / $f\left(\frac{a+z}{a}\right)$
1,00	∞	−∞	1,125	0,345	0,780	1,36	0,153	1,207	1,65	0,079	1,571
1,005	1,107	−0,102	1,130	0,337	0,793	1,37	0,149	1,221	1,70	0,072	1,628
1,010	0,936	+0,074	1,135	0,329	0,806	1,38	0,145	1,235	1,75	0,065	1,685
1,015	0,836	+0,179	1,140	0,322	0,818	1,39	0,141	1,249	1,80	0,060	1,740
1,020	0,766	+0,254	1,150	0,308	0,842	1,40	0,138	1,262	1,85	0,055	1,795
1,025	0,712	0,313	1,160	0,295	0,865	1,41	0,134	1,276	1,90	0,050	1,850
1,030	0,668	0,362	1,170	0,283	0,887	1,42	0,131	1,289	2,00	0,043	1,957
1,035	0,632	0,403	1,180	0,272	0,908	1,43	0,128	1,302	2,10	0,037	2,063
1,040	0,600	0,440	1,190	0,262	0,928	1,44	0,125	1,315	2,20	0,032	2,168
1,045	0,572	0,473	1,200	0,252	0,948	1,45	0,122	1,328	2,30	0,028	2,272
1,050	0,548	0,502	1,210	0,243	0,967	1,46	0,119	1,341	2,40	0,024	2,376
1,055	0,526	0,529	1,220	0,235	0,985	1,47	0,116	1,354	2,50	0,022	2,478
1,060	0,506	0,554	1,230	0,227	1,003	1,48	0,113	1,367	2,60	0,019	2,581
1,065	0,487	0,578	1,240	0,219	1,021	1,49	0,111	1,379	2,70	0,017	2,683
1,070	0,471	0,599	1,250	0,212	1,038	1,50	0,108	1,392	2,80	0,015	2,785
1,075	0,455	0,620	1,260	0,205	1,055	1,51	0,106	1,404	2,90	0,014	2,886
1,080	0,441	0,639	1,270	0,199	1,071	1,52	0,103	1,417	3,00	0,012	2,988
1,085	0,428	0,657	1,280	0,193	1,087	1,53	0,101	1,429	3,50	0,008	3,492
1,090	0,415	0,675	1,290	0,187	1,103	1,54	0,099	1,441	4,00	0,005	3,995
1,095	0,403	0,692	1,300	0,181	1,119	1,55	0,097	1,453	4,50	0,004	4,496
1,100	0,392	0,708	1,310	0,176	1,134	1,56	0,094	1,466	5,00	0,003	4,997
1,105	0,382	0,723	1,320	0,171	1,149	1,57	0,093	1,477	6,00	0,002	5,998
1,110	0,372	0,738	1,330	0,166	1,164	1,58	0,091	1,489	8,00	0,001	7,999
1,115	0,362	0,753	1,340	0,162	1,178	1,59	0,089	1,501	10,00	0	10,000
1,120	0,353	0,767	1,350	0,157	1,193	1,60	0,087	1,513	∞	0	∞

[1] Anwendung siehe S. 236 der Aufgabe 23.

Tafel 13. *Tabelle zur Berechnung der Senkungskurven nach* TOLKMITT.

Unter Bezugnahme auf die Bezeichnungen in Abb. 348 gilt:

$$x = \frac{a}{J_s}\left[f\left(\frac{a-z}{a}\right) - f\left(\frac{a-z_e}{a}\right)\right] - \frac{\alpha \cdot J_s \cdot c^2}{g}\left[F\left(\frac{a-z}{a}\right) - F\left(\frac{a-z_e}{a}\right)\right],$$

$$y = a\left(1 - \frac{\alpha \cdot J_s \cdot c^2}{g}\right) \cdot \left[F\left(\frac{a-z}{a}\right) - F\left(\frac{a-z_e}{a}\right)\right] (\alpha = 1{,}0 \text{ bis } 1{,}14)^1.$$

$\frac{a-z_e}{a}$ / $\frac{a-z}{a}$	$F\left(\frac{a-z_e}{a}\right)$ / $F\left(\frac{a-z}{a}\right)$	$f\left(\frac{a-z_e}{a}\right)$ / $f\left(\frac{a-z}{a}\right)$	$\frac{a-z_e}{a}$ / $\frac{a-z}{a}$	$F\left(\frac{a-z_e}{a}\right)$ / $F\left(\frac{a-z}{a}\right)$	$f\left(\frac{a-z_e}{a}\right)$ / $f\left(\frac{a-z}{a}\right)$	$\frac{a-z_e}{a}$ / $\frac{a-z}{a}$	$F\left(\frac{a-z_e}{a}\right)$ / $F\left(\frac{a-z}{a}\right)$	$f\left(\frac{a-z_e}{a}\right)$ / $f\left(\frac{a-z}{a}\right)$	$\frac{a-z_e}{a}$ / $\frac{a-z}{a}$	$F\left(\frac{a-z_e}{a}\right)$ / $F\left(\frac{a-z}{a}\right)$	$f\left(\frac{a-z_e}{a}\right)$ / $f\left(\frac{a-z}{a}\right)$
1,000	∞	∞	0,905	1,118	0,213	0,76	0,823	0,063	0,57	0,583	0,013
0,995	1,889	0,894	0,900	1,103	0,203	0,75	0,808	0,058	0,56	0,572	0,012
0,990	1,714	0,724	0,895	1,089	0,194	0,74	0,794	0,054	0,55	0,561	0,011
0,985	1,610	0,625	0,890	1,075	0,185	0,73	0,780	0,050	0,54	0,550	0,010
0,980	1,536	0,556	0,885	1,062	0,177	0,72	0,766	0,046	0,53	0,539	0,009
0,975	1,479	0,504	0,880	1,049	0,169	0,71	0,752	0,042	0,52	0,528	0,008
0,970	1,431	0,461	0,875	1,037	0,162	0,70	0,739	0,039	0,51	0,517	0,007
0,965	1,391	0,426	0,870	1,025	0,155	0,69	0,726	0,036	0,50	0,506	0,006
0,960	1,355	0,395	0,865	1,013	0,148	0,68	0,713	0,033	0,475	0,480	0,005
0,955	1,324	0,369	0,860	1,002	0,142	0,67	0,701	0,031	0,450	0,454	0,004
0,950	1,296	0,346	0,850	0,980	0,130	0,66	0,688	0,028	0,425	0,428	0,003
0,945	1,270	0,325	0,840	0,960	0,120	0,65	0,676	0,026	0,400	0,402	0,002
0,940	1,246	0,306	0,830	0,940	0,110	0,64	0,664	0,024	0,350	0,351	0,001
0,935	1,224	0,289	0,820	0,922	0,102	0,63	0,652	0,022	0,300	0,300	0,000
0,930	1,204	0,274	0,810	0,904	0,094	0,62	0,640	0,020	0,200	0,200	—
0,925	1,185	0,260	0,800	0,887	0,087	0,61	0,628	0,018	0,100	0,100	—
0,920	1,166	0,246	0,790	0,870	0,080	0,60	0,617	0,017	0	0	—
0,915	1,149	0,243	0,780	0,854	0,074	0,59	0,606	0,016			
0,910	1,139	0,223	0,770	0,838	0,068	0,58	0,594	0,014			

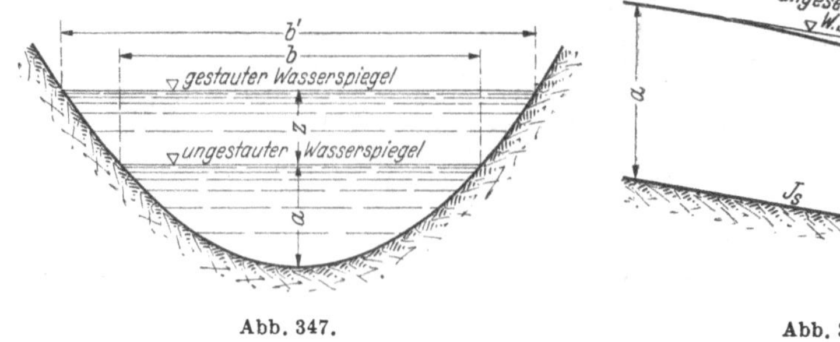

Abb. 347.

Abb. 348.

[1] Vgl. dazu S. 233.

Tafel 14. *Tabelle zur Berechnung der Staukurven nach* RÜHLMANN.

Wenn die Wassertiefe für den *un*gestauten Zustand gleich t_0 gesetzt wird, sonst aber die in der TOLKMITTschen Formel verwendeten Bezeichnungen (vgl. Tafel 12) beibehalten werden, dann gilt für die Entfernung x vom Wehr:

$$x = \frac{t_0}{J_s}\left[\varphi\left(\frac{z_a}{t_0}\right) - \varphi\left(\frac{z}{t_0}\right)\right].$$

$\frac{z_a}{t_0}$ / $\frac{z}{t_0}$	$\varphi\left(\frac{z_a}{t_0}\right)$ / $\varphi\left(\frac{z}{t_0}\right)$	$\varDelta$	$\frac{z_a}{t_0}$ / $\frac{z}{t_0}$	$\varphi\left(\frac{z_a}{t_0}\right)$ / $\varphi\left(\frac{z}{t_0}\right)$	$\varDelta$	$\frac{z_a}{t_0}$ / $\frac{z}{t_0}$	$\varphi\left(\frac{z_a}{t_0}\right)$ / $\varphi\left(\frac{z}{t_0}\right)$	$\varDelta$	$\frac{z_a}{t_0}$ / $\frac{z}{t_0}$	$\varphi\left(\frac{z_a}{t_0}\right)$ / $\varphi\left(\frac{z}{t_0}\right)$	$\varDelta$
0,01	0,0067	0,2377	0,28	1,3054	0,0189	0,60	1,7980	0,0263	1,70	3,0458	0,1050
0,02	0,2444	0,1419	0,29	1,3243	0,0185	0,62	1,8243	0,0260	1,80	3,1508	0,1045
0,03	0,3863	0,1026	0,30	1,3428	0,0182	0,64	1,8503	0,0257	1,90	3,2553	0,1041
0,04	0,4889	0,0812	0,31	1,3610	0,0179	0,66	1,8760	0,0254	2,00	3,3594	0,1037
0,05	0,5701	0,0675	0,32	1,3789	0,0175	0,68	1,9014	0,0252	2,10	3,4631	0,1033
0,06	0,6376	0,0582	0,33	1,3964	0,0172	0,70	1,9266	0,0251	2,20	3,5664	0,1030
0,07	0,6958	0,0524	0,34	1,4136	0,0170	0,72	1,9517	0,0248	2,30	3,6694	0,1026
0,08	0,7482	0,0451	0,35	1,4306	0,0167	0,74	1,9765	0,0245	2,40	3,7720	0,1025
0,09	0,7933	0,0420	0,36	1,4473	0,0165	0,76	2,0010	0,0244	2,50	3,8745	0,1023
0,10	0,8353	0,0386	0,37	1,4638	0,0163	0,78	2,0254	0,0241	2,60	3,9768	0,1021
0,11	0,8789	0,0359	0,38	1,4801	0,0161	0,80	2,0495	0,0240	2,70	4,0789	0,1019
0,12	0,9098	0,0336	0,39	1,4962	0,0157	0,82	2,0735	0,0240	2,80	4,1808	0,1018
0,13	0,9434	0,0317	0,40	1,5119	0,0156	0,84	2,0975	0,0238	2,90	4,2826	0,1017
0,14	0,9751	0,0300	0,41	1,5275	0,0155	0,86	2,1213	0,0236	3,00	4,3845	0,5066
0,15	1,0051	0,0284	0,42	1,5430	0,0153	0,88	2,1449	0,0234	3,50	4,8911	0,5047
0,16	1,0335	0,0273	0,43	1,5583	0,0151	0,90	2,1683	0,0233	4,00	5,3958	0,5035
0,17	1,0608	0,0261	0,44	1,5734	0,0150	0,92	2,1916	0,0232	4,50	5,8993	0,5025
0,18	1,0869	0,0250	0,45	1,5884	0,0148	0,94	2,2148	0,0232	5,00	6,4018	1,0038
0,19	1,1119	0,0242	0,46	1,6032	0,0147	0,96	2,2380	0,0231	6,00	7,4056	2,0041
0,20	1,1361	0,0234	0,47	1,6179	0,0145	0,98	2,2611	0,0288	8,00	9,4097	2,0023
0,21	1,1595	0,0226	0,48	1,6324	0,0144	1,00	2,2839	0,1132	10,00	11,4120	5,002
0,22	1,1821	0,0219	0,49	1,6468	0,0143	1,10	2,3971	0,1113	15,00	16,414	5,001
0,23	1,2040	0,0214	0,50	1,6611	0,0282	1,20	2,5084	0,1095	20,00	21,415	10,000
0,24	1,2254	0,0207	0,52	1,6893	0,0277	1,30	2,6179	0,1085	30,00	31,415	20,001
0,25	1,2461	0,0203	0,54	1,7170	0,0274	1,40	2,7264	0,1073	50,00	51,416	50,004
0,26	1,2664	0,0197	0,56	1,7444	0,0270	1,50	2,8337	0,1064	100,00	101,420	
0,27	1,2861	0,0193	0,58	1,7714	0,0266	1,60	2,9401	0,1057			

Tafel 15. *Ausfluß aus Öffnungen.*

1. Ausfluß erfolgt vollkommen ins Freie.

$$Q = \tfrac{2}{3}\cdot\mu\cdot b\cdot\sqrt{2g}\,[(h+k)^{3/2}-(h_1+k)^{3/2}] \quad (1)$$

für $v_0 \approx 0$:

$$Q = \tfrac{2}{3}\cdot\mu\cdot b\cdot\sqrt{2g}\,[h^{3/2}-h_1^{3/2}] \quad (1\text{a})$$

μ schwankt zwischen 0,62 und 0,90 (große μ bei *großen* Schützenöffnungen).

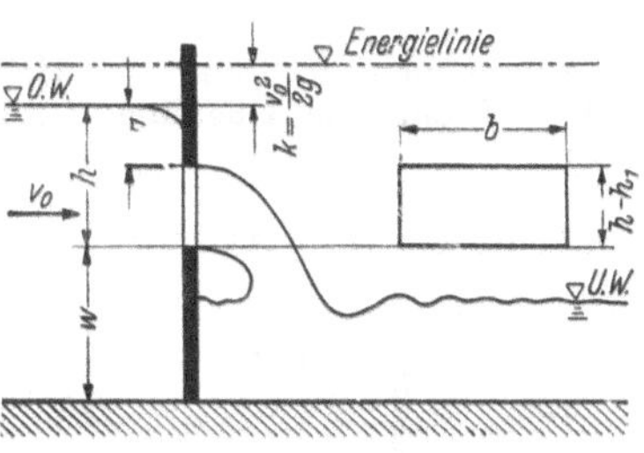

Abb. 349.

2. Ausfluß erfolgt ganz unter Wasser.

b = Breite

$$k = \frac{v_0^2}{2g}$$

$$Q = \mu\cdot b\cdot(h-h_1)\cdot\sqrt{2g\cdot(h_2+k)} \quad (2)$$

für $v_0 \approx 0$:

$$Q = \mu\cdot b\cdot(h-h_1)\cdot\sqrt{2gh_2} \quad (2\text{a})$$

$\mu \approx 0{,}62$ bis $0{,}90$.

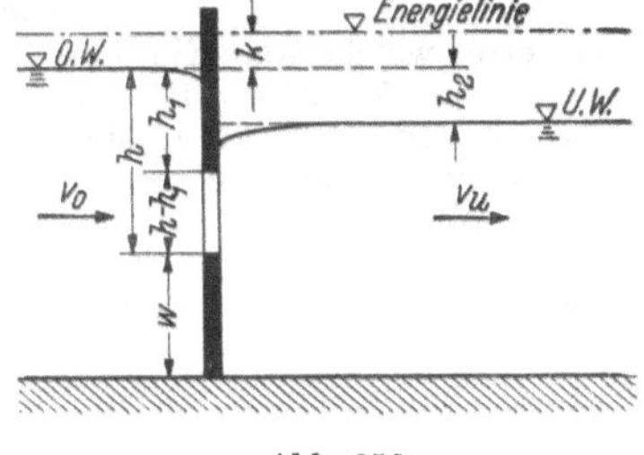

Abb. 350.

3. Ausfluß erfolgt *teilweise* unter Wasser.

$k = \dfrac{v_0^2}{2g}$, b = Breite

DUBUATsche Gleichung:

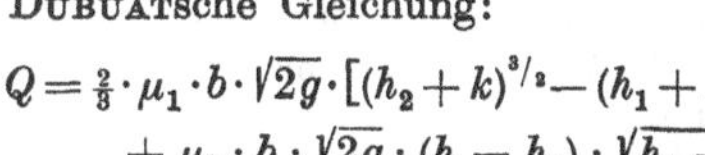

$$Q = \tfrac{2}{3}\cdot\mu_1\cdot b\cdot\sqrt{2g}\cdot[(h_2+k)^{3/2}-(h_1+k,^{1/2}] + \mu_2\cdot b\cdot\sqrt{2g}\cdot(h-h_2)\cdot\sqrt{h_2+k}$$

für $v_0 \approx 0$:

$$Q = \tfrac{2}{3}\mu_1\cdot b\cdot\sqrt{2g}\,[h_2^{3/2}-h_1^{3/2}] + \mu_2\cdot b\cdot\sqrt{2g}\,(h-h_2)\cdot\sqrt{h_2}$$

$\mu_1 \approx 0{,}60$ bis $0{,}80$,

$\mu_2 \approx 0{,}60$ bis $0{,}80$.

sicherer Grenzwert nach unten $\mu_1 = \mu_2 = 0{,}63$.

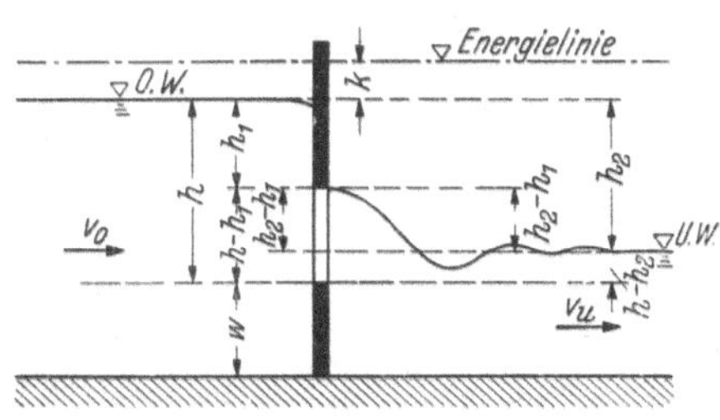

Abb. 351.

Gemessene μ-Werte am Stauwehr Augst-Wyhlen bei Ausfluß *unter Wasser* für $w = 0$:

Öffnungshöhe der Schützen $(h - h_1)$ . .	1	2	3	4	5 m
Gefällehöhe am Wehr h_2	5,5	4,5	3,5	2,5	1,5 m
Eintauchtiefe der Schützen $(h_1 - h_2)$ . .	2,5	2,5	2,5	2,5	2,5 m
μ	0,73	0,75	0,78	0,84	0,90

Tafel 16. *Überfälle.*

a) Vollkommene Überfälle (Überfallwehre — Abstürze — Schußwehre).
b) Unvollkommene Überfälle (Grundwehre — Überströmwehre — Grundschwellen).

Abb. 352.

Zu a) *Vollkommene Überfälle.*

Für $h_1 = 0$ in Abb. 349 (Ausfluß ins Freie!) ergibt sich die WEISBACHsche Formel:

$$Q = \tfrac{2}{3} \cdot \mu \cdot b \cdot \sqrt{2g} \cdot [(h + k)^{3/2} - k^{3/2}]$$

Bei *Vernachlässigung der Zuflußgeschwindigkeit* ($v_0 \approx 0$) erhält man die von POLENI 1707 aufgestellte Formel für den freien Überfall:

$$Q = \tfrac{2}{3} \cdot \mu \cdot b \cdot \sqrt{2g} \cdot h^{3/2}$$

Beiwerte μ.

a) μ-Werte, welche *alle* Einflüsse berücksichtigen sollen:

abgerundete Wehrkronen . . . . 0,70 bis 0,85
(nach REHBOCK kann hier μ gegebenenfalls 0,90 und mehr erreichen)
eckige Wehrkronen . . . . 0,63 bis 0,68
besonders breite, waagrechte, eckige Wehrkronen . . 0,57 bis 0,63

b) Formeln für μ nach REHBOCK[1]:

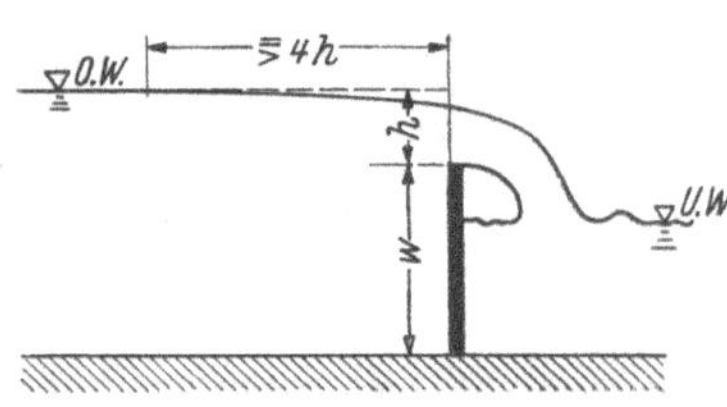

Abb. 353.

α) Für dünnwandige, lotrechte Plattenwehre (Meßwehre!) mit scharfkantiger waagrechter Überfallkante und mit guter seitlicher Führung des Überfallstrahles (*keine* Einschnürung!) und mit guter Lüftung des Raumes unter dem Strahl wird μ in der Gleichung $Q = \frac{2}{3}\mu b \cdot \sqrt{2g} \cdot h^{3/2}$

$$\mu = 0{,}605 + \frac{1}{1000 \cdot h - 3} + \frac{0{,}08 \cdot h}{w},$$

wobei w die Wehrhöhe angibt ($h \gtreqless 0{,}8\, w$).

β) Für „*Schußwehre*" mit lotrechter Stauwand und unter $\alpha = 56° 20'$ ($\operatorname{ctg} \alpha = m = \frac{2}{3}$) geneigtem Abfallboden bei einer kreiszylindrischen Krone vom Radius r wird

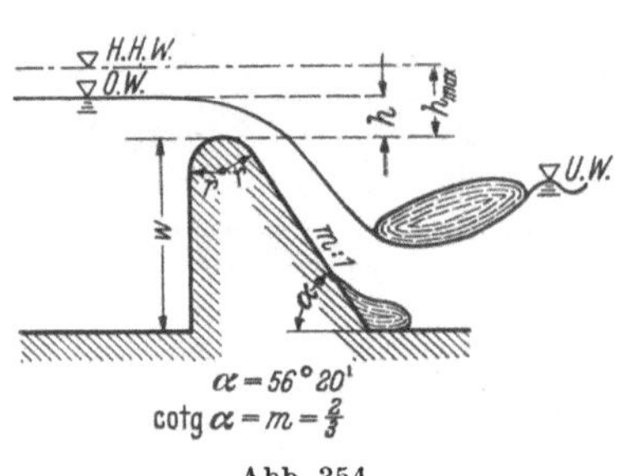

Abb. 354.

$$\mu = 0{,}312 + \sqrt{0{,}30 - 0{,}01\left(5 - \frac{h}{r}\right)^2} + 0{,}09 \cdot \frac{h}{w}.$$

Gültigkeitsgrenzen:

$$w \geqq r \geqq 0{,}02\,\text{m} \quad \text{und} \quad h < r\left(6 - \frac{20\,r}{w + 3\,r}\right).$$

Bei Überfallhöhen $h > r\left(6 - \frac{20r}{w + 3\,r}\right)$ löst sich der Strahl vom Wehrkörper los und die μ-Werte werden mit dieser Loslösung plötzlich wesentlich kleiner. Zur Vermeidung dieses Überganges vom Sturzwehr zum Schußwehr, d. h. zur Vermeidung der Strahlablösung, muß sein

$$r \geqq \tfrac{1}{36}\left[(20 + 3 \cdot h_{\max} - 6w) + \sqrt{(20 + 3 \cdot h_{\max} - 6w)^2 + 72w \cdot h_{\max}}\right]$$

[1]) Zeitschrift d. Verb. Deutscher Arch.- u. Ing. Ver. 1913. Zeitschrift f. Arch. u. Ingenieurwesen 1913. Handb. d. Ing. Wiss. III. Teil, Bd. 2, S. 42 ff.

Tafel 16. (Fortsetzung.)

γ) Für das *Kreiszylinder*wehr:

$$\mu = 0{,}55 + 0{,}22 \cdot \frac{h}{w}$$

Gültigkeitsbereich:

$$0{,}1\, w \leqq h \leqq 0{,}8\, w.$$

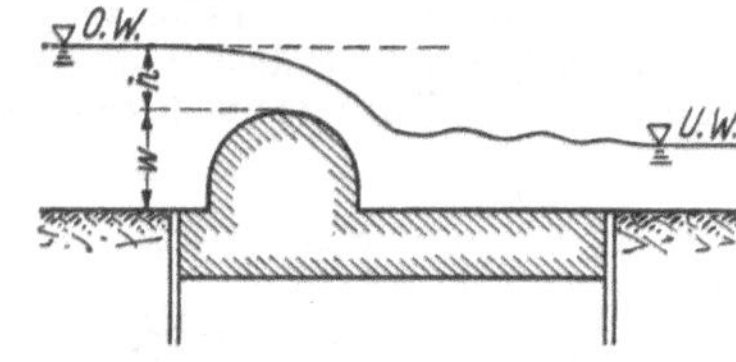

Abb. 355.

δ) Für *S-förmiges Wehr*:

$$\mu = 0{,}90 - 0{,}4\left(1 - \frac{h}{w}\right)^2$$

Gültigkeitsbereich:

$$0{,}1\, w \leqq h \leqq 0{,}8\, w.$$

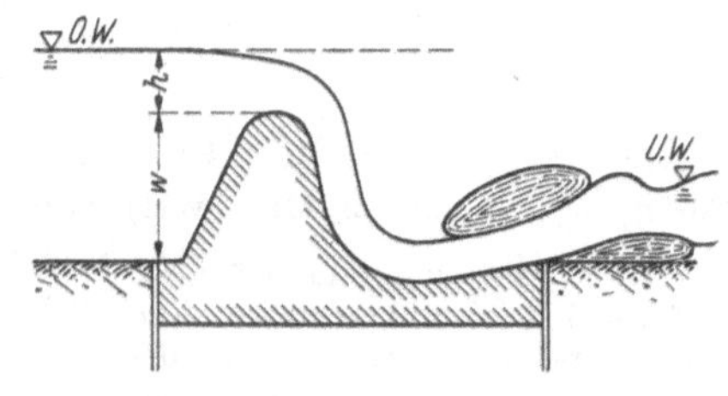

Abb. 356.

Anmerkung: Die Geschwindigkeitshöhe des ankommenden Wassers ist bei diesen Formeln in dem Ausdruck für μ mit enthalten, da diese Geschwindigkeit von dem Wert w abhängig ist.

Zu b) *Unvollkommene Überfälle.*

Für $h_1 = 0$ in Abb. 351 (Ausfluß *teilweise* unter Wasser) ergibt sich, wenn

$$k = \frac{v_0^2}{2g};$$

$$Q = \tfrac{2}{3}\mu_1 \cdot b \cdot \sqrt{2g} \cdot [(h_2 + k)^{3/2} - k^{3/2}] + $$
$$+ \mu_2 \cdot b \cdot \sqrt{2g} \cdot (h - h_2) \cdot \sqrt{h_2 + k}$$

und für $v_0 \approx 0$ wird

$$Q = \tfrac{2}{3}\mu_1 \cdot b \cdot \sqrt{2g} \cdot h_2^{3/2} +$$
$$+ \mu_2 \cdot b \cdot \sqrt{2g} \cdot (h - h_2) \cdot \sqrt{h_2}$$

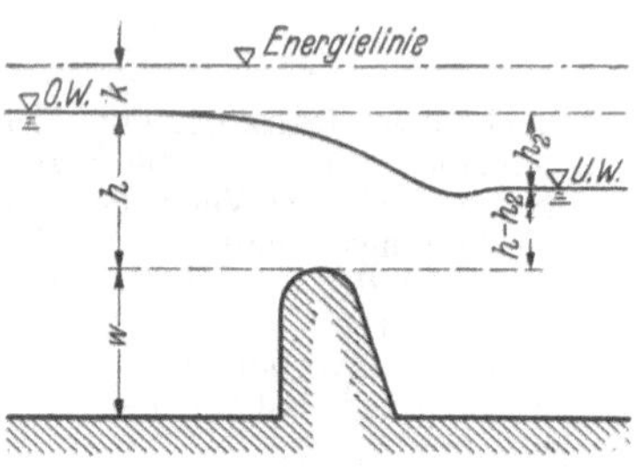

Abb. 357.

Nachfolgende μ-*Werte* sind experimentell *nicht* geprüfte Schätzungswerte; daher ist beim Gebrauch besonders der hohen μ_1-Werte Vorsicht geboten. Wegen dieser Unsicherheit wird häufig $\mu_1 = \mu_2 = 0{,}63$—$0{,}65$ gesetzt.

Wehrform	μ_1	μ_2
Abgerundete Wehrkrone	0,8 bis 0,85	0,67
Eckige Wehrkrone	0,68	0,62
Grundschwelle mit Griesständer oder Setzpfosten	0,6 bis 0,65	0,6 bis 0,65
Freie Durchflußöffnung bis zur Sohle des Wasserlaufes (bewegliche Wehre, Grundablässe und Freiarchen)	0,65 bis 0,70	0,65 bis 0,70

Tafel 17. *Brückenstau* (*Grundablaß*).

Bei der Unsicherheit der Verhältnisse empfiehlt es sich, nach mehreren Verfahren zu rechnen und danach eine vorsichtige, die besonderen Verhältnisse möglichst berücksichtigende Entscheidung zu treffen.

1. Formel von RÜHLMANN (*Grundablaßformel*), hergeleitet aus der Formel für das Grundwehr.

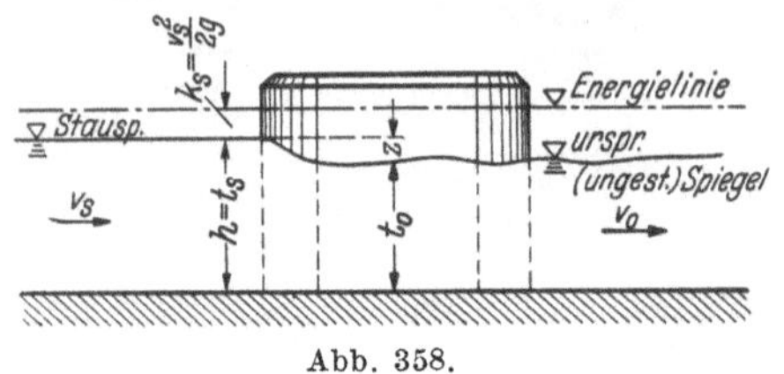

Abb. 358.

$b =$ *gesamte* kleinste *lichte* Durchflußbreite zwischen den Einbauten,

$B =$ mittl. *Gesamtflußbreite* im *unverbauten* Zustand.

$k_s = v_s^2/2g$;

$$v_s = \frac{Q}{B \cdot t_s} = \frac{Q}{B \cdot (t_0 + z)};$$

$$Q = \tfrac{2}{3} \cdot \mu_1 \cdot b \cdot \sqrt{2g}\,[(z + k_s)^{3/2} - k_s^{3/2}] + \mu_2 \cdot b \cdot \sqrt{2g} \cdot t_0 \cdot \sqrt{z + k_s};$$

Für $\mu_1 = \mu_2 = 0{,}9$ (als Mittelwert) wird $\mu \cdot 2g = 4{,}0$ und damit:

$$Q = 4 \cdot b \cdot \{\tfrac{2}{3} \cdot [(z + k_s)^{3/2} - k^{3/2}] + t_0 \cdot (z + k_s)^{1/2}\}.$$

2. Formel von D'AUBUISSON (hergeleitet aus dem Unterschied der Geschwindigkeitshöhen des oberhalb der Einbauten langsamer und zwischen den Einbauten schneller fließenden Wassers):

$$z = \frac{\zeta}{2g} \cdot \left[\left(\frac{Q}{\mu \cdot b \cdot t_0}\right)^2 - \left(\frac{Q}{B \cdot (t_0 + z)}\right)^2\right];$$

$\mu =$ Einschnürungsbeiwert (meist angenommen mit 0,85 bei stumpfen, mit 0,95 bei spitzen Pfeilern; im Mittel $\mu = 0{,}9$),

$\zeta =$ Berichtigungsziffer 1,1.

Mit $Q = v_0 \cdot (B \cdot t_0)$ wird:

$$z = \zeta \cdot \frac{v_0^2}{2g} \cdot \left[\left(\frac{B}{\mu \cdot b}\right)^2 - \left(\frac{t_0}{t_0 + z}\right)^2\right].$$

3. Formeln nach REHBOCK (aus Versuchen hergeleitet):
allgemeine Formel für die Stauhöhe: $z = \beta \cdot \alpha \cdot k_0$.

$\beta =$ „Stoßziffer", aus Versuchen ermittelt,

$\alpha =$ „Verbauungsverhältnis" $= f/F$

$f =$ der unter der ursprünglichen Spiegellinie liegende größte Verbauungsquerschnitt;

$F =$ gesamter unverbauter Durchflußquerschnitt im ungestauten Flußlauf,

$k_0 =$ Geschwindigkeitshöhe der ursprünglichen mittleren Zuflußgeschwindigkeit $k_0 = v_0^2/2g$,

$$\omega = \text{„Fließverhältnis"} = \frac{k_0}{t_0} = \frac{v_0^2}{2g \cdot t_0}.$$

Bei der Berechnung der Stauhöhe werden nun 3 Fälle unterschieden:

a) *rein strömender* Durchfluß (kein Übergang zum „Schießen" vorhanden);
b) *strömender* Abfluß mit *teilweisem* Fließwechsel;
c) *voller Fließwechsel* vom Strömen zum Schießen.

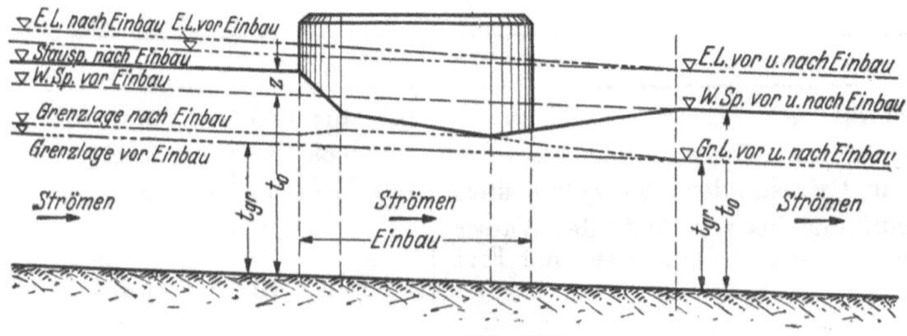

Abb. 359.

Tafel 17. (Fortsetzung.)

Grenze A zwischen a) und b): $\alpha_A = \dfrac{1}{0{,}97 + 21 \cdot \omega}$,

Grenze B zwischen b) und c): $\alpha_B = 0{,}05 + (0{,}9 - 2{,}5 \cdot \omega)^2$.

Fall a).

Allgemein: $z_A = [(0{,}72 + 1{,}2 \cdot \alpha + 40 \cdot \alpha^4) \cdot (1 + 2 \cdot \omega)] \cdot \alpha \cdot k_0$, gültig für $\alpha \leqq 0{,}6$.

Ist $0{,}06 < \alpha < 0{,}16$ und gleichzeitig $0{,}03 < \omega < 0{,}12$, so wird

$$\beta = [(0{,}72 + 1{,}2 \cdot \alpha + 40 \cdot \alpha^4) \cdot (1 + 2 \cdot \omega)] \approx 1$$

und

$$z'_A = \alpha \cdot k_0 \quad \text{bzw.} \quad \frac{z'_A}{k_0} = \alpha = \frac{f}{F},$$

d. h.

$$\frac{\text{Stauhöhe}}{\text{Geschwindigkeitshöhe}} = \frac{\text{verbauter Querschnitt}}{\text{Gesamtquerschnitt}}.$$

Diese Beziehung gilt für Pfeiler von schlanker Form in einem rechteckigen oder von steilen Ufern begrenzten Gerinne mit „strömendem" Durchfluß, d. i. für die weitaus größte Zahl aller gut gebauten neueren Brücken, deren Pfeiler auch hydraulisch gut geformt sind.

Für Brücken- und Wehrpfeiler mit hydraulisch ungünstigerer geometrischer Gestalt, z. B. mit *stumpfen* Vorköpfen, ferner für *sehr flach geböschte* Ufer und für *stark in den Fluß vorspringende* Widerlager werden die Stauhöhen größer und erreichen bei *rechteckig* begrenzten Pfeilern etwa das 2,1fache des Resultats der obigen Näherungsrechnung, also

$$z_{a_r} = 2{,}1 \cdot \alpha \cdot k_0.$$

Fall b).

Allgemein: $z_b = (21{,}5 \cdot \alpha + 33 \cdot \omega - 6{,}6) \cdot \alpha \cdot k_0$, wenn $0{,}06 < \alpha < 0{,}30$;

Näherungsweise gilt

$$z'_b = \left(\frac{20 \cdot \omega + 3{,}85}{0{,}9 - \alpha} - 6{,}6\right) \cdot \alpha \cdot k_0, \quad \text{wenn} \quad 0{,}30 < \alpha < 0{,}60.$$

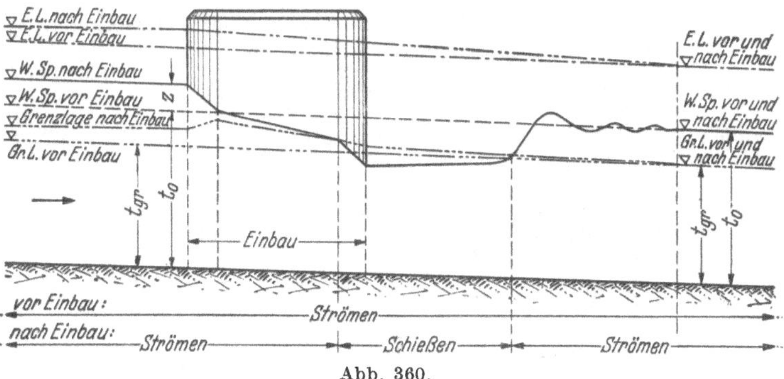

Abb. 360.

Fall c).

Allgemein: $z_c = (0{,}54 + \alpha + 1{,}9 \cdot \alpha^5) \cdot \left(\dfrac{Q}{B}\right)^{2/3} - t_0$, wenn $\alpha \leqq 0{,}9$;

$$z'_c = (0{,}54 + \alpha) \cdot \left(\frac{Q}{B}\right)^{2/3} - t_0, \quad \text{wenn} \quad \alpha < 0{,}3.$$

Überschlägige Näherungsformel für trapezförmige und rechteckige Querschnitte (bis zu 20% Abweichung von wirklicher Stauhöhe):

$$z''_c = 5{,}6 \cdot \alpha \cdot k_0 \quad \text{für} \quad \alpha < 0{,}44.$$

Tafel 18. *Streichwehr.*

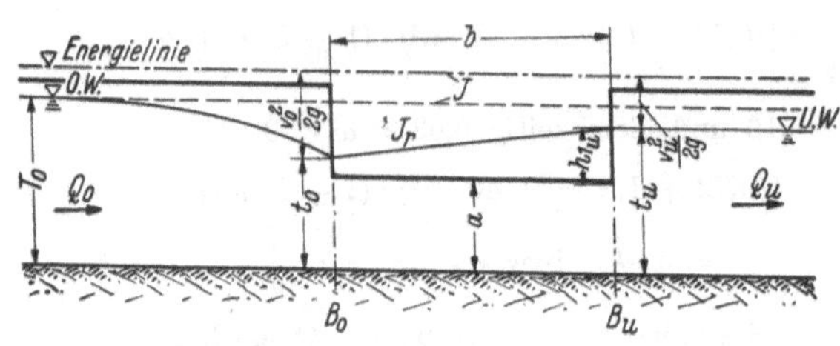

Abb. 361.

Nach ENGELS[1]. 1. Berücksichtigung der Absenkung t_o nach BERNOULLI:

$$t_u - t_o = \zeta \cdot \frac{v_o^2 - v_u^2}{2g}.$$

Setzt man $\zeta = 1{,}0$; $B_o = B_u = B$ (gleichbleibende Gerinnebreite!), ferner $v_o = \frac{Q_o}{B \cdot t_o}$ und $v_u = \frac{Q_u}{B \cdot t_u}$ bei rechteckigem Gerinne, so erhält man für t_o die Gleichung

$$t_o^3 - \left[t_u + \frac{1}{2g}\left(\frac{Q_u}{B \cdot t_u}\right)^2\right] \cdot t_o^2 = -\frac{1}{2g}\left(\frac{Q_o}{B}\right)^2.$$

2. Formel für gerade Streichwehre, Wehrrücken parallel zur Sohle und zu den Seitenwänden, Gerinne rechteckig mit gleichbleibendem Querschnitt $B_o = B_u = B$. Der Erguß über das Streichwehr wird

$$Q_{str} = Q_o - Q_u = \tfrac{2}{3} \cdot \mu \cdot \sqrt{2g} \cdot \sqrt[3]{b^{2,5} \cdot h_{1_u}^{5,0}} \ \mathrm{m^3/sek}.$$

3. Formel für gerade und schräge Streichwehre bei rechteckigen Gerinnen, die sich von B_o oben auf B_u unten verengen ($B_u < B_o$):

$$Q_{str} = Q_o - Q_u = \tfrac{2}{3} \cdot \mu \cdot \sqrt{2g} \cdot \sqrt{b^{2,7} \cdot h_{1_u}^{4,8}} \ \mathrm{m^3/sek}.$$

In beiden Fällen (2. und 3.) ist „gleichförmiger" Abfluß im Gerinne unterhalb des Streichwehres Voraussetzung.

$\frac{2}{3} \cdot \mu \approx 0{,}57$ für abgerundete Wehrrücken; $\frac{2}{3}\mu \approx 0{,}49$ für kantige Wehrrücken. Methode nach SCHAFFERNAK siehe Österreichische Wochenschrift für den öffentlichen Baudienst 1918, Heft 36 (kurzer Auszug davon in WEYRAUCH-STROBEL, Hydraulisches Rechnen, 6. Aufl. S. 214).

[1] ENGELS: Handbuch des Wasserbaues Bd. I, S. 505.

Tafel 19. *Modellmaßstäbe nach* Rehbock.

(z) zu übertragende Größe		Faktor $X = x^y$ bei Modellmaßstab $1:x$					
		$1:x$	1:10	1:25	1:50	1:100	1:200
Drehzahl von Pumpen und Turbinen n	n	$x^{-0,5}$	0,316	0,20	0,141	0,10	0,0707
Festwerte c, Verhältniswerte α (Verbauungs-, Fließverhältnisse), relat. Spiegelgefälle J, Einheitsgewichte γ, Beschleunigungen g.	c α J γ g	x^0	1	1	1	1	1
Zeiten t, Geschwindigkeiten v.	t, v	$x^{0,5}$	3,16	5	7,07	10	14,13
Längen l, Breiten b, Höhen h, abs. Spiegelgefälle h, Geschwindigkeitshöhen h_v, Reibungshöhen h_r, Beanspruchungen σ (Spannungen, Winddruck, Schleppkräfte a. Flächeneinheiten).	l b h h_v h_r σ	x^1	10	25	50	100	200
Abflußmengen i. d. Zeiteinheit a. d. Einheit d. Bettbreite.	q	$x^{1,5}$	31,6	125	353,5	1000	2829
Flächen f, Querschnittsgrößen.	f	x^2	100	625	2500	10000	40000
Abflußmengen in der Zeit*einheit* im ganzen Flußbett.	Q	$x^{2,5}$	316	3125	17670	100000	565681
Rauminhalte V, Wassermengen Q, Massenkräfte (Gewichte, Stöße, Schleppkräfte, Winddrucke, Reaktionen).	V Q S P	$x^{3,0}$	1000	15625	125000	1000000	8000000
Arbeitsleistung in der Zeiteinheit, Bewegungsgrößen (Impulse).	e a	$x^{3.5}$	3160	78125	884000	10000000	113137200
Momente M, Arbeiten A, Energien E (potentielle u. kinetische).	M A E	x^4	10000	390625	6250000	100000000	1600000000

Wirkliche Werte am Bauobjekt $Z = (z) \cdot X$.

Beispiele: 1. In einem Modell 1 : 50 ergibt sich eine Gesamtwassermenge in der Zeiteinheit von $(z) = Q = 10$ l/sek. Dem entspricht am Bauwerk in der Wirklichkeit $Z = (z) \cdot X = 10 \cdot 17670 = 176700$ l/sek $= 176{,}7$ m³/sek.

2. Einer wirklichen Geschwindigkeit am Bauwerk $v = 2{,}0$ m/sek entspricht in einem Modell 1 : 25 eine Modellgeschwindigkeit $(Z) = v = \frac{z}{x} = \frac{2{,}0}{5} = 0{,}40$ m/sek.

Tafel 20. *Vereinbarte Bezeichnung der Wasserstände und Abflüsse.*

Grenz- und Mittelwerte der Wasserstände (cm) und Abflußmengen (m^3/sek).

1. NNW = niedrigster überhaupt bekannter Wasserstand, gegebenenfalls zu trennen in NNW überhaupt, NNW eisfrei.
   NNQ = kleinster überhaupt bekannter Durchfluß.
2. NW = niedrigster Wasserstand des betrachteten Zeitraumes, gegebenenfalls zu trennen wie NNW.
   NQ = kleinster Durchfluß des betrachteten Zeitraumes.
3. MNW = mittlerer niedrigster Wasserstand (mittlerer Niedrigstand, Mittelniedrigwasser) des betrachteten mehrjährigen Zeitraumes.
   MNQ = mittlerer kleinster Durchfluß des betrachteten Zeitraumes.
4. MW = mittlerer Wasserstand (arithmetisches Mittel der täglichen Wasserstände) des betrachteten Zeitraumes.
   MQ = mittlerer Durchfluß (arithmetisches Mittel der täglichen Durchflüsse) des betrachteten Zeitraumes. MQ ist immer größer als $Q(MW)$.
5. MHW, MHQ
6. HW, HQ } entsprechend 1 bis 3.
7. HHW, HHQ

Bemerkungen: Bei 2 bis 6 muß der zugehörige Zeitraum ersichtlich sein. Ohne Zusatz beziehen sich die Bezeichnungen auf das Jahr. MNW des Jahres ergibt sich, indem der niedrigste Wasserstand jedes einzelnen Jahres der betrachteten Jahresreihe festgestellt und aus diesen Werten das Mittel genommen wird. Ebenso wird MNQ bestimmt, indem die kleinste Abflußmenge jedes einzelnen Jahres aufgesucht und aus diesen Werten das Mittel gebildet wird. In entsprechender Weise sind MNW und MNQ für einen Monat zu verstehen und in den Ländern, die eine feststehende Einteilung des Jahres in ein Winter- und Sommerhalbjahr haben, auch MNW und MNQ des Winters oder des Sommers. Wie Winter und Sommer abgegrenzt sind, muß gesagt werden. Für die Werte MHW und MHQ treten an die Stelle der unteren Grenzwerte die oberen.

Die einem der Symbole 1 bis 7 zugeordneten Buchstaben dürfen niemals voneinander getrennt werden. Etwaige Zeitangaben sind, soweit sie nicht aus tabellarischer Anordnung ersichtlich sind, in folgender Weise hinzuzufügen:

Jan. NW 1931/40,
Wi. MNW 1931/40,
So. 1901/40.

Während die Abkürzungen der Monatsnamen und Halbjahre durch einen Punkt kenntlich gemacht sind, werden die Symbole 1 bis 7 *ohne* Punkt geschrieben.

Bezeichnung der Wasserstände und Abflußmengen nach der Dauer.

Es ist eine Bezeichnungsweise sowohl nach der Unter- wie nach der Überschreitungsdauer vorgesehen. Beide sind in folgender Art voneinander zu unterscheiden:

$\overline{30}\,W$ der an 30 Tagen des Jahres überschrittene oder gerade vorhandene Wasserstand. Mit ihm fällt zusammen:

$\underline{335}\,W$ der an 335 Tagen des Jahres unterschrittene oder gerade vorhandene Wasserstand.

Ohne weiteren Zusatz beziehen sich die Bezeichnungen wieder auf das Jahr. Zeitangaben sind rechts von W oder Q hinzuzufügen, wie in folgenden Beispielen:

$\overline{60}\,W$ Wi. 1931/40 der in den Wintern 1931/40 durchschnittlich an 60 Tagen überschrittene oder gerade vorhandene Wasserstand.

Tafel 20. (Fortsetzung.)

$\underline{90}Q$ So. 1901/40 die in den Sommern 1901/40 durchschnittlich an 90 Tagen unterschrittene oder gerade vorhandene Abflußmenge.

Der in einem Jahr bzw. in einer Reihe von Jahren ebenso oft über- wie unterschrittene Wasserstand (gewöhnlicher Wasserstand) wird mit *GW*, ebenso die gleich oft über- wie unterschrittene Abflußmenge mit *GQ* bezeichnet.

Wasserstandszonen.

Von einer mathematisch bestimmten Abgrenzung der Wasserstandszonen durch Mittelwerte oder durch Dauerzahlen wurde wegen zu großer Mannigfaltigkeit der Verhältnisse an den einzelnen Gewässern abgesehen.

Wasserstände für die Schiffahrt.

NSW = niedrigster schiffbarer Wasserstand in einem Fluß (nach Vereinbarung).
HSW = höchster schiffbarer Wasserstand (z. B. im Hinblick auf Brückenlichthöhe).

Sonstige Zeichen in den Untersuchungen über Niederschlag, Abfluß und Verdunstung.

Q = Durchfluß in m³/sek.
q = Abflußspende in m³/sek · km² oder l/sek · km².
N = Niederschlagshöhe,
A = Abflußhöhe,
U = Verlusthöhe,
V = Verdunstung,
} wenn nichts anderes bemerkt, in mm.

Wo Verwechslungen nicht möglich sind, können die Zeichen N, A, U und V auch für andere Größen benutzt werden.

Als Jahr gilt, wenn nichts Besonderes erwähnt wird, das Kalenderjahr. Bei gewässerkundlichen Untersuchungen hat man auch das *hydrologische* Jahr (Abflußjahr) verwendet, dessen Beginn ungefähr in die Zeit der niedrigsten Wasserstände fallen soll. Für die großen deutschen Flachlandflüsse tritt dies im November ein, weshalb der 1. November als Beginn des hydrologischen Jahres festgelegt wurde. Damit reicht das *Winter*halbjahr vom 1. November bis 30. April, das *Sommer*halbjahr entsprechend vom 1. Mai bis 31. Oktober. (Bei Alpenflüssen treten die niedersten Wasserstände meist im Jan. oder Febr. auf. Andererseits sind die winterlichen Schneereserven meist im September aufgebraucht. Deshalb wird für gewässerkundliche Untersuchungen für alpine Gebiete, besonders der Hochalpen, das hydrologische Jahr auch mit dem 1. Okt. begonnen.)

Sachverzeichnis.

Zeitfracht Medien GmbH
Ferdinand-Jühlke-Straße 7
99095 Erfurt, Deutschland
produktsicherheit@kolibri360.de